海南省大气环境管理工作手册

海南省生态环境厅　编

中国环境出版集团·北京

图书在版编目（CIP）数据

海南省大气环境管理工作手册/海南省生态环境厅编. —北京：中国环境出版集团，2019.10
ISBN 978-7-5111-3596-4

Ⅰ. ①海… Ⅱ. ①海… Ⅲ. ①空气污染—污染防治—海南—手册 Ⅳ. ①X51-62

中国版本图书馆 CIP 数据核字（2018）第 067061 号

出 版 人　武德凯
责任编辑　李兰兰
责任校对　任　丽
封面设计　宋　瑞

更多信息，请关注
中国环境出版集团
第一分社

出版发行　中国环境出版集团
（100062　北京市东城区广渠门内大街 16 号）
网　　址：http://www.cesp.com.cn
电子邮箱：bjgl@cesp.com.cn
联系电话：010-67112765（编辑管理部）
010-67112735（第一分社）
发行热线：010-67125803，010-67113405（传真）

印　　刷　北京建宏印刷有限公司
经　　销　各地新华书店
版　　次　2019 年 10 月第 1 版
印　　次　2019 年 10 月第 1 次印刷
开　　本　787×1092　1/16
印　　张　68.5
字　　数　1977 千字
定　　价　273.00 元

《海南省大气环境管理工作手册》
编制委员会

主　任：邓小刚

成　员：薄　毅　陈玉南　冼爱丹　蓝　雄　谢东海

徐文帅　陈晓明　尹健维　周文漪

前　言

2018 年 4 月，习近平总书记在庆祝海南建省办经济特区 30 周年大会上的重要讲话，强调海南生态环境是大自然赐予的宝贵财富，必须倍加珍惜，精心呵护，使海南真正成为中华民族的四季花园。海南要牢固树立和全面践行“绿水青山就是金山银山”的理念，在生态文明体制改革上先行一步，为全国生态文明建设作出表率。《中共中央 国务院关于支持海南全面深化改革开放的指导意见》（中发〔2018〕12 号）要求海南加快建立健全生态文明建设长效机制，压紧压实生态环境保护责任；到 2035 年，海南的生态环境质量和资源利用效率要居于世界领先水平。海南省委、省政府高度重视生态环境保护工作，提出“确保海南的生态环境质量只能更好、不能变差”的要求，明确要按照“最严规划、最严措施、最严处罚、最严问责”的“四个最严”的要求，全面落实大气污染防治工作。

长期以来，海南省高度重视大气污染防治工作，2018 年 6 月，生态环境部通报了各省《大气污染防治行动计划》实施情况终期考核结果，海南省空气质量改善目标完成情况和空气质量约束性指标年度任务完成情况考核等级为优秀。

2018 年，在生态环境部的支持下，海南省对标世界领先水平，开展面向美丽海南的世界一流空气质量水平改善战略研究。出台了《海南省大气污染防治条例》，结合生态文明建设的具体要求，在机动车、面源污染管控以及处罚标准等方面作出了比上位法更加严格的规定，为落实大气环境高标准、严要求提供了法律保障。出台《海南省槟榔加工行业污染物排放标准》，填补了海南省行业污染物排放地方标准的空白，引导产业绿色环保升级。大力推进老旧柴油车淘汰和治理工作。制定实施国六标准车用汽柴油方案，规定汽油蒸汽压限值不大于 60 kPa，严于国家标准。率先制定实施国家第六阶段机动车排放标准方案，实施时间与重点地区保持一致。针对海南大气面源污染的突出问题，创新工作机制实施“六个严禁两个推进”，严禁垃圾秸秆露天焚烧、打击槟榔土法熏烤、推进槟榔初加工行业升级改造、严禁在禁燃区内燃放烟花爆竹、严禁在允许区外露天烧烤、推进气代柴薪和秸秆综合利用等，逐步树立海南国家生态文明试验区的良好形象。加大烟花爆竹燃放管控工作，春节等节日期间优良天数比例明显提升，$PM_{2.5}$ 等主要污染物浓度显著下降。

2018 年，海南省环境空气质量继续保持全国领先水平，空气质量较 2017 年呈现稳中向好趋势。全省环境空气质量优良天数比例为 98.4%，各项污染物指标均达标，且远优于国家二级标准；其中，二氧化硫、二氧化氮、一氧化碳、可吸入颗粒物（PM_{10}）4 项指标均符合国家一级标准，细颗粒物（$PM_{2.5}$）和臭氧接近国家一级标准，省会城市海口连续 6 年在全国重点城市环境空气质量排名中位列第一。

根据海南省实际情况和多年的工作积累，我们整理编制了《海南省大气环境管理工作手册》，希望能为参与海南省大气污染防治工作的广大工作人员提供一个好用的工具书，从而推动海南省大气污染防治工作，进一步改善海南省环境空气质量。同时，此手册也适合政府相关部门、企业、高校、社会公众等用于学习和了解大气污染防治相关法律法规。

由于资料来源和编辑水平所限，难免存在疏漏和不妥之处，敬请谅解并予以批评指正。

编　者

2019 年 10 月

目 录

第一部分 法律法规及综合性规定

第二部分 大气环境管理性文件

第三部分 固定源大气污染防治

第四部分 移动源大气污染防治

第五部分　挥发性有机物污染防治

第六部分 面源大气污染防治工作

第七部分 其他大气环境管理工作

第八部分 臭氧国际公约

第九部分 大气环境标准

第十部分　大气污染控制技术政策

第一部分
法律法规及综合性规定

(一) 中央支持海南政策

中共中央 国务院
关于支持海南全面深化改革开放的指导意见

(2018 年 4 月 11 日)
中发〔2018〕12 号

海南建省和兴办经济特区是党中央着眼于我国改革开放和社会主义现代化建设全局作出的重大战略决策。2018 年是贯彻党的十九大精神的开局之年，是改革开放 40 周年，也是海南建省和兴办经济特区 30 周年。在新的历史条件下，为全面贯彻党的十九大精神和习近平总书记重要批示精神，更进一步凸显我国改革开放 40 年的重大意义，更进一步彰显党的十八大以来习近平总书记带领全国各族人民全面深化改革开放的重大意义，推动海南成为新时代全面深化改革开放的新标杆，形成更高层次改革开放新格局，探索实现更高质量、更有效率、更加公平、更可持续的发展，现提出以下意见。

一、重大意义

海南省因改革开放而生，也因改革开放而兴。1988 年，党中央批准海南建省办经济特区。30 年来，海南省切实履行党中央、国务院赋予的历史使命，大胆创新、奋勇拼搏，推动经济社会发展取得重大成就，把一个边陲海岛发展成为我国改革开放的重要窗口，实现了翻天覆地的变化，为全国提供了宝贵经验。实践证明，党中央关于海南建省和兴办经济特区的决策是完全正确的。

在中国特色社会主义进入新时代的大背景下，赋予海南经济特区改革开放新的使命，是习近平总书记亲自谋划、亲自部署、亲自推动的重大国家战略，必将对构建我国改革开放新格局产生重大而深远影响。支持海南全面深化改革开放有利于探索可复制可推广的经验，压茬拓展改革广度和深度，完善和发展中国特色社会主义制度；有利于我国主动参与和推动经济全球化进程，发展更高层次的开放型经济，加快推动形成全面开放新格局；有利于推动海南加快实现社会主义现代化，打造成新时代中国特色社会主义新亮点，彰显中国特色社会主义制度优越性，增强中华民族的凝聚力和向心力。

二、总体要求

(一) 指导思想。全面贯彻党的十九大和十九届二中、三中全会精神，以习近平新时代中国特色社会主义思想为指导，坚持党的全面领导，坚持稳中求进工作总基调，坚持新发展理念，统筹推进“五位一体”总体布局和协调推进“四个全面”战略布局，以供给侧结构性改革为主线，赋予海南经济特区改革开放新使命，建设自由贸易试验区和中国特色自由贸易港，解放思想、大胆创新，着力在建设现代化经济体系、实现高水平对外开放、提升旅游消费水平、服务国家重大战略、加强社会治理、打造一流生态环境、完善人才发展制度等方面进行探索，在贯彻落实党的十九大的重大决策部署上走在前列，打造实践中国特色社会主义的生动范例，开创新时代中国特色社会主义新局面，为把我国建设成为富强民主文明和谐美丽的社会主义现代化强国作出更大贡献。

（二）战略定位

——全面深化改革开放试验区。大力弘扬敢闯敢试、敢为人先、埋头苦干的特区精神，在经济体制改革和社会治理创新等方面先行先试。适应经济全球化新形势，实行更加积极主动的开放战略，探索建立开放型经济新体制，把海南打造成为我国面向太平洋和印度洋的重要对外开放门户。

——国家生态文明试验区。牢固树立和践行绿水青山就是金山银山的理念，坚定不移走生产发展、生活富裕、生态良好的文明发展道路，推动形成人与自然和谐发展的现代化建设新格局，为推进全国生态文明建设探索新经验。

——国际旅游消费中心。大力推进旅游消费领域对外开放，积极培育旅游消费新热点，下大气力提升服务质量和国际化水平，打造业态丰富、品牌集聚、环境舒适、特色鲜明的国际旅游消费胜地。

——国家重大战略服务保障区。深度融入海洋强国、“一带一路”建设、军民融合发展等重大战略，全面加强支撑保障能力建设，切实履行好党中央赋予的重要使命，提升海南在国家战略格局中的地位和作用。

（三）基本原则

——坚持和加强党对改革开放的领导。把党的领导贯穿于海南全面深化改革开放的全过程，增强“四个意识”，坚定“四个自信”，自觉维护以习近平同志为核心的党中央权威和集中统一领导，培育践行社会主义核心价值观，确保改革开放的社会主义方向。

——坚持整体推进和稳步实施。强化顶层设计，增强改革的系统性、协调性，使各项改革举措相互配合、相得益彰，提高改革整体效益。科学把握改革举措实施步骤，加强风险评估和跟踪预警，注重纠错调整，积极防范潜在风险。

——坚持统筹陆地和海洋保护发展。加强海洋生态文明建设，加大海洋保护力度，加强海洋权益维护，科学有序开发利用海洋资源，培育壮大特色海洋经济，形成陆海资源、产业、空间互动协调发展新格局。

——坚持发挥人才的关键性作用。坚持人才是第一资源，在人才培养、引进、使用上大胆创新，聚天下英才而用之，努力让各类人才引得进、留得住、用得好，使海南成为人才荟萃之岛、技术创新之岛。

（四）发展目标

到 2020 年，与全国同步实现全面建成小康社会目标，确保现行标准下农村贫困人口实现脱贫，贫困县全部摘帽；自由贸易试验区建设取得重要进展，国际开放度显著提高；公共服务体系更加健全，人民群众获得感明显增强；生态文明制度基本建立，生态环境质量持续保持全国一流水平。

到 2025 年，经济增长质量和效益显著提高；自由贸易港制度初步建立，营商环境达到国内一流水平；民主法制更加健全，治理体系和治理能力现代化水平明显提高；公共服务水平和质量达到国内先进水平，基本公共服务均等化基本实现；生态环境质量继续保持全国领先水平。

到 2035 年，在社会主义现代化建设上走在全国前列；自由贸易港的制度体系和运作模式更加成熟，营商环境跻身全球前列；人民生活更为宽裕，全体人民共同富裕迈出坚实步伐，优质公共服务和创新创业环境达到国际先进水平；生态环境质量和资源利用效率居于世界领先水平；现代社会治理格局基本形成，社会充满活力又和谐有序。

到本世纪中叶，率先实现社会主义现代化，形成高度市场化、国际化、法治化、现代化的制度体系，成为综合竞争力和文化影响力领先的地区，全体人民共同富裕基本实现，建成经济繁荣、社会文明、生态宜居、人民幸福的美好新海南。

三、建设现代化经济体系

坚持质量第一、效益优先，以供给侧结构性改革为主线，推动经济发展质量变革、效率变革、动力变革，提高全要素生产率，加快建立开放型生态型服务型产业体系，进一步完善社会主义市场经济体制，不断增强海南的经济创新力和竞争力。

（五）深化供给侧结构性改革。坚持把实体经济作为发展经济的着力点，紧紧围绕提高供给体系质量，支持海南传统产业优化升级，加快发展现代服务业，培育新动能。推动旅游业转型升级，加快构建以观光旅游为基础、休闲度假为重点、文体旅游和健康旅游为特色的旅游产业体系，推进全域旅游发展。瞄准国际先进水平，大力发展现代服务业，加快服务贸易创新发展。统筹实施网络强国战略、大数据战略、“互联网+”行动，大力推进新一代信息技术产业发展，推动互联网、物联网、大数据、卫星导航、人工智能和实体经济深度融合。鼓励发展虚拟现实技术，大力发展数字创意产业。高起点发展海洋经济，积极推进南海天然气水合物、海底矿物商业化开采，鼓励民营企业参与南海资源开发，加快培育海洋生物、海水淡化与综合利用、海洋可再生能源、海洋工程装备研发与应用等新兴产业，支持建设现代化海洋牧场。实施乡村振兴战略，做强做优热带特色高效农业，打造国家热带现代农业基地，支持创设海南特色农产品期货品种，加快推进农业农村现代化。

（六）实施创新驱动发展战略。面向深海探测、海洋资源开发利用、航天应用等战略性领域，支持海南布局建设一批重大科研基础设施与条件平台，建设航天领域重大科技创新基地和国家深海基地南方中心，打造空间科技创新战略高地。加强国家南繁科研育种基地（海南）建设，打造国家热带农业科学中心，支持海南建设全球动植物种质资源引进中转基地。设立海南国际离岸创新创业示范区。建立符合科研规律的科技创新管理制度和国际科技合作机制。鼓励探索知识产权证券化，完善知识产权信用担保机制。

（七）深入推进经济体制改革。深化国有企业改革，推进集团层面混合所有制改革，健全公司法人治理结构，完善现代企业制度。完善各类国有资产管理体制，探索政府直接授权国有资本投资、运营公司，加快国有企业横向联合、纵向整合和专业化重组，推动国有资本做强做优做大。完善产权保护制度，加强政务诚信和营商环境建设，清理废除妨碍统一市场和公平竞争的规定与做法，严厉打击不正当竞争行为，激发和保护企业家精神，支持民营企业发展，鼓励更多市场主体和社会主体投身创新创业。深化农垦改革，推进垦区集团化、农场企业化改革，有序推行土地资产化和资本化，鼓励社会资本通过设立农业产业投资基金、农垦产业发展股权投资基金等方式，参与农垦项目和国有农场改革。扎实推进房地一体的农村集体建设用地和宅基地使用权确权登记颁证，在海南全省统筹推进农村土地征收、集体经营性建设用地入市、宅基地制度改革试点，建立不同权属、不同用途建设用地合理比价调节机制和增值收益分配机制，统筹不同地区、拥有不同类型土地的农民收益。支持依法合规在海南设立国际能源、航运、大宗商品、产权、股权、碳排放权等交易场所。创新投融资方式，规范运用政府和社会资本合作（PPP）模式，引导社会资本参与基础设施和民生事业。支持海南以电力和天然气体制改革为重点，开展能源综合改革。理顺民用机场管理体制，先行先试通用航空分类管理改革。

（八）提高基础设施网络化智能化水平。按照适度超前、互联互通、安全高效、智能绿色的原则，大力实施一批重大基础设施工程，加快构建现代基础设施体系。建设“数字海南”，推进城乡光纤网络和高速移动通信网络全覆盖，加快实施信息进村入户工程，着力提升南海海域通信保障能力。落实国家网络安全等级保护制度，提升网络安全保障水平。推进海口机场改扩建工程，开展三亚新机场、儋州机场、东方/五指山机场前期工作，加密海南直达全球主要客源地的国际航线。优化整合港口资源，重点支持海口、洋浦港做优做强。推进电网主网架结构建设和城乡电网智能化升级改造，开展智能电网、微电网等示范项目建设。构建覆盖城乡的供气管网。加强城市地下空间利用和综合管廊建设。完善海岛型水利设施网络。

四、推动形成全面开放新格局

坚持全方位对外开放，按照先行先试、风险可控、分步推进、突出特色的原则，第一步，在海南全境建设自由贸易试验区，赋予其现行自由贸易试验区试点政策；第二步，探索实行符合海南发展定位的自由贸易港政策。

（九）高标准高质量建设自由贸易试验区。以现有自由贸易试验区试点内容为主体，结合海南特点，建设中国（海南）自由贸易试验区，实施范围为海南岛全岛。以制度创新为核心，赋予更大改革自主权，支持海南大胆试、大胆闯、自主改，加快形成法治化、国际化、便利化的营商环境和公平统一高效的市场环境。更大力度转变政府职能，深化简政放权、放管结合、优化服务改革，全面提升政府治理能力。实行高水平的贸易和投资自由化便利化政策，对外资全面实行准入前国民待遇加负面清单管理制度，围绕种业、医疗、教育、体育、电信、互联网、文化、维修、金融、航运等重点领域，深化现代农业、高新技术产业、现代服务业对外开放，推动服务贸易加快发展，保护外商投资合法权益。推进航运逐步开放。发挥海南岛全岛试点的整体优势，加强改革系统集成，力争取得更多制度创新成果，彰显全面深化改革和扩大开放试验田作用。

（十）探索建设中国特色自由贸易港。根据国家发展需要，逐步探索、稳步推进海南自由贸易港建设，分步骤、分阶段建立自由贸易港政策体系。海南自由贸易港建设要体现中国特色，符合海南发展定位，学习借鉴国际自由贸易港建设经验，不以转口贸易和加工制造为重点，而以发展旅游业、现代服务业和高新技术产业为主导，更加强调通过人的全面发展，充分激发发展活力和创造力，打造更高层次、更高水平的开放型经济。及时总结59国外国人入境旅游免签政策实施效果，加大出入境安全措施建设，为进一步扩大免签创造条件。完善国际贸易“单一窗口”等信息化平台。积极吸引外商投资以及先进技术、管理经验，支持外商全面参与自由贸易港建设。在内外贸、投融资、财政税务、金融创新、出入境等方面探索更加灵活的政策体系、监管模式和管理体制，打造开放层次更高、营商环境更优、辐射作用更强的开放新高地。

（十一）加强风险防控体系建设。出台有关政策要深入论证、严格把关，成熟一项推出一项。打好防范化解重大风险攻坚战，有效履行属地金融监管职责，构建金融宏观审慎管理体系，建立金融监管协调机制，加强对重大风险的识别和系统性金融风险的防范，严厉打击洗钱、恐怖融资及逃税等金融犯罪活动，有效防控金融风险。优化海关监管方式，强化进出境安全准入管理，完善对国家禁止和限制入境货物、物品的监管，高效精准打击走私活动。建立检验检疫风险分类监管综合评定机制。强化企业投资经营事中事后监管，实行“双随机、一公开”监管全覆盖。

五、创新促进国际旅游消费中心建设的体制机制

深入推进国际旅游岛建设，不断优化发展环境，进一步开放旅游消费领域，积极培育旅游消费新

业态、新热点，提升高端旅游消费水平，推动旅游消费提质升级，进一步释放旅游消费潜力，积极探索消费型经济发展的新路径。

（十二）拓展旅游消费发展空间。实施更加开放便利的离岛免税购物政策，实现离岛旅客全覆盖，提高免税购物限额。支持海南开通跨国邮轮旅游航线，支持三亚等邮轮港口开展公海游航线试点，加快三亚向邮轮母港方向发展。放宽游艇旅游管制。有序推进西沙旅游资源开发，稳步开放海岛游。全面落实完善博鳌乐城国际医疗旅游先行区政策，鼓励医疗新技术、新装备、新药品的研发应用，制定支持境外患者到先行区诊疗的便利化政策。推动文化和旅游融合发展，大力发展动漫游戏、网络文化、数字内容等新兴文化消费，促进传统文化消费升级。允许外资在海南试点设立在本省经营的演出经纪机构，允许外资在海南省内经批准的文化旅游产业集聚区设立演出场所经营单位，演出节目需符合国家法律和政策规定。允许旅游酒店经许可接收国家批准落地的境外电视频道。支持在海南建设国家体育训练南方基地和省级体育中心，鼓励发展沙滩运动、水上运动、赛马运动等项目，支持打造国家体育旅游示范区。探索发展竞猜型体育彩票和大型国际赛事即开彩票。探索从空间规划、土地供给、资源利用等方面支持旅游项目建设。

（十三）提升旅游消费服务质量。鼓励海南旅游企业优化重组，支持符合条件的企业上市融资，促进旅游产业规模化、品牌化、网络化经营，形成一批具有国际竞争力的旅游集团。推进经济型酒店连锁经营，鼓励发展各类生态、文化主题酒店和特色化、中小型家庭旅馆，积极引进国内外高端酒店集团和著名酒店管理品牌。高标准布局建设具有国际影响力的大型消费商圈，完善“互联网+”消费生态体系，鼓励建设“智能店铺”“智慧商圈”，支持完善跨境消费服务功能。加强旅游公共服务设施的统筹规划和建设。健全旅游服务的标准体系、监管体系、诚信体系、投诉体系，建立企业信誉等级评价、重大信息公告、消费投诉信息和违规记录公示制度。严厉打击扰乱旅游市场秩序的违法违规行为，完善旅游纠纷调解机制，切实维护旅游者合法权益。支持海南整合旅游营销资源，强化整体宣传营销，促进海南旅游形象提升。

（十四）大力推进旅游消费国际化。支持海南积极引进国际优质资本和智力资源，采用国际先进理念进行旅游资源保护和开发。允许在海南注册的符合条件的中外合资旅行社从事除台湾地区以外的出境旅游业务。支持海南积极参与国际旅游合作与分工，与国际组织和企业在引资引智、市场开发、教育培训、体育赛事等方面开展务实合作。加快建立与国际通行规则相衔接的旅游管理体制，推动更多企业开展国际标准化组织（ISO）质量和环境管理体系认证，提升企业管理水平。系统提升旅游设施和旅游要素的国际化、标准化、信息化水平。指导海南进一步办好国际体育赛事，支持再引入一批国际一流赛事。支持海南举办国际商品博览会和国际电影节。

六、服务和融入国家重大战略

支持海南履行好党中央赋予的重要使命，持续加强支撑保障能力建设，更好服务海洋强国、“一带一路”建设、军民融合发展等国家重大战略实施。

（十五）加强南海维权和开发服务保障能力建设。加快完善海南的维权、航运、渔业等重点基础设施，显著提升我国对管辖海域的综合管控和开发能力。实施南海保障工程，建立完善的救援保障体系。保障法院行使对我国管辖海域的司法管辖权。支持三亚海上旅游合作开发基地、澄迈等油气勘探生产服务基地建设。加强重点渔港和避风港建设。

（十六）深化对外交往与合作。充分利用博鳌亚洲论坛等国际交流平台，推动海南与“一带一路”沿线国家和地区开展更加务实高效的合作，建设21世纪海上丝绸之路重要战略支点。鼓励境外机构落户海南。支持海南推进总部基地建设，鼓励跨国企业、国内大型企业集团在海南设立国际总部和区域总部。支持在海南设立21世纪海上丝绸之路文化、教育、农业、旅游交流平台，推动琼海农业对外开放合作试验区建设。加强海南与东南亚国家的沟通交流，重点开展旅游、环境保护、海洋渔业、人文交流、创新创业、防灾减灾等领域合作。

（十七）推进军民融合深度发展。落实经济建设项目贯彻国防要求的有关部署，加强军地在基础设施、科技、教育和医疗服务等领域的统筹发展，建立军地共商、科技共兴、设施共建、后勤共保的体制机制，将海南打造成为军民融合发展示范基地。依托海南文昌航天发射场，推动建设海南文昌国际航天城。完善南海岛礁民事服务设施与功能，建设生态岛礁，打造南海军民融合精品工程。深化空域精细化管理改革，提升军民航空域使用效率。完善军地土地置换政策，保障军事用地需求，促进存量土地盘活利用。建设国家战略能源储备基地。

（十八）加强区域合作交流互动。依托泛珠三角区域合作机制，鼓励海南与有关省区共同参与南海保护与开发，共建海洋经济示范区、海洋科技合作区。密切与香港、澳门在海事、海警、渔业、海上搜救等领域的合作，积极对接粤港澳大湾区建设。加强与台湾地区在教育、医疗、现代农业、海洋资源保护与开发等领域的合作。深化琼州海峡合作，推进港航、旅游协同发展。

七、加强和创新社会治理

始终坚持以人民为中心的发展思想，完善公共服务体系，加强社会治理制度建设，不断满足人民日益增长的美好生活需要，形成有效的社会治理、良好的社会秩序，使人民获得感、幸福感、安全感更加充实、更有保障、更可持续。

（十九）健全改善民生长效机制。坚决打赢精准脱贫攻坚战，建立稳定脱贫长效机制，促进脱贫提质增效。深化户籍制度改革，有序推进农业转移人口市民化，推动基本公共服务覆盖全部常住人口。大力实施基础教育提质工程，全面提升学前教育和中小学教育质量。完善劳动用工制度，健全最低工资标准调整和工资支付保障长效机制。开展激发重点群体增收活力改革试点，推进事业单位改革和人才评价机制改革，在国家政策框架内，加快完善与自由贸易试验区和自由贸易港建设相适应、体现工作绩效和分级分类管理的机关事业单位工资分配政策。创新社会救助模式，完善专项救助制度，在重点保障城乡低保对象、特困人员的基础上，将专项救助向低收入家庭延伸。全面实施全民参保计划。建立和完善房地产长效机制，防止房价大起大落。继续深化医药卫生体制改革。

（二十）打造共建共治共享的社会治理格局。加强预防和化解社会矛盾机制建设，正确处理人民内部矛盾。加强人口动态数据收集分析，建立人口监测预警报告制度。推动建立以社会保障卡为载体的“一卡通”服务管理模式。探索行业协会商会类、科技类、公益慈善类、城乡社区服务类社会组织依法直接登记制度，支持社会组织在规范市场秩序、开展行业监管、加强行业自律、调解贸易纠纷等方面发挥更大作用，推进行业协会商会脱钩改革。全面加强基层治理，统筹推进基层政权建设和基层群众自治，促进乡镇（街道）治理和城乡社区治理有效衔接，构建简约高效的基层管理体制。全面推进社会信用体系建设，加快构建守信激励和失信惩戒机制。围绕行政管理、司法管理、城市管理、环境保护等社会治理的热点难点问题，促进人工智能技术应用，提高社会治理智能化水平。

（二十一）深化行政体制改革。全面贯彻党的十九届三中全会精神，认真落实《中共中央关于深化党和国家机构改革的决定》《深化党和国家机构改革方案》，坚决维护党中央权威和集中统一领导，率先完成地方党政机构改革。深化“放管服”改革，在进一步简政放权、放管结合、优化服务方面走在全国前列，推动自由贸易试验区和自由贸易港建设。按照宜放则放、不宜放则不放的原则，赋予海南省级政府更多自主权，将贴近基层和群众的管理服务事务交由下级政府承担。推进海南行政区划改革创新，优化行政区划设置和行政区划结构体系。支持海南按照实际需要统筹使用各类编制资源。深化“多规合一”改革，推动形成全省统一的空间规划体系。积极探索与行政体制改革相适应的司法体制改革。

八、加快生态文明体制改革

牢固树立社会主义生态文明观，像对待生命一样对待生态环境，实行最严格的生态环境保护制度，还自然以宁静、和谐、美丽，提供更多优质生态产品以满足人民日益增长的优美生态环境需要，谱写美丽中国海南篇章。

（二十二）完善生态文明制度体系。加快建立健全生态文明建设长效机制，压紧压实生态环境保护责任。率先建立生态环境和资源保护现代监管体制，设立国有自然资源资产管理和自然生态监管机构。落实环境保护“党政同责、一岗双责”，构建以绿色发展为导向的评价考核体系，严格执行党政领导干部自然资源资产离任审计、生态环境损害责任追究制度。编制自然资源资产负债表，实行省以下环保机构监测监察执法垂直管理制度。支持海南在建立完善自然资源资产产权制度和有偿使用制度方面率先进行探索。加快完善生态保护成效与财政转移支付资金分配相挂钩的生态保护补偿机制。全面实施河长制、湖长制、湾长制、林长制。探索建立水权制度。鼓励海南国家级、省级自然保护区依法合规探索开展森林经营先行先试。加强对海洋生态环境的司法保护。开展海洋生态系统碳汇试点。研究构建绿色标准体系，建立绿色产品政府采购制度，创建绿色发展示范区。实行碳排放总量和能耗增量控制。建立环境污染“黑名单”制度，健全环保信用评价、信息强制性披露、严惩重罚等制度。在环境高风险领域建立环境污染强制责任保险制度。

（二十三）构建国土空间开发保护制度。深入落实主体功能区战略，健全国土空间用途管制制度，完善主体功能区配套政策，制定实施海南省海洋主体功能区规划。完成生态保护红线、永久基本农田、城镇开发边界和海洋生物资源保护线、围填海控制线划定工作，严格自然生态空间用途管制。实行最严格的节约用地制度，实施建设用地总量和强度双控行动，推进城市更新改造，对低效、零散用地进行统筹整合、统一开发，确保海南建设用地总量在现有基础上不增加，人均城镇工矿用地和单位国内生产总值建设用地使用面积稳步下降。加强自然保护区监督管理。研究设立热带雨林等国家公园，构建以国家公园为主体的自然保护地体系，按照自然生态系统整体性、系统性及其内在规律实行整体保护、系统修复、综合治理。实施重要生态系统保护和修复重大工程，构建生态廊道和生物多样性保护网络，提升生态系统质量和稳定性。鼓励在重点生态区位推行商品林赎买制度，探索通过租赁、置换、地役权合同等方式规范流转集体土地和经济林，逐步恢复和扩大热带雨林等自然生态空间。实施国家储备林质量精准提升工程，建设乡土珍稀树种木材储备基地。对生态环境脆弱和敏感区域内居民逐步实施生态移民搬迁。严格保护海洋生态环境，更加重视以海定陆，加快建立重点海域入海污染物总量控制制度，制定实施海岸带保护与利用综合规划。

（二十四）推动形成绿色生产生活方式。坚持“绿色、循环、低碳”理念，建立产业准入负面清单制度，全面禁止高能耗、高污染、高排放产业和低端制造业发展，推动现有制造业向智能化、绿色化和服务型转变，加快构建绿色产业体系。实施能源消费总量和强度双控行动。支持海南建设生态循环农业示范省，加快创建农业绿色发展先行区。实行生产者责任延伸制度，推动生产企业切实落实废弃产品回收责任。减少煤炭等化石能源消耗，加快构建安全、绿色、集约、高效的清洁能源供应体系。建立闲置房屋盘活利用机制，鼓励发展度假民宿等新型租赁业态。探索共享经济发展新模式，在出行、教育、职业培训等领域开展试点示范。科学合理控制机动车保有量，加快推广新能源汽车和节能环保汽车，在海南岛逐步禁止销售燃油汽车。全面禁止在海南生产、销售和使用一次性不可降解塑料袋、塑料餐具，加快推进快递业绿色包装应用。

九、完善人才发展制度

实施人才强国战略，深化人才发展体制机制改革，实行更加积极、更加开放、更加有效的人才政策，加快形成人人渴望成才、人人努力成才、人人皆可成才、人人尽展其才的良好环境。

（二十五）创新人才培养支持机制。鼓励海南充分利用国内外优质教育培训资源，加强教育培训合作，培养高水平的国际化人才。支持海南大学创建世界一流学科，支持相关高校培育建设重点实验室。鼓励国内知名高校和研究机构在海南设立分支机构。完善职业教育和培训体系，深化产教融合、校企合作，鼓励社会力量通过独资、合资、合作等多种形式举办职业教育。鼓励海南引进境外优质教育资源，举办高水平中外合作办学机构和项目，探索建立本科以上层次中外合作办学项目部省联合审批机制。支持海南通过市场化方式设立专业人才培养专项基金。完善促进终身教育培训的体制机制。

（二十六）构建更加开放的引才机制。加大国家级人才计划对海南省人才队伍建设的支持力度。紧紧围绕强化公益属性的目标深化事业单位改革，除仅为机关提供支持保障的事业单位外，原则上取消行政级别，允许改革后的事业单位结合实际完善有利于激励人才的绩效工资内部分配办法。促进教师、医生、科研人员等合理流动。创新"候鸟型"人才引进和使用机制，设立"候鸟"人才工作站，允许内地国企、事业单位的专业技术和管理人才按规定在海南兼职兼薪、按劳取酬。支持海南开展国际人才管理改革试点，允许外籍和港澳台地区技术技能人员按规定在海南就业、永久居留。允许在中国高校获得硕士及以上学位的优秀外国留学生在海南就业和创业，扩大海南高校留学生规模。支持海南探索建立吸引外国高科技人才的管理制度。

（二十七）建设高素质专业化干部队伍。坚持党管干部原则，坚持正确选人用人导向，突出政治标准，注重培养专业能力、专业精神，增强干部队伍助推海南全面深化改革开放的能力。推进公务员聘任制和分类管理改革，拓宽社会优秀人才进入党政干部队伍渠道，允许在专业性较强的政府机构设置高端特聘职位，实施聘期管理和协议工资。加强海南与国内发达地区的公务员学习交流，开展公务员国际交流合作，稳妥有序开展公务人员境外培训。加强优秀后备干部储备，完善鼓励干部到基层一线、困难艰苦地区历练的机制。

（二十八）全面提升人才服务水平。加大优质公共服务供给，满足人才对高品质公共服务的需求。大力引进优质医疗资源，鼓励社会力量发展高水平医疗机构，推进国际国内医疗资源合作，积极引进优秀卫生专业技术人员。深度推进跨省异地就医住院医疗费用直接结算，鼓励发展商业补充保险。推进社会养老服务设施建设。加快数字图书馆、数字博物馆、网上剧院等建设，构建标准统一、互联互通的公共数字文化服务网络。出台专门政策解决引进人才的任职、住房、就医、社保、子女教育等问题。

十、保障措施

毫不动摇加强党对改革开放的领导，进一步强化政策支持，建立健全"中央统筹、部门支持、省抓落实"的工作机制，坚定自觉地把党中央、国务院的决策部署落到实处。

（二十九）加强党的领导。坚持党对一切工作的领导，充分发挥党总揽全局、协调各方的作用。海南省委要把党的政治建设摆在首位，用习近平新时代中国特色社会主义思想武装海南党员干部。着眼于健全加强党的全面领导的制度，优化党的组织机构，建立健全省委对全面深化改革开放工作的领导体制机制，更好发挥党的职能部门作用，提高党把方向、谋大局、定政策、促改革的能力和定力。加强基层党组织建设，着力提升组织力，增强政治功能，引导广大党员发挥先锋模范作用，把基层党组织建设成为推动海南全面深化改革开放的坚强战斗堡垒。完善体现新发展理念和正确政绩观要求的干部考核评价体系，建立激励机制和容错纠错机制，旗帜鲜明地为敢于担当、踏实做事、不谋私利的干部撑腰鼓劲。牢牢掌握意识形态工作领导权，把社会主义核心价值观融入社会发展各方面，坚定文化自信。持之以恒正风肃纪，强化纪检监察工作，营造风清气正良好环境。深化政治巡视。全面落实监察法。

（三十）强化政策保障。本意见提出的各项改革政策措施，凡涉及调整现行法律或行政法规的，经全国人大或国务院统一授权后实施。中央有关部门根据海南省建设自由贸易试验区、探索实行符合海南发展定位的自由贸易港政策需要，及时向海南省下放相关管理权限，给予充分的改革自主权。按照市场化方式，设立海南自由贸易港建设投资基金。深化司法体制综合配套改革，全面落实司法责任制，实行法院、检察院内设机构改革试点，建立法官、检察官员额退出机制。支持建立国际经济贸易仲裁机构和国际争端调解机构等多元纠纷解决机构。

（三十一）完善实施机制。海南省要发挥主体责任，主动作为、真抓实干，敢为人先、大胆探索，以“功成不必在我”的精神境界和“功成必定有我”的历史担当，一任接着一任干，一茬接着一茬干，将蓝图一绘到底。要制定预案，稳定市场预期，坚决防范炒房炒地投机行为。研究建立重大问题协调机制，统筹推进海南全面深化改革开放工作。中央有关部门要真放真改真支持，切实贯彻落实本意见提出的各项任务和政策措施，会同海南省抓紧制定实施方案。国家发展改革委要加强综合协调，强化督促检查，适时组织对本意见实施情况进行评估，及时发现问题并提出整改建议，重大事项向党中央、国务院报告。

中共中央 国务院
关于全面加强生态环境保护
坚决打好污染防治攻坚战的意见

（2018年6月16日）
中发〔2018〕17号

良好生态环境是实现中华民族永续发展的内在要求，是增进民生福祉的优先领域。为深入学习贯彻习近平新时代中国特色社会主义思想和党的十九大精神，决胜全面建成小康社会，全面加强生态环境保护，打好污染防治攻坚战，提升生态文明，建设美丽中国，现提出如下意见。

一、深刻认识生态环境保护面临的形势

党的十八大以来，以习近平同志为核心的党中央把生态文明建设作为统筹推进“五位一体”总体布局和协调推进“四个全面”战略布局的重要内容，谋划开展了一系列根本性、长远性、开创性工作，推动生态文明建设和生态环境保护从实践到认识发生了历史性、转折性、全局性变化。各地区各部门认真贯彻落实党中央、国务院决策部署，生态文明建设和生态环境保护制度体系加快形成，全面节约资源有效推进，大气、水、土壤污染防治行动计划深入实施，生态系统保护和修复重大工程进展顺利，核与辐射安全得到有效保障，生态文明建设成效显著，美丽中国建设迈出重要步伐，我国成为全球生态文明建设的重要参与者、贡献者、引领者。

同时，我国生态文明建设和生态环境保护面临不少困难和挑战，存在许多不足。一些地方和部门对生态环境保护认识不到位，责任落实不到位；经济社会发展同生态环境保护的矛盾仍然突出，资源环境承载能力已经达到或接近上限；城乡区域统筹不够，新老环境问题交织，区域性、布局性、结构性环境风险凸显，重污染天气、黑臭水体、垃圾围城、生态破坏等问题时有发生。这些问题，成为重要的民生之患、民心之痛，成为经济社会可持续发展的瓶颈制约，成为全面建成小康社会的明显短板。

进入新时代，解决人民日益增长的美好生活需要和不平衡不充分的发展之间的矛盾对生态环境保护提出许多新要求。当前，生态文明建设正处于压力叠加、负重前行的关键期，已进入提供更多优质生态产品以满足人民日益增长的优美生态环境需要的攻坚期，也到了有条件有能力解决突出生态环境问题的窗口期。必须加大力度、加快治理、加紧攻坚，打好标志性的重大战役，为人民创造良好生产生活环境。

二、深入贯彻习近平生态文明思想

习近平总书记传承中华民族传统文化、顺应时代潮流和人民意愿，站在坚持和发展中国特色社会

主义、实现中华民族伟大复兴中国梦的战略高度，深刻回答了为什么建设生态文明、建设什么样的生态文明、怎样建设生态文明等重大理论和实践问题，系统形成了习近平生态文明思想，有力指导生态文明建设和生态环境保护取得历史性成就、发生历史性变革。

坚持生态兴则文明兴。建设生态文明是关系中华民族永续发展的根本大计，功在当代、利在千秋，关系人民福祉，关乎民族未来。

坚持人与自然和谐共生。保护自然就是保护人类，建设生态文明就是造福人类。必须尊重自然、顺应自然、保护自然，像保护眼睛一样保护生态环境，像对待生命一样对待生态环境，推动形成人与自然和谐发展现代化建设新格局，还自然以宁静、和谐、美丽。

坚持绿水青山就是金山银山。绿水青山既是自然财富、生态财富，又是社会财富、经济财富。保护生态环境就是保护生产力，改善生态环境就是发展生产力。必须坚持和贯彻绿色发展理念，平衡和处理好发展与保护的关系，推动形成绿色发展方式和生活方式，坚定不移走生产发展、生活富裕、生态良好的文明发展道路。

坚持良好生态环境是最普惠的民生福祉。生态文明建设同每个人息息相关。环境就是民生，青山就是美丽，蓝天也是幸福。必须坚持以人民为中心，重点解决损害群众健康的突出环境问题，提供更多优质生态产品。

坚持山水林田湖草是生命共同体。生态环境是统一的有机整体。必须按照系统工程的思路，构建生态环境治理体系，着力扩大环境容量和生态空间，全方位、全地域、全过程开展生态环境保护。

坚持用最严格制度最严密法治保护生态环境。保护生态环境必须依靠制度、依靠法治。必须构建产权清晰、多元参与、激励约束并重、系统完整的生态文明制度体系，让制度成为刚性约束和不可触碰的高压线。

坚持建设美丽中国全民行动。美丽中国是人民群众共同参与共同建设共同享有的事业。必须加强生态文明宣传教育，牢固树立生态文明价值观念和行为准则，把建设美丽中国化为全民自觉行动。

坚持共谋全球生态文明建设。生态文明建设是构建人类命运共同体的重要内容。必须同舟共济、共同努力，构筑尊崇自然、绿色发展的生态体系，推动全球生态环境治理，建设清洁美丽世界。

习近平生态文明思想为推进美丽中国建设、实现人与自然和谐共生的现代化提供了方向指引和根本遵循，必须用以武装头脑、指导实践、推动工作。要教育广大干部增强“四个意识”，树立正确政绩观，把生态文明建设重大部署和重要任务落到实处，让良好生态环境成为人民幸福生活的增长点、成为经济社会持续健康发展的支撑点、成为展现我国良好形象的发力点。

三、全面加强党对生态环境保护的领导

加强生态环境保护、坚决打好污染防治攻坚战是党和国家的重大决策部署，各级党委和政府要强化对生态文明建设和生态环境保护的总体设计和组织领导，统筹协调处理重大问题，指导、推动、督促各地区各部门落实党中央、国务院重大政策措施。

（一）落实党政主体责任。落实领导干部生态文明建设责任制，严格实行党政同责、一岗双责。地方各级党委和政府必须坚决扛起生态文明建设和生态环境保护的政治责任，对本行政区域的生态环境保护工作及生态环境质量负总责，主要负责人是本行政区域生态环境保护第一责任人，至少每季度研究一次生态环境保护工作，其他有关领导成员在职责范围内承担相应责任。各地要制定责任清单，把任务分解落实到有关部门。抓紧出台中央和国家机关相关部门生态环境保护责任清单。各相关部门要履行好生态环境保护职责，制定生态环境保护年度工作计划和措施。各地区各部门落实情况每年向党

中央、国务院报告。

健全环境保护督察机制。完善中央和省级环境保护督察体系，制定环境保护督察工作规定，以解决突出生态环境问题、改善生态环境质量、推动高质量发展为重点，夯实生态文明建设和生态环境保护政治责任，推动环境保护督察向纵深发展。完善督查、交办、巡查、约谈、专项督察机制，开展重点区域、重点领域、重点行业专项督察。

（二）强化考核问责。制定对省（自治区、直辖市）党委、人大、政府以及中央和国家机关有关部门污染防治攻坚战成效考核办法，对生态环境保护立法执法情况、年度工作目标任务完成情况、生态环境质量状况、资金投入使用情况、公众满意程度等相关方面开展考核。各地参照制定考核实施细则。开展领导干部自然资源资产离任审计。考核结果作为领导班子和领导干部综合考核评价、奖惩任免的重要依据。

严格责任追究。对省（自治区、直辖市）党委和政府以及负有生态环境保护责任的中央和国家机关有关部门贯彻落实党中央、国务院决策部署不坚决不彻底、生态文明建设和生态环境保护责任制执行不到位、污染防治攻坚任务完成严重滞后、区域生态环境问题突出的，约谈主要负责人，同时责成其向党中央、国务院作出深刻检查。对年度目标任务未完成、考核不合格的市、县，党政主要负责人和相关领导班子成员不得评优评先。对在生态环境方面造成严重破坏负有责任的干部，不得提拔使用或者转任重要职务。对不顾生态环境盲目决策、违法违规审批开发利用规划和建设项目的，对造成生态环境质量恶化、生态严重破坏的，对生态环境事件多发高发、应对不力、群众反映强烈的，对生态环境保护责任没有落实、推诿扯皮、没有完成工作任务的，依纪依法严格问责、终身追责。

四、总体目标和基本原则

（一）总体目标。到 2020 年，生态环境质量总体改善，主要污染物排放总量大幅减少，环境风险得到有效管控，生态环境保护水平同全面建成小康社会目标相适应。

具体指标：全国细颗粒物（$PM_{2.5}$）未达标地级及以上城市浓度比 2015 年下降 18%以上，地级及以上城市空气质量优良天数比率达到 80%以上；全国地表水Ⅰ－Ⅲ类水体比例达到 70%以上，劣Ⅴ类水体比例控制在 5%以内；近岸海域水质优良（一、二类）比例达到 70%左右；二氧化硫、氮氧化物排放量比 2015 年减少 15%以上，化学需氧量、氨氮排放量减少 10%以上；受污染耕地安全利用率达到 90%左右，污染地块安全利用率达到 90%以上；生态保护红线面积占比达到 25%左右；森林覆盖率达到 23.04%以上。

通过加快构建生态文明体系，确保到 2035 年节约资源和保护生态环境的空间格局、产业结构、生产方式、生活方式总体形成，生态环境质量实现根本好转，美丽中国目标基本实现。到本世纪中叶，生态文明全面提升，实现生态环境领域国家治理体系和治理能力现代化。

（二）基本原则

——坚持保护优先。落实生态保护红线、环境质量底线、资源利用上线硬约束，深化供给侧结构性改革，推动形成绿色发展方式和生活方式，坚定不移走生产发展、生活富裕、生态良好的文明发展道路。

——强化问题导向。以改善生态环境质量为核心，针对流域、区域、行业特点，聚焦问题、分类施策、精准发力，不断取得新成效，让人民群众有更多获得感。

——突出改革创新。深化生态环境保护体制机制改革，统筹兼顾、系统谋划，强化协调、整合力量，区域协作、条块结合，严格环境标准，完善经济政策，增强科技支撑和能力保障，提升生态环境治理的系统性、整体性、协同性。

——注重依法监管。完善生态环境保护法律法规体系，健全生态环境保护行政执法和刑事司法衔接机制，依法严惩重罚生态环境违法犯罪行为。

——推进全民共治。政府、企业、公众各尽其责、共同发力，政府积极发挥主导作用，企业主动承担环境治理主体责任，公众自觉践行绿色生活。

五、推动形成绿色发展方式和生活方式

坚持节约优先，加强源头管控，转变发展方式，培育壮大新兴产业，推动传统产业智能化、清洁化改造，加快发展节能环保产业，全面节约能源资源，协同推动经济高质量发展和生态环境高水平保护。

（一）促进经济绿色低碳循环发展。对重点区域、重点流域、重点行业和产业布局开展规划环评，调整优化不符合生态环境功能定位的产业布局、规模和结构。严格控制重点流域、重点区域环境风险项目。对国家级新区、工业园区、高新区等进行集中整治，限期进行达标改造。加快城市建成区、重点流域的重污染企业和危险化学品企业搬迁改造，2018 年年底前，相关城市政府就此制定专项计划并向社会公开。促进传统产业优化升级，构建绿色产业链体系。继续化解过剩产能，严禁钢铁、水泥、电解铝、平板玻璃等行业新增产能，对确有必要新建的必须实施等量或减量置换。加快推进危险化学品生产企业搬迁改造工程。提高污染排放标准，加大钢铁等重点行业落后产能淘汰力度，鼓励各地制定范围更广、标准更严的落后产能淘汰政策。构建市场导向的绿色技术创新体系，强化产品全生命周期绿色管理。大力发展节能环保产业、清洁生产产业、清洁能源产业，加强科技创新引领，着力引导绿色消费，大力提高节能、环保、资源循环利用等绿色产业技术装备水平，培育发展一批骨干企业。大力发展节能和环境服务业，推行合同能源管理、合同节水管理，积极探索区域环境托管服务等新模式。鼓励新业态发展和模式创新。在能源、冶金、建材、有色、化工、电镀、造纸、印染、农副食品加工等行业，全面推进清洁生产改造或清洁化改造。

（二）推进能源资源全面节约。强化能源和水资源消耗、建设用地等总量和强度双控行动，实行最严格的耕地保护、节约用地和水资源管理制度。实施国家节水行动，完善水价形成机制，推进节水型社会和节水型城市建设，到 2020 年，全国用水总量控制在 6 700 亿立方米以内。健全节能、节水、节地、节材、节矿标准体系，大幅降低重点行业和企业能耗、物耗，推行生产者责任延伸制度，实现生产系统和生活系统循环链接。鼓励新建建筑采用绿色建材，大力发展装配式建筑，提高新建绿色建筑比例。以北方采暖地区为重点，推进既有居住建筑节能改造。积极应对气候变化，采取有力措施确保完成 2020 年控制温室气体排放行动目标。扎实推进全国碳排放权交易市场建设，统筹深化低碳试点。

（三）引导公众绿色生活。加强生态文明宣传教育，倡导简约适度、绿色低碳的生活方式，反对奢侈浪费和不合理消费。开展创建绿色家庭、绿色学校、绿色社区、绿色商场、绿色餐馆等行动。推行绿色消费，出台快递业、共享经济等新业态的规范标准，推广环境标志产品、有机产品等绿色产品。提倡绿色居住，节约用水用电，合理控制夏季空调和冬季取暖室内温度。大力发展公共交通，鼓励自行车、步行等绿色出行。

六、坚决打赢蓝天保卫战

编制实施打赢蓝天保卫战三年作战计划，以京津冀及周边、长三角、汾渭平原等重点区域为主战

场，调整优化产业结构、能源结构、运输结构、用地结构，强化区域联防联控和重污染天气应对，进一步明显降低 $PM_{2.5}$ 浓度，明显减少重污染天数，明显改善大气环境质量，明显增强人民的蓝天幸福感。

（一）加强工业企业大气污染综合治理。全面整治“散乱污”企业及集群，实行拉网式排查和清单式、台账式、网格化管理，分类实施关停取缔、整合搬迁、整改提升等措施，京津冀及周边区域2018年年底前完成，其他重点区域2019年年底前完成。坚决关停用地、工商手续不全并难以通过改造达标的企业，限期治理可以达标改造的企业，逾期依法一律关停。强化工业企业无组织排放管理，推进挥发性有机物排放综合整治，开展大气氨排放控制试点。到2020年，挥发性有机物排放总量比2015年下降10%以上。重点区域和大气污染严重城市加大钢铁、铸造、炼焦、建材、电解铝等产能压减力度，实施大气污染物特别排放限值。加大排放高、污染重的煤电机组淘汰力度，在重点区域加快推进。到2020年，具备改造条件的燃煤电厂全部完成超低排放改造，重点区域不具备改造条件的高污染燃煤电厂逐步关停。推动钢铁等行业超低排放改造。

（二）大力推进散煤治理和煤炭消费减量替代。增加清洁能源使用，拓宽清洁能源消纳渠道，落实可再生能源发电全额保障性收购政策。安全高效发展核电。推动清洁低碳能源优先上网。加快重点输电通道建设，提高重点区域接受外输电比例。因地制宜、加快实施北方地区冬季清洁取暖五年规划。鼓励余热、浅层地热能等清洁能源取暖。加强煤层气（煤矿瓦斯）综合利用，实施生物天然气工程。到2020年，京津冀及周边、汾渭平原的平原地区基本完成生活和冬季取暖散煤替代；北京、天津、河北、山东、河南及珠三角区域煤炭消费总量比2015年均下降10%左右，上海、江苏、浙江、安徽及汾渭平原煤炭消费总量均下降5%左右；重点区域基本淘汰每小时35蒸吨以下燃煤锅炉。推广清洁高效燃煤锅炉。

（三）打好柴油货车污染治理攻坚战。以开展柴油货车超标排放专项整治为抓手，统筹开展油、路、车治理和机动车船污染防治。严厉打击生产销售不达标车辆、排放检验机构检测弄虚作假等违法行为。加快淘汰老旧车，鼓励清洁能源车辆、船舶的推广使用。建设“天地车人”一体化的机动车排放监控系统，完善机动车遥感监测网络。推进钢铁、电力、电解铝、焦化等重点工业企业和工业园区货物由公路运输转向铁路运输。显著提高重点区域大宗货物铁路水路货运比例，提高沿海港口集装箱铁路集疏港比例。重点区域提前实施机动车国六排放标准，严格实施船舶和非道路移动机械大气排放标准。鼓励淘汰老旧船舶、工程机械和农业机械。落实珠三角、长三角、环渤海京津冀水域船舶排放控制区管理政策，全国主要港口和排放控制区内港口靠港船舶率先使用岸电。到2020年，长江干线、西江航运干线、京杭运河水上服务区和待闸锚地基本具备船舶岸电供应能力。2019年1月1日起，全国供应符合国六标准的车用汽油和车用柴油，力争重点区域提前供应。尽快实现车用柴油、普通柴油和部分船舶用油标准并轨。内河和江海直达船舶必须使用硫含量不大于10毫克/千克的柴油。严厉打击生产、销售和使用非标车（船）用燃料行为，彻底清除黑加油站点。

（四）强化国土绿化和扬尘管控。积极推进露天矿山综合整治，加快环境修复和绿化。开展大规模国土绿化行动，加强北方防沙带建设，实施京津风沙源治理工程、重点防护林工程，增加林草覆盖率。在城市功能疏解、更新和调整中，将腾退空间优先用于留白增绿。落实城市道路和城市范围内施工工地等扬尘管控。

（五）有效应对重污染天气。强化重点区域联防联控联治，统一预警分级标准、信息发布、应急响应，提前采取应急减排措施，实施区域应急联动，有效降低污染程度。完善应急预案，明确政府、部门及企业的应急责任，科学确定重污染期间管控措施和污染源减排清单。指导公众做好重污染天气健康防护。推进预测预报预警体系建设，2018年年底前，进一步提升国家级空气质量预报能力，区域预报中心具备7至10天空气质量预报能力，省级预报中心具备7天空气质量预报能力并精确到所辖各城市。重点区域采暖季节，对钢铁、焦化、建材、铸造、电解铝、化工等重点行业企业实施错峰生产。重污染期间，对钢铁、焦化、有色、电力、化工等涉及大宗原材料及产品运输的重点企业实施错峰运输；强化城市建设施工工地扬尘管控措施，加强道路机扫。依法严禁秸秆露天焚烧，全面推进综合利用。到2020年，地级及以上城市重污染天数比2015年减少25%。

七、着力打好碧水保卫战

深入实施水污染防治行动计划，扎实推进河长制湖长制，坚持污染减排和生态扩容两手发力，加快工业、农业、生活污染源和水生态系统整治，保障饮用水安全，消除城市黑臭水体，减少污染严重水体和不达标水体。

（一）打好水源地保护攻坚战。加强水源水、出厂水、管网水、末梢水的全过程管理。划定集中式饮用水水源保护区，推进规范化建设。强化南水北调水源地及沿线生态环境保护。深化地下水污染防治。全面排查和整治县级及以上城市水源保护区内的违法违规问题，长江经济带于2018年年底前、其他地区于2019年年底前完成。单一水源供水的地级及以上城市应当建设应急水源或备用水源。定期监（检）测、评估集中式饮用水水源、供水单位供水和用户水龙头水质状况，县级及以上城市至少每季度向社会公开一次。

（二）打好城市黑臭水体治理攻坚战。实施城镇污水处理“提质增效”三年行动，加快补齐城镇污水收集和处理设施短板，尽快实现污水管网全覆盖、全收集、全处理。完善污水处理收费政策，各地要按规定将污水处理收费标准尽快调整到位，原则上应补偿到污水处理和污泥处置设施正常运营并合理盈利。对中西部地区，中央财政给予适当支持。加强城市初期雨水收集处理设施建设，有效减少城市面源污染。到2020年，地级及以上城市建成区黑臭水体消除比例达90%以上。鼓励京津冀、长三角、珠三角区域城市建成区尽早全面消除黑臭水体。

（三）打好长江保护修复攻坚战。开展长江流域生态隐患和环境风险调查评估，划定高风险区域，从严实施生态环境风险防控措施。优化长江经济带产业布局和规模，严禁污染型产业、企业向上中游地区转移。排查整治入河入湖排污口及不达标水体，市、县级政府制定实施不达标水体限期达标规划。到2020年，长江流域基本消除劣V类水体。强化船舶和港口污染防治，现有船舶到2020年全部完成达标改造，港口、船舶修造厂环卫设施、污水处理设施纳入城市设施建设规划。加强沿河环湖生态保护，修复湿地等水生态系统，因地制宜建设人工湿地水质净化工程。实施长江流域上中游水库群联合调度，保障干流、主要支流和湖泊基本生态用水。

（四）打好渤海综合治理攻坚战。以渤海海区的渤海湾、辽东湾、莱州湾、辽河口、黄河口等为重点，推动河口海湾综合整治。全面整治入海污染源，规范入海排污口设置，全部清理非法排污口。严格控制海水养殖等造成的海上污染，推进海洋垃圾防治和清理。率先在渤海实施主要污染物排海总量控制制度，强化陆海污染联防联控，加强入海河流治理与监管。实施最严格的围填海和岸线开发管控，统筹安排海洋空间利用活动。渤海禁止审批新增围填海项目，引导符合国家产业政策的项目消化存量围填海资源，已审批但未开工的项目要依法重新进行评估和清理。

（五）打好农业农村污染治理攻坚战。以建设美丽宜居村庄为导向，持续开展农村人居环境整治行动，实现全国行政村环境整治全覆盖。到2020年，农村人居环境明显改善，村庄环境基本干净整洁有序，东部地区、中西部城市近郊区等有基础、有条件的地区人居环境质量全面提升，管护长效机制初步建立；中西部有较好基础、基本具备条件的地区力争实现90%左右的村庄生活垃圾得到治理，卫生厕所普及率达到 85%左右，生活污水乱排乱放得到管控。减少化肥农药使用量，制修订并严格执行化肥农药等农业投入品质量标准，严格控制高毒高风险农药使用，推进有机肥替代化肥、病虫害绿色防控替代化学防治和废弃农膜回收，完善废旧地膜和包装废弃物等回收处理制度。到 2020 年，化肥农药使用量实现零增长。坚持种植和养殖相结合，就地就近消纳利用畜禽养殖废弃物。合理布局水产养殖空间，深入推进水产健康养殖，开展重点江河湖库及重点近岸海域破坏生态环境的养殖方式综合整治。到 2020 年，全国畜禽粪污综合利用率达到 75%以上，规模养殖场粪污处理设施装备配套率达到 95%以上。

八、扎实推进净土保卫战

全面实施土壤污染防治行动计划，突出重点区域、行业和污染物，有效管控农用地和城市建设用地土壤环境风险。

（一）强化土壤污染管控和修复。加强耕地土壤环境分类管理。严格管控重度污染耕地，严禁在重度污染耕地种植食用农产品。实施耕地土壤环境治理保护重大工程，开展重点地区涉重金属行业排查和整治。2018 年年底前，完成农用地土壤污染状况详查。2020 年年底前，编制完成耕地土壤环境质量分类清单。建立建设用地土壤污染风险管控和修复名录，列入名录且未完成治理修复的地块不得作为住宅、公共管理与公共服务用地。建立污染地块联动监管机制，将建设用地土壤环境管理要求纳入用地规划和供地管理，严格控制用地准入，强化暂不开发污染地块的风险管控。2020 年年底前，完成重点行业企业用地土壤污染状况调查。严格土壤污染重点行业企业搬迁改造过程中拆除活动的环境监管。

（二）加快推进垃圾分类处理。到 2020 年，实现所有城市和县城生活垃圾处理能力全覆盖，基本完成非正规垃圾堆放点整治；直辖市、计划单列市、省会城市和第一批分类示范城市基本建成生活垃圾分类处理系统。推进垃圾资源化利用，大力发展垃圾焚烧发电。推进农村垃圾就地分类、资源化利用和处理，建立农村有机废弃物收集、转化、利用网络体系。

（三）强化固体废物污染防治。全面禁止洋垃圾入境，严厉打击走私，大幅减少固体废物进口种类和数量，力争 2020 年年底前基本实现固体废物零进口。开展“无废城市”试点，推动固体废物资源化利用。调查、评估重点工业行业危险废物产生、贮存、利用、处置情况。完善危险废物经营许可、转移等管理制度，建立信息化监管体系，提升危险废物处理处置能力，实施全过程监管。严厉打击危险废物非法跨界转移、倾倒等违法犯罪活动。深入推进长江经济带固体废物大排查活动。评估有毒有害化学品在生态环境中的风险状况，严格限制高风险化学品生产、使用、进出口，并逐步淘汰、替代。

九、加快生态保护与修复

坚持自然恢复为主，统筹开展全国生态保护与修复，全面划定并严守生态保护红线，提升生态系统质量和稳定性。

（一）划定并严守生态保护红线。按照应保尽保、应划尽划的原则，将生态功能重要区域、生态环境敏感脆弱区域纳入生态保护红线。到 2020 年，全面完成全国生态保护红线划定、勘界定标，形成生态保护红线全国“一张图”，实现一条红线管控重要生态空间。制定实施生态保护红线管理办法、保护修复方案，建设国家生态保护红线监管平台，开展生态保护红线监测预警与评估考核。

（二）坚决查处生态破坏行为。2018年年底前，县级及以上地方政府全面排查违法违规挤占生态空间、破坏自然遗迹等行为，制定治理和修复计划并向社会公开。开展病危险尾矿库和“头顶库”专项整治。持续开展“绿盾”自然保护区监督检查专项行动，严肃查处各类违法违规行为，限期进行整治修复。

（三）建立以国家公园为主体的自然保护地体系。到 2020 年，完成全国自然保护区范围界限核准和勘界立标，整合设立一批国家公园，自然保护地相关法规和管理制度基本建立。对生态严重退化地区实行封禁管理，稳步实施退耕还林还草和退牧还草，扩大轮作休耕试点，全面推行草原禁牧休牧和草畜平衡制度。依法依规解决自然保护地内的矿业权合理退出问题。全面保护天然林，推进荒漠化、石漠化、水土流失综合治理，强化湿地保护和恢复。加强休渔禁渔管理，推进长江、渤海等重点水域禁捕限捕，加强海洋牧场建设，加大渔业资源增殖放流。推动耕地草原森林河流湖泊海洋休养生息。

十、改革完善生态环境治理体系

深化生态环境保护管理体制改革，完善生态环境管理制度，加快构建生态环境治理体系，健全保障举措，增强系统性和完整性，大幅提升治理能力。

（一）完善生态环境监管体系。整合分散的生态环境保护职责，强化生态保护修复和污染防治统一监管，建立健全生态环境保护领导和管理体制、激励约束并举的制度体系、政府企业公众共治体系。全面完成省以下生态环境机构监测监察执法垂直管理制度改革，推进综合执法队伍特别是基层队伍的能力建设。完善农村环境治理体制。健全区域流域海域生态环境管理体制，推进跨地区环保机构试点，加快组建流域环境监管执法机构，按海域设置监管机构。建立独立权威高效的生态环境监测体系，构建天地一体化的生态环境监测网络，实现国家和区域生态环境质量预报预警和质控，按照适度上收生态环境质量监测事权的要求加快推进有关工作。省级党委和政府加快确定生态保护红线、环境质量底线、资源利用上线，制定生态环境准入清单，在地方立法、政策制定、规划编制、执法监管中不得变通突破、降低标准，不符合不衔接不适应的于 2020 年年底前完成调整。实施生态环境统一监管。推行生态环境损害赔偿制度。编制生态环境保护规划，开展全国生态环境状况评估，建立生态环境保护综合监控平台。推动生态文明示范创建、绿水青山就是金山银山实践创新基地建设活动。

严格生态环境质量管理。生态环境质量只能更好、不能变坏。生态环境质量达标地区要保持稳定并持续改善；生态环境质量不达标地区的市、县级政府，要于 2018 年年底前制定实施限期达标规划，向上级政府备案并向社会公开。加快推行排污许可制度，对固定污染源实施全过程管理和多污染物协同控制，按行业、地区、时限核发排污许可证，全面落实企业治污责任，强化证后监管和处罚。在长江经济带率先实施入河污染源排放、排污口排放和水体水质联动管理。2020 年，将排污许可证制度建设成为固定源环境管理核心制度，实现“一证式”管理。健全环保信用评价、信息强制性披露、严惩重罚等制度。将企业环境信用信息纳入全国信用信息共享平台和国家企业信用信息公示系统，依法通过“信用中国”网站和国家企业信用信息公示系统向社会公示。监督上市公司、发债企业等市场主体全面、及时、准确地披露环境信息。建立跨部门联合奖惩机制。完善国家核安全工作协调机制，强化对核安全工作的统筹。

（二）健全生态环境保护经济政策体系。资金投入向污染防治攻坚战倾斜，坚持投入同攻坚任务相匹配，加大财政投入力度。逐步建立常态化、稳定的财政资金投入机制。扩大中央财政支持北方地区清洁取暖的试点城市范围，国有资本要加大对污染防治的投入。完善居民取暖用气用电定价机制和补贴政策。增加中央财政对国家重点生态功能区、生态保护红线区域等生态功能重要地区的转移支付，继续安排中央预算内投资对重点生态功能区给予支持。各省（自治区、直辖市）合理确定补偿标准，并逐步提高补偿水平。完善助力绿色产业发展的价格、财税、投资等政策。大力发展绿色信贷、绿色债券等金融产品。设立国家绿色发展基金。落实有利于资源节约和生态环境保护的价格政策，落实相关税收优惠政策。研究对从事污染防治的第三方企业比照高新技术企业实行所得税优惠政策，研究出台“散乱污”企业综合治理激励政策。推动环境污染责任保险发展，在环境高风险领域建立环境污染强制责任保险制度。推进社会化生态环境治理和保护。采用直接投资、投资补助、运营补贴等方式，规范支持政府和社会资本合作项目；对政府实施的环境绩效合同服务项目，公共财政支付水平同治理绩效挂钩。鼓励通过政府购买服务方式实施生态环境治理和保护。

（三）健全生态环境保护法治体系。依靠法治保护生态环境，增强全社会生态环境保护法治意识。加快建立绿色生产消费的法律制度和政策导向。加快制定和修改土壤污染防治、固体废物污染防治、长江生态环境保护、海洋环境保护、国家公园、湿地、生态环境监测、排污许可、资源综合利用、空间规划、碳排放权交易管理等方面的法律法规。鼓励地方在生态环境保护领域先于国家进行立法。建立生态环境保护综合执法机关、公安机关、检察机关、审判机关信息共享、案情通报、案件移送制度，完善生态环境保护领域民事、行政公益诉讼制度，加大生态环境违法犯罪行为的制裁和惩处力度。加强涉生态环境保护的司法力量建设。整合组建生态环境保护综合执法队伍，统一实行生态环境保护执法。将生态环境保护综合执法机构列入政府行政执法机构序列，推进执法规范化建设，统一着装、统一标识、统一证件、统一保障执法用车和装备。

（四）强化生态环境保护能力保障体系。增强科技支撑，开展大气污染成因与治理、水体污染控制与治理、土壤污染防治等重点领域科技攻关，实施京津冀环境综合治理重大项目，推进区域性、流域性生态环境问题研究。完成第二次全国污染源普查。开展大数据应用和环境承载力监测预警。开展重点区域、流域、行业环境与健康调查，建立风险监测网络及风险评估体系。健全跨部门、跨区域环境应急协调联动机制，建立全国统一的环境应急预案电子备案系统。国家建立环境应急物资储备信息库，省、市级政府建设环境应急物资储备库，企业环境应急装备和储备物资应纳入储备体系。落实全面从严治党要求，建设规范化、标准化、专业化的生态环境保护人才队伍，打造政治强、本领高、作风硬、敢担当，特别能吃苦、特别能战斗、特别能奉献的生态环境保护铁军。按省、市、县、乡不同层级工作职责配备相应工作力量，保障履职需要，确保同生态环境保护任务相匹配。加强国际交流和履约能力建设，推进生态环境保护国际技术交流和务实合作，支撑核安全和核电共同走出去，积极推动落实2030年可持续发展议程和绿色“一带一路”建设。

（五）构建生态环境保护社会行动体系。把生态环境保护纳入国民教育体系和党政领导干部培训体系，推进国家及各地生态环境教育设施和场所建设，培育普及生态文化。公共机构尤其是党政机关带头使用节能环保产品，推行绿色办公，创建节约型机关。健全生态环境新闻发布机制，充分发挥各类媒体作用。省、市两级要依托党报、电视台、政府网站，曝光突出环境问题，报道整改进展情况。建立政府、企业环境社会风险预防与化解机制。完善环境信息公开制度，加强重特大突发环境事件信息公开，对涉及群众切身利益的重大项目及时主动公开。2020年年底前，地级及以上城市符合条件的环保设施和城市污水垃圾处理设施向社会开放，接受公众参观。强化排污者主体责任，企业应严格守法，规范自身环境行为，落实资金投入、物资保障、生态环境保护措施和应急处置主体责任。实施工业污染源全面达标排放计划。2018年年底前，重点排污单位全部安装自动在线监控设备并同生态环境主管部门联网，依法公开排污信息。到2020年，实现长江经济带入河排污口监测全覆盖，并将监测数据纳入长江经济带综合信息平台。推动环保社会组织和志愿者队伍规范健康发展，引导环保社会组织依法开展生态环境保护公益诉讼等活动。按照国家有关规定表彰对保护和改善生态环境有显著成绩的单位和个人。完善公众监督、举报反馈机制，保护举报人的合法权益，鼓励设立有奖举报基金。

新思想引领新时代，新使命开启新征程。让我们更加紧密地团结在以习近平同志为核心的党中央周围，以习近平新时代中国特色社会主义思想为指导，不忘初心、牢记使命，锐意进取、勇于担当，全面加强生态环境保护，坚决打好污染防治攻坚战，为决胜全面建成小康社会、实现中华民族伟大复兴的中国梦不懈奋斗。

(二)国家

中华人民共和国环境保护法

中华人民共和国主席令

第九号

《中华人民共和国环境保护法》已由中华人民共和国第十二届全国人民代表大会常务委员会第八次会议于 2014 年 4 月 24 日修订通过，现将修订后的《中华人民共和国环境保护法》公布，自 2015 年 1 月 1 日起施行。

中华人民共和国主席 习近平

2014 年 4 月 24 日

中华人民共和国环境保护法

(1989 年 12 月 26 日第七届全国人民代表大会常务委员会第十一次会议通过
2014 年 4 月 24 日第十二届全国人民代表大会常务委员会第八次会议修订)

第一章 总 则

第一条 为保护和改善环境，防治污染和其他公害，保障公众健康，推进生态文明建设，促进经济社会可持续发展，制定本法。

第二条 本法所称环境，是指影响人类生存和发展的各种天然的和经过人工改造的自然因素的总体，包括大气、水、海洋、土地、矿藏、森林、草原、湿地、野生生物、自然遗迹、人文遗迹、自然保护区、风景名胜区、城市和乡村等。

第三条 本法适用于中华人民共和国领域和中华人民共和国管辖的其他海域。

第四条 保护环境是国家的基本国策。

国家采取有利于节约和循环利用资源、保护和改善环境、促进人与自然和谐的经济、技术政策和措施，使经济社会发展与环境保护相协调。

第五条 环境保护坚持保护优先、预防为主、综合治理、公众参与、损害担责的原则。

第六条 一切单位和个人都有保护环境的义务。

地方各级人民政府应当对本行政区域的环境质量负责。

企业事业单位和其他生产经营者应当防止、减少环境污染和生态破坏，对所造成的损害依法承担责任。

公民应当增强环境保护意识，采取低碳、节俭的生活方式，自觉履行环境保护义务。

第七条 国家支持环境保护科学技术研究、开发和应用，鼓励环境保护产业发展，促进环境保护信息化建设，提高环境保护科学技术水平。

第八条 各级人民政府应当加大保护和改善环境、防治污染和其他公害的财政投入，提高财政资金的使用效益。

第九条 各级人民政府应当加强环境保护宣传和普及工作，鼓励基层群众性自治组织、社会组织、环境保护志愿者开展环境保护法律法规和环境保护知识的宣传，营造保护环境的良好风气。

教育行政部门、学校应当将环境保护知识纳入学校教育内容，培养学生的环境保护意识。

新闻媒体应当开展环境保护法律法规和环境保护知识的宣传，对环境违法行为进行舆论监督。

第十条 国务院环境保护主管部门，对全国环境保护工作实施统一监督管理；县级以上地方人民政府环境保护主管部门，对本行政区域环境保护工作实施统一监督管理。

县级以上人民政府有关部门和军队环境保护部门，依照有关法律的规定对资源保护和污染防治等环境保护工作实施监督管理。

第十一条 对保护和改善环境有显著成绩的单位和个人，由人民政府给予奖励。

第十二条 每年6月5日为环境日。

第二章 监督管理

第十三条 县级以上人民政府应当将环境保护工作纳入国民经济和社会发展规划。

国务院环境保护主管部门会同有关部门，根据国民经济和社会发展规划编制国家环境保护规划，报国务院批准并公布实施。

县级以上地方人民政府环境保护主管部门会同有关部门，根据国家环境保护规划的要求，编制本行政区域的环境保护规划，报同级人民政府批准并公布实施。

环境保护规划的内容应当包括生态保护和污染防治的目标、任务、保障措施等，并与主体功能区规划、土地利用总体规划和城乡规划等相衔接。

第十四条 国务院有关部门和省、自治区、直辖市人民政府组织制定经济、技术政策，应当充分考虑对环境的影响，听取有关方面和专家的意见。

第十五条 国务院环境保护主管部门制定国家环境质量标准。

省、自治区、直辖市人民政府对国家环境质量标准中未作规定的项目，可以制定地方环境质量标准；对国家环境质量标准中已作规定的项目，可以制定严于国家环境质量标准的地方环境质量标准。地方环境质量标准应当报国务院环境保护主管部门备案。

国家鼓励开展环境基准研究。

第十六条 国务院环境保护主管部门根据国家环境质量标准和国家经济、技术条件，制定国家污染物排放标准。

省、自治区、直辖市人民政府对国家污染物排放标准中未作规定的项目，可以制定地方污染物排放标准；对国家污染物排放标准中已作规定的项目，可以制定严于国家污染物排放标准的地方污染物排放标准。地方污染物排放标准应当报国务院环境保护主管部门备案。

第十七条 国家建立、健全环境监测制度。国务院环境保护主管部门制定监测规范，会同有关部门组织监测网络，统一规划国家环境质量监测站（点）的设置，建立监测数据共享机制，加强对环境监测的管理。

有关行业、专业等各类环境质量监测站（点）的设置应当符合法律法规规定和监测规范的要求。

监测机构应当使用符合国家标准的监测设备，遵守监测规范。监测机构及其负责人对监测数据的真实性和准确性负责。

第十八条　省级以上人民政府应当组织有关部门或者委托专业机构，对环境状况进行调查、评价，建立环境资源承载能力监测预警机制。

第十九条　编制有关开发利用规划，建设对环境有影响的项目，应当依法进行环境影响评价。

未依法进行环境影响评价的开发利用规划，不得组织实施；未依法进行环境影响评价的建设项目，不得开工建设。

第二十条　国家建立跨行政区域的重点区域、流域环境污染和生态破坏联合防治协调机制，实行统一规划、统一标准、统一监测、统一的防治措施。

前款规定以外的跨行政区域的环境污染和生态破坏的防治，由上级人民政府协调解决，或者由有关地方人民政府协商解决。

第二十一条　国家采取财政、税收、价格、政府采购等方面的政策和措施，鼓励和支持环境保护技术装备、资源综合利用和环境服务等环境保护产业的发展。

第二十二条　企业事业单位和其他生产经营者，在污染物排放符合法定要求的基础上，进一步减少污染物排放的，人民政府应当依法采取财政、税收、价格、政府采购等方面的政策和措施予以鼓励和支持。

第二十三条　企业事业单位和其他生产经营者，为改善环境，依照有关规定转产、搬迁、关闭的，人民政府应当予以支持。

第二十四条　县级以上人民政府环境保护主管部门及其委托的环境监察机构和其他负有环境保护监督管理职责的部门，有权对排放污染物的企业事业单位和其他生产经营者进行现场检查。被检查者应当如实反映情况，提供必要的资料。实施现场检查的部门、机构及其工作人员应当为被检查者保守商业秘密。

第二十五条　企业事业单位和其他生产经营者违反法律法规规定排放污染物，造成或者可能造成严重污染的，县级以上人民政府环境保护主管部门和其他负有环境保护监督管理职责的部门，可以查封、扣押造成污染物排放的设施、设备。

第二十六条　国家实行环境保护目标责任制和考核评价制度。县级以上人民政府应当将环境保护目标完成情况纳入对本级人民政府负有环境保护监督管理职责的部门及其负责人和下级人民政府及其负责人的考核内容，作为对其考核评价的重要依据。考核结果应当向社会公开。

第二十七条　县级以上人民政府应当每年向本级人民代表大会或者人民代表大会常务委员会报告环境状况和环境保护目标完成情况，对发生的重大环境事件应当及时向本级人民代表大会常务委员会报告，依法接受监督。

第三章　保护和改善环境

第二十八条　地方各级人民政府应当根据环境保护目标和治理任务，采取有效措施，改善环境质量。

未达到国家环境质量标准的重点区域、流域的有关地方人民政府，应当制定限期达标规划，并采取措施按期达标。

第二十九条 国家在重点生态功能区、生态环境敏感区和脆弱区等区域划定生态保护红线，实行严格保护。

各级人民政府对具有代表性的各种类型的自然生态系统区域，珍稀、濒危的野生动植物自然分布区域，重要的水源涵养区域，具有重大科学文化价值的地质构造、著名溶洞和化石分布区、冰川、火山、温泉等自然遗迹，以及人文遗迹、古树名木，应当采取措施予以保护，严禁破坏。

第三十条 开发利用自然资源，应当合理开发，保护生物多样性，保障生态安全，依法制定有关生态保护和恢复治理方案并予以实施。

引进外来物种以及研究、开发和利用生物技术，应当采取措施，防止对生物多样性的破坏。

第三十一条 国家建立、健全生态保护补偿制度。

国家加大对生态保护地区的财政转移支付力度。有关地方人民政府应当落实生态保护补偿资金，确保其用于生态保护补偿。

国家指导受益地区和生态保护地区人民政府通过协商或者按照市场规则进行生态保护补偿。

第三十二条 国家加强对大气、水、土壤等的保护，建立和完善相应的调查、监测、评估和修复制度。

第三十三条 各级人民政府应当加强对农业环境的保护，促进农业环境保护新技术的使用，加强对农业污染源的监测预警，统筹有关部门采取措施，防治土壤污染和土地沙化、盐渍化、贫瘠化、石漠化、地面沉降以及防治植被破坏、水土流失、水体富营养化、水源枯竭、种源灭绝等生态失调现象，推广植物病虫害的综合防治。

县级、乡级人民政府应当提高农村环境保护公共服务水平，推动农村环境综合整治。

第三十四条 国务院和沿海地方各级人民政府应当加强对海洋环境的保护。向海洋排放污染物、倾倒废弃物，进行海岸工程和海洋工程建设，应当符合法律法规规定和有关标准，防止和减少对海洋环境的污染损害。

第三十五条 城乡建设应当结合当地自然环境的特点，保护植被、水域和自然景观，加强城市园林、绿地和风景名胜区的建设与管理。

第三十六条 国家鼓励和引导公民、法人和其他组织使用有利于保护环境的产品和再生产品，减少废弃物的产生。

国家机关和使用财政资金的其他组织应当优先采购和使用节能、节水、节材等有利于保护环境的产品、设备和设施。

第三十七条 地方各级人民政府应当采取措施，组织对生活废弃物的分类处置、回收利用。

第三十八条 公民应当遵守环境保护法律法规，配合实施环境保护措施，按照规定对生活废弃物进行分类放置，减少日常生活对环境造成的损害。

第三十九条 国家建立、健全环境与健康监测、调查和风险评估制度；鼓励和组织开展环境质量对公众健康影响的研究，采取措施预防和控制与环境污染有关的疾病。

第四章　防治污染和其他公害

第四十条 国家促进清洁生产和资源循环利用。

国务院有关部门和地方各级人民政府应当采取措施，推广清洁能源的生产和使用。

企业应当优先使用清洁能源，采用资源利用率高、污染物排放量少的工艺、设备以及废弃物综合利用技术和污染物无害化处理技术，减少污染物的产生。

第四十一条 建设项目中防治污染的设施，应当与主体工程同时设计、同时施工、同时投产使用。

防治污染的设施应当符合经批准的环境影响评价文件的要求，不得擅自拆除或者闲置。

第四十二条 排放污染物的企业事业单位和其他生产经营者，应当采取措施，防治在生产建设或者其他活动中产生的废气、废水、废渣、医疗废物、粉尘、恶臭气体、放射性物质以及噪声、振动、光辐射、电磁辐射等对环境的污染和危害。

排放污染物的企业事业单位，应当建立环境保护责任制度，明确单位负责人和相关人员的责任。

重点排污单位应当按照国家有关规定和监测规范安装使用监测设备，保证监测设备正常运行，保存原始监测记录。

严禁通过暗管、渗井、渗坑、灌注或者篡改、伪造监测数据，或者不正常运行防治污染设施等逃避监管的方式违法排放污染物。

第四十三条 排放污染物的企业事业单位和其他生产经营者，应当按照国家有关规定缴纳排污费。排污费应当全部专项用于环境污染防治，任何单位和个人不得截留、挤占或者挪作他用。

依照法律规定征收环境保护税的，不再征收排污费。

第四十四条 国家实行重点污染物排放总量控制制度。重点污染物排放总量控制指标由国务院下达，省、自治区、直辖市人民政府分解落实。企业事业单位在执行国家和地方污染物排放标准的同时，应当遵守分解落实到本单位的重点污染物排放总量控制指标。

对超过国家重点污染物排放总量控制指标或者未完成国家确定的环境质量目标的地区，省级以上人民政府环境保护主管部门应当暂停审批其新增重点污染物排放总量的建设项目环境影响评价文件。

第四十五条 国家依照法律规定实行排污许可管理制度。

实行排污许可管理的企业事业单位和其他生产经营者应当按照排污许可证的要求排放污染物；未取得排污许可证的，不得排放污染物。

第四十六条 国家对严重污染环境的工艺、设备和产品实行淘汰制度。任何单位和个人不得生产、销售或者转移、使用严重污染环境的工艺、设备和产品。

禁止引进不符合我国环境保护规定的技术、设备、材料和产品。

第四十七条 各级人民政府及其有关部门和企业事业单位，应当依照《中华人民共和国突发事件应对法》的规定，做好突发环境事件的风险控制、应急准备、应急处置和事后恢复等工作。

县级以上人民政府应当建立环境污染公共监测预警机制，组织制定预警方案；环境受到污染，可能影响公众健康和环境安全时，依法及时公布预警信息，启动应急措施。

企业事业单位应当按照国家有关规定制定突发环境事件应急预案，报环境保护主管部门和有关部门备案。在发生或者可能发生突发环境事件时，企业事业单位应当立即采取措施处理，及时通报可能受到危害的单位和居民，并向环境保护主管部门和有关部门报告。

突发环境事件应急处置工作结束后，有关人民政府应当立即组织评估事件造成的环境影响和损失，并及时将评估结果向社会公布。

第四十八条 生产、储存、运输、销售、使用、处置化学物品和含有放射性物质的物品，应当遵守国家有关规定，防止污染环境。

第四十九条 各级人民政府及其农业等有关部门和机构应当指导农业生产经营者科学种植和养殖，科学合理施用农药、化肥等农业投入品，科学处置农用薄膜、农作物秸秆等农业废弃物，防止农业面源污染。

禁止将不符合农用标准和环境保护标准的固体废物、废水施入农田。施用农药、化肥等农业投入品及进行灌溉，应当采取措施，防止重金属和其他有毒有害物质污染环境。

畜禽养殖场、养殖小区、定点屠宰企业等的选址、建设和管理应当符合有关法律法规规定。从事畜禽养殖和屠宰的单位和个人应当采取措施，对畜禽粪便、尸体和污水等废弃物进行科学处置，防止污染环境。

县级人民政府负责组织农村生活废弃物的处置工作。

第五十条 各级人民政府应当在财政预算中安排资金，支持农村饮用水水源地保护、生活污水和其他废弃物处理、畜禽养殖和屠宰污染防治、土壤污染防治和农村工矿污染治理等环境保护工作。

第五十一条 各级人民政府应当统筹城乡建设污水处理设施及配套管网，固体废物的收集、运输和处置等环境卫生设施，危险废物集中处置设施、场所以及其他环境保护公共设施，并保障其正常运行。

第五十二条 国家鼓励投保环境污染责任保险。

第五章 信息公开和公众参与

第五十三条 公民、法人和其他组织依法享有获取环境信息、参与和监督环境保护的权利。

各级人民政府环境保护主管部门和其他负有环境保护监督管理职责的部门，应当依法公开环境信息、完善公众参与程序，为公民、法人和其他组织参与和监督环境保护提供便利。

第五十四条 国务院环境保护主管部门统一发布国家环境质量、重点污染源监测信息及其他重大环境信息。省级以上人民政府环境保护主管部门定期发布环境状况公报。

县级以上人民政府环境保护主管部门和其他负有环境保护监督管理职责的部门，应当依法公开环境质量、环境监测、突发环境事件以及环境行政许可、行政处罚、排污费的征收和使用情况等信息。

县级以上地方人民政府环境保护主管部门和其他负有环境保护监督管理职责的部门，应当将企业事业单位和其他生产经营者的环境违法信息记入社会诚信档案，及时向社会公布违法者名单。

第五十五条 重点排污单位应当如实向社会公开其主要污染物的名称、排放方式、排放浓度和总量、超标排放情况，以及防治污染设施的建设和运行情况，接受社会监督。

第五十六条 对依法应当编制环境影响报告书的建设项目，建设单位应当在编制时向可能受影响的公众说明情况，充分征求意见。

负责审批建设项目环境影响评价文件的部门在收到建设项目环境影响报告书后，除涉及国家秘密和商业秘密的事项外，应当全文公开；发现建设项目未充分征求公众意见的，应当责成建设单位征求公众意见。

第五十七条 公民、法人和其他组织发现任何单位和个人有污染环境和破坏生态行为的，有权向环境保护主管部门或者其他负有环境保护监督管理职责的部门举报。

公民、法人和其他组织发现地方各级人民政府、县级以上人民政府环境保护主管部门和其他负有环境保护监督管理职责的部门不依法履行职责的，有权向其上级机关或者监察机关举报。

接受举报的机关应当对举报人的相关信息予以保密，保护举报人的合法权益。

第五十八条 对污染环境、破坏生态，损害社会公共利益的行为，符合下列条件的社会组织可以向人民法院提起诉讼：

（一）依法在设区的市级以上人民政府民政部门登记；

（二）专门从事环境保护公益活动连续五年以上且无违法记录。

符合前款规定的社会组织向人民法院提起诉讼，人民法院应当依法受理。

提起诉讼的社会组织不得通过诉讼牟取经济利益。

第六章　法律责任

第五十九条　企业事业单位和其他生产经营者违法排放污染物，受到罚款处罚，被责令改正，拒不改正的，依法作出处罚决定的行政机关可以自责令改正之日的次日起，按照原处罚数额按日连续处罚。

前款规定的罚款处罚，依照有关法律法规按照防治污染设施的运行成本、违法行为造成的直接损失或者违法所得等因素确定的规定执行。

地方性法规可以根据环境保护的实际需要，增加第一款规定的按日连续处罚的违法行为的种类。

第六十条　企业事业单位和其他生产经营者超过污染物排放标准或者超过重点污染物排放总量控制指标排放污染物的，县级以上人民政府环境保护主管部门可以责令其采取限制生产、停产整治等措施；情节严重的，报经有批准权的人民政府批准，责令停业、关闭。

第六十一条　建设单位未依法提交建设项目环境影响评价文件或者环境影响评价文件未经批准，擅自开工建设的，由负有环境保护监督管理职责的部门责令停止建设，处以罚款，并可以责令恢复原状。

第六十二条　违反本法规定，重点排污单位不公开或者不如实公开环境信息的，由县级以上地方人民政府环境保护主管部门责令公开，处以罚款，并予以公告。

第六十三条　企业事业单位和其他生产经营者有下列行为之一，尚不构成犯罪的，除依照有关法律法规规定予以处罚外，由县级以上人民政府环境保护主管部门或者其他有关部门将案件移送公安机关，对其直接负责的主管人员和其他直接责任人员，处十日以上十五日以下拘留；情节较轻的，处五日以上十日以下拘留：

（一）建设项目未依法进行环境影响评价，被责令停止建设，拒不执行的；

（二）违反法律规定，未取得排污许可证排放污染物，被责令停止排污，拒不执行的；

（三）通过暗管、渗井、渗坑、灌注或者篡改、伪造监测数据，或者不正常运行防治污染设施等逃避监管的方式违法排放污染物的；

（四）生产、使用国家明令禁止生产、使用的农药，被责令改正，拒不改正的。

第六十四条　因污染环境和破坏生态造成损害的，应当依照《中华人民共和国侵权责任法》的有关规定承担侵权责任。

第六十五条　环境影响评价机构、环境监测机构以及从事环境监测设备和防治污染设施维护、运营的机构，在有关环境服务活动中弄虚作假，对造成的环境污染和生态破坏负有责任的，除依照有关法律法规规定予以处罚外，还应当与造成环境污染和生态破坏的其他责任者承担连带责任。

第六十六条　提起环境损害赔偿诉讼的时效期间为三年，从当事人知道或者应当知道其受到损害时起计算。

第六十七条　上级人民政府及其环境保护主管部门应当加强对下级人民政府及其有关部门环境保护工作的监督。发现有关工作人员有违法行为，依法应当给予处分的，应当向其任免机关或者监察机关提出处分建议。

依法应当给予行政处罚，而有关环境保护主管部门不给予行政处罚的，上级人民政府环境保护主管部门可以直接作出行政处罚的决定。

第六十八条　地方各级人民政府、县级以上人民政府环境保护主管部门和其他负有环境保护监督管理职责的部门有下列行为之一的，对直接负责的主管人员和其他直接责任人员给予记过、记大过或者降级处分；造成严重后果的，给予撤职或者开除处分，其主要负责人应当引咎辞职：

（一）不符合行政许可条件准予行政许可的；

（二）对环境违法行为进行包庇的；

（三）依法应当作出责令停业、关闭的决定而未作出的；

（四）对超标排放污染物、采用逃避监管的方式排放污染物、造成环境事故以及不落实生态保护措施造成生态破坏等行为，发现或者接到举报未及时查处的；

（五）违反本法规定，查封、扣押企业事业单位和其他生产经营者的设施、设备的；

（六）篡改、伪造或者指使篡改、伪造监测数据的；

（七）应当依法公开环境信息而未公开的；

（八）将征收的排污费截留、挤占或者挪作他用的；

（九）法律法规规定的其他违法行为。

第六十九条 违反本法规定，构成犯罪的，依法追究刑事责任。

第七章 附 则

第七十条 本法自 2015 年 1 月 1 日起施行。

中华人民共和国大气污染防治法

中华人民共和国主席令

第三十一号

《中华人民共和国大气污染防治法》已由中华人民共和国第十二届全国人民代表大会常务委员会第十六次会议于2015年8月29日修订通过，现将修订后的《中华人民共和国大气污染防治法》公布，自2016年1月1日起施行。

中华人民共和国主席　习近平

2015年8月29日

中华人民共和国大气污染防治法

（1987年9月5日第六届全国人民代表大会常务委员会第二十二次会议通过　根据1995年8月29日第八届全国人民代表大会常务委员会第十五次会议《关于修改〈中华人民共和国大气污染防治法〉的决定》修正　2000年4月29日第九届全国人民代表大会常务委员会第十五次会议第一次修订　2015年8月29日第十二届全国人民代表大会常务委员会第十六次会议第二次修订）

第一章　总　则

第一条　为保护和改善环境，防治大气污染，保障公众健康，推进生态文明建设，促进经济社会可持续发展，制定本法。

第二条　防治大气污染，应当以改善大气环境质量为目标，坚持源头治理，规划先行，转变经济发展方式，优化产业结构和布局，调整能源结构。

防治大气污染，应当加强对燃煤、工业、机动车船、扬尘、农业等大气污染的综合防治，推行区域大气污染联合防治，对颗粒物、二氧化硫、氮氧化物、挥发性有机物、氨等大气污染物和温室气体实施协同控制。

第三条　县级以上人民政府应当将大气污染防治工作纳入国民经济和社会发展规划，加大对大气污染防治的财政投入。

地方各级人民政府应当对本行政区域的大气环境质量负责，制定规划，采取措施，控制或者逐步削减大气污染物的排放量，使大气环境质量达到规定标准并逐步改善。

第四条　国务院环境保护主管部门会同国务院有关部门，按照国务院的规定，对省、自治区、直辖市大气环境质量改善目标、大气污染防治重点任务完成情况进行考核。省、自治区、直辖市人民政府制定考核办法，对本行政区域内地方大气环境质量改善目标、大气污染防治重点任务完成情况实施考核。考核结果应当向社会公开。

第五条 县级以上人民政府环境保护主管部门对大气污染防治实施统一监督管理。

县级以上人民政府其他有关部门在各自职责范围内对大气污染防治实施监督管理。

第六条 国家鼓励和支持大气污染防治科学技术研究，开展对大气污染来源及其变化趋势的分析，推广先进适用的大气污染防治技术和装备，促进科技成果转化，发挥科学技术在大气污染防治中的支撑作用。

第七条 企业事业单位和其他生产经营者应当采取有效措施，防止、减少大气污染，对所造成的损害依法承担责任。

公民应当增强大气环境保护意识，采取低碳、节俭的生活方式，自觉履行大气环境保护义务。

第二章 大气污染防治标准和限期达标规划

第八条 国务院环境保护主管部门或者省、自治区、直辖市人民政府制定大气环境质量标准，应当以保障公众健康和保护生态环境为宗旨，与经济社会发展相适应，做到科学合理。

第九条 国务院环境保护主管部门或者省、自治区、直辖市人民政府制定大气污染物排放标准，应当以大气环境质量标准和国家经济、技术条件为依据。

第十条 制定大气环境质量标准、大气污染物排放标准，应当组织专家进行审查和论证，并征求有关部门、行业协会、企业事业单位和公众等方面的意见。

第十一条 省级以上人民政府环境保护主管部门应当在其网站上公布大气环境质量标准、大气污染物排放标准，供公众免费查阅、下载。

第十二条 大气环境质量标准、大气污染物排放标准的执行情况应当定期进行评估，根据评估结果对标准适时进行修订。

第十三条 制定燃煤、石油焦、生物质燃料、涂料等含挥发性有机物的产品、烟花爆竹以及锅炉等产品的质量标准，应当明确大气环境保护要求。

制定燃油质量标准，应当符合国家大气污染物控制要求，并与国家机动车船、非道路移动机械大气污染物排放标准相互衔接，同步实施。

前款所称非道路移动机械，是指装配有发动机的移动机械和可运输工业设备。

第十四条 未达到国家大气环境质量标准城市的人民政府应当及时编制大气环境质量限期达标规划，采取措施，按照国务院或者省级人民政府规定的期限达到大气环境质量标准。

编制城市大气环境质量限期达标规划，应当征求有关行业协会、企业事业单位、专家和公众等方面的意见。

第十五条 城市大气环境质量限期达标规划应当向社会公开。直辖市和设区的市的大气环境质量限期达标规划应当报国务院环境保护主管部门备案。

第十六条 城市人民政府每年在向本级人民代表大会或者其常务委员会报告环境状况和环境保护目标完成情况时，应当报告大气环境质量限期达标规划执行情况，并向社会公开。

第十七条 城市大气环境质量限期达标规划应当根据大气污染防治的要求和经济、技术条件适时进行评估、修订。

第三章　大气污染防治的监督管理

第十八条　企业事业单位和其他生产经营者建设对大气环境有影响的项目，应当依法进行环境影响评价、公开环境影响评价文件；向大气排放污染物的，应当符合大气污染物排放标准，遵守重点大气污染物排放总量控制要求。

第十九条　排放工业废气或者本法第七十八条规定名录中所列有毒有害大气污染物的企业事业单位、集中供热设施的燃煤热源生产运营单位以及其他依法实行排污许可管理的单位，应当取得排污许可证。排污许可的具体办法和实施步骤由国务院规定。

第二十条　企业事业单位和其他生产经营者向大气排放污染物的，应当依照法律法规和国务院环境保护主管部门的规定设置大气污染物排放口。

禁止通过偷排、篡改或者伪造监测数据、以逃避现场检查为目的的临时停产、非紧急情况下开启应急排放通道、不正常运行大气污染防治设施等逃避监管的方式排放大气污染物。

第二十一条　国家对重点大气污染物排放实行总量控制。

重点大气污染物排放总量控制目标，由国务院环境保护主管部门在征求国务院有关部门和各省、自治区、直辖市人民政府意见后，会同国务院经济综合主管部门报国务院批准并下达实施。

省、自治区、直辖市人民政府应当按照国务院下达的总量控制目标，控制或者削减本行政区域的重点大气污染物排放总量。

确定总量控制目标和分解总量控制指标的具体办法，由国务院环境保护主管部门会同国务院有关部门规定。省、自治区、直辖市人民政府可以根据本行政区域大气污染防治的需要，对国家重点大气污染物之外的其他大气污染物排放实行总量控制。

国家逐步推行重点大气污染物排污权交易。

第二十二条　对超过国家重点大气污染物排放总量控制指标或者未完成国家下达的大气环境质量改善目标的地区，省级以上人民政府环境保护主管部门应当会同有关部门约谈该地区人民政府的主要负责人，并暂停审批该地区新增重点大气污染物排放总量的建设项目环境影响评价文件。约谈情况应当向社会公开。

第二十三条　国务院环境保护主管部门负责制定大气环境质量和大气污染源的监测和评价规范，组织建设与管理全国大气环境质量和大气污染源监测网，组织开展大气环境质量和大气污染源监测，统一发布全国大气环境质量状况信息。

县级以上地方人民政府环境保护主管部门负责组织建设与管理本行政区域大气环境质量和大气污染源监测网，开展大气环境质量和大气污染源监测，统一发布本行政区域大气环境质量状况信息。

第二十四条　企业事业单位和其他生产经营者应当按照国家有关规定和监测规范，对其排放的工业废气和本法第七十八条规定名录中所列有毒有害大气污染物进行监测，并保存原始监测记录。其中，重点排污单位应当安装、使用大气污染物排放自动监测设备，与环境保护主管部门的监控设备联网，保证监测设备正常运行并依法公开排放信息。监测的具体办法和重点排污单位的条件由国务院环境保护主管部门规定。

重点排污单位名录由设区的市级以上地方人民政府环境保护主管部门按照国务院环境保护主管部门的规定，根据本行政区域的大气环境承载力、重点大气污染物排放总量控制指标的要求以及排污单位排放大气污染物的种类、数量和浓度等因素，商有关部门确定，并向社会公布。

第二十五条　重点排污单位应当对自动监测数据的真实性和准确性负责。环境保护主管部门发现重点排污单位的大气污染物排放自动监测设备传输数据异常，应当及时进行调查。

第二十六条 禁止侵占、损毁或者擅自移动、改变大气环境质量监测设施和大气污染物排放自动监测设备。

第二十七条 国家对严重污染大气环境的工艺、设备和产品实行淘汰制度。

国务院经济综合主管部门会同国务院有关部门确定严重污染大气环境的工艺、设备和产品淘汰期限，并纳入国家综合性产业政策目录。

生产者、进口者、销售者或者使用者应当在规定期限内停止生产、进口、销售或者使用列入前款规定目录中的设备和产品。工艺的采用者应当在规定期限内停止采用列入前款规定目录中的工艺。

被淘汰的设备和产品，不得转让给他人使用。

第二十八条 国务院环境保护主管部门会同有关部门，建立和完善大气污染损害评估制度。

第二十九条 环境保护主管部门及其委托的环境监察机构和其他负有大气环境保护监督管理职责的部门，有权通过现场检查监测、自动监测、遥感监测、远红外摄像等方式，对排放大气污染物的企业事业单位和其他生产经营者进行监督检查。被检查者应当如实反映情况，提供必要的资料。实施检查的部门、机构及其工作人员应当为被检查者保守商业秘密。

第三十条 企业事业单位和其他生产经营者违反法律法规规定排放大气污染物，造成或者可能造成严重大气污染，或者有关证据可能灭失或者被隐匿的，县级以上人民政府环境保护主管部门和其他负有大气环境保护监督管理职责的部门，可以对有关设施、设备、物品采取查封、扣押等行政强制措施。

第三十一条 环境保护主管部门和其他负有大气环境保护监督管理职责的部门应当公布举报电话、电子邮箱等，方便公众举报。

环境保护主管部门和其他负有大气环境保护监督管理职责的部门接到举报的，应当及时处理并对举报人的相关信息予以保密；对实名举报的，应当反馈处理结果等情况，查证属实的，处理结果依法向社会公开，并对举报人给予奖励。

举报人举报所在单位的，该单位不得以解除、变更劳动合同或者其他方式对举报人进行打击报复。

第四章 大气污染防治措施

第一节 燃煤和其他能源污染防治

第三十二条 国务院有关部门和地方各级人民政府应当采取措施，调整能源结构，推广清洁能源的生产和使用；优化煤炭使用方式，推广煤炭清洁高效利用，逐步降低煤炭在一次能源消费中的比重，减少煤炭生产、使用、转化过程中的大气污染物排放。

第三十三条 国家推行煤炭洗选加工，降低煤炭的硫分和灰分，限制高硫分、高灰分煤炭的开采。新建煤矿应当同步建设配套的煤炭洗选设施，使煤炭的硫分、灰分含量达到规定标准；已建成的煤矿除所采煤炭属于低硫分、低灰分或者根据已达标排放的燃煤电厂要求不需要洗选的以外，应当限期建成配套的煤炭洗选设施。

禁止开采含放射性和砷等有毒有害物质超过规定标准的煤炭。

第三十四条 国家采取有利于煤炭清洁高效利用的经济、技术政策和措施，鼓励和支持洁净煤技术的开发和推广。

国家鼓励煤矿企业等采用合理、可行的技术措施，对煤层气进行开采利用，对煤矸石进行综合利用。从事煤层气开采利用的，煤层气排放应当符合有关标准规范。

第三十五条 国家禁止进口、销售和燃用不符合质量标准的煤炭，鼓励燃用优质煤炭。

单位存放煤炭、煤矸石、煤渣、煤灰等物料，应当采取防燃措施，防止大气污染。

第三十六条 地方各级人民政府应当采取措施，加强民用散煤的管理，禁止销售不符合民用散煤质量标准的煤炭，鼓励居民燃用优质煤炭和洁净型煤，推广节能环保型炉灶。

第三十七条 石油炼制企业应当按照燃油质量标准生产燃油。

禁止进口、销售和燃用不符合质量标准的石油焦。

第三十八条 城市人民政府可以划定并公布高污染燃料禁燃区，并根据大气环境质量改善要求，逐步扩大高污染燃料禁燃区范围。高污染燃料的目录由国务院环境保护主管部门确定。

在禁燃区内，禁止销售、燃用高污染燃料；禁止新建、扩建燃用高污染燃料的设施，已建成的，应当在城市人民政府规定的期限内改用天然气、页岩气、液化石、油气、电或者其他清洁能源。

第三十九条 城市建设应当统筹规划，在燃煤供热地区，推进热电联产和集中供热。在集中供热管网覆盖地区，禁止新建、扩建分散燃煤供热锅炉；已建成的不能达标排放的燃煤供热锅炉，应当在城市人民政府规定的期限内拆除。

第四十条 县级以上人民政府质量监督部门应当会同环境保护主管部门对锅炉生产、进口、销售和使用环节执行环境保护标准或者要求的情况进行监督检查；不符合环境保护标准或者要求的，不得生产、进口、销售和使用。

第四十一条 燃煤电厂和其他燃煤单位应当采用清洁生产工艺，配套建设除尘、脱硫、脱硝等装置，或者采取技术改造等其他控制大气污染物排放的措施。

国家鼓励燃煤单位采用先进的除尘、脱硫、脱硝、脱汞等大气污染物协同控制的技术和装置，减少大气污染物的排放。

第四十二条 电力调度应当优先安排清洁能源发电上网。

第二节 工业污染防治

第四十三条 钢铁、建材、有色金属、石油、化工等企业生产过程中排放粉尘、硫化物和氮氧化物的，应当采用清洁生产工艺，配套建设除尘、脱硫、脱硝等装置，或者采取技术改造等其他控制大气污染物排放的措施。

第四十四条 生产、进口、销售和使用含挥发性有机物的原材料和产品的，其挥发性有机物含量应当符合质量标准或者要求。

国家鼓励生产、进口、销售和使用低毒、低挥发性有机溶剂。

第四十五条 产生含挥发性有机物废气的生产和服务活动，应当在密闭空间或者设备中进行，并按照规定安装、使用污染防治设施；无法密闭的，应当采取措施减少废气排放。

第四十六条 工业涂装企业应当使用低挥发性有机物含量的涂料，并建立台账，记录生产原料、辅料的使用量、废弃量、去向以及挥发性有机物含量。台账保存期限不得少于三年。

第四十七条 石油、化工以及其他生产和使用有机溶剂的企业，应当采取措施对管道、设备进行日常维护、维修，减少物料泄漏，对泄漏的物料应当及时收集处理。

储油储气库、加油加气站、原油成品油码头、原油成品油运输船舶和油罐车、气罐车等，应当按照国家有关规定安装油气回收装置并保持正常使用。

第四十八条 钢铁、建材、有色金属、石油、化工、制药、矿产开采等企业，应当加强精细化管理，采取集中收集处理等措施，严格控制粉尘和气态污染物的排放。

工业生产企业应当采取密闭、围挡、遮盖、清扫、洒水等措施，减少内部物料的堆存、传输、装卸等环节产生的粉尘和气态污染物的排放。

第四十九条 工业生产、垃圾填埋或者其他活动产生的可燃性气体应当回收利用，不具备回收利用条件的，应当进行污染防治处理。

可燃性气体回收利用装置不能正常作业的，应当及时修复或者更新。在回收利用装置不能正常作业期间确需排放可燃性气体的，应当将排放的可燃性气体充分燃烧或者采取其他控制大气污染物排放的措施，并向当地环境保护主管部门报告，按照要求限期修复或者更新。

第三节 机动车船等污染防治

第五十条 国家倡导低碳、环保出行，根据城市规划合理控制燃油机动车保有量，大力发展城市公共交通，提高公共交通出行比例。

国家采取财政、税收、政府采购等措施推广应用节能环保型和新能源机动车船、非道路移动机械，限制高油耗、高排放机动车船、非道路移动机械的发展，减少化石能源的消耗。

省、自治区、直辖市人民政府可以在条件具备的地区，提前执行国家机动车大气污染物排放标准中相应阶段排放限值，并报国务院环境保护主管部门备案。

城市人民政府应当加强并改善城市交通管理，优化道路设置，保障人行道和非机动车道的连续、畅通。

第五十一条 机动车船、非道路移动机械不得超过标准排放大气污染物。

禁止生产、进口或者销售大气污染物排放超过标准的机动车船、非道路移动机械。

第五十二条 机动车、非道路移动机械生产企业应当对新生产的机动车和非道路移动机械进行排放检验。经检验合格的，方可出厂销售。检验信息应当向社会公开。

省级以上人民政府环境保护主管部门可以通过现场检查、抽样检测等方式，加强对新生产、销售机动车和非道路移动机械大气污染物排放状况的监督检查。工业、质量监督、工商行政管理等有关部门予以配合。

第五十三条 在用机动车应当按照国家或者地方的有关规定，由机动车排放检验机构定期对其进行排放检验。经检验合格的，方可上道路行驶。未经检验合格的，公安机关交通管理部门不得核发安全技术检验合格标志。

县级以上地方人民政府环境保护主管部门可以在机动车集中停放地、维修地对在用机动车的大气污染物排放状况进行监督抽测；在不影响正常通行的情况下，可以通过遥感监测等技术手段对在道路上行驶的机动车的大气污染物排放状况进行监督抽测，公安机关交通管理部门予以配合。

第五十四条 机动车排放检验机构应当依法通过计量认证，使用经依法检定合格的机动车排放检验设备，按照国务院环境保护主管部门制定的规范，对机动车进行排放检验，并与环境保护主管部门联网，实现检验数据实时共享。机动车排放检验机构及其负责人对检验数据的真实性和准确性负责。

环境保护主管部门和认证认可监督管理部门应当对机动车排放检验机构的排放检验情况进行监督检查。

第五十五条 机动车生产、进口企业应当向社会公布其生产、进口机动车车型的排放检验信息、污染控制技术信息和有关维修技术信息。

机动车维修单位应当按照防治大气污染的要求和国家有关技术规范对在用机动车进行维修，使其达到规定的排放标准。交通运输、环境保护主管部门应当依法加强监督管理。

禁止机动车所有人以临时更换机动车污染控制装置等弄虚作假的方式通过机动车排放检验。禁止机动车维修单位提供该类维修服务。禁止破坏机动车车载排放诊断系统。

第五十六条 环境保护主管部门应当会同交通运输、住房城乡建设、农业行政、水行政等有关部门对非道路移动机械的大气污染物排放状况进行监督检查，排放不合格的，不得使用。

第五十七条　国家倡导环保驾驶，鼓励燃油机动车驾驶人在不影响道路通行且需停车三分钟以上的情况下熄灭发动机，减少大气污染物的排放。

第五十八条　国家建立机动车和非道路移动机械环境保护召回制度。

生产、进口企业获知机动车、非道路移动机械排放大气污染物超过标准，属于设计、生产缺陷或者不符合规定的环境保护耐久性要求的，应当召回；未召回的，由国务院质量监督部门会同国务院环境保护主管部门责令其召回。

第五十九条　在用重型柴油车、非道路移动机械未安装污染控制装置或者污染控制装置不符合要求，不能达标排放的，应当加装或者更换符合要求的污染控制装置。

第六十条　在用机动车排放大气污染物超过标准的，应当进行维修；经维修或者采用污染控制技术后，大气污染物排放仍不符合国家在用机动车排放标准的，应当强制报废。其所有人应当将机动车交售给报废机动车回收拆解企业，由报废机动车回收拆解企业按照国家有关规定进行登记、拆解、销毁等处理。

国家鼓励和支持高排放机动车船、非道路移动机械提前报废。

第六十一条　城市人民政府可以根据大气环境质量状况，划定并公布禁止使用高排放非道路移动机械的区域。

第六十二条　船舶检验机构对船舶发动机及有关设备进行排放检验。经检验符合国家排放标准的，船舶方可运营。

第六十三条　内河和江海直达船舶应当使用符合标准的普通柴油。远洋船舶靠港后应当使用符合大气污染物控制要求的船舶用燃油。

新建码头应当规划、设计和建设岸基供电设施；已建成的码头应当逐步实施岸基供电设施改造。船舶靠港后应当优先使用岸电。

第六十四条　国务院交通运输主管部门可以在沿海海域划定船舶大气污染物排放控制区，进入排放控制区的船舶应当符合船舶相关排放要求。

第六十五条　禁止生产、进口、销售不符合标准的机动车船、非道路移动机械用燃料；禁止向汽车和摩托车销售普通柴油以及其他非机动车用燃料；禁止向非道路移动机械、内河和江海直达船舶销售渣油和重油。

第六十六条　发动机油、氮氧化物还原剂、燃料和润滑油添加剂以及其他添加剂的有害物质含量和其他大气环境保护指标，应当符合有关标准的要求，不得损害机动车船污染控制装置效果和耐久性，不得增加新的大气污染物排放。

第六十七条　国家积极推进民用航空器的大气污染防治，鼓励在设计、生产、使用过程中采取有效措施减少大气污染物排放。

民用航空器应当符合国家规定的适航标准中的有关发动机排出物要求。

第四节　扬尘污染防治

第六十八条　地方各级人民政府应当加强对建设施工和运输的管理，保持道路清洁，控制料堆和渣土堆放，扩大绿地、水面、湿地和地面铺装面积，防治扬尘污染。

住房城乡建设、市容环境卫生、交通运输、国土资源等有关部门，应当根据本级人民政府确定的职责，做好扬尘污染防治工作。

第六十九条　建设单位应当将防治扬尘污染的费用列入工程造价，并在施工承包合同中明确施工单位扬尘污染防治责任。施工单位应当制定具体的施工扬尘污染防治实施方案。

从事房屋建筑、市政基础设施建设、河道整治以及建筑物拆除等施工单位，应当向负责监督管理扬尘污染防治的主管部门备案。

施工单位应当在施工工地设置硬质围挡，并采取覆盖、分段作业、择时施工、洒水抑尘、冲洗地面和车辆等有效防尘降尘措施。建筑土方、工程渣土、建筑垃圾应当及时清运；在场地内堆存的，应当采用密闭式防尘网遮盖。工程渣土、建筑垃圾应当进行资源化处理。

施工单位应当在施工工地公示扬尘污染防治措施、负责人、扬尘监督管理主管部门等信息。

暂时不能开工的建设用地，建设单位应当对裸露地面进行覆盖；超过三个月的，应当进行绿化、铺装或者遮盖。

第七十条 运输煤炭、垃圾、渣土、砂石、土方、灰浆等散装、流体物料的车辆应当采取密闭或者其他措施防止物料遗撒造成扬尘污染，并按照规定路线行驶。

装卸物料应当采取密闭或者喷淋等方式防治扬尘污染。

城市人民政府应当加强道路、广场、停车场和其他公共场所的清扫保洁管理，推行清洁动力机械化清扫等低尘作业方式，防治扬尘污染。

第七十一条 市政河道以及河道沿线、公共用地的裸露地面以及其他城镇裸露地面，有关部门应当按照规划组织实施绿化或者透水铺装。

第七十二条 贮存煤炭、煤矸石、煤渣、煤灰、水泥、石灰、石膏、砂土等易产生扬尘的物料应当密闭；不能密闭的，应当设置不低于堆放物高度的严密围挡，并采取有效覆盖措施防治扬尘污染。

码头、矿山、填埋场和消纳场应当实施分区作业，并采取有效措施防治扬尘污染。

第五节 农业和其他污染防治

第七十三条 地方各级人民政府应当推动转变农业生产方式，发展农业循环经济，加大对废弃物综合处理的支持力度，加强对农业生产经营活动排放大气污染物的控制。

第七十四条 农业生产经营者应当改进施肥方式，科学合理施用化肥并按照国家有关规定使用农药，减少氨、挥发性有机物等大气污染物的排放。

禁止在人口集中地区对树木、花草喷洒剧毒、高毒农药。

第七十五条 畜禽养殖场、养殖小区应当及时对污水、畜禽粪便和尸体等进行收集、贮存、清运和无害化处理，防止排放恶臭气体。

第七十六条 各级人民政府及其农业行政等有关部门应当鼓励和支持采用先进适用技术，对秸秆、落叶等进行肥料化、饲料化、能源化、工业原料化、食用菌基料化等综合利用，加大对秸秆还田、收集一体化农业机械的财政补贴力度。

县级人民政府应当组织建立秸秆收集、贮存、运输和综合利用服务体系，采用财政补贴等措施支持农村集体经济组织、农民专业合作经济组织、企业等开展秸秆收集、贮存、运输和综合利用服务。

第七十七条 省、自治区、直辖市人民政府应当划定区域，禁止露天焚烧秸秆、落叶等产生烟尘污染的物质。

第七十八条 国务院环境保护主管部门应当会同国务院卫生行政部门，根据大气污染物对公众健康和生态环境的危害和影响程度，公布有毒有害大气污染物名录，实行风险管理。

排放前款规定名录中所列有毒有害大气污染物的企业事业单位，应当按照国家有关规定建设环境风险预警体系，对排放口和周边环境进行定期监测，评估环境风险，排查环境安全隐患，并采取有效措施防范环境风险。

第七十九条　向大气排放持久性有机污染物的企业事业单位和其他生产经营者以及废弃物焚烧设施的运营单位，应当按照国家有关规定，采取有利于减少持久性有机污染物排放的技术方法和工艺，配备有效的净化装置，实现达标排放。

第八十条　企业事业单位和其他生产经营者在生产经营活动中产生恶臭气体的，应当科学选址，设置合理的防护距离，并安装净化装置或者采取其他措施，防止排放恶臭气体。

第八十一条　排放油烟的餐饮服务业经营者应当安装油烟净化设施并保持正常使用，或者采取其他油烟净化措施，使油烟达标排放，并防止对附近居民的正常生活环境造成污染。

禁止在居民住宅楼、未配套设立专用烟道的商住综合楼以及商住综合楼内与居住层相邻的商业楼层内新建、改建、扩建产生油烟、异味、废气的餐饮服务项目。

任何单位和个人不得在当地人民政府禁止的区域内露天烧烤食品或者为露天烧烤食品提供场地。

第八十二条　禁止在人口集中地区和其他依法需要特殊保护的区域内焚烧沥青、油毡、橡胶、塑料、皮革、垃圾以及其他产生有毒有害烟尘和恶臭气体的物质。

禁止生产、销售和燃放不符合质量标准的烟花爆竹。任何单位和个人不得在城市人民政府禁止的时段和区域内燃放烟花爆竹。

第八十三条　国家鼓励和倡导文明、绿色祭祀。

火葬场应当设置除尘等污染防治设施并保持正常使用，防止影响周边环境。

第八十四条　从事服装干洗和机动车维修等服务活动的经营者，应当按照国家有关标准或者要求设置异味和废气处理装置等污染防治设施并保持正常使用，防止影响周边环境。

第八十五条　国家鼓励、支持消耗臭氧层物质替代品的生产和使用，逐步减少直至停止消耗臭氧层物质的生产和使用。

国家对消耗臭氧层物质的生产、使用、进出口实行总量控制和配额管理。具体办法由国务院规定。

第五章　重点区域大气污染联合防治

第八十六条　国家建立重点区域大气污染联防联控机制，统筹协调重点区域内大气污染防治工作。国务院环境保护主管部门根据主体功能区划、区域大气环境质量状况和大气污染传输扩散规律，划定国家大气污染防治重点区域，报国务院批准。

重点区域内有关省、自治区、直辖市人民政府应当确定牵头的地方人民政府，定期召开联席会议，按照统一规划、统一标准、统一监测、统一的防治措施的要求，开展大气污染联合防治，落实大气污染防治目标责任。国务院环境保护主管部门应当加强指导、督促。

省、自治区、直辖市可以参照第一款规定划定本行政区域的大气污染防治重点区域。

第八十七条　国务院环境保护主管部门会同国务院有关部门、国家大气污染防治重点区域内有关省、自治区、直辖市人民政府，根据重点区域经济社会发展和大气环境承载力，制定重点区域大气污染联合防治行动计划，明确控制目标，优化区域经济布局，统筹交通管理，发展清洁能源，提出重点防治任务和措施，促进重点区域大气环境质量改善。

第八十八条　国务院经济综合主管部门会同国务院环境保护主管部门，结合国家大气污染防治重点区域产业发展实际和大气环境质量状况，进一步提高环境保护、能耗、安全、质量等要求。

重点区域内有关省、自治区、直辖市人民政府应当实施更严格的机动车大气污染物排放标准，统一在用机动车检验方法和排放限值，并配套供应合格的车用燃油。

第八十九条　编制可能对国家大气污染防治重点区域的大气环境造成严重污染的有关工业园区、开发区、区域产业和发展等规划，应当依法进行环境影响评价。规划编制机关应当与重点区域内有关省、自治区、直辖市人民政府或者有关部门会商。

重点区域内有关省、自治区、直辖市建设可能对相邻省、自治区、直辖市大气环境质量产生重大影响的项目，应当及时通报有关信息，进行会商。

会商意见及其采纳情况作为环境影响评价文件审查或者审批的重要依据。

第九十条 国家大气污染防治重点区域内新建、改建、扩建用煤项目的，应当实行煤炭的等量或者减量替代。

第九十一条 国务院环境保护主管部门应当组织建立国家大气污染防治重点区域的大气环境质量监测、大气污染源监测等相关信息共享机制，利用监测、模拟以及卫星、航测、遥感等新技术分析重点区域内大气污染来源及其变化趋势，并向社会公开。

第九十二条 国务院环境保护主管部门和国家大气污染防治重点区域内有关省、自治区、直辖市人民政府可以组织有关部门开展联合执法、跨区域执法、交叉执法。

第六章 重污染天气应对

第九十三条 国家建立重污染天气监测预警体系。

国务院环境保护主管部门会同国务院气象主管机构等有关部门、国家大气污染防治重点区域内有关省、自治区、直辖市人民政府，建立重点区域重污染天气监测预警机制，统一预警分级标准。可能发生区域重污染天气的，应当及时向重点区域内有关省、自治区、直辖市人民政府通报。

省、自治区、直辖市、设区的市人民政府环境保护主管部门会同气象主管机构等有关部门建立本行政区域重污染天气监测预警机制。

第九十四条 县级以上地方人民政府应当将重污染天气应对纳入突发事件应急管理体系。

省、自治区、直辖市、设区的市人民政府以及可能发生重污染天气的县级人民政府，应当制定重污染天气应急预案，向上一级人民政府环境保护主管部门备案，并向社会公布。

第九十五条 省、自治区、直辖市、设区的市人民政府环境保护主管部门应当会同气象主管机构建立会商机制，进行大气环境质量预报。可能发生重污染天气的，应当及时向本级人民政府报告。省、自治区、直辖市、设区的市人民政府依据重污染天气预报信息，进行综合研判，确定预警等级并及时发出预警。预警等级根据情况变化及时调整。任何单位和个人不得擅自向社会发布重污染天气预报预警信息。

预警信息发布后，人民政府及其有关部门应当通过电视、广播、网络、短信等途径告知公众采取健康防护措施，指导公众出行和调整其他相关社会活动。

第九十六条 县级以上地方人民政府应当依据重污染天气的预警等级，及时启动应急预案，根据应急需要可以采取责令有关企业停产或者限产、限制部分机动车行驶、禁止燃放烟花爆竹、停止工地土石方作业和建筑物拆除施工、停止露天烧烤、停止幼儿园和学校组织的户外活动、组织开展人工影响天气作业等应急措施。

应急响应结束后，人民政府应当及时开展应急预案实施情况的评估，适时修改完善应急预案。

第九十七条 发生造成大气污染的突发环境事件，人民政府及其有关部门和相关企业事业单位，应当依照《中华人民共和国突发事件应对法》《中华人民共和国环境保护法》的规定，做好应急处置工作。环境保护主管部门应当及时对突发环境事件产生的大气污染物进行监测，并向社会公布监测信息。

第七章 法律责任

第九十八条 违反本法规定，以拒绝进入现场等方式拒不接受环境保护主管部门及其委托的环境监察机构或者其他负有大气环境保护监督管理职责的部门的监督检查，或者在接受监督检查时弄虚作假的，由县级以上人民政府环境保护主管部门或者其他负有大气环境保护监督管理职责的部门责令改正，处二万元以上二十万元以下的罚款；构成违反治安管理行为的，由公安机关依法予以处罚。

第九十九条 违反本法规定，有下列行为之一的，由县级以上人民政府环境保护主管部门责令改正或者限制生产、停产整治，并处十万元以上一百万元以下的罚款；情节严重的，报经有批准权的人民政府批准，责令停业、关闭：

（一）未依法取得排污许可证排放大气污染物的；

（二）超过大气污染物排放标准或者超过重点大气污染物排放总量控制指标排放大气污染物的；

（三）通过逃避监管的方式排放大气污染物的。

第一百条 违反本法规定，有下列行为之一的，由县级以上人民政府环境保护主管部门责令改正，处二万元以上二十万元以下的罚款；拒不改正的，责令停产整治：

（一）侵占、损毁或者擅自移动、改变大气环境质量监测设施或者大气污染物排放自动监测设备的；

（二）未按照规定对所排放的工业废气和有毒有害大气污染物进行监测并保存原始监测记录的；

（三）未按照规定安装、使用大气污染物排放自动监测设备或者未按照规定与环境保护主管部门的监控设备联网，并保证监测设备正常运行的；

（四）重点排污单位不公开或者不如实公开自动监测数据的；

（五）未按照规定设置大气污染物排放口的。

第一百零一条 违反本法规定，生产、进口、销售或者使用国家综合性产业政策目录中禁止的设备和产品，采用国家综合性产业政策目录中禁止的工艺，或者将淘汰的设备和产品转让给他人使用的，由县级以上人民政府经济综合主管部门、出入境检验检疫机构按照职责责令改正，没收违法所得，并处货值金额一倍以上三倍以下的罚款；拒不改正的，报经有批准权的人民政府批准，责令停业、关闭。进口行为构成走私的，由海关依法予以处罚。

第一百零二条 违反本法规定，煤矿未按照规定建设配套煤炭洗选设施的，由县级以上人民政府能源主管部门责令改正，处十万元以上一百万元以下的罚款；拒不改正的，报经有批准权的人民政府批准，责令停业、关闭。

违反本法规定，开采含放射性和砷等有毒有害物质超过规定标准的煤炭的，由县级以上人民政府按照国务院规定的权限责令停业、关闭。

第一百零三条 违反本法规定，有下列行为之一的，由县级以上地方人民政府质量监督、工商行政管理部门按照职责责令改正，没收原材料、产品和违法所得，并处货值金额一倍以上三倍以下的罚款：

（一）销售不符合质量标准的煤炭、石油焦的；

（二）生产、销售挥发性有机物含量不符合质量标准或者要求的原材料和产品的；

（三）生产、销售不符合标准的机动车船和非道路移动机械用燃料、发动机油、氮氧化物还原剂、燃料和润滑油添加剂以及其他添加剂的；

（四）在禁燃区内销售高污染燃料的。

第一百零四条 违反本法规定，有下列行为之一的，由出入境检验检疫机构责令改正，没收原材料、产品和违法所得，并处货值金额一倍以上三倍以下的罚款；构成走私的，由海关依法予以处罚：

（一）进口不符合质量标准的煤炭、石油焦的；

（二）进口挥发性有机物含量不符合质量标准或者要求的原材料和产品的；

（三）进口不符合标准的机动车船和非道路移动机械用燃料、发动机油、氮氧化物还原剂、燃料和润滑油添加剂以及其他添加剂的。

第一百零五条 违反本法规定，单位燃用不符合质量标准的煤炭、石油焦的，由县级以上人民政府环境保护主管部门责令改正，处货值金额一倍以上三倍以下的罚款。

第一百零六条 违反本法规定，使用不符合标准或者要求的船舶用燃油的，由海事管理机构、渔业主管部门按照职责处一万元以上十万元以下的罚款。

第一百零七条 违反本法规定，在禁燃区内新建、扩建燃用高污染燃料的设施，或者未按照规定停止燃用高污染燃料，或者在城市集中供热管网覆盖地区新建、扩建分散燃煤供热锅炉，或者未按照规定拆除已建成的不能达标排放的燃煤供热锅炉的，由县级以上地方人民政府环境保护主管部门没收燃用高污染燃料的设施，组织拆除燃煤供热锅炉，并处二万元以上二十万元以下的罚款。

违反本法规定，生产、进口、销售或者使用不符合规定标准或者要求的锅炉，由县级以上人民政府质量监督、环境保护主管部门责令改正，没收违法所得，并处二万元以上二十万元以下的罚款。

第一百零八条 违反本法规定，有下列行为之一的，由县级以上人民政府环境保护主管部门责令改正，处二万元以上二十万元以下的罚款；拒不改正的，责令停产整治：

（一）产生含挥发性有机物废气的生产和服务活动，未在密闭空间或者设备中进行，未按照规定安装、使用污染防治设施，或者未采取减少废气排放措施的；

（二）工业涂装企业未使用低挥发性有机物含量涂料或者未建立、保存台账的；

（三）石油、化工以及其他生产和使用有机溶剂的企业，未采取措施对管道、设备进行日常维护、维修，减少物料泄漏或者对泄漏的物料未及时收集处理的；

（四）储油储气库、加油加气站和油罐车、气罐车等，未按照国家有关规定安装并正常使用油气回收装置的；

（五）钢铁、建材、有色金属、石油、化工、制药、矿产开采等企业，未采取集中收集处理、密闭、围挡、遮盖、清扫、洒水等措施，控制、减少粉尘和气态污染物排放的；

（六）工业生产、垃圾填埋或者其他活动中产生的可燃性气体未回收利用，不具备回收利用条件未进行防治污染处理，或者可燃性气体回收利用装置不能正常作业，未及时修复或者更新的。

第一百零九条 违反本法规定，生产超过污染物排放标准的机动车、非道路移动机械的，由省级以上人民政府环境保护主管部门责令改正，没收违法所得，并处货值金额一倍以上三倍以下的罚款，没收销毁无法达到污染物排放标准的机动车、非道路移动机械；拒不改正的，责令停产整治，并由国务院机动车生产主管部门责令停止生产该车型。

违反本法规定，机动车、非道路移动机械生产企业对发动机、污染控制装置弄虚作假、以次充好，冒充排放检验合格产品出厂销售的，由省级以上人民政府环境保护主管部门责令停产整治，没收违法所得，并处货值金额一倍以上三倍以下的罚款，没收销毁无法达到污染物排放标准的机动车、非道路移动机械，并由国务院机动车生产主管部门责令停止生产该车型。

第一百一十条 违反本法规定，进口、销售超过污染物排放标准的机动车、非道路移动机械的，由县级以上人民政府工商行政管理部门、出入境检验检疫机构按照职责没收违法所得，并处货值金额一倍以上三倍以下的罚款，没收销毁无法达到污染物排放标准的机动车、非道路移动机械；进口行为构成走私的，由海关依法予以处罚。

违反本法规定，销售的机动车、非道路移动机械不符合污染物排放标准的，销售者应当负责修理、更换、退货；给购买者造成损失的，销售者应当赔偿损失。

第一百一十一条　违反本法规定，机动车生产、进口企业未按照规定向社会公布其生产、进口机动车车型的排放检验信息或者污染控制技术信息的，由省级以上人民政府环境保护主管部门责令改正，处五万元以上五十万元以下的罚款。

违反本法规定，机动车生产、进口企业未按照规定向社会公布其生产、进口机动车车型的有关维修技术信息的，由省级以上人民政府交通运输主管部门责令改正，处五万元以上五十万元以下的罚款。

第一百一十二条　违反本法规定，伪造机动车、非道路移动机械排放检验结果或者出具虚假排放检验报告的，由县级以上人民政府环境保护主管部门没收违法所得，并处十万元以上五十万元以下的罚款；情节严重的，由负责资质认定的部门取消其检验资格。

违反本法规定，伪造船舶排放检验结果或者出具虚假排放检验报告的，由海事管理机构依法予以处罚。

违反本法规定，以临时更换机动车污染控制装置等弄虚作假的方式通过机动车排放检验或者破坏机动车车载排放诊断系统的，由县级以上人民政府环境保护主管部门责令改正，对机动车所有人处五千元的罚款；对机动车维修单位处每辆机动车五千元的罚款。

第一百一十三条　违反本法规定，机动车驾驶人驾驶排放检验不合格的机动车上道路行驶的，由公安机关交通管理部门依法予以处罚。

第一百一十四条　违反本法规定，使用排放不合格的非道路移动机械，或者在用重型柴油车、非道路移动机械未按照规定加装、更换污染控制装置的，由县级以上人民政府环境保护等主管部门按照职责责令改正，处五千元的罚款。

违反本法规定，在禁止使用高排放非道路移动机械的区域使用高排放非道路移动机械的，由城市人民政府环境保护等主管部门依法予以处罚。

第一百一十五条　违反本法规定，施工单位有下列行为之一的，由县级以上人民政府住房城乡建设等主管部门按照职责责令改正，处一万元以上十万元以下的罚款；拒不改正的，责令停工整治：

（一）施工工地未设置硬质密闭围挡，或者未采取覆盖、分段作业、择时施工、洒水抑尘、冲洗地面和车辆等有效防尘降尘措施的；

（二）建筑土方、工程渣土、建筑垃圾未及时清运，或者未采用密闭式防尘网遮盖的。

违反本法规定，建设单位未对暂时不能开工的建设用地的裸露地面进行覆盖，或者未对超过三个月不能开工的建设用地的裸露地面进行绿化、铺装或者遮盖的，由县级以上人民政府住房城乡建设等主管部门依照前款规定予以处罚。

第一百一十六条　违反本法规定，运输煤炭、垃圾、渣土、砂石、土方、灰浆等散装、流体物料的车辆，未采取密闭或者其他措施防止物料遗撒的，由县级以上地方人民政府确定的监督管理部门责令改正，处二千元以上二万元以下的罚款；拒不改正的，车辆不得上道路行驶。

第一百一十七条　违反本法规定，有下列行为之一的，由县级以上人民政府环境保护等主管部门按照职责责令改正，处一万元以上十万元以下的罚款；拒不改正的，责令停工整治或者停业整治：

（一）未密闭煤炭、煤矸石、煤渣、煤灰、水泥、石灰、石膏、砂土等易产生扬尘的物料的；

（二）对不能密闭的易产生扬尘的物料，未设置不低于堆放物高度的严密围挡，或者未采取有效覆盖措施防治扬尘污染的；

（三）装卸物料未采取密闭或者喷淋等方式控制扬尘排放的；

（四）存放煤炭、煤矸石、煤渣、煤灰等物料，未采取防燃措施的；

（五）码头、矿山、填埋场和消纳场未采取有效措施防治扬尘污染的；

（六）排放有毒有害大气污染物名录中所列有毒有害大气污染物的企业事业单位，未按照规定建设环境风险预警体系或者对排放口和周边环境进行定期监测、排查环境安全隐患并采取有效措施防范环境风险的；

（七）向大气排放持久性有机污染物的企业事业单位和其他生产经营者以及废弃物焚烧设施的运营单位，未按照国家有关规定采取有利于减少持久性有机污染物排放的技术方法和工艺，配备净化装置的；

（八）未采取措施防止排放恶臭气体的。

第一百一十八条 违反本法规定，排放油烟的餐饮服务业经营者未安装油烟净化设施、不正常使用油烟净化设施或者未采取其他油烟净化措施，超过排放标准排放油烟的，由县级以上地方人民政府确定的监督管理部门责令改正，处五千元以上五万元以下的罚款；拒不改正的，责令停业整治。

违反本法规定，在居民住宅楼、未配套设立专用烟道的商住综合楼、商住综合楼内与居住层相邻的商业楼层内新建、改建、扩建产生油烟、异味、废气的餐饮服务项目的，由县级以上地方人民政府确定的监督管理部门责令改正；拒不改正的，予以关闭，并处一万元以上十万元以下的罚款。

违反本法规定，在当地人民政府禁止的时段和区域内露天烧烤食品或者为露天烧烤食品提供场地的，由县级以上地方人民政府确定的监督管理部门责令改正，没收烧烤工具和违法所得，并处五百元以上二万元以下的罚款。

第一百一十九条 违反本法规定，在人口集中地区对树木、花草喷洒剧毒、高毒农药，或者露天焚烧秸秆、落叶等产生烟尘污染的物质的，由县级以上地方人民政府确定的监督管理部门责令改正，并可以处五百元以上二千元以下的罚款。

违反本法规定，在人口集中地区和其他依法需要特殊保护的区域内，焚烧沥青、油毡、橡胶、塑料、皮革、垃圾以及其他产生有毒有害烟尘和恶臭气体的物质的，由县级人民政府确定的监督管理部门责令改正，对单位处一万元以上十万元以下的罚款，对个人处五百元以上二千元以下的罚款。

违反本法规定，在城市人民政府禁止的时段和区域内燃放烟花爆竹的，由县级以上地方人民政府确定的监督管理部门依法予以处罚。

第一百二十条 违反本法规定，从事服装干洗和机动车维修等服务活动，未设置异味和废气处理装置等污染防治设施并保持正常使用，影响周边环境的，由县级以上地方人民政府环境保护主管部门责令改正，处二千元以上二万元以下的罚款；拒不改正的，责令停业整治。

第一百二十一条 违反本法规定，擅自向社会发布重污染天气预报预警信息，构成违反治安管理行为的，由公安机关依法予以处罚。

违反本法规定，拒不执行停止工地土石方作业或者建筑物拆除施工等重污染天气应急措施的，由县级以上地方人民政府确定的监督管理部门处一万元以上十万元以下的罚款。

第一百二十二条 违反本法规定，造成大气污染事故的，由县级以上人民政府环境保护主管部门依照本条第二款的规定处以罚款；对直接负责的主管人员和其他直接责任人员可以处上一年度从本企业事业单位取得收入百分之五十以下的罚款。

对造成一般或者较大大气污染事故的，按照污染事故造成直接损失的一倍以上三倍以下计算罚款；对造成重大或者特大大气污染事故的，按照污染事故造成的直接损失的三倍以上五倍以下计算罚款。

第一百二十三条 违反本法规定，企业事业单位和其他生产经营者有下列行为之一，受到罚款处罚，被责令改正，拒不改正的，依法作出处罚决定的行政机关可以自责令改正之日的次日起，按照原处罚数额按日连续处罚：

（一）未依法取得排污许可证排放大气污染物的；

（二）超过大气污染物排放标准或者超过重点大气污染物排放总量控制指标排放大气污染物的；

（三）通过逃避监管的方式排放大气污染物的；

（四）建筑施工或者贮存易产生扬尘的物料未采取有效措施防治扬尘污染的。

第一百二十四条　违反本法规定，对举报人以解除、变更劳动合同或者其他方式打击报复的，应当依照有关法律的规定承担责任。

第一百二十五条　排放大气污染物造成损害的，应当依法承担侵权责任。

第一百二十六条　地方各级人民政府、县级以上人民政府环境保护主管部门和其他负有大气环境保护监督管理职责的部门及其工作人员滥用职权、玩忽职守、徇私舞弊、弄虚作假的，依法给予处分。

第一百二十七条　违反本法规定，构成犯罪的，依法追究刑事责任。

第八章　附　则

第一百二十八条　海洋工程的大气污染防治，依照《中华人民共和国海洋环境保护法》的有关规定执行。

第一百二十九条　本法自 2016 年 1 月 1 日起施行。

中华人民共和国环境噪声污染防治法

中华人民共和国主席令

第七十七号

《中华人民共和国环境噪声污染防治法》已由中华人民共和国第八届全国人民代表大会常务委员会第二十次会议于1996年10月29日通过，现予公布，自1997年3月1日起施行。

中华人民共和国主席　江泽民

1996年10月29日

中华人民共和国环境噪声污染防治法

（1996年10月29日第八届全国人民代表大会常务委员会第二十二次会议通过　根据2018年12月29日第十三届全国人民代表大会常务委员会第七次会议《关于修改〈中华人民共和国劳动法〉等七部法律的决定》修正）

第一章　总　则

第一条　为防治环境噪声污染，保护和改善生活环境，保障人体健康，促进经济和社会发展，制定本法。

第二条　本法所称环境噪声，是指在工业生产、建筑施工、交通运输和社会生活中所产生的干扰周围生活环境的声音。

本法所称环境噪声污染，是指所产生的环境噪声超过国家规定的环境噪声排放标准，并干扰他人正常生活、工作和学习的现象。

第三条　本法适用于中华人民共和国领域内环境噪声污染的防治。

因从事本职生产、经营工作受到噪声危害的防治，不适用本法。

第四条　国务院和地方各级人民政府应当将环境噪声污染防治工作纳入环境保护规划，并采取有利于声环境保护的经济、技术政策和措施。

第五条　地方各级人民政府在制定城乡建设规划时，应当充分考虑建设项目和区域开发、改造所产生的噪声对周围生活环境的影响，统筹规划，合理安排功能区和建设布局，防止或者减轻环境噪声污染。

第六条　国务院生态环境主管部门对全国环境噪声污染防治实施统一监督管理。

县级以上地方人民政府生态环境主管部门对本行政区域内的环境噪声污染防治实施统一监督管理。

各级公安、交通、铁路、民航等主管部门和港务监督机构，根据各自的职责，对交通运输和社会生活噪声污染防治实施监督管理。

第七条　任何单位和个人都有保护声环境的义务，并有权对造成环境噪声污染的单位和个人进行检举和控告。

第八条　国家鼓励、支持环境噪声污染防治的科学研究、技术开发，推广先进的防治技术和普及防治环境噪声污染的科学知识。

第九条　对在环境噪声污染防治方面成绩显著的单位和个人，由人民政府给予奖励。

第二章　环境噪声污染防治的监督管理

第十条　国务院生态环境主管部门分别不同的功能区制定国家声环境质量标准。

县级以上地方人民政府根据国家声环境质量标准，划定本行政区域内各类声环境质量标准的适用区域，并进行管理。

第十一条　国务院生态环境主管部门根据国家声环境质量标准和国家经济、技术条件，制定国家环境噪声排放标准。

第十二条　城市规划部门在确定建设布局时，应当依据国家声环境质量标准和民用建筑隔声设计规范，合理划定建筑物与交通干线的防噪声距离，并提出相应的规划设计要求。

第十三条　新建、改建、扩建的建设项目，必须遵守国家有关建设项目环境保护管理的规定。

建设项目可能产生环境噪声污染的，建设单位必须提出环境影响报告书，规定环境噪声污染的防治措施，并按照国家规定的程序报生态环境主管部门批准。

环境影响报告书中，应当有该建设项目所在地单位和居民的意见。

第十四条　建设项目的环境噪声污染防治设施必须与主体工程同时设计、同时施工、同时投产使用。

建设项目在投入生产或者使用之前，其环境噪声污染防治设施必须按照国家规定的标准和程序进行验收；达不到国家规定要求的，该建设项目不得投入生产或者使用。

第十五条　产生环境噪声污染的企业事业单位，必须保持防治环境噪声污染的设施的正常使用；拆除或者闲置环境噪声污染防治设施的，必须事先报经所在地的县级以上地方人民政府生态环境主管部门批准。

第十六条　产生环境噪声污染的单位，应当采取措施进行治理，并按照国家规定缴纳超标准排污费。

征收的超标准排污费必须用于污染的防治，不得挪作他用。

第十七条　对于在噪声敏感建筑物集中区域内造成严重环境噪声污染的企业事业单位，限期治理。

被限期治理的单位必须按期完成治理任务。限期治理由县级以上人民政府按照国务院规定的权限决定。

对小型企业事业单位的限期治理，可以由县级以上人民政府在国务院规定的权限内授权其生态环境主管部门决定。

第十八条　国家对环境噪声污染严重的落后设备实行淘汰制度。

国务院经济综合主管部门应当会同国务院有关部门公布限期禁止生产、禁止销售、禁止进口的环境噪声污染严重的设备名录。

生产者、销售者或者进口者必须在国务院经济综合主管部门会同国务院有关部门规定的期限内分别停止生产、销售或者进口列入前款规定的名录中的设备。

第十九条 在城市范围内从事生产活动确需排放偶发性强烈噪声的，必须事先向当地公安机关提出申请，经批准后方可进行。当地公安机关应当向社会公告。

第二十条 国务院生态环境主管部门应当建立环境噪声监测制度，制定监测规范，并会同有关部门组织监测网络。

环境噪声监测机构应当按照国务院生态环境主管部门的规定报送环境噪声监测结果。

第二十一条 县级以上人民政府生态环境主管部门和其他环境噪声污染防治工作的监督管理部门、机构，有权依据各自的职责对管辖范围内排放环境噪声的单位进行现场检查。被检查的单位必须如实反映情况，并提供必要的资料。检查部门、机构应当为被检查的单位保守技术秘密和业务秘密。

检查人员进行现场检查，应当出示证件。

第三章 工业噪声污染防治

第二十二条 本法所称工业噪声，是指在工业生产活动中使用固定的设备时产生的干扰周围生活环境的声音。

第二十三条 在城市范围内向周围生活环境排放工业噪声的，应当符合国家规定的工业企业厂界环境噪声排放标准。

第二十四条 在工业生产中因使用固定的设备造成环境噪声污染的工业企业，必须按照国务院生态环境主管部门的规定，向所在地的县级以上地方人民政府生态环境主管部门申报拥有的造成环境噪声污染的设备的种类、数量以及在正常作业条件下所发出的噪声值和防治环境噪声污染的设施情况，并提供防治噪声污染的技术资料。

造成环境噪声污染的设备的种类、数量、噪声值和防治设施有重大改变的，必须及时申报，并采取应有的防治措施。

第二十五条 产生环境噪声污染的工业企业，应当采取有效措施，减轻噪声对周围生活环境的影响。

第二十六条 国务院有关主管部门对可能产生环境噪声污染的工业设备，应当根据声环境保护的要求和国家的经济、技术条件，逐步在依法制定的产品的国家标准、行业标准中规定噪声限值。

前款规定的工业设备运行时发出的噪声值，应当在有关技术文件中予以注明。

第四章 建筑施工噪声污染防治

第二十七条 本法所称建筑施工噪声，是指在建筑施工过程中产生的干扰周围生活环境的声音。

第二十八条 在城市市区范围内向周围生活环境排放建筑施工噪声的，应当符合国家规定的建筑施工场界环境噪声排放标准。

第二十九条 在城市市区范围内，建筑施工过程中使用机械设备，可能产生环境噪声污染的，施工单位必须在工程开工十五日以前向工程所在地县级以上地方人民政府生态环境主管部门申报该工程的项目名称、施工场所和期限、可能产生的环境噪声值以及所采取的环境噪声污染防治措施的情况。

第三十条 在城市市区噪声敏感建筑物集中区域内，禁止夜间进行产生环境噪声污染的建筑施工作业，但抢修、抢险作业和因生产工艺上要求或者特殊需要必须连续作业的除外。

因特殊需要必须连续作业的，必须有县级以上人民政府或者其有关主管部门的证明。

前款规定的夜间作业，必须公告附近居民。

第五章　交通运输噪声污染防治

第三十一条　本法所称交通运输噪声，是指机动车辆、铁路机车、机动船舶、航空器等交通运输工具在运行时所产生的干扰周围生活环境的声音。

第三十二条　禁止制造、销售或者进口超过规定的噪声限值的汽车。

第三十三条　在城市市区范围内行驶的机动车辆的消声器和喇叭必须符合国家规定的要求。机动车辆必须加强维修和保养，保持技术性能良好，防治环境噪声污染。

第三十四条　机动车辆在城市市区范围内行驶，机动船舶在城市市区的内河航道航行，铁路机车驶经或者进入城市市区、疗养区时，必须按照规定使用声响装置。

警车、消防车、工程抢险车、救护车等机动车辆安装、使用警报器，必须符合国务院公安部门的规定；在执行非紧急任务时，禁止使用警报器。

第三十五条　城市人民政府公安机关可以根据本地城市市区区域声环境保护的需要，划定禁止机动车辆行驶和禁止其使用声响装置的路段和时间，并向社会公告。

第三十六条　建设经过已有的噪声敏感建筑物集中区域的高速公路和城市高架、轻轨道路，有可能造成环境噪声污染的，应当设置声屏障或者采取其他有效的控制环境噪声污染的措施。

第三十七条　在已有的城市交通干线的两侧建设噪声敏感建筑物的，建设单位应当按照国家规定间隔一定距离，并采取减轻、避免交通噪声影响的措施。

第三十八条　在车站、铁路编组站、港口、码头、航空港等地指挥作业时使用广播喇叭的，应当控制音量，减轻噪声对周围生活环境的影响。

第三十九条　穿越城市居民区、文教区的铁路，因铁路机车运行造成环境噪声污染的，当地城市人民政府应当组织铁路部门和其他有关部门，制定减轻环境噪声污染的规划。铁路部门和其他有关部门应当按照规划的要求，采取有效措施，减轻环境噪声污染。

第四十条　除起飞、降落或者依法规定的情形以外，民用航空器不得飞越城市市区上空。城市人民政府应当在航空器起飞、降落的净空周围划定限制建设噪声敏感建筑物的区域；在该区域内建设噪声敏感建筑物的，建设单位应当采取减轻、避免航空器运行时产生的噪声影响的措施。民航部门应当采取有效措施，减轻环境噪声污染。

第六章　社会生活噪声污染防治

第四十一条　本法所称社会生活噪声，是指人为活动所产生的除工业噪声、建筑施工噪声和交通运输噪声之外的干扰周围生活环境的声音。

第四十二条　在城市市区噪声敏感建筑物集中区域内，因商业经营活动中使用固定设备造成环境噪声污染的商业企业，必须按照国务院生态环境主管部门的规定，向所在地的县级以上地方人民政府生态环境主管部门申报拥有的造成环境噪声污染的设备的状况和防治环境噪声污染的设施的情况。

第四十三条　新建营业性文化娱乐场所的边界噪声必须符合国家规定的环境噪声排放标准；不符合国家规定的环境噪声排放标准的，文化行政主管部门不得核发文化经营许可证，市场监督管理部门不得核发营业执照。

经营中的文化娱乐场所，其经营管理者必须采取有效措施，使其边界噪声不超过国家规定的环境噪声排放标准。

第四十四条　禁止在商业经营活动中使用高音广播喇叭或者采用其他发出高噪声的方法招揽顾客。

在商业经营活动中使用空调器、冷却塔等可能产生环境噪声污染的设备、设施的，其经营管理者应当采取措施，使其边界噪声不超过国家规定的环境噪声排放标准。

第四十五条 禁止任何单位、个人在城市市区噪声敏感建筑物集中区域内使用高音广播喇叭。

在城市市区街道、广场、公园等公共场所组织娱乐、集会等活动，使用音响器材可能产生干扰周围生活环境的过大音量的，必须遵守当地公安机关的规定。

第四十六条 使用家用电器、乐器或者进行其他家庭室内娱乐活动时，应当控制音量或者采取其他有效措施，避免对周围居民造成环境噪声污染。

第四十七条 在已竣工交付使用的住宅楼进行室内装修活动，应当限制作业时间，并采取其他有效措施，以减轻、避免对周围居民造成环境噪声污染。

第七章 法律责任

第四十八条 违反本法第十四条的规定，建设项目中需要配套建设的环境噪声污染防治设施没有建成或者没有达到国家规定的要求，擅自投入生产或者使用的，由县级以上生态环境主管部门责令限期改正，并对单位和个人处以罚款；造成重大环境污染或者生态破坏的，责令停止生产或者使用，或者报经有批准权的人民政府批准，责令关闭。

第四十九条 违反本法规定，拒报或者谎报规定的环境噪声排放申报事项的，县级以上地方人民政府生态环境主管部门可以根据不同情节，给予警告或者处以罚款。

第五十条 违反本法第十五条的规定，未经生态环境主管部门批准，擅自拆除或者闲置环境噪声污染防治设施，致使环境噪声排放超过规定标准的，由县级以上地方人民政府生态环境主管部门责令改正，并处罚款。

第五十一条 违反本法第十六条的规定，不按照国家规定缴纳超标准排污费的，县级以上地方人民政府生态环境主管部门可以根据不同情节，给予警告或者处以罚款。

第五十二条 违反本法第十七条的规定，对经限期治理逾期未完成治理任务的企业事业单位，除依照国家规定加收超标准排污费外，可以根据所造成的危害后果处以罚款，或者责令停业、搬迁、关闭。

前款规定的罚款由生态环境主管部门决定。责令停业、搬迁、关闭由县级以上人民政府按照国务院规定的权限决定。

第五十三条 违反本法第十八条的规定，生产、销售、进口禁止生产、销售、进口的设备的，由县级以上人民政府经济综合主管部门责令改正；情节严重的，由县级以上人民政府经济综合主管部门提出意见，报请同级人民政府按照国务院规定的权限责令停业、关闭。

第五十四条 违反本法第十九条的规定，未经当地公安机关批准，进行产生偶发性强烈噪声活动的，由公安机关根据不同情节给予警告或者处以罚款。

第五十五条 排放环境噪声的单位违反本法第二十一条的规定，拒绝生态环境主管部门或者其他依照本法规定行使环境噪声监督管理权的部门、机构现场检查或者在被检查时弄虚作假的，生态环境主管部门或者其他依照本法规定行使环境噪声监督管理权的监督管理部门、机构可以根据不同情节，给予警告或者处以罚款。

第五十六条 建筑施工单位违反本法第三十条第一款的规定，在城市市区噪声敏感建筑物集中区域内，夜间进行禁止进行的产生环境噪声污染的建筑施工作业的，由工程所在地县级以上地方人民政府生态环境主管部门责令改正，可以并处罚款。

第五十七条 违反本法第三十四条的规定，机动车辆不按照规定使用声响装置的，由当地公安机关根据不同情节给予警告或者处以罚款。

机动船舶有前款违法行为的，由港务监督机构根据不同情节给予警告或者处以罚款。

铁路机车有第一款违法行为的，由铁路主管部门对有关责任人员给予行政处分。

第五十八条 违反本法规定，有下列行为之一的，由公安机关给予警告，可以并处罚款：

（一）在城市市区噪声敏感建筑物集中区域内使用高音广播喇叭；

（二）违反当地公安机关的规定，在城市市区街道、广场、公园等公共场所组织娱乐、集会等活动，使用音响器材，产生干扰周围生活环境的过大音量的；

（三）未按本法第四十六条和第四十七条规定采取措施，从家庭室内发出严重干扰周围居民生活的环境噪声的。

第五十九条 违反本法第四十三条第二款、第四十四条第二款的规定，造成环境噪声污染的，由县级以上地方人民政府生态环境主管部门责令改正，可以并处罚款。

第六十条 违反本法第四十四条第一款的规定，造成环境噪声污染的，由公安机关责令改正，可以并处罚款。

省级以上人民政府依法决定由县级以上地方人民政府生态环境主管部门行使前款规定的行政处罚权的，从其决定。

第六十一条 受到环境噪声污染危害的单位和个人，有权要求加害人排除危害；造成损失的，依法赔偿损失。

赔偿责任和赔偿金额的纠纷，可以根据当事人的请求，由生态环境主管部门或者其他环境噪声污染防治工作的监督管理部门、机构调解处理；调解不成的，当事人可以向人民法院起诉。当事人也可以直接向人民法院起诉。

第六十二条 环境噪声污染防治监督管理人员滥用职权、玩忽职守、徇私舞弊的，由其所在单位或者上级主管机关给予行政处分；构成犯罪的，依法追究刑事责任。

第八章 附 则

第六十三条 本法中下列用语的含义是：

（一）“噪声排放”是指噪声源向周围生活环境辐射噪声。

（二）“噪声敏感建筑物”是指医院、学校、机关、科研单位、住宅等需要保持安静的建筑物。

（三）“噪声敏感建筑物集中区域”是指医疗区、文教科研区和以机关或者居民住宅为主的区域。

（四）“夜间”是指晚二十二点至晨六点之间的期间。

（五）“机动车辆”是指汽车和摩托车。

第六十四条 本法自 1997 年 3 月 1 日起施行。1989 年 9 月 26 日国务院发布的《中华人民共和国环境噪声污染防治条例》同时废止。

（三）海南省

海南省环境保护条例

（1990年2月18日海南省人民代表会议常务委员会第九次会议通过　根据1999年5月20日海南省第二届人民代表大会常务委员会第七次会议《关于修改〈海南省环境保护条例〉的决定》第一次修正　根据2007年1月10日海南省第三届人民代表大会常务委员会第二十八次会议《关于修改〈海南省环境保护条例〉的决定》第二次修正　2012年7月17日海南省第四届人民代表大会常务委员会第三十二次会议修订　根据2017年7月21日海南省第五届人民代表大会常务委员会第三十一次会议《关于修改〈海南省环境保护条例〉的决定》第三次修正）

第一章　总　则

第一条　为了保护、改善生活环境和生态环境，防治环境污染和其他公害，建设生态省，促进本省经济、社会可持续发展，根据《中华人民共和国环境保护法》及有关法律、法规，结合本省实际，制定本条例。

第二条　本条例所称环境，是指影响人类生存和发展的各种天然的和经过人工改造的自然因素的总体，包括大气、水、海洋、土地、矿藏、森林、草地、湿地、沙滩、野生生物、自然遗迹、人文遗迹、自然保护区、风景名胜区、城市和乡村等。

第三条　本省行政区域内的环境保护及其相关管理活动，适用本条例。

第四条　环境保护应当坚持保护优先、预防为主、综合治理、公众参与、损害担责的原则。

在生产和其他建设中，应当坚持在保护中发展、在发展中保护，合理开发和利用自然资源，把对环境的损害控制到最小限度，实现经济效益、社会效益、环境效益的统一。

第五条　各级人民政府应当加强生态省建设，转变经济发展方式，加大环境污染综合治理，推进生态保护修复，鼓励和支持清洁生产、资源再利用等节能减排新技术的研究和应用，推广环境保护先进科学技术，大力发展循环经济和低碳经济，全面促进资源节约集约利用，倡导推广绿色消费，完善生态文明制度体系，推动形成绿色发展方式和生活方式，推进全国生态文明示范区建设。

省人民政府负责组织编制生态省建设规划纲要，报省人民代表大会常务委员会审议批准后实施；市、县、自治县人民政府应当根据生态省建设规划纲要，制定本行政区域生态市（县）建设规划，报本级人民代表大会常务委员会审议批准后实施。

第六条　各级人民政府应当对本行政区域的环境质量负责。

县级以上人民政府应当将环境保护工作纳入国民经济和社会发展规划，确定环境保护的目标、任务和措施。

县级以上人民政府应当每年向上一级人民政府和同级人民代表大会或者其常务委员会报告环境状况和环境保护目标完成情况，对发生的重大环境事件应当及时向本级人民代表大会常务委员会报告，依法接受监督。

第七条 本省实行环境保护目标责任制和考核评价制度。县级以上人民政府应当将环境保护目标完成情况作为对本级人民政府负有环境保护监督管理职责的部门及其负责人和下级人民政府及其负责人考核的内容。考核结果应当向社会公开。

省人民政府应当对市、县、自治县人民政府及其有关部门执行环境保护法律法规情况、环境质量改善情况等进行监察。

本省按照国家规定建立并完善生态环境损害责任终身追究制，实行自然资源资产和生态环境保护责任审计。

第八条 县级以上人民政府应当加大保护和改善环境、防治污染和其他公害的财政投入，同时引导社会资金参与环境保护基础设施和有关工作的投入，逐步完善政府、企业、社会多元化环境保护投融资机制。

鼓励发展环境保护产业，在本省投资环境保护及其相关产业的，依法享受国家和本省规定的优惠政策。

第九条 县级以上人民政府环境保护主管部门对本行政区域的环境保护工作实施统一监督管理。

县级以上人民政府发展和改革、住房与城乡建设、水务、海洋、渔业、旅游、交通运输、卫生、林业、农业、公安、海事等有关行政主管部门按照各自职责对环境保护实施监督管理。

乡、镇人民政府根据需要配备专职或者兼职环境管理人员，负责本辖区环境保护的监督管理。

村（居）民委员会应当协助环境保护主管部门和乡镇人民政府做好本村、本社区的环境保护监督管理工作。

第十条 县级以上人民政府环境保护主管部门应当设立专门的环境监测机构和执法机构，加强生态环境监测和执法。

县级以上人民政府应当完善环境保护行政执法与刑事司法衔接机制，建立健全负有环境保护监督管理职责的部门与公安机关、检察机关、审判机关之间信息共享、案情通报、案件移送等制度。

第十一条 各级人民政府及其有关部门应当组织开展环境保护宣传教育，提高全社会的环境保护意识。

新闻媒体应当开展环境保护法律法规和环境保护知识的宣传，对环境违法行为进行舆论监督。

教育行政部门、学校应当将环境保护知识纳入学校教育内容，培养学生的环境保护意识。

第十二条 公民、法人和其他组织依法享有良好环境、获取环境信息、对污染和破坏环境的行为进行检举和控告等权利，承担履行保护和改善环境的义务。

县级以上人民政府及其有关部门应当对在环境保护中做出突出贡献的单位和个人给予表彰和奖励。

第二章 环境监督和管理

第十三条 县级以上人民政府环境保护主管部门应当会同有关部门，组织编制本行政区域环境保护规划，报本级人民政府批准后实施，并向社会公布。

环境保护规划应当包括生态保护和污染防治的目标、任务、保障措施等，并符合本行政区域的总体规划。

各种开发和建设活动必须符合经批准的环境保护规划。

第十四条 县级以上人民政府及其有关部门，对其组织编制的土地利用的有关规划和区域、流域、海域的建设、开发利用规划，应当在规划编制过程中组织进行环境影响评价，编写该规划有关环境影响的篇章或者说明，作为规划草案的组成部分一并报送规划审批机关；未编写有关环境影响的篇章或者说明的，审批机关不予审批。

县级以上人民政府及其有关部门，对其组织编制的工业、农业、畜牧业、林业、能源、水利、交通、城市建设、旅游、自然资源开发的有关专项规划，应当在该专项规划草案上报审批前，组织进行环境影响评价，并向规划审批机关提出环境影响报告书；未提出环境影响报告书的，审批机关不予审批。

已经进行环境影响评价的规划包含具体建设项目的，规划的环境影响评价结论应当作为建设项目环境影响评价的重要依据。

第十五条 县级以上人民政府及其有关部门组织制定经济、技术政策，应当充分考虑对环境的影响，听取有关方面和专家的意见。

第十六条 新建、改建、扩建项目应当按照有关规定进行环境影响评价，编制环境影响评价文件。

建设项目环境影响评价报告书、报告表，由建设单位依法报有审批权的行政主管部门审批。建设项目的环境影响评价文件未经依法审批的，建设单位不得开工建设。具体审批权限由省人民政府根据国家有关规定，结合本省实际，另行规定。

建设项目环境影响评价登记表由市、县、自治县环境保护或者海洋主管部门实行备案管理。建设单位应当在建设项目投入生产运营前依法办理建设项目环境影响评价登记表备案手续。

第十七条 建设项目有下列情形之一的，环境保护主管部门对其环境影响评价文件不予审批：

（一）选址或者布局不符合环境保护规划的；

（二）使用国家淘汰的生产技术、工艺、设备、产品或者生产国家淘汰的设备、产品的；

（三）污染物不能达标排放的；

（四）法律、法规规定其他不予审批的情形。

第十八条 建设项目中防治污染的设施，应当与主体工程同时设计、同时施工、同时投产使用。防治污染的设施应当符合经批准的环境影响评价文件的要求，不得擅自拆除或者闲置。

第十九条 省人民政府对国家环境质量标准和污染物排放标准中未作规定的项目，可以制定本省的标准；对国家环境质量标准和国家污染物排放标准中已作规定的项目，可以制定严于国家标准的地方标准，报国务院环境保护主管部门备案。

第二十条 我省实行重点污染物排放总量控制制度。省人民政府环境保护主管部门会同有关部门，根据国家规定的重点污染物排放总量控制指标和区域经济社会发展水平、环境质量状况及污染物排放情况，拟定本省重点污染物排放总量控制指标，经省人民政府批准后，分解落实到市、县、自治县人民政府。

市、县、自治县人民政府应当根据本行政区域重点污染物排放总量控制指标的要求，制定削减和控制重点污染物总量的计划和措施，将重点污染物排放总量控制指标分解落实到排污单位，并向社会公布。

第二十一条 省人民政府可以根据区域环境质量状况和环境污染防治需要，划定环境污染防治重点区域，在重点污染物排放总量控制指标基础上，确定该重点区域的污染物控制指标和环境质量控制目标，防治区域环境污染。

第二十二条 对超过重点污染物排放总量控制指标的行政区域，由省人民政府环境保护主管部门责令限期整改，暂停审批该行政区域内新增该重点污染物排放总量的建设项目环境影响评价文件。整改工作完成并经省人民政府环境保护主管部门审核通过后，方可进行审批。

第二十三条 造成环境污染或者破坏的单位和个人，应当承担治理责任；不履行治理责任或者治理未达到规定要求的，各级人民政府环境保护主管部门可以指定有治理能力的单位代为治理，所需费用由造成环境污染或破坏者承担。

第二十四条　县级以上人民政府应当建立健全生态环境监测制度，统一规划监测网络、统一评价标准、统一监测方法、统一信息发布，建立生态环境监测与执法联动机制。

县级以上人民政府环境保护主管部门会同有关部门建设涵盖全省大气、水、土壤、噪声、辐射、生态等要素，布局合理、功能完善的生态环境监测网络，按照统一的标准规范开展监测和评价。

跨行政区域的重要河流上下游市、县、自治县人民政府应当负责跨界河流水质监测，发现水污染事故或者水质异常，应当立即通告相邻区域市、县、自治县人民政府，并采取相应应急措施。河流入海口市、县、自治县人民政府应当负责入海河口水质监测。

监测机构应当使用符合国家标准的监测设备，遵守监测规范。监测机构及其负责人对监测数据的真实性和准确性负责。

第二十五条　环境保护主管部门和其他负有环境保护监督管理职责的部门应当建立环境保护现场检查制度，对企业事业单位及其他生产经营者的污染物排放情况、污染防治情况、环境风险防范情况以及各项环境保护法律制度的执行情况进行检查。被检查者应当予以配合，如实反映情况和提供有关资料，不得拒绝、阻挠和拖延检查。

现场检查可以采取采样、监测、摄影、摄像、文字记录和查阅、复制有关资料等方式。检查记录由当事人签字确认；当事人拒绝签字的，应当在检查记录中予以注明。

第二十六条　省人民政府环境保护主管部门应当定期发布环境状况公报。

县级以上人民政府环境保护主管部门以及其他负有环境保护监督管理职责的部门，应当依法公开环境质量、环境监测、突发环境事件以及环境行政许可、行政处罚等信息。

第二十七条　县级以上人民政府环境保护主管部门应当建立排污单位环保诚信档案，记录其环保诚信信息，将遵守环保法律、法规，承担环保社会责任等情况载入诚信档案，并向社会公开。

排污单位的环保诚信信息应当作为环境监督管理、财政支持、政府采购、银行信贷等的参考依据。

第二十八条　县级以上人民政府环境保护主管部门应当建立环境违法行为投诉举报制度，公布电话、通信地址和电子邮箱等。

第三章　保护和改善环境

第二十九条　省人民政府规划主管部门应当会同有关部门，将涵养水源、保持水土、调蓄洪水、维系生物多样性等对生态环境保护有重要作用的区域划定为生态功能保护区，报省人民政府批准后公布实施。

在生态功能保护区内，实施严格的保护措施，禁止建设严重污染环境、破坏资源的项目，防止生态环境破坏和生态功能退化。

第三十条　县级以上人民政府应当根据本行政区域生态环境状况，在重点生态功能区、生态环境敏感区和脆弱区等区域划定生态保护红线，并纳入本行政区域的总体规划，实行严格保护。

县级以上人民政府是严守生态保护红线的责任主体，应当建立健全生态保护红线管控制度。

第三十一条　县级以上人民政府应当依法划定自然保护区，加强自然保护区的保护和管理。

除科学研究活动外，禁止任何单位和个人进入自然保护区的核心区；禁止在自然保护区的缓冲区开展旅游和生产经营活动；自然保护区的实验区，除必要的科学实验以及符合自然保护区总体规划的旅游、区内居民原有的种植业、养殖业等活动外，严禁其他生产建设活动。法律、法规另有规定的除外。

第三十二条 县级以上人民政府应当建立和完善生态补偿机制，加大公共财政对生态补偿的投入，落实补偿责任，完善补偿方式，改善重要生态功能区、重要水源地和自然保护区等重点领域的生态环境质量。

第三十三条 各级人民政府应当将农村环境保护纳入环境保护目标责任制，推进农村环境综合整治，加强农村环境保护设施建设、环境污染治理和农业生态环境保护，防治生活污水和垃圾污染、畜禽养殖污染、土壤污染、土壤植被破坏和水土流失。

鼓励发展生态农业，提倡综合利用农业废弃物，推广应用沼气等清洁能源，推广植物病虫害的综合防治。

第三十四条 各级人民政府应当加强科学规划，保护、恢复和发展森林资源。严禁采伐尖峰岭、霸王岭、吊罗山、黎母山、五指山、鹦哥岭、阿陀岭、七仙岭和其他区域的热带天然林。严禁采伐水源林、沿海防护林。

第三十五条 县级以上人民政府及其相关部门应当加强生物安全管理，防止有害生物物种进入，并对入侵的有害生物物种采取措施，防止扩散。

各级人民政府应当加强生物多样性保护，保护珍稀濒危野生动植物，禁止非法猎捕、毒杀、采挖、加工、售购国家和本省规定实行保护的野生动植物，禁止在海域、江河、水库、池塘炸鱼、毒鱼、电鱼。

第三十六条 旅游开发应当充分利用地形地貌，最大限度地保持山脉、水系、海岸、岛屿的自然状况，保护风景名胜、自然景观、人文景观的特色和完整性。

在风景名胜区内，不得进行开山、采石、开矿、挖沙、烧山开垦等破坏自然景观的活动。

第三十七条 矿产资源的勘查、开采，应当采用有利于合理利用资源、保护环境和防止污染的勘查、开采方法和工艺技术，提高资源利用水平。

进行矿产资源勘探开发的单位应当妥善处理尾矿矿渣，及时闭坑复垦；对采矿和生产形成的有毒有害物质，应当按照有关规定进行无害化处理或者处置。

对因开采矿产资源造成矿山地质环境破坏的，由采矿权人负责治理恢复，或者由地质矿产主管部门依法组织代行治理。

第三十八条 采砂单位和个人应当依照批准的采砂范围、数量、方式进行开采，不得破坏河床、河岸、蓄水河坝、桥梁、流域生态环境及海岸线、海域生态环境。

禁止在江河的河床、河滩以及江中沙洲上建设建筑物、构筑物。因重点建设项目需要占用的，应当报省人民政府审批。

第三十九条 合理开发利用水资源，合理开采地下水。保护和改善南渡江、万泉河、昌化江、陵水河、宁远河、太阳河、珠碧江等江河和松涛水库等大中型水库的生态环境，维持江河、水库的合理水位，维护水体的自然净化能力和水质，防治水污染，保护水资源。

第四十条 加强对海洋环境的保护，防止污染、破坏。向海洋排放污染物、倾倒废弃物，进行海岸工程建设和海洋石油、天然气勘探开发以及渔业生产等生产建设活动，应当遵守有关法律、法规的规定。

沿海市、县、自治县人民政府应当严格控制陆源污染物排海总量，建立并实施重点海域排污总量控制制度，加强海洋环境治理，海域海岛综合整治和生态保护修复，有效保护重要、敏感和脆弱海洋生态系统。

开发海岛及其周边海域的资源应当采取有效的生态保护措施，不得造成海岛地形、岸滩、植被以及海岛周边海域生态环境的破坏。严格管理填海、围海等改变海域自然属性的用海活动。

省人民政府可以根据需要和国家有关法律规定，划出一定海域设立海洋特别保护区、海洋自然保护区。

第四章 防治环境污染和其他公害

第四十一条 单位和个人应当按照国家和本省有关规定，预防和治理在生产经营或者其他活动中产生的废气、废水、固体废物、粉尘、恶臭气体、放射性物质等对环境的污染、破坏及其他有害影响。

第四十二条 各级人民政府应当遵循减量化、资源化、无害化的原则，加快建立分类投放、分类收集、分类运输、分类处理的生活垃圾处理系统，建立和完善政府推动、全民参与、城乡统筹、因地制宜的生活垃圾分类制度。

公民、法人和其他组织应当自觉按照规定分类投放生活垃圾，减少生活垃圾对环境造成的污染。

第四十三条 县级以上人民政府应当统筹规划建设本行政区域城镇污水、生活垃圾集中处理设施、配套管网，逐步建设农场和农村污水、垃圾处理设施。因地制宜采取人工湿地、垃圾资源化等方式促进农村污水、垃圾综合利用和无害化处理。

新建、改建、扩建项目的生活污水不能并入城镇污水管网的，应当单独配套建设污水处理设施。

鼓励和支持单位和个人投资建设废水、废气、固体废物处理设施，实行处理有偿服务。

第四十四条 县级以上人民政府应当加强本行政区域内公共环境安全的监管，组织建设区域环境保护设施，管理和处置危险化学品和危险废物，消除社会公共环境安全隐患。

第四十五条 县级以上人民政府应当以空气质量持续保持优良为目标，加强对城市建筑和道路扬尘、机动车船排气、工业废气、餐饮油烟等大气污染的综合整治，对二氧化硫、氮氧化物、颗粒物、挥发性有机物、温室气体等大气污染物实施协同控制，实施大气污染联防联治。

第四十六条 实行有利于保护环境的能源政策，逐步改善燃料结构，开发利用少污染、无污染的清洁能源。

严格控制建设燃煤电厂。确需建设燃煤电厂的，应当符合城乡总体规划，合理布局，并经省人民政府批准。禁止在大中城市市区、重点景区和自然保护区建设燃煤电厂。

建设新的燃煤电厂，其烟气脱硫、脱硝和除尘设施应当与主体工程同时设计、同时施工、同时投产使用；已建成的燃煤电厂，应当限期配套安装、使用烟气脱硫、脱硝和除尘设施。

第四十七条 加强机动车船向大气排放污染物的管理，对超过规定排放标准的机动车船，应当采取治理措施，保证排放稳定达标。本省从严执行国家机动车污染物排放标准。

机动车经检验不符合制造当时在用机动车污染物排放标准的，不得上路行驶。在用机动车应当依照法律、法规的规定进行排气污染定期检测。排气污染定期检测应当与机动车安全技术检验同时进行。在用机动车未按规定进行排气污染定期检测，或者定期检测不合格的，不予核发机动车安全技术检验合格标志。

县级以上人民政府环境保护主管部门可以在机动车停放地对在用机动车的污染物排放状况进行监督抽测。

机动车燃料质量应当与本省执行的国家机动车污染物排放标准相匹配，鼓励、推广使用燃气、电动、新能源汽车等环保交通工具。禁止销售和使用含铅汽油。

第四十八条 在生产建设、经营和其他活动中，不得有下列污染环境的行为：

（一）违反有关社会生活噪声污染防治的法律、法规规定，制造噪声干扰他人正常生活，或者夜间在城市市区噪声敏感建筑物集中区域内进行产生环境噪声污染的建筑施工作业；

（二）在住宅楼和未设置油烟防治设施的商住综合楼内开设产生油烟污染的饮食服务场所；

（三）在运输、装卸、贮存能够散发有毒有害气体或者粉尘物质时，未采取密闭措施或者其他防护措施；

（四）法律、法规禁止的其他行为。

第四十九条 县级以上人民政府应当定期开展土壤环境质量状况调查，划定土壤环境质量类别和土壤环境功能区，防范污染地块风险，加强土壤污染治理和修复，保护和改善土壤环境质量。

县级以上人民政府应当加强土壤环境管理，按照省和市、县、自治县总体规划，严格执行相关企业布局选址要求，实施建设用地准入管理，严防矿产资源开发污染土壤，加强涉重金属行业污染防控和工业废物处理处置。

县级以上人民政府应当控制农业污染，指导农业生产者合理使用化肥、农药、兽药、饲料、农用薄膜，加强农药包装废弃物回收处理和废弃农用薄膜回收利用，强化畜禽养殖污染防治，加强农田灌溉用水水质管理。

第五十条 县级以上人民政府环境保护主管部门应当依据国家电磁辐射防护标准，加强对电磁辐射建设项目和设备的监测和监督管理。

从事电磁辐射活动的单位和个人，应当按照国家有关规定向有权审批环境影响评价文件的环境保护主管部门如实申报辐射源的种类、数量、强度、用途等。

电磁辐射建设项目、电磁辐射设备与周围建筑物之间的防护距离，应当符合经批准的环境影响评价文件的要求，电磁辐射强度不得超过国家规定的标准。

第五十一条 县级以上人民政府应当以水环境质量持续保持优良为目标，改善地表水和地下水水质，严格控制工业污染、农业面源污染、城镇生活污染、船舶港口污染，实施水污染联防联治，保障城乡居民饮用水安全。

县级以上人民政府应当全面推行河长制，建立省、市县、乡镇河长管理体系，健全河长管理工作机制，落实管理责任，明确河湖专管员，并严格按照有关规定追究责任。

第五十二条 向水体排放污染物的企业事业单位和其他生产经营者，应当依法规范设置排污口。禁止通过暗管、渗井、渗坑、灌注或者雨水排放口等规避监管的方式排放污染物。

第五十三条 本省实施排污许可制度。排污单位应当按照国家和本省的有关规定，向县级以上人民政府环境保护主管部门申请排污许可证。

排污单位应当严格执行国家和本省排污许可证的有关规定。

排污单位应当保证环境保护设施的正常运行，建立管理台账。

第五十四条 重点排污单位应当安装污染物排放自动监控设备，与环境保护主管部门的监控设备联网，保证自动监控设备正常运行，并保存原始监测记录不少于一年。未经联网的环境保护主管部门同意，不得擅自拆除、闲置、改变或者损毁污染物排放自动监控设备。

自动监控设备经环境保护主管部门进行数据有效性审核合格的，自动监测数据可以作为环境保护主管部门进行排污申报核定、总量控制、排污费征收、现场环境执法等环境监督管理的依据。

第五十五条 新建工业企业和现有工业企业的技术改造应当采用资源利用率高、污染物排放量少的工艺、技术、设备、材料，采取净化处理、无害处置污染物和其他废弃物的措施，减少所排放污染物的种类、数量，降低浓度。

鼓励引进有利于保护环境且经济效益高的项目。对节约能源和材料的，无污染物排放或者污染物排放量少的，对本省废弃物进行综合利用的项目，应当优先引进。

第五十六条 企业应当对生产和服务过程中的资源消耗以及废物的产生情况进行监测，并根据需要对生产和服务实施清洁生产审核。

有下列情形之一的企业，应当实施强制性清洁生产审核：

（一）污染物排放超过国家或者地方规定的排放标准，或者虽未超过国家或者地方规定的排放标准，但超过重点污染物排放总量控制指标的；

（二）超过单位产品能源消耗限额标准构成高耗能的；

（三）使用有毒、有害原料进行生产或者在生产中排放有毒、有害物质的。

第五十七条　在实行污染物排放总量控制区域内，排污单位通过提高生产技术、改进污染治理工艺等方式减少排污量的，可以将节余的排放量用于抵销其新建污染源的污染物排放量。

第五十八条　鼓励削减污染物排放量，降低污染物治理成本，逐步建立和实施重点污染物排放权交易制度。具体办法由省人民政府另行制定。

第五十九条　县级以上人民政府应当编制突发环境污染事件应急预案，做好突发环境污染事件的应急准备、应急处置和事后恢复等工作。

各类产业园区以及重点排污和危险化学品生产使用、危险废物处理、放射源使用等可能发生污染事故的单位，应当制定污染事故应急方案，报所在地的市、县、自治县人民政府环境保护主管部门备案，落实环境风险防范措施，配备必要的应急设施、设备，并定期进行演练。

企业事业单位在可能发生或者已经发生污染事故时，应当立即启动应急方案、采取应急措施，并向事故发生地的县级以上人民政府或者环境保护主管部门报告，并通知可能受到污染危害的单位和个人。环境保护主管部门接到报告后，应当及时向本级人民政府报告。

鼓励危险化学品生产使用、危险废物处理、放射源使用等环境风险大的单位参加环境污染责任保险。

第六十条　企业事业单位和其他生产经营者超过国家和本省规定的污染物排放标准或者重点污染物排放总量控制指标排放污染物的，县级以上人民政府环境保护主管部门可以责令其采取限制生产、限制排放或者停产整治等措施；情节严重的，报经有批准权的人民政府批准，责令停业、关闭。

第五章　法律责任

第六十一条　企业事业单位和其他生产经营者有下列行为之一，受到罚款处罚，被责令改正，拒不改正的，依法作出处罚决定的行政机关可以自责令改正之日的次日起，按照原处罚数额按日连续处罚：

（一）未依法取得排污许可证违法排放污染物的；

（二）超过污染物排放标准或者超过重点污染物排放总量控制指标排放污染物的；

（三）违反法律、法规规定，无组织排放大气污染物的；

（四）不正常运行环境保护设施的；

（五）通过暗管、渗井、渗坑、灌注、雨水排放口等逃避监管的方式排放污染物的；

（六）违反建设项目管理制度，主体工程投入生产或者使用且排放污染物的；

（七）法律、法规规定的其他实施按日连续处罚的行为。

第六十二条　各级人民政府、县级以上人民政府环境保护主管部门和其他负有环境保护监督管理职责的部门有下列行为之一的，对直接负责的主管人员和其他直接责任人员给予记过、记大过或者降级处分；造成严重后果的，给予撤职或者开除处分，其主要负责人应当引咎辞职：

（一）不符合行政许可条件准予行政许可的；

（二）对超标排放污染物、采用逃避监管的方式排放污染物、造成环境事故以及不落实生态保护措施造成生态破坏等行为，发现或者接到举报未及时查处的；

（三）应当依法公开环境信息而未公开的；

（四）篡改、伪造或者指使篡改、伪造监测数据的；

（五）法律法规规定的其他违法行为。

第六十三条 违反本条例第十六条，建设单位未依法报批建设项目环境影响报告书、报告表，擅自开工建设的，由负责审批的行政主管部门责令停止建设，根据违法情节和危害后果，处建设项目总投资额百分之一以上百分之五以下的罚款，并可以责令恢复原状；对建设单位直接负责的主管人员和其他直接责任人员，依法给予处分。

建设项目环境影响报告书、报告表未经依法批准，建设单位擅自开工建设的，依照前款规定处罚、处分。

建设单位未依法备案建设项目环境影响登记表的，由县级以上环境保护或者海洋主管部门责令备案，处以五万元以下的罚款。

第六十四条 违反本条例第二十二条，重点污染物排放总量超过总量控制指标的地区，未按规定进行整改或者整改未经审核通过，环境保护主管部门擅自批准该区域内新增该重点污染物排放总量的建设项目环境影响评价文件的，可以依法撤销批准文件，对主要负责人和其他直接责任人依法给予处分；构成犯罪的，依法追究刑事责任。

第六十五条 违反本条例第三十八条第二款，在河床、河滩以及江中沙洲上建设建筑物、构筑物的，由县级以上人民政府水务行政主管部门责令停止违法行为，限期拆除，并处一万元以上十万元以下罚款。

第六十六条 违反本条例第四十八条，有下列行为之一的，由县级以上人民政府确定的监督管理部门按照下列规定给予处罚：

（一）违反关于社会生活噪声污染防治的法律规定，制造噪声干扰他人正常生活，或者夜间在城市市区噪声敏感建筑物集中区域内进行产生环境噪声污染的建筑施工作业的，责令停止违法行为，可以对单位处以五千元以上二万元以下罚款，对个人处以二百元以上五百元以下罚款；

（二）在住宅楼和未设置油烟防治设施的商住综合楼内开设产生油烟污染的饮食服务场所的，责令改正；拒不改正的，予以关闭，并处以一万元以上十万元以下罚款；

（三）在运输、装卸、贮存能够散发有毒有害气体或者粉尘物质时，未采取密闭措施或者其他防护措施的，责令改正，处以二千元以上二万元以下罚款；拒不改正的，车辆不得上道路行驶。

第六十七条 违反本条例第五十四条第一款，未按照规定安装污染物排放自动监测设备或者未按照规定与环境保护主管部门的监控设备联网，并保证监控设备正常运行的，由县级以上人民政府环境保护主管部门责令限期改正，处二万元以上二十万元以下的罚款；逾期不改正的，责令停产整治。

第六十八条 企业事业单位违反本条例规定，造成环境污染事故的，依照有关法律法规的规定进行处罚；对其直接负责的主管人员和其他直接责任人员可以处上一年度从本单位取得的收入百分之五十以下的罚款；构成犯罪的，依法追究刑事责任。

第六十九条 违反本条例规定的行为，本条例未设定处罚但其他法律法规已设定处罚规定的，依照有关法律法规的规定处罚。

第七十条 造成环境污染危害的，有责任排除危害，并对直接受到损害的单位、个人赔偿损失。

因环境污染引起的损害赔偿纠纷需要鉴定评估的，当事人或者第三人可以委托有资质的环境监测机构提供监测数据。

第七十一条 因环境污染引起的纠纷，当事人可以请求所在地人民政府环境保护主管部门或者其他行使环境监督管理权的部门调解，调解无效的，可以向有管辖权的人民法院起诉；当事人也可以直接向人民法院起诉。

第六章　附　则

第七十二条　本条例具体应用的问题，由省人民政府负责解释。

第七十三条　本条例自2012年10月1日起施行。

海南省大气污染防治条例

（2018 年 12 月 26 日海南省第六届人民代表大会常务委员会第八次会议通过）

第一章　总　则

第一条　为了防治大气污染，持续改善大气环境质量，保障公众健康，促进经济社会可持续发展，根据《中华人民共和国环境保护法》《中华人民共和国大气污染防治法》等有关法律、行政法规，结合本省实际，制定本条例。

第二条　本条例适用于本省行政区域内大气污染防治及其监督管理。

第三条　防治大气污染，应当以改善大气环境质量为目标，坚持保护优先、预防为主、综合防治、政府主导、公众参与、损害担责的原则。

第四条　县级以上人民政府应当将大气污染防治工作纳入国民经济和社会发展规划，加大对大气污染防治的财政投入，明确相应责任主体、工作重点，督促有关部门依法履行监督管理职责。

各级人民政府应当对本行政区域的大气环境质量负责，实行最严格的大气环境保护制度，确定分阶段大气环境质量改善目标，控制并逐步削减大气污染物的排放量，使大气环境质量达到规定标准并逐步改善。

第五条　省人民政府应当制定考核办法，对省人民政府有关部门和市、县、自治县大气环境质量改善目标和大气污染防治重点任务完成情况开展考核评价，将考核结果纳入省人民政府有关部门及其负责人和市、县、自治县人民政府及其负责人年度考核评价的重要内容，并向社会公开考核结果。

第六条　县级以上人民政府生态环境主管部门对大气污染防治实施统一监督管理。

县级以上人民政府其他有关部门在各自职责范围内对大气污染防治实施监督管理。

乡镇人民政府、街道办事处应当根据法律法规规定和上级人民政府的要求，结合本辖区实际，组织开展大气污染防治的具体工作。

第七条　各级人民政府应当加强大气环境保护宣传教育工作，营造保护大气环境的良好氛围。

机关、社会团体、学校、新闻媒体、基层群众性自治组织，应当加强大气环境保护宣传教育，普及大气污染防治法律法规和科学知识，提高公众的大气环境保护意识，推动公众参与大气环境保护。

公民应当增强大气环境保护意识，采取低碳、节俭的生活方式，自觉履行大气环境保护义务。

第二章　大气污染防治的监督管理

第八条　省人民政府对国家大气环境质量标准和污染物排放标准中未作规定的项目，可以制定地方标准；国家大气环境质量标准和污染物排放标准中已作规定的项目，可以制定严于国家标准的地方标准，报国务院生态环境主管部门备案。

第九条　市、县、自治县人民政府生态环境主管部门确定的需设置大气特征污染物监测监控设施的工（产）业园区和重点排污单位应当按照国家和本省有关规定设置大气特征污染物监测监控设施，保证监测监控设施正常运行，并与生态环境主管部门的监控设备联网。

第十条　排污单位应当按照国家和本省有关规定取得排污许可证，设置大气污染物排放口，并保持大气污染防治设施的正常使用。

禁止通过偷排、漏排或者篡改、伪造监测数据、以逃避现场检查为目的的临时停产、非紧急情况下开启应急排放通道、擅自拆除或者不正常运行大气污染防治设施等逃避监管的方式排放大气污染物。

因发生或者可能发生生产安全事故等紧急情况，需要通过应急排放通道排放大气污染物的，排污单位应当立即向市、县、自治县人民政府生态环境主管部门报告，并采取必要措施，减轻或者消除危害。

第十一条　排污单位应当按照国家和本省有关规定规范开展自行监测。不具备监测能力的，应当委托有资质的监测机构进行监测。大气污染物的原始监测记录保存时间不少于三年。

排污单位发现监测数据超过国家或者本省规定的大气污染物排放标准的，应当在二十四小时内报告市、县、自治县人民政府生态环境主管部门。

重点排污单位安装的自动监测设备属于强制检定范围的，按照国家和本省有关规定进行计量检定；不属于强制检定范围的，每十二个月委托有资质的机构进行计量检定或者校准。

排污单位和监测机构对监测数据的真实性和准确性负责。

第十二条　重点排污单位应当按照国家和本省有关规定向社会公开单位基本信息、排污信息、防治大气污染设施的建设和运行等信息，并对公开信息的真实性、准确性和完整性负责。

省人民政府生态环境主管部门会同有关部门建立防治大气污染守信联合激励和失信联合惩戒机制，将排放守法、违法信息以及违反本条例的单位和个人信息纳入省信用信息共享平台，依照有关规定对守信的单位和个人实施奖励，对失信的单位和个人实施联合惩戒。

第十三条　单位和个人提供施工扬尘、堆场扬尘、运输车辆抛洒扬尘、机动车船和非道路移动机械排放明显可视污染物等违法行为的监控视频、现场照片，经有关行政机关依法确认后，可以作为行政执法的依据。

第十四条　省人民政府生态环境主管部门应当会同省气象主管机构等有关部门建立污染天气监测预警、会商和信息通报等机制，对大气环境质量和污染天气进行预测预报。

县级以上人民政府应当制定污染天气应对办法，依据污染天气的预警等级，及时启动应对办法，根据应急需要可以采取责令有关企业停产或者限产、限制部分机动车行驶、禁止燃放烟花爆竹、停止工地土石方作业和建筑物拆除施工、停止露天烧烤、停止幼儿园和学校组织的户外活动、组织开展人工影响天气作业等应对措施。

第三章　大气污染防治措施

第一节　燃煤和其他能源污染防治

第十五条　本省实行煤炭消费总量控制制度，逐步减少煤炭消费总量，逐步淘汰现有燃煤机组。

省人民政府发展和改革主管部门会同工业和信息化主管部门制定全省煤炭消费总量控制规划并组织实施。

第十六条　禁止进口、销售和燃用不符合质量标准的煤炭；禁止进口、销售不符合质量标准的石油焦；禁止燃用石油焦。

县级以上人民政府市场监督管理主管部门应当加强煤炭、石油焦质量管理，不定期对煤炭、石油焦质量进行抽检，并向社会公开抽检结果。

第十七条 县级以上人民政府市场监督管理主管部门应当会同生态环境、工业和信息化等有关主管部门按照国家和本省有关规定，加强对锅炉生产、进口、销售、使用等环节的监督管理，不符合环境保护标准或者要求的，不得生产、进口、销售和使用。逐步淘汰燃煤锅炉。现有燃用天然气等清洁能源的锅炉、窑炉，应当在县级以上人民政府生态环境主管部门规定的期限内完成低氮燃烧的技术改造。新建燃用天然气等清洁能源的锅炉、窑炉等设施应当采用低氮燃烧等污染控制措施。

第十八条 已实施集中供热的工（产）业园区，禁止新建、改建、扩建分散供热锅炉，原有分散供热锅炉应当在市、县、自治县人民政府市场监督管理主管部门规定的期限内拆除；尚未实施集中供热的工（产）业园区有供热需求的，应当在市、县、自治县人民政府市场监督管理主管部门规定的期限内尽快实施集中供热，并拆除原有分散供热锅炉。

第二节 工业污染防治

第十九条 本省建立产业准入负面清单制度，全面禁止高能耗、高污染、高排放产业和低端制造业发展。支持和鼓励排污单位选用污染防治先进可行技术，加强大气污染防治，减少大气污染物排放。

省和市、县、自治县人民政府应当按照省和市、县、自治县总体规划的要求，合理规划产业布局，引导企业入驻依法合规设立、环保设施齐全的工（产）业园区；对环境问题较突出的园区和产业集聚区进行清理整治，限期淘汰落后工艺技术和不符合环保要求的化工、制药、农药生产、饲料加工、家具制造等企业。

第二十条 现有燃煤机组和燃煤锅炉应当按照省人民政府生态环境主管部门和市场监督管理主管部门的要求，限期实行超低排放改造，其他排污单位限期执行大气污染物特别排放限值。

第二十一条 生产、进口、销售、使用含挥发性有机物的原材料和产品的，其挥发性有机物含量应当符合质量标准或者要求。有替代品的，应当优先使用无挥发性有机物的原材料和产品。医院、学校、商场和酒店等人员密集场所禁止使用高挥发性有机物的油漆涂料等产品，鼓励使用环保的油漆涂料等产品。

省人民政府市场监督管理主管部门应当会同生态环境主管部门，定期公布低挥发性有机物含量产品和高挥发性有机物含量产品的目录。列入高挥发性有机物含量产品目录的，应当在产品包装或者说明中标注挥发性有机物含量。

第二十二条 新建、改建、扩建排放挥发性有机物的建设项目，应当使用行业污染防治先进技术。

下列产生含挥发性有机物废气的生产和服务活动，应当优先使用低挥发性有机物含量的原材料和低排放环保工艺，在确保安全条件下，按照规定在密闭空间或者设备中进行，安装、使用满足防爆、防静电要求的治理效率高的污染防治设施；无法密闭或者不适宜密闭的，应当采取有效措施减少废气排放：

（一）石油、化工、煤炭加工与转化等含挥发性有机物原料的生产；

（二）燃油、溶剂的储存、运输和销售；

（三）涂料、油墨、胶黏剂、农药等以挥发性有机物为原料的生产；

（四）涂装、印刷、黏合、工业清洗等含挥发性有机物的产品使用；

（五）其他产生挥发性有机物的生产和服务活动。

第二十三条 工业涂装企业应当使用低挥发性有机物含量的涂料，并建立台账，如实记录生产原料、辅料的使用量、废弃量、去向以及挥发性有机物含量并向县级以上人民政府生态环境主管部门申报。台账保存期限不少于三年。

其他产生挥发性有机物的工业企业应当按照国家和本省有关规定，建立台账并向县级以上人民政府生态环境主管部门如实申报原辅材料使用等情况。台账保存期限不少于三年。

第二十四条　在人口集中地区和其他依法需要特殊保护的区域及其周边排放恶臭气体的排污单位，应当在市、县、自治县人民政府生态环境主管部门规定的期限内采用先进的技术、工艺和设备进行整改，防止恶臭气体排放。

钢铁、建材、有色金属、石油、化工、制药、农药生产、矿产开采、制胶等企业，应当加强精细化管理，采取集中收集处理、密闭、围挡、遮盖、清扫、洒水等措施，严格控制、减少粉尘和气态污染物的排放。

第三节　机动车船等污染防治

第二十五条　省人民政府工业和信息化主管部门应当制定全省新能源汽车推广使用规划，报省人民政府批准后实施。

省和市、县、自治县人民政府应当采取措施减少机动车船污染物排放，逐步禁止销售燃油汽车，加快充电桩、岸电设施等配套基础设施建设。

省住房和城乡建设主管部门应当制定新建建筑物停车位配建充电设施标准。新建住宅、大型公共建筑物停车场、社会公共停车场应当按照标准配建充电设施，与主体工程同时设计、同时施工、同时验收；已建成的停车场应当按照标准，在市、县、自治县人民政府规定的期限内配建充电设施。

第二十六条　市、县、自治县人民政府可以根据大气环境质量状况，划定并公布禁止高排放车辆通行的区域和时间，以及禁止高排放非道路移动机械使用的区域。高排放机动车应当按照规定的时间和区域行驶。

省人民政府生态环境主管部门应当会同公安、交通运输、住房和城乡建设、农业农村等有关主管部门制定本省高排放机动车、高排放非道路移动机械淘汰治理计划。市、县、自治县人民政府生态环境主管部门应当会同相关部门制定本行政区域高排放机动车、高排放非道路移动机械淘汰治理方案并组织实施。

鼓励和支持高排放机动车船和非道路移动机械提前报废。

高排放机动车船、高排放非道路移动机械由省人民政府生态环境主管部门会同有关部门认定。

第二十七条　本省外转入登记的机动车，应当符合本省执行的国家机动车大气污染物排放标准中相应阶段排放限值。

第二十八条　非道路移动机械的所有者或者使用者应当向市、县、自治县人民政府交通运输、住房和城乡建设、工业和信息化、农业农村、林业等有关主管部门申报非道路移动机械的种类、数量、功率、污染物排放信息、使用场所等情况，相关部门应当将申报信息与同级生态环境主管部门共享。

市、县、自治县人民政府生态环境主管部门应当会同有关部门在非道路移动机械集中停放地、维修地、施工工地等场地对非道路移动机械的大气污染物排放状况进行监督检测；排放不合格的，不得使用。

建设单位应当监督施工单位使用排放合格的非道路移动机械。

第二十九条　禁止船舶在港区水域和内河水域焚烧船舶垃圾；机动船舶在港区水域内进行驱气、油漆等作业前应当将作业种类、作业时间、作业地点、作业单位和船舶名称等信息向海事管理机构、农业农村主管部门报告，并采取有效措施控制污染物排放。

进入船舶大气污染物排放控制区的船舶应当符合船舶相关排放要求，按照国家和本省有关规定使用低硫燃油或者采取使用清洁能源、尾气后处理等与使用低硫燃油等效的替代措施。

现有码头应当逐步实施岸基供电设施改造。新建码头应当规划、设计和建设岸基供电设施。船舶靠港后应当优先使用岸电。

第三十条 县级以上人民政府市场监督管理主管部门应当会同商务、生态环境主管部门加强生产、销售成品油质量的监督检查。省人民政府商务主管部门会同生态环境主管部门根据本省大气环境改善需要适时调整车用汽油蒸气压。

第四节 扬尘污染防治

第三十一条 建设单位应当履行下列扬尘污染防治职责：

（一）将施工工地扬尘污染防治纳入文明施工管理范畴，建立扬尘控制责任制度，防治扬尘污染的费用列入工程造价；

（二）将施工现场扬尘污染防治措施列入招标文件；

（三）在施工承包合同中明确施工单位的扬尘污染防治责任并监督落实；

（四）在工程监理合同中规定扬尘污染防治内容并监督落实；

（五）法律、法规和省人民政府规定的其他扬尘污染防治措施。

第三十二条 监理单位应当根据监理合同做好扬尘污染防治监理工作，对未按照扬尘污染防治措施施工的，应当要求施工单位立即改正，并及时报告建设单位和政府有关主管部门。

第三十三条 施工单位应当根据施工承包合同制定具体的扬尘污染防治实施方案，落实下列扬尘污染防治措施：

（一）在施工工地设置硬质封闭围挡，并采取覆盖、分段作业、择时施工、洒水抑尘、冲洗地面等有效防尘降尘措施；

（二）在施工工地公示扬尘污染防治措施、负责人及扬尘监督管理主管部门等信息；

（三）在施工工地出口设置高压冲洗车辆设施和沉淀过滤设施，施工车辆冲洗干净后方可上路行驶；

（四）建筑土方、工程渣土、建筑垃圾应当及时清运，在场地内堆存的，应当采用密闭式防尘网遮盖，工程渣土、建筑垃圾应当进行资源化处理；

（五）道路挖掘施工过程中，及时覆盖破损路面，并采取洒水等措施防治扬尘污染，道路挖掘施工完成后及时修复路面；

（六）建成区以及通往机场的主干道两侧各200米范围内新建、改建、扩建的建设工程，混凝土总用量超过500立方米或一次性用量超过50立方米的，应当使用商品混凝土；

（七）施工工地建筑结构脚手架外侧设置密目式防尘网，在建筑物、构筑物上运送散装物料，应当采用密闭方式清运，禁止高空抛掷、扬撒；

（八）施工现场铺贴各类瓷砖、石板材等装饰块件的，禁止采用干式方法进行切割；

（九）法律、法规和省人民政府规定的其他扬尘污染防治措施。

第三十四条 运输煤炭、垃圾、渣土、砂石、土方、灰浆等散装、流体物料的车辆应当采取密闭或者其他措施防止物料遗撒造成扬尘污染，并按照规定路线行驶。装卸物料应当采取密闭或者喷淋等方式防治扬尘污染。

市、县、自治县人民政府公安机关交通管理部门应当划定散装、流体物料的车辆运输路线，加强道路运输车辆扬尘污染防治的监督管理。

第三十五条 道路保洁应当采用低尘作业道路机械化清扫、洒水、喷雾等措施，并根据道路扬尘控制实际情况，合理安排作业时间，适时增加作业频次，提高作业质量，降低道路扬尘污染。

第三十六条 干散货码头、集装箱码头以及其他易产生粉尘的码头，应当实施分区作业，堆场采取封闭抑尘措施，具备条件的应当采取密闭运输、储存系统防治扬尘污染。

第三十七条　矿产资源开采、加工企业应当实施分区作业，采用减尘工艺、技术和设备，采取洒水喷淋、运输道路硬化等抑尘措施，落实矿山生态恢复有关规定。

第五节　农林业和其他污染防治

第三十八条　禁止生产、运输、储存、销售和使用剧毒、高毒农药，但经省政府批准的特殊需要和限用的品种除外。

鼓励使用有机肥、生物肥和推广测土配方施肥。

县级以上人民政府应当组织农业农村、林业主管部门调整农林作物种植结构，增加高效、无毒、低残留农药施用作物种植面积，减少农药化肥使用量。

第三十九条　槟榔加工应当符合污染物排放标准，禁止未采取有效污染防治措施进行槟榔熏烤加工。槟榔加工行业污染物排放地方标准由省人民政府生态环境主管部门会同市场监督管理主管部门编制，报省人民政府批准，并向社会公布。

县级以上人民政府农业农村主管部门应当会同生态环境主管部门加强槟榔加工污染监管，引导槟榔加工业规模发展，推广节能环保型槟榔烘烤技术。

第四十条　省人民政府住房和城乡建设、林业主管部门在组织开展园林绿化时，应当根据大气污染防治、物种多样性、植物生长动态、生态系统功能、地理条件等需要，选择适当的绿化树种，减少植物源挥发性有机物排放。

园林绿化单位在阳光直射和高温条件下应当减少园林修剪作业。

第四十一条　禁止在人口集中地区未密闭或者未使用烟气处理装置加热沥青。

市、县、自治县人民政府交通运输、住房和城乡建设等有关主管部门应当加强道路铺装监督管理，督促施工单位选用低挥发性道路铺装材料，优化铺装方式，减少挥发性有机物及恶臭气体排放。

第四十二条　禁止在居民住宅楼、未配套设立专用烟道的商住综合楼以及商住综合楼内与居住层相邻的商业楼层内新建、改建、扩建产生油烟、异味、废气的餐饮服务项目。

排放油烟的餐饮服务业经营者应当安装油烟净化设施并保持正常使用，或者采取其他油烟净化措施，使油烟达标排放，并防止对附近居民的正常生活环境造成污染。

城市建成区现有居民住宅楼内有产生油烟、异味、废气的餐饮服务业经营者应当在市、县、自治县人民政府住房和城乡建设主管部门规定的期限内退出。

任何单位和个人不得在城市建成区内露天烧烤食品，不得为露天烧烤食品提供场地，县级以上人民政府划定的区域除外。

县级以上人民政府市场监督管理主管部门负责督促餐饮服务业油烟净化设施安装，住房和城乡建设主管部门负责排放油烟和异味的监督管理。

第四十三条　禁止在人口集中区域从事露天喷漆、喷砂、制作玻璃钢以及其他散发有毒有害气体的作业。

第四十四条　从事服装干洗和机动车维修等服务活动的经营者，应当按照国家和本省有关标准或者要求设置异味和废气处理装置等污染防治设施并保持正常使用，防止影响周边环境。

县级以上人民政府应当采取措施，逐步淘汰开启式干洗机，减少挥发性有机气体排放。新建、改建、扩建服装干洗经营项目，应当使用具有净化回收装置的全封闭干洗机。

鼓励有条件的区域建设集中的喷涂工程中心，并配套废气治理设施。逐步取消汽车维修企业独立喷涂工序。

第四十五条　各级人民政府及其农业农村等有关部门应当鼓励和支持采用先进适用技术，对秸秆、落叶等进行肥料化、饲料化、能源化、工业原料化、食用菌基料化等综合利用，加大对秸秆还田、收集一体化农业机械的财政补贴力度。

市、县、自治县人民政府应当组织建立秸秆收集、贮存、运输和综合利用服务体系，采用财政补贴等措施支持农村集体经济组织、农民专业合作经济组织、企业等开展秸秆收集、贮存、运输和综合利用服务。

第四十六条 禁止露天焚烧秸秆、落叶等产生烟尘污染的农林废弃物，以及非法焚烧电子废弃物、油毡、橡胶、塑料、皮革、沥青、垃圾等产生有毒有害、恶臭或者强烈异味的其他物质。

第四十七条 禁止生产、销售和燃放不符合质量标准的烟花爆竹。任何单位和个人不得在市、县、自治县人民政府禁止的时段和区域内燃放烟花爆竹。

第四章 法律责任

第四十八条 违反本条例规定，有下列行为之一的，由县级以上人民政府生态环境主管部门责令改正或者限制生产、停产整治，并处十万元以上一百万元以下的罚款；情节严重的，报经有批准权的人民政府批准，责令停业、关闭：

（一）未依法取得排污许可证排放大气污染物的；

（二）超过大气污染物排放标准或者超过重点大气污染物排放总量控制指标排放大气污染物的；

（三）通过逃避监管的方式排放大气污染物的。

第四十九条 违反本条例规定，有下列行为之一的，由县级以上人民政府生态环境主管部门责令改正，处二万元以上二十万元以下的罚款；拒不改正的，责令停产整治：

（一）侵占、损毁或者擅自移动、改变大气环境质量监测设施或者大气污染物排放自动监测设备的；

（二）未按照规定对所排放的工业废气和有毒有害大气污染物进行监测并保存原始监测记录的；

（三）未按照规定安装、使用大气污染物排放自动监测设备或者未按照规定与生态环境主管部门的监控设备联网，并保证监测设备正常运行的；

（四）重点排污单位不公开或者不如实公开自动监测数据的；

（五）未按照规定设置大气污染物排放口的；

（六）未按照国家和本省有关规定规范开展自行监测的；

（七）排污单位发现监测数据超过大气污染物排放标准，未按时报告的；

（八）因发生或者可能发生生产安全事故等紧急情况，通过应急排放通道排放大气污染物，未按照规定向生态环境主管部门如实报告，并且未采取必要措施减轻或者消除危害的。

第五十条 违反本条例规定，有下列行为之一的，由县级以上人民政府市场监督管理主管部门责令改正，没收原材料、产品和违法所得，并处货值金额二倍以上三倍以下的罚款：

（一）销售不符合质量标准的煤炭、石油焦的；

（二）生产、销售挥发性有机物含量不符合质量标准或者要求的原材料和产品的；

（三）生产、销售不符合标准的机动车船和非道路移动机械用燃油的。

第五十一条 违反本条例第十六条第一款规定，单位燃用石油焦或不符合质量标准的煤炭的，由县级以上人民政府生态环境主管部门责令改正，处货值金额二倍以上三倍以下的罚款。

第五十二条 违反本条例第十七条规定，生产、进口、销售或者使用不符合规定标准或者要求的锅炉，由县级以上人民政府市场监督管理、生态环境主管部门责令改正，没收违法所得，并处二万元以上二十万元以下的罚款。

第五十三条 违反本条例第十八条规定，未在期限内拆除分散供热锅炉且仍然使用的，由县级以上人民政府市场监督管理主管部门组织拆除分散供热锅炉，并处五万元以上二十万元以下的罚款。

第五十四条　违反本条例规定，有下列行为之一的，由县级以上人民政府生态环境主管部门责令改正，处二万元以上二十万元以下的罚款；拒不改正的，责令停产整治：

（一）在医院、学校、商场和酒店等人员密集场所使用含有高挥发性有机物的油漆涂料等产品的；

（二）未按规定使用低挥发性有机物含量涂料或者未建立、保存台账的；

（三）产生含挥发性有机物废气的生产和服务活动，未在密闭空间或者设备中进行，未按照规定安装、使用污染防治设施，或者未采取减少废气排放措施的；

（四）钢铁、建材、有色金属、石油、化工、制药、农药生产、矿产开采、制胶等企业，未采取集中收集处理、密闭、围挡、遮盖、清扫、洒水等措施，控制、减少粉尘和气态污染物排放的。

第五十五条　违反本条例第二十一条第二款规定，在本省销售列入高挥发性有机物含量产品目录的产品，但未在包装或者说明中予以标注的，由县级以上人民政府市场监督管理主管部门责令改正，处二千元以上二万元以下的罚款。

第五十六条　违反本条例第二十六条第一款规定，高排放机动车在禁止通行的区域、时间行驶的，由县级以上人民政府公安机关交通管理部门依法予以处罚。

违反本条例第二十六条第一款规定，在禁止区域使用高排放非道路移动机械的，由县级以上人民政府生态环境等主管部门责令改正，处五千元的罚款。

第五十七条　违反本条例第二十八条第一款规定，非道路移动机械的所有者或者使用者未履行相关申报义务的，由县级以上人民政府相关部门按照职责责令改正，处五百元的罚款。

违反本条例第二十八条第二款规定，使用排放不合格的非道路移动机械的，由县级以上人民政府生态环境等主管部门责令改正，处五千元的罚款。

第五十八条　违反本条例第二十九条第一款规定，船舶在港区水域和内河水域焚烧船舶垃圾的，由县级以上人民政府海事管理机构、农业农村主管部门按照职责责令改正，处一千元以上五万元以下的罚款。

违反本条例第二十九条第二款规定，进入船舶大气污染物排放控制区的船舶不符合船舶相关排放要求的，由海事管理机构、农业农村主管部门按照职责责令改正，处一万元以上十万元以下的罚款。

第五十九条　违反本条例第三十一条规定，建设单位未履行相关职责的，由县级以上人民政府住房和城乡建设等主管部门责令限期改正；拒不改正的，责令停工整治，并处一万元以上十万元以下的罚款。

第六十条　违反本条例第三十二条规定，建设项目监理单位未按监理合同做好扬尘防治的监理工作的，或对发现的扬尘污染行为，未及时要求施工单位改正、并报告建设单位和有关主管部门的，由县级以上人民政府住房和城乡建设等主管部门责令限期改正；拒不改正的，处一万元以上十万元以下的罚款。

第六十一条　施工单位违反本条例第三十三条规定，由县级以上人民政府住房和城乡建设等主管部门责令改正，处一万元以上十万元以下的罚款；拒不改正的，责令停工整治。

第六十二条　运输单位违反本条例第三十四条第一款规定，运输煤炭、垃圾、渣土、砂石、土方、灰浆等散装、流体物料的车辆，未采取密闭或者其他措施防止物料遗撒的，由县级以上人民政府公安机关交通管理部门责令改正，处二千元以上二万元以下的罚款；拒不改正的，车辆不得上道路行驶。

第六十三条　违反本条例第三十六条规定，码头及其堆场未采取有效扬尘防治措施的，由县级以上人民政府交通运输主管部门按照职责责令改正，处一万元以上十万元以下的罚款，拒不改正的，责令停工整治或者停业整治。

第六十四条 违反本条例第三十七条规定，矿产资源开采及加工企业未采取有效扬尘防治措施的，由县级以上人民政府自然资源和规划主管部门责令改正，处一万元以上十万元以下的罚款，拒不改正的，责令停工整治或者停业整治。

第六十五条 违反本条例第三十九条第一款规定，未采取有效污染防治措施进行槟榔熏烤的，由县级以上人民政府农业农村主管部门责令改正，拆除熏烤工具，没收违法生产的槟榔，并处一万元以上十万元以下的罚款。

第六十六条 违反本条例第四十一条规定，未密闭或者未使用烟气处理装置加热沥青的，由县级以上人民政府住房和城乡建设、交通运输主管部门责令改正，处一万元以上十万元以下的罚款；拒不改正的，责令停产整治。

第六十七条 违反本条例第四十二条第一款规定，在居民住宅楼、未配套设立专用烟道的商住综合楼、商住综合楼内与居住层相邻的商业楼层内新建、改建、扩建产生油烟、异味、废气的餐饮服务项目的，由县级以上人民政府住房和城乡建设、市场监督管理主管部门按照职责责令改正；拒不改正的，予以关闭，并处一万元以上十万元以下的罚款。

违反本条例第四十二条第二款规定，未安装油烟净化设施的，由县级以上人民政府住房和城乡建设、市场监督管理主管部门责令改正，处五千元以上五万元以下的罚款；拒不改正的，责令停业整治。已安装油烟净化设施但未正常使用，或已采取其他油烟净化措施、但超过排放标准排放油烟的，由县级以上人民政府住房和城乡建设主管部门责令改正，处五千元以上五万元以下的罚款；拒不改正的，责令停业整治。

违反本条例第四十二条第三款规定，餐饮服务业经营者未按规定限期退出的，由县级以上人民政府住房和城乡建设主管部门责令改正，处一万元以上十万元以下的罚款。

违反本条例第四十二条第四款规定，除县级以上人民政府划定区域外，在城市建成区内露天烧烤食品或者为露天烧烤食品提供场地的，由县级以上人民政府住房和城乡建设主管部门责令改正，没收烧烤工具和违法所得，并处五百元以上二万元以下的罚款。

第六十八条 违反本条例第四十三条规定，在人口集中区域从事露天喷漆、喷砂、制作玻璃钢以及其他散发有毒有害气体作业的，由县级以上人民政府住房和城乡建设主管部门责令改正，处一万元以上十万元以下的罚款。

第六十九条 违反本条例第四十四条第一款规定，从事服装干洗和机动车维修等服务活动，未设置异味和废气处理装置等污染防治设施并保持正常使用，影响周边环境的，由县级以上人民政府生态环境主管部门责令改正，处二千元以上二万元以下的罚款；拒不改正的，责令停业整治。

第七十条 违反本条例第四十六条规定，露天焚烧秸秆、落叶等产生烟尘污染农林废弃物的，由县级以上人民政府农业农村主管部门责令改正，并可以处五百元以上二千元以下的罚款。

违反本条例第四十六条规定，非法焚烧电子废弃物、油毡、橡胶、塑料、皮革、沥青、垃圾等产生有毒有害、恶臭或者强烈异味的其他物质的，由县级以上人民政府住房和城乡建设主管部门责令改正，对单位处一万元以上十万元以下的罚款，对个人处五百元以上二千元以下的罚款。

第七十一条 违反本条例第四十七条规定，在政府禁止的区域或时段内燃放烟花爆竹的，由公安部门责令停止燃放，处一百元以上五百元以下的罚款；构成违反治安管理行为的，依法给予治安管理处罚。

第七十二条 违反本条例规定，企业事业单位和其他生产经营者有下列行为之一的，受到罚款处罚，被责令改正，拒不改正的，依法作出处罚决定的行政机关可以自责令改正之日的次日起，按照原处罚数额按日连续处罚：

（一）未依法取得排污许可证排放大气污染物的；

（二）超过大气污染物排放标准，或者超过大气污染物排放总量控制指标排放大气污染物的；

（三）通过逃避监管的方式排放大气污染物的；

（四）建筑施工或者贮存易产生扬尘的物料未采取有效措施防治扬尘污染的；

（五）进入船舶大气污染物排放控制区的船舶不符合船舶相关排放要求的。

第七十三条　违反本条例规定的其他行为，本条例未设定处罚，但《中华人民共和国大气污染防治法》和有关法律法规设有处罚规定的，从其规定。

违反本条例规定，构成犯罪的，依法追究刑事责任。

第五章　附　则

第七十四条　对大气污染防治，本条例未作规定的，依照《中华人民共和国大气污染防治法》和有关法律法规的规定执行。

第七十五条　本条例自 2019 年 3 月 1 日起施行。

中共海南省委关于进一步加强生态文明建设谱写美丽中国海南篇章的决定

琼发〔2017〕25号

（2017年9月22日中国共产党海南省第七届委员会第二次全体会议通过）

为深入贯彻落实以习近平同志为核心的党中央关于加强生态文明建设的系列决策部署，推动全省转变发展理念、转换发展动力、转型发展方式，充分发挥全国最好的生态环境、全国最大的经济特区、全国唯一的省域国际旅游岛“三大优势”，加快建设经济繁荣、社会文明、生态宜居、人民幸福的美好新海南，实现全省人民的幸福家园、中华民族的四季花园、中外游客的度假天堂“三大愿景”，现就进一步加强生态文明建设、谱写美丽中国海南篇章作出以下决定。

一、牢固树立新发展理念。全面贯彻落实党的十八大和十八届历次全会精神，深入贯彻落实习近平总书记系列重要讲话精神和党中央治国理政新理念新思想新战略、特别是习近平总书记2013年视察海南时的重要讲话精神，认真贯彻落实创新、协调、绿色、开放、共享的发展理念，按照省第七次党代会部署，统筹推进“五位一体”总体布局和协调推进“四个全面”战略布局，为建设美好新海南打牢生态基础。坚持生态立省不动摇，倍加珍爱、精心呵护海南的青山绿水、碧海蓝天，以生态文明建设引领经济社会发展。坚持绿色发展不动摇，以供给侧结构性改革为主线，加快形成绿色产业体系，不断提高资源利用水平，闯出人与自然和谐发展的新路。坚持正确的政绩观、发展观，始终做到保护和发展并举，任何影响生态环境的项目，即使再多税收也坚决不上，防止急功近利，多做打基础、利长远的工作，努力创造经得起实践、人民、历史检验的业绩。坚持以人民为中心，以最好的资源吸引最好的投资、最好的资源让广大人民共享，让绿水青山成为造福海南百姓的金山银山。坚持改革创新，以解决生态环境领域突出问题为导向，因地制宜大胆探索，充分借鉴国内外先进技术和经验，形成生态文明建设长效机制。

二、力争生态文明建设走在全国前列。确保海南的生态环境质量只能更好、不能变差，努力建设全国生态文明示范区。到2020年，生态环境方面的突出问题得到有效治理，生态环境质量持续保持全国领先水平，生态安全屏障得到全面巩固，城乡人居环境明显改善，绿色的发展方式、生活方式基本形成。森林覆盖率稳定在62%以上，城镇空气质量优良天数比例保持在98%以上，主要河流湖库水质优良率不低于95%，近岸海域水环境质量优良率不低于95%，土壤环境质量总体保持优良水平。到2025年，生态文明建设取得重大进展，在推进生态文明领域治理体系和治理能力现代化上走在全国前列。

三、坚持“多规合一”一张蓝图干到底。把海南作为一个大城市、大景区来统一规划、建设和管理，严格实施《海南省总体规划（空间类 2015—2030）》和各市县总体规划，组建市县规划委员会，构建高效统一的规划管理体系。加强国土空间用途管制，统筹陆海、区域、城乡发展和各类产业，优化生产空间、生活空间、生态空间。强化对海岸带、生态敏感区以及历史文化保护区域的省级规划管控。明确空间规划的法律地位，修订完善空间规划法规体系，建立规划调整硬约束机制。严守生态保护红线、环境质量底线、资源利用上线，严格控制城镇开发和产业园区边界，严禁生产、生活空间挤占生态空间。建立完善全省统一的规划管理信息平台和监测预警机制，加强对生态保护红线区、农林业生产空间、城镇和产业园区开发边界的监管。

四、走绿色城镇化路子。推广“不砍树、不占田、不大拆大建，就地城镇化”模式，因地制宜推进城镇化。全面开展“生态修复、城市修补”工程，实施城市更新计划，加强山体、自然水系保护与生态修复，开发利用好地下空间，妥善解决城镇防洪安全、雨水收集利用、供水安全、污水治理、河湖治理等问题。推进新型绿色城镇化建设，打造一批具有海绵城镇、智慧城镇特色的新型绿色城镇。加快补齐短板，实施现代化环境基础设施提质全覆盖工程。尊重自然格局，保护自然景观和历史文化风貌。加强城镇规划管理，突出各地特色，合理控制建筑体量、高度和规模，让居民望得见山、看得见水、记得住乡愁。

五、扎实推进“美丽海南百镇千村”建设。大力推动有产业支撑、有文化底蕴、文明程度较高、生态环境优美的特色产业小镇建设。大力推动美丽乡村建设，实现文明生态村全覆盖。探索与推行“共享农庄”等模式，推进田园综合体建设。加强村镇规划和宅基地管理，弘扬特色乡土田园文化，农村新建住房高度不得超过椰子树，使建筑、道路与自然景观浑然一体、和谐相融。

六、严格保护海洋生态环境。加强海洋环境治理、海域海岛综合整治、生态保护修复。强化陆海污染同防同治，建立健全陆海统筹的生态系统保护修复和污染防治区域联动机制。推行减船转产和近海捕捞限额管理。科学规划、严格控制、规范管理滩涂和近海养殖，划定禁养区、限养区和适养区，在生态敏感区和滨海旅游区逐步实施退塘还林、退塘还湿、退塘还海。全面推行“湾长制”，建立海湾管理保护责任体系。实施蓝色海湾整治行动。推进绿色航运发展，严格控制港口和船舶污染。

七、强化用海管理和海岸带保护。坚持依法用海、规划用海、集约用海、生态用海、科技用海，实施严格的围填海总量控制制度和规范审批程序，除国家和省重大基础设施建设、重大民生项目和重点海域生态修复治理项目外，严禁围填海。科学合理开发利用海域、海岛，对可开发利用的海域、无居民海岛，严格环境准入与环境保护要求。全面恢复修复受损海岸带生态系统，严守海岸带生态保护红线，全面实施海岸带开发规划管控，实行岸线分级分类管理。建立海岸带管理责任制，对海岸带保护开发、海岸带防护设施建设、填海造地用海等实施动态管理。

八、构建绿色产业体系。坚持“绿色、循环、低碳”理念，推进供给侧结构性改革，着力发展以现代服务业为主导的十二个重点产业。提高企业节能环保准入门槛，大力引进一批生态型、环保型、低消耗的项目，坚决不上污染环境、破坏生态的项目。建立农业生产全过程质量追溯体系，全面减施化肥，强制施用低毒低残留农药，加快农业废弃物资源化利用，推进农业绿色化、标准化、品牌化建设。高标准优化发展医疗、文体、会展等消费性服务业。加快创建全域旅游示范省，积极发展生态旅游。着力发展互联网、金融、物流等生产性服务业，培育壮大绿色金融市场主体，完善三级物流体系建设。科学调控房地产开发布局、规模、结构和总量，稳妥发展分时度假、共享型住房产品，全面实施商品住宅全装修，发展装配式建筑，永久停止中部生态核心区开发新建外销房地产项目。制定严格的地方环境标准，分区分类集约发展医药、油气、低碳制造等新型工业，高标准规划建设六类 24 个产业园区，实施“飞地”政策，原则上所有工业项目须依规划进入园区。

九、加强绿色“五网”基础设施建设。坚持“安全优质、绿色生态、经济实用”原则，科学规划路网、光网、电网、气网、水网的布局、选线、选址，尽可能避让特殊生态敏感区和重要生态功能区，建立绿色基础设施体系，把“五网”建成生态网、景观网。路网建设要充分考虑原有的自然地貌类型，与其他各网建设统筹规划、设计、施工，在城市主干线采取综合管廊设计，避免多次开挖对环境产生不利影响，配套节能环保设施。统一规划光网和基站布局，最大程度实现共建共享。全面实施电网升级改造，推进智能电网建设。气网实现全省城镇全覆盖，积极推进燃气下乡进村“气代柴薪”。科学实施水资源开发保护工程，优化配置全省水资源，全面禁止新建小水电项目，建立现有小水电逐步退出机制，恢复和推进河湖水系的连通，着力增强水资源水环境承载能力，提高河湖生态系统的平衡性和稳定性。

十、共建共享军民融合生态设施。强化军地军民融合发展意识，整合军民科研力量和资源，搭建军地生态资源和信息共享平台，促进生态保护、污染治理、水文气象、防灾减灾等重大基础设施建设兼容共用。加强军地在海上消防、核应急救援、生态环境保护等方面的技术交流与合作。把军民共建生态文明纳入“智慧海洋”建设框架，建设军民融合式海洋产业基地、航天产业基地、天地一体化信息化基地，实现南海气象观测、海洋环境监测与保护、海啸预警等科研服务保障基地和海底光缆、频谱共建共享。

十一、建设绿色能源岛。大力推行“去煤减油”，加快构建以清洁电力和天然气为主体、可再生能源为补充的清洁能源体系。禁止新增煤电，安全推进核电，分阶段逐步淘汰现有燃煤机组。加大天然气资源开发利用，全面推进城镇燃气工程，全面推广农村用气，实施车船“油改气”，加快电能、天然气替代。鼓励发展应用可再生能源，跨市县合理布局建设垃圾焚烧发电厂，推广规模化沼气工程，推进海洋能开发利用。通过园区集中供热、清洁能源替代改造等方式，全面淘汰分散燃煤小锅炉，限期退出企业自备燃煤机组。在海口、三亚开展试点，科学合理控制机动车保有量，严格外来车辆环境准入。实施新能源汽车推广计划，逐步实现公交车、出租车、公务用车、景区用车新能源汽车全覆盖。严格控制温室气体排放，实行碳排放总量增量控制，创建近零碳排放示范区、低碳小镇。

十二、推进节能环保产业发展和科技创新。以企业为主体、市场为导向、重点工程建设为依托，推进节能环保产业集群化发展。推动低碳循环、治污减排、监测监控等核心环保技术工艺、成套产品、材料药剂研发与产业化。加快发展节能环保服务业，支持专业化节能服务、环保服务、环境咨询等市场主体发展壮大。推广合同能源管理方式，实施节能改造，大力推进产业园区和各类污染物排放企业实施环境保护第三方治理和服务。围绕十二个重点产业发展，开展环境风险评估、监测预警及污染治理修复、生态修复、资源综合利用等关键技术的研究。完善产学研协同创新机制，培育和发展一批环保型的高新技术企业和科技型企业，开展环保技术集成应用示范工程。建设一批环境保护重点实验室、工程技术中心，建立环保科技信息共享平台。深化节能环保人才发展体制机制改革，引进和培养一批高水平生态科技专家和生态文明建设领军人才。加强生态环保领域的国际交流合作。

十三、保护和修复自然生态系统。以中部山区热带雨林集聚区为核心，以重要湖库为空间节点，以自然保护区、主要河流和海岸带为生态廊道，筑牢生态安全屏障。强化中部山区国家重点生态功能区的保护和管理。实施生物多样性保护战略行动计划，加强对我省极小种群野生植物、珍稀濒危野生动物和原生动植物种质资源拯救保护。加强对外来物种的环境监管，强化南繁育种基地外来物种环境风险管控。实施林业生态修复与湿地保护专项行动，按照山水林田湖草是一个生命共同体的理念，全面恢复修复生态保护红线区、林区、矿山、湿地、沿海防护林带和红树林的生态系统。探索通过“生态赎买”方式逐步将经济林退出中部生态核心区，逐步恢复扩大热带雨林面积。针对目前各类自然保护地交叉重叠、碎片化、产权不清晰、多头管理的问题，推进国家公园体制试点，逐步建立以国家公园为主的自然保护地体系，保护好海南有国家代表性、全民公益性的自然生态空间和自然文化遗产。研究制定热带雨林国家公园、海洋国家公园试点实施方案，为建设国家公园探索经验。

十四、实施生态移民搬迁。力争 5 年内对生态环境脆弱的核心区，南渡江、万泉河、昌化江三大流域源头，水源保护地，公益林保护区，热带雨林保护区，海岸带生态敏感区，地质灾害易发区范围内的居民有计划、分步骤实施生态移民搬迁，促进迁出区生态恢复修复、生态环境质量明显改善。建立跨行政区域生态移民搬迁安置机制，优先选择靠近城镇、现代农业园区、工业园区、旅游景区规划建设集中安置点，为搬迁群众就地就近进入园区或城镇就业创造条件，充分保障搬迁居民住房、安全饮水、交通、用电、通信、教育、医疗等基本公共服务，确保有稳定收入，生活水平明显改善。

十五、持续开展生态环境整治。落实大气污染防治行动计划，加快实施工业污染源全面达标排放计划，开展治理“小散乱污”企业专项行动，全面取缔不符合产业政策、污染严重、治理达标无望的小制造、小加工、小作坊。加大建筑工地和道路扬尘污染治理，逐步淘汰老旧车，强化餐饮业油烟、露天烧烤、秸秆焚烧、槟榔加工污染及生产生活噪声的监管控制。加快实施水污染防治行动计划，实施饮用水水源地保护与整治工程，取缔水源保护区内违法建设项目和排污口，加强保护区内植被恢复修复。严格入河（湖、海）排污管理，控制和规范淡水养殖。坚持防治结合，加强南渡江、松涛水库等水质优良河流、湖库的保护。实施城镇内河（湖）水污染治理专项行动，严厉打击非法采砂、非法排污，用 3 年时间基本消除全省 64 个重点治理的城镇黑臭水体，实现河湖环境整洁优美、水清岸绿。落实土壤污染防治行动计划，推进土壤和重金属污染防治重点工程，全面保障农用地和建设用地土壤环境安全。加强农业污染防治，开展农药和化肥增效减施行动，强化畜禽养殖污染综合防治，划定禁养区、限养区和适养区并严格落实分区管理。实施城乡环境综合整治专项行动，加强城镇污水管网和垃圾处理设施建设，实现城乡生活污水处理、生活垃圾和医疗废弃物无害化处理全覆盖。在各市县开展生活垃圾分类试点，并逐步在全省推广。继续深入开展整治违法建筑三年攻坚行动，推行网格化管控，推进“无违建”示范点创建，构建“地上巡、网上管、天上拍”的立体化防控体系，实现增量基本控制、存量基本整治、建立长效机制的目标。

十六、强化资源节约。把节约资源作为生态环境保护的根本之策，不重复建设、不浪费资源、不粗制滥造。加强全过程节约管理，全面实施水、土地、矿产等资源使用总量控制。建立完善自然资源资产有偿使用制度，充分发挥市场配置资源的决定性作用和政府的服务监管作用，实现自然资源开发利用的生态、经济、社会效益相统一。健全水资源费征收制度。建立农业灌溉用水量和定额管理制度，推进农业水价综合改革。严控地下水、地热温泉开采。坚持最严格的节约集约用地制度，实施建设用地总量和强度双控制度，提升土地资源利用效率。深化矿产资源勘查开发清理整顿，加强矿山地质环境恢复治理。发展绿色矿业，推进绿色矿山建设。

十七、加强耕地保护。加强耕地数量、质量、生态、效益“四位一体”保护，划定并严守永久基本农田保护红线，按照面积不减少、质量不下降、用途不改变的要求，将基本农田落地到户、上图入库，坚决守住耕地保有量 1 072 万亩、永久基本农田 909 万亩的耕地保护红线。完善耕地占补平衡制度，加强土地整治，科学划定耕地开垦区，实行“以补定占”。对新增建设用地占用耕地规模实行总量控制，严格实行耕地占一补一、先补后占、占优补优。

十八、推广循环经济。按照减量化、再利用、资源化的要求，加快建立循环型工业、农业、服务业体系。以“布局优化、产业成链、物质循环、集约发展”为原则，推进洋浦、老城、东方、昌江等重点产业园区循环化、低碳化、生态化改造。全面推进生态循环农业示范省建设，构建资源节约、环境友好、产业循环、综合利用的新型农业发展模式。对电器、电子、铅酸蓄电池、汽车、饮料纸基复合包装、农业废弃物等逐步实行生产者责任延伸制度，推动落实废弃产品回收处理责任。健全再生资源分类回收利用体系建设，推进农林废弃物以及建筑垃圾、餐厨废弃物等资源化利用，推动再生资源利用产业化。

十九、提高全民生态文明意识。牢固树立“生态兴则文明兴”的生态文明观，使尊重自然、顺应自然、保护自然的生态文明理念深入人心。将生态文明教育纳入国民教育、农村夜校、干部培训和企业培训体系，融入社区规范、村规民约、景区守则。将生态文明教育摆上中小学素质教育的突出位置，完善课程体系，丰富教育实践。将每年 3 月份定为海南全民义务植树月，广泛开展植树造林活动。将企业环境信用作为社会信用体系的重要方面，建立环保“黑名单”，完善守信激励和失信惩戒机制。挖掘海南本土生态文化资源，积极打造热带休闲农业、精品生态旅游、海洋休闲渔业等生态文化品牌，擦亮红树林、热带雨林等海南生态名片。鼓励生态环保领域社会组织健康有序发展，发挥民间组织和志愿者的积极作用。加强新闻舆论宣传，为生态文明建设营造良好的社会氛围。

二十、全面开展生态文明示范创建。以生态文明建设示范区创建、文明市县创建、卫生（健康）市县创建为抓手，建立生态文明建设正向激励机制，构建全民参与生态文明建设的绿色行动体系。探索推进生态文明建设示范区创建，推动形成绿色生产方式和生活方式。扎实推进文明城市、文明村镇创建，全面提升文明素养。推进移风易俗，深化殡葬改革，推动绿色殡葬。全面开展卫生（健康）城市、卫生（健康）村镇创建，广泛开展群众性城乡清洁运动、爱国卫生运动。鼓励市县创建国家森林城市、园林城市和湿地城市。用 5 年左右时间，争取全省所有市县达到国家或省级生态文明建设示范市县、文明城市、卫生（健康）城市标准。

二十一、推行绿色生活方式。推动全民加快向节约适度、绿色低碳、文明健康的生活方式和消费模式转变。健全绿色产品认证和市场准入制度，从供给侧推动绿色消费转型。发挥政府机关和企事业单位绿色节能的引领示范作用，积极创建绿色机关、绿色企业、绿色社区、绿色校园等。引导公众改变不良消费方式，抵制高能耗、高排放产品和过度包装商品。在全省范围大力推广环保可降解包装物，全面禁止生产、销售和使用一次性不可降解塑料袋、塑料餐具。优先发展公共交通，推广分时租赁、共享交通，提倡绿色出行。

二十二、完善生态补偿机制。建立形式多元、绩效导向的生态补偿机制，加快形成生态损害者赔偿、受益者付费、保护者得到合理补偿的运行机制。完善重点生态功能区生态补偿、流域生态补偿、森林（湿地）生态补偿、海洋生态补偿和生态保护红线区生态补偿。在赤田水库流域、小妹水库流域开展上下游生态补偿试点的基础上，引导和鼓励受益地区与保护生态地区、流域上游与下游通过资金补助、对口协作、产业转移、人才培训、共建园区等方式实施流域横向生态补偿。归并和规范现有生态保护补偿资金渠道，多渠道筹措补偿资金。完善生态保护成效与财政转移支付资金分配挂钩的激励约束机制，提高生态转移支付资金使用绩效。

二十三、全面推行河长制。坚持节水优先、空间均衡、系统治理、两手发力，以保护水资源、防治水污染、改善水环境、修复水生态为主要任务，在每条河流（湖库）全面实行河长制，统筹上下游、左右岸，实施“一河一策”“一湖一策”。建立省、地级市、县（市、区）、乡（镇、街道）四级河长体系，完善由水环境指标、群众满意度等相结合的评价考核体系，构建责任明确、协调有序、监管严格、保护有力的河湖管理保护体系，实现河畅、水清、岸绿、景美的目标。

二十四、建立健全自然资源资产产权制度。对水流、森林、山岭、荒地、滩涂等自然生态空间进行统一确权登记，明晰自然资源资产产权主体和行使代表，创新自然资源全民所有权和集体所有权的实现形式，建立健全归属清晰、权责明确、监管有效的自然资源产权制度。整合分散的全民所有自然资源资产所有者职责，组建对全民所有的土地、矿藏、水流、森林、山岭、荒地、海域、滩涂等自然资源统一行使所有权的机构，完善自然资源资产现代监管体制。

二十五、完善以绿色发展为导向的考核评价体系。建立体现生态文明要求的目标体系、考核办法、奖惩机制。把资源消耗、环境损害、生态效益等指标纳入经济社会发展综合评价体系，强化指标约束。创新经济社会发展考核办法，淡化并逐步取消省对市县 GDP、工业产值、固定资产投资的考核，根据《海南省总体规划》确定的主体功能分区和产业布局，实行差别化的绩效评价考核。探索建立绿色 GDP 核算体系。编制自然资源资产负债表，对领导干部实行自然资源资产和环境责任离任审计。

二十六、加大生态环境资源保护投入。建立多元化资金投入机制，形成以财政投入为引导、社会投入为主体、金融支持为辅助的多元投入体系。加大地方政府债券对重大生态修复、环境基础设施工程的支持力度。统筹整合各类生态环保专项资金，优先用于重要生态功能区保护和突出环境问题治理。创新生态环境资源保护投融资机制，推动建立节能环保产业基金。积极发展绿色金融，创新绿色金融产品和服务方式，引导银行业金融机构对绿色产业实行差别化授信政策，鼓励发展绿色债券、绿色保险、绿色股权融资。

二十七、加强环境监测和信息化管理。提升生态环境统计和监测的科学性、权威性和信息化水平，加快推进资源环境统计监测核算能力建设，为生态文明建设提供重要支撑。加快建设形成覆盖所有生态环境要素、统一规划、统一标准的现代化生态环境监测网络体系。建立以应用为导向的资源环境监测预警数据库和信息技术平台，实现信息共享、自动预警。开展生态环境大数据分析应用，推动建立生态环境质量趋势分析和预警机制。

二十八、加强生态环境监管能力建设。适应统筹解决跨区域、跨流域、跨部门环境问题的新要求，建立健全条块结合、权责明确、各司其职、保障有力、权威高效的地方环境保护管理体制。加快推进省以下环保机构监测监察执法垂直管理制度改革。加强多部门、跨市县环境执法联动，以南渡江、万泉河、昌化江三大流域为试点构建流域水环境综合监管执法协作机制。按照“大部制”原则，探索研究将分散在各部门的生态环境保护职责整合调整到一个部门，并建立统一的监管和执法体制。加大对破坏生态环境资源违法犯罪的打击力度，畅通完善生态环境资源行政执法与刑事司法的联动衔接机制，依法有序推进环境公益诉讼，深入推进环境资源审判改革，创新推进生态环境修复性司法长效机制建设，充分发挥生态环境资源司法保护合力。

二十九、强化党对生态文明建设的领导。各级党委要总揽全局、协调各方，把生态文明建设摆在全局工作的突出地位。强化党委政府生态文明建设的主体责任，落实“党政同责、一岗双责”，全面建立党委政府决策的生态文明审查机制。落实党政领导干部生态环境损害责任追究制度，对违背科学发展要求、推动生态文明建设不力、造成生态环境损害的领导干部实行终身追责。将生态环境损害责任追究与政治巡视、环保督察等紧密联系，发挥制度叠加效应。支持省人大及其常委会用好用足地方立法权和经济特区立法权，为加强生态文明建设提供有力的法制保障。支持政协积极履行政治协商、民主监督和参政议政职能，团结动员各方面力量为生态文明建设献计出力。

三十、层层抓好贯彻落实。各级党委、人大、政府、政协及各有关部门要按照本决定要求，结合落实《海南省推进生态文明体制重点改革实施方案》，研究制定条块结合、上下衔接的具体行动计划、工作方案，明确路线图、时间表，确保各项政策措施落到实处。各市县各部门贯彻落实情况要及时向省委、省政府报告。省委就贯彻落实情况适时组织开展专项监督检查。

全省各级党组织要更加紧密地团结在以习近平同志为核心的党中央周围，牢固树立“四个意识”，严守政治纪律和政治规矩，自觉把思想和行动统一到党中央和省委关于生态文明建设决策部署上来，坚决扛起生态文明建设的政治责任，凝心聚力、奋力拼搏，为谱写美丽中国海南篇章、加快建设美好新海南而不懈奋斗！

中共海南省委
关于高标准高质量建设全岛自由贸易试验区
为建设中国特色自由贸易港打下坚实基础的意见

琼发〔2019〕8号

为深入学习贯彻习近平总书记在庆祝海南建省办经济特区30周年大会上的重要讲话（以下简称习总书记“4·13”重要讲话）和《中共中央 国务院关于支持海南全面深化改革开放的指导意见》（中发〔2018〕12号，以下简称中央12号文件）精神，实施《中国（海南）自由贸易试验区总体方案》（国发〔2018〕34号，以下简称《总体方案》），牢牢把握“三区一中心”战略定位，以制度创新为核心，以优化营商环境为重点，以高质量发展为目标，加快建设全岛自由贸易试验区，为建设中国特色自由贸易港打下坚实基础，提出如下意见。

一、进一步增强紧迫感责任感。面对复杂多变国际环境，面对国内改革发展稳定任务艰巨繁重的新形势，面对各地百舸争流、千帆竞发的新一轮高质量发展态势，全省上下必须认真汲取海南“大起大落”的历史教训，持续深入学习贯彻习总书记“4·13”重要讲话和中央12号文件精神，更加准确领会习总书记亲自谋划、亲自部署、亲自推动海南全面深化改革开放的战略意图和深远意义，自觉站在新时代党和国家事业发展全局、服务国家重大战略的高度，抢抓千载难逢的历史机遇，进一步解放思想，大力弘扬“敢闯敢试、敢为人先、埋头苦干”的特区精神，以“我将无我，不负人民”的使命感，以“时不我待，只争朝夕”的紧迫感，以“一天当三天用”的干劲，高标准实施《总体方案》，推动高质量发展，争创新时代全面深化改革开放新标杆。

二、加强以建立开放型经济新体制为重点的制度创新。全面推进十二个方面制度创新，鼓励各市县各部门各行业大胆试、大胆闯、自主改，创造更多可复制可推广的制度创新成果。重点围绕构建开放型经济新体制，依据需求导向，提出现行投资准入负面清单中需要重点突破的限制领域条目，进一步降低外资市场准入门槛。利用大数据技术，创建国际投资“单一窗口”，建成具有海南特色的国际贸易“单一窗口”，推动通关效率达到全国领先水平，提升投资贸易便利化程度。研究制定跨境交付、境外消费模式下服务贸易促进新机制，实施服务贸易出口先导性计划。加大外资金融机构引进力度，抓紧补齐海南金融组织体系短板，优化提升海南自由贸易账户体系，压茬探索开展金融领域开放创新先行先试，加快设立具有海南特色的交易场所，差异化发展绿色金融、金融科技等。争取实施更加开放、便利的入境免签政策，逐步扩大和延长入境免签国家范围和停留时间。开展与自由贸易试验区建设相适应的法定机构改革试点。

三、深化“多规合一”改革。科学编制省和市县国土空间规划，健全各类专项规划，构建以国土空间规划为底板、层级分明的空间规划体系。出台《海南省市县总体规划实施管理办法》，明确省和市县修改“一张蓝图”的条件、事权划分和流程等。完善“多规合一”大数据管理信息平台系统。建立“多规合一”基础上的自然资源统一监管体系。研究制定以规划管土地、管空间、管用途的管控制度，切实提高土地利用率。探索在全省耕地保有量和基本农田保护指标内，根据实际情况对耕地和基本农田布局进行调整。全省统筹推进农村土地征收、集体经营性建设用地入市和宅基地制度改革试点。

四、推动实现“全省一盘棋、全岛同城化”。把全岛作为一个大城市统一规划、建设和管理，形成“南北两极带动、东西两翼加快发展、中部山区生态保育”格局。北部“海澄文”一体化综合经济圈重点建设总部经济区、高新技术产业基地、现代服务业集聚区。南部“大三亚”旅游经济圈着重建设国际旅游消费中心核心功能区、文化旅游总部基地、具有国际影响的深海和种业产业技术高地。东部重点打造国际经济合作和文化交流平台、国际健康医疗旅游目的地。西部重点打造区域航运和物流中心、国际能源和大宗商品交易中心、南海资源开发服务保障基地、国家战略能源储备基地。中部重点打造生态文明核心试验区，因地制宜发展热带特色高效农业、旅游文化体育产业等绿色经济。全省统筹安排新增建设用地计划指标。加快破除城乡二元体制，促进城乡要素自由流动、规划管理一体、基础设施联通、基本公共服务均等，实现城乡融合发展。

五、久久为功调优产业结构。落实新发展理念，深化供给侧结构性改革，以发展旅游业、现代服务业、高新技术产业为主导，强化创新驱动，做优做强十二个重点产业。鼓励培育总部经济，高质量发展战略性新兴服务业及健康、教育、体育、文化等现代服务业，构建旅游服务、数字服务、特色金融和商务服务产业集群，创新新一代信息技术和数字经济发展机制，建设以“数字贸易岛”为突出特点的自由贸易试验区。推动互联网、物联网、大数据、卫星导航、人工智能同实体经济深度融合。建好“五大平台”，加快南繁、深海、航天等“陆海空”科技创新和产业发展。大力发展新兴海洋产业，建设现代化海洋牧场，打造海洋强省。高水平建设国际旅游消费中心，创建国家全域旅游示范区，打造国家体育旅游示范区，用好用足离岛免税购物政策；全力加快“国九条”落地，推动博鳌乐城国际医疗旅游先行区技术、设备、药品与国际先进水平“三同步”；实施琼港澳游艇自由行，加快发展邮轮产业，创新体育彩票品种与玩法，建设全球消费精品展示中心，努力将中国国际旅游与消费精品博览会、海南岛国际电影节等办成具有国际影响力的品牌展会。建立和完善调控长效机制，促进房地产市场转型和平稳健康发展。

六、科学调整优化布局产业园区。按照“多规合一”要求，对现有省级重点产业园区进行调整，规划建设若干可大可小、可集中可分散的专业产业园区，着力培育打造总部经济、设计、新型工业、健康疗养、互联网、大型主题乐园、金融、展览交易中心、商贸物流、科技、教育文化、国家公园等十二类重点产业园区。完善“飞地经济”政策，推动产业项目进园区，将其打造成吸引外资的重要载体，为探索实施自由贸易港有关核心政策打下基础。大力向园区放权，让园区“说话算数”。引进专业化园区运营商，主导参与园区的设计、投资、建设、招商和运维。以综合效益为导向，健全园区管理和考核评价机制。

七、推动“五网”基础设施提质升级。实现光纤网络和高速移动通信网络城乡全覆盖，加快 5G 网络规模化部署和商业化应用。建设省域智能电网，加快电网改造提升。构建“丰”字型高速公路网，建设环岛、环热带雨林国家公园等旅游公路；谋划构建城际铁路网，加快美兰机场二期扩建、三亚新机场建设和博鳌机场对外开放，用好第三四五航权，争取开放第六航权，加密、新开国际航线，着力打造四小时八小时飞行经济圈；加快“四方五港”转型发展，将洋浦港打造成国际陆海贸易新通道的新支点，加快推动琼州海峡港航一体化。建成天然气环岛主干网，实现“县县通管道气”和城乡燃气全覆盖。加快构建海岛型现代水网，建设水利枢纽及灌区工程，促进江河湖库水系连通。推进人工智能、工业互联网、物联网、金融等领域基础设施建设。

八、深化行政审批改革。将“六个试行”极简审批依法推广到全省各重点园区。梳理取消一批审批事项，编制建立全省政务服务事项库，公布完善各级政务服务事项目录，实行“清单之外无审批”。

推行政务服务综合窗口受理和“一枚印章管审批”，提升审批效率。实行企业直接登记制和简便注销登记制。对纳入省级统一实施的行政许可事项和户籍、居住证、社会保险等逐步实行“全省通办”。推行“互联网+政务服务”，推进全省“一网通办”，实现群众“一次都不跑”或“最多跑一次”。健全以跨部门“双随机、一公开”监管为基本手段、以重点监管为补充、以信用监管为基础的新型事中事后监管制度。

九、以外资为重点精准招商引资。服从全国大局，立足国际竞争，更加注重引进外资，加大全球招商力度，坚持引进符合中国国情、符合海南实际、符合高质量发展要求的产业项目和市场主体，“一企一策”点对点精准招商，用最好的资源吸引最好的投资，不能“捡到篮子里都是菜”。用好博鳌亚洲论坛等平台，拓展与“一带一路”有关国家和地区的交流合作，推动有关国家在海南设立领事机构，吸引国际组织设立总部或代表机构。清理与《外商投资法》不一致的地方性法规、政府规章和规范性文件，切实降低企业税费负担和经营成本，对标世界银行营商环境标准补齐短板，开展营商环境第三方评估，构建亲清新型政商关系，建设诚信政府、法治政府，全力打造法治化、国际化、便利化的营商环境。积极对接粤港澳大湾区，建立产业合作新机制，创建产业合作园区。

十、深入实施百万人才进海南行动计划。坚持人才引进和培养“双轮驱动”，打造“千人专项”引才品牌，加大团队式引才力度，创新柔性引才机制，多措并举吸引集聚急需人才；加大本地人才特别是中西部和少数民族地区人才的选拔培养力度，打造“南海系列”育才品牌。更加注重引进国际人才，开展国际人才管理改革试点，探索建立与国际接轨的全球人才招聘、服务管理制度，研究实施个人所得税优惠政策，开展高端人才服务“一卡通”试点。简化符合规定的外籍和港澳台地区技术技能人员执业资格和工作签证办理以及外国留学生勤工俭学手续，允许其在海南就业、创业、永久居留。建设国际化社区，完善高水平的教育、医疗、住房、文体设施等配套。完善全省人才服务“一站式”线上线下融合平台，打通人才政策落实的“最后一公里”。

十一、加快建设国家生态文明试验区。深入贯彻绿水青山就是金山银山理念，严格生态保护红线管控，确保落到地块，建立全省生态环境分区管控体系，对影响生态环境的项目，即使再多 GDP 再多税收也坚决不上。全面落实河（湖）长制、湾长制、林长制，统筹山水林田湖草综合治理，深入推进生态环境六大专项整治和海岸带整治，完善城乡污水垃圾收集处理设施，构建陆海统筹的生态系统保护修复和污染防治区域联动机制，稳步提高环境质量。实行清洁能源优先上网，加快推广清洁能源汽车，鼓励区域集中供热供冷，实行合同能源管理，建设清洁能源岛。推行流域上下游横向生态保护补偿机制试点，推进生态环境损害赔偿制度改革，实行环境污染强制责任保险制度。完善国有自然资源资产有偿使用制度，严格围填海的环境管理。创新国家公园管理体制，明确功能分区，启动生态搬迁，打造热带雨林国家公园展示区。

十二、统筹推进脱贫攻坚与乡村振兴。压实五级书记抓扶贫的责任，坚持精准扶贫，强化五级战斗体系；完善利益联结机制，推动产业扶贫等提质增效；注重志智双扶，继续办好脱贫致富电视夜校；探索研究针对收入水平略高于贫困户的边缘人口帮扶机制，防止返贫和出现新的贫困，确保如期完成脱贫攻坚任务。深化农业供给侧结构性改革，大力改善农业设施条件，推广良种良苗良法，加强产销对接，发挥龙头企业带动作用，推进绿色化、标准化、规模化、品牌化发展，建设“五基地一区”，打造热带特色高效农业“王牌”；强化农村居民建房规划管控，以“三清两改一建”为重点，扎实推进农村人居环境三年整治行动，抓好乡村净化、绿化、彩化、亮化、美化工作，持续推进美丽海南百镇千村建设，促进一二三产业融合发展；充分发挥乡村振兴工作队作用，围绕“十抓十好”工作目标，推动乡村全面振兴。

十三、全力保障和改善民生。坚持以人民为中心，持之以恒办好民生实事。持续抓好“一市（县）

两校一园一院”建设，通过体制机制创新，引导和激励好教师、好医生留在基层；加快建设海南大学世界一流学科，推动海南师范大学、海南医学院高水平办学，推进职业教育改革和“双高计划”建设，积极引进国内外优质教育资源，鼓励设立分支机构，推动设立独立法人中外合作办学机构，提升教育质量；探索按区域人头总额医保预付控费和紧密型医联体改革，推动分级诊疗，加大国际国内医疗资源合作，实现“小病不进城、大病不出岛”。坚持就业优先，统筹做好各类重点人群就业工作。优化收入分配，提高居民收入，完善社保制度，建设多层次养老保障体系，坚决兜牢基本民生底线。积极解决本省居民保障性住房、改善型住房和各类人才住房需求。加强物价综合调控监管，落实“菜十条”，管好“菜篮子”。

十四、扎实推进精神文明建设。培育和践行社会主义核心价值观，使其融入日常、抓在经常、成为习惯。深入开展社会文明大行动，支持市县创建全国文明城市、国家卫生城市，加快新时代文明实践中心试点建设，倡导文明旅游、文明礼仪、文明餐桌、文明交通等，抓好文艺精品创作和群众性文体活动。构建社会信用体系，建设商务诚信示范省，完善跨部门、跨领域的守信激励和失信联合惩戒机制，打造“海南无假货”品牌，营造安全放心的国际旅游消费环境。大力移风易俗，狠刹铺张浪费、厚葬薄养、封建迷信等歪风，弘扬遵纪守法、勤俭节约、孝老爱亲等文明新风。

十五、全面提升社会治理水平。创新社会管理模式，提高社会治理智能化水平，打造全省同防同治、全岛共建共联共享的社会治理格局。组建海南省大数据管理局，建设高水平大数据平台，构建人防、物防和技防相结合的口岸环岛立体防控体系；加快推动政务信息化和政务信息共享，整合全省数据资源，建设人流、物流、资金流进出信息系统和社会管理信息化平台，实现全天候、全地域、全覆盖管控社会动态。省级原则上不设执法队伍，市县、乡镇实行综合行政执法，每个市县、乡镇分别设一支执法队伍。探索“市场主体自治+行业协会自律+社会监督+政府监管”四位一体的社会共治方式，建立健全综合监管体系。提高基层组织治理能力，健全村民自治机制，构建乡村治理新体系。

十六、坚决守牢重点领域底线。坚持底线思维，防患未然，决不能一放就乱，更不允许干扰、阻碍和迟滞海南全面深化改革开放的事情发生，确保自由贸易试验区建设顺利推进。严守意识形态底线，认真落实意识形态工作责任制，旗帜鲜明把好方向、管好阵地、带好队伍；掌握意识形态工作主动权，加快媒体深度融合发展，强化舆论引导，防止恶意炒作。严守安全稳定底线，坚决维护以政权安全、制度安全为核心的国家政治安全，重拳打击暴恐活动，严禁“黄赌毒”，坚决打赢禁毒三年大会战收官战，深入推进扫黑除恶专项斗争；强化安全生产，提升应急管理水平。严守生态环境底线，严防有害生物入侵，确保生态环境只能更好、不能变差。

十七、防范和化解重大风险。强化风险意识，推进重大风险防控体系和机制建设，确保不发生系统性和区域性风险。大力防范化解国家主权和周边安全风险，加强南海维权维稳开发保护的服务保障，深化空域管理体制改革，打造具有海南特色的国家军民融合创新示范区。大力防范化解经济领域风险，构建地方金融综合风险防范系统，严厉打击洗钱、恐怖融资、逃税、走私等违法犯罪活动，严格落实地方政府债务限额管理和预算管理，依法分类处置房地产行业中的问题。大力防范化解社会稳定风险，注重源头治理与管控，抓好重大决策社会稳定风险评估工作。大力防范化解网络安全风险，提高网络空间治理水平。

十八、打造公正透明高效的法治环境。用好用足地方立法权和经济特区立法权；梳理现有法律法规，对不适应自由贸易试验区建设属中央事权的按一揽子、一事一议提请全国人大、国务院调整；积极主动配合全国人大研究制定海南自由贸易港法。加强决策合法性审查，深化行政执法体制改革。深化司法体制综合配套改革，切实解决执行难，确保司法公正高效权威。建立与国际惯例相衔接的商事、海事仲裁与争端调解机制。强化法律意识、规则意识、秩序意识，营造依法决策、依法办事、有法必依、违法必究的法治环境。

十九、改进作风狠抓落实。各级领导干部要认真贯彻全面深化改革开放政策落实年“十个落实”要求，切实发挥模范带头作用，学好用足用活政策，忠实履行职责，心思用在事业，身子沉到基层，着力解决问题，落在实际效果。严格遵守中央八项规定精神和省委省政府实施细则，坚决贯彻中央“基层减负年”要求，坚定不移改进作风，力戒形式主义、官僚主义，着力解决文山会海问题，发给市县以下的文件减少50%、召开的会议减少30%以上；优化督查考核，对县乡村和厂矿企业学校的督查检查考核事项减少50%以上，推动干部腾出精力放在最困难的地方解决问题，坚决防止和纠正落实中央决策、省委部署不用心、不务实、不尽力等问题。

二十、坚持和加强党的全面领导。各级党组织要切实加强对自由贸易试验区建设工作的组织领导、协调推动、督促落实。将党的政治建设摆在首位，树牢“四个意识”，坚定“四个自信”，做到“两个维护”，推动“勇当先锋、做好表率”专题活动与“不忘初心、牢记使命”主题教育无缝衔接，加强党的建设与业务工作深度融合。全面加强各领域基层党组织建设，选好配强党组织班子。压实全面从严治党主体责任和监督责任，深化纪检监察体制改革，构建一体推进不敢腐、不能腐、不想腐的有效机制。建立容错纠错机制，坚持“三个区分开来”，完善干部综合考核和激励体系，鼓励干部创新实干。突出政治标准，坚持事业为上选贤任能，推动干部双向挂职常态化，加大培训力度，拓展国际视野，打造忠诚干净担当的干部队伍。

全省各级党组织和广大党员干部群众要更加紧密团结在以习近平同志为核心的党中央周围，坚持以习近平新时代中国特色社会主义思想为指导，高标准高质量建设全岛自由贸易试验区，加快探索建设中国特色自由贸易港进程，努力建设经济繁荣、社会文明、生态宜居、人民幸福的美好新海南！

中共海南省委办公厅 海南省人民政府办公厅关于印发《海南省各级党委、政府及有关部门生态环境保护工作职责》的通知

琼办发〔2017〕26号

各市、县、自治县党委和人民政府，省委各部门，省级国家机关各部门，各人民团体：

《海南省各级党委、政府及有关部门生态环境保护工作职责》已经省委、省政府同意，现印发给你们，请认真遵照执行。

中共海南省委办公厅

海南省人民政府办公厅

2017年5月23日

海南省各级党委、政府及有关部门生态环境保护工作职责

为切实落实生态环境保护工作“党政同责”“一岗双责”制度，建立健全生态环境保护职责体系，加快推进我省生态文明建设，根据《中华人民共和国环境保护法》《中共中央 国务院关于加快推进生态文明建设的意见》《党政领导干部生态环境损害责任追究办法（试行）》等有关法律法规和文件精神，结合实际，明确我省各级党委、政府及相关部门生态环境保护工作职责。

一、党委、政府生态环境保护工作职责

（一）各级党委（含省洋浦工委）

1. 贯彻落实党中央、国务院关于加强生态环境保护工作的方针政策和省委、省政府有关决策部署，加强对生态环境保护工作的领导，大力推进生态文明建设。

2. 加强生态环境保护部门领导班子和队伍建设。

3. 将生态环境保护法律法规政策纳入党政领导干部教育培训内容和各级党委（党组）理论学习中心组学习内容。

4. 将生态环境保护目标责任考核和工作履职情况作为领导班子和领导干部政绩考核的重要内容。

5. 建立健全生态环境保护责任追究机制，对党政领导干部生态环境损害实行严格追责。

6. 将生态环境保护宣传教育纳入党的宣传工作中，加强生态环境保护宣传教育和舆论监督，引导

群众团体、社会各界及广大群众参与、支持生态环境保护工作。

7. 统筹协调推进生态环境保护管理体制机制改革，审议改革中的重大问题。

（二）县（区）级以上人民政府（含洋浦管委会）

1. 将生态文明建设和生态环境保护纳入国民经济和社会发展规划，组织编制和实施本行政区域生态环境保护规划，建立健全并严格落实生态功能区、生态保护红线、主要污染物减排、大气污染治理、水污染治理、土壤污染治理、生态环境保护目标责任制等生态环境保护制度。

2. 合理开发利用和保护自然资源，建立健全生态补偿机制，保障生态安全。

3. 对本行政区域内的环境质量负总责，组织实施大气、水、土壤、噪声和核与辐射等环境污染防治，严格执行重点污染物排放总量控制制度，完成上级下达的总量减排任务，维护环境安全。

4. 统筹建设城乡生态环境保护公共设施并保障其正常运行。

5. 建立健全有利于生态环境保护的财政、税收、价格、政府采购等政策，加大生态环境保护工作的财政投入。

6. 建立健全生态环境监测网络和环境污染公共监测预警机制，构建生态环境大数据共享平台。

7. 组织解决本行政区域重点区域、流域环境污染和生态破坏问题。指导督促相关部门开展环境保护执法监管，严厉查处各类环境违法行为，依法取缔或关闭严重环境违法企业。

8. 加强环境应急管理，组织制定突发环境事件应急预案，开展突发环境事件的风险控制、应急准备、应急处置和事后恢复等工作。

9. 加强生态环境保护宣传和普及工作，依法公开环境信息，建立监督平台，引导公众积极参与、支持生态环境保护。

10. 建立健全生态环境保护工作协调机制，推进生态环境保护管理体制机制改革，建立健全生态环境保护委员会制度。

（三）乡镇政府（街道办事处）

1. 督促指导辖区内企事业单位和其他生产经营者落实生态环境保护措施，督促指导村（居）委会做好生态环境保护工作。

2. 配置监管人员，落实监管网格的环境监管责任，排查并跟踪督促消除辖区内环境风险隐患，及时报告环境违法问题。

3. 配合上级政府及其相关部门调解辖区内环境污染纠纷、查处破坏生态环境违法行为。

4. 组织辖区内有关单位和居民开展畜禽水产养殖和农业面源污染防治，开展农村环境综合整治。

5. 协助上级政府及相关部门妥善处置突发环境事件、排查环境事故隐患，配合处理环境污染纠纷。

6. 加强生态环境保护宣传阵地建设，组织开展生态环境环保社会宣传活动。

未设乡镇政府（街道办事处）的三亚市、三沙市，本项工作职责由区政府或上一级政府负责落实。

二、党委职能部门生态环境保护工作职责

（一）组织部门

1. 建立健全党委、政府生态环境保护工作考核评价制度，将资源消耗、环境保护、生态效益等纳入党政领导班子和领导干部实绩考核评价体系，作为奖惩任用干部的重要依据。

2. 将生态环境保护法律法规政策和生态文明建设知识纳入党政领导干部教育培训重要内容。

3. 会同生态环境保护部门建立健全生态环境和资源损害责任追究各项配套制度。

（二）宣传部门

1. 宣传党和国家有关生态文明建设和生态环境保护法律法规政策和重大决策部署。

2. 负责引导和监督生态环境保护社会舆论，为生态环境保护工作营造良好舆论环境和社会氛围。

3. 指导、协调新闻出版等部门开展生态环境保护宣传工作。依法查处利用环境问题恶意炒作和新闻敲诈等违法行为。

（三）机构编制管理部门

1. 协调推进生态环境保护行政管理体制改革。

2. 研究提出生态环境保护行政管理职能配置和调整意见，科学核定生态环境保护工作机构和人员编制，保障生态环境保护工作顺利开展。

三、政府职能部门生态环境保护工作职责

（一）生态环境保护部门

1. 贯彻执行生态环境保护法律法规政策，建立健全并监督实施生态环境保护法规政策及标准体系；对本级政府相关部门和下级政府、企事业单位履行生态环境保护职责进行监督管理，定期向本级党委、人大、政府报告履行生态环境保护职责情况。

2. 组织编制生态环境保护规划、环境功能区划，组织拟订并监督实施大气、水、土壤、生态和重点区域、重点流域污染防治规划，以及城镇和乡村集中式饮用水水源地生态环境保护规划；参与拟订重点海域污染防治规划；参与编制主体功能区划。

3. 组织制定并监督实施主要污染物排放总量减排计划及相关政策；组织实施排污许可证制度；组织开展清洁生产强制性审核工作。

4. 严格执行生态环境保护法律法规政策，依法组织对重大经济和技术政策、有关开发利用及专项规划进行环境影响评价；按管理权限依法组织审查、审批规划环境影响评价文件、建设项目环境影响评价文件。

5. 指导、协调、监督各类自然保护区的保护和管理。

6. 负责固体废物环境污染防治的监督管理。组织实施危险废物经营许可、危险废物跨省转移审批、可用作原料的固体废物进口许可初审、废弃电器电子产品处理资格许可和补贴审核、固体废物申报登记等环境管理制度。

7. 负责水污染防治的监督管理。建立健全水环境保护管理制度；组织测算并确定水环境容量，开展水环境承载力评估；监督管理重点流域水环境污染、近岸海域陆源污染、地下水环境污染防治；建立健全并组织实施跨市县界水体断面水质等考核制度；负责陆源水污染源监督管理。

8. 负责大气污染防治的监督管理。建立健全大气环境保护管理制度；组织测算并确定区域大气环境容量，开展大气环境承载力评估及大气污染物来源解析工作；统筹协调大气污染联防联控工作；组织划定大气污染防治重点区域，拟订相关政策、规划、措施、计划；组织拟订重污染天气应对政策措施。

9. 负责土壤污染防治的监督管理。建立健全土壤环境保护管理制度；组织测算并确定区域土壤环境容量，开展土壤环境承载力评估；组织划定土壤污染防治重点区域，拟订相关政策、规划、措施、计划。

10. 负责核与辐射安全的监督管理。对核技术利用、电磁辐射以及伴生放射性矿产资源开发利用中的污染防治进行监督管理；负责放射性废物的暂存和管理；牵头负责辐射事故应急处理工作，参与

核事故应急处理。

11. 负责农村环境污染防治监督管理，组织开展农村生活污水治理。

12. 牵头负责生态环境监测网络建设。组织制订生态环境监测网络规划及生态环境质量监测技术路线、监测方法、评价标准，制订生态环境质量监测信息管理及共享办法，做好监测信息大数据平台建设和管理工作。

13. 组织实施环境保护科技示范项目；推动环境技术管理体系建设；负责环保企业相关资质审查，参与环保设备的质量监督认证工作；参与指导和推动循环经济和环境保护产业发展。

14. 组织开展生态环境保护督察，监督其他负有环境保护监督管理职责的部门依法履行职责。

15. 组织开展生态环境保护执法检查，依法查处重大环境违法行为，以及跨区域、跨流域的环境违法案件。

16. 组织、指导和协调生态环境保护法制建设和宣传教育工作。

17. 配合审计部门开展党政领导干部自然资源资产离任审计，会同相关部门开展地方党政领导班子和领导干部生态环境保护实绩评价工作，协助开展党政领导干部生态环境损害责任追究。

（二）发展和改革部门

1. 协调经济社会发展与资源节约、环境保护，将生态文明建设和环境保护纳入国民经济和社会发展规划，拟定并组织实施本行政区域主体功能区规划，参与编制环境保护规划。

2. 组织开展产业结构调整优化，综合协调经济社会与环境、资源发展政策。拟定应对气候变化战略、规划和政策，并协调实施；依法配合组织编制有关开发利用规划的环境影响评价。

3. 制订并实施有利于资源节约和生态环境保护的产业政策。

4. 严格执行生态环境保护法律法规政策，依法负责协调资源节约和生态环境保护项目立项审批，依法办理建设项目立项审批、核准、备案手续；拓宽生态环境保护筹融资渠道。

5. 建立健全环境治理和生态保护市场体系，鼓励发展环保产业。

6. 负责生态文明建设目标考核工作，组织制定目标考核体系。

7. 完善环境资源价格形成机制，促进节能降耗和生态环境保护。

（三）旅游部门

1. 制订并实施旅游业生态环境保护规划，在旅游发展规划、景区景点建设及运行中明确生态环境保护指标、任务和主要措施，在旅游开发和经营活动中加强生态环境保护。

2. 严格执行生态环境保护法律法规政策，依法开展旅游项目建设的论证和审核工作。

3. 协助相关部门做好旅游景区景点环境质量监测、评估与信息发布工作。

4. 参与旅游景区景点环境污染事故和生态破坏事件的预防、应急处置和调查处理工作。

（四）农业部门

1. 制订并实施农业生态环境保护规划、农业生态建设规划，负责沼气等农村可再生能源综合开发与利用，指导和管理秸秆、废弃农膜等农业废弃物综合利用，指导生态农业、循环农业发展。

2. 负责农业面源污染防治，指导农业农村节能减排。牵头组织实施畜禽养殖污染防治，负责病死动物的无害化处理，指导农民科学使用化肥、农药和农膜，防止和减少农业生产资料形成的污染。

3. 负责农用地土壤环境保护和污染防治，会同相关部门划定农用地土壤环境质量类别，分区域推进超标农用地安全利用，开展农用地土壤污染治理与修复；参与农业生态环境质量监测评价，会同和配合相关部门调查、处理农业生态环境污染事件。

4. 加强农业物种资源保护，牵头管理外来物种工作，指导农用地、宜农滩涂、宜农湿地资源保护管理。

5. 加强农业转基因生物安全的监督管理工作，严厉打击违法行为。

6. 负责非道路移动机械的环保信息采集和污染防治工作。

（五）工业和信息化部门

1. 落实国家产业政策，牵头制定利用综合标准依法依规推动落后产能退出年度工作方案，协调配合各执法部门对落后产能依法实行监管。

2. 严格执行生态环境保护法律法规政策，依法办理工业投资项目管理手续。

3. 组织工业企业开展技术改造，推广应用节能环保新技术、新工艺、新产品，推进清洁生产，发展循环经济；协调结构性污染工业企业升级改造和搬迁工作。

4. 配合生态环境保护部门开展工业企业污染防治和监督管理，参与查处生产、销售、进口、使用严重污染环境的设备或采用严重污染环境的工艺等行为。

5. 推动工业废弃物的资源化利用，协助做好工业园区环境质量监测与评估。

6. 参与工业企业突发环境事件的预防、应急处置和调查处理工作。

（六）财政部门

1. 统筹安排自然生态保护、环境污染防治资金，保障生态环境保护工作经费支出；配合推进环境污染第三方治理。

2. 制订并实施有利于生态环境保护的财政政策，将生态环境保护指标完成情况作为环境保护类转移支付资金分配的重要参考依据。

3. 完善生态补偿转移支付资金管理制度，配合相关部门建立健全生态补偿制度，加大生态保护制度资金投入。

4. 依法加强环境保护税费的监督管理，推进环境保护税费改革。

5. 监督生态建设和环境保护方面的资金使用，提高资金使用效益。

（七）人力资源和社会保障部门

1. 将履行生态环境保护职责的情况作为行政机关、事业单位工作人员考核奖惩的重要内容。

2. 会同纪检监察机关和生态环境保护部门及其他负有生态环境保护监督管理职责的部门，按照同级政府研究确定的环境污染事件调查结论，对负有管理责任的领导干部落实问责处理决定。

3. 将生态环境保护法律法规政策纳入行政机关和事业单位工作人员培训内容。

4. 负责突发环境事件中伤亡工作人员的工伤认定及工伤保险相关待遇的支付工作。

（八）教育部门

1. 组织指导各类学校将生态环境保护知识纳入教学内容，积极开展生态环境保护科普教育和志愿服务活动，培养学生的生态文明理念和生态环境保护意识。

2. 配合相关部门加强学校的环境管理，特别是做好实验室有毒有害物质的收储和无害化处理。

3. 配合相关部门在发生突发环境事件、可能危及师生安全时按照应急预案采取应急措施。

（九）文化广电出版体育部门

1. 组织开展宣传生态文明建设和生态环境保护的文化艺术活动，提高社会公众的生态环境保护意识。

2. 配合相关部门加强文化娱乐场所环境监督管理，防治电磁辐射、噪声等环境污染。

（十）卫生和计划生育部门

1. 对饮用水水质进行卫生监督监测；配合生态环境保护部门做好饮用水水源保护区划定、调整以及饮用水水源突发事件的预防和应急处置工作。

2. 对医疗卫生机构的医疗废物管理工作实施监督，定期对医疗卫生机构的医疗废物分类收集、运送、暂时贮存及机构内处置等工作进行监督检查；配合生态环境保护部门监督查处医疗卫生机构环境违法行为。

3. 负责医疗卫生机构核与辐射设施设备监督管理以及相关工作人员辐射防护和放射诊疗的辐射剂量控制，会同相关部门妥善处理放射性污染应急事件。

4. 组织开展环境与健康监测、调查、风险评估以及环境质量对公众健康影响的基准研究，预防和控制与环境污染有关的疾病。

5. 组织协调突发环境事件中的应急医疗救援和疾病预防工作。

（十一）公安部门

1. 负责依法侦办涉及环境污染犯罪的刑事案件和办理因环境违法需给予行政拘留处罚的治安案件。

2. 严格执行生态环境保护法律法规政策，依法负责危险化学品的公共安全管理和危险化学品运输车辆的道路交通安全管理，依法核发剧毒化学品购买许可证、道路运输通行证；依法负责放射性物品道路运输审批。

3. 负责放射源丢失、失控的追缴工作和放射性物质贮存场所的安全保卫工作。

4. 负责会同相关部门做好高排放机动车淘汰报废工作，协助生态环境保护部门对机动车尾气污染进行监督管理。

5. 负责烟花爆竹的禁放和限放管理，负责对交通噪声和社会生活噪声污染的监督管理。

6. 负责突发环境事件应急救援时的设置警戒、维护治安和交通管制等工作，配合相关部门妥善处置因交通事故、火灾、爆炸和危险品泄漏等事故引发的突发环境事件；参与突发环境事件调查处理工作。

（十二）司法行政部门

1. 负责将生态环境保护法律法规政策纳入普法重要内容。

2. 负责环境资源损害司法鉴定机构和鉴定人员的登记管理工作。

3. 负责规范管理律师事务所及律师、司法鉴定机构和基层法律服务工作者涉及生态环境保护的法律事务。

4. 负责涉及生态环境保护纠纷的人民调解工作和因生态环境损害导致公民合法权益受到侵害的法律援助工作。

（十三）监察部门

1. 负责对各级政府及其生态环境保护行政主管部门和其他负有生态环境保护监督管理职责部门的生态环境保护执法工作依法进行监督。

2. 负责受理公民、法人和其他组织对各级政府、负有生态环境保护监督管理职责部门及其工作人员在生态环境保护工作中违法违纪行为的检举或举报，依法查处违反行政纪律的行为。

3. 依据环境污染事件调查处理结果，追究相关人员责任，并对责任追究落实情况进行监督检查。

（十四）民政部门

1. 负责生态环境保护类社会组织的登记管理，会同业务主管部门对生态环境保护类社会组织活动进行监管。

2. 负责指导协调生态环境灾害和突发环境事件的救灾工作，会同事发地政府对受灾困难群众进行基本生活救助。

3. 负责殡葬场所的环境污染防治工作，配合相关部门查处在生态敏感区、生态重要区范围内违法建造坟墓的行为。

4. 负责突发环境事件中受灾群众的紧急转移安置以及遇难人员的善后处理工作。

（十五）国土资源部门

1. 建立健全土地资源资产产权制度和土地用途管制制度，编制土地利用、矿产资源开发利用、土地整治等有关规划，组织保护和合理利用土地、矿产等自然资源。

2. 严格执行生态环境保护法律法规政策，依法办理建设项目用地及矿业权的审批手续。

3. 指导和监督地质灾害防治，负责地质灾害预警信息和灾情信息通报工作，参与地质灾害引发突发环境事件的应急处置。

4. 组织开展矿山地质环境保护与恢复治理工作，做好伴生放射性矿产资源开发利用的放射性污染防治工作。

5. 组织开展地下水监测工作，完善地下水监测网络；配合相关部门做好饮用水水源保护区划定、调整工作，依法查处在饮用水水源保护区内取土、采石、采矿的行为。

6. 实施建设用地准入管理，将建设用地土壤环境管理要求纳入供地管理，会同生态环境保护、农业等部门开展土壤环境治理与修复工作，推进土壤和耕地等基础地理信息数据共享。

（十六）住房和城乡建设部门（含城市管理部门）

1. 负责城市区域生态环境保护和污染防治有关工作。将生态环境保护作为城镇建设规划的重要内容，加强城市园林、绿地和风景名胜区的建设管理，会同相关部门实施对自然遗迹、人文遗迹、风景名胜区等环境要素的保护。

2. 严格执行生态环境保护法律法规政策，依法办理建设项目规划许可证、施工许可等有关审批。

3. 负责城乡环境综合治理。科学布局生活垃圾处理设施和场所的建设规划，组织开展城镇生活垃圾清扫、收集、运输、处置及生活垃圾处理设施建设工作：负责垃圾填埋场的污染防治工作；组织开展农村生活垃圾综合治理工作，完善农村生活垃圾收运体系建设。

4. 负责统一规划城市排水系统。规范并监督管理理发、洗车、餐饮等行业及居民住房阳台的污水排放，禁止直接排入城市雨水系统；禁止向城市水体排放、倾倒工业废渣。

5. 负责建筑节能工作，发展绿色建筑；负责建筑规划设计、施工建设、运营使用的监督管理，防止环境污染。

6. 负责社会生活、工程施工噪声，建筑施工、城市道路扬尘，餐饮服务业、露天烧烤油烟，露天焚烧垃圾、露天焚烧秸秆落叶等烟尘和恶臭的污染防治工作。

7. 负责指导突发环境事件应急处置工作中的临时避难所、现场指挥部场所建设。

（十七）交通运输部门

1. 依法编制公路水路交通运输发展规划及物流业发展规划，推进绿色交通建设。

2. 严格执行生态环境保护法律法规政策，依法办理交通建设项目审批、核准、备案手续。

3. 加强公路建设工程污染防治，负责高速公路交通噪声污染防治设施建设。

4. 监督指导交通运输行业生态环境保护和节能减排工作，会同相关部门组织实施港口、码头、交通干线污染治理；对营运车辆环境污染实施监督管理，配合相关部门推进高排放机动车淘汰工作。

5. 负责危险化学品、危险货物、放射性货物的道路运输安全管理。

6. 负责组织协调突发环境事件应急处置工作中的运输保障；参与交通运输事故次生突发环境事件的应急处置和调查处理工作。

（十八）商务部门

1. 严把招商引资的生态环境保护准入关口；推进流通领域各环节资源节约和生态环境保护。

2. 负责组织实施成品油经营管理，按国家要求供应符合相应阶段标准的车用汽、柴油，配合环境保护部门做好加油站污染防治工作。

3. 负责再生资源回收利用及旧货流通等特殊行业的监督管理，组织开展再生资源回收体系建设；负责报废汽车回收拆解行业管理，督促机动车拆解机构落实环境污染防治工作。

4. 负责组织协调突发环境事件应急处置工作中重要生活必需品的市场供应。

（十九）科技部门

1. 负责生态环境保护科学技术研究、开发和应用，提高生态环境保护科学技术水平。

2. 负责生态环境保护科研经费管理，保障生态环境保护科技发展工作条件。

（二十）海洋与渔业部门

1. 组织编制海洋生态环境保护规划，划定海洋生态保护红线，完善海洋环境保护法规政策及标准体系。

2. 负责主管范围内的自然保护区、特别保护区等海洋保护区的生态环境保护工作；会同农业、林业等部门，加强对所管辖海域、海岛和海岸带境外引进物种的调查监测。

3. 严格执行生态环境保护法律法规政策，依法办理海洋工程等审批手续，组织开展海洋工程污染防治工作。

4. 负责渔业资源管理工作，管理内陆水域、浅滩滩涂渔业开发利用工作；负责渔业保护区、禁渔区、禁渔期、休渔期的监督管理和珍稀水生野生动物保护工作。

5. 负责所管辖海域海洋环境调查、监测、监视和评价。加强所管辖海域环境风险监管，负责渔港、渔船和渔业水域环境事故应急监测和调查处理工作；参与非渔业水域、非渔船污染损害对渔业造成损失的调查处理工作；参与陆源或海岸工程引发的海洋突发环境事件的应急处置和调查处理工作，负责海洋环境和渔业水域生态损害评估。

6. 负责所管辖海域内海洋环境污染的监督管理，开展水产养殖监管和渔港、水产养殖区环境整治工作，负责渔船的污染防治。

（二十一）审计部门

1. 开展领导干部自然资源资产离任审计，对领导干部执行生态环境保护法律法规政策、落实生态环境保护目标责任制情况进行审计。

2. 对生态环境保护专项资金管理使用情况进行审计，监督有关项目资金专款专用，提高使用效益。

（二十二）水务部门

1. 组织编制全省水资源保护规划，划定主要江河、湖泊水功能区划，严格实行用水总量控制、用水效率控制，严格执行生态环境保护法律法规政策，依法审批取水行政许可。

2. 牵头建立河长制并协调河长制的实施，组织开展城镇黑臭水体整治工作；组织开展水资源保护和水土流失预防及治理。

3. 指导城镇生活污水处理设施及配套污水管网、污水收集管网建设，负责提出水域纳污能力及限制排污总量意见，加强入河排污口的监督管理；负责城镇供排水、污水处理及污泥处置、中水回用设施建设和运营管理，推进城镇节水工作。

4. 严格执行生态环境保护法律法规政策，依法办理水利建设项目的审批、核准、备案手续，并对水利工程建设中的生态环境保护进行监督。

5. 负责城乡饮用水安全工程建设，配合生态环境保护部门做好饮用水水源保护区划定、调整工作；配合生态环境保护部门做好饮用水水源突发环境事件的应急处置工作；参与突发水环境事件的预防、应急处置和调查处理工作。

（二十三）林业部门

1. 编制林业生态建设有关规划，对林业生态建设进行监督管理，负责森林资源、湿地、红树林、陆生野生动植物资源的保护与利用等工作。

2. 实施天然林保护工程，加强林产品产地生态环境保护建设。

3. 负责主管的自然保护区、森林公园、湿地公园的生态环境保护工作。

4. 负责制定森林资源评估标准，建立森林资源监测体系，并组织森林资源损害评估。

5. 会同农业部门实施林地土壤环境管理。

6. 参与林业林区突发环境事件的应急处置和调查处理工作。

（二十四）国有资产监督管理部门

1. 监督指导所监管企业履行生态环境保护责任，落实生态环境保护、污染治理措施，将生态环境保护工作纳入企业负责人经营业绩考核，严格奖惩。

2. 督促指导所监管企业自觉接受环境执法检查，做好环境隐患排查和整改，加强环境应急管理。

（二十五）统计部门

1. 督促指导相关部门开展生态文明建设和生态环境统计调查，将生态文明建设和生态环境保护有关数据纳入国民经济和社会发展统计指标体系，并定期公布。

2. 配合相关部门开展生态环境保护绩效考核、减排统计核算、生态文明目标评估考核、领导干部自然资源资产离任审计等工作。

3. 组织开展自然资源资产负债表编制工作。

（二十六）税务部门

1. 制订并实施有利于生态环境保护、节能减排、资源综合利用的税收政策。

2. 负责环境保护税征缴和稽查工作。

（二十七）工商行政管理部门

1. 对因违反生态环境保护法律法规政策被责令停业、关闭的各类市场主体，依法办理变更、注销和吊销营业执照。

2. 严格实行企业（含个体工商户）信用信息监管，依法采集企业环境信用信息，实行信用约束管理。

3. 依法查处销售不符合生态环境保护标准的商品的行为。

（二十八）质量技术监督部门

1. 严格执行生态环境保护法律法规政策，依法办理工业产品生产许可证审批手续，依法对生产不符合环境保护规定标准的产品实施监督管理。

2. 负责车用燃油质量监督和检验检测；负责机动车安全技术检验机构资质认定，配合生态环境保护部门做好机动车尾气检测监督管理工作。

3. 负责环境检测机构及人员的资质认定和管理工作，负责监测设备、仪器、仪表及环境保护自动监控设施设备等的计量检定、校准及测试工作，对危险化学品包装物、容器产品质量实施监督。

4. 负责地方环境质量标准的发布和报备。

5. 配合做好高污染燃煤锅炉的淘汰工作。

（二十九）食品药品监督管理部门

1. 严格执行生态环境保护法律法规政策，依法办理食品药品生产经营许可等审批手续。

2. 负责对餐饮服务单位的监管，督促其安装油烟净化设施、依法处置餐厨废弃物及“地沟油”。

3. 加强食品安全监管，依法严厉查处使用受污染食品原料和饮用水生产、加工、销售食品的违法行为。

4. 严格食品药品生产过程监管，督促企业履行环境污染防治责任和义务。

（三十）安全生产监督管理部门

1. 负责职责范围内的重大危险源监控、重大生产安全隐患排查治理工作，依法查处危险化学品生产企业违反安全生产法律法规的行为，防范安全生产事故引发环境污染。

2. 参与生产安全事故次生突发环境事件的应急处置和调查处理工作。

（三十一）政府法制部门

1. 综合协调生态环境保护地方性法规或政府规章建设，按照法定程序适时审查修改相关草案。

2. 对相关部门报送政府审议的规范性文件中涉及生态环境保护的内容进行合法性审查。

3. 开展对生态环境保护执法的监督检查，依法办理涉及生态环境保护的行政复议及行政诉讼案件。

（三十二）海关管理部门

1. 对进口固体废物、越境转移危险废物、进口机动车和含放射性物质的货物等通关实施监督管理。

2. 依法查处与生态环境保护有关的走私行为。

（三十三）出入境检验检疫部门

1. 严格执行国家有关法律法规和强制性技术规范，依法对进口涉及生态环境保护的法定对象实施检验检疫和监管；依法查处违反有关检验检疫法律法规的行为。

2. 负责出入境货物辐射检测，严控放射性物品出入境。

3. 负责进口可用作原料的固体废物的检验检疫监督管理工作。

（三十四）地震部门

1. 在编制防震减灾规划时充分考虑生态环境保护需要。

2. 配合相关部门开展防范和应对地震灾害次生突发环境事件应急工作。

（三十五）气象部门

1. 组织开展重大灾害性天气监测、预报、预警工作，及时提供重大环境事件气象信息。

2. 负责提供突发环境事件应急处置所需的气象监测预报服务和气象技术服务。

3. 配合生态环境保护部门开展空气质量预测预报和重污染天气预报预警。

4. 配合生态环境保护部门做好气象雷达电磁辐射监管工作。

（三十六）海事部门

1. 负责所辖港区水域内商船污染排放的监督管理和污染事故的调查处理。

2. 负责所辖水域内突发环境事件应急救援时的警戒及船舶交通管制等工作，负责污染处置和事件调查处理。

3. 依法查处在内河通航水域内的非军事、非渔业、非农业船舶排放污染物的违法行为。

4. 负责所辖海域海上清污中的污染防治工作。

（三十七）金融管理部门

1. 督促金融业机构按照法律法规严格管控对存在生态环境违法行为的企业信贷。

2. 推动绿色信贷发展，支持企业污染治理技术改造。

（三十八）保险监督管理部门

负责监督指导保险机构开展环境污染责任保险业务。

四、审判、检察机关工作职责

（一）审判机关

1. 履行环境资源审判职能，依法高效审理环境资源各类案件。

2. 建立健全与公安、检察、环境资源行政执法部门之间的执法司法协调机制，在证据的采集与固定、案件的协调与和解、判决的监督与执行等方面做好衔接配合，实现环境行政执法与司法的有效衔接。

3. 建立健全环境公益诉讼沟通协调工作机制，开展环境公益诉讼审判工作。

4. 协助开展生态环境损害责任追究工作。

（二）检察机关

1. 建立健全环境执法法律监督机制。

2. 依法打击污染破坏生态环境的刑事犯罪，惩处涉及污染破坏生态环境的国家机关工作人员失职、渎职犯罪。

3. 负责环境刑事立案监督，负责侦查活动监督和刑事审判监督，促进规范执法和公正司法。

4. 负责开展生态环境领域民事行政检察监督，依法办理涉及生态环境的民事行政申诉案件，建立健全生态环境保护案件支持起诉、监督起诉机制，积极探索环境公益诉讼。

5. 协助开展生态环境损害责任追究工作。

五、工作要求

（一）各级党委、政府对本地区生态环境保护工作负总责，党委、政府主要领导是生态环境保护工作的第一责任人；分管生态环境保护工作的领导班子成员对生态环境保护工作负直接领导责任；相关部门负责人对分管领域内的生态环境保护工作负直接责任。省委、省政府将落实生态环境保护工作责任纳入省级相关部门工作实绩考核评价体系，考核结果作为评优评先和领导班子、领导干部考核评议的重要内容。

（二）各相关部门要切实履行职责，负责做好部门职责范围内的生态环境保护工作。各部门要在履行环境保护职责中相互配合，建立健全信息共享机制，形成推进生态环境保护工作的合力。

（三）建立生态环境保护工作落实责任报告制度。每年年底前，各市县党委和政府及省相关部门要向省委、省政府上报生态环境保护工作责任落实报告。

（四）各市县应结合本市县机构设置等实际情况，明确本市县党委和政府相关部门生态环境保护工作职责。

中共海南省委办公厅 海南省人民政府办公厅关于印发《海南省党政领导干部生态环境损害责任追究实施细则（试行）》的通知

琼办发〔2016〕23号

各市、县、自治县党委和人民政府，省委各部门，省级国家机关各部门，各人民团体：

《海南省党政领导干部生态环境损害责任追究实施细则（试行）》已经省委、省政府同意，现印发给你们，请认真遵照执行。

中共海南省委办公厅
海南省人民政府办公厅
2016年5月11日

海南省党政领导干部生态环境损害责任追究实施细则（试行）

第一条 为贯彻落实党的十八大和十八届三中、四中、五中全会精神，加快落实生态立省战略，健全生态文明制度体系，强化党政领导干部生态环境和资源保护职责，根据《党政领导干部生态环境损害责任追究办法（试行）》等党内法规及国家有关法律法规，结合海南省实际，制定本实施细则。

第二条 本实施细则所称生态环境损害责任，是指党政领导干部在经济社会发展决策和生态环境资源监督管理过程中，违反国家及我省有关生态环境和资源保护政策、法律法规规定以及决策部署要求，不履行或者不正确履行职责造成或者可能造成环境污染、生态破坏的责任。

第三条 本实施细则适用于市、县、自治县党委和政府（含洋浦经济开发区，以下简称市县）及其有关工作部门的领导成员，省委和省级国家机关有关工作部门领导成员；上列工作部门的有关机构领导人员。

第四条 党政领导干部生态环境损害责任追究，坚持依法依规、客观公正、科学认定、权责一致、终身追究的原则。既严格追究责任，又依法保护履行环境保护职责的积极性。

第五条 市县党委和政府对本地区生态环境和资源保护工作负总责。市县党委和政府主要负责人是本地区生态环境和资源保护工作的第一责任人，对本地区生态环境损害负主要领导责任。

市县党委和政府分管生态环境和资源保护的负责人对本地区生态环境损害负分管领导责任。

省委和省级国家机关有关工作部门、市县党委和政府有关工作部门及其有关机构领导人员对本地区、本领域生态环境损害负直接领导责任。

第六条 有下列情形之一的，应当追究市县党委和政府主要领导成员的责任：

（一）贯彻落实中央和省委、省政府关于生态文明、生态立省、科学发展、绿色崛起等有关决策部署不力，致使本市县生态环境和资源问题突出，任期内大气、水、噪声、土壤等环境质量明显下降或者生态环境状况明显恶化的；

（二）作出的决策与生态环境和资源方面政策、法律法规相违背的；

（三）违反海南省总体规划或者突破生态保护红线、城镇及产业园区开发边界、永久基本农田及林地红线，不顾资源环境承载能力盲目决策造成严重后果的；

（四）作出的决策严重违反生态省建设规划纲要及城乡、环境保护、土地利用、林地、海岸带等规划的；

（五）相邻市县之间在生态环境和资源保护协作方面推诿扯皮，主要领导成员不担当、不作为，造成严重后果的；

（六）市县政府各工作部门之间在生态环境和资源保护协作方面推诿扯皮，主要领导成员不担当、不作为，造成严重后果的；

（七）市县政府与省政府工作部门之间在生态环境和资源保护协作方面推诿扯皮，主要领导成员不担当、不作为，造成严重后果的；

（八）本市县发生主要领导成员职责范围内的严重环境污染和生态破坏事件，或者对严重环境污染和生态破坏（灾害）事件处置不力的；

（九）因监管不力，导致本市县发生严重破坏海岸带、近岸海域、海洋生态环境事件的；

（十）因监管不力，导致本市县发生因生态环境保护引发的突发性群体事件的；

（十一）未按省委、省政府要求完成本市县年度生态省建设工作任务和环境保护目标责任的；

（十二）未按省委、省政府要求完成本市县年度主要污染物总量减排或者水、大气、土壤等专项环境污染治理工作任务的；

（十三）因生态环境保护工作不力，导致国家环保部门或者省政府对本市县实行环境影响评价区域限批的；

（十四）对公益诉讼裁决和资源环境保护督察整改要求执行不力的；

（十五）其他应当追究责任的情形。

有上述情形的，在追究市县党委和政府主要领导成员责任的同时，对其他有关领导成员及相关部门领导成员依据其职责分工和履职情况追究相应责任。

第七条 有下列情形之一的，应当追究市县党委和政府有关领导成员的责任：

（一）未按照中央和省委、省政府决策部署要求完成生态文明、生态立省、科学发展、绿色崛起等有关工作目标任务的；

（二）指使、授意或者放任分管部门对不符合海南省总体规划或者生态环境和资源方面政策、法律法规的建设项目审批（核准）、建设或者投产（使用）的；

（三）对分管部门违反生态环境和资源方面政策、法律法规行为监管失察、制止不力甚至包庇纵容的；

（四）未正确履职，导致应当依法由政府责令停业、关闭的严重污染环境的企业事业单位或者其他生产经营者未停业、关闭的；

（五）对严重环境污染和生态破坏事件组织查处不力的；

（六）限制、干扰、阻碍行政执法机关依法对保护环境资源进行监督管理和对破坏环境资源案件进行查处的；

（七）指使、授意或者放任分管部门截留、挪用生态环境和资源保护方面资金的；

（八）未按规定组织制定有关环境污染事故及森林火灾等自然灾害处置应急预案或者未根据有关规定及预案要求组建抢险救灾队伍、落实工作经费、配备必要的物资、设备等，导致严重环境污染和生态破坏的；

（九）其他应当追究责任的情形。

第八条 有下列情形之一的，应当追究政府有关工作部门领导成员的责任：

（一）制定的规定或者采取的措施与生态环境和资源方面政策、法律法规相违背的；

（二）制定的规定或者采取的措施与我省生态文明、生态立省、科学发展、绿色崛起等战略部署相违背的；

（三）批准（编制）开发利用规划（规划实施方案）或者进行项目审批（核准）违反生态环境和资源方面政策、法律法规的；

（四）执行生态环境和资源方面政策、法律法规不力，不按规定对执行情况进行监督检查，或者在监督检查中敷衍塞责的；

（五）对发现或者群众举报的严重破坏生态环境和资源的问题或者生态环境安全隐患，不按规定查处或者在查处中敷衍塞责的；

（六）不按规定及时报告、通报或者公开环境污染和生态破坏（灾害）事件信息，或者在信息报告、通报、公开时弄虚作假，导致延误事故处理，造成恶劣影响的；

（七）不按规定移送应当移送有关机关处理的生态环境和资源方面的违法违纪案件线索的；

（八）支持或者放任已被依法责令停产整顿、关闭的严重污染企业恢复生产经营的；

（九）辖区内破坏耕地、基本农田、林地、湿地、海岸带、野生动植物、古树名木、自然保护区现象较为突出，或者发生多起被上级部门通报、要求整改的破坏耕地、基本农田、林地、湿地、海岸带、野生动植物、古树名木、自然保护区的案件，导致较大损失或者较大负面影响的；

（十）因城镇基础设施建设不到位，城镇污水管网建设滞后，污水处理厂不正常运行，导致发生严重水污染或者恶劣社会影响的；

（十一）违法审批河道采砂或者发现非法采砂行为不及时查处，导致严重生态环境破坏或者恶劣社会影响的；

（十二）未按规定在财政预算中统筹安排环境保护有关资金（基金），导致重大环境污染治理和生态恢复工程无法实施，造成严重环境污染和生态破坏的；

（十三）未依法或者按照上级要求组织实施港口、码头、船舶及交通干线污染治理，导致严重生态环境破坏或者恶劣社会影响的；

（十四）未依法查处涉嫌环境犯罪案件，未依法对环境违法行为责任人员实施行政拘留处罚的；

（十五）其他应当追究责任的情形。

有上述情形的，在追究政府有关工作部门领导成员责任的同时，对负有责任的有关机构领导人员追究相应责任。

第九条 党政领导干部利用职务影响，有下列情形之一的，应当追究责任：

（一）限制、干扰、阻碍生态环境和资源监管执法工作的；

（二）干预司法活动，插手生态环境和资源方面具体司法案件处理的；

（三）干预、插手建设项目，致使不符合生态环境和资源方面政策、法律法规的建设项目得以审批（核准）、建设或者投产（使用）的；

（四）指使篡改、伪造生态环境和资源方面调查和监测数据的；

（五）其他应当追究责任的情形。

第十条　党委及其组织部门在地方党政领导班子成员选拔任用工作中，应当按规定将资源消耗、环境保护、生态效益等情况作为干部考核评价的重要内容，对在生态环境和资源方面造成严重破坏负有责任的干部不得提拔使用或者转任重要职务。

第十一条　党政领导干部生态环境损害责任追究形式有：

（一）诫勉、责令公开道歉；

（二）组织处理，包括调离岗位、引咎辞职、责令辞职、免职、降职等；

（三）党纪政纪处分。

组织处理和党纪政纪处分可以单独使用，也可以同时使用。

追责对象涉嫌犯罪的，应当及时移送司法机关依法处理。

第十二条　有下列情形之一的，从重追究责任：

（一）干扰、阻碍责任追究调查的；

（二）弄虚作假、隐瞒事实真相的；

（三）对检举人、控告人打击、报复、陷害的；

（四）因损害生态环境被追究责任两次以上（含两次）的；

（五）其他应当从重的情形。

第十三条　各级政府负有生态环境和资源保护监管职责的工作部门发现有本实施细则规定的追责情形的，必须按照职责依法对生态环境和资源损害问题进行调查，在根据调查结果依法作出行政处罚决定或者其他处理决定的同时，对相关党政领导干部应负责任和处理提出建议，按照干部管理权限将有关材料及时移送纪检监察机关或者组织（人事）部门。需要追究党纪政纪责任的，由纪检监察机关按照有关规定办理；需要给予诫勉、责令公开道歉和组织处理的，由组织（人事）部门按照有关规定办理。

第十四条　有关部门在督察、巡视和干部监督工作中发现有本实施细则规定的追责情形的，应当向负有生态环境和资源保护监管职责的工作部门提出调查建议。负有生态环境和资源保护监管职责的工作部门应当按照职责依法对生态环境和资源损害问题进行调查，并根据调查结果对相关党政领导干部应负责任和处理提出建议，按照干部管理权限将有关材料及时移送纪检监察机关或者组织（人事）部门。

第十五条　司法机关在生态环境和资源损害等案件处理过程中发现有本实施细则规定的追责情形的，应当按照干部管理权限向纪检监察机关或者组织（人事）部门提出对相关党政领导干部的处理建议。

第十六条　各级党委组织部门负责党政领导干部生态环境损害责任追究有关组织、协调工作。建立由组织（人事）部门、纪检监察机关、负有生态环境和资源保护监管职责的工作部门组成的生态环境损害责任追究沟通协作机制。

第十七条　纪检监察机关或者组织（人事）部门对相关部门移送的追责建议，认为需要进行核实的，应当在30个工作日内完成核实。可以根据实际需要，组织有关部门及相关专家进行审核。

第十八条　对党政领导干部实行追责，应当制作《党政领导干部生态环境损害责任追究决定书》。

《党政领导干部生态环境损害责任追究决定书》应当写明责任追究事实、责任追究依据、责任追究方式、批准机关、生效时间、当事人的申诉期限及受理机关等。作出责令公开道歉决定的，还应当写明公开道歉的方式、范围等。

《党政领导干部生态环境损害责任追究决定书》应当送达被追责党政领导干部本人及其所在单位，同时报上一级纪检监察机关和组织（人事）部门备案。组织（人事）部门应当及时将被追责的党政领导干部有关材料归入其个人档案，并将执行情况报告追责决定机关，回复追责建议机关。

追责决定一般应当向社会公开。

第十九条 作出责任追究决定前，应当听取被追责的党政领导干部的陈述和申辩，并且记录在案；对其合理意见，应当予以采纳。

第二十条 实行生态环境损害责任终身追究制。追责调查核实时应当对违背科学发展要求、造成生态环境和资源严重破坏的历史过程进行追溯调查，对依照本实施细则启动责任追究的责任人，不论其是否已调离、提拔重用或者退休，都必须严格追责。

各级党委和政府及有关部门、工作机构应当依照有关规定，完整保存经济工作重大部署、重大建设项目决策审批以及贯彻执行环境保护法律法规和政策有关资料档案，以便追溯调查。

第二十一条 政府负有生态环境和资源保护监管职责的工作部门、纪检监察机关、组织（人事）部门对发现本实施细则规定的追责情形应当调查而未调查，应当移送而未移送，应当追责而未追责的，追究有关责任人员的责任。

第二十二条 被追责的党政领导干部对追责决定不服的，可以自接到《党政领导干部生态环境损害责任追究决定书》之日起 15 日内向追责决定机关提出书面申诉。追责决定机关接到书面申诉后，应当在 30 日内作出处理决定，并将处理决定书面告知申诉人及其所在单位。

申诉期间，不停止责任追究决定的执行。

第二十三条 受到责任追究的党政领导干部，取消当年年度考核评优和评选各类先进的资格。

受到调离岗位处理的，至少一年内不得提拔；单独受到引咎辞职、责令辞职和免职处理的，至少一年内不得安排职务，至少两年内不得担任高于原任职务层次的职务；受到降职处理的，至少两年内不得提升职务。同时受到党纪政纪处分和组织处理的，按照影响期长的规定执行。

第二十四条 乡（镇、街道）党政领导成员的生态环境损害责任追究，参照本实施细则有关规定执行。

第二十五条 本实施细则所称生态环境状况明显恶化，是指本市县的环境状况与同期相比，污染物排放的种类、数量、浓度、总量等均持续上升，环境质量的主要评价指标低于全省同类地区的同期平均水平。

本实施细则所称环境污染事故，是指由于违反环境保护法律法规规定的经济、社会活动与行为使环境受到污染，人体健康受到危害的事件。如水污染事故、大气污染事故等。

本实施细则所称突发环境事件，是指突然发生，造成或者可能造成重大人员伤亡、重大财产损失和对本地区的经济社会稳定、政治安定构成重大威胁和损害，有重大社会影响的涉及公共安全的环境事件。

本实施细则所称突发性群体事件，是指因生态环境保护引发的利益群体矛盾冲突和干群矛盾冲突。

第二十六条 本实施细则自发布之日起施行。

第二部分

大气环境管理性文件

（一）国家

国务院关于印发大气污染防治行动计划的通知

国发〔2013〕37 号

各省、自治区、直辖市人民政府，国务院各部委、各直属机构：

现将《大气污染防治行动计划》印发给你们，请认真贯彻执行。

国务院

2013 年 9 月 10 日

大气污染防治行动计划

大气环境保护事关人民群众根本利益，事关经济持续健康发展，事关全面建成小康社会，事关实现中华民族伟大复兴中国梦。当前，我国大气污染形势严峻，以可吸入颗粒物（PM_{10}）、细颗粒物（$PM_{2.5}$）为特征污染物的区域性大气环境问题日益突出，损害人民群众身体健康，影响社会和谐稳定。随着我国工业化、城镇化的深入推进，能源资源消耗持续增加，大气污染防治压力继续加大。为切实改善空气质量，制定本行动计划。

总体要求：以邓小平理论、“三个代表”重要思想、科学发展观为指导，以保障人民群众身体健康为出发点，大力推进生态文明建设，坚持政府调控与市场调节相结合、全面推进与重点突破相配合、区域协作与属地管理相协调、总量减排与质量改善相同步，形成政府统领、企业施治、市场驱动、公众参与的大气污染防治新机制，实施分区域、分阶段治理，推动产业结构优化、科技创新能力增强、经济增长质量提高，实现环境效益、经济效益与社会效益多赢，为建设美丽中国而奋斗。

奋斗目标：经过五年努力，全国空气质量总体改善，重污染天气较大幅度减少；京津冀、长三角、珠三角等区域空气质量明显好转。力争再用五年或更长时间，逐步消除重污染天气，全国空气质量明显改善。

具体指标：到 2017 年，全国地级及以上城市可吸入颗粒物浓度比 2012 年下降 10%以上，优良天数逐年提高；京津冀、长三角、珠三角等区域细颗粒物浓度分别下降 25%、20%、15%左右，其中北京市细颗粒物年均浓度控制在 60 微克/立方米左右。

一、加大综合治理力度，减少多污染物排放

（一）加强工业企业大气污染综合治理。全面整治燃煤小锅炉。加快推进集中供热、“煤改气”“煤改电”工程建设，到2017年，除必要保留的以外，地级及以上城市建成区基本淘汰每小时10蒸吨及以下的燃煤锅炉，禁止新建每小时20蒸吨以下的燃煤锅炉；其他地区原则上不再新建每小时10蒸吨以下的燃煤锅炉。在供热供气管网不能覆盖的地区，改用电、新能源或洁净煤，推广应用高效节能环保型锅炉。在化工、造纸、印染、制革、制药等产业集聚区，通过集中建设热电联产机组逐步淘汰分散燃煤锅炉。

加快重点行业脱硫、脱硝、除尘改造工程建设。所有燃煤电厂、钢铁企业的烧结机和球团生产设备、石油炼制企业的催化裂化装置、有色金属冶炼企业都要安装脱硫设施，每小时20蒸吨及以上的燃煤锅炉要实施脱硫。除循环流化床锅炉以外的燃煤机组均应安装脱硝设施，新型干法水泥窑要实施低氮燃烧技术改造并安装脱硝设施。燃煤锅炉和工业窑炉现有除尘设施要实施升级改造。

推进挥发性有机物污染治理。在石化、有机化工、表面涂装、包装印刷等行业实施挥发性有机物综合整治，在石化行业开展“泄漏检测与修复”技术改造。限时完成加油站、储油库、油罐车的油气回收治理，在原油成品油码头积极开展油气回收治理。完善涂料、胶黏剂等产品挥发性有机物限值标准，推广使用水性涂料，鼓励生产、销售和使用低毒、低挥发性有机溶剂。

京津冀、长三角、珠三角等区域要于2015年年底前基本完成燃煤电厂、燃煤锅炉和工业窑炉的污染治理设施建设与改造，完成石化企业有机废气综合治理。

（二）深化面源污染治理。综合整治城市扬尘。加强施工扬尘监管，积极推进绿色施工，建设工程施工现场应全封闭设置围挡墙，严禁敞开式作业，施工现场道路应进行地面硬化。渣土运输车辆应采取密闭措施，并逐步安装卫星定位系统。推行道路机械化清扫等低尘作业方式。大型煤堆、料堆要实现封闭储存或建设防风抑尘设施。推进城市及周边绿化和防风防沙林建设，扩大城市建成区绿地规模。

开展餐饮油烟污染治理。城区餐饮服务经营场所应安装高效油烟净化设施，推广使用高效净化型家用吸油烟机。

（三）强化移动源污染防治。加强城市交通管理。优化城市功能和布局规划，推广智能交通管理，缓解城市交通拥堵。实施公交优先战略，提高公共交通出行比例，加强步行、自行车交通系统建设。根据城市发展规划，合理控制机动车保有量，北京、上海、广州等特大城市要严格限制机动车保有量。通过鼓励绿色出行、增加使用成本等措施，降低机动车使用强度。

提升燃油品质。加快石油炼制企业升级改造，力争在2013年年底前，全国供应符合国家第四阶段标准的车用汽油，在2014年年底前，全国供应符合国家第四阶段标准的车用柴油，在2015年年底前，京津冀、长三角、珠三角等区域内重点城市全面供应符合国家第五阶段标准的车用汽、柴油，在2017年年底前，全国供应符合国家第五阶段标准的车用汽、柴油。加强油品质量监督检查，严厉打击非法生产、销售不合格油品行为。

加快淘汰黄标车和老旧车辆。采取划定禁行区域、经济补偿等方式，逐步淘汰黄标车和老旧车辆。到2015年，淘汰2005年年底前注册营运的黄标车，基本淘汰京津冀、长三角、珠三角等区域内的500万辆黄标车。到2017年，基本淘汰全国范围的黄标车。

加强机动车环保管理。环保、工业和信息化、质检、工商等部门联合加强新生产车辆环保监管，严厉打击生产、销售环保不达标车辆的违法行为；加强在用机动车年度检验，对不达标车辆不得发放环保合格标志，不得上路行驶。加快柴油车车用尿素供应体系建设。研究缩短公交车、出租车强制报

废年限。鼓励出租车每年更换高效尾气净化装置。开展工程机械等非道路移动机械和船舶的污染控制。

加快推进低速汽车升级换代。不断提高低速汽车（三轮汽车、低速货车）节能环保要求，减少污染排放，促进相关产业和产品技术升级换代。自2017年起，新生产的低速货车执行与轻型载货车同等的节能与排放标准。

大力推广新能源汽车。公交、环卫等行业和政府机关要率先使用新能源汽车，采取直接上牌、财政补贴等措施鼓励个人购买。北京、上海、广州等城市每年新增或更新的公交车中新能源和清洁燃料车的比例达到60%以上。

二、调整优化产业结构，推动产业转型升级

（四）严控“两高”行业新增产能。修订高耗能、高污染和资源性行业准入条件，明确资源能源节约和污染物排放等指标。有条件的地区要制定符合当地功能定位、严于国家要求的产业准入目录。严格控制“两高”行业新增产能，新、改、扩建项目要实行产能等量或减量置换。

（五）加快淘汰落后产能。结合产业发展实际和环境质量状况，进一步提高环保、能耗、安全、质量等标准，分区域明确落后产能淘汰任务，倒逼产业转型升级。

按照《部分工业行业淘汰落后生产工艺装备和产品指导目录（2010年本）》《产业结构调整指导目录（2011年本）（修正）》的要求，采取经济、技术、法律和必要的行政手段，提前一年完成钢铁、水泥、电解铝、平板玻璃等21个重点行业的“十二五”落后产能淘汰任务。2015年再淘汰炼铁1 500万吨、炼钢1 500万吨、水泥（熟料及粉磨能力）1亿吨、平板玻璃2 000万重量箱。对未按期完成淘汰任务的地区，严格控制国家安排的投资项目，暂停对该地区重点行业建设项目办理审批、核准和备案手续。2016年、2017年，各地区要制定范围更宽、标准更高的落后产能淘汰政策，再淘汰一批落后产能。

对布局分散、装备水平低、环保设施差的小型工业企业进行全面排查，制定综合整改方案，实施分类治理。

（六）压缩过剩产能。加大环保、能耗、安全执法处罚力度，建立以节能环保标准促进“两高”行业过剩产能退出的机制。制定财政、土地、金融等扶持政策，支持产能过剩“两高”行业企业退出、转型发展。发挥优强企业对行业发展的主导作用，通过跨地区、跨所有制企业兼并重组，推动过剩产能压缩。严禁核准产能严重过剩行业新增产能项目。

（七）坚决停建产能严重过剩行业违规在建项目。认真清理产能严重过剩行业违规在建项目，对未批先建、边批边建、越权核准的违规项目，尚未开工建设的，不准开工；正在建设的，要停止建设。地方人民政府要加强组织领导和监督检查，坚决遏制产能严重过剩行业盲目扩张。

三、加快企业技术改造，提高科技创新能力

（八）强化科技研发和推广。加强灰霾、臭氧的形成机理、来源解析、迁移规律和监测预警等研究，为污染治理提供科学支撑。加强大气污染与人群健康关系的研究。支持企业技术中心、国家重点实验室、国家工程实验室建设，推进大型大气光化学模拟仓、大型气溶胶模拟仓等科技基础设施建设。

加强脱硫、脱硝、高效除尘、挥发性有机物控制、柴油机（车）排放净化、环境监测，以及新能源汽车、智能电网等方面的技术研发，推进技术成果转化应用。加强大气污染治理先进技术、管理经验等方面的国际交流与合作。

（九）全面推行清洁生产。对钢铁、水泥、化工、石化、有色金属冶炼等重点行业进行清洁生产审核，针对节能减排关键领域和薄弱环节，采用先进适用的技术、工艺和装备，实施清洁生产技术改造；到 2017 年，重点行业排污强度比 2012 年下降 30%以上。推进非有机溶剂型涂料和农药等产品创新，减少生产和使用过程中挥发性有机物排放。积极开发缓释肥料新品种，减少化肥施用过程中氨的排放。

（十）大力发展循环经济。鼓励产业集聚发展，实施园区循环化改造，推进能源梯级利用、水资源循环利用、废物交换利用、土地节约集约利用，促进企业循环式生产、园区循环式发展、产业循环式组合，构建循环型工业体系。推动水泥、钢铁等工业窑炉、高炉实施废物协同处置。大力发展机电产品再制造，推进资源再生利用产业发展。到 2017 年，单位工业增加值能耗比 2012 年降低 20%左右，在 50%以上的各类国家级园区和 30%以上的各类省级园区实施循环化改造，主要有色金属品种以及钢铁的循环再生比重达到 40%左右。

（十一）大力培育节能环保产业。着力把大气污染治理的政策要求有效转化为节能环保产业发展的市场需求，促进重大环保技术装备、产品的创新开发与产业化应用。扩大国内消费市场，积极支持新业态、新模式，培育一批具有国际竞争力的大型节能环保企业，大幅增加大气污染治理装备、产品、服务产业产值，有效推动节能环保、新能源等战略性新兴产业发展。鼓励外商投资节能环保产业。

四、加快调整能源结构，增加清洁能源供应

（十二）控制煤炭消费总量。制定国家煤炭消费总量中长期控制目标，实行目标责任管理。到 2017 年，煤炭占能源消费总量比重降低到 65%以下。京津冀、长三角、珠三角等区域力争实现煤炭消费总量负增长，通过逐步提高接受外输电比例、增加天然气供应、加大非化石能源利用强度等措施替代燃煤。

京津冀、长三角、珠三角等区域新建项目禁止配套建设自备燃煤电站。耗煤项目要实行煤炭减量替代。除热电联产外，禁止审批新建燃煤发电项目；现有多台燃煤机组装机容量合计达到 30 万千瓦以上的，可按照煤炭等量替代的原则建设为大容量燃煤机组。

（十三）加快清洁能源替代利用。加大天然气、煤制天然气、煤层气供应。到 2015 年，新增天然气干线管输能力 1 500 亿立方米以上，覆盖京津冀、长三角、珠三角等区域。优化天然气使用方式，新增天然气应优先保障居民生活或用于替代燃煤；鼓励发展天然气分布式能源等高效利用项目，限制发展天然气化工项目；有序发展天然气调峰电站，原则上不再新建天然气发电项目。

制定煤制天然气发展规划，在满足最严格的环保要求和保障水资源供应的前提下，加快煤制天然气产业化和规模化步伐。

积极有序发展水电，开发利用地热能、风能、太阳能、生物质能，安全高效发展核电。到 2017 年，运行核电机组装机容量达到 5 000 万千瓦，非化石能源消费比重提高到 13%。

京津冀区域城市建成区、长三角城市群、珠三角区域要加快现有工业企业燃煤设施天然气替代步伐；到 2017 年，基本完成燃煤锅炉、工业窑炉、自备燃煤电站的天然气替代改造任务。

（十四）推进煤炭清洁利用。提高煤炭洗选比例，新建煤矿应同步建设煤炭洗选设施，现有煤矿要加快建设与改造；到 2017 年，原煤入选率达到 70%以上。禁止进口高灰分、高硫分的劣质煤炭，研究出台煤炭质量管理办法。限制高硫石油焦的进口。

扩大城市高污染燃料禁燃区范围，逐步由城市建成区扩展到近郊。结合城中村、城乡接合部、棚户区改造，通过政策补偿和实施峰谷电价、季节性电价、阶梯电价、调峰电价等措施，逐步推行以天然气或电替代煤炭。鼓励北方农村地区建设洁净煤配送中心，推广使用洁净煤和型煤。

（十五）提高能源使用效率。严格落实节能评估审查制度。新建高耗能项目单位产品（产值）能耗要达到国内先进水平，用能设备达到一级能效标准。京津冀、长三角、珠三角等区域，新建高耗能项目单位产品（产值）能耗要达到国际先进水平。

积极发展绿色建筑，政府投资的公共建筑、保障性住房等要率先执行绿色建筑标准。新建建筑要严格执行强制性节能标准，推广使用太阳能热水系统、地源热泵、空气源热泵、光伏建筑一体化、“热—电—冷”三联供等技术和装备。

推进供热计量改革，加快北方采暖地区既有居住建筑供热计量和节能改造；新建建筑和完成供热计量改造的既有建筑逐步实行供热计量收费。加快热力管网建设与改造。

五、严格节能环保准入，优化产业空间布局

（十六）调整产业布局。按照主体功能区规划要求，合理确定重点产业发展布局、结构和规模，重大项目原则上布局在优化开发区和重点开发区。所有新、改、扩建项目，必须全部进行环境影响评价；未通过环境影响评价审批的，一律不准开工建设；违规建设的，要依法进行处罚。加强产业政策在产业转移过程中的引导与约束作用，严格限制在生态脆弱或环境敏感地区建设“两高”行业项目。加强对各类产业发展规划的环境影响评价。

在东部、中部和西部地区实施差别化的产业政策，对京津冀、长三角、珠三角等区域提出更高的节能环保要求。强化环境监管，严禁落后产能转移。

（十七）强化节能环保指标约束。提高节能环保准入门槛，健全重点行业准入条件，公布符合准入条件的企业名单并实施动态管理。严格实施污染物排放总量控制，将二氧化硫、氮氧化物、烟粉尘和挥发性有机物排放是否符合总量控制要求作为建设项目环境影响评价审批的前置条件。

京津冀、长三角、珠三角区域以及辽宁中部、山东、武汉及其周边、长株潭、成渝、海峡西岸、山西中北部、陕西关中、甘宁、乌鲁木齐城市群等“三区十群”中的47个城市，新建火电、钢铁、石化、水泥、有色、化工等企业以及燃煤锅炉项目要执行大气污染物特别排放限值。各地区可根据环境质量改善的需要，扩大特别排放限值实施的范围。

对未通过能评、环评审查的项目，有关部门不得审批、核准、备案，不得提供土地，不得批准开工建设，不得发放生产许可证、安全生产许可证、排污许可证，金融机构不得提供任何形式的新增授信支持，有关单位不得供电、供水。

（十八）优化空间格局。科学制定并严格实施城市规划，强化城市空间管制要求和绿地控制要求，规范各类产业园区和城市新城、新区设立和布局，禁止随意调整和修改城市规划，形成有利于大气污染物扩散的城市和区域空间格局。研究开展城市环境总体规划试点工作。

结合化解过剩产能、节能减排和企业兼并重组，有序推进位于城市主城区的钢铁、石化、化工、有色金属冶炼、水泥、平板玻璃等重污染企业环保搬迁、改造，到2017年基本完成。

六、发挥市场机制作用，完善环境经济政策

（十九）发挥市场机制调节作用。本着“谁污染、谁负责，多排放、多负担，节能减排得收益、获补偿”的原则，积极推行激励与约束并举的节能减排新机制。

分行业、分地区对水、电等资源类产品制定企业消耗定额。建立企业“领跑者”制度，对能效、排污强度达到更高标准的先进企业给予鼓励。

全面落实“合同能源管理”的财税优惠政策，完善促进环境服务业发展的扶持政策，推行污染治理设施投资、建设、运行一体化特许经营。完善绿色信贷和绿色证券政策，将企业环境信息纳入征信系统。严格限制环境违法企业贷款和上市融资。推进排污权有偿使用和交易试点。

（二十）完善价格税收政策。根据脱硝成本，结合调整销售电价，完善脱硝电价政策。现有火电机组采用新技术进行除尘设施改造的，要给予价格政策支持。实行阶梯式电价。

推进天然气价格形成机制改革，理顺天然气与可替代能源的比价关系。

按照合理补偿成本、优质优价和污染者付费的原则合理确定成品油价格，完善对部分困难群体和公益性行业成品油价格改革补贴政策。

加大排污费征收力度，做到应收尽收。适时提高排污收费标准，将挥发性有机物纳入排污费征收范围。

研究将部分“两高”行业产品纳入消费税征收范围。完善“两高”行业产品出口退税政策和资源综合利用税收政策。积极推进煤炭等资源税从价计征改革。符合税收法律法规规定，使用专用设备或建设环境保护项目的企业以及高新技术企业，可以享受企业所得税优惠。

（二十一）拓宽投融资渠道。深化节能环保投融资体制改革，鼓励民间资本和社会资本进入大气污染防治领域。引导银行业金融机构加大对大气污染防治项目的信贷支持。探索排污权抵押融资模式，拓展节能环保设施融资、租赁业务。

地方人民政府要对涉及民生的“煤改气”项目、黄标车和老旧车辆淘汰、轻型载货车替代低速货车等加大政策支持力度，对重点行业清洁生产示范工程给予引导性资金支持。要将空气质量监测站点建设及其运行和监管经费纳入各级财政预算予以保障。

在环境执法到位、价格机制理顺的基础上，中央财政统筹整合主要污染物减排等专项，设立大气污染防治专项资金，对重点区域按治理成效实施“以奖代补”；中央基本建设投资也要加大对重点区域大气污染防治的支持力度。

七、健全法律法规体系，严格依法监督管理

（二十二）完善法律法规标准。加快大气污染防治法修订步伐，重点健全总量控制、排污许可、应急预警、法律责任等方面的制度，研究增加对恶意排污、造成重大污染危害的企业及其相关负责人追究刑事责任的内容，加大对违法行为的处罚力度。建立健全环境公益诉讼制度。研究起草环境税法草案，加快修改环境保护法，尽快出台机动车污染防治条例和排污许可证管理条例。各地区可结合实际，出台地方性大气污染防治法规、规章。

加快制（修）订重点行业排放标准以及汽车燃料消耗量标准、油品标准、供热计量标准等，完善行业污染防治技术政策和清洁生产评价指标体系。

（二十三）提高环境监管能力。完善国家监察、地方监管、单位负责的环境监管体制，加强对地方人民政府执行环境法律法规和政策的监督。加大环境监测、信息、应急、监察等能力建设力度，达到标准化建设要求。

建设城市站、背景站、区域站统一布局的国家空气质量监测网络，加强监测数据质量管理，客观反映空气质量状况。加强重点污染源在线监控体系建设，推进环境卫星应用。建设国家、省、市三级机动车排污监管平台。到 2015 年，地级及以上城市全部建成细颗粒物监测点和国家直管的监测点。

（二十四）加大环保执法力度。推进联合执法、区域执法、交叉执法等执法机制创新，明确重点，加大力度，严厉打击环境违法行为。对偷排偷放、屡查屡犯的违法企业，要依法停产关闭。对涉嫌环

境犯罪的，要依法追究刑事责任。落实执法责任，对监督缺位、执法不力、徇私枉法等行为，监察机关要依法追究有关部门和人员的责任。

（二十五）实行环境信息公开。国家每月公布空气质量最差的10个城市和最好的10个城市的名单。各省（区、市）要公布本行政区域内地级及以上城市空气质量排名。地级及以上城市要在当地主要媒体及时发布空气质量监测信息。

各级环保部门和企业要主动公开新建项目环境影响评价、企业污染物排放、治污设施运行情况等环境信息，接受社会监督。涉及群众利益的建设项目，应充分听取公众意见。建立重污染行业企业环境信息强制公开制度。

八、建立区域协作机制，统筹区域环境治理

（二十六）建立区域协作机制。建立京津冀、长三角区域大气污染防治协作机制，由区域内省级人民政府和国务院有关部门参加，协调解决区域突出环境问题，组织实施环评会商、联合执法、信息共享、预警应急等大气污染防治措施，通报区域大气污染防治工作进展，研究确定阶段性工作要求、工作重点和主要任务。

（二十七）分解目标任务。国务院与各省（区、市）人民政府签订大气污染防治目标责任书，将目标任务分解落实到地方人民政府和企业。将重点区域的细颗粒物指标、非重点地区的可吸入颗粒物指标作为经济社会发展的约束性指标，构建以环境质量改善为核心的目标责任考核体系。

国务院制定考核办法，每年年初对各省（区、市）上年度治理任务完成情况进行考核；2015年进行中期评估，并依据评估情况调整治理任务；2017年对行动计划实施情况进行终期考核。考核和评估结果经国务院同意后，向社会公布，并交由干部主管部门，按照《关于建立促进科学发展的党政领导班子和领导干部考核评价机制的意见》《地方党政领导班子和领导干部综合考核评价办法（试行）》《关于开展政府绩效管理试点工作的意见》等规定，作为对领导班子和领导干部综合考核评价的重要依据。

（二十八）实行严格责任追究。对未通过年度考核的，由环保部门会同组织部门、监察机关等部门约谈省级人民政府及其相关部门有关负责人，提出整改意见，予以督促。

对因工作不力、履职缺位等导致未能有效应对重污染天气的，以及干预、伪造监测数据和没有完成年度目标任务的，监察机关要依法依纪追究有关单位和人员的责任，环保部门要对有关地区和企业实施建设项目环评限批，取消国家授予的环境保护荣誉称号。

九、建立监测预警应急体系，妥善应对重污染天气

（二十九）建立监测预警体系。环保部门要加强与气象部门的合作，建立重污染天气监测预警体系。到2014年，京津冀、长三角、珠三角区域要完成区域、省、市级重污染天气监测预警系统建设；其他省（区、市）、副省级市、省会城市于2015年年底前完成。要做好重污染天气过程的趋势分析，完善会商研判机制，提高监测预警的准确度，及时发布监测预警信息。

（三十）制定完善应急预案。空气质量未达到规定标准的城市应制定和完善重污染天气应急预案并向社会公布；要落实责任主体，明确应急组织机构及其职责、预警预报及响应程序、应急处置及保障措施等内容，按不同污染等级确定企业限产停产、机动车和扬尘管控、中小学校停课以及可行的气象干预等应对措施。开展重污染天气应急演练。

京津冀、长三角、珠三角等区域要建立健全区域、省、市联动的重污染天气应急响应体系。区域

内各省（区、市）的应急预案，应于 2013 年年底前报环境保护部备案。

（三十一）及时采取应急措施。将重污染天气应急响应纳入地方人民政府突发事件应急管理体系，实行政府主要负责人负责制。要依据重污染天气的预警等级，迅速启动应急预案，引导公众做好卫生防护。

十、明确政府企业和社会的责任，动员全民参与环境保护

（三十二）明确地方政府统领责任。地方各级人民政府对本行政区域内的大气环境质量负总责，要根据国家的总体部署及控制目标，制定本地区的实施细则，确定工作重点任务和年度控制指标，完善政策措施，并向社会公开；要不断加大监管力度，确保任务明确、项目清晰、资金保障。

（三十三）加强部门协调联动。各有关部门要密切配合、协调力量、统一行动，形成大气污染防治的强大合力。环境保护部要加强指导、协调和监督，有关部门要制定有利于大气污染防治的投资、财政、税收、金融、价格、贸易、科技等政策，依法做好各自领域的相关工作。

（三十四）强化企业施治。企业是大气污染治理的责任主体，要按照环保规范要求，加强内部管理，增加资金投入，采用先进的生产工艺和治理技术，确保达标排放，甚至达到“零排放”；要自觉履行环境保护的社会责任，接受社会监督。

（三十五）广泛动员社会参与。环境治理，人人有责。要积极开展多种形式的宣传教育，普及大气污染防治的科学知识。加强大气环境管理专业人才培养。倡导文明、节约、绿色的消费方式和生活习惯，引导公众从自身做起、从点滴做起、从身边的小事做起，在全社会树立起“同呼吸、共奋斗”的行为准则，共同改善空气质量。

我国仍然处于社会主义初级阶段，大气污染防治任务繁重艰巨，要坚定信心、综合治理，突出重点、逐步推进，重在落实、务求实效。各地区、各有关部门和企业要按照本行动计划的要求，紧密结合实际，狠抓贯彻落实，确保空气质量改善目标如期实现。

国务院办公厅关于印发大气污染防治行动计划重点工作部门分工方案的通知

国办函〔2013〕118号

国务院有关部门：

《大气污染防治行动计划重点工作部门分工方案》（以下简称《分工方案》）已经国务院同意，现印发给你们，请认真落实。

各有关部门要认真贯彻落实《国务院关于印发大气污染防治行动计划的通知》（国发〔2013〕37号）精神，按照《分工方案》要求，将涉及本部门的工作进一步分解细化，抓紧制定具体实施方案和年度计划，分阶段明确工作重点，逐项扎实推进，确保取得实效。对涉及多个部门的工作，牵头部门要加强协调，部门间要主动密切协作。环境保护部要做好跟踪分析、统筹协调、督促检查等工作，及时将工作进展情况报国务院。

国务院办公厅

2013年12月9日

大气污染防治行动计划重点工作部门分工方案

一、加大综合治理力度，减少多污染物排放

（一）加快推进集中供热、“煤改气”“煤改电”工程建设。在供热供气管网不能覆盖的地区，改用电、新能源或洁净煤，推广应用高效节能环保型锅炉。在化工、造纸、印染、制革、制药等产业集聚区，通过集中建设热电联产机组逐步淘汰分散燃煤锅炉。（工业和信息化部、住房城乡建设部、环境保护部、能源局按职责分工负责，发展改革委、质检总局、财政部配合）

（二）推进燃煤电厂、钢铁企业、石油炼制企业、有色金属冶炼企业、燃煤锅炉脱硫，燃煤机组（循环流化床锅炉除外）、新型干法水泥窑脱硝，燃煤锅炉和工业窑炉除尘设施升级改造。（环境保护部、工业和信息化部、发展改革委、能源局。列第一位者为牵头部门，下同）

（三）在石化、有机化工、表面涂装、包装印刷等行业实施挥发性有机物综合整治，在石化行业开展“泄漏检测与修复”技术改造。（环境保护部、工业和信息化部）

（四）加油站、储油库、油罐车的油气回收治理，在原油成品油码头积极开展油气回收治理。（环境保护部、商务部、交通运输部）

（五）完善涂料、胶黏剂等产品挥发性有机物限值标准，推广使用水性涂料，鼓励生产、销售和使用低毒、低挥发性有机溶剂。（质检总局、工业和信息化部、商务部、环境保护部）

（六）加强施工扬尘监管，积极推进绿色施工，建设工程施工现场应全封闭设置围挡墙，施工现场道路应进行地面硬化。渣土运输车辆应采取密闭措施，并逐步安装卫星定位系统。推行道路机械化清扫等低尘作业方式。大型煤堆、料堆要实现封闭储存或建设防风抑尘设施。（住房城乡建设部、环境保护部）

（七）推进城市及周边绿化和防风防沙林建设，扩大城市建成区绿地规模。（住房城乡建设部、林业局、农业部）

（八）城区餐饮服务经营场所安装高效油烟净化设施。（环境保护部）

（九）推广使用高效净化型家用吸油烟机。（工业和信息化部、商务部）

（十）优化城市功能和布局规划。（住房城乡建设部、交通运输部）

（十一）推广智能交通管理。实施公交优先战略，提高公共交通出行比例，加强步行、自行车交通系统建设。（交通运输部、住房城乡建设部、公安部）

（十二）加快石油炼制企业升级改造。（能源局、发展改革委、财政部、质检总局、商务部、环境保护部、国资委）

（十三）加强油品质量监督检查，严厉打击非法生产、销售不合格油品行为。（质检总局、工商总局、商务部、环境保护部）

（十四）加快淘汰黄标车和老旧车辆。（环境保护部、商务部、公安部、交通运输部、财政部）

（十五）加强新生产车辆环保监管，严厉打击生产、销售环保不达标车辆的违法行为；加强在用机动车年度检验。（环境保护部、工业和信息化部、质检总局、工商总局）

（十六）加快柴油车车用尿素供应体系建设。研究缩短公交车、出租车强制报废年限。鼓励出租车每年更换高效尾气净化装置。（环境保护部、商务部、发展改革委、公安部、交通运输部）

（十七）开展工程机械等非道路移动机械和船舶的污染控制。（环境保护部、交通运输部）

（十八）提高低速汽车（三轮汽车、低速货车）节能环保要求，促进相关产业和产品技术升级换代。（工业和信息化部、环境保护部）

（十九）公交、环卫等行业和政府机关率先使用新能源汽车，采取直接上牌、财政补贴等措施鼓励个人购买。（财政部、科技部、工业和信息化部、发展改革委）

二、调整优化产业结构，推动产业转型升级

（二十）修订高耗能、高污染和资源性行业准入条件，明确资源能源节约和污染物排放等指标。严格控制“两高”行业新增产能，新、改、扩建项目要实行产能等量或减量置换。（工业和信息化部、发展改革委、环境保护部）

（二十一）进一步提高环保、能耗、安全、质量等标准，分区域明确落后产能淘汰任务。（工业和信息化部、发展改革委、环境保护部、安全监管总局、质检总局按职责分工负责）

（二十二）提前一年完成钢铁、水泥、电解铝、平板玻璃等 21 个重点行业的“十二五”落后产能淘汰任务。对未按期完成淘汰任务的地区，严格控制国家安排的投资项目，暂停对该地区重点行业建设项目办理审批、核准和备案手续。（工业和信息化部会同有关部门）

（二十三）对布局分散、装备水平低、环保设施差的小型工业企业进行全面排查，制定综合整改方案，实施分类治理。（环境保护部、工业和信息化部）

（二十四）建立以节能环保标准促进“两高”行业过剩产能退出的机制。制定财政、土地、金融等扶持政策，支持产能过剩“两高”行业企业退出、转型发展。通过跨地区、跨所有制企业兼并重组，推动过剩产能压缩。严禁核准产能严重过剩行业新增产能项目。（发展改革委、工业和信息化部、环境保护部、财政部、国土资源部、人民银行、银监会）

（二十五）认真清理产能严重过剩行业违规在建项目。（发展改革委、工业和信息化部）

三、加快企业技术改造，提高科技创新能力

（二十六）加强灰霾、臭氧的形成机理、来源解析、迁移规律和监测预警等研究。加强大气污染与人群健康关系的研究。（科技部、环境保护部、卫生计生委、气象局）

（二十七）支持企业技术中心、国家重点实验室、国家工程实验室建设，推进大型大气光化学模拟仓、大型气溶胶模拟仓等科技基础设施建设。（发展改革委、科技部、工业和信息化部、环境保护部）

（二十八）加强脱硫、脱硝、高效除尘、挥发性有机物控制、柴油机（车）排放净化、环境监测，以及新能源汽车、智能电网等方面的技术研发。加强大气污染治理先进技术、管理经验等方面的国际交流与合作。（科技部、财政部、工业和信息化部、能源局、环境保护部、外交部、国资委）

（二十九）对钢铁、水泥、化工、石化、有色金属冶炼等重点行业进行清洁生产审核，针对节能减排关键领域和薄弱环节，采用先进适用的技术、工艺和装备，实施清洁生产技术改造。（发展改革委、工业和信息化部、环境保护部、财政部按职责分工负责）

（三十）推进非有机溶剂型涂料和农药等产品创新，减少生产和使用过程中挥发性有机物排放。开发缓释肥料新品种，减少化肥施用过程中氨的排放。（科技部、工业和信息化部、农业部）

（三十一）鼓励产业集聚发展，实施园区循环化改造。推动水泥、钢铁等工业窑炉、高炉实施废物协同处置。发展机电产品再制造，推进资源再生利用产业发展。（发展改革委、工业和信息化部、科技部、财政部、环境保护部、国土资源部、住房城乡建设部）

（三十二）扩大国内消费市场，培育一批具有国际竞争力的大型节能环保企业，有效推动节能环保、新能源等战略性新兴产业发展。鼓励外商投资节能环保产业。（发展改革委、工业和信息化部、科技部、财政部、环境保护部、能源局、商务部）

四、加快调整能源结构，增加清洁能源供应

（三十三）制定国家煤炭消费总量中长期控制目标，实行目标责任管理。（发展改革委、能源局、环境保护部）

（三十四）除热电联产外，禁止审批京津冀、长三角、珠三角等区域新建燃煤发电项目。（能源局、发展改革委、环境保护部）

（三十五）加大天然气、煤制天然气、煤层气供应。优化天然气使用方式，新增天然气优先保障居民生活或用于替代燃煤。（能源局、发展改革委、住房城乡建设部）

（三十六）鼓励发展天然气分布式能源等高效利用项目，限制发展天然气化工项目；有序发展天然气调峰电站，原则上不再新建天然气发电项目。（能源局、发展改革委、住房城乡建设部、环境保护部）

（三十七）制定煤制天然气发展规划，在满足最严格的环保要求和保障水资源供应的前提下，加快煤制天然气产业化和规模化步伐。（能源局、发展改革委、环境保护部、住房城乡建设部）

（三十八）积极有序发展水电，开发利用地热能、风能、太阳能、生物质能，安全高效发展核电。

（能源局、发展改革委、工业和信息化部、环境保护部、国土资源部）

（三十九）提高煤炭洗选比例，新建煤矿应同步建设煤炭洗选设施，现有煤矿要加快建设与改造。（能源局、发展改革委）

（四十）禁止进口高灰分、高硫分的劣质煤炭，研究出台煤炭质量管理办法。限制高硫石油焦的进口。（能源局、发展改革委、环境保护部、商务部、海关总署）

（四十一）扩大城市高污染燃料禁燃区范围。（环境保护部、住房城乡建设部）

（四十二）通过政策补偿和实施峰谷电价、季节性电价、阶段电价、调峰电价等措施，逐步推行以天然气或电替代煤炭。鼓励北方农村地区建设洁净煤配送中心，推广使用洁净煤和型煤。（能源局、发展改革委、住房城乡建设部、环境保护部）

（四十三）积极发展绿色建筑。新建建筑要严格执行强制性节能标准，推广使用太阳能热水系统、地源热泵、空气源热泵、光伏建筑一体化、“热—电—冷”三联供等技术和装备。（住房城乡建设部、能源局按职责分工负责，发展改革委、财政部、科技部、工业和信息化部配合）

（四十四）推进供热计量改革，逐步实行供热计量收费。加快热力管网建设与改造。（住房城乡建设部、财政部、发展改革委）

五、严格节能环保准入，优化产业空间布局

（四十五）按照主体功能区规划要求，合理确定重点产业发展布局、结构和规模，重大项目原则上布局在优化开发区和重点开发区。所有新、改、扩建项目，必须全部进行环境影响评价。加强产业政策在产业转移过程中的引导与约束作用，严格限制在生态脆弱或环境敏感地区建设“两高”行业项目。加强对各类产业发展规划的环境影响评价。（发展改革委、工业和信息化部、环境保护部、国土资源部、住房城乡建设部按职责分工负责）

（四十六）在东部、中部和西部地区实施差别化的产业政策，对京津冀、长三角、珠三角等区域提出更高的节能环保要求。强化环境监管，严禁落后产能转移。（发展改革委、工业和信息化部、环境保护部）

（四十七）提高节能环保准入门槛，健全重点行业准入条件，公布符合准入条件的企业名单并实施动态管理。（工业和信息化部、发展改革委、环境保护部）

（四十八）实施污染物排放总量控制。重点城市新建火电、钢铁、石化、水泥、有色、化工等企业以及燃煤锅炉项目执行大气污染物特别排放限值。（环境保护部）

（四十九）对未通过能评、环评审查的项目，有关部门不得审批、核准、备案，不得提供土地，不得批准开工建设，不得发放生产许可证、安全生产许可证、排污许可证，金融机构不得提供任何形式的新增授信支持，有关单位不得供电、供水。（发展改革委、环境保护部会同有关部门）

（五十）科学制定并严格实施城市规划，形成有利于大气污染物扩散的城市和区域空间格局。（住房城乡建设部、环境保护部、国土资源部）

（五十一）研究开展城市环境总体规划试点工作。（环境保护部、住房城乡建设部、国土资源部）

（五十二）结合化解过剩产能、节能减排和企业兼并重组，有序推进位于城市主城区的钢铁、石化、化工、有色金属冶炼、水泥、平板玻璃等重污染企业环保搬迁、改造。（发展改革委、工业和信息化部按职责分工负责，环境保护部配合）

六、发挥市场机制作用，完善环境经济政策

（五十三）分行业、分地区对水、电等资源类产品制定企业消耗定额。建立企业“领跑者”制度，对能效、排污强度达到更高标准的先进企业给予鼓励。（财政部、发展改革委、工业和信息化部、环境保护部）

（五十四）全面落实“合同能源管理”的财税优惠政策，完善促进环境服务业发展的扶持政策，推行污染治理设施投资、建设、运行一体化特许经营。完善绿色信贷和绿色证券政策，将企业环境信息纳入征信系统。严格限制环境违法企业贷款和上市融资。（发展改革委、环境保护部、财政部、住房城乡建设部、税务总局、人民银行、银监会、证监会按职责分工负责）

（五十五）推进排污权有偿使用和交易试点。（财政部、环境保护部）

（五十六）完善脱硝电价政策和火电机组除尘电价政策。实行阶梯式电价。（发展改革委、环境保护部）

（五十七）推进天然气价格形成机制改革，理顺天然气与可替代能源的比价关系。（发展改革委、能源局）

（五十八）合理确定成品油价格，完善成品油价格改革补贴政策。（发展改革委、能源局、财政部）

（五十九）加大排污费征收力度。（环境保护部）

（六十）适时提高排污收费标准。（发展改革委、财政部、环境保护部）

（六十一）将挥发性有机物纳入排污费征收范围。（财政部、环境保护部）

（六十二）研究将部分“两高”行业产品纳入消费税征收范围。完善“两高”行业产品出口退税政策和资源综合利用税收政策。推进煤炭等资源税从价计征改革。符合税收法律法规规定，使用专用设备或建设环境保护项目的企业以及高新技术企业，可以享受企业所得税优惠。（财政部、税务总局、发展改革委、工业和信息化部、环境保护部）

（六十三）深化节能环保投融资体制改革。引导银行业金融机构加大对大气污染防治项目的信贷支持。探索排污权抵押融资模式，拓展节能环保设施融资、租赁业务。（发展改革委、财政部、人民银行、银监会、环境保护部）

（六十四）将空气质量监测站点建设及其运行和监管经费纳入各级财政预算予以保障。（财政部、发展改革委、环境保护部）

（六十五）中央财政设立大气污染防治专项资金，中央基本建设投资加大对重点区域大气污染防治的支持力度。（财政部、发展改革委、环境保护部）

七、健全法律法规体系，严格依法监督管理

（六十六）加快大气污染防治法修订步伐。建立健全环境公益诉讼制度。研究起草环境税法草案，加快修改环境保护法，尽快出台机动车污染防治条例和排污许可证管理条例。（环境保护部、法制办、财政部、税务总局会同有关部门）

（六十七）加快制（修）订重点行业排放标准以及汽车燃料消耗量标准、油品标准、供热计量标准等，完善行业污染防治技术政策和清洁生产评价指标体系。（环境保护部、质检总局、工业和信息化部、住房城乡建设部）

（六十八）完善环境监管体制，加强对地方人民政府执行环境法律法规和政策的监督。（中央编办、

环境保护部）

（六十九）加大环境监测、信息、应急、监察等能力建设力度，达到标准化建设要求。建设国家空气质量监测网络。加强重点污染源在线监控体系建设，推进环境卫星应用。建设机动车排污监管平台。（环境保护部、财政部、发展改革委）

（七十）严厉打击环境违法行为。（环境保护部、公安部、司法部）

（七十一）落实执法责任，对监督缺位、执法不力、徇私枉法等行为，依法追究有关部门和人员的责任。（监察部、环境保护部、公安部、司法部）

（七十二）国家每月公布空气质量最差的 10 个城市和最好的 10 个城市的名单。主动公开新建项目环境影响评价、企业污染物排放、治污设施运行情况等环境信息，接受社会监督。涉及群众利益的建设项目，应充分听取公众意见。建立重污染行业企业环境信息强制公开制度。（环境保护部）

八、建立区域协作机制，统筹区域环境治理

（七十三）国务院与各省（区、市）人民政府签订大气污染防治目标责任书。将重点区域的细颗粒物指标、非重点地区的可吸入颗粒物指标作为经济社会发展的约束性指标，构建以环境质量改善为核心的目标责任考核体系。（环境保护部）

（七十四）国务院制定考核办法，进行年度考核、中期评估和终期考核。（环境保护部、发展改革委、工业和信息化部、财政部、住房城乡建设部、能源局）

（七十五）将考核结果作为对领导班子和领导干部综合考核评价的重要依据。（中央组织部、国资委、发展改革委、环境保护部）

（七十六）对未通过年度考核的，由环保部门会同组织部门、监察机关等部门约谈省级人民政府及其相关部门有关负责人。（环境保护部、中央组织部、监察部）

（七十七）对因工作不力、履职缺位等导致未能有效应对重污染天气的，以及干预、伪造监测数据和没有完成年度目标任务的，要依法依纪追究有关单位和人员的责任，对有关地区和企业实施建设项目环评限批，取消国家授予的环境保护荣誉称号。（监察部、环境保护部）

九、建立监测预警应急体系，妥善应对重污染天气

（七十八）建立重污染天气监测预警体系。（环境保护部、气象局、财政部）

十、明确政府企业和社会的责任，动员全民参与环境保护

（七十九）各有关部门要密切配合。环境保护部要加强指导、协调和监督，有关部门要制定有利于大气污染防治的相关政策，依法做好各自领域的相关工作。（环境保护部会同有关部门）

（八十）开展多种形式的宣传教育，加强大气环境管理专业人才培养。倡导文明、节约、绿色的消费方式和生活习惯，在全社会树立起“同呼吸、共奋斗”的行为准则。（环境保护部、中央宣传部、教育部、共青团中央、全国妇联）

国务院关于印发打赢蓝天保卫战三年行动计划的通知

国发〔2018〕22号

各省、自治区、直辖市人民政府，国务院各部委、各直属机构：

现将《打赢蓝天保卫战三年行动计划》印发给你们，请认真贯彻执行。

国务院

2018年6月27日

打赢蓝天保卫战三年行动计划

打赢蓝天保卫战，是党的十九大作出的重大决策部署，事关满足人民日益增长的美好生活需要，事关全面建成小康社会，事关经济高质量发展和美丽中国建设。为加快改善环境空气质量，打赢蓝天保卫战，制定本行动计划。

一、总体要求

（一）指导思想。以习近平新时代中国特色社会主义思想为指导，全面贯彻党的十九大和十九届二中、三中全会精神，认真落实党中央、国务院决策部署和全国生态环境保护大会要求，坚持新发展理念，坚持全民共治、源头防治、标本兼治，以京津冀及周边地区、长三角地区、汾渭平原等区域（以下称重点区域）为重点，持续开展大气污染防治行动，综合运用经济、法律、技术和必要的行政手段，大力调整优化产业结构、能源结构、运输结构和用地结构，强化区域联防联控，狠抓秋冬季污染治理，统筹兼顾、系统谋划、精准施策，坚决打赢蓝天保卫战，实现环境效益、经济效益和社会效益多赢。

（二）目标指标。经过3年努力，大幅减少主要大气污染物排放总量，协同减少温室气体排放，进一步明显降低细颗粒物（$PM_{2.5}$）浓度，明显减少重污染天数，明显改善环境空气质量，明显增强人民的蓝天幸福感。

到2020年，二氧化硫、氮氧化物排放总量分别比2015年下降15%以上；$PM_{2.5}$未达标地级及以上城市浓度比2015年下降18%以上，地级及以上城市空气质量优良天数比率达到80%，重度及以上污染天数比率比2015年下降25%以上；提前完成“十三五”目标任务的省份，要保持和巩固改善成果；尚未完成的，要确保全面实现“十三五”约束性目标；北京市环境空气质量改善目标应在“十三五”

目标基础上进一步提高。

（三）重点区域范围。京津冀及周边地区，包含北京市，天津市，河北省石家庄、唐山、邯郸、邢台、保定、沧州、廊坊、衡水市以及雄安新区，山西省太原、阳泉、长治、晋城市，山东省济南、淄博、济宁、德州、聊城、滨州、菏泽市，河南省郑州、开封、安阳、鹤壁、新乡、焦作、濮阳市等；长三角地区，包含上海市、江苏省、浙江省、安徽省；汾渭平原，包含山西省晋中、运城、临汾、吕梁市，河南省洛阳、三门峡市，陕西省西安、铜川、宝鸡、咸阳、渭南市以及杨凌示范区等。

二、调整优化产业结构，推进产业绿色发展

（四）优化产业布局。各地完成生态保护红线、环境质量底线、资源利用上线、环境准入清单编制工作，明确禁止和限制发展的行业、生产工艺和产业目录。修订完善高耗能、高污染和资源型行业准入条件，环境空气质量未达标城市应制订更严格的产业准入门槛。积极推行区域、规划环境影响评价，新、改、扩建钢铁、石化、化工、焦化、建材、有色等项目的环境影响评价，应满足区域、规划环评要求。（生态环境部牵头，发展改革委、工业和信息化部、自然资源部参与，地方各级人民政府负责落实。以下均需地方各级人民政府落实，不再列出）

加大区域产业布局调整力度。加快城市建成区重污染企业搬迁改造或关闭退出，推动实施一批水泥、平板玻璃、焦化、化工等重污染企业搬迁工程；重点区域城市钢铁企业要切实采取彻底关停、转型发展、就地改造、域外搬迁等方式，推动转型升级。重点区域禁止新增化工园区，加大现有化工园区整治力度。各地已明确的退城企业，要明确时间表，逾期不退城的予以停产。（工业和信息化部、发展改革委、生态环境部等按职责负责）

（五）严控“两高”行业产能。重点区域严禁新增钢铁、焦化、电解铝、铸造、水泥和平板玻璃等产能；严格执行钢铁、水泥、平板玻璃等行业产能置换实施办法；新、改、扩建涉及大宗物料运输的建设项目，原则上不得采用公路运输。（工业和信息化部、发展改革委牵头，生态环境部等参与）

加大落后产能淘汰和过剩产能压减力度。严格执行质量、环保、能耗、安全等法规标准。修订《产业结构调整指导目录》，提高重点区域过剩产能淘汰标准。重点区域加大独立焦化企业淘汰力度，京津冀及周边地区实施“以钢定焦”，力争 2020 年炼焦产能与钢铁产能比达到 0.4 左右。严防“地条钢”死灰复燃。2020 年，河北省钢铁产能控制在 2 亿吨以内；列入去产能计划的钢铁企业，需一并退出配套的烧结、焦炉、高炉等设备。（发展改革委、工业和信息化部牵头，生态环境部、财政部、市场监管总局等参与）

（六）强化“散乱污”企业综合整治。全面开展“散乱污”企业及集群综合整治行动。根据产业政策、产业布局规划，以及土地、环保、质量、安全、能耗等要求，制定“散乱污”企业及集群整治标准。实行拉网式排查，建立管理台账。按照“先停后治”的原则，实施分类处置。列入关停取缔类的，基本做到“两断三清”（切断工业用水、用电，清除原料、产品、生产设备）；列入整合搬迁类的，要按照产业发展规模化、现代化的原则，搬迁至工业园区并实施升级改造；列入升级改造类的，树立行业标杆，实施清洁生产技术改造，全面提升污染治理水平。建立“散乱污”企业动态管理机制，坚决杜绝“散乱污”企业项目建设和已取缔的“散乱污”企业异地转移、死灰复燃。京津冀及周边地区 2018 年年底前全面完成；长三角地区、汾渭平原 2019 年年底前基本完成；全国 2020 年年底前基本完成。（生态环境部、工业和信息化部牵头，发展改革委、市场监管总局、自然资源部等参与）

（七）深化工业污染治理。持续推进工业污染源全面达标排放，将烟气在线监测数据作为执法依据，加大超标处罚和联合惩戒力度，未达标排放的企业一律依法停产整治。建立覆盖所有固定污染源的企

业排放许可制度，2020 年年底前，完成排污许可管理名录规定的行业许可证核发。（生态环境部负责）

推进重点行业污染治理升级改造。重点区域二氧化硫、氮氧化物、颗粒物、挥发性有机物（VOCs）全面执行大气污染物特别排放限值。推动实施钢铁等行业超低排放改造，重点区域城市建成区内焦炉实施炉体加罩封闭，并对废气进行收集处理。强化工业企业无组织排放管控。开展钢铁、建材、有色、火电、焦化、铸造等重点行业及燃煤锅炉无组织排放排查，建立管理台账，对物料（含废渣）运输、装卸、储存、转移和工艺过程等无组织排放实施深度治理，2018 年年底前京津冀及周边地区基本完成治理任务，长三角地区和汾渭平原 2019 年年底前完成，全国 2020 年年底前基本完成。（生态环境部牵头，发展改革委、工业和信息化部参与）

推进各类园区循环化改造、规范发展和提质增效。大力推进企业清洁生产。对开发区、工业园区、高新区等进行集中整治，限期进行达标改造，减少工业集聚区污染。完善园区集中供热设施，积极推广集中供热。有条件的工业集聚区建设集中喷涂工程中心，配备高效治污设施，替代企业独立喷涂工序。（发展改革委牵头，工业和信息化部、生态环境部、科技部、商务部等参与）

（八）大力培育绿色环保产业。壮大绿色产业规模，发展节能环保产业、清洁生产产业、清洁能源产业，培育发展新动能。积极支持培育一批具有国际竞争力的大型节能环保龙头企业，支持企业技术创新能力建设，加快掌握重大关键核心技术，促进大气治理重点技术装备等产业化发展和推广应用。积极推行节能环保整体解决方案，加快发展合同能源管理、环境污染第三方治理和社会化监测等新业态，培育一批高水平、专业化节能环保服务公司。（发展改革委牵头，工业和信息化部、生态环境部、科技部等参与）

三、加快调整能源结构，构建清洁低碳高效能源体系

（九）有效推进北方地区清洁取暖。坚持从实际出发，宜电则电、宜气则气、宜煤则煤、宜热则热，确保北方地区群众安全取暖过冬。集中资源推进京津冀及周边地区、汾渭平原等区域散煤治理，优先以乡镇或区县为单元整体推进。2020 年采暖季前，在保障能源供应的前提下，京津冀及周边地区、汾渭平原的平原地区基本完成生活和冬季取暖散煤替代；对暂不具备清洁能源替代条件的山区，积极推广洁净煤，并加强煤质监管，严厉打击销售使用劣质煤行为。燃气壁挂炉能效不得低于 2 级水平。（能源局、发展改革委、财政部、生态环境部、住房城乡建设部牵头，市场监管总局等参与）

抓好天然气产供储销体系建设。力争 2020 年天然气占能源消费总量比重达到 10%。新增天然气量优先用于城镇居民和大气污染严重地区的生活和冬季取暖散煤替代，重点支持京津冀及周边地区和汾渭平原，实现“增气减煤”。“煤改气”坚持“以气定改”，确保安全施工、安全使用、安全管理。有序发展天然气调峰电站等可中断用户，原则上不再新建天然气热电联产和天然气化工项目。限时完成天然气管网互联互通，打通“南气北送”输气通道。加快储气设施建设步伐，2020 年采暖季前，地方政府、城镇燃气企业和上游供气企业的储备能力达到量化指标要求。建立完善调峰用户清单，采暖季实行“压非保民”。（发展改革委、能源局牵头，生态环境部、财政部、住房城乡建设部等参与）

加快农村“煤改电”电网升级改造。制定实施工作方案。电网企业要统筹推进输变电工程建设，满足居民采暖用电需求。鼓励推进蓄热式等电供暖。地方政府对“煤改电”配套电网工程建设应给予支持，统筹协调“煤改电”“煤改气”建设用地。（能源局、发展改革委牵头，生态环境部、自然资源部参与）

（十）重点区域继续实施煤炭消费总量控制。到 2020 年，全国煤炭占能源消费总量比重下降到 58% 以下；北京、天津、河北、山东、河南五省（直辖市）煤炭消费总量比 2015 年下降 10%，长三角地区

下降 5%，汾渭平原实现负增长；新建耗煤项目实行煤炭减量替代。按照煤炭集中使用、清洁利用的原则，重点削减非电力用煤，提高电力用煤比例，2020 年全国电力用煤占煤炭消费总量比重达到 55%以上。继续推进电能替代燃煤和燃油，替代规模达到 1 000 亿度以上。（发展改革委牵头，能源局、生态环境部参与）

制定专项方案，大力淘汰关停环保、能耗、安全等不达标的 30 万千瓦以下燃煤机组。对于关停机组的装机容量、煤炭消费量和污染物排放量指标，允许进行交易或置换，可统筹安排建设等容量超低排放燃煤机组。重点区域严格控制燃煤机组新增装机规模，新增用电量主要依靠区域内非化石能源发电和外送电满足。限时完成重点输电通道建设，在保障电力系统安全稳定运行的前提下，到 2020 年，京津冀、长三角地区接受外送电量比例比 2017 年显著提高。（能源局、发展改革委牵头，生态环境部等参与）

（十一）开展燃煤锅炉综合整治。加大燃煤小锅炉淘汰力度。县级及以上城市建成区基本淘汰每小时 10 蒸吨及以下燃煤锅炉及茶水炉、经营性炉灶、储粮烘干设备等燃煤设施，原则上不再新建每小时 35 蒸吨以下的燃煤锅炉，其他地区原则上不再新建每小时 10 蒸吨以下的燃煤锅炉。环境空气质量未达标城市应进一步加大淘汰力度。重点区域基本淘汰每小时 35 蒸吨以下燃煤锅炉，每小时 65 蒸吨及以上燃煤锅炉全部完成节能和超低排放改造；燃气锅炉基本完成低氮改造；城市建成区生物质锅炉实施超低排放改造。（生态环境部、市场监管总局牵头，发展改革委、住房城乡建设部、工业和信息化部、能源局等参与）

加大对纯凝机组和热电联产机组技术改造力度，加快供热管网建设，充分释放和提高供热能力，淘汰管网覆盖范围内的燃煤锅炉和散煤。在不具备热电联产集中供热条件的地区，现有多台燃煤小锅炉的，可按照等容量替代原则建设大容量燃煤锅炉。2020 年年底前，重点区域 30 万千瓦及以上热电联产电厂供热半径 15 公里范围内的燃煤锅炉和落后燃煤小热电全部关停整合。（能源局、发展改革委牵头，生态环境部、住房城乡建设部等参与）

（十二）提高能源利用效率。继续实施能源消耗总量和强度双控行动。健全节能标准体系，大力开发、推广节能高效技术和产品，实现重点用能行业、设备节能标准全覆盖。重点区域新建高耗能项目单位产品（产值）能耗要达到国际先进水平。因地制宜提高建筑节能标准，加大绿色建筑推广力度，引导有条件地区和城市新建建筑全面执行绿色建筑标准。进一步健全能源计量体系，持续推进供热计量改革，推进既有居住建筑节能改造，重点推动北方采暖地区有改造价值的城镇居住建筑节能改造。鼓励开展农村住房节能改造。（发展改革委、住房城乡建设部、市场监管总局牵头，能源局、工业和信息化部等参与）

（十三）加快发展清洁能源和新能源。到 2020 年，非化石能源占能源消费总量比重达到 15%。有序发展水电，安全高效发展核电，优化风能、太阳能开发布局，因地制宜发展生物质能、地热能等。在具备资源条件的地方，鼓励发展县域生物质热电联产、生物质成型燃料锅炉及生物天然气。加大可再生能源消纳力度，基本解决弃水、弃风、弃光问题。（能源局、发展改革委、财政部负责）

四、积极调整运输结构，发展绿色交通体系

（十四）优化调整货物运输结构。大幅提升铁路货运比例。到2020 年，全国铁路货运量比 2017 年增长 30%，京津冀及周边地区增长 40%、长三角地区增长 10%、汾渭平原增长 25%。大力推进海铁联运，全国重点港口集装箱铁水联运量年均增长 10%以上。制定实施运输结构调整行动计划。（发展改革委、交通运输部、铁路局、中国铁路总公司牵头，财政部、生态环境部参与）

推动铁路货运重点项目建设。加大货运铁路建设投入，加快完成蒙华、唐曹、水曹等货运铁路建设。大力提升张唐、瓦日等铁路线煤炭运输量。在环渤海地区、山东省、长三角地区，2018年年底前，沿海主要港口和唐山港、黄骅港的煤炭集港改由铁路或水路运输；2020年采暖季前，沿海主要港口和唐山港、黄骅港的矿石、焦炭等大宗货物原则上主要改由铁路或水路运输。钢铁、电解铝、电力、焦化等重点企业要加快铁路专用线建设，充分利用已有铁路专用线能力，大幅提高铁路运输比例，2020年重点区域达到50%以上。（发展改革委、交通运输部、铁路局、中国铁路总公司牵头，财政部、生态环境部参与）

大力发展多式联运。依托铁路物流基地、公路港、沿海和内河港口等，推进多式联运型和干支衔接型货运枢纽（物流园区）建设，加快推广集装箱多式联运。建设城市绿色物流体系，支持利用城市现有铁路货场物流货场转型升级为城市配送中心。鼓励发展江海联运、江海直达、滚装运输、甩挂运输等运输组织方式。降低货物运输空载率。（发展改革委、交通运输部牵头，财政部、生态环境部、铁路局、中国铁路总公司参与）

（十五）加快车船结构升级。推广使用新能源汽车。2020年新能源汽车产销量达到200万辆左右。加快推进城市建成区新增和更新的公交、环卫、邮政、出租、通勤、轻型物流配送车辆使用新能源或清洁能源汽车，重点区域使用比例达到80%；重点区域港口、机场、铁路货场等新增或更换作业车辆主要使用新能源或清洁能源汽车。2020年年底前，重点区域的直辖市、省会城市、计划单列市建成区公交车全部更换为新能源汽车。在物流园、产业园、工业园、大型商业购物中心、农贸批发市场等物流集散地建设集中式充电桩和快速充电桩。为承担物流配送的新能源车辆在城市通行提供便利。（工业和信息化部、交通运输部牵头，财政部、住房城乡建设部、生态环境部、能源局、铁路局、民航局、中国铁路总公司等参与）

大力淘汰老旧车辆。重点区域采取经济补偿、限制使用、严格超标排放监管等方式，大力推进国三及以下排放标准营运柴油货车提前淘汰更新，加快淘汰采用稀薄燃烧技术和“油改气”的老旧燃气车辆。各地制定营运柴油货车和燃气车辆提前淘汰更新目标及实施计划。2020年年底前，京津冀及周边地区、汾渭平原淘汰国三及以下排放标准营运中型和重型柴油货车100万辆以上。2019年7月1日起，重点区域、珠三角地区、成渝地区提前实施国六排放标准。推广使用达到国六排放标准的燃气车辆。（交通运输部、生态环境部牵头，工业和信息化部、公安部、财政部、商务部等参与）

推进船舶更新升级。2018年7月1日起，全面实施新生产船舶发动机第一阶段排放标准。推广使用电、天然气等新能源或清洁能源船舶。长三角地区等重点区域内河应采取禁限行等措施，限制高排放船舶使用，鼓励淘汰使用20年以上的内河航运船舶。（交通运输部牵头，生态环境部、工业和信息化部参与）

（十六）加快油品质量升级。2019年1月1日起，全国全面供应符合国六标准的车用汽柴油，停止销售低于国六标准的汽柴油，实现车用柴油、普通柴油、部分船舶用油“三油并轨”，取消普通柴油标准，重点区域、珠三角地区、成渝地区等提前实施。研究销售前在车用汽柴油中加入符合环保要求的燃油清净增效剂。（能源局、财政部牵头，市场监管总局、商务部、生态环境部等参与）

（十七）强化移动源污染防治。严厉打击新生产销售机动车环保不达标等违法行为。严格新车环保装置检验，在新车销售、检验、登记等场所开展环保装置抽查，保证新车环保装置生产一致性。取消地方环保达标公告和目录审批。构建全国机动车超标排放信息数据库，追溯超标排放机动车生产和进口企业、注册登记地、排放检验机构、维修单位、运输企业等，实现全链条监管。推进老旧柴油车深度治理，具备条件的安装污染控制装置、配备实时排放监控终端，并与生态环境等有关部门联网，协同控制颗粒物和氮氧化物排放，稳定达标的可免于上线排放检验。有条件的城市定期更换出租车三元

催化装置。（生态环境部、交通运输部牵头，公安部、工业和信息化部、市场监管总局等参与）

加强非道路移动机械和船舶污染防治。开展非道路移动机械摸底调查，划定非道路移动机械低排放控制区，严格管控高排放非道路移动机械，重点区域2019年年底前完成。推进排放不达标工程机械、港作机械清洁化改造和淘汰，重点区域港口、机场新增和更换的作业机械主要采用清洁能源或新能源。2019年年底前，调整扩大船舶排放控制区范围，覆盖沿海重点港口。推动内河船舶改造，加强颗粒物排放控制，开展减少氮氧化物排放试点工作。（生态环境部、交通运输部、农业农村部负责）

推动靠港船舶和飞机使用岸电。加快港口码头和机场岸电设施建设，提高港口码头和机场岸电设施使用率。2020年年底前，沿海主要港口50%以上专业化泊位（危险货物泊位除外）具备向船舶供应岸电的能力。新建码头同步规划、设计、建设岸电设施。重点区域沿海港口新增、更换拖船优先使用清洁能源。推广地面电源替代飞机辅助动力装置，重点区域民航机场在飞机停靠期间主要使用岸电。（交通运输部、民航局牵头，发展改革委、财政部、生态环境部、能源局等参与）

五、优化调整用地结构，推进面源污染治理

（十八）实施防风固沙绿化工程。建设北方防沙带生态安全屏障，重点加强三北防护林体系建设、京津风沙源治理、太行山绿化、草原保护和防风固沙。推广保护性耕作、林间覆盖等方式，抑制季节性裸地农田扬尘。在城市功能疏解、更新和调整中，将腾退空间优先用于留白增绿。建设城市绿道绿廊，实施“退工还林还草”。大力提高城市建成区绿化覆盖率。（自然资源部牵头，住房城乡建设部、农业农村部、林草局参与）

（十九）推进露天矿山综合整治。全面完成露天矿山摸底排查。对违反资源环境法律法规、规划，污染环境、破坏生态、乱采滥挖的露天矿山，依法予以关闭；对污染治理不规范的露天矿山，依法责令停产整治，整治完成并经相关部门组织验收合格后方可恢复生产，对拒不停产或擅自恢复生产的依法强制关闭；对责任主体灭失的露天矿山，要加强修复绿化、减尘抑尘。重点区域原则上禁止新建露天矿山建设项目。加强矸石山治理。（自然资源部牵头，生态环境部等参与）

（二十）加强扬尘综合治理。严格施工扬尘监管。2018年年底前，各地建立施工工地管理清单。因地制宜稳步发展装配式建筑。将施工工地扬尘污染防治纳入文明施工管理范畴，建立扬尘控制责任制度，扬尘治理费用列入工程造价。重点区域建筑施工工地要做到工地周边围挡、物料堆放覆盖、土方开挖湿法作业、路面硬化、出入车辆清洗、渣土车辆密闭运输“六个百分之百”，安装在线监测和视频监控设备，并与当地有关主管部门联网。将扬尘管理工作不到位的不良信息纳入建筑市场信用管理体系，情节严重的，列入建筑市场主体“黑名单”。加强道路扬尘综合整治。大力推进道路清扫保洁机械化作业，提高道路机械化清扫率，2020年年底前，地级及以上城市建成区达到70%以上，县城达到60%以上，重点区域要显著提高。严格渣土运输车辆规范化管理，渣土运输车要密闭。（住房城乡建设部牵头，生态环境部参与）

实施重点区域降尘考核。京津冀及周边地区、汾渭平原各市平均降尘量不得高于9吨/月·平方公里；长三角地区不得高于5吨/月·平方公里，其中苏北、皖北不得高于7吨/月·平方公里。（生态环境部负责）

（二十一）加强秸秆综合利用和氨排放控制。切实加强秸秆禁烧管控，强化地方各级政府秸秆禁烧主体责任。重点区域建立网格化监管制度，在夏收和秋收阶段开展秸秆禁烧专项巡查。东北地区要针对秋冬季秸秆集中焚烧和采暖季初锅炉集中起炉的问题，制定专项工作方案，加强科学有序疏导。严防因秸秆露天焚烧造成区域性重污染天气。坚持堵疏结合，加大政策支持力度，全面加强秸秆综合利

用，到2020年，全国秸秆综合利用率达到85%。（生态环境部、农业农村部、发展改革委按职责负责）

控制农业源氨排放。减少化肥农药使用量，增加有机肥使用量，实现化肥农药使用量负增长。提高化肥利用率，到2020年，京津冀及周边地区、长三角地区达到40%以上。强化畜禽粪污资源化利用，改善养殖场通风环境，提高畜禽粪污综合利用率，减少氨挥发排放。（农业农村部牵头，生态环境部等参与）

六、实施重大专项行动，大幅降低污染物排放

（二十二）开展重点区域秋冬季攻坚行动。制定并实施京津冀及周边地区、长三角地区、汾渭平原秋冬季大气污染综合治理攻坚行动方案，以减少重污染天气为着力点，狠抓秋冬季大气污染防治，聚焦重点领域，将攻坚目标、任务措施分解落实到城市。各市要制定具体实施方案，督促企业制定落实措施。京津冀及周边地区要以北京为重中之重，雄安新区环境空气质量要力争达到北京市南部地区同等水平。统筹调配全国环境执法力量，实行异地交叉执法、驻地督办，确保各项措施落实到位。（生态环境部牵头，发展改革委、工业和信息化部、财政部、住房城乡建设部、交通运输部、能源局等参与）

（二十三）打好柴油货车污染治理攻坚战。制定柴油货车污染治理攻坚战行动方案，统筹油、路、车治理，实施清洁柴油车（机）、清洁运输和清洁油品行动，确保柴油货车污染排放总量明显下降。加强柴油货车生产销售、注册使用、检验维修等环节的监督管理，建立天地车人一体化的全方位监控体系，实施在用汽车排放检测与强制维护制度。各地开展多部门联合执法专项行动。（生态环境部、交通运输部、财政部、市场监管总局牵头，工业和信息化部、公安部、商务部、能源局等参与）

（二十四）开展工业炉窑治理专项行动。各地制定工业炉窑综合整治实施方案。开展拉网式排查，建立各类工业炉窑管理清单。制定行业规范，修订完善涉各类工业炉窑的环保、能耗等标准，提高重点区域排放标准。加大不达标工业炉窑淘汰力度，加快淘汰中小型煤气发生炉。鼓励工业炉窑使用电、天然气等清洁能源或由周边热电厂供热。重点区域取缔燃煤热风炉，基本淘汰热电联产供热管网覆盖范围内的燃煤加热、烘干炉（窑）；淘汰炉膛直径3米以下燃料类煤气发生炉，加大化肥行业固定床间歇式煤气化炉整改力度；集中使用煤气发生炉的工业园区，暂不具备改用天然气条件的，原则上应建设统一的清洁煤制气中心；禁止掺烧高硫石油焦。将工业炉窑治理作为环保强化督查重点任务，凡未列入清单的工业炉窑均纳入秋冬季错峰生产方案。（生态环境部牵头，发展改革委、工业和信息化部、市场监管总局等参与）

（二十五）实施VOCs专项整治方案。制定石化、化工、工业涂装、包装印刷等VOCs排放重点行业和油品储运销综合整治方案，出台泄漏检测与修复标准，编制VOCs治理技术指南。重点区域禁止建设生产和使用高VOCs含量的溶剂型涂料、油墨、胶黏剂等项目，加大餐饮油烟治理力度。开展VOCs整治专项执法行动，严厉打击违法排污行为，对治理效果差、技术服务能力弱、运营管理水平低的治理单位，公布名单，实行联合惩戒，扶持培育VOCs治理和服务专业化规模化龙头企业。2020年，VOCs排放总量较2015年下降10%以上。（生态环境部牵头，发展改革委、工业和信息化部、商务部、市场监管总局、能源局等参与）

七、强化区域联防联控，有效应对重污染天气

（二十六）建立完善区域大气污染防治协作机制。将京津冀及周边地区大气污染防治协作小组调整为京津冀及周边地区大气污染防治领导小组；建立汾渭平原大气污染防治协作机制，纳入京津冀及周

边地区大气污染防治领导小组统筹领导；继续发挥长三角区域大气污染防治协作小组作用。相关协作机制负责研究审议区域大气污染防治实施方案、年度计划、目标、重大措施，以及区域重点产业发展规划、重大项目建设等事关大气污染防治工作的重要事项，部署区域重污染天气联合应对工作。（生态环境部负责）

（二十七）加强重污染天气应急联动。强化区域环境空气质量预测预报中心能力建设，2019 年年底前实现 7～10 天预报能力，省级预报中心实现以城市为单位的 7 天预报能力。开展环境空气质量中长期趋势预测工作。完善预警分级标准体系，区分不同区域不同季节应急响应标准，同一区域内要统一应急预警标准。当预测到区域将出现大范围重污染天气时，统一发布预警信息，各相关城市按级别启动应急响应措施，实施区域应急联动。（生态环境部牵头，气象局等参与）

（二十八）夯实应急减排措施。制定完善重污染天气应急预案。提高应急预案中污染物减排比例，黄色、橙色、红色级别减排比例原则上分别不低于 10%、20%、30%。细化应急减排措施，落实到企业各工艺环节，实施“一厂一策”清单化管理。在黄色及以上重污染天气预警期间，对钢铁、建材、焦化、有色、化工、矿山等涉及大宗物料运输的重点用车企业，实施应急运输响应。（生态环境部牵头，交通运输部、工业和信息化部参与）

重点区域实施秋冬季重点行业错峰生产。加大秋冬季工业企业生产调控力度，各地针对钢铁、建材、焦化、铸造、有色、化工等高排放行业，制定错峰生产方案，实施差别化管理。要将错峰生产方案细化到企业生产线、工序和设备，载入排污许可证。企业未按期完成治理改造任务的，一并纳入当地错峰生产方案，实施停产。属于《产业结构调整指导目录》限制类的，要提高错峰限产比例或实施停产。（工业和信息化部、生态环境部负责）

八、健全法律法规体系，完善环境经济政策

（二十九）完善法律法规标准体系。研究将 VOCs 纳入环境保护税征收范围。制定排污许可管理条例、京津冀及周边地区大气污染防治条例。2019 年年底前，完成涂料、油墨、胶黏剂、清洗剂等产品 VOCs 含量限值强制性国家标准制定工作，2020 年 7 月 1 日起在重点区域率先执行。研究制定石油焦质量标准。修改《环境空气质量标准》中关于监测状态的有关规定，实现与国际接轨。加快制修订制药、农药、日用玻璃、铸造、工业涂装类、餐饮油烟等重点行业污染物排放标准，以及 VOCs 无组织排放控制标准。鼓励各地制定实施更严格的污染物排放标准。研究制定内河大型船舶用燃料油标准和更加严格的汽柴油质量标准，降低烯烃、芳烃和多环芳烃含量。制定更严格的机动车、非道路移动机械和船舶大气污染物排放标准。制定机动车排放检测与强制维修管理办法，修订《报废汽车回收管理办法》。（生态环境部、财政部、工业和信息化部、交通运输部、商务部、市场监管总局牵头，司法部、税务总局等参与）

（三十）拓宽投融资渠道。各级财政支出要向打赢蓝天保卫战倾斜。增加中央大气污染防治专项资金投入，扩大中央财政支持北方地区冬季清洁取暖的试点城市范围，将京津冀及周边地区、汾渭平原全部纳入。环境空气质量未达标地区要加大大气污染防治资金投入。（财政部牵头，生态环境部等参与）

支持依法合规开展大气污染防治领域的政府和社会资本合作（PPP）项目建设。鼓励开展合同环境服务，推广环境污染第三方治理。出台对北方地区清洁取暖的金融支持政策，选择具备条件的地区，开展金融支持清洁取暖试点工作。鼓励政策性、开发性金融机构在业务范围内，对大气污染防治、清洁取暖和产业升级等领域符合条件的项目提供信贷支持，引导社会资本投入。支持符合条件的金融机构、企业发行债券，募集资金用于大气污染治理和节能改造。将“煤改电”超出核价投资的配套电网

投资纳入下一轮输配电价核价周期，核算准许成本。（财政部、发展改革委、人民银行牵头，生态环境部、银保监会、证监会等参与）

（三十一）加大经济政策支持力度。建立中央大气污染防治专项资金安排与地方环境空气质量改善绩效联动机制，调动地方政府治理大气污染积极性。健全环保信用评价制度，实施跨部门联合奖惩。研究将致密气纳入中央财政开采利用补贴范围，以鼓励企业增加冬季供应量为目标调整完善非常规天然气补贴政策。研究制定推进储气调峰设施建设的扶持政策。推行上网侧峰谷分时电价政策，延长采暖用电谷段时长至10个小时以上，支持具备条件的地区建立采暖用电的市场化竞价采购机制，采暖用电参加电力市场化交易谷段输配电价减半执行。农村地区利用地热能向居民供暖（制冷）的项目运行电价参照居民用电价格执行。健全供热价格机制，合理制定清洁取暖价格。完善跨省跨区输电价格形成机制，降低促进清洁能源消纳的跨省跨区专项输电工程增送电量的输配电价，优化电力资源配置。落实好燃煤电厂超低排放环保电价。全面清理取消对高耗能行业的优待类电价以及其他各种不合理价格优惠政策。建立高污染、高耗能、低产出企业执行差别化电价、水价政策的动态调整机制，对限制类、淘汰类企业大幅提高电价，支持各地进一步提高加价幅度。加大对钢铁等行业超低排放改造支持力度。研究制定“散乱污”企业综合治理激励政策。进一步完善货运价格市场化运行机制，科学规范两端费用。大力支持港口和机场岸基供电，降低岸电运营商用电成本。支持车船和作业机械使用清洁能源。研究完善对有机肥生产销售运输等环节的支持政策。利用生物质发电价格政策，支持秸秆等生物质资源消纳处置。（发展改革委、财政部牵头，能源局、生态环境部、交通运输部、农业农村部、铁路局、中国铁路总公司等参与）

加大税收政策支持力度。严格执行环境保护税法，落实购置环境保护专用设备企业所得税抵免优惠政策。研究对从事污染防治的第三方企业给予企业所得税优惠政策。对符合条件的新能源汽车免征车辆购置税，继续落实并完善对节能、新能源车船减免车船税的政策。（财政部、税务总局牵头，交通运输部、生态环境部、工业和信息化部、交通运输部等参与）

九、加强基础能力建设，严格环境执法督察

（三十二）完善环境监测监控网络。加强环境空气质量监测，优化调整扩展国控环境空气质量监测站点。加强区县环境空气质量自动监测网络建设，2020年年底前，东部、中部区县和西部大气污染严重城市的区县实现监测站点全覆盖，并与中国环境监测总站实现数据直联。国家级新区、高新区、重点工业园区及港口设置环境空气质量监测站点。加强降尘量监测，2018年年底前，重点区域各区县布设降尘量监测点位。重点区域各城市和其他臭氧污染严重的城市，开展环境空气VOCs监测。重点区域建设国家大气颗粒物组分监测网、大气光化学监测网以及大气环境天地空大型立体综合观测网。研究发射大气环境监测专用卫星。（生态环境部牵头，国防科工局等参与）

强化重点污染源自动监控体系建设。排气口高度超过45米的高架源，以及石化、化工、包装印刷、工业涂装等VOCs排放重点源，纳入重点排污单位名录，督促企业安装烟气排放自动监控设施，2019年年底前，重点区域基本完成；2020年年底前，全国基本完成。（生态环境部负责）

加强移动源排放监管能力建设。建设完善遥感监测网络、定期排放检验机构国家—省—市三级联网，构建重型柴油车车载诊断系统远程监控系统，强化现场路检路查和停放地监督抽测。2018年年底前，重点区域建成三级联网的遥感监测系统平台，其他区域2019年年底前建成。推进工程机械安装实时定位和排放监控装置，建设排放监控平台，重点区域2020年年底前基本完成。研究成立国家机动车污染防治中心，建设区域性国家机动车排放检测实验室。（生态环境部牵头，公安部、交通运输部、科

技部等参与）

强化监测数据质量控制。城市和区县各类开发区环境空气质量自动监测站点运维全部上收到省级环境监测部门。加强对环境监测和运维机构的监管，建立质控考核与实验室比对、第三方质控、信誉评级等机制，健全环境监测量值传递溯源体系，加强环境监测相关标准物质研制，建立“谁出数谁负责、谁签字谁负责”的责任追溯制度。开展环境监测数据质量监督检查专项行动，严厉惩处环境监测数据弄虚作假行为。对地方不当干预环境监测行为的，监测机构运行维护不到位及篡改、伪造、干扰监测数据的，排污单位弄虚作假的，依纪依法从严处罚，追究责任。（生态环境部负责）

（三十三）强化科技基础支撑。汇聚跨部门科研资源，组织优秀科研团队，开展重点区域及成渝地区等其他区域大气重污染成因、重污染积累与天气过程双向反馈机制、重点行业与污染物排放管控技术、居民健康防护等科技攻坚。大气污染成因与控制技术研究、大气重污染成因与治理攻关等重点项目，要紧密围绕打赢蓝天保卫战需求，以目标和问题为导向，边研究、边产出、边应用。加强区域性臭氧形成机理与控制路径研究，深化 VOCs 全过程控制及监管技术研发。开展钢铁等行业超低排放改造、污染排放源头控制、货物运输多式联运、内燃机及锅炉清洁燃烧等技术研究。常态化开展重点区域和城市源排放清单编制、源解析等工作，形成污染动态溯源的基础能力。开展氨排放与控制技术研究。（科技部、生态环境部牵头，卫生健康委、气象局、市场监管总局等参与）

（三十四）加大环境执法力度。坚持铁腕治污，综合运用按日连续处罚、查封扣押、限产停产等手段依法从严处罚环境违法行为，强化排污者责任。未依法取得排污许可证、未按证排污的，依法依规从严处罚。加强区县级环境执法能力建设。创新环境监管方式，推广“双随机、一公开”等监管。严格环境执法检查，开展重点区域大气污染热点网格监管，加强工业炉窑排放、工业无组织排放、VOCs 污染治理等环境执法，严厉打击“散乱污”企业。加强生态环境执法与刑事司法衔接。（生态环境部牵头，公安部等参与）

严厉打击生产销售排放不合格机动车和违反信息公开要求的行为，撤销相关企业车辆产品公告、油耗公告和强制性产品认证。开展在用车超标排放联合执法，建立完善环境部门检测、公安交管部门处罚、交通运输部门监督维修的联合监管机制。严厉打击机动车排放检验机构尾气检测弄虚作假、屏蔽和修改车辆环保监控参数等违法行为。加强对油品制售企业的质量监督管理，严厉打击生产、销售、使用不合格油品和车用尿素行为，禁止以化工原料名义出售调和油组分，禁止以化工原料勾兑调和油，严禁运输企业储存使用非标油，坚决取缔黑加油站点。（生态环境部、公安部、交通运输部、工业和信息化部牵头，商务部、市场监管总局等参与）

（三十五）深入开展环境保护督察。将大气污染防治作为中央环境保护督察及其“回头看”的重要内容，并针对重点区域统筹安排专项督察，夯实地方政府及有关部门责任。针对大气污染防治工作不力、重污染天气频发、环境质量改善达不到进度要求甚至恶化的城市，开展机动式、点穴式专项督察，强化督察问责。全面开展省级环境保护督察，实现对地市督察全覆盖。建立完善排查、交办、核查、约谈、专项督察“五步法”监管机制。（生态环境部负责）

十、明确落实各方责任，动员全社会广泛参与

（三十六）加强组织领导。有关部门要根据本行动计划要求，按照管发展的管环保、管生产的管环保、管行业的管环保原则，进一步细化分工任务，制定配套政策措施，落实“一岗双责”。有关地方和部门的落实情况，纳入国务院大督查和相关专项督查，对真抓实干成效明显的强化表扬激励，对庸政懒政怠政的严肃追责问责。地方各级政府要把打赢蓝天保卫战放在重要位置，主要领导是本行政区域

第一责任人，切实加强组织领导，制定实施方案，细化分解目标任务，科学安排指标进度，防止脱离实际层层加码，要确保各项工作有力有序完成。完善有关部门和地方各级政府的责任清单，健全责任体系。各地建立完善“网格长”制度，压实各方责任，层层抓落实。生态环境部要加强统筹协调，定期调度，及时向国务院报告。（生态环境部牵头，各有关部门参与）

（三十七）严格考核问责。将打赢蓝天保卫战年度和终期目标任务完成情况作为重要内容，纳入污染防治攻坚战成效考核，做好考核结果应用。考核不合格的地区，由上级生态环境部门会同有关部门公开约谈地方政府主要负责人，实行区域环评限批，取消国家授予的有关生态文明荣誉称号。发现篡改、伪造监测数据的，考核结果直接认定为不合格，并依纪依法追究责任。对工作不力、责任不实、污染严重、问题突出的地区，由生态环境部公开约谈当地政府主要负责人。制定量化问责办法，对重点攻坚任务完成不到位或环境质量改善不到位的实施量化问责。对打赢蓝天保卫战工作中涌现出的先进典型予以表彰奖励。（生态环境部牵头，中央组织部等参与）

（三十八）加强环境信息公开。各地要加强环境空气质量信息公开力度。扩大国家城市环境空气质量排名范围，包含重点区域和珠三角、成渝、长江中游等地区的地级及以上城市，以及其他省会城市、计划单列市等，依据重点因素每月公布环境空气质量、改善幅度最差的 20 个城市和最好的 20 个城市名单。各省（自治区、直辖市）要公布本行政区域内地级及以上城市环境空气质量排名，鼓励对区县环境空气质量排名。各地要公开重污染天气应急预案及应急措施清单，及时发布重污染天气预警提示信息。（生态环境部负责）

建立健全环保信息强制性公开制度。重点排污单位应及时公布自行监测和污染排放数据、污染治理措施、重污染天气应对、环保违法处罚及整改等信息。已核发排污许可证的企业应按要求及时公布执行报告。机动车和非道路移动机械生产、进口企业应依法向社会公开排放检验、污染控制技术等环保信息。（生态环境部负责）

（三十九）构建全民行动格局。环境治理，人人有责。倡导全社会“同呼吸共奋斗”，动员社会各方力量，群防群治，打赢蓝天保卫战。鼓励公众通过多种渠道举报环境违法行为。树立绿色消费理念，积极推进绿色采购，倡导绿色低碳生活方式。强化企业治污主体责任，中央企业要起到模范带头作用，引导绿色生产。（生态环境部牵头，各有关部门参与）

积极开展多种形式的宣传教育。普及大气污染防治科学知识，纳入国民教育体系和党政领导干部培训内容。各地建立宣传引导协调机制，发布权威信息，及时回应群众关心的热点、难点问题。新闻媒体要充分发挥监督引导作用，积极宣传大气环境管理法律法规、政策文件、工作动态和经验做法等。（生态环境部牵头，各有关部门参与）

关于印发“十三五”及 2017 年环保约束性指标计划的通知

环办规财函〔2017〕1514 号

海南省人民政府办公厅：

为贯彻落实《中华人民共和国国民经济和社会发展第十三个五年规划纲要》和 2017 年《政府工作报告》等有关要求，我部制定了“十三五”及 2017 年你省环保约束性指标计划，现印发给你们，请认真组织落实，加强日常管理，确保完成目标任务。我部将适时组织开展年度考核，实施环境质量考核与总量减排考核相结合，环境质量考核一票否决。你省年度环境质量改善和总量减排数据，经我部审核确认后，方可向社会公布。

特此通知。

附件：“十三五”及 2017 年海南省环保约束性指标计划

环境保护部办公厅

2017 年 9 月 27 日

附件

“十三五”及2017年海南省环保约束性指标计划

省份	地级及以上城市空气质量优良天数比率（%）		细颗粒物（$PM_{2.5}$）未达标地级及以上城市浓度下降（%）		二氧化硫					氮氧化物					达到或好于III类水体比例（%）		劣V类水体比例（%）		化学需氧量					氨氮				
						2020年目标		2017年计划			2020年目标		2017年计划							2020年目标		2017年计划			2020年目标		2017年计划	
	2020年目标	2017年计划	2020年目标	2017年较2015年下降(%)	2015年基数（万吨）	减排比例（%）	重点工程减排量（万吨）	较2015年下降(%)	较2015年重点工程减排量（万吨）	2015年基数（万吨）	减排比例（%）	重点工程减排量（万吨）	较2015年下降(%)	较2015年重点工程减排量（万吨）	2020年目标	2017年计划	2020年目标	2017年计划	2015年基数（万吨）	减排比例（%）	重点工程减排量（万吨）	较2015年下降(%)	较2015年重点工程减排量（万吨）	2015年基数（万吨）	减排比例（%）	重点工程减排量（万吨）	较2015年下降(%)	较2015年重点工程减排量（万吨）
海南	98.2	98.2	—	—	3.2	0	0.4	6.1	0	9.0	0	1.2	6.4	0.5	100.0	100.0	0.0	0.0	18.8	1.2	0.16	0.48	0.06	2.1	1.9	0.04	0.95	0.02

简要说明

“十三五”环保约束性指标包括地级及以上城市空气质量优良天数比率、细颗粒物（$PM_{2.5}$）未达标地级及以上城市浓度下降、达到或好于Ⅲ类水体比例、劣Ⅴ类水体比例等 4 项环境质量指标，以及二氧化硫、氮氧化物、化学需氧量、氨氮 4 项主要污染物减排指标（含重点工程减排量）。“十三五”环保约束性指标计划按照《中华人民共和国国民经济和社会发展第十三个五年规划纲要》下达，2017 年指标按照累进值下达。

根据 2016 年大气环境质量约束性指标完成情况，调整 2017 年地级及以上城市空气质量优良天数比率、细颗粒物（$PM_{2.5}$）未达标地级及以上城市浓度下降 2 项指标的累进值比例，达到或好于Ⅲ类水体比例、劣Ⅴ类水体比例 2 项指标按照《水污染防治行动计划》目标责任书确定。

坚持以改善环境质量为核心，将总量减排作为改善环境质量的手段之一。按照 2017 年 4 项环境质量指标要求，下达 4 项主要污染物减排指标。2017 年重点工程减排量基于“十三五”各省（区、市）重点工程减排量、2017 年累进减排指标占“十三五”目标的比例确定。

关于印发能源行业加强大气污染防治工作方案的通知

发改能源〔2014〕506号

各省、自治区、直辖市发展改革委、能源局、环境保护厅（局）、有关能源企业：

为贯彻落实《大气污染防治行动计划》和《京津冀及周边地区落实大气污染防治行动计划实施细则》，促进能源行业与生态环境的协调和可持续发展，切实改善大气环境质量，特制定《能源行业加强大气污染防治工作方案》。现印送你们，请认真贯彻执行。

附件：能源行业加强大气污染防治工作方案

国家发展改革委
国家能源局
环境保护部
2014年3月24日

附件

能源行业加强大气污染防治工作方案

为贯彻落实《大气污染防治行动计划》和《京津冀及周边地区落实大气污染防治行动计划实施细则》（简称《大气十条》和《实施细则》），指导能源行业承担源头治理和清洁能源保障供应的责任，特制定《能源行业加强大气污染防治工作方案》。

一、能源行业大气污染防治工作总体要求

（一）指导思想

全面深入贯彻落实党的十八大和十八届二中、三中全会精神，以邓小平理论、“三个代表”重要思想、科学发展观为指导，按照“远近结合、标本兼治、综合施策、限期完成”的原则，加快重点污染源治理，加强能源消费总量控制，着力保障清洁能源供应，推动转变能源发展方式，显著降低能源生产和使用对大气环境的负面影响，促进能源行业与生态环境的协调可持续发展，为全国空气质量改善目标的实现提供坚强保障。

（二）总体目标

近期目标：2015 年，非化石能源消费比重提高到 11.4%，天然气（不包含煤制气）消费比重达到 7%以上；京津冀、长三角、珠三角区域重点城市供应国Ⅴ标准车用汽、柴油。

中期目标：2017 年，非化石能源消费比重提高到 13%，天然气（不包含煤制气）消费比重提高到 9%以上，煤炭消费比重降至 65%以下；全国范围内供应国Ⅴ标准车用汽、柴油。逐步提高京津冀、长三角、珠三角区域和山东省接受外输电比例，力争实现煤炭消费总量负增长。

远期目标：能源消费结构调整和总量控制取得明显成效，能源生产和利用方式转变不断深入，以较低的能源增速支撑全面建成小康社会的需要，能源开发利用与生态环境保护的矛盾得到有效缓解，形成清洁、高效、多元的能源供应体系，实现绿色、低碳和可持续发展。

二、加快治理重点污染源

（三）加大火电、石化和燃煤锅炉污染治理力度

任务：采用先进高效除尘、脱硫、脱硝技术，实施在役机组综合升级改造；提高石化行业清洁生产水平，催化裂化装置安装脱硫设施，加强挥发性有机物排放控制和管理；加油站、储油库、油罐车、原油成品油码头进行油气回收治理，燃煤锅炉进行脱硫除尘改造，加强运行监管。

目标：确保按期达标排放，大气污染防治重点控制区火电、石化企业及燃煤锅炉项目按照相关要求执行大气污染物特别排放限值。

措施：继续完善“上大压小”措施。重点做好东北、华北地区小火电淘汰工作，争取 2014 年关停 200 万千瓦。

加强污染治理设施建设与改造。所有燃煤电厂全部安装脱硫设施，除循环流化床锅炉以外的燃煤机组均应安装脱硝设施，现有燃煤机组进行除尘升级改造，按照国家有关规定执行脱硫、脱硝、除尘电价；所有石化企业催化裂化装置安装脱硫设施，全面推行 LDAR（泄漏检测与修复）技术改造，加强生产、储存和输送过程挥发性有机物泄漏的监测和监管；每小时 20 蒸吨及以上的燃煤锅炉要实施脱硫，燃煤锅炉现有除尘设施实施升级改造；火电、石化企业和燃煤锅炉要加强环保设施运行维护，确保环保设施正常运行；排放不达标的火电机组要进行限期整改，整改后仍不达标的，电网企业不得调度其发电。

2014 年年底，加油站、储油库、油罐车完成油气回收治理，2015 年年底，京津冀及周边地区、长三角、珠三角区域完成石化行业有机废气综合治理。2017 年年底前，北京市、天津市、河北省和山东省现有炼化企业的燃煤设施，基本完成天然气替代或由周边电厂供气供电。在气源有保障的条件下，长三角城市群、珠三角区域基本完成炼化企业燃煤设施的天然气替代改造。京津冀、长三角、珠三角区域以及辽宁中部、山东、武汉及其周边、长株潭、成渝、海峡西岸、山西中北部、陕西关中、甘宁、乌鲁木齐城市群等“三区十群”范围内，除列入成品油质量升级行动计划的项目外，不再安排新的炼油项目。

（四）加强分散燃煤治理

任务：全面推进民用清洁燃煤供应和燃煤设施清洁改造，逐步减少京津冀地区民用散煤利用量。

目标：2017 年年底前，北京市、天津市和河北省基本建立以县（区）为单位的全密闭配煤中心、覆盖所有乡镇村的清洁煤供应网络，洁净煤使用率达到 90%以上。

措施：建设区域煤炭优质化配送中心。根据区域煤炭资源特点和煤炭用户对煤炭的质量需求，合理规划建设全密闭煤炭优质化加工和配送中心，通过选煤、配煤、型煤、低阶煤提质等先进的煤炭优

质化加工技术，提高、优化煤炭质量，逐步形成分区域优质化清洁化供应煤炭产品的布局。

制定严格的民用煤炭产品质量地方标准。加快制定优质散煤、低排放型煤等民用煤炭产品质量的地方标准，对硫分、灰分、挥发分、排放指标等进行更严格的限制，不符合标准的煤炭不允许销售和使用。推行优质洁净、低排放煤炭产品的替代机制，全面取消劣质散煤的销售和使用。

强化煤炭产品质量监管。煤炭经营企业必须根据相关标准进行产品质量标识，无标识的煤炭产品不能销售和使用。质量监督部门对煤炭产品进行定期检查和不定期抽查。达不到相关标准的煤炭不允许销售和使用。煤炭生产、加工、经营等企业必须生产和出售符合标准的煤炭产品。

加强对煤炭供应、储存、配送、使用等环节的环保监督。各种煤堆、料堆实现全密闭储存或建设防风抑尘设施。加快运煤列车及装卸设施的全封闭改造，减少运输过程中的原煤损耗和煤尘污染。在储存、装卸、运输过程中应采取有效防尘措施，控制扬尘污染。严查劣质煤销售和使用，加强对煤炭加工、存储地环保设施的执法检查。建立煤炭管理信息系统，对煤炭供应、储存、配送、使用等环节实现动态监管。

推广先进民用炉具。制定先进民用炉具标准，加大宣传力度，对先进炉具消费者实行补贴，调动购买和使用先进炉具的积极性，提高民用燃煤资源利用效率，减少污染排放。

三、加强能源消费总量控制

（五）控制能源消费过快增长

任务：适应稳增长、转方式、调结构的要求，在保障经济社会发展合理用能需求的前提下，控制能源消费过快增长，推行“一挂双控”（与经济增长挂钩，能源消费总量和单位国内生产总值能耗双控制）措施。做好能源统计与预测预警，加强能源需求侧管理，引导全社会科学用能。

目标：控制能源消费过快增长的政策措施、保障体系和社会氛围基本形成，重点行业单位产品能耗指标接近世界先进水平的比例大幅提高，能源资源开发、转化和利用效率明显提高。

措施：按照控制能源消费总量工作方案要求，做好各地区分解目标的落实工作，有序推进能源消费总量考核工作。组织开展全国能源统计普查，加快建设重点用能单位能耗在线监测系统，完善能源消费监测预警机制，跟踪监测并及时调控各地区和高耗能行业能源消费、煤炭消费和用电量等指标。总结推广电力需求侧管理经验，适时启动能源需求侧管理试点。

2015 年在京津冀、长三角和珠三角的 10 个地级市启动能源需求侧管理试点工作，2017 年京津冀、长三角和珠三角全部地级以上城市开展能源需求侧管理试点。

（六）逐步降低煤炭消费比重

任务：结合能源消费总量控制的要求，制定国家煤炭消费总量中长期控制目标，制定耗煤项目煤炭减量替代管理办法，实行目标责任管理。调整能源消费结构，压减无污染物治理设施的分散或直接燃煤，降低煤炭消费比重。

目标：到 2017 年，煤炭占一次能源消费总量的比重降低到 65%以下，京津冀、长三角、珠三角等区域力争实现煤炭消费总量负增长；北京市、天津市、河北省和山东省净削减煤炭消费量分别为 1 300 万吨、1 000 万吨、4 000 万吨和 2 000 万吨。

措施：提高燃煤锅炉、窑炉污染物排放标准，全面整治无污染物治理设施和不能实现达标排放的燃煤锅炉、窑炉。加快推进集中供热、天然气分布式能源等工程建设，在供热供气管网不能覆盖的地区，改用电、新能源或洁净煤，推广应用高效节能环保型锅炉。在化工、造纸、印染、制革、制药等产业聚集区，通过集中建设热电联产和分布式能源逐步淘汰分散燃煤锅炉。到 2017 年，除必要保留的以外，地级及以上城市建成区基本淘汰每小时10蒸吨及以下的燃煤锅炉；天津市、河北省地级及以上城市建成区基本淘汰每小时35蒸吨及以下燃煤锅炉；北京市建成区取消所有燃煤锅炉。北京市、天津市、河北省、山西省和山东省地级及以上城市建成区原则上不得新建燃煤锅炉；其他地级及以上城市建成区禁止新建每小时20蒸吨以下的燃煤锅炉；其他地区原则上不再新建每小时10蒸吨以下的燃煤锅炉。

京津冀、长三角、珠三角等区域新建项目禁止配套建设自备燃煤电站。耗煤项目要实行煤炭减量替代。除热电联产外，禁止审批新建燃煤发电项目；现有多台燃煤机组装机容量合计达到30万千瓦以上的，可按照煤炭等量替代的原则建设为大容量燃煤机组。到2017年年底，天津市燃煤机组装机容量控制在1 400万千瓦以内，河北省全部淘汰10万千瓦以下非热电联产燃煤机组，启动淘汰20万千瓦以下的非热电联产燃煤机组。

四、保障清洁能源供应

（七）加大向重点区域送电规模

任务：在具备水资源、环境容量和生态承载力的煤炭富集地区建设大型煤电基地，加快重点输电通道建设，加大向重点区域送电规模，缓解人口稠密地区大气污染防治压力。

目标：到2015年年底，向京津冀鲁地区新增送电规模200万千瓦。到2017年年底，向京津冀鲁、长三角、珠三角等三区域新增送电规模6 800万千瓦，其中京津冀鲁地区4 100万千瓦，长三角地区2 200万千瓦，珠三角地区500万千瓦。

措施：在新疆、内蒙古、山西、宁夏等煤炭资源富集地区，按照最先进的节能环保标准，建设大型燃煤电站（群）。在资源环境可承载的前提下，推进鄂尔多斯、锡盟、晋北、晋中、晋东、陕北、宁东、哈密、准东等9个以电力外送为主的千万千瓦级现代化大型煤电基地建设。

采用安全、高效、经济先进输电技术，推进鄂尔多斯盆地、山西、锡林郭勒盟能源基地向华北、华东地区以及西南能源基地向华东和广东省的输电通道建设，规划建设蒙西—天津南、锡盟—山东等12条电力外输通道，进一步扩大北电南送、西电东送规模。

华北电网部分，重点建设蒙西至天津南、内蒙古锡盟经北京、天津至山东、陕北榆横至山东、内蒙古上海庙至山东输电通道，加强华北地区500千伏电网网架，扩大山西、陕西送电京津唐能力，进行绥中电厂改接；华东电网部分，重点建设安徽淮南经江苏至上海、宁夏宁东至浙江、内蒙古锡盟至江苏泰州和山西晋东至江苏输电通道；南方电网部分，重点建设滇西北至广东输电通道。

（八）推进油品质量升级

任务：督促炼油企业升级改造，拓展煤制油、生物燃料等新的清洁油品来源，加快推进清洁油品供应，有效减少大气污染物排放。

目标：2015年年底前，京津冀、长三角、珠三角等区域内重点城市供应符合国V标准的车用汽、柴油；2017年年底前，全国供应符合国V标准的车用汽、柴油。

措施：制定出台成品油质量升级行动计划，大力推进国内已有炼厂升级改造，根据市场需求加快新项目建设，理顺成品油价格，确保按时供应国V标准车用汽、柴油。加强相关部门间的配合，对成品油生产流通领域进行全过程监管，规范成品油市场秩序，严厉打击非法生产、销售不合格油品行为。

拓展新的成品油来源，发挥煤制油和生物燃料超低硫的优势，推进陕西榆林、内蒙古鄂尔多斯、山西长治等煤炭液化项目以及浙江舟山、江苏镇江、广东湛江等生物燃料项目建设，为京津冀及周边地区、长三角、珠三角等区域提供优于国V标准的清洁油品。

2015 年年底前，燕山、天津、大港石化等炼厂完成升级改造，华北石化完成改扩建，向京津冀地区供应国Ⅴ标准汽、柴油 2 300 万吨以上；高桥、上海、大连、金陵石化完成升级改造，镇海、扬子等炼厂完成改扩建，向长三角地区供应国Ⅴ标准汽、柴油 4 100 万吨以上；广州、惠州、茂名等炼厂完成升级改造，同时加快湛江、揭阳以及惠州二期等炼油项目建设，向珠三角地区供应国Ⅴ标准汽、柴油 2 200 万吨以上。加快河北曹妃甸，洛阳石化、荆门石化以及克拉玛依石化改扩建等炼油项目建设，以满足清洁油品消费增长需要，2017 年年底，全国范围内供应国Ⅴ标准车用汽、柴油。

（九）增加天然气供应

任务：增加常规天然气生产，加快开发煤层气、页岩气等非常规天然气，推进煤制气产业科学有序发展；加快主干天然气管网等基础设施建设；加快储气和城市调峰设施建设；加强需求侧管理，优先保障民用气、供暖用气和民用、采暖的“煤改气”，有序推进替代工业、商业用途的燃煤锅炉、自备电站用煤。

目标：2015 年，全国天然气供应能力达到 2 500 亿立方米。2017 年，全国天然气供应能力达到 3 300 亿立方米。

措施：着力增强气源保障能力。提高塔里木、鄂尔多斯、四川盆地等主产区产量，加快开发海上天然气；突破煤层气、页岩气等非常规油气规模开采利用技术装备瓶颈，在坚持最严格的环保标准和水资源有保障的前提下，推进煤制气示范工程建设；加强国际能源合作，积极引进天然气资源。到 2015 年，国内常规气（含致密气）、页岩气、煤层气、煤制气和进口管道气供应能力分别达到 1 385 亿立方米、65 亿立方米、100 亿立方米、90 亿立方米和 450 亿立方米，长期 LNG 合同进口达到 2 500 万吨；到 2017 年，国内常规气（含致密气）、页岩气、煤层气、煤制气和进口管道气供应能力分别达到 1 650 亿立方米、100 亿立方米、170 亿立方米、320 亿立方米和 650 亿立方米，长期 LNG 合同进口达到 3 400 万吨。

加快配套管网建设。建设陕京四线、蒙西煤制气管道、永清—泰州联络线、青宁管道等干支线管网以及唐山、天津、青岛等 3 个 LNG 接收站。建成中亚 C 线、D 线及西气东输三线、四线、五线等主干管道，将进口中亚天然气和新疆、青海等增产天然气输送至长三角和东南沿海地区；通过中缅天然气管道逐步扩大缅甸天然气进口，供应西南地区；建设新疆煤制气管道，将西部煤制气输往华中、长三角、珠三角等地区。“十二五”期间，全国新增干线管输能力 1 500 亿立方米，覆盖京津冀、长三角、珠三角等区域。

完善京津冀鲁、东北等地区的现有储气库，新建适当规模的地下储气库。长三角、珠三角地区建设以 LNG 储罐为主，地下储气库和中小储罐为辅的调峰系统。充分调动和发挥地方和企业积极性，采用集中与分布相结合的方式，加快储气能力建设。

加强天然气需求侧管理，引导用户合理、高效用气。新增天然气优先保障民用，有序推进“煤改气”项目建设，优先加快实施保民生、保重点的民用煤改气项目。鼓励发展天然气分布式能源等高效利用项目，在气源落实的情况下，循序渐进替代分散燃煤。限制发展天然气化工项目。加强燃气发电项目管理，在气源落实的前提下，有序发展天然气调峰电站。

（十）安全高效推进核电建设

任务：贯彻落实核电安全规划和核电中长期发展规划，在确保安全的前提下，高效推进核电建设。

目标：2015 年运行核电装机达到 4 000 万千瓦、在建 1 800 万千瓦，年发电量超过 2 000 亿千瓦时；力争 2017 年年底运行核电装机达到 5 000 万千瓦、在建 3 000 万千瓦，年发电量超过 2 800 亿千瓦时。

措施：加强核电安全管理工作，按照最高安全要求建设核电项目。加大在建核电项目全过程管理，保障建设质量，在确保安全的前提下，尽早建成红沿河 2-4 号、宁德 2-4 号、福清 1-4 号、阳江 1-4 号、方家山1-2号、三门1-2号、海阳1-2号、台山1-2号、昌江1-2号、防城港1-2号等项目。新建项目从核电中长期发展规划中择优选取，近期重点安排在靠近珠三角、长三角、环渤海电力负荷中心的区域。

（十一）有效利用可再生能源

任务：在做好生态环境保护和移民安置的前提下，积极开发水电，有序发展风电，加快发展太阳能发电，积极推进生物质能、地热能和海洋能开发利用；提高机组利用效率，优先调度新能源电力，减少弃电。

目标：2015年，全国水、风、光电装机容量分别达到2.9亿千瓦、1.0亿千瓦和0.35亿千瓦，生物质能利用规模5 000万吨标煤；2017年，水、风、光电装机容量分别达到3.3亿千瓦、1.5亿千瓦和0.7亿千瓦，生物质能利用规模7 000万吨标煤。

措施：建设金沙江、澜沧江、雅砻江、大渡河和雅鲁藏布江中游等重点流域水电基地，西部地区水电装机达到2亿千瓦，对中东部地区水能资源实施扩机增容和升级改造，装机容量达到9 000万千瓦。

有序推进甘肃、内蒙古、新疆、冀北、吉林、黑龙江、山东、江苏等风电基地建设，同步推进配套电网建设，解决弃风限电问题，大力推动内陆分散式风电开发。促进内蒙古、山西、河北等地风电在京津唐电网的消纳，京津唐电网风电上网电量所占比重2015年提高到10%，2017年提高到15%。

积极扩大国内光伏发电应用，优先在京津冀、长三角、珠三角等经济发达、电力需求大、大气污染严重的地区建设分布式光伏发电；稳步推进青海、新疆、甘肃等太阳能资源丰富、荒漠化土地闲置的西部地区光伏电站建设。到2015年，分布式光伏发电装机达到2 000万千瓦，光伏电站装机达到1 500万千瓦。

促进生物质发电调整转型，重点推动生物质热电联产、醇电联产综合利用，加快生物质能供热应用，继续推动非粮燃料乙醇试点、生物柴油和航空涡轮生物燃料产业化示范。2017年，实现生物质发电装机1 100万千瓦；生物液体燃料产能达到500万吨；生物沼气利用量达到220亿立方米；生物质固体成型燃料利用量超过1 500万吨。

积极推广浅层地温能开发利用，重点在京津冀鲁等建筑利用条件优越、建筑用能需求旺盛的地区推广地温能供暖和制冷应用。鼓励开展中深层地热能的梯级利用，大力推广“政府主导、政企合作、技术进步、环境友好、造福百姓”的雄县模式，建立中深层地热能供暖与发电等多种形式的综合利用模式。到2015年，全国地热供暖面积达到5亿平方米，地热能年利用量达到2 000万吨标准煤。

督促电网企业加快电力输送通道建设，按照有利于促进节能减排的原则，确保可再生能源发电的全额保障性收购，在更大范围内消化可再生能源。完善调峰调频备用补偿政策，推进大用户直供电，鼓励就地消纳清洁能源，缓解弃风、弃水突出矛盾，提高新能源利用效率。

五、转变能源发展方式

（十二）推动煤炭高效清洁转化

任务：加强煤炭质量管理，稳步推进煤炭深加工产业发展升级示范，加快先进发电技术装备攻关及产业化应用，促进煤炭资源高效清洁转化。

目标：2017年，原煤入选率达到70%以上，煤制气产量达到320亿立方米、煤制油产量达到1 000万吨，煤炭深加工示范项目综合能效达到50%左右。

措施：鼓励在小型煤矿集中矿区建设群矿选煤厂，大中型煤矿配套建设选煤厂，提高煤炭洗选率。完善煤炭产品质量和利用技术装备标准，制定煤炭质量管理办法，限制高硫分高灰分煤炭的开采和异地利用，禁止进口高灰分、高硫分的劣质煤炭，限制高硫石油焦的进口，提高炼焦精煤、高炉喷吹用煤产品质量和利用效率。

在满足最严格的环保要求和保障水资源供应的前提下，稳步推进煤炭深加工产业高标准、高水平发展。坚持“示范先行”，进一步提升和完善自主技术，加强不同技术间的耦合集成，逐步实现“分质分级、能化结合、集成联产”的新型煤炭利用方式。坚持科学合理布局，重点建设鄂尔多斯盆地煤制清洁燃料基地、蒙东褐煤加工转化基地以及新疆煤制气基地，增强我国清洁燃料保障能力。

加快先进发电技术装备攻关及产业化应用，加强天津 IGCC 示范项目的运行管理，推进泰州百万千瓦超超临界二次再热高效燃煤发电示范项目建设，在试验示范基础上推广应用达到燃气机组排放标准的燃煤电厂大气污染物超低排放技术，加快 700 度超超临界高效发电核心技术和关键材料的研发，2018 年前启动相关示范电站项目建设。天津市、河北省、山西省、内蒙古自治区、山东省和长三角、珠三角等区域要将煤炭更多地用于燃烧效率高且污染治理措施到位的燃煤电厂。

（十三）促进可再生能源就地消纳

任务：有序承接能源密集型、资源加工型产业转移，在条件适宜的地区推广可再生能源供暖，促进可再生能源的就地消纳。

目标：形成较为完善的促进可再生能源就地消纳的政策体系。2017 年年底前，每年新增生物质能供热面积 350 万平方米，每年新增生物质能工业供热利用量 150 万吨标煤。

措施：结合资源特点和区域用能需求，大力推广与建筑结合的光伏发电、太阳能热利用，提高分散利用规模；加快在工业区和中小城镇推广应用生物质能供热，就近生产和消费，替代燃煤锅炉；探索风电就地消纳的新模式，提高风电设备利用效率，压减燃煤消耗总量。优先在新能源示范城市、绿色能源示范县中推广生物质热电联产、生物质成型燃料、地热、太阳能热利用、热泵等新型供暖方式，建设 200 个新能源供热城镇。

在符合主体功能定位的前提下，实施差别化的能源、价格和产业政策，在能源资源地形成成本洼地，科学有序承接电解铝、多晶硅、钢铁、冶金、建筑陶瓷等能源密集型、资源加工型产业转移，严格落实产能过剩行业宏观调控政策，防止落后产能异地迁建，促进可再生能源就地消纳并转化为经济优势。

结合新型城镇化建设，选择部分可再生能源资源丰富、城市生态环保要求高、经济条件相对较好的城市，采取统一规划、规范设计的方式，积极推动各类新能源和可再生能源技术在城市区域供电、供热、供气、交通和建筑中的应用，到 2015 年建成 100 个新能源示范城市，可再生能源占城市能源消费比例达到 6%。

（十四）推广分布式供能方式

任务：以城市、工业园区等能源消费中心为重点，加快天然气分布式能源和分布式光伏发电建设，开展新能源微电网示范，以自主运行为主的方式解决特定区域用电需求。

目标：2015 年，力争建成 1 000 个天然气分布式能源项目、30 个新能源微电网示范工程、分布式光伏发电装机达到 2 000 万千瓦以上。2017 年，天然气分布式能源达到 3 000 万千瓦，分布式光伏发电装机达到 3 500 万千瓦以上。

措施：出台分布式发电及余热余压余气发电并网指导意见，允许分布式能源企业作为独立电力（热力）供应商向区域内供电（热、冷），鼓励各类投资者建设分布式能源项目。2015 年年底前，重点在北京、天津、山东、河北、上海、江苏、浙江、广东等地区安排天然气分布式能源示范项目，2017 年年底前，全国推广使用天然气分布式能源系统。推进“新城镇、新能源、新生活”计划，在江苏、浙江、河北等地选择中小城镇开展以 LNG 为基础的分布式能源试点。

按照“自发自用、多余上网、电网平衡”原则，大力发展分布式光伏发电，积极开拓接入低压配电网的就地利用的分散式风电，完善调峰、调频、备用等系统辅助服务补偿机制，完善可再生能源分布式发电补贴政策。

（十五）加快储能技术研发应用

任务：以车用动力为重点，加快智能电网及先进储能关键技术、材料和装备的研究和系统集成，加速创新成果转化，改善风电、太阳能等间歇式能源出力特性。

目标：掌握大规模间歇式电源并网技术，突破 10 兆瓦级空气储能、兆瓦级超导储能等关键技术，2015 年形成为 50 万辆电动汽车供电的配套充电设施，2017 年为更大规模的电动汽车市场提供充电基础设施保障。

措施：研究制定储能技术和政策发展路线图，开展先进储能技术自主创新能力建设及示范试点，明确技术实现路径和阶段目标，从宏观政策、电价机制、技术标准、应用支持等方面保障和促进储能技术发展。以智能电网为应用方向，开展先进储能技术自主创新能力建设及示范试点。加快电动汽车供充电产业链相关技术标准的研究、制定和发布，加大充电设施等电动汽车基础设施建设力度。

六、健全协调管理机制

（十六）建立联防联控的长效机制

建立国家能源局、发展改革委、环境保护部、有关地方政府及重点能源企业共同参与的工作协调机制。北京、天津、河北、山东、山西、内蒙古、上海、江苏、浙江、广东十个省（区、市）能源主管部门以及重点能源企业要建立相应的组织机构，由相关领导同志担任负责人。

地方政府负责落实本行政区域内能源和煤炭消费总量控制、新建燃煤项目煤量替代、民用天然气供应安全、天然气城市调峰设施建设、天然气需求侧管理、“煤改气”、新能源供热、分布式能源发展、小火电淘汰以及本方案确定的其他任务，加强火电厂、石化企业、燃煤锅炉污染物排放及成品油质量等方面的监管，协助相关能源企业落实大气污染防治重大能源保障项目的用地、用水等配套条件。

中国石油、中国石化、中海油等企业负责落实油品质量升级、天然气保供增供、石化污染物治理等任务。华能、大唐、华电、国电、中电投、神华等企业负责落实小火电淘汰，火电污染物治理等任务，推进西部富煤地区外送电基地建设。中核、中广核、中电投等企业负责推进东部沿海地区核电项目建设。国网、南网等电网企业负责加快输电通道建设，全额保障性收购可再生能源电力，无歧视接入分布式能源，配合做好大用户直供、输配分开等改革试点工作。

（十七）制定分省区能源保障方案

北京、天津、河北、山东、山西、内蒙古、上海、江苏、浙江、广东省（区、市）能源主管部门应按照《大气十条》《实施细则》以及本方案的要求，结合本地区大气污染防治工作的实际需要，于 2014 年 5 月底前编制完成本行政区域能源保障方案，与国家能源局衔接后，适时发布。

（十八）完善工作制度

国家能源局会同相关省区能源主管部门和重点能源企业于每年初制定年度工作计划并组织实施，年末对完成情况进行总结。相关省区能源主管部门和重点能源企业每月至少向国家能源局报送一次工作信息，及时反映最新进展、主要成果、重大问题、重要经验等内容。

国家能源局与相关能源企业就大气污染防治重大能源保障项目签订任务书，并实行目标管理。项目单位每季度至少向国家能源局报告一次进展情况，及时反映和解决存在的问题，确保项目按计划建成投产。

（十九）加强考核监督

加强对相关省区能源主管部门和重点能源企业的任务完成情况进行考核，并将结果公布。对于考核结果优良的地方和企业，在产业布局、资金支持、项目安排等方面给予优先考虑。对于考核中存在严重问题、重点项目推进不力的地方和企业，将严格问责。

七、完善相关配套措施

（二十）强化规划政策引导

结合国务院大气污染防治工作总体部署和要求，统筹推进调整能源结构、转变发展方式等各项工作，加强宏观规划指导，加快煤炭深加工、炼油、电网建设、生物质能供热等相关规划和政策的出台，严格依法做好规划环评工作，促进大气环境质量改善。抓紧制定并发布《能源消费总量控制考核办法》《商品煤质量管理暂行办法》《燃煤发电机组环保电价及环保设施运行监管办法》《关于严格控制重点区域燃煤发电项目规划建设有关要求的通知》《煤炭消费减量替代管理办法》《关于稳步推进煤制天然气产业化示范的指导意见》《成品油质量升级行动计划》《加快电网建设落实大气污染防治行动计划实施方案》《生物质能供热实施方案》等配套政策。

（二十一）加大能源科技投入

依托重大能源项目建设，加大煤炭清洁高效利用、先进发电、分布式能源、节能减排与污染控制等重点领域的创新投入，重点支持煤炭洗选加工、煤气化、合成燃料、整体煤气化联合循环（IGCC）、先进燃烧等大气污染防治关键技术的研发和产业化。

（二十二）明确总量控制责任

地方各级人民政府是本行政区域控制能源消费总量和煤炭消费总量工作的责任主体。将能源消费总量和煤炭消费总量纳入国民经济社会发展评价体系，建立各地区和高耗能行业监测预警体系。

（二十三）推进重点领域改革

以实施大用户直接购电和售电侧改革为突破口，稳步推进调度交易机制和电价形成机制改革，保障可再生能源和分布式能源优先并网，探索建立可再生能源电力配额及交易制度和新增水电跨省区交易机制。稳步推进天然气管网体制改革，促进管网公平接入和公平开放。明确政府与企业油气储备及应急义务和责任。完善煤炭与煤层气协调开发机制。推进页岩气投资主体多元化，加强对页岩气勘探开发活动的监督管理。

（二十四）进一步强化监管措施

开展电力企业大气污染防治专项监管,加大火电项目环保设施建设和运行监管力度，促进燃煤机组烟气在线监测准确、真实。环保设施未按规定投运或排放不达标的，依法不予颁发或吊销电力业务许可证。加大节能发电调度、可再生能源并网发电和全额保障性收购的监管力度，推进跨省区电能交易、发电权交易、大用户直供等灵活电能交易，减少弃风、弃水、弃光。开展油气管网设施公平开放监管，提高管网设施运营效率，促进油气市场有序发展。开展能源消费总量控制监管。加强能源价格监管。加强能源监管体系建设，建立能源监管统计、监测、预警及考核机制，畅通投诉举报渠道，依法受理投诉举报案件，依法查处违法违规行为。

（二十五）完善能源价格机制

建立健全反映资源紧缺程度、市场供需形势以及生态环境等外部成本的能源价格体系，推进并完善峰谷电价政策，在具备条件的地区实行季节电价、高可靠性电价、可中断负荷电价等电价政策，加大差别电价、惩罚性电价政策执行力度，逐步扩大以能耗为基础的阶梯电价制度实施范围。进一步建立和完善市场化价格机制，深化天然气价格改革，推行天然气季节差价、阶梯气价、可中断气价等差别性气价政策。

（二十六）研究财金支持政策

加大对可再生能源、分布式能源和非常规能源发展的财政税收金融支持力度，研究落实先进生物燃料、清洁供暖设施等补贴政策与标准。中央预算内投资重点对农村电网改造升级、无电地区电力建设、能源科技自主创新等领域给予必要支持。

关于落实大气污染防治行动计划严格环境影响评价准入的通知

环办〔2014〕30号

各省（区、市）环境保护厅（局），新疆生产建设兵团环境保护局：

为贯彻落实《大气污染防治行动计划》，严格环境影响评价准入，促进环境空气质量改善，现将有关工作要求通知如下：

一、发挥规划环境影响评价的调控、引领和约束作用，做好与相关战略环境评价的衔接。以促进大气污染物减排，改善环境空气质量为重点，充分考虑大气环境承载力，进一步优化石化、火电、煤炭、钢铁、有色、水泥等重点产业、产业园区和城市总体规划的规模、布局、结构。依法科学开展规划环境影响评价，全面分析评估规划实施后对重点区域环境空气质量的影响，对环境影响评价结论达不到区域环境质量标准要求的规划，应当对规划内容提出优化调整建议，并采取有效的环境影响减缓控制措施。

严格落实规划与建设项目环境影响评价的联动机制。凡未开展或未完成规划环境影响评价的，各级环境保护行政主管部门不得受理规划所含建设项目的环境影响评价报批申请。规划环境影响评价结论应当作为审批建设项目环境影响评价文件的依据。

二、实行重点区域、重点产业规划环境影响评价会商机制。京津冀及周边地区、长三角地区编制的以石化、化工、有色、钢铁、建材等为主导的国家级产业园区规划，山西省、内蒙古自治区编制的煤电基地规划，其规划环境影响报告书应当进行区域内省际会商；珠三角地区重点产业和产业园区规划的环境影响报告书应当进行省内会商。

规划编制机关在向环境保护行政主管部门报送环境影响报告书前，应当以书面形式征求相关地方政府或有关部门的意见，并根据会商参与各方提出的意见，对规划及规划环境影响报告书内容进行修改完善。环境保护行政主管部门在召集审查规划环境影响报告书时，应当邀请参与会商的地方政府或有关部门代表参加审查小组，会商意见及采纳情况作为审查的重要依据。省级重点产业和产业园区规划的环境影响报告书参照上述方式进行会商。

三、严格把好建设项目环境影响评价审批准入关口

（一）严格控制“两高”行业新增产能，不得受理钢铁、水泥、电解铝、平板玻璃、船舶等产能严重过剩行业新增产能的项目。产能严重过剩行业建设项目和城市主城区钢铁、石化、化工、有色、水泥、平板玻璃等重污染企业环保搬迁项目须实行产能的等量或减量置换。

（二）不得受理城市建成区、地级及以上城市规划区、京津冀、长三角、珠三角地区除热电联产以外的燃煤发电项目，重点控制区除“上大压小”、热电联产以外的燃煤发电项目和京津冀、长三角、珠三角地区的自备燃煤发电项目；现有多台燃煤机组装机容量合计达到30万千瓦以上的，可按照煤炭等量替代的原则建设为大容量燃煤机组。

（三）不得受理地级及以上城市建成区每小时20蒸吨以下及其他地区每小时10蒸吨以下的燃煤锅

炉项目。

（四）实行煤炭总量控制地区的燃煤项目，必须有明确的煤炭减量替代方案。新改扩建煤矿项目，必须配套煤炭洗选设施。

（五）排放二氧化硫、氮氧化物、烟粉尘和挥发性有机污染物的项目，必须落实相关污染物总量减排方案，上一年度环境空气质量相关污染物年平均浓度不达标的城市，应进行倍量削减替代。

四、强化建设项目大气污染源头控制和治理措施

（一）火电、钢铁、水泥、有色、石化、化工和燃煤锅炉项目，必须采用清洁生产工艺，配套建设高效脱硫、脱硝、除尘设施。

（二）重点控制区新建火电、钢铁、石化、水泥、有色、化工以及燃煤锅炉项目，必须执行大气污染物特别排放限值。

（三）石化、有机化工、表面涂装、包装印刷、原油成品油码头、储油库、加油站项目，必须采取严格的挥发性有机物排放控制措施。

（四）改扩建项目应当对现有工程实施清洁生产和污染防治升级改造。加快落后产能、工艺和设备淘汰，集中供热项目必须同步淘汰供热范围内的全部燃煤小锅炉。

（五）对涉及铅、汞、镉、苯并[*a*]芘、二噁英等有毒污染物排放的项目和执行《环境空气质量标准》（GB 3095—2012）的区域排放细颗粒物及其主要前体物的项目，应对相应污染物进行评价，并提出污染减排控制措施。

各级环境保护行政主管部门应当按照《环境影响评价政府信息公开工作指南（试行）》要求公开建设项目环境影响评价信息，加大公众参与力度，切实维护公众环境权益，发挥环境影响评价源头预防和控制作用，推动《大气污染防治行动计划》确定的目标任务得到落实。

环境保护部办公厅

2014 年 3 月 25 日

关于加强重污染天气应急管理工作的指导意见

环办〔2013〕106号

各省、自治区、直辖市人民政府办公厅，新疆生产建设兵团办公厅：

为深入贯彻落实《国务院关于印发大气污染防治行动计划的通知》（国发〔2013〕37号），现就加强重污染天气应急管理工作提出如下指导意见：

一、加强组织领导，高度重视重污染天气应急管理工作

（一）充分认识重污染天气应急管理工作的重大意义。2013年以来，全国不同地区出现了长时间、大范围、高浓度的重污染天气，造成了不利社会影响。《大气污染防治行动计划》提出经过五年努力，全国空气质量总体改善，重污染天气较大幅度减少，京津冀、长三角、珠三角等区域（以下简称重点区域）空气质量明显好转。目前大气污染物排放总量居高不下，在极端不利气象条件下容易出现重污染天气，迫切需要在加大大气污染防治力度的基础上，采取强有力的应急管理措施，减缓重污染程度，保护公众身体健康。

（二）将重污染天气应急响应纳入地方人民政府突发事件应急管理体系，实行政府主要负责人负责制。地方各级人民政府要通过完善体制、健全机制，加强能力建设，形成政府组织实施、有关部门和单位具体落实、全民共同参与的重污染天气应急管理体系。

二、因地制宜，强化应急准备

（三）建立监测预警体系。各地要加快重污染天气监测预警体系建设，建立重污染天气监测预警业务平台，完善重污染天气预测预报相关技术规范和标准，尽快形成重污染天气监测预警能力。建立重污染天气监测预警会商制度，健全预警信息发布机制，做好重污染天气过程的趋势分析，提高监测预警的准确率。

（四）完善重污染天气应急预案体系。空气质量未达到规定标准的城市人民政府要根据当地污染物排放和气象条件，分析可能出现的重污染天气，在建立大气污染源清单的基础上，参照《城市大气重污染应急预案编制指南》，编制应急预案，并通过演练和应对实践修改完善。政府相关部门要按照职责分工制定专项实施方案，包括工业企业限产停产方案，机动车限行方案，扬尘控制方案，气象干预方案，停办大型户外活动方案以及中小学和幼儿园停止户外活动和停课方案等。

各省（区）人民政府根据本辖区重污染天气实际情况制定本级应急预案，其应急预案应当与辖区各城市应急预案统筹衔接，重点强调组织、协调和联防联动内容。

企事业单位要将重污染天气应对的相关内容纳入本单位突发环境事件应急预案。

三、快速反应，做好预警和响应工作

（五）实行分级预警。各地可按照国家突发事件应对有关规定，将重污染天气的预警等级划分为蓝色、黄色、橙色和红色四级，结合本地重污染天气情况和应急工作需要，确定不同等级的具体标准，并明确预警信息发布的程序和内容。

（六）及时启动应急响应。城市预警信息一经发布，当地人民政府要按照应急预案迅速启动应急响应。当发布蓝色预警时，要提醒公众做好健康防护，倡导公众自觉采取污染减排措施。当发布黄色及以上等级预警时，要按照专项实施方案分级落实强制性减排措施，主要包括工业企业停产、限产、限排，燃煤替代，机动车限行，场地扬尘管控，露天烧烤、秸秆焚烧管制等。当发布红色预警时，要统筹安排社会资源，为强化强制性减排措施和采取户外活动停办、中小学幼儿园停课等措施做好准备，尽量减少对正常社会秩序的影响。

区域预警信息和省级预警信息发布后，相关省（区）和城市按照各自应急预案启动应急响应。

预警解除后，当地人民政府按照应急预案及时终止应急响应。

（七）强化各项应急措施落实。重污染天气出现时，当地人民政府应急工作领导指挥机构人员迅速到位，调度、指挥应急工作。政府及相关部门要收集、研判相关信息，根据事态发展，针对污染主要原因，增加和强化相关措施；组织对专项实施方案中的各项应急措施的落实情况进行现场监督检查；增加空气质量信息和预警信息发布频次，方便公众了解污染现状和采取应急措施。当地省（区、市）环保部门要做好信息报送工作，将重污染天气出现的原因、污染程度、污染范围、已采取的措施等内容书面报送环境保护部（应急办）。

四、依法进行信息公开，加强舆论引导工作

（八）依法公开环境信息。各地要通过发布空气质量状况、公布重污染天气应急预案、发布预警信息、公开应急措施，包括要求企事业单位采取的措施以及公众需要配合采取的措施等，保障公众知情权、监督权和参与权。尤其是预警信息发布后，政府及相关部门要通过电视、广播、网络、短信等可能的途径告知公众采取健康防护措施，提醒公众减少户外活动等，保障公众权益。

（九）加强舆论引导工作。各地要通过组织专家对预警信息、采取的应急措施效果以及公众健康防护知识等进行解读，介绍国内外做法和经验，全方位、大力度、多视角地宣传重污染天气应急工作，引导公众建立合理的心理预期，客观评价并积极参与到应对工作中，营造“同呼吸、共奋斗”的良好氛围。

五、严格考核，加大责任追究力度

（十）分解和落实责任。地方人民政府要确定专门机构，明确部门职责，制定相关政策，完善配套措施，加强环境应急能力建设，充实人员和装备，加大经费保障力度。

各省（区、市）人民政府应将重污染天气应急管理工作纳入地方大气污染防治行动计划实施细则或其他规定，将应急管理的各项工作分解落实到相关部门和辖区地方人民政府，对工作不力、履职缺位等导致未能有效应对重污染天气尤其是持续严重污染等情形进行具体规定。

（十一）严格责任追究。各省（区、市）人民政府要组织监察、组织、环保等部门对重污染天气应

急管理的相关工作进行监督检查，对辖区地方人民政府、主管部门、企事业单位等未按照有关规定落实各项应急措施的，依法严格追究责任。

请重点区域内各省（区、市）人民政府于2013年年底前将重污染天气应急预案（含专项实施方案）抄送我部备案。我部将及时调度各地重污染天气应急管理工作情况并向国务院报告。

环境保护部办公厅

2013年11月18日

关于印发《全国环境空气质量预报预警实施方案》的通知

环办函〔2015〕330 号

各省、自治区、直辖市环境保护厅（局），计划单列市环境保护局：

根据《大气污染防治行动计划》的要求，2015 年年底前，各省（区、市）、副省级城市、省会城市要全部完成重污染天气监测预警体系建设。为加快推进全国环境空气质量预报预警工作，我部组织编制了《全国环境空气质量预报预警实施方案》（以下简称《方案》），现印发给你们。

请按照《方案》有关要求，认真组织实施。已经完成环境空气质量预报预警系统建设的省份和城市，要抓紧与中国环境监测总站进行技术对接；尚未完成建设任务的省份和城市，要按《方案》的进度要求抓紧实施。

联系人：环境保护部监测司　李礼

中国环境监测总站　汪巍，刘冰

联系电话：（010）66556820，84943240，84943061

附件：全国环境空气质量预报预警实施方案

环境保护部办公厅

2015 年 3 月 9 日

附件

全国环境空气质量预报预警实施方案

为落实《大气污染防治行动计划》相关要求，推动各省（自治区、直辖市）、副省级城市和省会城市开展环境空气质量预报工作，及时发布和上报预报信息，为大气污染防治、重污染天气预警应对和公共信息服务提供技术支撑，制定本方案。

一、主要目标

各省（区、市）、副省级城市和省会城市要在 2015 年 10 月前完成本行政区空气质量预报预警能力建设，按照《环境空气质量标准》（GB 3095—2012）相关规定，正式开展城市空气质量和重污染天气预报预警工作，并对外发布预报预警信息。

二、实施范围

31个省（区、市），副省级城市和省会城市。其中，包括4个直辖市、27个省会城市和5个计划单列市共36个重点城市（以下统称重点城市）。

三、预报工作要求

（一）省级环保部门

省级环保部门要建立环境空气质量预报预警系统，负责开展例行的省域空气质量预报业务，包括省域范围内例行24小时、48小时空气质量形势预报（次日00：00起连续24小时、连续48小时）。根据各地重污染天气应急预案的实际要求，有条件的省（区、市）可开展未来3天或一周空气污染趋势预报。预报业务产品信息包括空气质量级别范围及首要污染物等。

省级环保部门负责每日定时向所辖城市提供空气污染过程预报指导产品，对城市空气质量预报进行业务指导。

（二）城市环保部门

重点城市环保部门要建立环境空气质量预报预警系统，负责开展例行的城市空气质量预报业务，包括城市内例行24小时、48小时预报（次日00：00起连续24小时、连续48小时）。根据各地重污染天气应急预案的实际要求，有条件的城市可开展未来3天或一周空气污染趋势预报。预报业务产品信息包括空气质量级别范围及首要污染物等。

各省（区）非重点城市的空气质量预报业务由省级环保部门统一组织开展。各地根据实际情况，非重点城市可建立环境空气质量预报预警系统，或由省级环保部门统一负责开展空气质量预报业务，每日预报结果经非重点城市环保部门修正确定后进行发布。

（三）中国环境监测总站和区域预报中心

中国环境监测总站（暨京津冀及周边区域预报中心）负责开展京津冀及周边区域空气质量预报业务工作，并对区域预报中心和省级环境监测部门进行业务指导。负责建立全国环境空气质量预报信息交换和产品分发系统平台（以下简称全国预报信息系统平台），每日定时向各区域预报中心、省级和重点城市环境监测部门，通过虚拟专用网（VPN专网）分发提供空气污染过程预报指导产品。基本预报指导产品包括：（1）全国细颗粒物（$PM_{2.5}$）日均浓度分布图；（2）各城市$PM_{2.5}$垂直浓度时间剖面图；（3）臭氧（O_3）等数值预报产品（未来适时增加）。在全国预报信息系统平台建成后，自动化的预报指导产品将于每日9：00前下发，经会商形成的区域预报指导产品将于每日12：00前向区域内相关预报成员单位下发。

长三角和珠三角区域预报中心分别负责各自区域的空气质量预报业务工作，每日定时向区域内城市提供空气污染过程预报指导产品。各区域预报中心根据区域内城市的实际需求确定预报指导产品种类。

四、重污染预警会商工作要求

各区域、省（区、市）和重点城市应适时开展重污染天气预警会商。为做好重污染天气预警信息服务，应开展环保部门内的预警会商以及环保、气象部门间的联合预警会商。

当预测未来可能出现连续重污染过程时，适时启动部门内预警会商工作，当会商意见为预测可能达到区域预警等级时，应启动部门间重污染天气预警会商。城市和省级环境监测部门（或预报业务部门，下同）根据各地的重污染天气预警应急预案开展行政区重污染天气预警会商；区域内重污染天气预警会商由区域预报中心负责组织相关省级环境监测部门会同气象部门进行；跨区域重污染天气预警会商由中国环境监测总站负责组织相关区域预报中心、省级环境监测部门（见附 1）会同气象部门进行。

京津冀及周边地区的部门间重污染天气预警会商根据《京津冀及周边地区重污染天气监测预警方案（试行）》（环发〔2013〕111 号）和《京津冀及周边地区重污染天气监测预警实施细则（试行）》（见附 2）开展。长三角和珠三角区域以及各地省级和重点城市范围的部门间重污染天气预警会商分别根据各区域的重污染天气预警应急预案开展。预警会商采用可视化预报会商系统联网会商或电话会商等形式进行，会商决定重污染范围和预警等级。

预警发布后，当监测和预报未来 24 小时不满足重污染天气预警条件时，经部门内会商决定解除预警，并启动部门间预警会商联合解除预警。

五、能力建设技术要求

中国环境监测总站负责编制完善《全国环境空气质量预报信息交换技术指南（试行）》《可视化预报会商技术指南（试行）》和《环境空气质量数值模式源清单技术指南（试行）》等业务技术指南，实现全国空气质量预报网络的信息交换、产品分发、联网会商和污染源清单共享。

各区域预报中心、省级和重点城市环保部门，要按照中国环境监测总站《全国环境空气质量预报信息交换技术指南（试行）》的要求，在空气质量预报业务平台建设中，建立能够和国家预报网络联网的信息交换通用接口；要按照《可视化预报会商技术指南（试行）》的要求，建立能够和国家预报网络联网的可视化预报会商系统；当各地空气质量预报业务平台建设涉及数值模式预报时，要按照《环境空气质量数值模式源清单技术指南（试行）》的要求，建立能够和国家预报网络联网的模式源清单共享接口。

各地在开展空气质量预报预警能力建设时，同步建立行政区空气质量预报信息发布平台。各地的能力建设所需软硬件设备由地方配套保障。

六、信息发布要求

（一）地方信息发布

各省（区、市）和重点城市环保部门是空气质量预报预警信息的发布主体，要每日按时向社会发布预报信息，同时将预报结果上传至中国环境监测总站，并抄送相应的区域预报中心。

发布内容：至少包括未来 24 小时、48 小时空气质量级别范围和首要污染物，建议政府、公众采取的防范措施等。

发布方式：当地环保部门官方网站、环境监测部门网站、手机、电视、广播等，力求简单易懂、形式多样、贴近民众，便于公众及时了解空气质量预报和重污染预警信息。

（二）全国信息发布

在全国预报信息系统平台建成后，各省（区、市）和重点城市通过该系统自行联网填报预报结果，每日 17：00 前将预报信息通过 VPN 专线上传至该平台，并由该平台自动转发至环境保护部指定的发布平台，向全国发布。对外发布的预报预警信息以各地的预报结果为准。

发布内容：各省（区、市）和重点城市未来 24 小时、48 小时空气质量级别范围和首要污染物的预报结果。

发布方式：环境保护部官方网站、中国环境监测总站官方网站、新华网等环境保护部指定的平台。

七、实施进度及相关安排

2015 年 9 月，开始内部试预报；

2015 年 10 月，开始正式预报并对外发布预报结果。

各地要抓紧筹集环境空气质量预报能力建设项目经费，加快预报预警业务平台和可视化会商系统建设，尽快形成预报业务能力。

中国环境监测总站要抓紧建立全国预报信息系统平台，指导并规范全国空气质量预报预警能力建设和业务工作。

各级环境空气质量预报部门周末、节假日等期间的值班加班费用按照国家相关劳动法规予以保障。

附 1：部门内区域重污染天气预警会商成员单位

附 2：京津冀及周边地区重污染天气监测预警实施细则（试行）

附 3：会商意见模板

附 4：预警信息示范模板

附 1

部门内区域重污染天气预警会商成员单位

区域名称	牵头单位	代表区域范围
京津冀及周边区域	中国环境监测总站	北京、天津、河北、山西、山东、内蒙古
泛长三角区域	上海市环境监测中心	上海、江苏、浙江、安徽、江西
泛珠三角区域	广东省环境监测中心	广东、香港特区、澳门特区、广西、福建、海南
东北区域		辽宁、吉林、黑龙江
西北区域		陕西、甘肃、宁夏、青海、新疆
西南区域		重庆、四川、云南、贵州
华中区域		湖北、河南、湖南

附 2

京津冀及周边地区重污染天气监测预警实施细则（试行）

中国环境监测总站　中央气象台

一、适用范围

京津冀及周边地区，包括：北京市、天津市、河北省、山西省、内蒙古自治区和山东省。

二、区域预警等级和标准

按照《京津冀及周边地区重污染天气监测预警方案（试行）》（以下简称《方案》），京津冀及周边地区区域重污染天气预警等级划分为三级，分别为Ⅲ级、Ⅱ级、Ⅰ级预警，Ⅰ级为最高级别。

（一）Ⅲ级预警

经预测，有3个及以上省（区、市）的部分地区将发生连续三天200＜空气质量指数（AQI）≤300，但未达到Ⅱ级、Ⅰ级预警等级，空气质量为重度污染或以上级别。

（二）Ⅱ级预警

经预测，有3个及以上省（区、市）的部分地区将发生连续三天300＜AQI＜500，空气质量为严重污染级别。

（三）Ⅰ级预警

经预测，有3个及以上省（区、市）的部分地区将发生一天以上AQI=500，空气质量为极严重污染。

三、部门间会商流程

（一）会商启动

当中国环境监测总站和中央气象台监测和预报未来出现重污染达到预警等级时，启动会商。

当发生连续多天重度污染并预计还将持续时，启动应急会商。

中国环境监测总站和中央气象台监测和预报未来24小时不满足重污染预警条件时，经会商联合发送解除预警信息。

（二）会商形式

1. 采取电话会商的形式，通过电子邮件交换预测信息，未来条件具备时可采取视频会商等形式。通过双方会商达成一致。

2. 联系会商时间为上午10：00，正式会商时间为上午10：30，最终产品形成和发送时间为中午12：00前。

3. 会商意见模板由中国环境监测总站和中央气象台联合商定（见附3）。

4. 中国环境监测总站负责形成初步会商意见，以电子邮件和签字传真的形式发送至中央气象台核实修改。中央气象台签字确认后，以电子邮件和签字传真的形式回送至中国环境监测总站，经中国环境监测总站确认后，以双方联合的名义发送至区域协作机制办公室，同时抄送中央气象台。

5. 根据《方案》的规定制定预警信息（示范模板见附4）。信息产品形式包括文字（未来24小时、48小时区域重污染天气发生的时间、地点、范围、预警等级、空气污染气象条件、AQI等级分布、主要污染物等）和图形（未来24小时、48小时重污染区域等级分布图）。

四、专家委员会

专家委员会由环保、气象、科研院所、高校等专家组成，其主要职责为评估研判重大活动空气质量保障和持续大范围重污染天气过程，当环保、气象部门经会商不能达成一致意见时，由专家委员会对重污染天气进行研判和论证，确定最终重污染天气预警信息的内容。

五、发布渠道

对内信息发送：根据《方案》规定，中国环境监测总站和中央气象台分别发送至各地相关环保和气象部门。

对外信息发布：经区域协作机制办公室批准后，以双方联合发布的名义，通过各自渠道向公众发布。

附 3

会商意见模板

预计，××+1 日至××+2 日（注：××为预报发布当日，××+1 为未来一天，以下预报时段依此类推），京津冀大部地区气象条件不利于大气中污染物扩散，AQI 可能达到 200 以上，出现重度空气污染可能性大。其中，北京、天津、河北中南部的部分地区大气扩散条件较差，AQI 可能达到 300 以上，出现严重空气污染可能性大（或：北京、天津、河北中南部的局部地区大气扩散条件极差，AQI 可达 500，可能出现极严重污染天气）。

潜势预测：预计，××+3 日，上述大部地区重污染天气持续；××+4 日后，有新一轮较强冷空气南下和降水过程，气象条件转好，有利于大气中污染物扩散和清除，上述地区空气质量以良至轻度污染为主。

中国环境监测总站和中央气象台联合建议发布区域重污染天气 II 级预警，并提示北京市、天津市、河北省环保和气象部门发布相应重污染天气预警信息。

附 4

预警信息示范模板

重污染天气预警

××××年第××期

环境保护部
中国气象局
××××年××月××日 12 时

××月××日 12 时发布重污染天气 II 级预警：

预计，××+1 日至××+2 日，北京、天津、河北中南部出现重度污染天气，首要污染物为 $PM_{2.5}$。其中，北京、天津、河北中南部的部分地区达到严重污染。××+3 日至××+4 日，上述大部地区重污染天气持续；××+5 日起，上述大部地区气象条件转好，重污染天气缓解，空气质量将以优良或轻度污染为主。

防御指南：（根据 AQI 分级提醒进行说明）

未来 24 小时、48 小时重污染区域等级分布图（由环境保护部卫星环境应用中心制作）

关于印发《重污染天气预警分级标准和应急减排措施修订工作方案》的通知

环大气〔2017〕86号

北京、天津、河北、山西、内蒙古、山东、河南省（区、市）环境保护厅（局），河北省石家庄、唐山、邢台、保定、沧州、廊坊、衡水市，山西省太原、阳泉、长治、晋城市，山东省济南、淄博、济宁、德州、聊城、滨州、菏泽市，河南省郑州、开封、安阳、鹤壁、新乡、焦作、濮阳市人民政府：

为妥善应对重污染天气，指导各地做好重污染天气应急预案（以下简称应急预案）修订工作，进一步完善预警分级标准和应急减排措施，我部组织编制了《重污染天气预警分级标准和应急减排措施修订工作方案》（以下简称《工作方案》）。现印发给你们，请认真组织落实。有关要求通知如下：

一、高度重视修订工作。各地要高度重视应急预案修订工作，组织专门力量，按照《工作方案》要求开展修订工作，于2017年7月31日前将应急预案文本初稿报我部评估。我部将于收到文本20日内反馈评估结果，各地按评估结果进一步修改完善。

二、合法合规按时出台应急预案。各地要按照当地法定程序开展应急预案修订工作，以补充说明或重新修订等方式完成应急预案修订，保障应急预案修订程序的合法性和有效性。应急预案应按照我部反馈结果修改完善，于2017年9月30日前印发实施，并报我部备案。

三、定期开展评估修订工作。各地要建立评估修订机制，每年对本地应急预案有效性和可操作性进行评估，并根据当地产业结构、能源结构调整，以及大气污染治理工作进展情况，对应急预案减排措施项目清单进行更新修订。评估工作应于每年5月底前完成，清单修订工作应于9月底前完成并报我部备案。

四、做好舆论宣传引导工作。各地要结合应急预案修订工作，做好重污染天气应对的舆论宣传引导，讲明重污染天气的严峻性和危害性，营造全民行动、共同应对重污染天气的良好氛围。在发布重污染天气预警时，要通过主流媒体渠道和新媒体等多种方式，第一时间让群众掌握预警响应情况，便于做好应急减排措施和健康防护。

五、联系人及联系方式

（一）环境保护部大气环境管理司　孙志超

电话：（010）66103033

传真：（010）66103034

邮箱：quyuchu@mep.gov.cn

（二）中国环境科学研究院大气重污染成因与应急技术中心杨超（技术支持）

电话：18622062420

邮箱：yangchao@craes.org.cn

附件：重污染天气预警分级标准和应急减排措施修订工作方案

环境保护部

2017年7月7日

附件

重污染天气预警分级标准和应急减排措施修订工作方案

按照党中央、国务院领导同志指示精神，为妥善应对重污染天气，指导各地做好重污染天气应急预案修订工作，进一步完善预警分级标准和应急减排措施，制订本方案。

一、总体思路

为切实减轻重污染天气对人民群众生产生活的影响，将重污染天气应对作为改善当前环境空气质量的重要手段，充分发挥重污染天气应急预案作用，及时发布相应级别预警，采取有效措施，减少重污染天气发生频率、减轻污染程度。

（一）修订重点范围。以北京市，天津市，河北省石家庄、唐山、保定、廊坊、沧州、衡水、邢台、邯郸市，山西省太原、阳泉、长治、晋城市，山东省济南、淄博、济宁、德州、聊城、滨州、菏泽市，河南省郑州、开封、安阳、鹤壁、新乡、焦作、濮阳市（以下简称“2+26”城市）为重点，其他地区参照执行。

（二）统一预警分级标准。京津冀及周边地区采用统一的重污染天气预警分级标准，其他地区可根据当地实际情况采用更严格的预警启动条件。

（三）开展区域应急联动。完善区域应急联动机制，当预测发生区域重污染天气时，区域内各城市按照环境保护部通报的预警信息，统一启动相应级别预警。

（四）提出应急减排总体要求。明确减排基数核算方法，确定不同预警级别各项污染物减排量占全社会排放量的减排比例。

（五）规范应急减排清单。按照工业源、移动源、扬尘源细化减排措施，按照规范要求编制应急减排清单。

二、预警分级标准修订要求

重污染天气预警分级标准统一采用空气质量指数（AQI）指标，AQI 日均值按连续 24 小时（可以跨自然日）均值计算。

根据不同地区环境空气质量状况、大气污染和气候气象特征，不同地区可根据当地实际情况采用更严格的预警启动条件。

（一）重污染天气预警分级标准

蓝色预警：预测 AQI 日均值＞200，且未达到高级别预警条件；

黄色预警：预测 AQI 日均值＞200 将持续 2 天（48 小时）及以上，且未达到高级别预警条件；

橙色预警：预测 AQI 日均值＞200 将持续 3 天（72 小时）及以上，且预测 AQI 日均值＞300，且未达到高级别预警条件；

红色预警：预测 AQI 日均值＞200 将持续 4 天（96 小时）及以上，且预测 AQI 日均值＞300 将持续 2 天（48 小时）及以上；或预测 AQI 日均值达到 500。

（二）预警启动和解除

当预测到未来空气质量可能达到上述预警条件时，各城市人民政府应提前 24 小时以上发布预警信息。当监测 AQI 达到重度及以上污染级别，并预测未来 12 小时内空气质量不会有明显改善时，应根据实际污染情况尽早启动相应级别的预警。当预测或监测空气质量改善到轻度污染及以下级别，且预测将持续 36 小时以上时，可以解除预警，并提前发布解除预警信息。

（三）打断判定及预警级别调整

当预测发生前后两次重污染过程，但间隔时间未达到解除预警条件时，应按一次重污染过程从严启动预警。当预测或监测空气质量达到更高级别预警条件时，应尽早采取升级措施。

（四）区域应急联动

京津冀及周边地区各地级及以上城市应将区域应急联动措施纳入本地重污染天气应急预案。当预测区域内多个连片城市空气质量达到启动橙色及以上预警级别时，环境保护部基于区域会商结果，通报预警信息，相关城市应按照预警信息要求及时启动相应级别预警，开展区域应急联动。

三、应急减排措施修订要求

重污染天气应急减排措施应在减少对全社会，尤其是居民生活影响的前提下，按照针对性、有效性、可操作和可考核的原则，最大程度减少污染物排放。

（一）基本原则

1. 针对性原则。在制定应急减排措施时，各地应根据源解析结果和污染物排放构成选取应急管控重点对象。同行业内企业应根据污染物排放绩效水平进行排序，优先管控不能稳定达标排放的企业；企业应优先选取污染物排放量较大且能够快速安全减排的工艺环节。移动源管控措施应重点聚焦污染物排放量大的重型载货车。

2. 有效性原则。应急减排措施应有效减少企业生产活动全过程（包括物料运输、堆存、原料准、生产、成品运输等环节）的污染物排放，减少整个重污染天气高发季节应急措施对生产活动的扰动频次。应急管控对象企业应尽可能采取停产或限产（整条生产线停产）等方式实现应急减排，鼓励产能严重过剩的行业在采暖季实施错峰生产，一般产能过剩的行业以月或两月为单位实施轮流错峰生产。

3. 可操作原则。应急减排应分门别类提出切实有效、便于操作的减排措施，避免采取“一刀切”的应急减排方式，确保措施能落地、可操作。工业企业减排措施要具体可行，制定具体的减排措施，明确管理实施流程，做到“一厂一策”。

4. 可考核原则。应急减排措施应明确责任主体和分工部门，确定考核问责机制。应急减排清单应符合编制规范，明确企业单位的具体信息，停限产措施要落实到每个工序、每个环节，以便监督管理。

（二）应急减排措施总体要求

重污染天气应急减排措施，是在落实大气污染治理日常措施的基础上，对减排力度的进一步强化，两者不能混淆。原则上，各地应按照减排措施启动后能够降低一级污染程度的目标，确定重污染天气应急减排措施。

1. 减排比例总体要求

启动重污染天气应急预案期间，“2+26”城市全社会二氧化硫（SO_2）、氮氧化物（NO_x）、颗粒物（PM）等主要污染物在黄色、橙色和红色预警级别的减排比例应分别达到 10%、20%和 30%以上，挥发性有机物（VOCs）减排比例应分别达到 10%、15%和 20%以上。各地根据本地污染物排放构成，可

内部调整 SO_2 和 NO_x 的减排比例，但二者减排比例之和不应低于上述总体要求。蓝色预警级别全社会PM和VOCs减排比例均应达到5%以上。其他地区可根据本地污染特征参照执行，适当调整各项污染物减排比例。鼓励在重污染天气高发季节采取行业性错峰生产，对实施错峰生产的企业，在评估预警期间污染物减排量时按1.2倍核算。

2. 减排基数核算方法

开展减排基数核算是科学制定和评估重污染天气应急减排措施的重要基础。减排基数核算包括基础排放清单建立及排放量核算、应急减排基数核算、日减排基数核算三部分。减排基数每年核算一次。

（1）基础排放清单建立及排放量核算方法

基础排放清单应基于《关于开展京津冀大气污染传输通道污染源排放清单编制工作的通知》（环办大气〔2017〕26号）下达的清单编制任务，明确排污信息。基础排放量核算是对全社会的排放量进行测算，包括工业源、产业集群、采暖锅炉、民用散煤、其他民用源、道路机动车、非道路移动源、扬尘源等。

（2）应急减排基数核算方法

应急减排基数是在基础排放量中扣除当年常规治理措施减量，得到的全年减排基数。对于当年已取缔或计划取缔的“散乱污”企业，已淘汰或计划淘汰的燃煤锅炉、黄标车等对应的污染排放量，均不应纳入应急减排基数。

（3）日减排基数核算方法

日减排基数是应急减排基数折算到每日的排放量，用于测算重污染天气应急措施减排比例。工业企业原则上按照全年排放量除以330天折算；采暖锅炉和民用散煤按照120天折算；移动源和扬尘源按照365天折算。扬尘排放量作为颗粒物排放量的一部分单独计算，其减排比例上限按照城市分季节的细颗粒物来源解析结果确定。

（三）主要应急减排措施

SO_2、NO_x、PM减排主要通过严格控制钢铁、平板玻璃、有色、水泥、燃煤电厂、燃煤锅炉、工业窑炉排放，限制重型载货车和工程机械使用等措施实现；扬尘颗粒物主要通过停止施工工地土石方作业，禁止建筑垃圾、渣土、砂石运输车辆行驶，增加主要道路保洁频次等措施实现。VOCs减排主要通过严格控制化工、工业涂装、印刷等行业VOCs排放，停止建筑工地喷涂粉刷等使用有机溶剂的作业等措施实现。

1. 工业源减排措施

工业源主要通过停产或限产等方式实现减排，优先采取行业内不同企业轮流停产、企业内生产线轮换停产等方式实现。由于生产工艺等因素无法快速实现停限产，通过提高治污效率等方式减少污染物排放的企业或工艺流程，在执行现有污染物排放标准基础上，参照各预警级别的污染物减排比例，降低排放限值，并通过在线监控实施监管。鼓励优先选择对高污染燃料使用企业采取停产、限产措施。

2. 移动源减排措施

移动源主要通过采取限制高排放车辆使用、实施过境重型载货车绕行疏导等措施实现。高排放车辆限行范围不应局限在主城区和建成区；黄标车限行已纳入常规管理工作的城市，不应纳入应急措施管控范畴。重污染天气橙色、红色预警时，可采取特定区域禁行柴油车辆的措施。谨慎使用单双号限行的强制措施，倡导重污染期间减少出行和公共交通出行。

3. 扬尘源及其他面源减排措施

扬尘源主要通过控制施工扬尘和交通扬尘实现。施工扬尘控制应采取禁止混凝土搅拌、建筑拆除、渣土车运输、土石方作业等措施。交通扬尘控制应采取适当增加主干道路和易产生扬尘路段的机扫和洒水频次等措施。其他面源主要通过降低装修喷涂和建筑粉刷等活动水平实现。对塔吊或地下施工等不宜采取停工措施；对于禁止露天焚烧和露天烧烤等日常措施，不应纳入应急减排措施。

（四）应急预案减排措施项目清单编制要求

以各地污染源排放清单为基础，逐个排查本行政区域内各类污染源，摸清污染排放实际情况，夯实重污染天气应急预案减排措施项目清单。各地根据当地产业结构调整情况，每年定期开展减排措施项目清单修订工作。

1. 减排措施项目清单编制要求

各地按照重污染天气应急预案减排措施项目清单（见附表）要求，填报工业源、移动源、扬尘源项目清单。工业源项目清单需要填报企业具体工艺环节、污染物排放量以及不同预警级别下采取的应急措施和相应减排量，禁止将长期停产企业、虚假企业纳入清单。移动源项目清单要包括过境车辆在内的不同车辆类型、不同排放标准的机动车保有量信息和管控措施，有条件的城市可按照应急管控措施估算减排量。扬尘源项目清单要包括当年施工工地、道路扬尘、堆场扬尘等信息，有条件的城市应估算减排量。

2. 企业实施方案编制要求

各地要组织指导工业源项目清单所涉及的企业制定实施方案，并报当地环境保护局备案。实施方案要包含企业基本情况、主要生产工艺流程、主要涉气产污环节及污染物排放情况，并载明不同预警等级下的应急减排措施，明确具体的停产生产线及工艺环节，同时给出各类减排措施的关键性指标（如天然气用量、用电量等）。对于采取提高治污效率降低污染物排放的企业或工艺环节，要载明执行的污染物排放标准以及不同预警级别下的排放限值。持排污许可证的企业在排污许可证中明确上述要求。

附表：重污染天气应急预案减排措施项目清单

附表

重污染天气应急预案减排措施项目清单

表 1 工业源项目清单

填报单位：

序号	企业名称	所在地	具体地址	所属行业	是否纳入环统	经纬度坐标		生产线/工序	主要产品	产能规模	主要产品产量	主要污染物排放量（千克/天）			
						经度	纬度					烟粉尘	SO_2	NO_x	VOCs
1								1							
								2							
								……							
2								1							
								2							
								……							

红色预警					橙色预警					黄色预警					蓝色预警				
停、限产措施	估算减排量（千克/天）				停、限产措施	估算减排量（千克/天）				停、限产措施	估算减排量（千克/天）				停、限产措施	估算减排量（千克/天）			
	烟粉尘	SO_2	NO_x	VOCs		烟粉尘	SO_2	NO_x	VOCs		烟粉尘	SO_2	NO_x	VOCs		烟粉尘	SO_2	NO_x	VOCs

说明：1. 所有应急减排措施涉及的工业企业均应纳入项目清单。

2. 所在地要明确到具体区县。

3. 通过现场手机定位确定经纬度坐标，并按北纬××°××′××″、东经××°××′××″形式提供。

4. 所属行业按照国民经济行业代码填写。

5. 生产线/工序应逐条填写所有涉气环节。

6. 提高治污效率降低污染物排放的企业或工艺环节，在停限产措施中明确执行的污染物排放标准以及不同预警级别的排放限值。

表 2　移动源项目清单

填报单位：

所在地市（区）	类型		机动车保有量（千辆）						红色预警				橙色预警				黄色预警				蓝色预警			
			国 0	国 1	国 2	国 3	国 4	国 5	限行措施	估算减排量（千克/天）			限行措施	估算减排量（千克/天）			限行措施	估算减排量（千克/天）			限行措施	估算减排量（千克/天）		
										PM	NO_x	VOCs		PM	NO_x	VOCs		PM	NO_x	VOCs		PM	NO_x	VOCs
	载客汽车	微型																						
		小型																						
		中型																						
		大型																						
	载货汽车	微型																						
		小型																						
		中型																						
		大型																						
	低速载货汽车	三轮汽车																						
		低速货车																						

表 3 扬尘源项目清单（1）

填报单位：

序号	扬尘源名称	所在地	具体地址	经纬度坐标		占地面积（m^2）	红色预警		橙色预警		黄色预警		蓝色预警	
				经度	纬度		控制措施	估算减排量（千克/天）	控制措施	估算减排量（千克/天）	控制措施	估算减排量（千克/天）	控制措施	估算减排量（千克/天）
								扬尘		扬尘		扬尘		扬尘
1														
2														
3														
……														

说明：通过现场手机定位确定经纬度坐标，并按北纬××°××′××″、东经××°××′××″形式提供。

表 3 扬尘源项目清单（2）

填报单位：

道路扬尘				红色预警		橙色预警		黄色预警		蓝色预警	
所在地	道路等级	道路总长度（km）	平均车流量（辆/天）	控制措施	估算减排量（千克/天）	控制措施	估算减排量（千克/天）	控制措施	估算减排量（千克/天）	控制措施	估算减排量（千克/天）
					扬尘		扬尘		扬尘		扬尘
	一级道路										
	二级道路										
	三级道路										
	四级道路										
	城市道路										
	高速公路										

关于进一步加强空气质量预报与信息发布工作的通知

环办监测函〔2017〕343 号

各省、自治区、直辖市环境保护厅（局），新疆生产建设兵团环境保护局：

2013 年以来，各级环保部门认真贯彻落实《大气污染防治行动计划》要求，加强空气质量预报预警体系建设，国家、区域、省级和重点城市空气质量预报预警体系基本建成，预报准确率不断提升，取得积极成效。为更好地适应大气污染防治工作需要，及时为公众健康防护提升指引，各地要进一步加强空气质量预报和信息发布工作。现将有关要求通知如下：

一、充分认识加强空气质量预报与信息发布的重要性

空气质量与群众生产生活密切相关，社会关注度高，随着我国经济社会的不断发展和人民群众环境意识的快速提升，公众积极了解和参与环保，对良好生活环境的期望日益迫切，空气质量已成为公众关注热点。开展空气质量预报和信息发布是贯彻落实《大气污染防治行动计划》的重要举措，是大气污染防治工作的重要内容。特别是空气重污染预报预警信息，为地方政府及时采取有效应急应对措施、最大限度减轻空气重污染影响提供了重要依据。各级环保部门要从环保为民、惠民的高度，深刻认识做好空气质量预报和信息发布工作的重要意义，切实采取有效措施加强空气质量预报和信息发布工作。

二、加强能力提高预报信息的准确度

各地区要认真落实《大气污染防治行动计划》要求，加强空气质量预报预警能力建设，根据本地区实际情况，提供必要的工作经费、场所，配备必要的预报人员，加强预报人才储备和培养，从人、财、物等方面加大支持力度，切实提升空气质量预报基础能力、信息化水平和队伍建设水平。

各地区要基于本地现有污染源监测、空气质量实时监测结果，加强大气污染过程模拟分析，加强与气象等相关部门的沟通协调和联合会商，完善会商研判机制，积极做好本地区空气质量形势预测预报工作。一旦预测未来可能出现空气重污染过程时，要进行加密会商，必要时成立专家咨询委员会，为空气质量预报工作提供专家咨询支持，不断提高预报的准确度，为空气重污染应对工作提供及时、科学、有效支撑。

三、及时发布空气质量预报信息

（一）提供信息发布时效性

各地区要建立空气质量预报信息常态化发布机制，及时报送和发布空气质量预报信息，充分发挥空气质量预报信息在公众日常生活和健康防护方面的指引作用，积极回应公众关切。让空气质量预报信息在为大气污染防治、空气重污染应对提供科学决策支撑的同时，为公众提供更多更好的信息服务。

各省（区、市）环境保护厅（局）要在每日 15：00 前，组织向中国环境监测总站报送直辖市、省会城市及计划单列市未来三天空气质量预报信息。

（二）拓宽信息发布渠道

各地区要不断拓宽空气质量预报信息发布渠道，多种方式打造多元化信息发布格局。除在环保部门官方网站、官方微博、微信平台等发布空气质量预报信息外，还要通过广播、电视、报纸等多种渠道进行发布。要加强与省级及地市级电视台的沟通协调，在电视台开辟专门栏目发布空气质量预报信息。要充分发挥新媒体传播速度快、覆盖范围广、互动能力强的优势，做到多点宣传、广泛发布、全面覆盖。一旦预测可能出现空气重污染过程，要第一时间向地方政府报送空气重污染预警提示信息，及时向受影响区域公众发布空气重污染预警提示信息，提出针对不同人群的健康防护建议。

（三）改进信息发布内容

空气质量预报信息发布一般包括以下内容：未来区域或城市空气质量形势，空气质量指数范围、空气质量级别及首要污染物，对人体健康的影响和建议措施等。要以公众需求为出发点，不断提高预报信息的针对性，增强可读性，让人民群众看得到、看得懂、看得明白。要加强对空气重污染信息发布后舆情的跟踪、研判和应对，及时进行专家解读和解疑释惑。正确引导舆论，争取公众对大气污染防治工作更大的理解和支持。

四、加强组织领导

各地区要加强对空气质量预报工作的组织领导，完善工作机制，明确责任分工，细化工作程序，重视预报能力建设和人员培训，在资金、政策方面给予支持，保障空气质量预报工作责任到位、人员到位、经费到位、措施到位，尽快形成相应层级的预报能力，不断提高预报工作能力和水平。

中国环境监测总站负责对各地区空气质量预报工作进行业务指导，各省（区、市）环境监测中心（站）要加强对本地区地级及以上城市空气质量预报预警体系建设、预报与信息公开工作的业务指导。

请各省（区、市）环境保护厅（局）于 2017 年 6 月底前，将本地区空气质量预报预警体系建设和信息发布情况报我部。

联系人：环境保护部监测司　刘彬、汪志国

电话：（010）6655 6808、6655 6816

传真：（010）6655 6817

环境保护部办公厅
2017 年 3 月 10 日

关于转发天津、兰州市加强今冬明春大气污染防治工作部署文件的函

环办函〔2015〕1705号

各省、自治区、直辖市人民政府办公厅：

历年的监测数据表明，冬季是大气污染较为集中的时期，特别是北方地区进入采暖期后，供暖季细颗粒物（$PM_{2.5}$）浓度贡献度约占全年3成。改善冬季环境空气质量，对完成全年空气质量改善目标有着至关重要的作用。各地务必高度重视冬季大气污染防治工作，提前进行工作部署，落实各地政府和有关部门责任，积极应对重污染天气，保障冬季空气质量。

部分地区已经对冬防工作进行了相关部署，现将天津市印发的《美丽天津一号工程指挥部关于加强今冬明春大气污染防治工作的紧急通知》（美丽天津一号工程〔2015〕7号）和兰州市委、市政府办公厅印发的《关于印发〈兰州市2015—2016年度冬季大气污染防治工作方案〉的通知》（兰办发〔2015〕58号）印送给你们，供各地参考。

附件：1. 《美丽天津一号工程指挥部关于加强今冬明春大气污染防治工作的紧急通知》（美丽天津一号工程〔2015〕7号）

2. 《关于印发〈兰州市2015—2016年度冬季大气污染防治工作方案〉的通知》（兰办发〔2015〕58号）

环境保护部办公厅

2015年10月22日

附件1

美丽天津一号工程指挥部关于加强今冬明春大气污染防治工作的紧急通知

美丽天津一号工程〔2015〕7号

各区、县人民政府，各有关部门：

冬季是我市大气污染较为集中时期，供暖季燃煤量增加造成燃煤污染物排放总量加大，气候干燥等自然因素造成积尘负荷和起尘量增加，逆温、静风等不利气象天气造成重污染天气集中高发。按照

市委、市政府统一部署，针对我市冬季大气污染较为集中的特点，为进一步强化冬季大气污染防治，确保圆满完成空气质量改善目标，请各区县政府、各有关部门在现有大气污染防治措施基础上，自2015年10月15日至2016年3月31日期间，严格落实以下专项治理措施：

一、狠抓责任落实

各区县人民政府和各部门、各单位要充分认识做好今冬明春大气污染防治和重污染天气应对工作的重要性、紧迫性，立即行动，紧急部署，严密组织，迅速开展工作，认真落实大气污染防治和重污染天气应对各项工作。各级党委、政府主要负责同志要亲自抓、负总责，动员各级各部门明确分工，强化乡镇、街道大气污染防治属地管理责任，做到责任到位、措施到位、问责到位，确保我市今冬明春大气污染防治工作取得实效。

二、狠抓燃煤污染治理

（一）加快燃煤锅炉改燃治理进度。确保10月底前全面完成年度燃煤锅炉改燃关停任务，落实好配套管网和气源，确保已改燃锅炉全部发挥环境效益。2015年燃煤供热锅炉和燃煤工业锅炉改燃关停任务清单见附表1。（市牵头部门：市建委、市工信委）

（二）加大燃煤设施达标排放监管力度。10月底前，全面完成燃煤锅炉环保设施的维护和检修。9月底前，全面实现占全市燃煤量95%以上71家重点企业的在线监测，一旦超标，立即报警并立案处罚；对未安装在线监测装置的燃煤设施，相关区县可在环保设施药剂投加部位安装视频监控，确保采暖期环保装置高效运行。在线监测重点企业名单见附表2。（市牵头部门：市环保局）

（三）严格煤质监督检查。全面加强流通领域煤质管控，加大抽查频次和覆盖面，每月向社会公布流通领域煤质抽检结果和处罚情况，对劣质煤严格依法查没和从严处罚。自11月1日起，每半个月向社会公布炉前煤抽检结果和处罚情况，并对超标企业依法按上限从重处罚。（市牵头部门：市市场监管委、市环保局）

（四）严格散煤管控。各区县要严格落实无烟型煤配送、存储、使用各环节任务进度和责任分工，10月底前，全面完成城市生活散煤煤改电和农村散煤优质煤替代工作，确保在采暖期发挥环境效益。严控源头，开展联合执法，严厉打击劣质散煤。（市牵头部门：市发改委、市建委、市农委、市市场监管委、市环保局）

（五）强化电煤清洁化利用。对已实现清洁化利用的煤电机组加强维护，确保稳定达到燃气排放标准；对尚未完成改造的机组，在确保稳定达标的基础上，全面提高环保设施运行效率，最大程度降低污染负荷。（市牵头部门：市发改委）

（六）科学制定供暖起炉计划。严格控制起炉工况，分批分期平稳起炉，遇不利气象条件时禁止起炉，确保起炉过程各项污染物稳定达标排放。（市牵头部门：市供热办）

三、狠抓扬尘等面源污染治理

（一）抓好施工扬尘及渣土治理。全市各类施工工地严格落实“五个百分之百”扬尘防治要求，对防尘措施落实不到位的，依照《天津市大气污染防治条例》从严从重处罚，并落实按日计罚。各区县要足额征收施工扬尘排污费，并可在符合相关政策要求的情况下，用于辖区大气污染治理。各类施工工地在冬季停工前要严格落实好苫盖等各项扬尘控制措施。严把渣土运输准入关、道路运输关和污染处罚关，强化渣土“挖、堆、运”全过程监控，从严从重处罚违法行为。（市牵头部门：市建委、市农委、市交通运输委、市市容园林委、市国土房管局、市水务局、市综合执法局）

（二）抓好道路扬尘治理。细化冬季道路扫保方案，在非结冰期坚持湿法作业，确保中心城区和重点地区道路机扫水洗每日至少一次；在结冰期，要充分发挥新型吸扫车的作用，确保主干道和重点道路每日吸扫至少一次。遇不利气象条件时，要立即进一步加大道路机扫水洗频次。（市牵头部门：市市

容园林委）

（三）抓好荒草、秸秆垃圾禁烧。严格落实属地管理责任，全面加大精细化管理力度，将秸秆、杂草、树叶、垃圾、烧荒等一并纳入禁烧范围，通过卫星遥感和无人机技术对全市各类禁烧行为进行监控，对区县严格实行通报排名和考核问责。（市牵头部门：市市容园林委、市农委、市环保局）

（四）抓好裸露地面扬尘管控。严格落实裸露地面绿化、硬化和苫盖等扬尘防治措施，对已完成治理的裸露地面，严格管控，杜绝扬尘问题复发。（市牵头部门：市环保局）

（五）抓好烟花爆竹禁放。严格落实《天津市烟花爆竹安全管理办法》关于禁止燃放烟花爆竹的各项规定。（市牵头部门：市公安局）

四、狠抓机动车污染治理

（一）严格机动车及油品标准监管。严格开展新车环保一致性核查，达不到排放标准车辆一律不予注册登记，严肃查处销售排放不达标车辆企业，并向社会公开。全面加强油品质量监督检查，确保全市范围内销售的汽柴油达到国五标准。（市牵头部门：市环保局、市市场监管委）

（二）对重型柴油车及非道路机械开展全面排查和专项执法检查。坚决禁止不达标车辆上路和不达标工程机械作业，并按上限处弱。持续强化联合路检，持续严厉打击机动车超标排放违法行为。（市牵头部门：市环保局、市公安交管局、市交通运输委、市建委）

（三）开展船舶污染治理。重点推进老旧船舶更新和内河船舶 LNG 动力改造，加快岸电基础设施建设。（市牵头部门：市交通运输委，并请天津海事局协助推动工作）

（四）持续抓好 24 个重点区域交通优化治理方案的落实。（市牵头部门：市公安交管局、市环保局）

五、狠抓工业企业达标排放

（一）全面加快工业污染治理任务进度。确保 10 月底前全面完成 60 套化工石化行业生产装置挥发性有机物在线检测和修复，以及 15 项钢铁企业烟粉尘无组织排放深度治理任务；确保年底前完成 22 项重点工业企业脱硫、除尘和挥发性有机物治理任务。（市牵头部门：市环保局）

（二）确保环保设施稳定运行。10月底前，对全市工业企业环保设施完成一轮专项检查，督促企业按期完成环保设施检修和药剂储存工作，确保采暖期环保设施全部稳定高效运行。（市牵头部门：市环保局）

六、狠抓不利气象条件应对

切实加强空气质量预警预报，逐日、逐周、逐月对全市环境空气质量分析研判。当 AQI 大于 100 时，及时启动重点区域空气质量保障“五个一”工作方案；当 AQI 大于 150 时，及时启动中度及以上污染天气临时减排措施；当发生重污染天气时，及时启动《天津市重污染天气应急预案》。果断采取不利气象条件应对措施，提前预防污染天气出现，削减重污染天污染物浓度峰值。（市牵头部门：市环保局、市气象局）

七、狠抓环境监督执法

2015 年 10 月至 12 月期间，在全市范围内开展冬季大气污染执法百日行动，严查各类燃煤设施、工业企业、重型柴油车、施工工地和混凝土搅拌站的大气污染物排放违法行为。对超标排放或环保措施落实不到位的，从严从重处罚；情节严重的，立即责令停产；对涉嫌环境污染犯罪的，及时移送公安机关依法追究刑事责任。（市牵头部门：市环保局、市建委、市公安交管局）

八、狠抓考核问责

加强对全市今冬明春大气污染防治工作情况的督导检查，每周对各区县环境空气质量及改善情况进行排名通报。严格落实《天津市清新空气行动考核和责任追究办法（试行）》，对存在工作不力、履职缺位等问题的区县、部门和企业负责人，依法依规追究有关单位和人员的责任。（市牵头部门：市委

组织部、市环保局）

各区县人民政府、有关责任部门于 2015 年 11 月 15 日前将贯彻落实情况上报美丽天津一号工程指挥部办公室。

特此通知。

附表：1. 2015 年燃煤供热锅炉和燃煤工业锅炉改燃关停任务清单（略）

2. 在线监测重点企业名单（略）

附件 2

中共兰州市委办公厅 兰州市人民政府办公厅 关于印发《兰州市 2015—2016 年度冬季大气污染防治工作方案》的通知

兰办发〔2015〕58 号

各县区委和人民政府，市委各部门，市级国家机关及各部门，各人民团体，兰州新区、高新区、经济区党工委和管委会：

《兰州市 2015—2016 年度冬季大气污染防治工作方案》已经市委、市政府同意，现印发给你们，请认真组织实施。

中共兰州市委办公厅

兰州市人民政府办公厅

2015 年 9 月 18 日

兰州市 2015—2016 年度冬季大气污染防治工作方案

为全面做好 2015—2016 年度冬季大气污染防治（以下简称冬防）工作，持续改善我市大气环境质量，保障公众健康，根据兰州市人民政府办公厅《关于印发〈兰州市大气污染防治行动计划工作方案（2013—2017 年度）〉的通知》（兰政办发〔2014〕25 号）及《关于印发〈兰州市 2015 年度大气污染防治实施方案〉的通知》（兰政办发〔2015〕73 号）相关要求，结合我市实际，制定如下工作方案。

一、指导思想

全面贯彻省市委“工作落实年”的一系列决策部署，坚持严字当先，针对我市冬季污染特点，结合污染结构发生重大变化的实际，突出减排重点，细化量化目标，明确职责任务，协同联动联防，下移监管重心，动员全民参与，舆论跟进宣传，严格奖惩机制，一线解决问题，通过分时段、有侧重地严管、严查、严考、严惩等严格防控措施，确保今冬环境空气质量持续改善。

二、工作目标

通过实施冬防特别管控措施，确保年度环境空气质量优良率（AQI）达到 68.5%（250 天）以上，不发生人为因素引发的中度以上污染天气；城区 PM_{10}、$PM_{2.5}$ 两项污染物年均浓度分别控制在 120 μg/m^3、58 μg/m^3 之内，SO_2、NO_2、CO、O_3 等四项污染物年均浓度基本保持稳定；月度排名及年度总排名稳定退出全国十大污染城市行列，让广大市民看到更多的蓝天白云、呼吸更加洁净的空气、享受更多的“环境红利”。

三、工作步骤

2015—2016 年度冬防工作从 2015 年 9 月 20 日开始，至 2016 年 3 月 31 日结束。重点管控区域为城关区、七里河区、西固区、安宁区及高新区定远镇和连搭乡、红古区平安镇、永登县树屏镇、榆中县和平镇和来紫堡镇、皋兰县忠和镇和九合镇，其他区域实行全面管控。重点管控对象为工业、扬尘、机动车尾气、燃煤和枯枝落叶及垃圾焚烧等四大类污染源。分三个阶段实施：

（一）动员实施阶段（2015 年 9 月 20 日—10 月 31 日）

1. 召开冬防动员大会。9 月中旬制定全市冬防工作方案，召开全市动员会议，安排部署冬防工作。各县区政府、各相关单位要根据本县区、本单位的实际情况，细化任务分工，明确责任落实，制定并上报各自的冬防方案，并于 9 月 30 日前分别召开冬防工作动员大会，对冬防工作进行动员和安排，将工作落实到人，做到污染有人抓，问题有人管。

2. 进一步强化网格化监管。各县区政府负责，按照《兰州市大气污染防治网格化监管办法》要求，各县区要进一步落实网格化管理考核奖惩机制，明确网格监管责任人，充实基层网格监管力量，并于 9 月 30 日前对网格员全面开展一轮冬防培训，提升冬防期间低空面源污染监管水平和能力。

3. 开展整治卫生死角活动。市城管委牵头，近郊四区政府负责，每周五组织开展全民大扫除，全面清洗公共设施、交通护栏等，彻底清除道路护栏下和道牙石周边泥土，全面清理整治各类卫生死角，对城乡接合部、背街小巷、城中村等区域生活垃圾进行清除，对辖区内的楼宇进行立面清洗和楼顶保洁。

市生态建设局牵头，市南北两山绿化指挥部配合，近郊四区政府负责，在气温不结冰、对植被无损伤的情况下，定期对城区道路绿化带、树木及两山绿化区域实施喷灌降尘作业，减少植被积尘。

4. 严管严查扬尘污染源。对各类施工扬尘源实行“一票停工制”，即各类施工工地未能按要求完全落实防尘抑尘降尘措施的，即实行停工整顿。一是严管建筑施工扬尘。市城管委牵头，相关县区政府负责，督促建筑工程全面落实 6 个 100%抑尘措施；加强渣土运输车辆审批和监管，联合市交警支队开展卡口检查，遏制渣土车辆遗撒现象；对现有裸露土壤覆盖物进行清查，凡老旧和破损的覆盖物一律监督施工方进行更换。二是严管削（移）山造地扬尘。市城管委牵头，市国土局配合，相关县区政府负责，监督碧桂园等城区削（移）山造地及皋兰县削山造地项目严格落实防尘抑尘降尘措施。凡达到标高要求及停工后的裸地必须实施喷洒造壳剂、绿网覆盖等防尘技术，防止风蚀起尘和人为扰动起尘。同时对碧桂园等工地实行施工时段 24 小时驻场监管，现场监督落实降尘抑尘措施。三是严管市政工程扬尘。市建设局负责，对市区道路开挖等市政工程进行复查，在 10 月 15 日前全面完成城区主次干道及破损桥梁的维护及油护工作。对已建成的城市道路要及时移交并开展环卫保洁作业，未移交前一律由建设单位负责或委托环卫部门开展保洁工作。四是严管拆迁扬尘。市房产局牵头，近郊四区政府负责，严格拆迁工地批管制度，对未落实湿法或封闭拆迁的工地一律予以重罚并督促立即整改，2015 年 11 月 1 日至 2016 年 3 月 31 日停止市区拆迁项目审批作业（重大民生项目除外）。五是采取智能化监管措施严管建筑工地扬尘。市环保局牵头，在点位周边、建筑面积 4 000 平方米以上、土方施工期在 7 个月以上施工工地，在其主要进出口及上下风向安装在线视频监控及 PM_{10}、TSP 监测设施，实行全方位、定量化监控，实现县区、部门之间资源共享。六是遏制道路交通扬尘。市交通委牵头，相关县区政府负责，10 月 15 日前对盐什公路等路面破损严重道路实施维修进行抑尘。城关区负责，对古城坪道路扬尘进行彻底整治；榆中县、城关区政府负责，对东金公路两旁积土进行彻底清除；皋兰县政府负责，对省道109线、201线忠和段、九合段开展清尘保洁，并对道路两旁积尘进行清除，地面温度0℃以上采取不间断洒水抑尘措施。七是市生态建设局及近郊四区政府按照管辖权限，10月31日前对市区绿化带内土壤进行清理，防止绿化带内高出道牙石的积土雨后溢出污染路面。

5. 严防严控燃煤污染。一是实施煤炭总量控制。市工信委牵头，制定《兰州市煤炭经营使用监管条例实施细则》，明确市区煤炭使用总量控制的相关规定，并进一步严格煤炭流通、销售环节管控规定，细化城市煤炭使用环节管控措施。二是整顿煤炭专营市场。市工信委牵头，相关县区政府负责，监督兰州辉能煤炭市场专营管理服务有限公司、兰州卫能商贸有限责任公司两大煤炭专营市场严把原煤质量关，对两大煤炭市场开展24小时驻场监管，并于9月30日前对全市型煤生产企业开展全面检查，对生产劣质型煤的企业采取重罚、查扣生产设施等措施，杜绝劣质型煤的生产和流通，保障市场优质无烟煤、洁净型煤和引燃煤充足供应。市技术监督局负责，对城区内两大煤炭专营市场引燃煤和洁净型煤煤质开展定期抽检，抽检数每月不少于总批次的35%，并在媒体公示煤质抽检结果。三是严管二级销售网点，市工信委牵头，市公安局、市技术监督局、市工商局配合，相关县区政府负责，9月30日前完成城区及周边洁净型煤和无烟煤二级配送网点的清查，对销售劣质型煤、有烟煤、半烟煤等劣质煤炭的二级配送网点，一经发现在重罚、没收的基础上一律吊销经营资质。对私自销售煤炭的行为在重罚、没收的基础上由市公安局环保分局对其负责人进行训诫。四是强化城区卡口管控。市工信委牵头，市公安局交警支队负责，近郊四区政府配合，在城区出入口设置卡口对进入城区的煤炭进行24小时检查，非专营煤炭市场运煤车辆一律不允许进入城区。同时，完善乡镇（街道）、社区分片监管制度，建设煤炭监控网络，一旦发现运输、销售、使用有烟煤、劣质型煤的立即报告县区工信部门进行查处。五是严格煤炭使用要求。近郊四区政府负责，按照“高污染燃料禁燃区”的规定，严格落实“禁燃区”内严禁使用高污染燃料的规定。对违反“禁燃区”相关规定的，依法依规予以查处。对使用优质煤炭的低收入家庭适当予以补贴。六是巩固扩大煤炭监管范围，在将城市周边的高新区连搭乡和定远镇、榆中县和平镇和来紫堡镇，皋兰县忠和镇和九合镇，永登县树屏镇等7个乡镇纳入城区煤炭管理范围的基础上，巩固监管成果，全面推广使用引燃煤，全面禁售劣质型煤、有烟煤和半烟煤。

6. 开展小型工业企业集中整治。一是市工信委牵头，县区政府负责，9月30日前对违反国家产业政策、生产工艺落后、环境污染严重的“十五小、新五小”企业以及证照不全、非法生产的小作坊以及地下加工企业再次进行拉网式排查，发现一家，取缔淘汰一家，对其生产设施要做到彻底废毁，并切断其供水供电设施，对相关责任人进行刑事处罚，坚决杜绝违法违规企业复产。重点整治黄羊头、青白石、咸水沟、雁滩、大砂坪、和平、定远、忠和等区域。二是市工信委牵头，市环保局、市安监局、市技术监督局配合，西固区政府负责，9月30日前完成西固区石化、化工企业（包括兰石化厂中厂）的集中整治，对其化工原料运输、储存及其生产工艺、流程、产品储存销售、环保设施运行等情况进行全面检查，凡发现有违法违规行为的一律停产整顿。三是市工信委牵头，市环保局配合，相关县区政府负责，9月30日前完成全市16家铁合金企业的集中整治，凡逾期未完成深度治理的一律停产治理。

7. 集中攻坚完成年度治理任务。一是完成10蒸吨以上燃煤锅炉提标治理任务，各县区政府负责，按照计划任务在10月31日前完成各自辖区内10蒸吨以上燃煤锅炉提标改造。二是完成餐饮业污染综合整治及茶浴炉取缔。近郊四区政府负责，组织环保、城管、食药、工商等部门，联合对市区餐饮单位进行集中整治，完成年度重点餐饮单位清洁能源改造和油烟治理工作，完成剩余部分经营性燃煤立式茶浴炉取缔改造工作，实现经营性燃煤立式茶浴炉“清零”。三是完成工业企业深度治理任务。市环保局牵头，通过现场督办、环保资金扶持、专人驻厂监察等措施，协调解决治理过程中出现的问题，

12 月底前完成城区三大电厂及兰石化、榆钢等 15 项重点工业治理项目。四是完成工业企业搬迁及落后产能淘汰工作。市工信委牵头，年内实现北车兰州机车等重点项目开工建设，基本完成兰通、安泰堂、新兰药等 20 个项目出城入园；10 月底前完成城区建成区及其周边铸造等热加工类高排放企业“出城入园”，未搬迁企业禁止复产，缓解城区环境压力。五是完成未供暖楼院供热设施集中改造。市建设局牵头，近郊四区政府负责，10 月 20 日前完成城区 22 万平方米未供暖楼院供热设施改造工作。六是市工信委牵头，四城区政府负责，完成城市建成区内 1 万户（其中城关区 3 000 户、七里河区 2 500 户、西固区 2 000 户、安宁区 2 500 户）居民环保节能炉具推广使用工作。

8. 巩固大气污染防治示范区。近郊四区政府负责，在已完成 13 个大气污染防治示范区内，继续巩固“三无一禁”措施，即无工业燃煤、无裸地、无堆场和禁止燃放烟花爆竹。对示范区内生活垃圾堆存点开展填埋、转运等集中治理和经常性巡查，防止生活垃圾自燃和人为点燃。

（二）严防严控阶段（2015 年 11 月 1 日—2016 年 2 月 28 日）

1. 重污染企业停产减污。一是事前承诺。市环保局牵头，与重点大气排污单位签订“冬防”承诺书，督促各重点企业就“冬防”期间强化环保设施管理、确保达标排放、控制煤质煤量、环保预警时减产减排等事项进行公开承诺。二是环境公示。市环保局牵头，在二热电厂、范坪电厂、西固电厂、兰石化分公司等重点企业厂区大门等公众明显可视处设置不小于 6 平方米的企业环境信息公示屏幕，实时公布企业生产负荷、工业用煤量、煤质情况、各项污染物排放浓度以及排放限值和排放总量等内容，接受社会各界监督。三是企业停产。各县区政府负责，2015 年 11 月 1 日—2016 年 3 月 31 日期间，对市属及市属以下污染排放强度大、不能稳定达标排放的小型工业企业或其部分生产设施实施停产，同时每周对停产企业进行跟踪督查和暗访检查，防止企业违规复产。四是应急响应。遇大气重污染天气等需启动应急预案时，根据预警等级，由市工信委、市环保局牵头，各县区政府负责，对部分企业及生产设施实行限产限排措施，重点企业由市工信委、市环保局负责监督落实，其他企业由县区政府负责落实。

2. 监管重点工业源。一是创新监管方式，10 月 15 日起对三大电厂、兰石化化肥厂实行驻厂监管、不定时抽查、在线监控、随机监测等监管措施。驻厂监管，即市工信委、市环保局、市技术监督局继续对三大电厂实行联合驻厂监管，西固区对兰石化化肥厂实行驻厂监管，主要检查企业无组织排放源管控措施落实情况、工业动力煤质量和煤量情况、环保设施故障停机检修措施落实情况，并按照在线监控值班室的指令对企业现场下达执法文书，第一时间制止企业违法违规行为。不定时抽查，即市委市政府督查室、指挥部办公室对三大电厂及兰石化对照环保公示牌随时进厂抽查企业生产运行情况及环保设施运行情况、污染物排放情况，同时由市环保局协调省环境监察局组成专业巡检队伍，对重点企业生产工况、环保设施运行等情况进行明察暗访，防止企业伪造工况和环保设施运行数据。在线监控，即市环保局牵头，整合在线污染物排放数据监控平台、视频监视平台和工况全过程监控系统，形成“三位一体”在线监控模式，并组成在线监控值班室开展 24 小时在线监控，主要在线检查企业工况运行、环保设施运行、污染物排放浓度和总量以及排放口实时排放情况，发现异常情况立即通知驻厂人员现场查处。随机监测，即市环保局牵头，对重点企业污染物排放随机采样并进行在线数据有效性审核，凡发现随机采样监测数据与在线数据误差超过国家规定范围的，一律视同企业伪造数据，在对企业高限处罚、媒体曝光的同时，对其相关人员按照法律法规移送公安机关实施行政拘留等行政处罚。二是落实应急措施。在应急状态下对市区三大电厂和兰石化化肥厂实行临时紧急限负荷、限煤量、限煤质、限排放、限总量的“五限”措施。三是源头控制煤质。三大电厂及兰石化化肥厂工业动力煤一律采取铁路运输和两大煤炭专营市场补给方式解决，禁止汽车运送工业动力煤，确保三大电厂“冬防”期间使用优质工业动力煤（即灰分含量小于 25%，硫分含量小于 0.7%，热值大于 4 800 大卡/千克），在深度治理的基础上最大限度压减燃煤电厂冬季污染物排放总量。四是加强兰石化公司石化产品生产、输送和储存过程中挥发性有机物泄漏的预警监测，一旦发现挥发性有机物排放异常，兰石化公司要立即减产查源。同时严格落实兰石化火炬器排放管控方案，凡事故性排放要在事故发生后24小时内书面报告市环保局，对事故发生的原因、排放情况等进行分析。

3. 综合整治扬尘污染。一是市建设局负责，督促道路开挖等市政工程落实“6个100%”抑尘措施，凡未落实的一律停工整顿，同时将施工过程中扬尘污染严重、治理措施不力且屡罚屡犯的建设方列入施工“黑名单”，取消其兰州市施工单位施工资格。同时于10月15日前对市区内所有已完工的开挖路面全部回填铺油，对路缘石进行整修，减少道路扬尘。二是市城管委牵头，近郊四区政府负责，强化道路抑尘保洁措施，逐步推行“以克论净”保洁环卫作业标准，落实全天保洁保湿要求，雨（雪）后立即开展道路清淤（雪）工作。严控道路交通扬尘，确保物料运输车辆遮盖密闭和按规定线路、时间行驶，查处不符合规定和带泥上路的车辆。市公安局交警支队配合做好违规车辆拦停、查处等相关工作。三是市环保局负责，做好扬尘污染监测及工业渣场扬尘监管，防止风蚀起尘。

4. 防控低空面源污染。近郊四区政府负责，发挥网格化管控职能，全面监控网格覆盖范围内扬尘、燃煤、垃圾焚烧、餐饮污染等低空大气污染源。一是城乡接合部及棚户区、城中村等区域全面推行集中点火、分散取火，配送引燃煤和洁净型煤。二是市区内各类市场推广使用电炉采暖，对确需使用小火炉取暖的一律统一配送引燃煤和洁净型煤或无烟煤，不得使用劣质煤炭。三是严查露天烧烤，所有流动烧烤摊点必须入店或集中经营，室内烧烤需配备油烟净化设施。四是严控焚烧垃圾及面源污染。发现焚烧生活垃圾、枯枝烂叶及燃煤“冒黑烟”等行为，按规定时限赶赴现场劝止或上报。五是建立县区综合执法队伍，抽调工信、环保、建设、城管、交管等部门的工作人员组成机动检查分队，对网格上报的较为重大的大气污染行为进行查处。六是全面落实农作物秸秆和荒草禁烧制度。市农委牵头，远郊三县一区政府及高新区管委会负责，建立县区、乡镇（街道）、村（社区）三级秸秆和荒草禁烧责任体系，同时对村庄周边焚烧垃圾进行网格化监管，落实网格包抓机制，实行严防严控，遏制“污染围城”现象。

5. 严控机动车尾气污染。一是市公安局负责，在城区19个出入口设置卡口，拦堵过境大型货运机动车，查处尾气超标车辆，24小时禁止大型货运机动车、农用车在城区行驶，严禁除特种车辆以外的“黄标车”在主城区行驶。二是市公安局交警支队负责，制定重点监控点位周边交通疏导方案，对重点部位实行最严格的交通管制，科学合理疏导交通，最大限度减少机动车尾气污染。严禁黄标车和无标车进入城区，实行大车绕行制度。三是市环保局、市公安局负责，启动市区主要进城路段固定式机动车尾气激光/红外遥感检测系统建设，对进入城区的机动车尾气进行实时检测，监测结果用于交管部门现场执法。四是推行和提倡绿色出行、公交出行及“无车日”活动。市交通委负责，扩大市区公共自行车租赁系统覆盖范围，并进一步完善管理机制，方便市民出行。五是对全市营运车辆尤其是营运性大客车进行检查，本地始发车辆及过境营运车辆尾气必须达标排放，“冒黑烟”大客车禁止进入城区。六是开展非移动源及油品整治。市建设局牵头，对非移动源施工机械开展全面清查，禁止施工机械使用劣质柴油，禁止机械超标、“带病”运营。市技术监督局牵头，严查全市生产、销售伪冒假劣油品。

（三）严控外来沙尘阶段（2016年3月1日—3月31日）。

继续开展工业、生活面源、扬尘和机动车尾气四大污染源管控。市气象局负责发布沙尘天气预警预报。市城管委牵头，重点加大扬尘污染防控力度，在冬春季外来沙尘天气适时启动沙尘天气应急预案，城区所有土方作业一律紧急停工，工地内裸地、土堆等物料全部覆盖，工地内部不间断洒水抑尘。在气温允许的情况下，近郊四区环卫部门洒水车辆全部上路洒水增湿，沙尘天气结束后立即组织吸尘保洁车辆上路吸尘，减轻外来沙尘与本地扬尘叠加污染。

四、保障措施

（一）加强组织领导。在兰州市大气污染治理领导小组领导下，兰州地区大气污染综合治理指挥部全面组织实施冬防工作。指挥部办公室承担冬防日常工作，主要负责冬防工作沟通协调、监督推进、情况汇总上报等工作，实行 24 小时在线调度、指挥和监督，每周通报各单位工作落实情况并上报市委、市政府。同时市委市政府督查室、指挥部办公室组成综合考核组，对县区、部门工作落实情况进行督查考核。各县区也要成立相应机构，对各自辖区内环境空气质量异常情况实行 24 小时调度指挥，督促乡街落实网格化监管措施，限时办结市指挥部办公室督查通报的问题及交办的工作任务，负责每月对乡街考核排名。

（二）完善工作机制。一是调度指挥。采取现场会、推进会、通报会、督办会等形式，及时开展调度，研究解决阶段性问题，通报督查考核情况，反馈通报办结及问责情况。二是信息公开。指挥部办公室每日公布四区环境空气质量状况，并按照综合指数每周、每月对四区环境空气质量排名和公布，对四区排名情况每月进行通报，对连续三周排名倒数第一且综合环境空气质量指数不降反升的区约谈，对连续四周倒数第一且综合环境空气质量指数不降反升的区进行问责。每两周在媒体公开曝光环境违法行为和查处结果，形成高压严惩态势。三是问题转办。市委市政府督查室、指挥部办公室对督查巡查中发现的问题，第一时间向相关县区、部门进行转办。同时，利用无人机航拍和智能在线监控系统随时发现管控中存在的问题，要求相关县区、部门及时进行处置。四是预警应急。环保部门与气象部门开展污染天气监测预警，每天对气象条件会商研判，第一时间发布预警信息，提早做好污染应对准备。五是协同联动。区（县）部门联动联防，要成立由环保、工信、公安、建设、城管执法、技术监督等部门为成员的综合执法组，随机联合查处大气污染违法犯罪行为。市区（县）建立调度平台，对空气质量异常情况和大气污染行为早发现、早调度、早查处、早反馈，第一时间解决区域性大气污染问题。

（三）严格奖惩措施。采取多种方式，开展定期不定期督查考核，跟踪督办重要工作，对群众反映强烈的大气污染违法案件挂牌督办、限时办结。同时，按照污染物类别进行分类考核，四区的主要考核指标是可吸入颗粒物（PM_{10}）和细颗粒物（$PM_{2.5}$）年均浓度的下降幅度，远郊三县一区的主要考核指标是各县区年均降尘量算术平均值。对不能按期完成或未完成目标任务的县区领导班子分别给予诫勉谈话和环保一票否决；对重视程度不够、工作不积极、措施不落实，甚至推诿扯皮、行动迟缓、阳奉阴违、得过且过的，转办事项未在限期内办结或考核中连续三次因同一问题被通报的责任人，按照“一次通报、二次约谈、三次问责”的原则进行问效处理。同时对工作业绩突出的单位和个人给予奖励，对工作在一线的人员，尤其是网格监管、环卫保洁等基层工作人员要给予适当补助。

（四）营造舆论氛围。一是市委宣传部负责，组织新闻媒体开设冬防工作专栏或专刊、专题，全方位、大力度、多视角宣传报道市委、市政府关于冬防工作的决策部署和冬防工作开展情况，公示各类污染源主管部门的举报电话、信箱等，并开展环境违法行为“随手拍”活动，方便群众投诉。设置曝光台，对包括大气污染违法行为在内的环境违法犯罪行为每两周曝光一次，方便群众监督。二是市环保局负责，及时在新闻媒体上发布环境空气质量状况和近郊四区降尘情况，并对重点工业企业的污染控制承诺及守法情况、污染治理设施运行情况、处罚情况等进行公示。三是充分发挥“12345”民情通热线和“12369”环保举报专线作用，鼓励群众举报环境违法问题，并对群众举报的问题限时查处和反馈，对重大举报案件实行公示制。四是各县区政府和市直有关部门要对照职责分工，加强舆论宣传，动员全民参与和监督，营造社会化治污的大格局。

关于印发《国家环境空气质量监测网城市站运行管理实施细则（试行）》的函

环办监测函〔2017〕290号

各省、自治区、直辖市环境保护厅（局），新疆生产建设兵团环境保护局，机关有关部门，中国环境监测总站，各运维机构：

为适应监测事权上收后环境监测管理新要求，规范国家环境空气质量监测网城市站运行和维护，保障环境空气监测数据准确可靠，根据《"十三五"环境监测质量管理工作方案》（环办监测〔2016〕104号）的有关要求，我部制定了《国家环境空气质量监测网城市站运行管理实施细则（试行）》。现印发给你们，请遵照执行。县级以上地方环境保护主管部门应依据本细则，制定地方环境空气质量监测网运行管理细则。试行期间若有意见和建议，请及时反馈我部。

联系人：环境保护部环境监测司　韩静磊

地　址：北京市西城区西直门南小街115号

邮　编：100035

电　话：（010）66556815

传　真：（010）66556824

邮　箱：zhiguanchu@mep.gov.cn

附件：1. 运维机构名单

2. 国家环境空气质量监测网城市站运行管理实施细则（试行）

环境保护部办公厅

2017年3月1日

附件1

运维机构名单

1. 河北先河环保科技股份有限公司
2. 安徽蓝盾光电子股份有限公司
3. 厦门隆力德环境科技开发有限公司
4. 青岛吉美来科技有限公司
5. 河南鑫属实业有限公司
6. 武汉宇虹环保产业发展有限公司

附件 2

国家环境空气质量监测网城市站运行管理实施细则
（试 行）

一、总 则

第一条 为规范国家环境空气质量监测网城市站运行管理，保障环境空气自动监测数据和信息准确可靠，依据《生态环境监测网络建设方案》（国发〔2015〕56 号）和《“十三五”环境监测质量管理工作方案》（环办监测〔2016〕104 号），制定本细则。

第二条 本细则所称国家环境空气质量监测网城市站（以下简称国家城市站）是指经环境保护部批准设置的，以监测城市建成区的环境空气质量整体状况和变化趋势为目的而设置的环境空气自动监测站点。

第三条 国家城市站环境质量监测系统，包括环境空气颗粒物（PM_{10}、$PM_{2.5}$）连续自动监测系统和环境空气气态污染物（SO_2、NO_2、O_3、CO）连续自动监测系统。

（一）环境空气颗粒物连续自动监测系统由空气质量监测子站、质量保证实验室和系统支持实验室组成，其主要功能及基本要求参见《环境空气颗粒物（PM_{10}、$PM_{2.5}$）连续自动监测系统运行与质控技术规范》（HJ 817）。

（二）环境空气气态污染物连续自动监测系统由空气质量监测子站、中心计算机室、质量保证实验室和系统支持实验室组成，其主要功能及基本要求参见《环境空气气态污染物（SO_2、NO_2、O_3、CO）连续自动监测系统运行与质控技术规范》（HJ 818）。

第四条 国家城市站监测项目包括二氧化硫（SO_2）、二氧化氮（NO_2）、颗粒物（PM_{10}、$PM_{2.5}$）、一氧化碳（CO）、臭氧（O_3）、气象五参数（风速、风向、空气温度、相对湿度、大气压力），其他项目结合相关标准要求确定。

第五条 本细则适用于国家城市站的运行管理。

二、运行机制和职责分工

第六条 环境保护部负责组织管理国家城市站，县级以上地方环境保护主管部门负责国家城市站运行所需基础条件的保障工作。中国环境监测总站负责国家城市站的技术管理和运行考核，并依托省级环境监测机构组建区域质控实验室，配合开展本区域国家城市站的质量控制和质量保证工作，委托运维机构负责国家城市站的运行维护工作。

第七条 各级环境保护主管部门、中国环境监测总站、区域质控实验室和运维机构，依据各自职责开展相关工作，保障国家城市站稳定规范运行。

（一）环境保护部主要职责

1. 负责组织建设国家城市站，发布全国环境空气质量信息。

2. 负责组织制定并实施国家城市站的建设、验收、运行及质量管理等相关的规章、制度、标准和规范。

3. 负责国家城市站的综合管理，对国家城市站质控体系运行情况进行检查。

（二）中国环境监测总站主要职责

1. 负责国家城市站日常运行管理、质量控制和质量保证工作。

2. 负责国家城市站点位调整、优化的技术审核。

3. 负责组织安装视频监控及技防系统、监测数据采集和传输系统，复核运维机构提交的监测数据。

4. 负责组织运维机构人员技术培训和考核。

5. 负责制定国家城市站运维相关记录表格。

6. 负责运维机构的绩效考核。

7. 负责分析评价全国的环境空气质量。

（三）县级以上地方环境保护主管部门主要职责

1. 负责提出本区域国家城市站点位调整优化方案。

2. 负责站房用地、站房建设或租赁、安全保障、电力供应、网络通信、供暖和出入站房等日常运行所必需的基础条件保障工作，及时报送国家城市站的供电、通信和周边环境等的异常情况，协调解决电力供应和网络通信问题。

3. 建立本区域预防人为干扰干预监测过程的工作机制。

（四）区域质控实验室主要职责

1. 协助中国环境监测总站开展区域内国家城市站量值传递和溯源工作。

2. 协助中国环境监测总站开展区域内国家城市站的质量检查。

3. 协助中国环境监测总站开展区域内的国家城市站颗粒物手工比对的称重。

（五）运维机构主要职责

1. 负责国家城市站的日常运行维护，对监测系统正常、稳定和安全运行负责。

2. 配备满足国家城市站运行维护的技术人员、仪器设备和备机、质量保证实验室、系统支持实验室、备品配件库、办公环境、交通工具。

3. 执行国家环境空气质量自动监测标准规范、质量体系文件、质量控制计划及与中国环境监测总站签订的国家城市站运维合同中相关要求；建立运行保障制度，制定并实施运维应急预案和内部质量控制与质量保证制度。

4. 制定并实施运维年度工作计划，包括运维内容、运维人员和质量控制要求。

5. 负责环境空气自动监测数据采集、传输和在线审核工作，对数据质量负责。

6. 建立数据异常快速响应机制，发现数据中断、异常等情况时，及时查找分析原因，排除异常情况，采取措施预防再次发生。

7. 负责对监测设备、采样系统、视频系统、采集传输系统等日常巡视，发现并确认异常情况和原因，并及时报送中国环境监测总站。

8. 承担国家城市站站房租金、电费、网络通信费等费用支出。

9. 配合国家城市站点位调整工作。

10. 接受环境保护部的监督管理和中国环境监测总站的质量检查和飞行检查。

三、点位和站房管理

第八条 环境保护部负责国家城市站点位增加、变更、撤销、审批等管理工作。点位经批准投入使用后，不得擅自增加、变更、撤销。

点位确需调整时，地方环境保护主管部门应按照《环境空气质量监测点位布设技术规范（试行）》（HJ 664）和《环境质量监测点位管理办法》制定调整方案，由省级环境保护主管部门提出申请，报环境保护部批准。

第九条　国家城市站站房建设应满足《环境空气气态污染物（SO_2、NO_2、O_3、CO）连续自动监测系统安装验收技术规范》（HJ 193）和《环境空气颗粒物（PM_{10}与$PM_{2.5}$）连续自动监测系统安装和验收技术规范》（HJ 655）相关要求。

第十条　中国环境监测总站统一组织安装具有大容量储存设备（至少能储存 3 个月影像资料）的视频监控系统，监控系统应覆盖站房内外涉及仪器运行和人员操作的区域，并随时接受环境保护部的检查。

第十一条　严禁非运维人员进入国家城市站站房、站房房顶、站点栅栏及采样器 20 米范围内。因工作需要进入上述区域的，应提前向中国环境监测总站提出书面申请，经批准后方可在运维人员陪同下进入。

第十二条　国家城市站需暂时停止运行的，由省级环境保护主管部门提出申请，报环境保护部批准。

四、仪器设备的管理

第十三条　国家城市站环境质量监测系统监测仪器设备配置及性能指标必须符合法律法规规定以及环境保护部相关标准、规范的要求。

（一）颗粒物连续自动监测系统由采样头、采样管、采样泵和仪器主机组成，配备温度、湿度、压力检测器，其中 β 射线颗粒物监测仪器应包括动态加热系统，振荡天平法颗粒物监测仪器应包括滤膜动态测量系统。

（二）气态污染物点式连续监测系统由采样装置、分析仪器、数据采集和传输设备、校准设备组成。开放光程连续监测系统由开放的测量光路、校准单元、分析仪器、数据采集和传输设备组成。

第十四条　仪器设备应具备防止修改、伪造监测数据的功能，设备内不能暗藏或故意留有任何能远程登录任意修改仪器关键技术参数的程序。

第十五条　仪器设备关键技术参数的种类及其使用、调整等管理要求应执行《国家环境空气质量监测网城市站自动监测仪器关键技术参数管理规定（试行）》。

第十六条　仪器设备（新建、更新及备机）的安装、调试、试运行及验收必须满足 HJ 193 和 HJ 655 标准要求。仪器设备完成安装、验收测试和试运行三个月内，由中国环境监测总站组织验收。

第十七条　仪器故障或者报废时，运维机构需使用备机开展监测。

（一）当仪器出现故障不能及时修复时，运维机构应在 48 小时之内使用备机开展监测，并在 1 周内报中国环境监测总站备案。备机监测原理应与原仪器一致，性能满足监测要求，并通过环境保护部环境监测仪器质量监督检验中心适用性检测，使用年限未超过 8 年。备机使用原则上不超过 1 个月。

（二）仪器使用超过 8 年且经技术鉴定达到报废条件，或者因自然灾害等不可抗力导致报废，运维机构须使用备机开展监测，同时报告中国环境监测总站。

（三）仪器设备报废与更新等管理要求应按照环境保护部制定的国家环境质量监测网资产管理有关规定执行。

五、数据采集与传输

第十八条 中国环境监测总站提供监测数据采集软件，运维机构按照中国环境监测总站要求，实时向中国环境监测总站、省级站、地级及以上城市站同时传输。

（一）运维机构应保证数据采集硬件和软件、站点 VPN 设备正常运行，在出现非网络因素的传输故障时，应在 24 小时内恢复数据传输。

（二）在进行仪器运行维护、日常质控、维修及更换工作时，应提前预判对数据有效性可能产生的影响。当预计维护、维修操作对数据有效性影响超过 4 小时，应在有效数据站点达到全市站点总数 75% 以上的情况下进行，否则应在更换备机后再对替换下的仪器进行操作。

（三）因停电、自然灾害等因素导致监测中断时，应在运维记录中记录，并附有关证明材料。

（四）运维机构应确保数据采集与传输过程中，无远程软件干预干扰。

第十九条 运维机构负责采集仪器关键技术参数，实时传输到中国环境监测总站。参数类型按照《国家环境空气质量监测网城市站自动监测仪器关键技术参数管理规定（试行）》确定。

第二十条 数据传输模式、格式以及其他技术要求按照《环境监测信息传输规定》（HJ 660）执行；数据采集频率、异常值取舍与有效值确定应严格按照《环境空气质量标准》（GB 3095）相关要求执行，任何机构和个人不得擅自修改、删除原始数据。

第二十一条 数据的时效性根据《环境空气质量指数（AQI）技术规定（试行）》有关要求执行。

六、数据审核

第二十二条 负责数据审核的人员必须经过中国环境监测总站组织的相关技术培训。

第二十三条 运维机构对国家城市站监测数据进行审核，并将审核数据按时提交中国环境监测总站。

（一）于每日 12 时前完成国家城市站前日各站点原始小时值的审核，报送中国环境监测总站复核。对复核不通过的数据，需于第 2 日 12 时前再次审核后上报。再次审核报送的数据仍未通过复核的，以中国环境监测总站最终复核结果为准。当天因网络故障等原因未能完成数据审核报送的，可顺延 1 日审核报送，最多顺延 2 日。

（二）于每月 1 日 12 时前，完成上月所有实时监测数据的在线审核，报送中国环境监测总站复核。对复核不通过的数据，于 1 日 18 时前再次报送中国环境监测总站。再次审核报送的数据仍未通过复核的，以中国环境监测总站最终复核结果为准。

（三）对于未能在规定时间内按时完成审核的数据，须于数据产生 1 周内，以正式文件形式向中国环境监测总站报送书面审核结果及未能按时完成审核的原因。

第二十四条 中国环境监测总站对监测数据进行在线复核及入库。

（一）于每日 12 时起，对运维机构提交的国家城市站审核结果进行在线复核。通过复核的数据直接入库，对异常数据实时在线返回运维机构，要求重新审核。

（二）于每月 2 日前，对运维机构提交的前 1 个月所有实时监测审核数据进行在线复核。通过复核的数据直接入库，对未通过复核的数据实时返回运维机构重新审核。

第二十五条 县级以上地方环境保护主管部门共享监测数据，如对监测数据存在质疑，由中国环境监测总站进行核实及答复。如答复后仍存有质疑，由环境保护部组织核实及答复。

七、运行维护

第二十六条　运维机构应设立运行维护部门，开展国家城市站的日常运行和维护。

（一）加强人员培训，接受中国环境监测总站组织的技术能力培训，并通过考核。

（二）定期进行仪器设备维护保养，建立故障报修制度，设立备品备件库及备机库。按照国家环境空气自动监测技术规范和仪器说明书要求定期更换备品备件。

（三）定期检查站房消防、防雷、供电、网络通信、视频监控、空调、除湿机、加湿机等设施，保证其正常运行。

（四）每日查看监测数据并形成记录，对站点运行情况进行远程诊断和运行管理，判断监测系统数据采集与传输情况。每月对数据进行备份。

（五）及时发现监测数据异常情况，并在 24 小时内向中国环境监测总站提交监测数据异常报告。

（六）满足环境保护部对国家城市站故障响应时间要求。每日 6 时至 23 时出现故障时，应在发现故障 1 小时之内响应，4 小时内到达现场排除故障。通信和电力线路故障除外，但应及时与相关部门联系解决。

（七）具体运维工作要求参照附录 1 相关内容执行。

第二十七条　运维机构应建立国家城市站档案制度，所有资料妥善保管，便于使用和检查。

（一）建立站点档案，包括站点名称、编码、位置、经纬度、海拔、平面示意图、面积、站点八方位图和站房周边环境等内容，报中国环境监测总站备案，并在相关内容发生变动时及时更新。

（二）建立仪器设备档案，包括仪器说明书、型号、生产厂家、出厂编号、校准记录、运行记录、初次安装地点和时间、安装调试报告、验收报告、关键技术参数调整及测试报告等。

（三）建立运行维护档案，详细记录国家城市站运行过程和运行事件。日常运维中使用的相关记录表格，应与中国环境监测总站制定的统一样式表格相同。

（四）编制国家城市站运行与维护作业指导书，说明运维内容、程序、责任人及其职责要求，确定仪器设备关键技术参数、出厂参数设置范围、参数设置条件、可调参数及其范围、参数调整目的和程序、参数调整对监测结果影响情况并附实验报告，确认违规调整参数行为，报中国环境监测总站备案。

八、运行考核

第二十八条　中国环境监测总站制定运维机构绩效考核办法，每月组织对运维机构有关管理规定的执行情况、自动监测系统的运行情况、运维工作完成情况、质量管理实施情况、数据获取率与质控合格率、运维记录填报情况进行绩效考核（考核内容见附录 2）。

第二十九条　在满足运行维护需求的前提下，国家城市站运行维护项目招投标中，优先选择质量检查和年度绩效核查优秀的运维机构。

九、质量检查

第三十条　环境保护部组织专家对国家城市站开展飞行检查和年度监督检查。

第三十一条　中国环境监测总站制定年度质控计划，组织区域质控实验室开展国家城市站质量控制和检查。

第三十二条 从事国家城市站运行管理活动的监测机构、运维机构和相关责任人员，具有以下情形的，依照国家法律法规和有关规定予以处理，并由环境保护部将其违法失信信息及时向社会公布，并纳入全国信用信息共享平台。

（一）存在《环境监测数据弄虚作假行为判定及处理办法》中认定的篡改、伪造或者指使篡改、伪造监测数据行为的；

（二）实施或强令、指使、授意他人实施修改参数，或者干扰采样致使监测数据严重失真的；

（三）实施或参与实施干扰自动监测设施、破坏环境质量监测系统的；

（四）其他破坏环境质量监测系统的情形。

第三十三条 因运维不当导致仪器报废的，运维机构应依法或依照运维合同的约定，承担相应责任。

第三十四条 运维机构有下列情形之一的，由中国环境监测总站按照运维合同规定，扣除当月绩效考核成绩和运行经费，并给予警告。对警告三次仍不改正的运维机构，中国环境监测总站有权终止运维合同。

（一）监测数据传输中断，但未及时向中国环境监测总站报告并说明原因的；

（二）拒绝或迟报审核数据的；

（三）拖延、阻碍、拒绝质量检查或飞行检查的；

（四）发现采样、分析、数据采集和传输等过程人为干扰，未按要求及时向中国环境监测总站报告的；

（五）未按要求开展运行维护，导致国家城市站非正常运行的；

（六）其他不履行规定职责的情形。

第三十五条 运维机构对监测数据负有保密责任，必须与中国环境监测总站签订保密协议，未经中国环境监测总站同意，不得将国家城市站数据提供给任何第三方，不得利用国家城市站数据、档案或有关资料对外开展技术交流、科学研究、业务联系、数据交换等。违反保密规定的，中国环境监测总站有权终止合同，依法追究运维机构相关人员责任，并向社会公布。

十、附 则

第三十六条 本细则由环境保护部负责解释。

第三十七条 本细则自发布之日起施行。

第三十八条 县级以上地方环境保护主管部门应依据本细则，制定地方环境空气质量监测网运行管理细则。

附录：1. 国家城市站运维工作内容

2. 国家城市站运维考核方式和内容

附录 1

国家城市站运维工作内容

一、运维工作一般要求

（一）保持站房内部环境清洁，布置整齐，各仪器设备干净清洁，设备标识清楚。

（二）检查供电、电话及网络通信的情况，保证系统的正常运行。

（三）保证空调正常工作，站房温度保持在 25℃±5℃，相对湿度保持在 50%以下。

（四）指派专人维护，设备固定牢固，门窗关闭良好，人走关门，非工作人员未经许可不得入内。

（五）定期检查消防和安全设施。

（六）每次维护后做好系统运行维护记录。

（七）进行维护时，应规范操作，注意安全，防止意外发生。

二、运维工作具体要求

（一）每日工作要求

每日上午和下午各 2 次远程查看国家城市站监测数据并形成记录，分析监测数据，对站点运行情况进行远程诊断和运行管理，包括：

1. 判断系统数据采集与传输情况。

2. 根据电源电压、站房温度、湿度数据判断站房内部情况。

3. 发现运行数据有持续异常值时，应立即通知中国环境监测总站，并在规定的时间内解决。

4. 根据仪器显示数据判断仪器运行情况。

5. 根据故障报警信号判断现场状况。

6. 每日检查数据是否及时上传至中国环境监测总站并正常发布，发现数据掉线及时恢复。

7. 具备自动零点检查功能的站点，对 SO_2、CO、O_3、NO_2 分析仪进行零点检查，如果漂移超过国家相关规范要求，需要进行校准。

8. 每日审核前 1 日各监测点位原始小时值。

（二）每周工作要求

每周至少巡视国家城市站 1 次，并做好巡查记录，巡检时需要完成的工作包括：

1. 查看国家城市站设备是否齐备，无丢失和损坏；检查接地线路是否可靠，排风排气装置工作是否正常，标准气钢瓶阀门是否漏气，标准气的消耗情况。

2. 检查采样和排气管路是否有漏气或堵塞现象，各分析仪器采样流量是否正常。

3. 检查各分析仪器的运行状况和工作参数，判断是否正常，如有异常情况及时处理，保证仪器运行正常。

4. 对 SO_2、CO、O_3、NO_2 分析仪进行零点、跨度检查，如果漂移超过国家相关规范要求，需要进行校准。

5. 检查并记录仪器设备零气、标气输出压力，应与前次检查时基本保持一致。

6. 检查外部环境是否正常，是否存在对测定结果或运行环境有明显影响的污染源。

7. 检查电路系统和通信系统，保证系统供电正常，电压稳定。

8. 检查国家城市站的通信系统，保证国家城市站与远程监控中心的连接正常，数据传输正常。

9. 检查监测仪器的采样入口与采样支路管线结合部之间安装的过滤膜的污染情况，每周更换滤膜，每周检查监测仪器散热风扇污染情况，及时清洗。

10. 在冬、夏季节应注意站房室内外温差，若温差较大，应及时改变站房温度或对采样总管采取适当的控制措施，防止出现冷凝现象。

11. 应及时清除站房周围的杂草和积水，当周围树木生长超过规范规定的控制限时，及时剪除对采样或监测光束有影响的树枝。

12. 应经常检查避雷设施是否可靠、站房是否有漏雨现象、气象杆和天线是否被刮坏，站房外围的其他设施是否损坏或被水淹，如遇到以上问题应及时处理，保证系统安全运行。结合气象预报，在大风、强降水天气来临前，进行站房安全预防性检查，保证站房安全。

13. 检查站房的安全设施，做好防火防盗工作。

14. 每周对气象仪器及能见度仪运行情况进行检查。

15. 每周对颗粒物的采样纸带或滤膜进行检查，如纸带即将用尽或滤膜负载超过 50%，及时进行更换。

16. 每周对站房内外环境卫生进行检查，及时保洁。

17. 重污染天气过程结束后及时清洗采样系统管路。

（三）每月工作要求

1. 清洗 PM_{10} 及 $PM_{2.5}$ 切割器，检查 β 射线法颗粒物分析仪器喷嘴、压环等部件。

2. 检查 PM_{10} 及 $PM_{2.5}$ 监测仪、气态分析仪、动态校准仪流量，超过国家相关规范要求的，及时进行校准。

3. 每月在每个城市至少选取 1 个国家城市站点，开展至少 5 天 PM_{10} 手工采样和 $PM_{2.5}$ 手工采样，与自动监测系统进行比对。

4. 检查仪器显示数据和数据采集仪之间的一致性。

5. 每月对数据进行备份。

（四）每两个月工作要求

1. 更换 PM_{10}、$PM_{2.5}$ 分析仪滤纸带（必要时），进行系统自检。

2. 校准和检查 PM_{10}、$PM_{2.5}$ 分析仪的温度、气压和时钟。

3. 用经过检定的标准气压计、温度计、湿度计、手持式风速风向仪，校准相关的自动仪器。

（五）每季度工作要求

1. 采样总管及采样风机每季度至少清洗 1 次。

2. 对 PM_{10} 和 $PM_{2.5}$ 监测仪器进行标准膜校准或 K_0 值检查，超过国家相关规范要求时，及时进行校准。

（六）每半年工作要求

1. 检查 $PM_{2.5}$、PM_{10} 分析仪相对湿度、温度传感器和动态加热装置是否正常工作。

2. 对气态污染物监测仪进行多点校准，绘制校准曲线，检验相关系数、斜率和截距。

3. 更换振荡天平法颗粒物分析仪旁路过滤器，进行 K_0 值检查。

4. 对动态校准仪流量进行单点检查，超出规定范围的进行 20 点检查，必要时校准。

5. 采用臭氧传递标准对国家城市站臭氧工作标准进行标准传递。

6. 更换零气源净化剂和氧化剂，对零气性能进行检查。

7. 对氮氧化物分析仪钼炉转化率进行检查。

8. 对能见度仪器进行校准。

（七）每年工作要求

对所有仪器进行预防性维护，按说明书的要求更换备件，更换所有泵组件。

三、日常运行管理相关记录应包括

（一）国家城市站运行维护记录表。

（二）颗粒物监测仪校准检查记录。

（三）气态污染物监测仪校准检查记录。

（四）空气自动监测系统仪器设备维修记录表。

（五）空气自动监测系统备品备件管理记录表。

（六）国家城市站主要消耗材料使用登记表。

（七）多点线性校准表格。

（八）国家城市站室内外环境记录。

（九）标准物质使用记录。

（十）空气自动监测系统仪器资料保管清单。

（十一）数据审核记录。

（十二）量值传递/溯源及标准设备检定记录。

（十三）颗粒物手工比对记录。

附录 2

国家城市站运维考核方式和内容

一、中国环境监测总站每月组织对运维机构进行考核。

二、考核采取百分制、单站考核的方式

（一）数据获取率指考核时段内各监测项目实际获取的小时值监测数据量总和除以应获得小时值数据量总和。每日各项目应获得小时值数据量均按 24 个计，考核时段天数按考核时段内日历天数计。计算应获得小时值数据量时，应扣除因不可抗力造成的停止监测的小时值数据。

（二）数据质控合格率指考核时段内各监测项目实际获取的质控合格的小时值监测数据量总和除以应获得小时值数据量总和。

三、考核时段内单个站点任一项监测项目有效数据量应满足《环境空气质量标准》（GB 3095—2012）中规定的污染物浓度数据有效性的最低要求，否则该项目考核总分为 0 分。

四、单站设备数据获取率必须高于 90%（含），数据质控合格率必须高于 80%，否则考核总分以 0 分计。

五、单站监测数据质控合格率高于 90%（含）的，得 70 分；80%（含）至 90%的，得分为 70×（数据质控合格率/90%）。

六、运行维护情况每月由中国环境监测总站组织检查核实，核查内容包括日常运维任务完成情况、异常情况处理情况、站房环境保障效果、采样系统维护效果、仪器日常维护效果、质量控制效果、通信系统维护效果（数据上传情况）、人员与档案记录管理情况等，共计 30 分。

七、考核总分低于 80 分的，不予支付该站点当期运维费；绩效考核总分 95（含）分以上的，支付该站点当期全额运维费；绩效考核总分在80（含）至95分的，该站点当期运维费=（实际考核总分/95）×单站点当期全额运维费。

八、运维机构考核出现10%以上站点未达到数据有效性要求的，给予警告，扣除履约保证金的50%；连续2次考核出现10%以上站点，或者单次考核20%以上站点未达到数据有效性要求的，终止运维合同，履约保证金不予退还。

关于进一步加强地方环境空气质量自动监测网城市站运维监督管理工作的通知

环办监测函〔2018〕128号

各省、自治区、直辖市环境保护厅（局），新疆生产建设兵团环境保护局：

为深入贯彻落实中共中央办公厅、国务院办公厅《关于深化环境监测改革提高环境监测数据质量的意见》（厅字〔2017〕35号，以下简称《意见》），我部于2017年12月组织对10个省（区、市）27个地级以上城市51个地方环境空气质量自动监测站点（以下简称地方站点）开展了运维质量专项检查。在本次检查中发现部分省市对地方站点运维工作重视不够，监管不到位，部分地方站点运维质量不高。为进一步规范和加强站点运维和监管工作，提升环境质量自动监测数据质量，现将有关要求通知如下：

一、充分认识加强地方站点质量管理的重要性

客观、准确的环境空气自动监测数据是评价环境空气质量状况、反映污染治理成效、实施环境管理与决策的基本依据，数据质量事关政府公信力和环境管理水平。地方各级环保部门要高度重视，加强对地方站点运行维护的监督管理，规范环境空气自动监测行为，保障监测数据的客观准确、真实可靠。

二、完善地方站点及周边环境条件保障

地方各级环保部门要建立健全防范和惩治环境监测人为干扰干预的责任体系和工作机制，健全行政区域内站点管理措施。按要求制作各站点的警示站牌，严禁非运维人员进入自动监测站房或采样平台20米范围内；坚决取缔影响、干扰城市空气质量自动监测正常运行的设备设施。

地方各级环保部门要完善站点安全保障措施。采样区域要设立有效护栏，护栏高度以有效保障运维人员安全为准；完备稳压和防雷设施；规范监测仪器线路和管路连接；合理配置灭火器，有效保护站房安全。

三、加强地方站点日常运行维护

地方各级环保部门应要求运维机构按规范定期对仪器设备进行检查和养护，建立故障报修制度。环境空气颗粒物（PM_{10}、$PM_{2.5}$）监测仪、环境空气气态污染物（SO_2、NO_2、O_3、CO）分析仪和动态校准仪应按国家相关规范要求及时进行校准，确保仪器误差在允许范围内，用于校准监测仪器的设备（流量计、温度计、气压计）必须经检定校准。

地方各级环保部门要在本行政区域内建立站点仪器运行异常或数据信息异常的应急处理预案与检

修、处理和报告制度。发现仪器处于异常工作状态，及时查找原因，采取补救措施；定期对采样头和采样管道进行清洗，及时或定期更换仪器设备耗材，保持站房内部环境干净整洁，布置整齐。

四、强化地方站点质量管理

地方各级环保部门应定期组织开展行政区域内站点的量值溯源与传递、手工比对、质控考核等工作，按规定做好质控记录，建立原始记录和电子记录档案。加大地方站点运维人员培训力度，强化法律意识、责任意识、质量意识和职业操守意识，提高运维人员的综合素质和技术能力，不断完善监测质量管理体系、监督考核和奖惩机制。

五、组织开展监督检查

各省级环保部门按照《关于加强环境质量自动监测质量管理的若干意见》（环办〔2014〕43 号）、《国家环境空气质量监测网城市站运行管理实施细则（试行）》以及本通知要求加强对地方站点运维工作的监督检查，对存在的问题及时整改，并于 2018 年 7 月 30 日前将检查整改落实情况报送我部。我部将结合贯彻落实《意见》相关工作部署，适时开展多种形式的监督检查。

联 系 人：杨嘉玥

电　　话：（010）66556824

邮　　箱：zhiguanchu@mep.gov.cn

生态环境部办公厅

2018 年 4 月 17 日

（二）海南省

中共海南省委 海南省人民政府
关于印发《海南省全面加强生态环境保护
坚决打好污染防治攻坚战行动方案》的通知

琼发〔2019〕6号

各市、县、自治县党委和人民政府，省委各部门，省级国家机关各部门，各人民团体：

《海南省全面加强生态环境保护坚决打好污染防治攻坚战行动方案》已经省委、省政府同意，现印发给你们，请结合实际认真贯彻落实。

中共海南省委
海南省人民政府
2019年3月9日

海南省全面加强生态环境保护
坚决打好污染防治攻坚战行动方案

为深入贯彻落实习近平生态文明思想和习近平总书记在庆祝海南建省办经济特区30周年大会上的重要讲话精神，全面贯彻落实《中共中央、国务院关于支持海南全面深化改革开放的指导意见》《中共中央、国务院关于全面加强生态环境保护坚决打好污染防治攻坚战的意见》以及全国生态环境保护大会精神，坚决打好污染防治攻坚战，全力推进国家生态文明试验区建设，确保海南生态环境质量只能更好、不能变差，现结合实际，制定本行动方案。

一、大力推行绿色发展方式和生活方式

（一）促进产业绿色发展

1. 开展区域空间环境影响评价，建设以“三线一单”（生态保护红线、环境质量底线、资源利用上线和生态环境准入清单）为核心的生态环境分区管控体系。

2. 实施产业准入负面清单制度，全面禁止高能耗、高污染、高排放产业和低端制造业发展。优化全省产业园区布局，新建产业项目原则上集中在园区建设运营。各类产业园区应加快完善园区环境基础设施建设，将建设运维资金优先纳入年度投资计划。洋浦经济开发区、东方工业园区、老城经济开发区、海口国家高新技术产业开发区等重点产业园区应进一步优化规划布局，按需完成集中供热、污水收集与处理等基础设施建设和运维。

3. 开展“散乱污”企业及集群综合整治专项行动，实施网格化监管执法。

4. 全面建设生态循环农业示范省，加快创建农业绿色发展先行区，推进投入品减量化、生产清洁化、产品品牌化、废弃物资源化、产业模式生态化的发展模式。深入推进农业水价综合改革。建设现代化海洋牧场，推动渔业生产由近岸向外海转移、由粗放型向生态型转变。

5. 发展装配式建筑。到 2020 年，政府投资的新建公共建筑，以及社会投资的规定规模以上的新建商品住宅项目和商业、办公等公共建筑项目，具备条件的全部采用装配式方式建造。到 2022 年，具备条件的新建建筑原则上全部采用装配式方式建造。

6. 深入推进排污许可制度改革，2020 年年底前完成全省固定污染源的发证全覆盖，实现对固定污染源的全过程监管和多污染物协同控制。严格实施按证排污、按证执法，全面推进固定污染源达标排放。

（二）调整优化能源结构

7. 加快构建安全、绿色、集约、高效的清洁能源供应体系，到 2020 年清洁能源装机比重达到 60% 以上。推动清洁低碳能源优先上网。大力推行“削煤减油”，禁止新增煤电，分阶段逐步淘汰现有燃煤机组。2020 年年底前，全省基本淘汰 35 蒸吨/小时及以下燃煤锅炉。

8. 各市县在 2019 年 6 月底前完成“高污染燃料禁燃区”划定和调整。在禁燃区内，禁止销售、燃用高污染燃料。全省范围内禁止燃用石油焦。建立油品煤炭质量定期抽检机制。

9. 开展工业炉窑综合整治，全面淘汰不达标工业炉窑，推动工业炉窑使用电、天然气等清洁能源或集中供热。

10. 全面实施城镇燃气工程建设，推进燃气下乡进村“气代柴薪”，构建覆盖城乡的燃气管网。按需规划建设一批燃气发电项目。

11. 推进建设昌江核电二期项目，积极推动小型堆示范项目，同步配套建设抽水蓄能电站。

（三）推行绿色生活方式

12. 积极创建节约型机关、绿色家庭、绿色学校、绿色社区、绿色出行、绿色商场、绿色建筑等，各相关职能部门出台具体实施方案和配套标准。

13. 出台禁止生产销售使用一次性不可降解塑料制品的法规制度、实施方案和名录，强化市场监督执法，运用经济等调控手段，推广全生物降解塑料替代产品。2020 年年底前全省范围内全面禁止生产、销售和使用一次性不可降解塑料袋、塑料餐具。

14. 加强露天烧烤管控，除各市县政府划定的允许区域外，严禁在城镇建成区内露天烧烤。严禁露天焚烧秸秆垃圾、寺庙道观燃烧高香、城区公共场所露天祭祀烧纸焚香。

15. 推动城镇建成区所有排放油烟的特大型、大型、中型餐馆食堂在 2020 年年底前全部安装高效油烟净化设施，确保油烟达标排放。其他类型餐饮服务单位推广使用油烟净化设施。

16. 积极开展生态文明示范创建，争取 2022 年前后全省所有市县达到国家或省级文明城市、卫生（健康）城市标准。

17. 丰富生态文明教育形式和载体，将生态文明教育纳入国民教育、农村夜校、干部培训体系，融入社区规范、村规民约、景区守则。稳步有序推动环保设施和城市污水垃圾处理设施向公众开放。

二、持续巩固提升空气质量

（四）推进机动车污染防治

18. 采取经济补偿、限制使用、加强监管执法等疏堵结合措施，逐步推进老旧车淘汰和污染治理，加快淘汰采用稀薄燃烧技术和“油改气”的老旧燃气车。推行中重型老旧柴油车安装颗粒物捕集器。2019 年 7 月 1 日起，实施轻型汽车国家第六阶段机动车排放标准。

19. 推广使用新能源汽车，党政机关、公共服务等领域率先使用，到 2020 年年底全省完成推广使用新能源汽车 3 万辆以上，建设充电桩 2.8 万个以上，基本建成布局合理、智能高效的充电设施服务网络和维修保障网络。

20. 全面供应国六标准车用汽柴油，禁止销售低于国六标准的车用汽柴油。推动车用柴油、普通柴油、部分船舶用油“三油并轨”落地。严厉打击非法生产、销售和使用不合格油品的违法行为，到 2020 年全省加油站、储油库车用汽柴油抽查覆盖率达 80%。

21. 建立道路联合执法机制，对超标排放的机动车依法严格处罚。建设完善遥感监测网络。2019 年年底前全面建立实施机动车排放检测与强制维护（I/M）制度，排放检测与维修治理信息应实时上传至生态环境部门和交通运输部门，实现数据共享和闭环管理。

22. 推进非道路移动机械污染防治，新生产和销售的非道路移动机械严格执行污染物阶段性排放标准。2019 年年底前完成非道路移动机械摸底调查和编码登记。

（五）强化扬尘污染管控

23. 加强施工工地污染防治，将施工工地扬尘污染防治纳入文明施工管理范畴和建筑市场信用管理体系，实施建筑市场主体“黑名单”制度。落实工地扬尘污染防治措施，安装在线监测和视频监控设备，实现与住建部门联网监控。

24. 严查运输车辆扬尘污染，严厉打击私拉私倒和沿途遗撒现象。开展渣土运输车辆专项整治行动，渣土运输车实施密闭规范化管理。

25. 推进道路机械化清扫、喷雾等低尘作业方式，到 2020 年年底海口、三亚、儋州建成区城市道路雾喷率和机扫率达 95%以上，其他市县建成区达 85%以上。

26. 依法分类整治违反规划、污染环境、破坏生态、乱采滥挖的露天矿山。对污染治理不达标的，责令停产整治；对拒不停产或擅自恢复生产的，强制关闭。除按规划、法规批准的建筑用砂、石、土矿外，禁止新建露天矿山。

（六）加强重点行业企业大气污染治理

27. 整治建材、石化、玻璃、火电等重点行业无组织排放，对运输、装卸、贮存和工艺过程等无组织排放实施精细化治理，2020 年年底前基本完成治理任务。

28. 推动现有燃气锅炉低氮改造和生物质锅炉超低排放改造。新建燃用天然气等清洁能源的锅炉应采用低氮燃烧等污染控制措施。

29. 推动水泥、玻璃、垃圾焚烧等行业污染治理升级改造，2019 年年底前出台行业污染物排放地方标准，2020 年年底前实施地方标准。

30. 开展包装印刷、家具制造、医药、农药、车船维修等重点行业挥发性有机物（VOCs）的综合整治，实行清单管理。推进建设集中喷涂工程中心，配套高效治理设施。实施低挥发性有机物含量产品源头替代，加强含挥发性有机物物料市场监管。

31. 全面取缔污染环境的土法槟榔加工，推动槟榔产业绿色发展。严格执行槟榔加工行业污染物排放标准，规范槟榔加工行业污染物排放。在定安、万宁、琼海、琼中等主产区设立节能环保型槟榔烘烤技术与设备示范基地，引导槟榔加工行业规模化集聚化发展。

（七）推进船舶港口油库污染防治

32. 严格执行船舶大气污染物排放控制区相关排放要求，加强对冒黑烟船舶的监督管理，严禁新建不达标船舶投入运营。推广使用纯电动或天然气等清洁能源船舶。

33. 推进老旧渔业船舶提前报废更新，逐步清理取缔涉渔“三无”船舶。2019 年出台渔船污染物排放管控方案。

34. 加快港口岸电设施建设和船舶受电设备改造，2020 年年底前，全省港口 50%以上的客滚、邮轮、集装箱、3 千吨级以上客运和 5 万吨级以上干散货专业化泊位具备向船舶供应岸电的能力。鼓励船舶靠港优先使用岸电。全面推广港口装卸机械及港区内部运输车辆使用新能源。加快机场岸电设施建设，推广地面电源替代飞机辅助动力装置。

35. 全面推进港口煤炭、矿石码头实施封闭存储和装卸。

36. 强化加油站、储油库、油罐车等油气回收监管，实施加油站油气回收在线监测。加快推进加油站地下油罐防渗改造，强化污染风险管控。推动原油和成品油码头、船舶加装油气回收装置。

（八）有效防控污染天气

37. 强化重点时段大气污染跨市县跨部门联防联控，有效防控、应对污染天气。各市县政府划定禁燃区域，禁止燃放烟花爆竹。

38. 推进北部湾地区大气污染联防联控，建立与华南区域空气质量预测预报中心联合会商机制，推动空气质量数据共享与区域大气污染应对协作。

39. 加快空气质量预测预警应急体系建设，提高监测预警预报的能力水平。2019 年年底前实现以市县为单位的 7 天预报能力。开展环境空气质量中长期趋势预测。开展污染天气臭氧削峰应急工作。

三、深入实施水环境污染防治

（九）加强饮用水水源保护

40. 强化县级及以上饮用水水源保护区规范化建设。2019 年年底前，全面完成县级及以上集中式饮用水水源保护区的“划、立、治”工作。到 2020 年，全省县级及以上饮用水水源地水质达标率持续保持 100%。单一水源供水的地级市应建设应急水源或备用水源。

41. 加强农村饮用水水源保护。2020 年年底前完成供水人口在 10 000 人或日供水 1 000 吨以上的农村饮用水水源调查评估、保护区划定和设标立牌工作。全面开展农村饮用水水质监测和环境风险排查整治，供水人口在 10 000 人或日供水 1 000 吨以上的饮用水水源每季度监测一次。对水质不达标的水源，采取水源更换、集中供水、污染治理等措施，确保农村饮水安全。

42. 实施农村生活污水治理，到 2020 年，基本实现农村生活污水治理设施建设全覆盖。制定实施农村生活污水排放标准及治理工作考核办法。开展农村生活污水治理第三方评估。农村生活污水治理设施实行第三方运维，保障运维经费，确保污水治理设施专业管理、长效运行。

43. 加强改厕工作与农村生活污水治理的相互衔接。加快现有无卫生厕所住宅改厕工作和现有卫生厕所化粪池的防渗改造，新建、改建的农村住宅应配套建设无害化卫生厕所，到 2020 年，完成农村家庭无害化卫生厕所建设或改造。

（十）持续推进城镇内河内湖污染治理

44. 重点治理 91 条城镇内河（湖），按时限达到水质目标。到 2020 年年底，全面消除城市黑臭水体。

45. 全面推进城中村、老旧城区和城乡结合部的污水收集处理，推动老旧污水管网改造和破损修复，科学实施沿河沿湖截污管道建设，所截生活污水尽量纳入城镇生活污水处理系统，统一处理达标排放；近期难以覆盖的，因地制宜建设分散处理设施。新建城区生活污水收集处理设施要与城市发展同步规划、同步建设。

46. 逐步实现建成区污水配套管网全覆盖，污水全收集、全处理。到2020年，海口市污水处理基本实现全收集、全处理，三亚市、儋州市生活污水处理率达95%，其他市县城镇生活污水处理率达85%，重点镇生活污水处理率达65%，出水水质达到一级A排放标准。

47. 削减合流制溢流污染，全面推进建筑小区、企事业单位内部和市政雨污水管道混错接改造，城市新区建设均实行雨污分流，老城区积极推进雨污分流改造，或者通过溢流口改造、截流井改造、管道截流等措施，减低雨季污染物入河湖量。

48. 持续开展污染水体水面及沿岸积存生活垃圾、建筑垃圾打捞清运，到2020年，基本实现河湖面无漂浮物、河岸无垃圾。

（十一）加快流域和近岸海域污染防治

49. 全面实行“河长制”“湖长制”，深入开展入河湖排污口整治，实行取缔一批、清理一批、规范一批。实行排污口统一编码和规范管理，2020年前完成对入河湖排污口全面排查，明确责任主体，逐一登记建档。加快推进水质为Ⅲ类及以下的10个主要河流湖库综合整治，到2020年，整治水体稳定达到水质目标。

50. 加快推进水质为Ⅳ类及以下的18条入海河流综合整治。到2020年，整治水体稳定达到水质目标。

51. 全面清理非法入海排污口，优化规范入海排污口设置，实行备案制管理。到2019年6月，完成非法或设置不合理的入海排污口整治。

52. 开展重点海域生态环境承载力研究，建立重点海域污染物排海总量控制制度，在海口、三亚、儋州等市县开展试点。实行严格的陆源污染物排海标准，推动沿海市县对陆域各类污水进行集中处理达标后深海排放。

53. 全面推行“湾长制”，加快推进万宁小海、文昌清澜红树林自然保护区、海口东寨港红树林自然保护区等重点海湾综合整治，逐步达到水质目标。

54. 控制海水养殖污染，制定养殖水域滩涂规划，整治无序养殖行为，划定水产养殖禁养区、限养区和养殖区，2020年年底前全面完成禁养区内养殖场的清退。

55. 开展文昌会文至琼海长坡海岸带水产养殖环境整治示范试点。对连片、集中水产养殖场，实施区域整治，建设集中供排水及污染处理设施；对符合规划的分散水产养殖场，实行“一场一案”治理。实施水产养殖塘标准化改造。

56. 制定水产养殖尾水排放地方标准，严格查处超标排放养殖废水、违法违规用药等行为。到2020年，治理范围内水产养殖尾水基本实现达标排放。

四、全面加强土壤环境保护

（十二）保障土壤环境安全

57. 实施农用地分类管理，2020年年底前完成耕地土壤环境质量类别划定和分类清单编制。

58. 实行种植结构调整、退耕还林还草或治理修复，分区域推进超标农用地安全利用，到2020年受污染耕地安全利用面积91万亩、种植结构调整或退耕还林还草面积1万亩。

59. 建立建设用地土壤污染风险管控和修复名录。对列入名录的地块实行土地用途负面清单和动态管理，建立联合监管机制和调查评估制度，土地开发利用必须符合规划用地土壤环境质量要求。对暂不开发或现阶段不具备治理修复条件的污染地块，实施风险管控。

60. 持续实施土壤污染治理与修复规划。推进土壤污染治理与修复技术试点。加强土壤污染重点行业企业搬迁改造过程拆除活动的环境监管。

（十三）加强农业面源污染防治

61. 建立农业投入品田间废弃物回收利用激励机制，推动农业废弃物分类处理和资源化利用。到2020年当季废旧农膜回收和综合利用率达到80%以上，农药包装废弃物回收率达到50%以上。秸秆综合利用率达到85%以上。

62. 到2020年，化肥、农药利用率均达到40%以上，测土配方施肥技术覆盖率达到90%以上，主要农作物绿色防控覆盖率达到30%以上、病虫害专业化统防统治覆盖率达到40%以上，农田灌溉水有效利用系数达到0.55以上。实施化肥和化学农药减施行动，到2020年实现全省化肥和化学农药使用量比“十二五”末减少5%。禁止销售使用高毒高残留农药。

63. 全面完成畜禽禁止养殖区、限制养殖区、适宜养殖区“三区”划定，禁养区内规模养殖场全部关停、搬迁或转产，鼓励养殖废弃物资源化利用。将规模养殖场纳入重点污染源管理，严格执行环境影响评价制度，实施排污许可。到2020年，全省畜禽粪污综合利用率达到80%以上，规模养殖场粪污处理设施装备配套率达到95%以上。

（十四）强化固体废物污染防治

64. 推行生活垃圾强制分类制度，建立分类投放、分类收集、分类运输、分类处理的垃圾处理系统，2020年年底前基本实现城乡生活垃圾分类全覆盖。推进农村生活垃圾就地分类、资源化利用和处理，建立健全符合农村实际、方式多样的生活垃圾收运处置体系。严禁城镇垃圾和工业污染向农村转移，严厉查处在农村地区随意倾倒、堆放垃圾行为。

65. 推进生活垃圾焚烧发电等无害化资源化利用，开展非正规垃圾填埋场排查整治，到2020年生活垃圾无害化处理率达到95%以上，渗滤液处理率达到100%，全面完成所有非正规垃圾填埋场治理。

66. 实行重金属污染物排放总量控制，开展涉重金属行业排查和整治。到2020年，重点行业的重点重金属污染物排放量维持在2013年水平。

67. 建立重点工业行业危险废物信息化监管体系，加强危险废物全过程监管，严格禁止洋垃圾入境，严厉打击危险废物非法转移和倾倒等违法犯罪活动。提升危险废物处理处置能力。

五、着力加强生态保护与修复

（十五）划定并严守生态保护红线

68. 完成生态保护红线校核调整优化，到2020年，全面完成生态保护红线勘界定标工作，实现一条红线管控重要生态空间。

69. 建立健全生态保护红线管理绩效考核机制和生态补偿机制，加大资金等方面奖惩力度。开展生态保护红线监测预警与评估考核。

（十六）健全自然保护地体系

70. 修编海南省自然保护区发展规划。

71. 持续开展“绿盾”自然保护区监督检查专项行动，严厉打击自然保护区内生态环境违法违规行为，限期整治修复。建立天地空一体化自然保护区监测网络体系和预警监管体系。

72. 推进海南热带雨林国家公园体制试点建设，完成全省各类自然保护地勘界定标、自然资源资产确权登记、管理机构设置等基础性工作，逐步建立产权清晰、权责明确、监管有效的自然保护地体系。

（十七）实施重要生态系统保护修复

73. 开展自然保护区生态系统修复，探索通过租赁、置换、地役权合同等方式规范流转集体林地和经济林，逐步恢复和扩大热带雨林等自然生态空间。

74. 深入推进退塘还林、还湿、还海，到2020年完成退塘还林还湿1万亩，恢复湿地资源的生态结构与功能。加快恢复被破坏的海域岸线自然生态和风貌，严控填海造地，严肃查处违法违规填海造地行为。逐步实现规划内重要湿地纳入生态保护红线进行管控。

75. 持续实施林区生态修复、蓝色海湾整治等专项行动，全面查处违法违规挤占生态空间、破坏自然遗迹等行为。

（十八）加强生物多样性保护

76. 实施生物多样性保护战略与行动计划，制定海南岛中南部生物多样性保护优先区域规划，恢复濒危物种种群，建立生物多样性监测体系和管理信息系统，构建生态廊道和生物多样性保护网络。

77. 加强外来物种的环境风险管控，建立生态安全和基因安全监测、评估及预警体系，防范物种资源丧失和外来物种入侵。

六、完善生态环境保障体系

（十九）健全目标责任体系

78. 全省各级党委政府必须坚决扛起生态文明建设和生态环境保护的政治责任，对本辖区的生态环境保护工作及生态环境质量负总责，主要负责人至少每季度研究一次生态环境保护相关工作。

79. 结合机构改革，进一步厘清各部门生态环境保护职责清单。

80. 各市县和省直相关部门制定生态环境保护年度工作计划，每年向省委、省政府报告工作落实情况。

81. 落实我省生态文明建设目标评价考核实施细则和绿色发展指标体系、生态文明建设考核目标体系。

82. 参照国家考核办法，制定污染防治攻坚战考核实施细则，考核结果作为领导班子和领导干部综合考核评价、奖惩任免的重要依据。

83. 全面落实中央环保督察整改，开展机动式、点穴式专项督察，推动突出环境问题整改落地。

84. 严格责任追究，对落实生态环境保护责任不到位、推进污染防治攻坚战进度严重滞后的，依纪依法严格问责、终身追责。

（二十）加强生态环境保护法治保障

85. 制定生态环境准入清单。完善配套立法，现有相关法规政策、规划不符合不衔接不适应的，2020年年底前完成调整。

86. 推动禁止生产销售使用一次性不可降解塑料制品、垃圾强制分类处置、污染物排放许可、生态保护补偿、自然保护地管理等生态环境保护领域的地方性立法。

87. 制定修订水、大气、土壤环境管理地方标准，探索制定比国家标准更加严格的生态环境质量标准。探索制定行业环境管理标准，服务现代农业、高新技术产业、现代服务业和特色产业发展。

88. 健全环保信用评价、信息强制性披露等制度，将企业环境信用信息纳入全国信用信息共享平台和国家企业信用信息公示系统，对生态环境违法违规行为实行联合惩戒、严惩重罚。

89. 建立健全生态环境保护综合执法、公安、检察、审判等部门信息共享、案情通报、案件移送制度，完善生态环境和资源保护领域公益诉讼和生态环境损害赔偿制度，加大生态环境违法犯罪行为的制裁惩处力度。

90. 加大生态环境和资源保护领域执法宣传力度，增强广大民众生态环境保护法治意识。

（二十一）加大生态环境领域资金支持力度

91. 加大财政投入力度，完善中央及省各类生态环境保护专项资金分配方式，坚持资金投入与污染防治攻坚任务相匹配。

92. 完善生态保护成效与财政转移支付资金分配相挂钩的生态保护补偿机制。

93. 创新资金投入方式，落实绿色产业发展的价格、财税、信贷、投资等政策，引导社会资本加大投入。

94. 在环境高风险、高污染行业和重点防控区域推行环境污染强制责任保险制度。

（二十二）强化生态环境保护能力建设

95. 完成第二次污染源普查，建立健全污染源信息数据库和环境统计平台。开展污染源调查、跟踪与解析研究。

96. 加快落实生态环境监测网络建设与改革方案，建立完善水、气、土、噪声、生态等全要素监测系统，建立农村生态环境管理信息平台，逐步实现生态环境监测网络整合优化、覆盖城乡以及监测信息集成共享。推进无人机遥感监测技术应用。

97. 推进生态环境保护执法规范化建设，统一着装、统一标识、统一证件、统一保障执法用车和装备。

98. 建立健全基层环境保护管理体制，各乡镇（街道）落实机构和专职人员，承担环境保护相关职责；结合乡村治安网格化管理平台，各行政村安排人员，负责发现、报告生态环境问题。

99. 按照属地管理和“谁主管、谁负责”的原则，开展环境风险隐患排查治理，有效评估、管控环境风险，提高环境风险防范能力。不断完善预案管理体制。加强环境应急物资配备，建设省、市（县）两级环境应急物资储备库，企业环境应急装备和储备物资应纳入储备体系。

100. 健全跨部门、跨区域环境应急协调联动机制，明确环境应急各环节主管部门、协作部门及其职责，实现预案联动、信息联动、队伍联动、物资联动。做好突发环境事件应急处置和善后，加强突发环境事件信息公开。

海南省人民政府关于印发海南省大气污染防治行动计划实施细则的通知

琼府〔2014〕7号

各市、县、自治县人民政府，省政府直属各单位：

现将《海南省大气污染防治行动计划实施细则》印发给你们，请认真贯彻执行。

海南省人民政府

2014年2月17日

海南省大气污染防治行动计划实施细则

为贯彻落实国务院《大气污染防治行动计划》，加强海南大气污染综合治理，改善环境空气质量，结合我省实际，本着统筹兼顾、突出重点、标本兼治、综合治理、注重实效的原则，制定本实施细则。

一、指导思想

以科学发展观为指导，大力推进生态文明建设，把良好的生态环境作为改善民生的重要目标，坚持经济发展与环境保护相协调、全面推进与重点突破相结合、属地管理与区域协作相一致、总量减排与质量改善相同步，转变发展方式，优化产业结构，着力解决以细颗粒物（$PM_{2.5}$）为重点的大气污染问题，突出抓好重点城市、重点行业、重点企业的污染治理，形成政府统领、企业施治、创新驱动、社会监督、公众参与的大气污染防治新机制，着力构建全社会共同参与的大气污染防治大格局。

二、工作目标

（一）总体目标。到2017年年底，全省环境空气质量持续保持优良，年度优良天数达95%以上。

（二）具体指标。到2017年年底，全省各市县可吸入颗粒物浓度比2013年下降 5%以上，海口市细颗粒物浓度保持在2013年水平，三亚市细颗粒物浓度保持在2014年水平。

三、重点工作

（一）加大工业企业治理力度，减少污染物排放。

1. 全面整顿燃煤小锅炉。加快热力和燃气管网建设，通过集中供热、“煤改气”“煤改电”“煤改生物质颗粒能源”工程建设，到2015年年底，海口市、三亚市建成区基本淘汰每小时10蒸吨及以下的燃煤锅炉，禁止新建燃煤锅炉；其他市县原则上不再新建每小时10蒸吨及以下的燃煤锅炉。到2017年年底，各市县建成区基本淘汰每小时35蒸吨及以下燃煤锅炉，其他区域基本淘汰每小时10蒸吨及以下燃煤锅炉。化工、造纸、制药等产业聚集的工业园区，通过电厂机组改造、天然气分布式能源等项目建设集中供热（冷）设施，逐步淘汰分散燃煤锅炉。

2. 加快重点行业脱硫、脱硝和除尘改造。严格按照“十二五”主要污染物总量减排目标责任书的时间节点完成重点行业脱硫、脱硝和除尘改造。中国石化海南炼油化工有限公司的催化裂化装置要安装脱硫设施；华能海南发电有限公司海口电厂4、5、8、9号燃煤机组安装脱硝设施，华能海南发电有限公司东方电厂1、2号机组实行脱硝改造，昌江华盛天涯水泥有限公司、华润水泥（昌江）有限公司、昌江鸿启实业有限公司叉河水泥分公司开展低氮燃烧技术改造或脱硝建设；华能海南发电有限公司海口电厂4、5、8、9号燃煤机组、华能海南发电有限公司东方电厂1、2号机组、昌江华盛天涯水泥有限公司、华润水泥（昌江）有限公司、昌江鸿启实业有限公司叉河水泥分公司现有除尘设施要实施升级改造。

3. 推进挥发性有机物污染治理。在石化、有机化工、医药、表面涂装、塑料制品、包装印刷、胶合板制造等重点行业开展挥发性有机物综合治理，在石化行业开展“泄漏检测与修复”技术改造。推进非溶剂型涂料产品创新，减少生产和使用过程中挥发性有机物排放。推广使用水性涂料，鼓励生产、销售和使用低毒、低挥发性溶剂。到2014年年底，完成全省所有加油站、储油库和油罐车的油气回收治理。在原油成品油码头积极开展油气回收治理。到2017年年底，完成石化企业有机废气综合治理。

4. 加强垃圾焚烧发电厂的环境监管。加强对我省垃圾焚烧发电厂的日常环境监管，定期开展尾气排放监督性监测，确保污染物达标排放。

（二）深化面源污染治理，严格控制扬尘污染。

1. 强化施工和道路扬尘环境监管。加强房屋建筑、拆除和市政工程施工现场管理，将全封闭围挡、堆土覆盖、洒水压尘、使用高效洗轮机和防尘墩、料堆密闭、道路裸地硬化等扬尘控制措施纳入建筑施工管理。推行绿色文明施工管理模式，建设单位、施工单位在合同中依法明确扬尘污染控制实施方案和责任，并将控制费用列入工程成本，单独列支，专款专用。将施工扬尘污染控制情况纳入建筑企业信用管理系统，对违法情节严重的，限制参与招投标活动。从2015年起，各市县建成区的渣土运输车辆全部采取密闭措施，并逐步安装卫星定位系统。对重点建筑施工现场安装视频，实施在线监管。推行道路机械化清扫等低尘作业方式，干旱季节强化道路洒水降尘措施，减少道路扬尘污染。各种煤堆、料堆应实现封闭储存或建设防风抑尘设施。

扩大城市建成区绿地规模，到2015年年底，基本消除建成区裸地。

2. 严厉整治矿山和水泥厂扬尘。依法取缔城市周边非法采矿、采石和采砂企业。高速公路、铁路两侧和城市周边矿山、水泥厂、配煤场所等产生扬尘污染的企业必须采取更严格的防治扬尘措施，减少扬尘污染。在重污染天气等重点、敏感时段要采取限产限排等措施。

3. 严格治理餐饮业排污。严格新建饮食服务经营场所的环保审批；推广使用管道煤气、天然气、电等清洁能源；到 2017年年底，城区餐饮服务经营场所全部安装高效油烟净化设施并强化运行监管，推广使用净化型家用抽油烟机。严格限制城区露天烧烤。

4. 加强农业面源污染治理。加强农业面源污染综合整治，推广应用病虫害绿色防控技术和耕地地力保育技术，减少农药、化肥的使用。积极开发缓释肥料新品种，减少化肥施用过程中氨的排放。以机场为中心 15 公里为半径和区域、沿高速公路、铁路两侧各 2 公里及国道、省道公路干线两侧各 1 公里的地带全面禁止秸秆焚烧，推广秸秆综合利用示范工程。严禁城市（镇）及周边地区废弃物露天焚烧。开展槟榔熏烤小炉灶清理专项行动，积极扶持大型槟榔熏烤加工企业的建设，通过工艺改进和污染防治等途径解决我省槟榔熏烤污染问题。

（三）强化移动源污染防治，减少机动车污染排放。

1. 加强城市交通管理。优化城市功能和布局规划，推广城市智能交通管理，缓解城市交通拥堵。实施公交优先战略，提高公共交通出行比例，加强步行、自行车交通系统建设。优化城际综合交通体系，推进区域性公路网、铁路网建设，合理调配人流、物流及其运输方式。根据城市发展规划和城市环境空气质量，海口市和三亚市要合理控制机动车保有量。通过鼓励绿色出行等措施，降低机动车使用强度。

2. 提升燃油品质。加快石油炼制企业升级改造，到 2017 年年底前，全省供应符合国家第五阶段标准的车用汽、柴油。加油站不得销售和供应不符合标准的车用汽、柴油。加强油品质量的监督检查，严厉打击非法生产、销售不符合国家和地方标准要求车用油品的行为，建立健全炼化企业油品质量控制制度，全面保障油品质量。

3. 加快淘汰黄标车。逐步扩大高排放车辆禁行范围，增加尾气排放监测频次，加强行业管理和加大执法检查力度。到 2015 年年底，基本淘汰 2005 年年底前注册营运的“黄标车”；到 2017 年年底，基本淘汰全省范围内的“黄标车”。

4. 加强机动车环保管理。加强检测数据质量管理和环保检验信息网建设，推进环保检验机构规范化运营。加强在用车年度检验，不达标车辆不得发放环保和安全合格标志，不得上路行驶。鼓励出租车每年更换高效尾气净化装置。大力推进城市公交车、出租车、客运车、运输车（含低速车）集中治理或更新淘汰，杜绝车辆“冒黑烟”现象。开展工程机械等非道路移动机械和船舶的污染控制。

5. 大力推广使用新能源汽车。公交、环卫等行业和政府机关率先推广使用纯电动等新能源汽车。采取直接上牌、财政补贴等综合措施鼓励个人购买新能源汽车。加快加汽站、充电站（桩）等配套设施建设，加大液化天然气供应，满足新能源和清洁能源汽车发展需求。

（四）加快淘汰落后产能，推动产业转型升级。

1. 严控“两高”行业新增产能。研究制定全省和各市县符合当地功能定位、严于国家要求的产业准入目录，严把新建项目产业政策关，加大产业结构调整力度。不再审批钢铁、水泥（熟料）、电解铝、平板玻璃等产能严重过剩行业的新建项目，扩、改建项目实行产能等量或减量置换。

2. 加快淘汰落后产能。结合产业发展实际和环境质量状况，分区域明确落后产能淘汰任务，倒逼产业转型升级。按照《部分工业行业淘汰落后生产工艺装备和产品指导目录（2010 年本）》《产业结构调整指导目录（2011 年本）（修正）》的规定，综合采取经济、法律和必要的行政手段，到 2014 年年底，提前一年完成国家下达的“十二五”落后产能淘汰任务。对未按期完成淘汰任务的市县，严格控制国家和省安排的投资项目，暂停对该地区重点行业建设项目办理核准、审批和备案手续。2015 年至 2017 年，结合产业发展实际和环境质量状况，制定范围更宽、标准更高的落后产能淘汰政策，再淘汰一批落后产能。

3. 加强小型企业环境综合整治。结合全省市县经济发展和城镇改造升级，对布局分散、装备水平低、环保治理设施差的钢铁、橡胶加工、农副产品加工等小型工业企业进行全面治理整顿，各市县要制定综合整治方案，实施分类治理，提升改造一批、集约布局一批、搬迁入园一批、关停并转一批。

4. 压缩过剩产能。加大环保、能耗、安全执法处罚力度，建立以提高节能环保标准倒逼“两高”行业过剩产能退出的机制。制定财税、土地、金融等扶持政策，支持产能过剩“两高”行业企业退出、转型发展。发挥优强企业对行业发展的主导作用，通过企业兼并重组，推动压缩过剩产能。各市县政府要切实加强组织领导和监督检查，认真清理产能严重过剩行业违规在建项目，完善产能退出机制，坚决遏制产能严重过剩行业盲目扩张。

（五）加快调整能源结构，强化清洁能源供应。

1. 控制煤炭消费，提高能源利用效率，推进煤炭清洁利用。按照国家要求，到 2015 年，实现全省万元国内生产总值能耗比 2010 年下降的节能目标。通过逐步提高接受外输电比例、增加天然气供应、加大非化石能源利用强度等措施替代燃煤，通过加快推进蓄能型集中供冷项目建设等措施提高能源利用效率。严格落实节能评估审查制度。新建高耗能项目单位产品（产值）能耗要达到国际先进水平，用能设备达到一级能效标准。从 2015 年起，禁止销售和使用灰分高于 20%、硫分高于 1.5%、热值低于 4 000 千卡/千克的劣质煤炭和含硫率高于 4%的石油焦。

2. 加快清洁能源替代利用。加大天然气、液化石油气供应。到 2015 年年底，新增天然气干线管输能力 90 亿立方米以上，覆盖洋浦、儋州、老城等区域。稳步发展核电等清洁能源，有序利用好风能、太阳能、生物质能，进一步优化能源结构。逐步提高城市清洁能源使用比重。到 2017 年，非化石能源消费比重提高到 13%。

优化天然气使用方式。新增天然气应优先保障居民生活或用于替代燃煤；鼓励发展天然气分布式能源等高效利用项目。

3. 划定城市高污染燃料禁燃区域。扩大城市高污染燃料禁燃区范围，逐步由城市建成区扩展到近郊。结合城中村、城乡接合部、棚户区改造，通过政策补偿和实施峰谷电价、季节性电价、阶梯电价、调峰电价等措施，逐步推行以天然气或电替代煤炭。2015 年年底前，各市县完成“高污染燃料禁燃区”划定和调整工作，并向社会公开。

4. 积极发展绿色建筑。政府投资的公共建筑、保障性住房要率先执行绿色建筑标准。新建建筑严格执行强制性节能标准，推广使用太阳能热水系统、地源热泵、空气源热泵、光伏建筑一体化、“热—电—冷”三联供等技术和装备。

（六）严格节能环保准入，优化产业空间布局。

1. 调整产业布局。尽快制订《海南省新型工业园区产业发展总体规划》，重大建设项目原则上布局在相对应的工业园区。所有新、扩、改建项目，须全部进行环境影响评价；未通过环境影响评价审批的项目，一律不准开工建设；违规建设的，要依法进行处罚。加强产业政策在产业转移过程中的引导和约束作用，严格控制生态脆弱或环境敏感地区建设“两高”行业项目。加强对各类产业发展规划环境影响评价，国家确定的产能过剩行业未进行规划环评的，原则上不受理其具体建设项目的环评审批。

2. 强化节能环保指标约束。提高节能环保准入门槛，健全重点行业准入条件，公布符合准入条件的企业名单并实施动态管理。严格实施污染物排放总量控制，将二氧化硫、氮氧化物、烟粉尘和挥发性有机物污染物排放是否符合总量控制要求作为建设项目环境影响评价审批的前置条件。对未完成大气污染物减排任务的市县和行业实施区域、行业限批，除民生工程外，不得批准建设排放大气主要污染物的项目。对未通过能评、环评审查的项目，有关部门不得审批、核准、备案，不得提供土地，不得批准开工建设，不得发放生产许可证、安全生产许可证、排污许可证，金融机构不得提供任何形式的新增授信和贷款支持，有关单位不得供电、供水。对违规建设的污染项目要坚决清理、依法关闭。

3. 实行特别排放限值。新建火电、石化、有色、化工等企业以及燃煤锅炉项目要执行大气污染物特别排放限值。

4. 优化空间格局。科学制定并严格实施城市规划，强化城市空间管制要求和绿地控制要求，将城市森林建设和城郊湿地修复、保护纳入城市发展规划，规范各类产业园区和城市新城、新区设立和布局，严禁随意调整和修改城市规划，形成有利于大气污染扩散的城市和区域空间格局。

结合化解过剩产能、节能减排和企业兼并重组，到2017年年底，完成全省城镇区域内影响环境的重污染企业环保搬迁、改造。

（七）加快企业技术改造，提高科技创新能力。

1. 强化科技研发和推广，加快发展节能环保产业。整合省级科研技术力量，扶持建立重点企业科研平台，加快推进我省细颗粒物、臭氧的形成机理、来源解析、迁移规律和监测预警研究，开展人工控制雾霾天气的试验及研究，开展城市森林、城郊湿地大气污染净化能力等关键技术研究。围绕大气污染治理重点工作需求，加强脱硫、脱硝、高效除尘、挥发性有机物控制、柴油机（车）排放净化、环境监测，以及新能源汽车、智能电网等方面的技术研发，推进技术成果转化应用。加强大气污染治理先进技术、管理经验等方面的国际交流与合作。

大力推广先进节能环保装备和产品，扩大节能新能源汽车、光伏发电、地源热泵和新能源装备的国内消费市场，积极培育节能环保产业新业态、新模式，有效推动节能环保、新能源等战略性新兴产业发展。鼓励外商投资节能环保产业。

2. 全面推进清洁生产。强化源头污染预防，针对节能减排关键领域和薄弱环节，采用先进适用清洁生产技术、工艺和装备，实施清洁生产技术改造，鼓励发展节能、降耗、减排的清洁生产项目。到2017年年底，钢铁、水泥、化工、石化、制糖、平板玻璃、有色金属冶炼等行业完成清洁生产审核，重点行业排污强度比2012年明显下降。

3. 大力发展循环经济。鼓励产业集聚发展，实施园区循环化改造，推进能源阶梯利用、水资源循环利用、废物交换综合利用、土地节约集约利用，促进企业循环式生产、园区循环式发展、产业循环式组合，构建循环型工业体系。实施昌江循环经济工业区、洋浦经济开发区、老城经济开发区、东方工业园区等现有工业园区的生态循环化改造。开展水泥窑实施废物协同处置项目建设，推进尾矿贫矿（特别是黄金尾矿）和造纸绿泥等大宗工业固体废物综合利用，实现我省工业固体废物的减量化和资源化利用。

（八）建立监测预警预报应急体系，妥善应对重污染天气。

1. 建立健全监测预警预报体系。各级环境保护部门要加强与气象部门的合作，建立会商机制和大气环境质量监测预警预报体系。到2015年年底，完成省级和海口市、三亚市大气环境质量监测预警预报系统建设，完成北部和西部沿海大气污染防控监测体系建设，开展大气污染物远程输送对我省大气环境质量影响的研究，开展大气环境质量过程的趋势分析，加强会商研判，提高监测预警预报的准确度，及时发布监测预警预报信息。

2. 及时采取应急措施。将重污染天气应急响应纳入各级政府突发事件应急管理体系，实行政府主要负责人负责制。根据重污染天气的预警等级，迅速启动应急预案，引导公众做好防范。

四、保障措施

（一）加强组织领导。

成立省大气污染防治工作领导小组，由省长任组长，有关分管副省长任副组长，省政府相关部门、各市县政府主要负责人为领导小组成员。领导小组统筹研究制定产业结构和布局调整、能源消费结构调整、淘汰落后产能、重点行业治理、清洁生产技术改造等重大政策和措施；制定考核评估办法，指导、协调地方政府落实实施细则；加强与周边省份的联防联控，协调解决突出环境问题。

（二）明确责任分工。

各市县政府对行政区域内大气环境质量负总责，要根据国家和我省总体部署及控制指标，制定本地大气污染防治实施细则，确定工作重点和年度控制指标，完善政策措施，并向社会公开；要不断加大监管力度，确保任务明确、项目清晰、资金保障。

省政府有关部门要各司其职，各负其责，协调联动，密切配合，制定有利于大气污染防治的投资、财政、税收、金融、价格、贸易、科技等政策，依法做好各自领域的环境保护工作，形成大气污染防治的强大合力。

排污企业要按照环保规范要求，加强内部管理，增加资金投入，采用先进的生产工艺和治理技术，确保污染物达标排放；要自觉履行社会责任、接受社会监督。

（三）完善法规政策。

进一步健全完善我省大气污染防治法规体系，重点健全大气污染防治、总量控制、排污许可、应急预警、法律责任等方面的制度，建立健全环保、公安联动执法机制，加大对违法行为处罚力度。出台《海南省机动车排气污染防治管理办法》和《海南省污染物排放总量控制管理办法》等。加快出台重点行业排放标准和污染防治技术政策、清洁生产评价指标体系等。

（四）切实完善有利于改善大气环境的经济政策。

发挥市场机制调节作用。建立企业“领跑者”制度，对能效、排污强度达到更高标准的先进企业给予鼓励。全面落实“合同能源管理”的财税优惠政策。加强环境保护、工商、银行、质监和安全监管部门的沟通配合，实行红黑牌和黑名单制，完善绿色信贷和绿色证券政策，严格限制环境违法企业贷款和上市融资。推广排污权交易，完善大气污染物排污许可制度，强化污染物总量控制，对超出许可排污的企业，其超出部分要实行有偿使用。

完善价格税收政策。严格执行烟气脱硫、脱硝电价，现有火电机组采用新技术进行除尘设施改造，给予价格政策支持。按照合理补偿成本、优质优价和污染者付费的原则合理确定成品油价格，完善对部分困难群体和公益性行业成品油价格改革补贴政策。理顺电价体系，建立有利于清洁能源发展的导向机制，将生态移民费用列入水电建设成本给予保障，实行阶梯式电价。符合税收法律法规规定，购置用于环境保护、节能节水、安全生产等专用设备或建设环境保护项目的企业以及高新技术企业，可以享受企业所得税优惠。加大对工业环保技改的贴息。

拓宽投融资渠道。深化节能环保投融资体制改革，鼓励民间资本和社会资金进入大气污染防治领域。引导银行业金融机构加大对大气污染防治项目的信贷支持，探索排污权抵押融资模式，拓展节能环保设施融资、租赁业务。对涉及民生的“煤改气”“黄标车”和老旧车辆淘汰、轻型载货车替代低速货车等加大政策支持力度，对重点行业清洁生产示范工程给予引导性资金支持。将大气污染防治专项经费纳入各级财政预算，优先支持列入规划和行动计划的污染治理项目。加大对重点区域大气污染治理的支持力度，按照治理成效实施“以奖代补”。加快制定化解过剩产能、企业搬迁补偿方案。将环境监测经费纳入各级财政预算予以保障。

（五）提升环境监管能力。

支持我省相关科研机构开展大气污染防治关键技术研发，加强全省环境空气质量预警预报能力建设。到 2014 年年底，全面完成重点污染企业二氧化硫、氮氧化物和颗粒物在线监测能力建设，并与省、市环境保护部门联网，加强挥发性有机物在线监测能力建设。到 2015 年年底，全省县级以上城市（镇）、重点旅游景区、重点工业园区按环境空气质量新标准全部完成环境空气质量自动监测站建设，配齐运行管理人员，实现省级联网和信息发布。到2017年年底，省级和市县级环境监测、环境信息、环境监察执法、宣教能力应达到标准化建设要求。加强机动车排污监管平台建设，实现环境保护和公安部门的机动车信息共享。

（六）加大环境执法力度。

创新环境监管机制，强化地方政府环境管理主体责任，市县、乡镇层层签订责任状，建立“横向到边、纵向到底”的网格化环境监管模式。深入连续开展环保专项行动，推进联合执法、区域执法、交叉执法等执法机制创新，明确重点，加大力度，严厉打击环境违法行为。对偷排偷放、屡查屡犯的违法企业，要依法停产关闭。对涉嫌环境犯罪的，要依法追究刑事责任。落实执法责任，对监督缺位、执法不力、徇私枉法等行为，监察机关要依法追究有关部门和人员的责任。

（七）加强环境信息公开。

构建各部门协调一致的信息联合发布平台，规范发布模式。涉及群众利益的建设项目，要充分听取公众意见，建立重污染行业企业环境信息强制公开制度。省国土环境资源厅负责每月公布各市县环境空气质量状况和排名。各市县政府负责公布城市环境空气质量状况、应急方案、新建项目环境影响评价、企业污染物排放状况、治理设施运行情况等环境信息，接受社会监督。

（八）严格考核奖惩。

省政府与各市县政府签订大气污染防治目标责任书，将目标任务分解落实到各级政府和企业。将细颗粒物控制目标作为经济社会发展的约束性指标，构建以空气质量改善为核心的目标责任考核体系。省政府制定考核办法，每年年初对各市县上年度治理任务完成情况进行考核；2015年进行中期评估；2017年进行终期考核。考核和评估结果经省政府同意后，向社会公布，并交由组织部门按照有关规定作为对领导班子和领导干部综合考核评价的重要依据。对未通过年度考核的市县，由环境保护部门会同监察、组织部门约谈有关负责人，提出整改意见，并督促整改。对工作不力、履职缺位等导致未能有效应对重污染天气，以及干预、伪造监测数据和没有完成年度目标任务的，要严格进行责任追究，由监察机关依法依纪追究有关单位和人员的责任；对上述有关地区和企业实施建设项目环评、能评限批，取消我省授予的相关荣誉称号。

（九）鼓励公众参与。

环境治理，人人有责。要积极开展以防治细颗粒物为重点的多种形式的宣传教育，普及大气污染防治科学知识。要建立污染有奖举报制度，落实奖励资金，鼓励社会组织和公众监督排污企业偷排偷放、车辆“冒黑烟”、渣土运输车辆遗撒、秸秆露天焚烧、非法熏烤槟榔等环境违法行为。倡导文明、节约、绿色的消费方式和生活习惯，引导公众从自身做起、从点滴做起、从身边的小事做起，在全社会树立起“同呼吸、共奋斗”的行为准则，努力改善环境空气质量。

各市县、各有关部门和企业要按照本实施细则的要求，结合本地实际，狠抓贯彻落实，确保环境空气质量改善目标如期实现。

海南省人民政府办公厅关于印发海南省大气污染防治行动计划实施细则重点部门分工方案的通知

琼府办〔2014〕119号

各市、县、自治县人民政府，省政府直属有关单位：

《海南省大气污染防治行动计划实施细则重点部门分工方案》已经省政府同意，现印发给你们，请认真组织实施。

海南省人民政府办公厅
2014年8月11日

海南省大气污染防治行动计划实施细则重点部门分工方案

一、加大工业企业治理力度，减少污染物排放

（一）加快热力和燃气管网建设，通过集中供热、“煤改气”“煤改电”“煤改生物质颗粒能源”工程建设，到2015年年底，海口市、三亚市建成区基本淘汰每小时10蒸吨及以下的燃煤锅炉，禁止新建燃煤锅炉；其他市县原则上不再新建每小时10蒸吨及以下的燃煤锅炉。到2017年年底，各市县建成区基本淘汰每小时35蒸吨及以下燃煤锅炉，其他地区基本淘汰每小时10蒸吨及以下燃煤锅炉。化工、造纸、制药等产业聚集的工业园区，通过电厂机组改造、天然气分布式能源等项目建设集中供热（冷）设施，逐步淘汰分散燃煤锅炉。（牵头单位：省发展改革委；配合单位：省工业和信息化厅、省住房城乡建设厅、省国土环境资源厅、省质监局、省财政厅）

（二）加快重点行业脱硫、脱硝和除尘改造。严格按照“十五”主要污染物总量减排目标责任书的时间节点完成重点行业脱硫、脱硝和除尘改造。（牵头单位：省国土环境资源厅；配合单位：省工业和信息化厅、省发展改革委）

（三）在石化、有机化工、医药、表面涂装、塑料制品，包装印刷、胶合板制造等重点行业开展挥发性有机物综合整治。（牵头单位：省国土环境资源厅；配合单位：省工业和信息化厅）

（四）在石化行业开展“泄漏检测与修复”技术改造。（牵头单位：省工业和信息化厅；配合单位：省国土环境资源厅）

（五）推进非溶剂型涂料产品创新，减少生产和使用过程中挥发性有机物排放。推广使用水性涂料，

鼓励生产、销售和使用低毒、低挥发性溶剂。（牵头单位：省质监局；配合单位：省工业和信息化厅、省商务厅、省国土环境资源厅）

（六）到 2014 年年底，完成全省所有加油站、储油库和油罐车的油气回收治理。在原油成品油码头积极开展油气回收治理。到 2017 年年底，完成石化企业有机废气综合治理。（牵头单位：省国土环境资源厅；配合单位：省商务厅、省交通运输厅、省安全监管局、省质监局、省公安消防总队）

（七）加强对我省垃圾焚烧发电厂的日常环境监管，定期开展尾气排放监督性监测，确保污染物达标排放。（牵头单位：省国土环境资源厅；配合单位：省住房城乡建设厅）

二、深化面源污染治理，严格控制扬尘污染

（一）加强房屋建筑、拆除和市政工程施工现场管理、将全封闭围挡、堆土覆盖、洒水压尘、使用高效洗轮机和防尘墩、料堆密闭、道路裸地硬化等扬尘控制措施纳入建筑施工管理。渣土运输车辆采取密闭措施，并逐步安装卫星定位系统。推行道路机械化清扫等低尘作业方式。各种煤堆、料堆应实现封闭储存或建设防风抑尘设施。（责任单位：省住房城乡建设厅）

（二）扩大城市建成区绿地规模，到 2015 年年底，基本消除建成区裸地。（牵头单位：省住房城乡建设厅；配合单位：省林业厅）

（三）依法取缔城市周边非法采矿、采石和采砂企业。高速公路、铁路两侧和城市周边矿山、水泥厂、配煤场所等产生扬尘污染的企业必须采取更严格的防治扬尘措施，减少扬尘污染。在重污染天气等重点、敏感时段要采取限产限排等措施。（责任单位：省国土环境资源厅）

（四）严格新建饮食服务经营场所的环保审批；到 2017 年年底，城区餐饮服务经营场所全部安装高效油烟净化设施并强化运行监管（牵头单位：省国土环境资源厅；配合单位：省工商局、省住房城乡建设厅）

（五）推广使用管道煤气、天然气、电等清洁能源；推广使用净化型家用抽油烟机。（牵头单位：省发展改革委；配合单位：省工业和信息化厅、省商务厅）

（六）严格限制城区露天烧烤。（责任单位：各市县政府）

（七）加强农业面源污染综合整治，推广应用病虫害绿色防控技术和耕地地力保育技术，减少农药、化肥的使用。（责任单位：省农业厅）

（八）积极开发缓释肥料新品种，减少化肥施用过程中氨的排放。（牵头单位：省农业厅；配合单位：省科技厅）

（九）禁止秸秆焚烧，推广秸秆综合利用示范工程。（责任单位：省农业厅）

（十）严禁城市（镇）及周边地区废弃物露天焚烧。（责任单位：各市县政府）

（十一）开展槟榔熏烤小炉灶清理专项行动，积极扶持大型槟榔熏烤加工企业的建设，通过工艺改进和污染防治等途径解决我省的槟榔熏烤污染问题。（牵头单位：省国土环境资源厅；配合单位：省农业厅、省工业和信息化厅）

三、强化移动源污染防治，减少机动车污染排放

（一）优化城市功能和布局规划。（牵头单位：省住房城乡建设厅；配合单位：省交通运输厅）

（二）推广城市智能交通管理。实施公交优先战略，提高公共交通出行比例，加强步行、自行车交通系统建设。（牵头单位：省交通运输厅；配合单位：省公安厅）

（三）优化城际综合交通体系，推进区域性公路网、铁路网建设，合理调配人流、物流及其运输方式。（牵头单位：省发展改革委；配合单位：省交通运输厅、省跨海办）

（四）根据城市发展规划和城市环境空气质量，海口市和三亚市要合理控制机动车保有量。（牵头单位：省公安厅；配合单位：省国土环境资源厅）

（五）加快石油炼制企业升级改造。（责任单位：省工业和信息化厅）

（六）到 2017 年年底前，全省供应符合国家第五阶段标准的车用汽、柴油。（牵头单位：省商务厅；配合单位：省发展改革委、省质监局）

（七）加强油品质量的监督检查，严厉打击非法生产、销售不符合国家和地方标准要求车用油品的行为，建立健全炼化企业油品质量控制制度，全面保障油品质量。（牵头单位：省质监局；配合单位：省工商局、省商务厅）

（八）逐步扩大高排放车辆禁行范围、增加尾气排放监测频次、加强行业管理和加大执法检查力度。（牵头单位：省公安厅；配合单位：省交通运输厅、省国土环境资源厅）

（九）到 2015 年年底，基本淘汰 2005 年年底前注册营运的“黄标车”；到 2017 年年底，基本淘汰全省范围内的“黄标车”。（牵头单位：省国土环境资源厅；配合单位：省公安厅、省交通运输厅、省商务厅、省财政厅）

（十）加强检测数据质量管理和环保检验信息网建设，推进环保检验机构规范化运营，加强在用车年度检验。（牵头单位：省国土环境资源厅；配合单位：省公安厅、省质监局）

（十一）鼓励出租车每年更换高效尾气净化装置。（牵头单位：省公安厅；配合单位：省国土环境资源厅、省交通运输厅、省财政厅）

（十二）大力推进城市公交车、出租车、客运车、运输车（含低速车）集中治理或更新淘汰，杜绝车辆“冒黑烟”现象。（牵头单位：省公安厅；配合单位：省交通运输厅、省商务厅、省国土环境资源厅、省财政厅）

（十三）开展工程机械等非道路移动机械和船舶的污染控制。（牵头单位：省国土环境资源厅；配合单位：省交通运输厅、省农业厅、海南海事局）

（十四）公交、环卫等行业和政府机关率先推广使用纯电动等新能源汽车。采取直接上牌、财政补贴等综合措施鼓励个人购买新能源汽车。（牵头单位：省公安厅；配合单位：省交通运输厅、省住房城乡建设厅、省机关事务管理局、省财政厅）

（十五）加快加汽站、充电站（桩）等配套设施建设，加大液化天然气供应，满足新能源和清洁能源汽车发展需求。（牵头单位：省交通运输厅；配合单位：省工业和信息化厅、省发展改革委、省商务厅、省住房城乡建设厅）

四、加快淘汰落后产能，推动产业转型升级

（一）研究制定全省和各市县符合当地功能定位、严于国家要求的产业准入目录，严把新建项目产业政策关，加大产业结构调整力度。（牵头单位：省发展改革委；配合单位：省工业和信息化厅、省国土环境资源厅）

（二）不再审批钢铁、水泥（熟料）、电解铝、平板玻璃等产能严重过剩行业的新建项目，扩、改建项目实行产能等量或减量置换。（牵头单位：省工业和信息化厅；配合单位：省发展改革委、省国土环境资源厅）

（三）结合产业发展实际和环境质量状况，分区城明确落后产能淘汰任务，倒逼产业转型升级。到

2014 年年底，提前一年完成国家下达的“十二五”落后产能淘汰任务。对未按期完成淘汰任务的市县，严格控制国家和省安排的投资项目，暂停对该地区重点行业建设项目办理核准、审批和备案手续。2015 年至 2017 年，结合产业发展实际和环境质量状况，制定范围更宽、标准更高的落后产能淘汰政策，再淘汰批落后产能。（牵头单位：省工业和信息化厅；配合单位：省发展改革委、省国土环境资源厅）

（四）结合全省市县经济发展和城镇改造升级，对布局分散，装备水平低、环保治理设施差的钢铁、橡胶加工、农副产品加工等小型工业企业进行全面治理整顿。实施分类治理，提升改造一批、集约布局一批、搬迁入园一批、关停并转一批。（牵头单位：省工业和信息化厅；配合单位：省国土环境资源厅）

（五）加大环保、能耗、安全执法处罚力度，建立以提高节能环保标准倒逼“两高”行业过剩产能退出的机制。制定财税、土地、金融等扶持政策，支持产能过剩“两高”行业企业退出、转型发展。（牵头单位：省发展改革委；配合单位：省工业和信息化厅、省国土环境资源厅、省财政厅、人民银行海口中心支行、银监会海南监管局）

（六）认真清理产能严重过剩行业违规在建项目，完善产能退出机制，坚决遏制产能严重过剩行业盲目扩张。（牵头单位：省发展改革委；配合单位：省工业和信息化厅）

五、加快调整能源结构，强化清洁能源供应

（一）到 2015 年，实现全省万元国内生产总值能耗比 2010 年下降的节能目标。通过逐步提高接受外输电比例、增加天然气供应、加大非化石能源利用强度等措施替代燃煤，通过加快推进蓄能型集中供冷项目建设等措施提高能源利用效率。严格落实节能评估审查制度。新建高耗能项目单位产品（产值）能耗要达到国际先进水平，用能设备达到一级能效标准。（牵头单位：省工业和信息化厅；配合单位：省发展改革委）

（二）从 2015 年起，禁止销售和使用灰分高于 20%、硫分高于 1.5%、热值低于 4 000 千卡/千克的劣质煤炭和含硫率高于 4%的石油焦。（牵头单位：省商务厅；配合单位：省工业和信息化厅）

（三）加大天然气、液化石油气供应。到 2015 年年底，新增天然气干线管输能力 90 亿立方米以上，覆盖洋浦、儋州、澄迈老城等区域。稳步发展核电等清洁能源，有序利用好风能、太阳能、生物质能，进步优化能源结构。逐步提高城市清洁能源使用比重。到 2017 年，非化石能源消费比重提高到 13%。（牵头单位：省发展改革委；配合单位：省工业和信息化厅）

（四）优化天然气使用方式。新增天然气应优先保障居民生活或用于替代燃煤；鼓励发展天然气分布式能源等高效利用项目。（牵头单位：省发展改革委；配合单位：省住房城乡建设厅、省工业和信息化厅、省财政厅）

（五）扩大城市高污染燃料禁燃区范围，逐步由城市建成区扩展到近郊。（牵头单位：省国土环境资源厅；配合单位：省住房城乡建设厅）

（六）结合城中村、城乡接合部、棚户区改造，通过政策补偿和实施峰谷电价、季节性电价、阶梯电价、调峰电价等措施，逐步推行以天然气或电替代煤炭。（牵头单位：省发展改革委；配合单位：省物价局、省住房城乡建设厅）

（七）政府投资的公共建筑、保障性住房要率先执行绿色建筑标准。新建建筑严格执行强制性节能标准，推广使用太阳能热水系统、地源热泵、空气源热泵、光伏建筑一体化、“热—电—冷”三联供等技术和装备。（牵头单位：省住房城乡建设厅；配合单位：省发展改革委、省财政厅、省科技厅、省工

业和信息化厅）

六、严格节能环保准入，优化产业空间布局

（一）尽快制订《海南省新型工业园区产业发展总体规划》，重大建设项目原则上布局在相对应的工业园区。所有新、扩、改建项目，须全部进行环境影响评价。加强产业政策在产业转移过程中的引导和约束作用，严格控制生态脆弱或环境敏感地区建设“两高”行业项目。加强对各类产业发展规划环境影响评价，国家确定的产能过剩行业未进行规划环评的，原则上不受理其具体建设项目的环评审批。（牵头单位：省发展改革委；配合单位：省工业和信息化厅、省国土环境资源厅、省住房城乡建设厅）

（二）提高节能环保准入门槛。健全重点行业准入条件，公布符合准入条件的企业名单并实施动态管理。（牵头单位：省工业和信息化厅；配合单位：省发展改革委、省国土环境资源厅）

（三）严格实施污染物排放总量控制，将二氧化硫、氮氧化物、烟粉尘和挥发性有机物污染物排放是否符合总量控制要求作为建设项目环境能响评价审批的前置条件。对未完成大气污染物减排任务的市县和行业实施区域、行业限批，除民生工程外，不得批准建设排放大气主要污染物的项目。新建火电、石化、有色、化工等企业以及燃煤锅炉项目要执行大气污染物特别排放限值。（牵头单位：省国土环境资源厅；配合单位：省发展改革委、省工业和信息化厅）

（四）对未通过能评、环评审查的项目，有关部门不得审批、核准、备案，不得提供土地，不得批准开工建设，不得发放生产许可证、安全生产许可证、排污许可证，金融机构不得提供任何形式的新增授信和贷款支持，有关单位不得供电、供水。对违规建设的污染项目要坚决清理、依法关闭。（牵头单位：省发展改革委；配合单位：省国土环境资源厅）

（五）科学制定并严格实施城市规划，强化城市空间管制要求和绿地控制要求，将城市森林建设和城郊湿地修复、保护纳入城市发展规划，规范各类产业园区和城市新城、新区设立和布局，严禁随意调整和修改城市规划，形成有利于大气污染扩散的城市和区域空间格局。（牵头单位：省住房城乡建设厅；配合单位：省国土环境资源厅）

（六）结合化解过剩产能、节能减排和企业兼并重组，到 2017 年年底，完成全省城镇区域内影响环境的重污染企业环保搬迁、改造。（牵头单位：省发展改革委；配合单位：省工业和信息化厅、省国土环境资源厅）

七、加快企业技术改造，提高科技创新能力

（一）整合省级科研技术力量，扶持建立重点企业科研平台，加快推进我省细颗粒物、臭氧的形成机理、来源解析、迁移规律和监测预警研究，开展人工控制雾霾天气的试验及研究，开展城市森林、城郊湿地大气污染净化能力等关键技术研究。（牵头单位：省国土环境资源厅；配合单位：省科技厅、省气象局）

（二）围绕大气污染治理重点工作需求，加强脱硫、脱硝、高效除尘、挥发性有机物控制、柴油机（车）排放净化、环境监测，以及新能源汽车、智能电网等方面的技术研发，推进技术成果转化应用。加强大气污染治理先进技术、管理经验等方面的国际交流与合作。（牵头单位：省国土环境资源厅；配合单位：省科技厅、省财政厅、省发展改革委）

（三）大力推广先进节能环保装备和产品。扩大节能新能源汽车、光伏发电、地源热泵和新能源装

备的国内消费市场，积极培育节能环保产业新业态、新模式，有效推动节能环保、新能源等战略性新兴产业发展。鼓励外商投资节能环保产业。（牵头单位：省工业和信息化厅；配合单位：省发展改革委、省科技厅、省财政厅、省国土环境资源厅、省商务厅）

（四）强化源头污染预防，针对节能减排关键领域和薄弱环节，采用先进适用清洁生产技术、工艺和装备，实施清洁生产技术改造，鼓励发展节能、降耗、减排的清洁生产项目。到2017年年底，钢铁、水泥、化工、石化、制糖、平板玻璃、有色金属冶炼等行业完成清洁生产审核，重点行业排污强度比2012 年明显下降。（牵头单位：省国土环境资源厅；配合单位：省工业和信息化厅、省发展改革委、省财政厅）

（五）鼓励产业集聚发展，实施园区循环化改造，推进能源阶梯利用、水资源循环利用、废物交换综合利用、土地节约集约利用，促进企业循环式生产、园区循环式发展、产业循环式组合，构建循环型工业体系。实施昌江循环经济工业区、洋浦经济开发区、老城经济开发区、东方工业园区等现有工业园区的生态循环化改造。开展水泥窑实施废物协同处置项目建设，推进尾矿贫矿（特别是黄金尾矿）和造纸绿泥等大宗工业固体废物综合利用，实现我省工业固体废物的减量化和资源化利用。（牵头单位：省工业和信息化厅；配合单位：省发展改革委、省国土环境资源厅、省科技厅、省财政厅）

八、建立监测预警预报应急体系，妥善应对重污染天气

建立健全监测预警预报体系。（牵头单位：省国土环境资源厅；配合单位：省气象局、省财政厅）

九、完善法规政策

进步健全完善我省大气污染防治法规体系，重点健全大气污染防治、总量控制、排污许可、应急预警、法律责任等方面的制度，建立健全环保、公安联动执法机制，加大对违法行为处罚力度。出台《海南省机动车排气污染防治管理办法》和《海南省污染物排放总量控制管理办法》等。加快出台重点行业排放标准和污染防治技术政策、清洁生产评价指标体系等。（牵头单位：省国土环境资源厅；配合单位：省公安厅、省工业和信息化厅、省法制办）

十、切实完善有利于改善大气环境的经济政策

（一）发挥市场机制调节作用。建立企业“领跑者”制度，对能效、排污强度达到更高标准的先进企业给予鼓励。（牵头单位：省财政厅；配合单位：省发展改革委、省工业和信息化厅、省国土环境资源厅）

（二）全面落实“合同能源管理”的财税优惠政策。加强环境保护、工商、银行、质监和安全监管部门的沟通配合，实行红黑牌和黑名单制，完善绿色信贷和绿色证券政策，严格限制环境违法企业贷款和上市融资。（牵头单位：省发展改革委；配合单位：省工业和信息化厅、省国土环境资源厅、省财政厅、省住房城乡建设厅、省地税局、人民银行海口中心支行、银监会海南监管局、证监会海南监管局）

（三）推广排污权交易，完善大气污染物排污许可制度，强化污染物总量控制，对超出许可排污的企业，其超出部分要实行有偿使用。（牵头单位：省国土环境资源厅；配合单位：省财政厅、省法制办）

（四）严格执行烟气脱硫、脱硝电价。现有火电机组采用新技术进行除尘设施改造，给予价格政策支持。理顺电价体系，建立有利于清洁能源发展的导向机制，将生态移民费用列入水电建设的成本内给予保障，实行阶梯式电价。（牵头单位：省物价局；配合单位：省发展改革委、省国土环境资源厅）

（五）按照合理补偿成本、优质优价和污染者付费的原则合理确定成品油价格，完善对部分困难群体和公益性行业成品油价格改革补贴政策。（牵头单位：省物价局；配合单位：省发展改革委、省财政厅）

（六）符合税收法律法规规定，购置用于环境保护、节能节水、安全生产等专用设备或建设环境保护项目的企业以及高新技术企业，可以享受企业所得税优惠。加大对工业环保技改的贴息。（牵头单位：省财政厅；配合单位：省地税局、省发展改革委、省工业和信息化厅、省国土环境资源厅）

（七）深化节能环保投融资体制改革，鼓励民间资本和社会资金进入大气污染防治领域。引导银行业金融机构加大对大气污染防治项目的信贷支持，探索排污权抵押融资模式，拓展节能环保设施融资、租赁业务。对涉及民生的“煤改气”“黄标车”和老旧车辆淘汰、轻型载货车替代低速货车等加大政策支持力度，对重点行业清洁生产示范工程给予引导性资金支持。（牵头单位：省发展改革委；配合单位：省财政厅人民银行海口中心支行、银监会海南监管局、省国土环境资源厅）

（八）将大气污染防治专项经费纳入各级财政预算中，优先支持列入规划和行动计划的污染治理项目。加大对重点区域大气污染治理的支持力度，按照治理成效实施“以奖代补”。（牵头单位：省财政厅；配合单位：省发展改革委、省国土环境资源厅）

（九）加快制定化解过剩产能、企业搬迁补偿方案。（牵头单位：省发展改革委；配合单位：省工业和信息化厅、省财政厅、省国土环境资源厅）

（十）将环境监测经费纳入各级财政预算予以保障。（牵头单位：省财政厅；配合单位：省国土环境资源厅）

十一、提升环境监管能力

支持我省相关科研机构开展大气污染防治关键技术研发，加强全省环境空气质量预警预报能力建设。到 2014 年年底，全面完成重点污染企业二氧化硫、氮氧化物和颗粒物在线监测能力建设，并与省、市环境保护部门联网，加强挥发性有机物在线监测能力建设。到 2015 年年底，全省县级以上城市（镇）、重点旅游景区、重点工业园区按环境空气质量新标准全部完成环境空气质量自动监测站建设，配齐运行管理人员，实现省级联网和信息发布。到 2017 年年底，省级和市县级环境监测、环境信息、环境监察执法、宣教能力应达到标准化建设要求。加强机动车排污监管平台建设，实现环境保护和公安部门的机动车信息共享。（牵头单位：省国土环境资源厅；配合单位：省财政厅、省公安厅）

十二、加大环境执法力度

（一）创新环境监管机制，强化地方政府环境管理主体责任，市县、乡（镇）层层签订责任状，建立“横向到边、纵向到底”的网格化环境监管模式。深入连续开展环保专项行动，推进联合执法、区域执法、交叉执法等执法机制创新，明确重点，加大力度，严厉打击环境违法行为。对偷排偷放、屡查屡犯的违法企业，要依法停产关闭。对涉嫌环境犯罪的，要依法追究刑事责任。（牵头单位：省国土环境资源厅；配合单位：省公安厅）

（二）落实执法责任，对监督缺位、执法不力、徇私枉法等行为，监察机关要依法追究有关部门和

人员的责任。（牵头单位：省监察厅；配合单位：省国土环境资源厅、省公安厅）

十三、加强环境信息公开

构建各部门协调一致的信息联合发布平台，规范发布模式。涉及群众利益的建设项目，要充分听取公众意见，建立重污染行业企业环境信息强制公开制度。每月公布各市县环境空气质量状况和排名。（责任单位：省国土环境资源厅）

十四、严格考核奖惩

（一）省政府与各市县政府签订大气污染防治目标责任书，将目标任务分解落实到各级政府和企业。将细颗粒物控制目标作为经济社会发展的约束性指标，构建以空气质量改善为核心的目标责任考核体系。政府制定考核办法，每年年初对各市县上年度治理任务完成情况进行考核；2015 年进行中期评估；2017 年进行终期考核。考核和评估结果经省政府同意后，向社会公布，并交由组织部门按照有关规定作为对领导班子和领导干部综合考核评价的重要依据。（牵头单位：省国土环境资源厅；配合单位：省监察厅、省统计局）

（二）对未通过年度考核的市县，由环境保护部门会同监察、组织部门约谈有关负责人，提出整改意见，并督促整改。对工作不力、履职缺位等导致未能有效应对重污染天气，以及干预、伪造监测数据和没有完成年度目标任务的，要严格进行责任追究，由监察机关依法依纪追究有关单位和人员的责任；对上述有关地区和企业实施建设项目环评、能评限批，取消我省授予的相关荣誉称号。（牵头单位：省国土环境资源厅；配合单位：省监察厅）

十五、鼓励公众参与

要积极开展以防治细颗粒物为重点的多种形式的宣传教育，普及大气污染防治科学知识。要建立污染有奖举报制度，落实奖励资金，鼓励社会组织和公众监督排污企业偷排偷放、车辆“冒黑烟”、渣土运输车辆遗撒、秸秆露天焚烧、非法熏烤槟榔等环境违法行为。倡导文明、节约、绿色的消费方式和生活习惯，引导公众从自身做起、从点滴做起、从身边的小事做起，在全社会树立起“同呼吸、共奋斗”的行为准则，努力改善环境空气质量。（牵头单位：省国土环境资源厅；配合单位：省教育厅、省文化广电出版体育厅）

海南省人民政府关于印发海南省大气污染防治实施方案（2016—2018年）的通知

琼府〔2016〕23号

各市、县、自治县政府，省政府直属各单位：

《海南省大气污染防治实施方案》（2016—2018年）已经六届省政府第57次常务会议审议通过。现印发给你们，请遵照执行。

海南省人民政府

2016年2月24日

海南省大气污染防治实施方案（2016—2018年）

为加大对重点领域、重点区域大气污染防治力度，着力整治我省大气污染的突出问题，确保全省环境空气质量持续保持优良水平，根据国务院《大气污染防治行动计划》（国发〔2013〕37号）和《海南省大气污染防治行动计划实施细则》（琼府〔2014〕7号）的要求，制定本实施方案。

一、总体要求

（一）指导思想。

全面贯彻落实《中共中央 国务院关于加快推进生态文明建设的意见》、十八届五中全会精神以及省委、省政府关于大气污染防治的决策部署，坚持严字当先，狠抓落实，强化追责，针对我省大气污染特点，突出防治重点，明确职责任务，严格监督检查，动员全民参与，强化舆论监督，确保全省环境空气质量只能改善、不能下降。

（二）工作目标。

1. 空气质量改善目标：2018年年底，全省环境空气质量持续保持优良，优良天数比例达到98%，PM_{10}、$PM_{2.5}$等主要大气污染物浓度控制在较低水平，海口、三亚、儋州达到国家考核要求，其他市县PM_{10}浓度稳定在2013年水平，争取略有下降。

2. 大气污染防治目标：基本形成“各市县政府对环境空气质量负责，各职能部门各司其职、齐抓共管”的大气污染防治保障工作机制，全省大气污染防治重点任务顺利完成。

二、重点任务

（一）机动车污染治理。

1. 加快黄标车淘汰。

工作要求：按照省政府下达的年度计划任务完成“黄标车”淘汰。

考核标准：黄标车淘汰率满足当年工作要求。

责任单位：各市县政府，洋浦经济开发区管委会，省公安厅。

2. 严格报废车辆监管。

工作要求：严格报废汽车在回收、存储、运输、拆解、注销等环节程序的监管，坚决杜绝回收的报废汽车及其“五大总成”（包括发动机、方向机、变速器、前后桥、车架）流向市场。加大二手车交易市场的监管力度，防止报废汽车通过二手车交易市场流入社会。

考核标准：严格执行《机动车强制报废标准规定》，已淘汰黄标车和其他报废车辆应全部销毁。

责任单位：各市县政府，洋浦经济开发区管委会，省商务厅、省公安厅、省工商局。

3. 加强机动车环保管理。

工作要求：尾气排放检测不达标的车辆，不得发放环保合格标志、机动车安全技术检验合格证明和机动车检验合格标志，尾气排放检测不达标的营运车辆一律不予发放道路运输证。落实“黄标车”限行制度，严禁无标车上路行驶。杜绝车辆“冒黑烟”现象，加强机动车环保抽测，严禁农用车进入城区。2016 年启动外省进岛车辆在本省申领机动车环保检验合格标志工作，研究制定无标车、黄标车禁止入岛政策。

考核标准：机动车环保检验率 90%；各类机动车均符合上路规定与相关要求。

责任单位：各市县政府，洋浦经济开发区管委会，省生态环保厅、省公安厅。

4. 实施新能源汽车推广计划。

工作要求：落实国家新能源汽车推广应用补助政策，全省各市县应大力推广使用新能源和清洁能源汽车，公交车、出租车应率先使用新能源和清洁能源汽车。加快加气站、充电站（桩）等配套设施建设，加大液化天然气供应，满足新能源和清洁能源汽车发展需求。

考核标准：公共交通系统清洁能源利用率显著提高。

责任单位：各市县政府，洋浦经济开发区管委会，省工业和信息化厅、省发展改革委、省交通运输厅、省财政厅。

（二）城市扬尘污染治理。

1. 建筑施工扬尘污染控制。

工作要求：建筑 PM 施工工地应采取设置围挡、苫盖、道路硬化、喷淋、冲洗等措施防尘降尘。施工工地禁止进行现场混凝土搅拌。施工现场设置砂浆搅拌机的，应配备降尘防尘装置。建筑土方、工程渣土、建筑垃圾应当及时清运，24 小时内不能清运的，应当分类堆放并采用密闭式防尘网遮盖。工程运输车辆清洗后上路，车轮车身不带泥，物料不撒漏、不扬尘。施工临时道路应确保道路无浮土、无扬尘。风力达到 6 级及以上时，应停止拆除工程施工。统筹安排建筑垃圾集中堆存、处理、处置场所建设，积极推动建筑垃圾资源化。暂时不能开工的建设用地，建设单位应当对裸露地面进行覆盖；超过 3 个月的，应当进行绿化、铺装或者遮盖。装卸物料应当采取密闭或者喷淋等方式防治扬尘污染。

考核标准：施工工地围挡率 100%、工地建筑垃圾与料堆堆场覆盖率 100%、施工道路硬化率 100%。做到施工作业不扬尘、物料堆放不扬尘、工程车辆运输不扬尘、作业区内不起尘。

责任单位：各市县政府，洋浦经济开发区管委会，省住房城乡建设厅。

2. 道路扬尘污染控制。

工作要求：加大煤炭、垃圾、渣土、砂石、土方、灰浆等运输车辆的治理力度，建立重点路段流动检查机制，严查未实行密闭运输车辆。推行道路机械化清扫等低尘作业方式，提高道路机械化清扫率。道路清扫作业同时采取洒水降尘等抑尘措施，减少道路二次扬尘污染。

考核标准：运输车辆无有效防尘措施不得上路，海口、三亚、儋州建成区机扫率达到85%，其他市县建成区机扫率应达到70%，道路不得有泥土、石子和明显灰尘。

责任单位：各市县政府，洋浦经济开发区管委会，省公安厅、省交通运输厅、省住房城乡建设厅。

3. 建成区裸地和物料堆场扬尘治理。

工作要求：城市建成区裸地及时复绿，消除建成区裸地。强化生活垃圾中转站、搅拌站、渣土消纳场等管理，采取有效措施减少作业过程扬尘。建成区内不应设置各种易产生扬尘的物料堆场，必须设置贮存煤炭、煤渣、煤灰、水泥、石灰、石膏、砂土等易产生扬尘的物料堆场，应当采用密闭式防尘网遮盖。矿山、填埋场和消纳场应当实施分区作业，并采取有效措施防治扬尘污染。

考核标准：建成区无裸露土地，物料堆场的扬尘治理符合相关要求。

责任单位：各市县政府，洋浦经济开发区管委会，省住房城乡建设厅。

4. 烟花爆竹管控。

划定烟花爆竹集中燃放区和时段，大力推广使用安全环保型烟花爆竹。

考核标准：烟花爆竹在指定时段和划定区域集中燃放。

责任单位：各市县政府，洋浦经济开发区管委会，省公安厅、省安全监管局。

（三）挥发性有机物污染治理。

1. 重点行业挥发性有机污染物治理。

工作要求：制定有机化工、医药、表面涂装、塑料制品、包装印刷、胶合板制造等重点行业挥发性有机物综合整治方案。2016年，重点行业企业挥发性有机废气综合治理项目完成率达到50%。2017年，重点行业企业挥发性有机废气综合治理项目完成率达到100%。

考核标准：按时完成重点行业企业有机废气综合治理，挥发性有机废气达标排放。

责任单位：各市县政府，洋浦经济开发区管委会，省工业和信息化厅。

2. 石化化工行业VOC综合整治。

工作要求：石化化工企业应建立“泄漏检测与修复”管理制度，强化管道、设备与设施的日常维护，加强动静密封点、罐区、装卸、污水收集与处理、开停车、大检修、火炬等十二类污染源的管控，大幅减少无组织排放。建立信息管理平台，设置密封点编号与标识，对易泄漏环节制定针对性改进措施，通过源头控制减少可挥发性有机物泄漏排放。

考核标准：按时完成石化行业VOC综合整治方案的相关要求。

责任单位：各市县政府，洋浦经济开发区管委会，省生态环保厅、省工业和信息化厅。

3. 挥发性有机物监管。

工作要求：生产、进口、销售和使用含挥发性有机物原材料和产品的，包括家装涂料，其挥发性有机物含量应当符合质量标准和相关要求。工业涂装等企业应当使用低挥发性有机物含量的涂料，并建立台账，记录生产原料、辅料的使用量、废弃量、去向以及挥发性有机物含量。台账保存期限不得少于3年。服装干洗、机动车维修等经营者应安装使用净化处理设施，定期进行清洗维护，排放污染物不得超过规定的排放标准。

考核标准：我省生产、进口、销售和使用含挥发性有机物的原材料和产品符合国家和我省要求，工业涂装等企业使用低挥发性有机物含量的涂料，并建立台账。

责任单位：各市县政府，洋浦经济开发区管委会，省质监局。

4. 油气储运企业挥发性有机物控制。

工作要求：全省所有加油站、储油库和油罐车完成油气回收治理并达标稳定运行。

考核标准：加油站、储油库和油罐车按照国家有关规定安装油气回收装置并达标稳定运行。

责任单位：各市县政府，洋浦经济开发区管委会，省生态环保厅、省商务厅、省交通运输厅。

（四）餐饮业污染治理。

工作要求：餐饮服务经营场所安装油烟净化设施并强化运行监管，推广使用净化型家用抽油烟机。2016 年，海口、三亚、儋州的城区餐饮服务经营场所油烟净化设施安装运行率达到 100%，其他市县城区餐饮服务经营场所油烟净化设施安装运行率达到 80%，全省所有市县建成区全面禁止露天烧烤；2017 年，所有市县城区餐饮服务经营场所油烟净化设施安装运行率达到 100%。

禁止在居民住宅楼、未配套设立专用烟道的商住综合楼、商住综合楼与居住层相邻的商业楼层内新建、改建、扩建产生油烟、异味、废气的餐饮服务项目。禁止任何单位和个人在人口集中地区和居民住宅区内新建、改建和扩建产生有毒有害气体、恶臭气体的生产经营场所。

考核标准：各市县建立餐饮服务经营场所动态台账，定期自查，完成年度控制目标；建成区不得有露天烧烤行为。

责任单位：各市县政府，洋浦经济开发区管委会，省食品药品监管局、省住房城乡建设厅。

（五）船舶、港口污染治理。

1. 船舶污染治理。

工作要求：严格执行船舶污染物排放标准，限期淘汰不能达到污染物排放标准的船舶，严禁新建不达标船舶投入运营；开展老旧运输船舶和单壳油轮提前报废更新工作，加快船用油品的质量升级，禁止向船舶加注燃油质量不达标的油品，推进 LNG 等清洁燃料在水运行业的应用。外来船舶入岛应确保污染物达标排放。

考核标准：船舶污染物全部达标排放，按时淘汰老旧运输船舶和单壳油轮。船舶用燃油合格。

责任单位：各市县政府，洋浦经济开发区管委会，海南海事局、省交通运输厅、省质监局。

2. 港口作业污染治理。

工作要求：加强港口作业扬尘监管，开展干散货码头粉尘治理，全面推进所有港口煤炭、矿石码头堆场防风抑尘设施建设；全面推进原油成品油码头油气回收治理。2016 年，原油成品油码头油气回收治理完成率达 50%，并达标稳定运行。2017 年，完成所有原油成品油码头油气回收综合治理，并达标稳定运行。

考核标准：按《大气污染防治法》中相关要求进行港口作业扬尘考核；按期完成原油成品油码头油气回收治理工作。

责任单位：各市县政府，洋浦经济开发区管委会，省交通运输厅。

3. 港口岸基供电建设。

工作要求：新建码头应当规划、设计和建设岸基供电设施；已建成的码头应当逐步实施岸基供电设施改造。协调配合有关部门出台地方靠港船舶使用岸电供售电机制以及船舶使用岸电的鼓励政策。

考核标准：新建码头完成岸基供电设施建设；制定地方岸基供电规划建设方案或出台船舶使用岸电鼓励政策。

责任单位：各市县政府，洋浦经济开发区管委会，省交通运输厅。

（六）面源污染治理。

1. 槟榔木材熏烤炉灶清理改造。

工作要求：有槟榔熏烤污染的市县应制定槟榔木材熏烤炉灶清理和改造专项行动方案并严格实施，制定槟榔加工大气污染物排放地方标准。

考核标准：按期完成槟榔木材熏烤炉灶清理和改造，2016 年年底全面禁止槟榔木材熏烤炉灶熏烤。

责任单位：相关市县政府，省农业厅、省生态环保厅。

2. 秸秆垃圾等禁烧。

工作要求：建立并严格执行秸秆禁烧工作目标管理责任制，划定秸秆禁烧区，秸秆禁烧区内无秸秆焚烧火点，鼓励各市县出台秸秆综合利用政策。建成区及周边严禁焚烧垃圾。禁止在宗教、礼仪、祭祀等公共场所使用高香，积极推广使用环保香。

考核标准：秸秆禁烧区内无秸秆焚烧火点，建成区及周边严禁焚烧垃圾。

责任单位：各市县政府，洋浦经济开发区管委会，省农业厅、省公安厅、省民宗委、省生态环保厅。

3. 合理施用化肥农药。

工作要求：科学合理施用化肥农药，禁止销售使用高毒高残留农药和非环保乳油型农药，按期逐步减少农药和化肥的使用量。

考核标准：不得销售使用高毒高残留农药和非环保乳油型农药，农药和化肥使用量逐年减少。

责任单位：各市县政府，洋浦经济开发区管委会，省农业厅。

（七）煤炭、油品管控。

1. 推进煤炭清洁利用。

工作要求：禁止销售和使用灰分高于 20%、硫分高于 1.5%、热值低于 4 000 千卡/千克的劣质煤炭和含硫率高于 4%的石油焦。全省除建材外禁止使用煤矸石，建成区禁止散烧煤炭。

考核标准：全省禁止销售和使用劣质煤炭和含硫率高于 4%的石油焦。煤矸石和煤炭散烧符合上述要求。

责任单位：各市县政府，洋浦经济开发区管委会，省质监局。

2. 优质油品供应。

工作要求：按时供应符合国家第四、第五阶段标准的车用汽、柴油。禁止生产、进口、销售不符合标准的机动车船、非道路移动机械用燃料。

考核标准：按时供应符合国家第四、第五阶段标准的车用汽、柴油。随机抽检各市县（洋浦经济开发区）管辖区内加油站，油品合格率应为 100%。各类发动机燃料均符合要求。

责任单位：各市县政府，洋浦经济开发区管委会，省商务厅、省工业和信息化厅。

3. 城市高污染燃料禁燃区。

工作要求：各市县（洋浦经济开发区）完成“高污染燃料禁燃区”划定和调整工作，并向社会公开。禁燃区内，禁止燃用高污染燃料；禁止新建、扩建燃用高污染燃料的设施，已建成的应当在地方政府规定期限内改用清洁能源。

考核标准：完成“高污染燃料禁燃区”划定和调整工作，在禁燃区内，禁止销售、燃用高污染燃料；禁止新建、扩建燃用高污染燃料的设施。

责任单位：各市县政府，洋浦经济开发区管委会，省发展改革委。

（八）工业大气综合整治。

1. 强化工业企业大气污染物排放监管。

工作要求：实施工业企业全面达标排放计划，加强对国控和省控大气污染源排放的日常监管，定期开展废气排放监督性监测，确保大气污染物达标排放，建立超标排污企业的黑名单制度。

考核标准：国控和省控大气污染源全面达标排放，对不达标企业及时进行处理。

责任单位：各市县政府，洋浦经济开发区管委会，省生态环保厅。

2. 实施燃煤电厂超低排放和节能改造。

工作要求：2017 年，现有燃煤电厂（不包括自备热电锅炉），全面实施超低排放，新建燃煤电厂全部执行超低排放限值（燃气轮机组限值），到期不能达到超低排放限值的，必须关停。

考核标准：按期完成以上任务。

责任单位：相关市县政府，洋浦经济开发区管委会，省生态环保厅、省发展改革委、省工业和信息化厅。

3. 工业企业堆场扬尘防治。

工作要求：工业企业贮存煤炭、煤渣、煤灰、水泥、石灰、石膏、砂土等易产生扬尘的堆场应当密闭；消纳场应当实施分区作业，并采取有效措施防治扬尘污染。

考核标准：按以上要求防治扬尘污染。

责任单位：各市县政府，洋浦经济开发区管委会，省生态环保厅、省国土资源厅。

4. 工业园区集中供热（冷）。

工作要求：到 2017 年年底，工业园区基本淘汰每小时 35 蒸吨及以下燃煤锅炉，通过电厂机组改造、天然气分布式能源等项目建设集中供热（冷）设施。各市县 2016 年 6 月底前制定园区集中供热实施计划和现有分散燃煤锅炉的淘汰替代方案。

考核标准：按时完成以上任务。

责任单位：各市县政府，洋浦经济开发区管委会，省工业和信息化厅。

（九）环境污染有奖举报。

工作要求：2016 年 6 月前，建立环境污染有奖举报制度，落实奖励资金，鼓励社会组织和公众监督排污企业偷排偷放、城市不文明施工、车辆“冒黑烟”、渣土运输车辆遗撒、秸秆露天焚烧、非法熏烤槟榔等环境违法行为。公示各类污染源主管部门举报电话、信箱以及微信举报平台；为方便群众投诉，开展环境行为“随手拍”群众活动，对群众举报的问题限时查处和反馈。设置曝光台，对环境污染行为及时曝光。营造全民参与、社会化治污大格局，努力改善环境空气质量。

考核标准：2016 年 6 月前，公示有奖举报电话、信箱及微信举报平台，查处及时，奖励到位，形成社会各方面参与度高，举报方便的有奖举报制度。

责任单位：各市县政府，洋浦经济开发区管委会。

（十）加强环境空气质量自动监测和信息发布。

工作要求：建立完善的环境空气自动监测质量管理体系，每个环境空气自动站均应安排专职技术人员负责运行维护管理，落实运行维护经费，加强质量保证和控制，确保监测数据客观、准确。及时在政府办公区、旅游风景区及地方门户网站发布地区空气质量信息。

考核要求：全年数据有效率达到国家要求，考核比对和环境空气自动站的运行维护符合要求，运行维护经费落实。信息发布满足《海南省环境空气质量信息发布办法》要求。

责任单位：各市县政府，洋浦经济开发区管委会。

三、工作要求

（一）加强领导。

成立省大气污染防治实施方案（2016—2018 年）领导小组，由毛超峰常务副省长任组长，省生态环保厅、省发展改革委、省住房城乡建设厅、省工业和信息化厅、省财政厅主要负责人为副组长，省农业厅、省公安厅、省国土资源厅、省交通运输厅、省商务厅、省民宗委、省安全监管局、省工商局、省质监局、省食品药品监管局、海南海事局主要负责人为领导小组成员。领导小组下设大气污染防治考核办公室，办公室设在省生态环保厅，具体负责全省大气污染防治的组织协调、检查督导和考核工作。领导小组每半年召开一次全省大气污染防治工作落实情况评估总结会，每年对大气污染防治落实情况进行考核，结果公开。

（二）狠抓落实。

各市县政府和洋浦经济开发区管委会，应按照《海南省大气污染防治行动计划实施细则》《海南省大气污染防治行动计划实施细则重点部门分工方案》《海南省 2015 年度大气污染防治实施计划》《关于切实做好黄标车淘汰工作的通知》以及《海南省大气污染防治实施情况考核办法实施细则》要求对 2015 年大气污染防治实施情况进行自查自纠并上报自评结果。2016 年 3 月底前，省政府相关职能部门，市县政府和洋浦经济开发区管委会要在现有大气污染防治措施基础上，结合《海南省大气污染防治实施方案（2016—2018 年）》，制定更为详细的大气污染防治实施工作方案，建章立制，摸清现状，找准问题，明确工作目标、工作内容、责任单位和责任人，加强联防联控，确保顺利完成年度环境空气质量改善和大气污染防治工作任务。

（三）做好监督考核。

2016 年 3 月底前，大气污染防治考核办公室组织省政府相关部门依据《海南省大气污染防治实施情况考核办法》，完成各市县 2015 年大气污染防治工作落实情况的现场考核，4 月底前将考核结果上报省政府。2016 年、2017 年、2018 年大气污染防治工作落实情况于次年 3 月底前完成考核，4 月底前将考核结果上报省政府。

（四）加强通报约谈问责。

对大气污染防治措施落实不到位的单位及时进行通报，对环境空气质量改善或大气污染防治未通过年度考核的市县主要负责人，进行约谈和问责；省政府相关职能部门未按期完成其负责的大气污染防治相关任务的，由省政府直接进行问责。

附件：海南省大气污染防治部门职责分工

附件

海南省大气污染防治部门职责分工

省生态环保厅：

（一）负责对全省大气污染防治工作实施统一监督管理；

（二）负责承担大气污染防治考核办公室职责；

（三）指导各市县对大气污染防治设施运行进行监管、检测，对机动车环保合格标志进行管理，对机动车尾气检测管理现场检查和执法，对企业料场堆场扬尘进行治理，对秸秆禁烧现场进行检查和督查，对挥发性有机物进行治理，指导各市县建立环境污染有奖举报制度，指导各市县做好环境空气自动监测等工作；

（四）协助做好燃煤电厂超低排放改造和检测；

（五）负责对口工作的方案制定、监督管理、执法检查和考核工作。

省发展改革委：

（一）指导各市县产业结构调整与空间布局优化；

（二）指导各市县做好能源结构调整，提高清洁能源占比，实施全省充电站（桩）等新能源和清洁能源汽车配套设施建设；

（三）协助推进集中供热燃煤锅炉实施煤改气工程；

（四）负责全省产能严重过剩行业新增产能控制；

（五）指导各市县高污染燃料禁燃区划定、实施，煤炭管理与清洁能源供应；

（六）负责指导燃煤电厂超低排放改造，循环经济与节能环保产业发展，推进第三方治理等工作；

（七）负责对口工作的方案制定、监督管理、执法检查和考核工作。

省住房城乡建设厅：

（一）按照有利于大气污染防治的原则，科学制定城乡规划，优化城市用地布局；

（二）指导各市县建筑工地扬尘控制，建成区物料堆场扬尘控制，建筑节能及供热计量等工作；

（三）指导各市县城市步行和自行车交通系统建设；

（四）指导各市县做好建成区露天烧烤取缔；

（五）指导各市县做好城市道路机械化吸尘洒水等扬尘防控监管以及建成区裸露地面扬尘治理；

（六）负责对口工作的方案制定、监督管理、执法检查和考核工作。

省工业和信息化厅：

（一）负责职责内的新增产能控制，产能严重过剩行业违规项目清理，落后工艺取缔和落后产能设备（含燃煤锅炉）淘汰，清洁生产技术改造，新能源汽车推广等工作；

（二）指导各市县做好重点行业企业挥发性有机污染物治理，石化化工企业 VOC 综合整治；

（三）指导燃煤电厂节能改造，工业园区集中供热（冷）设施建设；

（四）负责引导和鼓励企业对尾矿资源进行利用；

（五）负责对口工作的方案制定、监督管理、执法检查和考核工作。

省公安厅：

（一）指导各市县“黄标车”淘汰及限行，淘汰黄标车的流向监管等工作；

（二）指导各市县烟花爆竹的禁放、限放以及高香燃烧；

（三）指导各市县环境违法刑事案件立案查处工作；

（四）指导各市县未遮盖渣土运输车辆等违规上路车辆查处；

（五）负责对口工作的方案制定、监督管理、执法检查和考核工作。

省交通运输厅：

（一）指导各市县做好施工道路扬尘污染控制，油气（油罐车）回收治理，淘汰市区剩余柴油公交车、交通运输领域新能源汽车推广等工作；

（二）指导各市县港口作业扬尘管控，码头岸基供电设施建设和规划；

（三）协助未遮盖渣土运输车辆等违规上路车辆查处；

（四）负责对口工作的方案制定、监督管理、执法检查和考核工作。

省财政厅：

（一）负责省级大气污染防治财政资金投入；

（二）指导各市县落实新能源汽车推广应用补助资金；

（三）负责环境污染有奖举报制度的资金配套工作。

省国土资源厅：

（一）负责指导矿山扬尘整治等工作；

（二）负责对口工作的方案制定、监督管理、执法检查和考核工作。

省农业厅：

（一）负责出台秸秆综合利用方案等工作；

（二）指导各市县科学合理施用化肥农药、秸秆禁烧、槟榔木材熏烤炉灶清理改造等工作；

（三）负责对口工作的方案制定、监督管理、执法检查和考核工作。

省商务厅：

（一）协助推进油品经营主体（加油站、储油库）按油气回收治理要求做好达标工作；

（二）指导各市县“黄标车”销毁等工作；

（三）负责对口工作的方案制定、监督管理、执法检查和考核工作。

省民宗委：

（一）指导各市县积极推广环保香；

（二）负责对口工作的方案制定、监督管理、执法检查和考核工作。

省质监局：

（一）负责全省燃煤锅炉淘汰统计汇总；

（二）指导各市县煤质、油品检验管理等工作；

（三）指导各市县生产、进口、销售和使用含挥发性有机物原材料和产品的监管；

（四）负责对新改造燃气出租车进行安全检查及发放使用合格证；

（五）负责对口工作的方案制定、监督管理、执法检查和考核工作。

省食品药品监管局：

（一）指导各市县在餐饮服务经营场所安装油烟净化设施和推广使用净化型家用抽油烟机；

（二）负责对口工作的方案制定、监督管理、执法检查和考核工作。

省安全监管局：

（一）指导各市县做好烟花爆竹生产管控；

（二）负责对口工作的方案制定、监督管理、执法检查和考核工作。

省工商局：

（一）指导协助各市县做好“黄标车”淘汰销毁工作；

（二）负责对口工作的方案制定、监督管理、执法检查和考核工作。

海南海事局：

（一）负责对船舶发动机及有关设备排放检验质量的监督检查；

（二）负责检查船舶是否具有污染物排放相关证书；

（三）负责对船舶供给、船舶在用燃油进行抽检。

海南省人民政府办公厅
关于加强冬春大气污染防治工作的通知

琼府办〔2017〕179号

各市、县、自治县人民政府，省政府直属有关部门：

为贯彻十九大精神，落实《大气污染防治行动计划》和省委七届二次、三次全会要求，打赢蓝天保卫战，改善全省环境空气质量，保障人民群众的身体健康，经省政府同意，现就做好我省冬春大气污染防治工作通知如下：

一、加强空气质量预报预警工作

及时开展空气质量预报预警会商和综合研判，指导督促市县政府实施有针对性的大气污染防治措施。加强细颗粒物和臭氧监测，在全省全面开展大气污染来源解析，准确掌握污染来源、机理和途径，为我省大气污染防治提供科学依据。修订空气重污染应急预案，有效应对污染天气。（责任单位：省生态环境保护厅、省气象局）

二、严格控制机动车船排气污染

2017年年底前全面淘汰所有剩余黄标车。出台全省老旧车淘汰实施方案，分年度逐步淘汰老旧车。研究出台全省柴油车污染管控措施。海口、三亚、儋州市在2018年3月底前落实城市建成区主干道机动车尾气遥感监测措施。实施最严格的机动车迁入管理政策。加强入岛车辆管控，研究出台控制岛外高污染排放机动车入岛措施。实施机动车保有量控制，出台合理控制全省机动车保有量实施方案。实施最严格的机动车排放标准，研究出台第六阶段机动车排放标准实施方案。出台船舶污染控制实施方案，严格管控在运船舶和渔船，限期淘汰不能达到污染物排放标准的船舶，坚决清理取缔涉渔“三无”船舶，限期改造完成全省港口岸基供电设施。（责任单位：各市县政府、洋浦经济开发区管委会。督办单位：省生态环境保护厅、省公安厅、省交通运输厅、省商务厅、省海洋与渔业厅、海南海事局）

三、强化建筑扬尘污染防治

开展建筑扬尘污染防治专项行动，确保建筑工地严格落实“洒水、覆盖、硬化、冲洗、绿化、围挡”六个100%措施，防止建筑材料和工程渣土飞扬、洒落、流溢，严禁抛扔或随意倾倒。（责任单位：各市县政府、洋浦经济开发区管委会。督办单位：省住房城乡建设厅）

四、推进道路扬尘控制

推行道路机械化清扫等低尘作业方式，到2017年年底，海口、三亚、儋州市建成区道路机械化清扫率达到80%以上，其他市县建成区道路机械化清扫率达到60%以上，2018年年底分别达到90%和80%以上。严厉打击“黑渣土车”私拉乱倒和沿途遗撒现象，严查过境中重型货车、砂石运输车、混凝土运输车、建筑用料和废料运输车等车辆的违规营运行为。（责任单位：各市县政府、洋浦经济开发区管委会。督办单位：省住房城乡建设厅、省交通运输厅、省公安厅）

五、加强重点行业企业污染控制

加强对燃煤发电、水泥、石化、制药、玻璃等行业企业环境保护设施运行的监管，全面实行排污许可证制度，严厉打击无证排污。加快淘汰燃煤小锅炉，确保2017年年底完成所有燃煤小锅炉的淘汰任务。全省原则上不再新上燃煤锅炉。（责任单位：各市县政府、洋浦经济开发区管委会。督办单位：省生态环境保护厅、省工业和信息化厅、省质监局）

六、实施挥发性有机物污染控制

加强加油站、油库油气回收设备的监督检查，2018年9月底前全省年销售汽油量8 000吨及以上的加油站需完成油气排放在线监测系统建设。加强建材市场监管，严厉打击销售达不到环保要求的油漆和涂料。开展建筑工地和室内装修喷涂粉刷等监督抽查工作，每季度公布问题清单。（责任单位：各市县政府、洋浦经济开发区管委会。督办单位：省生态环境保护厅、省工商局、省质监局、省住房城乡建设厅）

七、大力推进槟榔加工污染治理

开展槟榔加工污染治理专项行动，全面禁止槟榔土法熏烤。延伸采购者环保责任，落实绿色采购措施。大力推广槟榔绿色环保烘干技术，推动槟榔产业转型升级，维护农民利益。（责任单位：各市县政府、洋浦经济开发区管委会。督办单位：省农业厅、省生态环境保护厅、省财政厅）

八、加强大气面源污染控制

全省范围内全面禁止秸秆、垃圾等露天焚烧，建立管理和问责机制，落实各市县、乡镇、村委会监管责任。开展餐饮服务经营场所油烟治理，2017年年底前全省各市县建成区餐饮经营场所油烟净化设施安装运行率达到100%。各市县要加强对露天烧烤的规范管理。加强春节等节假日期间烟花爆竹燃放管控，不得出现因燃放烟花爆竹造成的空气质量不达标问题。（责任单位：各市县政府、洋浦经济开发区管委会。督办单位：省农业厅、省住房城乡建设厅、省公安厅、省食品药品监管局、省供销社）

九、加大环境执法力度

进一步加大执法检查力度，对环境违法问题，始终保持“零容忍”，发现一起、查处一起、严惩一起。结合环保督察整改行动，按照“属地负责、政府主导、部门联动”的原则，重点打击小散乱污企业和落后产能企业的环境违法行为，对拒不整改或整改后依然不合格的企业坚决依法处理。（责任单位：各市县政府、洋浦经济开发区管委会。督办单位：省生态环境保护厅、省工业和信息化厅）

十、落实工作职责

各市县政府要落实大气污染防治工作的主体责任，全面建立有奖举报机制，按照“最严规划、最严措施、最严处罚、最严问责”要求，全面落实冬春大气污染防治措施。省直各有关部门作为监管部门，必须细化专项整治工作方案，落实工作职责，加强督查指导。对大气污染防治工作落实不力的责任部门和市县政府及有关领导，省政府按照《海南省党政领导干部生态环境损害责任追究实施细则》（试行）有关规定予以严肃问责。

附件：重点工作任务部门责任分工明细表

海南省人民政府办公厅

2017 年 11 月 9 日

附件

重点工作任务部门责任分工明细表

序号	责任事项	责任单位
1	及时开展空气质量预报预警会商和综合研判，指导督促市县实施有针对性的大气污染防治措施。加强细颗粒物和臭氧监测，在全省全面开展大气污染来源解析，准确掌握污染来源、机理和途径，为我省大气污染防治提供科学依据。修订空气重污染应急预案，有效应对污染天气	省生态环境保护厅、省气象局
2	2017 年年底前全面淘汰所有剩余黄标车	省公安厅、省生态环境保护厅
3	出台全省老旧车淘汰实施方案，分年度逐步淘汰老旧车。研究出台全省柴油车污染管控措施	省生态环境保护厅、省公安厅、省交通运输厅
4	实施最严格的机动车迁入管理政策	省商务厅、省公安厅、省交通运输厅
5	加强入岛车辆管控，研究出台控制岛外高污染排放机动车入岛措施	省公安厅、省生态环境保护厅、省交通运输厅、海口市人民政府
6	实施机动车保有量控制，出台合理控制全省机动车保有量实施方案	省公安厅、省交通运输厅、省商务厅
7	实施最严格的机动车排放标准，研究出台第六阶段机动车排放标准实施方案	省生态环境保护厅、省公安厅、省工信厅、海南出入境检验检疫局
8	出台船舶污染控制实施方案，严格管控在运船舶和渔船，限期淘汰不能达到污染物排放标准的船舶，坚决清理取缔涉渔“三无”船舶，禁止向船舶加注燃油质量不达标的油品	海南海事局、省海洋与渔业厅、省交通运输厅

序号	责任事项	责任单位
9	限期改造完成全省港口岸基供电设施	省交通运输厅、海南海事局、省海洋与渔业厅
10	开展建筑扬尘污染防治专项行动，确保建筑工地严格落实“洒水、覆盖、硬化、冲洗、绿化、围挡”六个100%措施，防止建筑材料和工程渣土飞扬、洒落、流溢，严禁抛扔或随意倾倒。推行道路机械化清扫等低尘作业方式	省住房城乡建设厅
11	严厉打击“黑渣土车”私拉乱倒和沿途遗撒现象，严查过境中重型货车、砂石运输车、混凝土运输车、建筑用料和废料运输车等车辆的违规营运行为	省交通运输厅、省公安厅
12	加强对燃煤发电、水泥、石化、制药、玻璃等行业企业环境保护设施运行的监管，全面实行排污许可证制度，严厉打击无证排污	省生态环境保护厅
13	加快淘汰燃煤小锅炉，确保2017年年底完成所有燃煤小锅炉的淘汰任务	省工业和信息化厅、省质监局
14	全省原则上不再新上燃煤锅炉	省质监局、省工业和信息化厅
15	加强加油站、油库油气回收设备的监督检查。2018年9月底前全省年销售汽油量8 000吨及以上的加油站需完成油气排放在线监测系统建设	省生态环境保护厅
16	加强建材市场监管，严厉打击销售达不到环保要求的油漆和涂料。开展建筑工地和室内装修喷涂粉刷等监督抽查工作，每季度公布问题清单	省工商局、省质监局、省住房城乡建设厅
17	开展槟榔加工污染治理专项行动，全面禁止槟榔土法熏烤。延伸采购者环保责任，落实绿色采购措施。大力推广槟榔绿色环保烘干技术，推动槟榔产业转型升级，维护农民利益	省农业厅、省生态环境保护厅、省财政厅
18	全省范围内全面禁止秸秆、垃圾等露天焚烧，建立管理和问责机制，落实各市县、乡镇、村委会监管责任	省农业厅、省住房城乡建设厅
19	开展餐饮服务经营场所油烟治理，2017年年底前全省各市县建成区餐饮经营场所油烟净化设施安装运行率达到100%	省食品药品监管局
20	加强对露天烧烤的规范管理	省住房城乡建设厅
21	加强春节等节假日期间烟花爆竹燃放管控，不得出现因燃放烟花爆竹造成的空气质量不达标问题	省公安厅、省工商局、省生态环境保护厅、省供销社
22	进一步加大执法检查力度，对环境违法问题，始终保持“零容忍”，发现一起、查处一起、严惩一起。结合环保督察整改行动，按照“属地负责、政府主导、部门联动”的原则，重点打击小散乱污企业和落后产能企业的环境违法行为，对拒不整改或整改后依然不合格的企业坚决依法处理	省生态环境保护厅、省工业和信息化厅

海南省人民政府办公厅关于印发海南省环境空气质量信息发布办法的通知

琼府办〔2014〕166号

各市、县、自治县人民政府，省政府直属各单位：

《海南省环境空气质量信息发布办法》已经省政府同意，现印发给你们，请认真贯彻执行。

海南省人民政府办公厅
2014年11月5日

海南省环境空气质量信息发布办法

第一条 为规范环境空气质量信息发布，加大环境信息公开，根据《中华人民共和国环境保护法》《中华人民共和国大气污染防治法》等法律法规规定，结合我省实际，制定本办法。

第二条 本办法适用于我省行政区域内环境空气质量信息管理及相关管理活动。

第三条 本办法所称的环境空气质量信息是指为保障公众环境知情权，由环境空气质量监测机构监测的，经政府及有关部门依法发布的公众性、公益性环境空气质量信息。

第四条 环境空气质量信息发布应当遵循公开、便民、及时、准确的原则。

第五条 省政府环境保护行政主管部门负责统一管理和发布全省环境空气质量信息。

省财政行政主管部门负责安排省级空气质量信息发布经费。省工业和信息化厅、旅游、交通运输、文体、工商等部门按照各自职责负责重点工业园区，重点旅游景区，车站、码头、机场、高速公路出入口，公共交通工具，广播电视媒体和现有公共场所广告设施环境空气质量信息发布的协调和配合工作。

第六条 市、县、自治县人民政府和洋浦经济开发区管委会负责辖区空气质量信息发布工作的组织领导，其环境保护行政主管部门负责辖区环境空气质量信息发布。

第七条 各级广播、电视台站和省政府指定的媒体，应当安排专门的时间或者版面，播报或刊登环境空气质量信息；对于污染天气的预警信息，应当及时增播或者刊登。

第八条 县级以上人民政府应加大环境空气质量信息发布能力建设投入，保障环境空气质量信息发布所需经费，将环境空气质量自动监测系统建设、运行、管理和信息发布经费列入本级财政预算。

第九条 环境空气质量信息类型包括环境空气质量实时报、日报、月报、季报、年报，并逐步建立环境空气质量预警预报制度，发布环境空气质量预报和污染天气预警信息。

第十条 环境空气质量信息实行全省统一管理。环境空气质量自动监测站应与各级数据管理中心联网，将监测数据实时传输至全省环境空气质量信息管理平台，经审核后由环境保护行政主管部门统一发布。

未经县级以上人民政府环境保护行政主管部门批准，任何组织或个人不得擅自发布环境空气质量信息。

第十一条　环境空气质量信息应通过网络、报刊、广播、电视、移动终端、显示设施等便于公众知晓的方式公布。

第十二条　省政府环境保护行政主管部门应发布下列环境空气质量信息：

（一）每小时在政府或部门网站、移动终端、显示设施等载体发布全省环境空气质量实时报，发布内容包括监测项目小时浓度值和空气质量指数等。

（二）每日在政府或部门网站、报刊、电视、移动终端、显示设施等载体发布全省环境空气质量日报，发布内容包括空气质量指数、空气质量级别等。

（三）每月10日前在政府或部门网站、报刊、电视、广播等载体发布全省上月环境空气质量信息，发布内容包括各级天数比例及各地区排名等。

（四）每年第一季度、每季度第一个月15日前在政府或部门网站、报刊、电视、广播等载体发布全省上年度、上季度环境空气质量信息，发布内容包括各级天数比例及各地区排名等。

（五）逐步建立环境空气质量预警预报制度，每日发布环境空气质量预报，及时发布污染天气预警信息。

第十三条　市、县、自治县人民政府和洋浦经济开发区管委会环境保护行政主管部门应发布下列环境空气质量信息：

（一）每小时在政府或部门网站、显示设施等载体发布辖区环境空气质量实时报。

（二）每日在政府或部门网站和报刊、电视、显示设施等载体发布环境空气质量日报。

（三）每月10日前在政府或部门网站、报刊、电视、广播等载体发布上月环境空气质量信息。

（四）设区的市应逐步建立环境空气质量预警预报制度，每日发布环境空气质量预报，及时发布污染天气预警信息。

第十四条　省政府环境保护行政主管部门负责统一规划全省环境空气质量自动监测系统建设，并负责技术指导。

县级以上人民政府和洋浦经济开发区管委会环境保护行政主管部门应在城市（镇）、重点工业园区、重点旅游景区建设环境空气质量自动监测站，并建设辖区数据管理中心、质量保证实验室和系统支持实验室。

第十五条　省政府环境保护行政主管部门负责建立全省环境空气质量信息管理平台，并对环境空气质量自动监测系统运行进行技术指导和监督管理。

县级以上人民政府和洋浦经济开发区管委会环境保护行政主管部门负责辖区环境空气质量自动监测站、数据管理中心、质量保证实验室和系统支持实验室的运行、管理，对辖区空气质量自动监测数据负责。

第十六条　市、县、自治县人民政府和洋浦经济开发区管委会应在辖区车站、码头、机场、高速公路出入口和公共交通工具、广场、商场、酒店等重要公众场所和重点工业园区、重点旅游景区显著位置建设环境空气质量信息发布显示设施，公众场所经营单位应配合建设。

第十七条　建立环境空气质量自动监测系统社会化运营制度。环境空气质量自动监测系统可以委托具有相应资质的第三方单位运营。

第十八条　其他环境质量自动监测系统信息发布参照本办法执行。

第十九条 本办法有关用语的含义：

（一）环境空气质量自动监测系统，是指采用连续自动监测仪器对环境空气质量实时连续监测的系统，由自动监测站、数据管理中心、质量保证实验室和系统支持实验室组成。

（二）城市（镇）环境空气质量自动监测站，是指在县级以上人民政府所在地建设的，对环境空气质量实时连续监测的设施。

（三）重点工业园区环境空气质量自动监测站，是指在洋浦经济开发区、东方工业园区、老城经济开发区及各级人民政府认为应发布环境空气质量信息的工业园区内建设的环境空气质量自动监测站。

（四）重点旅游景区环境空气质量自动监测站，是指在4A级以上旅游景区及各级人民政府认为应发布环境空气质量信息的旅游景区建设的环境空气质量自动监测站。

第二十条 本办法自2015年1月1日起执行。

海南省人民政府办公厅关于加强大气污染防治“六个严禁两个推进”工作的通知

琼府办〔2019〕3号

市、县、自治县人民政府，省政府直属各单位：

为贯彻落实习近平总书记生态文明思想、习近平总书记在庆祝海南建省办经济特区30周年大会上的重要讲话、《中共中央 国务院关于支持海南全面深化改革开放的指导意见》（中发〔2018〕12号）以及全国生态环境保护大会和政协第十三届全国委员会常务委员会第三次会议精神，全面落实省委、省政府关于生态环境保护工作的要求，在我省各级政协的民主监督和建言献策下，着力改善全省环境空气质量，保障人民群众的身体健康，加快推进国家生态文明试验区建设，现就做好大气污染防治“六个严禁，两个推进”工作通知如下：

一、工作目标

积极探索大气污染防治工作由政府主抓落实、政协民主监督的有效途径，重点整治大气面源污染方面的突出问题，到2021年，使城乡面貌得到明显改观，逐步树立国家生态文明试验区的良好形象；到2023年，环境空气质量持续保持全国一流水平，城乡人居环境明显改善，推动形成绿色生产生活方式，基本杜绝城乡大气污染方面的突出问题。

二、工作措施

（一）严禁秸秆、垃圾露天焚烧。

全省范围内全面禁止秸秆、垃圾等露天焚烧。建立管理和问责机制，各市县签订农作物秸秆综合利用和禁烧工作目标责任书，落实地方政府禁烧的主体责任，把责任压实到乡镇、村委会、田洋和农户。省、市县政府分别建立秸秆禁烧及综合利用联席会议制度，每季度研究推进秸秆禁烧和综合利用工作。开展秸秆禁烧专项巡查。出台全省生活垃圾焚烧发电中长期专项规划，跨市县合理布局垃圾焚烧发电项目，实现垃圾高效科学利用。[监督责任单位：省农业农村厅、省住房城乡建设厅、省发展改革委、省生态环境厅（排名第一的为牵头单位，下同）；主体责任单位：各市县政府]

（二）严禁槟榔土法熏烤。

开展清理槟榔传统熏烤土炉专项行动，全面取缔土法槟榔加工，严格产业链执法，曝光相关采购商，拆除熏烤炉灶，没收土法熏烤槟榔黑果，防止死灰复燃。大力支持槟榔加工清洁工艺与行业污染治理的科技攻关，引导科研与设备单位的创新研发，鼓励槟榔加工企业开展环保添加剂方面的研究，逐步转变槟榔加工方式。动态更新我省槟榔初加工绿色环保设备推广目录，2020年年底前完成绿色环保升级改造。在万宁、琼海等主产区设立槟榔烘烤技术与设备示范基地，加快槟榔初加工转型升级与

规模化集聚化发展。（监督责任单位：省农业农村厅、省科技厅、省生态环境厅、省财政厅；主体责任单位：各市县政府）

（三）严禁在禁燃区内燃放烟花爆竹。

市县城市主城区内、各市县政府确定的大型住宅小区及其周边50米范围内，全年禁止燃放烟花爆竹。各市县政府应于2019年2月1日前划定并公告本行政区域的烟花爆竹禁燃区，明确全年禁燃区域、节日期间禁燃区域及烟花爆竹种类等。各市县政府应组织力量加强执法，特别是春节、元宵节、清明节、公期等重大节日和时间节点，不得出现因燃放烟花爆竹造成的空气质量不达标问题。（监督责任单位：省公安厅、省应急管理厅；主体责任单位：各市县政府）

（四）严禁在允许区外露天烧烤。

各市县政府应于2019年3月1日前划定并公布允许露天烧烤的区域，未划定区域的市县则在本市（县）城镇建成区全面禁止露天烧烤。在允许区域内露天烧烤的，应使用清洁环保的燃料。（监督责任单位：省住房城乡建设厅、省市场监管局；主体责任单位：各市县政府）

（五）严禁寺庙道观燃烧高香。

提倡文明祭祀，禁止在宗教、礼仪、祭祀等公共场所燃烧高香，推广使用环保香。（监督责任单位：省民宗委、省民政厅；主体责任单位：各市县政府）

（六）严禁在城区公共场所祭祀烧纸焚香。

市县城市主城区街道、广场等公共场所全年禁止露天烧纸钱及焚香。各市县政府要加大巡查和处罚力度，加强在春节、元宵节、清明节、公期等重大节日和时间节点的管控。（监督责任单位：省住房城乡建设厅；主体责任单位：各市县政府）

（七）推进气代柴薪工作。

全面提升全省城乡气网基础设施建设和管理水平，到2020年前，实现城、乡镇、村燃气基本全覆盖，积极推进燃气下乡进村“气代柴薪”工作，全面推广农村用气。（监督责任单位：省住房城乡建设厅；主体实施单位：各市县政府）

（八）推进秸秆综合利用。

制订并印发我省“十三五”秸秆综合利用实施方案，提出秸秆综合利用的目标和具体措施，完善秸秆收储体系，推进秸秆肥料化、饲料化、基料化、原料化、能源化等综合利用，2020年年底，秸秆综合利用率达到85%以上。利用秸秆综合利用现场会，推广秸秆机械粉碎还田和腐熟还田等成熟可行技术。各市县政府应制定秸秆还田农机具和秸秆综合利用的财政补贴政策，并逐步扩大惠民范围，增加服务项目，提高补贴标准。（监督责任单位：省农业农村厅、省工业和信息化厅、省发展改革委；主体责任单位：各市县政府）

三、工作保障

（一）落实工作职责。

各市县政府要落实大气污染防治工作的主体责任，政府主要领导是大气污染防治工作的第一责任人，主要领导要亲自过问，分管领导要亲自抓。结合自身实际情况，制定工作方案，落实责任分工。切实建立大气污染防治网格化管理制度，通过网格化管理的方法，把管理责任落实到乡镇、街道、社区、行政村、自然村以及具体的责任人，对乡镇、村干部强化问责和奖励，将大气污染防治纳入村规民约。建立有奖举报机制，对提供举报对象的详细违法事实、线索及直接证据，协助查处工作，举报内容与违法事实完全相符，一次性奖励1 000元；对提供举报对象的详细违法事实、线索及直接证据，不直接协助查处工作，举报内容与违法事实完全相符，一次性奖励500元。按照“最严规划、最严措施、最严处罚、最严问责”的要求，全面落实大气面源污染防治措施，尤其要抓好“第一把火”，把问题解决在萌芽状态。（责任单位：各市县政府）

省直各有关部门作为监管部门，要细化专项整治工作方案，落实工作职责，加强督查指导。（责任单位：省直相关部门）

（二）建立环境空气质量通报预警制度。

建立环境空气质量通报预警制度，按照各市县不同季节设置环境空气质量预警线，及时向市县政府主要领导通报空气质量预警信息，提醒市县政府落实生态环境保护主体责任，及时组织力量查找原因，采取有针对性的精细化大气污染防治措施。及时向社会发布环境空气质量通报。（监督责任单位：省生态环境厅；主体责任单位：各市县政府）

（三）加大监管执法力度。

按照“属地负责、政府主导、部门联动”的原则，整合执法力量组建联合打击执法队伍，深入开展各项专项行动，严肃查处大气环境违法行为。推进跨区域大气污染联防联控，开展市县间交叉执法。涉及跨市县大气污染行为的，相邻市县应积极主动配合联合执法，共同控制大气环境污染。使用遥感卫星、无人机等科技手段强化秸秆、垃圾露天焚烧，槟榔土法熏烤监管。对露天焚烧秸秆、垃圾以及烧纸钱的农户或个人应以批评教育为主，可采取媒体曝光、报道典型等方式扩大影响，屡教不改的予以严惩重罚。（监督责任单位：省直相关部门；主体责任单位：各市县政府）

（四）强化宣传和公众参与。

通过广播、电视、报刊、网络等新闻媒体，广泛宣传大气面源污染防治工作，组织媒体进行跟踪报道、公开曝光。发挥乡村基层干部的作用，把宣传发动工作精准到不漏一户，要村村、组组、户户都有告知书、承诺书、明白卡。鼓励群众参与大气面源污染防治监督，通过电话、邮件、短信等多种渠道，举报大气面源污染行为。加强正反典型宣传，提高群众的大气环境保护意识，引导群众参与大气环境保护，倡导绿色文明环保生产生活方式。（主体责任单位：各市县政府）

（五）创新工作机制。

各市县政府要主动联系同级政协，接受政协的民主监督和建言献策，充分发挥政协政治协商、民主监督、参政议政作用。（责任单位：各市县政府）

省生态环境厅要支持配合省政协开展专项民主监督。配合省政协制定专项工作考核办法，针对市县整体空气质量变化情况、专项工作开展情况定期进行考核评分排名。根据考核评分结果，配合省政协对考核评分较高、排名靠前、群众满意度高的市县通报表扬，对考核评分较低、排名靠后、群众满意度较低的市县加强监督。对大气污染防治工作落实不力的责任部门和市县政府及有关领导，省政府将按照《海南省党政领导干部生态环境损害责任追究实施细则》（试行）有关规定予以严肃问责。（责任单位：省生态环境厅）

海南省人民政府办公厅

2019年1月16日

第三部分

固定源大气污染防治

（一）国家

关于印发《珠三角及周边地区重点行业大气污染限期治理方案》的通知

环发〔2014〕168号

广东省、江西省、湖南省、广西壮族自治区、海南省人民政府，中石油、中石化、国家电网、南方电网、华能、大唐、华电、国电、中电投、神华、粤电、深圳能源集团公司：

为贯彻落实《大气污染防治行动计划》（国发〔2013〕37号）、《2014—2015年节能减排低碳发展行动方案》（国办发〔2014〕23号），推进重点行业大气污染治理，我部组织制定了《珠三角及周边地区重点行业大气污染限期治理方案》。现印发给你们，请遵照执行。

附件：珠三角及周边地区重点行业大气污染限期治理方案

环境保护部

2014年11月16日

附件

珠三角及周边地区重点行业大气污染限期治理方案

为贯彻落实《大气污染防治行动计划》《2014—2015年节能减排低碳发展行动方案》和《煤电节能减排升级与改造行动计划（2014—2020年）》，强力推进重点行业大气污染治理，决定在珠三角及周边地区（广东省、江西省、湖南省、广西壮族自治区、海南省）开展电力、钢铁、水泥、平板玻璃行业（以下简称四个行业）大气污染限期治理行动。

一、总体要求

按照“分业施策、分类指导”的原则，加快推进四个行业大气污染治理，限期完成脱硫、脱硝、除尘设施建设，大幅度减少工业大气污染物排放，有效改善区域环境空气质量，推动产业转型升级，促进经济社会与环境协调发展。

珠三角及周边地区352家企业、450条生产线或机组（名单附后）全部建成满足排放标准和总量控制要求的治污工程，设施建设运行和污染物去除效率达到国家有关规定，二氧化硫、氮氧化物、烟粉尘等主要大气污染物排放总量均较 2013 年下降 25%以上。

二、重点任务

（一）加快火电企业脱硫脱硝除尘改造。燃煤机组必须安装高效脱硫脱硝除尘设施，推动实施烟气脱硝全工况运行，不能稳定达标的要进行升级改造。2015 年 7 月 1 日前，珠三角及周边地区完成 252 台、1 097 万千瓦燃煤机组脱硫改造，214 台、1 235 万千瓦火电机组脱硝改造，269 台、1 583 万千瓦燃煤机组除尘改造。

进一步提升煤电高效清洁发展水平。广东、海南新建燃煤机组大气污染物排放浓度基本达到燃气轮机组排放限值（即在基准氧含量 6%条件下，烟尘、二氧化硫、氮氧化物排放浓度分别不高于 10 毫克/立方米、35 毫克/立方米、50 毫克/立方米），湖南、江西新建燃煤机组原则上接近或达到燃气轮机组排放限值，鼓励广西新建燃煤机组接近或达到燃气轮机组排放限值。到2020 年，广东、海南现役 30 万千瓦及以上公用燃煤发电机组、10 万千瓦及以上自备燃煤发电机组以及其他有条件的燃煤发电机组，改造后大气污染物排放浓度基本达到燃气轮机组排放限值，鼓励其他地区现役燃煤发电机组实施大气污染物排放浓度接近或达到燃气轮机组排放限值的环保改造。

（二）抓紧钢铁企业脱硫除尘设施建设。烧结机和球团生产设备均应安装高效脱硫设施，实施全烟气脱硫并逐步拆除烟气旁路。烧结机头、机尾、高炉出铁场、转炉烟气除尘等设施实施升级改造，露天原料场实施封闭改造，原料转运设施建设封闭皮带通廊，转运站和落料点配套抽风收尘装置。2015 年 7 月 1 日前，珠三角及周边地区完成 20 台钢铁烧结机（含球团）脱硫改造、3 家钢铁企业除尘综合治理。

（三）加大水泥企业脱硝除尘改造力度。新型干法水泥窑配套建设烟气脱硝设施，综合脱硝效率不低于 60%。水泥窑及窑磨一体机除尘设施应进行升级改造，并实现达标排放。水泥企业生产、运输、装卸等各个环节应采取措施有效控制无组织排放。2015 年 7 月 1 日前，珠三角及周边地区完成 93 条、24 万吨/日新型干法水泥熟料生产线脱硝工程，完成 173 家水泥企业除尘综合治理。

（四）推进平板玻璃企业大气污染综合治理。加快实施玻璃企业“煤改气”“煤改电”工程，禁止掺烧高硫石油焦。玻璃企业相对集中的区域，鼓励建设统一的清洁煤制气中心，配套硫回收装置，实现集中式制气和供气。未改用天然气或集中式供气的，必须配套高效脱硫装置。玻璃熔窑应配套建设高效脱硝设施，综合脱硝效率不低于 70%，安装高效除尘设备。加强无组织排放管理，原料破碎等环节实施密闭操作。2015 年 7 月 1 日前，珠三角及周边地区完成 33 条平板玻璃生产线脱硫脱硝除尘综合改造。

（五）加强环保监控设施建设。严格按照《污染源自动监控管理办法》《固定污染源烟气排放连续监测技术规范》等规定安装运行烟气排放连续监测系统，并与当地环境保护主管部门联网，燃煤发电企业同时与省级电网企业联网，实时传输数据，满足数据传输有效率要求。自行或委托有资质的机构在全面测试烟气流速、污染物浓度分布状况的基础上确定最具代表性监测点位，并予以固定。终端排出口烟气排放连续监测系统必须自动监测二氧化硫、氮氧化物、烟粉尘排放浓度及烟气流量。鼓励开展主要污染物刷卡（IC 卡）排污总量监控管理系统建设。

三、保障措施

（一）加强组织领导。各地要成立四个行业大气污染限期治理工作领导小组，负责治理行动的推进实施。制定具体可行的实施方案和配套政策，加大资金支持力度，并在大气污染防治专项资金中予以统筹安排。企业是污染治理的责任主体，要切实履行责任，落实项目和资金，确保治理工程按期建成并稳定运行。中央企业要起到模范带头作用。地方政府、电网公司要统筹协调区域电力调度，有序安排机组停机检修，制定并落实有序用电方案，保障电力企业按期完成机组环保设施改造。

（二）落实政策措施。严格执行《燃煤发电机组环保电价及环保设施运行监管办法》，落实脱硫、脱硝、除尘电价；对环保设施安装改造符合要求的，要加快组织验收，电价补贴要做到足额和及时到位；对改造不到位或超标排放的，按照规定予以处罚。对接近或达到燃气轮机组排放限值的燃煤机组，研究完善电价支持政策。全面核查煤矸石电厂，凡达不到排放标准的，取消其享受资源综合利用产品及劳务增值税退税、免税政策的资格。加强电力企业节能环保调度，分配上网电量应充分考虑机组大气污染物排放水平，适当提高能效和环保指标领先机组的利用小时数。对大气污染物排放浓度接近或达到燃气轮机组排放限值的燃煤机组，可在一定期限内增加其发电利用小时数，对按要求应实施环保改造但未按期完成的，可适当降低其发电利用小时数。严格执行《关于调整排污费征收标准等有关问题的通知》（发改价格〔2014〕2008 号），全面提高二氧化硫、氮氧化物等排污收费标准，实施差别收费政策。研究制定钢铁、水泥、平板玻璃等行业环保设施运行激励措施。

（三）强化监督管理。各地要加强日常督察和执法检查，建立季度报告制度，及时跟踪调度四个行业大气污染治理项目进展情况，省级环境保护主管部门于每季度初 10 个工作日内将上季度进展情况报送环境保护部。鼓励有条件的地区提前执行新的钢铁工业、水泥工业大气污染物排放标准。推进环境信息公开，各级环保部门和企业要及时公开企业污染物排放、治污设施建设及运行情况等信息，接受社会监督。

（四）严格考核问责。将各地和企业集团四个行业大气污染限期治理情况分别纳入主要污染物总量减排或大气污染防治行动计划实施情况考核范畴。2015 年 7 月，逐一核查电力、钢铁、水泥、平板玻璃项目完成情况。国家主要污染物总量减排目标责任书要求 2014 年年底前完成的项目，按照责任书要求进行考核。对未按要求落实的，依据《“十二五”主要污染物总量减排考核办法》等规定予以处罚，考核结果纳入政府绩效和企业业绩管理。向社会公告不达标企业名单，按《环境保护法》等规定予以处罚。

表 1

电力企业大气污染治理名单（节选海南省部分）

序号	省份	地市	企业名称	机组编号	装机容量（MW）	项目类型	隶属集团
1	海南	澄迈	华能海南发电股份有限公司海口电厂	4#	138	脱硝改造、除尘改造	华能
2	海南	澄迈	华能海南发电股份有限公司海口电厂	5#	138	脱硝改造、除尘改造	华能
3	海南	澄迈	华能海南发电股份有限公司海口电厂	9#	330	脱硝改造、除尘改造	华能
4	海南	东方	华能海南发电股份有限公司东方电厂	1#	350	脱硝改造、除尘改造	华能
5	海南	洋浦区	海南金海浆纸业有限公司	1#	210	脱硫改造、除尘改造	
6	海南	洋浦区	海南金海浆纸业有限公司	2#	210	脱硫改造、除尘改造	
7	海南	洋浦区	海南金海浆纸业有限公司	3#	150	脱硫改造	
8	海南	洋浦区	海南金海浆纸业有限公司	5#	150	脱硫改造	

表 3

水泥企业大气污染治理名单（节选海南省部分）

序号	省份	地市	企业名称	编号	规模（吨/日）	治理措施	隶属集团
1	海南	昌江县	昌江华盛天涯水泥有限公司	回转窑、粉磨站、料库、储运		除尘改造	
2	海南	昌江县	华润水泥（昌江）有限公司	回转窑、粉磨站、料库、储运		除尘改造	华润水泥
3	海南	昌江县	昌江鸿启实业有限公司叉河水泥分公司	回转窑、粉磨站、料库、储运		除尘改造	
4	海南	儋州	海南金路水泥有限责任公司	回转窑、粉磨站、料库、储运		除尘改造	

表 4

平板玻璃企业大气污染治理名单（节选海南省部分）

序号	省份	地市	企业名称	生产线编号	规模（吨/日）	治理措施
1	海南	澄迈	海南中航特玻材料有限公司	1	600	脱硝改造，除尘改造
2	海南	澄迈	海南中航特玻材料有限公司	2	600	脱硝改造，除尘改造

备注：清洁能源替代是指玻璃窑燃用的煤、石油焦、重油等改为天然气或电等清洁能源。

关于印发《全面实施燃煤电厂超低排放和节能改造工作方案》的通知

环发〔2015〕164 号

各省、自治区、直辖市环境保护厅（局）、发展改革委（经信委、经委、工信厅）、能源局，新疆生产建设兵团环境保护局、发展改革委、能源局，国家电网公司，南方电网公司，华能、大唐、华电、国电、国电投、神华集团公司：

为贯彻落实第 114 次国务院常务会议精神，我们制定了《全面实施燃煤电厂超低排放和节能改造工作方案》，现印发给你们，请认真贯彻执行，并将有关事项通知如下：

一、全面实施燃煤电厂超低排放和节能改造是一项重要的国家专项行动，既有利于节能减排、促进绿色发展、增添民生福祉，也有利于扩大投资、促进煤电产业转型升级、相关装备制造业走出去。各有关部门、地方及企业应高度重视此项工作，尽快制定专项实施计划，做好与本方案的衔接。

二、各相关部门要加大扶持力度，完善政策措施，充分调动地方和企业积极性，同时强化对项目改造和运行的监督管理。

三、煤电企业是实施主体，应主动承担社会责任，积极采用环境污染第三方治理和合同能源管理模式，加快超低排放和节能改造项目实施，确保改造工程按期建成并稳定运行。

四、装备制造企业、电网公司、节能服务公司和环保专业公司应努力保障并优先满足超低排放和节能改造项目的需求。通过各方共同努力，确保超低排放和节能改造目标按期完成。

特此通知。

附件：全面实施燃煤电厂超低排放和节能改造工作方案

环境保护部

发展改革委

能源局

2015 年 12 月 11 日

附件

全面实施燃煤电厂超低排放和节能改造工作方案

全面实施燃煤电厂超低排放和节能改造，是推进煤炭清洁化利用、改善大气环境质量、缓解资源约束的重要举措。《煤电节能减排升级与改造行动计划（2014—2020年）》（以下简称《行动计划》）实施以来，各地大力实施超低排放和节能改造重点工程，取得了积极成效。根据国务院第114次常务会议精神，为加快能源技术创新，建设清洁低碳、安全高效的现代能源体系，实现稳增长、调结构、促减排、惠民生，推动《行动计划》“提速扩围”，特制订本方案。

一、指导思想与目标

（一）指导思想

全面贯彻党的十八届五中全会精神，牢固树立绿色发展理念，全面实施煤电行业节能减排升级改造，在全国范围内推广燃煤电厂超低排放要求和新的能耗标准，建成世界上最大的清洁高效煤电体系。

（二）主要目标

到2020年，全国所有具备改造条件的燃煤电厂力争实现超低排放（即在基准氧含量6%条件下，烟尘、二氧化硫、氮氧化物排放浓度分别不高于10毫克/立方米、35毫克/立方米、50毫克/立方米）。全国有条件的新建燃煤发电机组达到超低排放水平。加快现役燃煤发电机组超低排放改造步伐，将东部地区原计划2020年前完成的超低排放改造任务提前至2017年前总体完成；将对东部地区的要求逐步扩展至全国有条件地区，其中，中部地区力争在2018年前基本完成，西部地区在2020年前完成。

全国新建燃煤发电项目原则上要采用60万千瓦及以上超超临界机组，平均供电煤耗低于300克标准煤/千瓦时（以下简称克/千瓦时），到2020年，现役燃煤发电机组改造后平均供电煤耗低于310克/千瓦时。

二、重点任务

（一）具备条件的燃煤机组要实施超低排放改造。在确保供电安全前提下，将东部地区（北京、天津、河北、辽宁、上海、江苏、浙江、福建、山东、广东、海南等11省市）原计划2020年前完成的超低排放改造任务提前至2017年前总体完成，要求30万千瓦及以上公用燃煤发电机组、10万千瓦及以上自备燃煤发电机组（暂不含W型火焰锅炉和循环流化床锅炉）实施超低排放改造。

将对东部地区的要求逐步扩展至全国有条件地区，要求30万千瓦及以上燃煤发电机组（暂不含W型火焰锅炉和循环流化床锅炉）实施超低排放改造。其中，中部地区（山西、吉林、黑龙江、安徽、江西、河南、湖北、湖南等8省）力争在2018年前基本完成；西部地区（内蒙古、广西、重庆、四川、贵州、云南、西藏、陕西、甘肃、青海、宁夏、新疆等12省区市及新疆生产建设兵团）在2020年前完成。力争2020年前完成改造5.8亿千瓦。

（二）不具备改造条件的机组要实施达标排放治理。燃煤机组必须安装高效脱硫脱硝除尘设施，推动实施烟气脱硝全工况运行。各地要加大执法监管力度，推动企业进行限期治理，一厂一策，逐一明确时间表和路线图，做到稳定达标，改造机组容量约 1.1 亿千瓦。

（三）落后产能和不符合相关强制性标准要求的机组要实施淘汰。进一步提高小火电机组淘汰标准，对经整改仍不符合能耗、环保、质量、安全等要求的，由地方政府予以淘汰关停。优先淘汰改造后仍不符合能效、环保等标准的 30 万千瓦以下机组，特别是运行满 20 年的纯凝机组和运行满 25 年的抽凝热电机组。列入淘汰方案的机组不再要求实施改造。力争“十三五”期间淘汰落后火电机组规模超过 2 000 万千瓦。

（四）要统筹节能与超低排放改造。在推进超低排放改造同时，协同安排节能改造，东部、中部地区现役煤电机组平均供电煤耗力争在 2017 年、2018 年实现达标，西部地区现役煤电机组平均供电煤耗到 2020 年前达标。企业尽可能安排在同一检修期内同步实施超低排放和节能改造，降低改造成本和对电网的影响。2016—2020 年全国实施节能改造 3.4 亿千瓦。

三、政策措施

（一）落实电价补贴政策

对达到超低排放水平的燃煤发电机组，按照《关于实行燃煤电厂超低排放电价支持政策有关问题的通知》（发改价格〔2015〕2835 号）要求，给予电价补贴。2016 年 1 月 1 日前已经并网运行的现役机组，对其统购上网电量每千瓦时加价 1 分钱；2016 年 1 月 1 日后并网运行的新建机组，对其统购上网电量每千瓦时加价 0.5 分钱。2016 年 6 月底前，发展改革委、环境保护部等制定燃煤发电机组超低排放环保电价及环保设施运行监管办法。

（二）给予发电量奖励

综合考虑煤电机组排放和能效水平，适当增加超低排放机组发电利用小时数，原则上奖励 200 小时左右，具体数量由各地确定。落实电力体制改革配套文件《关于有序放开发用电计划的实施意见》要求，将达到超低排放的燃煤机组列为二类优先发电机组予以保障。2016 年，发展改革委、国家能源局研究制定推行节能低碳调度工作方案，提高高效清洁煤电机组负荷率。

（三）落实排污费激励政策

督促各地在提高排污费征收标准（二氧化硫、氮氧化物不低于每当量 1.2 元）同时，对污染物排放浓度低于国家或地方规定的污染物排放限值 50%以上的，切实落实减半征收排污费政策，激励企业加大超低排放改造力度。

（四）给予财政支持

中央财政已有的大气污染防治专项资金，向节能减排效果好的省（区、市）适度倾斜。

（五）信贷融资支持

开发银行对燃煤电厂超低排放和节能改造项目落实已有政策，继续给予优惠信贷；鼓励其他金融机构给予优惠信贷支持。支持符合条件的燃煤电力企业发行企业债券直接融资，募集资金用于超低排放和节能改造。

（六）推行排污权交易

对企业通过超低排放改造产生的富余排污权，地方政府可予以收购；企业也可用于新建项目建设或自行上市交易。

（七）推广应用先进技术

制定燃煤电厂超低排放环境监测评估技术规范，修订煤电机组能效标准和能效最低限值标准，指导各地和各发电企业开展改造工作。再授予一批煤电节能减排示范电站，搭建煤电节能减排交流平台，促进成熟先进技术推广应用。

四、组织保障

（一）加强组织领导

环境保护部、发展改革委、国家能源局会同有关部门共同组织实施本方案，加强部际协调，各司其职、各负其责、密切配合。国家能源局、环境保护部、发展改革委确定年度燃煤电厂节能和超低排放改造重点项目，并按照职责分工，分别建立节能改造和能效水平、机组淘汰、超低排放改造、达标排放治理管理台账，及时协调解决推进过程中出现的困难和问题。

各地和电力集团公司是燃煤电厂超低排放和节能改造的责任主体，要充分考虑电力区域分布、电网调度等因素编制改造计划方案，于2016年3月底前完成，报国家能源局、环境保护部和发展改革委。发电企业要按照《行动计划》相关要求，切实履行责任，落实项目和资金，积极采用环境污染第三方治理和合同能源管理模式，确保改造工程按期建成并稳定运行。中央企业要起到模范带动作用。地方政府和电网公司要统筹协调区域电力调度，有序安排机组停机检修，制定并落实有序用电方案，保障电力企业按期完成环保和节能改造。

（二）强化监督管理

各地要加强日常督查和执法检查，防止企业弄虚作假，对不达标企业依法严肃处理；对已享受超低排放优惠政策但实际运行效果未稳定达到的，向社会通报，视情节取消相关优惠政策，并予以处罚。省级节能主管部门会同国家能源局派出机构，对各地区、各企业节能改造工作实施监管。

（三）严格评价考核

环境保护部、发展改革委、国家能源局会同有关部门，严格按照各省（区、市）、中央电力集团公司燃煤电厂超低排放改造计划方案，每年对上年度燃煤电厂超低排放和节能改造情况进行评价考核。

国家发展改革委 环境保护部关于印发《燃煤发电机组环保电价及环保设施运行监管办法》的通知

发改价格〔2014〕536号

各省、自治区、直辖市发展改革委、物价局、环保厅（局）、电力公司，国家电网公司，南方电网公司，华能、大唐、华电、国电、中电投集团公司，国家开发投资公司，神华集团公司：

鉴于加强环保电价和环保设施运行监管是促进燃煤发电机组减少污染物排放、改善大气质量的重要措施，国家发展改革委和环境保护部特制定了《燃煤发电机组环保电价及环保设施运行监管办法》，现印发给你们，请按照执行。

附件：《燃煤发电机组环保电价及环保设施运行监管办法》

国家发展改革委
环境保护部
2014年3月28日

附件

燃煤发电机组环保电价及环保设施运行监管办法

第一条 为发挥价格杠杆的激励和约束作用，促进燃煤发电企业建设和运行环保设施，减少二氧化硫、氮氧化物、烟粉尘排放，切实改善大气环境质量，根据《中华人民共和国价格法》《中华人民共和国环境保护法》《中华人民共和国大气污染防治法》《国务院关于印发大气污染防治行动计划的通知》（国发〔2013〕37号）等有关规定，制定本办法。

第二条 本办法适用于符合国家建设管理规定的燃煤发电机组（含循环流化床燃煤发电机组，不含以生物质、垃圾、煤气等燃料为主掺烧部分煤炭的发电机组）脱硫、脱硝、除尘电价（以下简称环保电价）及脱硫、脱硝、除尘设施（以下简称环保设施）运行管理。

第三条 对燃煤发电机组新建或改造环保设施实行环保电价加价政策。环保电价加价标准由国家发展改革委制定和调整。

第四条 安装环保设施的燃煤发电企业，环保设施验收合格后，由省级环境保护主管部门函告省级价格主管部门，省级价格主管部门通知电网企业自验收合格之日起执行相应的环保电价加价。

新建燃煤发电机组同步建设环保设施的，执行国家发展改革委公布的包含环保电价的燃煤发电机组标杆上网电价。

第五条 新建燃煤发电机组应按环保规定同步建设环保设施，不得设置烟气旁路通道。新建燃煤发电机组的环保设施由审批环境影响报告书的环境保护主管部门进行先期单项验收。先期单项验收结果纳入工程竣工环保总体验收。

现有燃煤发电机组应按照国家和地方政府确定的时间进度完成环保设施建设改造，由发电企业向负责审批的环境保护主管部门申请环保验收。市级环境保护主管部门验收的，验收结果报省级环境保护主管部门。

第六条 环境保护主管部门应在受理发电企业环保设施验收申请材料之日起30个工作日内，对验收合格的环保设施出具验收合格文件。

第七条 燃煤发电机组排放污染物应符合《火电厂大气污染物排放标准》（GB 13223—2011）规定的限值要求。其中，大气污染防治重点控制区按照相关要求执行特别排放限值；地方有更严格排放标准要求的，执行地方排放标准。火电厂大气污染物排放标准调整时，执行环保电价应满足的排放限值相应调整。

第八条 燃煤发电企业应按照国家有关规定安装运行烟气排放连续监测系统（以下简称CEMS），并与省级环境保护主管部门和省级电网企业联网，实时传输数据。CEMS发生故障不能正常运行时，发电企业应在12小时内向所在地市级及省级环境保护主管部门报告，限期恢复正常。

第九条 燃煤发电企业应按环境保护主管部门有关要求，自行或委托有资质的机构在全面测试烟气流速、污染物浓度分布基础上确定最具代表性点位；对所有CEMS监测仪表进行日常巡检和维护保养，并确保其正常运行。

第十条 燃煤发电企业应把环保设施作为主体设备纳入企业发电主设备管理系统统一管理，建立相应的管理制度。

第十一条 燃煤发电企业因检修维护、更新改造需暂停环保设施运行的，应在计划停运5个工作日前报省级环境保护主管部门批准并报告省级电网企业；环保设施因事故停运的，应在24小时内向所在地环境保护主管部门报告。

第十二条 燃煤发电企业应建立机组生产运行、环保设施运行台账，按日记录设施运行和维护情况、CEMS数据、燃料分析报表（硫分、干燥无灰基挥发分、灰分等）、脱硫剂用量、脱硝还原剂消耗量、喷氨系统开关时间、电场电流电压、除尘压差、旁路挡板门启停时间、环保设施运行事故及处理情况等，运行台账应逐月归档管理。

第十三条 燃煤发电企业应按要求于每季度初5个工作日内将上一季度的环保分布式控制系统（以下简称DCS）历史数据报送省级环境保护主管部门和环境保护部区域环保督查中心。发电企业必须存储保留完整的DCS历史数据一年以上。脱硫脱硝除尘DCS主要参数应逐步设置于同一集控室内。

第十四条 省级电网企业应建立辖区内发电企业的监控平台，实时监控发电企业的环保设施DCS和CEMS主要参数，分析污染物排放情况，并将相关数据提供给省级环境保护主管部门等作为确定各企业污染物排放达标情况的参考依据。

第十五条 燃煤发电机组二氧化硫、氮氧化物、烟尘排放浓度小时均值超过限值要求仍执行环保电价的，由政府价格主管部门没收超限值时段的环保电价款。超过限值1倍及以上的，并处超限值时段环保电价款5倍以下罚款。

因发电机组启机导致脱硫除尘设施退出、机组负荷低导致脱硝设施退出并致污染物浓度超过限值，CEMS因故障不能及时采集和传输数据，以及其他不可抗拒的客观原因导致环保设施不正常运行等情况，应没收该时段环保电价款，但可免于罚款。

第十六条 燃煤发电企业通过改装CEMS或DCS软、硬件设备，修改CEMS或DCS主要参数，篡改CEMS或DCS历史监测数据或故意损坏丢失数据库等手段，以及其他原因人为导致数据失实的，经环境保护主管部门核实，由政府价格主管部门没收相应时段环保电价款，并从重处以罚款。无法判断燃煤发电企业人为致使监测数据失真起始时间的，自检查发现之日起前一季度时间起计算电量。

第十七条 环保电价按照污染物种类分项考核。单项污染物超过执行标准的，对相应单项环保电价款予以没收和罚款。

污染物排放浓度小时均值以与环境保护主管部门联网的CEMS数据为准。超限值时段根据环保设施DCS历史数据库数据核定。

第十八条 省级环境保护主管部门根据日常检查结果、CEMS自动监测数据有效性审核情况和发电企业上报的DCS关键参数，每季度核实辖区内各燃煤发电机组环保设施运行情况，确定发电机组分项污染物的小时浓度均值不同超标倍数的时间段、因客观原因致环保设施不正常运行时间累加值以及认定人为数据作假的事实等，于下季度初20个工作日内函告省级价格主管部门。省级环境保护主管部门定期向社会公告所辖地区各燃煤发电机组污染物排放情况。

第十九条 省级价格主管部门负责环保电价款的核算、没收和罚款。省级价格主管部门根据省级环境保护主管部门提供的上季度各燃煤发电机组环保设施运行情况，以及电网企业提供的燃煤发电机组电量核算环保电价款，及时下发没收环保电价款和罚款决定，并抄送省级环境保护主管部门。省级价格主管部门应对上年度本省（自治区、直辖市）燃煤发电企业涉及环保电价的典型价格违法案件进行公告。

第二十条 电网企业应严格执行价格主管部门确定的环保电价，以燃煤发电企业实际上网电量按月支付环保电价款，并及时向省级价格和环保主管部门提供燃煤发电机组污染物排放浓度小时均值超限值时段所对应的日均电量。

第二十一条 国务院环保部门会同其他监管部门依法定期组织对燃煤发电企业环保设施运行情况进行核查，并向社会公告核查中存在问题的发电企业。政府价格主管部门根据国家核查结果对没有达到污染物排放要求的发电企业没收相应环保电价款并处相应罚款。

第二十二条 对燃煤发电企业没收的环保电价款及罚款上缴当地省级财政主管部门，专项用于电力企业环保设施运行奖励、在线监控及联网系统建设维护、环境污染防治、补贴环保电价缺口等减排工作。

第二十三条 燃煤发电企业未按规定安装环保设施及CEMS，或环保设施及CEMS没有达到国家规定要求的，由省级环境保护主管部门按照《环境保护法》《大气污染防治法》《污染源自动监控管理办法》等规定予以处罚。

第二十四条 燃煤发电企业擅自拆除、闲置或者无故停运环保设施及CEMS，未按国家环保规定排放污染物的，由环境保护主管部门按照《环境保护法》《大气污染防治法》《污染源自动监控管理办法》有关规定予以处罚，并根据《刑法》《最高人民法院、最高人民检察院关于办理环境污染刑事案件适用法律若干问题的解释》《环境保护违法违纪行为处分暂行规定》等有关规定，追究有关责任人的责任。

第二十五条 电网企业拒报或谎报燃煤发电机组超限值排放时段所对应的电量，以及拒绝执行或未能及时执行或不按实际上网电量足额执行环保电价的，按照《价格法》《环境保护法》《大气污染防治法》和《价格违法行为行政处罚规定》等有关规定，由省级及以上价格主管部门会同环境保护主管部门予以处罚。

第二十六条 省级环境保护主管部门未如实或未在规定时间向价格主管部门函告燃煤发电机组环

保设施运行情况，由环境保护部通报批评、责令改正，并按照《环境保护法》和《环境保护违法违纪行为处分暂行规定》等有关规定追究有关责任人责任。

第二十七条 省级价格主管部门未按时下发符合条件的燃煤发电企业执行环保电价通知、未足额没收前述应当没收的环保电价款并处相应罚款的，由国家发展改革委通报批评、责令改正，并按照《价格法》《价格违法行为行政处罚规定》等有关规定追究有关责任人责任。

第二十八条 各省（区、市）价格主管部门、环境保护主管部门要会同国家能源局派出机构加强对燃煤发电企业环保设施运行情况及环保电价执行情况的跟踪检查。鼓励群众向各级环境保护主管部门举报燃煤发电企业非正常停运环保设施的行为，经查属实的，环境保护主管部门会同价格主管部门给予适当奖励。支持、鼓励新闻舆论对燃煤发电机组环保设施运行情况进行监督。燃煤发电企业应按照《国家重点监控企业自行监测及信息公开办法（试行）》（环发〔2013〕81 号）要求，在省级环境保护主管部门组织的平台上及时发布自行监测信息。

第二十九条 省级价格主管部门可会同环境保护主管部门依据本办法制定实施细则。

第三十条 本办法由国家发展改革委会同环境保护部负责解释。

第三十一条 本办法自 2014 年 5 月 1 日起实施。《燃煤发电机组脱硫电价及脱硫设施运行管理办法（试行）》（发改价格〔2007〕1176 号）同时废止。

关于实行燃煤电厂超低排放电价支持政策有关问题的通知

发改价格〔2015〕2835号

各省、自治区、直辖市发展改革委、物价局、环保厅、能源局，国家电网公司、南方电网公司、华能、大唐、华电、国电、国家电投集团公司：

为贯彻落实2015年《政府工作报告》关于“推动燃煤电厂超低排放改造”的要求，推进煤炭清洁高效利用，促进节能减排和大气污染治理，决定对燃煤电厂超低排放实行电价支持政策。现就有关事项通知如下：

一、明确电价支持标准

超低排放是指燃煤发电机组大气污染物排放浓度基本符合燃气机组排放限值（以下简称超低限值）要求，即在基准含氧量6%条件下，烟尘、二氧化硫、氮氧化物排放浓度分别不高于10 mg/Nm^3、35 mg/Nm^3、50 mg/Nm^3。为鼓励引导超低排放，对经所在地省级环保部门验收合格并符合上述超低限值要求的燃煤发电企业给予适当的上网电价支持。其中，对2016年1月1日以前已经并网运行的现役机组，对其统购上网电量加价每千瓦时1分钱（含税）；对2016年1月1日之后并网运行的新建机组，对其统购上网电量加价每千瓦时0.5分钱（含税）。省级能源主管部门负责确认适用上网电价支持政策的机组类型。超低排放电价政策增加的购电支出在销售电价调整时疏导。上述电价加价标准暂定执行到2017年年底，2018年以后逐步统一和降低标准。地方制定更严格超低排放标准的，鼓励地方出台相关支持奖励政策措施。

二、实行事后兑付政策

超低排放电价支持政策实行事后兑付、季度结算，并与超低排放情况挂钩。省级环保部门于每一季度开始之日起15个工作日内对上一季度燃煤机组超低排放情况进行核查并形成监测报告，同时抄送省级价格主管部门。电网企业自收到环保部门出具的监测报告之日起10个工作日内向燃煤电厂兑现电价加价资金。对符合超低限值的时间比率达到或高于99%的机组，该季度加价电量按其上网电量的100%执行；对符合超低限值的时间比率低于99%但达到或超过80%的机组，该季度加价电量按其上网电量乘以符合超低限值的时间比率扣减10%的比例计算；对符合超低限值的时间比率低于80%的机组，该季度不享受电价加价政策。其中，烟尘、二氧化硫、氮氧化物排放中有一项不符合超低排放标准的，即视为该时段不符合超低排放标准。燃煤电厂弄虚作假篡改超低排放数据的，自篡改数据的季度起三个季度内不得享受加价政策。

三、政策执行时间

上述规定自2016年1月1日起执行，此前完成超低排放建设并经省级环保部门验收合格的，无论是否已经开始享受电价加价政策，自2016年1月1日起均按照新规定的加价政策执行。

国家发展改革委
环境保护部
国家能源局
2015年12月2日

国家能源局 环境保护部 工业和信息化部关于促进煤炭安全绿色开发和清洁高效利用的意见

国能煤炭〔2014〕571号

各省（自治区、直辖市）和新疆生产建设兵团发展改革委（能源局）、环保厅、工信厅（经信委、经委）、煤炭行业管理部门，煤炭工业协会，神华集团公司、中煤集团公司：

为贯彻中央财经领导小组第六次会议和国家能源委员会第一次会议精神，落实“节约、清洁、安全”的能源战略方针，促进能源生产和消费革命，进一步提升煤炭开发利用水平，提出以下意见：

一、重要意义

煤炭是重要的基础能源和工业原料，为保障我国经济社会快速健康发展作出了重要贡献。今后一个时期，煤炭仍将是我国的主体能源。近年来，我国煤炭产业取得了长足发展，为国民经济和社会发展提供了可靠能源保障，但自身存在的开发布局不合理、增长方式粗放、安全保障能力不足、效率低、污染严重等突出问题仍未得到根本性解决。党的十八大对能源产业发展提出了更高要求，中央财经领导小组第六次会议和国家能源委员会第一次会议明确了煤炭开发利用的发展方向。推进煤炭安全绿色开发和清洁高效利用，是煤炭工业可持续发展的必由之路，是改善民生和建设生态文明的必然要求。

二、指导思想和发展目标

（一）指导思想。以邓小平理论、“三个代表”重要思想、科学发展观为指导，深入贯彻党的十八大和十八届二中、三中、四中全会精神，按照统筹规划、科学布局，集约开发、绿色开采，高效转化、清洁利用的发展方针，坚持政府引导、企业为主、市场推进、科技支撑、法律规范、公众参与的原则，积极推进煤炭发展方式转变，提高煤炭资源综合开发利用水平，实现煤炭工业安全、绿色、集约、高效发展。

（二）发展目标。到2020年，煤炭工业生产力水平大幅提升，资源适度合理开发，全国煤矿采煤机械化程度达到85%以上，掘进机械化程度达到62%以上；煤矿区安全生产形势根本好转，煤炭百万吨死亡率下降到0.15以下；资源开发利用率大幅提高，资源循环利用体系进一步完善，生态环境显著改善，绿色矿山建设取得积极成效，资源节约型和环境友好型生态文明矿区建设取得重大进展；煤炭清洁高效利用水平显著提高，燃煤发电技术和单位供电煤耗达到世界先进水平，电煤占煤炭消费比重提高到60%以上；燃煤工业锅炉平均运行效率在2013年基础上提高7个百分点，煤炭转化能源效率在2013年基础上提高2个百分点以上，低阶煤炭资源的开发和综合利用研究取得积极进展，新型煤化工产业实现高效、环保、低耗发展；实现资源利用率高、安全有保障、经济效益好、环境污染少和可持续的发展目标。

三、主要任务

（一）科学规划煤炭开发利用规模。按照统一规划、合理开发、综合利用的发展方针，促进煤炭资源集约安全绿色开发和集中清洁高效利用。统筹煤炭资源条件、矿山地质环境、水资源承载力和生态环境容量，确定合理的科学产能。重点建设资源储量丰富、开采技术条件好、发展潜力大的神东等14个大型煤炭基地，优化煤炭生产开发布局。统筹地区经济发展水平、产业转移步伐和大气环境容量，结合全国主体功能区定位，合理规划建设煤电、煤炭深加工等主要耗煤项目和能源输送通道，优化煤炭消费布局。京津冀、长三角、珠三角等重点区域严格实行煤炭消费总量控制。

到2020年，大型煤炭基地煤炭生产能力占全国总生产能力的95%左右；煤炭占一次能源消费比重控制在62%以内。

（二）大力推行煤矿安全绿色开采。以建设大型现代化煤矿、改造现有大中型煤矿、淘汰落后产能为重点，按照“安全、科学、经济、绿色”的理念，全面提升生产技术水平和安全保障能力。积极支持企业按照安全绿色开发矿区标准规划、设计、建设和改造煤矿，新建煤矿要从设计源头入手，采用高新技术和先进适用绿色开采技术，实现装备现代化、系统自动化、管理信息化。生产煤矿要优化开拓部署，简化、优化生产系统，减少工作面个数，做到生产系统可靠、节能，提高生产效率和资源回收率，实现高效集约化生产。关闭不具备安全生产条件和煤与瓦斯突出等灾害严重的小煤矿，淘汰落后产能及装备，限制高硫煤矿开采。因地制宜推广使用“充填开采”“保水开采”和“煤与瓦斯共采”等绿色开采技术。遵循矿区生态环境内在规律，结合区域自然地理特征，科学制定矿区生态环境治理与恢复规划及实施方案，严格执行相关矿产资源开发生态环境保护技术标准和指南，建立完善矿山环境治理和生态恢复责任机制，促进资源开发与环境保护协调发展。

到2020年，厚及特厚煤层、中厚煤层、薄煤层采区回采率分别达到70%、85%和90%以上；鼓励对“三下一上（建筑物、铁路、水体下，承压水体上）”煤炭资源、煤柱和边角残煤实施充填开采。

（三）深入发展矿区循环经济。按照减量化、资源化、再利用的原则，科学利用矿井水、煤矸石、煤泥、粉煤灰等副产品，综合开发利用煤系共伴生资源，大力推进矿山机械再制造，构建煤基循环经济产业链，提高产品附加值和资源综合利用率。鼓励利用矸石、灰渣等对沉陷区进行立体生态整治和土地复垦，发展生态农业和旅游业等适宜产业。积极探索大型矿区园区化集中高效管理模式，鼓励因地制宜建设矿区循环经济园区，优化园区内产业结构和布局，提高集约化生产利用水平。建设一批煤炭安全绿色开发示范矿区，努力实现矿产开发经济、生态、社会效益最大化。

到2020年，煤矸石综合利用率不低于75%；在水资源短缺矿区、一般水资源矿区、水资源丰富矿区，矿井水或露天矿矿坑水利用率分别不低于95%、80%、75%；煤矿稳定塌陷土地治理率达到80%以上，排矸场和露天矿排土场复垦率达到90%以上。

（四）加快煤层气（煤矿瓦斯）开发利用。煤炭远景区实施“先采气、后采煤”，加快沁水盆地和鄂尔多斯盆地东缘等煤层气产业化基地建设，加强新疆、辽宁、黑龙江、河南、四川、贵州、云南、甘肃等地区煤层气资源勘探，在河北、吉林、安徽、江西、湖南等地区开展勘探开发试验，推动煤层气产业化发展。煤炭规划生产区实施“先抽后采”“采煤采气一体化”，所有应抽采瓦斯的矿井要按照有关规定建立完善的抽采系统，抽采达标，鼓励煤矿实施井上下立体化联合抽采，推动煤矿瓦斯规模化抽采利用矿区建设，提高瓦斯抽采利用率。煤层气以管道输送为主，就近利用，余气外输，统筹建设煤层气输送管网，适度发展煤层气压缩和液化。煤矿瓦斯以就地发电和民用为主，严禁高浓度瓦斯直接排放，支持低浓度瓦斯发电、热电冷联供或浓缩利用，鼓励乏风瓦斯发电或供热等利用，提高瓦斯利用率。加大煤层气勘查开发利用技术和装备研发，提升科技创新能力和技术装备水平。

到 2020 年，新增煤层气探明储量 1 万亿立方米。煤层气（煤矿瓦斯）产量 400 亿立方米。其中：地面开发 200 亿立方米，基本全部利用；井下抽采 200 亿立方米，利用率 60%以上。

（五）提高煤炭产品质量和利用标准。大力发展煤炭洗选加工，所有大中型煤矿均应配套建设选煤厂或中心选煤厂，开展井下选煤厂建设和运营示范，提高原煤入选比重。积极推广先进的型煤和水煤浆技术。在矿区、港口、主要消费地等煤炭集散地建设大型煤炭储配基地和大型现代化煤炭物流园区，实现煤炭精细化加工配送。落实国家有关商品煤质量的规定，建立健全煤炭质量管理体系，完善煤炭清洁储运体系，加强煤炭质量全过程监督管理。京津冀及周边、长三角、珠三角等重点区域，限制使用灰分高于 16%、硫分高于 1%的散煤，在北京、天津、河北等农村地区建设洁净煤配送中心，鼓励北方地区使用型煤等洁净煤。

到 2020 年，原煤入选率达到 80%以上，实现应选尽选；重点建设环渤海、山东半岛、长三角、海西、珠三角、北部湾、中原、长株潭、泛武汉、环鄱阳湖、成渝等 11 个大型煤炭储配基地及一批物流园区。

（六）大力发展清洁高效燃煤发电。

逐步提高电煤在煤炭消费中的比重，推进煤电节能减排升级改造。

根据水资源、环境容量和生态承载力，在新疆、内蒙古、陕西、山西、宁夏等煤炭资源富集地区，按照最先进的节能、节水、环保标准，科学推进鄂尔多斯、锡盟、晋北、晋中、晋东、陕北、宁东、哈密、准东等 9 个以电力外送为主的千万千瓦级清洁高效大型煤电基地建设。

认真落实《煤电节能减排升级改造行动计划》各项任务要求，进一步加快燃煤电站节能减排改造步伐，提升煤电高效清洁利用水平，打造煤电产业升级版。

（七）提高燃煤工业炉窑技术水平。实施炉窑改造工程，鼓励发展热电联供、集中供热等供热方式，以天然气、电力等清洁燃料和生物质能替代落后的分散中小燃煤锅炉。加快推广高效煤粉工业锅炉等高效节能环保锅炉，加快淘汰低效层燃炉等落后设备。推广先进适用的工业炉窑余热、余能回收利用技术，实现余热、余能高效回收及梯级利用。

到 2020 年，现役低效、排放不达标炉窑基本淘汰或升级改造，先进高效锅炉达到 50%以上。

（八）切实提高煤炭加工转化水平。加快煤炭由单一燃料向原料和燃料并重转变。按照节水、环保、高效的原则，继续推进煤炭焦化、气化、煤炭液化（含煤油共炼）、煤制天然气、煤制烯烃等关键技术攻关和示范，提升煤炭综合利用效率，降低系统能耗、资源消耗和污染物排放，实现清洁生产。适度发展现代煤化工产业。在满足最严格的环保要求和保障水资源供应的前提下，统一规划，合理布局，统筹推进现代煤化工产业高标准、高水平发展。在条件适合地区，积极推进煤炭分级分质利用，优化褐煤资源开发，鼓励低阶煤提质技术研发和示范，推广低阶煤产地分级提质，提高煤炭利用附加值。

2020 年，现代煤化工产业化示范取得阶段性成果，形成更加完整的自主技术和装备体系，具备开展更高水平示范的基础。低阶煤分级提质核心关键技术取得突破，实现百万吨级示范应用。

（九）减少煤炭利用污染物排放。大力推广可资源化的烟气脱硫、脱氮技术，开展细颗粒物（$PM_{2.5}$）、硫氧化物、氮氧化物、重金属等多种污染物协同控制技术研究及应用。严格执行排污许可制度，落实排放标准和总量控制要求，加强细颗粒物排放控制。研究煤炭深加工转化废弃物治理技术。

到 2020 年，燃煤固体废弃物实现资源化利用率超过 75%。

四、保障措施

充分发挥市场配置资源的决定性作用，完善政策制度保障体系，促进煤炭安全绿色开发和清洁高效利用，形成煤炭企业优胜劣汰、煤炭产品优质优价的良性运行机制。

（一）建立完善实施和监管体系。完善煤炭安全绿色开发和清洁高效利用管理体系，研究建立协调、统一、高效的监管机制。各有关部门根据职责分工，协调配合，加快完善有利于煤炭安全绿色开发和清洁高效利用的资源管理、产业规划、政策标准、技术装备支撑等体系建设。制定发展规划和行动计划，将指标分解落实各部门、各地方，分步骤、有重点地推进煤炭安全绿色开发和清洁高效利用。加强工业用煤排放监测与管理，杜绝不达标排放。各地要加强民用散煤治理，建立本地区民用散煤治理实施方案。

（二）建立完善标准和评价机制。加快制定煤炭安全绿色开发和清洁高效利用技术和装备标准，研究建立煤炭安全绿色开发和清洁高效利用技术和装备评价机制，及时向社会发布先进技术和装备目录。研究制定煤炭安全绿色开发矿区评价标准，积极推动煤炭安全绿色开发示范矿区（井）和清洁高效利用项目建设，并优先给予政策支持。建立和规范全过程用煤质量保障体系，完善煤炭加工转化产品质量和能效标准。

（三）完善鼓励政策措施。列入煤炭安全绿色开发和清洁高效利用先进技术和装备目录，以及符合《矿产资源节约与综合利用鼓励、限制和淘汰技术目录》的有关技术和装备，可依法享受有关税费减免、贷款支持等政策。进一步落实粉煤灰、煤矸石等资源综合利用产品税收优惠政策，改进规范煤炭安全绿色开发和高效利用园区规划内相互配套项目的核准行为，按照“统筹规划、同步设计、同步建设”的原则，确保园区相互配套项目协调发展，发挥整体循环经济效益，推进矿区产业集群发展。积极推进煤炭安全绿色开发和清洁高效利用技术国际合作与交流，鼓励优质煤炭进口，优化煤炭产品结构。

（四）大力推进科技创新。做好煤炭安全绿色开发和清洁高效利用科研工作顶层设计，加强相关科技计划（专项、基金）的统筹，着力推进新技术、新装备等研发。重点加大对煤矿安全绿色开采、煤矿区循环经济、煤层气开发及煤炭清洁高效利用、煤矸石和粉煤灰综合利用、矿山机械再制造等技术研发、示范及应用的支持，加快科技成果推广应用。积极开展二氧化碳捕集、利用与封存技术研究和示范。

（五）加强宣传交流。各地区、各部门要进一步提高认识，切实履行职责，加强协调配合，加大宣传力度，以高度的责任感、使命感和改革创新精神，合力推进煤炭安全绿色开发和清洁高效利用。科研机构、行业协会要加强技术研发、技术交流、市场推广和信息咨询服务等工作，为煤炭安全绿色开发和清洁高效利用创造有利条件。要充分发挥新闻媒体舆论引导和社会公众的监督作用，为煤炭安全绿色开发和清洁高效利用创造良好的社会氛围。

国家能源局
环境保护部
工业和信息化部
2014 年 12 月 26 日

关于印发燃煤锅炉节能环保综合提升工程实施方案的通知

发改环资〔2014〕2451 号

各省、自治区、直辖市、计划单列市及新疆生产建设兵团发展改革委、环保厅（局）、财政厅（局）、质量技术监督局、经信委（经贸委、工信委、工信厅）、机关事务管理局：

为落实《关于加快发展节能环保产业的意见》（国发〔2013〕30 号）和《大气污染防治行动计划》（国发〔2013〕37 号）、《2014—2015 年节能减排低碳发展行动方案》（国办发〔2014〕23 号），我们组织编制了《燃煤锅炉节能环保综合提升工程实施方案》，现印发你们，请认真组织实施。

国家发展改革委
环境保护部
财政部
国家质检总局
工业和信息化部
国管局
国家能源局
2014 年 10 月 29 日

附件

燃煤锅炉节能环保综合提升工程实施方案

为贯彻落实《关于加快发展节能环保产业的意见》（国发〔2013〕30 号）、《大气污染防治行动计划》（国发〔2013〕37 号）、《2014—2015 年节能减排低碳发展行动方案》（国办发〔2014〕23 号）有关要求，制定本方案。

一、现状和问题

（一）现状

锅炉是重要的能源转换设备，也是能源消费大户和重要的大气污染源。我国锅炉以燃煤为主，其中燃煤电站锅炉近年来向大容量、高参数方向快速发展，无论是生产制造还是运营管理均已接近国外先进水平；而燃煤工业锅炉保有量大、分布广、能耗高、污染重，能效和污染控制整体水平与国外相比有一定的差距，节能减排潜力巨大。截至 2012 年年底，我国在用燃煤工业锅炉达 46.7 万台，总容量达 178 万蒸吨，年消耗原煤约 7 亿吨，占全国煤炭消耗总量的 18%以上。我国燃煤工业锅炉整体能效水平较低，其实际运行效率比国际先进水平低 15 个百分点左右，具有较大的节能潜力。同时，燃煤工业锅炉污染物排放强度较大，是重要污染源，年排放烟尘、二氧化硫、氮氧化物分别约占全国排放总量的 33%、27%、9%。近年来，我国出现的大范围、长时间严重雾霾天气，与燃煤工业锅炉区域高强度、低空排放的特点密切相关。

（二）存在的主要问题

“十一五”以来，我国加大了锅炉节能和污染控制工作的力度，通过实施节能改造工程、污染综合整治、推动能效对标、强化监督执法、加强能力建设等工作，取得了积极成效，但仍存在一些问题，主要表现在：

一是技术装备落后。大多数燃煤工业锅炉容量较小，单台平均容量仅为 3.8 吨/时，其中 2 吨/时以下台数占比达 66.5%；部分锅炉老化严重，很多超过折旧年限的锅炉，甚至上世纪七八十年代生产的低能效、高排放的锅炉仍在使用；锅炉系统自控水平偏低，不利于工况调节；高效锅炉价格高、市场份额低、推广难度大；产业集中度低，制造企业数量多、规模小，技术水平普遍较弱。

二是经济运行水平不高。锅炉选型裕度过大，运行负荷波动大，调节能力有限，实际运行效率低。风机、水泵等辅机大多无负荷调节档次。锅炉水质大多不能达到国家标准要求，锅炉结垢较为严重，热效率下降明显。运行管理粗放，操作人员技术素质偏低。

三是燃料匹配性差。锅炉燃料以未经洗选加工的原煤为主，煤种复杂、热值不稳定、灰分和含硫量高。与燃烧洗选煤相比，不仅降低了锅炉效率，还加重了环境污染。天然气、生物质等清洁燃料比重很低。

四是环保设施不到位。10 吨/时以下的燃煤工业锅炉大多没有配置有效的除尘装置，基本没有脱硫脱硝设施，排放超标严重。由于污染源过于分散，环境监管难度大，偷排等环境违法现象突出。

五是政策法规不完善。锅炉设计、制造、运行、检测等在节能环保方面的技术规范和标准尚不完善，准入门槛较低。激励和约束机制不健全，创新驱动不足，市场缺乏节能减排的内生动力。

二、指导思想和主要目标

（一）指导思想

牢固树立生态文明理念，以保障燃煤锅炉安全经济运行、提高能效、减少污染物排放为目标，建立政府引导、企业主体、市场有效驱动、全社会共同参与的工作机制，以推广高效锅炉、淘汰落后锅炉、实施工程改造、提升运行水平、调整燃料结构为主要手段，强化法规标准约束，加强政策激励，推进能力建设，构建锅炉安全、节能与环保“三位一体”的监管体系，实现安全性与经济性的协调统一，确保实现“十二五”节能减排约束性目标。

（二）基本原则

企业主体，政府引导。明确政府和企业的事权，充分发挥市场配置资源的决定性作用，增强市场主体的内生动力，形成锅炉节能减排的长效机制；更好地发挥政府作用，形成有效激励，加大资金投入，完善激励约束政策。

标准驱动，加强监管。强化法规标准约束，提高节能环保准入门槛。依托现行的锅炉安全监察体系、节能监察体系和环境监管体系，将节能环保要求作为锅炉监管的重要内容，加大监督力度。

重点突破，系统提升。以推广高效和淘汰落后锅炉为重点，大幅度提升锅炉本质效率；加强锅炉辅机匹配、系统优化、燃料结构调整、运行管理、污染治理、服务支撑等工作，提高锅炉系统整体运行效率和环境管理水平。

（三）主要目标

到 2018 年，推广高效锅炉 50 万蒸吨，高效燃煤锅炉市场占有率由目前的不足 5%提高到 40%；淘汰落后燃煤锅炉 40 万蒸吨；完成 40 万蒸吨燃煤锅炉的节能改造；推动建成若干个高效锅炉制造基地，培育一批大型高效锅炉骨干企业；燃煤工业锅炉平均运行效率在 2013 年的基础上提高 6 个百分点，形成年 4 000 万吨标煤的节能能力；减排 100 万吨烟尘、128 万吨二氧化硫、24 万吨氮氧化物。

三、实施内容

（一）加快推广高效锅炉

以锅炉定型产品能效测试结果为主要依据遴选推广产品，公告高效锅炉型号目录和能效参数。加强推广信息监管和产品质量监督，确保高效锅炉用户得到实惠。新改扩建固定资产投资项目和政府采购项目应优先选用列入高效锅炉推广目录或能效等级达到 1 级的产品。严格落实现行税收优惠政策，适时研究完善《节能节水专用设备所得税优惠目录》。

（二）加速淘汰落后锅炉

严格落实政府工作报告、国发〔2013〕37 号文、国办发〔2014〕23 号文要求，2014 年淘汰燃煤小锅炉 5 万台，2014—2015 年淘汰 20 万蒸吨落后锅炉，各地区淘汰任务见国办发〔2014〕23 号文附表。除必要保留的以外，到 2015 年年底，京津冀及周边地区地级及以上城市建成区全部淘汰10 吨/时及以下燃煤锅炉，北京市建成区取消所有燃煤锅炉；到 2017 年，地级及以上城市建成区基本淘汰 10 吨/时及以下的燃煤锅炉，天津市、河北省地级及以上城市建成区基本淘汰 35 吨/时及以下燃煤锅炉。在城市热力管网覆盖区域，加快淘汰小型分散燃煤锅炉，推行城市集中供热。逐步禁止生产和使用手烧锅炉及其他落后炉型。妥善处理淘汰的旧锅炉，研究建立统一回收机制，已淘汰锅炉要及时报废，采取去功能化处理并注销使用登记证，严格控制已淘汰锅炉重新进入市场，防止落后锅炉移装到农村或偏远地区继续使用。

（三）加大节能改造力度

积极开展燃煤锅炉“以大代小”工作，重点开展燃烧优化、低温余热回收、太阳能预热，热泵（水源、地源、污水源）技术、自动控制、主辅机优化和变频控制，改善水质及冷凝水回收利用等方面的节能技术改造。鼓励通过产品能效测试、系统能效诊断等工作，提高节能改造的科学性和有效性。开展基于能效测试的锅炉改造项目节能量审核试点，推动建立统一规范的锅炉改造节能量计算方法。到 2017 年年底前，基本完成能效不达标的在用锅炉节能改造。

（四）提升锅炉系统运行水平

加强锅炉能效测试工作，2017 年年底前完成对 10 吨/时及以上的在用燃煤工业锅炉能效普查，将锅炉能效数据纳入现有锅炉动态监管系统，实现信息共享。对于投用时间大于10 年的锅炉，应每 2 年开展能效和环保测试。推进锅炉系统的安全、节能、环保标准化管理，开展达标试点示范，推进 500 个标杆锅炉房建设。鼓励企业和公共机构建立锅炉能源管理系统，加强计量管理，开展在线节能监测和诊断。加强锅炉安装环节节能监管，改善锅炉、辅机不匹配或与设计不一致的状况。整合锅炉司炉工培训资源，统编培训教材，强化锅炉运行及管理人员节能专项培训，并在锅炉操作人员资质考核中加大节能减排知识技能的比重，切实提高运行人员操作技能。

（五）提升锅炉污染治理水平

按照全面整治小型燃煤锅炉的要求，地级及以上城市建成区禁止新建 20 吨/时以下的燃煤锅炉，其他地区原则上不得新建 10 吨/时及以下的燃煤锅炉。北京、天津、河北、山西、山东等地区地级及以上城市建成区原则上不得新建燃煤锅炉。新生产和安装使用的 20 吨/时及以上燃煤锅炉应安装高效脱硫和高效除尘设施。提升在用燃煤锅炉脱硫除尘水平，10 吨/时及以上的燃煤锅炉要开展烟气高效脱硫、除尘改造，积极开展低氮燃烧技术改造示范，实现全面达标排放。大气污染防治重点控制区域的燃煤锅炉，要按照国家有关规定达到特别排放限值要求。20 吨/时及以上燃煤锅炉应安装在线监测装置，并与当地环保部门联网。纳入国家重点监控名单的企业应按照要求建立企业自行监测制度，向属地环境保护主管部门备案，并在环保部门统一组建的平台上公布监测信息。支持锅炉能效测试机构开展锅炉环保检测工作，实施节能环保综合检测试点。鼓励锅炉制造企业提供锅炉及配套环保设施设计、生产、安装、运行等一体化服务。

（六）推动高效锅炉产业化

加大对锅炉节能环保基础性、前沿性和共性关键技术研发力度，攻克高效燃烧、高效余热利用、自动控制、污染控制等关键技术，加强对科技成果推广应用的支持力度。实施重大节能技术与装备产业化工程，培育一批技术创新能力强、拥有自主知识产权和品牌，融研发、设计、制造、服务于一体，具备核心竞争力的锅炉生产企业成为行业骨干。以骨干企业为核心，促进产业要素集聚，发展一批高效锅炉制造基地。

（七）推进燃料结构优化调整

落实《商品煤质量管理暂行办法》，加强煤炭质量管理，实现煤炭分质分级利用。加快制定锅炉燃煤技术条件，提高燃煤品质及使用等级，推进煤炭清洁化燃烧。推广使用洗选煤，燃煤锅炉不得直接燃用高硫高灰分的原煤。在主要煤炭消费地、沿海沿江主要港口和重要铁路枢纽，建设大型煤炭储配基地和煤炭物流园区，开展集中配煤、物流供应试点示范，提高煤炭洗选加工能力，推广符合细分市场要求的专用煤炭产品，到 2018 年，配煤中心示范地区 50%以上的工业锅炉燃用专用煤。在燃气管网覆盖且气源能够保障的区域，可将燃煤锅炉改为燃气锅炉；在供热和燃气管网不能覆盖的区域，可建设大型燃煤高效锅炉或背压热电实现区域集中供热，或改用电、生物质成型燃料等清洁燃料锅炉。

四、保障措施

（一）完善法规标准

适时修订《产业结构调整指导目录》，明确限制类、淘汰类炉型。加快制修订相关法规标准，在锅炉制造许可、使用登记、设计文件鉴定、制造监督检验和安装监督检验等方面，增加节能的强制性要求；加快修订工业锅炉能效限定值及能效等级等强制性标准，提高节能环保准入门槛；不符合排放标准的制订严格的惩罚措施。加快制修订锅炉水动力计算、热力计算、烟风阻力计算、锅炉选型及配套辅机选择、经济运行、能效测试评价方法等标准；加快制定燃煤质量分等分级系列标准。

（二）加大资金投入

按照事权与支出相适应原则，各级政府加大锅炉能效标准制（修）订，能效普查、测试和监测、信息管理以及宣传培训、执法检查等相关工作支持力度，促进燃煤锅炉节能环保综合提升工程工作。鼓励采用合同能源管理等方式引导企业、社会资金加大投入力度，建立以市场为主的长效机制实施锅炉节能技术改造。

（三）强化监督管理

充分发挥特种设备安全监察和节能监管体系、节能监察体系和环境监管体系的作用，研究建立安全、节能、环保信息共享和联合监督执法机制，提升监管效能。严格落实能评和环评制度以及锅炉设计文件鉴定、定型产品能效测试等制度，禁止生产、销售和使用不符合节能减排要求的锅炉。开展对锅炉制造和使用单位的监督检查，曝光违规企业，加大处罚力度。加强对煤炭质量的监督检查，确保地级及以上城市建成区销售、使用的煤炭为低硫分低灰分的洁净煤。

（四）落实工作责任

国家发展改革委、环境保护部要切实加强工程的综合协调，组织推动工程的落实工作，要将各地实施情况纳入省级人民政府节能减排目标责任评价考核体系，强化评价考核。发展改革委牵头负责做好高效锅炉推广、锅炉节能改造工作，环境保护部、工业和信息化部牵头负责做好落实锅炉淘汰、锅炉污染治理工作，工业和信息化部牵头负责做好高效锅炉产业化工作，国家质检总局牵头负责做好系统运行水平提升以及相关规范标准制修订、测试监测工作，国家能源局牵头负责做好燃料结构优化工作，国管局指导做好公共机构燃煤锅炉节能环保综合提升工程组织实施工作。其他各部门要切实履行职责、密切协调配合，形成工作合力，确保工程取得实效。各地要把实施工程作为促进节能减排、推进大气污染防治的一项重要工作内容，制定具体的实施细则和扶持政策，狠抓落实，强化监管；要进一步细化和分解年度淘汰目标任务，加快推进集中供热、锅炉节能改造等工程建设。企业要强化主体责任，要严格遵守节能环保法规标准，增加资金投入，开展能效对标，确保完成任务。中央企业和公共机构要率先垂范，树立行业标杆，发挥示范作用。

关于印发《煤电节能减排升级与改造行动计划（2014—2020 年）》的通知

发改能源〔2014〕2093 号

各省、自治区、直辖市、新疆生产建设兵团发展改革委（经信委、经委、工信厅）、环保厅、能源局，国家电网公司、南方电网公司，华能、大唐、华电、国电、中电投集团公司，神华集团、中煤集团、国投公司、华润集团，中国国际工程咨询公司、电力规划设计总院：

为贯彻中央财经领导小组第六次会议和国家能源委员会第一次会议精神，落实《国务院办公厅关于印发能源发展战略行动计划（2014—2020 年）的通知》（国办发〔2014〕31 号）要求，加快推动能源生产和消费革命，进一步提升煤电高效清洁发展水平，特制定了《煤电节能减排升级与改造行动计划（2014—2020 年）》，现印发你们，请按照执行。

附件：《煤电节能减排升级与改造行动计划（2014—2020 年）》

国家发展改革委
环 境 保 护 部
国 家 能 源 局
2014 年 9 月 12 日

附件

煤电节能减排升级与改造行动计划（2014—2020 年）

为贯彻中央财经领导小组第六次会议和国家能源委员会第一次会议精神，落实《国务院办公厅关于印发能源发展战略行动计划（2014—2020 年）的通知》（国办发〔2014〕31 号）要求，加快推动能源生产和消费革命，进一步提升煤电高效清洁发展水平，制定本行动计划。

一、指导思想和行动目标

（一）指导思想。全面落实“节约、清洁、安全”的能源战略方针，推行更严格能效环保标准，加快燃煤发电升级与改造，努力实现供电煤耗、污染排放、煤炭占能源消费比重“三降低”和安全运行质量、技术装备水平、电煤占煤炭消费比重“三提高”，打造高效清洁可持续发展的煤电产业“升级版”，为国家能源发展和战略安全夯实基础。

（二）行动目标。全国新建燃煤发电机组平均供电煤耗低于300克标准煤/千瓦时（以下简称克/千瓦时）；东部地区新建燃煤发电机组大气污染物排放浓度基本达到燃气轮机组排放限值，中部地区新建机组原则上接近或达到燃气轮机组排放限值，鼓励西部地区新建机组接近或达到燃气轮机组排放限值。

到2020年，现役燃煤发电机组改造后平均供电煤耗低于310克/千瓦时，其中现役60万千瓦及以上机组（除空冷机组外）改造后平均供电煤耗低于300克/千瓦时。东部地区现役30万千瓦及以上公用燃煤发电机组、10万千瓦及以上自备燃煤发电机组以及其他有条件的燃煤发电机组，改造后大气污染物排放浓度基本达到燃气轮机组排放限值。

在执行更严格能效环保标准的前提下，到2020年，力争使煤炭占一次能源消费比重下降到62%以内，电煤占煤炭消费比重提高到60%以上。

二、加强新建机组准入控制

（三）严格能效准入门槛。新建燃煤发电项目（含已纳入国家火电建设规划且具备变更机组选型条件的项目）原则上采用60万千瓦及以上超超临界机组，100万千瓦级湿冷、空冷机组设计供电煤耗分别不高于282克/千瓦时、299克/千瓦时，60万千瓦级湿冷、空冷机组分别不高于285克/千瓦时、302克/千瓦时。

30万千瓦及以上供热机组和30万千瓦及以上循环流化床低热值煤发电机组原则上采用超临界参数。对循环流化床低热值煤发电机组，30万千瓦级湿冷、空冷机组设计供电煤耗分别不高于310克/千瓦时、327克/千瓦时，60万千瓦级湿冷、空冷机组分别不高于303克/千瓦时、320克/千瓦时。

（四）严控大气污染物排放。新建燃煤发电机组（含在建和项目已纳入国家火电建设规划的机组）应同步建设先进高效脱硫、脱硝和除尘设施，不得设置烟气旁路通道。东部地区（辽宁、北京、天津、河北、山东、上海、江苏、浙江、福建、广东、海南等11省市）新建燃煤发电机组大气污染物排放浓度基本达到燃气轮机组排放限值（即在基准氧含量6%条件下，烟尘、二氧化硫、氮氧化物排放浓度分别不高于10毫克/立方米、35毫克/立方米、50毫克/立方米），中部地区（黑龙江、吉林、山西、安徽、湖北、湖南、河南、江西等8省）新建机组原则上接近或达到燃气轮机组排放限值，鼓励西部地区新建机组接近或达到燃气轮机组排放限值。支持同步开展大气污染物联合协同脱除，减少三氧化硫、汞、砷等污染物排放。

（五）优化区域煤电布局。严格按照能效、环保准入标准布局新建燃煤发电项目。京津冀、长三角、珠三角等区域新建项目禁止配套建设自备燃煤电站。耗煤项目要实行煤炭减量替代。除热电联产外，禁止审批新建燃煤发电项目；现有多台燃煤机组装机容量合计达到30万千瓦以上的，可按照煤炭等量替代的原则建设为大容量燃煤机组。

统筹资源环境等因素，严格落实节能、节水和环保措施，科学推进西部地区锡盟、鄂尔多斯、晋北、晋中、晋东、陕北、宁东、哈密、准东等大型煤电基地开发，继续扩大西部煤电东送规模。中部及其他地区适度建设路口电站及负荷中心支撑电源。

（六）积极发展热电联产。坚持“以热定电”，严格落实热负荷，科学制定热电联产规划，建设高效燃煤热电机组，同步完善配套供热管网，对集中供热范围内的分散燃煤小锅炉实施替代和限期淘汰。到2020年，燃煤热电机组装机容量占煤电总装机容量比重力争达到28%。

在符合条件的大中型城市，适度建设大型热电机组，鼓励建设背压式热电机组；在中小型城市和热负荷集中的工业园区，优先建设背压式热电机组；鼓励发展热电冷多联供。

（七）有序发展低热值煤发电。严格落实低热值煤发电产业政策，重点在主要煤炭生产省区和大型煤炭矿区规划建设低热值煤发电项目，原则上立足本地消纳，合理规划建设规模和建设时序。禁止以低热值煤发电名义建设常规燃煤发电项目。

根据煤矸石、煤泥和洗中煤等低热值煤资源的利用价值，选择最佳途径实现综合利用，用于发电的煤矸石热值不低于 5 020 千焦（1 200 千卡）/千克。以煤矸石为主要燃料的，入炉燃料收到基热值不高于 14 640 千焦（3 500 千卡）/千克，具备条件的地区原则上采用 30 万千瓦级及以上超临界循环流化床机组。低热值煤发电项目应尽可能兼顾周边工业企业和居民集中用热需求。

三、加快现役机组改造升级

（八）深入淘汰落后产能。完善火电行业淘汰落后产能后续政策，加快淘汰以下火电机组：单机容量 5 万千瓦及以下的常规小火电机组；以发电为主的燃油锅炉及发电机组；大电网覆盖范围内，单机容量 10 万千瓦级及以下的常规燃煤火电机组、单机容量 20 万千瓦级及以下设计寿命期满和不实施供热改造的常规燃煤火电机组；污染物排放不符合国家最新环保标准且不实施环保改造的燃煤火电机组。鼓励具备条件的地区通过建设背压式热电机组、高效清洁大型热电机组等方式，对能耗高、污染重的落后燃煤小热电机组实施替代。2020 年前，力争淘汰落后火电机组 1 000 万千瓦以上。

（九）实施综合节能改造。因厂制宜采用汽轮机通流部分改造、锅炉烟气余热回收利用、电机变频、供热改造等成熟适用的节能改造技术，重点对 30 万千瓦和 60 万千瓦等级亚临界、超临界机组实施综合性、系统性节能改造，改造后供电煤耗力争达到同类型机组先进水平。20 万千瓦级及以下纯凝机组重点实施供热改造，优先改造为背压式供热机组。力争 2015 年前完成改造机组容量 1.5 亿千瓦，“十三五”期间完成 3.5 亿千瓦。

（十）推进环保设施改造。重点推进现役燃煤发电机组大气污染物达标排放环保改造，燃煤发电机组必须安装高效脱硫、脱硝和除尘设施，未达标排放的要加快实施环保设施改造升级，确保满足最低技术出力以上全负荷、全时段稳定达标排放要求。稳步推进东部地区现役 30 万千瓦及以上公用燃煤发电机组和有条件的 30 万千瓦以下公用燃煤发电机组实施大气污染物排放浓度基本达到燃气轮机组排放限值的环保改造，2014 年启动 800 万千瓦机组改造示范项目，2020 年前力争完成改造机组容量 1.5 亿千瓦以上。鼓励其他地区现役燃煤发电机组实施大气污染物排放浓度达到或接近燃气轮机组排放限值的环保改造。

因厂制宜采用成熟适用的环保改造技术，除尘可采用低（低）温静电除尘器、电袋除尘器、布袋除尘器等装置，鼓励加装湿式静电除尘装置；脱硫可实施脱硫装置增容改造，必要时采用单塔双循环、双塔双循环等更高效率脱硫设施；脱硝可采用低氮燃烧、高效率 SCR（选择性催化还原法）脱硝装置等技术。

（十一）强化自备机组节能减排。对企业自备电厂火电机组，符合第（八）条淘汰条件的，企业应实施自主淘汰；供电煤耗高于同类型机组平均水平 5 克/千瓦时及以上的自备燃煤发电机组，应加快实施节能改造；未实现大气污染物达标排放的自备燃煤发电机组要加快实施环保设施改造升级；东部地区 10 万千瓦及以上自备燃煤发电机组要逐步实施大气污染物排放浓度基本达到燃气轮机组排放限值的环保改造。

在气源有保障的条件下，京津冀区域城市建成区、长三角城市群、珠三角区域到 2017 年基本完成自备燃煤电站的天然气替代改造任务。

四、提升机组负荷率和运行质量

（十二）优化电力运行调度方式。完善调度规程规范，加强调峰调频管理，优先采用有调节能力的水电调峰，充分发挥抽水蓄能电站、天然气发电等调峰电源作用，探索应用储能调峰等技术。

合理确定燃煤发电机组调峰顺序和深度，积极推行轮停调峰，探索应用启停调峰方式，提高高效环保燃煤发电机组负荷率。完善调峰调频辅助服务补偿机制，探索开展辅助服务市场交易，对承担调峰任务的燃煤发电机组适当给予补偿。

完善电网备用容量管理办法，在区域电网内统筹安排系统备用容量，充分发挥电力跨省区互济、电量短时互补能力。合理安排各类发电机组开机方式，在确保电网安全的前提下，最大限度降低电网旋转备用容量。支持有条件的地区试点实行由“分机组调度”调整为“分厂调度”。

（十三）推进机组运行优化。加强燃煤发电机组综合诊断，积极开展运行优化试验，科学制定优化运行方案，合理确定运行方式和参数，使机组在各种负荷范围内保持最佳运行状态。扎实做好燃煤发电机组设备和环保设施运行维护，提高机组安全健康水平和设备可用率，确保环保设施正常运行。

（十四）加强电煤质量和计量控制。发电企业要加强燃煤采购管理，鼓励通过“煤电一体化”、签订长期合同等方式固定主要煤源，保障煤质与设计煤种相符，鼓励采用低硫分低灰分优质燃煤；加强入炉煤计量和检质，严格控制采制化偏差，保证煤耗指标真实可信。

限制高硫分高灰分煤炭的开采和异地利用，禁止进口劣质煤炭用于发电。煤炭企业要积极实施动力煤优质化工程，按要求加快建设煤炭洗选设施，积极采用筛分、配煤等措施，着力提升动力煤供应质量。

（十五）促进网源协调发展。加快推进“西电东送”输电通道建设，强化区域主干电网，加强区域电网内省间电网互联，提升跨省区电力输送和互济能力。完善电网结构，实现各电压等级电网协调匹配，保证各类机组发电可靠上网和送出。积极推进电网智能化发展。

（十六）加强电力需求侧管理。健全电力需求侧管理体制机制，完善峰谷电价政策，鼓励电力用户利用低谷电力。积极采用移峰、错峰等措施，减少电网调峰需求。引导电力用户积极采用节电技术产品，优化用电方式，提高电能利用效率。

五、推进技术创新和集成应用

（十七）提升技术装备水平。进一步加大对煤电节能减排重大关键技术和设备研发支持力度，通过引进与自主开发相结合，掌握最先进的燃煤发电除尘、脱硫、脱硝和节能、节水、节地等技术。

以高温材料为重点，全面掌握拥有自主知识产权的 600℃超超临界机组设计、制造技术，加快研发 700℃超超临界发电技术。推进二次再热超超临界发电技术示范工程建设。扩大整体煤气化联合循环（IGCC）技术示范应用，提高国产化水平和经济性。适时开展超超临界循环流化床机组技术研究。推进亚临界机组改造为超（超）临界机组的技术研发。进一步提高电站辅机制造水平，推进关键配套设备国产化。深入研究碳捕集与封存（CCS）技术，适时开展应用示范。

（十八）促进工程设计优化。制（修）订燃煤发电产业政策、行业标准和技术规程，规范和指导燃煤发电项目工程设计。支持地方制定严于国家标准的火电厂大气污染物排放地方标准。强化燃煤发电项目后评价，加强工程设计和建设运营经验反馈，提高工程设计优化水平。积极推行循环经济设计理念，加强粉煤灰等资源综合利用。

（十九）推进技术集成应用。加强企业技术创新体系建设，推动产学研联合，支持电力企业与高校、科研机构开展煤电节能减排先进技术创新。积极推进煤电节能减排先进技术集成应用示范项目建设，创建一批重大技术攻关示范基地，以工程项目为依托，推进科研创新成果产业化。积极开展先进技术经验交流，实现技术共享。

六、完善配套政策措施

（二十）促进节能环保发电。兼顾能效和环保水平，分配上网电量应充分考虑机组大气污染物排放水平，适当提高能效和环保指标领先机组的利用小时数。对大气污染物排放浓度接近或达到燃气轮机组排放限值的燃煤发电机组，可在一定期限内增加其发电利用小时数。对按要求应实施节能环保改造但未按期完成的，可适当降低其发电利用小时数。

（二十一）实行煤电节能减排与新建项目挂钩。能效和环保指标先进的新建燃煤发电项目应优先纳入各省（区、市）年度火电建设方案。对燃煤发电能效和环保指标先进、积极实施煤电节能减排升级与改造并取得显著成效的企业，各省级能源主管部门应优先支持其新建项目建设；对燃煤发电能效和环保指标落后、煤电节能减排升级与改造任务完成较差的企业，可限批其新建项目。

对按煤炭等量替代原则建设的燃煤发电项目，同地区现役燃煤发电机组节能改造形成的节能量（按标准煤量计算）可作为煤炭替代来源。现役燃煤发电机组按照接近或达到燃气轮机组排放限值实施环保改造后，腾出的大气污染物排放总量指标优先用于本企业在同地区的新建燃煤发电项目。

（二十二）完善价格税费政策。完善燃煤发电机组环保电价政策，研究对大气污染物排放浓度接近或达到燃气轮机组排放限值的燃煤发电机组电价支持政策。鼓励各地因地制宜制定背压式热电机组税费支持政策，加大支持力度。

对大气污染物排放浓度接近或达到燃气轮机组排放限值的燃煤发电机组，各地可因地制宜制定税收优惠政策。支持有条件的地区实行差别化排污收费政策。

（二十三）拓宽投融资渠道。统筹运用相关资金，对煤电节能减排重大技术研发和示范项目建设适当给予资金补贴。鼓励民间资本和社会资本进入煤电节能减排领域。引导银行业金融机构加大对煤电节能减排项目的信贷支持。

支持发电企业与有关技术服务机构合作，通过合同能源管理等方式推进燃煤发电机组节能环保改造。对已开展排污权、碳排放、节能量交易的地区，积极支持发电企业通过交易筹集改造资金。

七、抓好任务落实和监管

（二十四）明确政府部门责任。国家发展改革委、环境保护部、国家能源局会同有关部门负责全国煤电节能减排升级与改造工作的总体指导、协调和监管监督，分类明确各省（区、市）、中央发电企业煤电节能减排升级与改造目标任务。国家发展改革委、国家能源局重点加强对燃煤发电节能工作的指导、协调和监管，环境保护部、国家能源局重点加强对燃煤发电污染物减排工作的指导、协调和监督。

各省（区、市）有关主管部门，要及时制定本省（区、市）行动计划，组织各地方和电厂制定具体实施方案，完善政策措施，加强督促检查。国家能源局派出机构会同省级节能主管部门、环保部门等单位负责对各地区、各企业煤电节能减排升级与改造工作实施监管。各级有关部门要密切配合、加强协调、齐抓共管，形成工作合力。

（二十五）强化企业主体责任。各发电企业是本企业煤电节能减排升级与改造工作的责任主体，要按照国家和省级有关部门要求，细化制定本企业行动计划，加强内部管理，加大资金投入，确保完成目标任务。中央发电企业要积极发挥表率作用，及时将国家明确的目标任务分解落实到具体地方和电厂，力争提前完成，确保燃煤发电机组能效环保指标达到先进水平。

各级电网企业要切实做好优化电力调度、完善电网结构、加强电力需求侧管理、落实有关配套政策等工作，积极创造有利条件，保障各地区、各发电企业煤电节能减排升级与改造工作顺利实施。

（二十六）实行严格检测评估。新建燃煤发电机组建成后，企业应按规程及时进行机组性能验收试验，并将验收试验报告等相关资料报送国家能源局派出机构和所在省（区、市）有关部门。现役燃煤发电机组节能改造实施前，电厂应制定具体改造方案，改造完成后由所在省（区、市）有关部门组织有资质的中介机构进行现场评估并确认节能量，评估报告同时抄送国家能源局派出机构。省（区、市）有关部门可视情况进行现场抽查。

新建燃煤发电机组建成投运和现役机组实施环保改造后，环保部门应及时组织环保专项验收，检测大气污染物排放水平，确保检测数据科学准确，并对实施改造的机组进行污染物减排量确认。

（二十七）严格目标任务考核。国家发展改革委、环境保护部、国家能源局会同有关部门制定考核办法，每年对各省（区、市）、中央发电企业上年度煤电节能减排升级与改造目标任务完成情况进行考核，考核结果及时向社会公布。对目标任务完成较差的省（区、市）和中央发电企业，将予以通报并约谈其有关负责人。各省（区、市）有关部门可因地制宜制定对各地方、各企业的考核办法。

（二十八）实施有效监管检查。国家发展改革委、环境保护部、国家能源局会同有关部门开展煤电节能减排升级与改造专项监管和现场检查，形成专项报告向社会公布。省级环保部门、国家能源局派出机构要加强对燃煤发电机组烟气排放连续监测系统（CEMS）建设与运行情况及主要污染物排放指标的监管。各级环保部门要加大环保执法检查力度。

对存在弄虚作假、擅自停运环保设施等重大问题的，要约谈其主要负责人，限期整改并追缴其违规所得；存在违法行为的，要依法查处并追究相关人员责任。对存在节能环保发电调度实施不力、安排调频调峰和备用容量不合理、未充分发挥抽水蓄能电站等调峰电源作用、未有效实施电力需求侧管理等问题的电网企业，要约谈其主要负责人并限期整改。

（二十九）积极推进信息公开。国家能源局会同有关部门、行业协会等单位，建立健全煤电节能减排信息平台，制定信息公开办法。对新建燃煤发电项目，负责审批的节能主管部门、环保部门要主动公开其节能评估和环境影响评价信息，接受社会监督。

（三十）发挥社会监督作用。充分利用 12398 能源监管投诉举报电话，畅通投诉举报渠道，发挥社会监督作用促进煤电节能减排升级与改造工作顺利开展。国家能源局各派出机构要依据职责和有关规定，及时受理、处理群众投诉举报事项，及时通报有关情况；对违规违法行为，要及时移交稽查，依法处理。

附件：

1. 典型常规燃煤发电机组供电煤耗参考值
2. 燃煤电厂节能减排主要参考技术

附件-1

典型常规燃煤发电机组供电煤耗参考值

单位：克/千瓦时

机组类型		新建机组设计供电煤耗	现役机组生产供电煤耗	
			平均水平	先进水平
100 万千瓦级超超临界	湿冷	282	290	285
	空冷	299	317	302
60 万千瓦级超超临界	湿冷	285	298	290
	空冷	302	315	307
60 万千瓦级超临界	湿冷	303（循环流化床）	306	297
	空冷	320（循环流化床）	325	317
60 万千瓦级亚临界	湿冷	—	320	315
	空冷	—	337	332
30 万千瓦级超临界	湿冷	310（循环流化床）	318	313
	空冷	327（循环流化床）	338	335
30 万千瓦级亚临界	湿冷	—	330	320
	空冷	—	347	337

注：不含燃用无烟煤的 W 型火焰锅炉机组。

附件-2

燃煤电厂节能减排主要参考技术

序号	技术名称	技术原理及特点	节能减排效果	成熟程度及适用范围
一、	新建机组设计优化和先进发电技术			
1	提高蒸汽参数	常规超临界机组汽轮机典型参数为 24.2 MPa/566℃/566℃，常规超超临界机组典型参数为 25～26.25 MPa/600℃/600℃。提高汽轮机进汽参数可直接提高机组效率，综合经济性、安全性与工程实际应用情况，主蒸汽压力提高至 27～28 MPa，主蒸汽温度受主蒸汽压力提高与材料制约一般维持在 600℃，热再热蒸汽温度提高至 610℃或 620℃，可进一步提高机组效率	主蒸汽压力大于 27 MPa 时，每提高 1 MPa 进汽压力，降低汽机热耗 0.1%左右。热再热蒸汽温度每提高 10℃，可降低热耗 0.15%。预计相比常规超临界机组可降低供电煤耗 1.5～2.5 g/kWh	技术较成熟。适用于66 万千瓦、100 万千瓦超超临界机组设计优化
2	二次再热	在常规一次再热的基础上，汽轮机排汽二次进入锅炉进行再热。汽轮机增加超高压缸，超高压缸排汽为冷一次再热，其经过锅炉一次再热器加热后进入高压缸，高压缸排汽为冷二次再热，其经过锅炉二次再热器加热后进入中压缸	比一次再热机组热效率高出 2%～3%，可降低供电煤耗 8～10 g/kWh	技术较成熟。美国、德国、日本、丹麦等国家部分 30 万千瓦以上机组已有应用。国内有 100 万千瓦二次再热技术示范工程

序号	技术名称	技术原理及特点	节能减排效果	成熟程度及适用范围
3	管道系统优化	通过适当增大管径、减少弯头、尽量采用弯管和斜三通等低阻力连接件等措施，降低主蒸汽、再热、给水等管道阻力	机组热效率提高 0.1%～0.2%，可降低供电煤耗 0.3～0.6 g/kWh	技术成熟。适于各级容量机组
4	外置蒸汽冷却器	超超临界机组高加抽汽由于抽汽温度高，往往具有较大过热度，通过设置独立外置蒸汽冷却器，充分利用抽汽过热焓，提高回热系统热效率	预计可降低供电煤耗约 0.5 g/kWh	技术较成熟。适用于66万千瓦、100 万千瓦超超临界机组
5	低温省煤器	在除尘器入口或脱硫塔入口设置 1 级或 2 级串联低温省煤器，采用温度范围合适的部分凝结水回收烟气余热，降低烟气温度从而降低体积流量，提高机组热效率，降低引风机电耗	预计可降低供电煤耗 1.4～1.8 g/kWh	技术成熟。适用于30万～100万千瓦各类型机组
6	700℃超超临界	在新的镍基耐高温材料研发成功后，蒸汽参数可提高至 700℃，大幅提高机组热效率	供电煤耗预计可达到 246 g/kWh	技术研发阶段
二	现役机组节能改造技术			
7	汽轮机通流部分改造	对于 13.5 万千瓦、20 万千瓦汽轮机和 2000 年前投运的 30 万千瓦和 60 万千瓦亚临界汽轮机，通流效率低，热耗高。采用全三维技术优化设计汽轮机通流部分，采用新型高效叶片和新型汽封技术改造汽轮机，节能提效效果明显	预计可降低供电煤耗 10～20 g/kWh	技术成熟。适用于 13.5 万～60 万千瓦各类型机组
8	汽轮机间隙调整及汽封改造	部分汽轮机普遍存在汽缸运行效率较低、高压缸效率随运行时间增加不断下降的问题，主要原因是汽轮机通流部分不完善、汽封间隙大、汽轮机内缸接合面漏汽严重、存在级间漏汽和蒸汽短路现象。通过汽轮机本体技术改造，提高运行缸效率，节能提效效果显著	预计可降低供电煤耗 2～4 g/kWh	技术成熟。适用于 30 万～60 万千瓦各类型机组
9	汽机主汽滤网结构型式优化研究	为减少主再热蒸汽固体颗粒和异物对汽轮机通流部分的损伤，主再热蒸汽阀门均装有滤网。常见滤网孔径均为ϕ7，已开有倒角。但滤网结构及孔径大小需进一步研究	可减少蒸汽压降和热耗，暂无降低供电煤耗估算值	技术成熟。适于各级容量机组
10	锅炉排烟余热回收利用	在空预器之后、脱硫塔之前烟道的合适位置通过加装烟气冷却器，用来加热凝结水、锅炉送风或城市热网低温回水，回收部分热量，从而达到节能提效、节水效果	采用低压省煤器技术，若排烟温度降低 30℃，机组供电煤耗可降低 1.8 g/kWh，脱硫系统耗水量减少 70%	技术成熟。适用于排烟温度比设计值偏高 20℃以上的机组
11	锅炉本体受热面及风机改造	锅炉普遍存在排烟温度高、风机耗电高，通过改造，可降低排烟温度和风机电耗。具体措施包括：一次风机、引风机、增压风机叶轮改造或变频改造；锅炉受热面或省煤器改造	预计可降低煤耗 1.0～2.0 g/kWh	技术成熟。适用于 30 万千瓦亚临界机组、60 万千瓦亚临界机组和超临界机组
12	锅炉运行优化调整	电厂实际燃用煤种与设计煤种差异较大时，对锅炉燃烧造成很大影响。开展锅炉燃烧及制粉系统优化试验，确定合理的风量、风粉比、煤粉细度等，有利于电厂优化运行	预计可降低供电煤耗 0.5～1.5 g/kWh	技术成熟。现役各级容量机组可普遍采用
13	电除尘器改造及运行优化	根据典型煤种，选取不同负荷，结合吹灰情况等，在保证烟尘排放浓度达标的情况下，试验确定最佳的供电控制方式（除尘器耗电率最小）及相应的控制参数。通过电除尘器节电改造及运行优化调整，节电效果明显	预计可降低供电煤耗 2～3 g/kWh	技术成熟。适用于现役 30 万千瓦亚临界机组、60 万千瓦亚临界机组和超临界机组

序号	技术名称	技术原理及特点	节能减排效果	成熟程度及适用范围
14	热力及疏水系统改进	改进热力及疏水系统，可简化热力系统，减少阀门数量，治理阀门泄漏，取得良好节能提效效果	预计可降低供电煤耗 2～3 g/kWh	技术成熟。适用于各级容量机组
15	汽轮机阀门管理优化	通过对汽轮机不同顺序开启规律下配汽不平衡汽流力的计算，以及机组轴承承载情况的综合分析，采用阀门开启顺序重组及优化技术，解决机组在投入顺序阀运行时的瓦温升高、振动异常问题，使机组能顺利投入顺序阀运行，从而提高机组的运行效率	预计可降低供电煤耗 2～3 g/kWh	技术成熟。适用于 20 万千瓦以上机组
16	汽轮机冷端系统改进及运行优化	汽轮机冷端性能差，表现为机组真空低。通过采取技术改造措施，提高机组运行真空，可取得很好的节能提效效果	预计可降低供电煤耗 0.5～1.0 g/kWh	技术成熟。适用于 30 万千瓦亚临界机组、60 万千瓦亚临界机组和超临界机组
17	高压除氧器乏汽回收	将高压除氧器排氧阀排出的乏汽通过表面式换热器提高化学除盐水温度，温度升高后的化学除盐水补入凝汽器，可以降低过冷度，一定程度提高热效率	预计可降低供电煤耗 0.5～1 g/kWh	技术成熟。适用于 10 万～30 万千瓦机组
18	取较深海水作为电厂冷却水	直流供水系统取、排水口的位置和型式应考虑水源特点、利于吸取冷水、温排水对环境的影响、泥沙冲淤和工程施工等因素。有条件时，宜取较深处水温较低的水。但取水水深和取排水口布置受航道、码头等因素影响较大	采用直流供水系统时，循环水温每降低 1℃，供电煤耗降低约 1 g/kWh	技术成熟。适于沿海电厂
19	脱硫系统运行优化	具体措施包括：1）吸收系统（浆液循环泵、pH 值运行优化、氧化风量、吸收塔液位、石灰石粒径等）运行优化；2）烟气系统运行优化；3）公用系统（制浆、脱水等）运行优化；4）采用脱硫添加剂。可提高脱硫效率、减少系统故障、降低系统能耗和运行成本、提高对煤种硫分的适应性	预计可降低供电煤耗约 0.5 g/kWh	技术成熟。适用于 30 万千瓦亚临界机组、60 万千瓦亚临界机组和超临界机组
20	凝结水泵变频改造	高压凝结水泵电机采用变频装置，在机组调峰运行可降低节流损失，达到提效节能效果	预计可降低供电煤耗约 0.5 g/kWh	技术成熟。在大量 30 万～60 万千瓦机组上得到推广应用
21	空气预热器密封改造	回转式空气预热器通常存在密封不良、低温腐蚀、积灰堵塞等问题，造成漏风率与烟风阻力增大，风机耗电增加。可采用先进的密封技术进行改造，使空气预热器漏风率控制在 6%以内	预计可降低供电煤耗 0.2～0.5 g/kWh	技术成熟。各级容量机组
22	电除尘器高频电源改造	将电除尘器工频电源改造为高频电源。由于高频电源在纯直流供电方式时，电压波动小，电晕电压高，电晕电流大，从而增加了电晕功率。同时，在烟尘带有足够电荷的前提下，大幅度减小了电除尘器电场供电能耗，达到了提效节能的目的	可降低电除尘器电耗	技术成熟。适用于 30 万～100 万千瓦机组
23	加强管道和阀门保温	管道及阀门保温技术直接影响电厂能效，降低保温外表面温度设计值有利于降低蒸汽损耗。但会对保温材料厚度、管道布置、支吊架结构产生影响	暂无降低供电煤耗估算值	技术成熟。适于各级容量机组
24	电厂照明节能方法	从光源、镇流器、灯具等方面综合考虑电厂照明，选用节能、安全、耐用的照明器具	可以一定程度减少电厂自用电量，对降低煤耗影响较小	技术成熟。适用于各类电厂

序号	技术名称	技术原理及特点	节能减排效果	成熟程度及适用范围
25	凝汽式汽轮机供热改造	对纯凝汽式汽轮机组蒸汽系统适当环节进行改造，接出抽汽管道和阀门，分流部分蒸汽，使纯凝汽式汽轮机组具备纯凝发电和热电联产两用功能	大幅度降低供电煤耗，一般可达到 10 g/kWh 以上	技术成熟。适用于 12.5 万～60 万千瓦纯凝汽式汽轮机组
26	亚临界机组改造为超（超）临界机组	将亚临界老机组改造为超（超）临界机组，对汽轮机、锅炉和主辅机设备做相应改造	大幅提升机组热力循环效率	技术研发阶段
三	污染物排放控制技术			
27	低（低）温静电除尘	在静电除尘器前设置换热装置，将烟气温度降低到接近或低于酸露点温度，降低飞灰比电阻，减小烟气量，有效防止电除尘器发生反电晕，提高除尘效率	除尘效率最高可达 99.9%	低温静电除尘技术较成熟，国内已有较多运行业绩。低（低）温静电除尘技术在日本有运行业绩，国内正在试点应用，防腐问题国内尚未有实例验证
28	布袋除尘	含尘烟气通过滤袋，烟尘被黏附在滤袋表面，当烟尘在滤袋表面黏附到一定程度时，清灰系统抖落附在滤袋表面的积灰，积灰落入储灰斗，以达到过滤烟气的目的	烟尘排放浓度可以长期稳定在 20 mg/Nm^3 以下，基本不受灰分含量高低和成分影响	技术较成熟。适于各级容量机组
29	电袋除尘	综合静电除尘和布袋除尘优势，前级采用静电除尘收集 80%～90%粉尘，后级采用布袋除尘收集细粒粉尘	除尘器出口排放浓度可以长期稳定在 20 mg/Nm^3 以下，甚至可达到 5 mg/Nm^3，基本不受灰分含量高低和成分影响	技术较成熟。适于各级容量机组
30	旋转电极除尘	将静电除尘器末级电场的阳极板分割成若干长方形极板，用链条连接并旋转移动，利用旋转刷连续清除阳极板上粉尘，可消除二次扬尘，防止反电晕现象，提高除尘效率	烟尘排放浓度可以稳定在 30 mg/Nm^3 以下，节省电耗	技术较成熟。适用于 30 万～100 万千瓦机组
31	湿式静电除尘	将粉尘颗粒通过电场力作用吸附到集尘极上，通过喷水将极板上的粉尘冲刷到灰斗中排出。同时，喷到烟道中的水雾既能捕获微小烟尘又能降电阻率，利于微尘向极板移动	通常设置在脱硫系统后端，除尘效率可达到 70%～80%，可有效除去 $PM_{2.5}$ 细颗粒物和石膏雨微液滴	技术较成熟。国内有多种湿式静电除尘技术，正在试点应用
32	双循环脱硫	与常规单循环脱硫原理基本相同，不同在于将吸收塔循环浆液分为两个独立的反应罐和形成两个循环回路，每条循环回路在不同 pH 值下运行，使脱硫反应在较为理想的条件下进行。可采用单塔双循环或双塔双循环	双循环脱硫效率可达 98.5%或更高	技术较成熟。适于各级容量机组
33	低氮燃烧	采用先进的低氮燃烧器技术，大幅降低氮氧化物生成浓度	炉膛出口氮氧化物浓度可控制在 200 mg/Nm^3 以下	技术较成熟。适于各类烟煤锅炉

关于支持钢铁煤炭行业化解过剩产能实现脱困发展的意见

环大气〔2016〕47号

各省、自治区、直辖市及新疆生产建设兵团环境保护厅（局）、发展改革委、工业和信息化主管部门、煤炭行业管理部门：

为贯彻落实党中央、国务院关于推进结构性改革、抓好去产能任务的决策部署以及《国务院关于钢铁行业化解过剩产能实现脱困发展的意见》（国发〔2016〕6号）和《国务院关于煤炭行业化解过剩产能实现脱困发展的意见》（国发〔2016〕7号）的要求，现提出有关环境保护工作要求如下：

一、严格建设项目环境准入。地方各级环保部门不得审批新增产能的钢铁项目；从2016年开始，3年内原则上停止审批新建煤矿项目、新增产能的技术改造项目和产能核增项目，确需新建煤矿的，一律实行产能减量替代。按照省级人民政府部署，统筹考虑区域生态功能类型、水资源承载力，严格落实煤炭矿区总体规划环评，进一步优化主要产煤地区煤炭资源开发布局、调整开发方式及规模，确保区域生态功能和环境质量不退化。

二、彻底清理违法违规建设项目。要按照《国务院办公厅关于加强环境监管执法的通知》（国办发〔2014〕56号），加快违法违规建设项目清理工作。鼓励各地在清理整顿过程中，学习借鉴山东省人民政府“淘汰关闭一批、整顿规范一批、完善备案一批”的工作模式，加大清理整顿工作力度，确保2016年年底前完成清理任务。对清理过程中未完成整改任务的钢铁、煤炭违法违规建设项目，依法由地方各级人民政府予以关停。

三、全面调查钢铁、煤炭行业环境保护情况。地级市人民政府逐一落实钢铁、煤炭企业的监管网格、监管方案、监管责任人，并报省级环保部门备案。各省（区、市）环境保护厅（局）要深入总结2015年度环境保护大检查过程中对钢铁、煤炭行业企业全面排查的有关情况以及查处、整改存在问题情况，督促市（州、盟）人民政府在2016年6月底前公开钢铁、煤炭行业排查、问题查处及整改情况；要建立行政区域内钢铁、煤炭行业企业的问题清单，及时调度问题整改进展情况，对整改到位的问题逐一销号。

四、督促企业实现全面达标排放。地方各级环保部门要依法督促钢铁、煤炭企业制定自行监测方案，依托企业自身监测能力或第三方服务，开展自行监测，建立监测台账。各企业要按照相关规定实时公开在线监测数据，定期公开手工监测数据，每年1月底前公布上年度自行监测年度报告。各相关企业要逐一梳理内部各产排污节点及其排放的主要污染物、特征污染物，有针对性地制定全面达标排放计划，地方各级环保部门要加强对企业达标排放计划实施情况的监督检查。京津冀大气传输通道沿线城市，包括天津、郑州、新乡、鹤壁、安阳、邯郸、邢台、石家庄、保定、济南、淄博、聊城、德州、衡水、沧州、廊坊等城市的钢铁、煤炭企业，应首先开展。

五、严格依法征收排污费。地方各级环保部门要重点加强对钢铁、煤炭企业排放污染物种类、数量的监测，切实提高排污费收缴率，确保做到应收尽收；对钢铁企业，要全面安装主要污染物自动监控设施，严格依法依规核定排污费。严格落实差别化收费政策，对污染物排放浓度值高于国家或者地方规定的污染物排放限值，或者污染物排放量高于规定排放总量指标的，以及存在应予淘汰工艺、设备或者产品的钢铁、煤炭企业，按规定加倍征收排污费。对企业污染物排放浓度值低于国家或者地方规定的污染物排放限值50%以上的，要确保落实减半征收排污费政策。

六、认真做好钢铁企业场地再开发利用环境安全管理。严格落实《关于保障工业企业场地再开发利用环境安全的通知》（环发〔2012〕140号）、《关于加强工业企业关停、搬迁及原址场地再开发利用过程中污染防治工作的通知》（环发〔2014〕66号）的要求，组织指导钢铁企业防范关停搬迁过程中产生二次污染和次生突发环境事件，确保企业原址污染场地再开发利用前环境风险得到有效控制。会同相关部门，对于拟开发利用的关停搬迁钢铁企业场地，督促相关企业开展场地环境调查及风险评估，落实修复治理责任主体。对未经场地环境调查及风险评估、未明确治理修复责任主体的，相关部门不予办理相关土地转移手续，对未治理修复或者治理修复不符合相关标准的，相关地方政府及相关部门不得规划用于住宅、学校、幼儿园、医院、养老场所等用途。对暂不开发利用的钢铁企业场地，要督促责任人采取隔离等措施，防止污染扩散。

七、严格环保执法。地方各级环保部门要严格执行新修订的《环境保护法》《大气污染防治法》等法律法规，全面强化对钢铁、煤炭企业的环境监管执法，加速推动整改无望的钢铁、煤炭企业退出。落实商品煤质量管理有关规定，加大对京津冀、长三角、珠三角等地区燃煤排放达标情况检查力度，督促限制使用劣质燃煤。按照国家统一部署，将行政区域内的钢铁、煤炭企业纳入排污许可管理范畴，对未按国家和地方规定取得排污许可证的钢铁、煤炭企业，依法实施按日计罚等措施。对于超标超总量排污的钢铁、煤炭企业，要依法处罚、按日连续处罚，并责令其采取限制生产、停产整治等措施。对于被责令停产整治后拒不停产或者擅自恢复生产的，以及停产整治决定解除后，又实施同一违法行为的，应报请有批准权的人民政府责令停业、关闭。

八、加强部门联动。继续强化与公安机关、检察机关和审判机关的衔接配合，加强钢铁、煤炭企业严重环境违法案件移送、联合调查、信息共享和惩戒。发现钢铁、煤炭企业未履行环评审批擅自开工建设且被环保部门责令停止建设但拒不执行的，逾期未取得排污许可证被责令禁止排污但拒不执行的，偷排偷放污染物或者篡改、伪造排放监测数据等违法行为的，应及时将违法案件移送公安机关，由公安机关依法对相关责任人予以行政拘留。发现钢铁、煤炭企业存在应予淘汰的落后工艺、设备、产品的，应通报同级发展改革、工业和信息化、煤炭行业管理等部门由其组织淘汰。

九、加大环境信息公开力度。省、市级环保部门在政府网站设立“环境违法曝光台”，率先在钢铁、煤炭行业建立环境违法企业“黑名单”制度，每季度公布主要污染物排放超标的钢铁、煤炭企业名单。地方各级环保部门督促钢铁、煤炭企业履行环境信息披露义务，及时公开企业环境监测方案、监测数据和全面达标排放计划。充分利用环保微信举报平台，发挥公众监督作用。鼓励公众举报钢铁、煤炭企业违法排污、未依法公开环境信息等环境违法行为。要将钢铁、煤炭企业纳入环境行为信用评价系统，对于因环境违法失信的企业环境信用信息，及时提供给金融机构征信系统，采取联合惩戒措施。

环境保护部将加大对各地化解钢铁煤炭过剩产能推进脱困升级工作的环保督查力度，结合大气、水污染防治行动计划实施和考核，强化对钢铁、煤炭企业环境监察，对于严重污染环境的违法案件，依法予以挂牌督办；对于化解过剩产能工作中环保履职不力的地方政府及相关部门负责人，依法予以约谈，并及时报告国务院。

环境保护部

发展改革委

工业和信息化部

2016年4月16日

国家能源局 环境保护部关于开展燃煤耦合生物质发电技改试点工作的通知

国能发电力〔2017〕75 号

各省（区、市）发展改革委（经信委、经委、工信厅）、能源局、环境保护厅（局），新疆生产建设兵团发展改革委、环境保护局，国家电网、南方电网公司，华能、大唐、华电、国家能源、国电投集团公司，国投、华润电力公司，电力规划设计总院（国家电力规划研究中心），清华大学、浙江大学、南京林业大学：

为深入贯彻落实党的十九大精神，以习近平新时代中国特色社会主义思想为指导，推进能源生产和消费革命，构建清洁低碳、安全高效的能源体系，持续实施大气污染防治行动，加强固废和垃圾处理，优化资源配置，建设美丽中国，国家能源局、环境保护部决定按照《大气污染防治法》《能源发展“十三五”规划》《电力发展“十三五”规划》相关要求，开展燃煤耦合生物质发电技改试点工作。现将有关事项通知如下：

一、试点目的

2013 年以来，国家全面实施煤电行业节能减排升级改造，在全国范围内推广燃煤电厂超低排放要求和新的能耗标准。目前，全国已累计完成煤电超低排放改造 5.7 亿千瓦、节能改造 5.3 亿千瓦，接近《全面实施燃煤电厂超低排放和节能改造工作方案》提出的 2020 年完成 5.8 亿千瓦和 6.3 亿千瓦的目标。组织燃煤耦合生物质发电技改试点项目建设，旨在发挥世界最大清洁高效煤电体系的技术领先优势，依托现役煤电高效发电系统和污染物集中治理设施，构筑城乡生态环保平台，兜底消纳农林废弃残余物、生活垃圾以及污水处理厂、水体污泥等生物质资源（属危险废物的除外），破解秸秆田间直焚、污泥垃圾围城等社会治理难题，克服生物质资源能源化利用污染物排放水平偏高的缺点，增加不需要调峰调频调压等配套调节措施的优质可再生能源电力供应，促进电力行业特别是煤电的低碳清洁发展。

二、试点内容

（一）燃煤耦合农林废弃残余物发电技改项目

重点在十三个粮食主产省份，优先选取热电联产煤电机组，布局一批燃煤耦合农林废弃残余物发电技改项目。针对秸秆消纳困难、田间直燃致霾严重地区农林废弃残余物的数量、品种和品质等情况，充分考虑本体机组运行安全、负荷调节、运行效率和经济性等因素，挖掘热力循环系统在耦合环节阶梯利用潜力，合理确定技改项目技术方案。优先采用便于可再生能源电量监测计量的气化耦合方案。鼓励试点项目联产生物炭，并开展炭基肥料还田、活性炭治理修复土壤水体等下游产业利用研究。

（二）燃煤耦合垃圾发电、燃煤耦合污泥发电技改项目

重点在直辖市、省会城市、计划单列市等36个重点城市和垃圾、污泥产生量大，土地利用较困难或空间有限，以填埋处置为主的地区，优先选取热电联产煤电机组，布局燃煤耦合垃圾及污泥发电技改项目。制定运行灵活的耦合工艺方案，充分挖掘煤电机组烟气、蒸汽热力利用潜力，垃圾、污泥全程密闭、干化焚烧，干化产生的水蒸气进行冷凝回收再利用，采取有效措施防止全过程恶臭污染物外泄，恶臭污染物送入锅炉进行高温分解，尽可能减少对机组原有燃煤煤质和制粉系统的影响，降低对煤电机组运行安全、运行效率、负荷调节和经济性的影响。

三、项目组织

（一）项目申报

各省（区、市）发展改革委（能源局）根据地方相关规划及规划滚动修编计划，统筹考虑本地区生物质资源特点及可持续获得量，征求本地区煤电企业改造意愿，会同环境保护主管部门，开展项目初审和申报工作。项目技术和工程方案、投资经济性测算报告分开编写。试点项目申请报告请于2018年1月12日前报国家能源局。央企所属企业申报试点，需总部同步报试点项目申请报告。

（二）项目确定

国家能源局、环境保护部组织专家审核试点申报项目技术方案的先进性、设备的国产化率、生物质资源的可持续获取量、污染物稳定达标排放的可靠性、经济性测算指标的合理性、项目前期准备情况，以及项目是否具备近期开工条件等。通过审核的项目列为燃煤耦合生物质发电技改试点项目。

（三）项目建设

请各省（区、市）有关主管部门按照《国务院关于促进企业技术改造的指导意见》（国发〔2012〕44号）相关要求，做好燃煤耦合生物质发电技改试点项目管理工作。项目技改完成后，由省级能源、环境保护主管部门会同相关主管部门，组织专家或委托第三方咨询机构对试点项目进行评估认定并出具意见，上报国家能源局和环境保护部。试点项目要建立和执行有关环境管理制度，开展各类污染物排放自行监测并主动公开监测数据，安装污染物排放在线监控设施，并与当地环境保护主管部门联网，相关污染物排放应符合国家和地方相应排放标准与排污许可要求，并按照有关规定达到超低排放。试点项目应建立生物质资源入厂管理台账，详细记录生物质资源利用量，采用经国家强制性产品认证的计量装置，可再生能源电量计量在线运行监测数值同步传输至电力调度机构，数据留存10年。

四、相关政策

（一）技改试点项目生物质能电量电价按国家相关规定执行。

（二）技改试点项目生物质能电量单独计量，由电网企业全额收购。

（三）请各地积极落实技改试点项目享受生物质能电量相关支持政策，因地制宜制定生物质资源消纳处置价格补偿机制，采用政府购买公共服务等多种方式合理补偿生物质资源消纳处置成本并保障企业合理盈利。

（四）积极支持科研院校加快燃煤耦合生物质发电关键技术研究开发、成果转化和标准制定，优先推广应用具有自主知识产权的先进技术和装备。

五、项目监管

（一）国家能源、环境保护主管部门将视情况会同相关主管部门，组织有关单位对燃煤耦合生物质发电技改试点项目进行抽查。对弄虚作假、骗取政策支持的单位，一经查实，将追缴违法违规所得，并依法追究相关人员的责任。

（二）各省（区、市）有关主管部门和国家能源局派出机构共同负责燃煤耦合生物质发电技改试点项目的建设、运营监管工作。

（三）地方环境保护主管部门要加强对燃煤耦合生物质发电技改试点项目大气污染物、废水、重金属达标排放的监督和管理，未达标排放的项目不得享受相关支持政策。

（四）地方能源、环境保护主管部门协调相关部门加强农林废弃残余物田间地头管理，严禁露天焚烧；加强垃圾、污泥填埋监管，加大对不达标垃圾、污泥填埋的处罚力度，坚决关闭不符合国家相关标准和规范的填埋场，加大力度引导填埋垃圾、污泥用于燃煤耦合生物质发电。

联系人及电话：

国家能源局电力司　蒋庭军　010-68555070

环境保护部大气环境管理司　王凤　010-66556285

国家能源局

环境保护部

2017 年 11 月 27 日

关于印发《工业炉窑大气污染综合治理方案》的通知

环大气〔2019〕56号

各省、自治区、直辖市生态环境厅（局）、发展改革委、工业和信息化主管部门、财政厅（局），新疆生产建设兵团生态环境局、发展改革委、工业和信息化局、财政局：

现将《工业炉窑大气污染综合治理方案》印发给你们，请遵照执行。

附件：1. 工业炉窑分类表
2. 重点区域范围
3. 现有涉工业炉窑行业大气污染物排放标准
4. 重点行业工业炉窑大气污染治理要求
5. 无组织排放控制措施界定
6. 工业炉窑大气污染综合治理重点项目表（示例）

生态环境部
发展改革委
工业和信息化部
财政部
2019年7月1日

工业炉窑大气污染综合治理方案

为贯彻落实《国务院关于印发打赢蓝天保卫战三年行动计划的通知》有关要求，指导各地加强工业炉窑大气污染综合治理，协同控制温室气体排放，促进产业高质量发展，制定本方案。

一、重要意义

工业炉窑是指在工业生产中利用燃料燃烧或电能等转换产生的热量，将物料或工件进行熔炼、熔化、焙（煅）烧、加热、干馏、气化等的热工设备，包括熔炼炉、熔化炉、焙（煅）烧炉（窑）、加热炉、热处理炉、干燥炉（窑）、焦炉、煤气发生炉等八类（见附件 1）。工业炉窑广泛应用于钢铁、焦化、有色、建材、石化、化工、机械制造等行业，对工业发展具有重要支撑作用，同时，也是工业领域大气污染的主要排放源。相对于电站锅炉和工业锅炉，工业炉窑污染治理明显滞后，对环境空气质量产生重要影响。京津冀及周边地区源解析结果表明，细颗粒物（$PM_{2.5}$）污染来源中工业炉窑占 20%左右。

从工业炉窑装备和污染治理技术水平来看，我国既有世界上最先进的生产工艺和环保治理设备，也存在大量落后生产工艺，环保治理设施简易，甚至没有环保设施，行业发展水平参差不齐，劣币驱逐良币问题突出。尤其是在砖瓦、玻璃、耐火材料、陶瓷、铸造、铁合金、再生有色金属等涉工业炉窑行业，“散乱污”企业数量多，环境影响大，严重影响产业转型升级和高质量发展。

实施工业炉窑升级改造和深度治理是打赢蓝天保卫战重要措施，也是推动制造业高质量发展、推进供给侧结构性改革的重要抓手。各地要充分认识全面加强工业炉窑大气污染综合治理的重要意义，深入推进相关工作。

二、总体要求

（一）主要目标。到 2020 年，完善工业炉窑大气污染综合治理管理体系，推进工业炉窑全面达标排放，京津冀及周边地区、长三角地区、汾渭平原等大气污染防治重点区域（以下简称重点区域，范围见附件 2）工业炉窑装备和污染治理水平明显提高，实现工业行业二氧化硫、氮氧化物、颗粒物等污染物排放进一步下降，促进钢铁、建材等重点行业二氧化碳排放总量得到有效控制，推动环境空气质量持续改善和产业高质量发展。

（二）基本原则

坚持全面推进与突出重点相结合。系统梳理工业炉窑分布状况与排放特征，建立详细管理清单，实现监管全覆盖。聚焦工业炉窑环境问题突出的重点行业以及相关产业集群，加大综合治理力度。合理把握工作推进进度和节奏，重点区域率先推进。

坚持结构优化与深度治理相结合。加大产业结构和能源结构调整力度，加快淘汰落后产能和不达标工业炉窑，实施燃料清洁低碳化替代；深入推进涉工业炉窑企业综合整治，强化全过程环保管理，全面加强有组织和无组织排放管控。通过“淘汰一批、替代一批、治理一批”，提升产业总体发展水平。

坚持严格监管与激励引导相结合。加快完善政策、法规和标准体系，强化企业主体责任，严格监督执法，加大联合惩戒力度，显著提高环境违法成本。更好发挥政府引导作用，增强服务意识，实施差别化管理政策，形成有效激励和约束机制。

三、重点任务

（一）加大产业结构调整力度。严格建设项目环境准入。新建涉工业炉窑的建设项目，原则上要入园区，配套建设高效环保治理设施。重点区域严格控制涉工业炉窑建设项目，严禁新增钢铁、焦化、电解铝、铸造、水泥和平板玻璃等产能；严格执行钢铁、水泥、平板玻璃等行业产能置换实施办法；原则上禁止新建燃料类煤气发生炉（园区现有企业统一建设的清洁煤制气中心除外）。

加大落后产能和不达标工业炉窑淘汰力度。分行业清理《产业结构调整指导目录》淘汰类工业炉窑。天津、河北、山西、江苏、山东等地要按时完成各地已出台的钢铁、焦化、化工等行业产业结构调整任务。鼓励各地制定更加严格的环保标准，进一步促进产业结构调整。对热效率低下、敞开未封闭，装备简易落后、自动化程度低，无组织排放突出，以及无治理设施或治理设施工艺落后等严重污染环境的工业炉窑，依法责令停业关闭。

（二）加快燃料清洁低碳化替代。对以煤、石油焦、渣油、重油等为燃料的工业炉窑，加快使用清洁低碳能源以及利用工厂余热、电厂热力等进行替代。重点区域禁止掺烧高硫石油焦(硫含量大于3%)。玻璃行业全面禁止掺烧高硫石油焦。

加大煤气发生炉淘汰力度。2020年年底前，重点区域淘汰炉膛直径3米以下燃料类煤气发生炉；集中使用煤气发生炉的工业园区，暂不具备改用天然气条件的，原则上应建设统一的清洁煤制气中心。

加快淘汰燃煤工业炉窑。重点区域取缔燃煤热风炉，基本淘汰热电联产供热管网覆盖范围内的燃煤加热、烘干炉（窑)。加快推动铸造（10吨/小时及以下)、岩棉等行业冲天炉改为电炉。

（三）实施污染深度治理。推进工业炉窑全面达标排放。已有行业排放标准的工业炉窑（见附件3)，严格执行行业排放标准相关规定，配套建设高效脱硫脱硝除尘设施（见附件4)，确保稳定达标排放。已制定更严格地方排放标准的，按地方标准执行。重点区域钢铁、水泥、焦化、石化、化工、有色等行业，二氧化硫、氮氧化物、颗粒物、挥发性有机物（VOCs）排放全面执行大气污染物特别排放限值。已核发排污许可证的，应严格执行许可要求。

暂未制订行业排放标准的工业炉窑，包括铸造，日用玻璃，玻璃纤维、耐火材料、石灰、矿物棉等建材行业，钨、工业硅、金属冶炼废渣（灰）二次提取等有色金属行业，氮肥、电石、无机磷、活性炭等化工行业，应参照相关行业已出台的标准，全面加大污染治理力度（见附件4)，铸造行业烧结、高炉工序污染排放控制按照钢铁行业相关标准要求执行；重点区域原则上按照颗粒物、二氧化硫、氮氧化物排放限值分别不高于30毫克/立方米、200毫克/立方米、300毫克/立方米实施改造，其中，日用玻璃、玻璃棉氮氧化物排放限值不高于400毫克/立方米；已制定更严格地方排放标准的地区，执行地方排放标准。

全面加强无组织排放管理。严格控制工业炉窑生产工艺过程及相关物料储存、输送等无组织排放，在保障生产安全的前提下，采取密闭、封闭等有效措施（见附件5)，有效提高废气收集率，产尘点及车间不得有可见烟粉尘外逸。生产工艺产尘点（装置）应采取密闭、封闭或设置集气罩等措施。煤粉、粉煤灰、石灰、除尘灰、脱硫灰等粉状物料应密闭或封闭储存，采用密闭皮带、封闭通廊、管状带式输送机或密闭车厢、真空罐车、气力输送等方式输送。粒状、块状物料应采用入棚入仓或建设防风抑尘网等方式进行储存，粒状物料采用密闭、封闭等方式输送。物料输送过程中产尘点应采取有效抑尘措施。

推进重点行业污染深度治理。落实《关于推进实施钢铁行业超低排放的意见》，加快推进钢铁行业超低排放改造。积极推进电解铝、平板玻璃、水泥、焦化等行业污染治理升级改造。重点区域内电解铝企业全面推进烟气脱硫设施建设；全面加大热残极冷却过程无组织排放治理力度，建设封闭高效的烟气收集系统，实现残极冷却烟气有效处理。重点区域内平板玻璃、建筑陶瓷企业应逐步取消脱硫脱硝烟气旁路或设置备用脱硫脱硝等设施，鼓励水泥企业实施全流程污染深度治理。推进具备条件的焦化企业实施干熄焦改造，在保证安全生产前提下，重点区域城市建成区内焦炉实施炉体加罩封闭，并对废气进行收集处理。

加大煤气发生炉VOCs治理力度。酚水系统应封闭，产生的废气应收集处理，鼓励送至煤气发生炉鼓风机入口进行再利用；酚水应送至煤气发生炉处置，或回收酚、氨后深度处理，或送至水煤浆炉进行焚烧等。禁止含酚废水直接作为煤气水封水、冲渣水。氮肥等行业采用固定床间歇式煤气化炉的，加快推进煤气冷却由直接水洗改为间接冷却；其他区域采用直接水洗冷却方式的，造气循环水集输、储存、处理系统应封闭，收集的废气送至三废炉处理。吹风气、弛放气应全部收集利用。

（四）开展工业园区和产业集群综合整治。各地要加大涉工业炉窑类工业园区和产业集群的综合整治力度，结合“三线一单”（生态保护红线、环境质量底线、资源利用上线和生态环境准入清单）、规划环评等要求，进一步梳理确定园区和产业发展定位、规模及结构等。制定综合整治方案，对标先进企业，从生产工艺、产能规模、燃料类型、污染治理等方面提出明确要求，提升产业发展质量和环保治理水平。按照统一标准、统一时间表的要求，同步推进区域环境综合整治和企业升级改造。加强工业园区能源替代利用与资源共享，积极推广集中供汽供热或建设清洁低碳能源中心等，替代工业炉窑燃料用煤；充分利用园区内工厂余热、焦炉煤气等清洁低碳能源，加强分质与梯级利用，提高能源利用效率，促进形成清洁低碳高效产业链。

加强涉工业炉窑企业运输结构调整，京津冀及周边地区大宗货物年货运量 150 万吨及以上的，原则上全部修建铁路专用线；具有铁路专用线的，大宗货物铁路运输比例应达到 80%以上。

涉工业炉窑类产业集群主要包括陶瓷、玻璃、砖瓦、耐火材料、石灰、矿物棉、铸造、独立轧钢、铁合金、再生有色金属、炭素、化工等行业。各地应结合当地产业发展特征等自行确定。

四、政策措施

（一）完善排放标准体系。加快涉工业炉窑行业大气污染物排放标准制修订工作。2020 年 6 月底前，完成铸造、日用玻璃、玻璃纤维、矿物棉、电石等行业大气污染物排放标准制订。加快大气污染物综合排放标准修订。鼓励各地制修订相关行业地方排放标准。

（二）建立健全监测监控体系。加强重点污染源自动监控体系建设。排气口高度超过 45 米的高架源，纳入重点排污单位名录，督促企业安装烟气排放自动监控设施。钢铁、焦化、水泥、平板玻璃、陶瓷、氮肥、有色金属冶炼、再生有色金属等行业，严格按照排污许可管理规定安装和运行自动监控设施。加快其他行业工业炉窑大气污染物排放自动监控设施建设，重点区域内冲天炉、玻璃熔窑、以煤和煤矸石为燃料的砖瓦烧结窑、耐火材料焙烧窑（电窑除外）、炭素焙（煅）烧炉（窑）、石灰窑、铬盐焙烧窑、磷化工焙烧窑、铁合金矿热炉和精炼炉等，原则上应纳入重点排污单位名录，安装自动监控设施。具备条件的企业，应通过分布式控制系统（DCS）等，自动连续记录工业炉窑环保设施运行及相关生产过程主要参数。推进焦炉炉体等关键环节安装视频监控系统。自动监控、DCS 监控等数据至少要保存一年，视频监控数据至少要保存三个月。

强化监测数据质量控制。自动监控设施应与生态环境主管部门联网。加强自动监控设施运营维护，数据传输有效率达到 90%。企业在正常生产以及限产、停产、检修等非正常工况下，均应保证自动监控设施正常运行并联网传输数据。各地对出现数据缺失、长时间掉线等异常情况，要及时进行核实和调查处理。严厉打击篡改、伪造监测数据等行为，对监测机构运行维护不到位及篡改、伪造、干扰监测数据的，排污单位弄虚作假的，依法严格处罚，追究责任。

（三）加强排污许可管理。按照排污许可管理名录规定按期完成涉工业炉窑行业排污许可证核发。开展固定污染源排污许可清理整顿工作，“核发一个行业、清理一个行业、达标一个行业、规范一个行业”。加大依证监管执法和处罚力度，确保排污单位落实持证排污、按证排污的环境管理主体责任。对无证排污、超标超总量排放以及逃避监管方式排放大气污染物的，依法予以停产整治，情节严重的，报经有批准权的人民政府批准，责令停业、关闭。建立企业信用记录，对于无证排污、不按规定提交执行报告和严重超标超总量排污的，纳入全国信用信息共享平台，通过“信用中国”等网站定期向社会公布。

（四）实施差异化管理。综合考虑企业生产工艺、燃料类型、污染治理设施运行效果、无组织排放管控水平以及大宗物料运输方式等，树立行业标杆，引导产业转型升级。在重污染天气应对、环境执法检查、经济政策制定等方面，对标杆企业予以支持，对治污设施简易、无组织排放管控不力的企业，加大联合惩戒力度。

强化重污染天气应对。各地应将涉工业炉窑企业全面纳入重污染天气应急减排清单，做到全覆盖。针对工业炉窑等主要排放工序，采取切实有效的应急减排措施，落实到具体生产线和设备。根据污染排放绩效水平，实行差异化应急减排管理。重点区域内钢铁、建材、焦化、有色、化工等涉大宗货物运输企业，应制定应急运输响应方案，原则上不允许柴油货车在重污染天气预警响应期间进出厂区（保证安全生产运行、运输民生保障物资或特殊需求产品的国五及以上排放标准车辆除外）。

（五）完善经济政策。落实税收优惠激励政策。严格执行环境保护税法，按照有关条款规定，对涉工业炉窑企业给予相应税收优惠待遇。纳税人排放应税大气污染物的浓度值低于国家和地方规定的污染物排放标准百分之三十的，减按百分之七十五征收环境保护税；低于百分之五十的，减按百分之五十征收环境保护税。落实环境保护专用设备企业所得税抵免优惠政策。

给予奖励和信贷融资支持。地方可根据实际情况，对工业炉窑综合治理达标的企业给予奖励。支持符合条件的企业发行企业债券进行直接融资，募集资金用于工业炉窑治理等。

实施差别化电价政策。充分发挥电力价格的杠杆作用，推动涉工业炉窑行业加快落后产能淘汰，实施污染深度治理。严格落实铁合金、电石、烧碱、水泥、钢铁、黄磷、锌冶炼等行业差别电价政策，对淘汰类和限制类企业用电（含市场化交易电量）实行更高价格。各地可根据实际需要扩大差别电价、阶梯电价执行行业范围，提高加价标准。鼓励各地探索建立基于污染物排放绩效的差别化电价政策，推动工业炉窑清洁低碳化改造。

五、保障措施

（一）加强组织领导。生态环境部、发展改革委、工业和信息化部、财政部共同组织实施本方案，各有关部门各司其职、各负其责、密切配合，形成工作合力，加强对地方工作指导，及时协调解决推进过程中的困难和问题。

各地要按照打赢蓝天保卫战总体部署，把开展工业炉窑大气污染综合治理放在重要位置，切实加强组织领导，严格依法行政，加大政策扶持力度，做好监督和管理工作；结合第二次污染源普查工作，开展拉网式排查，建立管理清单，掌握工业炉窑使用和排放情况；提前谋划，制定工业炉窑大气污染综合治理实施方案，明确治理要求，细化任务分工，确定分年度重点项目（示例见附件 6），2019 年 9 月底前报送生态环境部、发展改革委、工业和信息化部等部门。

（二）严格评价管理。生态环境部会同有关部门，按照各省（区、市）工业炉窑大气污染综合治理实施方案，每年对上一年度方案落实情况进行评价。各地要增强服务意识，按照行业治理标准和产业集群综合整治方案等要求，组织开展评估工作，严把工程建设质量，严防建设简易低效环保治理设施。

建立完善依效付费机制，多措并举治理低价中标乱象。加大失信联合惩戒力度，将工程建设质量低劣的环保公司和环保设施运营管理水平低、存在弄虚作假行为的运维机构列入失信联合惩戒对象名单，纳入全国信用信息共享平台，并通过“信用中国”等网站定期向社会公布；相关涉工业炉窑企业在重污染天气预警期间加大停限产力度。依法依规对失信企业在行政审批、资质认定、银行贷款、上市融资、政府招投标、政府荣誉评定等方面予以限制。

（三）严格监督执法。各地要开展工业炉窑专项执法行动，加强日常监督和执法检查，严厉打击违法排污行为。对不达标、未按证排污的，综合运用按日连续计罚、查封扣押、限产停产等手段，依法严格处罚，并定期向社会通报。严厉打击弄虚作假、擅自停运环保设施等严重违法行为，依法查处并追究相关人员责任。将工业炉窑大气污染综合治理落实情况作为重点区域强化监督定点帮扶工作的重要任务，对推进不力、工作滞后、治理不到位的，要强化监督问责。

（四）强化企业主体责任。企业是工业炉窑污染治理的责任主体，要切实履行责任，按照本行动方案和地方有关部门要求等制定工业炉窑综合治理实施计划，确保按期完成改造任务。加大资金投入，加快装备升级和燃料清洁低碳化替代，实施污染深度治理。加强人员技术培训，健全内部环保考核管理机制，确保治污设施长期稳定运行。及时公布自行监测和污染排放数据、污染治理措施、重污染天气应对、环保违法处罚及整改等信息，推动公众参与和社会监督。国有企业和龙头企业要发挥表率作用，引导行业转型升级和高质量发展。

（五）加强技术支持。研究制定工业炉窑大气污染综合治理相关技术指导文件。支持企业与高校、科研机构、环保公司等合作，创新节能减排技术。充分发挥行业协会作用，加强行业自律，出台相关污染防治技术规范，引导树立行业标杆，助推行业健康发展。鼓励行业协会等搭建工业炉窑污染治理交流平台，促进成熟先进技术推广应用。

（六）加强宣传引导。工业炉窑涉及行业多、领域广，各地要营造有利于开展工业炉窑大气污染综合治理的良好舆论氛围，增强企业开展工业炉窑污染治理的责任感和荣誉感。各级有关部门要积极跟踪相关舆情动态，及时回应社会关切，对做得好的地方和企业，组织新闻媒体加强宣传报道。

附件 1

工业炉窑分类表

炉窑类型	行业类别	产品类别	炉窑子类	说明
熔炼炉	钢铁	粗钢/生铁	炼铁高炉	将物料熔化，使其发生物理化学变化、去除杂质，获得设定组分产品的工业炉窑
			炼钢转炉、炼钢电炉、铁水预处理炉	
	铁合金	铁合金	还原矿热电炉、精炼电炉、锰铁高炉、富锰渣高炉、精炼转炉、铝热法熔炼炉等	
	有色	铝、铜、铅、锌、钛、钴、镍、锡、锑、稀土、钒、硅等	底（侧、顶）吹炉、闪速炉、阳极炉、转炉、反射炉、铝电解槽、矿热炉、鼓风炉等	
	建材	玻璃、岩矿棉等	玻璃熔窑、岩矿棉熔炼炉等	
	化工	电石、黄磷等	电石炉、黄磷炉等	
	轻工	日用玻璃	玻璃熔窑等	
熔化炉	铸造	铸件	冲天炉、感应电炉、电弧炉、燃气炉等	将物料或工件熔化成液体的工业炉窑
	有色	铝、铜、铅等制品	化铅炉、熔铝炉、熔铜炉等	
	建材	玻璃、玻璃纤维等制品	玻璃、玻璃纤维熔化炉等	
	化工	铅、锌等重金属单质、烧碱等	熔融炉等	

炉窑类型	行业类别	产品类别	炉窑子类	说明
焙（煅）烧炉（窑）	钢铁	烧结矿、球团矿	烧结机、球团竖炉、链篦机回转窑、球团带式焙烧机	对物料进行焙（煅）烧，使其发生物理化学变化或烧结成块的工业炉窑
	有色	氧化铝、稀土、镁等	焙烧炉、煅烧炉（窑）、熟料烧成窑、回转窑等	
	建材	水泥	新型干法窑、立窑等	
		陶瓷（含卫生陶瓷等）、搪瓷	辊道窑、隧道窑、梭式窑等	
		耐火材料	回转窑、隧道窑等	
		砖瓦	隧道窑、轮窑等	
		石灰	竖窑、套筒窑等	
	化工	铬、钡、锶、铅、锌、锰等重金属无机化合物、硫化合物、硫酸盐、磷酸盐、无机氟化物、轻质碳酸钙、泡花碱等	回转窑、竖窑、马蹄窑等	
		炭素	焙烧炉、煅烧炉（窑）	
加热炉	钢铁、有色、建材、化工、石化等		—	将物料或工件加热，提高温度但不改变其形态的工业炉窑
热处理炉	钢铁、有色、铸造等		退火炉、正火炉、回火炉、保温炉、淬火炉、固溶炉、调质炉等	将工件加热后进行热处理工艺（正火、回火、淬火、退火等）的工业炉窑
干燥炉（窑）	农林产品、设备制造、金属制品、建材、化工等	烟草、木材、铸造砂、砂石、矿料（渣）、化工产品、有机涂层产品等	烘干炉（窑）、干燥炉（窑）	去除物料或产品中所含水分或挥发分的工业炉窑
焦炉	焦化	焦炭	常规机焦炉、热回收焦炉等	对炼焦煤等进行干馏转化，生产焦炭及其他副产品的工业炉窑
		兰炭	炭化炉	
煤气发生炉	建材、化工、轧钢、有色等	—	—	以煤等为气化原料，通过与气化剂在高温下进行物理化学反应制取煤气的工业炉窑

附件2

重点区域范围

区域名称	范围
京津冀及周边地区	北京市，天津市，河北省石家庄、唐山、邯郸、邢台、保定、沧州、廊坊、衡水市以及雄安新区，山西省太原、阳泉、长治、晋城市，山东省济南、淄博、济宁、德州、聊城、滨州、菏泽市，河南省郑州、开封、安阳、鹤壁、新乡、焦作、濮阳市（含河北省定州、辛集市，河南省济源市）
长三角地区	上海市、江苏省、浙江省、安徽省
汾渭平原	山西省晋中、运城、临汾、吕梁市，河南省洛阳、三门峡市，陕西省西安、铜川、宝鸡、咸阳、渭南市以及杨凌示范区（含陕西省西咸新区、韩城市）

附件 3

现有涉工业炉窑行业大气污染物排放标准

行业	标准名称	标准编号
钢铁	钢铁烧结、球团工业大气污染物排放标准	GB 28662—2012
	炼铁工业大气污染物排放标准	GB 28663—2012
	炼钢工业大气污染物排放标准	GB 28664—2012
	轧钢工业大气污染物排放标准	GB 28665—2012
	铁合金工业污染物排放标准	GB 28666—2012
焦化	炼焦化学工业污染物排放标准	GB 16171—2012
有色	铝工业污染物排放标准及修改单	GB 25465—2010
	铅、锌工业污染物排放标准及修改单	GB 25466—2010
	铜、镍、钴工业污染物排放标准及修改单	GB 25467—2010
	镁、钛工业污染物排放标准及修改单	GB 25468—2010
	稀土工业污染物排放标准及修改单	GB 26451—2011
	钒工业污染物排放标准及修改单	GB 26452—2011
	锡、锑、汞工业污染物排放标准	GB 30770—2014
	再生铜、铝、铅、锌工业污染物排放标准	GB 31574—2015
建材	水泥工业大气污染物排放标准	GB 4915—2013
	平板玻璃工业大气污染物排放标准	GB 26453—2011
	电子玻璃工业大气污染物排放标准	GB 29495—2013
	陶瓷工业污染物排放标准	GB 25464—2010
	砖瓦工业大气污染物排放标准	GB 29620—2013
石化	石油炼制工业污染物排放标准	GB 31570—2015
	石油化学工业污染物排放标准	GB 31571—2015
	合成树脂工业污染物排放标准	GB 31572—2015
	烧碱、聚氯乙烯工业污染物排放标准	GB 15581—2016
化工	无机化学工业污染物排放标准	GB 31573—2015
其他	工业炉窑大气污染物排放标准	GB 9078—1996

附件 4

重点行业工业炉窑大气污染治理要求

行业	子行业	污染治理措施
钢铁及焦化	钢铁	按照《关于推进实施钢铁行业超低排放的意见》要求，对烧结、球团、炼铁、炼钢、轧钢、石灰窑等工业炉窑实施升级改造
	焦化	参照《关于推进实施钢铁行业超低排放的意见》要求，对焦炉等实施升级改造
	铁合金	回转窑、烧结机应配备覆膜袋式、滤筒等高效除尘设施，重点区域应配备脱硫设施； 全封闭矿热炉、锰铁高炉及富锰渣高炉应设置煤气净化系统，对煤气进行回收利用； 半封闭矿热炉、精炼炉、中频感应炉应配备袋式等高效除尘设施
机械制造	铸造	铸造用生铁企业的烧结机、球团和高炉按照钢铁行业相关要求执行； 冲天炉应配备袋式除尘、滤筒除尘等高效除尘设施；配备脱硫设施，重点区域配备石灰石石膏法等脱硫设施； 中频感应电炉应配备袋式等高效除尘设施

行业	子行业	污染治理措施
建材	水泥	水泥熟料窑应配备低氮燃烧器，采用分级燃烧等技术，窑尾配备选择性非催化还原（SNCR）、选择性催化还原（SCR）等脱硝设施； 窑头、窑尾配备覆膜袋式等高效除尘设施； 窑尾废气二氧化硫不能达标排放的应配备脱硫设施
	平板玻璃	池窑应配备静电、袋式、电袋复合等高效除尘设施，配备石灰石石膏法等高效脱硫设施，配备SCR 等脱硝设施；重点区域应取消脱硫、脱硝烟气旁路或设置备用脱硫、脱硝设施
	玻璃纤维	池窑应配备静电、袋式、电袋复合等高效除尘设施，配备石灰石石膏法等高效脱硫设施，配备SCR 等脱硝设施；鼓励采用富氧或全氧燃烧方式
建材	其他玻璃	熔窑（全电熔窑和全氧燃烧熔窑除外）均应配备 SCR 等脱硝设施；以煤、石油焦、重油等为燃料的熔窑应配备袋式等除尘设施，配备石灰石石膏法等高效脱硫设施，以天然气为燃料的熔窑废气颗粒物、二氧化硫不能达标排放的应配备除尘、脱硫设施
	陶瓷	以煤（含煤气）、石油焦、重油等为燃料的炉窑应配备除尘设施，配备石灰石石膏法等高效脱硫设施；以天然气为燃料的炉窑废气颗粒物不能达标排放的配备除尘设施。 喷雾干燥塔应配备袋式等高效除尘设施，配备石灰石石膏法等高效脱硫设施，配备 SNCR 脱硝设施
	砖瓦	以煤、煤矸石等为燃料的烧结砖瓦窑应配备高效除尘设施，配备石灰石石膏法等高效脱硫设施；以天然气为燃料的烧结砖瓦窑配备除尘设施
	耐火材料	超高温竖窑、回转窑应配备覆膜袋式等高效除尘设施，其他耐火材料窑应配备袋式等除尘设施；以煤（含煤气）、重油等为燃料以及使用含硫黏结剂的，应配备石灰石石膏法等高效脱硫设施；超高温竖窑、回转窑、高温隧道窑应配备 SCR、SNCR 等脱硝设施
	石灰	石灰窑应配备覆膜袋式等高效除尘设施；二氧化硫不能达标排放的应配备脱硫设施
	矿物棉	以煤（含煤气）、焦炭等为燃料的冲天炉、熔化炉、池窑，应配备覆膜袋式等高效除尘设施，配备石灰石石膏法等高效脱硫设施，配备 SCR 等脱硝设施；以天然气为燃料的熔化炉、池窑应配备袋式等除尘设施，配备 SCR 等脱硝设施，二氧化硫排放不达标的应配备脱硫设施；电熔炉废气颗粒物、二氧化硫排放不达标的应配备除尘脱硫设施。 固化炉等应配备 VOCs 治理措施
有色冶炼	氧化铝	熟料烧成窑、氢氧化铝焙烧炉、石灰炉（窑）等应配备高效静电或电袋复合除尘设施；以发生炉煤气为燃料的，应对煤气进行前脱硫，或焙烧炉烟气配备石灰石石膏法等高效脱硫设施；重点区域熟料烧成窑应配备脱硝设施
	电解铝（轻金属）	电解槽应配备袋式等高效除尘设施，重点区域配备石灰石石膏法等高效脱硫设施
	镁、钛（轻金属）	煅烧炉、回转窑等应配备袋式等高效除尘设施，配备石灰石石膏法等脱硫设施；重点区域配备SCR 等高效脱硝设施
	铅、锌、铜、镍、钴、锡、锑、钒（重金属）	熔炼炉应配备覆膜袋式等高效除尘设施；铅、锌、铜、镍、锡配备两转两吸制酸工艺，制酸尾气二氧化硫排放不达标的配备脱硫设施，钴、锑、钒熔炼炉尾气应配备脱硫设施；重点区域配备活性炭吸附、双氧水、金属氧化物吸收法等高效脱硫设施。环境烟气应全部收集，配备袋式等高效除尘设施，配备活性炭吸附、双氧水、金属氧化物吸收法等高效脱硫设施。重点区域应配备高效脱硝设施
	钼（稀有金属）	焙烧炉等应配备袋式等高效除尘设施，配备制酸工艺。重点区域按照颗粒物、二氧化硫、氮氧化物排放分别不高于 10 毫克/立方米、100 毫克/立方米、100 毫克/立方米进行改造，配备高效脱硫脱硝除尘设施
	再生铜、铝、铅、锌	熔炼炉、精炼炉等应配备覆膜袋式等高效除尘设施；再生铅应配备高效脱硫设施，再生铜、铝、锌达不到排放标准的，配备脱硫设施
	金属冶炼废渣（灰）二次提取	重点区域应配备覆膜袋式等高效除尘设施，二氧化硫排放达不到 200 毫克/立方米的应配备脱硫设施。 生产无机化工产品的，执行无机化工排放控制要求
	稀土	煅烧窑等应配备袋式等高效除尘设施；二氧化硫、氮氧化物排放不达标的，应配备脱硫脱硝设施
	工业硅	矿热炉等应配备袋式等除尘设施；二氧化硫、氮氧化物排放不达标的，应配备脱硫脱硝设施

行业	子行业	污染治理措施
化工	氮肥	硫磺回收尾气应配备高效脱硫设施； 固定床间歇式煤气化炉应配备高效吹风气余热回收或三废混燃系统，配备袋式等高效除尘设施，配备石灰石石膏法等高效脱硫设施，配备 SCR 等高效脱硝设施； 以天然气为原料的一段转化炉应配备低氮燃烧、脱硝等设施； 造粒塔应配套高效除尘设施； 以煤为燃料的干燥窑应配备除尘、脱硫设施
	铬盐	铬矿、氧化铬等焙烧窑及铬渣解毒窑应配备袋式等高效除尘设施；二氧化硫、氮氧化物排放不达标的，应配备脱硫脱硝设施
	炭素	焙烧炉、煅烧炉（窑）应配备覆膜袋式等高效除尘设施，配备石灰石石膏法等高效脱硫设施，重点区域配备 SCR、SNCR 等高效脱硝设施
	电石	密闭型电石炉应配备袋式等高效除尘设施；内燃型电石炉应配备布袋等高效除尘设施，配备高效脱硫设施。 炭材干燥炉应配备除尘、脱硫设施
	黄磷	黄磷炉尾气应净化后回收利用，利用率不低于 85%
	活性炭	煤基活性炭炭化炉应配备除尘、脱硫设施，配备焚烧炉等去除 VOCs；重点地区还应配备低氮燃烧、SNCR 等脱硝设施。 煤基活性炭活化炉应配备尾气焚烧炉，配备高效除尘设施；二氧化硫排放不达标的，应配备脱硫设施。 活性炭干燥窑应配备除尘、脱硫设施
	泡花碱	马蹄窑应配备袋式、静电等高效除尘设施，配备石灰石石膏法等高效脱硫设施，配备 SCR、SNCR 等脱硝设施
	其他无机化工	煅烧窑、焙烧窑应配备袋式、静电等高效除尘设施；配备石灰石石膏法等高效脱硫设施；氮氧化物排放不达标的，应配备脱硝设施
轻工	日用玻璃	熔窑（全电熔窑和全氧燃烧熔窑除外）均应配备 SCR 等脱硝设施；以煤、石油焦、重油等为燃料的熔窑应配备袋式等除尘设施，配备石灰石石膏法等高效脱硫设施，以天然气为燃料的熔窑废气颗粒物、二氧化硫不能达标排放的应配备除尘、脱硫设施
石化	—	加热炉、裂解炉应以经过脱硫的燃料气为燃料，采用低氮燃烧技术

注：工业炉窑生产工艺过程及相关物料储存、输送等无组织排放，按照“重点任务”中无组织管理措施进行管控。

附件 5

无组织排放控制措施界定

序号	作业类型	措施界定	示例
1	密闭	物料不与环境空气接触，或通过密封材料、密封设备与环境空气隔离的状态或作业方式	—
2	密闭储存	将物料储存于与环境空气隔离的建（构）筑物、设施、器具内的作业方式	料仓、储罐等
3	密闭输送	物料输送过程与环境空气隔离的作业方式	管道、管状带式输送机、气力输送设备、罐车等
4	封闭	利用完整的围护结构将物料、作业场所等与周围空间阻隔的状态或作业方式，设置的门窗、盖板、检修口等配套设施在非必要时应关闭	—
5	封闭储存	将物料储存于具有完整围墙（围挡）及屋顶结构的建筑物内的作业方式，建筑物的门窗在非必要时应关闭	储库、仓库等
6	封闭输送	在完整的围护结构内进行物料输送作业，围护结构的门窗、盖板、检修口等配套设施在非必要时应关闭	皮带通廊、封闭车厢等
7	封闭车间	具有完整围墙（围挡）及屋顶结构的建筑物，建筑物的门窗在非必要时应关闭	—

附件 6

工业炉窑大气污染综合治理重点项目表
（示　例）

序号	省（区、市）	市（州、盟）	县（市、区、旗）	乡（镇）	企业名称	统一社会信用代码	单位地址	行业类别	产品类别	炉窑类型	炉窑子类	该类炉窑个数	该类炉窑总规模	规模单位	燃料类型	主要燃料年消耗量	燃料单位	是否安装自动监控设施	治理方式	替代的清洁低碳能源类型	深度治理措施	计划完成时间
1																						
2																						
3																						
…																						

注：1. 行业类别、产品类别、炉窑类型和炉窑子类按照附件 1 填报

2. 企业有多个炉窑子类的，每种炉窑子类填写一行

3. 治理方式包括淘汰、清洁能源替代、深度治理等

4. 替代的清洁能源类型包括天然气、电、集中供热等

5. 深度治理措施包括脱硫脱硝除尘改造、VOCs 治理以及无组织排放控制措施等

关于印发《热电联产管理办法》的通知

发改能源〔2016〕617号

各省、自治区、直辖市及计划单列市、新疆生产建设兵团发展改革委（经信委、工信委、工信厅）、能源局、国家能源局各派出机构、财政厅、住建厅、环保厅，国家电网公司、南方电网公司，华能、大唐、华电、国电、国电投集团公司，神华集团、国投公司、华润集团，中国国际工程咨询公司、电力规划设计总院：

为推进大气污染防治，提高能源利用效率，促进热电产业健康发展，解决我国北方地区冬季供暖期空气污染严重、热电联产发展滞后、区域性用电用热矛盾突出等问题，特制定《热电联产管理办法》，现印发你们，请按照执行。

特此通知。

附件：《热电联产管理办法》

国家发展改革委
国家能源局
财政部
住房城乡建设部
环境保护部
2016年3月22日

附件

热电联产管理办法

第一章 总 则

第一条 为推进大气污染防治，提高能源利用效率，促进热电产业健康发展，依据国家相关法律法规和产业政策，制定本办法。

第二条 本办法适用于全国范围内热电联产项目（含企业自备热电联产项目）的规划建设及相关监督管理。

第三条 热电联产发展应遵循“统一规划、以热定电、立足存量、结构优化、提高能效、环保优先”的原则，力争实现北方大中型以上城市热电联产集中供热率达到60%以上，20万人口以上县城热电联产全覆盖，形成规划科学、布局合理、利用高效、供热安全的热电联产产业健康发展格局。

第二章 规划建设

第四条 热电联产规划是热电联产项目规划建设的必要条件。热电联产规划应依据本地区城市供热规划、环境治理规划和电力规划编制，与当地气候、资源、环境等外部条件相适应，以满足热力需求为首要任务，同步推进燃煤锅炉和落后小热电机组的替代关停。

热电联产规划应纳入本省（区、市）五年电力发展规划并开展规划环评工作，规划期限原则上与电力发展规划相一致。

第五条 地市级或县级能源主管部门应在省级能源主管部门的指导下，依据当地城市总体规划、供热规划、热力电力需求、资源禀赋、环境约束等条件，编制本地区“城市热电联产规划”或“工业园区热电联产规划”，并在规划中明确配套热网的建设方案。热电联产规划应委托有资质的咨询机构编制。

根据需要，省级能源主管部门可委托有资质的第三方咨询机构对热电联产规划进行评估。

第六条 严格调查核实现状热负荷，科学合理预测近期和远期规划热负荷。现状热负荷为热电联产规划编制年的上一年的热负荷。

对于采暖型热电联产项目，现状热负荷应根据政府统计资料，按供热分区、建筑类别、建筑年代进行调查核实；近期和远期热负荷应综合考虑城区常住人口、建筑建设年代、人均建筑面积、集中供热普及率、综合采暖热指标等因素进行合理预测。人均建筑面积年均增长率一般按不超过5%考虑。

对于工业热电联产项目，现状热负荷应根据现有工业项目的负荷率、用热量和参数、同时率等进行调查核实，近期热负荷应依据现有、在建和经审批的工业项目的热力需求确定，远期工业热负荷应综合考虑工业园区的规模、特性和发展等因素进行预测。

第七条 根据地区气候条件，合理确定供热方式，具体地区划分方式按照《民用建筑热工设计规范》（GB 50176）等国家有关规定执行。

严寒、寒冷地区（包括秦岭、淮河以北，新疆、青海）优先规划建设以采暖为主的热电联产项目，替代分散燃煤锅炉和落后小热电机组。夏热冬冷地区（包括长江以南的部分地区）鼓励因地制宜采用分布式能源等多种方式满足采暖供热需求。夏热冬暖与温和地区除满足工业园区热力需求外，暂不考虑规划建设热电联产项目。

第八条 规划建设热电联产应以集中供热为前提，对于不具备集中供热条件的地区，暂不考虑规划建设热电联产项目。以工业热负荷为主的工业园区，应尽可能集中规划建设用热工业项目，通过规划建设公用热电联产项目实现集中供热。京津冀、长三角、珠三角等区域，规划工业热电联产项目优先采用燃气机组，燃煤热电项目必须采用背压机组，并严格实施煤炭等量或减量替代政策；对于现有工业抽凝热电机组，可通过上大压小方式，按照等容量、减煤量替代原则，规划改建超临界及以上参数抽凝热电联产机组。新建工业项目禁止配套建设自备燃煤热电联产项目。

在已有（热）电厂的供热范围内，且已有（热）电厂可满足或改造后可满足工业项目热力需求，原则上不再重复规划建设热电联产项目（含企业自备电厂）。除经充分评估论证后确有必要外，限制规划建设仅为单一企业服务的自备热电联产项目。

第九条 合理确定热电联产机组供热范围。鼓励热电联产机组在技术经济合理的前提下，扩大供热范围。

以热水为供热介质的热电联产机组，供热半径一般按20公里考虑，供热范围内原则上不再另行规划建设抽凝热电联产机组。以蒸汽为供热介质的热电联产机组，供热半径一般按10公里考虑，供热范围内原则上不再另行规划建设其他热源点。

第十条　优先对城市或工业园区周边具备改造条件且运行未满15年的在役纯凝发电机组实施采暖供热改造。系统调峰困难地区，严格限制现役纯凝机组供热改造，确需供热改造满足采暖需求的，须同步安装蓄热装置，确保系统调峰安全。

鼓励对热电联产机组实施技术改造，充分回收利用电厂余热，进一步提高供热能力，满足新增热负荷需求。

供热改造要因厂制宜采用打孔抽气、低真空供热、循环水余热利用等成熟适用技术，鼓励具备条件的机组改造为背压热电联产机组。

第十一条　鼓励因地制宜利用余热、余压、生物质能、地热能、太阳能、燃气等多种形式的清洁能源和可再生能源供热方式。鼓励风电、太阳能消纳困难地区探索采用电采暖、储热等技术实施供热。推广应用工业余热供热、热泵供热等先进供热技术。

第十二条　推进小热电机组科学整合，鼓励有条件的地区通过替代建设高效清洁供热热源等方式，逐步淘汰单机容量小、能耗高、污染重的燃煤小热电机组。

第十三条　为提高系统调峰能力，保障系统安全，热电联产机组应按照国家有关规定要求安装蓄热装置。

第十四条　新建抽凝燃煤热电联产项目与替代关停燃煤锅炉和小热电机组挂钩。新建抽凝燃煤热电联产项目配套关停的燃煤锅炉容量原则上不低于新建机组最大抽汽供热能力的 50%。替代关停的小热电机组锅炉容量按其额定蒸发量计算。与新建热电联产项目配套关停的燃煤锅炉和小热电机组，应在项目建成投产且稳定运行第 2 个采暖季前实施拆除。

对于配套关停的燃煤锅炉容量未达到要求的新建热电联产项目，不得纳入电力建设规划；对于配套关停的燃煤锅炉容量较多并能够妥善安排关停企业职工的新建热电联产项目，优先纳入电力建设规划。

第十五条　各级政府应按照国务院固定资产投资项目核准有关规定，在国家依据总量控制制定的建设规划内核准抽凝燃煤热电联产项目。

第十六条　严格限制规划建设燃用石油焦、泥煤、油页岩等劣质燃料的热电联产项目。

第三章　机组选型

第十七条　对于城区常住人口 50 万以下的城市，采暖型热电联产项目原则上采用单机 5 万千瓦及以下背压热电联产机组。

按综合采暖热指标为 50 瓦/平方米考虑，2 台 5 万千瓦背压热电联产机组与调峰锅炉联合承担供热面积 900 万平方米，2 台 2.5 万千瓦背压热电联产机组与调峰锅炉联合承担供热面积 500 万平方米，2 台 1.2 万千瓦背压热电联产机组与调峰锅炉联合承担供热面积 300 万平方米。

第十八条　对于城区常住人口 50 万及以上的城市，采暖型热电联产项目优先采用 5 万千瓦及以上背压热电联产机组。

规划新建 2 台 30 万千瓦级抽凝热电联产机组的，须满足以下条件：

（一）机组预期投产年，所在省（区、市）存在 50 万千瓦及以上电力负荷缺口。

（二）2 台机组与调峰锅炉联合承担的供热面积达到 1 800 万平方米。

（三）采暖期热电比应不低于 80%。

（四）项目参与电力电量平衡，并纳入国家电力建设规划。

第十九条　工业热电联产项目优先采用高压及以上参数背压热电联产机组。

第二十条 规划建设燃气-蒸汽联合循环热电联产项目（以下简称联合循环项目）应以热电联产规划为依据，坚持以热定电，统筹考虑电网调峰要求、其他热源点的关停和规划建设等情况。采暖型联合循环项目供热期热电比不低于60%，供工业用汽型联合循环项目全年热电比不低于40%。机组选型遵循以下原则：

（一）采暖型联合循环项目优先采用“凝抽背”式汽轮发电机组，工业联合循环项目可按“一抽一背”配置汽轮发电机组或采用背压式汽轮发电机组。

（二）大型联合循环项目优先选用E级或F级及以上等级燃气轮机组。

（三）选用E级燃气轮机组的，单套联合循环机组承担的热负荷应不低于100吨/小时。

鼓励规划建设天然气分布式能源项目，采用热电冷三联供技术实现能源梯级利用，能源综合利用效率不低于70%。

第二十一条 对于小电网范围内或处于电网末端的城市，结合热力电力需求和电网消纳能力，经充分评估论证后可适度规划建设中小型抽凝热电联产机组。

第二十二条 在役热电厂扩建热电联产机组时，原则上采用背压热电联产机组。

第四章 网源协调

第二十三条 热电联产项目配套热网应与热电联产项目同步规划、同步建设、同步投产。对于存在安全隐患的老旧热网，应及时根据《国务院关于加强城市基础设施建设的意见》（国发〔2013〕36号）有关要求进行改造。鼓励热网企业参与投资建设背压热电机组，鼓励热电联产项目投资主体参与热网的建设和经营。

第二十四条 积极推进热电联产机组与供热锅炉协调规划、联合运行。调峰锅炉供热能力可按供热区最大热负荷的25%～40%考虑。热电联产机组承担基本热负荷，调峰锅炉承担尖峰热负荷，在热电联产机组能够满足供热需求时调峰锅炉原则上不得投入运行。

支持热电联产项目投资主体配套建设或兼并、重组、收购大型供热锅炉作为调峰锅炉。

第二十五条 地方政府应积极探索供热管理体制改革，着力整合当地供热资源，支持配套热网工程建设和老旧管网改造工程，加快推进供热区域热网互联互通，尽早实现各类热源联网运行，优先利用热电联产机组供热，充分发挥热电联产机组供热能力。

第五章 环境保护

第二十六条 热电联产项目规划建设应与燃煤锅炉治理同步推进，各地区因地制宜实施燃煤锅炉和落后的热电机组替代关停。

加快替代关停以下燃煤锅炉和小热电机组：单台容量10蒸吨/小时（7兆瓦）及以下的燃煤锅炉，大中城市20蒸吨/小时（14兆瓦）及以下燃煤锅炉；除确需保留的以外，其他单台容量10蒸吨/小时（7兆瓦）以上的燃煤锅炉；污染物排放不符合国家最新环保标准且不实施环保改造的燃煤锅炉；单机容量10万千瓦以下的燃煤抽凝小热电机组。

第二十七条 对于热电联产集中供热管网覆盖区域内的燃煤锅炉（调峰锅炉除外），原则上应予以关停或者拆除，应关停而未关停的，要达到燃气锅炉污染物排放限值，安装污染物在线监测。

对于热电联产集中供热管网暂时不能覆盖、确有用热刚性需求的区域内具备改造条件的燃煤锅炉，要通过实施技术改造全面提升污染治理水平，确保污染物稳定达标排放。鼓励加快实施煤改气、煤改电、煤改生物质、煤改新能源等清洁化改造。燃煤锅炉应安装大气污染物排放在线监测装置。

第二十八条 严格热电联产机组环保准入门槛，新建燃煤热电联产机组原则上达到超低排放水平。

严格按照《建设项目主要污染物排放总量指标审核及管理暂行办法》（环发〔2014〕197号）实施污染物排放总量指标替代。支持同步开展大气污染物联合协同脱除，减少三氧化硫、汞、砷等污染物排放。

热电联产项目要根据环评批复及相关污染物排放标准规范制定企业自行监测方案，开展环境监测并公开相关监测信息。

第二十九条 现役燃煤热电联产机组要安装高效脱硫、脱硝和除尘设施，未达标排放的要加快实施环保设施升级改造，确保满足最低技术出力以上全负荷、全时段稳定达标排放要求。按照国家节能减排有关要求，实施超低排放改造。

第三十条 大气污染防治重点区域新建燃煤热电联产项目，要严格实施煤炭减量替代。

第六章 政策措施

第三十一条 鼓励各地建设背压热电联产机组和各种全部利用汽轮机乏汽热量的热电联产方式满足用热需求。背压燃煤热电联产机组建设容量不受国家燃煤电站总量控制目标限制。电网企业要优先为背压热电联产机组提供电网接入服务，确保机组与送出工程同步投产。

第三十二条 省级价格主管部门可综合考虑本省煤炭消费总量控制目标、主要污染物排放总量控制目标和环境质量控制目标、终端用户承受能力、民生用热需求等因素，自主制定鼓励民生采暖型背压燃煤热电联产机组发展的电价政策。

有条件的地区可试行两部制上网电价。容量电价以各类采暖型背压燃煤热电联产机组平均投资成本为基础，主要用于补偿非供热期停发造成的损失。电量电价执行本地区标杆电价。

第三十三条 热电联产机组的热力出厂价格，由政府价格主管部门在考虑其发电收益的基础上，按照合理补偿成本、合理确定收益的原则，依据供热成本及合理利润率或净资产收益率统一核定，鼓励各地根据本地实际情况探索建立市场化煤热联动机制。在考虑终端用户承受能力和当地民用用热需求前提下，热价要充分考虑企业环保成本，鼓励制定环保热价政策措施，并出台配套监管办法。深化推进供热计量收费改革。

第三十四条 推动热力市场改革，对于工业供热，鼓励供热企业与用户直接交易，供热价格由企业与用户协商确定。“直管到户”的供热企业要负责二次热网的维修维护，费用纳入企业运营成本。

第三十五条 支持相关业主以多种投融资模式参与建设背压热电联产机组。鼓励采暖型背压热电联产企业按照电力体制改革精神，成立售电售热一体化运营公司，优先向本区域内的用户售电和售热，售电业务按合理负担成本的原则向电网企业支付过网费。

第三十六条 热电联产机组所发电量按“以热定电”原则由电网企业优先收购。开展电力市场的地区，背压热电联产机组暂不参与市场竞争，所发电量全额优先上网并按政府定价结算。抽凝热电联产机组参与市场竞争，按“以热定电”原则确定的上网电量优先上网并按市场价格进行结算。

第三十七条 市场化调峰机制建立前，抽凝热电联产机组（含自备电厂机组）应提高调峰能力，积极参与电网调峰等辅助服务考核与补偿。鼓励热电机组配置蓄热、储能等设施实施深度调峰，并给予调峰补偿。鼓励有条件的地区对配置蓄热、储能等调峰设施的热电机组给予投资补贴。

第三十八条 各级地方政府要继续按照“公平无歧视”原则加大供热支持力度，相同条件下各类热源应享有同等的支持和保障政策。

第三十九条 鼓励热电联产企业兼并、收购、重组供热范围内的热力企业。鼓励拥有供热锅炉、热力管网的热力企业采用股份制方式建设背压热电联产机组，相应关停小型供热锅炉。

第四十条 采暖型背压热电联产项目配套建设的调峰锅炉，或项目投资主体兼并、重组、收购的调峰锅炉，其生产运行所需电量可与本企业上网电量进行抵扣。

第七章 监督管理

第四十一条 省级能源主管部门要切实履行行业管理职能，会同经济运行、环保、住建、国家能源局派出机构等部门对本地区热电联产机组的前期、建设、运营、退出等环节实施闭环管理，确保热电联产机组各项条件满足有关要求。

每年一季度，省级能源主管部门、经济运行部门要将本地区上年度热电联产项目投产、在建、规划情况报告国家发改委、国家能源局，并抄报环境保护部、住房城乡建设部。

第四十二条 省级能源主管部门、经济运行部门要会同环保、住建、国家能源局派出机构等有关部门，健全完善热电联产项目检查核验制度，定期对热电联产项目检查核验，重点检查煤炭等量替代、关停燃煤锅炉和小热电机组等落实情况。

对新建热电联产项目按要求应配套关停燃煤锅炉、小热电机组但未落实的，或未按照煤炭替代等有关要求建设热电联产项目的，暂缓审批项目所在地区燃煤项目，并追究有关人员责任。

符合国家有关规定和项目核准要求的，可享受国家和地方制定的优惠政策。不符合要求的，责令其限期整改，并通知有关部门取消其已享受的优惠政策。

第四十三条 省级价格主管部门要对本地区热电联产机组电价、热价执行情况进行定期核查，确保电价支持政策落实到位。对于采用供热计量收费的建筑，要严查供热计量收费的收费滞后和欠费问题，确保供热计量收费有序推广。

第四十四条 省级质检、住建、工信、环保等部门结合自身职能负责本地区燃煤锅炉的运行管理及淘汰等相关工作，督促地方政府对不符合产业政策的燃煤锅炉实施改造或关停。

第四十五条 地方环保部门要严格辖区新建热电联产项目环评审批，强化热电联产机组和供热锅炉的大气污染物排放监管，对排放不达标、不符合总量控制要求的燃煤设施督促整改。

第四十六条 电网公司、电力调度机构应督促热电联产企业安装热力负荷实时在线监测装置并与电力调度机构联网，按“以热定电”原则对热电联产机组实施优先调度。

第四十七条 各地经济运行部门、国家能源局派出机构要会同有关部门，对热电联产机组接入电网、优先调度、以热定电，以及符合规划建设要求的情况实行监管，发现问题及时反馈主管部门进行处理，并向有关方面进行通报，重大问题及时报国家发展改革委、国家能源局。

关于加强废烟气脱硝催化剂监管工作的通知

环办函〔2014〕990号

各省、自治区、直辖市环境保护厅（局），新疆生产建设兵团环境保护局：

目前，全国燃煤电厂等企业普遍加装选择性催化还原烟气脱硝装置，有效推动了烟气中氮氧化物污染物减排工作，未来几年我国将产生一定数量的废烟气脱硝催化剂（钒钛系），如果随意堆存或不当利用处置，将造成环境污染和资源浪费。为切实加强对废烟气脱硝催化剂（钒钛系）的监督管理，现就有关事项通知如下：

一、纳入危险废物进行管理

根据《固体废物污染环境防治法》和《国家危险废物名录》（以下简称《名录》）的有关规定和要求，鉴于废烟气脱硝催化剂（钒钛系）具有浸出毒性等危险特性，借鉴国内外管理实践，将废烟气脱硝催化剂（钒钛系）纳入危险废物进行管理，并将其归类为《名录》中“HW49其他废物”，工业来源为“非特定行业”，废物名称定为“工业烟气选择性催化脱硝过程产生的废烟气脱硝催化剂（钒钛系）”。

二、强化源头管理

产生废烟气脱硝催化剂（钒钛系）的单位应严格执行危险废物相关管理制度。相关环境保护行政主管部门监督、指导废烟气脱硝催化剂（钒钛系）产生单位严格执行危险废物相关管理制度。依法向相关环境保护主管部门申报废烟气脱硝催化剂（钒钛系）产生、贮存、转移和利用处置等情况，并定期向社会公布。新建燃煤电厂等企业自建废烟气脱硝催化剂（钒钛系）贮存、再生、利用和处置设施的，应当按照国家有关法律法规标准和产业政策要求，与主体工程同时设计、同时施工、同时投产使用，并依法进行环境影响评价并通过建设项目环境保护竣工验收。废烟气脱硝催化剂（钒钛系）在厂区内外贮存应符合《危险废物贮存污染控制标准》；在贮存和转移过程中，要加强防水、防压等措施，减小催化剂人为损坏。严禁将废烟气脱硝催化剂（钒钛系）提供或委托给无经营资质的单位从事经营活动，转移废烟气脱硝催化剂（钒钛系）应执行危险废物转移联单制度。

三、提高再生和利用处置能力

从事废烟气脱硝催化剂（钒钛系）收集、贮存、再生、利用处置经营活动的单位，应严格执行危险废物经营许可管理制度。应具有污染防治设施并确保污染物达标排放，制定《突发环境事件应急预案》并备案。按照国家相关标准规范要求妥善处理废烟气脱硝催化剂转移、再生和利用处置过程中产生的废酸、废水、污泥和废渣等，避免二次污染。鼓励废烟气脱硝催化剂（钒钛系）优先进行再生，培养一批利用处置企业，尽快提高废烟气脱硝催化剂（钒钛系）的再生、利用和处置能力，不可再生且无法利用的废烟气脱硝催化剂（钒钛系）应交由具有相应能力的危险废物经营单位（如危险废物填埋场）处理处置。

四、加大执法和考核力度

相关环境保护行政主管部门必须加大对废烟气脱硝催化剂（钒钛系）产生单位和经营单位的执法监督力度。严厉打击非法转移、倾倒和利用处置废烟气脱硝催化剂（钒钛系）行为。将废烟气脱硝催化剂（钒钛系）管理和再生、利用情况纳入污染物减排管理和危险废物规范化管理范畴，加大核查和处罚力度，确保其得到妥善处理。

环境保护部办公厅

2014 年 8 月 5 日

住房城乡建设部等部门关于进一步加强城市生活垃圾焚烧处理工作的意见

建城〔2016〕227 号

各省、自治区住房城乡建设厅、发展改革委（经信委）、国土资源厅、环境保护厅，直辖市城市管理委（市容园林委、绿化市容局、市政委）、发展改革委、规划国土委（规划局、国土房管局）、环境保护局：

为切实加强城市生活垃圾焚烧处理设施的规划建设管理工作，提高生活垃圾处理水平，改善城市人居环境，现提出以下意见：

一、深刻认识城市生活垃圾焚烧处理工作的重要意义

近年来，我国城市生活垃圾处理设施建设明显加快，处理能力和水平不断提高，城市环境卫生有了较大改善。但随着城镇化快速发展，设施处理能力总体不足，普遍存在超负荷运行现象，仍有部分生活垃圾未得到有效处理。生活垃圾焚烧处理技术具有占地较省、减量效果明显、余热可以利用等特点，在发达国家和地区得到广泛应用，在我国也有近 30 年应用历史。目前，垃圾焚烧处理技术装备日趋成熟，产业链条、骨干企业和建设运行管理模式逐步形成，已成为城市生活垃圾处理的重要方式。各地要充分认识垃圾焚烧处理工作的紧迫性、重要性和复杂性，提前谋划，科学评估，规划先行，加快建设，尽快补上城市生活垃圾处理短板。

二、明确“十三五”工作目标

贯彻落实创新、协调、绿色、开放、共享的发展理念，按照中央城市工作会议和《中共中央 国务院关于进一步加强城市规划建设管理工作的若干意见》要求，将垃圾焚烧处理设施建设作为维护公共安全、推进生态文明建设、提高政府治理能力和加强城市规划建设管理工作的重点。到 2017 年年底，建立符合我国国情的生活垃圾清洁焚烧标准和评价体系。到 2020 年年底，全国设市城市垃圾焚烧处理能力占总处理能力 50%以上，全部达到清洁焚烧标准。

三、提前谋划，加强焚烧设施选址管理

（一）加强规划引导。牢固树立规划先行理念，遵循城乡发展客观规律，综合考虑经济发展、城乡建设、土地利用以及生态环境影响和公众诉求，科学编制生活垃圾处理设施规划，统筹安排生活垃圾处理设施的布局和用地，并纳入城市总体规划和近期建设规划，做好与土地利用总体规划、生态环境保护规划的衔接，公开相关信息。项目用地纳入城市黄线保护范围，规划用途有明显标示。强化规划刚性，维护政府公信力，严禁擅自占用或者随意改变用途，严格控制设施周边的开发建设活动。根据

焚烧厂服务区域现状和预测的垃圾产生量，适度超前确定设施处理规模，推进区域性垃圾焚烧飞灰配套处置工程建设。选择以垃圾焚烧发电作为主要处理方案的地区，要提出垃圾处理的其他备用方案。

（二）统筹解决选址问题。焚烧设施选址应符合相关政策和标准的要求，并重点考虑对周边居民影响、配套设施情况、垃圾运输条件及灰渣处理的便利性等因素。优先安排垃圾焚烧处理设施用地计划指标，地方国土资源管理部门可根据当地实际单列，并合理安排必要的配套项目建设用地，确保项目落地。加强区域统筹，实现焚烧设施共享。鼓励利用现有垃圾处理设施用地改建或扩建焚烧设施。

（三）扩大设施控制范围。可将焚烧设施控制区域分为核心区、防护区和缓冲区。核心区的建设内容为焚烧项目的主体工程、配套工程、生产管理与生活服务设施，占地面积按照《生活垃圾焚烧处理工程项目建设标准》要求核定。防护区为园林绿化等建设内容，占地面积按核心区周边不小于 300 米考虑。

四、建设高标准清洁焚烧项目

（一）选择先进适用技术。遵循安全、可靠、经济、环保原则，以垃圾焚烧锅炉、垃圾抓斗起重机、汽轮发电机组、自动控制系统、主变压器为主设备，综合评价焚烧技术装备对自然条件和垃圾特性的适应性、长期运行可靠性、能源利用效率和资源消耗水平、污染物排放水平。应根据环境容量，充分考虑基本工艺达标性、设备可靠性以及运行管理经验等因素，优化污染治理技术的选择，污染物排放应满足国家、地方相关标准及环评批复要求。

（二）推进产业园区建设。积极开展静脉产业园区、循环经济产业园区、静脉特色小镇等建设，统筹生活垃圾、建筑垃圾、餐厨垃圾等不同类型垃圾处理，形成一体化项目群，降低选址难度和建设投入。优化配置焚烧、填埋、生物处理等不同种类处理工艺，整合渗滤液等污染物处理环节，实现各种垃圾在园区内有效治理，提高能源综合利用效率。

（三）严控工程建设质量。生活垃圾焚烧项目建设应满足《生活垃圾焚烧处理工程技术规范》等相关标准规范以及地方标准的要求，落实建设单位主体责任，完善各项管理制度、技术措施及工作程序。项目建设各方要正确处理质量与进度、成本之间的关系，合理控制项目成本和建设周期，实现专业化管理，文明施工。严禁通过降低工程和采购设备质量、缩短工期、以次充好、偷工减料等恶意降低建设成本。

（四）合理确定补贴费用。分析项目投资与运行费用，应明确处理规模、建设期、建设水平、工艺设备配置、垃圾热值、分期建设、运营期限、余热利用方式等边界条件，充分考虑烟气、渗滤液和灰渣的处理要求。垃圾处理补贴评价内容包括工程分析、垃圾处理补贴费用分析、其他成本节约与合法收益分析三部分。工程分析要根据工程技术要求，对主设备质量成本、建设水平、运行数据等进行客观评价。垃圾处理补贴费用分析按《建设项目经济评价方法与参数》进行，其中基准收益率可参照行业平均水平分析计取，以进厂垃圾量计算，吨垃圾售电超过 280 千瓦时的部分按当地标杆电价计算。其他成本节约与合法收益分析应考虑建设期和成本变化等因素影响。

（五）加强飞灰污染防治。在生活垃圾设施规划建设运行过程中，应当充分考虑飞灰处置出路。鼓励跨区域合作，统筹生活垃圾焚烧与飞灰处置设施建设，并开展飞灰资源化利用技术的研发与应用。严格按照危险废物管理制度要求，加强对飞灰产生、利用和处置的执法监管。

五、深入细致做好相关工作

（一）深入调研摸清底数。在垃圾焚烧项目前期，要在项目属地入社区、入村广泛开展调研，与村社干部、群众代表等深入交流座谈，认真倾听群众意见，系统分析各方诉求。对疑虑和误解，应耐心做好沟通解释工作，要充分考虑其合理诉求，积极研究解决措施；对采取不当方式表达不合理要求的，应依法依规坚决予以制止。

（二）周密组织发挥合力。在项目建设过程中，各部门要加强协同配合。项目主管部门做好统筹安排，城市规划、发展改革、国土资源、环境保护等部门各负其责，与项目属地政府统一思想，切实形成合力，市场主体做好相关配合保障。根据建设任务和时间要求，将基本建设程序和开展群众工作紧密结合。要抓好工作细节，注重方式方法的针对性，注重群众工作实效。对推进生活垃圾处理工作不力，影响社会发展和稳定的，要追究有关责任。

（三）广泛发动赢得支持。要围绕群众关注的问题深入开展解疑释惑工作，将考察焚烧厂的所见所闻、焚烧技术装备、污染控制等内容制作成视频宣传片和画册，连续播放、广泛宣传，打消顾虑，争取群众对项目建设的信任和理解。充分发挥学校作用，组织师生学习有关垃圾焚烧处理知识、焚烧厂项目建设有关做法等，建立广泛牢固的群众基础。

六、集中整治，提高设施运行水平

（一）集中开展整治工作。结合生活垃圾处理设施的考核评价工作，对现有垃圾焚烧厂的技术工艺、设施设备、运行管理等集中开展专项整治。焚烧炉必须设置烟气净化系统并安装烟气在线监测装置。对未按照《生活垃圾焚烧污染控制标准》要求开展在线监测和焚烧炉运行工况在线监测的焚烧厂，应及时整改到位，并通过企业网站、在厂区周边显著位置设置显示屏等方式对外公开在线监测数据，接受公众监督。对于不能连续稳定达标排放的设施，要及时停产整顿，认真分析存在的问题和原因，采取针对性措施予以解决。对于生产使用中的问题，要按照《生活垃圾焚烧厂运行维护与安全技术规程》要求，严格控制燃烧室内焚烧烟气的温度、停留时间与气流扰动工况，设置活性炭粉等吸附剂喷入装置，有效去除烟气中的污染物。对于设备老化和工艺落后问题，要尽快组织实施改造，保证设施达标排放。对整治后仍不能达标排放的设施，依法进行关停处理。对故意编造、篡改排放数据的违法企业，依法加大处罚力度。

（二）实施精细化运行管理。加强对垃圾焚烧过程中烟气污染物、恶臭、飞灰、渗滤液的产生和排放情况监管，控制二次污染。落实运行管理责任制度和应急管理预案，明确突发状况上报和处理程序，有效应对各种突发事件。建立清洁焚烧评价指标体系，加强设备寿命期管理，推行完好率、合格率与投入率等指标管理，推进节能减排与能源效率管理，达到适宜的水利用率、厂用电率、物料消耗量和能源效率，有效实现碳减排。

（三）构建“邻利型”服务设施。在落实环境防护距离基础上，面向周边居民设立共享区域，因地制宜配套绿化、体育和休闲设施，实施优惠供水、供热、供电服务，安排群众就近就业，将短期补偿转化为长期可持续行为，努力让垃圾焚烧设施与居民、社区形成利益共同体。变“邻避效应”为“邻利效益”，实现共享发展。

七、创新方式，全面加强监管

（一）严格招投标管理。加强市场准入管理，严格设定投资建设运行处理企业的技术、人员、业绩等条件。培育公平竞争的市场环境，鼓励推广政府和社会资本合作（PPP）模式。完善市场退出机制，加快信用体系建设，建立失信惩戒和黑名单制度，鼓励和引导专业化规模化企业规范建设和诚信运行。对于中标价格明显低于预期的企业要给予重点关注，加大监管频次。对于中标企业恶意违约或不能履约的情况，依照特许经营合同或相关法律法规，给予严厉的经济惩罚或行政处罚，必要时终止特许经营合同。

（二）加强监管能力建设。建立全过程、多层级风险防范体系，杜绝违法排放和造假行为。焚烧厂运行主体要向社会定期公布运行基本情况，公示污染物排放数据，接受公众监督。通过驻场监管、公众监督、经济杠杆等手段进行监管，采用信息化、互联网+、开发 APP 等方式实现全过程监管。加强全国城镇生活垃圾处理管理信息系统上报工作，所有规划、在建和运行的焚烧项目情况必须将相关信息录入系统并及时更新。强化设施运行监管，按照《生活垃圾焚烧厂运行监管标准》和《生活垃圾焚烧厂评价标准》要求，完善生活垃圾处理设施考核评价工作。

（三）推进实现共同治理。在设施规划建设管理过程中，要落实各有关部门、社会单位和公众以及相关机构的责任，共同开展相关工作。社会单位和公众是产生垃圾的责任主体，要树立节约观念，减少垃圾产生，依法依规参与焚烧厂规划建设运行监督。要积极开展第三方专业机构监管，提高监管的科学水平。依托 AAA 级垃圾焚烧厂等标杆设施，在保证正常安全运行基础上，完善公众参观通道，开展宣传教育基地建设，向社会公众开放，定期组织中小学生参观学习，形成有效的交流、宣传和咨询平台。充分发挥新闻媒体作用，引导全社会客观认识生活垃圾处理问题，凝聚共识，营造良好舆论氛围。

住房和城乡建设部
国家发展和改革委员会
国土资源部
环境保护部
2016 年 10 月 22 日

关于印发《生活垃圾焚烧发电建设项目环境准入条件（试行）》的通知

环办环评〔2018〕20号

各省、自治区、直辖市环境保护厅（局），新疆生产建设兵团环境保护局：

为规范生活垃圾焚烧发电建设项目环境管理，引导生活垃圾焚烧发电行业健康有序发展，我部组织制定了《生活垃圾焚烧发电建设项目环境准入条件（试行）》，现印发给你们，作为开展生活垃圾焚烧发电建设项目环境影响评价工作的依据。

附件：生活垃圾焚烧发电建设项目环境准入条件（试行）

环境保护部办公厅

2018年3月4日

附件

生活垃圾焚烧发电建设项目环境准入条件（试行）

第一条　为规范我国生活垃圾焚烧发电建设项目环境管理，引导生活垃圾焚烧发电行业健康有序发展，依据有关法律法规、部门规章和技术规范要求，制定本环境准入条件。

第二条　本环境准入条件适用于新建、改建和扩建生活垃圾焚烧发电项目。生活垃圾焚烧项目参照执行。

第三条　项目建设应当符合国家和地方的主体功能区规划、城乡总体规划、土地利用规划、环境保护规划、生态功能区划、环境功能区划等，符合生活垃圾焚烧发电有关规划及规划环境影响评价要求。

第四条　禁止在自然保护区、风景名胜区、饮用水水源保护区和永久基本农田等国家及地方法律法规、标准、政策明确禁止污染类项目选址的区域内建设生活垃圾焚烧发电项目。项目建设应当满足所在地大气污染防治、水资源保护、自然生态保护等要求。

鼓励利用现有生活垃圾处理设施用地改建或扩建生活垃圾焚烧发电设施，新建项目鼓励采用生活垃圾处理产业园区选址建设模式，预留项目改建或者扩建用地，并兼顾区域供热。

第五条　生活垃圾焚烧发电项目应当选择技术先进、成熟可靠、对当地生活垃圾特性适应性强的焚烧炉，在确定的垃圾特性范围内，保证额定处理能力。严禁选用不能达到污染物排放标准的焚烧炉。

焚烧炉主要技术性能指标应满足炉膛内焚烧温度≥850℃，炉膛内烟气停留时间≥2 秒，焚烧炉渣热灼减率≤5%。应采用“3T+E”控制法使生活垃圾在焚烧炉内充分燃烧，即保证焚烧炉出口烟气的足够温度（Temperature）、烟气在燃烧室内停留足够的时间（Time）、燃烧过程中适当的湍流（Turbulence）和过量的空气（Excess-Air）。

第六条 项目用水应当符合国家用水政策并降低新鲜水用量，最大限度减少使用地表水和地下水。具备条件的地区，应利用城市污水处理厂的中水。

按照“清污分流、雨污分流”原则，提出厂区排水系统设计要求，明确污水分类收集和处理方案。按照“一水多用”原则强化水资源的串级使用要求，提高水循环利用率。

第七条 生活垃圾运输车辆应采取密闭措施，避免在运输过程中发生垃圾遗撒、气味泄漏和污水滴漏。

第八条 采取高效废气污染控制措施。烟气净化工艺流程的选择应符合《生活垃圾焚烧处理工程技术规范》（CJJ 90）等相关要求，充分考虑生活垃圾特性和焚烧污染物产生量的变化及其物理、化学性质的影响，采用成熟先进的工艺路线，并注意组合工艺间的相互匹配。重点关注活性炭喷射量/烟气体积、袋式除尘器过滤风速等重要指标。鼓励配套建设二噁英及重金属烟气深度净化装置。

焚烧处理后的烟气应采用独立的排气筒排放，多台焚烧炉的排气筒可采用多筒集束式排放，外排烟气和排气筒高度应当满足《生活垃圾焚烧污染控制标准》（GB 18485）和地方相关标准要求。

严格恶臭气体的无组织排放治理，生活垃圾装卸、贮存设施、渗滤液收集和处理设施等应当采取密闭负压措施，并保证其在运行期和停炉期均处于负压状态。正常运行时设施内气体应当通过焚烧炉高温处理，停炉等状态下应当收集并经除臭处理满足《恶臭污染物排放标准》（GB 14554）要求后排放。

第九条 生活垃圾渗滤液和车辆清洗废水应当收集并在生活垃圾焚烧厂内处理或者送至生活垃圾填埋场渗滤液处理设施处理，立足于厂内回用或者满足 GB 18485 标准提出的具体限定条件和要求后排放。若通过污水管网或者采用密闭输送方式送至采用二级处理方式的城市污水处理厂处理，应当满足 GB 18485 标准的限定条件。设置足够容积的垃圾渗滤液事故收集池，对事故垃圾渗滤液进行有效收集，采取措施妥善处理，严禁直接外排。不得在水环境敏感区等禁设排污口的区域设置废水排放口。

采取分区防渗，明确具体防渗措施及相关防渗技术要求，垃圾贮坑、渗滤液处理装置等区域应当列为重点防渗区。

第十条 选择低噪声设备并采取隔声降噪措施，优化厂区平面布置，确保厂界噪声达标。

第十一条 安全处置和利用固体废物，防止产生二次污染。焚烧炉渣和除尘设备收集的焚烧飞灰应当分别收集、贮存、运输和处理处置。焚烧飞灰为危险废物，应当严格按照国家危险废物相关管理规定进行运输和无害化安全处置，焚烧飞灰经处理符合《生活垃圾填埋场污染控制标准》（GB 16889）中 6.3 条要求后，可豁免进入生活垃圾填埋场填埋；经处理满足《水泥窑协同处置固体废物污染控制标准》（GB 30485）要求后，可豁免进入水泥窑协同处置。废脱硝催化剂等其他危险废物须按照相关要求妥善处置。产生的污泥或浓缩液应当在厂内妥善处置。鼓励配套建设垃圾焚烧残渣、飞灰处理处置设施。

第十二条 识别项目的环境风险因素，重点针对生活垃圾焚烧厂内各设施可能产生的有毒有害物质泄漏、大气污染物（含恶臭物质）的产生与扩散以及可能的事故风险等，制定环境应急预案，提出风险防范措施，制定定期开展应急预案演练计划。

评估分析环境社会风险隐患关键环节，制定有效的环境社会风险防范与化解应对措施。

第十三条 根据项目所在地区的环境功能区类别，综合评价其对周围环境、居住人群的身体健康、日常生活和生产活动的影响等，确定生活垃圾焚烧厂与常住居民居住场所、农用地、地表水体以及其他敏感对象之间合理的位置关系，厂界外设置不小于 300 米的环境防护距离。防护距离范围内不应规划建设居民区、学校、医院、行政办公和科研等敏感目标，并采取园林绿化等缓解环境影响的措施。

第十四条　有环境容量的地区，项目建成运行后，环境质量应当仍满足相应环境功能区要求。环境质量不达标的区域，应当强化项目的污染防治措施，提出可行有效的区域污染物减排方案，明确削减计划、实施时间，确保项目建成投产前落实削减方案，促进区域环境质量改善。

第十五条　按照国家或地方污染物排放（控制）标准、环境监测技术规范以及《国家重点监控企业自行监测及信息公开办法（试行）》等有关要求，制定企业自行监测方案及监测计划。每台生活垃圾焚烧炉必须单独设置烟气净化系统、安装烟气在线监测装置，按照《污染源自动监控管理办法》等规定执行，并提出定期比对监测和校准的要求。建立覆盖常规污染物、特征污染物的环境监测体系，实现烟气中一氧化碳、颗粒物、二氧化硫、氮氧化物、氯化氢和焚烧运行工况指标中炉内一氧化碳浓度、燃烧温度、含氧量在线监测，并与环境保护部门联网。垃圾库负压纳入分散控制系统（DCS）监控，鼓励开展在线监测。

对活性炭、脱酸剂、脱硝剂喷入量、焚烧飞灰固化/稳定化螯合剂等烟气净化用消耗性物资、材料应当实施计量并计入台账。

落实环境空气、土壤、地下水等环境质量监测内容，并关注土壤中二噁英及重金属累积环境影响。

第十六条　改、扩建项目实施的同时，应当针对现有工程存在的环保问题，制定“以新带老”整改方案，明确具体整改措施、资金、计划等。

第十七条　按照相关规定要求，针对项目建设的不同阶段，制定完整、细致的环境信息公开和公众参与方案，明确参与方式、时间节点等具体要求。提出通过在厂区周边显著位置设置电子显示屏等方式公开企业在线监测环境信息和烟气停留时间、烟气出口温度等信息，通过企业网站等途径公开企业自行监测环境信息的信息公开要求。建立与周边公众良好互动和定期沟通的机制与平台，畅通日常交流渠道。

第十八条　建立完备的环境管理制度和有效的环境管理体系，明确环境管理岗位职责要求和责任人，制定岗位培训计划等。

第十九条　鼓励制定构建“邻利型”服务设施计划，面向周边地区设立共享区域，因地制宜配套绿化或者休闲设施等，拓展惠民利民措施，努力让垃圾焚烧设施与居民、社区形成利益共同体。

第二十条　本环境准入条件自发布之日起施行。

工业和信息化部 环境保护部 国家安全监管总局关于加快烧结砖瓦行业转型发展的若干意见

工信部联原〔2017〕279号

各省、自治区、直辖市及计划单列市、新疆生产建设兵团工业和信息化主管部门、环境保护局（厅）、安全生产监督管理局：

为贯彻落实《国务院关于印发大气污染防治行动计划的通知》（国发〔2013〕37 号）、《国务院办公厅关于促进建材工业稳增长调结构增效益的指导意见》（国办发〔2016〕34 号）和《京津冀及周边地区 2017—2018 年秋冬季大气污染综合治理攻坚行动方案》（环大气〔2017〕110 号），引导烧结砖瓦行业加快转型发展，现提出以下意见：

一、砖瓦行业大而不强，转型发展刻不容缓

砖瓦是关乎建筑物质量品质、寿命安全、节能防水和防灾减灾的基础建筑材料。新世纪以来，我国砖瓦行业取得了长足发展，较好满足了建筑发展需要，产品品种持续增多，装备水平稳步提高，企业规模逐步扩大，使用范围不断扩展，实心黏土砖等落后产品、高排放土窑和轮窑等落后产能加速淘汰，行业资源综合利用成效显著，正加速向无害化资源化消纳固体废弃物、构建循环经济产业链的绿色功能产业转型。但我国砖瓦行业整体大而不强，节能减排压力大，行业生产集中度低，全员劳动生产率不高，产品开发尚难以全面适应建筑工业化和城乡建筑及基础设施发展的新需求，日渐成为建材工业稳增长调结构增效益的短板。烧结砖瓦是砖瓦行业中产量占比最高、排污耗能最多的品种，加快砖瓦行业转型发展，当务之急是着手采取有效措施，引导烧结砖瓦行业加速推进绿色生产和智能制造，优化供给结构，加快转型发展。

二、贯彻新发展理念，促进转型升级

贯彻落实“创新、协调、绿色、开放、共享”的发展理念，坚持创新驱动发展，以建设质量提高和建筑功能改善等新需求为牵引，以结构优化、治污减排和节约资源为主线，针对产业结构、节能减排和质量安全等方面的突出问题，着力补齐发展短板，推进协同创新和技术进步，提升发展质量和效益，促进行业持续健康发展。

到 2020 年年末，供给结构进一步优化，品种质量全面适应建筑工业化和城乡建筑及基础设施发展的新要求；治污减排水平大幅提高，全面实现达标排放，环境敏感区内实现错峰生产和更严格排放限值要求；节能降耗取得新进展，落后产品和落后产能基本淘汰，再生资源在原燃料中占比持续上升；生产自动化进步明显，改造建成 5～8 条智能制造示范线，行业本质安全水平不断提高；组织结构进一步优化，力争形成 3～5 家集产品研发、生产、应用和推广于一体的在全行业有影响力的大型企业集团。

三、大力发展先进产品，坚决淘汰落后产能

（一）发展绿色建筑、装配式建筑和海绵城市等建设所需新产品。大力发展轻质高强、保温防火、与建筑同寿命、多功能一体化的装配式墙材、屋面及围护结构部品。引导砖瓦产品向高掺量、高孔洞率、高强度、多功能和自装饰等方向发展，重点发展结构功能一体化的烧结多孔砖、空心砖、自保温砌块、复合保温砌块、清水墙砖、透水路面砖、烧结墙板等产品，防水防腐防火保温一体化的装配式墙材、屋面等产品，以及综合性能好的烧结瓦和太阳能屋面瓦等。

（二）发展美丽乡村、传统建筑、园林园艺等建设所需新产品。统筹当地资源环境、建筑结构、文化风俗、市场需求等因素，发展高质量、低成本的砖瓦产品和具有传统文化特色的砖雕制品及砖筑文化制品，打造“产业+文化”发展模式，既满足广大农村农民建房、城市园林园艺景观建设的需要，又能满足传统建筑保护性修旧如旧和生态修复城市修补的需要，有力支撑传统建筑风格、中国文化元素传承。

（三）淘汰落后产品和落后产能。认真落实《产业结构调整指导目录（2011 年本）（2013 年修订）》和《关于利用综合标准依法依规推动落后产能退出的指导意见》（工信部联产业〔2017〕30 号），依法淘汰落后工艺、装备和产品。执行环保、节能等强制性标准规范，强化环保、节能、质量、安全等执法监管，利用法治化市场化手段，督促达不到环保、能耗等标准的砖瓦企业加快整改，对整改仍不达标的依法责令关停，淘汰整改达标无望的生产线，鼓励东中部地区率先淘汰轮窑生产线。

四、推进绿色生产，促进节能减排

（一）狠抓治污减排。开发并推广适用于砖瓦窑炉烟气脱硫、脱硝、除尘综合治理成套技术和装备，鼓励采用低氮烧成技术，使用清洁燃料（洁净煤制气或天然气）。开展清洁生产技术改造，原燃料应密闭存储或采取防风、抑尘、降尘等措施。严格控制并强化治理原燃料破碎、干燥焙烧、制备成型等工段无组织排放烟（粉）尘。安装污染物在线监控系统并与监管部门联网，主动披露污染物排放信息。全面实施排污许可证，严格按证排放污染物，禁止无证排污。加强氟化物等其他有毒有害污染物治理技术研发和应用。

（二）推进节能降耗。支持利用适用技术装备进行节能改造，提升砖瓦窑炉热工效率，推广大断面隧道窑和自动焙烧技术。鼓励烧结砖瓦生产企业推进合同能源管理，建立能耗综合监测系统，开展窑炉热平衡测试，对主要能源消耗、重点耗能设备实施实时可视化管理。对现有生产烧结墙体材料的企业，要确保达到 GB 30526《烧结墙体材料单位产品能源消耗限额》限定值，争取达到先进值。引导生产烧结屋面材料的企业比照该标准执行。

（三）强化综合利用。鼓励利用工业固废、矿物尾渣、淤泥、污泥、农林废弃物等替代一次原燃料，支持利用建筑垃圾生产砖瓦制品，进一步扩大资源综合利用范围，提高原燃料中固废掺配比例，减少对天然资源的消耗。加大力度研发利用砖瓦烧结窑炉协同处置河湖淤泥、建筑废弃土、建筑渣土及其他废弃物的成套技术，探索利用大型烧结砖隧道窑安全处置城市污泥，提高综合处置能力和利用效率。

（四）实行错峰生产。认真执行《京津冀及周边地区 2017—2018 年秋冬季大气污染综合治理攻坚行动方案》，2017—2020 年在京津冀及周边地区全面实施采暖季砖瓦窑错峰生产，其中京津冀大气污染传输通道“2+26”城市的烧结砖瓦窑（不含天然气为燃料的）在整个采暖季实施错峰生产；河北、山西、山东、河南四省内“2+26”城市之外的其他地区的烧结砖瓦窑（不含天然气为燃料的），错峰时

间由各地自行决定，原则上停产时间不低于两个月。北方其他采暖地区可根据当地情况参考执行。

五、推动智能制造，提高质量安全

（一）加快自动化改造，推进智能制造。从原料制备、挤出成型、干燥焙烧、包装入库到运输，实现全过程自动化生产、信息化控制。推进互联网、云计算、大数据在砖瓦行业应用。开发推广电子计量精准控制配料和自动控制挤出成型、烘干焙烧系统。加快“机器代人”改造，实现高精度切坯、翻坯、码卸坯、包装仓储等环节自动化机器人化，提升砖瓦生产智能化和本质安全水平，逐步建立个性化定制的产品配送系统。

（二）加强质量管理，提升质保能力。落实企业质量主体责任，完善质量管理体系和管理制度。推行砖瓦企业检验室建设，推进原料标准化，加强破碎、均化、陈化等过程管理，严控原料粒度及分布和颗粒级配，严格生产工艺规范，切实提高质量和产品合格率。探索建立可追溯的产品质量管理制度，支持企业发布质量自我声明承诺，编制发布企业社会责任报告，发挥诚信示范引领作用。

（三）完善安全生产制度，积极防治职业病。督促企业建立健全安全生产和职业病危害防治责任制，配备符合规定的安全生产和职业病防护设施，完善应急管理体系，加强应急预案的培训和演练，提高处置突发事故的能力，实现安全管理从事后查处向预警预防转变。开展安全隐患全面排查和治理，完善配料、成型、烧成、仓储等工序安全防护措施和防尘措施，定期对工作场所职业病危害因素进行检测评价，为劳动者配备合格的劳动防护用品，切实防治尘肺病等常见职业病。

六、增强保障措施，完善行业管理

（一）完善配套政策。完善有关砖瓦行业的环保、节能、质量、安全、技术、投融资、财税等相关政策。支持社会资本参与污染物治理、能源合同管理、自动化改造、“机器代人”等行业关键共性技术研发和联合重组。各省（自治区、直辖市）可因地制宜研究出台砖瓦行业规范条件，明确砖瓦项目在布局、工装、环保、能耗、质量、综合利用、安全生产和职业病防治等方面的要求。研究制定绿色建材产品（砖瓦）评价技术导则，适时开展绿色建材评价，发布绿色建材标识。

（二）加快标准制修订。加强行业标准化工作，依据行业现状、发展需要和技术进步要求，研究制定砖瓦行业安全技术要求等标准。强化上下游协调联动，适时制修订砖瓦行业的产品、检测、环保、安全以及生产、使用等标准和规范，完善包括团体标准在内的标准体系。充分发挥第三方机构作用，推进标准宣贯和实施。适应国际产能合作需要，加快砖瓦行业技术标准“走出去”。

（三）强化监督管理。加强对砖瓦行业的环保、能耗、质量、安全和职业健康等执法监督，强化政策联动，各级政府相关部门应对属地内砖瓦生产企业开展严格执法监督，公开不达标企业名单，依法处罚环保、能耗、质量、安全和职业健康等不达标的违法行为，将企业违法行为列入企业信用系统。京津冀及周边地区、长三角、珠三角等重点区域按规定执行更加严格排放限值。“2+26”城市所在省（直辖市）应公开采暖季实施错峰生产企业名单，并加大抽查力度，对投诉信息应及时处理，对不执行、不守信的企业，在相关网站和媒体曝光。

（四）开展试点示范。推进实施《促进绿色建材生产和应用行动方案》（工信部联原〔2015〕309号），支持企业技术改造和协同创新，开展绿色生产、智能制造等试点示范，结合绿色建筑、美丽乡村、特色小镇、海绵城市等建设，引导各地建设绿色墙体材料、屋面材料生产示范基地和开展应用试点示范。鼓励具有技术优势、品牌优势、管理优势的砖瓦企业推进联合重组，进一步做大做强，提高生产集中度，通过工程建设承包、工业园区建设等途径，深入开展国际产能合作，带动技术、标准、服务等“走出去”。

（五）发挥行业组织作用。健全完善砖瓦行业经济运行统计制度，加强运行监测，发布行业运行分析报告。发挥协会熟悉行业、贴近企业的优势，引导加强行业自律，增强企业社会责任，自觉维护市场秩序，抵制假冒伪劣产品，防止不正当竞争。积极开展技术交流和人员培训，提高从业队伍综合素质和能力，传承传统砖瓦文化，弘扬精湛工匠精神和优秀企业家精神。推进国际交流，促进国际合作。

各地区工业和信息化、环境保护、安全生产监管部门，要进一步提高认识，以高度的责任感、使命感和改革创新精神，结合当地实际制定具体实施方案，强化统筹协调和督促落实，以扎实有效的行动合力推进污染防治、安全生产等工作，加快砖瓦行业转型发展。

工业和信息化部

环境保护部

国家安全生产监督管理总局

2017 年 11 月 11 日

关于火电厂 SCR 脱硝系统在锅炉低负荷运行情况下 NO_x 排放超标有关问题的复函

环函〔2015〕143 号

福建省环境保护厅：

你厅《关于火电厂 SCR 脱硝系统在锅炉低负荷运行情况下 NO_x 排放超标问题的请示》（闽环保法〔2015〕2 号）收悉。经研究，函复如下：

《火电厂大气污染物排放标准》是国家强制标准，火电厂在任何运行负荷时，都必须达标排放。脱硝系统无法运行导致的氮氧化物排放浓度高于排放限值要求的，应认定为超标排放，并依法予以处罚。

目前全工况脱硝技术已经成熟，火电厂现有脱硝系统与运行负荷变化不匹配、不能正常运行、造成超标排放的，应进行改造，提高投运率和脱硝效率。

特此函复。

环境保护部

2015 年 6 月 19 日

关于循环流化床锅炉燃煤机组脱硝设施有关问题的复函

环办函〔2015〕1123号

黑龙江省环境保护厅：

你厅《关于循环流化床锅炉燃煤机组脱硝设施的请示》（黑环发〔2015〕104号）收悉。经研究，现函复如下：

《火电厂大气污染物排放标准》是国家强制标准，循环流化床锅炉也必须达到规定的排放浓度限值。排放浓度高于排放限值要求的，应认定为超标排放，并依法予以处罚。

《大气污染防治行动计划》中“除循环流化床锅炉以外的燃煤机组均应安装脱硝设施”的规定，并非指循环流化床锅炉可以不安装脱硝设施，只要排放浓度超标，就应当采用低氮燃烧技术、安装脱硝设施等，确保实现达标排放。

特此函复。

环境保护部办公厅

2015年7月8日

关于垃圾焚烧发电行业环境保护专项执法检查有关问题的复函

环环监函〔2016〕188号

安徽省环境保护厅：

你厅《关于垃圾焚烧发电行业环境保护专项执法检查中有关问题的请示》（皖环〔2016〕74 号）收悉。经研究，现函复如下：

一、关于生活垃圾焚烧飞灰处理处置问题

2016 年 8 月 1 日起施行的《国家危险废物名录》中附录《危险废物豁免管理清单》中关于进入生活垃圾填埋场的生活垃圾飞灰的豁免内容是“填埋过程不按危险废物管理”，因此在填埋之前的全部过程均按危险废物管理。

这里的“填埋过程不按危险废物管理”，指接收生活垃圾焚烧飞灰入场进行填埋处置的生活垃圾填埋场不需要申请危险废物经营许可证，与生活垃圾填埋场的经营范围（属于工商行政管理部门事权）无关。

判断生活垃圾填埋场和焚烧发电企业的行为是否合法的依据，一是填埋场的处置过程是否满足《国家危险废物名录》中对该处置环节豁免管理的条件，即如果进入填埋场填埋的飞灰不满足《生活垃圾填埋场污染控制标准》（GB 16889）中 6.3 条要求，则该处置不适用豁免管理条款；二是该生活垃圾填埋场处置生活垃圾焚烧飞灰的运行和管理是否符合 GB 16889 中的其他要求。

二、关于垃圾渗滤液处理处置问题

《生活垃圾焚烧污染控制标准》（GB 18485）中第 8.7 条规定了生活垃圾渗滤液直接排放或送至城市污水处理厂处理的条件，对不外排的其他处理方式没有提出具体水质标准要求。由于不确定这些“其他处理方式”处理后的污水的最终处理方式和去向，环境风险无法控制。

根据《污水综合排放标准》（GB 8978）中的规定，重金属相关指标的监测应在车间或车间处理设施排放口采样，因此来函提及的企业应在渗滤液处理后、作为地面冲洗水或绿化用水使用前对重金属污染物浓度进行检测，执行《生活垃圾填埋场污染控制标准》（GB 16889）中表 2 标准。

特此函复。

环境保护部

2016 年 9 月 18 日

关于部分供热及发电锅炉执行大气污染物排放标准有关问题的复函

环函〔2014〕179 号

陕西省环境保护厅：

你厅《关于部分供热及发电锅炉执行大气污染物排放标准有关问题的请示》（陕环字〔2014〕64 号）收悉。经研究，函复如下：

一、单台出力 65 t/h 以上除层燃炉、抛煤机炉外的燃煤、燃油、燃气锅炉，无论其是否发电，均应执行《火电厂大气污染物排放标准》（GB 13223—2011）中相应的污染物排放控制要求。

二、单台出力 65 t/h 及以下燃煤、燃油、燃气发电锅炉，以及 65 t/h 及以下煤粉供热锅炉执行《锅炉大气污染物排放标准》（GB 13271—2014）的污染物排放控制要求。

环境保护部

2014 年 8 月 19 日

关于明确工业炉窑氮氧化物排放标准的复函

环办函〔2015〕1894号

海南省生态环境保护厅：

你厅《关于明确工业炉窑氮氧化物排放标准的请示》（琼环〔2015〕90 号）收悉。经研究，函复如下：

一、关于石灰窑氮氧化物排放管理适用标准

石灰窑大气污染物排放应执行《工业炉窑大气污染物排放标准》（GB 9078—1996），该标准未规定氮氧化物排放控制要求。按照相关法律规定，你厅可通过以下方式对氮氧化物提出控制要求：

（一）制订并报省级人民政府批准实施相应地方污染物排放标准；

（二）更新排污许可设定氮氧化物排放控制要求，具体指标可参考《水泥工业大气污染物排放标准》（GB 4915—2013）等相关标准。

二、关于石油炼制重油催化裂化装置和常减压装置加热炉氮氧化物排放管理适用标准

我部制定的《石油炼制工业污染物排放标准》（GB 31570—2015）已经规定了石油炼制重油催化裂化装置和常减压装置加热炉二氧化硫、氮氧化物等污染物的排放控制要求。该标准规定：现有企业自 2017 年 7 月 1 日起执行新标准；各地也可根据当地环境保护的需要和经济与技术条件，由省级人民政府批准提前实施该标准。

特此函复。

环境保护部办公厅

2015 年 11 月 19 日

关于锅炉大气污染物排放标准有关解释的复函

环办大气函〔2016〕2329号

重庆市环境保护局：

你局《关于锅炉大气污染物排放标准有关解释的请求》（渝环文〔2016〕130号）收悉。经研究，现函复如下：

《锅炉大气污染物排放标准》（GB 13271—2014）中“适用范围”明确规定“本标准适用于法律允许的污染物排放行为”；“在用锅炉”的定义为“本标准实施之日前，已建成投产或环境影响评价文件已通过审批的锅炉”。执行“在用锅炉”标准的锅炉应该同时满足以上两个条件。

因此，“已建成投产”应以锅炉取得环保合法手续为前提；“未批先建”的锅炉，应以其补办环评手续的时间来确定适用的排放标准。

特此函复。

环境保护部办公厅

2016年12月24日

关于执行《锅炉大气污染物排放标准》（GB 13271—2014）有关问题的复函

环大气函〔2016〕172号

广东省环境保护厅：

你厅《对执行〈锅炉大气污染物排放标准〉（GB 13271—2014）有关问题的请示》（粤环报〔2016〕38号）收悉。经研究，现函复如下：

一、对于新建锅炉，必须满足《锅炉大气污染物排放标准》（GB 13271—2014）中烟囱最低允许高度限值要求。

二、对于在用锅炉，考虑到《锅炉大气污染物排放标准》（GB 13271—2014）污染物排放限值较过去已明显加严，且随着燃煤锅炉淘汰工作的深入开展，燃煤小锅炉的数量将大规模压减。因此，对于在用锅炉烟囱高度达不到规定的情形，仍应按照《锅炉大气污染物排放标准》（GB 13271—2014）规定的污染物排放限值执行。地方有更严格要求的，按地方标准执行。

特此函复。

环境保护部

2016年8月22日

关于执行大气污染物特别排放限值有关问题的复函

环办大气函〔2016〕1087号

四川省环境保护厅：

你厅《关于执行大气污染物特别排放限值有关问题的请示》（川环函（2016）610号）收悉。经研究，现函复如下：

按照环境保护部《关于执行大气污染物特别排放限值的公告》（2013年第14号）中关于“现有企业“十三五”期间将特别排放限值的要求扩展到重点控制区的市域范围”的规定，“十三五”期间位于重点控制区市域范围内的燃煤机组、钢铁烧结（球团）设备、石化行业（现有企业2017年7月1日起执行）、燃煤锅炉（10 t/h及以下在用蒸汽锅炉和7 MW及以下在用热水锅炉自2016年7月1日起执行）排放的大气污染物均应执行特别排放限值。

特此函复。

环境保护部办公厅

2016年6月13日

（二）海南省

海南省人民政府办公厅关于印发海南省水泥工业结构调整方案（2013—2017年）的通知

琼府办〔2014〕73号

各市、县、自治县人民政府，省政府直属有关单位：

《海南省水泥工业结构调整方案（2013—2017年）》已经省政府同意，现印发给你们，请认真贯彻落实。

海南省人民政府办公厅
2014年6月13日

海南省水泥工业结构调整方案（2013—2017年）

为贯彻落实《国务院关于化解产能严重过剩矛盾的指导意见》（国发〔2013〕41号），促进我省水泥工业高质量、可持续健康发展，制定本方案。

一、加快推进水泥工业结构调整的重要意义

水泥产业是我省工业重要支柱，产业关联度高，产品覆盖面广，对促进全省经济增长有举足轻重的作用。熟料和粉磨生产是水泥工业的重要基础，资源依赖性强，环境占用量大，布局密不可分，需要统筹规划，合理布局，一体化建设。

我省水泥工业经过10年的快速发展，取得了长足进步，产量基本满足本省需求。到2013年年底，新型干法旋窑水泥熟料比重达100%，产能利用率100%，装备水平得到改善，产品质量有效提升，产业集中度逐步走向合理。尽管熟料产业结构调整取得了明显成效，但矛盾仍然存在，粉磨行业产能过剩，产业集约化、规模化、一体化水平偏低，产业链不完整，影响到下游及相关产业发展。与此同时，省内资源环境约束日趋加剧，产业与生态环境协调发展面临新的考验，市场竞争压力逐步增大，产品供需矛盾日益加剧，既面临着严峻的挑战，也孕育着发展的机遇，产业步入深刻调整期。面对新形势，要遵循产业发展规律，科学配置要素资源，调整结构优化布局，从源头破解水泥行业历史积淀的结构

性矛盾和困境，满足市场需求，促进水泥产业持续健康发展。

二、总体要求

（一）指导思想。全面贯彻落实党的十八届二中、三中全会精神，以科学发展观为指导，遵循产业发展规律，把化解产能严重过剩矛盾作为产业结构调整的重点，立足当前，着眼长远，综合施策，按照熟料粉磨一体化、装置规模化、生产清洁化、产品高端化目标，调整产业组织结构和产能结构。

（二）调整原则。坚持严格控制增量的同时调整优化存量。综合运用经济、法律、准入以及必要的行政手段，积极稳妥推进化解过剩产能矛盾的工作，鼓励现有优势企业升级改造，推动产业向价值链高端延伸；坚持熟料粉磨一体化联合布局。发挥市场在资源配置中决定性作用，生产力靠近原料来源、产品贴近消费市场、降低物流成本；坚持控制能源消费和促进节能减排相结合。严格控制产业的能源消费总量，提高资源综合利用效率，保护生态环境。

（三）调整目标。到 2017 年，产业布局趋于合理，产品结构不断优化，高标号、高端水泥产品比重显著提高，产业竞争力大幅提升，环境保护和发展环境得到改善，水泥供需基本平衡。熟料产能达到 1 600 万吨/年，水泥产能达到 2 500 万吨/年，逐步降低 32.5 复合水泥使用比重，高标号、高性能水泥产品占比达到 80%；化解布局不合理、缺乏竞争力的粉磨产能 500 万吨，通过等量置换技改建成 325 万吨特种水泥、海工水泥生产线；水泥单位产品综合能耗下降 10%以上，粉尘、氮氧化物量降低 30%，水泥熟料生产线协同处置占比达到 10%，固体废弃物实现综合利用和无害化处理。

三、优化调整水泥工业结构的主要任务

（一）严格控制增量，调整优化存量。推动水泥产业政策与环保、土地、节能、质量、财税政策的联动。严格执行国家投资管理规定，加强水泥行业准入管理，不备案新增水泥行业产能项目。针对水泥产品储存期短、销售半径短的特点，通过优化布局、兼并重组、产能置换、转型升级等政策手段，严格控制增量与调整优化存量。

（二）推动现有水泥基地升级。以我省资源禀赋、产业基础为依托，综合考虑环境容量、产品市场因素，优化资源配置，推动儋州、昌江、东方等熟料基地和三亚、澄迈等粉末基地的升级改造。以国家取消 32.5 复合水泥产品标准为契机，调整产品结构，全面生产 42.5 及 52.5 高标号水泥，鼓励企业延伸产业链，研发高性能混凝土、特种工程混凝土、混凝土外加剂等建材产品，提高产品附加值。

（三）调整优化产业生产力布局。以熟料为核心，发挥区域比较优势，重点建设东方特种水泥、海工水泥生产线，优化粉磨站布局，结合市县环境承载力、市场空间、物流运输等条件，实现各市县差异化发展，加快产业链和效益链融合。鼓励优势企业联合或兼并竞争乏力、小而散的粉磨站和商品混凝土站，提高生产集中度，“整合一批”粉磨产能；强化粉尘、氮氧化物和产品综合能耗指标约束，倒逼企业主动通过减量或等量置换，“消化一批”竞争乏力产能。在市场主导下，通过环保、节能及资源性产品成本调整等措施，引导和促进产业生产力布局调整，减少行政手段运用。

（四）强化水泥工业节能减排。把资源能源节约和环境保护贯穿于结构调整全过程。实行严格的市县节能指标管理。提高高端水泥产品比重，降低熟料单位产品能耗和水泥单位产品能耗。强制采用新型干法窑外分解、纯中低温余热发电、脱销、节能磨等工艺技术，对现有大中型回转窑、磨机进行改造。强化氮氧化物等主要污染物排放和资源单耗指标约束，发挥水泥产业无害化消纳固体废弃物优势，加快现有水泥窑无害化协同处置生活垃圾和产业废弃物。

（五）创新管理方式，推进两化融合。按照尊重规律、分类施策、多管齐下、标本兼治的原则，引导不符合准入公告条件或准入公告后不能保持公告条件的企业达标升级，强化事中事后监管，营造公平环境，建立长效机制，发挥市场机制优胜劣汰作用，利用市场倒逼机制增强企业创新发展的内在动力。继续在重点企业推进两化融合，逐步从设计、工艺、生产、管理、物流等系统的单项应用转向系统集成，实现真正意义上的信息化管理手段，提高企业信息化管理水平，实现上下游之间的产业链信息协同。

四、调整措施

（一）坚持结构调整政策导向。充分发挥行业规划、政策、标准对产业发展和结构调整方向的引导和约束作用，加强产业政策与规划紧密衔接，与财税、环保、土地、价格、质量、标准等政策的协调配合。依据相关法律法规、规范性文件、产业调整规划及布局、行业准入条件等标准，组织实施水泥生产线准入公告，严格生产许可证管理和行政执法。完善水泥企业享受增值税即征即退的资源综合利用优惠政策，运用价格手段促进水泥行业产业结构调整，对水泥企业生产用电实行基于能耗标准的阶梯电价政策。

（二）鼓励发展高端产品。加强产业链上下游衔接，鼓励企业研发、生产高标号水泥和高性能混凝土、建筑构件、预拌砂浆等高端水泥产品，提高发展质量和效益。重点扶持特种水泥、海工水泥生产基地，到 2017 年，全省特种水泥、海工水泥产能占比达到 20%。统筹兼顾水泥产业与下游加工贸易发展，夯实下游产业转型升级基础，促进水泥行业升级换代。加大对下游轻质、高强、保温、隔热、防火等水泥制品研发与生产的管理和支持力度。

（三）加强行业监测，严格节能减排。建立产能过剩和能耗定额信息监测预警机制，引导社会投资预期，避免企业盲目扩张，严厉打击无证生产违法行为，发挥优势企业在结构调整中的带动作用。结合产业发展实际和环境承载能力，严格执行污染物排放标准和特别排放限值要求，加大节能监察、环境监测监察、差别电价执行情况检查和执法处罚力度，推进产业、国土、环保、节能等信息系统互通互联。

五、组织实施

本方案由省工业和信息化厅会同省发展改革委、省财政厅、省国土环境资源厅、省住房城乡建设厅等部门共同组织实施，相关部门按职责分工密切配合。各市县政府要结合实际，将实现生产力布局和调整目标与当地产业发展有机结合起来，制止重复建设。要发挥行业协会在加强行业自律的桥梁纽带作用，协助政府促进水泥产业结构调整。省工业和信息化厅适时将结构调整情况和整改意见报告省政府。

附表：1. 海南省“十二五”水泥技改项目

2. 2013—2017 年化解过剩粉磨生产线

附表 1

海南省“十二五”水泥技改项目

企业名称	熟料产能（万吨/年）	熟料日产（吨/天）	粉磨产能（万吨/年）	磨机规格（直径×长度）	备注
华盛水泥控股有限公司	200	1 条×6 000	200	2×ϕ 4.2×13 m	等量置换就地技改升级特种水泥、海工水泥，东方市建设
	125	1 条×4 000	150	2×ϕ 4.2×13 m	等量置换就地技改升级特种水泥，儋州市建设
合计	325		350		

附表 2

2013—2017 年化解过剩粉磨生产线

序号	企业名称	粉磨产能（万吨/年）	磨机规格（直径×长度）	地点	备注
1	儋州西培	60	1×ϕ 3.2×13 m	儋州西培	化解竞争力乏力产能、优化布局、异地置换、总量平衡
2	儋州金岭	60	1×ϕ 3.2×13 m	儋州八一	
3	儋州双吉	60	1×ϕ 3.5×13 m	儋州兰洋	
4	新兴水泥	60	1×ϕ 3.5×13 m	澄迈老城	
5	昌江石碌	60	1×ϕ 3.5×13 m	昌江石碌	
6	定安长昌	60	1×ϕ 3.5×13 m	定安新竹	
7	白沙水泥	60	1×ϕ 3.5×13 m	白沙牙叉	
8	三亚华润	80	1×ϕ 3.5×13 m	三亚凤凰	
	合计	500			

海南省人民政府办公厅关于印发海南省燃煤电厂超低排放和节能改造实施方案的通知

琼府办〔2016〕50号

各有关市、县、自治县人民政府，省政府直属有关单位：

《海南省燃煤电厂超低排放和节能改造实施方案》已经省政府同意，现印发给你们，请认真组织实施。

海南省人民政府办公厅

2016年3月1日

海南省燃煤电厂超低排放和节能改造实施方案

为贯彻落实国务院《大气污染防治行动计划》及环境保护部、国家发展改革委、国家能源局《全面实施燃煤电厂超低排放和节能改造工作方案》(以下简称《方案》)，全面落实《海南省大气污染防治行动计划实施细则》及我省大气污染防治三年行动计划，推动《海南省煤电节能减排升级与改造行动计划（2014—2020年)》实施，确保我省燃煤电厂超低排放和节能改造工作顺利完成，达到持续改善环境质量的目标，实现科学发展、绿色崛起，特制订本实施方案。

一、超低排放改造要求

（一）时间要求。到2017年年底前，全省现役30万千瓦及以上公用燃煤发电机组、10万千瓦及以上自备燃煤发电机组（暂不包含W型火焰锅炉和循环流化床锅炉）全部完成超低排放和节能改造。

（二）达标要求。改造后的燃煤机组大气污染物实现超低排放（即在基准氧含量6%条件下，烟尘、二氧化硫、氮氧化物排放浓度分别不高于10毫克/立方米、35毫克/立方米、50毫克/立方米)。改造后，现役华能公司的燃煤机组平均供电煤耗低于310克标准煤/千瓦时（不含纳入淘汰计划的华能海口电厂4、5号机组)。

（三）新建燃煤电厂要求。原则上严格控制新建燃煤电厂，确需建设燃煤电厂，应当在符合城乡总体规划以及区域环境指标和环境容量满足要求的条件下新建燃煤电厂。新建燃煤电厂原则上要采用60万千瓦及以上超超临界机组，平均供电煤耗要低于300克/千瓦时，大气污染物排放浓度达到超低排放水平。

二、主要任务安排

（一）超低排放和节能改造任务。超低排放和节能改造工作协同进行。2017 年年底前，华能海口电厂 8 号、9 号和东方电厂 1 号、2 号、3 号、4 号共 6 台燃煤机组需要进行超低排放和节能改造，完成改造任务 206 万千瓦。具体机组改造安排见附表。各燃煤机组改造必须在 2017 年年底前完成，具体时间可根据我省供电情况调整，改造时间由省工业和信息化厅、海南电网有限责任公司和华能海南发电有限公司商榷决定。

（二）加强达标排放治理任务。各燃煤机组必须安装高效脱硫脱硝除尘设施，推动实施烟气脱硝全工况运行。华能海口电厂 4 号、5 号和海南金海浆纸业有限公司（循环流化床锅炉）1 号、2 号、3 号、5 号共 6 台暂不进行超低改造的燃煤机组，要继续加强脱硫脱硝除尘设施运行管理，确保污染物稳定达标排放。

（三）淘汰落后产能机组任务。改造后仍不符合节能、环保、安全等标准的燃煤机组列入“十三五”淘汰计划，不再实施进一步改造。华能海口电厂 4 号、5 号机组在满足全省电力供应需求的时段内进行淘汰。全省“六类园区”内现役燃煤自备发电机组在满足园区集中供热需求的时段进行淘汰。力争在 2020 年前完成自备电厂淘汰工作，到 2020 年全省所有的燃煤发电机组污染物排放浓度达到超低排放水平。

三、落实工作要求

为顺利推进改造工作，按期完成各项任务，各单位要各司其责，敢于担当，以一天也不耽搁的精神开展工作。

（一）省生态环保厅、省发展改革委、省工业和信息化厅、国家能源局南方监管局海南业务办等相关单位要组织协调监管改造工作。省生态环保厅要建立燃煤机组超低排放改造、达标排放管理台账，做好燃煤电厂超低排放改造监测工作；省发展改革委、省工业和信息化厅、国家能源局南方监管局海南业务办要建立节能改造、能效水平、机组淘汰管理台账。

（二）省工业和信息化厅、电网公司和发电公司要统筹协调区域电力调度，按照“赶早不赶晚，紧密衔接，灵活调动，错峰避峰”的原则，安排好各燃煤机组的改造时段。

（三）发电公司要尽快落实改造项目可研、报批、改造计划和改造资金。2016 年 3 月底前完成编制改造计划方案，并分别报国家和省环保、发改、工信、能源等部门备案。严格管制每台机组的超低排放和节能改造工期，保质保量完成改造工作。

四、保障措施

（一）加强组织领导。由省生态环保厅会同省发展改革委牵头成立工作协调小组，负责改造工作的日常协调，协调小组成员由省工业和信息化厅、省财政厅、省物价局、国家能源局南方监管局海南业务办、海南电网有限责任公司、华能海南发电有限公司和相关市县政府等部门组成（成立协调小组由省生态环保厅下文）。各部门要各司其职，加强对改造工作的指导、协调、监督，推进解决改造过程出现的困难和问题。

（二）强化监督管理。相关市县要加强日常督查和执法检查，促进工作顺利完成。对不达标企业依法严肃处理，对已享受超低排放优惠政策但实际运行效果不稳定达标的，向社会通报，视情节取消相关优惠政策，并给予处罚。省工业和信息化厅会同国家能源局派出机构，对各电力企业节能改造工作实施监管。

（三）落实相关政策措施。

1. 按照国家发展改革委、环境保护部、国家能源局《关于实行燃煤电厂超低排放电价支持政策有关问题的通知》（发改价格〔2015〕2835 号）规定，对经环保部门先期验收合格并符合国家超低限值要求的燃煤发电企业实行电价支持。

2. 综合考虑燃煤发电机组排放和能效水平，优先安排超低排放机组发电，并适当增加发电利用小时数。

3. 相关市县要认真落实省物价局、省财政厅、省生态环保厅《关于调整排污费征收标准等有关问题的通知》（琼价费管〔2015〕149 号）有关规定，在提高排污费征收标准的同时，对污染物排放浓度低于国家或我省规定的污染物排放限值 50%以上的，切实落实减半征收排污费政策，激励企业加大超低排放改造力度。

4. 向中央财政争取大气污染防治专项资金，加大对超低排放和节能改造项目的财政支持。

5. 争取开发银行对超低排放和节能改造项目继续给予优惠信贷。支持符合条件的燃煤电力企业发行企业债券直接融资，募集资金用于超低排放和节能改造。

（四）严格评价考核。新建燃煤发电机组投产后，发电企业要按规程及时开展机组性能考核，并将验收报告等相关资料报省生态环保厅、省发展改革委、省工业和信息化厅、国家能源局南方监管局海南业务办。现役燃煤发电机组节能改造实施前，电厂应制定具体改造方案，改造完成后由省发展改革委组织有资质的中介机构进行现场评估并确定节能量。新建燃煤机组建成投运和现役机组实施超低排放改造完成后，环保主管部门要及时组织环保先期验收，监测大气污染物排放水平，确认实施改造后的污染物减排量。

附件：海南统调燃煤机组超低排放和节能改造计划表

附件

海南统调燃煤机组超低排放和节能改造计划表

序号	企业名称	机组编号	机组容量（万千瓦）	改造时间安排	工期（天）
1	华能海口电厂	8#	33	2016 年 11 月至 2017 年 1 月	75
2	华能海口电厂	9#	33	2017 年 10 月至 12 月	75
3	华能东方电厂	1#	35	2017 年 2 月至 4 月	75
4	华能东方电厂	2#	35	2016 年 9 月至 11 月	75
5	华能东方电厂	3#	35	2016 年 11 月至 2017 年 2 月	75
6	华能东方电厂	4#	35	2017 年 8 月至 10 月	75
合计：（万千瓦）			206	—	450

海南省国土环境资源厅关于转发《燃煤发电机组环保电价及环保设施运行监管办法》的通知

琼土环资控字〔2014〕23号

各相关市县国土环境资源局、洋浦经济开发区规划建设土地局，各燃煤火电企业：

国家发展改革委和环境保护部印发了《燃煤发电机组环保电价及环保设施运行监管办法》（发改价格〔2014〕536号）（以下简称《办法》）。为加强环保电价和环保设施运行的监管，充分发挥价格杠杆的激励和约束作用，减少燃煤机组污染物的排放。现将《办法》转发给你们，并提出如下要求一并执行：

一、严格落实环保电价。现有燃煤发电机组的市县根据《办法》要求，督促燃煤发电企业完成建设环保设施并加强运行监管。加强日常督查力度，对弄虚作假或污染物排放浓度超标仍获得环保电价的机组，提出整改要求并及时上报。认真开展环保电价监管的各项工作。

二、加强对燃煤发电企业环保设施运行的监督管理。现有燃煤发电企业的市县，要切实加强燃煤发电企业的监管，督促企业按照《办法》要求，规范做好生产运行、环保设施运行的台账，按时报送相关数据、环保设施计划和因故停运要及时向相关部门报告。抓好脱硫、脱硝、除尘设施及其自动监控系统的管理，确保环保设施稳定正常运行，严防污染物超标排放。

三、各市县局工作人员要认真学习《办法》内容，强化环境监察执法力度和规范监督性监测。对违反《办法》要求的按照相关规定严肃处理。

附件：《燃煤发电机组环保电价及环保设施运行监管的办法》（略）

海南省国土环境资源厅

2014年4月29日

海南省工业和信息化厅 海南省生态环境保护厅 海南省质量技术监督局关于燃煤锅炉淘汰验收有关事项的通知

琼工信节〔2017〕188 号

各市县工业和信息化主管部门、环保局、洋浦经济发展局，省质量技术监督局各直属局：

为落实《海南省 2017 年燃煤小锅炉淘汰实施方案》（琼工信节〔2017〕83 号），做好燃煤锅炉淘汰验收工作，现就燃煤锅炉淘汰验收有关事项通知如下：

一、验收内容

按照报废拆除、停用待改造、清洁能源替代改造 3 个类别，对燃煤锅炉淘汰进行验收。

（一）报废拆除验收

验收内容：1. 锅炉主体是否移位，烟囱及主要配套设备拆除及连接管道、线路是否切断等。2. 拆除前后照片证明材料。3. 到质监部门办理报废手续及取得报废证明。

（二）停用待改造验收

验收内容：1. 使用单位停用待改造声明。2. 到质监部门办理停用手续及取得停用证明。

（三）清洁能源替代改造验收

验收内容：1. 使用单位实施清洁能源替代改造声明。2. 燃煤锅炉改造合同签订及改造施工方案。3. 改造前后照片证明材料。4. 燃用生物质成型燃料锅炉配置布袋除尘器等高效除尘设施情况。5. 环保部门排放监测情况，污染物排放指标和烟囱高度须达到《锅炉大气污染物排放标准》（GB 13271—2014）表 2 限值。6. 改造后在锅炉本体明显位置标识使用“燃料”。7. 到当地质监部门办理锅炉变更登记手续。

实施清洁能源替代改造，原则上不得改变锅炉受压部件结构及燃烧方式。改变锅炉受压部件结构及燃烧方式的，须按照《锅炉安全技术监察规程》和《锅炉节能技术监督管理规程》（TSGG0002 —2010），由制造厂家进行改造设计、取得锅炉改造许可资格单位进行改造施工，办理施工告知，并经能效测试合格和监督检验合格。

按照环保部《高污染燃料目录》规定，建成区范围内禁烧生物质非成型燃料（木材、板材及非成型农林剩余物等）；燃用生物质成型燃料的，须配置高效除尘设施。建成区范围内燃用生物质非成型燃料，以及燃用生物质成型燃料、未配置高效除尘设施的，均不得通过其清洁能源替代改造验收。

二、验收程序

（一）锅炉使用单位完成燃煤锅炉淘汰任务后，向当地工信部门申请验收，申请表见附件1。

（二）收到验收申请后，当地工信会同环保、质监部门，按报废拆除、停用待改造、清洁能源替代改造3类淘汰验收内容，联合开展验收并形成验收意见，验收表见附件2。

（三）由当地质监部门每月5日前填写燃煤小锅炉淘汰进度表上报省质量技术监督局和当地市县政府。

三、后续监管

（一）工信部门要加强燃煤锅炉改造资金补助管理，对实施清洁能源替代改造后又恢复燃煤的，取消或追回其改造补助资金，并提请市县政府责令停业关闭。

（二）环保部门要分行业加强在用燃煤锅炉（包括列入海南省2017年燃煤小锅炉淘汰清单的101台燃煤锅炉及清单之外的燃煤锅炉）排放的监督监测，凡不符合排放要求的，按《中华人民共和国大气污染防治法》有关规定进行处罚。

（三）质监部门要加强在用燃煤锅炉日常监管，严格执行定期检验制度，对未通过清洁能源替代改造验收的，不得受理其定期检验。

各市县工信、环保、质监等部门要加强联动和配合，形成合力，加快推进燃煤锅炉淘汰进程，确保按时完成燃煤锅炉淘汰任务。

附件：1. 燃煤锅炉淘汰验收申请表
　　　2. 燃煤锅炉淘汰验收表

海南省工业和信息化厅
海南省生态环境保护厅
海南省质量技术监督局
2017年6月27日

附件 1

燃煤锅炉淘汰验收申请表

<table>
<tr><td>申请单位</td><td colspan="4"></td></tr>
<tr><td rowspan="6">锅炉基本情况</td><td>设备注册代码</td><td colspan="3"></td></tr>
<tr><td>使用证编号</td><td colspan="3"></td></tr>
<tr><td>蒸发量（t/h）</td><td colspan="3"></td></tr>
<tr><td>设备型号</td><td colspan="3"></td></tr>
<tr><td>出厂编号</td><td colspan="3"></td></tr>
<tr><td>使用地址</td><td colspan="3"></td></tr>
<tr><td rowspan="5">淘汰实施情况</td><td>淘汰完工时间</td><td colspan="3"></td></tr>
<tr><td rowspan="4">淘汰类别</td><td>分 类</td><td>打√</td><td>使用的燃料</td></tr>
<tr><td>报废拆除</td><td></td><td>—</td></tr>
<tr><td>停用待改造</td><td></td><td>—</td></tr>
<tr><td>清洁能源替代改造</td><td></td><td></td></tr>
<tr><td>自我声明及签章</td><td colspan="4">自我声明：

签 章
年 月 日</td></tr>
</table>

备注：1. 清洁能源替代改造使用的燃料，填写天然气、电、生物质成型燃料等；

2. 停用待改造的，由使用单位声明保证不再将燃煤锅炉投入使用；

3. 清洁能源替代改造的，由使用单位声明实施改造后，保证不再使用煤炭等非清洁能源。

附件 2

燃煤锅炉淘汰验收表

<table>
<tr><td>锅炉使用单位</td><td colspan="3"></td></tr>
<tr><td rowspan="6">锅炉基本情况</td><td>设备注册代码</td><td colspan="2"></td></tr>
<tr><td>使用证编号</td><td colspan="2"></td></tr>
<tr><td>蒸发量（t/h）</td><td colspan="2"></td></tr>
<tr><td>设备型号</td><td colspan="2"></td></tr>
<tr><td>出厂编号</td><td colspan="2"></td></tr>
<tr><td>使用地址</td><td colspan="2"></td></tr>
<tr><td rowspan="3">验收内容</td><td rowspan="3">按淘汰类别</td><td>报废拆除</td><td>1. 锅炉主体是否移位，烟囱及主要配套设备拆除及连接管道、线路是否切断。
2. 拆除前后照片证明材料。
3. 到质监部门办理报废手续及取得报废证明。</td></tr>
<tr><td>停用待改造</td><td>1. 使用单位停用待改造声明。
2. 到质监部门办理停用手续及取得停用证明情况。</td></tr>
<tr><td>清洁能源替代改造</td><td>1. 使用单位实施清洁能源替代改造声明。
2. 燃煤锅炉改造合同签订及改造施工方案。
3. 改造前后照片资料证明材料。
4. 燃用生物质成型燃料锅炉配置布袋除尘器等高效除尘设施情况。
5. 环保部门排放监测情况，排放指标须达到《锅炉大气污染物排放标准》（GB 13271—2014）表 2 限值。
6. 改造后在锅炉本体明显位置标识使用“燃料”。
7. 到当地质监部门办理锅炉变更登记手续。</td></tr>
<tr><td>验收意见及验收人员签字、验收单位盖章</td><td colspan="3">验收意见：

验收人员
签字：

（验收单位盖章）
年　月　日</td></tr>
</table>

说明：1. 验收意见可按淘汰类别中的验收内容要求进行描述，明确是否通过验收；

2. 验收单位为市县工信、环保、质监部门，分别签字盖章。

海南省生态环境保护厅关于燃煤锅炉改造办理环评手续有关问题的通知

琼环评字〔2017〕17号

各市、县、自治县生态环境保护局（环境保护与城乡综合管理委员会）：

根据省工业和信息化厅、省生态环境保护厅和省质量技术监督局《关于印发海南省2017年燃煤锅炉淘汰实施方案的通知》（琼工信节〔2017〕83号）要求，到2017年年底，各市县建成区基本淘汰35蒸吨及以下燃煤锅炉，其他区域基本淘汰10蒸吨及以下燃煤锅炉。为推动燃煤锅炉淘汰改造工作，现就淘汰改造燃煤锅炉办理环境影响评价的有关问题通知如下：

一、不需要办理环评手续的情形

（一）如建设项目已办理环评审批手续，仅对项目燃煤锅炉进行清洁能源替代改造，燃料由燃煤改造为用电、天然气、生物质成型燃料（使用专用锅炉并配套袋式除尘设施）、轻质柴油（含硫量＜0.001%）的。

（二）通过淘汰燃煤锅炉，采用园区集中供热方式进行替代的。

二、需要办理环评手续的情形

燃煤锅炉燃料改造为除用电、天然气、生物质成型燃料、轻质柴油（含硫量＜0.001%）以外其他非清洁能源燃料的，或燃煤锅炉规模增大的，须按照《建设项目环境影响评价分类管理名录》（环保部令第33号）第142项的相关要求编制环评报告书（表），报有审批权的环保部门审批。

三、具有其他情形的需要及时与省厅沟通。

海南省生态环境保护厅

2017年5月31日

第四部分
移动源大气污染防治

（一）国家

关于印发《柴油货车污染治理攻坚战行动计划》的通知

环大气〔2018〕179号

各省、自治区、直辖市人民政府，新疆生产建设兵团，教育部、科技部、司法部、住房城乡建设部、农业农村部、应急部、海关总署、税务总局、民航局、邮政局：

经国务院同意，现将《柴油货车污染治理攻坚战行动计划》印发给你们，请认真贯彻落实。

生态环境部
发展改革委
工业和信息化部
公安部
财政部
交通运输部
商务部
市场监管总局
能源局
铁路局
中国铁路总公司
2018年12月30日

柴油货车污染治理攻坚战行动计划

为深入贯彻中共中央、国务院《关于全面加强生态环境保护坚决打好污染防治攻坚战的意见》和国务院印发的《打赢蓝天保卫战三年行动计划》的要求，加强柴油货车超标排放治理，加快降低机动车船污染物排放量，坚决打赢蓝天保卫战，制定本行动计划。

一、总体要求

（一）指导思想。以习近平新时代中国特色社会主义思想为指导，全面贯彻党的十九大和十九届二中、三中全会精神，认真落实党中央、国务院决策部署和全国生态环境保护大会要求，坚持统筹“油、路、车”治理，以京津冀及周边地区、长三角地区、汾渭平原相关省（市）以及内蒙古自治区中西部等区域为重点（以下简称重点区域），以货物运输结构调整为导向，以柴油和车用尿素质量达标保障为支撑，以柴油车（机）达标排放为主线，建立健全严格的机动车全防全控环境监管制度，大力实施清洁柴油车、清洁柴油机、清洁运输、清洁油品行动，全链条治理柴油车（机）超标排放，明显降低污染物排放总量，促进区域空气质量明显改善。

（二）基本原则。

坚持源头防范、综合治理。加快调整运输结构，增加铁路和水路货运量，减少公路大宗货物中长距离货运量。推广使用新能源和清洁能源汽车，壮大绿色运输车队。优化运输组织，提高运输效率，降低柴油货车空驶率。推进机动车生产制造、排放检验、维修治理和运输企业集约化发展。

坚持突出重点、联防联控。以重点区域及物流主通道作为重点监管区域，以营运柴油货车和车用油品、尿素作为重点监管对象，强化上下联动、区域协同，统一执法尺度和力度，增强监管合力。加强相关部门之间统筹协调和联合执法，建立完善信息共享机制，提高联合共治水平。

坚持全防全控、严惩重罚。从机动车设计、生产、销售、注册登记、使用、转移、检验、维修和报废等各个环节，加强全方位管控。加大监管执法力度，严厉打击生产销售不达标车辆、检验维修弄虚作假、屏蔽车载诊断系统（OBD）、生产销售使用假劣油品和车用尿素等违法行为。

坚持远近结合、标本兼治。加快完善政策、法规和标准体系，构建严格的环境监管制度，大幅提高违法成本。健全环境信用联合奖惩制度，实现“一处失信、处处受限”。完善环境经济政策，提高企业减排积极性。建立超标排放举报机制，鼓励公众监督，促进群防群控。

（三）目标指标。到 2020 年，柴油货车排放达标率明显提高，柴油和车用尿素质量明显改善，柴油货车氮氧化物和颗粒物排放总量明显下降，重点区域城市空气二氧化氮浓度逐步降低，机动车排放监管能力和水平大幅提升，全国铁路货运量明显增加，绿色低碳、清洁高效的交通运输体系初步形成。

——全国在用柴油车监督抽测排放合格率达到 90%，重点区域达到 95%以上，排气管口冒黑烟现象基本消除。

——全国柴油和车用尿素抽检合格率达到 95%，重点区域达到 98%以上，违法生产销售假劣油品现象基本消除。

——全国铁路货运量比 2017 年增长 30%，初步实现中长距离大宗货物主要通过铁路或水路进行运输。

（四）重点区域范围。京津冀及周边地区、长三角地区、汾渭平原相关省（市）以及内蒙古自治区中西部等区域，包括：北京市、天津市、河北省、山西省、山东省、河南省、上海市、江苏省、浙江省、安徽省、陕西省，以及内蒙古自治区呼和浩特市、包头市、乌兰察布市、鄂尔多斯市、巴彦淖尔市、乌海市。

二、清洁柴油车行动

（五）加强新生产车辆环保达标监管。严格实施国家机动车油耗和排放标准。严格实施重型柴油车燃料消耗量限值标准，不满足标准限值要求的新车型禁止进入道路运输市场。2019 年 7 月 1 日起，重点区域、珠三角地区、成渝地区提前实施机动车国六排放标准。推广使用达到国六排放标准的燃气车辆。（生态环境部、交通运输部牵头，工业和信息化部、公安部等参与，地方各级人民政府负责落实。以下均需地方各级人民政府落实，不再列出）

强化机动车环保信息公开。机动车生产、进口企业依法依规公开排放检验、污染控制技术和汽车尾气排放相关的维修技术信息。各地生态环境部门在机动车生产、销售和注册登记等环节加强监督检查，指导监督排放检验机构严格开展柴油车注册登记前的排放检验，通过国家机动车环境监管平台逐车核实环保信息公开情况，进行污染控制装置查验、上线排放检测，确保车辆配置真实性、唯一性和一致性，2019 年基本实现全覆盖。（生态环境部、交通运输部牵头，公安部、市场监管总局等参与）

严厉打击生产、进口、销售不达标车辆违法行为。在生产、进口、销售环节加强对新生产机动车环保达标监管，抽查核验新生产销售车辆的 OBD、污染控制装置、环保信息随车清单等，抽测部分车型的道路实际排放情况。各省（区、市）对在本行政区域内生产（进口）的主要车（机）型系族的年度抽检率达到 80%，覆盖全部生产（进口）企业，重点区域抽检率进一步提高；对在本行政区域销售的主要车（机）型系族的年度抽检率达到 60%，重点区域达到 80%。严厉打击污染控制装置造假、屏蔽 OBD 功能、尾气排放不达标、不依法公开环保信息等行为，按规定撤销相关企业车辆产品公告、油耗公告和强制性产品认证，督促生产（进口）企业及时实施环境保护召回。各地生产销售柴油车型系族的抽检合格率达到 95%以上。（生态环境部、工业和信息化部、海关总署、市场监管总局牵头，交通运输部等参与）

（六）加大在用车监督执法力度。建立完善监管执法模式。推行生态环境部门检测取证、公安交管部门实施处罚、交通运输部门监督维修的联合监管执法模式。各地生态环境部门应将本地超标排放车辆信息，以信函或公告（在政府网站发布）等方式，及时告知车辆所有人及所属企业，督促限期到与交通运输和生态环境部门联网的具有相应资质能力的维修单位进行维修治理，经维修合格后再到排放检验机构进行复检，公安交管、交通运输部门应当协助联系车辆所有人和所属企业；对于登记地在外省（区、市）的超标排放车辆信息，各地应及时上传到国家机动车环境监管平台，由登记地生态环境部门负责通知和督促。未在规定期限内维修并复检合格的车辆，生态环境、交通运输部门将其列入监管黑名单并将车型、车牌、企业等信息向社会公开，同时依法予以处理或处罚。对于列入监管黑名单或一个综合性能检验周期内三次以上监督抽测超标的营运车辆，生态环境和交通运输部门将其所属单位列为重点监管对象。对于一年内超标排放车辆占其总车辆数 10%以上的运输企业，交通运输和生态环境部门将其列入黑名单或重点监管对象。（生态环境部、公安部、交通运输部牵头）

加大路检路查力度。各地建立完善生态环境、公安交管、交通运输等部门联合执法常态化路检路查工作机制，严厉打击超标排放等违法行为，基本消除柴油车排气口冒黑烟现象。各地大力开展排放监督抽测，重点检查柴油货车污染控制装置、OBD、尾气排放达标情况，具备条件的要抽查柴油和车用尿素质量及使用情况。各设区城市在重点路段对柴油车开展常态化的路检路查，重点区域城市在秋冬季加大检查力度。（生态环境部、公安部、交通运输部牵头）

强化入户监督抽测。督促指导柴油车超过 20 辆的重点企业，建立完善车辆维护、燃料和车用尿素添加使用台账，并鼓励通过网络系统及时向当地设区市生态环境部门传送。对于物流园、工业园、货物集散地、公交场站等车辆停放集中的重点场所，以及物流货运、工矿企业、长途客运、环卫、邮政、旅游、维修等重点单位，按“双随机”模式开展定期和不定期监督抽测。对于日常监督抽测或定期排放检验初检超标、在异地进行定期排放检验的柴油车辆，应作为重点抽查对象。（生态环境部牵头，交通运输部等参与）

加强重污染天气期间柴油货车管控。重污染天气预警期间，各地应加大部门联合综合执法检查力度，对于超标排放等违法行为，依法严格处罚。重点区域的钢铁、建材、焦化、有色、化工、矿山等涉及大宗物料运输的重点企业以及沿海沿江港口、城市物流配送企业，应制定错峰运输方案，原则上不允许柴油货车在重污染天气预警响应期间进出厂区（保证安全生产运行、运输民生保障物资或特殊需求产品，以及为外贸货物、进出境旅客提供港口集疏运服务的国五及以上排放标准的车辆除外）。各地生态环境部门可根据重污染天气应急需要，督促指导重点企业建设管控运输车辆的门禁和视频监控系统，监控数据至少保存一年以上。（生态环境部、公安部、交通运输部牵头，工业和信息化部等参与）

加大对高排放车辆监督抽测频次。在机动车集中停放地和维修地开展入户检查，并通过路检路查和遥感监测，加强对高排放车辆的监督抽测。每年秋冬季期间监督抽测柴油车数量，重点区域城市自2019 年起不低于当地柴油车保有量的 80%，其他区域城市不低于 50%。（生态环境部、公安部、交通运输部牵头）

（七）强化在用车排放检验和维修治理。加强排放检验机构监督管理。推行除大型客车、校车和危险货物运输车以外的其他汽车跨省异地排放检验。2019 年年底前，排放检验机构应向社会公开检验过程，在企业网站或办事业务大厅显示屏通过高清视频实时公开柴油车排放检验全过程及检验结果，重点区域提前完成。采取现场随机抽检、排放检测比对、远程监控排查等方式，每年实现对排放检验机构的监管全覆盖。对于为省外登记的车辆开展排放检验比较集中、排放检验合格率异常的排放检验机构，应作为重点对象加强监管。将柴油车氮氧化物排放纳入在用汽车污染物排放标准，严格执行、加强监管。严厉打击排放检验机构伪造检验结果、出具虚假报告等违法行为，依法依规撤销资质认定（计量认证）证书，予以严格处罚并公开曝光。（生态环境部、市场监管总局牵头）

强化维修单位监督管理。交通运输、生态环境部门督促指导维修企业建立完善机动车维修治理档案制度，加强监督管理，严厉打击篡改破坏 OBD 系统、采用临时更换污染控制装置等弄虚作假方式通过排放检验的行为，依法依规对维修单位和机动车所有人予以严格处罚。（交通运输部、生态环境部牵头，市场监管总局等参与）

建立完善机动车排放检测与强制维护制度（I/M 制度）。各地生态环境、交通运输等部门建立排放检测和维修治理信息共享机制。排放检验机构（I 站）应出具排放检验结果书面报告，不合格车辆应到具有资质的维修单位（M 站）进行维修治理。经 M 站维修治理合格并上传信息后，再到同一家 I 站予以复检，经检验合格方可出具合格报告。I 站和 M 站数据应实时上传至当地生态环境和交通运输部门，实现数据共享和闭环管理。研究制定汽车排放及维修有关零部件标准，鼓励开展自愿认证。2019 年年底前，各地全面建立实施 I/M 制度，重点区域提前完成。监督抽测发现的超标排放车辆也应按要求及时维修。（交通运输部、生态环境部牵头，市场监管总局等参与）

（八）加快老旧车辆淘汰和深度治理。推进老旧车辆淘汰报废。各地制定老旧柴油货车和燃气车淘汰更新目标及实施计划，采取经济补偿、限制使用、加强监管执法等措施，促进加快淘汰国三及以下排放标准的柴油货车、采用稀薄燃烧技术或“油改气”的老旧燃气车辆。对达到强制报废标准的车辆，依法实施强制报废。对于提前淘汰并购买新能源货车的，享受中央财政现行购置补贴政策。鼓励地方研究建立与柴油货车淘汰更新相挂钩的新能源车辆运营补贴机制，制定实施便利通行政策。2020 年年底前，京津冀及周边地区、汾渭平原加快淘汰国三及以下排放标准营运柴油货车 100 万辆以上。（交通运输部、生态环境部、财政部、商务部牵头，公安部等参与）

推动高排放车辆深度治理。按照政府引导、企业负责、全程监控模式，推进高排放老旧柴油车深度治理。对于具备深度治理条件的柴油车，鼓励加装或更换符合要求的污染控制装置，协同控制颗粒物和氮氧化物排放。深度治理车辆应安装远程排放监控设备和精准定位系统，并与生态环境部门联网，实时监控油箱和尿素箱液位变化，以及氮氧化物、颗粒物排放情况。安装远程排放监控设备并与生态环境部门联网且稳定达标排放的柴油车，可在定期排放检验时免于上线检测。（生态环境部、交通运输部牵头）

（九）推进监控体系建设和应用。加快建设完善“天地车人”一体化的机动车排放监控系统。利用机动车道路遥感监测、排放检验机构联网、重型柴油车远程排放监控，以及路检路查和入户监督抽测，对柴油车开展全天候、全方位的排放监控。2018 年年底前，全部机动车排放检验机构实现国家、省、市三级联网，确保排放检验数据实时、稳定传输。加快推进机动车遥感监测能力建设，各地根据工作需要在柴油车通行主要路段建设遥感监测点位，并进行国家、省、市三级联网，重点区域 2018 年年底前初步建成，其他区域 2020 年完成。推进重型柴油车远程在线监控系统建设，2018 年重点区域开展试点，2019 年年底前重点区域 50%以上具备条件的重型柴油车安装远程在线监控并与生态环境部门联网，其他地区城市积极推进。2020 年 1 月 1 日起，重点区域将未安装远程在线监控系统的营运车辆列入重点监管对象。（生态环境部牵头，交通运输部等参与）

加强排放大数据分析应用。利用“天地车人”一体化排放监控系统以及机动车监管执法工作形成的数据，构建全国互联互通、共建共享的机动车环境监管平台。各地通过信息平台每日报送定期排放检验数据和监督抽测发现的超标排放车辆信息，实现登记地与使用地对超标排放车辆的联合监管。通过大数据追溯超标排放车辆生产或进口企业、污染控制装置生产企业、登记地、排放检验机构、维修单位、加油站点、供油企业、运输企业等，实现全链条环境监管。加强对排放检验机构检测数据的监督抽查，对比分析过程数据、视频图像和检测报告，重点核查定期排放检验初检或日常监督抽测发现的超标车、外省（区、市）登记的车辆、运营 5 年以上的老旧柴油车等。各地对上述重点车辆排放检验数据的年度核查率要达到 80%以上，重点区域再进一步提高比例。（生态环境部牵头，公安部、交通运输部、商务部、工业和信息化部、市场监管总局、海关总署等参与）

（十）推动相关行业集约化发展。促进落后产能淘汰。鼓励运用市场化手段，推进柴油货车生产企业兼并重组，促进淘汰落后产品和僵尸企业。对不能维持正常生产经营的企业进行为期两年的特别公示管理。2020 年年底前，进一步提高柴油货车制造产业集中度。（工业和信息化部牵头）

推进排放检验机构和维修单位规模化发展。鼓励支持排放检验机构通过市场运作手段，开展并购重组、连锁经营，实现规模化、集团化发展。着力培育一批检验服务质量好、社会诚信度高的排放检验机构成长为地方或行业品牌。鼓励专业水平高的排放检验机构在产业集中区域、交通枢纽、沿海沿江港口、偏远地区以及消费集中区域设立分支机构，提供便捷服务。对于设立分支机构或者多场所检验检测机构的，资质认定部门简化办理手续。鼓励支持技术水平高、市场信誉好的维修企业连锁经营，严厉打击清理无照、不按规定备案经营的维修站点。（市场监管总局、生态环境部、交通运输部牵头）

三、清洁柴油机行动

（十一）严格新生产发动机和非道路移动机械、船舶管理。2020 年年底前，全国实施非道路移动机械第四阶段排放标准。进口二手非道路移动机械和发动机应达到国家现行的新生产非道路移动机械排放标准要求。各地要加强对新生产销售发动机和非道路移动机械的监督检查，重点查验污染控制装置、环保信息标签等，并抽测部分机械机型排放情况。各省（区、市）对在本行政区域内生产（进口）的发动机和非道路移动机械主要系族的年度抽检率达到 60%，覆盖全部生产（进口）企业，重点区域达到 80%；对在本行政区域销售但非本行政区域内生产的非道路移动机械主要系族的年度抽检率达到 50%，重点区域达到 60%。严惩生产销售不符合排放标准要求发动机的行为，将相关企业及其产品列入黑名单。严格实施非道路移动机械环保信息公开制度，严厉处罚生产、进口、销售不达标产品行为，依法实施环境保护召回。各地生产销售发动机和非道路移动机械机型系族的抽检合格率达到95%以上。严格实施船舶发动机第一阶段国家排放标准，提前实施第二阶段排放标准。严禁新建不达标船舶进入运输市场。（生态环境部、交通运输部、海关总署、市场监管总局牵头）

（十二）加强排放控制区划定和管控。各地依法划定并公布禁止使用高排放非道路移动机械的区域，重点区域城市2019年年底前完成，其他地区城市2020年6月底前完成。各地秋冬季期间加强对进入禁止使用高排放非道路移动机械区域内作业的工程机械的监督检查，重点区域每月抽查率达到50%以上，禁止超标排放工程机械使用，消除冒黑烟现象。加强环渤海、长三角、珠三角水域船舶排放控制区管理，重点区域的内河水域应采取禁限行等措施限制高排放船舶使用。2019年年底前，调整扩大船舶排放控制区范围，覆盖沿海重点港口和部分内河区域，提高船用燃料油硫含量控制要求。研究探索在船舶排放控制区同步管控船舶硫氧化物、氮氧化物和颗粒物排放。（生态环境部、交通运输部牵头，科技部等参与）

（十三）加快治理和淘汰更新。对于具备条件的老旧工程机械，加快污染物排放治理改造。按规定通过农机购置补贴推动老旧农业机械淘汰报废。采取限制使用等措施，促进老旧燃油工程机械淘汰。推进铁路内燃机车排放控制技术进步和新型内燃机车应用，加快淘汰更新老旧机车，具备条件的加快治理改造，协同控制颗粒物和氮氧化物排放。加快推动重点区域通行的铁路内燃机车基本消除冒黑烟现象。铁路煤炭运输应采取抑尘措施，有效控制扬尘污染。加快新能源非道路移动机械的推广使用，在重点区域城市划定的禁止使用高排放非道路移动机械区域内，鼓励优先使用新能源或清洁能源非道路移动机械。重点区域港口、机场、铁路货场、物流园新增和更换的岸吊、场吊、吊车等作业机械，主要采用新能源或清洁能源机械。推动内河船舶治理改造，加强颗粒物排放控制，开展减少氮氧化物排放试点工作。推进内河船型标准化，鼓励淘汰使用20年以上的内河航运船舶，依法强制报废超过使用年限的航运船舶。加强老旧渔船管理，加快推进渔船更新改造。推广使用纯电动和天然气船舶。（农业农村部、交通运输部、铁路局、民航局、铁路总公司牵头，生态环境部、财政部、商务部、能源局等参与）

（十四）强化综合监督管理。2019年年底前，各地完成非道路移动机械摸底调查和编码登记。探索建立工程机械使用中监督抽测、超标后处罚撤场的管理制度。推进工程机械安装精准定位系统和实时排放监控装置，2020年年底前，新生产、销售的工程机械应按标准规定进行安装。进入重点区域城市划定的禁止使用高排放非道路移动机械区域内作业的工程机械，鼓励安装精准定位系统和实时排放监控装置，并与生态环境部门联网。施工单位应依法使用排放合格的机械设备，使用超标排放设备问题突出的纳入失信企业名单。强化船舶排放控制区内船用燃料油使用监管，提高抽检率，打击船舶使用不合规燃油行为。（生态环境部牵头，工业和信息化部、农业农村部、住房城乡建设部、交通运输部等参与）

（十五）推动港口岸电建设和使用。加快港口岸电设备设施建设和船舶受电设施设备改造，提高岸电设施使用效率，相关改造项目纳入环评审批绿色通道。全国主要港口和船舶排放控制区内的港口，靠港船舶优先使用岸电。2020年年底前，沿海和内河主要港口、船舶排放控制区内港口的50%以上集装箱、客滚、邮轮、3千吨级以上客运和5万吨级以上干散货专业化泊位具备向船舶供应岸电的能力。新建码头同步规划、设计、建设岸电设施。2019年7月1日起，重点区域沿海港口新增、更换拖船优先使用新能源或清洁能源。2020年年底前，长江干线、西江航运干线、京杭运河水上服务区和待闸锚地基本具备船舶岸电供应能力。研究制定三峡坝区船舶待闸期间限制使用辅机、鼓励使用岸电的措施。（交通运输部牵头，发展改革委、能源局等参与）

四、清洁运输行动

（十六）提升铁路货运量。推进中长距离大宗货物、集装箱运输从公路转向铁路。在环渤海地区、山东省、长三角地区，2018年年底前，沿海主要港口和唐山港、黄骅港的煤炭集港改由铁路或水路运输；2020年采暖季前，沿海主要港口和唐山港、黄骅港的矿石、焦炭等大宗货物原则上主要改由铁路或水路运输。加大货运铁路建设投入，加快完成蒙华、水曹等货运铁路建设，大力提升张唐、瓦日等铁路线煤炭运输量。加大铁路与港口连接线、工矿企业铁路专用线建设投入，加强钢铁、电解铝、电力、焦化等重点行业企业铁路专用线建设，2019年实现已配套建成铁路专用线的企业主要由铁路运输大宗物料，未配套建设铁路专用线的要尽快完成规划，到2020年重点区域重点行业企业铁路运输比例达到50%以上。（交通运输部、发展改革委、生态环境部、铁路局、铁路总公司牵头，财政部等参与）

（十七）推动发展绿色货运。加快有关交通运输规划和建设项目的环评审查进度，在确保生态环境系统有效保护的前提下，科学有序提升铁路和水路运力。符合运输结构调整方向的铁水联运、水水中转码头、货运铁路及铁路专用线等建设项目，要纳入环评审批绿色通道，优化流程、加快审批。重点区域内新、改、扩建涉及大宗物料运输的建设项目，应尽量采用铁路、水路或管道等运输方式，其他地区应优先采用。依托铁路物流基地、公路港、沿海和内河港口等，推进多式联运型和干支衔接型货运枢纽（物流园区）建设，加快推进集装箱多式联运。鼓励发展江海联运、江海直达、滚装运输、驮背运输、甩挂运输等运输组织方式。重点区域加快推进液化天然气（LNG）罐式集装箱多式联运及堆场建设。推行货运车型标准化，推广集装箱货运方式。推进干线铁路、城际铁路、市域铁路和城市轨道“四网融合”，试点开展高铁快运、地铁货运等。推进城市绿色货运配送示范工程，支持利用城市现有铁路、物流货场转型升级为城市配送中心。鼓励支持运输企业资源整合重组，规模化、集约化高质量发展。（交通运输部、发展改革委、生态环境部、铁路总公司牵头，财政部、商务部、工业和信息化部、铁路局、民航局、能源局等参与）

（十八）优化运输车队结构。推广使用新能源和清洁能源汽车。加快推进城市建成区新增和更新的公交、环卫、邮政、出租、通勤、轻型物流配送车辆采用新能源或清洁能源汽车，重点区域使用比例达到80%。积极推广应用新能源物流配送车。重点区域集疏港、天然气气源供应充足地区应加快充电站及加气站建设，优先采用新能源汽车和达到国六排放标准的天然气等清洁能源汽车。重点区域港口、机场、铁路货场等新增或更换作业车辆主要采用新能源或清洁能源汽车。在物流园、产业园、工业园、大型商业购物中心、农贸批发市场等物流集散地建设集中式充电桩和快速充电桩。鼓励各地组织开展燃料电池货车示范运营，建设一批加氢示范站。优化承担物流配送的城市新能源车辆的便利通行政策。（交通运输部、生态环境部牵头，工业和信息化部、公安部、财政部、住房城乡建设部、铁路局、民航局、邮政局、铁路总公司等参与）

五、清洁油品行动

（十九）加快提升油气质量标准。自2019年1月1日起，全国全面供应符合国六标准的车用汽柴油，停止销售普通柴油和低于国六标准的车用汽柴油，取消普通柴油标准，实现车用柴油、普通柴油、部分船舶用油“三油并轨”。加快制定实施内河大型船舶用燃料油标准，制修订天然气质量标准，大幅降低硫含量等环境指标限值。根据大气污染防治需要，研究制定更加严格的汽柴油质量标准，降低烯烃、芳烃和多环芳烃含量。（能源局、交通运输部、市场监管总局牵头，商务部、生态环境部等参与）

（二十）健全燃油及清净增效剂和车用尿素管理制度。开展燃油生产加工企业专项整治，依法取缔违法违规企业，对生产不合格油品的企业依法严格处罚，从源头保障油品质量。推进车用尿素和燃油清净增效剂信息公开。研究汽柴油销售前添加符合环保要求的燃油清净增效剂。推进建立车用油品、车用尿素、船用燃料油全生命周期环境监管档案，打通生产、销售、储存、使用环节。禁止以化工原料名义出售调和油组分，禁止以化工原料勾兑调和油，严禁运输企业和工矿企业储存、使用非标油。（市场监管总局、能源局、生态环境部等按职责分工负责）

（二十一）推进油气回收治理。2019 年，重点区域加油站、储油库、油罐车基本完成油气回收治理工作，其他区域城市建成区在 2020 年前基本完成。重点区域年销售汽油量大于 5 000 吨的加油站，加快推进安装油气回收自动监控设备并与生态环境部门联网。重点区域开展储油库油气回收自动监控试点。开展原油和成品油码头、船舶油气回收治理，新建的原油、汽油、石脑油等装船作业码头全部安装油气回收设施。2020 年 1 月 1 日以后建造的 150 总吨以上的国内航行油船应具备码头油气回收条件。（生态环境部、交通运输部牵头，商务部、应急部、市场监管总局等参与）

（二十二）强化生产、销售、储存和使用环节监管。严厉打击生产、销售、储存和使用不合格油品、天然气和车用尿素行为，依法追究相关方面责任并向社会公开。各地在生产、销售和储存环节开展常态化监督检查，加大对炼油厂、储油库、加油（气）站和企业自备油库的抽查频次。各地组织开展清除无证无照经营的黑加油站点、流动加油罐车专项整治行动，严厉打击生产销售不合格油品行为，构成犯罪的，依法追究刑事责任。严禁在液化天然气中非法添加液氮，并采取切实措施防止死灰复燃。加强使用环节监督检查，在具备条件的情况下从柴油货车油箱、尿素箱抽取样品进行监督检查，重点区域城市加大检查频次。到 2019 年，违法生产、销售、储存和使用假劣非标油品现象基本消除。（市场监管总局、发展改革委、商务部、交通运输部、生态环境部等按职责分工负责）

六、保障措施

（二十三）加强法规标准和政策保障。完善法规标准体系。研究制定机动车和非道路移动机械环境保护召回管理办法、机动车排放检验与强制维修管理办法。各地根据监管需要，制定出台机动车污染防治地方法规，健全严惩重罚制度。制修订在用汽车和非道路移动机械排放标准、非道路移动机械第四阶段技术要求。制修订并实施铁路内燃机车排放标准，研究制定机动车排放检验技术规范、机动车遥感检测仪器校准规范、柴油车和工程机械远程在线监控及联网规范、柴油车排放治理技术指南、加油站油气回收在线监控系统技术要求等。制定实施维修站建设和联网、尾气排放维修治理技术规范等。修订《机动车强制报废标准规定》，调整营运柴油货车使用年限。加快制修订汽柴油清净剂等相关标准。加快出台实施报废机动车回收管理办法。（生态环境部、交通运输部、商务部、司法部、市场监管总局、能源局、铁路局牵头）

健全环境信用体系。机动车生产或进口企业、发动机制造企业、污染控制装置生产企业、排放检验机构、维修单位、运输企业、施工单位、汽柴油及车用尿素生产销售企业等企业的违法违规信息，企业未依法依规落实应急运输响应等重污染应急措施的信息，以及相关企业负责人信息，按规定纳入全国信用信息共享平台，实施跨部门联合惩戒。对环境信用良好的企业实施联合激励。（发展改革委牵头，生态环境部、交通运输部、工业和信息化部、商务部、海关总署、能源局等参与）

（二十四）加强税收和价格政策激励。实施税收优惠政策。对符合条件的新能源汽车免征车辆购置税，继续落实并完善对节能、新能源车船减免车船税的政策。各地研究建立柴油车加装、更换污染控制装置的激励机制。（财政部牵头，生态环境部、交通运输部、工业和信息化部、税务总局等参与）

完善价格政策。适时完善车用油品价格政策，研究在成品油质量升级价格政策中统筹考虑燃油清净增效剂成本的可行性。铁路运输企业完善货运价格市场化运作机制，规范辅助作业环节收费，积极推行铁路运费“一口价”。研究实施铁路集港运输和疏港运输差异化运价模式，降低回程铁路空载率。推动建立完善船舶、飞机使用岸电的供售电机制，降低岸电使用成本。允许码头等岸电设施经营企业按现行电价政策向船舶收取电费。港口岸基供电执行大工业电价，免收容（需）量电费，研究进一步加大对内河岸电价格政策的支持力度。各地及有关行业主管部门应加大对港口、机场岸电设施建设和经营的支持力度，鼓励码头等岸电设施经营企业实行岸电服务费优惠。（发展改革委牵头，生态环境部、交通运输部、商务部、能源局、铁路局、民航局、铁路总公司等参与）

（二十五）加强技术和能力支撑。支持管理创新和减排技术研发。鼓励地方积极探索移动源治污新模式。支持研发传统内燃机高效节能减排技术，提升发动机热效率，优化尾气处理工艺。积极发展替代燃料、混合动力、纯电动、燃料电池等机动车船技术。鼓励开发混合动力、插电式混合动力专用发动机，优化动力总成系统匹配。鼓励自主研发柴油车（机）高压共轨燃油喷射系统、高效增压中冷系统、废气再循环系统、选择性催化还原系统、柴油颗粒物捕集器等技术。研究公路运输节能减排技术新路径。推进港口、铁路、机场等特殊领域作业机械新能源动力技术研发。启动船舶国际排放控制区划定及管控技术研究。支持“多式联运、互联网+运输”等研究，健全多式联运基础设施、运载单元、信息交换接口等标准体系。（科技部牵头，生态环境部、工业和信息化部、交通运输部、铁路局、民航局、铁路总公司等参与）

加大资金支持和能力建设力度。加大中央和地方财政资金投入，重点支持机动车、工程机械及船舶的环境监控监管能力建设和运行维护，以及老旧柴油货车淘汰和尾气排放深度治理。对淘汰更新老旧柴油货车、推广使用新能源货车等大气污染治理措施成效显著的地方，中央财政在安排有关资金时予以倾斜支持。加强基层机动车污染防治工作力量建设，提高监管执法专业化水平。2019 年年底前，各地达到机动车环境管理能力建设标准要求。构建交通污染全国监测网络，在沿海沿江主要港口和重要物流通道建设空气质量监测站，重点监控评估交通运输污染情况，2020 年年底前建成。在全国扶持建设 1 000 座柴油货车排气超标维修治理站，加强培训，提高行业维修治理能力。大力支持港口和机场岸基供电，对于港口、铁路、机场等特殊领域的新能源动力作业机械，加大技术研发和改造的资金支持力度，加快推进铁路电气化改造及老旧机车更新换代，加大机场场内车辆“油改电”工作支持力度。有效提升车船用液化天然气供应保障能力，研究制定物流通道沿线液化天然气加注站建设规划。（财政部、生态环境部、交通运输部、能源局牵头，工业和信息化部、科技部、铁路局、民航局、铁路总公司等参与）

（二十六）加强奖惩并举和公众参与。建立完善奖惩并举机制。加强柴油货车污染治理攻坚战年度和终期目标任务完成情况考核，纳入打赢蓝天保卫战成效考核。建立考核激励和容错机制，及时表扬奖励工作成绩突出，以及敢于开拓创新、敢于担当的先进典型。对工作不力、监管责任不落实、问题突出的地方，由生态环境部公开约谈地方政府主要负责人。将柴油货车污染治理攻坚战中存在的不作为、乱作为等突出问题纳入中央环境保护督察和省级环境保护督察范围，对重点攻坚任务完成不到位，不作为、慢作为、不担当、不碰硬，甚至失职失责的，依法依规依纪严肃问责。加快建立完善机动车等移动源行政执法与刑事司法衔接机制，对于生产、进口、销售不合格发动机、机动车、非道路移动机械、车用燃料、车用尿素，以及排放检验弄虚作假的行为，严惩重罚，涉嫌违法犯罪的移送司法机关，依法追究相关人员刑事责任。（生态环境部牵头，中央组织部等参与）

强化公众参与和监督。创新方式方法，利用电视、广播、报纸、互联网等新闻媒体，开展多种形式的宣传普及活动，加强法律法规政策宣传解读，营造良好的社会氛围，不断提高全社会对机动车污染危害和绿色货运的认识。教育引导机动车船和机械驾驶（操作）人员树立绿色驾驶（作业）意识，提高购买使用合格油品和尿素、及时维护保养的自觉性。鼓励职业院校相关专业中增加绿色驾驶教育、排放检验与维修技术等内容，大力开展尾气排放维修治理技术培训。引导支持社会公众积极有序参与和监督，各城市建立有奖举报机制，鼓励通过微信平台（微信公众号“12369 环保举报”）举报冒黑烟车辆和非道路移动机械。（生态环境部、交通运输部、教育部牵头）

地方各级人民政府是落实本行动计划的责任主体，要因地制宜制定本地区实施方案，层层压实责任，认真监督落实。国务院各有关部门要按照职责分工，切实落实本行动计划确定的各项工作任务。生态环境部和有关部门加强统筹协调、定期调度和监督检查，重要情况及时报告国务院。

报废机动车回收管理办法

中华人民共和国国务院令

第715号

现公布《报废机动车回收管理办法》，自2019年6月1日起施行。

总理　李克强

2019年4月22日

报废机动车回收管理办法

第一条　为了规范报废机动车回收活动，保护环境，促进循环经济发展，保障道路交通安全，制定本办法。

第二条　本办法所称报废机动车，是指根据《中华人民共和国道路交通安全法》的规定应当报废的机动车。

不属于《中华人民共和国道路交通安全法》规定的应当报废的机动车，机动车所有人自愿作报废处理的，依照本办法的规定执行。

第三条　国家鼓励特定领域的老旧机动车提前报废更新，具体办法由国务院有关部门另行制定。

第四条　国务院负责报废机动车回收管理的部门主管全国报废机动车回收（含拆解，下同）监督管理工作，国务院公安、生态环境、工业和信息化、交通运输、市场监督管理等部门在各自的职责范围内负责报废机动车回收有关的监督管理工作。

县级以上地方人民政府负责报废机动车回收管理的部门对本行政区域内报废机动车回收活动实施监督管理。县级以上地方人民政府公安、生态环境、工业和信息化、交通运输、市场监督管理等部门在各自的职责范围内对本行政区域内报废机动车回收活动实施有关的监督管理。

第五条　国家对报废机动车回收企业实行资质认定制度。未经资质认定，任何单位或者个人不得从事报废机动车回收活动。

国家鼓励机动车生产企业从事报废机动车回收活动。机动车生产企业按照国家有关规定承担生产者责任。

第六条　取得报废机动车回收资质认定，应当具备下列条件：

（一）具有企业法人资格；

（二）具有符合环境保护等有关法律、法规和强制性标准要求的存储、拆解场地，拆解设备、设施以及拆解操作规范；

（三）具有与报废机动车拆解活动相适应的专业技术人员。

第七条 拟从事报废机动车回收活动的，应当向省、自治区、直辖市人民政府负责报废机动车回收管理的部门提出申请。省、自治区、直辖市人民政府负责报废机动车回收管理的部门应当依法进行审查，对符合条件的，颁发资质认定书；对不符合条件的，不予资质认定并书面说明理由。

省、自治区、直辖市人民政府负责报废机动车回收管理的部门应当充分利用计算机网络等先进技术手段，推行网上申请、网上受理等方式，为申请人提供便利条件。申请人可以在网上提出申请。

省、自治区、直辖市人民政府负责报废机动车回收管理的部门应当将本行政区域内取得资质认定的报废机动车回收企业名单及时向社会公布。

第八条 任何单位或者个人不得要求机动车所有人将报废机动车交售给指定的报废机动车回收企业。

第九条 报废机动车回收企业对回收的报废机动车，应当向机动车所有人出具《报废机动车回收证明》，收回机动车登记证书、号牌、行驶证，并按照国家有关规定及时向公安机关交通管理部门办理注销登记，将注销证明转交机动车所有人。

《报废机动车回收证明》样式由国务院负责报废机动车回收管理的部门规定。任何单位或者个人不得买卖或者伪造、变造《报废机动车回收证明》。

第十条 报废机动车回收企业对回收的报废机动车，应当逐车登记机动车的型号、号牌号码、发动机号码、车辆识别代号等信息；发现回收的报废机动车疑似赃物或者用于盗窃、抢劫等犯罪活动的犯罪工具的，应当及时向公安机关报告。

报废机动车回收企业不得拆解、改装、拼装、倒卖疑似赃物或者犯罪工具的机动车或者其发动机、方向机、变速器、前后桥、车架（以下统称“五大总成”）和其他零部件。

第十一条 回收的报废机动车必须按照有关规定予以拆解；其中，回收的报废大型客车、货车等营运车辆和校车，应当在公安机关的监督下解体。

第十二条 拆解的报废机动车“五大总成”具备再制造条件的，可以按照国家有关规定出售给具有再制造能力的企业经过再制造予以循环利用；不具备再制造条件的，应当作为废金属，交售给钢铁企业作为冶炼原料。

拆解的报废机动车“五大总成”以外的零部件符合保障人身和财产安全等强制性国家标准，能够继续使用的，可以出售，但应当标明“报废机动车回用件”。

第十三条 国务院负责报废机动车回收管理的部门应当建立报废机动车回收信息系统。报废机动车回收企业应当如实记录本企业回收的报废机动车“五大总成”等主要部件的数量、型号、流向等信息，并上传至报废机动车回收信息系统。

负责报废机动车回收管理的部门、公安机关应当通过政务信息系统实现信息共享。

第十四条 拆解报废机动车，应当遵守环境保护法律、法规和强制性标准，采取有效措施保护环境，不得造成环境污染。

第十五条 禁止任何单位或者个人利用报废机动车“五大总成”和其他零部件拼装机动车，禁止拼装的机动车交易。

除机动车所有人将报废机动车依法交售给报废机动车回收企业外，禁止报废机动车整车交易。

第十六条 县级以上地方人民政府负责报废机动车回收管理的部门应当加强对报废机动车回收企业的监督检查，建立和完善以随机抽查为重点的日常监督检查制度，公布抽查事项目录，明确抽查的依据、频次、方式、内容和程序，随机抽取被检查企业，随机选派检查人员。抽查情况和查处结果应当及时向社会公布。

在监督检查中发现报废机动车回收企业不具备本办法规定的资质认定条件的，应当责令限期改正；拒不改正或者逾期未改正的，由原发证部门吊销资质认定书。

第十七条　县级以上地方人民政府负责报废机动车回收管理的部门应当向社会公布本部门的联系方式，方便公众举报违法行为。

县级以上地方人民政府负责报废机动车回收管理的部门接到举报的，应当及时依法调查处理，并为举报人保密；对实名举报的，负责报废机动车回收管理的部门应当将处理结果告知举报人。

第十八条　负责报废机动车回收管理的部门在监督管理工作中发现不属于本部门处理权限的违法行为的，应当及时移交有权处理的部门；有权处理的部门应当及时依法调查处理，并将处理结果告知负责报废机动车回收管理的部门。

第十九条　未取得资质认定，擅自从事报废机动车回收活动的，由负责报废机动车回收管理的部门没收非法回收的报废机动车、报废机动车“五大总成”和其他零部件，没收违法所得；违法所得在5万元以上的，并处违法所得2倍以上5倍以下的罚款；违法所得不足5万元或者没有违法所得的，并处5万元以上10万元以下的罚款。对负责报废机动车回收管理的部门没收非法回收的报废机动车、报废机动车“五大总成”和其他零部件，必要时有关主管部门应当予以配合。

第二十条　有下列情形之一的，由公安机关依法给予治安管理处罚：

（一）买卖或者伪造、变造《报废机动车回收证明》；

（二）报废机动车回收企业明知或者应当知道回收的机动车为赃物或者用于盗窃、抢劫等犯罪活动的犯罪工具，未向公安机关报告，擅自拆解、改装、拼装、倒卖该机动车。

报废机动车回收企业有前款规定情形，情节严重的，由原发证部门吊销资质认定书。

第二十一条　报废机动车回收企业有下列情形之一的，由负责报废机动车回收管理的部门责令改正，没收报废机动车“五大总成”和其他零部件，没收违法所得；违法所得在5万元以上的，并处违法所得2倍以上5倍以下的罚款；违法所得不足5万元或者没有违法所得的，并处5万元以上10万元以下的罚款；情节严重的，责令停业整顿直至由原发证部门吊销资质认定书：

（一）出售不具备再制造条件的报废机动车“五大总成”；

（二）出售不能继续使用的报废机动车“五大总成”以外的零部件；

（三）出售的报废机动车“五大总成”以外的零部件未标明“报废机动车回用件”。

第二十二条　报废机动车回收企业对回收的报废机动车，未按照国家有关规定及时向公安机关交通管理部门办理注销登记并将注销证明转交机动车所有人的，由负责报废机动车回收管理的部门责令改正，可以处1万元以上5万元以下的罚款。

利用报废机动车“五大总成”和其他零部件拼装机动车或者出售报废机动车整车、拼装的机动车的，依照《中华人民共和国道路交通安全法》的规定予以处罚。

第二十三条　报废机动车回收企业未如实记录本企业回收的报废机动车“五大总成”等主要部件的数量、型号、流向等信息并上传至报废机动车回收信息系统的，由负责报废机动车回收管理的部门责令改正，并处1万元以上5万元以下的罚款；情节严重的，责令停业整顿。

第二十四条　报废机动车回收企业违反环境保护法律、法规和强制性标准，污染环境的，由生态环境主管部门责令限期改正，并依法予以处罚；拒不改正或者逾期未改正的，由原发证部门吊销资质认定书。

第二十五条　负责报废机动车回收管理的部门和其他有关部门的工作人员在监督管理工作中滥用职权、玩忽职守、徇私舞弊的，依法给予处分。

第二十六条　违反本办法规定，构成犯罪的，依法追究刑事责任。

第二十七条　报废新能源机动车回收的特殊事项，另行制定管理规定。

军队报废机动车的回收管理，依照国家和军队有关规定执行。

第二十八条　本办法自 2019 年 6 月 1 日起施行。2001 年 6 月 16 日国务院公布的《报废汽车回收管理办法》同时废止。

机动车强制报废标准规定

中华人民共和国商务部
中华人民共和国发展和改革委员会
中华人民共和国公安部
中华人民共和国环境保护部 令

2012年 第12号

《机动车强制报废标准规定》已经2012年8月24日商务部第68次部务会议审议通过，并经发展改革委、公安部、环境保护部同意，现予发布，自2013年5月1日起施行。《关于发布〈汽车报废标准〉的通知》（国经贸经〔1997〕456号）、《关于调整轻型载货汽车报废标准的通知》（国经贸经〔1998〕407号）、《关于调整汽车报废标准若干规定的通知》（国经贸资源〔2000〕1202号）、《关于印发〈农用运输车报废标准〉的通知》（国经贸资源〔2001〕234号）、《摩托车报废标准暂行规定》（国家经贸委、发展计划委、公安部、环保总局令〔2002〕第33号）同时废止。

部 长：陈德铭
主 任：张 平
部 长：孟建柱
部 长：周生贤
2012年12月27日

机动车强制报废标准规定

第一条 为保障道路交通安全、鼓励技术进步、加快建设资源节约型、环境友好型社会，根据《中华人民共和国道路交通安全法》及其实施条例、《中华人民共和国大气污染防治法》《中华人民共和国噪声污染防治法》，制定本规定。

第二条 根据机动车使用和安全技术、排放检验状况，国家对达到报废标准的机动车实施强制报废。

第三条 商务、公安、环境保护、发展改革等部门依据各自职责，负责报废机动车回收拆解监督管理、机动车强制报废标准执行有关工作。

第四条 已注册机动车有下列情形之一的应当强制报废，其所有人应当将机动车交售给报废机动车回收拆解企业，由报废机动车回收拆解企业按规定进行登记、拆解、销毁等处理，并将报废机动车登记证书、号牌、行驶证交公安机关交通管理部门注销：

（一）达到本规定第五条规定使用年限的；

（二）经修理和调整仍不符合机动车安全技术国家标准对在用车有关要求的；

（三）经修理和调整或者采用控制技术后，向大气排放污染物或者噪声仍不符合国家标准对在用车有关要求的；

（四）在检验有效期届满后连续 3 个机动车检验周期内未取得机动车检验合格标志的。

第五条 各类机动车使用年限分别如下：

（一）小、微型出租客运汽车使用 8 年，中型出租客运汽车使用 10 年，大型出租客运汽车使用 12 年；

（二）租赁载客汽车使用 15 年；

（三）小型教练载客汽车使用 10 年，中型教练载客汽车使用 12 年，大型教练载客汽车使用 15 年；

（四）公交客运汽车使用 13 年；

（五）其他小、微型营运载客汽车使用 10 年，大、中型营运载客汽车使用 15 年；

（六）专用校车使用 15 年；

（七）大、中型非营运载客汽车（大型轿车除外）使用 20 年；

（八）三轮汽车、装用单缸发动机的低速货车使用 9 年，装用多缸发动机的低速货车以及微型载货汽车使用 12 年，危险品运输载货汽车使用 10 年，其他载货汽车（包括半挂牵引车和全挂牵引车）使用 15 年；

（九）有载货功能的专项作业车使用 15 年，无载货功能的专项作业车使用 30 年；

（十）全挂车、危险品运输半挂车使用 10 年，集装箱半挂车 20 年，其他半挂车使用 15 年；

（十一）正三轮摩托车使用 12 年，其他摩托车使用 13 年。

对小、微型出租客运汽车（纯电动汽车除外）和摩托车，省、自治区、直辖市人民政府有关部门可结合本地实际情况，制定严于上述使用年限的规定，但小、微型出租客运汽车不得低于 6 年，正三轮摩托车不得低于 10 年，其他摩托车不得低于 11 年。

小、微型非营运载客汽车、大型非营运轿车、轮式专用机械车无使用年限限制。

机动车使用年限起始日期按照注册登记日期计算，但自出厂之日起超过 2 年未办理注册登记手续的，按照出厂日期计算。

第六条 变更使用性质或者转移登记的机动车应当按照下列有关要求确定使用年限和报废：

（一）营运载客汽车与非营运载客汽车相互转换的，按照营运载客汽车的规定报废，但小、微型非营运载客汽车和大型非营运轿车转为营运载客汽车的，应按照本规定附件 1 所列公式核算累计使用年限，且不得超过 15 年；

（二）不同类型的营运载客汽车相互转换，按照使用年限较严的规定报废；

（三）小、微型出租客运汽车和摩托车需要转出登记所属地省、自治区、直辖市范围的，按照使用年限较严的规定报废；

（四）危险品运输载货汽车、半挂车与其他载货汽车、半挂车相互转换的，按照危险品运输载货车、半挂车的规定报废。

距本规定要求使用年限 1 年以内（含 1 年）的机动车，不得变更使用性质、转移所有权或者转出登记地所属地市级行政区域。

第七条 国家对达到一定行驶里程的机动车引导报废。达到下列行驶里程的机动车，其所有人可以将机动车交售给报废机动车回收拆解企业，由报废机动车回收拆解企业按规定进行登记、拆解、销毁等处理，并将报废的机动车登记证书、号牌、行驶证交公安机关交通管理部门注销：

（一）小、微型出租客运汽车行驶60万千米，中型出租客运汽车行驶50万千米，大型出租客运汽车行驶60万千米；

（二）租赁载客汽车行驶60万千米；

（三）小型和中型教练载客汽车行驶50万千米，大型教练载客汽车行驶60万千米；

（四）公交客运汽车行驶40万千米；

（五）其他小、微型营运载客汽车行驶60万千米，中型营运载客汽车行驶50万千米，大型营运载客汽车行驶80万千米；

（六）专用校车行驶40万千米；

（七）小、微型非营运载客汽车和大型非营运轿车行驶 60 万千米，中型非营运载客汽车行驶 50 万千米，大型非营运载客汽车行驶60万千米；

（八）微型载货汽车行驶50万千米，中、轻型载货汽车行驶60万千米，重型载货汽车（包括半挂牵引车和全挂牵引车）行驶70万千米，危险品运输载货汽车行驶40万千米，装用多缸发动机的低速货车行驶30万千米；

（九）专项作业车、轮式专用机械车行驶50万千米；

（十）正三轮摩托车行驶10万千米，其他摩托车行驶12万千米。

第八条 本规定所称机动车是指上道路行驶的汽车、挂车、摩托车和轮式专用机械车；非营运载客汽车是指个人或者单位不以获取利润为目的的自用载客汽车；危险品运输载货汽车是指专门用于运输剧毒化学品、爆炸品、放射性物品、腐蚀性物品等危险品的车辆；变更使用性质是指使用性质由营运转为非营运或者由非营运转为营运，小、微型出租、租赁、教练等不同类型的营运载客汽车之间的相互转换，以及危险品运输载货汽车转为其他载货汽车。本规定所称检验周期是指《中华人民共和国道路交通安全法实施条例》规定的机动车安全技术检验周期。

第九条 省、自治区、直辖市人民政府有关部门依据本规定第五条制定的小、微型出租客运汽车或者摩托车使用年限标准，应当及时向社会公布，并报国务院商务、公安、环境保护等部门备案。

第十条 上道路行驶拖拉机的报废标准规定另行制定。

第十一条 本规定自2013年5月1日起施行。2013年5月1日前已达到本规定所列报废标准的，应当在2014年4月30日前予以报废。《关于发布〈汽车报废标准〉的通知》（国经贸经〔1997〕456号）、《关于调整轻型载货汽车报废标准的通知》（国经贸经〔1998〕407号）、《关于调整汽车报废标准若干规定的通知》（国经贸资源〔2000〕1202号）、《关于印发〈农用运输车报废标准〉的通知》（国经贸资源〔2001〕234号）、《摩托车报废标准暂行规定》（国家经贸委、发展计划委、公安部、环保总局令〔2002〕第33号）同时废止。

附件：1. 非营运小微型载客汽车和大型轿车变更使用性质后累计使用年限计算公式

2. 机动车使用年限及行驶里程参考值汇总表

附件 1

非营运小微型载客汽车和大型轿车变更使用性质后累计使用年限计算公式

$$累计使用年限=原状态已使用年+\left(1-\frac{原状态已使用年}{原状态使用年限}\right)\times 状态改变后年限$$

备注：公式中原状态已使用年中不足一年的按一年计算，例如，已使用 2.5 年按照 3 年计算；原状态使用年限数值取定值为 17；累计使用年限计算结果向下圆整为整数，且不超过 15 年。

附件 2

机动车使用年限及行驶里程参考值汇总表

<table>
<tr><th colspan="5">车辆类型与用途</th><th>使用年限（年）</th><th>行驶里程参考值（万千米）</th></tr>
<tr><td rowspan="23">汽车</td><td rowspan="15">载客</td><td rowspan="11">营运</td><td rowspan="3">出租客运</td><td>小、微型</td><td>8</td><td>60</td></tr>
<tr><td>中型</td><td>10</td><td>50</td></tr>
<tr><td>大型</td><td>12</td><td>60</td></tr>
<tr><td colspan="2">租赁</td><td>15</td><td>60</td></tr>
<tr><td rowspan="3">教练</td><td>小型</td><td>10</td><td>50</td></tr>
<tr><td>中型</td><td>12</td><td>50</td></tr>
<tr><td>大型</td><td>15</td><td>60</td></tr>
<tr><td colspan="2">公交客运</td><td>13</td><td>40</td></tr>
<tr><td rowspan="3">其他</td><td>小、微型</td><td>10</td><td>60</td></tr>
<tr><td>中型</td><td>15</td><td>50</td></tr>
<tr><td>大型</td><td>15</td><td>80</td></tr>
<tr><td colspan="3">专用校车</td><td>15</td><td>40</td></tr>
<tr><td rowspan="3">非营运</td><td colspan="2">小、微型客车、大型轿车*</td><td>无</td><td>60</td></tr>
<tr><td colspan="2">中型客车</td><td>20</td><td>50</td></tr>
<tr><td colspan="2">大型客车</td><td>20</td><td>60</td></tr>
<tr><td colspan="2" rowspan="6">载货</td><td colspan="2">微型</td><td>12</td><td>50</td></tr>
<tr><td colspan="2">中、轻型</td><td>15</td><td>60</td></tr>
<tr><td colspan="2">重型</td><td>15</td><td>70</td></tr>
<tr><td colspan="2">危险品运输</td><td>10</td><td>40</td></tr>
<tr><td colspan="2">三轮汽车、装用单缸发动机的低速货车</td><td>9</td><td>无</td></tr>
<tr><td colspan="2">装用多缸发动机的低速货车</td><td>12</td><td>30</td></tr>
<tr><td colspan="2" rowspan="2">专项作业</td><td colspan="2">有载货功能</td><td>15</td><td>50</td></tr>
<tr><td colspan="2">无载货功能</td><td>30</td><td>50</td></tr>
<tr><td colspan="3" rowspan="4">挂车</td><td rowspan="3">半挂车</td><td>集装箱</td><td>20</td><td>无</td></tr>
<tr><td>危险品运输</td><td>10</td><td>无</td></tr>
<tr><td>其他</td><td>15</td><td>无</td></tr>
<tr><td colspan="2">全挂车</td><td>10</td><td>无</td></tr>
<tr><td colspan="3" rowspan="2">摩托车</td><td colspan="2">正三轮</td><td>12</td><td>10</td></tr>
<tr><td colspan="2">其他</td><td>13</td><td>12</td></tr>
<tr><td colspan="5">轮式专用机械车</td><td>无</td><td>50</td></tr>
</table>

注：1. 表中机动车主要依据《机动车类型 术语和定义》（GA 802—2008）进行分类；标注*车辆为乘用车。

2. 对小、微型出租客运汽车（纯电动汽车除外）和摩托车，省、自治区、直辖市人民政府有关部门可结合本地实际情况，制定严于表中使用年限的规定，但小、微型出租客运汽车不得低于 6 年，正三轮摩托车不得低于 10 年，其他摩托车不得低于 11 年。

关于进一步规范排放检验
加强机动车环境监督管理工作的通知

国环规大气〔2016〕2号

各省、自治区、直辖市环境保护厅（局）、公安厅（局）、质量技术监督局（市场监督管理部门），各计划单列市、省会城市环境保护局、公安局、质量技术监督局（市场监督管理部门）：

为贯彻落实2015年8月29日全国人大常委会修订后的《大气污染防治法》（以下简称《大气法》），进一步规范机动车排放检验，推进黄标车和老旧车淘汰，加快提升机动车环境监督管理水平，现将有关要求通知如下：

一、总体要求

认真贯彻落实《大气法》，按照简政放权、放管结合、优化服务、便民惠民的要求，以降低机动车污染排放水平、改善环境质量为核心，严格实施国家机动车排放标准，全面推行机动车环保信息公开；严格规范新生产机动车和在用车排放检验，加快推进机动车排放检验信息联网；严格监管执法，加强对高排放车辆的环保达标监管，促进黄标车和老旧车淘汰，加快推进机动车环境管理的系统化、科学化、法治化、精细化和信息化。

二、有效衔接机动车排放检验和安全技术检验制度

（一）严格执行机动车排放检验制度。环境保护部门依照《大气法》建立并规范机动车排放检验制度，机动车生产企业和机动车所有人应当依法进行机动车排放检验。机动车排放检验机构应当严格落实机动车排放检验标准要求，并将排放检验数据和电子检验报告上传环保部门，出具由环保部门统一编码的排放检验报告。环保部门不再核发机动车环保检验合格标志。机动车安全技术检验机构将排放检验合格报告拍照后，通过机动车安全技术检验监管系统上传公安交管部门，对未经定期排放检验合格的机动车，不予出具安全技术检验合格证明。公安交管部门对无定期排放检验合格报告的机动车，不予核发安全技术检验合格标志。

（二）优化机动车排放和安全技术检验流程。环境保护、认证认可监管部门要加强协作，促进机动车检验机构空间布局优化、合理有序发展。鼓励机动车排放检验机构和安全技术检验机构设在同一地点，整合优化检验流程、共享检验信息，提供一站式便民服务。检验机构要严格按照价格主管部门规定的收费标准收取检验费用，在业务大厅明显位置公示收费依据和标准，并在收费凭证上分别注明安全技术检验和排放检验收费金额。纯电动汽车免于尾气排放检验。

（三）加强排放检验信息联网核查。机动车排放检验周期应与机动车安全技术检验周期一致，免于安全检验上线检测的车辆不进行排放检验。环保部门要加快推进与机动车排放检验机构、公安交管部

门信息联网，建立机动车排放检验信息核查机制。

（四）推行机动车排放异地检验。地市范围内机动车所有人可以自主选择检验机构检验，不得以城区、郊区、县市划分检验区域或者指定检验机构。推行机动车异地检验，在全省（区、市）范围内异地检验，无须办理委托手续。试行机动车跨省（区、市）异地检验，在已实现国家、省、市三级机动车排污监管平台联网的省份，允许机动车所有人在车辆所在地进行检验（黄标车除外）。

（五）大力推行便民检验服务。鼓励检验机构通过微信或短信平台、电话、网络等方式，开展预约检验业务，开设专门的预约检验通道、窗口，做到随到随检。机动车排放检验机构要完善服务指示标志、办事流程指南、大厅服务设施，设置引导指示标志，公示业务流程，增加免费导办人员，维护良好检测秩序，杜绝非法中介扰民行为。各地环保部门要通过政府网络平台向社会公布本地机动车排放检验机构名称、地址、咨询电话等相关信息，方便群众就近验车。

三、加强在用机动车环保监督管理

（六）加快淘汰黄标车和老旧车。各地环保部门要提请人民政府结合本地实际，出台鼓励、引导黄标车和老旧车提前报废更新政策措施，加大对国家鼓励淘汰和要求淘汰的黄标车和老旧车污染排放的监督管理力度，确保完成国家确定的年度淘汰工作任务，实现 2017 年年底前基本淘汰黄标车。研究制定便民服务措施，采取提前告知、简化流程、开辟绿色通道等措施，方便车主淘汰黄标车和老旧车。

（七）强化在用机动车环保监督抽测工作。环保部门要在车辆集中停放地、维修地重点加强对货运车、公交车、出租车、长途客运车、旅游车等车辆的监督抽测工作。公安交管部门在不影响正常通行的情况下，要支持配合环保部门采用遥感监测等技术手段对在道路上行驶的机动车进行监督抽测。对监督抽测不合格的车辆，环保部门要通知车主予以改正并复检，及时公开逾期不复检车辆的车牌、车型等信息。公安交管部门要依法查处无安全技术检验合格标志机动车上道路行驶的违法行为。

（八）严格落实机动车强制报废标准规定。严格执行《机动车强制报废标准规定》，对达到国家强制报废规定的，一律按要求报废。各地公安交管部门要严格查处报废车辆上路行驶违法行为。对达到国家强制报废标准逾期不办理注销登记的机动车，公安交管部门应当及时公告机动车登记证书、号牌、行驶证作废。

四、强化机动车排放检验机构监督管理

（九）强化新生产机动车排放检验机构监督管理。环境保护部不再对新生产机动车排放污染申报检测机构进行核准。新生产机动车排放检验机构应当依法通过资质认定（计量认证），使用经依法检定合格的机动车排放检验设备，按照国家标准和规范进行排放检验，与环境保护部机动车排污监控中心联网，并在 2016 年年底前实现新生产机动车排放检验信息和污染控制技术信息实时传送。

（十）推进在用车排放检验机构规范化联网。省级环保部门应按照《大气法》和国家有关规定，对在用车排放检验机构不再进行委托，对机构数量和布局不再控制。在用车排放检验机构申请与环保部门联网时，应向当地地级城市环保部门主动提交通过资质认定（计量认证）、设备依法检定合格的相关材料，地级城市环保部门对符合环境保护部机动车环保信息联网规范等要求的检验机构应予联网，并公开已联网的检验机构名单。

（十一）加强排放检验机构监督管理。环保部门可通过现场检查排放检验过程、审查原始检验记录或报告等资料、审核年度工作报告、组织检验能力比对实验、检测过程及数据联网监控等方式加强检

验机构监管，推进检验机构规范化运营。认证认可监管部门应加强检验机构资质认定监督管理，重点加强技术能力有效维持以及管理体系有效性的监管，确保检验数据质量。环境保护和认证认可监管部门对排放检验机构实行“双随机、一公开”（随机抽取检查对象、随机选派执法检查人员、及时公开查处结果）的监管方式，依法严肃查处违法的排放检验机构。

（十二）强化排放检验机构主体责任。排放检验机构应按照《大气法》要求通过资质认定（计量认证），使用经依法检定或校准合格的设备，定期进行设备维护保养，按照相关规范标准进行机动车排放检验，对检验结果承担法律责任，接受社会监督和责任倒查。排放检验机构应对受检车辆的污染控制装置进行查验，重点加强营运车辆及重型柴油车环保配置查验。对伪造检验结果、出具虚假报告的检验机构，环保部门暂停网络联接和检验报告打印功能，并依照《大气法》有关条款予以处罚；违反资质认定相关规定的，认证认可监管部门依据资质认定有关规定对排放检验机构进行处罚，情节严重的撤销其资质认定证书。省市环保部门应将在用车排放检验机构守法情况纳入企业征信系统，并将有关情况向社会公开。

（十三）加强检验数据统计分析。各地环保部门应加强机动车排放检验数据分析，核查检验数据异常情况，分析查找原因。对于排放检验中发现的排放超标数量大、比例偏高的车型，地级城市环保部门应逐级上报。省级环保部门应视具体情况启动调查机制，确认该车型新生产车辆是否超标排放，依法进行处理，并报告环境保护部。

（十四）严格执行政府部门不准经办检验机构等企业的规定。要正确处理政府与市场的关系，全面推进排放检验机构社会化，严格执行党中央、国务院关于严禁党政机关和党政干部经商、办企业等规定。环保部门及其所属企事业单位、社会团体一律不得开办检验机构、参与检验机构经营。对已经开办、参与或者变相参与经营的，要立即停办、彻底脱钩或者退出投资、依法清退转让股份。

五、加快机动车环保监管能力和队伍建设

（十五）加强机动车环境监管能力建设。加快推进机动车环境管理机构标准化，提高机动车污染防治能力和水平。各省、自治区、直辖市以及大气污染防治重点城市环保部门，应按照《全国机动车环境管理能力建设标准》中关于机动车环境管理机构硬件设备标准和综合业务平台建设标准要求，逐步提高机动车污染防治监管水平。加大业务培训力度，提高监管执法人员业务技能。

（十六）加快推进全国机动车环保信息联网。各地环保部门要加快机动车环保信息联网建设工作进度，对在用车排放检验实施在线监控，实现检验数据实时传输、及时分析处理。2016 年年底前，各排放检验机构应与环保部门实现数据联网，京津冀及周边地区、长三角、珠三角等重点区域要率先实现国家、省、市三级联网。2017 年年底前，建成国家、省、市三级联网的机动车排污监控平台。

本通知自发布之日起实施，此前与本文件规定不符的以本文件为准。环境保护部《关于印发〈机动车环保检验管理规定〉的通知》（环发〔2013〕38 号）同时废止。

环境保护部
公安部
国家认监委
2016 年 7 月 21 日

关于促进车用汽柴油产品质量提升的指导意见

国质检监联〔2012〕496号

各省、自治区、直辖市质量技术监督局、环境保护厅（局）、商务厅（局）、发展改革委（经委、能源局），中国石油化工集团公司、中国石油天然气集团公司、中国海洋石油总公司、中国中化集团公司、中国化工集团公司：

成品油是关系国计民生的重要商品和战略物资，车用汽柴油产品质量直接关系到经济社会发展、环境质量改善和人民群众切身利益。为进一步加强车用汽柴油产品质量监督管理，提升车用汽柴油产品质量水平，促进国内成品油市场持续健康发展，制定本指导意见。

一、充分认识促进车用汽柴油产品质量提升的重要意义

车用汽柴油被誉为交通运输行业特别是现代物流业的血脉，车用汽柴油产品质量状况事关国民经济的健康发展，事关我国工业化、城镇化进程的顺利推进，事关大气环境质量改善和广大人民群众的生命财产安全。改革开放以来，我国车用汽柴油产品市场供应能力不断提高，质量稳步提升，生产炼油和分销市场管理体制不断完善，有效促进了经济社会的健康发展。当前，在国际市场波动、生产成本上涨、市场竞争加剧等多方面因素的影响下，我国车用汽柴油产品质量整体水平还不高，生产流通环节质量问题不断显现，部分企业履行产品质量主体责任意识不强，无证照生产经营或超范围生产经营行为屡禁不止，车用汽柴油与其他燃油混杂销售，以次充好、掺杂使假、缺斤短两等质量违法行为时有发生，有的甚至擅自利用化工原料、添加剂兑制、混配“调和汽柴油”，直接扰乱了正常的车用汽柴油市场经营秩序，既不利于完成节能减排，也给车用汽柴油质量安全带来隐患。为此，要充分认识加强车用汽柴油产品质量综合整治，提升车用汽柴油产品质量总体水平的重要意义，采取有效措施，加强部门监管和协作配合，督促企业切实履行产品质量主体责任，为车用汽柴油行业持续健康发展奠定坚实基础。

二、生产经营企业要切实履行车用汽柴油产品质量提升的主体责任

（一）切实落实质量安全保证的法律责任。依法生产经营，保证产品质量安全是企业生存发展的底线。车用汽柴油生产与经营企业应对其生产经营的产品质量安全负责，履行《产品质量法》《成品油市场管理办法》等法律法规规定的产品质量安全责任和义务，生产和销售质量安全、符合国家或地方产品质量要求的车用汽柴油，不得生产和销售国家明令淘汰产品、假冒伪劣产品，不得非法兑制、混配车用汽柴油，影响车辆的正常使用。

（二）切实落实诚信经营的社会责任。诚实守信、树立良好的质量信誉是企业不断发展壮大的基础。车用汽柴油生产与经营企业要建立完善质量诚信体系，自觉接受行业协会和社会的监督，主动负责地保障消费者合法权利、维护环境质量等公共权益。积极配合监管部门依法进行的监督检查，在发生车用汽柴油质量安全问题或发现产品质量安全隐患时，应及时向监管部门报告，不得隐瞒、谎报、缓报和销毁有关证据，要主动负责地采取措施，科学处置，消除安全隐患，防止事态扩大。

（三）切实落实全过程质量控制的管理责任。车用汽柴油生产与经营企业要从生产经营各个环节把好质量关，根据生产经营实际，开展全员质量培训，明确各级各类质量相关人员的职责。要建立健全产品质量安全岗位责任制，层层分解落实产品质量安全岗位责任。要建立健全质量控制制度，全过程严把产品质量安全关。

（四）建立完善生产过程质量控制制度。车用汽柴油生产企业要严格按照相关标准和技术规范组织生产，不断完善生产过程质量控制，确保生产加工全过程持续保持质量安全控制的必备条件，对发现的质量问题及时予以整改。

（五）建立完善成品油出厂检验制度。车用汽柴油生产企业要对生产的产品按照相关法律法规和标准规定进行检测试验或委托经资质认定的机构进行检测试验，确保产品符合要求。建立出厂产品的原始检验数据和检验报告记录档案。产品经检验合格，方可出厂销售，不得以不合格品冒充合格品出厂销售。

（六）建立完善成品油入库查验制度。车用汽柴油经营企业要严格审验购进油品的质量检验报告，不得以任何理由擅自兑制、混配车用汽柴油。要严格审验供货商的生产经营资格，优选合格可靠的供货渠道，把好进货渠道关；要建立完善采购验证、索证和检验制度，建立和保存进货台账和查验记录档案，把好油品入库关。不得以其他燃油冒充车用汽柴油销售，不得销售非法炼制、无合法进口来源和非法兑制、混配的车用汽柴油。

（七）建立完善产品质量追溯制度。车用汽柴油生产与经营企业要按照质量追溯需要，如实记录销售产品的产品名称、数量、生产日期、生产批号、购货者名称及联系方式、销售日期、出货日期、出货地点、检验合格证号等内容。严格按照规定对采购的不合格原辅料和生产的不合格产品进行处理，并予以如实记录。

（八）建立完善售后服务制度。车用汽柴油生产与经营企业要妥善处理消费者的投诉和建议，对因所售油品质量给消费者带来损失的，要主动采取更换、退货、损害赔偿、召回等措施，保障消费者的合法权益。建立完善消费者投诉受理制度，全面记录和保存消费者投诉处理情况，不断提高售后服务水平和顾客满意度。

三、加强综合整治，促进车用汽柴油产品质量提升

（一）严格市场准入管理。质检部门在车用汽油生产许可中，要把产品质量安全作为市场准入的重要内容，根据标准、技术规范、质量保证体系和生产必备条件等要求，制定严格的准入许可条件，严把准入审查关，对不符合条件的生产企业，坚决不予准入，从源头上净化市场。商务部门在成品油市场管理过程中，要严格经营企业的市场准入，把车用汽柴油产品质量安全作为年度检查的重要内容，加强过程监管。对于出现产品质量问题的经营企业，可以暂扣企业经营批准证，责令企业限期整改。

（二）严格产品质量监督检查。质检等部门要依法对车用汽柴油生产经营企业开展产品质量监督抽查，针对突出的质量问题，确定监督检查的重点，采取定期检查和不定期抽检相结合的方式，加大监督检查工作力度，加强监管信息沟通和部门协作，对监督检查不合格的生产经营企业，依法严肃处理。

（三）严厉打击质量违法行为。商务、质检、环保等部门要依据各自职责，依法严厉打击无证照、超范围从事车用汽柴油生产经营的违法行为；严厉查处生产经营假冒伪劣、质量不合格、非法炼制、无合法进口来源、国家明令淘汰车用汽柴油的违法行为；重点检查生产与经营企业是否存在缺斤短两、掺杂使假、擅自兑制油品或在油品中添加化工原料、对油品质量虚假标示等违规经营行为。建立健全违规企业公示制度，涉嫌犯罪的，坚决移交司法机关追究刑事责任，对屡查屡犯、情节严重的违法企业，要通报地方政府予以取缔。

（四）完善市场退出机制。商务、质检、能源部门要积极完善车用汽柴油生产经营企业的市场退出机制，针对当前的突出质量问题，特别是为谋取非法利润，以次充好、掺杂使假、擅自调和混配车用汽柴油，导致车辆发生问题、损害消费者合法权益的企业，要加大处罚力度，对屡查屡犯、情节严重的，要坚决撤销生产经营资质。

（五）加强投诉举报处理工作。质检等部门要充分发挥12365举报投诉平台等投诉举报渠道的作用，认真受理消费者反映的车用汽柴油产品质量问题，及时调查处理，维护消费者合法权益。特别是在“问题汽油”导致车辆集中出现故障时，要及时研判和报告当地政府，配合有关部门互相协作、积极处置，督促责任企业依法履行赔偿责任，切实保护消费者合法权益。

（六）加强诚信体系建设工作。商务、质检、能源、环保等部门要结合各自职责，加快完善车用汽柴油生产经营企业质量信用记录，建立企业质量信用管理和质量申诉处理、行政执法、日常监督检查等工作信息的联动机制，将企业落实产品质量安全主体责任的相关信息作为质量信用等级评价的重要依据，积极开展车用汽柴油生产企业质量分类监管、成品油经营企业信用分类监管等工作。

（七）加强标准制修订工作。质检、环保、商务、能源等部门要按照国家节能减排的要求，积极推进第四阶段车用柴油、第五阶段车用汽柴油标准制修订工作。针对目前非法添加兑制车用汽柴油的突出问题，研究在相关标准中增加检验指标，强化环境保护相关要求，为监管工作提供执法依据。积极推进统一全国车用汽柴油标准工作，减少车用汽柴油地方标准的数量。

（八）加强行业自律和社会监督。商务、能源等行业管理部门和行业协会要积极建立车用汽柴油生产经营企业行业自律机制，完善行规行约，鼓励主流企业向社会公开质量承诺，促进企业主动落实主体责任。相关部门要充分发挥新闻媒体和社会大众的监督作用，大力开展相关法律法规和标准的宣传教育，曝光违法违规行为。鼓励社会各界积极参与，督促车用汽柴油生产经营企业落实主体责任，营造全社会共同推动企业落实主体责任的良好局面。

四、工作要求

（一）加强领导，落实责任。各有关部门要依据职责分工，加强对车用汽柴油产品质量的监督管理，明确相关领域和环节的管理责任和监督责任，制定完善相应的管理制度，完善执法监督机制和监管措施，督促车用生产与经营企业落实产品质量安全主体责任。

（二）加强配合，形成合力。各地相关部门要结合本地实际，加强联系和配合，在地方政府的统一领导下，通过建立联席会议制度、信息通报制度和开展联合检查、联合办案等，提高工作效率，加大执法力度，形成相互配合、各司其职、部门联动、齐抓共管的工作格局。

（三）狠抓落实，务求实效。各地要根据本地实际情况，结合车用汽柴油生产经营企业特点，找准薄弱环节和突出问题，制定切实可行的工作计划，采取有针对性的措施，组织开展综合整治和执法检查，探索建立长效机制，形成全方位的监管体系，做到标本兼治，不断规范车用汽柴油生产经营秩序，努力促进车用汽柴油产品质量提升。

质检总局

环境保护部

商务部

国家能源局

2012 年 8 月 28 日

关于促进汽车维修业转型升级提升服务质量的指导意见

交运发〔2014〕186号

各省、自治区、直辖市、新疆生产建设兵团交通运输厅（局、委）、发展改革委、教育厅（委）、公安厅（局）、环境保护厅（局）、住房城乡建设厅（委）、商务厅（委）、工商行政管理局、市场监督管理部门、质量技术监督局、保监局，部属各单位，部内各单位，部管有关社团：

汽车维修业关系到道路交通安全，关系到大气污染防治，关系到社会公众生活质量，关系到汽车产业健康、可持续发展，是重要的民生服务业。近年来，我国汽车维修业取得了长足发展，较好地适应了汽车产业和汽车社会发展、满足了广大消费者的汽车维修需求，但是也存在市场结构不优、发展不规范，消费不透明、不诚信等问题。未来5至10年，是我国全面建成小康社会的关键时期，汽车维修业将获得更为广阔的发展空间，也必将在服务人民群众平安、便捷、舒适汽车生活方面发挥更大作用。为促进汽车维修业向着现代汽车服务业转型升级、不断提升服务质量，现提出如下指导意见。

一、总体要求

（一）指导思想。

深入贯彻落实党的十八大、十八届二中、三中全会以及《国务院关于促进市场公平竞争维护市场正常秩序的若干意见》（国发〔2014〕20号）精神，以最大限度地服务经济社会发展，不断改善人民群众汽车生活品质为宗旨，以转变行业发展方式、提升行业服务能力和治理体系为主线，尊重市场规律，锐意改革创新，优化市场结构，激发市场活力，推进汽车维修业规范、健康、可持续发展。

（二）基本原则。

1. 公平竞争。坚持市场公平竞争，发挥市场在资源配置中的决定性作用。

2. 自主消费。坚持消费者自由选择、自主消费，保护消费者合法权益，提升便民服务。

3. 依法监管。坚持运用法治思维和法治方式履行市场监管，实行宽进严管，加强事中事后监管。

4. 协同发展。坚持与汽车上下游产业、汽车后市场相关行业协同发展、融合发展。

5. 部门共治。坚持部门联动、齐抓共管、共同治理，推动市场主体自我约束、诚信经营。

（三）总体目标。

通过5年左右努力，推动汽车维修业基本完成从规模扩张型向质量效益型的转变，市场发育更加成熟，市场布局更趋完善，市场结构更趋优化，市场秩序更加公平有序，市场主体更加诚信规范，资源配置更加合理高效，对汽车后市场发展引领和带动作用更加显著；基本完成从服务粗放型向服务品质型的转变，为人民群众提供更加诚信透明、经济优质、便捷周到、满意度高的汽车维修和汽车消费服务。

二、促进行业转型升级

（四）鼓励连锁经营，促进市场结构优化。

要积极发挥规划引导作用。各地交通运输主管部门要积极会同发展改革、城乡建设、商务主管等部门，按照“因地制宜、合理布局、供需平衡、便民利民”的原则，编制发布本行政区的《汽车维修行业发展规划》，将汽车维修纳入当地经济社会发展总体规划，在城市发展中为汽车维修业提供一定功能空间，增强城市承载功能，促进汽车维修业发展与人民群众维修服务、汽车消费需求相适应。在确保安全、环保生产条件下，鼓励企业在大型社区、公共停车场、客货运输站场周边、高速公路服务区及旅游景点服务区布设连锁网点。对于开办连锁维修网点的，在经营场所所在的地级市主城区或者县、市行政区范围内，可以共享技术负责人和《汽车维修业开业条件》（GB/T 16739）规定的大型维修设施设备。

（五）鼓励规模化发展，提升资源配置效率。

鼓励骨干、龙头企业通过资本纽带、市场运作等手段，积极开展重组、并购、扩张，不断创新服务模式，延伸企业价值链，实现规模化、集团化发展。鼓励大型企业建立配件集中采购平台、钣喷中心等专业化支持体系，提升企业运作效率和效益。鼓励中小企业在维修装备、维修技术信息共享等方面形成优势互补，壮大发展实力。

（六）鼓励专业化维修，提升业态发展水平。

鼓励发展事故汽车、变速器、尾气后处理装置、轮胎、玻璃维修等技术有特长、服务有特色、创造附加值高的专项修理企业，完善汽车安全状况检查、维护等服务内容，不断满足市场多样化、个性化需求。要加强新能源汽车维修服务能力建设，建立健全新能源汽车维修技术标准规范及认证体系，加大维修技术储备、推广力度，加快维修网点建设，不断满足新的市场需求；鼓励新能源汽车生产企业在各大中城市积极拓展特约维修服务网点，开展技术培训和推广，提供必要维修配件保障。要加强营运车辆维修服务能力建设，鼓励公交、大型客货运输企业建立健全专业化的维修机构或部门，为营运车辆提供可靠的维修服务和技术保障。

（七）鼓励品牌化发展，充实行业发展内涵。

要按照“政府引导、企业创建、社会满意”的原则，积极推进企业品牌建设。要建立健全行业品牌培育、发展、激励、保护的政策和机制，营造良好的品牌成长环境。要着力扶持、培育一批维修服务质量高、质量信誉优（AAA）的企业尽快成长为地方品牌，提升品牌价值和效应，并逐步向区域、全国扩展，发挥品牌示范保护作用。鼓励企业增强品牌意识，提高品牌创建内生动力；鼓励优质企业依法进行商标注册，加强商标保护，不断提升品牌价值和形象。鼓励企业积极开展维修技术人员亮牌服务，打造企业核心竞争力，树立企业品牌和形象。

（八）促进行业安全发展，筑牢行业发展基石。

企业要牢固树立“平安汽修”理念，充分认识“平安汽修”是“平安交通”的重要组成部分，建立健全安全生产管理制度，有效落实安全生产主体责任。要加强维修从业人员安全生产作业培训。要建立健全安全操作规程，加强对在用汽车喷烤漆房、举升机等重点维修装备的维护管理，并依据相关标准定期开展安全检查和评价，对安全隐患较大的维修装备要限期整改或更新。各地道路运输管理机构要加强行业安全生产监管，为推进“平安交通”做出贡献。

（九）推广绿色维修作业，促进行业可持续发展。

要按照《汽车绿色维修指南》要求，建立健全行业绿色汽修技术和管理体系，促进汽车维修业与现代城市、居民社区有机融合、和谐共处。企业要制定落实环境保护和资源节约的规章制度。要鼓励企业进行绿色汽修设施设备及工艺的升级改造，推广使用符合节能环保要求的新设备、新工艺和新材料，形成维修废弃物和有害排放少、资源利用率高的成套工艺规范。维修企业要做好废机油、制动液、制冷剂、废铅酸蓄电池等废弃物的回收处置，力争 3 年内实现全国一、二类维修企业危险维修废弃物规范处置率达到 95%以上；要加大喷烤漆房废气治理设施建设，避免大气污染。要逐步建立维修企业环境保护责任追究制度。要不断拓展绿色汽修作业的深度和广度，促进绿色汽修常态化、长效化。

（十）实施汽车检测与维护制度，促进行业生态文明建设。

交通运输部门要会同环境保护部门，建立实施汽车检测与维护（I/M）制度。要建立健全汽车检测与维护政策标准体系，明确汽车尾气检测站（I 站）和维护站（M 站）的职责、认定标准、统一标识及作业服务流程，制定机动车排放维修技术规范，提升排放维修技术和装备水平，不断提高全社会汽车尾气排放治理能力。各地环保、交通运输部门要结合本地实际，分别选择、扶持一批汽车检测站、维修企业发展成为 I 站和 M 站网点，并定期公示、发布网点信息。经认定的 I 站、M 站网点要在经营场所显著位置悬挂、张贴统一标识，开展规范化检测、维修服务。M 站网点要严格按照汽车尾气排放维修技术规范、汽车维修保养技术手册及车型维修技术资料进行排放控制关键零部件维修，不得任意更换。M 站要向环保部门定期报送汽车尾气维修数据信息。

三、改善提升维修服务

（十一）限制滥用汽车保修条款，保障消费者维修选择权。

贯彻落实反垄断法、反不正当竞争法及消费者权益保护法和汽车三包规定，保障消费者的维修消费选择权和汽车产品保修权利。汽车生产及其授权销售、维修企业（包括进口汽车经营企业）应告知消费者按照使用说明书要求正确使用、维护、修理汽车产品，不得限制、干预消费者自主选择维修企业和维修服务，不得以汽车在“三包”期限内选择非授权维修服务为理由拒绝提供维修服务。

（十二）加强行业诚信建设，营造放心修车环境。

要发挥消费者监督评价对市场消费的导向作用，建立健全汽车维修质量监测体系。要完善机动车维修企业质量信誉考核办法，积极运用互联网和信息化手段，引入消费者监督评价机制，构建企业经营行为和服务质量动态监管机制及信息化监管平台，用市场信息公开透明和消费者口碑倒逼和推动市场诚信建设，不断提升用户满意度。鼓励行业协会、保险机构和第三方机构参照相关国家和行业标准开展维修服务质量和客户满意度调查，促进企业服务更加规范、优质。各地道路运输管理机构要将消费者、保险机构及第三方机构评价作为企业质量信誉考核的重要内容，建立企业服务质量“黑名单”制度。要加强对考核结果的宣传和应用，积极协调政府机关事业单位用车主管部门、保险监管部门，制定鼓励性政策，推动机关事业单位用车、事故车维修优先选择诚信企业。根据《国务院关于印发社会信用体系建设规划纲要（2014—2020 年）的通知》（国发〔2014〕21 号）要求，探索建立企业信用制度，将企业经营失范、违规行为纳入企业信用记录，会同社会征信、工商和质检部门定期向社会公布违规情况，并依法严肃处理。

要加强舆论引导和监督，促进社会共同治理。要积极树立、宣传汽车维修行业的典型和标兵，凝聚行业服务精神，展示行业精神风貌。要会同消费者权益保护部门，曝光侵害消费者权益的典型案件和行为，宣传维权知识和手段，提高消费者自我保护和防范意识，促进消费者理性消费。

（十三）强化维修标准化、规范化作业，提升维修服务质量。

各地交通运输主管部门和道路运输管理机构要按照《汽车维修业开业条件》（GB/T 16739）要求严

把市场准入关，确保企业维修能力达标。维修企业要遵照《汽车维护、检测、诊断技术规范》(GB/T 18344)等标准及车型维修技术资料开展维修作业，确保维修质量合格。要遵照《机动车维修服务规范》(JT/T 816) 开展规范化的维修服务，提升维修服务质量和水平。要强化实施维修质量保证体系，督促企业严格执行汽车维修合同管理、"三检"管理、维修竣工合格证和质量保证期等制度，切实保障维修质量合格、过硬。

（十四）广泛开展便民服务，提升行业服务效能。

各地交通运输主管部门和道路运输管理机构要结合本地实际，积极组织企业开展服务质量公约、服务质量标准承诺、阳光维修服务等活动，加强行业自律规范，抵制市场不良风气。要结合消费者权益保护日、道路交通安全日、节能宣传周和质量月等公益主题载体，组织开展形式多样的公益服务活动，让汽车维修常识、安全行车知识、消费者维权知识、汽车故障义诊及咨询等公益服务真正走进群众。维修企业要坚持以消费者为中心，不断增强服务意识，创新服务形式，优化服务流程，透明服务信息，提升便民服务能力。鼓励企业提供电话、网络预约服务，提供代用汽车、上门接送车及各类定制化服务，满足消费者时效性和便利化需求；鼓励拓展服务范围和能力，开展"一站式"汽车消费服务，延伸企业价值链；鼓励建立客户服务回访机制。

（十五）建立健全汽车维修救援体系，提供有效出行保障。

要按照"统一平台、统一调度、统一服务、快速响应"的原则，合理布设救援网点，逐步建立覆盖全国的汽车维修救援体系。探索设立全国统一的汽车救援服务电话，便于呼救施救。要加强与相关部门协调联动，确保事故救援及时、高效、到位。要建立行业统一的信息服务平台，制定救援企业入网条件、服务规范和收费标准。鼓励符合条件的救援企业和保险机构积极加入救援网络，统一调配运行。救援企业要配备专业化的救援装备和技术人员，加强救援培训，不断提升救援能力。高速公路清障救援服务，要按照国家发展改革委、交通运输部《关于规范高速公路车辆救援服务收费有关问题的通知》（发改价格〔2010〕2204 号）有关要求执行。

（十六）建立健全维修质量纠纷调解和投诉处理机制，维护消费者合法权益。

各地要按照"渠道畅通、处理及时、技术权威、裁决公正"的原则，建立健全汽车维修质量纠纷调解、投诉处理的工作平台和机制。各地交通运输主管部门可委托第三方的公益性机构，受理维修质量投诉和纠纷调解，提供汽车维修技术咨询，并提供必要的业务经费支持。要公布投诉电话、网站，设立接待服务场所，确保投诉渠道畅通。要公布投诉受理范围、处理流程及处理时效，及时答复处理结果。要不断提高专业技术能力、鉴定能力和纠纷调解水平，依法依规化解各类投诉和纠纷，提升维权成效。要建立投诉举报处理与部门执法的联动机制，道路运输管理机构要依据线索认真调查核实、及时依法处理，并向社会公布处理结果。消费者也可通过 12365 和 12315 投诉举报电话，向质量技术监督、工商部门反映汽车配件质量问题，投诉、举报生产、销售假冒伪劣汽车配件以及欺诈消费者等违法行为，切实保护消费者合法权益。

四、保障措施

（十七）建立实施汽车维修技术信息公开制度。

建立实施汽车维修技术信息公开制度，保障所有维修企业平等享有获取汽车生产企业汽车维修技术信息的权利，促进汽车维修市场公平竞争，提升汽车维修质量，确保在用汽车行车安全和尾气排放达标。自 2015 年 1 月 1 日起，汽车生产企业（包括从中国境外进口汽车产品到境内销售的企业）要在新车上市时，以可用的信息形式、便利的信息途径、合理的信息价格，无歧视、无延迟地向授权维修企业和独立经营者（包括独立维修企业、维修设备制造企业、维修技术信息出版单位、维修技术培训机构等）公开汽车维修技术资料。要在汽车产品说明书中明确车辆型式核准证书信息，规定排放维修技术要求，说明排放控制关键零部件生产厂家、型号及有效使用寿命等信息。在2015年12月31日前，汽车生产企业要公开全部已进入《车辆生产企业及产品公告》国产车型以及已获CCC认证的国产及进口车型的汽车维修技术信息。

交通运输部将会同环保部、质检总局制定《汽车维修技术信息公开实施办法》，定期组织对汽车生产企业车型维修技术信息公开情况进行抽查。新车型上市3个月未能有效公开车型维修技术信息的，撤销该车型有关《公告》和CCC认证证书。

（十八）破除维修配件渠道垄断。

促进汽车维修配件供应渠道开放和多渠道流通。按照市场主体权利平等、机会平等、规则平等的原则，打破维修配件渠道垄断，鼓励原厂配件生产企业向汽车售后市场提供原厂配件和具有自主商标的独立售后配件；允许授权配件经销企业、授权维修企业向非授权维修企业或终端用户转售原厂配件，推动建立高品质维修配件社会化流通网络。贯彻落实《反垄断法》和《消费者权益保护法》有关规定，保障所有维修企业、车主享有使用同质配件维修汽车的权利，促进汽车维修市场公平竞争，保障消费者的自主消费选择权。鼓励汽车维修配件流通企业发展电子商务，创新流通模式，加深与维修业融合发展。要充分运用物联网技术，建立汽车维修配件追溯体系，保证配件供应渠道公开、透明，实现汽车维修配件可溯源、可追踪，消费者合法权益受到损害时可追偿、可追责。要制定实施汽车维修配件分类及编码规则、汽车维修配件流通规范等技术标准。鼓励建立可追溯配件质量保证保险制度。鼓励发展第三方的汽车维修配件认证机构，强化配件质量和信誉保证。鼓励发展汽车维修配件公益性群体品牌。

（十九）加强维修人才队伍建设。

要完善维修从业人员考试内容，增加实际维修操作技能考核，强化车辆安全状况检修能力考核。要强化维修企业关键岗位和工种持证上岗制度，逐步提高技术负责人和质量检验员等关键岗位持证上岗比例。教育部门会同交通运输部门在国家加快发展现代职业教育体系框架下，继续实施汽车维修紧缺人才培养工程、专业技术人员知识更新工程，从源头上提升从业人员技能素质。鼓励本科高校优化完善汽车服务工程等相关专业人才培养方案，加强应用型、复合型人才培养；鼓励职业院校优化完善汽车运用与维修类专业培养体系，培养技术技能型人才。积极加强本科高校、职业院校与企业在“产学研用”等方面的深入合作，推进产教融合，提升毕业生创新能力与实践能力。支持企业工程技术人员到本科高校和职业院校兼职，鼓励企业为本科高校和职业院校师生实习实践提供便利条件。积极推进“双证书”制度。完善职业资格制度，畅通维修技术人员技能提升、职业发展通道；构建汽车维修从业人员诚信评价体系，逐步提升从业人员职业道德水平。加强维修行业高级人才队伍建设，吸引、培养和稳定一批企业职业经理人，建立维修技术专家和人才库，引导维修人才合理流动，稳步扩大行业高级人才队伍规模。鼓励行业协会、汽车保险机构、专业培训机构等社会力量举办维修技术培训和技能大赛，搭建维修技术学习交流网络平台，提升从业人员技能水平。要形成从业人员知识技能水平与薪酬待遇、职业发展相挂钩的激励机制。

（二十）提高维修装备技术水平。

鼓励开展汽车维修检测设备第三方安全、环保认证。鼓励行业协会组织对列入《交通运输行业重点监督管理产品目录》的汽车维修检测设备进行评价和推荐，为企业购置、更新维修检测设备提供参照。鼓励企业采购、使用经认证和推荐的维修检测设备。加强维修装备标准和能力建设，鼓励维修装备生产企业加大技术创新，研发生产各类先进适用、机电一体的汽车诊断仪器、维修检测专用设备和工具，不断提升我国汽车维修业及其装备制造业的科技含量和核心竞争力。

（二十一）推进维修行业信息化建设。

坚持监管与服务并举、发挥政府和市场两个积极作用的原则，充分运用互联网、大数据、云计算等技术手段，创新机制和模式，积极推进行业信息化建设。要建立覆盖全国的“汽车电子健康档案”系统，为健全汽车维修数据档案、促进汽车三包、二手汽车公平交易和缺陷汽车产品召回提供有效手段和依据。围绕提升行业数字化监管能力，鼓励各地道路运输管理机构建立汽车维修服务质量评价网络平台，督促企业诚信经营、优质服务。鼓励维修企业建立健全维修服务管理信息系统，提升企业管理效率和水平。

（二十二）依法加强维修市场监管。

各地交通运输主管部门和道路运输管理机构要依法加强对维修企业经营资质监管，确保企业符合开业许可条件。要建立完善市场退出机制，对安全生产考评不达标的维修企业，要暂停其经营资格，严肃整改；整改仍不达标的，取消其经营资格。要依法查处各类非法经营、无证经营、超范围经营、违法拼装改装及承修报废汽车、盗抢汽车等行为，规范和净化市场环境。汽车维修企业要严格落实维修车辆登记制度，发现拼装、盗抢、肇事逃逸嫌疑车辆的，要及时向公安部门报告；发现同一车型多起同类安全隐患或可能存在产品缺陷的，要及时向交通运输部门报告。

各地交通运输部门要加强汽车维修配件使用的监管，督促企业使用符合标准及CCC认证要求的维修配件，对使用以假充真、以次充好、不合格以及不符合CCC认证要求的汽车配件产品的，要依法查处，情节严重的，吊销其经营许可，并通报质检部门追究生产者责任。对生产、销售假冒伪劣及不合格汽车配件产品的，由质检、工商部门依法查处。对涉嫌价格垄断等价格违法行为的，由价格主管部门依法处理。对经营者集中达到反垄断申报标准的，要依法向国务院反垄断执法机构申报。对使用假冒伪劣配件维修汽车造成汽车安全隐患，导致道路交通事故的，要依法追究相关维修企业和人员的责任。

（二十三）加大部门政策服务和联合监管。

各级交通运输主管部门要切实加强与发改（价格）、公安、环保、商务、工商、质检及保监等部门的沟通协调、信息共享，充分发挥各部门职能作用，形成各市场监管部门间各司其职、各负其责、相互配合、齐抓共管的工作机制，切实维护汽车维修市场经营秩序。各部门要加强政策制定和协作配合，加大政策支持和服务力度，争取将汽车维修业发展纳入地方政府“民生工程”和“民心工程”，为包括汽车维修业在内的汽车后市场规范、健康发展营造良好外部环境，为人民群众满意修车、放心开车、享有高品质汽车生活提供有力保障。

（二十四）加强行业政策标准研究。

要加强汽车维修业政策标准的系统性、基础性、前瞻性研究。要研究完善汽车维修业发展战略规划及评价指标体系，为汽车维修业布局规划和发展水平衡量提供客观依据。要加强标准研究和制修订，增强标准规范对行业发展的规范引领作用。各有关部门要密切合作，积极研究出台汽车后市场发展政策，构建完善标准规范体系，提出我国汽车后市场发展评价指数，推动汽车消费规范、健康发展。

（二十五）发挥行业中介组织自律作用。

要充分发挥行业协会、商会等中介组织的桥梁纽带、行业自律、服务行业、服务社会的功能和作用。各级行业协会要深入开展调查研究，及时掌握行业和企业的动态，积极回应企业和消费者的诉求。要配合行业主管部门，在行业基础研究、诚信体系建设、服务质量提升、人才队伍建设、技术装备推广、行业文明建设、加强行业自律、履行社会责任以及增强行业凝聚力、弘扬行业正能量等方面发挥积极作用。要在服务行业上下游产业、延伸行业价值链条、促进汽车后市场创新、融合发展等方面积极开拓，有所作为。

交通运输部
发展改革委
教育部
公安部
环境保护部
住房城乡建设部
商务部
工商总局
质检总局
保险监督管理委员会
2014 年 9 月 3 日

关于加强机动车污染防治工作推进大气 $PM_{2.5}$ 治理进程的指导意见

环发〔2012〕129 号

各省、自治区、直辖市环境保护厅（局），新疆生产建设兵团环境保护局，各机动车企业，中国石油天然气集团公司、中国石油化工集团公司、中国海洋石油总公司：

随着我国机动车保有量迅速增加，机动车尾气排放已成为城市大气污染的重要来源。一些地区频繁发生细颗粒物（$PM_{2.5}$）污染问题，与机动车尾气排放密切相关。为切实改善环境空气质量，保障群众健康，根据国务院有关文件要求，现就加强机动车污染防治、推进 $PM_{2.5}$ 治理进程提出以下意见。

一、充分认识加强机动车污染防治的重要性和紧迫性

（一）认清形势，提高认识。近年来，我国机动车污染问题日益突出。2010 年全国机动车保有量达到 1.9 亿辆，尾气排放成为我国大气污染的主要来源，是造成灰霾、光化学烟雾污染的重要原因。同时，由于机动车大多行驶在人口密集区域，尾气排放直接威胁群众健康。据测算，“十二五”期间我国还将新增机动车 1 亿辆以上，新增车用汽柴油消耗 1 亿至 1.5 亿吨，由此带来的环境压力十分巨大。

当前，国家发布新修订的《环境空气质量标准》，对 $PM_{2.5}$ 治理工作提出更高的要求，机动车污染防治成为改善环境空气质量的关键领域。《国民经济和社会发展“十二五”规划纲要》将氮氧化物排放总量削减 10%作为约束性目标，机动车排放占氮氧化物总量的 1/4 以上，在“十二五”污染减排工作中占有举足轻重的地位。各级环保部门要充分认识加强机动车污染防治工作的重要性和紧迫性，进一步加大工作力度，强化协调配合，采取更有效的措施，全面深化机动车污染减排各项工作。

二、明确指导思想、总体要求和主要目标

（二）指导思想。以科学发展观为指导，以改善空气质量为目的，实施机动车生产、使用、淘汰等全过程环境监管。坚持源头预防，严格新车污染物排放标准，推动技术进步，促进机动车产业可持续发展；坚持综合治理，强化在用车环保定期检验，推行标志管理，提升在用车环境监管水平；坚持更新淘汰，运用法律、经济、技术和行政等多种手段，推进高排放“黄标车”加速淘汰；坚持协调发展，推动车用燃油升级，大力发展公共交通，逐步形成“车、油、路”协调发展的机动车污染减排工作格局。

（三）总体要求。以削减机动车污染物排放总量为重点，全面推进柴油车、汽油车、摩托车和低速汽车等污染防治，突出抓好新车生产、注册登记、在用车环保检验、维修治理、报废拆解、“黄标车”淘汰、车用油品升级和环保监管等关键环节，建立健全政府主导、部门协作、社会参与、环保监管的工作机制，全面实现“十二五”机动车污染减排目标任务。

（四）主要目标。到2015年，全国机动车污染物排放总量比2010年下降10%，其中氮氧化物减排任务全面完成，颗粒物排放量显著降低。严格实施国家第四阶段机动车尾气排放标准，在有条件的地区实施第五阶段排放标准；全面推行机动车环保标志管理，环保标志发放率达到80%以上；基本淘汰2005年以前注册运营的“黄标车”；积极推进车用燃油低硫化进程；显著提高机动车环保监管能力，建立健全国家、省级、地市三级机动车环保监管机构和监控平台，进一步完善机动车污染防治法规、标准和政策体系。到2020年，机动车排放控制水平显著提升，尾气排放总量大幅削减。

三、提升新生产机动车尾气排放控制水平

（五）落实机动车生产环保责任。机动车企业作为车辆产品排放控制的责任主体，应严格执行环保法律法规和标准，不得生产、进口、销售不符合排放标准的车辆。机动车企业应按标准要求进行环保型式核准申报，并切实按照环保达标车型公告要求组织生产，加强环保关键部件保证、生产过程一致性控制、产品排放自检等环保管理，建立和完善环保生产一致性保证体系。机动车企业应当确保车辆环保装置耐久性，不符合排放标准规定的耐久性要求的车辆，相关生产企业要依法承担相应治理责任并采取措施确保达标。

（六）严格实施机动车排放标准。严格实施第四阶段汽油车排放标准，积极推进第四阶段柴油汽车排放标准实施，鼓励具备清洁低硫车用燃油条件的地区实施更严格的排放标准。加快国家第五阶段轻型汽车、第四阶段摩托车、低速载货汽车和非道路移动机械等排放标准的制定及修订工作，健全机动车在低温、高原等实际工况下的排放要求。大力发展混合动力、天然气等节能环保车型，推进柴油车颗粒过滤器（DPF）、氧化性催化转化器（DOC）等先进技术的应用，引导车内空气质量保障技术发展。

（七）加大环保监督执法力度。加强机动车企业环保生产日常监管和执法检查，规范检查行为，提高抽查比例，把好新车排放源头关。继续开展机动车环保生产一致性检查专项行动，采取企业现场检查和市场监督抽查相结合方式，严厉打击违反环保法律法规生产行为。逐步开展机动车在用符合性检查，对在正常使用条件下的机动车环保装置有效性进行监督抽检。推进新车排放检测实验室比对试验，提高检测质量和技术。

四、加强在用机动车污染防治

（八）严格地方机动车环境准入。加强新注册和转入车辆环境管理，严格执行国家和地方规定的机动车排放标准。在对已开展新注册车辆核发环保标志工作的地区，地方环保部门应依据国家环保达标车型公告开展核发工作。对达不到相应排放标准的，不予核发机动车环保标志。

（九）强化机动车环保检验与维修制度。各省（区、市）环保部门应严格按照《大气污染防治法》相关规定，全面推进机动车环保检验机构委托工作，2012年年底前力争实现环保检验机构在地级及以上城市全覆盖。推动机动车环保检验与安全技术检验同步进行，机动车环保检验机构应按照国家和地方相关规定开展机动车环保检测业务，建立数据服务器，并与当地环保部门联网，实时上传环保检测数据。地方环保部门应加强环保检验机构日常监管，定期组织开展环保监督性抽查，鼓励有条件的地区采用简易工况检测方法，到2015年年底前环保检验率（含免检车辆）达到80%以上。提高超标车辆的维修治理水平，协调交通运输部门建立机动车环保检验与维修信息共享机制。

（十）加强环保标志管理与监督抽检工作。根据《机动车环保检验合格标志管理规定》，对所有通过环保检验的机动车，分别核发绿色、黄色环保标志，逐步提高环保标志核发率。推进环保标志电子

化、智能化管理。各地环保部门应加强机动车停放地的监督抽检，对规模化运营并且使用频率高的货运车、公交车、出租车、长途客运车等进行重点检查，杜绝车辆“冒黑烟”现象。积极推进遥感法检测汽车尾气。

五、推进“黄标车”更新淘汰

（十一）加强机动车强制报废管理。与公安、商务、交通等部门协调配合，严格执行《机动车强制报废标准规定》《关于报废汽车监督管理有关工作的通知》，着力加强对营运车辆报废的监督管理。对达到强制报废条件的汽车，不予进行机动车环保检验，并注销其环保标志，协调公安交管部门暂停未履行正常报废手续的车辆所有人办理其他车管业务。

（十二）加速淘汰“黄标车”。鼓励采取“以奖促治”“以奖代补”等经济激励政策，引导高污染、高排放的“黄标车”提前淘汰，着重加大大型载客、重型载货行业的老旧车辆淘汰力度，确保“十二五”末全部淘汰2005年以前注册的营运“黄标车”。

（十三）推行“黄标车”限行措施。通过制定地方性法规规章，推行“黄标车”限行措施，促进“黄标车”淘汰工作。《重点区域大气污染防治“十二五”规划》中的重点区域应逐步扩大限行区面积，在保障城市运输需求的情况下，应加强统筹协调，逐步形成“黄标车”区域连片限行的空间格局。

（十四）加强报废机动车无害化处置。与商务等相关部门协作配合，逐步实现对报废机动车回收、拆解、废弃物处理以及拆解后废弃物（包括废铅酸电池、废电路板等）流向的环境监管。鼓励具有先进回收拆解技术的企业从事报废机动车回收拆解业务。对于违反有关法律法规、不符合环保要求或不能承担正常回收拆解业务的企业，依法进行整改或取消其业务资格。

六、提升车用燃油品质

（十五）推进车用燃油标准升级。积极协调相关部门和石油企业，提升车用燃油品质。严格落实国四车用汽油标准，确保按期供应国四汽油。加快推动国四车用柴油标准制定和实施，力争全国尽早供应国四车用柴油，重点地区供应国五车用汽柴油。严格石油冶炼行业环境准入，要求新、改、扩建千万吨级以上大型炼化项目以生产国五标准车用燃油为设计目标。颁布实施车用尿素溶液标准，推进尿素加注系统建设。严格落实储油库、加油站和油罐车油气排放标准，推动制定油气污染治理计划。

（十六）加强油品环保指标监督管理。落实《关于促进车用汽柴油产品质量提升的指导意见》，配合质检、商务、工商部门开展车用油品质量监督检查，提升车用油品质量，加强监管信息沟通和部门协作。

七、提高环保监管能力

（十七）建立环保信息管理体系。建立健全机动车环保信息数据库，及时掌握新车注册、转移及注销，在用车环保检验、环保标志核发、油品升级、维修治理、报废拆解、“黄标车”淘汰和监督管理等信息，动态分析机动车尾气排放量变化情况，定期发布机动车污染防治公报，建立机动车环保信息报送制度，为各级政府及相关部门控制机动车污染提供科学依据。

（十八）推进环保监管能力建设。制定并实施机动车环保监管能力建设方案，建设国家、省级、地市三级联网的机动车环保监管平台，切实增强机动车环境监管能力。开展城市道路两侧空气质量监测试点，加强新车检测机构和在用车检验机构的在线自动监控设施建设与运行，实现环保检测数据联网报送。2015 年前完成 1 个国家级、31 个省级和 113 个环保重点城市机动车环保监控能力建设，配置相关仪器设备及业务系统。

（十九）推进环保监管机构建设。加强机动车环境管理队伍建设，配备专门人员，鼓励各地设立专门的机动车环保监管机构。完善培训机制，加强基层环境监管人员培训。进一步发挥国家机动车环保管理专家委员会的作用，对各地进行技术指导。

八、强化组织保障

（二十）加强组织协调。进一步明确地方各级人民政府对本行政区域污染减排负总责的工作要求，推动形成各级政府主导、各部门分工协作、环保统一监管的机动车污染防治工作机制。在地方政府的统一领导下，全面落实公安、环保、商务、交通等相关部门职责，通过定期召开工作协调会、建立信息通报、联合检查等工作制度，及时协调解决工作中的难点、重点问题。

（二十一）加强宣传动员。各地区要采取多种形式，充分利用报纸、电台、网络、标语等媒介，对机动车污染减排工作进行宣传，争取群众的充分理解和支持，引导群众有序参与和监督。

环境保护部

2012 年 10 月 29 日

关于印发加强“车油路”统筹加快推进机动车污染综合防治方案的通知

发改环资〔2014〕2368号

各省、自治区、直辖市发展改革委、环境保护厅（局）、科技厅（局）、工业和信息化主管部门、公安厅（局）、财政厅（局）、住房城乡建设厅（局）、交通运输厅（局）、商务厅（局）、工商局、质监局、能源局：

为落实《大气污染防治行动计划》，强化机动车污染防治，发展改革委、环境保护部、科技部、工业和信息化部、公安部、财政部、住房和城乡建设部、交通运输部、商务部、工商总局、质检总局、能源局等部门编制了《加强“车、油、路”统筹，加快推进机动车污染综合防治方案》（以下简称《方案》）。现将《方案》印发给你们，请认真贯彻执行。

附件：加强“车、油、路”统筹，加快推进机动车污染综合防治方案

国家发展改革委
环境保护部
科技部
工业和信息化部
公安部
财政部
住房和城乡建设部
交通运输部
商务部
工商总局
质检总局
能源局
2014年10月24日

附件

加强“车、油、路”统筹，加快推进机动车污染综合防治方案

为贯彻落实《大气污染防治行动计划》，强化机动车污染综合防治、尽快改善空气环境质量，特制订本方案。

一、总体要求

（一）指导思想。

全面深入贯彻落实党的十八大和十八届二中、三中全会精神，认真贯彻落实《大气污染防治行动计划》，按照“标本兼治、综合施策、落实责任、限期完成”的原则，加强改革创新，建立强有力的工作协调和推进机制，统筹推进“车、油、路”各项工作，显著降低机动车尾气污染。

（二）主要目标。

加快淘汰黄标车和老旧车。2014 年年底前，全国范围内淘汰黄标车和老旧车 600 万辆；2015 年年底前，京津冀、长三角、珠三角等区域内基本淘汰黄标车；2017 年年底前，全国范围内基本淘汰黄标车。

大力推广新能源汽车。2015 年起，在公交车、出租车等城市客运以及环卫、物流、机场通勤、公安巡逻等领域加大新能源汽车推广应用力度，新能源汽车推广应用城市公共服务领域新增或更新车辆中的新能源汽车比例不低于 30%；2014 至 2016 年，中央国家机关以及新能源汽车推广应用城市的政府机关及公共机构购买的新能源汽车占当年配备更新汽车总量的比例不低于 30%，以后逐年扩大规模。

加快油品质量升级。2015 年年底前，京津冀、长三角、珠三角等区域内重点城市全面供应符合国家第五阶段标准的车用汽、柴油，停止销售第四阶段标准的车用汽、柴油；2017 年年底前，全国供应符合国家第五阶段标准的车用汽、柴油，停止销售第四阶段标准的车用汽、柴油。

加强城市交通管理。到 2015 年，北京、上海中心城区公共交通机动化出行分担率达到 60%以上；到 2017 年，京津冀、长三角、珠三角等区域人均公共交通设施拥有水平比 2012 年提高 30 个百分点，市区人口超过 100 万人的城市公共交通机动化出行分担率达到 60%左右；特大城市和大城市步行、自行车出行分担率提高 5 个百分点左右，中小城市步行、自行车出行分担率提高 10 个百分点左右。

二、加强机动车环保管理

（三）严格新生产车辆管理。

提高机动车排放标准要求。2016 年起京津冀、长三角、珠三角等区域内重点城市全面实施第五阶段汽、柴油车排放标准。2017年起新生产的低速货车实施第三阶段轻型载货柴油车排放标准。（环境保护部、工业和信息化部、质检总局）

完善机动车准入许可和强制认证制度。2015 年年底前质检、工业和信息化、环境保护、交通运输、工商等部门建立一体化的生产一致性检查的联合管理机制，适时将尾气处理的关键部件“三元催化器”等列入强制性产品认证（3C）范围，未达到国家机动车排放标准的车辆不得生产、销售、进口。（质

检总局、工业和信息化部、环境保护部、交通运输部、工商总局）

强化机动车生产、销售等环节监督检查。2015 年年底前建立由环境保护、质检、工商、工业和信息化等部门组成的机动车环保达标联合监督检查制度，加强生产、进口、销售、注册登记、检验等环节的监督管理，采用从销售环节直接抽取车辆进行监督检查的方式，提高抽查比例，对生产、进口、销售排放不达标车辆的企业依法予以处罚，结果向社会公告。（环境保护部、质检总局、工业和信息化部、工商总局、财政部）

实施机动车环保召回制度。2016 年年底前完善机动车召回制度，强化环保方面的要求，对因设计和制造缺陷导致在同一批次、型号或者类别的机动车中普遍存在不符合国家相关排放标准的，视情由生产企业实施召回。（质检总局、环境保护部、工业和信息化部、交通运输部）

实施汽车维修技术信息公开制度。2015 年起，汽车生产企业（包括从中国境外进口汽车产品到境内销售的企业）要在新车上市时，以可用的信息形式、便利的信息途径、合理的信息价格，公开汽车维修技术资料。2015 年 12 月 31 日前，汽车生产企业要公开全部车型的汽车维修技术资料。未能有效公开车型维修技术信息的，撤销该车型 CCC 认证证书。（交通运输部、工业和信息化部、环境保护部、商务部、质检总局）

（四）强化在用车监管。

加快黄标车和老旧车淘汰进度。地方财政可根据实际情况进一步安排提前淘汰奖励补贴；鼓励车企和金融机构为淘汰黄标车购置新车的用户进行让利，提供降价或低息贷款等优惠措施。实施黄标车区域禁行，京津冀、长三角、珠三角等区域地级及以上城市及时出台主城区黄标车禁行区域管理政策，完成禁行区域划定工作，城市核心区实施黄标车禁行；2015 年 6 月底前，所有地级及以上城市实施黄标车禁行。（环境保护部、发展改革委、公安部、财政部、交通运输部、商务部）

完善环保检验制度。健全 OBD（车载诊断系统）管理制度，将排放记录作为年检的重要内容，对排放不达标车辆不得发放环保合格标志。积极运用物联网技术建立机动车环保标志管理系统，实现环保标志电子化、智能化管理。2015 年起开展环保检验机构专项整治工作，对所有检验机构进行全面核查，对弄虚作假、玩忽职守的机动车尾气检测机构，依法依规予以处罚，纳入黑名单管理，并向社会公布。（环境保护部、交通运输部）

加强道路行驶车辆环保达标监督检查。对规模化运营并且使用频次高的货运车、出租车、公交车和黄标车进行重点检查，环保部门对排放不达标车辆予以处罚。2015 年起，京津冀、长三角、珠三角等区域的地级及以上城市推行遥感检测法，将排放不达标车辆信息通过政府公共信息平台提供查询服务。同时，建立环保、公安等部门信息定期交换机制，环保部门通过短信等方式及时通知车主，要求其尽快通过维修等方式确保车辆排放达标，并于 2 个月内进行环保检验，对 3 次被检测到不合格而未参加环保检验的、以及连续 3 次不能通过环保检验的车辆不予核发环保合格标志。（环境保护部、公安部、交通运输部）

（五）大力推广新能源汽车。

加快推广新能源汽车。落实并不断完善鼓励新能源汽车使用的财税政策，逐步减少对城市公交车燃油补贴和增加对新能源公交车运营补贴，实施限购、限行的地区要对新能源汽车给予优惠和便利，研究制定减免过路过桥费、免费停车等政策。严格执行全国统一的新能源汽车推广目录，地方政府不得设置或变相设置障碍限制外地品牌车辆。发挥政府采购的导向作用，要在公交车、出租车等城市客运以及环卫、物流、机场通勤、公安巡逻等领域加大新能源汽车推广应用力度，制定机动车更新计划，不断提高新能源汽车运营比重。加强新能源汽车产品质量的监督检查。加快推进车用动力电池回收利用处理体系建设。（工业和信息化部、财政部、科技部、发展改革委、交通运输部等）

加快新能源汽车基础设施建设。完善城市规划和相关工程建设标准，明确建筑物配建停车场、城市公共停车场预留充电设施建设条件的要求和比例，所有新建、改建和扩建停车场必须配套建设充电设施，现有停车场及高速公路收费节点和客货运交通枢纽周边有序推进充电设施建设。制定全国统一的充电设施国家标准和行业标准，完善充电设施用地政策，抓好电动汽车充电设施用电扶持性电价政策实施。制定实施新能源汽车充电设施发展规划，按照适度超前的原则加快充电设施建设。（发展改革委、工业和信息化部、财政部、住房城乡建设部、交通运输部、质检总局、能源局等）

三、加快提升燃油品质

（六）加快油品质量升级。

贯彻实施《大气污染防治成品油质量升级行动计划》，大力推进国内炼油企业升级改造，加快推动普通柴油升级，确保按期供应合格油品。大力推广可再生清洁燃油，支持燃料乙醇、生物柴油等生物燃料的生产和推广，进一步配套完善长期稳定的扶持政策。（能源局、质检总局）

（七）加强成品油质量监督检查。

加强对成品油生产流通领域质量监督检查，严厉打击非法生产、添加、进口、销售不合格油品行为。京津冀、长三角、珠三角等区域要开展专项工作，加大对生产企业和加油站的抽查力度。加大违法行为处罚力度，建立违法企业黑名单制度，并将处罚情况向社会公布。（质检总局、工商总局、商务部、环境保护部、财政部）

四、加强城市交通管理

（八）优化城市功能和布局规划。

科学制定城市群规划和城市总体规划，加快北京、上海等大城市周边卫星城建设，疏导主城区功能，形成合理的交通和物流需求。完善城市综合交通体系，减少重型载货车辆过境穿行主城区。大力推进城市绿色货运配送，组织开展示范行动。加强步行、自行车等慢行交通系统建设，改善居民步行、自行车出行条件。（住房城乡建设部、发展改革委、交通运输部）

（九）大力发展城市公共交通。

实施公交优先战略，构建以城市公共交通为主的城市机动化出行系统，建立有效衔接的城市综合交通管理体系，提高公共交通出行比例。加快推进轨道交通设施建设，逐步完善特大城市以轨道交通为核心的公共交通出行体系。具备条件的地区积极推广无轨电车。大力推广社区巴士、自行车租赁、“P+R”（驻车换乘）等，解决交通出行“最后一公里”问题。（交通运输部、住房城乡建设部、发展改革委）

（十）改善交通管理。

推广城市智能交通系统，推行错峰上下班、潮汐车道等缓解交通拥堵措施，完善标志标线、交通信号等道路交通设施，强化道路交通安全执法管理，提高机动车通行效率。（交通运输部、公安部、住房城乡建设部）

五、建立有效的工作推进机制

（十一）完善法规标准。

加快完善道路车辆法律法规，以车辆“安全、环保、节能”三位一体管理为核心，明确车辆设计、生产、认证、销售、使用、维修、报废等各个环节的管理要求，规范政府管理的方式、范围和行为，明确车辆管理各相关部门的责任和职能。完善油品质量、替代能源和汽车节能、环保的国家强制性标准体系，2014 年年底前完成现有标准的梳理，对需制定和修订的尽快制修订。（发展改革委、工业和信息化部、交通运输部、环境保护部、商务部、质检总局、能源局等）

（十二）建立强有力的部门协调机制。

各有关部门要按照方案确定的分工，分阶段明确工作重点，逐项扎实推进；对涉及多个部门的工作，牵头部门要加强协调，部门间要密切协作，形成各司其职、责权分明、齐抓共管、协调有序的管理格局。发展改革委做好统筹协调、跟踪分析、监督检查等工作，牵头建立重大问题部门会商机制，提出综合运用各种经济手段和政策推进工作的建议，及时将工作进展情况和政策建议报国务院。（发展改革委会同有关部门）

（十三）明确地方政府责任。

地方各级人民政府要制定本地区的实施方案，确定重点工作任务，落实工作责任，完善政策措施，强化目标考核，制定年度推进计划，并向社会公布。

公安部交通管理局关于增加交通违法行为代码的通知

公交管〔2013〕249 号

各省、自治区、直辖市公安厅、局交通管理局、处：

为贯彻落实《中华人民共和国大气污染防治法》第 113 条的规定，我局增加了“驾驶排放不合格的机动车上路行驶的”交通违法行为代码。“上道路行驶的机动车未按规定期限进行安全技术检验的”“驾驶机动车违反禁令标志通行的”交通违法行为按照原代码执行。新的交通违法行为代码自 2017 年 5 月 1 日起启动，请各地认真贯彻执行。

代码	名称	违法条款	处罚依据
6063	驾驶排放检验不合格的机动车上道路行驶的	《中华人民共和国大气污染防治法》第 113 条	《中华人民共和国道路交通安全法》第 90 条

公安部交通管理局

2017 年 4 月 14 日

环境保护部关于开展机动车和非道路移动机械环保信息公开工作的公告

国环规大气〔2016〕3号

为贯彻落实《大气污染防治法》，加快推进机动车和非道路移动机械环境管理的系统化、科学化、法治化、精细化和信息化，根据国务院关于简政放权、放管结合、优化服务、便民惠民的决策部署要求，我部决定依法开展新生产机动车和非道路移动机械环保信息公开工作。现将有关要求公告如下：

一、信息公开主体

按照《大气污染防治法》规定，机动车和非道路移动机械生产、进口企业，应当向社会公开其生产、进口机动车和非道路移动机械的环保信息，包括排放检验信息和污染控制技术信息，并对信息公开的真实性、准确性、及时性、完整性负责。

二、信息公开内容

（一）机动车和非道路移动机械生产、进口企业基本信息；

（二）机动车和非道路移动机械污染控制技术信息，具体内容详见附件1；

（三）机动车和非道路移动机械排放检验信息：型式检验、生产一致性检验、在用符合性检验和出厂检验信息，包括检测结果、检验条件、仪器设备、检测机构信息等，具体检验项目详见附件2。

三、信息公开时间和方式

（一）机动车生产、进口企业应在产品出厂或货物入境前，以随车清单的方式公开主要环保信息，具体要求见附件3。

非道路移动机械生产、进口企业应在产品出厂或货物入境前，在机身明显位置粘贴环保信息标签，公开主要环保信息，具体要求见附件4。

（二）机动车和非道路移动机械生产、进口企业应在产品出厂或货物入境前，在本企业官方网站公开机动车和非道路移动机械环保信息，并同步上传至环境保护部机动车和非道路移动机械环保信息公开平台（网址：www.vecc-mep.org.cn），供政府有关部门、公众和企业查询使用。

暂不具备在本企业官方网站公开机动车和非道路移动机械环保信息条件的生产、进口企业，应在产品出厂或者货物入境前，在环境保护部机动车和非道路移动机械环保信息公开平台上公开环保信息。

四、实施时间

（一）自 2016 年 9 月 1 日起，环境保护部机动车和非道路移动机械环保信息公开平台开始试运行，请各有关企业积极参与调试。

（二）自 2017 年 1 月 1 日起，机动车生产、进口企业应将新生产、进口机动车的环保信息，按照本公告第三条规定的时间和方式予以公开。

（三）自 2017 年 7 月 1 日起，非道路移动机械生产、进口企业应将新生产、进口非道路移动机械的环保信息，按照本公告第三条规定的时间和方式予以公开。

五、监督管理

各省级环境保护主管部门应建立机动车和非道路移动机械检验信息核查机制，通过现场检查、抽样检查等方式，加强对机动车和非道路移动机械环保信息公开工作的监督管理，督促机动车生产企业和非道路移动机械生产、进口企业按要求进行信息公开。

鼓励社会公众对机动车和非道路移动机械生产、进口企业公开的环保信息进行监督，依法通过环保举报平台反映有关问题，各省级环境保护主管部门要及时查处举报反映的问题。

对未按照本公告要求真实、准确、及时、完整公开机动车和非道路移动机械环保信息的，各省级环境保护主管部门应依照《大气污染防治法》对相关企业予以处罚，处罚结果要及时向社会公开，并同步上传至环境保护部机动车和非道路移动机械环保信息公开平台。

我部将对各机动车和非道路移动机械生产、进口企业环保信息公开工作开展情况，以及各省级环境保护主管部门监管执法情况加大监督检查力度。

六、有关要求

（一）环境保护部机动车和非道路移动机械环保信息公开平台免费向企业提供机动车和非道路移动机械环保信息上传和查询服务，免费向社会公众和政府有关部门提供信息查询服务，任何单位和个人不得以任何理由收取任何费用。

（二）地方各级环保部门可以直接查询、使用环境保护部机动车和非道路移动机械环保信息公开平台，不得再以任何理由要求生产、进口企业通过其他途径重复报送或提供类似信息。

（三）环境保护部机动车和非道路移动机械环保信息公开平台主要为企业、公众和政府有关部门提供信息公开服务，不对机动车和非道路移动机械的排放检验和污染控制技术信息进行人工审核、修改等处理。机动车和非道路移动机械生产、进口企业对所公开环保信息的真实性、准确性、及时性和完整性负责，确需对已公开信息进行更正的，应先发布信息更正公告或通知，再及时更正环境保护部机动车和非道路移动机械环保信息公开平台相关内容，并作出说明。

（四）我部委托环境保护部机动车排污监控中心建设、运行、维护机动车和非道路移动机械环保信息公开平台。

（五）发动机和其他机动车和非道路移动机械环保关键零部件生产、进口企业可以参照本公告要求进行环保信息公开。

七、联系人及联系方式

联系人：环境保护部大气环境管理司 崔明明

电话：（010）66556297

联系人：环境保护部机动车排污监控中心 季欧

电话：（010）84916280-8104

特此公告。

附件：1. 污染控制技术信息要求

2. 各类机动车和非道路移动机械的具体检验项目

3. 机动车环保信息随车清单

4. 非道路移动机械环保信息标签要求（试行）

环境保护部

2016 年 8 月 24 日

附件 1

污染控制技术信息要求

根据《轻型汽车污染物排放限值及测量方法（中国第五阶段）》（GB 18352.5—2013）、《轻型汽车污染物排放限值及测量方法（中国Ⅲ、Ⅳ阶段）》（GB 18352.3—2005）、《车用压燃式、气体燃料点燃式发动机与汽车排气污染物排放限值及测量方法（中国Ⅲ、Ⅳ、Ⅴ阶段）》（GB 17691—2005）、《重型车用汽油发动机与汽车排气污染物排放限值及测量方法（中国Ⅲ、Ⅳ阶段）》（GB 14762—2008）、《摩托车污染物排放限值及测量方法（工况法，中国第Ⅲ阶段）》（GB 14622—2007）、《轻便摩托车污染物排放限值及测量方法（工况法，中国第Ⅲ阶段）》（GB 18176—2007）、《非道路移动机械用柴油机排气污染物排放限值及测量方法（中国第三、四阶段）》（GB 20891—2014）、《非道路移动机械用小型点燃式发动机排气污染物排放限值与测量方法（中国第一、二阶段）》（GB 26133—2010）和《三轮汽车和低速货车用柴油机排气污染物排放限值及测量方法（中国Ⅰ、Ⅱ阶段）》（GB 19756—2005）等机动车排放标准规定，机动车和非道路移动机械污染控制技术信息应包括车机型基本参数、动力系信息、污染控制信息、传动系信息和其他相关信息。

附件 2

各类机动车和非道路移动机械的具体检验项目

附表 1　轻型车检验项目表

车类	标准	检验项目
轻型汽油车、轻型两用燃料车和混合动力车	《轻型汽车污染物排放限值及测量方法（中国Ⅲ、Ⅳ阶段）》（GB 18352.3—2005）、《轻型汽车污染物排放限值及测量方法（中国第五阶段）》（GB 18352.5—2013）	常温下冷起动后排气污染物排放试验（Ⅰ型试验）、双怠速试验（Ⅱ型试验）、曲轴箱污染物排放试验（Ⅲ型试验）、蒸发污染物排放试验（Ⅳ型试验）、污染控制装置耐久性试验（Ⅴ型试验）、低温下冷起动后排气中 CO 和 THC 排放试验（Ⅵ型试验）、车载诊断（OBD）系统试验、后处理装置贵金属含量检测
	《点燃式发动机汽车排气污染物排放限值及测量方法（双怠速法及简易工况法）》（GB 18285—2005）	双怠速试验
	《汽车加速行驶车外噪声限值及测量方法》（GB 1495—2002）	加速行驶车外噪声试验
	《轻型汽车燃料消耗量试验方法》（GB/T 19233—2008）	轻型汽车燃料消耗量试验
	《乘用车内空气质量评价指南》（GB/T 27630—2011）	乘用车内空气质量（M1 类车）
轻型燃气车（单一气体燃料车）	《轻型汽车污染物排放限值及测量方法（中国Ⅲ、Ⅳ阶段）》（GB 18352.3—2005）、《轻型汽车污染物排放限值及测量方法（中国第五阶段）》（GB 18352.5—2013）	常温下冷起动后排气污染物排放试验（Ⅰ型试验）、双怠速试验（Ⅱ型试验）、曲轴箱污染物排放试验（Ⅲ型试验）、蒸发污染物排放试验（Ⅳ型试验）、污染控制装置耐久性试验（Ⅴ型试验）、车载诊断（OBD）系统试验、后处理装置贵金属含量检测
	《点燃式发动机汽车排气污染物排放限值及测量方法（双怠速法及简易工况法）》（GB 18285—2005）	双怠速试验
	《汽车加速行驶车外噪声限值及测量方法》（GB 1495—2002）	加速行驶车外噪声试验
	《乘用车内空气质量评价指南》（GB/T 27630—2011）	乘用车内空气质量（M1 类车）
轻型柴油车和混合动力车	《轻型汽车污染物排放限值及测量方法（中国Ⅲ、Ⅳ阶段）》（GB 18352.3—2005）、《轻型汽车污染物排放限值及测量方法（中国第五阶段）》（GB 18352.5—2013）	常温下冷起动后排气污染物排放试验（Ⅰ型试验）、污染控制装置耐久性试验（Ⅴ型试验）、车载诊断（OBD）系统试验、后处理装置贵金属含量检测
	《车用压燃式发动机和压燃式发动机汽车排气烟度排放限值及测量方法》（GB 3847—2005）	自由加速法排气烟度试验

车类	标准	检验项目
轻型柴油车和混合动力车	《汽车加速行驶车外噪声限值及测量方法》（GB 1495—2002）	加速行驶车外噪声试验
	《轻型汽车燃料消耗量试验方法》（GB/T 19233—2008）	轻型汽车燃料消耗量试验
	《乘用车内空气质量评价指南》（GB/T 27630—2011）	乘用车内空气质量（M1 类车）
轻型电动汽车	《汽车加速行驶车外噪声限值及测量方法》（GB 1495—2002）	加速行驶车外噪声试验
	《乘用车内空气质量评价指南》（GB/T 27630—2011）	乘用车内空气质量（M1 类车）

附表 2　重型车检验项目表

车类	标准	检验项目
重型柴油车	《车用压燃式、气体燃料点燃式发动机与汽车排气污染物排放限值及测量方法（中国III、IV、V阶段）》（GB 17691—2005）	发动机稳态循环试验（ESC 试验）、发动机负荷烟度试验（ELR 试验）、发动机瞬态循环试验（ETC 试验）、车载诊断（OBD）系统试验、排放控制系统耐久性试验
	《车用压燃式发动机和压燃式发动机汽车排气烟度排放限值及测量方法》（GB 3847—2005）	全负荷稳定转速排气烟度试验、自由加速排气烟度试验
	《汽车加速行驶车外噪声限值及测量方法》（GB 1495—2002）	加速行驶车外噪声试验
	《城市车辆用柴油发动机排气污染物排放限值及测量方法（WHTC 工况法）》（HJ 689—2014）	世界统一瞬态循环试验（WHTC 试验）
	《乘用车内空气质量评价指南》（GB/T 27630—2011）	乘用车内空气质量（M1 类车）
重型燃气汽车	《车用压燃式、气体燃料点燃式发动机与汽车排气污染物排放限值及测量方法（中国III、IV、V阶段）》（GB 17691—2005）	发动机瞬态循环试验（ETC 试验）、车载诊断（OBD）系统试验、排放控制系统耐久性试验
	《点燃式发动机汽车排气污染物排放限值及测量方法（双怠速法及简易工况法）》（GB 18285—2005）	双怠速试验
	《装用点燃式发动机重型汽车曲轴箱污染物排放限值及测量方法》（GB 11340—2005）	曲轴箱污染物排放试验
	《汽车加速行驶车外噪声限值及测量方法》（GB 1495—2002）	加速行驶车外噪声试验
	《乘用车内空气质量评价指南》（GB/T 27630—2011）	乘用车内空气质量（M1 类车）

车类	标准	检验项目
重型汽油车	《重型车用汽油发动机与汽车排气污染物排放限值及测量方法（中国III、IV阶段）》（GB 14762—2008）	重型汽油机瞬态循环发动机试验、车载诊断（OBD）系统试验
	《重型汽车排气污染物排放控制系统耐久性要求及试验方法》（GB 20890—2007）	排放控制系统耐久性试验
	《装用点燃式发动机重型汽车燃油蒸发污染物排放限值及测量方法（收集法）》（GB 14763—2005）	燃油蒸发污染物排放试验
	《点燃式发动机汽车排气污染物排放限值及测量方法（双怠速法及简易工况法）》（GB 18285—2005）	双怠速试验
	《装用点燃式发动机重型汽车曲轴箱污染物排放限值及测量方法》（GB 11340—2005）	曲轴箱污染物排放试验
	《汽车加速行驶车外噪声限值及测量方法》（GB 1495—2002）	加速行驶车外噪声试验
	《乘用车内空气质量评价指南》（GB/T 27630—2011）	乘用车内空气质量（M1 类车）
重型电动汽车	《汽车加速行驶车外噪声限值及测量方法》（GB 1495—2002）	加速行驶车外噪声试验
	《乘用车内空气质量评价指南》（GB/T 27630—2011）	乘用车内空气质量（M1 类车）

附表 3　摩托车、轻便摩托车检验项目

车类	标准	检验项目
摩托车	《摩托车污染物排放限值及测量方法（工况法，中国第III阶段）》（GB 14622—2007）	常温下冷起动后排气污染物排放试验（Ⅰ型试验）、曲轴箱污染物排放试验（III型试验）、污染控制装置耐久性试验（Ⅴ型试验）
	《摩托车和轻便摩托车燃油蒸发污染物排放限值及测量方法》（GB 20998—2007）	燃油蒸发污染物排放试验
	《摩托车和轻便摩托车排气污染物排放限值及测量方法（双怠速法）》（GB 14621—2011）	双怠速试验
	《摩托车和轻便摩托车排气烟度排放限值及测量方法》（GB 19758—2005）	急加速烟度试验
	《摩托车和轻便摩托车加速行驶噪声限值及测量方法》（GB 16169—2005）	加速行驶噪声试验
轻便摩托车	《轻便摩托车污染物排放限值及测量方法（工况法，中国第III阶段）》（GB 18176—2007）	常温冷起动后排气污染物排放试验（Ⅰ型试验）、曲轴箱污染物排放试验（III型试验）、污染控制装置耐久性试验（Ⅴ型试验）
	《摩托车和轻便摩托车燃油蒸发污染物排放限值及测量方法》（GB 20998—2007）	燃油蒸发污染物排放试验
	《摩托车和轻便摩托车排气污染物排放限值及测量方法（双怠速法）》（GB 14621—2011）	双怠速试验
	《摩托车和轻便摩托车排气烟度排放限值及测量方法》（GB 19758—2005）	急加速烟度试验
	《摩托车和轻便摩托车加速行驶噪声限值及测量方法》（GB 16169—2005）	加速行驶噪声试验

附表 4　三轮车和低速货车检验项目

车类	标准	检验项目
三轮汽车和低速货车	《三轮汽车和低速货车用柴油机排气污染物排放限值及测量方法（中国Ⅰ、Ⅱ阶段）》（GB 19756—2005）	排气污染物试验
	《农用运输车自由加速烟度排放限值及测量方法》（GB 18322—2002）	自由加速烟度试验
	《三轮汽车和低速货车加速行驶车外噪声限值及测量方法（中国Ⅰ、Ⅱ阶段）》（GB 19757—2005）	加速行驶车外噪声试验

附表 5　非道路移动机械检验项目

车类	标准	检验项目
非道路移动机械用柴油机	《非道路移动机械用柴油机排气污染物排放限值及测量方法（中国第三、四阶段）》（GB 20891—2014）	排气污染物试验、排放控制系统耐久性试验
非道路移动机械用小型点燃式发动机	《非道路移动机械用小型点燃式发动机排气污染物排放限值与测量方法（中国第一、二阶段）》（GB 26133—2010）	排气污染物试验、排放控制系统耐久性试验

注：机动车和非道路移动机械的具体检验项目和适用范围应符合生产、进口时有效的国家标准要求。

附件 3

机动车环保信息随车清单

机动车环保信息随车清单应包括企业对该车辆满足排放标准和阶段的声明、车辆基本信息、环保检验信息以及环保关键配置信息等内容。

轻型汽油车环保信息随车清单（示例）

信息公开编号：

××公司声明，我公司 VIN 码×××××××××××××××××的轻型汽油车，排放能达到《轻型汽车污染物排放限值及测量方法（中国第五阶段）》（GB 18352.5—2013）、《点燃式发动机汽车排气污染物排放限值及测量方法（双怠速法及简易工况法）》（GB 18285—2005）和《汽车加速行驶车外噪声限值及测量方法》（GB 1495—2002）第Ⅱ阶段的要求，同时满足乘用车内空气质量标准要求，并承诺能够达到 16 万公里的耐久性要求。

第一部分　车辆基本信息

1. 型式名称：××轿车
2. 商标：
3. 汽车类型：M1
4. 车型的识别方法和位置：
5. 车辆制造商名称：××汽车有限公司
6. 生产厂地址：

第二部分　检验信息及污染控制技术信息

1. 配置扩展号：
2. 检验报告编号：
3. 检验机构名称：
4. 出厂检验结果：
5. 环保关键配置（见附页）：
6. 备注：

（企业盖章处，适用于随车文件）

××××年××月××日（打印日期）

附页

环保关键配置表

发动机型号/生产厂	催化转化器型号/生产厂	燃油蒸发控制装置型号/生产厂	氧传感器型号/生产厂	曲轴箱排放控制装置型号/生产厂	EGR 型号/生产厂	OBD 型号/生产厂	IUPR/NO_x 监测功能	ECU 型号/生产厂	变速器型式/档位数	消声器型号/生产厂	增压器型号/生产厂	中冷器型式

本车于以下环保关键零部件的明显可见位置标注了永久性标识，标识内容包括该零部件的型号和生产企业名称（全称、缩写或徽标）。

发动机		催化转化器	
燃油蒸发控制装置		氧传感器	
EGR		ECU	
消声器		增压器	

注：催化转化器永久性标识应标明催化转化器型号及其生产厂、封装生产厂、载体生产厂和涂层生产厂。（以下空白）

重型柴油车环保信息随车清单（示例）

信息公开编号：

××公司声明，我公司车架号×××××××××××××××××的重型柴油车，排放能达到《车用压燃式、气体燃料点燃式发动机与汽车排气污染物排放限值及测量方法（中国Ⅲ、Ⅳ、Ⅴ阶段）》（GB 17691—2005）中国Ⅴ阶段和《车用压燃式发动机和压燃式发动机汽车排气烟度排放限值及测量方法》（GB 3847—2005）的要求，同时满足乘用车内空气质量标准要求（M1 类车），并承诺能够达到耐久性要求。

第一部分　车辆基本信息

1. 型式名称：××货车
2. 商标：
3. 汽车类型：N3
4. 车型的识别方法和位置：
5. 车辆制造商名称：××汽车有限公司
6. 生产厂地址：

第二部分　发动机基本信息

1. 发动机型号：
2. 发动机系族名称：
3. 厂牌：
4. 发动机类型：柴油
5. 制造厂名称：
6. 生产厂地址：
7. 发动机编号：

第三部分　检验信息及机型参数

1. 配置扩展号：
2. 检验报告编号：
3. 检验机构名称：
4. 出厂检验结果：
5. 环保关键配置（见附页）：
6. 备注：

（企业盖章处，适用于随车文件）

××××年××月××日（打印日期）

附页

环保关键配置表

最大净功率/转速（kW/r/min）	最大净扭矩/转速（Nm/r/min）	燃料供给系统型式	喷油泵型号/生产厂	喷油器型号/生产厂	增压器型号/生产厂	中冷器型式	OBD型号/生产厂	ECU型号/生产厂	EGR型号/生产厂	排气后处理系统型号/生产厂	排气后处理系统型式说明

注：排气后处理系统型式说明：选择填写柴油氧化型催化器（DOC）、选择性还原催化器（SCR）、DOC+SCR、全流式颗粒捕集器（DPF）、DOC+DPF、DOC+SCR+DPF、DOC+部分流式颗粒捕集器（POC）。

本车于以下环保关键零部件的明显可见位置标注了永久性标识，标识内容包括该部零部件的型号和生产企业名称（全称、缩写或徽标）。

发动机		排气后处理系统	
喷油泵		喷油器	
EGR		ECU	
消声器		增压器	

注：排气后处理系统标识应标明排气后处理系统型号及其生产厂、封装生产厂、载体生产厂和涂层生产厂。（以下空白）

摩托车环保信息随车清单（示例）

信息公开编号：

××公司声明，我公司VIN码×××××××××××××××××的摩托车，排放能达到《摩托车污染物排放限值及测量方法（工况法，中国第III阶段）》（GB 14622—2007）、《摩托车和轻便摩托车排气污染物排放限值及测量方法（双怠速法）》（GB 14621—2011）、《摩托车和轻便摩托车加速行驶噪声限值及测量方法》（GB 16169—2005）和《摩托车和轻便摩托车燃油蒸发污染物排放限值及测量方法》（GB 20998—2007）的要求，同时承诺能够达到耐久性要求。

第一部分　车辆基本信息

1. 型式名称：××两轮摩托车
2. 商标：
3. 摩托车类别：
4. 车辆制造商名称：
5. 生产厂地址：

第二部分　检验报告信息及车型参数

1. 配置扩展号：
2. 检验报告编号：
3. 检验机构名称：
4. 出厂检验结果：
5. 环保关键配置（见附页）：
6. 备注：

（企业盖章处，适用于随车文件）

××××年××月××日（打印日期）

附页

环保关键配置表

发动机型号/生产厂	化油器型号/生产厂	ECU 型号/生产厂	OBD 型号/生产厂	氧传感器型号/生产厂	催化转化器型号/生产厂	空气喷射装置型号/生产厂	燃油蒸发控制装置型号/生产厂	空气滤清器型号或型式/生产厂	消声器型号/生产厂

本车型于以下环保关键零部件的明显可见位置标注了永久性标识，标识内容包括该零部件的型号和生产企业名称（全称、缩写或徽标）。

发动机		催化转化器	
燃油蒸发控制装置		氧传感器	
空气喷射装置		ECU	
消声器		空气滤清器	

注：催化转化器标识应标明催化转化器型号及其生产厂、封装生产厂、载体生产厂和涂层生产厂。（以下空白）

附件 4

非道路移动机械环保信息标签要求（试行）

一、标签内容

（一）达到的排放标准和相应阶段、标签编号、出厂年月。

（二）基本信息：名称、商标、机械类型、生产厂名称、发动机型号、燃料喷射系统型式等。

（三）污染控制技术信息

点燃式：ECU、氧传感器、化油器、空气喷射装置、催化转化器、EGR、曲轴箱、增压器、中冷器、排气消声器等。

压燃式：ECU、催化转化器、EGR、增压器、中冷器、喷油泵、喷油器、OBD、POC、DPF、SCR、空气滤清器、进气消声器和排气消声器等。

注：本部分内容如不适用者可以省略。

二、标签样式

非道路移动机械环保信息标签标准尺寸推荐为 130 mm×60 mm，并可根据实际情况对尺寸进行适当调整。标签内容应清晰可辨。标签示例见附图 1 和附图 2：

达到国家第×阶段排放标准　　编号：　　出厂时间：mm/yyyy	
基本信息	名称、商标、机械类型、生产厂名称、发动机型号和生产厂名称、燃料喷射系统型式
环保关键零部件	ECU、氧传感器、化油器、空气喷射装置、催化转化器、EGR、曲轴箱、增压器、中冷器、排气消声器

附图 1　点燃式发动机非道路移动机械环保信息标签式样

达到国家第×阶段排放标准　　编号：　　出厂时间：mm/yyyy	
基本信息	名称、商标、机械类型、生产厂名称、发动机型号和生产厂名称、燃料喷射系统型式
环保关键零部件	ECU、催化转化器、EGR、增压器、中冷器、喷油泵、喷油器、OBD、POC、DPF、SCR、空气滤清器、进气消声器和排气消声器

附图 2　压燃式发动机非道路移动机械环保信息标签式样

三、标签编号规则

（一）标签编号为环保信息公开编号+产品流水号。

（二）非道路移动机械环保信息公开编号采用字母和数字混合编制。编号规则为：CN+车辆类型+污染物排放阶段+噪声排放阶段（如适用）+企业代码+信息公开流水号，具体内容如下：

1. CN：2 位，代表中国；

2. 车辆类型：2 位，字符及所代表的机械类型分别为：

FJ：装用压燃式发动机的非道路移动机械

FQ：装用小型点燃式发动机的非道路移动机械；

3. 污染物排放阶段：2 位，其中第一位“G”代表国家标准，第二位“X”为数字，代表机械达到的污染物排放阶段；

4. 噪声排放阶段（如适用）：2 位，其中第一位“Z”代表国家噪声标准，第二位“X”为数字，代表机械达到的噪声排放标准阶段；

5. 企业代码：4 位，每个非道路移动机械企业所具有的唯一性编码；

6. 流水号：4 位，用阿拉伯数字表述。

关于加快推进新生产机动车和非道路移动机械排放检验机构联网工作的通知

环办大气函〔2016〕2386号

各新生产机动车和非道路移动机械排放检验机构：

为贯彻落实《大气污染防治法》《大气污染防治行动计划》《关于进一步规范排放检验 加强机动车环境监督管理工作的通知》（国环规大气〔2016〕2号，以下简称《通知》），推进新生产机动车和非道路移动机械排放检验机构（以下简称新车检验机构）检验数据联网工作，加快提升机动车环境管理的系统化、科学化、法治化、精细化和信息化，现将有关事项通知如下：

一、加快推进联网工作进度。按照《大气污染防治法》规定和《通知》要求，部分主要新车检验机构已完成联网工作，尚未完成联网工作的新车检验机构应加快工作进度，于2016年年底前与环境保护部机动车排污监控中心联网，实现新生产机动车和非道路移动机械排放检验信息和污染控制技术信息实时传送。

二、完善系统功能和联网配置。各新车检验机构要按照《新生产机动车和非道路移动机械排放检验机构联网规范（试行）》（以下简称《规范》，见附件）要求，完善相应系统功能，实现联网传输检验机构信息、原始检验文件、检验报告、检验过程视频等基本功能，满足排放标准升级需要；完善联网接口配置，确保相关数据信息及时、完整、准确传输。

三、加大监督检查力度。各省（区、市）环境保护厅（局）在进行新生产机动车和非道路移动机械环保达标监督检查时，可通过环境保护部机动车和非道路移动机械环保信息公开平台（www.vecc-mep.org.cn），调用相关车型原始检验文件和检验报告等信息。同时，我部将加大对新车检验机构的监督检查力度，对伪造排放检验结果或者出具虚假排放检验报告的新车检验机构依法进行处罚。

联系人：环境保护部大气环境管理司　陈伟程

电话：（010）66556277

传真：（010）66556284

联系人：环境保护部机动车排污监控中心　钱立运

电话：（010）84916280-8215

传真：（010）84916280-8333

邮箱：peter_qly@vecc-mep.org.cn

附件：新生产机动车和非道路移动机械排放检验机构联网规范（试行）

环境保护部办公厅

2016年12月30日

附件

新生产机动车和非道路移动机械排放检验机构联网规范（试行）（节选）

一、适用范围

本规范对新生产机动车和非道路移动机械排放检验机构与环境保护部实施联网、试验数据采集传输和相关信息交换等进行规范要求。

本规范适用于从事新生产机动车和非道路移动机械（发动机）环保型式检验及承担环保达标监管检验任务的检验机构。

二、规范性引用文件

本规范内容引用了下列文件中的条款，其有效版本适用于本规范。

GB 18352.5—2013《轻型汽车污染物排放限值及测量方法（中国第五阶段）》

GB 1495—2002《汽车加速行驶车外噪声限值及测量方法》

GB 3847—2005《车用压燃式发动机和压燃式发动机汽车排气烟度排放限值及测量方法》

GB 18285—2005《点燃式发动机汽车排气污染物排放限值及测量方法（双怠速法及简易工况法）》

HJ 509—2009《车用陶瓷催化转化器中铂、钯、铑的测定　电感耦合等离子体发射光谱法和电感耦合等离子体质谱法》

GB 17691—2005《车用压燃式、气体燃料点燃式发动机与汽车排气污染物排放限值及测量方法（中国Ⅲ、Ⅳ、Ⅴ阶段）》

GB 11340—2005《装用点燃式发动机重型汽车曲轴箱污染物排放限值及测量方法》

GB 20890—2007《重型汽车排气污染物排放控制系统耐久性要求及试验方法》

GB 14762—2008《重型车用汽油发动机与汽油排气污染物排放限值及测量方法（中国Ⅲ、Ⅳ阶段）》

GB 14763—2005《装用点燃式发动机重型汽车燃油蒸发污染物排放限值及测量方法（收集法）》

HJ 689—2014《城市车辆用柴油发动机排气污染物排放限值及测量方法（WHTC 工况法）》

HJ 437—2008《车用压燃式、气体燃料点燃式发动机与汽车车载诊断（OBD）系统技术要求》

HJ 438—2008《车用压燃式、气体燃料点燃式发动机与汽车排放控制系统耐久性技术要求》

HJ 439—2008《车用压燃式、气体燃料点燃式发动机与汽车在用符合性技术要求》

GB 14622—2007《摩托车污染物排放限值及测量方法（工况法，中国Ⅲ阶段）》

GB 18176—2007《轻便摩托车污染物排放限值及测量方法（工况法，中国Ⅲ阶段）》

GB 14621—2011《摩托车和轻便摩托车排气污染物排放限值及测量方法（双怠速法）》

GB 20998—2007《摩托车和轻便摩托车燃油蒸发污染物排放限值及测量方法》

GB 16169—2005《摩托车和轻便摩托车加速行驶噪声限值及测量方法》

GB 19756—2005《三轮汽车和低速货车用柴油机排气污染物排放限值及测量方法（中国Ⅰ、Ⅱ阶段）》

GB 19757—2005《三轮汽车和低速货车加速行驶车外噪声限值及测量方法（中国Ⅰ、Ⅱ阶段）》

GB 18322—2002《农用运输车自由加速烟度排放限值及测量方法》

GB 20891—2014《非道路移动机械用柴油机排气污染物排放限值及测量方法（中国第三、四阶段）》

GB 26133—2010《非道路移动机械用小型点燃式发动机排气污染物排放限值及测量方法（中国Ⅰ、Ⅱ阶段）》

GB 19755—2016《轻型混合动力电动汽车污染物排放控制要求及测量方法》

GB/T 27630—2011《乘用车内空气质量评价指南》

三、术语和定义

3.1 检验机构

新生产机动车和非道路移动机械排放检验机构的简称，指依法通过计量认证，使用经依法检定合格的检验设备，按相关标准进行检验并出具检验报告，相关检验数据与环境保护主管部门联网上传，具有法人资格，具备独立承担法律责任能力的从事新生产机动车和非道路移动机械检验的单位。

3.2 检验设备

检验设备指能够按照标准要求完成新生产机动车和非道路移动机械环保型式检验的一个或一组设备，如分析仪、底盘测功机、天平等。

3.3 标准物质

标准物质指检验机构须按相关标准要求使用的、用于环保型式检验测量的参照物，如标准气体、砝码等。

3.4 磁盘阵列

多块独立的硬盘（物理硬盘）按不同的方式组合起来形成的一个硬盘组（逻辑硬盘），用以提升速度、增大容量、提供容错功能并确保数据安全的存储方式。

3.5 环境保护部联网管理系统

环境保护部联网管理系统是指部署在环境保护部机动车排污监控中心，实现检验机构与监管部门联网，采集、传输及存储相关检验数据，监管检验过程和数据信息的软件系统。

3.6 检验机构视频系统

检验机构视频系统是指部署在检验机构，实现环保型式检验试验过程视频监控，视频信息采集、传输及存储的硬件设施和软件系统。

3.7 检验设备控制软件

按照标准要求，控制检验设备进行机动车和非道路移动机械（发动机）相关试验并完成试验结果计算的软件。

3.8 排放数据信息系统

部署在检验机构，用于实现检验机构信息、原始记录文件、检验报告联网上传的软件系统。

3.9 原始记录文件

依据标准要求完成相关试验后，由检验设备生成的试验过程和试验结果记录文件。编号规则见附录A。

3.10 检验报告

检验机构按照标准完成相关试验，由原始记录文件经过统计计算得出的试验结果，按照试验室有关要求，通过排放数据信息系统生成的报告。编号规则见附录 A。

四、系统框架

4.1 系统组成

系统总体框架见图 1。

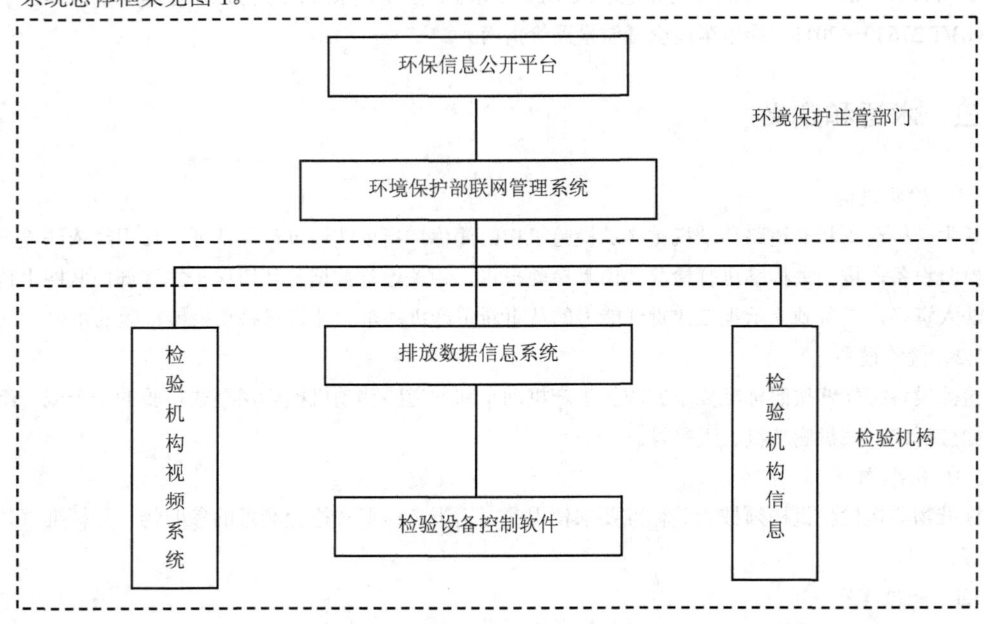

图 1 系统总体框架图

4.2 系统安全要求

4.2.1 为保证环境保护部联网管理系统的访问安全和数据安全，环境保护主管部门与检验机构之间配置高性能网络防火墙、防入侵系统。

4.2.2 环境保护部联网管理系统及监控资料应有较强的保密和防篡改能力，系统具有多账户管理、分级权限管理等功能。

五、数据联网

5.1 检验机构信息

检验机构信息包括检验机构基本信息、检验机构人员信息、检验机构仪器设备信息。见附录 B。

5.1.1 检验机构基本信息

检验机构名称、地址、注册日期、检验机构编号、统一社会信用代码（如无，可使用组织机构代码）、法人代表、联系人、联系电话、手机号码、传真、电子邮箱、固定资产总值、占地面积、主要仪器设备、首次取得资质认定（计量认证）的日期、资质认定（计量认证）有效期、联网日期、检验机构状态。

5.1.2 检验机构人员信息

姓名、职称、文化程度、所学专业、所在岗位、上岗日期、人员状态。

5.1.3 检验机构仪器设备信息

对应的试验名称、检验设备名称、型号、规格、仪器编号、测量范围、最大允许差/准确度等级、溯源方式、检定有效期、对应的摄像头编号。

5.1.4 标准物质基本信息

标准物质的名称、浓度、有效日期、生产厂、采购日期及采购量。

5.1.5 检验机构信息报送

通过排放数据信息系统上传检验机构信息，如果检验机构信息发生变更须即时更新上传。

5.2 车（机）型参数联网下载

已按照本规范要求完成联网的检验机构，可依企业委托，通过排放数据信息系统下载车（机）型信息。

5.3 原始记录文件联网

5.3.1 原始记录文件上传程序

检验机构应在试验结束 30 分钟内（室外试验 24 小时内），通过排放数据信息系统将检验设备控制软件输出（或记录的）的原始记录文件上传至环境保护部联网管理系统，系统在确认接收到完整的试验数据后返回接收凭证。

5.3.2 原始记录文件格式

原始记录文件采用数据压缩包形式上传，文件名按照附录 A 的原始记录文件编号规则命名，后缀为 zip 或 rar。

5.3.3 原始记录文件内容

文件内容见附录 C。

5.3.4 原始记录文件的保存

原始记录文件应至少在检验机构保存 6 年。

5.4 检验报告联网

5.4.1 检验报告上传

检验报告应通过排放数据信息系统上传，文件名按照附录 A 的检验报告编号规则命名，同时在排放数据信息系统中与原始记录文件建立关联。

5.4.2 检验报告内容和格式

检测报告应至少包括试验基本信息、车（机）型信息、试验条件、结果数据、设备和燃料信息等。检验机构应按照统一的环保型式检验信息编号规则上传相关数据信息。

检验机构按相关标准的要求上传检验报告并符合相应的国家标准对环保型式检验项目的要求，该内容将根据标准的制修订进行调整。

5.4.3 检验报告和样品的保存

检验机构应对检验数据和报告长期保存，环保型式检验样车（机）、非道路移动机械及样品至少留存一年，电子控制单元（ECU）长期保存。

六、监控信息联网

6.1 检验机构监控设施要求

6.1.1 房间固定及移动摄像头分辨率不低于 720P，分析仪、控制台显示器分屏信号分辨率不低于原始分辨率。

6.1.2 试验准备区房间对角线设置广角镜头，测试样品摆放区域昼夜清晰可见（具有夜视功能）；拆箱区备有手持移动摄像机，使得测试样品及其零部件外观、铭牌拆封过程、配置核查过程清晰可见。

6.1.3 浸车区样品存放位置昼夜清晰可见（具有夜视功能），浸车温度、试验前样品检查过程应有视频监控。

6.1.4 试验间对角线设置摄像头，样品及试验过程昼夜清晰可见（具有夜视功能），备有手持移动摄像机。蒸发排放密闭室可将摄像头安装在密闭室出入口处。

6.1.5 操作间全景清晰可见，操作台分屏清晰可见，操作台区域可声音传输。

6.1.6 排放设备间标定过程清晰可见，如有滤纸架，应可看清其拆装过程。

6.1.7 气瓶间设置防爆全景摄像头，备有手持移动摄像机，标气瓶及标签清晰可见。

6.1.8 分析仪使用全过程、显示分屏清晰可见，并实现数据信号传输。

6.1.9 样品流转、滤纸取样、部件核查等过程的监控视频应无缝连接、清晰可见。

6.1.10 称重间房间全景图像可见；天平环境舱内应有独立摄像头，双手操作、称量过程和天平读数显示清晰可见。

6.1.11 道路耐久试验过程中应设置摄像头或手持摄像机，存储 GPS/北斗数据或行车记录仪数据。

6.1.12 机动车噪声检测的样品确认过程和试验过程应视频存储。

6.1.13 乘用车内空气质量检测样品取样、制样、检测全过程监控视频应无缝连接、清晰可见。

6.1.14 机动车 RDE 试验过程中车内设置摄像头，存储 GPS/北斗数据或行车记录仪数据、试验过程数据。

6.1.15 轻型车、摩托车贵金属检测样品拆解、研磨、制样、检测全过程监控视频应无缝连接、清晰可见。

6.1.16 轻型车、摩托车炭罐检测样品拆解、制样和检测全过程监控视频应无缝连接、清晰可见。

6.2 检验机构视频系统组成

视频系统框架见图 2。

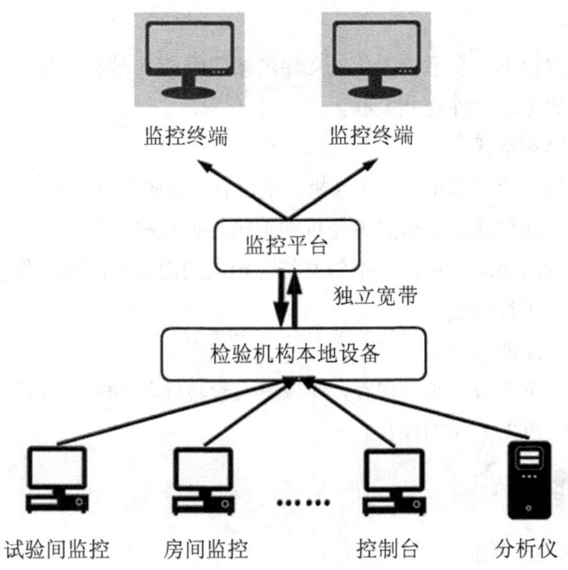

图 2 检验机构视频系统架构图

6.3 检验机构视频系统及网络总体要求

6.3.1 检验机构的所有通道视频信号应在同一个监控软件或网站页面同时全部列出并一一对应，各通道信号名称按“位置-功能”标注并分组排列，已标注的各通道信号须经环境保护部联网管理系统备案方可更换。

6.3.2 检验机构视频系统应具有多通道同步视频回放功能且可提供多种回放速率。系统可按照日期、摄像头点位或文件名进行检索回看；录像系统具有双工功能，能在正常录像的同时进行回放。

6.3.3 检验机构视频系统应满足环境保护部联网管理系统远程调用需求，提供远程调用所需 IP 地址、访问端口和访问账号，环境保护部联网管理系统应能访问检验机构视频系统所有路视频信号，调用查看历史视频数据。

6.3.4 系统应具有本地存储功能，视频文件至少保存一年，存储设备应采用磁盘阵列。

6.4 检验机构监控视频存储要求

6.4.1 检验机构应具有本地录像存储功能，视频文件自试验报告上传环境保护部联网管理系统后至少保存一年。存储方式应采用可恢复式磁盘阵列，如 RAID 5。

6.4.2 存储设备应具有刻录功能，当有重要资料需要长期保存时可刻录到光盘上。

七、联网要求

7.1 检验机构应建立独立的局域网，连接检验机构视频系统、排放数据信息系统，以及对应的各类硬件设施。

7.2 检验机构与环境保护部机动车排污监控中心应采用专网连接，带宽不小于 40 M，至少能满足同时传输 10 路 720P 或 6 路 1080P 视频信号，每路视频帧率不低于 20 帧/秒。

7.3 检验机构与环境保护部机动车排污监控中心网络接入中断时不得进行环保型式检验，如检验过程中网络中断，应及时通知环境保护部机动车排污监控中心，经同意后方可继续。

关于加快推进机动车遥感监测平台建设和联网工作的通知

环办大气函〔2017〕1331号

各省、自治区、直辖市环境保护厅（局），新疆生产建设兵团环境保护局：

为深入贯彻《中华人民共和国大气污染防治法》（以下简称大气污染防治法），落实《京津冀及周边地区2017年大气污染防治工作方案》（环大气〔2017〕29号），加快推进机动车遥感监测平台建设和联网，强化在用机动车环境监督管理，现将有关要求通知如下：

一、充分认识机动车遥感监测平台建设及联网的重要意义

随着机动车保有量的快速增长，机动车已经成为我国大气污染的重要来源，特别是柴油车辆的超标排放问题比较突出。按照大气污染防治法规定，充分利用遥感监测等技术手段，对在道路上行驶的机动车进行排放监督抽测，构建国家、省级、市级三级联网的机动车遥感监测平台，实现全国机动车排放大数据的互联互通和共管共享，有利于及时高效筛查高污染、高排放车辆，遏制机动车车辆的超标排污行为，全面提升机动车环境管理的系统化、科学化、法治化、精细化和信息化水平。

二、明确建设目标任务，强化组织协调和支持保障

各地要高度重视机动车遥感监测平台建设及联网工作，制定具体工作方案，明确责任人、任务分工和时间要求，优先保障建设运行经费，确保联网工作顺利推进，如期完成。各省（区、市）环境保护厅（局）负责省级机动车遥感监测平台建设和联网运行，组织市级环境保护主管部门建设市级机动车遥感监测平台，加强技术指导和软硬件建设，确保全省（区、市）数据按照《机动车遥感监测平台联网规范（试行）》（以下简称《规范》，见附件）要求，及时完整、准确可靠、安全稳定的存储和传输。环境保护部机动车排污监控中心负责国家机动车遥感监测平台建设及联网运行，并负责组织和指导全国机动车遥感监测数据的安全存储、互联共享和应用开发工作。

三、加强分级质量控制，确保遥感监测数据真实准确可靠

各级环境保护主管部门要按照国家相关标准和技术规范以及质量管理规定，加强遥感监测数据质量控制，确保数据真实、准确、可靠。市级环境保护主管部门负责机动车遥感监测数据的接收、存储、校验和审核，并将合格数据按《规范》解析入库，及时上传至省级机动车遥感监测平台。各省（区、市）环境保护厅（局）负责各市机动车遥感监测数据的接收、抽查，并将合格数据按《规范》要求及时上传至国家机动车遥感监测平台。环境保护部机动车排污监控中心负责各省（区、市）机动车遥感

监测数据的接收、抽查，并组织实施跨行政区域及相关部门之间的数据交换工作。

四、充分开发利用数据，提高机动车环境监管效率

充分开发利用机动车遥感监测平台数据，重点筛查高排放柴油车，并溯源超标问题突出车辆的汽车制造企业、排放检验机构、所属运输企业、注册登记地等，为后续全链条的机动车环境监管提供支撑。对不透光烟度或林格曼黑度在6个月内连续两次超标的柴油车，由注册登记地的市级环境保护主管部门在检测超标后5个工作日内，以信函或公告等适当方式通知车主，要求车主在15个工作日内进行维修，并到机动车排放检验机构采用加载减速发进行检验，经检验合格方可上道路行驶；注册登记地的市级环境保护主管部门对逾期未检验合格即上路行驶的车辆，可协调移交有关部门依法处罚。对于汽油车、燃气车以及其他类型的道路行驶车辆，各地可利用遥感监测设备开展高排放车辆筛查，为进一步环境管理提供支持。

五、加快时间进度，确保按期完成建设任务

2017年9月底前，北京、天津、河北、山东、山西、河南省（市）完成省级机动车遥感监测平台建设，完成与国家机动车遥感监测平台联网工作；2017年10月开始联网传送2017年7月底前安装的机动车遥感监测设备数据。2017年8月后安装的机动车遥感监测设备，应于2017年12月底前同步实现联网传送数据。

2018年9月底前，长三角、珠三角地区完成省级、市级机动车遥感监测平台建设和联网工作，并与国家平台联网，鼓励提前完成。2018年年底前，具备条件的其他地区完成建设和联网工作。

自本通知发布之日起，我部将对机动车遥感监测平台建设和联网工作实行月调度制度，各省（区、市）环境保护厅（局）应于每月10日前向我部报告上月工作进展情况。对于工作进度严重滞后的地区，我部将予以通报批评；对进度较快的地区予以通报表扬。

联系人：环境保护部机动车排污监控中心　肖寒

电话：（010）84916280-8203

传真：（010）84916280-8323

邮箱：xiaohan@vecc-mep.org.cn

联系人：环境保护部大气环境管理司　马冬

电话：（010）66556277

传真：（010）66556284

附件：机动车遥感监测平台联网规范（试行）

环境保护部办公厅

2017年8月18日

附件

机动车遥感监测平台联网规范（试行）（节选）

1 适用范围

本规范描述的机动车遥感监测平台，包括监测点位安装的污染物排放测量系统、车辆识别系统等软件以及环境保护主管部门或委托机构安装使用的管理端软件。本规范对平台应具备的功能、数据采集内容、交换内容和交换方式进行规范要求。

本规范适用于机动车遥感监测平台的设计、建设、联网和数据共享。

2 规范性引用文件

本规范内容引用了下列文件中的条款。凡是不注日期的引用文件，其有效版本适用于本规范。

GB 5181 汽车排放物术语和定义

GB/T 15089 机动车辆及挂车分类

GA 24 机动车登记信息代码

GA 329.2 全国道路交通管理信息数据库规范

GA/T 543.10 公安数据元

JB/T 11996 机动车尾气遥测设备通用技术要求

GA/T 497 公路车辆智能监测记录系统通用技术条件

GA/T 832 道路交通安全违法行为图像取证技术规范

GA/T 1047 道路交通信息监测记录设备设置规范

GB/T 2260 中华人民共和国行政区划代码

HJ 460 环境信息网络建设规范

HJ 461 环境信息网络管理维护规范

HJ 511 环境信息化标准指南

3 术语和定义

下列术语和定义适用于本规范。

3.1 监测点位

道路机动车排放监测点位的简称，指安装使用检定或校准合格的遥感监测设备，按要求实时遥测汽车排放污染物的监测点位。根据安装部署方式的不同可分为固定式遥感监测设备和移动式遥感监测设备，根据光路方向又可分为垂直式遥感监测设备和水平式遥感监测设备。

3.2 遥感监测设备

指能够按要求完成汽车排放污染物实时遥测的一个或一组设备，如工控机、气体测试仪、测速仪、不透光烟度计、环境气象参数仪等。

3.3 遥测线

同一监测点位采用多套遥感监测设备监测多车道的，每套遥感监测设备视为一条遥测线。

3.4 工控机

安装控制软件，协调各部件按要求自动完成视频采集、车辆识别、速度和加速度计算、遥感监测、设备自检、数据计算、数据存储和上传等任务的设备。

3.5 摄像系统

摄像系统由摄像头、云台、固定装置、补光灯等组成，用于将拍摄道路、机动车的图片和视频传送给工控机。

3.6 排放测量分析系统

按要求可以自动进行道路机动车排放污染物、速度和加速度测量和计算，并完成设备调零、校准标定和检查，数据存储和上传的软件系统。

3.7 车辆识别系统

根据摄像系统拍摄的视频或图片识别机动车号牌号码的软件系统。

3.8 交通流量系统

自动进行道路交通流量信息采集和统计的软件系统。

3.9 抓拍系统

配合摄像系统，拍摄保存符合要求的图片、视频的软件系统。

3.10 管理端软件

安装在环境保护主管部门或受委托机构，用于监控监测点位的运行状况、管理点位采集数据、同其他部门或者管理端进行交换数据的软件。

3.11 市级遥感监测信息联网平台

部署在市级环境保护主管部门或受委托机构的管理端软件，接收全市范围监测点位的数据和视频，与省级遥感监测信息联网平台联网交换数据和视频。

3.12 省级遥感监测信息联网平台

部署在省级环境保护主管部门或受委托机构的管理端软件，接收全省范围监测点位的数据和视频，与国家遥感监测信息联网平台联网交换数据和视频。

3.13 国家遥感监测信息联网平台

部署在环境保护部或受委托机构的管理端软件，接收全国范围监测点位采集的数据和视频。

3.14 卫星定位系统

通过接收卫星信号进行导航、定位、授时功能的系统。

3.15 地理信息系统

提供存储、显示、分析地理数据功能的软件。

3.16 汽车电子标识

嵌有超高频无线射频识别芯片并存储汽车身份数据的电子信息识别载体。

3.17 环保专网

指环境保护部组织建设的全国环境保护业务专网，用于连接各级环境保护主管部门及直属单位的“三层四级”网络，为环境保护业务运行、数据传输交换和网络通信提供统一服务的网络平台。

3.18 数据传输与交换平台

指环境保护部组织建设的数据传输与交换平台，由管理平台、交换节点、适配器、交换队列等构成。

3.19 林格曼黑度

将排气污染物颜色与林格曼浓度图对照而测量出来的一种烟尘浓度表示法，分为 0 至 5 级。对应林格曼浓度图有六种，0 级为全白，1 级黑度为 20%，2 级为 40%，3 级为 60%，4 级为 80%，5 级为全黑。

4 总体要求

4.1 平台组成

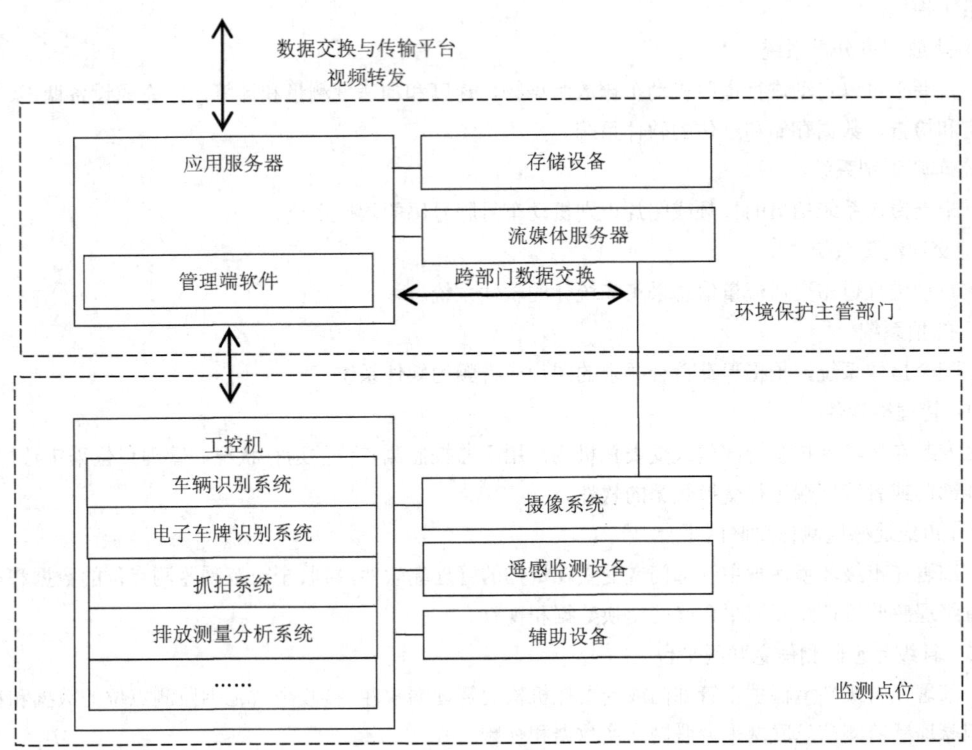

图 1 平台架构图

注：辅助设备包括卫星定位系统、坡度计等。

4.2 功能要求

机动车遥感监测平台功能应包括遥感检测、黑烟抓拍、设备检查标定、交通流量信息采集、抓拍取证、视频监控、点位管理（包括监测点位、遥测设备和标准物质）、车辆数据库、数据管理等功能。

北京、天津、河北、山东、山西、河南省（市）行政区域内的京津冀大气污染传输通道城市（包括北京市，天津市，河北省石家庄、唐山、廊坊、保定、沧州、衡水、邢台、邯郸市，山西省太原、阳泉、长治、晋城市，山东省济南、淄博、济宁、德州、聊城、滨州、菏泽市，河南省郑州、开封、安阳、鹤壁、新乡、焦作、濮阳市）按照《“2+26”城市机动车遥感监测网络建设方案》（环办大气函〔2017〕816 号）要求建设的遥感监测平台，应安装配置汽柴一体化遥感监测设备。

监测点位实时视频功能支持管理端软件的实时查看和摄像头调整。

采集的遥感监测、检查标定和交通流量等信息应实时上传管理端软件，并通过环保专网和数据传输与交换平台实现市级、省级到国家联网功能。

平台应实现与公安交通管理部门联网，共享车辆数据，交换车辆超标排放的证据。

平台应预留汽车电子标识读取接口，有条件的地区应记录监测点位环境空气质量变化情况。

4.3 网络要求

4.3.1 基本要求

机动车遥感监测平台网络应包括但不限于以下设备：遥测设备、显示设备、视频监控设备、数据服务器、视频数据服务器、备份服务器、路由器、网络打印机、移动工作站、防火墙等。

网络的建设和维护应符合《环境信息网络建设规范》、《环境信息化标准指南》和《环境信息网络管理维护规范》的要求。

4.3.2 网络连接方式

环境保护主管部门与监测点位应使用专网连接，保证数据通信的稳定性、可靠性、安全性，带宽应满足视频、数据信息的传输要求。

移动式监测点位应采用移动数据网络进行连接。

环境保护主管部门（包括委托机构）使用的管理端软件原则上应使用环保专网进行联网。

4.4 数据接口

平台应提供与公安交通管理部门、交通运输部门双向数据接口。与公安交通管理部门实现车辆信息、车辆排放超标信息的数据交换，与交通运输部门实现道路、交通流量、营运车辆信息的数据交换。

另外还应为汽车电子标识预留数据读取接口。

4.5 平台安全

为保证管理端软件访问安全和数据安全，环境保护主管部门与监测点位专网之间应配置网络防火墙、防入侵系统及其他安全防护设备。

4.6 抓拍要求

抓拍系统所使用的设备应符合《道路交通信息监测记录设备设置规范》（GA/T 1047—2013）技术要求，并经公安交通管理部门备案，符合取证要求。抓取的图片及视频证据的质量、模式、基本信息、防伪要求应符合《道路交通安全违法图像取证技术规范》（GA/T 832—2014）要求。

4.7 视频要求

4.7.1 视频设备要求

采用高清网络摄像机，分辨率满足监控要求，单车道不低于 200 万像素，能清晰拍摄车辆号牌号码进行车辆识别。

具备全天候工作能力，能保证全天 24 小时视频监控，车辆抓获率应符合标准要求。

4.7.2 视频存储要求

管理端软件应存储采集的监测点位视频，存储按日期保存，历史检验视频保存周期不少于 30 天。

用于取证的图片和视频应保存不少于 1 年。

5 监测点位软件要求

5.1 安装要求

监测点位所使用的软件应安装在工控机上，包括摄像拍照、车辆识别、遥感监测、设备检查、数据上传等业务功能用软件，除必要的系统软件外不应安装其他软件。

5.2 功能要求

5.2.1 机动车轨迹信息记录采集

记录通过的机动车信息。

5.2.2 环境信息采集

记录所在位置环境参数，如大气压力、温湿度、坡度等，有条件的地区还应记录空气中其他环境参数的变化情况。

5.2.3 位置信息采集

记录所在位置的经纬度信息，如果是移动式点位应使用卫星定位系统及时反馈位置信息。

5.2.4 车辆数据库

应集成车辆数据库，用于帮助进行车辆识别和遥感监测，数据库应定期与管理端软件同步更新。

5.2.5 视频监控

应具备视频监控功能，并满足环境保护主管部门实时查看和远程调用的要求。

5.2.6 车辆识别

利用视频技术识别车辆号牌号码，结合车辆数据库进行进一步的准确识别，车辆图像抓获率不小于98%，车辆牌照识别率不小于95%。

预留汽车电子标识读取接口，以准确识别车辆信息。

5.2.7 遥感监测

按照标准要求对机动车进行遥感监测，采集记录信息，监测记录应统一编码并保证编码唯一，编码为26位，规则如下：

10 位监测点位编号（见 6.2.1）+2 位遥测线编号（见 6.2.1）+14 位监测时间（格式为YYYYMMDD24hhmmss）。

编号范例："A13012800120170601143030"。

完整的遥测记录应包括车辆抓拍的、符合要求的图片和视频。

对由于无法匹配车辆数据导致无法判定是否超标的遥感监测信息，可暂按照烟度是否超过柴油车烟度限值进行筛选，并将超过柴油车烟度限值的车辆数据上传至遥感监测信息联网平台。

5.2.8 黑烟抓拍

具有黑烟抓拍功能的遥感监测设备应按标准要求拍摄测量林格曼黑度或不透光度，对排放黑烟等可视污染物车辆进行抓拍取证记录。

5.2.9 实时显示

应能实时显示遥感监测、黑烟抓拍的结果。

5.2.10 车辆抓拍

抓拍的图片和视频需满足：应拍摄保存符合要求的机动车全景和局部图片，且有一定间隔时间，拍摄保存的动态视频确保有明显位移，图片和视频的质量、模式、基本信息、防伪要求需满足《道路交通安全违法行为图像取证技术规范》的要求。

5.2.11 标定检查

应按标准要求具备设备自动校准和检查功能，校准和检查的数据应及时记录并与管理端软件同步。

5.2.12 视频监控

视频设备应保证视频信号的稳定采集，视频信号实时传输到管理端软件，移动式监测点位可不传输视频信号。

5.2.13 数据报送

采集记录的信息应实时报送到管理端软件，具体数据要求见附录 A。

6 管理端软件要求

6.1 一般要求

管理端软件包括服务器端软件和客户端软件，服务器端软件部署在应用服务器、视频服务器上。客户端软件按照管理需要开发，在相应平台运行。

6.2 功能要求

6.2.1 点位管理

实现对监测点位、遥测线、遥测设备信息，点位日常运行维护、设备标定检查的维护管理，对监测点位和遥测设备应进行唯一编号。

（1）监测点位的编号规则规定如下：

1位点位类型+6位行政区划代码+3位顺序号（如“A130128001”）。

点位类型：1位，A—表示垂直固定式，B—表示水平固定式，C—表示移动式。

行政区划代码：6位，表示点位安装地点位置，如是移动式监测点位则用所属单位地址替代。

顺序号：3位，表示点位投入运行的顺序号。

（2）遥测线编号规则规定如下：

遥测线编号：2位顺序号。

6.2.2 点位运行管理

利用地理信息系统和卫星定位系统技术（移动式）显示监测点位经纬度、运行状态。运行异常的应及时报警。

6.2.3 交通流量监测

利用地理信息系统显示监测点位位置，监测记录监测点位所在道路交通流量信息。

6.2.4 交通流量统计

具备监测点位流量统计功能，能够按车道和时段进行车辆流量、平均车速、不同类型车辆数等指标的统计，车流量统计有效率≥95%。

6.2.5 监测点位视频监控

监测点位实时监控视频，按要求保存监测点位的历史视频。

6.2.6 视频远程调用

实现流媒体转发功能，满足省级机动车遥感监测平台、国家机动车遥感监测平台的视频远程观看和远程调用需要。

6.2.7 车辆数据库

应建立本地车辆数据库，车辆数据库定期和监测点位同步。

车辆数据库应定期上传至国家机动车遥感监测平台，每月更新一次。

车辆数据库应及时和当地公安交通管理部门同步更新数据。

6.2.8 遥感监测信息管理

对采集的遥感监测，黑度测量等数据进行维护管理、数据统计和分析。

6.2.9 外埠车辆信息管理

对采集的外埠车辆遥感监测信息，如无法匹配车辆数据库，应及时通过国家遥感监测平台查询（按附录B）下载车辆信息后进行判定，并更新记录。

6.2.10 超标信息交换

对车辆超标记录进行整理，将符合规范要求的数据、视频和图片记录提供给公安交通管理部门，并跟踪处理情况。

6.2.11 数据交换

平台与监测点位各类信息应实时同步，管理端软件之间的数据交换应通过环保专网的数据传输与交换平台进行。管理端软件与上级管理端软件（省级遥感监测平台或国家遥感监测平台）之间应保证数据及时同步。

交换的内容包括：

监测点位信息、交通流量信息、遥感监测数据、车辆数据、设备自检、设备检查信息。

具体数据格式要求见附录A。

7 联网要求

管理端软件与监测点位应使用专网连接，保证数据通信的稳定性、可靠性、安全性，带宽应满足视频、数据信息的传输要求。具体联网方式和要求可参考《关于加快推进机动车排污监控平台建设和联网工作的通知》（环办大气函〔2016〕2101 号）中的《在用机动车排放检验信息系统及联网规范（试行）》。

移动式遥感监测点位采用移动数据网络进行连接。

管理端软件数据交换使用环保专网的数据传输与交换平台进行。

商务部等11部门办公厅关于促进二手车便利交易 加快活跃二手车市场的通知

商建字〔2016〕8号

各省、自治区、直辖市商务、发展改革、工业和信息化、公安、财政、环境保护、交通运输、税务、工商、银监、保监主管部门：

为促进二手车便利交易、活跃二手车市场，国务院办公厅印发了《关于促进二手车便利交易的若干意见》（国办发〔2016〕13号，以下简称《意见》）。现就贯彻落实《意见》有关工作通知如下：

一、促进二手车异地交易。已依法注册登记的小微型非营运载客汽车可以在本行政辖区或者拟转入行政辖区经销、买卖、拍卖和经纪。二手车交易市场经营者和二手车经营主体要按照《二手车流通管理办法》，重点审核二手车卖方是否拥有车辆所有权或处置权，确认卖方身份证明、机动车及牌证和税费凭证，按规定出具《二手车销售统一发票》。各地商务、公安、税务、工商等部门不得违反《二手车流通管理办法》，违规增加限制二手车办理交易的条件。各地商务、税务、工商部门要加强对二手车交易市场及经营主体的监督管理，维护市场秩序，保护消费者合法权益。

二、优化二手车交易登记程序。符合国家在用机动车排放和安全标准，在环保定期检验有效期和年检有效期内的二手车均可办理迁入手续，国家鼓励淘汰和要求淘汰的相关车辆及国家明确的大气污染防治重点区域（京津冀：北京、天津、河北，长三角：上海、江苏、浙江，珠三角：广州、深圳、珠海、佛山、江门、肇庆、惠州、东莞、中山等9个城市）有特殊要求的除外。各地商务部门要会同公安、税务、工商、保险等部门，选择具备条件的二手车交易市场设立服务窗口或站点，提供二手车交易、纳税、登记和保险一站式服务。对异地办理二手车交易的小微型非营运载客汽车，现机动车所有人凭《二手车销售统一发票》及相关资料，可以向交易地公安交通管理部门申请办理转移登记，向转出地公安交通管理部门申请转出车辆档案，不需要将车辆驶回登记地。公安交通管理部门要优化服务流程，提高办事效率，快捷办理转移登记业务。

三、完善二手车税收征管。通过二手车交易市场、二手车经销企业、拍卖企业或经纪机构进行二手车交易的，应在以上市场、企业所在地或销售方所在地开具《二手车销售统一发票》。现行政策允许开具且购买方索取增值税专用发票的，销售二手车的一般纳税人可开具增值 税专用发票，小规模纳税人可由主管税务机关代开增值 税专用发票。税务机关要加强对二手车交易的税收征管。

四、加强二手车流通信息管理。各地商务部门要督促、指导二手车交易市场经营者和二手车经营主体认真核对机动车交易双方当事人或代理人的身份证明，准确采集原机动车所有人和现机动车所有人的身份证号码、手机号码、住址等信息，及时录入全国统一的信息管理系统。建立二手车信息联网核查机制，推进公安、商务部门系统联网，加强二手车交易和登记信息实时比对、核查，促进二手车来源可追溯、去向可查询、服务可监管，严防通过二手车从事违法犯罪活动。各部门要整合现有信息平台资源，加强互联互通和信息共享，并积极促进信息向社会开放，便于经营者、消费者和管理部门查询、使用。

五、加强二手车市场主体信用体系建设。各地商务、发展改革、环境保护、交通运输、税务、工商、保险等部门应按照职责范围依法采集市场主体的信用信息，逐步建立健全信用记录，及时纳入全国信用信息共享平台，并按照有关规定在“国家企业信用信息公示系统”以及“信用中国”网站予以公开。各地工商、市场监管部门要强化信用监管，严格执法，重点查处虚假宣传以及其他侵害消费者权益的行为。要引导行业加强自律，促进市场主体合规经营、守信交易，支持行业协会、二手车交易市场等以适当形式发布市场主体信用相关信息。

六、提高二手车金融服务水平。鼓励汽车金融公司业务产品创新。允许汽车金融公司在向消费者提供购车贷款（或融资租赁）的同时，根据消费者意愿提供附属于所购车辆的附加产品的融资。汽车金融公司开展购车附加产品融资业务时，执行与汽车贷款一致的管理制度。经银监会批准经营个人汽车贷款业务的金融机构办理二手车贷款的首付款比例，可在30%最低要求基础上，根据自愿、审慎和风险可控原则自主决定。支持保险公司加快开发符合二手车交易特点的专属保险产品，提高二手车交易保险服务水平。

七、加快推动创新二手车流通模式。各地商务、交通部门要积极创造条件，加大政策倾斜力度，积极推动二手车流通模式创新。重点引导二手车经销企业开展品牌化、连锁化经营，提升整备、质保等增值服务能力和水平。要加强对二手车电子商务的指导和管理，引导和规范二手车交易企业线上线下融合发展，鼓励发展拍卖等交易方式。推动新车销售企业开展二手车经销业务，积极发展二手车置换业务。

八、加强部门协同配合。各地有关部门要充分认识促进二手车便利交易、活跃二手车市场的重要意义，健全工作机制，加强部门协作配合。要制定具体实施方案，细化政策措施，确保《意见》各项政策措施落到实处。需要当地人民政府出台政策措施的，要及时提出工作建议，积极推动相关工作。

各地有关部门贯彻落实《意见》情况要及时向国务院商务、发展改革、工业和信息化、公安、财政、环境保护、交通运输、税务、工商、银监、保监等部门报告。按照国务院办公厅有关要求，商务部将会同有关部门适时对《意见》贯彻落实情况进行督促检查。

商务部办公厅
国家发展和改革委员会办公厅
工业和信息化部办公厅
公安部办公厅
财政部办公厅
环境保护部办公厅
交通运输部办公厅
国家税务总局办公厅
国家工商行政管理总局办公厅
中国银行业监督管理委员会办公厅
中国保险业监督管理委员会办公厅
2016年6月8日

关于明确国家鼓励淘汰和要求淘汰车辆标准促进二手车流通的通知

环办大气函〔2016〕1322 号

辽宁、福建、山东、河南、湖南、广东、西藏、青海省、自治区环境保护厅：

为贯彻落实党中央、国务院关于加快淘汰黄标车和老旧车的重要决策部署，深入落实国务院办公厅《关于促进二手车便利交易的若干意见》（国办发〔2016〕13 号）（以下简称《意见》）精神，按照国务院部署，现将有关促进二手车流通工作要求通知如下：

一、认真严格执行《意见》规定。《意见》明确要求，符合国家在用机动车排放和安全标准，在环保定期检验有效期和年检有效期内的二手车均可办理迁入手续，国家鼓励淘汰和要求淘汰的相关车辆及国家明确的大气污染防治重点区域（京津冀：北京、天津、河北，长三角：上海、江苏、浙江，珠三角：广州、深圳、珠海、佛山、江门、肇庆、惠州、东莞、中山）有特殊要求的除外。各地要认真贯彻落实，严格执行相关规定。

二、明确鼓励淘汰和要求淘汰的车辆标准。国家鼓励淘汰和要求淘汰的车辆是指黄标车和老旧车。我部与发展改革委、公安部、财政部、交通运输部、商务部等六部门《关于印发 2014 年黄标车及老旧车淘汰工作实施方案的通知》（环发〔2014〕130 号）已对黄标车和老旧车的认定标准作出明确规定，各地不得擅自提高标准，限制二手车流通。

三、抓紧取消不符合规定的限迁措施。对于符合国家在用机动车排放和安全标准，在环保定期检验有效期和年检有效期内的二手车，各级环保部门不得对省城内个城市间的转入转出设置任何环保附加条件。辽宁、湖南、广东、青海、山东、河南、西藏、福建等 8 个省（区）仍有部分城市未按《意见》要求取消二手车限迁政策，各省级环保部门应督促本行政区域有关城市严格按照本通知规定，于 2016 年 7 月 31 日前督促有关城市取消不符合政策要求的二手车限迁措施。

四、确保完成淘汰黄标车和老旧车年度工作任务。《大气污染防治行动计划》要求，加快淘汰黄标车和老旧车辆。2016 年国务院《政府工作报告》又明确提出目标任务，要求 2016 年淘汰黄标车和老旧车 380 万辆。各地要坚决贯彻落实党中央、国务院决策部署，加快推动黄标车和老旧车淘汰工作进度，不折不扣地完成年度淘汰工作任务。

特此通知。

环境保护部办公厅

2016 年 7 月 15 日

关于加强二手车环保达标监管工作的通知

环办大气函〔2016〕2373号

各省、自治区、直辖市环境保护厅（局），商务主管部门：

为进一步贯彻国务院关于简政放权、放管结合、优化服务、便民惠民的重要决策部署，深入落实《国务院办公厅关于促进二手车便利交易的若干意见》（国办发〔2016〕13号，以下简称《意见》），加强二手车环保达标监管，推进改善大气环境质量，现将有关工作要求通知如下：

一、严格执行《意见》有关规定。《意见》对二手车迁入车辆要求和区域范围均作出明确规定，各地要认真贯彻落实，严格执行相关规定。

二、加强二手车环保达标监管。对于在机动车环保定期检验和安全检验有效期内，并经转入地环保检验，符合转入地在用车排放标准要求的车辆，各地不得设定其他限制措施（国家明确的大气污染防治重点区域和国家要求淘汰的车辆除外）。各级环保部门要建立二手车环保检验信息管理档案和核查机制，加强对二手车环保达标检验的监管工作，严防超标排放车辆造成污染转移。

三、加快推进二手车环保信息联网工作。各地环保部门要按照《关于进一步规范排放检验 加强机动车环境监督管理工作的通知》（国环规大气〔2016〕2号）要求，加快机动车环保信息联网建设工作进度，充分利用信息系统加强对二手车的环保达标监管。各地应督促机动车排放检验机构严格落实机动车排放检验标准要求，并将排放检验数据和电子检验报告上传环保部门，出具由环保部门统一编码的排放检验报告。各级环保部门要积极配合公安交管部门做好排放检验报告照片核查和排放检验信息核查，二手车转出地环保部门应及时将相关车辆信息移交转入地环保部门；转入地环保部门应对二手车上线排放检验实施在线监控，实现检验数据实时传输、及时分析处理。

四、加强二手车排放检验机构监督管理。环保部门应对排放检验机构实行“双随机、一公开”（随机抽取检查对象、随机选派执法检查人员、及时公开查处结果）的监管方式，重点加强对二手车转入排放检验机构的监督管理，通过现场检查排放检验过程、审查原始检验记录或报告等资料的方式强化执法监管，依法严肃查处违法排放检验机构。

五、各地商务主管部门要按照职能分工，积极配合环境保护部门做好相关工作。有条件的地方要探索推进二手车交易信息和环保信息互联互通，实现信息共享，推动信息向社会公开，便于经营者、消费者和管理部门查询、使用。

本通知自发布之日起实施，此前与本文件规定不符的以本文件为准。

环境保护部办公厅

商务部办公厅

2016年12月29日

中华人民共和国国家发展和改革委员会
中华人民共和国公安部
中华人民共和国环境保护部
中华人民共和国商务部
国务院国有资产监督管理委员会
国家工商行政管理总局
国家质量监督检验检疫总局
国家能源局
公告

2016 年 第 29 号

为贯彻落实《国务院关于印发大气污染防治行动计划的通知》（国发〔2013〕37 号）和国务院第 90 次常务会议有关要求和部署，应对严峻的大气污染形势，加快推进成品油质量升级，改善空气质量，现将有关事项公告如下：

一、严格按时供油

2017 年 1 月 1 日起，全国全面供应符合第五阶段国家标准（以下简称国Ⅴ标准）的车用汽油（含 E10 乙醇汽油）、车用柴油（含 B5 生物柴油），同时停止国内销售低于国Ⅴ标准车用汽油（含 E10 乙醇汽油）、车用柴油（含 B5 生物柴油）。

二、保障油品质量

成品油生产、销售企业按照现行国家标准进一步加强油品质量管理和控制，保障清洁油品市场供应。

三、规范油品标示

加油站（点）按照相关法规和标准要求，明确标注所售汽油、柴油产品名称、牌号和等级［如：92 号汽油（Ⅴ），0 号车用柴油（Ⅴ）等］，以便于消费者选择、政府监管和社会监督。

四、加强有效监管

国家和地方有关职能部门加强成品油质量监督检查，依法严厉查处生产、销售不合格油品，非法生产、销售油品，非法流动加油罐车等违法违规行为，确保成品油质量升级取得实效，促进成品油市场健康有序发展。

特此公告。

国家发展改革委
公安部
环境保护部
商务部
国资委
工商总局
质检总局
国家能源局
2016 年 12 月 20 日

交通运输部等 13 个部门关于加强船用低硫燃油供应保障和联合监管的指导意见

交海发〔2017〕163 号

近年来，我国局部地区大气污染形势仍然严峻，控制船舶大气污染物排放势在必行。《中华人民共和国大气污染防治法》明确要求，内河和江海直达船舶应当使用符合标准的普通柴油，远洋船舶靠港后应当使用符合大气污染物控制要求的船舶用燃油；进入排放控制区的船舶应当符合船舶相关排放要求。随着珠三角、长三角、环渤海（京津冀）水域船舶排放控制区实施方案的推进，以及国际公约提出的 2020 年船舶使用低硫燃油时限的逼近，保障合规的船用低硫燃油供应已成为当前和今后一段时期控制船舶大气污染的关键。为落实绿色发展理念，推进供给侧结构性改革，维护船用燃油流通市场秩序，保障船用低硫燃油供应，现提出以下意见。

一、总体要求

（一）指导思想。

全面贯彻党的十八大和十八届三中、四中、五中、六中全会精神，深入贯彻习近平总书记系列重要讲话精神和治国理政新理念新思想新战略，认真落实党中央、国务院决策部署，统筹推进“五位一体”总体布局和协调推进“四个全面”战略布局，按照“加快推进生态文明建设”决策部署和“坚决打好蓝天保卫战”工作要求，坚持以推进供给侧结构性改革为主线，通过政策引导、行业自律、强化监管，维护公平、有序、健康的船用燃油流通市场秩序，提升我国船用低硫燃油供应能力和质量，促进绿色交通发展。

（二）基本原则。

坚持政策引导。健全配套支持政策，加大社会宣传力度，通过激励和约束机制，积极引导企业生产、销售、使用合规的船用低硫燃油。

坚持突出重点。紧抓船用低硫燃油供需不平衡这一突出矛盾，集中力量、重点突破，着力解决合规燃油供应不足、市场秩序混乱等突出问题，保障防治船舶大气污染政策依法、有序推进实施。

坚持建管并重。按照“立好规则、管住市场”的要求，同步推进制度建设和联合监管工作，实现二者相互优化、同步促进，保障合规船用燃油的供应，打造良好的市场秩序。

（三）总体目标。

通过政策引导，保障船用低硫燃油供应，提升船用低硫燃油供应与航运市场需求的适应性。通过强化监管，打击不合规船用燃油进入流通市场的违法行为，促进船用燃油流通市场公平、有序、健康发展。

二、重点任务

（一）建立船用低硫燃油基本供应制度。

引导国内炼化企业生产合规船用低硫燃油，疏通生产、销售和使用企业间的信息渠道，建立和完善相关制度，保障合规船用低硫燃油的供应。（交通运输部、国家能源局牵头，国家发展改革委、工业和信息化部、商务部、税务总局、工商总局参与。2018 年完成政策制定，长期实施。）

取消船舶供油企业港口经营许可，打破供油区域限制，允许供油企业跨区域经营。（交通运输部牵头，商务部、工商总局、税务总局参与。2018 年前完成政策制定，长期实施。）

（二）加快船用燃油标准制修订。

研究修订《船用燃料油》（GB 17411—2015）、《普通柴油》（GB 252—2015）和《船舶供受燃油程序及检测方法》（GB/T 25346—2010）等相关标准规范，优化燃油质量指标，以适应船舶安全绿色航行要求，为船用燃油监管提供技术依据。（交通运输部、国家能源局、国家标准委牵头，环境保护部、工业和信息化部、税务总局、工商总局、质检总局参与。2019 年完成标准制修订，长期实施。）

（三）加大船用燃油监管力度。

全面加强船用燃油生产、流通和使用环节的事中事后监管，提高“双随机”抽检比例。（交通运输部、工商总局、质检总局、商务部、国家能源局、海关总署按职责分工负责。2018 年起实施。）

提升船用燃油监管能力，为一线执法人员配备检测装备，建立完善执法监管信息系统，加强执法人员培训，提高执法检查效能。（交通运输部、工商总局、质检总局、环境保护部、海关总署按职责分工负责。2018 年起逐步实施。）

（四）加强船用燃油监管部门协作。

建立船用燃油生产、流通和使用环节的多部门联合执法制度，组织专项治理行动，开展联合执法。（交通运输部牵头，工商总局、质检总局、公安部、环境保护部、商务部、税务总局、安全监管总局、国家能源局、海关总署参与。2018 年完成制度建设，长期实施。）

建立船用燃油监管信息通报制度，打通各环节监管部门之间的信息沟通渠道，并定期向社会公开监管信息。（交通运输部牵头，工商总局、质检总局、公安部、环境保护部、商务部、税务总局、安全监管总局、国家能源局、海关总署参与。2018 年完成制度建设，长期实施。）

三、保障措施

（一）加强组织领导。各省、自治区、直辖市有关部门要加强对贯彻实施本意见的组织领导，按照本意见的要求，制定具体实施方案，有条件的地方可先行先试，确保各项工作任务和要求得到落实。

（二）建立信用制度。建立船用燃油生产、销售、使用主体信用记录，纳入全国信用信息共享平台，建立低硫燃油“产销用”主体信用约束机制和对严重失信主体的联合惩戒机制，通过国家企业信用信息公示系统、“信用中国”网站公示有关企业信用信息，促进“产销用”主体守法经营。

（三）加强科技支撑。鼓励油品质量提升与低成本化生产、油品流量计量和跟踪检测等先进工艺、技术和装备的研发与应用，推动船用燃油产销用创新发展，为船用燃油市场监管提供技术支撑。

（四）开展督查考核。加强船用燃油监管工作的督查考核，对督查发现的问题，各有关部门应依职责督促整改落实，并依法依规实施责任追究。

（五）加强宣传引导。各省、自治区、直辖市有关部门要通过多种方式加强政策宣传，并充分发挥行业协会作用，引导行业自律、自治，有序发展。

交通运输部
国家发展改革委
工业和信息化部
公安部
财政部
环境保护部
商务部
海关总署
税务总局
工商总局
质检总局
安全监管总局
国家能源局
2017 年 10 月 27 日

商务部等8部门关于内蒙古等地区开展汽车平行进口试点有关问题的复函

商建函〔2018〕48号

内蒙古自治区、江苏省、河南省、湖南省、广西壮族自治区、海南省、重庆市、青岛市人民政府：

你们关于商请支持开展汽车平行进口试点的函收悉。经研究，现复函如下：

我们支持在内蒙古自治区满洲里口岸、江苏省张家港保税港区、河南省郑州铁路口岸、湖南省岳阳城陵矶港、广西壮族自治区钦州保税港区、海南省海口港、重庆铁路口岸、青岛前湾保税港区开展汽车平行进口试点，同时，提出以下具体意见。

一、加强组织领导。建立省级（含计划单列市）人民政府牵头负责的部门协调工作机制，明确地方城市责任，创新管理模式，强化事中、事后监管，按照“谁批准、谁监管、谁负责”的原则，有效防控各类风险，保障消费者合法权益，并做好政策解读和说明。

二、完善试点工作方案。借鉴“一平台四体系”，即一站式公共服务平台、国际市场采购体系、贸易便利通关体系、售后服务保障体系和政府监管信息体系等成熟经验，结合本地实际，进一步完善试点工作方案，不断创新制度设计及机制建设，确保试点工作规范有序进行。

三、落实有关政策要求。平行进口汽车应符合国务院整车进口口岸管理的相关规定，在进口口岸、出区进口时按照相关规定办理有关手续。应符合《机动车运行安全技术条件》(GB 7258)、《道路车辆 车辆识别代号（VIN）》（GB 16735）等国家机动车安全技术标准、质量标准、排放标准、技术规范的强制性要求并获得强制性产品认证。应进口已依法公开排放检验信息、污染控制技术信息和有关维修技术信息的车型车辆，不允许进口旧车和非法改装车。试点地区要认真执行《商务部等8部门关于促进汽车平行进口试点的若干意见》（商建发〔2016〕50号）有关政策规定，并按照其相关要求组织开展试点工作。允许在符合条件的海关特殊监管区域和保税物流中心（B型）开展汽车整车保税仓储业务。平行进口汽车整车保税仓储可不设期限，按照相关部门的具体规定执行。

四、切实加强监督管理。各试点地区确定试点企业数量原则上不得超过5家。请参照《商务部办公厅关于加强汽车平行进口试点工作的通知》（商办建函〔2016〕114号）要求，将汽车售后服务（含召回）保障能力、守法合规的信用情况及产品一致性管控能力作为遴选试点企业的必要条件，要选择综合经营能力强的企业。重点加强质量追溯和售后服务体系建设，明确试点企业是平行进口汽车产品质量追溯的责任主体，依法履行产品认证、召回、质量保障、环保和维修技术信息公开、售后服务、家用汽车“三包”、平均燃料消耗量核算等义务。要加强平行进口汽车入境检验，对于不符合国家机动车安全技术标准的，不予进口。要严格平行进口汽车注册登记，严格执行国家安全技术标准。禁止进口大气污染物排放超过标准的机动车。

各试点地区要加强平行进口汽车进口和销售管理，严格试点企业监管，建立试点企业退出机制。对发现违法进口和销售不符合国家机动车安全技术和环保排放标准以及自行或组织非法改装平行进口汽车的试点企业，取消其试点资格，严格追究试点企业、相关单位和人员责任。试点企业要严格按规定申领自动进口许可证，不得买卖、非法转让，一经发现违规行为，即取消试点企业资格。要督促指导试点企业严格落实《汽车销售管理办法》要求，认真做好备案和信息报送等工作。对试点工作监管不力，出现重大违规问题的地区，取消试点资格，并依法追究有关人员责任。

五、做好政策合规性评估。地方制定的汽车平行进口试点相关政策应符合世贸组织规则，具体政策出台之前，按照《贸易政策合规工作实施办法（试行）》（商务部公告 2014 年第 86 号）规定的程序进行合规性评估。

请将汽车平行进口试点企业有关信息报送相关部门。开展试点工作过程中的有关情况及遇到的问题，请及时与我们沟通。

商务部
工业和信息化部
公安部
环境保护部
交通运输部
海关总署
质检总局
国家认监委
2018 年 1 月 30 日

关于确认强制报废日期在实际办理注销登记时间以前的车辆纳入当年度淘汰统计范围的复函

环办大气函〔2016〕996号

浙江省环境保护厅：

你厅《关于商请确认强制报废日期在实际办理注销登记时间以前的车辆纳入当年度淘汰统计范围的函》收悉。经研究，现函复如下：

车辆淘汰时间应以机动车所有人将报废的机动车登记证书、号牌、行驶证交公安机关交通管理部门实际办理注销登记业务时间为准，并应纳入实际注销所在年度淘汰统计范围。

特此函复。

环境保护部办公厅

2016年5月27日

关于海关拍卖罚没走私车辆执行大气污染物排放标准有关问题的复函

环办大气函〔2017〕902号

广东省环境保护厅：

你厅《关于海关拍卖罚没走私车辆执行大气污染物排放标准有关问题的请示》（粤环报〔2017〕57号）收悉。经研究，现函复如下：

一、按照《环境保护部 工业和信息化部关于实施第五阶段机动车排放标准的公告》（2016年第4号）的规定，你省自2016年4月1日起，所有进口、销售和注册登记的轻型汽油车、轻型柴油车、重型柴油车（仅公交、环卫、邮政用途），须符合国五标准要求。因此，海关部门拍卖的罚没走私车辆，在注册登记时应达到所在地现行的机动车污染物排放标准。

二、建议你厅协调相关部门，在拍卖走私罚没车辆前，应委托有资质的单位检测，以确保拍卖车辆达到现行的机动车污染物排放标准。

联系人：环境保护部大气环境管理司　许宏凡
电话：（010）66556245
传真：（010）66556284

环境保护部办公厅
2017年6月9日

交通运输部关于加强国（境）外进口船舶和中国籍国际航行船舶从事国内水路运输管理的公告

公告 2018 年 第 53 号

为提高国内船舶运力供给质量，促进水运安全绿色发展，根据《国内水路运输管理规定》《老旧运输船舶管理规定》等有关要求，现就加强国（境）外进口船舶（以下简称进口船舶）和中国籍国际航行船舶从事国内水路运输管理的有关事项公告如下：

一、自 2018 年 9 月 1 日起，申请从事国内水路运输的进口船舶和中国籍国际航行船舶，其柴油机氮氧化物排放量应满足国际海事组织《经 1978 年议定书修订的 1973 年国际防止船舶造成污染公约》（MARPOL73/78）附则Ⅵ规定的 TierⅡ排放限值要求。

二、有关船舶检验机构、海事管理机构和水路运输管理部门要按照职责认真把关，加强对进口船舶和中国籍国际航行船舶从事国内水路运输的监督管理。

本公告有效期 5 年。

交通运输部

2018 年 6 月 28 日

交通运输部关于印发船舶大气污染物排放控制区实施方案的通知

交海发〔2018〕168 号

各省、自治区、直辖市、新疆生产建设兵团交通运输厅（局、委），各直属海事局，长江航务管理局、珠江航务管理局：

现将《船舶大气污染物排放控制区实施方案》印发给你们，请认真贯彻落实。

交通运输部

2018 年 11 月 30 日

船舶大气污染物排放控制区实施方案

为深入贯彻落实党中央、国务院关于加快推进生态文明建设、打好污染防治攻坚战和打赢蓝天保卫战的部署，促进绿色航运发展和船舶节能减排，根据《中华人民共和国大气污染防治法》和我国加入的有关国际公约，在实施《珠三角、长三角、环渤海（京津冀）水域船舶排放控制区实施方案》（交海发〔2015〕177 号）的基础上，制定本实施方案。

一、工作目标

通过设立船舶大气污染物排放控制区（以下简称排放控制区），降低船舶硫氧化物、氮氧化物、颗粒物和挥发性有机物等大气污染物的排放，持续改善沿海和内河港口城市空气质量。

二、设立原则

（一）促进环境质量改善和航运经济协调发展。

（二）强化船舶大气污染物排放控制。

（三）遵守国际公约和我国法律标准要求。

（四）分步实施和先行先试并举。

三、适用对象

本方案适用于在排放控制区内航行、停泊、作业的船舶。

四、排放控制区范围

本方案所指排放控制区包括沿海控制区和内河控制区。

沿海控制区范围为表 1 所列 60 个点依次连线以内海城，其中海南水城范围为表 2 所列 20 个点依次连线以内海域。

内河控制区范围为长江干线（云南水富至江苏浏河口）、西江干线（广西南宁至广东肇庆段）的通航水域，起止点位坐标见表 3。

表 1　沿海控制区海城边界控制点位坐标

序号	经度	纬度	序号	经度	纬度
1	124°10′06.00″	39°49′41.00″	31	112°50′52.80″	21°22′25.68″
2	122°57′14.40″	37°22′11.64″	32	112°29′20.40″	21°17′12.48″
3	122°57′00.00″	37°21′29.16″	33	111°27′00.00″	19°51′57.96″
4	122°48′18.00″	36°53′51.36″	34	111°23′42.00″	19°46′54.84″
5	122°45′14.40″	36°48′25.20″	35	110°38′56.40″	18°31′10.56″
6	122°40′58.80″	36°44′41.28″	36	110°37′40.80″	18°30′24.12″
7	122°24′36.00″	36°35′08.88″	37	110°15′07.20″	18°16′00.84″
8	121°03′03.60″	35°44′44.16″	38	110°09′25.20″	18°12′45.36″
9	120°12′57.60″	34°59′27.60″	39	109°45′32.40″	17°59′03.12″
10	121°32′24.00″	33°28′46.20″	40	109°43′04.80″	17°59′03.48″
11	121°51′14.40″	33°06′19.08″	41	109°43′26.40″	17°57′18.36″
12	122°26′42.00″	31°32′08.52″	42	109°03′39.60″	18°03′10.80″
13	123°23′31.20″	30°49′15.96″	43	108°50′42.00″	18°08′58.56″
14	123°24′36.00″	30°45′51.84″	44	108°33′07.20″	18°21′07.92″
15	123°09′28.80″	30°05′43.44″	45	108°31′40.80″	18°22′30.00″
16	122°28′26.40″	28°47′31.56″	46	108°31′08.40″	18°23′10.32″
17	122°07′30.00″	28°18′58.32″	47	108°28′44.40″	18°25′34.68″
18	122°06′03.60″	28°17′01.68″	48	108°24′46.80″	18°49′13.44″
19	121°19′12.00″	27°21′30.96″	49	108°23′20.40″	19°12′47.16″
20	120°42′28.80″	26°17′32.64″	50	108°22′45″	20°24′05″
21	120°36′10.80″	26°04′01.92″	51	108°12′31″	21°12′35″
22	120°06′57.60″	25°18′37.08″	52	108°08′05″	21°16′32″
23	119°37′26.40″	24°49′31.80″	53	108°05′43.7″	21°27′08.2″
24	118°23′16.80″	24°00′54.00″	54	108°05′38.8″	21°27′23.1″
25	117°50′31.20″	23°23′16.44″	55	108°05′39.9″	21°27′28.2″
26	117°22′26.40″	23°03′05.40″	56	108°05′51.5″	21°27′39.5″
27	117°19′51.60″	23°01′32.88″	57	108°05′57.7″	21°27′50.1″
28	116°34′55.20″	22°45′05.04″	58	108°06′01.6″	21°28′01.7″
29	115°13′01.20″	22°08′03.12″	59	108°06′04.3″	21°28′12.5″
30	114°02′09.60″	21°37′02.64″	60	北仑河主航道中心线向海侧终点	

表 2 海南水域的海域边界控制点位坐标

序号	经度	纬度	序号	经度	纬度
A1	108°26′24.88″	19°24′06.50″	33	111°27′00.00″	19°51′57.96″
A2	109°20′00″	20°07′00″	34	111°23′42.00″	19°46′54.84″
A3	111°00′00″	20°18′32″	35	111°38′56.40″	18°31′10.56″
			36	110°15′40.80″	18°30′24.12″
			37	110°15′07.20″	18°16′00.84″
			38	110°09′25.20″	18°12′45.36″
			39	109°45′32.40″	17°59′03.12″
			40	109°43′04.80″	17°59′03.48″
			41	109°34′26.40″	17°57′18.36″
			42	109°03′39.60″	18°03′10.80″
			43	108°50′42.00″	18°08′58.56″
			44	108°33′07.20″	18°21′07.92″
			45	108°31′40.80″	18°22′30.00″
			46	108°31′08.40″	18°23′10.32″
			47	108°28′44.40″	18°25′34.68″
			48	108°24′46.80″	18°49′13.44″
			49	108°23′20.40″	19°12′47.16″

表 3 内河控制区起止点位坐标

内河控制区	边界名称	地名	点位详细描述	点位序号	经度	纬度
长江干线	起点	云南水富	向家坝大桥	B1	104°24′30.60″	28°38′22.38″
				B2	104°24′35.94″	28°38′27.84″
	终点	江苏浏河口	浏河口下游的浏黑屋与崇明岛施翘河下游的施信杆的连线	B3	121°18′54.00″	31°30′52.00″
				B4	121°22′30.00″	31°37′34.00″
西江干线	起点	广西南宁	南宁民生码头	B5	108°18′19.77″	22°48′48.60″
				B6	108°18′26.72″	22°48′39.76″
	终点	广东肇庆	西江干流金利下铁线角与五顶岗涌口上咀连线	B7	112°48′30.00″	23°08′45.00″
				B8	112°47′19.00″	23°08′01.00″

五、控制要求

（一）硫氧化物和颗粒物排放控制要求。

1. 2019 年 1 月 1 日起，海船进入排放控制区，应使用硫含量不大于 0.5%（*m/m*）的船用燃油，大型内河船和江海直达船舶应使用符合新修订的船用燃料油国家标准要求的燃油；其他内河船应使用符合国家标准的柴油。2020 年 1 月 1 日起，海船进入内河控制区，应使用硫含量不大于 0.1%（*m/m*）的船用燃油。

2. 2020 年 3 月 1 日起，未使用硫氧化物和颗粒物污染控制装置等替代措施的船舶进入排放控制区只能装载和使用按照本方案规定应当使用的船用燃油。

3. 2022 年 1 月 1 日起，海船进入沿海控制区海南水域，应使用硫含量不大于 0.1%（*m*/*m*）的船用燃油。

4. 适时评估船舶使用硫含量不大于 0.1%（*m*/*m*）的船用燃油的可行性，确定是否要求自 2025 年 1 月 1 日起，海船进入沿海控制区使用硫含量不大于 0.1%（*m*/*m*）的船用燃油。

（二）氮氧化物排放控制要求。

5. 2000 年 1 月 1 日及以后建造（以铺设龙骨日期为准，下同）或进行船用柴油发动机重大改装的国际航行船舶，所使用的单台船用柴油发动机输出功率超过 130 千瓦的，应满足《国际防止船舶造成污染公约》第一阶段氮氧化物排放限值要求。

6. 2011 年 1 月 1 日及以后建造或进行船用柴油发动机重大改装的国际航行船舶，所使用的单台船用柴油发动机输出功率超过 130 千瓦的，应满足《国际防止船舶造成污染公约》第二阶段氮氧化物排放限值要求。

7. 2015 年 3 月 1 日及以后建造或进行船用柴油发动机重大改装的中国籍国内航行船舶，所使用的单台船用柴油发动机输出功率超过 130 千瓦的，应满足《国际防止船舶造成污染公约》第二阶段氮氧化物排放限值要求。

8. 2022 年 1 月 1 日及以后建造或进行船用柴油发动机重大改装的、进入沿海控制区海南水域和内河控制区的中国籍国内航行船舶，所使用的单缸排量大于或等于 30 升的船用柴油发动机应满足《国际防止船舶造成污染公约》第三阶段氮氧化物排放限值要求。

9. 适时评估船舶执行《国际防止船舶造成污染公约》第三阶段氮氧化物排放限值要求的可行性，确定是否要求 2025 年 1 月 1 日及以后建造或进行船用柴油发动机重大改装的中国籍国内航行船舶，所使用的单缸排量大于或等于 30 升的船用柴油发动机满足《国际防止船舶造成污染公约》第三阶段氮氧化物排放限值要求。

（三）船舶靠港使用岸电要求。

10. 2019 年 1 月 1 日及以后建造的中国籍公务船、内河船舶（液货船除外）和江海直达船舶应具备船舶岸电系统船载装置，2020 年 1 月 1 日及以后建造的中国籍国内沿海航行集装箱船、邮轮、客滚船、3 千总吨及以上的客船和 5 万吨级及以上的干散货船应具备船舶岸电系统船载装置。

11. 2019 年 7 月 1 日起，具有船舶岸电系统船载装置的现有船舶（液货船除外），在沿海控制区内具备岸电供应能力的泊位停泊超过 3 小时，或者在内河控制区内具备岸电供应能力的泊位停泊超过 2 小时，且不使用其他等效替代措施的（包括使用清洁能源、新能源、船载蓄电装置或关闭辅机等，下同），应使用岸电。2021 年 1 月 1 日起，邮轮在排放控制区内具备岸电供应能力的泊位停泊超过 3 小时，且不使用其他等效替代措施的，应使用岸电。

12. 2022 年 1 月 1 日起，使用的单台船用柴油发动机输出功率超过 130 千瓦、且不满足《国际防止船舶造成污染公约》第二阶段氮氧化物排放限值要求的中国籍公务船、内河船舶（液货船除外），以及中国籍国内沿海航行集装箱船、客滚船、3 千总吨及以上的客船和 5 万吨级及以上的干散货船，应加装船舶岸电系统船载装置，并在沿海控制区内具备岸电供应能力的泊位停泊超过 3 小时，或者在内河控制区内具备岸电供应能力的泊位停泊超过 2 小时，且不使用其他等效替代措施时，应使用岸电。

13. 鼓励中国航运企业和经营人对拥有的第 12 条规定之外的船舶加装船舶岸电系统船载装置，并在排放控制区内具备岸电供应能力的泊位停泊时使用岸电。

（四）其他。

14. 船舶可使用清洁能源、新能源、船载蓄电装置或尾气后处理等替代措施满足船舶排放控制要求。采取尾气后处理方式的，应当安装排放监测装置，产生的废水废液应当按照有关规定进行处理。

15. 鼓励其他内河水城所在的地方人民政府参照内河控制区的要求，对海船进入本水城所使用的燃油硫含量提出控制要求。

16. 2020 年 1 月 1 日及以后建造的 150 总吨及以上中国籍国内航行油船进入排放控制区，应具备码头油气回收条件，鼓励满足安全要求时开展油气回收。国际航行船舶应符合《国际防止船舶造成污染公约》关于挥发性有机物的排放控制要求。

17. 船舶应严格执行其他现行国际公约和国内法律法规、标准规范关于大气污染物的排放控制要求。

六、保障措施

（一）加强组织领导。

各省级交通运输主管部门、各直属海事管理机构、长江航务管理局、珠江航务管理局要加强组织领导和协调，细化任务措施，明确职责分工，完善保障机制。部适时评估前述控制措施实施效果，确定是否调整排放控制区实施方案。

（二）强化联动监管。

各省级交通运输主管部门、各直属海事管理机构要认真落实《交通运输部等十三个部门关于加强船用低硫燃油供应保障和联合监管的指导意见》（交海发〔2017〕163 号）等文件要求，建立联合监管机制，保障合规船用低硫燃油供应，加强船舶大气污染防治监督管理。

（三）注重政策引导。

各省级交通运输主管部门、各直属海事管理机构要积极协调地方人民政府出台相关激励政策和配套措施，增加执法装备、人员培训等执法保障方面的投入，对使用低硫燃油、清洁能源、尾气后处理、油气回收、岸电、在线监测、提前淘汰老旧船舶等措施，采取资金补贴、便利通行等鼓励政策和措施。

（四）发挥科技支撑作用。

各省级交通运输主管部门、各直属海事管理机构、长江航务管理局、珠江航务管理局要积极引导和支持相关科研单位、港航企业和设备厂商等，开展船舶大气污染控制和监管技术研究，组织制定技术标准，促进成果转化。

（二）海南省

海南省机动车排气污染防治规定

海南省人民代表大会常务委员会公告

第 63 号

《海南省机动车排气污染防治规定》已由海南省第五届人民代表大会常务委员会第十九次会议于 2016 年 1 月 14 日通过，现予公布，自 2016 年 2 月 1 日起施行。

海南省人民代表大会常务委员会

2016 年 1 月 14 日

第一条 为了防治机动车排气污染，保护和改善大气环境，保障公众健康，根据《中华人民共和国大气污染防治法》等有关法律、法规，结合本省实际，制定本规定。

第二条 本省行政区域内机动车排气污染的防治，适用本规定。

第三条 县级以上人民政府应当将机动车排气污染防治工作纳入本行政区域环境保护目标责任考评体系，建立和完善机动车排气污染防治协调机制。

各级人民政府应当优化城市功能和布局规划，推广智能交通管理，优先发展公共交通，加强行人、非机动车交通系统建设，引导公众绿色出行。

各级人民政府应当鼓励和推广机动车排气污染防治先进技术的开发和应用。

第四条 县级以上人民政府环境保护主管部门负责对本行政区域内的机动车排气污染防治实施统一监督管理。

县级以上人民政府公安、交通运输、质量监督、工商、商务、物价等主管部门在各自职责范围内对机动车排气污染防治实施监督管理。

第五条 县级以上人民政府环境保护主管部门应当设置举报电话、电子邮箱，受理对机动车排气污染防治违法行为的举报、投诉。经查证属实的，环境保护主管部门应当对举报人和投诉人给予奖励。

第六条 鼓励生产、销售、使用新能源机动车。

县级以上人民政府及有关部门应当在公交车、出租车等城市客运以及环卫、物流、市政、邮政、机场、景区观光等公共服务领域加大新能源机动车推广应用力度，扩大新能源机动车应用范围。

第七条 本省从严执行国家机动车污染物排放标准。

省人民政府环境保护主管部门可以会同省质量监督行政主管部门制定严于国家标准的机动车大气污染物排放标准，报省人民政府批准后实施。

省人民政府可以在条件具备时提前执行国家机动车大气污染物排放标准中相应阶段排放限值。

第八条 机动车不得超过国家及本省规定的标准排放大气污染物，不得排放明显可视污染物。

任何单位或者个人不得制造、进口、销售污染物排放超过规定标准的机动车。

机动车生产企业应当对新生产的机动车进行排放检验。经检验合格的，方可出厂销售。

对达不到本省执行的污染物排放标准的外省机动车，不得上道路行驶，公安机关交通管理部门不得办理相关登记手续。

第九条 本省实施机动车环保检验标志管理制度。检验合格标志分为绿色环保检验合格标志和黄色环保检验合格标志。

省人民政府环境保护主管部门可以结合本省实际，适时调整发布机动车环保检验合格标志核发标准，报省人民政府批准后公布实施。

第十条 机动车环保检验合格标志由省人民政府环境保护主管部门按照国家规定统一制作，由市、县、自治县人民政府环境保护主管部门或者由其委托机动车排放检验机构负责核发。

第十一条 机动车所有人和使用人应当随车放置机动车环保检验合格标志，或者将其粘贴在机动车前窗。

未取得机动车环保检验合格标志或者使用超过有效期的机动车环保检验合格标志的机动车，不得上道路行驶。

第十二条 禁止伪造、变造及转让、转借机动车环保检验合格标志。

禁止使用伪造、变造及转让、转借的机动车环保检验合格标志。

第十三条 销售机动车车用燃料的经营者应当提供符合规定标准的车用燃料，并明示机动车车用燃料标准。机动车燃料质量应当与本省执行的国家阶段性机动车大气污染物排放标准相匹配。

禁止生产、进口、销售或者使用不符合本省执行标准的机动车车用燃料、发动机油、氮氧化物还原剂、燃料和润滑油添加剂以及其他添加剂。

第十四条 机动车所有人或者使用人应当保持机动车排气污染控制装置的正常运行，不得拆除、闲置机动车排气污染控制装置。

第十五条 在用机动车应当按照国家和本省的机动车安全技术检验期限，同步进行排气污染检验。经机动车排放检验机构检验不符合排放标准的，不予出具机动车检验合格报告单，环境保护主管部门不予核发环保检验合格标志，公安机关交通管理部门不予核发安全技术检验合格标志。

第十六条 机动车排放检验由依法取得计量认证证书的机动车排放检验机构承担。省人民政府环境保护主管部门应当会同质量技术监督主管部门定期向社会公告取得认证的机动车排放检验机构的名称、地址、服务内容等基本信息。

机动车所有人可以自行选择机动车排放检验机构进行排放检验。任何单位和个人不得违反规定要求机动车所有人到其指定的机动车排放检验机构进行排放检验。

县级以上人民政府及其有关部门应当按照统一规划、合理布局、方便群众的原则，采取措施实现机动车排放检验机构、安全技术检验机构配套设置于同一地点。

第十七条 机动车排放检验机构应当遵守下列规定：

（一）健全管理制度，公开检验方法、检验流程、排放限值标准、收费标准和监督投诉电话；

（二）制定并落实便民服务措施，提高检验工作效率；

（三）按照国家及本省规定的排气污染物检测方法、技术规范和排放标准进行检验，出具真实、准确的检验报告；

（四）检验设备应当符合规定的技术规范，并经法定计量检测机构定期检定或者校准合格；

（五）建立机动车排放检验信息传输网络，与环境保护主管部门、机动车安全技术检验机构和公安机关交通管理部门的网络管理系统对接，按照规定传输机动车排放检验的数据；

（六）建立机动车排放检验档案；

（七）不得以任何形式经营或者参与经营机动车排气污染维修和治理业务；

（八）法律、法规、技术规范规定的其他事项。

第十八条 对达到强制报废标准逾期未办理注销登记手续的黄色环保检验合格标志机动车，公安机关交通管理部门应当将其登记证书、号牌、行驶证予以公告，公告期满仍不办理注销手续的予以强制注销。

任何单位和个人不得将达到强制报废标准的黄色环保检验合格标志机动车出售、赠予或者以其他方式转让给非报废汽车回收企业的单位或者个人。

对经淘汰的黄色环保检验合格标志机动车，县级以上人民政府商务部门应当依法予以回收拆解。

第十九条 市、县、自治县人民政府可以根据大气污染防治和机动车排放污染状况，划定禁止、限制机动车或者取得黄色环保检验合格标志机动车行驶的区域和时段，并向社会公告。

第二十条 县级以上人民政府环境保护主管部门可以在机动车集中停放地、维修地对在用机动车的大气污染物排放状况进行监督抽测；在不影响正常通行的情况下，可以通过遥感监测等技术手段对在道路上行驶的机动车的大气污染物排放状况进行监督抽测，公安机关交通管理部门予以配合。环境保护主管部门进行监督抽测时，任何单位和个人不得拒绝、阻挠。

机动车经监督抽测不合格的，环境保护主管部门应当收回其环保检验合格标志，机动车所有人应当进行维修。经机动车排放检验机构重新检验合格的，方可重新核发环保检验合格标志。

第二十一条 禁止机动车所有人、维修单位以临时更换机动车污染控制装置等弄虚作假的方式通过机动车排放检验。

第二十二条 对经排放检验未达到标准的在用机动车，机动车所有人应当进行维修；经再次检验合格的，依法核发机动车环保检验合格标志；经维修或者采用污染控制技术后，仍不符合排放标准的，应当按照国家和本省有关规定报废并依法予以拆解。

第二十三条 违反本规定，拆除、闲置机动车排气污染控制装置的，由市、县、自治县人民政府环境保护主管部门责令改正，处一千元以上一万元以下罚款；情节严重的，处一万元以上五万元以下罚款。

第二十四条 违反本规定，机动车排放检验机构有下列行为之一的，由市、县、自治县人民政府环境保护主管部门予以处罚：

（一）不按照国家及本省规定的排气污染物检验方法、技术规范和排放标准进行检验，或者伪造机动车排放检验结果，或者出具虚假排放检验报告的，没收违法所得，并处十万元以上五十万元以下罚款；情节严重的，由负责资质认定的部门取消其检验资格。

（二）经营或者参与经营机动车排气污染维修和治理业务的，没收违法所得，并处二万元以上五万元以下罚款。

第二十五条 违反本规定，以临时更换机动车排气污染控制装置等弄虚作假的方式通过机动车排放检验的，由市、县、自治县人民政府环境保护主管部门依法对机动车所有人处五千元罚款；对机动车维修单位处每辆机动车五千元罚款。

第二十六条 违反本规定，伪造、变造或者使用伪造、变造的机动车环保检验合格标志的，由公安机关依照《中华人民共和国治安管理处罚法》予以处罚；构成犯罪的，依法追究刑事责任。使用转让、转借的机动车环保检验合格标志的，由公安机关交通管理部门收缴转让、转借的机动车环保检验合格标志，并处一千元以上五千元以下罚款。

第二十七条 违反本规定，有下列行为之一的，由公安机关交通管理部门予以处罚：

（一）未按本规定随车放置环保检验合格标志的，处警告或者二百元以下罚款；

（二）驾驶监督抽测不合格的机动车上道路行驶的，处二百元以上一千元以下罚款；

（三）驾驶未取得或者使用超过有效期的环保检验合格标志的机动车上道路行驶的，依据违反机动车安全技术检验的有关规定予以处罚；

（四）驾驶排放明显可视污染物的机动车上道路行驶的，处五百元罚款；

（五）持有黄色环保检验合格标志的机动车在禁止或者限制行驶区域、时段上道路行驶的，依据违反交通标志行驶的有关规定予以处罚；

（六）驾驶达到强制报废标准的黄色环保检验合格标志机动车上道路行驶的，对驾驶人处二百元以上二千元以下罚款，并吊销机动车驾驶证，收缴驾驶车辆予以强制报废；

（七）将达到强制报废标准的黄色环保检验合格标志机动车出售、赠予或者以其他方式转让给非报废汽车回收企业的单位或者个人的，没收车辆和违法所得，并处二千元以上二万元以下罚款。

第二十八条 县级以上人民政府环境保护主管部门和其他有关主管部门的工作人员，在机动车排气污染防治监督管理工作中，有下列行为之一的，依法给予处分；构成犯罪的，依法追究刑事责任：

（一）违反规定办理机动车注册登记业务的；

（二）违反规定核发机动车环保检验合格标志的；

（三）违反规定核发机动车安全技术检验合格标志的；

（四）违反规定要求机动车的所用人、使用人到其指定的场所接受机动车排放检验的；

（五）违反规定对机动车排气污染进行监督抽测、收取费用的；

（六）其他滥用职权、玩忽职守、徇私舞弊的行为。

第二十九条 违反本规定的行为，本规定未设定处罚但有关法律、法规已有处罚规定的，从其规定。

第三十条 本规定的具体应用问题由省人民政府负责解释。

第三十一条 本规定自2016年2月1日起施行。

海南省人民政府办公厅
关于加强高污染排放机动车管理的通知

琼府办〔2016〕220号

各市、县、自治县人民政府，省政府直属各单位：

为贯彻落实生态立省战略，保持我省环境空气质量持续优良，保障公众健康，全面完成全省2016—2017年度黄标车淘汰任务。根据《中华人民共和国大气污染防治法》《大气污染防治行动计划》《海南省机动车排气污染防治规定》《海南省大气污染防治行动计划实施细则》的要求，结合我省实际，现就加强高污染排放机动车管理有关工作通知如下：

一、加快落实高污染排放机动车淘汰计划。高污染排放机动车原称黄标车，是指低于国家第一阶段机动车排放标准的汽油车和低于国家第三阶段机动车排放标准的柴油车。各市县政府（含洋浦经济开发区管委会，下同）和省直有关部门要尽职尽责，积极作为，全面完成高污染排放机动车淘汰任务，即2016年淘汰2.5万辆、2017年年底全部完成剩余的高污染排放机动车淘汰任务（淘汰计划见附件1，原有淘汰任务与本通知不一致的，以本通知为准）。（责任单位：各市县政府，配合单位：省公安厅、省生态环保厅）

二、对高污染排放机动车实行全省全区域全时段禁止通行。自2016年11月1日起，全省实行高污染排放机动车所有道路全时段、全区域禁行。对于违反禁行的高污染排放机动车，由公安机关交通管理部门依据违反交通标志行驶的有关规定予以处罚。（责任单位：各市县政府、省公安厅）

三、严格机动车登记注册。机动车所有人名下登记的机动车状态信息为达到报废标准或公告牌证作废的，或所有人名下登记有尚未注销淘汰高污染排放机动车的，公安机关交通管理部门应要求机动车所有人按规定办理注销登记。否则，公安机关交通管理部门不予办理该机动车所有人新购置机动车注册登记业务。（责任单位：省公安厅）

四、实施机动车尾气遥感监测。自2017年1月1日起，海口、三亚、儋州市政府应当组织环境保护主管部门、公安机关交通管理部门，通过采用遥感监测等技术手段对城市建成区主干道上行驶的机动车实施排气监督抽测。对于遥感监测发现排放大气污染物超过标准的在用机动车，应当进行维修；经维修或者采用污染控制技术后，仍不符合国家在用机动车排放标准的，应当强制报废。其所有人应当将机动车交售给报废机动车回收拆解企业，由报废机动车回收拆解企业按照国家有关规定进行登记、拆解、销毁等处理。（责任单位：海口市、三亚市、儋州市政府；配合单位：省生态环保厅、省公安厅、省商务厅）

对排放明显可视污染物的机动车，公安机关交通管理部门应当按照《海南省机动车排气污染防治规定》进行处罚。（责任单位：省公安厅）

五、清理淘汰“失联”高污染排放机动车。“失联”机动车是指经排查无法找到机动车车主或者车身的情形。各市县政府开展“失联”高污染排放机动车排查，发布通告要求“失联”高污染排放机动车车主在规定时间内办理机动车排气检测和安全检验手续，逾期未办理并在有效期届满后连续3个机

动车检验周期未取得机动车检验合格标志的，由公安部门实行强制报废。（责任单位：各市县政府、省公安厅）

六、淘汰财政供养的高污染排放机动车。结合公车改革工作，2016 年年底前全面淘汰财政供养的高污染排放机动车。属于财政供养的高污染排放机动车，不得进行拍卖，由高污染排放机动车所属单位统一交由有资质的报废汽车回收拆解企业进行拆解，凭报废汽车回收证明和机动车注销证明做好有关国有资产的核销工作。（责任单位：省机关事务管理局、各市县负责公务用车管理的部门；配合单位：省财政厅、省国资委、省商务厅）

七、淘汰高污染排放营运机动车。自本通知印发之日起，全省各级道路运输管理机构对营运类高污染排放机动车不予核发《道路运输证》；对已办理《道路运输证》的营运类高污染排放机动车不予通过年审，并限期收回其《道路运输证》。逾期未收回的，依法注销其《道路运输证》。（责任单位：省交通运输厅；配合单位：省公安厅、省生态环保厅）

八、实施高污染排放机动车提前淘汰补贴奖励机制。在原有黄标车提前淘汰财政补贴标准的基础上，对各类高污染排放机动车提前淘汰实施奖励，奖励时间从 2015 年实施补贴之日起至 2017 年 6 月 30 日止（补贴及奖励标准见附件 2）。奖励资金仍按省级和市县 3∶7 的比例分担。（责任单位：各市县政府；配合单位：省财政厅、省生态环保厅、省公安厅、省商务厅）

九、简化高污染排放机动车提前淘汰办理程序。各市县相关部门加强协作，对于申请提前淘汰的高污染排放机动车，简化办理程序，对补贴实行“绿色通道”，车主只需先后填写认定申报表、资金申报表和奖励申报表，各相关部门收到申报表后应立即审批、内部流转审批，鼓励报废汽车回收拆解企业为车主代办补贴申请业务。（责任单位：各市县政府；配合单位：省生态环保厅）

十、落实淘汰措施，严格责任追究。各市县政府及省直有关单位在本通知印发之日起，严格按照通知要求开展高污染排放机动车的淘汰工作，2016 年 10 月底之前出台具体实施方案，报省政府备案，同时抄送省生态环保厅。（责任单位：各市县政府；配合单位：省生态环保厅）

逾期未完成本通知相关工作任务的，将根据《海南省党政领导干部生态环境损害责任追究实施细则（试行）》的有关规定予以追责。

附件：1. 高污染排放机动车淘汰任务

2. 海南省高污染排放机动车提前淘汰财政补贴及奖励标准

海南省人民政府办公厅

2016 年 9 月 14 日

附件 1

高污染排放机动车淘汰任务

市县	截至 2015 年年底的高污染排放机动车保有量（辆）	2016 年高污染排放机动车淘汰任务（辆）	2017 年高污染排放机动车淘汰任务（辆）
海口	19 453	13 286	6 167
三亚	3 712	2 971	741
琼海	2 058	1 130	928
儋州	2 010	1 206	804
定安	1 307	652	655
屯昌	518	309	209
澄迈	875	627	248
临高	611	343	268
文昌	1 443	850	593
万宁	1 249	723	526
五指山	330	202	128
陵水	358	218	140
保亭	299	182	117
琼中	239	181	58
白沙	263	185	78
昌江	361	256	105
东方	794	502	292
乐东	449	304	145
洋浦	1 244	873	371
合　计	37 573	25 000	12 573

附件 2

海南省高污染排放机动车提前淘汰财政补贴及奖励标准

机动车类型	2016 年补贴单价（元/辆）	2017 年补贴单价（元/辆）	奖励单价（元/辆）
1.35 升及以上排量轿车	16 000	14 000	9 000
1～1.35 升排量轿车	9 000	8 000	5 000
1 升及以下排量轿车、专业作业车	5 000	4 500	3 000
微型载客（不含轿车）	4 000	3 500	2 500
小型载客（不含轿车）	6 000	5 500	3 500
中型载客	10 000	9 000	5 500
大型载客	16 000	14 000	9 000
微型载货	5 000	4 500	3 000
轻型载货	8 000	7 000	4 500
中型载货	12 000	11 000	6 500
重型载货	16 000	14 000	9 000

海南省大气污染防治工作领导小组办公室关于印发海南省柴油货车污染治理攻坚战实施方案的通知

琼环气字〔2019〕8号

各市、县、自治县人民政府，各相关单位：

为深入贯彻落实国务院《打赢蓝天保卫战三年行动计划》（国发〔2018〕22号）、生态环境部等11部委《柴油货车污染治理攻坚战行动计划》（环大气〔2018〕179号）和省委省政府《海南省全面加强生态环境保护坚决打好污染防治攻坚战行动方案》（琼发〔2019〕6号），加强柴油货车超标排放治理，加快降低机动车船污染物排放量，坚决打赢蓝天保卫战，我办制定了《海南省柴油货车污染治理攻坚战实施方案》。经省政府同意，现印发给你们，请遵照执行。

海南省大气污染防治工作领导小组办公室

2019年7月29日

海南省柴油货车污染治理攻坚战实施方案

为深入贯彻落实生态环境部等11部委《柴油货车污染治理攻坚战行动计划》（环大气〔2018〕179号），加强柴油货车超标排放治理，加快降低机动车船污染物排放量，坚决打赢蓝天保卫战，结合我省实际，制定本实施方案。

一、工作目标

以货物运输结构调整为导向，以柴油和车用尿素质量达标保障为支撑，以柴油车（机）达标排放为主线，坚持统筹“油、路、车”治理，大力实施清洁柴油车、清洁柴油机、清洁运输、清洁油品行动，全链条治理柴油车（机）超标排放。到2020年，柴油货车排放达标率明显提高，监督抽测排放合格率达到90%以上，排气管口冒黑烟现象基本消除；柴油和车用尿素质量明显改善，抽检合格率达到95%以上，柴油货车氮氧化物和颗粒物排放总量明显下降；与2017年相比，全省铁路货运量增长率超过20%。

二、清洁柴油车行动

（一）加强新生产车辆环保达标监管。

1. 严格实施国家机动车油耗和排放标准。严格实施重型柴油车燃料消耗量限值标准，不满足标准限值要求的新车型禁止进入道路运输市场。［省工业和信息化厅、省生态环境厅、省交通运输厅、省商务厅、省市场监督管理局按职责负责，各市县（除三沙市外）人民政府及洋浦经济开发区管委会负责落实。以下均需各市县（除三沙市外）人民政府及洋浦经济开发区管委会落实，不再列出］

2. 强化注册登记环节环保查验。指导监督排放检验机构严格开展柴油车注册登记前的排放检验，逐车核实环保信息公开情况，进行污染控制装置查验，2019 年基本实现柴油车全覆盖。严把新车注册登记关，对未达到我省执行的国家阶段性机动车污染物排放标准、环保信息随车清单核验不一致以及非免检车辆注册登记前排放检验不合格的，不得办理注册登记手续。（省公安厅、省生态环境厅牵头，省市场监督管理局、省交通运输厅参与）

3. 加强新车抽检抽测监管。在生产、进口、销售环节加强对新生产机动车环保达标监管，抽查核验新生产销售车辆的 OBD、污染控制装置、环保信息随车清单，抽测部分车型的道路实际排放情况。全省对生产（进口）的主要柴油车（机）型系族的年度抽检率达到 80%，覆盖全部生产（进口）企业；对销售的主要车（机）型系族的年度抽检率达 60%。（省市场监督管理局、海口海关、省生态环境厅牵头，省交通运输厅参与）

4. 严厉打击污染控制装置造假、屏蔽 OBD 功能、尾气排放不达标等新车不达标违法行为。（省生态环境厅、省工业和信息化厅、省市场监督管理局、海口海关牵头，省交通运输厅参与）

（二）加大在用车监督执法力度。

5. 建立完善监管执法模式。推行生态环境部门检测取证、公安交管部门实施处罚、交通运输部门监督维修的联合监管执法模式。生态环境部门会同公安、交通运输部门将本地超标排放车辆信息，以信函、短信或公告（在政府网站发布）等方式，及时告知车辆所有人及所属企业，督促限期维修治理并到排放检验机构进行复检，公安交管、交通运输部门应当协助联系车辆所有人和所属企业。未在规定期限内维修并复检合格的车辆，列入监管黑名单，向社会公开并依法予以处理或处罚。（省生态环境厅、省公安厅、省交通运输厅按职责负责）

6. 对于列入监管黑名单或一个综合性能检验周期内三次以上监督抽测超标的营运车辆，将其所属单位列为重点监管对象。将一年内超标排放车辆占其总车辆数 10%以上的运输企业列入黑名单或重点监管对象。（省交通运输厅、省生态环境厅牵头）

7. 加大路检路查力度。建立完善生态环境、公安交管、交通运输等部门综合执法常态化路检路查工作机制，严厉打击超标排放等违法行为，基本消除柴油车排气口冒黑烟现象。从 2020 年 1 月 1 日起，对道路上行驶车辆进行监督抽测，通过视频抓拍、遥感检测法等技术手段发现林格曼黑度超标一次的车辆即可判定为超标。驾驶排放不合格的机动车上道路行驶的，由公安机关交通管理部门采用 6063 代码依法予以处罚。（省公安厅、省生态环境厅、省交通运输厅按职责负责）

8. 大力开展排放监督抽测，重点检查柴油货车污染控制装置、OBD、尾气排放达标情况、柴油和车用尿素质量及使用情况。海口、三亚在重点路段对柴油车开展常态化的路检路查。（省生态环境厅、省公安厅、省交通运输厅按职责负责）

9. 对不按规定使用车载污染控制装置或尾气不达标车辆的所有者责令限期整改，对拒不执行整改或者整改不到位的，撤销其运营资质。（省交通运输厅牵头，省生态环境厅参与）

10. 督促指导柴油车超过20辆的重点企业，建立完善车辆维护、燃料和车用尿素添加使用台账，并鼓励通过网络及时向主管部门传送。（省交通运输厅、省生态环境厅按职责负责）

11. 加大对高排放车辆监督抽测频次。对于物流园、货物集散地、公交场站等车辆停放集中的重点场所和维修地，以及物流货运、工矿企业、长途客运、旅游等重点单位，按“双随机”模式开展监督抽测。将日常监督抽测超标、在异地进行定期排放检验的柴油车辆列为重点抽查对象。同时通过路检路查和遥感监测，加强对高排放车辆的监督抽测。各市县每年冬春季期间监督抽测柴油车数量，自2019年起不低于当地柴油车保有量的50%。（省生态环境厅、省公安厅、省交通运输厅按职责负责）

12. 加强污染天气应急期间柴油货车管控，研究柴油货车限行等应急减排措施。（省生态环境厅、省公安厅按职责负责）

（三）强化在用车排放检验和维修治理。

13. 加强排放检验机构监督管理。2019年年底前，排放检验机构应向社会公开检验过程，在企业网站或办事业务大厅显示屏通过高清视频实时公开柴油车排放检验全过程及检验结果。每年实现对排放检验机构的监管全覆盖。严厉打击排放检验机构伪造检验结果、出具虚假报告等违法行为，依法依规撤销资质认定（计量认证）证书，予以严格处罚并公开曝光。（省生态环境厅、省市场监督管理局牵头，省公安厅参与）

14. 强化维修单位监督管理。加快督促指导维修企业建立完善机动车维修治理档案制度，严厉打击篡改破坏OBD系统、采用临时更换污染控制装置等弄虚作假方式通过排放检验的行为，依法依规对维修单位和机动车所有人予以严格处罚。（省交通运输厅牵头，省生态环境厅、省市场监督管理局参与）

15. 建立完善机动车排放检测与强制维护制度（I/M制度）。2019年年底前，全面建立实施I/M制度。建立排放检测和维修治理信息共享机制。（省交通运输厅、省生态环境厅牵头，省市场监督管理局、省公安厅参与）

（四）加快老旧车辆淘汰和深度治理。

16. 采取经济补偿、鼓励报废、限制使用、加强监管执法等措施，加快淘汰国三排放标准的柴油车、采用稀薄燃烧技术或“油改气”的老旧燃气车辆。对达到强制报废标准的车辆，依法实施强制报废。推动高排放车辆深度治理。对于具备深度治理条件的柴油车，鼓励加装或更换符合要求的污染控制装置，协同控制颗粒物和氮氧化物排放。深度治理车辆应安装远程排放监控设备和精准定位系统，并与生态环境部门联网。安装远程排放监控设备并与生态环境部门联网且稳定达标排放的柴油车，可在定期排放检验时免于上线检测。（省生态环境厅、省交通运输厅、省公安厅牵头，省商务厅、省财政厅、省市场监督管理局参与）

（五）推进监控体系建设和应用。

17. 加快建设完善“天地车人”一体化的机动车排放监控系统。利用机动车道路遥感监测、排放检验机构联网、重型柴油车远程排放监控，以及路检路查和入户监督抽测，对柴油车开展全天候、全方位的排放监控。加快推进机动车遥感监测能力建设，2020年年底前实现国家、省、市（县）三级联网。推进重型柴油车远程在线监控系统建设。（省生态环境厅牵头，省交通运输厅、省公安厅参与）

18. 加强排放大数据分析应用。利用排放监控系统的大数据追溯超标排放车辆生产或进口企业、登记地、排放检验机构、维修单位、加油站点等，实现全链条环境监管。重点核查抽测发现的超标车、外省（区、市）登记的车辆、运营5年以上的老旧柴油车等。各市县对上述重点车辆排放检验数据的年度核查率要达到80%以上。（省生态环境厅牵头，省公安厅、省交通运输厅、省商务厅、省市场监督管理局、海口海关参与）

（六）推进排放检验机构和维修单位规模化发展。

19. 着力培育一批检验服务质量好、社会诚信度高的排放检验机构成长为地方或行业品牌。鼓励支持技术水平高、市场信誉好的维修企业连锁经营，规模化、集团化发展。严厉打击清理无照、不按规定备案经营的维修站点。（省市场监督管理局、省生态环境厅、省交通运输厅按职责负责）

三、清洁柴油机行动

（七）严格新生产发动机和非道路移动机械管理。

20. 2020 年年底前，全省实施非道路移动机械第四阶段排放标准。进口二手非道路移动机械和发动机应达到国家现行的新生产非道路移动机械排放标准要求。加强对新生产销售发动机和非道路移动机械的监督检查，重点查验污染控制装置、环保信息标签等，并抽测部分机械机型排放情况。全省对生产（进口）的发动机和非道路移动机械主要系族的年度抽检率达到 60%，覆盖全部生产（进口）企业；对在省内销售但非省内生产的非道路移动机械主要系族的年度抽检率达到 50%。严惩生产销售不符合排放标准要求发动机的行为，将相关企业及其产品列入黑名单。严格实施非道路移动机械环保信息公开制度，严厉处罚生产、进口、销售不达标产品行为。（省生态环境厅、省交通运输厅、海口海关、省市场监督管理局牵头）

21. 严格新生产船舶管理。按国家要求严格实施船舶发动机相应阶段国家排放标准。严禁新建不达标船舶进入运输市场。（海南海事局、省交通运输厅、省农业农村厅牵头，省生态环境厅、省市场监督管理局、中国船级社海南分社参与）

（八）加强排放控制区划定和管控。

22. 2020 年 6 月底前各市县依法划定并公布禁止使用高排放非道路移动机械的区域。冬春季期间加强对进入禁止使用高排放非道路移动机械区域内作业的工程机械的监督检查。（省生态环境厅、省交通运输厅、省住房和城乡建设厅牵头）

23. 出台海南省船舶排放控制区实施方案，严格执行船舶污染物排放标准。禁止不符合排放标准船舶进入沿海控制区海南水域。加强船舶大气污染物排放控制区管理，提高船用燃料油硫含量控制要求。探索推广使用清洁能源船舶。（省交通运输厅、海南海事局牵头，省生态环境厅、省发展和改革委员会、省工业和信息化厅参与）

（九）加快治理和淘汰更新。

24. 采取限制使用等措施，促进老旧燃油工程机械淘汰。对于具备条件的老旧工程机械，加快污染物排放治理改造。加快新能源非道路移动机械的推广使用，在禁止使用高排放非道路移动机械区域内，鼓励优先使用新能源或清洁能源非道路移动机械。（省住房和城乡建设厅、省交通运输厅、省农业农村厅、省生态环境厅按职责负责）

25. 按规定通过农机购置补贴推动老旧农业机械淘汰报废。加强老旧渔船管理，逐步清理取缔涉渔“三无”船舶，加快推进渔船更新改造。（省农业农村厅牵头，海南海事局、省生态环境厅、省财政厅、省商务厅、省公安厅、海口海关参与）

26. 推广使用纯电动和天然气船舶。（海南海事局牵头，省交通运输厅、省工业和信息化厅参与）

27. 加快推动铁路内燃机车基本消除冒黑烟现象。铁路货物运输应采取抑尘措施，有效控制扬尘污染。港口、机场、铁路货场、物流园新增和更换的岸吊、场吊、吊车等作业机械，主要采用新能源或清洁能源机械。（省交通运输厅牵头，海南铁路有限公司、省发展和改革委员会参与）

（十）强化综合监督管理。

28. 2019 年年底前，各市县完成本地区非道路移动机械摸底调查和编码登记。相关行业主管部门应将非道路移动机械信息与同级生态环境部门共享。探索建立工程机械使用中监督抽测、超标后处罚撤场的管理制度。推进工程机械安装精准定位系统和实时排放监控装置。施工单位应依法使用排放合格的机械设备，使用超标排放设备问题突出的纳入失信企业名单。（省生态环境厅、省住房和城乡建设厅、省交通运输厅、省农业农村厅牵头，省工业和信息化厅参与）

29. 强化船舶排放控制区内船用燃料油使用监管，提高抽检率，打击船舶使用不合规燃油行为。（海南海事局、省市场监督管理局、省农业农村厅牵头，省交通运输厅参与）

（十一）推动港口岸电建设和使用。

30. 2019 年年底前制定我省绿色航运发展方案。加快港口岸电设施建设和船舶受电设施改造，补贴鼓励岸电设施建设和船舶受电设施改造，提高岸电设施使用效率，相关改造项目纳入环评审批绿色通道。船舶排放控制区内的港口，靠港船舶优先使用岸电。2020 年年底前，船舶排放控制区内港口的50%以上集装箱、客滚、邮轮、3 000 吨级以上客运和 5 万吨级以上干散货专业化泊位具备向船舶供应岸电的能力。新建码头同步规划、设计、建设岸电设施。（省交通运输厅牵头，海南海事局、省发展和改革委员会、省生态环境厅参与）

四、清洁运输行动

（十二）提升铁路货运量。

31. 推进中长距离大宗货物、集装箱运输从公路转向铁路。加大货运铁路建设投入，推进西环铁路货运改造项目。加大铁路与港口连接线、工矿企业铁路专用线建设投入。支持水泥、铁矿等重点企业铁路专用线建设。（海南铁路有限公司牵头，省交通运输厅、省发展和改革委员会、省自然资源和规划厅参与）

（十三）推动发展绿色货运。

32. 加快有关交通运输规划和建设项目的环评审查进度，在确保生态环境系统有效保护的前提下，科学有序提升铁路和水路运力。新、改、扩建涉及大宗物料运输的建设项目，优先采用铁路、水路或管道等运输方式。加快多式联运枢纽建设和装备应用，加快推进集装箱多式联运。（省交通运输厅、省发展和改革委员会、海南铁路有限公司、省生态环境厅牵头，省商务厅、中国民航海南省安全监督管理局参与）

（十四）优化运输车队结构。

33. 大力推广使用新能源汽车。除特殊用途外，全省各级党政机关、国有企事业单位、公交车、巡游出租车新增和更换车辆 100%使用清洁能源汽车。（省工业和信息化厅、省机关事务管理局、省交通运输厅、省住房和城乡建设厅、省国资委、省公安厅按职责负责）

34. 加快充电桩等配套设施建设，实现全域快速交通主骨架和充电网络融合协同。（省发展和改革委员会、省交通运输厅牵头，省住房和城乡建设厅、省机关事务管理局、省国资委、省公安厅参与）

五、清洁油品行动

（十五）健全燃油及清净增效剂和车用尿素管理制度。

35. 开展燃油生产加工企业专项整治，依法取缔违法违规企业，对生产不合格油品的企业依法严格处罚，从源头保障油品质量。推进车用尿素和燃油清净增效剂信息公开。推进建立车用油品、车用尿素、船用燃料油全生命周期环境监管档案，打通生产、销售、储存、使用环节。禁止以化工原料名义出售调和油组分，禁止以化工原料勾兑调和油，严禁运输企业和工矿企业储存、使用非标油。（省市场监督管理局、省工业和信息化厅、省发展和改革委员会、省商务厅、省生态环境厅按职责负责）

（十六）推进油气回收治理。

36. 2020 年，全省加油站、储油库、油罐车基本完成油气回收治理工作。（省生态环境厅牵头，省交通运输厅、省商务厅、省应急管理厅、省市场监督管理局参与）

37. 开展原油和成品油码头、船舶油气回收治理，新建的原油、汽油、石脑油等装船作业码头全部安装油气回收设施。2020 年 1 月 1 日以后建造的 150 总吨以上的国内航行油船应具备码头油气回收条件。（省交通运输厅、海南海事局牵头，省生态环境厅、省商务厅、省应急管理厅、省市场监督管理局参与）

（十七）强化生产、销售、储存和使用环节监管。

38. 严厉打击生产、销售、储存和使用不合格油品、天然气和车用尿素行为，依法追究相关方面责任并向社会公开。加大对炼油厂、储油库、加油（气）站和企业自备油库的抽查频次。组织开展清除无证无照经营的黑加油站点、流动加油罐车专项整治行动。严禁在液化天然气中非法添加液氮。加强使用环节监督检查，在具备条件的情况下从柴油货车油箱、尿素箱抽取样品进行监督检查。到 2019 年，违法生产、销售、储存和使用假劣非标油品现象基本消除。（省市场监督管理局、省工业和信息化厅、省公安厅、省商务厅、省交通运输厅、省发展和改革委员会、省生态环境厅按职责负责）

六、保障措施

（十八）加强组织领导。

39. 各市县人民政府是落实本方案的责任主体，应切实履行“党政同责”“一岗双责”责任，制定具体实施方案，细化部门责任清单，明确工作重点，把控时间节点，逐项扎实推进。

40. 省直有关部门要把推进柴油车污染防治工作摆在重要位置，按照职责分工，切实落实方案确定的工作任务。柴油货车污染治理攻坚战列为海南省大气污染防治工作领导小组办公室的重要工作内容，领导小组各成员单位应确定专人负责。各市县柴油货车污染治理攻坚战年度和终期目标任务完成情况纳入打赢蓝天保卫战成效考核。

（十九）加强法规标准和政策保障。

41. 完善法规标准体系。修订完善《海南省机动车排气污染防治规定》等地方法规。（省生态环境厅、省公安厅、省交通运输厅牵头，省商务厅、省司法厅、省市场监督管理局等参与）

42. 健全环境信用体系。排放检验、维修、运输、施工、汽柴油销售等企业的违法违规信息以及相关企业负责人信息等，按规定纳入全国信用信息共享平台，实施跨部门联合惩戒。对环境信用良好的企业实施联合激励。（省生态环境厅牵头，省发展和改革委员会、省市场监督管理局、省交通运输厅、省工业和信息化厅、省商务厅、海口海关等参与）

（二十）加强税收和价格政策激励。

43. 对符合条件的新能源汽车免征车辆购置税，落实对节能、新能源车船减免车船税的政策。研究建立柴油车加装、更换污染控制装置激励机制。（省财政厅牵头，省工业和信息化厅、省生态环境厅、省交通运输厅、国家税务总局海南省税务局等参与）

44. 铁路运输企业完善货运价格市场化运作机制。研究实施铁路集港运输和疏港运输差异化运价模式，降低回程铁路空载率。加大对港口、机场岸电设施建设和经营的支持力度，岸电按照国家规定的销售电价执行，落实对港口岸电运营商用电免收容（需）量电费政策，鼓励码头等港口岸电运营商实行岸电服务费优惠。（省交通运输厅、省财政厅、省发展和改革委员会、省生态环境厅、中国民航海南省安全监督管理局、海航集团、海南铁路有限公司、海南电网有限责任公司按职责负责）。

（二十一）加强技术和能力支撑。

45. 支持移动源减排技术研究。支持开展清洁交通路线图研究，编制海南省移动源排放清单。支持研究探索在船舶控制区同步管控船舶硫氧化物、氮氧化物和颗粒物排放。（省科技厅牵头，省生态环境厅、海南海事局、省交通运输厅等参与）

46. 加大资金投入和能力建设。重点支持机动车、非道路移动机械及船舶的环境监测监管能力建设和运行维护，以及老旧柴油车淘汰和污染治理。2019 年年底前，基本达到机动车环境管理能力建设标准要求。建设和完善全省交通污染监测网络，2020 年年底前建成主要港口和重要物流通道建设空气质量监测站。扶持建设柴油货车超标维修治理站。（省财政厅、省生态环境厅、省交通运输厅、海南海事局、省发展和改革委员会牵头，省工业和信息化厅、省科技厅等参与）

（二十二）加强奖惩并举和公众参与。

47. 建立完善奖惩并举机制。根据考核结果及时表扬奖励工作成绩突出，以及敢于开拓创新、敢于担当的先进典型。对工作不力、监管责任不落实、问题突出的地方，公开约谈市县政府主要负责人。将不作为、乱作为等突出问题纳入省级生态环境保护督察的范围，对重点攻坚任务完成不到位，不作为、慢作为、不担当、不碰硬，甚至失职失责的，依纪依规依法严肃问责。（省生态环境厅牵头，省委组织部等参与）

48. 强化公众参与和监督。加强宣传引导力度，利用电视、广播、报纸、互联网等新闻媒体，开展多种形式的宣传普及活动，加强法律法规政策和典型违法案例的宣传解读，营造良好的社会氛围。鼓励通过“12345”政府服务热线举报冒黑烟车辆和非道路移动机械。（省生态环境厅、省交通运输厅按职责分工负责）

49. 鼓励职业院校相关专业中增加绿色驾驶教育、排放检验与维修技术等内容，大力开展尾气排放维修治理技术培训。（省生态环境厅、省交通运输厅、省教育厅按职责分工负责）

关于印发海南省老旧车淘汰和污染治理实施方案的函

琼环函〔2018〕990号

各市、县、自治县人民政府、洋浦经济开发区管理委员会：

为贯彻落实习近平总书记在庆祝海南建省办经济特区30周年大会上的重要讲话和《中共中央 国务院关于支持海南全面深化改革开放的指导意见》，降低机动车污染物排放，打赢柴油货车攻坚战，推进我省老旧车淘汰和污染治理，我们制定了《海南省老旧车淘汰和污染治理实施方案》。现予以印发，请认真组织实施。

附件：海南省老旧车淘汰和污染治理实施方案

海南省生态环境保护厅
海南省财政厅
海南省公安厅
海南省交通运输厅
海南省商务厅
海南省工商行政管理局
海南省质量技术监督局
2018年8月17日

附件

海南省老旧车淘汰和污染治理实施方案

为贯彻落实习近平生态文明思想、习近平总书记在庆祝海南建省办经济特区30周年大会上的重要讲话和《中共中央 国务院关于支持海南全面深化改革开放的指导意见》（中发〔2018〕12号）以及全国生态环境大会精神，降低机动车污染物排放，打赢柴油货车攻坚战，推进我省老旧车淘汰和污染治理，确保我省生态环境质量持续保持全国一流水平，争取早日实现生态环境质量居于世界领先水平的目标，特制定本方案。

一、目标任务

自2018年起，用3年时间，采取资金补贴、鼓励报废、强化治理、区域禁行、强制注销等疏堵结合措施，促进全省老旧车报废更新和污染治理，有效减少机动车氮氧化物（NO_x）、颗粒物（PM）排放，持续改善环境空气质量。

二、实施范围

本方案淘汰的老旧车是指在本省行政区域内注册登记，属于国家第三阶段（初始登记日期为2008年7月1日至2013年6月30日，部分车辆登记时间不在此范围但在生态环境部机动车环保网上认定为国三柴油车也属于补贴范围）排放标准的柴油车。以下称为老旧柴油车。

本方案污染治理的老旧车是指在本省行政区域内注册登记，属于国家第三阶段排放标准的中、大型柴油载客车和中、重型柴油载货车（初始登记日期为2008年7月1日至2013年6月30日，部分车辆登记时间不在此范围但在生态环境部机动车环保网上认定为国三中重型柴油车也属于补贴范围）。以下称为中重型老旧柴油车。

三、实施阶段

2018年对3 000辆提前淘汰的老旧柴油车进行补贴，试点完成2 000辆中重型老旧柴油车污染治理（柴油车颗粒物捕集器加装工作）并补贴。

2019—2020年在2018年基础上继续开展补贴，加快淘汰和治理柴油车进程。2020年年底前，基本完成中重型老旧柴油车污染治理，大力推进我省小型、轻型老旧柴油货车及未加装柴油车颗粒物捕集器的中重型老旧柴油车淘汰工作。

四、工作重点

（一）加强道路执法，严格执行强制报废标准。

划定禁行区域，对高排放老旧柴油车实施限行。加强老旧柴油车路检路查执法力度，对未按时环检、安检和综合性能检测的车辆严格进行处罚。对经修理和调整或者采用控制技术后尾气检测不合格的车辆以及对安全技术检验有效期满后连续 3 个机动车检验周期内未取得机动车检验合格标志的车辆，严格按规定通知机动车所有人办理注销登记。对达到强制报废标准逾期不办理注销登记手续的，公安机关交通管理部门应当公告该机动车登记证书、号牌、行驶证作废。加强对达到国家强制报废标准车辆违法上路行驶的执法力度，做到发现一辆、查扣一辆、处理一辆。加强报废车辆监督管理，确保应报废车辆正常报废回收。（责任单位：各市县政府、洋浦经济开发区管委会。督办单位：省公安厅、省生态环境保护厅、省交通运输厅、省商务厅）

（二）实施遥感监测，严格老旧柴油车监督管理。

海口、三亚、儋州等重点城市加强机动车遥感监测，对道路行驶机动车进行监督抽测和处罚，试点划定高排放老旧柴油车限行区域，推动老旧柴油车污染治理和提前淘汰。开展营运类车辆清理整顿行动，对环保检验不合格的，不得申领《道路运输证》。加强监督管理，严厉打击报废老旧柴油车非法交易，坚决取缔“黑窝点、黑市场”。（责任单位：各市县政府、洋浦经济开发区管委会。督办单位：省生态环境保护厅、省交通运输厅、省公安厅、省工商局）

（三）加强机动车检验机构监管。

加强机动车安全技术、环保检验机构和营运车辆综合性能检验机构监管，严格机动车检测过程管理，对伪造机动车、非道路移动机械排放检验结果或者出具虚假排放检验报告的，以临时更换机动车污染控制装置等弄虚作假的方式通过机动车排放检验或者破坏机动车车载排放诊断系统的检验机构从严查处。逐步建立机动车安全技术、环保检验机构和营运车辆综合性能检验机构常态化监管机制。（责任单位：各市县政府、洋浦经济开发区管委会。督办单位：省质监局、省公安厅、省交通运输厅、省生态环境保护厅）

（四）严格机动车注册登记和年审。

机动车所有人名下登记的机动车状态信息为达到强制报废标准的，机动车所有人应按规定办理注销登记。如不按规定办理注销登记的，公安机关交通管理部门不予办理该机动车所有人新购置机动车注册登记和转移登记业务。机动车尾气排放检测不合格的，不予办理车辆年审。（责任单位：省公安厅、省生态环境保护厅）

（五）实施老旧柴油车提前淘汰和中重型老旧柴油车污染治理财政补贴政策。

按照政府鼓励、适当补贴原则对老旧柴油车提前淘汰和污染治理给予财政补贴。补贴资金按省级和市县 3∶7 的比例进行分担。省财政厅根据生态环境保护部门的分配方案，将省级应负担的补贴资金全额预下达各市县，各市县财政予以配足补贴经费后，一次性支付机动车所有人全额补贴。2019—2020 年实际安排资金时，要结合财力、上年资金使用和年度任务计划等情况调整补贴预算。（责任单位：各市县政府、洋浦经济开发区管委会。督办单位：省财政厅、省生态环境保护厅、省公安厅）

五、保障措施

（一）加强组织领导。

各市县政府、洋浦经济开发区管委会及有关部门要高度重视老旧柴油车报废更新补贴工作，加强组织领导，全面动员部署，细化推进措施，强化责任落实，规范操作程序，务求工作实效。要建立健全多部门组织协调机制，明确职责分工，积极协调配合，形成工作合力。

（二）强化考核问责。

各市县政府将老旧柴油车淘汰和污染治理工作情况纳入大气污染防治责任目标考核内容。积极组织有关部门加强日常执法检查，落实财政补贴资金，做好补贴的发放，督促车主加快老旧柴油车淘汰和污染治理。对工作落实不到位或进度明显落后的，追究相关责任人责任。

（三）严肃工作纪律。

各有关部门要认真审核严格把关，及时兑付提前淘汰和污染治理补贴资金，提高补贴资金核发效率。任何单位和个人不得以任何理由截留、挤占、挪用补贴资金，不得拖延兑付时间，坚决杜绝骗取补贴资金行为。

（四）宣传动员。

通过网络、广播、电视、报纸等多种媒体形式，及时宣传老旧柴油车提前淘汰工作，使公众多渠道了解提前淘汰老旧柴油车和治理中重型老旧柴油车的相关政策规定及激励补贴措施，提高公众积极性。倡导绿色出行、低碳出行，增强群众环保意识和淘汰老旧柴油车的自觉性，争取广大车主的理解、支持与配合，在全社会营造浓厚舆论氛围。

附件：1. 海南省提前淘汰老旧柴油车财政补贴实施细则

2. 海南省中重型老旧柴油车污染治理财政补贴实施细则

附件 1

海南省提前淘汰老旧柴油车财政补贴实施细则

为改善全省大气环境质量，加强机动车排气污染防治，鼓励老旧柴油车提前淘汰，根据《中华人民共和国大气污染防治法》《海南省机动车排气污染防治规定》的有关规定，制定本实施细则。

一、基本原则

鼓励符合条件的车辆提前淘汰，根据淘汰车辆的车型给予适当补助；鼓励车辆提前报废，同时根据国家有关政策，鼓励更新购买国家第六阶段排放标准的柴油、清洁能源和新能源等车辆；对申请提前淘汰的符合补助条件的国三柴油车，提交的材料审核通过后按程序发放补助资金。

二、补贴范围和标准

（一）补贴范围：在海南省行政区域内注册登记的国家第三阶段排放标准的柴油车（初始登记日期为 2008 年 7 月 1 日—2013 年 6 月 30 日，部分车辆登记时间不在此范围但在生态环境部机动车环保网上认定为国三柴油车也属于补贴范围）。

（二）提前淘汰车辆补贴标准详见《海南省提前淘汰老旧柴油车财政补贴标准表》（附件 1）。

三、申请提前淘汰老旧柴油车补贴，应当具备下列条件

（一）不属于财政供养单位的车辆。

（二）不属于当年度及之前达到强制报废或在检验有效期届满后连续 3 个机动车检验周期内未取得机动车检验合格标志的车辆。

（三）不属于因自然原因或交通事故等导致直接报废的车辆。

（四）不属于 2015 年 1 月 1 日后由省外转入的车辆。

（五）不属于享受老旧柴油车辆治理补贴的车辆。

（六）车辆应当交售给省内有资质的报废汽车回收拆解企业进行回收拆解，并取得《报废汽车回收证明》和公安车管部门出具的《机动车注销证明》。

（七）法律法规规定的其他条件。

四、车辆报废注销及补贴资金申请、审核和发放

（一）车辆报废。申领人将待报废的机动车送至有资质的机动车回收企业进行报废拆解，取得《报废机动车回收证明》。

（二）车辆注销。机动车回收企业至公安交管部门办理《机动车注销证明》，并通知车主车辆已办理注销登记。

（三）补贴申请。申领人（或委托代理人）到汽车登记注册所在地市（县）环保部门办理补贴申请。申领提前淘汰补贴资金应当提交以下资料：

1. 《海南省提前淘汰老旧柴油车补贴资金申请表》（附件 2）。

2. 《报废汽车回收证明》及《机动车注销证明》原件。

3. 《非财政供养单位老旧柴油车承诺书》（附件 3）。

4. 《机动车登记证书》原件及复印件。如《机动车登记证书》遗失应到机动车注册地的车管所补办，无法补办的，由机动车注册地的车管所出具机动车信息查询结果清单加盖公章，并附上机动车行驶证复印件进行佐证。

5. 有效身份证明原件及复印件。机动车所有人为个人的，需提供机动车所有人身份证复印件（须与原件核对）；机动车所有人为单位的，需提供单位介绍信和营业执照复印件（须与原件核对）。

6. 机动车所有人为个人的，应提供与机动车所有人同名的个人银行储蓄存折或银行卡（复印件）；机动车所有人为单位的，需提供与车辆注册单位同名的开户银行和银行账号。

机动车无法过户到实际控制人名下的，应补充实际控制人 1 年以上的机动车保险单、实际控制人承诺书以及相关证明办理补贴手续。相关证明出具要求为：机动车所有人为存续单位的，出具单位转移所有权证明；机动车所有人为被撤销单位的，出具单位被撤销的官方文件；机动车所有人为被注销公司的，出具工商部门注销证明；机动车所有人为已死亡自然人的，出具自然人死亡证明。

7. 凡委托办理的，还需提交机动车所有人单位（本人）的书面委托书，以及被委托人的身份证原件及复印件（须与原件核对）。

（四）补贴审核。

1. 公安交管部门审核车辆是否已经注销登记、是否符合《机动车强制报废标准规定》中明确的已达到强制报废情形，确定车辆类别；对符合要求的车辆，在《海南省提前淘汰老旧柴油车补贴资金申报表》中签字并加盖审核章。

2. 环保部门审核车辆使用年限、排放标准等信息是否符合补助条件，并按照规定的补助标准确定补助资金额度，在《海南省提前淘汰老旧柴油车补贴资金申报表》上签字并加盖审核章。

3. 根据车辆强制报废时间安排提前淘汰车辆补贴的顺序，优先淘汰补贴 2021 年 1 月 1 日后达到强制报废时间的车辆，2020 年 12 月 31 日以前达到强制报废时间的，按照强制报废时间由远及近的顺序予以淘汰补贴，当年淘汰任务完成即止。

（五）补助发放。由环保部门按规定从申请受理之日起三个月内将补助资金划拨至以车主（单位）名义开立的银行账户。

（六）各市县环保部门会同财政部门于每年 3 月底前将上年度老旧柴油车提前淘汰补贴资金清算表（附件 6）报省环保部门和省财政部门，由省环保部门审核汇总后向省财政部门提出资金清算意见，省财政按规定与各市县财政进行年度清算。

五、各部门职责

（一）环保部门负责淘汰柴油车使用年限、排放标准的审核及补助标准等的认定；负责汇总统计淘汰补助资金发放情况，对补助资金的使用情况进行汇总核对。

（二）公安部门负责审核柴油车车辆类别、是否已经注销登记、是否符合《机动车强制报废标准规定》中明确的已达到强制报废情形的认定；及时提供国三柴油车淘汰更新的详细信息，协助环保部门统计分析老旧柴油车数据。

（三） 财政部门负责提前淘汰财政补助资金的预算安排、拨付下达及使用监管。

（四）商务部门负责报废汽车回收拆解行业监督管理，对报废车辆回收信息进行审核；指导督促报废汽车回收拆解企业规范服务，方便车主交车和办理相关手续。

各部门应建立淘汰补助工作联席会议制度，加强信息情况沟通，协调解决工作中遇到的具体问题，环保和财政部门应定期监督检查补贴资金的使用情况，确保提前淘汰老旧柴油车顺利实施。

附件：1. 海南省提前淘汰老旧柴油车财政补贴标准表

2. 海南省提前淘汰老旧柴油车补贴资金申报表

3. 非财政供养单位老旧柴油车承诺书

4. 汽车报废标准规定使用年限表

5. 各类车型定义

6. 2018 年省级老旧柴油车提前淘汰财政补贴资金清算表

附件 1

海南省提前淘汰老旧柴油车财政补贴标准表

车辆类型	淘汰补贴单价（元/辆）
微型载客	7 000
小型载客	10 000
中型载客	15 000
大型载客	25 000
微型载货	8 000
轻型载货	13 000
中型载货	18 000
重型载货	25 000

附件 2

海南省提前淘汰老旧柴油车补贴资金申报表

<table>
<tr><td rowspan="2">机动车所有人信息</td><td>机动车所有人姓名</td><td></td><td>联系方式（手机）</td><td></td></tr>
<tr><td>机动车所有人身份证号码</td><td></td><td>住址</td><td></td></tr>
<tr><td rowspan="6">机动车信息</td><td>车辆类型</td><td colspan="3">□微客 □小客 □中客 □大客
□微货 □轻货 □中货 □重货</td></tr>
<tr><td>车辆所在车管所</td><td></td><td>注册日期</td><td></td></tr>
<tr><td>车牌号码</td><td></td><td>品牌型号</td><td></td></tr>
<tr><td>使用性质</td><td></td><td>车辆识别代码</td><td></td></tr>
<tr><td>回收证明（编号）</td><td></td><td>回收日期</td><td></td></tr>
<tr><td>注销证明（编号）</td><td></td><td>注销日期</td><td></td></tr>
<tr><td rowspan="2">代办人信息</td><td>姓　名</td><td></td><td>联系方式（手机）</td><td></td></tr>
<tr><td>身份证号码</td><td></td><td>住址</td><td></td></tr>
<tr><td colspan="5">机动车所有人及代办人对申请材料的真实有效性负责，否则追究责任。</td></tr>
<tr><td colspan="5">机动车所有人（代办人）签名：　申报日期：　受理日期：</td></tr>
<tr><td rowspan="7">认定信息（公安部门填写）</td><td>车辆类型</td><td colspan="3">□微客 □小客 □中客 □大客
□微货 □轻货 □中货 □重货</td></tr>
<tr><td colspan="4">在海南省注册登记的柴油车。 □ 是 □ 否</td></tr>
<tr><td colspan="4">不属于当年度及之前达到强制报废的车辆。 □ 是 □ 否</td></tr>
<tr><td colspan="4">不属于在检验有效期届满后连续 3 个机动车检验周期内未取得机动车检验合格标志的车辆。□ 是 □ 否</td></tr>
<tr><td colspan="4">不属于因自然原因或交通事故等导致直接报废的车辆。 □ 是 □ 否</td></tr>
<tr><td colspan="4">不属于 2015 年 1 月 1 日后由省外转入的车辆。 □ 是 □ 否</td></tr>
<tr><td colspan="4">公安部门经办人：　公安部门负责人：　经办日期（公章）：　年　月　日</td></tr>
<tr><td rowspan="4">认定信息（环保部门填写）</td><td colspan="4">属于国家第三阶段排放标准的柴油车。 □ 是 □ 否</td></tr>
<tr><td colspan="4">不属于享受老旧车治理补贴的车辆。 □ 是 □ 否</td></tr>
<tr><td colspan="2">是否符合领取提前淘汰财政补贴的条件 □ 是 □ 否</td><td>补贴金额（元）</td><td></td></tr>
<tr><td colspan="4">环保部门经办人：　环保部门负责人：　经办日期（公章）：　年　月　日</td></tr>
<tr><td colspan="5">公安、环保部门应认真审核补贴材料，对审核环节负责，否则追究责任。</td></tr>
<tr><td rowspan="4">补贴资金发放</td><td>补贴金额（元）</td><td></td><td colspan="2">￥　万　仟　佰　拾　元　角　分</td></tr>
<tr><td>机动车所有人开户行</td><td colspan="3"></td></tr>
<tr><td>户名</td><td></td><td>账号</td><td></td></tr>
<tr><td>领款人签名</td><td colspan="3"></td></tr>
<tr><td colspan="5">备注：</td></tr>
</table>

注：本表一式三联，一联环保部门存查，二联公安部门存查，三联机动车所有人存查。

附件 3

非财政供养单位老旧柴油车承诺书

车牌号码为琼　　、车辆识别代号为　　　　　　　的机动车，为我单位（公司）合法拥有。现依照《海南省提前淘汰老旧柴油车财政补贴实施细则》淘汰该车辆并申请补贴。

特承诺：本单位（公司）不属《海南省老旧柴油车提前淘汰财政补贴实施细则》中第三条第一款所述财政供养单位，该车亦不属于财政供养的老旧柴油车。

特此承诺。

承诺单位（盖章）：

承诺人：

日　期：　　　年　　月　　日

附件 4

汽车报废标准规定使用年限表

<table>
<tr><th colspan="5">车辆类型与用途</th><th>使用年限（年）</th><th>行驶里程参考值（万千米）</th></tr>
<tr><td rowspan="23">汽车</td><td rowspan="15">载客</td><td rowspan="11">营运</td><td rowspan="3">出租客运</td><td>小、微型</td><td>8</td><td>60</td></tr>
<tr><td>中型</td><td>10</td><td>50</td></tr>
<tr><td>大型</td><td>12</td><td>60</td></tr>
<tr><td colspan="2">租赁</td><td>15</td><td>60</td></tr>
<tr><td rowspan="3">教练</td><td>小型</td><td>10</td><td>50</td></tr>
<tr><td>中型</td><td>12</td><td>50</td></tr>
<tr><td>大型</td><td>15</td><td>60</td></tr>
<tr><td colspan="2">公交客运</td><td>13</td><td>40</td></tr>
<tr><td rowspan="3">其他</td><td>小、微型</td><td>10</td><td>60</td></tr>
<tr><td>中型</td><td>15</td><td>50</td></tr>
<tr><td>大型</td><td>15</td><td>80</td></tr>
<tr><td colspan="3">专用校车</td><td>15</td><td>40</td></tr>
<tr><td rowspan="3">非营运</td><td colspan="2">小、微型客车、大型轿车*</td><td>无</td><td>60</td></tr>
<tr><td colspan="2">中型客车</td><td>20</td><td>50</td></tr>
<tr><td colspan="2">大型客车</td><td>20</td><td>60</td></tr>
<tr><td colspan="2" rowspan="6">载货</td><td colspan="2">微型</td><td>12</td><td>50</td></tr>
<tr><td colspan="2">中、轻型</td><td>15</td><td>60</td></tr>
<tr><td colspan="2">重型</td><td>15</td><td>70</td></tr>
<tr><td colspan="2">危险品运输</td><td>10</td><td>40</td></tr>
<tr><td colspan="2">三轮汽车、装用单缸发动机的低速货车</td><td>9</td><td>无</td></tr>
<tr><td colspan="2">装用多缸发动机的低速货车</td><td>12</td><td>30</td></tr>
<tr><td colspan="2" rowspan="2">专项作业</td><td colspan="2">有载货功能</td><td>15</td><td>50</td></tr>
<tr><td colspan="2">无载货功能</td><td>30</td><td>50</td></tr>
</table>

备注：使用年限计算的起始和终止日期分别为车辆初次登记日期和注销日期。

附件5

各类车型界定

一、大型载客汽车：车长大于等于6米或者乘坐人数大于等于20人的载客汽车。

二、中型载客汽车：车长小于6米且乘坐人数为10～19人的载客汽车。

三、小型载客汽车：车长小于6米且乘坐人数小于等于9人的载客汽车，但不包括微型载客汽车。

四、微型载客汽车：车长小于等于3.5米且发动机气缸总排量小于等于1 000毫升的载客汽车。

五、重型载货汽车：总质量大于等于12 000千克的载货汽车。

六、中型载货汽车：车长大于等于6米或者总质量大于等于4 500千克且小于12 000千克的载货汽车。

七、轻型载货汽车：车长小于6米且总质量小于4 500千克的载货汽车，但不包括微型载货汽车。

八、微型载货汽车：车长小于等于3.5米且总质量小于等于1 800千克的载货汽车。

附件6

2018年省级老旧柴油车提前淘汰财政补贴资金清算表

填表单位（盖章）： 填表人： 日期：

省财预拨金额（万元）	车辆类型	补贴数量（辆）	发放补贴资金（万元）			省财资金缺口（万元）	省财结余资金（万元）
			合计	省级资金（30%）	市县资金（70%）		
	微型载客						
	小型载客						
	中型载客						
	大型载客						
	微型载货						
	轻型载货						
	中型载货						
	重型载货						
	合计						

备注：本表要求各市县财政、环保部门填写汇总。

附件 2

海南省中重型老旧柴油车污染治理财政补贴实施细则

为改善全省大气环境质量，加强机动车排气污染防治，鼓励中重型老旧柴油车污染治理，根据《中华人民共和国大气污染防治法》《海南省机动车排气污染防治规定》的有关规定，制定本实施细则。

一、基本原则

加强中重型老旧柴油车污染治理，本着“服务群众、自愿申请、市场运营、改善环境”的原则，实施财政补贴政策，鼓励符合改造条件的中重型老旧柴油车安装柴油车颗粒物捕集器和尾气在线监控装置；中重型老旧柴油车辆治理改造完成，与省环保部门柴油车排放污染监控平台联网并经安全（外观）、排气检测合格后，核发治理合格证书，在交通限行区域将予豁免。对未安装柴油车颗粒物捕集器或安装后检测不合格的中重型老旧柴油将实行限行。

二、补贴范围和标准

（一）补贴范围：在海南省行政区域内注册登记的符合国家第三阶段排放标准的中、大型柴油载客和中、重型柴油载货车辆（初始登记日期为 2008 年 7 月 1 日—2013 年 6 月 30 日，部分车辆登记时间不在此范围但在生态环境部机动车环保网上认定为国三中重型柴油车也属于补贴范围）。

（二）补贴标准：中重型老旧柴油车排气治理改造补贴标准详见《海南省中重型老旧柴油车污染治理财政补贴标准表》（附件 1）。

三、申请中重型老旧柴油车污染治理补贴，应当具备下列条件

（一）不属于财政供养的车辆；

（二）不属于危险货物运输车辆；

（三）行驶里程不超过 30 万公里的车辆；

（四）车况及发动机达到指定的良好工作状态的车辆（车辆轮边功率与标定功率百分比不小于 50%，加载减速烟度排放值不大于 1.7 m^{-1}，自由加速烟度排放值不大于 2.0 m^{-1}）；

（五）安装柴油车颗粒物捕集器后检测达到规定的排放要求；

（六）安装尾气在线监控装置并且与省环保部门柴油车排放污染监控平台联网；

（七）法律法规规定的其他条件。

四、车辆污染治理程序

（一）提出申请。申请中重型老旧柴油车污染治理补贴的机动车所有人或者受委托人，凭《机动车登记证书》到机动车登记所在地市、县环保部门领取并填报《海南省中重型老旧柴油车颗粒物捕集器加装申请表》（附件 3）。

（二）认定和通知。机动车所有人或受委托人委托机动车排气检验机构对机动车进行车况检查和原

始排放测试，出具初检报告（车辆初检费用由柴油车颗粒物捕集器生产厂家承担），并到机动车登记所在地的环保、公安部门对提交的《机动车登记证书》《机动车行驶证》、初检报告和机动车所有人身份证材料进行认定。经认定符合治理改造条件的，由环保部门通知机动车所有人可以受理。

（三）选择产品和签订合同。对符合治理改造条件的车辆，由机动车所有人或受委托人选择柴油车颗粒物捕集器产品，并与生产厂家签订改造合同。截至 2018 年 8 月 14 日生态环境部机动车排污监控中心公布的柴油车颗粒物捕集器环保信息公开产品共有 7 种（见附件 7）。

（四）安装柴油车颗粒物捕集器。由机动车所有人或受委托人委托生产厂家选定具有二类以上资质的汽车维修企业，并在生产厂家指导下按照技术要求进行柴油车颗粒物捕集器和尾气在线监控装置的安装、调试。建立一车一档，对改造车辆整车、车架号和安装前后尾部拍照留底入档，出具《海南省中重型老旧柴油车颗粒物捕集器安装单》（附件 4）。柴油车颗粒物捕集器生产厂家应将所安装的车辆尾气在线监控数据信息对接传输至省环保部门的柴油车排放污染监控平台。

（五）车辆复检、复测。机动车所有人或者受委托人委托机动车排放检验机构对治理改造完毕的车辆进行外观检查和排放检测（费用由柴油车颗粒物捕集器生产厂家承担）。外观检查主要核实安装的柴油车颗粒物捕集器与《海南省中重型老旧柴油车颗粒物捕集器安装单》上内容是否相符，且尾气在线监控是否与省环保部门柴油车排放污染监控平台正常联网。排放检测按照国家及省有关规范要求采取加载减速工况法，三个工况点检测结果均不得超过排放要求（不适用加载减速法的，可采用自由加速法），出具汽车排气污染物检测报告，检测结果须符合下表要求：

检测方法	排放要求（光吸收系数 m^{-1}）	实测最大轮边功率（kW）
加载减速工况法	≤0.4	≥标定功率 50%
自由加速法	≤0.5	/

五、车辆治理补贴资金申请、审核和发放

（一）补贴申请。申领人（或委托代理人）到汽车登记注册所在地市、县环保部门办理补贴申请。申领污染治理补贴资金应当提交以下资料。

1. 《海南省中重型老旧柴油车颗粒物捕集器加装申请表》。

2. 《非财政供养单位中重型老旧柴油车承诺书》（附件 2）。

3. 营运车辆提供道路运输证原件及复印件。

4. 机动车所有人或受托人与柴油车颗粒物捕集器生产厂家签订的设备安装合同。

5. 柴油车颗粒物捕集器销售发票原件及复印件。

6. 《海南省中重型老旧柴油车颗粒物捕集器安装单》原件。

7. 柴油车颗粒物捕集器安装后的汽车排气污染物检测报告原件及复印件。

8. 《机动车登记证书》原件及复印件。如《机动车登记证书》遗失应到机动车注册地的车管所补办，无法补办的，由机动车注册地的车管所出具机动车信息查询结果清单加盖公章，并附上机动车行驶证复印件（须与原件核对）进行佐证。

9. 有效身份证明原件及复印件。机动车所有人为个人的，需提供机动车所有人身份证复印件（须与原件核对）；机动车所有人为单位的，需提供单位介绍信和营业执照复印件（须与原件核对）。

10. 机动车所有人是单位的，需提供与车辆注册单位同名的账号和开户银行；机动车所有人为个人的，应提供与机动车所有人同名的个人银行储蓄存折或银行卡（复印件）。

机动车无法过户到实际控制人名下的，应补充实际控制人 1 年以上的机动车保险单、实际控制人

承诺书以及相关证明办理补贴手续。相关证明出具要求为：机动车所有人为存续单位的，出具单位转移所有权证明；机动车所有人为被撤销单位的，出具单位被撤销的官方文件；机动车所有人为被注销公司的，出具工商部门注销证明；机动车所有人为已死亡自然人的，出具自然人死亡证明。

11. 凡委托办理的，还需提交机动车所有人单位（本人）的书面委托书，以及被委托人的身份证原件及复印件（须与原件核对）。

（二）支付补贴。各市县环保部门完成审核并确认车辆尾气在线监控数据已经与省环保部门监控平台联网后，发放尾气治理合格标志，并按规定从申请受理之日起三个月内将补助资金划拨至以车主（单位）名义开立的银行账户。

（三）各市县环保部门会同财政部门于每年 3 月底前将上年度中重型老旧柴油车污染治理补贴资金清算表（附件 8）报省环保部门和省财政部门，由省环保部门审核汇总后向省财政部门提出资金清算意见，省财政按规定与各市县财政进行年度清算。

六、各部门职责

（一）环保部门负责柴油车颗粒物捕集器和尾气在线监控设备安装的监管，对已安装柴油车颗粒物捕集器和尾气在线监控设备使用情况进行抽测和监督，负责柴油车颗粒物捕集器尾气在线监控平台的建设和运维。负责中重型老旧柴油车污染治理补贴申请资料审核及补助标准等的认定，汇总统计污染治理补助资金发放情况，对补助资金的使用情况进行汇总核对。

（二）交通运输部门负责提供营运中重型老旧柴油车数据，督促车辆运输企业及个人及时申办污染治理手续。对未安装柴油车颗粒物捕集器的车辆或尾气在线监控装置运行不正常的，不得办理《道路运输证》。加强机动车维修企业监管，督促企业积极配合开展中重型老旧车柴油污染治理工作。

（三）公安部门负责中重型老旧柴油车污染治理补贴申请资料审核，负责对车辆类型、是否在海南省注册登记、是否危险货物运输车辆等的认定。

（四）财政部门负责污染治理财政补助资金的预算安排、拨付下达及使用监管。

各部门应建立中重型老旧柴油车工作联席会议制度，加强信息情况沟通，协调解决工作中遇到的具体问题，环保和财政部门应定期监督检查补贴资金的使用情况，确保中重型老旧柴油车污染治理工作顺利实施。

附件：1. 海南省中重型老旧柴油车污染治理财政补贴标准表

2. 非财政供养单位中重型老旧柴油车承诺书

3. 海南省中重型老旧柴油车颗粒物捕集器加装申请表

4. 海南省中重型老旧柴油车颗粒物捕集器安装单

5. 海南省中重型老旧柴油车污染治理补贴资金发放表

6. 各类车型定义

7. 生态环境部机动车排污监控中心柴油车颗粒物捕集器环保信息公开产品名录

8. 2018 年省级中重型老旧柴油车污染治理财政补贴资金清算表

附件 1

海南省中重型老旧柴油车污染治理财政补贴标准表

车辆类型	治理补贴单价（元/辆）
中型载客	12 000
大型载客	18 000
中型载货	15 000
重型载货	20 000

附件 2

非财政供养单位中重型老旧柴油车承诺书

车牌号码为琼　　、车辆识别代号为　　　　　的机动车，为我单位（公司）合法拥有。现依照《海南省中重型老旧柴油车污染治理财政补贴实施细则》淘汰该车辆并申请补贴。

特承诺：本单位（公司）不属《海南省中重型老旧柴油车污染治理财政补贴实施细则》中第三条第一款所述财政供养单位，该车亦不属于财政供养的中重型老旧柴油车。

特此承诺。

承诺单位（盖章）：

承诺人：

日　期：　　年　　月　　日

附件 3

海南省中重型老旧柴油车颗粒物捕集器加装申请表

机动车所有人信息	机动车所有人姓名		联系方式（手机）	
	机动车所有人身份证号码		住　址	
代办人信息	姓　　名		联系方式（手机）	
	身份证号码		住　址	
机动车信息	车辆类型	□中客	□大客	□中货　□重货
	车牌号码		品牌型号	
	使用性质		车架号码	
	车辆出厂时间		注册日期	
	生产厂家		行驶里程	
	发动机型号		发动机号码	
	发动机排量		燃料种类	
	车辆识别代码		车辆所在车管所	
机动车所有人承诺：根据产品手册正确使用排气后处理装置，使用满足国家标准的车用柴油，自觉接受环保部门的不定期尾气抽测和在线监控监督，不得擅自拆除或闲置后处理设备，且治理后尾气排放应符合复检、复测标准要求。否则将放弃此车辆的污染治理补贴申请，承担由此引起的一切后果和相应的法律责任。				
机动车所有人及代办人对申请材料的真实有效性负责，否则追究责任。				
机动车所有人（代办人）签名：		申报日期：		受理日期：

<table>
<tr><td rowspan="4">认定信息（检测机构填写）</td><td>行驶里程不超过 30 万公里。 □ 是 □ 否</td></tr>
<tr><td>车况及发动机处于良好工作状态。 □ 是 □ 否</td></tr>
<tr><td>尾气排放检测结果是否符合要求。 □ 是 □ 否</td></tr>
<tr><td>检测机构经办人： 检测机构负责人： 经办日期（公章）： 年 月 日</td></tr>
<tr><td rowspan="4">认定信息（公安部门填写）</td><td>车辆类型 □中客 □大客 □中货 □重货</td></tr>
<tr><td>在海南省注册登记的中、大型柴油载客和中、重型柴油载货车辆。 □ 是 □ 否</td></tr>
<tr><td>不属于危险货物运输车辆。 □ 是 □ 否</td></tr>
<tr><td>公安部门经办人： 公安部门负责人： 经办日期（公章）： 年 月 日</td></tr>
<tr><td rowspan="3">认定信息（环保部门填写）</td><td>属于国家第三阶段排放标准的中、重型柴油车。 □ 是 □ 否</td></tr>
<tr><td>符合排气净化设备加装申请条件。 □ 是 □ 否</td></tr>
<tr><td>环保部门经办人： 环保部门负责人： 经办日期（公章）：年 月 日</td></tr>
<tr><td colspan="2">检测机构、公安、环保部门应认真审核申请材料，对审核结果负责，否则追究责任。</td></tr>
<tr><td colspan="2">备注：</td></tr>
</table>

注：本表一式四联，一联环保部门存查，二联检测机构存查，三联公安部门存查，四联机动车所有人存查。

附件 4

海南省中重型老旧柴油车颗粒物捕集器安装单

<table>
<tr><td rowspan="2">机动车所有人信息</td><td>姓名</td><td></td><td>联系方式（手机）</td><td></td></tr>
<tr><td>身份证号码</td><td></td><td>住 址</td><td></td></tr>
<tr><td rowspan="2">代办人信息</td><td>姓 名</td><td></td><td>联系方式（手机）</td><td></td></tr>
<tr><td>身份证号码</td><td></td><td>住 址</td><td></td></tr>
<tr><td rowspan="8">机动车信息</td><td>车辆类型</td><td colspan="3">□中客 □大客 □中货 □重货</td></tr>
<tr><td>车牌号码</td><td></td><td>品牌型号</td><td></td></tr>
<tr><td>使用性质</td><td></td><td>车架号码</td><td></td></tr>
<tr><td>车辆出厂时间</td><td></td><td>注册日期</td><td></td></tr>
<tr><td>生产厂家</td><td></td><td>行驶里程</td><td></td></tr>
<tr><td>发动机型号</td><td></td><td>发动机号码</td><td></td></tr>
<tr><td>发动机排量</td><td></td><td>燃料种类</td><td></td></tr>
<tr><td>车辆识别代码</td><td></td><td>车辆所在车管所</td><td></td></tr>
<tr><td rowspan="4">安装设备信息</td><td>设备品牌</td><td></td><td rowspan="4">设备生产厂家
签章</td><td rowspan="4">负责人：</td></tr>
<tr><td>设备型号</td><td></td></tr>
<tr><td>企业地址</td><td></td></tr>
<tr><td>联系电话</td><td></td></tr>
<tr><td rowspan="4">安装企业信息</td><td>资质编号</td><td></td><td rowspan="4">安装企业
签章</td><td rowspan="4">负责人：</td></tr>
<tr><td>安装时间</td><td></td></tr>
<tr><td>企业地址</td><td></td></tr>
<tr><td>联系电话</td><td></td></tr>
<tr><td>备注</td><td colspan="4"></td></tr>
</table>

注：本表一式四联，一联环保部门存查，二联净化设备安装机构存查，三联设备生产厂家存查，四联机动车所有人存查。

附件 5

海南省中重型老旧柴油车污染治理补贴资金发放表

发放时间	年　　月　　日		
机动车所有人姓名		联系方式（手机）	
身份证号码		住址	
代办人姓名		联系方式（手机）	
身份证号码		住址	
车辆类型	□中客　□大客　□中货　□重货		
车辆识别代码		车辆所在车管所	
车牌号码		燃料种类	
加装企业		加装时间	
捕集器生产厂家		设备型号	
排放检测机构		检测时间	
补贴信息（环保局填写）	□中客　□大客　□中货　□重货		
	安装净化设备后检测是否达标	□ 是　□ 否	
	其他经逐项核对符合补贴条件	□ 是　□ 否	
	环保局经办人：　环保局负责人：　日期（公章）：年　月　日		
补贴金额（元）		￥　万　仟　佰　拾　元　角　分	
机动车所有人开户行			
户名		账号	
机动车所有人及代办人对申请材料的真实有效性负责，否则追究责任。			
领款人签章		日　期	年　月　日
备注：			

注：本表一式二联，一联环保部门存查，二联机动车所有人存查。

附件 6

各类车型定义

一、大型载客汽车：车长大于等于 6 米或者乘坐人数大于等于 20 人的载客汽车。

二、中型载客汽车：车长小于 6 米且乘坐人数为 10～19 人的载客汽车。

三、小型载客汽车：车长小于 6 米且乘坐人数小于等于 9 人的载客汽车，但不包括微型载客汽车。

四、微型载客汽车：车长小于等于 3.5 米且发动机气缸总排量小于等于 1 000 毫升的载客汽车。

五、重型载货汽车：总质量大于等于 12 000 千克的载货汽车。

六、中型载货汽车：车长大于等于 6 米或者总质量大于等于 4 500 千克且小于 12 000 千克的载货汽车。

七、轻型载货汽车：车长小于 6 米且总质量小于 4 500 千克的载货汽车，但不包括微型载货汽车。

八、微型载货汽车：车长小于等于 3.5 米且总质量小于等于 1 800 千克的载货汽车。

九、轿车：车身结构为两厢式且乘坐人数不超过 5 人；或者车身结构为三厢式且乘坐人数小于等于 9 人的载客汽车。

附件 7

生态环境部机动车排污监控中心柴油车颗粒物捕集器环保信息公开产品名录

序号	DPF 生产厂家	类别	DPF 型号	DPF 类型
1	艾蓝腾新材料科技（上海）有限公司	柴油颗粒捕集器 DPF	CAT-C	主动再生
2	北京润沃达汽车科技有限公司	柴油颗粒捕集器 DPF	Runwoda-Ⅰ	电加热辅助再生+FBC
3	郑州精益达汽车零部件有限公司	柴油颗粒捕集器 DPF	JYD-DePM-A	喷油主动再生
4	贵州黄帝车辆净化器有限公司	柴油颗粒捕集器 DPF	ART	主动再生
5	安徽艾可蓝环保股份有限公司	柴油颗粒捕集器 DPF	ACTPM-L8	被动再生
6	浙江邦得利环保科技股份有限公司	柴油颗粒捕集器 DPF	BDL000 720	被动再生
7	中自环保科技股份有限公司	柴油颗粒捕集器 DPF	SINOCAT-CDPF	被动再生

附件 8

2018 年省级中重型老旧柴油车污染治理财政补贴资金清算表

填表单位（盖章）： 填表人： 日期：

<table>
<tr><td rowspan="7">省财预拨金额（万元）</td><td rowspan="2">车辆类型</td><td rowspan="2">补贴数量（辆）</td><td colspan="3">发放补贴资金（万元）</td><td rowspan="2">省财资金缺口（万元）</td><td rowspan="2">省财结余资金（万元）</td></tr>
<tr><td>合计</td><td>省级资金（30%）</td><td>市县资金（70%）</td></tr>
<tr><td>中型载客</td><td></td><td></td><td></td><td></td><td rowspan="5"></td><td rowspan="5"></td></tr>
<tr><td>大型载客</td><td></td><td></td><td></td><td></td></tr>
<tr><td>中型载货</td><td></td><td></td><td></td><td></td></tr>
<tr><td>重型载货</td><td></td><td></td><td></td><td></td></tr>
<tr><td>合计</td><td></td><td></td><td></td><td></td></tr>
</table>

备注：本表要求各市县财政、环保部门部门填写汇总。

海南省人民政府关于大力推广应用新能源汽车促进生态省建设的实施意见

琼府〔2016〕35号

各市、县、自治县人民政府，省政府直属各单位：

为深入贯彻落实《国务院办公厅关于加快新能源汽车推广应用的指导意见》(国办发〔2014〕35号)精神，加快推进我省新能源汽车推广应用，促进海南生态省建设，结合我省实际，提出如下实施意见。

一、总体要求

（一）指导思想。

全面贯彻落实国家发展新能源汽车的部署，以纯电驱动为新能源汽车发展的主要取向，以公共服务领域的新能源汽车推广应用为切入点，积极鼓励个人购买使用新能源汽车。创新新能源汽车商业运营模式，科学规划和加强充电基础设施建设，构建规范的充电服务体系和运行保障体系，加快我省新能源汽车推广应用，带动汽车产业整体提升，有效缓解资源环境压力，促进海南生态省建设。

（二）基本原则。

1. 科学规划，适度超前。在“多规合一”的总体框架下，按照“车桩相随、适度超前”的原则，科学做好充电基础设施的整体规划，确定建设规模和空间布局。

2. 政府引导，市场运作。在政府引导和政策激励下，充分发挥市场主导作用，引导社会资本在新能源汽车应用、充电设施建设运营等方面创新商业合作与服务模式。

3. 多方参与，加快建设。坚持“统一标准、通用开放”的原则，鼓励运营企业、物业服务企业、社会组织和个人等各方力量参与充电设施建设并提供充电服务。

4. 重点突破，全面推广。在公交汽车、公务用车、旅游租赁等领域率先实施一批示范项目，带动全省新能源汽车全面推广应用。

（三）目标要求。

到2020年年底，全省累计推广应用新能源汽车3万辆以上（各市县推广任务详见附件），建设充电桩2.8万个以上。新能源汽车在党政机关、公共服务等领域得到广泛应用，基本建成布局合理、智能高效的充电设施服务网络和维修保障网络，满足新能源汽车运行需要。

二、加快充电基础设施建设

（一）制定充电基础设施发展规划。科学编制全省充电基础设施发展规划，并做好与土地利用规划、城乡规划的衔接。以住宅小区停车场、公共停车场、公交停车场站、宾馆酒店停车场、机场停车场等配建的专用充电设施为主体，以单独占地的城市快充站、换电站和高速公路服务区配建的城际快充站为补充，构建新能源汽车充电基础设施体系。（牵头单位：省发展改革委，责任单位：省住房城乡建设厅、省交通运输厅、省工业和信息化厅、各市县政府）

（二）明确充电基础设施配建要求。省住房城乡建设厅要在2016年12月底前出台建筑物配建停车位充电设施建设标准和要求。新建住宅配建停车位应100%建设充电设施或预留建设安装条件，大型公共建筑物配建停车场、社会公共停车场建设充电设施或预留建设安装条件的车位比例不低于20%，停车位充电设施应与各类建筑物同步规划、同步建设、同步验收。加快改造已建和在建的各类停车场充电设施，符合改建要求的，应在2018年年底前完成改造。将充电基础设施纳入我省高速公路配套设施建设规划，新建高速公路服务区和加油站，所有停车位均应配建充电桩或预留充电设施接口；已建和在建的高速公路服务区和加油站，符合充电设施改建要求的，应在2018年年底前完成改造。（牵头单位：省住房城乡建设厅、省发展改革委，责任单位：省国土资源厅、省公安厅、省交通运输厅、海南电网公司、各市县政府）

（三）加强充电基础设施用地保障。落实国家支持充电设施建设的用地政策，加大对充电设施建设用地的支持力度。要将充电设施建设用地纳入土地利用总体规划，明确充电设施建设用地要求，并将其纳入当地土地供应计划优先安排。新建充电设施项目用地涉及新增建设用地、符合土地利用总体规划和城乡规划的，各市县应在土地利用年度计划指标中优先予以保障。鼓励和支持利用停车场（位）等现有建设用地进行充电设施建设。（牵头单位：省国土资源厅，责任单位：省发展改革委、省交通运输厅、省住房城乡建设厅、各市县政府）

（四）简化充电设施规划建设审批。个人、单位在既有停车泊位安装充电设施的，无须办理建设用地规划许可证、建设工程规划许可证和施工许可证；建设城市公共停车场，无须为同步建设充电桩群等充电基础设施单独办理建设工程规划许可证和施工许可证；新建单独占地的集中式充、换电站应符合城市规划，并办理建设用地规划许可证、建设工程规划许可证和施工许可证。相关管理单位、房地产开发企业、物业服务企业要积极配合充电设施建设，不得以各种名目收取不合理费用。（牵头单位：省发展改革委、省住房城乡建设厅，责任单位：省物价局、各市县政府）

（五）做好充电基础设施配套电网接入服务。将充电基础设施配套电网建设与改造项目纳入配电网专项规划，电网企业要加强充电基础设施配套电网建设与改造，确保电力供应满足充换电设施运营需求。电网企业负责建设、运行和维护充电基础设施产权分界点至电网的配套接网工程，不得收取接网费用，相应资产全额纳入有效资产，相应成本纳入电网输配电成本统一核算。（牵头单位：省发展改革委、海南电网公司，责任单位：各市县政府）

三、加大新能源汽车推广应用力度

（一）推动公共服务领域新能源汽车应用。加大在城市公交、环卫、物流、邮政、机场、景区等公共领域新能源汽车推广力度。2016—2020年新增和更换的公交车中新能源公交车的比例分别达到50%、60%、70%、80%、90%；环卫车、邮政车、城市物流车、机场用车、景区旅游用车每年新增和更换车辆中新能源汽车的比例应不低于50%。（牵头单位：各市县政府，责任单位：省交通运输厅、省旅游委、省住房城乡建设厅、省财政厅）

（二）推进公共机构使用新能源汽车。2016—2017年，公共机构（全部或部分使用财政资金的国家机关、事业单位和团体组织）每年新增或更换的车辆中新能源汽车的比例应不低于50%；2018年起，公共机构每年新增或更换的车辆，除特殊情况外，应100%选用新能源汽车。全省各级公务车辆定编管理部门要严格审核年度公务用车配备更新计划，不符合要求的不予审批。鼓励党政机关、国有企业和公共机构单位干部职工购买使用新能源汽车。（牵头单位：省机关事务管理局、各市县政府，责任单位：省财政厅、省国资委）

（三）实施一批“绿色出行”重点示范项目。在重点产业园区、政府办公区、风情小镇、旅游景区探索“全程自助、随借随还”的新能源汽车分时租赁服务模式，策划实施一批“绿色通勤”“绿色旅游”示范项目。选择一批邮政、快递企业使用新能源汽车进行物流配送，推广绿色物流配送方式。（牵头单位：省工业和信息化厅、省旅游委、省交通运输厅、省住房城乡建设厅、省机关事务管理局，责任单位：省商务厅、省邮政管理局、各市县政府）

（四）依托推广应用，带动新能源汽车产业发展。鼓励我省新能源汽车整车和关键零部件生产企业加快产品技术研发和项目建设；加大招商力度，引进掌握新能源汽车电池、电机、电控系统等关键技术的生产企业，发展新能源汽车产业，促进我省低碳制造业发展。（牵头单位：省工业和信息化厅，责任单位：省科技厅、省商务厅、省发展改革委、省财政厅、各市县政府）

四、建立完善全省新能源汽车推广应用体系

（一）积极探索新能源汽车推广新模式。组建海南省新能源汽车发展促进联盟，促进资源共享和商业模式创新，加快新能源汽车推广应用。支持社会资本进入新能源汽车运营服务领域，在公交客车、出租车、公务用车、城市物流等公共服务领域探索特许经营、融资租赁运营、合同能源管理等模式；在个人使用领域探索分时租赁、车辆共享、整车租赁、按揭购买新能源汽车等模式；推动移动互联网、物联网、大数据等信息技术在新能源汽车运营模式中的创新应用，鼓励互联网企业参与新能源汽车的推广运营。（牵头单位：省工业和信息化厅、各市县政府，责任单位：省发展改革委、省交通运输厅、省政府金融办）

（二）完善和规范充电设施运营服务体系。省发展改革委要在2016年6月份前出台充电基础设施建设运营管理办法，规范和推动充电设施建设运营，促进充电基础设施互联互通。鼓励住宅小区公共充电设施和个人拥有的充电设施对外提供充电服务。（牵头单位：省发展改革委，责任单位：省住房城乡建设厅、省工业和信息化厅、省质监局等有关部门）

（三）抓好新能源汽车经销和售后服务体系建设。经新能源汽车生产企业或汽车供应商授权并取得经销新能源汽车资质的企业，需进行备案登记。新能源汽车生产企业或汽车经销商应严格履行新能源汽车电池、电机、电控系统等核心部件的质保承诺，提供相配套的售后服务。汽车生产企业及动力电池生产企业应承担动力电池回收利用的主体责任。省工业和信息化厅要在2016年年底前出台电动汽车动力蓄电池回收利用技术政策，加强动力电池收集、储存、运输、处理、再生利用等各环节环境管理，严格落实各项技术标准和管理要求。（牵头单位：省商务厅、省工业和信息化厅，责任单位：省交通运输厅、省工商局、省质监局、省安全监管局、省生态环保厅、各市县政府）

（四）加强新能源汽车安全运营管理和保障。新能源汽车运营单位要建立新能源汽车事故预警信息系统和紧急处置机制，加强实时跟踪、数据采集、统计分析、故障诊断及风险提示，加强新能源汽车运行监测。公交客运、出租客运、环卫、城市物流等领域的新能源汽车要安装车辆运行技术状态实时监控装置，进行有效监控管理；鼓励私人购置的车辆安装实时监控装置。建立充电基础设施安全管理体系，确保充电设备使用安全。公安交管部门要简化新能源汽车注册登记、年检等有关办理流程，提供便捷服务。（牵头单位：各市县政府、省发展改革委、省交通运输厅、省工业和信息化厅、省质监局、省公安厅、省安全监管局）

五、完善落实新能源汽车推广扶持政策

（一）对购置车辆进行补贴。落实国家新能源汽车推广补贴等财政支持政策和车辆购置税、车船税等方面的税收优惠政策。对购买列入国家《新能源汽车推广应用推荐车型目录》的纯电动汽车、插电式（含增程式）混合动力汽车和燃料电池汽车，原则上省内配套补助与国家同期补贴按 1∶1 的比例确定补助标准，省、市县两级财政按一定比例承担，三级财政补贴总额不超过车辆销售价格总额的 60%。新能源汽车财政补贴管理办法由省工业和信息化厅牵头，会同省财政厅、省发展改革委、省交通运输厅制定。（牵头单位：省工业和信息化厅、省财政厅，责任单位：省发展改革委、省交通运输厅、省地税局、各市县政府）

（二）对充换电设施进行补贴。中央财政对充换电设施给予的奖励资金，省财政厅依据推广任务完成情况全额切块给市县，由市县用于充电设施建设运营等领域。以充电量为基准的充电基础设施奖励补贴政策，由省发展改革委牵头，会同省财政厅、省工业和信息化厅、省交通运输厅负责制定。（牵头单位：省发展改革委、省财政厅、省工业和信息化厅，责任单位：省交通运输厅、省住房城乡建设厅、省各市县政府）

（三）落实充电设施扶持性电价政策。对向电网经营企业直接报装接电的经营性集中式充换电设施用电，执行“工商业及其他用电类”价格，2020 年前暂免收取基本电费；其他充电设施按其所在场所执行分类目录电价。充换电经营企业可向电动汽车用户收取电费及充换电服务费。省物价局研究出台新能源汽车充电设施分时电价政策，引导用户利用夜间谷段电力充电。各市县政府要及时出台新能源汽车充换电服务费分类指导价格。（牵头单位：省物价局、各市县政府，责任单位：省发展改革委、省工业和信息化厅、海南电网公司）

（四）实施新能源汽车研发奖励。我省汽车生产企业研发的新能源汽车新产品，纳入国家《新能源汽车推广应用推荐车型目录》，且具有较高技术水平和市场推广前景的，省级财政给予相应奖励。（牵头单位：省工业和信息化厅、省财政厅，责任单位：省科技厅）

六、加强统筹协调，强化督促检查和宣传引导

（一）发挥协调推进机制作用。充分发挥由省政府主要领导牵头，各市县政府和有关单位为成员的省新能源汽车推广应用工作联席会议制度的作用，统筹推进全省新能源汽车推广应用工作，研究和协调解决新能源汽车推广应用中的重大问题。联席会议办公室（省工业和信息化厅）要加强与各市县、各部门沟通协调，推动工作落实，承担日常工作。（牵头单位：省工业和信息化厅，责任单位：省新能源汽车推广应用工作联席会议成员单位）

（二）落实市县推广应用主体责任。各市县政府是新能源汽车推广应用的责任主体，要建立由市县政府领导牵头、各职能部门为成员单位的新能源汽车推广应用工作联席会议制度，制定实施方案，细化支持政策和配套措施，确保完成新能源汽车推广应用和充电设施建设目标任务。（牵头单位：各市县政府）

（三）建立督促检查和考核评价机制。省政府办公厅、省工业和信息化厅负责制定新能源汽车推广应用任务分解和考核办法，建立督查问责机制，做好各项任务落实情况的督促检查。各市县、各有关部门要强化措施落实，及时报送工作落实情况。（牵头单位：省政府办公厅、省工业和信息化厅，责任单位：各市县政府、各有关部门）

（四）加强舆论宣传和引导。通过新闻媒体、互联网、会展等多种形式，加强对新能源汽车推广应用重要意义的宣传，普及新能源汽车的相关知识，提高公众对新能源汽车的认识。各有关部门要加强协调联动，营造促进新能源汽车推广应用的良好氛围。（牵头单位：省工业和信息化厅、省文化广电出版体育厅、省质监局、省工商局、省商务厅，责任单位：各市县政府）

附件：“十三五”期间海南省推广新能源汽车任务分解表

海南省人民政府

2016 年 4 月 15 日

附件

“十三五”期间海南省推广新能源汽车任务分解表

单位：辆

市县	推广数量	市县	推广数量	市县	推广数量
海口	8 500	澄迈	1 000	五指山	500
三亚	6 000	陵水	1 000	东方	500
儋州	4 000	屯昌	500	定安	500
琼海	1 500	琼中	500	临高	500
万宁	1 500	保亭	500	乐东	500
文昌	1 500	白沙	500	昌江	500
合计	30 000				

注：1. 因地域条件限制，未含三沙市；

2. 儋州市含洋浦经济开发区。

海南省财政厅 海南省工业和信息化厅 海南省公安厅关于印发《海南省新能源汽车推广应用省级财政补贴实施办法》的通知

琼财建〔2017〕1587号

省直各部门，各市县财政局、工业和信息化主管部门、公安局；洋浦财政局、洋浦经济发展局、洋浦公安局：

根据《财政部 科技部 工业和信息化部 发展改革委关于调整新能源汽车推广应用财政补贴政策的通知》（财建〔2016〕958号）有关精神，结合我省实际，我们对《海南省新能源汽车推广应用省级财政补贴实施办法》（琼财建〔2016〕2105 号）进行了修订，并经省政府同意，现印发给你们，请遵照执行。

海南省财政厅
海南省工业和信息化厅
海南省公安厅
2017年10月24日

海南省新能源汽车推广应用省级财政补贴实施办法

第一章 总 则

第一条 为贯彻落实《海南省人民政府关于大力推广应用新能源汽车促进生态省建设的实施意见》（琼府〔2016〕35号），加强和规范对海南省新能源汽车推广应用省级财政补贴资金（以下简称“补贴资金”）的管理，根据《海南省节能与循环经济专项资金管理暂行办法》（琼财建〔2016〕499号），结合我省实际，制定本实施办法。

第二条 补贴资金从省级财政节能与循环经济专项资金中安排。补贴资金的使用和管理应遵循公开透明、合法依规、突出重点、科学合理的原则。

第三条 本办法所指新能源汽车，是指纳入国家《新能源汽车推广应用推荐车型目录》的纯电动汽车、插电式混合动力汽车（含增程式）和燃料电池汽车。

第四条 资金补贴范围包括新能源汽车购车补贴和新能源汽车研发生产补贴。

第五条 资金的补贴对象为我省新能源汽车消费者（个人、单位用户）和符合研发生产补贴标准的我省新能源汽车企业。

第六条 省财政厅、省工业和信息化厅、省公安厅、各市县工业和信息化主管部门、市县财政部门按职责分工做好资金管理工作。省财政厅主要负责补贴资金的经费预算安排，按程序拨付补贴资金；省工业和信息化厅负责组织开展补贴资金申报工作，对各市县上报的审核意见进行汇总，提出资金清算申请，开展新能源汽车备案管理，对新能源汽车推广应用情况进行监督；省公安厅负责新能源汽车专用号牌管理工作，会同省财政厅、省工业和信息化厅共同建设和管理新能源汽车补贴信息化申报系统，并负责向省财政厅、省工业和信息化厅提供新能源汽车购车补贴相关申请材料。

各市县工业和信息化主管部门负责对申报材料的真实性、合规性进行审核，出具审核意见，做好资金公示，会同财政部门上报省工业和信息化厅、省财政厅，并对本市县新能源汽车推广应用情况进行监督。各市县财政部门负责落实市县配套资金，按程序拨付补贴资金，对补贴资金进行监督。

第二章 补贴标准

第七条 车辆购置补贴标准：

（一）新能源汽车车辆购置地方财政补贴按同期中央财政单车补贴额的50%执行，其中，省、市县两级财政各承担50%。

（二）鼓励各市县超额完成年度推广任务。各市县每年新能源汽车推广应用数量超过目标任务的，超出部分的购车补贴资金由省级财政承担55%，市县财政承担45%；若年度推广应用数量超过目标任务2倍的，超出部分的购车补贴资金由省级财政承担60%，市县财政承担40%。

第八条 新能源汽车研发生产补贴标准：

我省汽车生产企业研发的新能源汽车新产品，纳入国家《新能源汽车推广应用推荐车型目录》，且新能源乘用车生产销售规模达到1 000辆以上或者新能源商用车生产销售规模达到200辆以上的，省级财政给予一次性补贴资金500万元。

第三章 购车补贴资金管理

第九条 消费者（个人、单位用户）购买新能源汽车，并在我省车辆管理部门完成注册登记后，可申请我省地方购车财政补贴。其中，非个人用户购买的新能源汽车（作业类专用车除外），累计行驶里程须达到国家补贴要求满足的行驶里程后方可领取地方购车补贴，补贴标准和技术要求按照车辆获得行驶证年度执行。

第十条 开展新能源汽车运营业务的企业，应建立实时运营监控平台，并具备接入全省新能源汽车运行公共数据采集与监测平台的条件。

第十一条 省商务厅会同省工业和信息化厅按要求对我省新能源汽车企业或销售机构进行备案管理，指导企业加强售后服务体系建设和新能源汽车安全监管。

第十二条 省公安厅设立新能源汽车号牌专用号段，会同省工业和信息化厅、省财政厅共同管理新能源汽车补贴信息化申报系统，并将车辆购置补贴申请与新能源汽车专用号牌发放直接挂钩。消费者在购买新能源汽车后，应在办理车辆注册登记的同时一并办理车辆购置补贴申请手续，并据实申请地方财政补助资金。

第十三条 新能源汽车购车补贴实行年初清算、拨付上一年度补贴金额。

（一）每年年初，省工业和信息化厅会同省财政厅发布上一年度新能源汽车购置补贴清算通知。

（二）省公安厅交通管理部门根据购车消费者户籍所在地、居住证（暂住证）所在地、公司注册所在地等信息，将上一年度的新能源汽车注册登记情况和补贴申请材料通过新能源汽车补贴信息化申报系统发送至各市县工业和信息化主管部门。

（三）各市县工业和信息化主管部门对申报材料进行审核并出具审核意见，经公示无异议后，会同财政部门上报省工业和信息化厅、省财政厅。

（四）省工业和信息化厅对市县报送的审核意见进行汇总，提出资金清算意见报省财政厅。省财政厅按规定办理资金拨付手续。

（五）各市县收到省级补贴资金后，按规定的分担比例足额配套市县补贴资金，并及时拨付补贴资金，不得截留或挪用。

第四章　车型研发生产补贴资金管理

第十四条　车型研发补贴资金按年度申请、审核及拨付。

（一）每年1月底前，本省汽车生产企业向注册所在地市（县）新能源汽车推广应用主管部门报送上一年度车型研发补贴资金书面申请材料。主要包括：

1. 企业的营业执照、组织机构代码、税务登记证复印件；

2. 由生产企业提供的车型列入国家《新能源汽车推广应用推荐车型目录》批次凭证；

3. 车辆购销合同、购销发票等凭证复印件。

（二）市（县）新能源汽车推广应用主管部门会同财政部门对申请材料进行初审，并在15个工作日内提出初审意见上报省工业和信息化厅和省财政厅，省工业和信息化厅会同省财政厅对初审材料进行审核，出具审核意见，下达资金计划。省财政厅按国库集中支付有关规定下达资金。

第五章　监督和管理

第十五条　补贴资金实行信息公开。省工业和信息化厅会同省财政厅按规定在部门门户网站上对补贴资金实施办法、扶持范围和对象、资金安排年度计划、资金年度清算情况、监督检查结果等信息进行公开。

第十六条　申请财政补贴资金的单位（企业）和个人，对提交材料的真实性负责。对提供虚假材料骗取补贴资金的，将追回骗取的补贴资金，并依照《财政违法行为处罚处分条例》等有关规定给予处理。涉嫌犯罪的，依法移送司法机关处理。对协助消费者骗取补贴资金的生产企业和销售机构，情节严重的，给予取消相应车型的补贴申请，涉嫌犯罪的，依法移送司法机关处理。

第十七条　各市县要按属地管理原则，切实承担对新能源汽车申报材料的审核责任。对协助企业以虚报、冒领等手段骗取财政补贴资金的政府机关及工作人员，按照《公务员法》《行政监察法》等法律法规追究相应责任；涉嫌犯罪的，依法移送司法机关处理。

第十八条　各市（县）应根据《实施办法》要求，结合本地区实际情况，抓紧制定本地区财政补贴实施细则。

第六章　附　则

第十九条　本办法由省财政厅会同省工业和信息化厅、省公安厅负责解释，可根据国家政策变化、新能源汽车产业发展、推广应用规模等因素，适时调整本办法中的相关政策和标准，并及时向社会公布。

第二十条　本办法自2017年1月1日起施行，有效期至2020年12月31日。2017年1月1日以后购买并在我省上牌的新能源汽车适用本办法。2016年12月26日印发的《海南省新能源汽车推广应用省级财政补贴实施办法》（琼财建〔2016〕2105号）同时废止。

关于印发《海南省实施国家第五阶段机动车排放标准工作方案》的通知

琼环气字〔2017〕9号

各市、县、自治县人民政府、洋浦经济开发区管委会，省交通运输厅、省工商局、省质监局：

为贯彻落实环境保护部、工业和信息化部《关于实施第五阶段机动车排放标准的公告》（2016 年第 4 号），加快推进我省实施第五阶段机动车大气污染物排放标准，现将《海南省实施国家第五阶段机动车大气污染物排放标准工作方案》印发给你们，请认真组织落实。

附件：海南省实施国家第五阶段机动车排放标准工作方案

海南省生态环境保护厅
海南省工业与信息化厅
海南省公安厅
海南出入境检验检疫局
2017 年 6 月 30 日

附件

海南省实施国家第五阶段机动车排放标准工作方案

为贯彻落实环境保护部、工业和信息化部《关于实施第五阶段机动车排放标准的公告》（2016 年第 4 号，以下简称《公告》），加快推进我省实施第五阶段机动车大气污染物排放标准（以下简称“国五标准”），防止机动车排气污染，持续改善环境空气质量，保障人民身体健康，制定本方案。

一、实施依据、标准和车辆范围

实施依据：《中华人民共和国大气污染防治法》和《公告》。

相关标准：轻型汽油车、柴油车，执行《轻型汽车污染物排放限值及测量方法（中国第五阶段）》（GB 18352.5—2013）标准。重型柴油车，执行《车用压燃式、气体燃料点燃式发动机与汽车排气污染物排放限值及测量方法（中国Ⅲ、Ⅳ、Ⅴ阶段）》（GB 17691—2005）中第五阶段排放标准。

适用车型：轻型汽油车，指的是最大总质量为 3 500 kg 以下的汽油车；轻型柴油车，指的是最大总质量为 3 500 kg 以下的柴油车；重型柴油车，指的是最大总质量为 3 500 kg 以上的柴油车。

二、实施时间

（一）自 2017 年 7 月 1 日起，在我省行政区域内制造、进口、销售、注册登记的轻型汽油车、重型柴油车，须符合“国五标准”要求。

（二）自 2018 年 1 月 1 日起，在我省行政区域内制造、进口、销售、注册登记的轻型柴油车，须符合“国五标准”要求。

三、任务分工

（一）省生态环境保护厅：会同省工业与信息化厅、省质监局开展对新生产机动车大气污染物排放状况的监督检查，按照“国五标准”实施时间要求，依法对生产不符合“国五标准”机动车的生产企业进行处罚。会同省工商局、海南出入境检验检疫局开展对流通领域机动车大气污染物排放状况的监督检查。

（二）省工业和信息化厅：开展车辆生产企业及产品生产一致性监督检查，督促企业按照“国五标准”实施的时间节点开展生产，保证产品生产一致性。

（三）省公安厅：强化机动车准入管理，按照“国五标准”实施时间要求，对不符合“国五标准”的机动车不予办理注册登记业务。

（四）省工商局：配合开展流通领域机动车大气污染物排放状况的监督管理，依法对销售经有关部门判定为不达标车辆的销售商进行处罚。加强流通领域车用汽柴油质量抽检工作。

（五）省质监局：配合开展对我省新生产机动车大气污染物和状况的监督管理。加强对我省成品油生产领域车用汽柴油产品的质量监督。

（六）海南出入境检验检疫局：加强对我省进口机动车、进口车用燃料的监督管理，对在我省行政区域范围内进口销售不符合“国五标准”机动车、进口不符合标准的车用燃料的进口企业，依法进行处罚。

（七）省交通运输厅：配合做好机动车实施“国五标准”相关工作。

（八）相关企业：

各机动车生产、进口企业应按照《中华人民共和国大气污染防治法》和《关于开展机动车和非道路移动机械环保信息公开工作的公告》，在产品出厂或货物入境前，以企业官方网站公布和随车清单的方式向社会公布其生产、进口机动车车型的排放检验信息和污染控制技术信息，检验合格方可出厂销售，确保实际生产、销售的车辆达到排放标准要求。生产、进口企业获知机动车排放大气污染物超过标准，属于设计、生产缺陷或者不符合规定的环境保护耐久性要求的，应当召回。

各机动车销售企业应当在经营场所，明示有关内容，履行向购车者告知通告有关规定的义务，并在与购车者签订的购销合同中予以书面提示。

成品油供应企业及自备车用燃料企业应当提供第五阶段的车用燃油和代用燃料，并建立柴油车车用尿素的供应体系，以确保机动车产品的正常使用。

海南省人民政府办公厅关于轻型汽车执行国家第六阶段机动车排放标准的通告

琼府办〔2018〕76号

为防治机动车排气污染，持续改善大气环境质量，切实保障人民身体健康，根据《中共中央 国务院关于全面加强生态环境保护坚决打好污染防治攻坚战的意见》和《国务院关于印发打赢蓝天保卫战三年行动计划的通知》，省政府决定实施轻型汽车国家第六阶段机动车大气污染物排放标准（以下简称“国六标准”），现将有关事项通告如下：

一、本通告所称“国六标准”指《轻型汽车污染物排放限值及测量方法（中国第六阶段）》（GB 18352.6—2016）中的第六阶段排放控制要求。

二、本通告所称轻型汽车指《轻型汽车污染物排放限值及测量方法（中国第六阶段）》（GB 18352.6—2016）规定的最大设计总质量不超过3 500 kg的M1类、M2类和N1类车辆。

三、2019年7月1日起，在我省行政区域内注册登记的轻型汽车，须符合“国六标准”要求，禁止注册登记低于“国六标准”轻型汽车。在2019年6月30日前已购买的非“国六标准”轻型汽车，可按规定办理注册登记。

四、达到“国六标准”的轻型汽车，可登录机动车环保网（www.vecc-mep.org.cn）查询。

海南省人民政府办公厅

2018年12月29日

关于海南省推广使用国Ⅵ标准车用汽柴油的通告

为有效减少机动车排气污染，持续改善大气环境质量，切实保障人民群众身体健康，根据《中共中央 国务院关于全面加强生态环境保护坚决打好污染防治攻坚战的意见》《国务院关于印发打赢蓝天保卫战三年行动计划的通知》，经省政府同意，决定全省推广使用国Ⅵ标准车用汽柴油。现将有关事项通告如下：

一、全省推广使用国Ⅵ标准车用汽柴油

全省开展国Ⅵ标准车用汽柴油推广使用工作。自 2019 年 1 月 1 日零时起全省全面供应、销售国Ⅵ标准车用汽柴油。车用柴油、普通柴油、内河和江海直达船舶燃料油“三油并轨”。

二、国Ⅵ标准车用汽柴油质量要求

在我省行政区域内供应、销售的汽油应符合国家标准《车用汽油》（GB 17930—2016）中的国Ⅵ（A）标准且全年蒸气压限值不大于 60 千帕。供应、销售的柴油应符合国家标准《车用柴油》（GB 19147—2016）中的国Ⅵ标准。

三、组织做好加油站油品置换和标识更新工作

全省必须在 2018 年 12 月 31 日前全部完成国Ⅵ标准车用汽柴油的置换和标识更新工作。标识统一采用“标号+汽（柴）油+Ⅵ”字样。

四、加强成品油市场综合整治

各级政府和有关部门要按照职责分工，督促指导成品油经营单位做好推广使用国Ⅵ标准车用汽柴油的各项工作，及时解决推广使用过程中出现的问题。市场监督管理、交通运输、海事、农业农村等部门要切实加强对国Ⅵ标准车用汽柴油的质量监督检查，建立联合执法机制，适时开展联合监管与执法，清理整治非法炼油调油窝点、非法汽柴油销售网点、非法流动加油车及海上加油船。进一步加大抽查覆盖面和抽查频次，严厉打击供应、销售低于国Ⅵ标准车用汽柴油的行为，确保成品油质量升级取得实效，保障市场有序运行。

五、加强舆论宣传

各级政府和有关部门要通过多种宣传渠道广泛宣传推广使用国Ⅵ标准车用汽柴油的重要意义、油品质量标准和技术要求，使社会各界加深对推广使用国Ⅵ标准车用汽柴油工作的了解，提高群众的环保意识。

海南省生态环境厅

海南省商务厅

2018 年 12 月 10 日

海南省人民政府办公厅关于印发海南省推进运输结构调整工作实施方案的通知

琼府办函〔2019〕19号

各市、县、自治县人民政府，省政府直属各单位：

《海南省推进运输结构调整工作实施方案》已经省政府同意，现印发给你们，请结合实际，认真组织实施。

海南省人民政府办公厅

2019年1月25日

海南省推进运输结构调整工作实施方案

为贯彻落实《国务院办公厅关于印发推进运输结构调整三年行动计划（2018—2020年）的通知》（国办发〔2018〕91号），打赢蓝天保卫战，打好污染防治攻坚战，提高综合运输效率、降低物流成本，结合我省实际，制定本实施方案。

一、总体要求

（一）指导思想。以习近平新时代中国特色社会主义思想为指导，牢固树立和贯彻落实新发展理念，按照高质量发展要求，坚持标本兼治、综合施策，政策引导、市场驱动，重点突破、系统推进，以深化交通运输供给侧结构性改革为主线，以推进大宗货物运输“公转铁”“公转水”为主攻方向，不断完善综合运输网络，切实提高运输组织水平，优化运输结构，提高运输效率，减少公路运输量，增加铁路和水路运输量，加快建设现代综合交通运输体系，为打赢蓝天保卫战、打好污染防治攻坚战，推动我省自贸试验区发展和探索中国特色自贸港建设提供有力支撑。

（二）工作目标。到2020年，全省货物运输结构明显优化，铁路、水路承担的大宗货物运输量明显提高，重点港口铁路集疏运量、集装箱多式联运量和航空货运量明显增长，运输结构调整取得明显成效。

与2017年相比，2020年全省铁路货运量增加200万吨以上，增长率超过20%，铁路货运占总货运量比例达到6%以上；港口集装箱吞吐量增加30万TEU以上，增长率超过15%；重点港口大宗货物公路运输量减少200万吨以上；全省多式联运货运量年均增长20%以上；全省航空货运量增长20%以上。

二、货运铁路扩能行动

（三）提升干线铁路运输能力。推进海南干线铁路既有线扩能改造，充分挖掘与利用既有铁路资源，提高干线铁路通行能力，释放货运功能。加快推进西环铁路货线改造项目，支持海口南铁路货运场站按照综合物流基地要求进行建设，推进水尾站、叉河站、东方八所站、三亚天涯站等铁路货运站场建设，完善全岛铁路货运物流通道体系。（海南铁路有限公司牵头，省发展改革委、省交通运输厅、省财政厅参与，相关市县政府负责落实）

（四）加快推进集疏港铁路规划建设。加强港区集疏港铁路与干线铁路和货运站场的衔接，加快港区铁路装卸场站及配套设施建设，尽快打通铁路进港“最后一公里”。加快推进海口港马村港区、洋浦港专用铁路线规划建设。推进八所港疏港铁路改造工程，协调推进八所港码一线开通和煤炭装车楼设施建设，提升八所港煤炭疏港能力。（海南铁路有限公司牵头，省发展改革委、省自然资源和规划厅、省交通运输厅参与，相关市县政府负责落实）

（五）加快大型工矿企业铁路专用线建设。支持水泥、铁矿石、汽车制造等重点企业加快铁路专用线建设。开展昌江联络线分线运输的前期研究，推进华盛水泥厂铁路专用线建设和改造，协调推动华润水泥厂专用线设施设备技术改造。到2020年年底，全省大宗货物年货运量150万吨以上的大型工矿企业铁路专用线接入比例达到80%以上，具有铁路专用线的大型工矿企业，大宗货物铁路运输比例达到45%以上。（海南铁路有限公司牵头，省发展改革委、省自然资源和规划厅、省交通运输厅参与，相关市县政府负责落实）

三、水路运输升级行动

（六）推进港航基础设施升级。统筹规划港口码头建设规模和功能布局，加快大型化专业化码头、深水航道建设，重点推进海口港马村港区集装箱码头前期工作和湛海铁路专用码头、洋浦港深水航道工程等项目建设，提升海口、洋浦港口基础设施服务能力。逐步完善新海港区滚装运输服务设施，提高琼州海峡运输效率，保障陆岛通道安全畅通。（省交通运输厅牵头，省发展改革委、海南港航控股有限公司参与，相关市县政府负责落实）

（七）推动大宗货物集疏港运输向铁路转移。加强集疏港运输结构优化，充分发挥铁路运输的比较优势，推动大宗货物集疏港向铁路转移。进一步加强煤炭、矿建材料疏港和铁矿石集港运输管理，到2020年，八所港煤炭疏港铁路运输比例大幅提升，八所港铁矿石集港原则上实现主要改由铁路运输。（省发展改革委、省交通运输厅、海南铁路有限公司牵头，相关市县政府负责落实）

（八）加快集装箱航运业务发展。研究制定海南集装箱航线发展战略规划，加快发展集装箱“水水中转”“水陆中转”业务，努力将洋浦打造成为国际陆海贸易新通道航运枢纽。（省交通运输厅、省发展改革委牵头，海南港航控股有限公司参与，相关市县政府负责落实）

四、公路货运治理行动

（九）深化公路货运车辆超限超载治理。加大源头治超力度，强化重型货运车辆装卸源头监管和动态监控，严格实施“一超四罚”，禁止工矿企业和工地大型超限超载车辆驶入公路。完善公路超限检测站布局，加强检测设备维护保养，在重要货运源头点出入口实施布设自动称重站点。推动由交通部门公路管理机构负责监督消除违法行为、公安交管部门单独实施处罚记分的治超联合执法模式常态化、制度化，避免重复罚款。到2020年年底，全省重要货运源头点全面实施出入口称重检测，高速公路货运车辆平均违法超限超载率不超过0.5%，普通公路货运车辆超限超载得到有效遏制。（省交通运输厅、省公安厅牵头，省市场监管局参与，各市县政府负责）

（十）大力推进货运车型标准化。继续巩固车辆运输车治理工作成果，稳步开展危险货物运输罐车、超长平板半挂车、超长集装箱半挂车的治理工作。严格执行国标GB 1589等技术标准，加强新增道路运输车辆准入管理。做好既有营运车辆情况排查，建立不合规车辆数据库，研究制定车辆退出计划，引导督促行业、企业加快更新淘汰不合格车辆，促进标准化车型更新替代。积极推广使用中置轴汽车列车等先进车型，鼓励使用标准化、厢式化、轻量化货运车辆。（省交通运输厅牵头，省工业和信息化厅、省公安厅、省市场监管局参与，各市县政府负责落实）

（十一）推动道路货运行业集约高效发展。鼓励“互联网＋货运物流”新业态发展，依据交通运输部相关政策规范，大力发展网络平台道路货物运输经营企业。至2020年，力争培育1～2家具有综合服务能力强、物流运输效率高、运营管理规范的网络平台道路货物运输经营企业。支持甩挂运输、企业联盟、品牌连锁等集约高效的运输组织模式发展，发挥规模化、网络化运营优势，降低运输成本，有效整合分散经营的中小货运企业和个体运输业户。支持行业龙头企业以资产为纽带，通过兼并重组、控股、加盟等方式，拓展服务网络，延伸服务链条。（省交通运输厅牵头，省市场监管局参与，各市县政府负责落实）

（十二）深入推进柴油货车污染治理。采取资金补贴、鼓励报废、区域禁行、强制注销等疏堵结合措施，分年度逐步淘汰老旧柴油车。2019年持续推进老旧柴油车淘汰和中重型老旧柴油车污染治理，2020年年底前基本完成中重型老旧柴油车污染治理，大力推进我省小型、轻型老旧柴油货车及未加装柴油车颗粒物捕集器的中重型老旧柴油车淘汰工作。（省生态环境厅、省交通运输厅、省公安厅、省财政厅牵头，各市县政府负责落实）

五、多式联运提速行动

（十三）加快联运枢纽建设和装备应用。指导海口、三亚、洋浦等推进国家物流枢纽规划建设工作，加快重点货运枢纽、临空快递物流枢纽建设，推动东方航空货运枢纽机场的前期工作，大力发展国际航空货运和快递物流。不断完善港口、机场、铁路货运场站、物流园区的多式联运功能，促进公路、水运、铁路、航空等不同运输方式间的联通和衔接。鼓励重点港口和铁路货运企业应用多式联运快速换装转运专用设备。积极推广应用集装箱、厢式半挂车等标准化运载单元，提高公路集装箱货车和厢式车的比例。按国家《联运通用平托盘主要尺寸及公差》（GB/T 2934—2007）标准，大力推广使用1 200 mm×1 000 mm 标准托盘，提高托盘标准化水平；贯彻实施《硬质直方体运输包装尺寸系列》（GB/T 4892—2008），推广600 mm×400 mm包装基础模数，采用与标准托盘相匹配的系列规格尺寸，鼓励精简包装规格型号，提高包装标准化水平；贯彻实施《汽车、挂车及汽车列车外廓尺寸、轴荷及质量限值》（GB 1589—2016），推动带托盘运输，提升物流标准化水平。（省交通运输厅、省发展改革委、省商务厅牵头，海南铁路有限公司、海南港航控股有限公司参与，各市县政府负责落实）

（十四）加快集装箱多式联运发展。结合全省港口水运为主的特点，发挥西环铁路干线运输和公路短线接驳的优势，优化发展海公铁联运组织方式，协调推进海口至三亚天涯站集装箱联运业务。加快推进铁路货物集装化、零散货物快速化运输，推进“东盟－海口－沿海”多式联运线路建设。推进海口热带农产品集装箱运输，积极发展冷链集装箱、厢式半挂车、铁路商品车运输等组织模式。探索与广东等铁路沿线省市合作，探索开行集装箱铁路货运班列。（省交通运输厅、省发展改革委牵头，海南铁路有限公司、海南港航控股有限公司参与）

（十五）积极推动多式联运示范工程。支持铁路、港口企业申报多式联运示范项目，在海南港航控股有限公司参与国家多式联运示范工程项目的基础上，力争到2020年再培育1～2个国家多式联运示范项目。鼓励多式联运企业依托示范工程开展模式创新、技术创新，加大多式联运示范成果的推广使用。（省交通运输厅、省发展改革委牵头，海南铁路有限公司、海南港航控股有限公司参与）

六、城市绿色配送行动

（十六）促进城市绿色货运配送发展。加强对物流园区（货运枢纽）建设、新能源车辆推广应用、智慧绿色物流服务平台建设等支持力度。支持海口、三亚市加快规划建设绿色货运配送节点网络，完善物流园区（货运枢纽）和城市配送网络节点及配送车辆停靠装卸配套设施建设。鼓励邮政快递企业、城市配送企业创新统一配送、集中配送、共同配送、夜间配送等集约化运输组织模式。推进快递包装的减量化、绿色化、可循环，促进海南快递业绿色发展。鼓励智能快件箱、智能信包箱等进机关、进学校、进企业、进园区、进商厦、进社区、进小区等七进工程，提高城市配送效率。（省交通运输厅、省公安厅、省商务厅、省邮政管理局牵头，各市县政府负责落实）

（十七）加大新能源城市配送车辆推广应用力度。加快新能源和清洁能源车辆推广应用，2018—2020年每年新增和更换城市轻型货运配送车辆中，新能源汽车和达到国六排放标准清洁能源车辆的比例超过50%。各市县将公共充电桩的建设纳入城市基础设施规划建设范围，加大用地、资金等支持力度，在物流园区、工业园区、大型商业购物中心、农贸批发市场等货流密集区域，集中规划建设专用充电站和快速充电桩。在重点物流园区、铁路物流中心、机场、港口等推广使用电动化、清洁化车辆。（省交通运输厅、省发展改革委、省工业和信息化厅、省公安厅、省商务厅、省财政厅牵头，省自然资源和规划厅、省生态环境厅参与，各市县政府负责落实）

（十八）推进城市生产生活物资公铁联运。充分发挥铁路既有站场资源优势，完善干支衔接的基础设施网络，创新运营组织模式，研究“轨道+仓配”的铁路城市物流配送新模式，增加城市生产生活物资运输中公铁联运比例。加快城市周边地区铁路外围集结转运中心和市内铁路站场设施改造，拓展城市配送功能。（省发展改革委、省交通运输厅、海南铁路有限公司按职责分工负责落实）

七、信息资源整合行动

（十九）加强多式联运公共信息互联共享。加快重点港口、铁路、机场多式联运信息平台建设，加强与海关等部门的合作，协助做好海关多式联运监管系统试点推广工作。不断完善全省物流监管服务系统平台建设，整合对接港口、民航、铁路、快递等物流行业信息和业务资源，实现互联互通。（省交通运输厅、省发展改革委牵头，海口海关、海南铁路有限公司、海南港航控股有限公司参与）

（二十）提升物流信息服务水平。加快港口物流信息服务平台升级，促进港口、航运企业和第三方物流等企业加强合作，促进港口、航运、仓储运输等资源对接、集装箱定位跟踪等综合信息服务。鼓励和支持“互联网+”车船货匹配、城乡配送物流服务平台、冷链物流信息服务平台建设。探索以海口城市共同配送公共服务信息平台为重点，逐步建立完善城市物流配送综合服务信息平台。（省交通运输厅、省商务厅牵头，各市县政府负责落实）

八、加强组织保障力度

（二十一）加强组织领导和督导考评。各市县政府要按照实施方案的部署要求，结合当地实际情况，加快组织制定本地区运输结构调整工作实施方案，明确目标任务、责任清单和配套政策措施。各地运输结构调整工作实施方案应征得当地人民政府同意后，于2019年2月20日前报省交通运输厅备案。省交通运输厅将会同省发展改革委建立督查考评机制，对全省运输结构调整工作进行督导考评。各市县要加强对港口、物流园区、工矿等企业和相关部门的指导检查，确保各项工作任务落实到位。（省交通运输厅、省发展改革委牵头，各有关单位参与）

（二十二）完善用地用海支持政策。加大铁路专用线项目用地支持力度，对明确的铁路专用线项目，纳入占用永久基本农田的重大建设项目用地预审受理范围，按照相关规定办理用地手续。各市县要在总体规划指导下组织编制港口集疏运铁路、工矿企业铁路专用线建设方案，保障用地指标。对急需开工的铁路专用线控制性工程，属于国家重点建设项目的，按照相关规定申请办理先行用地。对涉及的铁路专用线建设用地问题，要按照《自然资源部关于做好占用永久基本农田重大建设项目用地预审的通知》（自然资规〔2018〕3号）的规定，积极予以支持；对“公转水”码头、纳入港口总体规划和运输结构调整的集装箱码头及配建的防波堤、航道、锚地等项目，加大用海支持。（省自然资源和规划厅、省发展改革委、省交通运输厅牵头，各市县政府负责落实）

（二十三）完善财政等支持政策。积极争取利用车购税补助资金等政策扶持资金，统筹推进多式联运枢纽场站及集疏运体系建设。鼓励社会资本设立多式联运产业基金，拓宽投融资渠道，加快运输结构调整和多式联运发展。依据《海南省新能源汽车推广应用省级财政补贴实施办法》，落实新能源汽车购置补贴政策和充换电设施的奖励补贴政策。制定并落实新能源城市配送车辆便利通行政策，研究在2020 年年底提前淘汰国Ⅲ重型柴油货车政策。（省财政厅、省发展改革委、省交通运输厅、省工业和信息化厅、省公安厅按职责分工负责落实）

（二十四）加强信息报送和监测分析。根据交通运输部等九部门通知要求，省发展改革委、省工业和信息化厅、省公安厅、省财政厅、省自然资源和规划厅、省生态环境厅、海南铁路有限公司、海南港航控股有限公司和各市县政府要加强运输结构调整工作的监测分析，从2019年1月开始，至2020年12月结束，在每季度结束后10天内总结相关工作情况报送省交通运输厅，省交通运输厅汇总形成全省运输结构调整工作情况季度报告上报交通运输部，并填写《运输结构调整工作监测分析表》（附表）上报。同时，研究探索委托第三方机构对全省运输结构调整工作进行专项调查研究和评估分析，及时总结经验，发现存在问题。（省交通运输厅牵头，各有关部门参与）

（二十五）保障行业健康稳定发展。各市县政府要建立多部门协调联动机制，加强对货运市场和重点企业监测分析，做好突发事件应急处置，认真受理货运行业信访问题。加大政策支持力度，完善从业人员社会保障、职业培训等服务，推进货运行业健康稳定发展。加强对运输结构调整工作的宣传报道和政策解读等工作，突出正面引导，及时回应社会关切，为运输结构调整工作营造良好舆论氛围。（省交通运输厅牵头，各市县政府负责落实）

附件：运输结构调整工作监测分析表

附表

运输结构调整工作监测分析表

市　　县：＿＿＿＿＿＿＿　　　　　　　填报日期：＿＿＿＿＿＿＿

填报部门：＿＿＿＿＿＿＿

联 系 人：＿＿＿＿＿＿＿　　　　　　　联系电话：＿＿＿＿＿＿＿

<table>
<tr><th rowspan="2">序号</th><th rowspan="2" colspan="2">指标</th><th rowspan="2">单位</th><th rowspan="2">2017 年
完成量</th><th rowspan="2">2018 年
完成量</th><th colspan="2">2019—2020 年</th></tr>
<tr><th>当季完成量</th><th>年度累计完成</th></tr>
<tr><td>1</td><td rowspan="3">铁路
货运量</td><td>铁路货运总量</td><td>万吨</td><td>—</td><td></td><td></td><td></td></tr>
<tr><td>2</td><td>其中：国家铁路货运量</td><td>万吨</td><td>—</td><td></td><td></td><td></td></tr>
<tr><td>3</td><td>其他铁路货运量</td><td>万吨</td><td>—</td><td></td><td></td><td></td></tr>
<tr><td>4</td><td colspan="2">水路货运量</td><td>万吨</td><td>—</td><td></td><td></td><td></td></tr>
<tr><td>5</td><td colspan="2">沿海港口大宗货物公路运输量</td><td>万吨</td><td></td><td></td><td></td><td></td></tr>
<tr><td>6</td><td colspan="2">集装箱公铁联运量</td><td>万 TEU</td><td></td><td></td><td></td><td></td></tr>
<tr><td>7</td><td colspan="2">集装箱铁水联运量</td><td>万 TEU</td><td></td><td></td><td></td><td></td></tr>
<tr><td>8</td><td colspan="2">滚装汽车吞吐量</td><td>万吨</td><td></td><td></td><td></td><td></td></tr>
<tr><td>9</td><td colspan="2">大型工矿企业（大宗货物年运量 150 万吨以上，下同）数量</td><td>个</td><td></td><td></td><td></td><td></td></tr>
<tr><td>10</td><td colspan="2">接入铁路专用线的大型工矿企业数量</td><td>个</td><td></td><td></td><td></td><td></td></tr>
<tr><td>11</td><td colspan="2">新增和更新轻型物流配送车辆数量</td><td>万辆</td><td></td><td></td><td></td><td></td></tr>
<tr><td>12</td><td colspan="2">新增和更新轻型物流配送车辆数量（新能源车辆和达到国六排放标准的清洁能源车辆）</td><td>万辆</td><td></td><td></td><td></td><td></td></tr>
<tr><td>13</td><td colspan="2">高速公路货运车辆超限超载率</td><td>%</td><td></td><td></td><td></td><td></td></tr>
</table>

注：2018 年完成量，以及 6—13 项指标 2017 年完成量仅需在 2019 年 2 月 1 日上报时一次填写，之后不再填写；“—”表示不需填写。

海南省生态环境保护厅关于停止核发机动车环保检验合格标志及实行6年以内非营运轿车等车辆免检的公告

公告〔2017〕4号

为进一步规范机动车排放检验，加快提升机动车环境监督管理水平，大力推行便民检验服务，根据环境保护部、公安部、中国国家认证认可监督管理委员会《关于进一步规范排放检验加强机动车环境监督管理工作的通知》(国环规大气〔2016〕2号)，现将有关事宜公告如下：

一、自2017年1月1日起，我省不再核发机动车环保检验合格标志。

二、机动车排放检验周期应与安全技术检验周期一致，免于安全检验上线检测的车辆不进行排放检验，实行6年以内非营运轿车和其他小型、微型载客汽车（面包车、7座及7座以上车辆除外）免检制度。

三、全省范围内推行机动车环保异地检验，除大型客车、校车外的其他机动车可进行异地排放检验，无须办理委托手续。

海南省生态环境保护厅

2017年3月7日

海南海事局关于印发船舶污染综合治理实施方案的通知

琼海危防〔2017〕4号

各分支局、机关各相关部门：

为全面落实交通运输部《船舶与港口污染防治专项行动实施方案（2015—2020年）》和2017年省政府重点工作任务，加强辖区船舶污染排放、控制、防治的监督管理，根据《海南省2017年度水污染防治工作计划》《海南省2017年度大气污染防治专项整治工作实施意见》及部海事局下发的《2017年海事危管防污工作要点》，局制定了《船舶污染综合治理实施方案》，现印发给你们，请认真贯彻执行。

中华人民共和国海南海事局

2017年4月5日

海南海事局船舶污染综合治理实施方案

为加强辖区船舶污染排放、控制、防治的监督管理工作，根据《海南省2017年度水污染防治工作计划》和《海南省2017年度大气污染防治专项整治工作实施意见》，结合部海事局2017年海事危管防污工作要求，制定本方案。

一、总体要求

严格执行船舶防治污染的国际公约和国内法规，对到港船舶实施防污专项检查，对不满足污染物排放相关标准的船舶实行“零容忍”，积极推进船舶及其有关作业污染防治能力建设，有效提升从业人员的环保意识，努力实现航运绿色、循环、低碳、可持续发展。

二、组织领导

为加强本次综合治理工作的领导，局成立“船舶污染综合治理工作”领导小组，领导小组下设办公室，办公室设在局危防处，领导小组及办公室成员名单如下：

组长：陈贤迪

成员：李涛、周荣忠、翁建才、陈翰冰、曾静峰、何子春、邹先芝

办公室成员：黄开韦、蔡丽娜

三、时间安排

本次综合治理工作自 2017 年 4 月 5 日起至 12 月 25 日结束。

四、工作内容

（一）加强燃油质量检查

强化对到港船舶的燃油质量检查，重点检查油类记录簿是否记录规范，燃油供应单证、油样是否保存完整，燃油供应单证显示指标是否满足相关要求（国际航行船舶所用燃油应满足《73/78 防污公约》附则Ⅵ要求；国内航行船舶所用燃油应满足《船用燃料油》（GB/T 17411—2012）要求）。对检查中发现存在不符合规定的船舶，应按照相关法律法规要求予以行政处罚。

对到港船舶和辖区供油作业单位开展燃油抽样送检工作，抽检比率可根据各分支局辖区情况自定。应侧重于对辖区供油作业单位的抽检，在日常巡查或登轮检查中，发现存在冒黑烟现象和未按规定记录油类记录簿或保存燃油供应单证、油样的船舶，应作为重点抽检对象。检测指标必须包括含硫量、黏度、密度、闪点以及含水量等。同一取样点应当至少取 3 份油样，1 份交船方，1 份送检，1 份留存。

（二）加强对船舶污染物接收作业的监管

加强对辖区船舶污染物接收单位及其作业的监管。各分支局应按照《关于做好事权层级调整后危防作业单位及其作业管理的通知》（琼海危防〔2015〕8 号），严格要求辖区船舶污染物接收作业单位每月上报船舶污染物的接收和处理情况。同时应对船舶污染物接收作业单位进行每年不少于两次的现场监督检查。检查中应重点关注船舶污染物接收后的处理及去向，接收单位应提供书面证据证明船舶污染物的处理符合《船舶污染物接收和船舶清舱作业单位接收处理能力要求》（JTT 673—2006）的要求。

根据 2017 年部海事局工作任务安排，选取海口局辖区作为船舶污染物接收处理联单制度示范区域，重点推进此项工作。其他各分支局应着手研究如何建立辖区船舶污染物接收处理联单制度。下一步，将在海口局试点工作的基础上在全局推广此项工作。

（三）开展船舶防污专项检查（2017 年 5—7 月）

在对船舶进行现场检查和安全检查时，要加强对到港船舶防污染法定证书、船用产品检验证书、油类记录簿、燃油供应单证油样保存、船舶燃油转换和超标排放、油水分离装置的使用、船员对防污相关设备的实际操作能力、防污应急预案落实等情况的监督检查。督促船方在装卸作业或驳油作业前开展安全隐患排查，严格按照操作规程进行操作。

对于使用岸电替代措施的船舶，重点核查船岸双方是否按照规定的程序手册和安全作业指南操作，船舶《轮机日志》中记录的岸电使用信息是否完整、规范。对于加装尾气后处理装置的船舶，重点核查其是否持有船舶检验机构签发的尾气后处理装置产品证书，《(国际）船舶防止空气污染证书》中是否有相应签注，核查其《轮机日志》中记录的使用尾气后处理装置的信息是否完整、规范。各分支局应对辖区船舶使用岸电情况进行摸底调查，掌握各码头对船舶推广使用岸电情况。

各分支局开展防污专项检查率应不低于到港船舶的 30%，对于 2017 年 5—7 月内到港 2 次以上船舶不做重复检查，对琼州海峡滚船客船、港口水域涉水工程施工作业船舶应做到全覆盖。检查内容应覆盖《船舶防污专项检查表》（见附件）所列项目，对检查中发现的问题，要依法依规进行严肃处理，该处罚的要处罚，该滞留的要滞留，切实提高专项行动的效果。

（四）推进老旧运输船舶和单壳油轮提前报废更新工作

严格按照相关法规，淘汰老旧落后船舶，依法强制报废超过使用年限的船舶，继续落实老旧运输船舶和单壳油轮提前报废更新政策。加强对老旧运输船舶的安全监督检查，不得为达到《老旧运输船舶管理规定》报废年限的船舶办理船舶登记手续。严格按照交通运输部《关于发布提前淘汰国内航行单壳油轮实施方案的公告》（2009 年第 52 号），禁止为不符合公告要求的 600 载重吨及以上国内航行油轮办理船舶登记手续，禁止违反公告规定的国内航行油轮进入管辖水域过驳作业。各分支局如发现辖区水域有违反公告规定的船舶航行或作业，应严格按照相关法规进行处理，并及时将相关情况通报海南局危防处。

（五）加强船舶防污染作业的事中事后监管

新修订的《中华人民共和国海洋环境保护法》《中华人民共和国防治船舶污染海洋环境管理条例》《中华人民共和国船舶及其有关作业活动污染海洋环境防治管理规定》《中华人民共和国船舶污染海洋环境应急防备和应急处置管理规定》等法律法规取消了部分船舶防污染作业行政审批事项。各分支局应做好行政审批事项取消后的衔接工作，加强船舶防污染作业的事中、事后监管，督促船舶及有关作业单位落实企业安全生产责任，严格按照有关法律法规和标准的要求作业。对于违规作业的相关单位，应严格按照相关法律法规进行处理。

（六）继续推动船舶防污应急体系建设

各单位应拓宽工作思路，主动与应急办等相关职能部门进行协商和沟通，解释相关法规和法定职责，继续推动和积极配合各级地方政府建立完善省级和沿海市县防治船舶及其有关作业活动污染海洋环境应急能力建设规划和应急预案。

各单位应加强对辖区防污应急设备的检查摸底，推动港口作业单位及船舶有关作业活动单位有效维持、提升船舶污染防治能力，督促相关单位做好应急设备、设施的维护保养，确保随时可用。同时应加强对辖区防污应急队伍的培训和演练，提高协调联动水平。

五、工作要求

（一）各相关单位（部门）要充分认识船舶污染综合治理工作的重要意义，根据方案要求，紧密结合单位实际，与日常监管工作有效结合，制定综合治理工作方案，拟定工作计划。工作计划内容应包括专项活动组织机构、各项工作实施的时间节点、主要整治内容、目标等。同时，要细化落实措施，专项活动的各项具体工作要落实到部门、岗位和人员，确保工作有序开展。

（二）各分支局要结合本次综合治理活动，认真做好相关工作的台账记录和工作总结。总结中应包含综合治理工作各阶段的开展情况、发现的问题和相关管理建议，以及建立适合本辖区实际情况的监管机制。各分支局请于每季度结束前 5 日内，将本季度综合治理工作开展情况报送局危防处，联系人：黄开韦，电话：68626028。

（三）各分支局应高度重视船舶污染综合治理工作，加强组织领导，精心组织实施，确保工作取得实效。局将适时组织对各分支局的综合治理工作开展情况进行督查。

附件：船舶防污专项检查表

附件

船舶防污专项检查表

船名及 IMO 编号		船舶种类	
停靠码头及泊位		船舶总吨	
建造时间		单壳/双壳（油船）	
检查时间		检查人员	
检查内容		存在问题	备注
证书文书检查			
油污应急计划	□		
垃圾管理计划	□		
垃圾记录簿	□		
油类记录簿	□		
《程序与布置手册》（散化船）	□		
《船上海洋污染应急计划》（散化船）	□		
油污损害民事责任保险证书	□		
防止油污证书	□		
燃油质量检查			
是否持有燃油供受单证	□		
记录是否符合要求	□		
是否留存燃油油样	□		
是否进行抽样送检	□		
防污设备检查			
防污设备铅封	□		
油水分离器	□		
标准排放接头	□		
15PPM 报警	□		
生活污水处理装置	□		
垃圾公告牌	□		
焚烧炉	□		
使用岸电情况			
船舶是否使用岸电	□		
船舶是否具备使用岸电的条件	□		
码头是否具备使用岸电的条件	□		
是否将岸电使用情况记录在轮机日志中	□		
使用尾气后处理装置的船舶			
是否持有船舶检验机构签发的尾气后处理装置产品证书	□		
是否在船舶防止空气污染证书中签注	□		
防污应急演练情况			
是否按照防污应急预案要求进行演练	□		
存在问题纠正情况			

海南海事局关于印发
船舶污染控制实施方案的通知

琼海危防〔2017〕10号

各分支局、局机关各有关部门：

为贯彻落实《海南省委关于进一步加强生态文明建设谱写美丽中国海南篇章的决定》，加强辖区防治船舶及其有关作业活动污染水域环境监督管理工作，局制定了《船舶污染控制实施方案》，现印发给你们，请认真贯彻执行。

中华人民共和国海南海事局

2017年11月3日

海南海事局船舶污染控制实施方案

为全面落实水污染和大气污染防治计划，按照省委、省政府的统一部署，结合辖区船舶污染防治工作，制定本方案。

一、总体要求

贯彻落实《海南省委关于进一步加强生态文明建设谱写美丽中国海南篇章的决定》，大力推进生态文明建设，积极推进水污染和大气污染防治计划，积极推进绿色航运发展和严格控制港口船舶污染，依法加强船舶及其有关作业污染水域环境治理工作，以减少污染物排放和强化污染物处置为核心，统筹陆海同防同治，健全区域联动机制，严格保护海洋环境，助力地方经济社会绿色、循环、低碳、可持续发展。

二、组织领导

为加强本次船舶污染控制工作的领导，局成立“船舶污染控制工作”领导小组，领导小组下设办公室，办公室设在局危防处，领导小组及办公室成员名单如下：

组长：陈贤迪

成员：李涛、周荣忠、翁建才、曾静峰、陈翰冰、汤博政、邹先芝

办公室成员：黄开韦、蔡丽娜、喻小平

三、时间安排

本方案实施时间自 2017 年 11 月 3 日起至 2018 年 12 月 3 日。

四、工作内容

（一）加强船舶大气污染控制

1. 加强到港船舶燃油质量控制

自 2017 年 12 月 1 日起，船舶在我省各主要港口区域靠岸停泊期间（靠港后的一小时和离港前的一小时除外，下同），船上所有使用燃油的设备（包括主机、辅机、锅炉、发电机）应使用硫含量≤0.5%（*m/m*）的燃油（以下简称“低硫燃油”）。“靠岸停泊”，指停靠码头，不包括船舶锚泊与浮筒系泊，船舶可采取连接岸电、使用清洁能源、尾气后处理等与上述排放控制要求等效的替代措施。

2. 强化对到港船舶的现场检查

重点检查油类记录簿是否记录规范，燃油供应单证、油样是否保存完整，燃油供应单证显示指标是否满足相关要求（国际航行船舶所用燃油应满足《73/78 防污公约》附则Ⅵ要求；国内航行船舶所用燃油满足《船用燃料油》（GB/T 17411—2012）要求。核查轮机日志船舶换油起止日期、时间和船舶经纬度等信息记录是否完整规范，船舶是否制定有相关的换油程序，燃油转换操作记录是否规范完整等。对于使用岸电替代措施的船舶，重点核查船岸双方是否按照规定的程序手册和安全作业指南操作，船舶《轮机日志》中记录的岸电使用信息是否完整、规范。对于加装尾气后处理装置的船舶，重点核查其是否持有船舶检验机构签发的尾气后处理装置产品证书，《（国际）船舶防止空气污染证书》中是否有相应签注，核查其《轮机日志》中记录的使用尾气后处理装置的信息是否完整、规范。

现场检查主要核查主机、发电机和锅炉入口处燃油的温度和黏度是否正常；主机、发电机和锅炉入口处的燃油温度和黏度历史趋势图；主机、发电机和锅炉入口处燃油温度和黏度警报记录等内容。通过现场检查进一步确定船舶是否使用满足法定的含硫量的燃油。

对到港船舶和辖区供油作业单位开展燃油抽样送检工作。抽检比率可根据各分支局辖区情况自定，应侧重于对辖区供油作业单位的抽检，在日常巡查或登轮检查中，发现存在冒黑烟现场和未按规定记录油类记录簿或保存燃油供应单证、油样的船舶，应作为重点抽检对象。

对于发现船舶使用不符合标准或者要求燃油、未按要求记载相关文书、未按规定留存燃油供应单证和样品、未采取有效替代措施、超标排放大气污染物等违法违规行为，应当根据违法情节，依据《大气污染防治法》等相关法律法规，采用警示教育、纠正违法违规行为、滞留或行政处罚等手段进行处置。

（二）加强协调配合，大力推进船舶污染防控

1. 全面推进船舶污染物接收、转运、处置监管联单制度

在海口、三亚市建立并推行船舶污染物接收、转运、处置监管联单制度的基础上，总结经验，积极推进我省沿海其他主要港口建立并推行联单制度。2018 年，在全省沿海各主要港口全面落实该项制度，实现船舶污染物接收、转运、处置的闭环管理，防止船舶污染物的去向不明和二次污染。

2. 加强船舶污染物接收作业监管及接收能力建设

继续加强对辖区船舶污染物接收单位及其作业的监管。各分支局应按照《海南海事局关于做好事

权层级调整后危防作业单位及其作业管理的通知》（琼海危防〔2015〕8 号），严格要求辖区船舶污染物接收作业单位每月上报船舶污染物的接收和处理情况。同时应登记船舶污染物接收作业单位进行每年不少于两次的现场监督检查。检查中应重点关注船舶污染物接收后的处理及去向，接收单位应提供书面证据证明船舶污染物的处理符合《船舶污染物接收和船舶清舱作业单位接收处理能力要求》（JTT 673—2006）的要求。

对于新建码头，各分支局应主动关注船舶污染物接收能力建设情况，推动所在地交通运输主管部门在进行港口验收时组织对船舶污染物接收能力进行评估，督促港口码头完善船舶污染物接收能力建设。

3. 推进老旧运输船舶和单壳油轮提前报废更新工作

严格按照相关法规，淘汰老旧落后船舶，依法强制报废超过使用年限的船舶，继续落实老旧运输船舶和单壳油轮提前报废更新政策。加强对老旧运输船舶的安全监督检查，不得为达到《老旧运输船舶管理规定》报废年限的船舶办理船舶登记手续。严格按照交通运输部《关于发布提前淘汰国内航行单壳油轮实施方案的公告》（2009 年第 52 号），禁止为不符合公告要求的 600 载重吨及以上国内航行油轮办理船舶登记手续，禁止违反公告规定的国内航行油轮进入管辖水域过驳作业。各分支局如发现辖区水域有违反公告规定的船舶航行或作业，应严格按照相关法规进行处理，并及时将相关情况通报海南局危防处。

（三）逐步履行《国际船舶压载水及其沉积物控制和管理公约》

《国际船舶压载水及其沉积物控制和管理公约》已于 2017 年 9 月 8 日正式实施。2017 年 9 月 8 日及以后建造的新造船应自交船日期符合 D-2 标准（《船舶压载水处理的生物和卫生标准》）；对于 9 月 8 日前建造的现有船，允许其在 2019 年 9 月 8 日或以后的首次《国际防止油污证书》（IOPP 证书）换证时符合 D-2 标准。

各分支局应对公约适用船舶开展监督检查，主要检查船舶是否持有有效的《国际压载水管理证书》《压载水管理计划》（BWMP）和是否备有压载水记录簿（BWR）。重点检查船舶或其设备与压载水管理证书或压载水管理计划要求是否相符，压载水记录簿中的记录是否能如实反映船舶压载水处理情况，指定船员是否熟悉压载水管理的基本程序、相关操作和设备要求，船舶是否按照要求处理和排放压载水等内容。

（四）加强船舶防污染作业的事中事后监管

新修订的《中华人民共和国海洋环境保护法》《中华人民共和国防治船舶污染海洋环境管理条例》《中华人民共和国船舶及其有关作业活动污染海洋环境防治管理规定》《中华人民共和国船舶及其有关作业活动污染海洋环境防治管理规定》《中华人民共和国船舶污染海洋环境应急防备和应急处置管理规定》等法律法规取消了部分船舶防污染作业行政审批事项。各分支局应做好行政审批事项取消后的衔接工作，加强船舶防污染作业的事中、事后监管，督促船舶及有关作业单位落实企业安全生产责任，严格按照有关法律法规和标准的要求作业。各分支局应建立和规范船舶防污染作业活动的报告程序和制度，严格要求有关作业单位落实船舶防污染作业的报告制度。

（五）加强政策法规的宣贯

各分支局应积极主动向相关航运企业、船舶宣传防治船舶污染的有关法律、法规和国际公约，传达国家和省委省政府的有关政策和文件，提升从业人员的环保意识和法制意识，增强其对我局推行的船舶污染控制工作的理解和支持，督促和指导相关企业和单位落实船舶污染控制的相关要求，努力实现航运绿色、循环、低碳、可持续发展。

五、工作要求

（一）各相关单位（部门）要充分认识到船舶污染控制工作对于推进我省海洋环境保护，生态文明建设的重要意义。根据方案要求，紧密结合辖区实际，拟定工作计划并组织实施。工作计划应与上级要求步调一致，内容应包括实施方案的组织机构、各项工作实施的时间节点、主要工作内容、目标等。同时，要细化落实措施，专项活动的各项具体工作要落实到部门、岗位和人员，确保工作有序开展。

（二）在实施方案的过程中，各相关单位（部门）应注重与地方各级政府以及相关职能部门的协调和沟通，强化部门联动，增强信息交流，实现多元共治的局面。

（三）各相关单位（部门）要重视对《船舶污染控制实施方案》落实工作的宣传。与相关媒体保持密切联系，及时向社会发布关于海事部门积极推进绿色航运发展和严格控制港口和船舶污染的相关举措，让社会大众了解海事部门参与污染治理和生态文明建设的信心和努力。

（四）各分支局要结合船舶污染控制工作，加强规律性研究，形成长效管理机制，并认真做好相关工作的台账记录和工作总结。总结中应包含个阶段工作开展的情况、发现的问题和相关管理建议，以及建立适合本辖区实际情况的监管机制。各分支局请于每月 5 日前，将上一月船舶污染控制工作开展情况报送局危防处，并于 2018 年 12 月 5 日前将方案实施情况总结上报，联系人：黄开韦，电话：68626028/36178。

（五）各分支局应高度重视船舶污染控制工作，加强组织领导，精心组织实施，确保工作取得实效。局将适时组织对各分支局的综合治理工作开展情况进行督查。

海南省生态环境厅关于进一步推进机动车遥感监测网络建设的通知

琼环气字〔2019〕1号

各市、县、自治县生态环境保护局，洋浦经济开发区生态环境保护局：

为落实国务院《关于打赢蓝天保卫战三年行动计划的通知》（国发〔2018〕22 号）中有关“各地要加强移动源排放监管能力建设，建设完善遥感监测网络”的要求，加快推进我省机动车遥感监测设备建设和平台联网工作，现就有关事项通知如下：

一、全省统筹规划，优化点位选址

科学布点，避免重复建设，实现全省机动车遥感监测一盘棋、一张网。我厅委托生态环境部机动车中心完成编制全省机动车遥感监测建设规划（见附件 1），计划全省共建设 50 套遥感监测设备，覆盖 18 个市县及洋浦经济开发区。各市县局应严格按照全省规划有序开展机动车遥感监测设备建设，如在规划执行过程中发现问题，请及时向我厅报告。

二、强化组织协调，加快遥感建设

各市县局要主动向市县政府报告，积极协调相关部门，做好机动车遥感监测建设和运行经费的申请落实，抓紧购置设备。在建设过程中，加强与市政、交通、公安、住建、电网等部门沟通，及时报备相关材料，争取有关部门支持。

三、加强质量控制，确保数据准确

按照省级统一部署、省与市县两级使用的原则，目前我厅已建成海南省机动车遥感监测平台。各市县局要利用省级机动车遥感监测平台开展数据接收、存储、校验和审核，确保遥感数据真实、准确、可靠，并将合格数据解析入库，及时上传至省级机动车遥感监测平台。

四、运用遥感数据，提高车辆监管

各市县局应积极与地方公安交管部门协调，做好超标排放车辆处罚的前期准备工作。根据《在用柴油车排气污染物测量方法及技术要求（遥感检测法）》（HJ 845—2017），对不透光烟度或林格曼黑度在 6 个月内连续两次超标的柴油车，判定为不合格。对于不合格柴油车，由公安机关交通管理部门根据《海南省机动车排气污染防治规定》第二十七条“驾驶监督抽测不合格的机动车上道路行驶的”有关规定，依法予以处罚。

五、加强建设调度，保证按期完成

我厅将加强指导和调度，统筹推进机动车遥感监测网络建设。请各市县局应积极配合，2019 年 1 月 21 日前填写机动车遥感监测建设资金安排与建设情况统计表（见附件 2）并报送我厅，以便及时掌握建设动态。

附件：1. 海南省机动车遥感监测点位建设规划

2. 机动车遥感监测建设资金安排与建设情况统计表

海南省生态环境厅

2019 年 1 月 9 日

附件 1

海南省机动车遥感监测点位建设规划

市县	选址位置	坐标	垂直式	水平式	总套数
海口	丘海大道	N19°57′17″E110°17′25″	3	0	3
	滨海大道	N20°2′26″E110°9′21″	2	0	2
三亚	凤凰路临春一路路口	N18°15′34″E109°30′59″	0	2	2
	迎宾路海油石化加油站	N20°2′26″E110°9′21″	0	2	2
儋州	北部湾大道	N19°34′2″E109°33′34″	2	0	2
东方	东方大道	N19°6′3″E108°42′14″	3	0	3
琼海	常青路	N19°16′13″E110°28′13″	2	0	2
洋浦	洋浦大桥北	N19°44′10″E109°12′33″	3	0	3
白沙	S310	N19°12′38″E109°26′20″	2	0	2
昌江	昌江大道	N19°19′6″E109°0′34″	2	0	2
五指山	通畅路	N18°46′3″E109°30′5″	2	0	2
澄迈	澄迈县城金马大道地段	N19°53′33″E110°2′8″	2	0	2
琼中	营根镇派出所附近	N19°2′7″E109°48′52″	2	0	2
文昌	滨湾路（庆龄路往航天大道方向）	N19°36′22″E110°46′44″	2	0	2
万宁	万州大道大茂高速路出口往南约 370 米处	N18°49′17″E110°23′19″	3	0	3
乐东	S313	N18°43′54″E109°10′9″	2	0	2
临高	S217	N19°50′33″E109°40′32″	2	0	2
定安	兴安大道往城区方向吉粮康城小区门口对面	N19°40′27″E110°21′19″	2	0	2
陵水	椰林北干道往椰林南干道方向	N18°31′36″E110°2′4″	3	0	3
	桃园大道往建设路方向	N18°31′49″E110°2′9″	3	0	3
保亭	S305	N18°37′49″E109°40′51″	2	0	2
屯昌	屯昌大道	待定	2	0	2
合计			46	4	50

附件2

机动车遥感监测建设资金安排与建设情况统计表

市县：　　　　　　　　　　　　　　　　　　　　　　　　（盖章）　　年　月　日

<table>
<tr><td>方案编制情况</td><td>☐未编制</td><td colspan="2">☐已编制</td></tr>
<tr><td rowspan="2">申请经费情况</td><td rowspan="2">☐未申请经费</td><td>☐正申请经费</td><td>☐已落实经费</td></tr>
<tr><td>费用：　　万元</td><td>费用：　　万元</td></tr>
<tr><td rowspan="7">建设内容</td><td colspan="3">计划设备招标时间：</td></tr>
<tr><td colspan="3">计划设备采购时间：</td></tr>
<tr><td rowspan="3">建设遥测线：　　条</td><td colspan="2">1. 固定式（垂直）：　　条</td></tr>
<tr><td colspan="2">2. 固定式（水平式）：　　条</td></tr>
<tr><td colspan="2">3. 移动式：　　条</td></tr>
<tr><td colspan="3">初步选择位置（包括名称和经纬度）：</td></tr>
<tr><td colspan="3">☐自建平台；☐利用省厅平台</td></tr>
<tr><td>建设进展情况</td><td colspan="3"></td></tr>
<tr><td colspan="4">市县联系人和电话：</td></tr>
</table>

备注：同一监测点位采用多套遥感监测设备监测多车道的，每套遥感监测设备视为一条遥测线。

第五部分

挥发性有机物污染防治

（一）国家

关于印发《“十三五”挥发性有机物污染防治工作方案》的通知

环大气〔2017〕121号

各省、自治区、直辖市、新疆生产建设兵团环境保护厅（局）、发展改革委、财政厅（局）、交通运输厅（局、委）、质量技术监督局（市场监督管理部门）、能源局：

为落实《中华人民共和国国民经济和社会发展第十三个五年规划纲要》《“十三五”生态环境保护规划》《“十三五”节能减排综合工作方案》相关要求，全面加强挥发性有机物（VOCs）污染防治工作，强化重点地区、重点行业、重点污染物的减排，提高管理的科学性、针对性和有效性，遏制臭氧上升势头，促进环境空气质量持续改善，我们制定了《“十三五”挥发性有机物污染防治工作方案》（见附件）。现印发给你们，请认真落实方案要求，扎实推进各项工作，及时报送有关材料，推动VOCs污染防治工作取得积极进展。

附件：“十三五”挥发性有机物污染防治工作方案

环境保护部
发展改革委
财政部
交通运输部
质检总局
能源局
2017年9月13日

附件

"十三五"挥发性有机物污染防治工作方案

挥发性有机物（VOCs）是指参与大气光化学反应的有机化合物，包括非甲烷烃类（烷烃、烯烃、炔烃、芳香烃等）、含氧有机物（醛、酮、醇、醚等）、含氯有机物、含氮有机物、含硫有机物等，是形成臭氧（O_3）和细颗粒物（$PM_{2.5}$）污染的重要前体物。为全面加强 VOCs 污染防治工作，提高管理的科学性、针对性和有效性，促进环境空气质量持续改善，制定本方案。

一、充分认识全面加强 VOCs 污染防治工作的重要性

当前，我国以 $PM_{2.5}$ 和 O_3 为特征污染物的大气复合污染形势依然严峻。《大气污染防治行动计划》实施以来，全国环境空气质量持续改善，京津冀、长三角、珠三角等重点区域 $PM_{2.5}$ 浓度下降 30%以上，二氧化硫（SO_2）、二氧化氮（NO_2）、可吸入颗粒物（PM_{10}）浓度也大幅下降，但 $PM_{2.5}$ 浓度仍处于高位，京津冀及周边地区远超过国家环境空气质量二级标准（以下简称国家二级标准）；同时，重点区域 O_3 浓度呈现上升趋势，尤其是在夏秋季已成为部分城市的首要污染物。2013—2016 年，第一批实施新环境空气质量标准的 74 个城市 O_3 浓度（日最大 8 小时平均浓度第 90 百分位数）上升 10.8%；2016 年 338 个地级及以上城市中，59 个城市 O_3 浓度超过国家二级标准；京津冀、长三角区域 O_3 浓度超过或接近国家二级标准。

从 $PM_{2.5}$ 和 O_3 的前体物控制来看，近年来，全国 SO_2、氮氧化物（NO_x）、烟粉尘控制取得明显进展，但 VOCs 排放量仍呈增长趋势，对大气环境影响日益突出。VOCs 排放还会导致大气氧化性增强，且部分 VOCs 会产生恶臭。为进一步改善环境空气质量，打好蓝天保卫战，迫切需要全面加强 VOCs 污染防治工作。

二、总体要求与目标

（一）总体要求。以改善环境空气质量为核心，以重点地区为主要着力点，以重点行业和重点污染物为主要控制对象，推进 VOCs 与 NO_x 协同减排，强化新增污染物排放控制，实施固定污染源排污许可，全面加强基础能力建设和政策支持保障，因地制宜，突出重点，源头防控，分业施策，建立 VOCs 污染防治长效机制，促进环境空气质量持续改善和产业绿色发展。

（二）主要目标。到 2020 年，建立健全以改善环境空气质量为核心的 VOCs 污染防治管理体系，实施重点地区、重点行业 VOCs 污染减排，排放总量下降 10%以上。通过与 NO_x 等污染物的协同控制，实现环境空气质量持续改善。

三、治理重点

（一）重点地区。京津冀及周边、长三角、珠三角、成渝、武汉及其周边、辽宁中部、陕西关中、长株潭等区域，涉及北京、天津、河北、辽宁、上海、江苏、浙江、安徽、山东、河南、广东、湖北、

湖南、重庆、四川、陕西等16个省（市）。

（二）重点行业。重点推进石化、化工、包装印刷、工业涂装等重点行业以及机动车、油品储运销等交通源 VOCs 污染防治，实施一批重点工程。各地应结合自身产业结构特征、VOCs 排放来源等，确定本地 VOCs 控制重点行业；充分考虑行业产能利用率、生产工艺特征以及污染物排放情况等，结合环境空气质量季节性变化特征，研究制定行业生产调控措施。

（三）重点污染物。加强活性强的 VOCs 排放控制，主要为芳香烃、烯烃、炔烃、醛类等。各地应紧密围绕本地环境空气质量改善需求，基于 O_3 和 $PM_{2.5}$ 来源解析，确定 VOCs 控制重点。对于控制 O_3 而言，重点控制污染物主要为间/对-二甲苯、乙烯、丙烯、甲醛、甲苯、乙醛、1,3-丁二烯、1,2,4-三甲基苯、邻-二甲苯、苯乙烯等；对于控制 $PM_{2.5}$ 而言，重点控制污染物主要为甲苯、正十二烷、间/对-二甲苯、苯乙烯、正十一烷、正癸烷、乙苯、邻-二甲苯、1,3-丁二烯、甲基环己烷、正壬烷等。同时，要强化苯乙烯、甲硫醇、甲硫醚等恶臭类 VOCs 的排放控制。

四、主要任务

（一）加大产业结构调整力度。

1. 加快推进“散乱污”企业综合整治。各地要全面开展涉 VOCs 排放的“散乱污”企业排查工作，建立管理台账，实施分类处置。列入淘汰类的，依法依规予以取缔，做到“两断三清”，即断水、断电，清除原料、清除产品、清除设备；列入搬迁改造、升级改造类的，按照发展规模化、现代化产业的原则，制定改造提升方案，落实时间表和责任人；对“散乱污”企业集群，要制定总体整改方案，统一标准要求，并向社会公开，同步推进区域环境综合整治和企业升级改造。实行网格化管理，建立由乡、镇、街道党政主要领导为“网格长”的监管制度，明确网格督查员，落实排查和整改责任。京津冀大气污染传输通道城市于2017年9月底前完成“散乱污”企业综合整治工作。重点地区其他城市于2017年年底前基本完成涉 VOCs“散乱污”企业排查工作，建立管理台账，2018年年底前依法依规完成清理整顿工作。

涉 VOCs 排放的“散乱污”企业主要为涂料、油墨、合成革、橡胶制品、塑料制品、化纤生产等化工企业，使用溶剂型涂料、油墨、胶黏剂和其他有机溶剂的印刷、家具、钢结构、人造板、注塑等制造加工企业，以及露天喷涂汽车维修作业等。

2. 严格建设项目环境准入。提高 VOCs 排放重点行业环保准入门槛，严格控制新增污染物排放量。重点地区要严格限制石化、化工、包装印刷、工业涂装等高 VOCs 排放建设项目。新建涉 VOCs 排放的工业企业要入园区。未纳入《石化产业规划布局方案》的新建炼化项目一律不得建设。严格涉 VOCs 建设项目环境影响评价，实行区域内 VOCs 排放等量或倍量削减替代，并将替代方案落实到企业排污许可证中，纳入环境执法管理。新、改、扩建涉 VOCs 排放项目，应从源头加强控制，使用低（无）VOCs 含量的原辅材料，加强废气收集，安装高效治理设施。

3. 实施工业企业错峰生产。各地应加大工业企业生产季节性调控力度，充分考虑行业产能利用率、生产工艺特点以及污染排放情况等，在夏秋季和冬季，分别针对 O_3 污染和 $PM_{2.5}$ 污染研究提出行业错峰生产要求，引导企业合理安排生产工期，降低对环境空气质量影响。企业要制定错峰生产计划，依法合规落实到企业排污许可证和应急预案中。O_3 污染严重的地区，夏秋季可重点对产生烯烃、炔烃、芳香烃的行业研究制定生产调控方案。$PM_{2.5}$ 污染严重的地区，冬季可重点对产生芳香烃的行业实施生产调控措施。京津冀大气污染传输通道城市，对涉及原料药生产的医药企业 VOCs 排放工序、生产过程中使用有机溶剂的农药企业 VOCs 排放工序，在采暖季实施错峰生产。

（二）加快实施工业源 VOCs 污染防治。

1. 全面实施石化行业达标排放。石油炼制、石油化工、合成树脂等行业应严格按照排放标准要求，全面加强精细化管理，确保稳定达标排放。

全面开展泄漏检测与修复（LDAR），建立健全管理制度，重点加强搅拌器、泵、压缩机等动密封点，以及低点导淋、取样口、高点放空、液位计、仪表连接件等静密封点的泄漏管理。严格控制储存、装卸损失，优先采用压力罐、低温罐、高效密封的浮顶罐，采用固定顶罐的应安装顶空联通置换油气回收装置；有机液体装卸必须采取全密闭底部装载、顶部浸没式装载等方式，汽油、航空汽油、石脑油、煤油等高挥发性有机液体装卸过程采取高效油气回收措施，使用具有油气回收接口的车船。强化废水处理系统等逸散废气收集治理，废水集输、储存、处理处置过程中的集水井（池）、调节池、隔油池、曝气池、气浮池、浓缩池等高浓度 VOCs 逸散环节应采用密闭收集措施，并回收利用，难以利用的应安装高效治理设施。加强有组织工艺废气治理，工艺弛放气、酸性水罐工艺尾气、氧化尾气、重整催化剂再生尾气等工艺废气优先回收利用，难以利用的，应送火炬系统处理，或采用催化焚烧、热力焚烧等销毁措施。

加强非正常工况排放控制。在确保安全前提下，非正常工况排放的有机废气严禁直接排放，有火炬系统的，送入火炬系统处理，禁止熄灭火炬长明灯；无火炬系统的，应采用冷凝、吸收、吸附等处理措施，降低排放。加强操作管理，减少非计划停车及事故工况发生频次；对事故工况，企业应开展事后评估并及时向当地环境保护主管部门报告。

2. 加快推进化工行业 VOCs 综合治理。加大制药、农药、煤化工（含现代煤化工、炼焦、合成氨等）、橡胶制品、涂料、油墨、胶黏剂、染料、化学助剂（塑料助剂和橡胶助剂）、日用化工等化工行业 VOCs 治理力度。京津冀大气污染传输通道城市 2017 年年底前基本完成。

推广使用低（无）VOCs 含量、低反应活性的原辅材料和产品。农药行业要加快替代轻芳烃等溶剂，大力推广水基化类制剂；制药行业鼓励使用低（无）VOCs 含量或低反应活性的溶剂；橡胶制品行业推广使用新型偶联剂、黏合剂等产品，推广使用石蜡油等全面替代普通芳烃油、煤焦油等助剂。优化生产工艺方案。农药行业加快水相法合成、生物酶法拆分等技术开发推广；制药行业加快生物酶合成法等技术开发推广；橡胶制品行业推广采用串联法混炼、常压连续脱硫工艺。

参照石化行业 VOCs 治理任务要求，全面推进化工企业设备动静密封点、储存、装卸、废水系统、有组织工艺废气和非正常工况等源项整治。现代煤化工行业全面实施 LDAR，制药、农药、炼焦、涂料、油墨、胶黏剂、染料等行业逐步推广 LDAR 工作。加强无组织废气排放控制，含 VOCs 物料的储存、输送、投料、卸料，涉及 VOCs 物料的生产及含 VOCs 产品分装等过程应密闭操作。反应尾气、蒸馏装置不凝尾气等工艺排气，工艺容器的置换气、吹扫气、抽真空排气等应进行收集治理。

3. 加大工业涂装 VOCs 治理力度。全面推进集装箱、汽车、木质家具、船舶、工程机械、钢结构、卷材等制造行业工业涂装 VOCs 排放控制，在重点地区还应加强其他交通设备、电子、家用电器制造等行业工业涂装 VOCs 排放控制。重点地区力争 2018 年年底前完成，京津冀大气污染传输通道城市 2017 年年底前基本完成。

（1）集装箱制造行业。钢制集装箱在整箱打砂、箱内涂装、箱外涂装、底架涂装和木地板涂装等工序全面使用水性涂料。对一次打砂工序，推广采用辊涂涂装工艺；加强有机废气收集和处理，并配套建设吸附回收、吸附燃烧等高效治理设施。

（2）汽车制造行业。推进整车制造、改装汽车制造、汽车零部件制造等领域 VOCs 排放控制。推广使用高固体分、水性涂料，配套使用“三涂一烘”“两涂一烘”或免中涂等紧凑型涂装工艺；推广静电喷涂等高效涂装工艺，鼓励企业采用自动化、智能化喷涂设备替代人工喷涂；配置密闭收集系统，整车制造企业有机废气收集率不低于 90%，其他汽车制造企业不低于 80%；对喷漆废气建设吸附燃烧等高效治理设施，对烘干废气建设燃烧治理设施，实现达标排放。

（3）木质家具制造行业。大力推广使用水性、紫外光固化涂料，到 2020 年年底前，替代比例达到 60%以上；全面使用水性胶黏剂，到 2020 年年底前，替代比例达到 100%。在平面板式木质家具制造领域，推广使用自动喷涂或辊涂等先进工艺技术。加强废气收集与处理，有机废气收集效率不低于 80%；建设吸附燃烧等高效治理设施，实现达标排放。

（4）船舶制造行业。推广使用高固体分涂料，机舱内部、上建内部推广使用水性涂料。优化涂装工艺，将涂装工序提前至分段涂装阶段，2020 年年底前，60%以上的涂装作业实现密闭喷涂施工；推广使用高压无气喷涂、静电喷涂等高效涂装技术。强化车间废气收集与处理，有机废气收集率不低于 80%，建设吸附燃烧等高效治理设施，实现达标排放。

（5）工程机械制造行业。推广使用高固体分、粉末涂料，到 2020 年年底前，使用比例达到 30%以上；试点推行水性涂料。积极采用自动喷涂、静电喷涂等先进涂装技术。加强有机废气收集与治理，有机废气收集率不低于 80%，建设吸附燃烧等高效治理设施，实现达标排放。

（6）钢结构制造行业。大力推广使用高固体分涂料，到 2020 年年底前，使用比例达到 50%以上；试点推行水性涂料。大力推广高压无气喷涂、空气辅助无气喷涂、热喷涂等涂装技术，限制空气喷涂使用。逐步淘汰钢结构露天喷涂，推进钢结构制造企业在车间内作业，建设废气收集与治理设施。

（7）卷材制造行业。全面推广使用自动辊涂技术；加强烘烤废气收集，有机废气收集率达到 90%以上，配套建设燃烧等治理设施，实现达标排放。

4. 深入推进包装印刷行业 VOCs 综合治理。推广使用低（无）VOCs 含量的绿色原辅材料和先进生产工艺、设备，加强无组织废气收集，优化烘干技术，配套建设末端治理措施，实现包装印刷行业 VOCs 全过程控制。重点地区力争 2018 年年底前完成，京津冀大气污染传输通道城市 2017 年年底前基本完成。

加强源头控制。大力推广使用水性、大豆基、能量固化等低（无）VOCs 含量的油墨和低（无）VOCs 含量的胶黏剂、清洗剂、润版液、洗车水、涂布液，到 2019 年年底前，低（无）VOCs 含量绿色原辅材料替代比例不低于 60%。对塑料软包装、纸制品包装等，推广使用柔印等低（无）VOCs 排放的印刷工艺。在塑料软包装领域，推广应用无溶剂、水性胶等环境友好型复合技术，到 2019 年年底前，替代比例不低于 60%。

加强废气收集与处理。对油墨、胶黏剂等有机原辅材料调配和使用等，要采取车间环境负压改造、安装高效集气装置等措施，有机废气收集率达到 70%以上。对转运、储存等，要采取密闭措施，减少无组织排放。对烘干过程，要采取循环风烘干技术，减少废气排放。对收集的废气，要建设吸附回收、吸附燃烧等高效治理设施，确保达标排放。

5. 因地制宜推进其他工业行业 VOCs 综合治理。各地应结合本地产业结构特征和 VOCs 治理重点，因地制宜选择其他工业行业开展 VOCs 治理。电子行业应重点加强溶剂清洗、光刻、涂胶、涂装等工序 VOCs 排放控制；制鞋行业应重点加强鞋面拼接、成型、组底、喷漆、发泡、注塑、印刷、清洗等工序 VOCs 排放治理；纺织印染行业应重点加强化纤纺丝、热定型、涂层等工序 VOCs 排放治理；木材加工行业应重点加强干燥、涂胶、热压过程 VOCs 排放治理。

（三）深入推进交通源 VOCs 污染防治。

1. 统筹推进机动车 VOCs 综合治理。以汽油车尾气排放控制和蒸发排放控制为重点，推进机动车 VOCs 减排。在尾气排放控制方面，提高新车准入标准，改进发动机燃烧技术，提高三元催化转化效率；淘汰老旧汽车和摩托车，加强监督管理。在蒸发排放控制方面，推广燃油蒸发检测，确保在用车储油箱、油路、活性碳罐密闭；降低夏季蒸汽压，控制夏季燃油蒸发。具体任务为：

一是推广新能源和清洁能源汽车，倡导绿色出行和环保驾驶，加强城市路网合理设计，减少机动车使用频率和怠速时间。二是实施更严格的新车排放标准。自 2017 年 1 月 1 日起，全国实施轻型汽油车第五阶段排放标准。自 2020 年 7 月 1 日起，全国实施轻型汽车第六阶段排放标准，引入车载油气回收技术（ORVR）；实施摩托车第四阶段排放标准，并适时将相关标准纳入强制性产品认证实施。鼓励各地提前实施轻型汽车第六阶段排放标准。三是强化在用车排放控制。严格实施机动车强制报废标准，淘汰到期的老旧轻型汽车和摩托车；重点地区推行轻型汽油车燃油蒸发控制系统检验。四是全面提升燃油品质。加快实施国六汽油标准，显著降低烯烃、芳烃含量和夏季蒸汽压。五是加强监督管理。加大新车生产环保一致性、在用车环保符合性、在用车环保检验、油品质量等监管力度，实施机动车排放检验信息全国联网，加快推进机动车遥感监测建设和联网。

2. 全面加强油品储运销油气回收治理。全面加强汽油储运销油气排放控制，重点地区逐步推进港口储存和装卸、油品装船油气回收治理任务。

加强汽油储运销油气排放控制。减少油品周转次数。严格按照排放标准要求，加快完成加油站、储油库、油罐车油气回收治理工作，重点地区全面推进行政区域内所有加油站油气回收治理。建设油气回收自动监测系统平台，储油库和年销售汽油量大于 5 000 吨的加油站加快安装油气回收自动监测设备。制定加油站、储油库油气回收自动监测系统技术规范，企业要加强对油气回收系统外观检测和仪器检测，确保油气回收系统正常运转。

推进港口储存装卸、船舶运输油气回收治理。修订储油库大气污染物排放标准，增加港口储存装卸过程油气回收要求；修订汽油运输大气污染物排放标准，修订船舶法定检验规则，提出船舶油气回收要求。在环渤海、长江干线、长三角、东南沿海等地区遴选原油或成品油码头及船舶作为试点，总结建设和操作经验。试点工程成功后，依据码头回收油品的处置政策方案及修订后的储油库和汽油运输大气污染物排放标准，制订推广计划，完成码头油气回收规划研究，在全国开展码头油气回收工作。新建的原油、汽油、石脑油等装船作业码头应全部安装油气回收设施；已建原油成品油装船码头分区域分阶段实施油气回收系统改造，环渤海、长三角、珠三角等区域率先实施。新造油船逐步具备码头油气回收条件，2020 年 1 月 1 日起建造的 150 总吨以上的油船应具备码头油气回收条件，环渤海、长三角、珠三角等区域油船率先具备油气回收条件。

（四）有序开展生活源农业源 VOCs 污染防治。

为切实改善环境空气质量，重点地区除完成重点行业 VOCs 减排任务外，还应加强建筑装饰、汽修、干洗、餐饮等生活源和农业农村源 VOCs 治理。

1. 推进建筑装饰行业 VOCs 综合治理。推广使用符合环保要求的建筑涂料、木器涂料、胶黏剂等产品。按照《室内装饰装修材料有害物质限量》要求，严格控制装饰材料市场准入，逐步淘汰溶剂型涂料和胶黏剂。实施区域统一标准，京津冀区域严格执行《建筑类涂料与胶黏剂挥发性有机化合物含量限值标准》要求，并适时将标准实施范围扩展至京津冀周边地区；长三角、珠三角区域加快制定区域统一的建筑类涂料 VOCs 含量限值标准。完善装修标准合同，增加环保条款，培育扶持绿色装修企业。鼓励开展装修监理和装修后室内空气质量检测验收。

2. 推动汽修行业 VOCs 治理。大力推广使用水性、高固体分涂料，京津冀大气污染传输通道城市、长三角、珠三角等汽修行业要率先推进底色漆使用水性、高固体分涂料。推广采用静电喷涂等高涂着效率的涂装工艺，喷漆、流平和烘干等工艺操作应置于喷烤漆房内，使用溶剂型涂料的喷枪应密闭清洗，产生的 VOCs 废气应集中收集并导入治理设施，实现达标排放。

3. 开展其他生活源 VOCs 治理。推广使用配备溶剂回收制冷系统、不直接外排废气的全封闭式干洗机，到2020年年底前，京津冀大气污染传输通道城市、长三角、珠三角等基本淘汰开启式干洗机。定期进行干洗机及干洗剂输送管道、阀门的检查，防止干洗剂泄漏。城市建成区餐饮企业应安装高效油烟净化设施，并确保正常使用。开展规模以上餐饮企业污染物排放自动监测试点，推广使用高效净化型家用吸油烟机。

4. 积极推进农业农村源VOCs污染防治。大力推进秸秆综合利用，减少秸秆焚烧VOCs排放。根据北方地区冬季清洁取暖工作部署，按照“宜气则气，宜电则电”原则加大散煤治理力度，控制散煤燃烧VOCs排放。京津冀大气污染传输通道城市积极推进“无煤区”建设。

（五）建立健全VOCs管理体系。

1. 加快标准体系建设。环境保护部制修订制药、农药、汽车涂装、集装箱制造、印刷包装、家具制造、人造板、涂料油墨、纺织印染、船舶制造、储油库、汽油运输、干洗、油烟等行业大气污染物排放标准，制订挥发性有机物无组织排放控制标准，修订恶臭污染物排放标准和大气污染物综合排放标准。建立与排放标准相适应的VOCs监测分析方法标准、监测仪器技术要求，加快制定固定污染源废气VOCs自动监测系统、便携式监测仪技术要求及检测方法。质检总局出台和完善涂料、油墨、胶黏剂、清洗剂等产品VOCs含量限值标准。地方结合本地产业特点加快制定地方排放标准。

2. 建立健全监测监控体系。加强环境质量和污染源排放VOCs自动监测工作，强化VOCs执法能力建设，全面提升VOCs环保监管能力。重点地区O_3超标城市至少建成一套VOCs组分自动监测系统。将石化、化工、包装印刷、工业涂装等VOCs排放重点源纳入重点排污单位名录，主要排污口要安装污染物排放自动监测设备，并与环保部门联网，其他企业逐步配备自动监测设备或便携式VOCs检测仪。推进VOCs重点排放源厂界VOCs监测。加快石油炼制、石油化工、制药、农药、化学纤维制造、橡胶和塑料制品制造、纺织、皮革、喷涂、涂料油墨制造、人造板制造等行业自行监测技术指南制定。工业园区应结合园区排放特征，配置VOCs连续自动采样体系或符合园区排放特征的VOCs监测监控体系。

3. 实施排污许可制度。建立健全涉VOCs工业行业排污许可证相关技术规范及监督管理要求。加快石化行业VOCs排污许可工作，到2017年年底前，完成京津冀鲁、长三角、珠三角等重点地区石化行业排污许可证核发。到2018年年底前，完成制药、农药等行业排污许可证核发。到2020年年底前，在电子、包装印刷、汽车制造等VOCs排放重点行业全面推行排污许可制度。通过排污许可管理，落实企业VOCs源头削减、过程控制和末端治理措施要求，逐步规范涉VOCs工业企业自行监测、台账记录和定期报告的具体规定，推进企业持证、按证排污，严厉处罚无证和不按证排污行为。制定VOCs重点控制行业的污染防治可行技术指南，出台国家先进污染防治技术目录（VOCs防治领域）。

4. 加强统计与调查。将VOCs排放纳入第二次全国污染源普查工作，结合排污许可证实施情况和城市污染源排放清单编制工作，掌握VOCs排放与治理情况。加强VOCs减排核查核算。出台重点行业环境影响评价源强核算技术指南及排污许可相关技术规范。探索引入第三方核算机制。

5. 加强监督执法。全面提高VOCs监管能力和技术水平，加强执法人员装备和能力建设，制定人才培训计划。各地要加强日常督查和执法检查，按照排放标准、排污许可等要求对VOCs污染治理设施、台账记录情况进行监督检查，推动企业加强治污设施建设和运行管理。环境保护部会同有关部门针对重点地区VOCs治理情况组织开展专项检查。企业应规范内部环保管理制度，制定VOCs防治设施运行管理方案，相关台账记录至少保存3年以上。加强对第三方运维机构监管，探索实施“黑名单”制度，将技术服务能力差、运营管理水平低、存在弄虚作假行为、综合信用差的运维机构列入“黑名单”，定期向社会公布，接受公众监督。

6. 完善经济政策。研究将VOCs排放适时纳入环境保护税征收范畴。加大财政资金对VOCs治理的支持力度，有关地方可将符合规定的VOCs污染防治项目纳入中央大气污染防治专项资金支持范围，利用专项资金、扩大绿色信贷等方式支持企业实施VOCs防治工作。选择石化、化工、工业涂装、包装印刷等VOCs治理重点行业，实施环保“领跑者”制度。推进集装箱等实施行业治理自律公约。推进政府绿色采购，要求家具、印刷、汽车维修等政府定点招标采购企业使用低挥发性原辅材料。支持符合条件的企业发行企业债券直接融资，募集资金用于VOCs污染治理。落实支持节能减排企业所得税、增值税等优惠政策。推进地方建立基于环境绩效的VOCs减排激励机制。

五、保障措施

（一）加强协同配合。

环境保护部、发展改革委、财政部、交通运输部、质检总局、国家能源局共同组织实施本方案，加强部际协调，各司其职、各负其责、密切配合，及时协调解决推进过程中出现的困难和问题。将各地实施情况纳入地方人民政府环境空气质量考核体系。

环境保护部负责统筹协调，会同有关部门对环境空气质量改善目标和VOCs减排任务完成情况进行考核，指导督促各地开展VOCs治理工作；发展改革委负责指导督促各地加强产业结构与布局调整等相关工作；财政部负责指导各地加大VOCs治理财政支持力度；交通运输部负责指导各地港口、船舶运输油气回收工作；质检总局负责制定完善含VOCs产品质量标准；国家能源局负责推进油品质量升级工作。

（二）制定实施方案。

各地要成立工作领导小组，根据本地环境空气质量改善需求和VOCs来源构成，制定实施方案，确定科学有效的减排措施及配套政策，明确职责分工，强化部门协作，做好分地区、分年度任务分解，确保各项政策措施落到实处。考虑到目前我国重点地区O_3生成基本属于VOCs控制型，重点地区VOCs削减比例原则上不低于NO_x减排比例。各地实施方案要上报环境保护部，同时抄送发展改革委、财政部、交通运输部、质检总局、国家能源局。企业是污染治理的责任主体，要切实履行责任，落实项目和资金，确保治理工程按期建成并稳定运行。中央企业要起到模范带头作用。

（三）强化科技支撑。

研究出台VOCs优先控制污染物名录。确定重点污染源VOCs排放成分谱，识别重点地区VOCs控制的重点污染物和重点行业。研发、示范、推广VOCs污染防治、监测监控先进技术；开展VOCs豁免清单、减排费用效益评估等研究。组织开展各类VOCs治理技术经验交流。鼓励VOCs排放量大、产业特征明显、治理基础较好的典型城市开展VOCs综合治理示范，推动VOCs管理模式、监管方式及政策支持等方面制度创新。

（四）加强调度考核。

定期调度各地VOCs污染减排政策措施制定与落实、重点工程项目实施进展、环境监管执法检查、企业环境信息公开等情况，纳入年度大气环境管理考核任务中。定期公布各省（区、市）排污许可证申请与核发情况，对应发未发的予以通报。

（五）加强信息公开与公众参与。

督促各地完善信息公开制度，向社会公开VOCs排放重点企业名单及VOCs排放情况。建立企业环境信息强制公开制度。企业应主动公开污染物排放、治污设施建设及运行情况等环境信息。加大环境宣传力度，鼓励、引导公众主动参与VOCs减排。

关于加强固定污染源废气挥发性有机物监测工作的通知

环办监测函〔2018〕123号

各省、自治区、直辖市环境保护厅（局），新疆生产建设兵团环境保护局：

为落实《“十三五”生态环境保护规划》《“十三五”节能减排综合工作方案》《“十三五”挥发性有机物污染防治工作方案》相关要求，全面加强固定污染源废气挥发性有机物（VOCs）污染防治工作，强化挥发性有机物排放控制与治理，促进环境空气质量持续改善，现将加强固定污染源废气挥发性有机物监测工作有关事项通知如下：

一、充分认识VOCs监测工作的重要性

《大气污染防治行动计划》实施以来，全国二氧化硫、氮氧化物、烟粉尘排放控制取得明显进展，但重点区域臭氧（O_3）浓度呈明显上升趋势，尤其是在夏秋季已成为部分城市的首要污染物。VOCs是导致臭氧污染的重要前体物，对二次$PM_{2.5}$生成具有重要影响。控制VOCs排放对降低大气环境中$PM_{2.5}$和O_3浓度具有十分重要的作用。VOCs监测是掌握VOCs排放及治理情况，全面加强VOCs污染防治工作的基础，地方各级环境保护部门要高度重视，组织精干力量，积极开展以排查筛选、日常检查、随机抽测为主要内容的VOCs监测工作，为实现2020年建立健全以改善环境空气质量为核心的VOCs污染防治管理体系夯实基础。

二、加强组织领导，全面推进VOCs监测

地方各级环境保护部门要落实环境质量属地管理的要求，履行监管职责，统筹规划，按照“谁污染、谁监测、谁治理”的原则，推进VOCs监测工作的开展。

（一）强化排污单位自行监测。排污单位要按照环境保护法的要求，落实主体责任，将VOCs指标纳入自行监测方案，对污染物排放口及周边环境质量状况开展自行监测，并主动公开污染物排放、治污设施建设及运行情况等环境信息。

（二）加强工业园区监测监控。园区管理部门要对园区周界及内部VOCs开展监测，具备条件的园区要建立VOCs环境风险预警体系，及时了解园区周边的VOCs污染情况，建立环境风险预警和应急响应机制，建成“早发现、早报告、早预警”的预警体系。

（三）建立VOCs排污单位名录库。地方各级环境保护部门要根据本行政区域内VOCs排放源的种类、分布、产排污特点，筛查确定VOCs排污单位，作为日常监管和监测的重要依据。VOCs排污单位应覆盖石化、化工、工业涂装、包装印刷、电子信息、合成材料、纺织印染等行业。

（四）加强VOCs监测管理能力建设。地方各级环境保护部门要保障VOCs监测所需人员、工作经

费和工作条件，省级监测部门要组织开展对市、县级 VOCs 监测人员的培训工作，强化人才队伍培养，切实提高 VOCs 监测管理水平。

三、开展 VOCs 专项检查监测

地方各级环境保护部门要按照抽查时间随机、抽查对象随机的原则，对 VOCs 排污单位污染物排放情况开展日常抽查，对照已出台的污染物排放标准开展检查监测。

（一）检查监测要求。重点检查排污单位自行监测开展情况、监测信息公开情况及 VOCs 达标排放情况。按照固定污染源废气挥发性有机物检查监测要点（详见附件 1）开展。监测技术要求可参照固定污染源废气挥发性有机物监测技术规定（试行）（详见附件 2）执行

（二）时间要求。

1. 京津冀及周边地区、长三角地区、珠三角地区

2018 年 5 月 30 日前，完成 VOCs 排污单位筛查工作，形成 VOCs 排污单位名录，完成所有行业 VOCs 排污单位检查监测工作，并将检查监测情况报告报我部。

2018 年下半年起，将 VOCs 排污单位污染物排放检查监测工作纳入监测计划，按照抽查时间随机、抽查对象随机的原则开展检查监测，并于每季度第 1 个月 20 日前将检查监测报告报送中国环境监测总站。

2. 其他地区

2018 年 5 月 30 日前，完成 VOCs 排污单位筛查工作，形成 VOCs 排污单位名录，完成对石化、化工行业的 VOCs 检查监测工作，并将检查监测情况报告报我部。

2018 年 11 月 30 日前，完成所有行业 VOCs 检查监测工作，并将检查监测情况报告我部。

2019 年起，将 VOCs 排污单位污染物排放检查监测工作纳入监测计划，按照抽查时间随机、抽查对象随机的原则开展检查监测，并于每季度第 1 个月 20 日前将检查监测报告报送中国环境监测总站。

（三）数据管理要求。环境监测机构工作人员应当按照国家环境监测技术规范、方法和环境监测质量管理规定，采集、保存、运输、分析监测样品。现场采样时，环境监测机构工作人员应认真填写采样记录表、污染源和监测点位示意图等原始监测记录，并由被监测单位签字确认。环境监测机构应严格按照环境监测质量管理有关规范对监测数据执行三级审核制度，并对监测数据的真实性、准确性负责。

联系人：环境保护部环境监测司　汤佳峰

电　话：（010）66556810

联系人：中国环境监测总站　刘通浩

电话：（010）84943158

传真：（010）84943136

通信地址：北京市朝阳区安外大羊坊 8 号

邮政编码：100012

邮　　箱：wry@cnemc.cn

附件：1. 固定污染源废气挥发性有机物检查监测要点

2. 固定污染源废气挥发性有机物监测技术规定（试行）

环境保护部办公厅

2018 年 1 月 23 日

附件 1

固定污染源废气挥发性有机物检查监测要点

为掌握固定污染源废气挥发性有机物排放情况，指导地方做好对挥发性有机物重点排污单位的VOCs专项监测工作制定本要点。企业开展自行监测和自查可参照本要点。

一、检查要点

（一）企业自行监测开展情况

检查监测人员可通过查阅企业自行监测方案，污染防治设施运行台账，自行监测数据结果报告，实验室质控管理制度等，检查企业自行监测执行情况。重点检查企业自行监测方案是否完整，自行监测指标是否与方案一致。

（二）企业监测信息公开情况

检查监测人员可询问企业信息公开途径，并通过现场检查证实。重点检查公开信息是否完整，公开监测数据是否与实际数据一致。

（三）VOCs污染因子达标情况

检查监测人员可在企业现场，选取多个主要VOCs污染源开展现场监测，监测因子主要包括非甲烷总烃、苯、甲苯、二甲苯、臭气浓度等VOCs特征污染物。重点检查企业主要VOCs污染源的达标排放情况。

二、监测要点

环保部门开展的VOCs专项检查监测，按照“双随机”原则，可随机抽取企业监测点位和监测项目开展监测。各行业不同点位的监测项目和监测依据等见附表。

附表

固定污染源废气挥发性有机物监测要点

序号	大行业	小行业/源	点位	监测项目	依据	属性	备注
1	火电及锅炉		储油罐周边及厂界	非甲烷总烃	HJ 820—2017	无组织排放	
2	钢铁	轧钢	涂层机组排气筒	苯、甲苯、二甲苯、非甲烷总烃	HJ 846—2017	有组织排放	
	钢铁	轧钢	涂层机组车间	苯、甲苯、二甲苯、非甲烷总烃	HJ 846—2017	无组织排放	
3	焦化		苯贮槽	苯、非甲烷总烃	GB 16171—2012	有组织排放	
	焦化		冷鼓、库区焦油各类贮槽排气筒	酚类、非甲烷总烃	GB 16171—2012	有组织排放	
	焦化		焦炉炉顶	苯可溶物	GB 16171—2012	无组织排放	
	焦化		厂界	苯、酚类	GB 16171—2012	无组织排放	
4	水泥	协同处置固体废物	水泥窑及窑尾余热利用系统排气筒	TOC	HJ 847—2017	有组织排放	国家标准监测方法发布前，以 HJ/T 38 进行监测
4	水泥	协同处置固体废物	水泥窑（协同处置危险废物）旁路放风排气筒	TOC	HJ 847—2017	有组织排放	国家标准监测方法发布前，以 HJ/T 38 进行监测
	水泥	协同处置固体废物	固体废物贮存、预处理设施排气筒（协同处置非危险废物）	臭气浓度	HJ 847—2017	有组织排放	
	水泥	协同处置固体废物	固体废物贮存、预处理设施排气筒（协同处置危险废物）	臭气浓度、非甲烷总烃	HJ 847—2017	有组织排放	
	水泥	协同处置固体废物	厂界	臭气浓度	HJ 847—2017	无组织排放	协同处置非危险废物的水泥（熟料）制造排污单位
	水泥	协同处置固体废物	厂界	臭气浓度、非甲烷总烃	HJ 847—2017	无组织排放	协同处置危险废物的水泥（熟料）制造排污单位
5	石化	石油炼制	重整催化剂再生烟气排气筒	非甲烷总烃	HJ 853—2017	有组织排放	
	石化	石油炼制	离子液法烷基化装置催化剂再生烟气排气筒	非甲烷总烃	HJ 853—2017	有组织排放	
	石化	石油炼制	废水处理有机废气收集处理装置排气筒	苯、甲苯、二甲苯、非甲烷总烃	HJ 853—2017	有组织排放	
	石化	石油炼制	有机废气回收处理装置入口及其排放口	非甲烷总烃	HJ 853—2017	有组织排放	

序号	大行业	小行业/源	点位	监测项目	依据	属性	备注
5	石化	石油炼制	氧化沥青装置排气筒	沥青烟	HJ 853—2017	有组织排放	
	石化	石油炼制	厂界	苯、甲苯、二甲苯、非甲烷总烃、臭气浓度	HJ 853—2017	无组织排放	
	石化	石油炼制	泵、压缩机、阀门、开口阀或开口管线、气体/蒸气泄压设备、取样连接系统	挥发性有机物	HJ 853—2017	无组织排放	
	石化	石油炼制	法兰及其他连接件、其他密封设备	挥发性有机物	HJ 853—2017	无组织排放	
	石化	石油化工	废水处理有机废气收集处理装置排气筒	非甲烷总烃、废气有机特征污染物		有组织排放	废气有机特征污染物从 GB 31571 表 6 中选择
	石化	石油化工	含卤代烃有机废气排气筒	非甲烷总烃、废气有机特征污染物		有组织排放	废气有机特征污染物从 GB 31571 表 6 中选择
	石化	石油化工	其他有机废气排气筒	非甲烷总烃、废气有机特征污染物		有组织排放	废气有机特征污染物从 GB 31571 表 6 中选择
	石化		厂界	苯、甲苯、二甲苯、非甲烷总烃、臭气浓度	HJ 853—2017	无组织排放	
	石化	石油化工	泵、压缩机、阀门、开口阀或开口管线、气体/蒸气泄压设备、取样连接系统	挥发性有机物	HJ 853—2017	无组织排放	
	石化	石油化工	法兰及其他连接件、其他密封设备	挥发性有机物	HJ 853—2017	无组织排放	
	石化	合成树脂	生产设施车间排气筒	非甲烷总烃、废气挥发性有机物	GB 31572—2015	有组织排放	废气挥发性有机物按 GB 31572 表 4 执行
	石化	合成树脂	废水、废气焚烧设施排气筒	非甲烷总烃、废气挥发性有机物	GB 31572—2015	有组织排放	废气挥发性有机物按 GB 31572 表 4 执行
	石化	合成树脂	厂界	苯、甲苯、二甲苯、非甲烷总烃、臭气浓度	HJ 853—2017	无组织排放	
	石化	合成树脂	泵、压缩机、阀门、开口阀或开口管线、气体/蒸气泄压设备、取样连接系统	挥发性有机物	HJ 853—2017	无组织排放	
	石化	合成树脂	法兰及其他连接件、其他密封设备	挥发性有机物	HJ 853—2017	无组织排放	
	石化	聚氯乙烯	氯乙烯合成	氯乙烯、二氯乙烷、非甲烷总烃	GB 15581—2016	有组织排放	

序号	大行业	小行业/源	点位	监测项目	依据	属性	备注
5	石化	聚氯乙烯	聚氯乙烯制备和干燥	氯乙烯、非甲烷总烃	GB 15581—2016	有组织排放	
	石化	聚氯乙烯	厂界	氯乙烯、二氯乙烷	GB 15581—2016	无组织排放	
6	电池	锂离子/锂电池	车间或生产设施排气筒	非甲烷总烃	GB 30484—2013	有组织排放	
	电池	锌锰/锌银/锌空气电池	车间或生产设施排气筒	沥青烟	GB 30484—2013	有组织排放	
	电池		厂界	沥青烟、非甲烷总烃	GB 30484—2013	无组织排放	
7	橡胶制品	轮胎企业及其他制品企业	胶浆制备、浸浆、胶浆喷涂和涂胶装置的车间或生产设施排气筒	甲苯及二甲苯合计、非甲烷总烃	GB 27632—2011	有组织排放	
	橡胶制品	轮胎企业及其他制品企业	炼胶、硫化装置的车间或生产设施排气筒	非甲烷总烃	GB 27632—2011	有组织排放	
	橡胶制品		厂界	甲苯、二甲苯、非甲烷总烃	GB 27632—2011	无组织排放	
8	铝工业	铝用碳素厂	阳极焙烧炉车间或生产设施排气筒	沥青烟	GB 25465—2010	有组织排放	
	铝工业	铝用碳素厂	阴极焙烧炉车间或生产设施排气筒	沥青烟	GB 25465—2010	有组织排放	
	铝工业	铝用碳素厂	沥青熔化车间或生产设施排气筒	沥青烟	GB 25465—2010	有组织排放	
	铝工业	铝用碳素厂	生阳极制造（混捏成型系统）车间或生产设施排气筒	沥青烟	GB 25465—2010	有组织排放	
9	合成革与人造革	聚氯乙烯工艺	车间或生产设施排气筒	苯、甲苯、二甲苯、VOCs	GB 21902—2008	有组织排放	VOCs 监测执行 GB 21902—2008 附录 C
	合成革与人造革	聚氨酯湿法工艺	车间或生产设施排气筒	DMF	GB 21902—2008	有组织排放	VOCs 监测执行 GB 21902—2008 附录 C
	合成革与人造革	聚氨酯干法工艺	车间或生产设施排气筒	DMF、苯、甲苯、二甲苯、VOCs	GB 21902—2008	有组织排放	VOCs 监测执行 GB 21902—2008 附录 C
	合成革与人造革	后处理工艺	车间或生产设施排气筒	苯、甲苯、二甲苯、VOCs	GB 21902—2008	有组织排放	VOCs 监测执行 GB 21902—2008 附录 C
	合成革与人造革	其他	车间或生产设施排气筒	苯、甲苯、二甲苯、VOCs	GB 21902—2008	有组织排放	VOCs 监测执行 GB 21902—2008 附录 C
	合成革与人造革		厂界	DMF、苯、甲苯、二甲苯、VOCs	GB 21902—2008	无组织排放	VOCs 监测执行 GB 21902—2008 附录 C

序号	大行业	小行业/源	点位	监测项目	依据	属性	备注
10	工业炉窑		沥青加热炉排气筒	沥青烟	GB 9078—1996	有组织排放	
11	排放恶臭气体单位及垃圾堆场		车间或生产设施排气筒	臭气浓度、三甲胺、甲硫醇、甲硫醚、二甲二硫醚、二硫化碳、苯乙烯	GB 14554—1993	有组织排放	除臭气浓度外，其他项目均控制排放速率，无排放浓度控制
	排放恶臭气体单位及垃圾堆场		厂界	臭气浓度、三甲胺、甲硫醇、甲硫醚、二甲二硫、二硫化碳、苯乙烯	GB 14554—1993	无组织排放	
12	执行 GB 16297—1996 的排污企业		车间或生产设施排气筒	苯、甲苯、二甲苯、酚类、甲醛、乙醛、丙烯腈、丙烯醛、甲醇、苯胺类、氯苯类、硝基苯类、氯乙烯、沥青烟、非甲烷总烃	GB 16297—1996	有组织排放	吹制沥青、熔炼、浸涂、建筑搅拌企业需监测沥青烟；使用溶剂汽油或其他混合烃类物质的企业需监测非甲烷总烃
	执行 GB 16297—1996 的排污企业		周界外	苯、甲苯、二甲苯、酚类、甲醛、乙醛、丙烯腈、丙烯醛、甲醇、苯胺类、氯苯类、硝基苯类、氯乙烯、沥青烟、非甲烷总烃	GB 16297—1996	无组织排放	吹制沥青、熔炼、浸涂、建筑搅拌企业需监测沥青烟；使用溶剂汽油或其他混合烃类物质的企业需监测非甲烷总烃
13	制糖	装卸料、转运、破碎、蔗渣堆场、滤泥堆场	厂界	臭气浓度	HJ 860.1—2017	无组织排放	
	制糖	有生化污水处理工序	厂界	臭气浓度	HJ 860.1—2017	无组织排放	
14	纺织印染	印花机	印花机排气筒或车间废气处理设施排放口	甲苯、二甲苯、非甲烷总烃	HJ 861—2017	有组织排放	
	纺织印染	定型机	定型机排气筒或车间废气处理设施排放口	非甲烷总烃	HJ 861—2017	有组织排放	
	纺织印染	涂层机	涂层机排气筒或车间废气处理设施排放口	甲苯、二甲苯、非甲烷总烃	HJ 861—2017	有组织排放	
	纺织印染	印染工业排污单位	厂界	非甲烷总烃、臭气浓度[a]	HJ 861—2017	无组织排放	a 含污水处理设施的排污单位监测该污染物项目
	纺织印染	毛纺、麻纺、缫丝排污单位	厂界	臭气浓度	HJ 861—2017	无组织排放	
	纺织印染	织造、成衣水洗排污单位	厂界	臭气浓度[a]	HJ 861—2017	无组织排放	a 含污水处理设施的排污单位监测该污染物项目

序号	大行业	小行业/源	点位	监测项目	依据	属性	备注
15	氮肥	固定床常压煤气化工艺-原料气制备	造气废水沉淀池废气收集处理设施排气筒	臭气浓度、酚类、非甲烷总烃	HJ 864.1—2017	有组织排放	
	氮肥	固定床常压煤气化工艺-原料气制备	造气炉放空管	非甲烷总烃	HJ 864.1—2017	有组织排放	
	氮肥	固定床常压煤气化工艺-原料气净化	脱硫再生槽废气排放口	臭气浓度、非甲烷总烃	HJ 864.1—2017	有组织排放	
	氮肥	固定床常压煤气化工艺-原料气净化	脱碳气提塔排气筒	臭气浓度、非甲烷总烃	HJ 864.1—2017	有组织排放	
	氮肥	固定床常压煤气化工艺-原料气净化	硫回收熔硫釜废气排放口	臭气浓度	HJ 864.1—2017	有组织排放	
	氮肥	干煤粉气流床气化工艺-原料气制备	煤粉输送及加压进料系统粉煤仓排气筒	甲醇	HJ 864.1—2017	有组织排放	干煤粉气流床气化工艺煤粉输送载气采用来自低温甲醇洗工段的二氧化碳气时，应监测甲醇
	氮肥	干煤粉气流床气化工艺-原料气净化	煤粉输送及加压进料系统粉煤仓排气筒	甲醇	HJ 864.1—2017	有组织排放	
	氮肥	水煤浆气流床气化工艺-原料气净化	低温甲醇洗尾气洗涤塔排气筒	甲醇	HJ 864.1—2017	有组织排放	
	氮肥	碎煤固定床加压气化工艺-原料气净化	低温甲醇洗尾气处理设施排气筒	甲醇、非甲烷总烃	HJ 864.1—2017	有组织排放	
	氮肥	以焦炉气为原料-部分转化法-原料气制备	脱硫再生槽废气排放口	臭气浓度	HJ 864.1—2017	有组织排放	
	氮肥	以油为原料-重油部分氧化法-原料气净化	低温甲醇洗尾气洗涤塔排气筒	甲醇	HJ 864.1—2017	有组织排放	
	氮肥	尿素	造粒塔或造粒机排气筒	臭气浓度、甲醛	HJ 864.1—2017	有组织排放	
	氮肥	硝酸铵	造粒塔排气筒	臭气浓度	HJ 864.1—2017	有组织排放	
	氮肥	公用工程	污水处理场废气收集处理设施排气筒（以煤或油为原料）	臭气浓度、酚类、非甲烷总烃	HJ 864.1—2017	有组织排放	采用固定床煤气化工艺时，污水处理场废气收集处理设施排放气应监测酚类、非甲烷总烃
	氮肥		厂界	臭气浓度、酚类、非甲烷总烃、甲醇	HJ 864.1—2017	无组织排放	副产甲醇或采用低温甲醇洗工艺的排污单位应监测甲醇；采用固定床煤气化工艺的排污单位应监测酚类
	氮肥	固定床常压煤气化工艺气	造气工段余热回收后煤气、变换工段前半水煤气	酚类、非甲烷总烃	HJ 864.1—2017	有组织排放	

序号	大行业	小行业/源	点位	监测项目	依据	属性	备注
16	农药	工艺废气排气筒	燃烧法废气处理设施排气筒	挥发性有机物	HJ 862—2017	有组织排放	
	农药	工艺废气排气筒	燃烧法和非燃烧法废气处理设施排气筒	苯、甲苯、二甲苯、酚类、甲醛、乙醛、丙烯腈、丙烯醛、甲醇、苯胺类、氯苯类、硝基苯类、氯乙烯、三甲胺、二硫化碳、苯乙烯、甲硫醇、甲硫醚、二甲二硫醚	HJ 862—2017	有组织排放	根据许可的污染物种类确定具体监测指标
	农药	发酵废气排气筒	燃烧法废气处理设施排气筒	臭气浓度、挥发性有机物	HJ 862—2017	有组织排放	
	农药	发酵废气排气筒	非燃烧法废气处理设施排气筒	臭气浓度	HJ 862—2017	有组织排放	
	农药	发酵废气排气筒	燃烧法和非燃烧法废气处理设施排气筒	苯、甲苯、二甲苯、酚类、甲醛、乙醛、丙烯腈、丙烯醛、甲醇、苯胺类、氯苯类、硝基苯类、氯乙烯、三甲胺、二硫化碳、苯乙烯、甲硫醇、甲硫醚、二甲二硫醚	HJ 862—2017	有组织排放	根据许可的污染物种类确定具体监测指标
	农药		制剂加工废气排气筒	挥发性有机物	HJ 862—2017	有组织排放	
	农药		罐区废气排气筒	挥发性有机物、苯、甲苯、二甲苯、酚类、甲醛、乙醛、丙烯腈、丙烯醛、甲醇、苯胺类、氯苯类、硝基苯类、氯乙烯、三甲胺、二硫化碳、苯乙烯、甲硫醇、甲硫醚、二甲二硫醚	HJ 862—2017	有组织排放	根据许可的污染物种类确定具体监测指标
	农药		废水处理站废气排气筒	臭气浓度、挥发性有机物、苯、甲苯、二甲苯、酚类、甲醛、乙醛、丙烯腈、丙烯醛、甲醇、苯胺类、氯苯类、硝基苯类、氯乙烯、三甲胺、二硫化碳、苯乙烯、甲硫醇、甲硫醚、二甲二硫醚	HJ 862—2017	有组织排放	根据许可的污染物种类确定具体监测指标

序号	大行业	小行业/源	点位	监测项目	依据	属性	备注
16	农药		危废暂存废气排气筒	臭气浓度、挥发性有机物、苯、甲苯、二甲苯、酚类、甲醛、乙醛、丙烯腈、丙烯醛、甲醇、苯胺类、氯苯类、硝基苯类、氯乙烯、三甲胺、二硫化碳、苯乙烯、甲硫醇、甲硫醚、二甲二硫醚	HJ 862—2017	有组织排放	根据许可的污染物种类确定具体监测指标
	农药		厂界	臭气浓度、挥发性有机物、苯、甲苯、二甲苯、酚类、甲醛、乙醛、丙烯腈、丙烯醛、甲醇、苯胺类、氯苯类、硝基苯类、氯乙烯、三甲胺、二硫化碳、苯乙烯、甲硫醇、甲硫醚、二甲二硫醚	HJ 862—2017	无组织排放	根据许可的污染物种类确定具体监测指标
17	制药	原料药制造	发酵废气排气筒	臭气浓度、挥发性有机物、特征污染物（属挥发性有机物的具体污染物）	HJ 858.1—2017	有组织排放	特征污染物见 GB 16297 所列污染物，属 GB 14554 所列恶臭项目执行许可排放速率
	制药	原料药制造	工艺有机废气排气筒	挥发性有机物、特征污染物（属挥发性有机物的具体污染物）	HJ 858.1—2017	有组织排放	特征污染物见 GB 16297 所列污染物，属 GB 14554 所列恶臭项目执行许可排放速率
	制药	原料药制造	废水处理站废气排气筒	臭气浓度、挥发性有机物、特征污染物（属挥发性有机物的具体污染物）	HJ 858.1—2017	有组织排放	特征污染物见 GB 16297 所列污染物，属 GB 14554 所列恶臭项目执行许可排放速率
	制药	原料药制造	罐区废气排气筒	挥发性有机物、特征污染物（属挥发性有机物的具体污染物）	HJ 858.1—2017	有组织排放	特征污染物见 GB 16297 所列污染物，属 GB 14554 所列恶臭项目执行许可排放速率
	制药	原料药制造	工艺酸碱废气排气筒	特征污染物（属挥发性有机物的具体污染物）	HJ 858.1—2017	有组织排放	特征污染物见 GB 16297 所列污染物，属 GB 14554 所列恶臭项目执行许可排放速率
	制药	原料药制造	危废暂存废气排气筒	臭气浓度、挥发性有机物、特征污染物（属挥发性有机物的具体污染物）	HJ 858.1—2017	有组织排放	特征污染物见 GB 16297 所列污染物，属 GB 14554 所列恶臭项目执行许可排放速率

序号	大行业	小行业/源	点位	监测项目	依据	属性	备注
17	制药	原料药制造	厂界	臭气浓度、挥发性有机物、特征污染物（属挥发性有机物的具体污染物）	HJ 858.1—2017	无组织排放	使用非甲烷总烃作为企业边界挥发性有机物排放的综合控制指标，待TOC 或 NMOC 监测方法颁布后从其规定。特征污染物见 GB 16297、GB 14554 所列污染物，根据环境影响评价文件及其批复等相关环境管理规定，确定具体污染物项目，待《制药工业大气污染物排放标准》发布后，从其规定。地方排放标准中有要求的，从严规定

附件 2

固定污染源废气挥发性有机物监测技术规定（试行）

1 适用范围

本规定规范了固定污染源废气中挥发性有机物监测过程中的项目分析方法选择、安全防护、样品运输与保存、结果计算与表示、质量保证和质量控制要求等技术内容。

本规定适用于各级环境监测站及其他环境监测机构对固定污染源有组织或无组织排放挥发性有机物的监督监测。

本规定不适用于泄漏和敞开液面排放挥发性有机物的监测。

待固定污染源废气挥发性有机物监测技术国家标准出台后，本规定废止，按照标准执行。

2 规范性引用文件

下列文件对于本文件的应用是必不可少的。凡是注日期的引用文件，仅所注日期的版本适用于本文件。凡是不注日期的引用文件，其最新版本（包括所有的修改单）适用于本文件。

GB 3836.1 爆炸性气体环境用电气设备系列标准

GB/T 8170 数值修约规则与极限数值的表示和判定

GB/T 14676 空气质量 三甲胺的测定 气相色谱法

GB/T 14678 空气质量 硫化氢、甲硫醇、甲硫醚和二甲二硫的测定 气相色谱法

GB/T 15516 空气质量 甲醛的测定 乙酰丙酮分光光度法

GB/T 16157 固定污染源排气中颗粒物测定与气态污染物采样方法

HJ 583 环境空气 苯系物的测定 固体吸附/热脱附-气相色谱法

HJ 584 环境空气 苯系物的测定 活性炭吸附/二硫化碳解析-气相色谱法

HJ 604 环境空气 总烃的测定-气相色谱法

HJ 638 环境空气 酚类化合物的测定 高效液相色谱法

HJ 644 环境空气 挥发性有机物的测定 吸附管采样-热脱附/气相色谱-质谱法

HJ 645 环境空气 挥发性卤代烃的测定 活性炭吸附-二硫化碳解吸/气相色谱法

HJ 683 空气 醛、酮类化合物的测定 高效液相色谱法

HJ 732 固定污染源废气 挥发性有机物的采样 气袋法

HJ 734 固定污染源废气 挥发性有机物的测定 固定相吸附-热脱附/气相色谱-质谱法

HJ 759 环境空气 挥发性有机物的测定罐采样 气相色谱-质谱法

HJ/T 32 固定污染源排气中酚类化合物的测定 4-氨基安替比林分光光度法

HJ/T 33 固定污染源排气中甲醇的测定 气相色谱法

HJ/T 34 固定污染源排气中氯乙烯的测定 气相色谱法

HJ/T 35 固定污染源排气中乙醛的测定 气相色谱法

HJ/T 36 固定污染源排气中丙烯醛的测定 气相色谱法

HJ/T 37 固定污染源排气中丙烯腈的测定 气相色谱法

HJ/T 38 固定污染源排气中非甲烷总烃的测定 气相色谱法

HJ/T 39 固定污染源排气中氯苯类的测定 气相色谱法

HJ/T 55 大气污染物无组织排放监测技术导则

HJ/T 373 固定污染源监测质量保证与质量控制技术规范（试行）

HJ/T 397 固定源废气监测技术规范

3 术语和定义

下列术语和定义适用于本文件。

3.1 非甲烷总烃 Non-methane Hydrocarbons

在选用检测方法规定的条件下，对氢火焰离子化检测器有明显响应的除甲烷外的碳氢化合物及其衍生物的总和（以碳计）。

3.2 标准状态 Standard state

指温度为 273 K，压力为 101 325 Pa 时的状态，简称“标态”，本标准规定的大气污染物排放浓度均指标准状态下干烟气中的浓度。

4 分析方法选择

挥发性有机物测定项目的分析方法选择次序及原则如下：

——标准方法：按环境质量标准或污染物排放标准中选配的分析方法、新发布的国家标准、行业标准或地方标准方法。国家或地方再行发布的分析方法同等选用。

——其他方法：经证实或确认后，检测机构等同采用由国际标准化组织（简称 ISO）或其他国家环保行业规定或推荐的标准方法。

挥发性有机物测定方法可参见附录 1，监测流程可参见附录 2。

5 采样技术要求

5.1 有组织排放

5.1.1 采样点位布设

5.1.1.1 有组织废气排放源的采样点位布设，符合 GB/T 16157 和 HJ/T 397 的规定。应取靠近排气筒中心作为采样点，采样管线应为不锈钢、石英玻璃、聚四氟乙烯等低吸附材料，并尽可能短。

5.1.1.2 当对固定污染源挥发性有机物废气排放进行监督性监测时，应优先选择排放浓度高、废气排放量大的排放口及其排放时段进行监测。

5.1.2 采样口及采样平台

有组织废气排气筒的采样口（监测孔）和采样平台设置应符合 GB/T 16157、HJ 397 的规定要求。

5.1.3 采样频次及时段

5.1.3.1 连续有组织排放源，其排放时间大于 1 小时的，应在生产工况、排放状况比较稳定的情况下进行采样，连续采样时间不少于 20 分钟，气袋采气量应不小于 10 升；或 1 小时内以等时间间隔采集 3～4 个样品，其测试平均值作为小时浓度。

5.1.3.2 间歇有组织排放源，其排放时间小于 1 小时的，应在排放时间段内恒流采样；当排放时间不足 20 分钟时，采样时间与间歇生产启停时间相同，可增加采样流量或连续采集 2～4 个排放过程，采气量不小于 10 升；或在排放时段内采集 3～4 样品，计算其平均值作为小时浓度。

5.1.3.3 采样时应核查并记录工况。对于储罐类排放采样，应在其加注、输送操作时段内时采样；在测试挥发性有机物处理效率时，应避免在装置或设备启动等不稳定工况条件下采样。

5.1.3.4 当对污染事故排放进行监测时，应按需要设置采样频次及时段，不受上述要求限制。

5.1.4 采样器具

5.1.4.1 使用气袋采样应按照 HJ 732 中的技术规定执行。

5.1.4.2 使用吸附管采样应按照测定方法标准规定的采样方法执行，并符合 HJ/T 397 中的质量控制要求。

5.1.4.3 使用采样罐、真空瓶或注射器采样时，应按照测定方法规定的采样方法执行，并符合 HJ/T 397 中对真空瓶或注射器采样的质量控制要求。

5.1.4.4 采样枪、过滤器、采样管、气袋、采样罐和注射器等可重复利用器材，在使用后应尽快充分净化，先用空气吹扫 2～3 次，再用高纯氮气吹扫 2～3 次，经净化后的采样管、气袋、采样罐和注射器等器具应保存在密封袋或箱内避免污染。在使用前抽检 10%的气袋、采样罐等可重复利用器材，其待测组分含量应不大于分析方法测定下限，抽检合格方可使用。

5.1.5 样气采集

5.1.5.1 若排放废气温度与车间或环境温度差不超过 10℃，为常温排放，采样枪可不用加热；否则为非常温排放，为防止高沸点有机物在采样枪内凝结，采样枪需加热（有防爆安全要求除外），采样枪前端的颗粒物过滤器应为陶瓷或不锈钢材质等低挥发性有机物吸附材料，过滤器、采样枪、采样管线加热温度应比废气温度高 10℃，但最高不超过 120℃。

5.1.5.2 使用气袋法采样操作应按照 HJ 732 中的规定执行，采集样气量应不大于气袋容量的 80%。使用气袋在高温、高湿、高浓度排放口采集样品时，为减少挥发性有机物在气袋内凝结、吸附对测试结果的影响，分析测试前应将样品气袋避光加热并保持 5 分钟，待样品混合均匀后再快速取样分析，气袋加热温度应比废气排放温度或露点温度高 10℃，但最高不超过 120℃。分析方法或标准中另有规定的按相关要求执行。

5.1.5.3 当废气中湿度较大时，应按 GB/T 16157 中要求执行，在采样枪后增加一个脱水装置，然后再连接采样袋，脱水装置中的冷凝水应与样品气同步分析，冷凝水中的有机物含量可作为修正值计入样品中，以减少水气对测定值干扰所产生的误差。

5.1.5.4 排气筒中挥发性有机物质量浓度较高时，应优先用仪器在现场直接测试，使用吸附管采样时可适当减少吸附管的采样流量和采样时间，控制好采样体积，第二级吸附管吸附率应小于总吸附率的 10%，否则应重新采样。

5.1.5.5 特征有机污染物的采样方法、采气量应按照其标准方法的规定执行，方法中未明确规定的，验证后可用气袋、吸附管等采样后分析，验证方法按 HJ 732 中的规定执行。

5.2 无组织排放

5.2.1 采样点位布设

5.2.1.1 厂界无组织排放监控点的数目和设置，按 HJ/T 55 执行。相关排放标准中有规定的，按标准中规定执行。

5.2.1.2 排放挥发性有机物的生产工序或设施在带有集气系统的密闭工作间内完成，无组织排放监控点设置在密闭工作间（厂界）外 1 米，不低于 1.5 米高度处，监控点的数量不少于 3 个，并选取浓度最大值。

5.2.1.3 排放挥发性有机物的生产工序或设施未在密闭工作间内完成，无组织排放监控点设置在生产设备外 1 米，不低于 1.5 米高度处，监控点的数量不少于 3 个，并选取浓度最大值。

5.2.1.4 如有防爆等安全要求的，可参照以上原则选点，与生产设备的距离不受以上限制。

5.2.2 采样频次及时段

5.2.2.1 对无组织排放的采样，应优先使用内壁经惰性化处理的采样罐，采样罐的清洗和采样、真空度检查、流量控制器安装与气密性检查应按照 HJ 759 中的规定执行。

5.2.2.2 连续无组织排放源，其排放时间大于 1 小时的，应在生产工况、排放状况比较稳定的情况下，使用采样罐或气袋采样时，应恒流采样 20 分钟以上，气袋采气量应不小于 10 升；或者在 1 小时内以等时间间隔采集 3～4 个样品，其平均值作为小时平均浓度。

5.2.2.3 间歇无组织排放源，应在排放时间段内恒流采样，连续采集 2～4 个间歇生产过程，恒流采样，累积样品采气量不小于 10 升；或在排放时段内采集 3～4 样品，计算其平均值作为小时浓度。

5.2.2.4 使用吸附管采集低浓度挥发性有机物时，采样体积应不低于相关标准中方法检出限的采样体积。

6 安全防护要求

6.1 在挥发性有机物监测点位周边环境中可能存在爆炸性或有毒有害有机气体，现场监测或采样方法及设备的选用，应以安全为第一原则。

6.1.1 采样或监测现场区域为非危险场所，宜优先选择现场监测方法。

6.1.2 采样或监测现场区域为有防爆保护安全要求的危险场所，根据危险场所分类选择现场采样、监测用电气设备的类型，选用防爆电气设备的级别和组别应按照 GB 3836.1 中的规定执行；若不具备现场测试条件的，现场采样后送回实验室分析。

6.1.3 采样或监测现场区域的危险分类或防爆保护要求未明确的，应按照 GB 3836.1 中的规定尽量使用本质安全型（ia 或 ib 类）监测设备开展采样或监测工作。

6.2 污染源单位应向现场监测或采样人员详细说明处理设施及采样点位附近所有可能的安全生产问题，必要时应进行现场安全生产培训。

6.3 现场监测或采样时应严格执行现场作业的有关安全生产规定，若监测点位区域为有防爆要求的危险场所，污染源企业应为监测人员提供相关报警仪，并安排安全员负责现场指导安全工作，确保采样操作和仪器使用符合相关安全要求。

6.4 采样或监测人员应正确使用各类个人劳动保护用品，做好安全防护工作。尽量在监测点位或采样口的上风向进行采样或监测。

7 样品运输和保存

7.1 现场采样样品必须逐件与样品登记表、样品标签和采样记录进行核对，核对无误后分类装箱。运输过程中严防样品的损失、受热、混淆和沾污。

7.2 用气袋法采集好的样品，应低温或常温避光保存。样品应尽快送到实验室，样品分析应在采样后 8 个小时内完成。

7.3 用吸附管采样后，立即用密封帽将采样管两端密封，4℃避光保存，7 日内分析。

7.4 用采样罐采集的样品，在常温下保存，采样后尽快分析，20 天内分析完毕。

7.5 用注射器采集的样品，立即用内衬聚四氟乙烯的橡皮帽密封，避光保存，应在当天完成分析测试。

7.6 冷链运输的样品应在实验室内恢复至常温或加热后再进行测定。

8 结果计算与表示

8.1 挥发性有机物污染物的排放浓度应折算为干基标准状态，有关计算按照相关标准的规定执行。

8.2　结果的计算与报出数据的有效数字按 GB/T 8170 及相关标准的规定执行。

8.3　挥发性有机物污染物排放浓度应按照污染物排放标准中的浓度限值计算基准进行换算。

8.4　非甲烷总烃或总烃的浓度计算基准有以碳计、以甲烷计或以丙烷计等，以甲烷计浓度换算为以碳计的计算示例及公式如下：

$$\rho_c = \gamma_{CH_4}\rho_{CH_4} \tag{1}$$

$$\rho_c = \gamma_{C_3H_8}\rho_{C_3H_8} \tag{2}$$

式中：ρ_c —— 以碳计的污染物浓度，mg/m^3；

γ_{CH_4} —— 以甲烷计转换为以碳计的换算系数；

$\gamma_{C_3H_8}$ —— 以丙烷计转换为以碳计的换算系数；

ρ_{CH_4} —— 以甲烷计的污染物浓度，mg/m^3；

$\rho_{C_3H_8}$ —— 以丙烷计的污染物浓度，mg/m^3。

$$\gamma_{CH_4} = \frac{M_c}{M_{CH_4}} \tag{3}$$

$$\gamma_{C_3H_8} = \frac{M_c}{M_{C_3H_8}} \tag{4}$$

式中：M_c —— 碳的分子量；

M_{CH_4} —— 甲烷的分子量；

$M_{C_3H_8}$ —— 丙烷的分子量。

以甲烷计或以丙烷计浓度换算为以碳计浓度的换算系数表见表 1。换算系数保留 3 位有效数字。

表 1　换算系数表

名称	以碳计	以甲烷计	以丙烷计
分子量	12.01	16.043	44.096
换算系数γ	1.00	0.749	0.272

9　质量保证与质量控制

9.1　固定污染源挥发性有机物的采样、监测流程见附录 2。挥发性有机物监测的质量保证与质量控制应按照 HJ/T 373、HJ/T 397 及其他相关标准规定执行。

9.2　采样前应严格检查采样系统的密封性，泄漏检查方法和标准按照 HJ 732 要求执行，或者系统漏气量不大于 600 mL/2 min，则视为采样系统不漏气。

9.3　现场监测时，应对仪器校准情况进行记录。

9.4　采样前应对采样流量计进行校验，其相对误差应不大于 5%；采样流量波动应不大于 10%。

9.5　使用吸附管采样时，可用快速检测仪等方法预估样品浓度，估算并控制好采样体积，第二级吸附管目标化合物的吸附率应小于总吸附率的 10%，否则应重新采样。方法标准中另有规定的按相关要求执行。

9.6　每批样品均需建立标准或工作曲线，标准或工作曲线的相关系数应大于 0.995，校准曲线应选择 3～5 个点（不包括空白）。每 24 h 分析一次校准曲线中间浓度点或者次高点，其测定结果与初始浓度值相对偏差应小于等于 30%，否则应查找原因或重新绘制标准曲线。

9.7　测定挥发性有机物的特征污染物时，每 10 个样品或每批次（少于 10 个样品）至少分析一个平行样品，平行样品的相对偏差应小于 30%，分析方法另有规定的按相关要求执行。

9.8　每批样品至少有一个全程序空白样品，其平均浓度应小于样品浓度的 10%，否则应重新采样；每批样品分析前至少分析一次实验室空白，空白分析结果应小于方法检出限。分析方法另有规定的按相关要求执行。

9.9　送实验室的样品应及时分析，应在规定的期限内完成；留样样品应按测定项目标准监测方法规定的要求保存。

附录 1

固定污染源废气挥发性污染物的分析方法

排放类型	污染物	标准名称	标准号
有组织	非甲烷总烃或总烃	固定污染源废气　挥发性有机物的采样　气袋法	HJ 732
		固定污染源排气中非甲烷总烃的测定　气相色谱法	HJ/T 38
	苯	固定污染源废气　挥发性有机物的测定　固相吸附-热脱附/气相色谱-质谱法	HJ 734
		固定污染源废气　挥发性有机物的采样　气袋法	HJ 732
	甲苯	固定污染源废气　挥发性有机物的测定　固相吸附-热脱附/气相色谱-质谱法	HJ 734
		固定污染源废气　挥发性有机物的采样　气袋法	HJ 732
	二甲苯	固定污染源废气　挥发性有机物的测定　固相吸附-热脱附/气相色谱-质谱法（验证后使用）	HJ 734
		固定污染源废气　挥发性有机物的采样　气袋法	HJ 732
	酚类	固定污染源排气中酚类化合物的测定　4-氨基安替比林分光光度法	HJ/T 32
	TOC	固定污染源排气中非甲烷总烃的测定　气相色谱法	参照 HJ/T 38，待TOC 监测标准发布后执行
	臭气浓度	空气质量　恶臭的测定　三点比较式　臭袋法	GB/T 14675，参照 GB 14554
	三甲胺	空气质量　三甲胺的测定　气相色谱法	GB/T 14676，参照 GB 14554
	甲硫醇	空气质量　硫化氢、甲硫醇、甲硫醚、二甲二硫的测定　气相色谱法	GB/T 14678，参照 GB 14554
	甲硫醚	空气质量　硫化氢、甲硫醇、甲硫醚、二甲二硫的测定　气相色谱法	GB/T 14678，参照 GB 14554
	二甲二硫醚	空气质量　硫化氢、甲硫醇、甲硫醚、二甲二硫的测定　气相色谱法	GB/T 14678，参照 GB 14554
	二硫化碳	空气质量　二硫化碳的测定　二乙胺分光光度法	GB/T 14680，参照 GB 14554
	苯乙烯	空气质量　甲苯、二甲苯、苯乙烯的测定　气相色谱法	GB/T 14677，参照 GB 14554
	氯乙烯	固定污染源排气中氯乙烯的测定　气相色谱法	HJ/T 34
	二甲基甲酰胺（DMF）	环境空气和废气　酰胺类化合物的测定　液相色谱法	HJ 801—2016
	乙醛	固定污染源排气中乙醛的测定　气相色谱法	HJ/T 35
	丙烯腈	固定污染源排气中丙烯腈的测定　气相色谱法	HJ/T 37
	丙烯醛	固定污染源排气中丙烯醛的测定　气相色谱法	HJ/T 36
	甲醇	固定污染源排气中甲醇的测定　气相色谱法	HJ/T 33
	氯苯类	固定污染源排气中氯苯类的测定　气相色谱法	HJ/T 39
	其他	实验室内方法验证后使用	—

排放类型	污染物	标准名称	标准号
无组织	非甲烷总烃或总烃	固定污染源废气　挥发性有机物的采样　气袋法	HJ 732
		固定污染源排气中非甲烷总烃的测定　气相色谱法	HJ/T 38
		环境空气　总烃的测定　气相色谱法	HJ 604
无组织	苯系物（苯、甲苯、二甲苯等）	环境空气　苯系物的测定　活性炭吸附/二硫化碳解吸-气相色谱法	HJ 584
		环境空气　苯系物的测定　固体吸附/热脱附-气相色谱法	HJ 583
		环境空气　挥发性有机物的测定　吸附管采样-热脱附/气相色谱-质谱法	HJ 644
	酚类化合物	环境空气　酚类化合物的测定　高效液相色谱法	HJ 638
	臭气浓度	空气质量　恶臭的测定　三点比较式　臭袋法	GB/T 14675
	氯乙烯	环境空气　挥发性有机物的测定　罐采样/气相色谱-质谱法	HJ 759
		环境空气　挥发性卤代烃的测定　活性炭吸附-二硫化碳解吸/气相色谱法	HJ 645
		环境空气　挥发性有机物的测定　吸附管采样-热脱附/气相色谱-质谱法	HJ 644
	二氯乙烷	环境空气　挥发性有机物的测定　罐采样/气相色谱-质谱法	HJ 759
		环境空气　挥发性卤代烃的测定　活性炭吸附-二硫化碳解吸/气相色谱法	HJ 645
		环境空气　挥发性有机物的测定　吸附管采样-热脱附/气相色谱-质谱法	HJ 644
	二甲基甲酰胺（DMF）	环境空气和废气　酰胺类化合物的测定　液相色谱法	HJ 801—2016
	二硫化碳	环境空气　挥发性有机物的测定　罐采样/气相色谱-质谱法	HJ 759
	苯乙烯	环境空气　挥发性有机物的测定　罐采样/气相色谱-质谱法	HJ 759
		环境空气　挥发性有机物的测定　吸附管采样-热脱附/气相色谱-质谱法	HJ 644
	甲醛	环境空气　醛、酮类化合物的测定　高效液相色谱法	HJ 683
	乙醛	环境空气　醛、酮类化合物的测定　高效液相色谱法	HJ 683
	丙烯醛	环境空气　挥发性有机物的测定　罐采样/气相色谱-质谱法	HJ 759
		环境空气　醛、酮类化合物的测定　高效液相色谱法	HJ 683
	氯苯类	环境空气　挥发性有机物的测定　罐采样/气相色谱-质谱法	HJ 759
		环境空气　挥发性卤代烃的测定　活性炭吸附-二硫化碳解吸/气相色谱法	HJ 645
		环境空气　挥发性有机物的测定　吸附管采样-热脱附/气相色谱-质谱法	HJ 644
	硝基苯类	环境空气　硝基苯类化合物的测定　气相色谱法	HJ 738
		环境空气　硝基苯类化合物的测定　气相色谱-质谱法	HJ 739
	苯胺类	空气质量　苯胺类的测定　盐酸萘乙二胺分光光度法	GB/T 15502—1995
	醛、酮类化合物	空气　醛、酮类化合物的测定　高效液相色谱法	HJ 683
	甲硫醇、甲硫醚和二甲二硫醚	空气质量　硫化氢、甲硫醇、甲硫醚和二甲二硫的测定　气相色谱法	GB/T 14678
	三甲胺	空气质量　三甲胺的测定　气相色谱法	GB/T 14676
	其他	实验室内方法验证后使用	
本规定实施之日后，国家或地方再行发布的适用的空气和废气有机污染物分析方法同等选用。			

附录 2

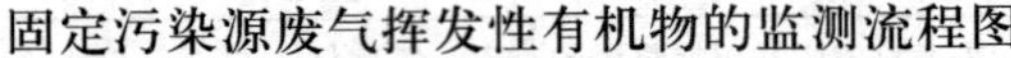
固定污染源废气挥发性有机物的监测流程图

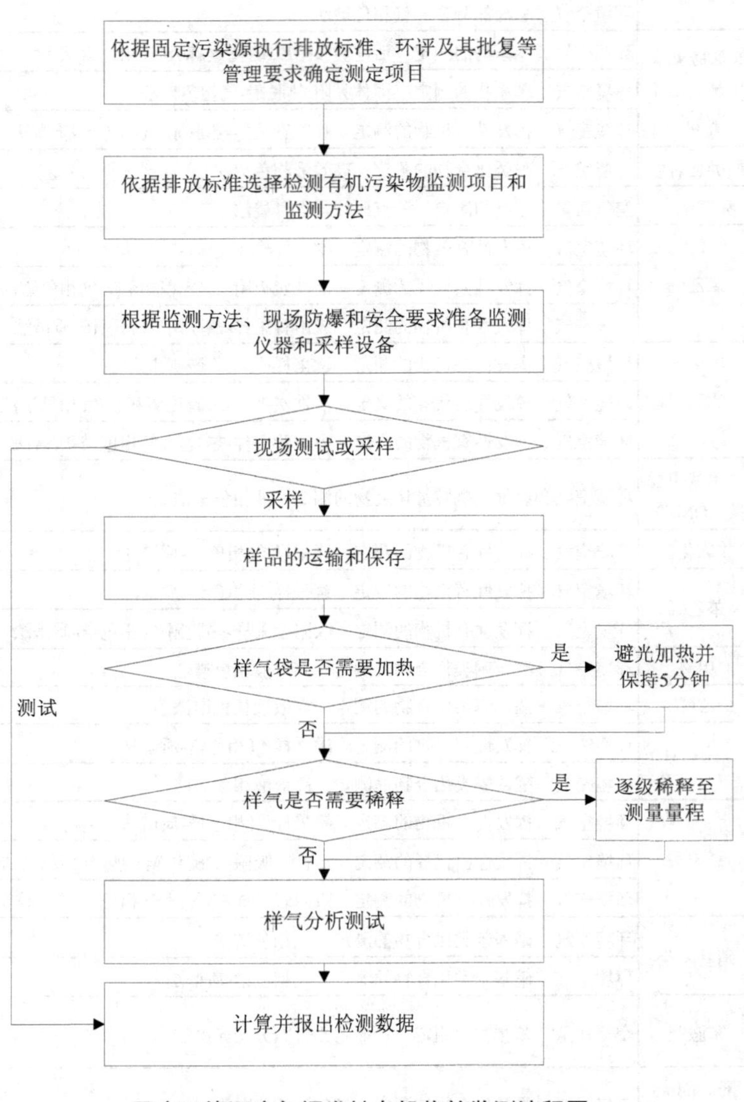

固定污染源废气挥发性有机物的监测流程图

工业和信息化部 财政部关于印发重点行业挥发性有机物削减行动计划的通知

工信部联节〔2016〕217号

各省、自治区、直辖市及计划单列市、新疆生产建设兵团工业和信息化主管部门、财政厅（局），有关行业协会：

为贯彻《中国制造 2025》（国发〔2015〕28 号）和《大气污染防治行动计划》（国发〔2013〕37 号），加快推进绿色制造工程，促进重点行业挥发性有机物削减，改善大气环境质量，提升制造业绿色化水平，我们组织编制了《重点行业挥发性有机物削减行动计划》。现印发你们，请遵照执行。

工业和信息化部

财政部

2016 年 7 月 8 日

重点行业挥发性有机物削减行动计划

为贯彻落实《中国制造 2025》（国发〔2015〕28 号）和《大气污染防治行动计划》（国发〔2013〕37 号），推进重点行业减少挥发性有机物（以下简称 VOCs）的产生和排放，改善大气环境质量，提升制造业绿色化水平，制定本行动计划。本计划实施期为 2016—2018 年。

一、计划实施的必要性

VOCs 具有光化学活性，排放到大气中是形成细颗粒物（$PM_{2.5}$）和臭氧的重要前体物质，对环境空气质量造成较大影响。除影响环境质量外，一些行业排放的 VOCs 含有三苯类、卤代烃类、硝基苯类、苯胺类等物质，对人体健康具有较大的危害。此外，部分 VOCs 具有异味，会给周边居民生活造成一定程度影响。

工业是 VOCs 排放的重点领域，排放量占总排放量的 50%以上。工业排放源复杂，主要涉及生产、使用、储存和运输等诸多环节，其中：石油炼制与石油化工、涂料、油墨、胶黏剂、农药、汽车、包装印刷、橡胶制品、合成革、家具、制鞋等行业 VOCs 排放量占工业排放总量的 80%以上。工业行业 VOCs 排放具有强度大、浓度高、污染物种类多等特点，回收再利用难度大、成本高，是工业领域 VOCs 削减的重点。

目前，大气污染防治形势严峻，加快重点行业 VOCs 削减，对推动工业绿色发展，促进大气环境质量改善，保障人体健康具有重要意义。

二、总体思路和主要目标

（一）总体思路

以技术进步为主线，坚持源头削减、过程控制为重点，兼顾末端治理的全过程防治理念，发挥企业主体作用，加强政策支持引导，推动企业实施原料替代和清洁生产技术改造，提升清洁生产水平，促进行业绿色转型升级。

（二）主要目标

到 2018 年，工业行业 VOCs 排放量比 2015 年削减 330 万吨以上，减少苯、甲苯、二甲苯、二甲基甲酰胺（DMF）等溶剂、助剂使用量 20%以上，低（无）VOCs 的绿色农药制剂、涂料、油墨、胶黏剂和轮胎产品比例分别达到 70%、60%、70%、85%和 40%以上。

三、主要任务

（一）实施原料替代工程

农药行业。开发绿色农药剂型，加快绿色溶剂替代轻芳烃和有害有机溶剂，大力推广水基化、无尘化、控制释放等剂型，支持开发、生产和推广水分散粒剂、悬浮剂、水乳剂、绿色乳油、微胶囊剂等绿色剂型，以及与之配套的新型溶剂和助剂，严格控制 VOCs 的使用。

涂料行业。重点推广水性涂料、粉末涂料、高固体分涂料、无溶剂涂料、辐射固化涂料（UV 涂料）等绿色涂料产品。

胶黏剂行业。加快推广水基型、热熔型、无溶剂型、紫外光固化型、高固含量型及生物降解型等绿色产品。限制有害溶剂、助剂使用，加快削减步伐。

油墨行业。重点研发推广使用低（无）VOCs 的非吸收性基材的水性油墨（VOCs 含量低于 30%）、单一溶剂型凹印油墨、辐射固化油墨。

（二）实施工艺技术改造工程

石油炼制与石油化工行业。鼓励采用先进的清洁生产技术，降低在设备与管线组件、工艺排气、废气燃烧塔（火炬）、废水处理等过程产生的含 VOCs 废气排放量。采取配备油气回收系统、密闭收集系统等降低在油类（燃油、溶剂）的储存、运输过程中的 VOCs 排放。

橡胶行业。研发推广使用新型偶联剂、黏合剂等绿色产品，推广使用石蜡油或其他绿色油类产品全面替代普通芳烃油，制造生产过程推广采用氮气硫化、串联法混炼、粉料助剂预分散处理等工艺；再生胶行业全面推广常压连续脱硫生产工艺，彻底淘汰动态脱硫罐，采用绿色助剂替代煤焦油等有毒有害助剂。

包装印刷行业。推广应用低（无）VOCs 含量的绿色油墨、上光油、润版液、清洗剂、胶黏剂、稀释剂等原辅材料；鼓励采用柔性版印刷工艺和无溶剂复合工艺，逐步减少凹版印刷工艺、干式复合工艺。

制鞋行业。帮面加工推广采用热熔胶型主跟包头、定型布等材料；帮底黏合工序鼓励使用水性胶黏剂替代溶剂型胶黏剂；研发应用粉末胶黏剂；限制有害溶剂、助剂使用。

合成革行业。重点推进水性与无溶剂聚氨酯，热塑性聚氨酯弹性体和聚烯烃类热缩弹性体树脂，替代有机溶剂树脂制备人造革、合成革、超纤革。

家具行业。木质家具制造企业推广应用 VOCs 含量低的水性漆，鼓励“油改水”工艺和设备改造；软体家具企业推广应用水性胶黏剂。

汽车行业。涂装环节推进水性涂料、高固体分涂料替代溶剂型涂料，推广静电喷涂、淋涂、辊涂、浸涂等高效涂装工艺和先进智能化涂装设备。内饰件鼓励采用绿色胶黏剂等材料以及火焰复合、模内注塑等工艺。

（三）实施回收及综合治理工程

鼓励企业实施生产过程密闭化、连续化、自动化技术改造，建立密闭式负压废气收集系统，并与生产过程同步运行。采取密闭式作业，并配备高效的溶剂回收和废气降解系统。

根据不同行业 VOCs 排放浓度、成分，选择催化燃烧、蓄热燃烧、吸附、生物法、冷凝收集净化、电子焚烧、臭氧氧化除臭、等离子处理、光催化等针对性强、治理效果明显的处理技术对含 VOCs 废气进行处理处置。

四、保障措施

（一）加强组织领导

各级工业和信息化主管部门要会同有关部门加强对 VOCs 生产、使用和排放重点企业的指导，组织实施本辖区 VOCs 削减计划，引导企业积极开展 VOCs 削减的技术研发和产业化示范，实施清洁生产技术改造。储备优先支持的 VOCs 削减技术改造项目，充分利用各级优惠扶持政策，加强企业 VOCs 削减能力建设，提升企业绿色发展水平。加快发展环保服务业，鼓励专业服务机构为企业提供 VOCs 削减等服务。

（二）加大政策引导支持力度

各级工业和信息化主管部门应充分利用专项建设基金、绿色信贷等资金渠道，支持工业企业实施 VOCs 削减技术改造，对符合条件的 VOCs 削减技术改造项目优先给予支持。有关地方财政部门可将符合规定的重点行业 VOCs 削减技术改造项目纳入中央大气污染防治专项资金支持范围。

（三）建立完善标准和评价机制

工业和信息化部组织相关研究机构、行业协会及企业，研究制定 VOCs 削减重点行业相关绿色设计产品评价标准，开展绿色设计产品评价工作，发布一批绿色设计产品名录，推动行业绿色发展。加强标准宣贯，树立绿色设计示范企业，引领企业不断提升清洁生产技术水平。

（四）充分发挥中介机构的支撑作用

相关行业协会、科研院所和咨询机构等要充分发挥自身优势，做好技术引导、技术支持、技术服务和信息咨询等工作。有关行业协会要研究制定本行业的 VOCs 削减路线图，提出 VOCs 削减的目标、任务和进度，搭建 VOCs 削减技术装备供需对接平台，帮助企业实施 VOCs 削减技术改造，加快先进适用技术推广应用。加强低（无）VOCs 产品的宣传，倡导绿色消费，进一步提升全社会绿色意识、参与度和积极性，创造良好消费和社会氛围。

关于印发《重点行业挥发性有机物综合治理方案》的通知

环大气〔2019〕53号

各省、自治区、直辖市生态环境厅（局），新疆生产建设兵团生态环境局：

现将《重点行业挥发性有机物综合治理方案》印发给你们，请遵照执行。

附件：1. 重点区域范围

2. 重点控制的VOCs物质

3. VOCs治理台账记录要求

4. 工业企业VOCs治理检查要点

5. 油品储运销VOCs治理检查要点

生态环境部

2019年6月26日

重点行业挥发性有机物综合治理方案

为贯彻落实《中共中央 国务院关于全面加强生态环境保护坚决打好污染防治攻坚战的意见》《国务院关于印发打赢蓝天保卫战三年行动计划的通知》有关要求，深入实施《"十三五"挥发性有机物污染防治工作方案》，加强对各地工作指导，提高挥发性有机物（VOCs）治理的科学性、针对性和有效性，协同控制温室气体排放，制定本方案。

一、形势与问题

（一）VOCs污染排放对大气环境影响突出。VOCs是形成细颗粒物（$PM_{2.5}$）和臭氧（O_3）的重要前体物，对气候变化也有影响。近年来，我国$PM_{2.5}$污染控制取得积极进展，尤其是京津冀及周边地区、长三角地区等改善明显，但$PM_{2.5}$浓度仍处于高位，超标现象依然普遍，是打赢蓝天保卫战改善环境空气质量的重点因子。京津冀及周边地区源解析结果表明，当前阶段有机物（OM）是$PM_{2.5}$的最主要组分，占比达20%～40%，其中，二次有机物占OM比例为30%～50%，主要来自VOCs转化生成。

同时，我国 O_3 污染问题日益显现，京津冀及周边地区、长三角地区、汾渭平原等区域（以下简称重点区域，范围见附件 1）O_3 浓度呈上升趋势，尤其是在夏秋季节已成为部分城市的首要污染物。研究表明，VOCs 是现阶段重点区域 O_3 生成的主控因子。

相对于颗粒物、二氧化硫、氮氧化物污染控制，VOCs 管理基础薄弱，已成为大气环境管理短板。石化、化工、工业涂装、包装印刷、油品储运销等行业（以下简称重点行业）是我国 VOCs 重点排放源。为打赢蓝天保卫战、进一步改善环境空气质量，迫切需要全面加强重点行业 VOCs 综合治理。

（二）存在的主要问题。《大气污染防治行动计划》实施以来，我国不断加强 VOCs 污染防治工作，印发 VOCs 污染防治工作方案，出台炼油、石化等行业排放标准，一些地区制定地方排放标准，加强 VOCs 监测、监控、报告、统计等基础能力建设，取得一些进展。但 VOCs 治理工作依然薄弱，主要表现为：

一是源头控制力度不足。有机溶剂等含 VOCs 原辅材料的使用是 VOCs 重要排放来源，由于思想认识不到位、政策激励不足、投入成本高等原因，目前低 VOCs 含量原辅材料源头替代措施明显不足。据统计，我国工业涂料中水性、粉末等低 VOCs 含量涂料的使用比例不足 20%，低于欧美等发达国家 40%～60%的水平。

二是无组织排放问题突出。VOCs 挥发性强，涉及行业广，产排污环节多，无组织排放特征明显。虽然大气污染防治法等对 VOCs 无组织排放提出密闭封闭等要求，但目前量大面广的企业未采取有效管控措施，尤其是中小企业管理水平差，收集效率低，逸散问题突出。研究表明，我国工业 VOCs 排放中无组织排放占比达 60%以上。

三是治污设施简易低效。VOCs 废气组分复杂，治理技术多样，适用性差异大，技术选择和系统匹配性要求高。我国 VOCs 治理市场起步较晚，准入门槛低，加之监管能力不足等，治污设施建设质量良莠不齐，应付治理、无效治理等现象突出。在一些地区，低温等离子、光催化、光氧化等低效技术应用甚至达 80%以上，治污效果差。一些企业由于设计不规范、系统不匹配等原因，即使选择了高效治理技术，也未取得预期治污效果。

四是运行管理不规范。VOCs 治理需要全面加强过程管控，实施精细化管理，但目前企业普遍存在管理制度不健全、操作规程未建立、人员技术能力不足等问题。一些企业采用活性炭吸附工艺，但长期不更换吸附材料；一些企业采用燃烧、冷凝治理技术，但运行温度等达不到设计要求；一些企业开展了泄漏检测与修复（LDAR）工作，但未按规程操作等。

五是监测监控不到位。我国 VOCs 监测工作尚处于起步阶段，企业自行监测质量普遍不高，点位设置不合理、采样方式不规范、监测时段代表性不强等问题突出。部分重点企业未按要求配备自动监控设施。涉 VOCs 排放工业园区和产业集群缺乏有效的监测溯源与预警措施。从监管方面来看，缺乏现场快速检测等有效手段，走航监测、网格化监测等应用不足。

二、主要目标

到 2020 年，建立健全 VOCs 污染防治管理体系，重点区域、重点行业 VOCs 治理取得明显成效，完成“十三五”规划确定的 VOCs 排放量下降 10%的目标任务，协同控制温室气体排放，推动环境空气质量持续改善。

三、控制思路与要求

（一）大力推进源头替代。通过使用水性、粉末、高固体分、无溶剂、辐射固化等低 VOCs 含量的涂料，水性、辐射固化、植物基等低 VOCs 含量的油墨，水基、热熔、无溶剂、辐射固化、改性、生物降解等低 VOCs 含量的胶黏剂，以及低 VOCs 含量、低反应活性的清洗剂等，替代溶剂型涂料、油墨、胶黏剂、清洗剂等，从源头减少 VOCs 产生。工业涂装、包装印刷等行业要加大源头替代力度；化工行业要推广使用低（无）VOCs 含量、低反应活性的原辅材料，加快对芳香烃、含卤素有机化合物的绿色替代。企业应大力推广使用低 VOCs 含量木器涂料、车辆涂料、机械设备涂料、集装箱涂料以及建筑物和构筑物防护涂料等，在技术成熟的行业，推广使用低 VOCs 含量油墨和胶黏剂，重点区域到 2020 年年底前基本完成。鼓励加快低 VOCs 含量涂料、油墨、胶黏剂等研发和生产。

加强政策引导。企业采用符合国家有关低 VOCs 含量产品规定的涂料、油墨、胶黏剂等，排放浓度稳定达标且排放速率、排放绩效等满足相关规定的，相应生产工序可不要求建设末端治理设施。使用的原辅材料 VOCs 含量（质量比）低于 10%的工序，可不要求采取无组织排放收集措施。

（二）全面加强无组织排放控制。重点对含 VOCs 物料（包括含 VOCs 原辅材料、含 VOCs 产品、含 VOCs 废料以及有机聚合物材料等）储存、转移和输送、设备与管线组件泄漏、敞开液面逸散以及工艺过程等五类排放源实施管控，通过采取设备与场所密闭、工艺改进、废气有效收集等措施，削减 VOCs 无组织排放。

加强设备与场所密闭管理。含 VOCs 物料应储存于密闭容器、包装袋，高效密封储罐，封闭式储库、料仓等。含 VOCs 物料转移和输送，应采用密闭管道或密闭容器、罐车等。高 VOCs 含量废水（废水液面上方 100 毫米处 VOCs 检测浓度超过 200×10^{-6}，其中，重点区域超过 100×10^{-6}，以碳计）的集输、储存和处理过程，应加盖密闭。含 VOCs 物料生产和使用过程，应采取有效收集措施或在密闭空间中操作。

推进使用先进生产工艺。通过采用全密闭、连续化、自动化等生产技术，以及高效工艺与设备等，减少工艺过程无组织排放。挥发性有机液体装载优先采用底部装载方式。石化、化工行业重点推进使用低（无）泄漏的泵、压缩机、过滤机、离心机、干燥设备等，推广采用油品在线调和技术、密闭式循环水冷却系统等。工业涂装行业重点推进使用紧凑式涂装工艺，推广采用辊涂、静电喷涂、高压无气喷涂、空气辅助无气喷涂、热喷涂等涂装技术，鼓励企业采用自动化、智能化喷涂设备替代人工喷涂，减少使用空气喷涂技术。包装印刷行业大力推广使用无溶剂复合、挤出复合、共挤出复合技术，鼓励采用水性凹印、醇水凹印、辐射固化凹印、柔版印刷、无水胶印等印刷工艺。

提高废气收集率。遵循“应收尽收、分质收集”的原则，科学设计废气收集系统，将无组织排放转变为有组织排放进行控制。采用全密闭集气罩或密闭空间的，除行业有特殊要求外，应保持微负压状态，并根据相关规范合理设置通风量。采用局部集气罩的，距集气罩开口面最远处的 VOCs 无组织排放位置，控制风速应不低于 0.3 米/秒，有行业要求的按相关规定执行。

加强设备与管线组件泄漏控制。企业中载有气态、液态 VOCs 物料的设备与管线组件，密封点数量大于等于 2 000 个的，应按要求开展 LDAR 工作。石化企业按行业排放标准规定执行。

（三）推进建设适宜高效的治污设施。企业新建治污设施或对现有治污设施实施改造，应依据排放废气的浓度、组分、风量，温度、湿度、压力，以及生产工况等，合理选择治理技术。鼓励企业采用多种技术的组合工艺，提高 VOCs 治理效率。低浓度、大风量废气，宜采用沸石转轮吸附、活性炭吸附、减风增浓等浓缩技术，提高 VOCs 浓度后净化处理；高浓度废气，优先进行溶剂回收，难以回收的，宜采用高温焚烧、催化燃烧等技术。油气（溶剂）回收宜采用冷凝+吸附、吸附+吸收、膜分离+吸附等技术。低温等离子、光催化、光氧化技术主要适用于恶臭异味等治理；生物法主要适用于低浓度VOCs废气治理和恶臭异味治理。非水溶性的VOCs废气禁止采用水或水溶液喷淋吸收处理。采用一次性活性炭吸附技术的，应定期更换活性炭，废旧活性炭应再生或处理处置。有条件的工业园区和产业集群等，推广集中喷涂、溶剂集中回收、活性炭集中再生等，加强资源共享，提高VOCs治理效率。

规范工程设计。采用吸附处理工艺的，应满足《吸附法工业有机废气治理工程技术规范》要求。采用催化燃烧工艺的，应满足《催化燃烧法工业有机废气治理工程技术规范》要求。采用蓄热燃烧等其他处理工艺的，应按相关技术规范要求设计。

实行重点排放源排放浓度与去除效率双重控制。车间或生产设施收集排放的废气，VOCs初始排放速率大于或等于3千克/小时、重点区域大于或等于2千克/小时的，应加大控制力度，除确保排放浓度稳定达标外，还应实行去除效率控制，去除效率不低于80%；采用的原辅材料符合国家有关低VOCs含量产品规定的除外，有行业排放标准的按其相关规定执行。

（四）深入实施精细化管控。各地应围绕当地环境空气质量改善需求，根据O_3、$PM_{2.5}$来源解析，结合行业污染排放特征和VOCs物质光化学反应活性等，确定本地区VOCs控制的重点行业和重点污染物，兼顾恶臭污染物和有毒有害物质控制等，提出有效管控方案，提高VOCs治理的精准性、针对性和有效性。全国重点控制的VOCs物质见附件2。

推行“一厂一策”制度。各地应加强对企业帮扶指导，对本地污染物排放量较大的企业，组织专家提供专业化技术支持，严格把关，指导企业编制切实可行的污染治理方案，明确原辅材料替代、工艺改进、无组织排放管控、废气收集、治污设施建设等全过程减排要求，测算投资成本和减排效益，为企业有效开展VOCs综合治理提供技术服务。重点区域应组织本地VOCs排放量较大的企业开展“一厂一策”方案编制工作，2020年6月底前基本完成；适时开展治理效果后评估工作，各地出台的补贴政策要与减排效果紧密挂钩。鼓励地方对重点行业推行强制性清洁生产审核。

加强企业运行管理。企业应系统梳理VOCs排放主要环节和工序，包括启停机、检维修作业等，制定具体操作规程，落实到具体责任人。健全内部考核制度。加强人员能力培训和技术交流。建立管理台账，记录企业生产和治污设施运行的关键参数（见附件3），在线监控参数要确保能够实时调取，相关台账记录至少保存三年。

四、重点行业治理任务

（一）石化行业VOCs综合治理。全面加大石油炼制及有机化学品、合成树脂、合成纤维、合成橡胶等行业VOCs治理力度。重点加强密封点泄漏、废水和循环水系统、储罐、有机液体装卸、工艺废气等源项VOCs治理工作，确保稳定达标排放。重点区域要进一步加大其他源项治理力度，禁止熄灭火炬系统长明灯，设置视频监控装置；推进煤油、柴油等在线调和工作；非正常工况排放的VOCs，应吹扫至火炬系统或密闭收集处理；含VOCs废液废渣应密闭储存；防腐防水防锈涂装采用低VOCs含量涂料。

深化LDAR工作。严格按照《石化企业泄漏检测与修复工作指南》规定，建立台账，开展泄漏检测、修复、质量控制、记录管理等工作。加强备用泵、在用泵、调节阀、搅拌器、开口管线等检测工作，强化质量控制；要将VOCs治理设施和储罐的密封点纳入检测计划中。参照《挥发性有机物无组织排放控制标准》有关设备与管线组件VOCs泄漏控制监督要求，对石化企业密封点泄漏加强监管。

鼓励重点区域对泄漏量大的密封点实施包袋法检测，对不可达密封点采用红外法检测。

加强废水、循环水系统 VOCs 收集与处理。加大废水集输系统改造力度，重点区域现有企业通过采取密闭管道等措施逐步替代地漏、沟、渠、井等敞开式集输方式。全面加强废水系统高浓度 VOCs 废气收集与治理，集水井（池）、调节池、隔油池、气浮池、浓缩池等应采用密闭化工艺或密闭收集措施，配套建设燃烧等高效治污设施。生化池、曝气池等低浓度 VOCs 废气应密闭收集，实施脱臭等处理，确保达标排放。加强循环水监测，重点区域内石化企业每六个月至少开展一次循环水塔和含 VOCs 物料换热设备进出口总有机碳（TOC）或可吹扫有机碳（POC）监测工作，出口浓度大于进口浓度 10% 的，要溯源泄漏点并及时修复。

强化储罐与有机液体装卸 VOCs 治理。加大中间储罐等治理力度，真实蒸气压大于或等于 5.2 千帕（kPa）的，要严格按照有关规定采取有效控制措施。鼓励重点区域对真实蒸气压大于或等于 2.8 kPa 的有机液体采取控制措施。进一步加大挥发性有机液体装卸 VOCs 治理力度，重点区域推广油罐车底部装载方式，推进船舶装卸采用油气回收系统，试点开展火车运输底部装载工作。储罐和有机液体装卸采取末端治理措施的，要确保稳定运行。

深化工艺废气 VOCs 治理。有效实施催化剂再生废气、氧化尾气 VOCs 治理，加强酸性水罐、延迟焦化、合成橡胶、合成树脂、合成纤维等工艺过程尾气 VOCs 治理。推行全密闭生产工艺，加大无组织排放收集。鼓励企业将含 VOCs 废气送工艺加热炉、锅炉等直接燃烧处理，污染物排放满足石化行业相关排放标准要求。酸性水罐尾气应收集处理。推进重点区域延迟焦化装置实施密闭除焦（含冷焦水和切焦水密闭）改造。合成橡胶、合成树脂、合成纤维等推广使用密闭脱水、脱气、掺混等工艺和设备，配套建设高效治污设施。

（二）化工行业 VOCs 综合治理。加强制药、农药、涂料、油墨、胶黏剂、橡胶和塑料制品等行业 VOCs 治理力度。重点提高涉 VOCs 排放主要工序密闭化水平，加强无组织排放收集，加大含 VOCs 物料储存和装卸治理力度。废水储存、曝气池及其之前废水处理设施应按要求加盖封闭，实施废气收集与处理。密封点大于或等于 2 000 个的，要开展 LDAR 工作。

积极推广使用低 VOCs 含量或低反应活性的原辅材料，加快工艺改进和产品升级。制药、农药行业推广使用非卤代烃和非芳香烃类溶剂，鼓励生产水基化类农药制剂。橡胶制品行业推广使用新型偶联剂、黏合剂，使用石蜡油等替代普通芳烃油、煤焦油等助剂。优化生产工艺，农药行业推广水相法、生物酶法合成等技术；制药行业推广生物酶法合成技术；橡胶制品行业推广采用串联法混炼、常压连续脱硫工艺。

加快生产设备密闭化改造。对进出料、物料输送、搅拌、固液分离、干燥、灌装等过程，采取密闭化措施，提升工艺装备水平。加快淘汰敞口式、明流式设施。重点区域含 VOCs 物料输送原则上采用重力流或泵送方式，逐步淘汰真空方式；有机液体进料鼓励采用底部、浸入管给料方式，淘汰喷溅式给料；固体物料投加逐步推进采用密闭式投料装置。

严格控制储存和装卸过程 VOCs 排放。鼓励采用压力罐、浮顶罐等替代固定顶罐。真实蒸气压大于或等于 27.6 kPa（重点区域大于或等于 5.2 kPa）的有机液体，利用固定顶罐储存的，应按有关规定采用气相平衡系统或收集净化处理。

实施废气分类收集处理。优先选用冷凝、吸附再生等回收技术；难以回收的，宜选用燃烧、吸附浓缩+燃烧等高效治理技术。水溶性、酸碱 VOCs 废气宜选用多级化学吸收等处理技术。恶臭类废气还应进一步加强除臭处理。

加强非正常工况废气排放控制。退料、吹扫、清洗等过程应加强含 VOCs 物料回收工作，产生的 VOCs 废气要加大收集处理力度。开车阶段产生的易挥发性不合格产品应收集至中间储罐等装置。重点区域化工企业应制定开停车、检维修等非正常工况 VOCs 治理操作规程。

（三）工业涂装 VOCs 综合治理。加大汽车、家具、集装箱、电子产品、工程机械等行业 VOCs 治理力度，重点区域应结合本地产业特征，加快实施其他行业涂装 VOCs 综合治理。

强化源头控制，加快使用粉末、水性、高固体分、辐射固化等低 VOCs 含量的涂料替代溶剂型涂料。重点区域汽车制造底漆大力推广使用水性涂料，乘用车中涂、色漆大力推广使用高固体分或水性涂料，加快客车、货车等中涂、色漆改造。钢制集装箱制造在箱内、箱外、木地板涂装等工序大力推广使用水性涂料，在确保防腐蚀功能的前提下，加快推进特种集装箱采用水性涂料。木质家具制造大力推广使用水性、辐射固化、粉末等涂料和水性胶黏剂；金属家具制造大力推广使用粉末涂料；软体家具制造大力推广使用水性胶黏剂。工程机械制造大力推广使用水性、粉末和高固体分涂料。电子产品制造推广使用粉末、水性、辐射固化等涂料。

加快推广紧凑式涂装工艺、先进涂装技术和设备。汽车制造整车生产推广使用“三涂一烘”“两涂一烘”或免中涂等紧凑型工艺、静电喷涂技术、自动化喷涂设备。汽车金属零配件企业鼓励采用粉末静电喷涂技术。集装箱制造一次打砂工序钢板处理采用辊涂工艺。木质家具推广使用高效的往复式喷涂箱、机械手和静电喷涂技术。板式家具采用喷涂工艺的，推广使用粉末静电喷涂技术；采用溶剂型、辐射固化涂料的，推广使用辊涂、淋涂等工艺。工程机械制造要提高室内涂装比例，鼓励采用自动喷涂、静电喷涂等技术。电子产品制造推广使用静电喷涂等技术。

有效控制无组织排放。涂料、稀释剂、清洗剂等原辅材料应密闭存储，调配、使用、回收等过程应采用密闭设备或在密闭空间内操作，采用密闭管道或密闭容器等输送。除大型工件外，禁止敞开式喷涂、晾（风）干作业。除工艺限制外，原则上实行集中调配。调配、喷涂和干燥等 VOCs 排放工序应配备有效的废气收集系统。

推进建设适宜高效的治污设施。喷涂废气应设置高效漆雾处理装置。喷涂、晾（风）干废气宜采用吸附浓缩+燃烧处理方式，小风量的可采用一次性活性炭吸附等工艺。调配、流平等废气可与喷涂、晾（风）干废气一并处理。使用溶剂型涂料的生产线，烘干废气宜采用燃烧方式单独处理，具备条件的可采用回收式热力燃烧装置。

（四）包装印刷行业 VOCs 综合治理。重点推进塑料软包装印刷、印铁制罐等 VOCs 治理，积极推进使用低（无）VOCs 含量原辅材料和环境友好型技术替代，全面加强无组织排放控制，建设高效末端净化设施。重点区域逐步开展出版物印刷 VOCs 治理工作，推广使用植物油基油墨、辐射固化油墨、低（无）醇润版液等低（无）VOCs 含量原辅材料和无水印刷、橡皮布自动清洗等技术，实现污染减排。

强化源头控制。塑料软包装印刷企业推广使用水醇性油墨、单一组分溶剂油墨，无溶剂复合技术、共挤出复合技术等，鼓励使用水性油墨、辐射固化油墨、紫外光固化光油、低（无）挥发和高沸点的清洁剂等。印铁企业加快推广使用辐射固化涂料、辐射固化油墨、紫外光固化光油。制罐企业推广使用水性油墨、水性涂料。鼓励包装印刷企业实施胶印、柔印等技术改造。

加强无组织排放控制。加强油墨、稀释剂、胶黏剂、涂布液、清洗剂等含 VOCs 物料储存、调配、输送、使用等工艺环节 VOCs 无组织逸散控制。含 VOCs 物料储存和输送过程应保持密闭。调配应在密闭装置或空间内进行并有效收集，非即用状态应加盖密封。涂布、印刷、覆膜、复合、上光、清洗等含 VOCs 物料使用过程应采用密闭设备或在密闭空间内操作；无法密闭的，应采取局部气体收集措施，废气排至 VOCs 废气收集系统。凹版、柔版印刷机宜采用封闭刮刀，或通过安装盖板、改变墨槽开口形状等措施减少墨槽无组织逸散。鼓励重点区域印刷企业对涉 VOCs 排放车间进行负压改造或局部围风改造。

提升末端治理水平。包装印刷企业印刷、干式复合等 VOCs 排放工序，宜采用吸附浓缩+冷凝回收、吸附浓缩+燃烧、减风增浓+燃烧等高效处理技术。

（五）油品储运销 VOCs 综合治理。加大汽油（含乙醇汽油）、石脑油、煤油（含航空煤油）以及原油等 VOCs 排放控制，重点推进加油站、油罐车、储油库油气回收治理。重点区域还应推进油船油气回收治理工作。

深化加油站油气回收工作。O_3污染较重的地区，行政区域内大力推进加油站储油、加油油气回收治理工作，重点区域 2019 年年底前基本完成。埋地油罐全面采用电子液位仪进行汽油密闭测量。规范油气回收设施运行，自行或聘请第三方加强加油枪气液比、系统密闭性及管线液阻等检查，提高检测频次，重点区域原则上每半年开展一次，确保油气回收系统正常运行。重点区域加快推进年销售汽油量大于 5 000 吨的加油站安装油气回收自动监控设备，并与生态环境部门联网，2020 年年底前基本完成。

推进储油库油气回收治理。汽油、航空煤油、原油以及真实蒸气压小于 76.6 kPa 的石脑油应采用浮顶罐储存，其中，油品容积小于等于 100 立方米的，可采用卧式储罐。真实蒸气压大于或等于 76.6 kPa 的石脑油应采用低压罐、压力罐或其他等效措施储存。加快推进油品收发过程排放的油气收集处理。加强储油库发油油气回收系统接口泄漏检测，提高检测频次，减少油气泄漏，确保油品装卸过程油气回收处理装置正常运行。加强油罐车油气回收系统密闭性和油气回收气动阀门密闭性检测，每年至少开展一次。推动储油库安装油气回收自动监控设施。

（六）工业园区和产业集群 VOCs 综合治理。各地应加大涉 VOCs 排放工业园区和产业集群综合整治力度，加强资源共享，实施集中治理，开展园区监测评估，建立环境信息共享平台。

对涂装类企业集中的工业园区和产业集群，如家具、机械制造、电子产品、汽车维修等，鼓励建设集中涂装中心，配备高效废气治理设施，代替分散的涂装工序。对石化、化工类工业园区和产业集群，推行泄漏检测统一监管，鼓励建立园区 LDAR 信息管理平台。对有机溶剂使用量大的工业园区和产业集群，如包装印刷、织物整理、合成橡胶及其制品等，推进建设有机溶剂集中回收处置中心，提高有机溶剂回收利用率。对活性炭使用量大的工业园区和产业集群，鼓励地方统筹规划，建设区域性活性炭集中再生基地，建立活性炭分散使用、统一回收、集中再生的管理模式，有效解决活性炭不及时更换、不脱附再生、监管难度大的问题，对脱附的 VOCs 等污染物应进行妥善处置。

强化工业园区和产业集群统一管理。树立行业标杆，制定综合整治方案，引导工业园区和产业集群整体升级。石化、化工类工业园区和产业集群，要建立健全档案管理制度，明确企业 VOCs 源谱，识别特征污染物，载明企业废气收集与治理设施建设情况、重污染天气应急预案、企业违法处罚等环保信息。鼓励对园区和产业集群开展监测、排查、环保设施建设运营等一体化服务。

提升工业园区和产业集群监测监控能力。加快推进重点工业园区和产业集群环境空气质量 VOCs 监测工作，重点区域 2020 年年底前基本完成。石化、化工类工业园区应建设监测预警监控体系，具备条件的，开展走航监测、网格化监测以及溯源分析等工作。涉恶臭污染的工业园区和产业集群，推广实施恶臭电子鼻监控预警。

五、实施与保障

（一）加强组织领导。各地要按照打赢蓝天保卫战总体部署，深入推进重点行业 VOCs 综合治理。各级生态环境部门要加强与相关部门、行业协会等协调，形成工作合力；结合第二次全国污染源普查、污染源排放清单编制等工作，确立本地 VOCs 治理重点行业，建立重点污染源管理台账；组织监测、执法、科研等力量，加强监督和帮扶，开展专项治理行动。加强服务指导，重点区域强化监督定点帮扶工作要把重点行业 VOCs 综合治理作为帮扶的重点。京津冀及周边地区、汾渭平原等“一市一策”驻点跟踪研究工作组要加大 VOCs 治理科研支撑力度。对推进不力、工作滞后、治理不到位的，要强化监督问责。

（二）完善标准体系。加快含 VOCs 产品质量标准制修订工作，2019 年年底前，出台低 VOCs 含量涂料产品技术要求，制修订建筑用墙面涂料、木器涂料、车辆涂料、工业防护涂料中有害物质限量标准，制订油墨、胶黏剂、清洗剂挥发性有机化合物限量强制性标准。加快涉 VOCs 行业排放标准制修订工作，2020 年 6 月底前，力争完成农药、汽车涂装、集装箱制造、包装印刷、家具制造、电子工业等行业大气污染物排放标准制订。建立与排放标准相适应的 VOCs 监测分析方法标准、监测仪器技术要求，加快出台固定污染源 VOCs 排放连续监测技术规范、VOCs 便携式监测技术规范。鼓励地方制定更加严格的地方排放标准。

（三）加强监测监控。加快制定家具、人造板、电子工业、包装印刷、涂料油墨颜料及类似产品、橡胶制品、塑料制品等行业自行监测指南和工业园区监测指南。排污许可管理已有规定的石化、炼焦、原料药、农药、汽车制造、制革、纺织印染等行业，要严格按照相关规定开展自行监测工作。

石化、化工、包装印刷、工业涂装等 VOCs 排放重点源，纳入重点排污单位名录，主要排污口安装自动监控设施，并与生态环境部门联网，重点区域 2019 年年底前基本完成，全国 2020 年年底前基本完成。鼓励重点区域对无组织排放突出的企业，在主要排放工序安装视频监控设施。鼓励企业配备便携式 VOCs 监测仪器，及时了解掌握排污状况。具备条件的企业，应通过分布式控制系统（DCS）等，自动连续记录环保设施运行及相关生产过程主要参数。自动监控、DCS 监控等数据至少要保存一年，视频监控数据至少保存三个月。

强化监测数据质量控制。企业自行监测应在正常生产工况下开展，对于间歇性排放或排放波动较大的污染源，监测工作应涵盖排放强度大的时段。加强自动监控设施运营维护，数据传输有效率达到 90%。企业在正常生产以及限产、停产、检修等非正常工况下，均应保证自动监控设施正常运行并联网传输数据。各地对出现数据缺失、长时间掉线等异常情况，要及时进行核实和调查处理。加强生态环境监测机构监督管理，对严重失信的监测机构和人员，将违法违规信息通过“信用中国”等网站向社会公布。

（四）强化监督执法。各地要加大 VOCs 排放监管执法力度，严厉打击违法排污行为，形成有效震慑作用。对无证排污、未按证排污、不能稳定达标排放、不满足措施性控制要求的企业，综合运用按日连续计罚、查封扣押、限产停产等手段，依法依规严格处罚，并定期向社会公开。严肃查处弄虚作假、擅自停运环保设施等严重违法行为，依法查处并追究相关人员责任。整顿和规范环保服务市场秩序，严厉打击 VOCs 治理设施建设运维不规范行为。

多措并举治理低价中标乱象。加大联合惩戒力度，将建设工程质量低劣的环保公司和环保设施运营管理水平低、存在弄虚作假行为的运维机构列入失信联合惩戒对象名单，纳入全国信用信息共享平台，并通过“信用中国”“国家企业信用信息公示系统”等网站向社会公布。

开展重点行业专项执法行动，重点对 VOCs 无组织排放、废气收集以及污染治理设施运行等情况进行检查，检查要点参见附件 4、附件 5。鼓励各地出台相关文件开展无组织排放监测执法，按照《挥发性有机物无组织排放控制标准》附录 A 要求，通过监测厂区内无组织排放浓度等，监控企业综合控制效果。

加强技术培训和执法能力建设。制定执法人员培训计划，围绕 VOCs 管理的法规标准体系、污染防治政策、综合治理任务，重点行业主要排放环节、排放特征、无组织排放措施性控制要求、废气收集与治理技术，监测监控技术规范、现场执法检查要点等，系统开展培训工作。在环境执法大练兵中，将 VOCs 执法检查作为大比武的重要内容，有效带动提升 VOCs 执法实战能力。提高执法装备水平，配备便携式 VOCs 快速检测仪、VOCs 泄漏检测仪、微风风速仪、油气回收三项检测仪等。

（五）全面实施排污许可。按照固定污染源排污许可分类管理名录要求，加快家具等行业排污许可证核发工作。对已核发的涉 VOCs 行业，强化排污许可执法监管，确保排污单位落实持证排污、按证排污的环境管理主体责任。定期公布未按证排污单位名单。

（六）实施差异化管理。综合考虑企业生产工艺、原辅材料使用情况、无组织排放管控水平、污染治理设施运行效果等，树立行业标杆，引导产业转型升级。在重污染天气应对、环境执法检查、政府绿色采购、企业信贷融资等方面，对标杆企业给予政策支持。对治污设施简易、无组织排放管控不力的企业，加大联合惩戒力度。

强化重污染天气应对。各地应将涉 VOCs 排放企业全面纳入重污染天气应急减排清单，做到全覆盖。针对 VOCs 排放主要工序，采取切实有效的应急减排措施，落实到具体生产线和设备。根据污染排放绩效水平，实行差异化应急减排管理。对使用有机溶剂等原辅材料，末端治理仅采用低温等离子、光催化、光氧化、一次性活性炭吸附等技术或存在敞开式作业的企业，加大停产限产力度。鼓励各地实施季节性差异化 VOCs 管控措施，在 O_3 污染较重的季节，对芳香烃、烯烃、醛类等排放量较大的企业，提出进一步管控要求。

附件 1

重点区域范围

区域名称	范围
京津冀及周边地区	北京市，天津市，河北省石家庄、唐山、邯郸、邢台、保定、沧州、廊坊、衡水市以及雄安新区，山西省太原、阳泉、长治、晋城市，山东省济南、淄博、济宁、德州、聊城、滨州、菏泽市，河南省郑州、开封、安阳、鹤壁、新乡、焦作、濮阳市（含河北省定州、辛集市，河南省济源市）
长三角地区	上海市、江苏省、浙江省、安徽省
汾渭平原	山西省晋中、运城、临汾、吕梁市，河南省洛阳、三门峡市，陕西省西安、铜川、宝鸡、咸阳、渭南市以及杨凌示范区（含陕西省西咸新区、韩城市）

附件 2

重点控制的 VOCs 物质

类别	重点控制的 VOCs 物质
O_3 前体物	间/对二甲苯、乙烯、丙烯、甲醛、甲苯、乙醛、1,3-丁二烯、三甲苯、邻二甲苯、苯乙烯等
$PM_{2.5}$ 前体物	甲苯、正十二烷、间/对二甲苯、苯乙烯、正十一烷、正癸烷、乙苯、邻二甲苯、1,3-丁二烯、甲基环己烷、正壬烷等
恶臭物质	甲胺类、甲硫醇、甲硫醚、二甲二硫、二硫化碳、苯乙烯、异丙苯、苯酚、丙烯酸酯类等
高毒害物质	苯、甲醛、氯乙烯、三氯乙烯、丙烯腈、丙烯酰胺、环氧乙烷、1,2-二氯乙烷、异氰酸酯类等

附件 3

VOCs 治理台账记录要求

重点行业	重点环节	台账记录要求
石化/化工	含 VOCs 原辅材料	含 VOCs 原辅材料名称及其 VOCs 含量，采购量、使用量、库存量，含 VOCs 原辅材料回收方式及回收量等
	密封点	检测时间、泄漏检测浓度、修复时间、采取的修复措施、修复后泄漏检测浓度等
	有机液体储存	有机液体物料名称、储罐类型及密封方式、储存温度、周转量、油气回收量等
	有机液体装载	有机液体物料名称、装载方式、装载量、油气回收量等
	废水集输、储存与处理	废水量、废水集输方式（密闭管道、沟渠）、废水处理设施密闭情况、敞开液面上方 VOCs 检测浓度等
	循环水系统	检测时间、循环水塔进出口 TOC 或 POC 浓度、含 VOCs 物料换热设备进出口 TOC 或 POC 浓度、修复时间、修复措施、修复后进出口 TOC 或 POC 浓度等
	非正常工况（含开停工及维修）排放	开停工、检维修时间，退料、吹扫、清洗等过程含 VOCs 物料回收情况，VOCs 废气收集处理情况，开车阶段产生的易挥发性不合格产品产量和收集情况等
	火炬排放	火炬运行时间、燃料消耗量、火炬气流量等
	事故排放	事故类别、时间、处置情况等
	废气收集处理设施	废气处理设施进出口的监测数据（废气量、浓度、温度、含氧量等）
		废气收集与处理设施关键参数（见附件 4）
		废气处理设施相关耗材（吸收剂、吸附剂、催化剂、蓄热体等）购买处置记录
工业涂装	生产信息	主要产品产量及涂装总面积等生产基本信息
	含 VOCs 原辅材料	含 VOCs 原辅材料（涂料、固化剂、稀释剂、胶黏剂、清洗剂等）名称及其 VOCs 含量，采购量、使用量、库存量，含 VOCs 原辅材料回收方式及回收量等
	废气收集处理设施	废气处理设施进出口的监测数据（废气量、浓度、温度、含氧量等）
		废气收集与处理设施关键参数（见附件 4）
		废气处理设施相关耗材（吸收剂、吸附剂、催化剂、蓄热体等）购买处置记录
包装印刷	生产信息	主要产品印刷量等生产基本信息
	含 VOCs 原辅材料	含 VOCs 原辅材料（油墨、稀释剂、清洗剂、润版液、胶黏剂、复合胶、光油、涂料等）名称及其 VOCs 含量，采购量、使用量、库存量，含 VOCs 原辅材料回收方式及回收量等
	废气收集处理设施	废气处理设施进出口的监测数据（废气量、浓度、温度、含氧量等）
		废气收集与处理设施关键参数（见附件 4）
		废气处理设施相关耗材（吸收剂、吸附剂、催化剂、蓄热体等）购买处置记录
储油库	基本信息	油品种类、周转量等
	收发油	收发油时间、油品种类、数量，油品来源；气液比检测时间与结果，修复时间、采取的修复措施等；油气收集系统压力检测时间与结果，修复时间、采取的修复措施等
	油气处理装置	进口压力、温度、流量，出口浓度、压力、温度、流量，修复时间、采取的修复措施等；一次性吸附剂更换时间和更换量，再生型吸附剂再生周期、更换情况，废吸附剂储存、处置情况等
	泄漏点	检测方法、检测结果、修复时间、采取的修复措施、修复后检测结果等
加油站	基本信息	油品种类、销售量等
	加油过程	气液比检测时间与结果，修复时间、采取的修复措施等；油气回收系统管线液阻检测时间与结果，修复时间、采取的修复措施等；油气回收系统密闭性检测时间与结果，修复时间、采取的修复措施等
	卸油过程	卸油时间、油品种类、油品来源、卸油量、卸油方式等
	油气处理装置	一次性吸附剂更换时间和更换量，再生型吸附剂再生周期、更换情况，废吸附剂储存、处置情况等

附件 4

工业企业 VOCs 治理检查要点

源项	检查环节	检查要点
VOCs 物料储存	容器、包装袋	1. 容器或包装袋在非取用状态时是否加盖、封口，保持密闭；盛装过 VOCs 物料的废包装容器是否加盖密闭。 2. 容器或包装袋是否存放于室内，或存放于设置有雨棚、遮阳和防渗设施的专用场地。
	挥发性有机液体储罐	3. 储罐类型与储存物料真实蒸气压、容积等是否匹配，是否存在破损、孔洞、缝隙等问题。
		4. 内浮顶罐的边缘密封是否采用浸液式、机械式鞋形等高效密封方式。 5. 外浮顶罐是否采用双重密封，且一次密封为浸液式、机械式鞋形等高效密封方式。 6. 浮顶罐浮盘附件开口（孔）是否密闭（采样、计量、例行检查、维护和其他正常活动除外）。
		7. 固定顶罐是否配有 VOCs 处理设施或气相平衡系统。 8. 呼吸阀的定压是否符合设定要求。 9. 固定顶罐的附件开口（孔）是否密闭（采样、计量、例行检查、维护和其他正常活动除外）。
	储库、料仓	10. 围护结构是否完整，与周围空间完全阻隔。 11. 门窗及其他开口（孔）部位是否关闭（人员、车辆、设备、物料进出时，以及依法设立的排气筒、通风口除外）。
VOCs 物料转移和输送	液态 VOCs 物料	1. 是否采用管道密闭输送，或者采用密闭容器或罐车。
	粉状、粒状 VOCs 物料	2. 是否采用气力输送设备、管状带式输送机、螺旋输送机等密闭输送方式，或者采用密闭的包装袋、容器或罐车。
	挥发性有机液体装载	3. 汽车、火车运输是否采用底部装载或顶部浸没式装载方式。 4. 是否根据年装载量和装载物料真实蒸气压，对 VOCs 废气采取密闭收集处理措施，或连通至气相平衡系统；有油气回收装置的，检查油气回收量。
工艺过程 VOCs 无组织排放	VOCs 物料投加和卸放	1. 液态、粉粒状 VOCs 物料的投加过程是否密闭，或采取局部气体收集措施；废气是否排至 VOCs 废气收集处理系统。 2. VOCs 物料的卸（出、放）料过程是否密闭，或采取局部气体收集措施；废气是否排至 VOCs 废气收集处理系统。
	化学反应单元	3. 反应设备进料置换废气、挥发排气、反应尾气等是否排至 VOCs 废气收集处理系统。 4. 反应设备的进料口、出料口、检修口、搅拌口、观察孔等开口（孔）在不操作时是否密闭。
	分离精制单元	5. 离心、过滤、干燥过程是否采用密闭设备，或在密闭空间内操作，或采取局部气体收集措施；废气是否排至 VOCs 废气收集处理系统。 6. 其他分离精制过程排放的废气是否排至 VOCs 废气收集处理系统。 7. 分离精制后的母液是否密闭收集；母液储槽（罐）产生的废气是否排至 VOCs 废气收集处理系统。
	真空系统	8. 采用干式真空泵的，真空排气是否排至 VOCs 废气收集处理系统。 9. 采用液环（水环）真空泵、水（水蒸汽）喷射真空泵的，工作介质的循环槽（罐）是否密闭，真空排气、循环槽（罐）排气是否排至 VOCs 废气收集处理系统。
	配料加工与产品包装过程	10. 混合、搅拌、研磨、造粒、切片、压块等配料加工过程，以及含 VOCs 产品的包装（灌装、分装）过程是否采用密闭设备，或在密闭空间内操作，或采取局部气体收集措施；废气是否排至 VOCs 废气收集处理系统。
	含 VOCs 产品的使用过程	11. 调配、涂装、印刷、黏结、印染、干燥、清洗等过程中使用 VOCs 含量大于等于 10% 的产品，是否采用密闭设备，或在密闭空间内操作，或采取局部气体收集措施；废气是否排至 VOCs 废气收集处理系统。 12. 有机聚合物（合成树脂、合成橡胶、合成纤维等）的混合/混炼、塑炼/塑化/熔化、加工成型（挤出、注射、压制、压延、发泡、纺丝等）等制品生产过程，是否采用密闭设备，或在密闭空间内操作，或采取局部气体收集措施；废气是否排至 VOCs 废气收集处理系统。

源项	检查环节	检查要点
工艺过程VOCs无组织排放	其他过程	13. 载有VOCs物料的设备及其管道在开停工（车）、检维修和清洗时，是否在退料阶段将残存物料退净，并用密闭容器盛装；退料过程废气、清洗及吹扫过程排气是否排至VOCs废气收集处理系统。
	VOCs无组织废气收集处理系统	14. 是否与生产工艺设备同步运行。 15. 采用外部集气罩的，距排气罩开口面最远处的VOCs无组织排放位置，控制风速是否大于或等于0.3米/秒（有行业具体要求的按相应规定执行）。 16. 废气收集系统是否负压运行；处于正压状态的，是否有泄漏。 17. 废气收集系统的输送管道是否密闭、无破损。
设备与管线组件泄漏	LDAR工作	1. 企业密封点数量大于或等于2 000个的，是否开展LDAR工作。 2. 泵、压缩机、搅拌器、阀门、法兰等是否按照规定的频次进行泄漏检测。 3. 发现可见泄漏现象或超过泄漏认定浓度的，是否按照规定的时间进行泄漏源修复。 4. 现场随机抽查，在检测不超过100个密封点的情况下，发现有2个以上（不含）不在修复期内的密封点出现可见泄漏现象或超过泄漏认定浓度的，属于违法行为。
敞开液面VOCs逸散	废水集输系统	1. 是否采用密闭管道输送；采用沟渠输送未加盖密闭的，废水液面上方VOCs检测浓度是否超过标准要求。 2. 接入口和排出口是否采取与环境空气隔离的措施。
	废水储存、处理设施	3. 废水储存和处理设施敞开的，液面上方VOCs检测浓度是否超过标准要求。 4. 采用固定顶盖的，废气是否收集至VOCs废气收集处理系统。
	开式循环冷却水系统	5. 是否每6个月对流经换热器进口和出口的循环冷却水中的TOC或POC浓度进行检测；发现泄漏是否及时修复并记录。
有组织VOCs排放	排气筒	1. VOCs排放浓度是否稳定达标。 2. 车间或生产设施收集排放的废气，VOCs初始排放速率大于或等于3千克/小时、重点区域大于或等于2千克/小时的，VOCs治理效率是否符合要求；采用的原辅材料符合国家有关低VOCs含量产品规定的除外。 3. 是否安装自动监控设施，自动监控设施是否正常运行，是否与生态环境部门联网。
废气治理设施	冷却器/冷凝器	1. 出口温度是否符合设计要求。 2. 是否存在出口温度高于冷却介质进口温度的现象。 3. 冷凝器溶剂回收量。
	吸附装置	4. 吸附剂种类及填装情况。 5. 一次性吸附剂更换时间和更换量。 6. 再生型吸附剂再生周期、更换情况。 7. 废吸附剂储存、处置情况。
	催化氧化器	8. 催化（床）温度。 9. 电或天然气消耗量。 10. 催化剂更换周期、更换情况。
	热氧化炉	11. 燃烧温度是否符合设计要求。
	洗涤器/吸收塔	12. 酸碱性控制类吸收塔，检查洗涤/吸收液pH值。 13. 药剂添加周期和添加量。 14. 洗涤/吸收液更换周期和更换量。 15. 氧化反应类吸收塔，检查氧化还原电位（ORP）值。
台账		企业是否按要求记录台账。

附件 5

油品储运销 VOCs 治理检查要点

类别	检查环节	检查要点
储油库	发油阶段	1. 油罐车或铁路罐车是否采用底部装载或顶部浸没式装载方式。 2. 气液比、油气收集系统压力等。
	油气处理装置	3. 是否有油气处置装置。 4. 检测频次、油气排放浓度、油气处理效率，进出口压力。 5. 一次性吸附剂更换时间和更换量，再生型吸附剂再生周期、更换情况，废吸附剂储存、处置情况等。
	油气收集系统	6. 泄漏检测频次及浓度。
加油站	加油阶段	1. 是否采用油气回收型加油枪，加油枪集气罩是否有破损，加油站人员加油时是否将集气罩紧密贴在汽油油箱加油口（现场加油查看或查看加油区视频）。 2. 有无油气回收真空泵，真空泵是否运行（打开加油机盖查看加油时设备是否运行）；油气回收铜管是否正常连接。 3. 加油枪气液比、油气回收系统管线液阻、油气收集系统压力的检测频次、检测结果等。
	卸油阶段	4. 查看卸油油气回收管线连接情况（查看卸油过程录像）。 5. 卸油区有无单独的油气回收管口，有无快速密封接头或球形阀。
	储油阶段	6. 是否有电子液位仪。 7. 卸油口、油气回收口、量油口、P/V 阀及相关管路是否有漏气现象，人井内是否有明显异味。
	在线监控系统	8. 气液比、气体流量、压力、报警记录等。
	油气处理装置	9. 一次性吸附剂更换时间和更换量，再生型吸附剂再生周期、更换情况，废吸附剂储存、处置情况等。

关于印发《石化行业挥发性有机物综合整治方案》的通知

环发〔2014〕177号

各省、自治区、直辖市环境保护厅（局），新疆生产建设兵团环境保护局，辽河保护区管理局，环境保护部各环境保护督查中心：

为贯彻落实《大气污染防治行动计划》，大力推进石化行业挥发性有机物污染治理，我部组织编制了《石化行业挥发性有机物综合整治方案》，现印发给你们。请按照方案有关要求，认真组织实施，按期完成综合整治任务。

附件：石化行业挥发性有机物综合整治方案

环境保护部

2014年12月5日

附件

石化行业挥发性有机物综合整治方案

为贯彻落实《大气污染防治行动计划》，大力推进石化行业挥发性有机物（VOCs）污染治理，制定本方案。

一、工作思路和目标

全面开展石化行业VOCs综合整治，大幅减少石化行业VOCs排放，促进环境空气质量改善。严格控制工艺废气排放、生产设备密封点泄漏、储罐和装卸过程挥发损失、废水废液废渣系统逸散等环节及非正常工况排污。通过实施工艺改进、生产环节和废水废液废渣系统密闭性改造、设备泄漏检测与修复（LDAR）、罐型和装卸方式改进等措施，从源头减少VOCs的泄漏排放；对具有回收价值的工艺废气、储罐呼吸气和装卸废气进行回收利用；对难以回收利用的废气按照相关要求处理。

到2017年，全国石化行业基本完成VOCs综合整治工作，建成VOCs监测监控体系，VOCs排放总量较2014年削减30%以上。

二、主要任务

本方案中的石化行业包括以原油、重油等为原料生产汽油馏分、柴油馏分、燃料油、石油蜡、石油沥青、润滑油和石油化工原料等的石油炼制工业生产性企业，以及以石油馏分、天然气为原料生产有机化学品、合成树脂原料、合成纤维原料、合成橡胶原料等的石油化学工业生产性企业。有机液体储运、煤化工、其他化工等相关企业可参照本方案有关要求开展工作。

（一）开展 VOCs 污染源排查。地方各级环境保护主管部门应组织本行政区内的石化企业，开展 VOCs 污染源摸底排查工作，采用实测、物料衡算、模型计算、公式计算、排放系数等方法，重点对企业原辅材料和产品、主要生产工艺、VOCs 排放环节、治理措施和效果、VOCs 排放量和 VOCs 物质清单等开展排查，摸清企业的 VOCs 排放状况。排查结果按《环境信息公开办法（试行）》要求向社会公开，并作为 VOCs 排污收费、总量控制和危险化学品环境管理等的依据。

（二）严格建设项目环境准入。各级环境保护主管部门结合主体功能区划、环境功能区划、城市总体规划等要求，优化调整石化产业布局。加强产业政策的引导与约束，加快淘汰落后产品、技术和工艺装备。新、改、扩建石化项目应在设计和建设中选用先进的清洁生产和密闭化工艺，提高设计标准，实现设备、装置、管线、采样等密闭化，从源头减少 VOCs 泄漏环节，工艺、储存、装卸、废水废液废渣处理等环节应采取高效的有机废气回收与治理措施，满足国家及地方的达标排放和环境质量要求。

（三）完善 VOCs 监督管理体系。各级环境保护主管部门应对行政区内石化企业进行全面监管，以企业为单元，通过统一的 VOCs 信息管理平台做好统计、审核与监管工作，不定期对企业申报情况进行抽查和评估，逐级上报上一年企业 VOCs 排放清单及减排效果等。加强 VOCs 监测能力建设，建立本行政区内企业的 VOCs 监测监控体系，定期向社会公布监测体系的运行情况及监测结果。建立重点监控企业名单，将污染扰民严重、环境风险大、跑冒滴漏严重、环保管理差、生产使用重点环境管理危险化学品的企业作为重点整治和监管对象，提出限期整治要求；设备、装置不符合产业政策和清洁生产要求的企业，也应纳入重点监控名单，限期淘汰相关设备、装置。

（四）实施 VOCs 全过程污染控制。企业应结合污染现状和生产管理水平，以工艺废气排放、生产设备密封点泄漏、储罐和装卸过程挥发损失、废水废液废渣系统逸散等环节及非正常工况排污为近期 VOCs 控制工作重点，科学制定 VOCs 综合整治工作方案，明确工作进度和完成时限。

1. 大力推进清洁生产。企业应优先选用低挥发性原辅材料、先进密闭的生产工艺，强化生产、输送、进出料、干燥以及采样等易泄漏环节的密闭性，加强无组织废气的收集和有效处理。

2. 全面推行“泄漏检测与修复”。企业应建立“泄漏检测与修复”管理制度，细化工作程序、检测方法、检测频率、泄漏浓度限值、修复要求等关键要素，对密封点设置编号和标识，泄漏超标的密封点要及时修复。建立信息管理平台，全面分析泄漏点信息，对易泄漏环节制定针对性改进措施，通过源头控制减少 VOCs 泄漏排放。企业可通过自行组织、委托第三方或两者相结合的方式开展工作。

3. 加强有组织工艺废气治理。工艺废气应优先考虑生产系统内回收利用，难以回收利用的，应采用催化燃烧、热力焚烧等方式处理，处理效率应满足相关标准和要求。同时，应采取措施尽可能回收排入火炬系统的废气；火炬应按照相关要求设置规范的点火系统，确保通过火炬排放的 VOCs 点燃，并尽可能充分燃烧。

4. 严格控制储存、装卸损失。挥发性有机液体储存设施应在符合安全等相关规范的前提下，采用压力罐、低温罐、高效密封的浮顶罐或安装顶空联通置换油气回收装置的拱顶罐，其中苯、甲苯、二甲苯等危险化学品应在内浮顶罐基础上安装油气回收装置等处理设施。

挥发性有机液体装卸应采取全密闭、液下装载等方式，严禁喷溅式装载。汽油、石脑油、煤油等高挥发性有机液体和苯、甲苯、二甲苯等危险化学品的装卸过程应优先采用高效油气回收措施。运输相关产品应采用具备油气回收接口的车船。

5. 强化废水废液废渣系统逸散废气治理。废水废液废渣收集、储存、处理处置过程中，应对逸散VOCs和产生异味的主要环节采取有效的密闭与收集措施，确保废气经收集处理后达到相关标准要求，禁止稀释排放。

6. 加强非正常工况污染控制。制定开停车、检维修、生产异常等非正常工况的操作规程和污染控制措施。企业的开停车、检维修等计划性操作应在实施前向环境保护主管部门备案，实施过程中加强环境监管，事后进行评估；非计划性操作应严格控制污染，杜绝事故性排放，事后及时评估并向环境保护主管部门报告。企业应及时向社会公开非正常工况相关环境信息，接受社会监督。

为避免形成二次污染，催化燃烧、热力焚烧等产生的废气以及吸附、吸收、冷凝等产生的有机废水应处理后达标排放，更换吸附剂等过程应做好操作信息记录，废吸附剂应按相关要求妥善处置。

（五）建立VOCs管理体系。企业应将VOCs的治理与监控纳入日常生产管理体系。建立基础数据与过程管理的动态档案、VOCs污染防治设施运行台账，制定“泄漏检测与修复”、监测和治理等方面的管理制度，制定突发性VOCs泄漏防范和处置措施，纳入企业应急预案。有组织废气（如工艺废气、燃烧烟气、VOCs处理设施排放废气和火炬系统等）排放应逐步安装在线连续监控系统，厂界安装特征污染物环境监测设施，并与当地环境保护主管部门联网。

企业应在污染源归类的基础上对VOCs排放和削减情况进行统计，按年度估算各类污染源排放量，通过现场监测或物料衡算等方法分析各类污染源VOCs物质成分，定期向当地环境保护主管部门报送VOCs排放和削减情况。VOCs排放和削减情况暂以总挥发性有机物计，并附VOCs和有毒有害物质清单；自2017年起应分别明确VOCs和有毒有害物质每种物质的排放量。有组织排放应明确排气筒（烟囱）数量、位置，污染物种类、排放量、浓度、排放规律和估算方法、达标排放情况等基本信息；无组织排放应明确排放位置、排放规律、排放量估算方法、厂界监测数据及达标排放情况等基本信息。VOCs污染治理设施应明确年度运行情况、处理效率、排放浓度和削减量等。企业报送信息应按相关要求向社会公开，接受社会监督。

三、进度安排

（一）部署阶段（2015年7月1日前）。地方各级环境保护主管部门组织企业开展VOCs污染源排查工作，结合实际情况，确定范围和企业名单，细化整治工作内容，分解落实责任。各省级环境保护主管部门应制定石化行业VOCs综合整治实施细则，于2015年7月1日前上报环境保护部。

（二）实施阶段（2017年7月1日前）。2015年年底前，全国石化行业全面开展LDAR工作；完成VOCs排放量和物质清单信息申报；初步具备VOCs监测监控能力；环境保护部建立统一的VOCs信息申报和管理平台；京津冀、长三角、珠三角等区域石化行业完成VOCs综合整治工作，其他区域石化行业全面开展VOCs综合整治工作。

2017年7月1日前，全国石化行业全面完成综合整治工作，达到《石油炼制工业污染物排放标准》《石油化学工业污染物排放标准》《合成树脂工业污染物排放标准》等相关标准和要求，位于重点区域的石化企业应按规定达到特别排放限值要求；建成全国石化行业VOCs监测监控体系；各级环境保护主管部门完成石化行业VOCs排放量核定。

地方各级环境保护主管部门应对VOCs综合整治工作进行年度总结，省级环境保护主管部门应将年度总结于次年3月31日前上报环境保护部。

（三）总结阶段（2018年3月31日前）。地方各级环境保护主管部门对石化行业VOCs综合整治工作进行全面分析总结。省级环境保护主管部门将总结报告于2018年3月31日前上报环境保护部。

四、保障措施

（一）加强组织领导。各级环境保护主管部门要高度重视，加强组织领导，全面推进石化行业VOCs综合整治工作。企业是VOCs污染治理的责任主体，应制定企业VOCs综合整治工作方案，明确工作目标、主要任务、人员保障、资金来源、进度安排等，确保按期完成VOCs综合整治工作。充分发挥石化行业协会和第三方机构作用，促进行业绿色健康发展。对中石油、中石化、中海油等大型企业集团应统一制定实施方案。

（二）强化监督管理。各级环境保护主管部门应提升VOCs监管水平，完善无组织排放监管体系，将石化行业VOCs污染防治纳入日常监督管理，及时跟踪调度，督促、指导企业按期完成综合整治任务。石化行业VOCs综合整治工作将作为各地贯彻落实《大气污染防治行动计划》的重要考核内容。

（三）完善配套政策措施。环境保护部研究制定石化行业VOCs污染控制标准、监测标准、估算方法，确定行业VOCs污染防治基准水平，指导地方各级环境保护主管部门开展企业VOCs监督管理。协调配合各有关部门，研究有利于VOCs削减的财政、信贷等环境经济政策。研究制定VOCs排污收费办法，率先在石化行业征收VOCs排污费。

地方各级环境保护主管部门制定石化行业VOCs综合整治奖惩措施，对提前完成排查和整治，达到行业VOCs污染防治基准水平和削减比例大的企业予以表彰或奖励；对虚报数据或督查考核不达标的企业进行处罚，并在环境保护部门网站上公开；对未按期完成的地区和企业暂停新增VOCs排放建设项目环境影响评价文件的审批；未按期完成的企业，暂停有毒化学品进出口登记审批。

（四）强化信息公开和社会参与。各级环境保护主管部门应完善信息公开制度，向社会公开整治企业名单、VOCs污染源排查、综合整治考核结果等，引导和鼓励公众积极参与企业环境监督。建立企业环境信息强制公开制度，企业应主动公开污染物排放、治理设施运行、VOCs申报、重点环境管理危险化学品及其特征污染物的释放与转移信息和监测结果、非正常工况等相关环境信息，接受社会监督。

鼓励企业选择第三方环境服务公司参与VOCs污染防治工作，为企业提供VOCs治理方案、排放量申报以及监测等环保服务。

（五）加强科技支撑和培训。加大对石化行业VOCs污染控制标准、监测标准、估算方法、优先控制物质清单、清洁生产工艺、污染防治技术、危险化学品生产使用风险评估等科研工作的支持力度；鼓励企业技术中心、科研院所等单位，开发高效实用的VOCs污染控制与监控技术和设备，推进技术成果的转化应用。

各级环境保护主管部门加强监管人员、企业管理和技术人员的交流和培训，为VOCs综合整治工作的顺利实施提供技术指导与支持。

交通运输部 环境保护部 商务部 质检总局 关于印发原油成品油码头油气回收行动方案的通知

交规划发〔2016〕43 号

各省、自治区、直辖市交通运输厅（委）、环境保护厅、商务主管部门、港航（航运）主管部门，各直属海事局：

为落实国务院《大气污染防治行动计划》（国发〔2013〕37 号）中关于“在原油成品油码头积极开展油气回收治理”任务，稳步推进码头油气回收治理工作，交通运输部、环境保护部、商务部、国家质检总局联合制定了《原油成品油码头油气回收行动方案》。现印发给你们，请认真贯彻落实。

附件：原油成品油码头油气回收行动任务安排

交通运输部
环境保护部
商务部
质检总局
2016 年 2 月 24 日

原油成品油码头油气回收行动方案

大气环境保护事关人民群众根本利益，事关经济社会持续健康发展。当前，我国大气污染形势严峻，区域性大气环境问题日益突出。为切实改善空气质量，2013 年 9 月，国务院发布《大气污染防治行动计划》（国发〔2013〕37 号），明确提出“在原油成品油码头积极开展油气回收治理”任务。2015 年 9 月颁布的《中华人民共和国大气污染防治法》也提出“储油储气库、加油加气站、原油成品油码头、原油成品油运输船舶和油罐车、气罐车等，应当按照国家有关规定安装油气回收装置并保持正常使用。”

为落实码头油气污染治理的任务要求，交通运输部、环境保护部、商务部、国家质检总局联合制定了《原油成品油码头油气回收行动方案》（以下简称《行动方案》）。下一步各相关部门依据《行动方案》有序推进码头油气回收工作。本方案中的“码头油气”主要指装船过程中由于油品蒸发从船舶中排放出的油气，其主要成分为挥发性有机污染物（VOCs）。

一、总体要求

（一）总体思路。深入贯彻落实《中华人民共和国大气污染防治法》和《大气污染防治行动计划》，坚持政府引导与市场机制相结合、政策指导与行政监管相结合的原则，依托码头油气回收试点工程，逐步健全有关政策法规与标准规范，循序渐进，逐步推广，全面提升我国油品码头大气污染控制水平。

（二）总体安排。2015 年启动第一批码头油气回收试点工程，形成相关标准规范初稿；2016 年启动第二批码头油气回收试点工程，形成相关标准规范征求意见稿；2017 年完成相关标准规范的制修订；后期，根据试点工程情况，在全国范围开展码头油气回收工作。

二、主要任务

（一）制修订码头油气排放相关标准。根据《中华人民共和国大气污染防治法》《大气污染防治行动计划》《防止船舶造成大气污染规则》（MARPOL73/78 公约附则 VI）等法律法规和国际公约，结合《储油库大气污染物排放标准》等相关标准的修订，环境保护部牵头、交通运输部等有关部门参与，制修订适合我国国情的码头油气排放相关标准。

（二）制定码头油气回收系统有关技术规范。参照国际海事组织（IMO）《关于蒸气排放控制系统标准》（MSC/Circ.585 号通函）等相关法规、标准和规则，交通运输部会同有关部门制定码头油气回收系统相关技术规范，制定船舶油气收集的技术要求和操作规程。

（三）制定码头回收油品的处置办法。基于试点工程的投资和收益情况，交通运输部牵头、商务部参与并配合制定回收油品的处置政策方案，明确回收油品的销售经营许可问题。

（四）完成全国码头油气回收规划研究。根据试点工程经验，交通运输部会同环境保护部组织论证推广的利弊，研究关键问题的解决方案，总结适合各区域、各类型码头的油气回收推广模式，制订推广计划，完成码头油气回收规划研究。

三、任务安排

（一）试点阶段。2015 年，交通运输部牵头在长江三角洲、东南沿海等地区的原油、汽油或石脑油码头中遴选试点码头，启动第一批码头油气回收试点工程。2016 年，交通运输部牵头在环渤海地区、长江干线、长江三角洲地区、珠江三角洲地区，再遴选一批原油或成品油码头作为试点，启动第二批码头油气回收试点工程。

码头试点工程确定后，选择与试点码头相匹配的船舶进行试点。

按照“谁投资谁受益”的原则，回收油品归码头设施投资人所有，并依据回收油品处置办法对回收后的油气进行处置。

（二）推广阶段。试点工程成功后，依据相关政策法规和标准规范，按照码头油气回收规划，在全国开展码头油气回收工作。新建的原油、汽油或石脑油装船作业码头全部安装油气回收系统；已建油品码头分区域分阶段实施码头油气回收系统改造，环渤海、长三角、珠三角等区域的已建原油、汽油或石脑油装船作业码头率先推广油气回收，随后在全国其他地区推广。

新造油船应全部具备进行码头油气回收的条件；在用油船通过改造具备码头油气回收条件。

四、保障措施

（一）加强组织领导。由交通运输部牵头组织码头油气回收工作，做好统筹管理和部际协调。

（二）争取资金支持。积极争取中央和地方政府对码头油气回收试点工作的支持，加大资金投入。

附件

原油成品油码头油气回收行动任务安排

行动阶段	行动目标	牵头单位	配合单位
总体安排	试点工程的统筹管理与部际协调	交通运输部	
	码头试点工程的确定	交通运输部	
	试点船舶的确定	交通运输部	
	编制码头油气回收规划研究报告	交通运输部	环境保护部
第一批试点（2015—2016 年）	码头试点工程的建设与运营管理	交通运输部	
	船舶试点	交通运输部	
	制修订码头油气排放相关标准初稿	环境保护部	质检总局、交通运输部
	编制码头油气回收系统有关技术规范初稿	交通运输部	环境保护部、质检总局
	研究船舶油气收集的技术要求	交通运输部	环境保护部
	编制船舶油气收集操作规程初稿	交通运输部	环境保护部
	研究码头回收油品的处置政策方案	交通运输部	商务部
第二批试点（2016—2017 年）	码头试点工程的建设与运营管理	交通运输部	
	船舶试点	交通运输部	
	完善码头油气排放相关标准	环境保护部	质检总局、交通运输部
	编制码头油气回收系统有关技术规范	交通运输部	环境保护部、质检总局
	编制船舶油气收集的技术要求	交通运输部	环境保护部
	编制船舶油气收集操作规程	交通运输部	环境保护部
	编制码头回收油品的处置政策方案	交通运输部	商务部
推广阶段	推广阶段的统筹管理	交通运输部	
	码头油气回收系统应用推广	交通运输部	环境保护部
	油船的船舶油气收集系统应用推广	交通运输部	环境保护部

（二）海南省

海南省生态环境保护厅关于印发海南省石化行业挥发性有机污染物综合整治实施方案的通知

琼环防字〔2015〕27号

各市（县）国土环境资源局（环境保护局）、洋浦经济开发区生态环境保护局：

为贯彻落实《大气污染防治行动计划》和《海南省大气污染防治行动计划实施细则》，大力推进全省石化行业挥发性有机物（VOCs）的综合治理，降低VOCs的排放总量，切实改善区域环境空气质量。我厅根据《石化行业挥发性有机物综合整治方案》（环发〔2014〕177号）要求，制订了《海南省石化行业挥发性有机污染物综合整治实施方案》，现印发给你们，请认真遵照实施。

海南省生态环境保护厅

2015年11月9日

海南省石化行业挥发性有机污染物综合整治实施方案

为贯彻落实《大气污染防治行动计划》和《海南省大气污染防治行动计划实施细则》，大力推进全省石化行业挥发性有机物（VOCs）的综合治理，降低VOCs的排放总量，切实改善区域环境空气质量，根据《石化行业挥发性有机物综合整治方案》（环发〔2014〕177号）要求，结合我省实际，制定本方案。

一、工作目标

坚持“源头与过程控制、末端治理，突出重点、分步实施”的原则，通过实施生产工艺和污染治理设施改进、设备泄漏检测与修复（LDAR）等措施，大幅提升石化行业挥发性有机物（VOCs）污染防治水平，从源头减少VOCs的泄漏排放；狠抓重点企业的VOCs污染治理，形成以点带面的效应，全面推进我省石化行业VOCs综合整治，大幅减少石化行业VOCs排放，促进环境空气质量改善。

到2017年年底，全省石化行业基本完成VOCs综合整治工作，建成VOCs监测监控体系，VOCs排放总量较2014年削减30%以上。

二、行业范围

本方案中石化行业包括以原油、重油等为原料生产汽油馏分、柴油馏分、燃料油、石油蜡、石油沥青、润滑油和石油化工原料等的石油炼制工业生产性企业，以及以石油馏分、天然气为原料生产有机化学品、合成树脂原料、合成纤维原料、合成橡胶原料等的石油化学生产性企业，以及油气产品储运企业、有机液体储运、其他化工相关企业可参照本方案要求开展工作。

三、组织机构

省生态环境保护厅成立海南省石化行业挥发性有机污染物综合整治工作领导小组。毛东利副厅长任组长，厅污防处、环评处、监察处、监测处、监察总队、环科院主要负责人为成员。领导小组办公室设在环科院固废中心，主要负责审核各市县上报的数据，提供技术指导，进行现场检查，汇总统计全省石化企业 VOCs 排放量，最终编制形成我省石化行业 VOCs 综合整治工作总结报告。

各市县（含洋浦经济开发区，下同）环境保护主管部门应成立相应的工作机构，落实人员，明确职责，并将负责人和联系人名单（姓名、职务、联系方式）于 11 月 30 日之前报送我厅。

四、主要任务

（一）开展 VOCs 污染源排查。组织开展全省石化行业 VOCs 污染源摸底排查工作，采用实测、物料衡算、模型计算、公式计算、排放系数等方法，重点对企业原辅材料和产品、主要生产工艺、VOCs 排放环节、治理措施和效果、VOCs 排放量和 VOCs 物质清单等开展排查，摸清企业的 VOCs 排放状况。排查结果按《环境信息公开办法（试行）》要求向社会公开，并作为 VOCs 排污收费、总量控制和危险化学品环境管理等的依据。

（二）严格建设项目环境准入。新建、迁建 VOCs 排放量大的企业应入符合相关规划等要求的工业园区，优化调整石化产业布局。加强产业政策的引导与约束，加快淘汰落后产品、技术和工艺装备。

新、改、扩建石化项目应在设计和建设中选用先进的清洁生产和密闭化工艺，提高设计标准，实现设备、装置、管线、采样等密闭化，从源头减少 VOCs 泄漏环节，工艺、储存、装卸、废水废液废渣处理等环节应采取高效的有机废气回收与治理措施，满足相关环境质量要求。

（三）完善 VOCs 监督管理体系。各市县环境保护主管部门组织本行政区内石化企业开展 VOCs 申报、统计工作，指导企业建立完善的 VOCs 相关档案，内容主要包括：环评文件及“三同时”验收报告、VOCs 定期监测报告、VOCs 污染防治设施运行记录，以及与 VOCs 排放相关的原辅料、溶剂的储存与使用等信息。各市县环境保护主管部门应不定期对企业申报情况进行抽查和评估，并于次年 2 月 20 日前向省生态环境保护厅上报上一年度企业 VOCs 排放清单及减排效果等。

各级环境保护主管部门应加强 VOCs 监测能力建设，逐步建立完善辖区内企业的 VOCs 监测监控体系。建立重点监控企业名单，将污染扰民严重、环境风险大、跑冒滴漏严重、环保管理差、生产使用重点环境管理危险化学品的企业作为重点整治和监管对象，提出限期整治要求。定期向社会公布重点监控企业名单及监测结果。

企业应建立 VOCs 管理体系，VOCs 管理可纳入企业现有质量管理或健康、安全与环境管理体系（HSE 管理体系），尚未建立质量管理或 HSE 管理体系的企业，可单独建立 VOCs 管理体系。

（四）实施 VOCs 全过程污染控制。企业应结合污染现状和生产管理水平，以工艺废气排放、生产设备密封点泄漏、储罐和装卸过程挥发损失、废水废液废渣系统逸散等环节及非正常工况排污为近期 VOCs 控制工作重点，科学制定 VOCs 综合整治工作方案，明确工作进度和完成时限。

1. 大力推进清洁生产。企业应优先选用低挥发性原辅材料、先进密闭的生产工艺，强化生产、输送、进出料、干燥以及采样等易泄漏环节的密闭性，加强无组织废气的收集和有效处理。

2. 全面推行“泄漏检测与修复”。企业应建立“泄漏检测与修复”管理制度，对泵、压缩机、阀门、法兰、泄压装置、开口管线、采样连接系统等易发生泄漏的设备与管线组件，制定泄漏检测与修复（LDAR）计划，定期检测、及时修复，防止或减少跑、冒、滴、漏现象。建立信息管理平台，设置密封点编号与标识，对易泄漏环节制定针对性改进措施，通过源头控制减少 VOCs 泄漏排放。企业可通过自行组织、委托第三方或两者相结合的方式开展工作，相关检修记录等应统一存档备查。

3. 加强 VOCs 废气综合治理。对生产装置排放的含 VOCs 工艺废气应优先考虑生产系统内回收利用，难以回收利用的，应采用催化燃烧、热力焚烧等方式处理后达标排放。同时，应采取措施尽可能回收排入火炬系统的废气；火炬应按照相关要求设置规范的点火系统，确保通过火炬排放的 VOCs 点燃，并尽可能充分燃烧。

废水废液废渣收集、储存、处理处置过程中，应对逸散 VOCs 和产生异味的主要环节采取有效的密闭与收集措施，确保废气经收集处理后达到相关标准要求，禁止稀释排放。

为避免形成二次污染，催化燃烧、热力焚烧等产生的废气以及吸附、吸收、冷凝等产生的有机废水应处理后达标排放，更换吸附剂等过程应做好操作信息记录，废吸附剂应按相关要求妥善处置。

4. 严格控制储存、装卸损失。挥发性有机液体储存设施应在符合安全等相关规范的前提下，采用压力罐、低温罐、高效密封的浮顶罐或安装顶空联通置换油气回收装置的拱顶罐，其中苯、甲苯、二甲苯等危险化学品应在内浮顶罐基础上安装油气回收装置等处理设施。

挥发性有机液体装卸应采取全密闭、液下装载等方式，严禁喷溅式装载。汽油、石脑油、煤油等高挥发性有机液体和苯、甲苯、二甲苯等危险化学品的装卸过程应优先采用高效油气回收措施。运输相关产品应采用具备油气回收接口的车船。

5. 加强非正常工况污染控制。企业应制定突发性 VOCs 泄漏防范和处置措施，纳入企业应急预案；制定开停车、检维修、生产异常等非正常工况的操作规程和污染控制措施。企业的开停车、检维修等计划性操作应在实施前向当地环境保护主管部门备案，实施过程中加强环境监管，事后进行评估。非计划性操作应严格控制污染，杜绝事故性排放，事后及时评估并向当地环境保护主管部门报告。企业应及时向社会公开非正常工况相关环境信息，接受社会监督。

6. 强化 VOCs 监测。企业有组织排放（如工艺废气、燃烧烟气、VOCs 处理设施排放废气和火炬系统等）应逐步安装在线连续监控系统及厂界特征污染物环境监测设施，并与当地环境保护主管部门联网。

企业应在污染源归类的基础上对 VOCs 排放和削减情况进行统计，按年度估算各类污染源排放量，通过现场监测或物料衡算等方法分析各类污染源 VOCs 物质成分，并于次年 1 月 20 日前向当地环境保护主管部门报送上一年度 VOCs 排放和削减情况。VOCs 排放和削减情况暂以总挥发性有机物计，并附 VOCs 和有毒有害物质清单；自 2017 年起应分别明确 VOCs 和有毒有害物质每种物质的排放量。有组织排放应明确排气筒（烟囱）数量、位置，污染物种类、排放量、浓度、排放规律和估算方法、达标排放情况等基本信息；无组织排放应明确排放位置、排放规律、排放量估算方法、厂界监测数据及达标排放情况等基本信息。

五、进度安排

（一）启动阶段（2015 年 11 月底前）

1. 各市县环境保护主管部门组织本行政区内的石化企业、油气及有机液体装卸码头、加油站、油罐车和储油库企业开展 VOCs 污染源摸底排查工作，摸清企业的 VOCs 排放状况，确定整治范围和企业名单，于 2015 年 11 月底前上报省生态环境保护厅。初步筛选企业名单见附件 1 至附件 5，各市县环境保护主管部门可根据本行政区内实际情况更新企业名单。

2. 石化企业和油气及有机液体装卸码头单位结合自身实际情况，科学制定 VOCs 综合整治工作方案，并明确工作进度和完成时限，于 2015 年 11 月底前上报当地环境保护主管部门。

3. 各级环境保护主管部门要将排查结果按《环境信息公开办法（试行）》要求向社会公开。

（二）实施阶段（2017 年 6 月底前）

1. 加油站、油罐车于 2015 年 12 月底前基本完成 VOC 综合整治，并达到相关标准和要求。各市县环境保护主管部门于 2015 年 12 月底前完成本行政区内加油站、油罐车 VOCs 排放量核定，并将 VOCs 综合整治工作分析总结一并上报省生态环境保护厅。

2. 石化企业和油气及有机液体装卸与储运单位全面开展“泄漏检测与修复”（LDAR）工作，至 2016 年 6 月底前，初步具备 VOCs 监测监控能力，完成 VOCs 排放量和物质清单信息申报。

3. 2017 年 5 月底之前全省石化企业和油气及有机液体装卸与储运单位完成 VOCs 监测监控体系建设，全面完成综合整治工作，达到《石油炼制工业污染物排放标准》《石油化学工业污染物排放标准》《合成树脂工业污染物排放标准》等相关标准和要求。

4. 2017 年 6 月底之前各市县环境保护主管部门完成对本行政区内石化企业和油气及有机液体装卸与储运单位 VOCs 排放量核定，并上报省生态环境保护厅。

（三）总结阶段（2018 年 3 月底前）

各市县环境保护主管部门对本行政区内石化企业和油气及有机液体装卸与储运单位 VOCs 综合整治工作进行全面分析总结，并于 2017 年 9 月底前上报至省生态环境保护厅。省生态环境保护厅将总结报告于 2018 年 3 月底前上报环境保护部。

六、保障措施

（一）加强组织领导。各级环境保护主管部门要高度重视，加强组织领导，全面推进本行政辖区内石化行业 VOCs 综合整治工作。企业是 VOCs 污染治理的责任主体，应制定企业 VOCs 综合整治工作方案，明确工作目标、主要任务、人员保障、资金来源、进度安排等，确保按期完成 VOCs 综合整治工作。充分发挥石化行业协会和第三方机构作用，促进行业绿色健康发展。中石油、中石化、中海油等大型企业集团在琼企业应统一制定实施方案。

（二）强化监督管理。各市县环境保护主管部门应提升 VOCs 监管水平，完善无组织排放监管体系，将石化企业和油气产品储运企业 VOCs 污染防治纳入日常监督管理，及时跟踪调度，督促、指导企业按期完成综合整治任务。

（三）完善配套政策措施。各市县环境保护主管部门应制定石化行业 VOCs 综合整治奖惩措施，对提前完成排查和整治，达到行业 VOCs 污染防治基准水平和削减比例大的企业予以表彰或奖励；对虚报数据或督查考核不达标的企业进行处罚，并在环境保护部门网站上公开；对未按期完成的地区和企业暂停新增 VOCs 排放建设项目环境影响评价文件的审批；未按期完成的企业，暂停有毒化学品进出口登记审批。

（四）强化信息公开和社会参与。各市县环境保护主管部门应完善信息公开制度，向社会公开整治企业名单、VOCs 污染源排查、综合整治考核结果等，引导和鼓励公众积极参与企业环境监督。建立企业环境信息强制公开制度，企业应主动公开污染物排放、治理设施运行、VOCs 申报、重点环境管理危险化学品及其特征污染物的释放与转移信息和监测结果、非正常工况等相关环境信息，接受社会监督。

鼓励企业选择第三方环境服务公司参与 VOCs 污染防治工作，为企业提供 VOCs 治理方案、排放量申报以及监测等环保服务。

（五）加强科技支撑和培训。加大对石化行业 VOCs 污染控制标准、监测标准、估算方法、优先控制物质清单、清洁生产工艺、污染防治技术、危险化学品生产使用风险评估等科研工作的支持力度；鼓励企业技术中心、科研院所等单位，开发高效实用的 VOCs 污染控制与监控技术和设备，推进技术成果的转化应用。

各市县环境保护主管部门加强监管人员、企业管理和技术人员的交流和培训，为 VOCs 综合整治工作的顺利实施提供技术指导与支持。

附件：1. 海南省石化企业名单
2. 海南省油气及有机液体装卸码头名单
3. 海南省加油站名单
4. 海南省油罐车名单
5. 海南省储油库企业名单

附件 1

海南省石化企业名单

序号	市县	企业名称	行业类别
1	海口	海南浩业化纤有限公司	涤纶纤维制造
2		海南盛之业高新技术有限公司	初级形态塑料及合成树脂制造
4	东方	中海石油化学股份有限公司	氮肥制造
5		中海油东方石化有限公司	有机化学原料制造
6		中海石油建滔化工有限公司	有机化学原料制造
7		东方傲立石化有限公司	化学试剂和助剂制造
8		东方德森能源有限公司	有机化学原料制造
10	澄迈	海南中油深南石油技术开发有限公司	有机化学原料制造
11		海南福山油田勘探开发有限责任公司（海南福山油田花场油气处理中心）	原油加工及石油制品制造
12		海南中海油气有限公司	原油加工及石油制品制造
13		海南国盛石油有限公司	仓储业
14		海南富山油气化工有限公司	有机化学原料制造
16	临高	海南环宇新能源有限公司	原油加工及石油制品制造

序号	市县	企业名称	行业类别
18	洋浦	海南实华嘉盛化工有限公司	有机化学原料制造
19		中国石化海南炼油化工有限公司	原油加工及石油制品制造
20		海南汉地阳光石油化工有限公司	
21		洋浦傲立石化有限公司	化学试剂和助剂制造
22		海南逸盛石化有限公司	有机化学原料制造
23		海南汇智石化精细化工有限公司	
24		国投孚宝洋浦灌区码头有限公司	仓储业
25		中石化（香港）海南石油有限公司	仓储业

附件 2

海南省油气及有机液体装卸码头单位名单

序号	市县	企业名称
1	澄迈	海南港航控股有限公司马村管理分公司
2	海口	海南港航控股有限公司
3	洋浦	国投洋浦港有限公司
4		国股孚宝洋浦区码头有限公司
5	东方	海南八所港务有限公司
6	三亚	三亚港务局
7	文昌	文昌港务有限公司

附件 3

海南省加油站名单

序号	市县	加油站名称	序号	市县	加油站名称
1	海口市	中石化海口海秀站	21	海口市	中石化海口疏港站
2		中石化海口滨海站	22		中石化海口观澜湖站
3		中石化海口秀英站	23		中石化海口工业大道站
4		中石化海口金盘站	24		中石化海口世纪站
5		中石化海口龙昆南站	25		中石化海口海甸五西路站
6		中石化海口南航站	26		中石化海口长风站
7		中石化海口日月站	27		中石化海口达成站
8		中石化海口新兴站	28		中石化海口文明东站
9		中石化海口正茂站	29		中石化海口机关站
10		中石化海口货运大道站	30		中石化海口新埠站
11		中石化海口荣泰站	31		中石化海口白驹大道站
12		中石化海口西秀站	32		中石化海口山高站
13		中石化海口港口站	33		中石化海口龙岐站
14		中石化海口书场站	34		中石化海口海府站
15		中石化海口腾飞站	35		中石化海口天玉站
16		中石化海口中线站	36		中石化海口南都站
17		中石化海口绿玉站	37		中石化海口劲力站
18		中石化海口石山站	38		中石化海口儒传站
19		中石化海口南海大道南侧站	39		中石化海口日夜站
20		中石化海口南海大道北侧站	40		中石化海口东线站

序号	市县	加油站名称	序号	市县	加油站名称
41	海口市	中石化海口红明站	86	海口市	海口路华石油有限公司加油站
42		中石化海口三门坡站	87		海口山达石化有限公司荣山加油站
43		中石化海口红旗站	88		海口港集团船舶燃料供销公司加油站
44		中石化海口美华站	89		海口华宗农机油料有限公司加油站
45		中石化海口达运站	90		海口冲坡岭供销贸易公司加油站
46		中石化海口桂林洋站	91		海南美亚实业有限公司美兰加油站
47		中石化海口美兰站	92		海口珠龙公司沿江加油站
48		中石化海口大致坡站	93		海口珠龙公司文明加油站
49		中石化海口新坡站	94		海口珠龙公司海文胜加油站
50		中石化海口美仁坡站	95	定安县	中石化定安南海站
51		中石化海口演丰站	96		中石化定安仙沟站
52		中石化海口广场站	97		中石化定安见龙站
53		中石化海口海甸西站	98		中石化定安和平站
54		中石化海口龙桥A站	99		中石油定安见龙
55		中石化海口龙桥B站	100		中石油定安塔岭
56		中石油海口金星	101		中石油定安新竹
57		中石油海口洁力	102		中石油定安龙河
58		中石油海口龙桥东	103		中石化文昌文城站
59		中石油海口龙桥西	104		中石化文昌公坡站
60		中石油海口琼州	105	文昌市	中石化文昌罗豆站
61		中石油海口凤翔	106		中石化文昌翁田站
62		中石油海口金胜	107		中石化文昌新时代站
63		中石油海口白驹东	108		中石化文昌水涯站
64		中石油海口保税区	109		中石化文昌金盾站
65		中石油海口云龙	110		中石化文昌文清站
66		中石油海口海达	111		中石化文昌会文站
67		中石油海口海港	112		中石化文昌迈号站
68		中石油海口城东	113		中石化文昌东郊第二站
69		中石油海口珠龙	114		文昌金福实业有限公司翁田加油站
70		中石油海口南沙	115		中石化文昌重兴站
71		中石油海口海秀	116		中石化文昌清澜渔港站
72		中石油海口琼山	117		中石化文昌锦山南站
73		中石油海口盈宾	118		中国石油文昌新潮农商贸有限公司国达加油站
74		中石油海口金诚	119		文昌佳能石油有限公司佳能加油站
75		中石油海口城西	120		文昌市跃兴农业开发有限公司东路跃兴加油站
76		中石油海口道堂	121		文昌永昌实业有限公司东郊无夜加油站
77		中石油海口华茂	122		文昌市会文石化贸易有限公司会文企业加油站
78		中石油海口金垦	123		文昌市会文石化贸易有限公司烟堆辉煌加油站
79		中石油海口瑞海	124		文昌市跃兴农业开发有限公司昌洒跃兴加油站
80		海口招商加油站	125		中石化铺前隆丰站
81		海口市福致嘉祥实业有限公司白石溪加油站	126		中石化文昌蓬莱站
82		海汽府城加油站	127		中石化铺前富宏站
83		海口日日加油站	128		中石化文昌新澳站
84		海口谭文供销社加油站	129		中石化文昌文新站
85		海南汇伟贸易有限公司琼山路路通加油站	130		中石化文昌东阁站

序号	市县	加油站名称	序号	市县	加油站名称
131		中石化文昌龙楼站	177		中石化琼海恒荣站
132		中石化文昌文教站	178		中石化琼海海文站
133		中石化文昌北架站	179		中石化琼海爱华站
134		中石化文昌龙文站	180		中石化琼海豪华站
135		中石化文昌昌洒站	181		中石化琼海金隆站
136		中石化文昌谭牛站	182		中石化琼海塔洋站
137		中石化文昌二公堆站	183		中石化琼海椰林站
138		中石化文昌昌隆站	184		中石化琼海温泉站
139		中石油文昌文西	185		中石化琼海潭门站
140		中石油文昌迎宾	186		中石化琼海万泉站
141		中石油文昌头苑	187		中石化琼海长坡站
142		中石油文昌新风	188		中石油琼海博鳌
143		潭牛富利加油站	189		中石油琼海华胜
144		湖山加油站	190		中石油琼海金海
145		文昌宝芳旭升加油站	191		中石油琼海日盛
146		文城富利加油站	192		中石油琼海上埇
147	文昌市	文昌市海文加油站	193		中石油琼海兴海
148		文昌市东阁供销社加油站	194	琼海市	中石油琼海联先
149		中石化文昌凤尾站	195		中石油琼海长兴
150		文昌仙泉贸易有限公司加油站	196		中石油琼海万泉
151		海南省文昌清澜富美实业发展有限公司恒兴加油站	197		中石油琼海温泉
152		中石化抱罗三角路站	198		中石油琼海新安
153		文昌市蓬莱供销社加油站	199		中石油琼海双拥
154		中石化文昌锦山北站	200		琼海华海石油化工有限公司琼海文兴加油站
155		文昌市跃兴农业开发有限公司龙马跃兴加油站	201		琼海华海石油化工有限公司琼海生旺加油站
156		中石化文昌锦山西站	202		东太加油站
157		文昌燕泰农贸有限公司新桥加油站	203		东平加油站
158		中石化文昌锦山二站	204		南俸加油站
159		文昌昌宇贸易有限公司恒达加油站	205		琼海福田福星加油站
160		文昌和记贸易有限公司和记加油站	206		琼海鼎盛实业开发有限公司潭门工业区加油站
161		文昌和记贸易有限公司林梧加油站	207		琼海龙江农用加油站
162		文昌和记贸易有限公司罗豆农机加油站	208		海南热带汽车试验有限公司汽车试验站
163		中石化琼海博鳌南站	209		南龙加油站
164		中石化琼海乐会站	210		中石化万宁乐来站
165		中石化琼海银丰站	211		中石化万宁山根站
167		中石化高速中原东站	212		中石化万宁金来站
168		中石化高速中原西站	213		中石化万宁龙滚站
169		中石化琼海东红东站	214		中石化万宁东兴站
170	琼海市	中石化琼海东红西站	215	万宁市	中石化万宁东沃站
171		中石化琼海阳江站	216		中石化万宁美孚站
172		中石化琼海中原站	217		中石化万宁东光站
173		中石化琼海大路站	218		中石化万宁城北站
174		中石化高速琼海站	219		中石化万宁港北站
175		中石化琼海嘉积站	220		中石化万宁万州站
176		中石化琼海中粮站	221		中石化万宁宏发站

序号	市县	加油站名称	序号	市县	加油站名称
222	万宁市	中石化万宁东和站	268	三亚市	中石化三亚迎宾站
223		中石化万宁莲花西站	269		中石化三亚榆林站
224		中石化万宁莲花东站	270		中石化三亚亚龙湾站
225		中石化万宁旅游城站	271		中石化三亚凤凰站
226		中石化万宁兴隆站	272		中石化三亚金凤站
227		中石化万宁新中站	273		中石化三亚金鸡站
228		中石化万宁石梅湾站	274		中石化三亚金龙站
229		中石化万宁加劳芳田站	275		中石化三亚临春站
230		中石化万宁高速路南站	276		中石化三亚南山站
231		中石化万宁乌场站	277		中石化三亚三亚站
232		中石油万宁长安	278		中石化三亚西郊站
233		中石油万宁龙滚	279		中石化三亚西线站
234		中石油万宁南林	280		中石化三亚崖城站
235		中石油万宁和乐	281		中石化三亚旅游站
236		海南成大实业股份有限公司万宁文隆加油站	282		中石化三亚南山港站
237		万宁市三更罗供销合作社加油站	283		中石油三亚交协
238		万宁市春达兰有限公司春达兰加油站	284		中石油三亚东岸
239		万宁市礼纪镇企业办加油站	285		三亚回辉加油站
240		万宁时兴农机有限公司时兴加油站	286		三亚展望加油站
241		海南省国营东兴农场工业公司	287		三亚市羊栏镇扶贫加油站
242		万宁天成商贸有限公司和乐加油站	288		三亚荔枝沟农机加油站
243	陵水县	中石化陵水陵昌站	289		三亚林旺农机加油站
244		中石化陵水 192 东站	290		三亚育才联盛加油站
245		中石化陵水 192 西站	291		三亚西岛新鹏加油站
246		中石化陵水交通站	292		三亚迅发石油贸易有限公司迅发加油站
247		中石化陵水本号站	293		三亚凤凰加油站
248		中石化陵水曲港站	294	澄迈县	中石化澄迈福山站
249		中石化陵水岭门站	295		中石化澄迈福桥站
250		中石化陵水毛岭站	296		中石化澄迈福山 A 站
251		中石化陵水赤岭站	297		中石化澄迈福山 B 站
252		中石化陵水猴岛站	298		中石化澄迈联盛发站
253		中石化陵水码头站	299		中石化澄迈瑞溪站
254		中石油陵水北斗	300		中石化澄迈白莲站
255		陵水达园有限公司英州加油站	301		中石化澄迈老城站
256	保亭县	中石化保亭保亭站	302		中石化澄迈恒昌站
257		中石化保亭县城站	303		中石化澄迈江南站
258		中石化保亭新政站	304		中石化澄迈江北站
259		中石化保亭什岭站	305		中石化澄迈龙腾站
260		中石化保亭三道站	306		中石化澄迈金马站
261		中石化保亭金江站	307		中石化澄迈大拉站
262		文昌鑫隆贸易有限公司保亭加茂加油站	308		中石化澄迈美亭站
263	三亚市	中石化三亚东线站	309		中石化澄迈永发桥南站
264		中石化三亚海城站	310		中石化澄迈新吴站
265		中石化三亚亨新站	311		中石油澄迈加乐
266		中石化三亚红沙站	312		中石油澄迈文儒
267		中石化三亚下洋田站	313		中石油澄迈城北

序号	市县	加油站名称	序号	市县	加油站名称
314	澄迈县	中石油澄迈金江	358	儋州市	中石化儋州宏泉站
315		中石油澄迈玉堂	359		中石化儋州联营站
316		中石油澄迈老城	360		中石化儋州宏宝站
317		中石油澄迈桥联	361		中石化儋州宏池站
318		中石油澄迈江南	362		中石化儋州宏腾站
319		中石油澄迈金永	363		中石化儋州美扶站
320		中石油澄迈金马东	364		中石化儋州宏河站
321		中石油澄迈金马西	365		中石化儋州力源站
322		中石油澄迈顺风	366		中石化儋州军屯站
323		中石油澄迈福山	367		中石化儋州顺风站
324		中石油澄迈福源	368		中石油儋州官昌
325		中石油澄迈振兴	369		中石油儋州城北
326		澄迈兴达商贸有限公司澄迈仁兴月清加油站	370		中石油儋州新盈南
327		澄迈县福光加油站	371		中石油儋州金岭
328		澄迈金刚加油站	372		中石油儋州木棠
329		澄迈老城桂琼商贸有限公司澄迈老城桂琼加油站	373		中石油儋州学院
330		澄迈中兴焕琼加油站	374		中石油儋州东城
331		澄迈步才商贸有限公司澄迈昆仑加油站	375		儋州市木棠中心加油站
332	临高县	中石化临高红庄站	376		海南松涛水利工程物资公司松涛加油站
333		中石化临高美当站	377		儋州市西庆农场加油站
334		中石化临美高速站	378		儋州椰诚加油站
335		中石化临高临城站	379		儋州市那大糖厂有限公司加油站
336		中石化临高路路通站	380		儋州青松实业有限公司加油站
337		中石化临高美良站	381		儋州昌德加油站
338		中石化临高新盈站	382		儋州金岭加油站（正在改建）
339		中石化临高厚水湾站	383		儋州华容成品油销售有限公司加油站
340		中石油临高金多	384		国投洋浦港有限公司加油站
341		中石油临高新桥南	385		海南金海浆纸业有限公司
342		临高县新航实业有限公司新航加油站	386	昌江县	中石化昌江保良站
343		临高长达实业有限公司和舍加油站	387		中石化昌江保梅站
344		海南中油深南石油技术开发有限公司临高希望工程加油加气站	388		中石化昌江河南站
345	儋州市	中石化儋州高速东站	389		中石化昌江叉河站
346		中石化儋州高速西站	390		中石化昌江太坡站
347		中石化儋州宏马站	391		中石化昌江汇成站
348		中石化儋州开源站	392		中石化昌江十月田站
349		中石化儋州洛南站	393		中石化昌江乌烈站
350		中石化儋州宏浦站	394		中石化昌江尖岭东站
351		中石化儋州三都A站	395		中石化昌江尖岭西站
352		中石化儋州三都B站	396		中石化昌江海尾站
353		中石化儋州海头站	397		中石油昌江东风
354		中石化儋州洛基站	398		中石油昌江石碌
355		中石化儋州东成站	399		海南矿业
356		中石化儋州中兴站	400		东龙加油站
357		中石化儋州铺仔站	401		昌富加油站

序号	市县	加油站名称	序号	市县	加油站名称
402	东方市	中石化东方顺达站	443	乐东县	乐东九所北
403		中石化东方顺发站	444		乐东九所南
404		中石化东方大坡田西站	445		乐东千家
405		中石化东方大坡田东站	446		乐东山荣
406		中石化东方感城站	447		乐东尖峰
407		中石化东方八所站	448	屯昌县	中石化屯昌永生站
408		中石化东方疏港站	449		中石化屯昌城西站
409		中石化东方板桥站	450		中石化屯昌站
410		中石化东方民通站	451		中石化屯昌枫木站
411		中石化东方东河站	452		中石化屯昌新兴站
412		中石化东方蓝天站	453		中石化屯昌光明站
413		中石化东方鸿晋站	454		中石化屯昌大道站
414		中石化东方零公里站	455		中石油屯昌昌盛
415		中石化东方四更站	456		中石油屯昌城南
416		中石油东方琼西	457		中石油屯昌生态
417		中石油东方友谊	458		屯昌广兴加油站
418		中石油东方瑞龙	459		屯昌乌坡加油站
419		中石油东方四更	460	琼中县	中石化琼中城东站
420		中石油东方抱板	461		中石化琼中营根站
421		东方安顺贸易有限公司东河联营加油站	462		中石化琼中城西站
422		东方市感城供销社加油站	463		中石化琼中新伟站
423		东方市琼南开发有限公司民富加油站	464		中石化琼中乌石站
424		海南东方兴达实业有限公司新龙加油站	465		中石化琼中腰子站
425	乐东县	中石化乐东鸿泰站	466		中石化琼中阳江站
426		中石化乐东黄流站	467		中石化琼中长征站
427		中石化乐东新丰站	468		中石化琼中网络站
428		中石化乐东九龙站	469		中石油琼中城北
429		中石化乐东利国站	470	白沙县	中石油琼中湾岭
430		中石化乐东新三角站	471		中石化白沙邦溪站
431		中石化乐东万冲站	472		中石化白沙七坊站
432		中石化乐东保国站	473		中石化白沙县城站
433		中石化乐东城西站	474		中石化白沙白什站
434		中石化乐东高速东站	475		中石油白沙白邦
435		中石化乐东高速西站	476		中石油白沙打安
436		中石化乐东大安站	477		白沙资农金波加油站
437		中石油乐东山荣	478	五指山市	中石化五指山翡翠站
438		中石油乐东尖峰	479		中石化五指山毛阳站
439		中石油乐东乐光	480		中石化五指山北端站
440		中石油乐东九所南	481		中石化五指山畅好站
441		中石油乐东九所北	482		中石化五指山毛道站
442		中石油乐东千家			

附件 4

海南省油罐车名单

序号	市县	油罐车编号	所属公司
1	海口市	琼 A16938	中国石油天然气运输公司海南分公司
2		琼 A31032	
3		琼 A20979	
4		琼 A20983	
5		琼 E01476	
6		琼 A16966	
7		琼 A25023	
8		琼 E01489	
9		琼 A25099	
10		琼 A31088	
11		琼 A33852	
12		琼 A33760	
13		琼 A31080	
14		琼 A30175	
15		琼 A30976	
16		琼 A33837	
17		琼 A30925	
18		琼 A31079	
19		琼 A21002	
20		琼 A20910	
21		琼 A30627	
22		琼 E01379	
23		琼 A27986	
24		琼 A21019	
25		琼 A20953	
26		琼 A23070	
27		琼 A18242	
28		琼 A18718	
29		琼 A18728	
30		琼 A18571	
31		琼 A27091	
32		琼 A27193	
33		琼 A27199	
34		琼 A27195	
35		琼 A27196	
36		琼 A27191	
37		琼 A13182	
38		琼 A27380	
39		琼 A27328	
40		琼 A27386	
41		琼 A27396	
42		琼 A30710	
43		琼 A30706	
44		琼 A30718	
45		琼 A30713	
46		琼 A30663	
47		琼 A30717	

序号	市县	油罐车编号	所属公司
48	海口市	琼 A30719	中国石油天然气运输公司海南分公司
49		琼 A30707	
50		琼 A30691	
51		琼 A23070	
52		琼 C55340	
53		琼 C55690	
54		琼 A29296	海南海汽器材有限公司
55		琼 A29258	
56	澄迈县	琼 C55522	海南省公路材料供应站危险货物运输车队
57		琼 C53763	
58		琼 C52286	
59		琼 C53270	
60		琼 C53556	
61		琼 C51725	
62		琼 C53005	
63		琼 C52942	
64		琼 C55348	
65		琼 C53539	
66		琼 C52035	
67		琼 C52641	
68		琼 C52025	
69		琼 C55292	
70		琼 C53016	
71		琼 C54288	
72		琼 C53592	
73		琼 C52991	
74		琼 C53279	
75		琼 C53081	
76		琼 C53153	
77		琼 C55011	
78		琼 C53378	
79		琼 C54573	
80		琼 C53789	
81		琼 C53592	
82		琼 C53029	
83		琼 C53081	
84		琼 C53789	
85		琼 C53378	
86		琼 C54288	
87		琼 C53016	
88		琼 C53153	
89		琼 C55292	
90		琼 C54573	
91	三亚	琼 B12620	三亚安隆运输服务有限公司
92		琼 B12610	
93	洋浦	琼 E01489	海南石华运输服务有限公司
94		琼 E01379	
95		琼 E01476	

附件 5

海南省储油库企业名单

序号	市县	企业名称	行业类别
1	澄迈县	中国石化海南石油分公司马村油库	仓储业
2		中海油海南石油有限公司马村油库	仓储业
3		海南益岛燃气有限公司马村油库	仓储业
4	文昌市	中国石化海南石油分公司清澜油库	仓储业
5		海南华海石油化工有限公司清澜油库	仓储业
6	洋浦	中国石化海南石油分公司洋浦油库	仓储业
7	东方市	中国石油天然气股份有限公司东方油库	仓储业
8	三亚市	中国石化海南石油分公司太平洋油库	仓储业

关于印发海南省加油站、储油库和油罐车油气回收综合治理工作方案的通知

琼土环资控字〔2013〕37号

各市县国土环境资源局（环境保护局）、商务局、交通运输局、安全生产监督管理局、质量技术监督局、公安消防支（大）队：

为改善我省大气环境质量，保护人民群众的安全和健康，依据《中华人民共和国大气污染防治法》《中华人民共和国安全生产法》《中华人民共和国计量法》、国务院《大气污染防治行动计划》、环保部办公厅《关于加强储油库、加油站和油罐车油气回收综合治理工作的通知》（环办〔2012〕140号）、海南省人民政府《关于2013年省政府重点工作责任事项分解表的通知》的要求，我们制定了《海南省加油站、储油库和油罐车油气回收综合治理工作方案》（以下简称《方案》）。现将《方案》印发给你们，请认真组织贯彻实施。

附件：海南省油气回收治理工作指南

海南省国土环境资源厅
海南省商务厅
海南省交通运输厅
海南省安全生产监督管理局
海南省质量技术监督局
海南省公安消防总队
2013年11月11日

海南省加油站、储油库和油罐车油气回收综合治理工作方案

为强化加油站、储油库和油罐车污染排放的监督管理，推进油气污染防治工作，减少油气污染物排放，改善我省大气环境质量，保护人民群众的安全和健康，依据《中华人民共和国大气污染防治法》和《中华人民共和国安全生产法》《中华人民共和国计量法》及国务院《大气污染防治行动计划》、环保部办公厅《关于加强储油库、加油站和油罐车油气回收综合治理工作的通知》（环办〔2012〕140号）、海南省人民政府《关于印发2013年省政府重点工作责任事项分解表的通知》（琼府〔2013〕9号）等法规和相关要求，结合我省实际，制定本工作方案。

一、目的意义

随着我省机动车保有量的快速增长，汽油消耗量也在快速增加。据不完全统计，目前，全省加油站超过 460 座，储油库 14 座，油罐车 173 辆，汽油年消耗量达 65 万吨以上，每年排入大气的油气（挥发性有机物 VOCs）2 000 多吨。VOCs 由多种碳氢化合物组成，其中某些成分具有致癌作用，危害人体健康。排放到大气中的 VOCs，是造成光化学污染的主要原因之一。在强烈的光照下，和氮氧化物之间发生光化学反应产生光化学烟雾，严重危害人体健康和生态安全。VOCs 集聚到一定浓度，遇火极易发生爆炸或火灾事故，存在较大安全隐患。

汽油挥发掉的成分是最具经济价值的轻质部分，控制油气挥发排放具有较好的经济效益。因此，高效收集和密闭贮存油气，并将收集到的油气集中处理转化为汽油，可减少污染物排放，防范事故风险，又可实现较好经济效益，具有较好的环境、经济和社会效益。

二、工作依据与目标

工作依据：《中华人民共和国大气污染防治法》《中华人民共和国安全生产法》《中华人民共和国计量法》及国务院《大气污染防治行动计划》、环保部办公厅《关于加强储油库、加油站和油罐车油气回收综合治理工作的通知》（环办〔2012〕140 号）、海南省人民政府《关于印发 2013 年省政府重点工作责任事项分解表的通知》（琼府〔2013〕9 号）。

工作目标：全省加油站、储油库和油罐车必须在 2015 年 1 月 1 日前完成油气回收综合治理，治理后要满足《储油库大气污染物排放标准》（GB 20950—2007）、《加油站大气污染物排放标准》（GB 20952—2007）和《汽油运输大气污染物排放标准》（GB 20951—2007）三项标准要求，确保油气污染物稳定达标排放。2013 年起新建或改造的加油站、储油库和新投运的油罐车，须同步实施油气污染治理。

三、工作步骤

我省油气回收综合治理分三个阶段进行：

（一）准备工作阶段（2013 年 9—11 月）。

1. 省国土环境资源厅会同省商务厅、交通运输厅、质监局、安监局、公安消防总队等部门成立省油气回收综合治理工作小组（办公室设在省国土环境资源厅），制订工作方案。

2. 各市县（含洋浦经济开发区，下同）环境保护主管部门会同有关部门成立市县油气回收综合治理工作小组，开展对辖区内加油站、储油库和油罐车基本情况调查摸底工作，并制定本辖区油气回收综合治理工作方案。

3. 制定油气回收治理改造技术指南，为各地改造提供指导，以便油气回收系统接口统一、工程按标准要求施工。

4. 开展全省加油站、储油库和油罐车油气回收治理验收培训。

（二）治理改造阶段（2013 年 12 月—2014 年 6 月）。

1. 全面启动油气回收治理工作。各省及市县油气回收综合治理工作小组按照职责督促加油站、储油库开展油气回收治理工作。

2. 同步启动油罐车油气排放的治理工作。环保部门会同交通等部门督促有关单位加强对油罐车油气回收改造。

3. 各加油站、储油库和油罐车业主单位按要求制定油气回收治理申报材料上报相应油气回收综合治理工作小组备案。中石化、中石油系统及全部储油库油气回收治理的申报材料上报省油气回收综合治理工作小组备案，其他油气回收治理的申报材料上报所在市县油气回收综合治理工作小组备案。

4. 应当在 2014 年 6 月底前完成油气回收治理改造工作。

（三）验收阶段（2014 年 7—12 月）。

油气回收治理工程完成后，省或市县油气回收综合治理工作小组按照国家标准规定、检测规范及工作技术指南对加油站、储油库和油罐车油气回收治理进行验收。中石化、中石油系统及全部储油库油气回收治理工程验收由省油气回收综合治理工作小组负责，其他由所在市县油气回收综合治理工作小组负责。各有关管理部门按照职能分工对加油站、储油库和油罐车治理设施运行情况实施日常监管。

1. 验收时间。

油气回收治理工程改造完成后，经营单位应及时提出验收申请。工作小组应在 10 个工作日内组织验收。验收工作应在 2014 年年底前完成。

2. 污染物排放验收。

加油站、储油库和油罐车污染物排放验收严格按照《储油库大气污染物排放标准》（GB 20950—2007）、《加油站大气污染物排放标准》（GB 20952—2007）、《汽油运输大气污染物排放标准》（GB 20951—2007）、《储油库、加油站大气污染治理项目验收检测技术规范》（HJ/T 431—2008）以及省有关验收要求进行。

3. 其他要求。

加油站和储油库完成油气回收治理工程后，要经过防爆电气检验、计量检测合格后方可投入使用。油罐车完成油气回收治理后要经过机动车安全性能检验合格后方可上路行驶。

四、工作要求

（一）油气排放治理要求。

1. 加油站和储油库的油气回收综合治理方案须报省或市县油气回收综合治理工作小组备案后，方可组织实施。

2. 对距离民宅建筑不足 50 米及当地环保部门有特殊要求的区域内的加油站，应预留油气后处理装置的接口，油气回收治理后仍不达标或影响居民生活的加油站必须加装油气后处理装置。对年销售汽油量大于 8 000 吨的加油站应要求安装油气排放在线监测系统。

3. 加油站、储油库和油罐车油气回收治理工程完成后，须向省或市县油气回收综合治理工作小组提出验收申请。

（二）油气治理改造防爆要求。

1. 防爆电气改造单位原则上应为原防爆电气制造单位，根据工业产品生产许可证管理条例的规定，制造列入工业产品生产许可证管理范围的防爆电气企业应取得工业产品生产许可证。

2. 防爆电气改造单位应按照《爆炸性环境用防爆电气设备》（GB 3836）系列标准的要求将改造技术文件和改造后的样机送到经国家授权的防爆电气检验单位进行技术文件审查和样机检验，检验合格后由检验单位颁发“防爆合格证”。

3. 防爆电气改造单位取得“防爆合格证”后，方可按照《爆炸性环境用防爆电气设备》（GB 3836）

等标准实施防爆电气的改造工作。

4. 各有关部门按照各自职能对加油站、储油库和油罐车油气回收治理过程中的防爆、防火工作实施监督管理。

（三）其他要求。

1. 油气回收治理设计和施工单位必须具备压力管道或石油化工工程资质，油气回收治理装置或设施须通过具备相应资质的相关认证机构的认证。油气回收治理设计和施工单位、油罐车改装单位、检测验收单位、油气回收设备厂家应将资质认证资料报省油气回收综合治理工作小组备案。

2. 加油站、储油库和油罐车的油气回收治理改造工程必须在不影响地区油品稳定有序供应的前提下，有计划地分期分批实施，按时保质完成，避免因改造工程安排不当而对社会和经济发展的正常用油造成影响。

3. 加装油气回收装置（系统）不得影响税务、计量、消防、车辆安全等性能，所有涉及税务、计量、消防（包括安全距离）、建设、规划、安全运输、安全生产等问题的，按国家现行有关法律法规的规定进行。

4. 中石化、中石油系统要按照相关要求制定油气回收治理计划和方案，落实资金，成立专门机构负责组织落实油气回收治理工作，并将工作计划、落实情况报省油气回收综合治理工作小组。

五、保障措施

（一）加强组织领导。

省国土环境资源厅会同省商务、交通、质监、安监、消防等部门按照职能分工，监督油品经营单位按照有关要求落实油气回收治理工程。各市县要建立油气回收治理部门协作机制，按照部门职责分工，认真履行职责，齐抓共管，做到责任到位，措施落实。要简化审批程序，提高审批效率，为油气回收治理备案、验收等建立“绿色通道”，确保如期完成治理任务。

（二）强化监督管理。

各有关行政主管部门要按照职责分工对油气回收治理实施监督管理。

加油站、储油库和油罐车必须按时完成油气回收系统并通过验收。商务部门在进行成品油经营证书的发放和年审时，应将成品油经营企业落实油气回收系统的情况纳入审查内容。不按时完成者，环境保护主管部门不准给予发放排污许可证，交通主管部门不准给予通过油罐车年度审验。

（三）制定经济政策。

我省将结合当地实际情况，制定符合本地实际的财政奖励或经济补助政策，全面推动加油站、储油库和油罐车油气回收综合治理工作。

附表：海南省油气回收综合治理工作小组成员名单（略）

附件

海南省油气回收治理工作指南

根据国家油气污染防治有关规定及省政府要求，我省在2014年年底前全面完成全省现有加油站、储油库和油罐车的油气回收治理工作。为推动我省油气回收治理工作顺利开展，科学指导油气回收治理工程设计、施工、验收以及管理，根据本省实际，组织编制了《海南省油气回收治理工作指南》。

指南有关补充内容，将及时在海南省国土环境资源厅网站（www.dloer.gov.cn）“污染防治”专栏中公布。

本指南借鉴了江苏、成都、广州等地的技术（工作）指南的经验，特此致谢！

第一部分 法律法规和政策性文件

一、法律法规

（一）《中华人民共和国环境保护法》（节选）

第二十八条 排放污染物超过国家或者地方规定的污染物排放标准的企业事业单位，依照国家规定缴纳超标准排污费，并负责治理。

第三十七条 未经环境保护行政主管部门同意，擅自拆除或者闲置防治污染的设施，污染物排放超过规定的排放标准的，由环境保护行政主管部门责令重新安装使用，并处罚款。

（二）《中华人民共和国大气污染防治法》（节选）

第十三条 向大气排放污染物的，其污染物排放浓度不得超过国家和地方规定的排放标准。

（三）《中华人民共和国计量法》（节选）

第九条 县级以上人民政府计量行政部门对社会公用计量标准器具，部门和企业、事业单位使用的最高计量标准器具，以及用于贸易结算、安全防护、医疗卫生、环境监测方面的列入强制检定目录的工作计量器具，实行强制检定。未按照规定申请检定或者检定不合格的，不得使用。实行强制检定的工作计量器具的目录和管理办法，由国务院制定。

（四）《国务院关于推进大气污染联防联控工作改善区域空气质量的指导意见》（国办发〔2010〕33号）

推进加油站油气污染治理，按期完成重点区域内现有油库、加油站和油罐车的油气回收改造工作，并确保达标运行；新增油库、加油站和油罐车应在安装油气回收系统后才能投入使用。

（五）《国务院关于印发大气污染防治行动计划的通知》（国办发〔2013〕37号）

限时完成加油站、储油库、油罐车的油气回收治理，在原油成品油码头积极开展油气回收治理。

二、相关标准与技术规范

（1）《储油库大气污染物排放标准》（GB 20950—2007）。

（2）《汽油运输大气污染物排放标准》（GB 20951—2007）。

（3）《加油站大气污染物排放标准》（GB 20952—2007）。

（4）《储油库、加油站大气污染治理项目验收检测技术规范》（HJ/T 431—2008）。

（5）《汽车加油加气站设计与施工规范》（GB 50156—2012）。

三、海南省地方规章与政策文件

（一）《海南省环境保护条例》

第二十一条　排放污染物超过国家和省规定的排放标准，或者超过主要污染物排放总量控制指标的，由县级以上人民政府环境保护行政主管部门作出限期治理的决定，责令限制生产、限制排放或者停产整治。限期治理的期限最长不超过一年。排污单位逾期未完成治理任务的，由环境保护行政主管部门报经有批准权的人民政府批准，责令关闭。

第三十八条　单位和个人应当按照国家和本省有关规定，预防和治理在生产经营或者其他活动中产生的废气、废水、固体废物、粉尘、恶臭气体、放射性物质等对环境的污染、破坏及其他有害影响。

第四十八条　排污单位应当按照有关规定取得排污许可证。

排污单位取得排污许可证，并不免除其治理污染的义务和法律规定的其他责任。

（二）《海南省经济特区安全生产条例》第二十一条。

第二十一条　生产经营单位应当对安全设备进行经常性维护、保养，并定期检测，确保处于正常状态。维护、保养、检测应当作好记录，并由有关人员签字。

重要安全设备的检测应当委托具有相应资质的机构进行。生产经营单位应当将检测报告报负有安全生产监督管理职责的部门备案。

省安全生产监督管理部门可以根据需要，规定各类安全设备定期检测的具体时间。法律、法规另有规定的，从其规定。

（三）《海南省油气回收综合治理工作方案》

第二部分　油气回收治理工作程序

一、总则

（一）适用范围

1. 本指南适用于海南省现有加油站、储油库和油罐车汽油油气排放管理，以及新、改、扩建加油站、储油库工程和新增油罐车。

2. 已完成油气回收治理工作的加油站、储油库和油罐车，可根据本指南油汽回收治理工作实施与验收部分第（五）条申请检测、验收。

（二）相关规范、标准

1. 本指南引用了《储油库大气污染物排放标准》（GB 20950—2007），《汽油运输大气污染物排放标准》（GB 20951—2007），《加油站大气污染物排放标准》（GB 20952—2007），《储油库、加油站大气污染治理项目验收检测技术规范》（HJ/T 431—2008），《汽车加油加气站设计与施工规范》（GB 50156—2012）中的相关条款。

2. 现有加油站、储油库和油罐车的油气回收治理或新、改、扩建工程的设计、施工、安装，除应符合本指南的规定外，尚应符合国家、海南省和有关行业的标准、规范的规定，如果地方标准相关条款严于国家相关标准，应当执行地方标准。

（三）总体技术要求

1. 储油库应采用浮顶罐储存汽油，发油时应采用底部装油方式，装油时产生的油气应进行密闭收集和回收处理。

2. 油罐车应具备底部装卸油系统及油气回收系统。

3. 加油站应采用浸没式卸油方式（卸油油气回收治理），加油产生的油气应采用真空辅助方式密闭收集（加油油气回收治理）。

（四）进度安排

1. 全省所有加油站、储油库和油罐车的油气回收治理，按《海南省油气回收治理工作方案》规定的期限完成。

2. 对未按全省统一要求完成油气回收治理改造并未取得具有资质单位出具的验收检测报告（检验合格证明）的加油站、储油库，商务主管部门不予通过成品油零售经营资质审核，并责令整改；对未取得质监部门认证的检测机构检测合格的油罐车，交通主管部门在进行《道路运输证》年度审验时，按照《道路危险货物运输管理规定》（中华人民共和国交通部令2010年第5号）相关规定处理。

（五）工作流程

油气回收治理应当严格按照《海南省油气回收治理流程图》（图一）进行，落实每一个步骤，严把每一道关口，保证油气回收治理工作安全、扎实、有序地推进，确保油气回收治理效果。

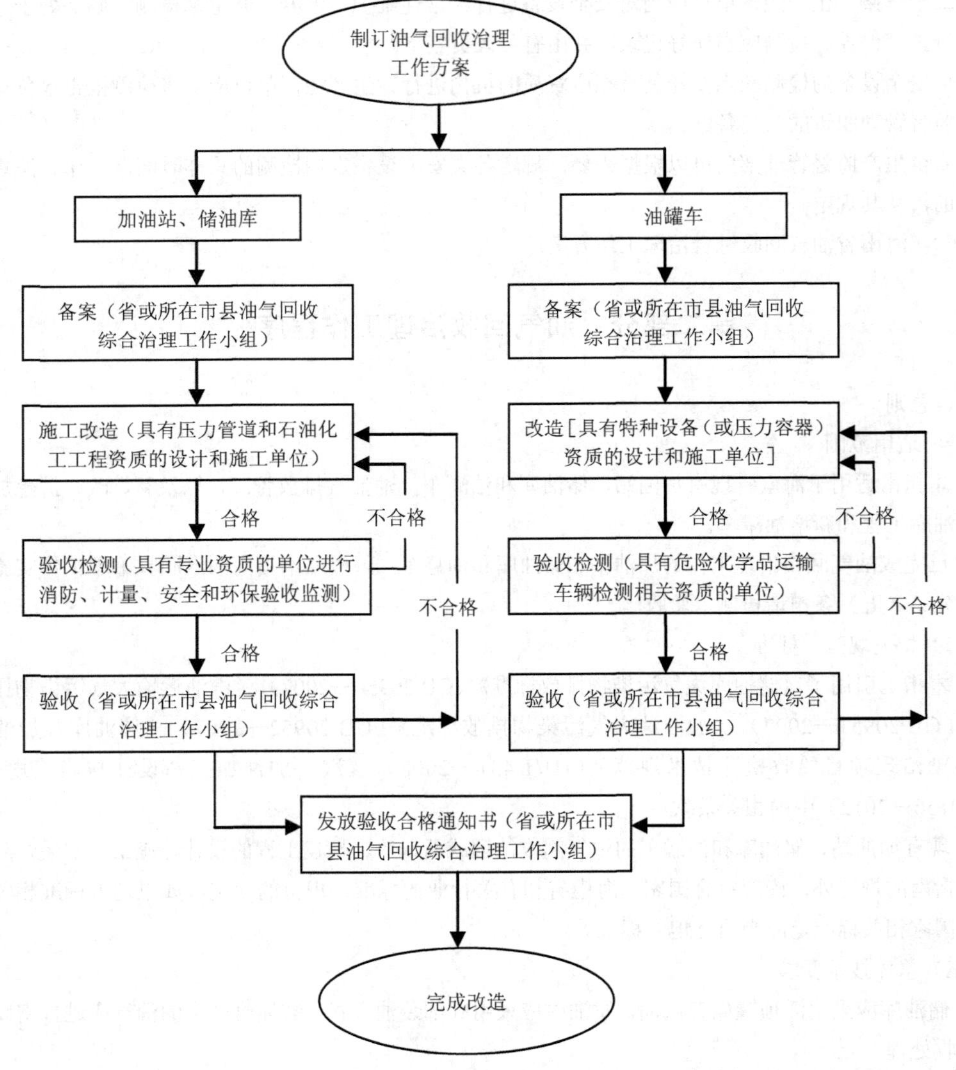

图一 海南省油气回收治理流程图

二、油气回收治理工作实施与验收

（一）油气回收治理申报

1. 申报材料

（1）油气回收治理方案

加油站、储油库和油罐车业主应当委托具有相应资质的设计单位制定油气回收治理方案。方案应包括被改造项目概况、设计单位资质、拟采用的技术原理、施工图与主要材料设备清单。

（2）施工与进度计划

业主应当委托具有相应资质的施工单位进行油气回收治理改造工作，并制定切实可行的进度计划。

（3）主要材料设备

油气回收治理改造项目主要材料设备应满足设计要求、符合国家有关认证和防爆要求。

2. 申报备案

（1） 加油站、储油库和油罐车业主单位按要求制定油气回收治理申报材料（7份，含电子文档）上报相应油气回收综合治理工作小组备案。中石化、中石油系统及全部储油库油气回收治理的申报材料上报省油气回收综合治理工作小组备案，其他油气回收治理的申报材料上报所在市县油气回收综合治理工作小组备案。

（2）未涉及改动地面主体建筑工程、不移动埋地油罐、加油机位置等的，报相应油气回收综合治理工作小组备案。

（3）涉及改动地面主体建筑工程、移动埋地油罐、加油机位置等的，业主单位按要求分别报商务、建设、规划、安监、消防、环保等相关部门审批。

（4）油气回收改造中需改动加油机，按要求报质监部门技术核查。

（5）油气回收改造中需调整出入口位置、涉及地下管线的，按要求报公安交管、消防、规划、市政等管理部门审批，经同意后方可实施。

（二）资质要求

1. 加油站、储油库设计和施工单位资质要求

（1）加油站、储油库油气回收工程设计单位应具有压力管道或石油化工工程设计资质。

（2）油气回收工程施工单位应具有压力管道或石油化工工程施工资质。

2. 油罐车改造单位资质要求

油罐车改造设计单位应具有特种设备（压力容器）设计资质，改造实施单位应具有相应资质和经验，且应为列入国家发改委发布的《车辆生产企业及产品公告》内具有油罐车生产资质，同时具备油罐车罐体生产许可证的单位和企业。

（三）设备要求

1. 油气回收治理设备认证

油气回收治理设备必须通过国家有关认证或 CARB（美国加州空气质量委员会），UL（美国保险商实验室），TUV（德国控制技术学会）等国际认可的独立第三方认证，设备代理商应具有设备厂商的授权。采用的主要设备应有中文产品说明书和认证资料。

2. 设备防爆要求

油气回收治理相关设备必须通过国家相关防爆电气认证。

3. 设备安装要求

油气回收治理相关设备的安装必须符合国家有关防爆电气安装和计量管理要求，改造后不能破坏加油机等整体防爆特性和计量精度。设备改装、安装单位应取得国家防爆电气设备安装、修理资格证

和相关计量器具修理许可，不得发包或转包给不具有资质、资格的单位或个人。

（四）施工要求

加油站、储油库油气回收治理方案须报相应油气回收综合治理工作小组备案后，方可组织实施。施工前，必须先排空所有油品，并按照动火规则进行清洗、吹除、落实现场监护等各项防范措施，达标后才能进行施工。

1. 储油库施工要求

（1）发油鹤位的发油系统在给汽油油罐车装油时，应采用底部装油方式，发油鹤位的快速按头或鹤管应与油罐车的装油快速接头匹配。发油鹤位应设置专用的油气回收管，单个发油车位的油气回收管的管径不宜小于 DN100。

（2）发油鹤位的油气回收总管宜架空敷设，管道坡度不应小于 0.2%。

（3）底部装油结束并断开快速接头时，汽油泄漏量不应超过 10 ml。

（4）储油库油气处理装置油气入口和出口均须预留采样孔，样品途经采样管和其他部件进入收集器的距离不宜超过 300 mm，采样管外径为 6 mm（见附件 3）。

2. 加油站施工要求

（1）加油站的埋地油罐应设油气回收系统，其油罐应设带有高液位监测系统。单层油罐的液位监测系统尚应具备渗漏检测功能。油气回收接头应设在地面或操作井内，接头的规格应为 DN100，并与油罐车的油气回收接头相匹配。

（2）加油站埋地油罐的通气管和加油机油气回收管的管径规格不应小于 DN80，埋地敷设，坡度不应小于 1%，并坡向埋地油罐。通气管的管径规格不应小于 DN50，汽油罐与柴油罐的通气管应分开设置。通气管管口应高出地面 4 m 以上，沿建（构）筑物的墙（柱）向上敷设的通气管，其管口应高出建筑物的顶面 1.5 m 以上。通气管管口应安装阻火器和真空压力阀，尚应装设呼吸阀，真空压力阀开启的正负压力应与油气回收系统相协调，且保证油气回收效果。

（3）油罐通气管管口和露出地面的管道，应采用符合现行国家标准的无缝钢管。油罐车卸油时用的卸油连通软管、油气回收连通软管，应采用导静电耐油软管或采用内附金属丝（网）的橡胶软管。法兰盲板及通气管测量孔应按照规范在工厂制作完成后再运至现场安装，严禁在现场焊接、加工。

（4）在每台加油机底部与油气回收立管的连接处，应安装一个用检测液阻和系统密闭性的丝接三通，其旁通短管上应设公称直径为 25 mm 的球阀及丝堵，接口位置应方便检测（见附件 2）。

（5）后处理装置

①距离民宅建筑 50 米以内的加油站以及当地环保部门有特殊要求的区域内的加油站，应预留油气后处理装置接口。

②油气回收治理后仍不达标或影响居民生活的加油站必须加装油气后处理装置。

③安装有后处理装置的加油站应在后处理装置出口处预留采样孔，样品途经采样管和其他部件进入收集器的距离不宜超过 300 mm，采样管外径为 6 mm（见附件 3）。

（6）其他

①加油油气回收系统、后处理装置、在线监测系统以及其他装置应能互相匹配，设备、管线应满足连接要求。

②汽油年销售量 8 000 吨以上的加油站在进行油气回收治理工程设计和施工时，在设计阶段应设计包含在线监测系统在内的组成完整、功能完善的油气回收系统，并在施工时完成全部设计内容。

3. 油罐车改造要求

（1）油罐车应设置底部装卸油系统，由油气回收快速接头、气动底阀、无缝金属管、过滤阀、密封式快速接头、阀门、帽盖、管路箱、弯头、压力/真空阀、防溢流探头和配套管套等部件组成。快速接头的规格应为DN100，并与储油库发油鹤位、加油站的装油快速接头或下装鹤管相匹配。

(2)油罐车应设置油气回收辅助设施、专用的截断阀和油气回收接头，油气回收管的规格为DN100。

(3) 油罐车的操作箱应设在罐车前进方向的右侧，靠近罐体的后部。操作箱内的装卸油快速接头与油气回收接头应并排设置，相互之间不影响正常操作，所有接头应安装在操作箱内或有防碰撞装置。

(4) 多仓油罐车应在每个仓设装卸油和回收油气的支管，每个仓设独立的通气阀和防溢流装置。

(5) 为安全起见，油罐车在改造之前要用蒸汽或惰性气体进行清洗，清洗置换后的残液必须集中处理，不得随意排放。

(五) 检测、验收

1. 验收检测的技术依据

加油站、储油库油气回收治理工程的验收检测工作，依据《储油库、加油站大气污染治理项目验收检测技术规范》(HJ/T 431—2008) 的有关内容进行。油罐车的油气回收治理工程的检验验收工作，依据《汽油运输大气污染物排放标准》(GB 20951—2007) 和《道路运输液体危险货物罐式车辆　第1部分：金属常压罐体技术要求》(GB 18564.1) 的有关内容进行。

2. 验收检测的主要内容

(1) 储油库检测内容包括：油气密闭收集系统任何可能泄漏点油气排放浓度，底部装油汽油泄漏量，油气处理装置出、入口非甲烷总烃排放浓度。

(2) 加油站检测内容包括：密闭性、液阻、气液比和处理装置非甲烷总烃排放浓度。

(3) 油罐车检测内容包括：P/V 阀、管路及罐体密闭性、气动阀等，具体要求参照 GB 20951—2007 和 GB 18564.1 的要求执行。

3. 验收标准

(1) 储油库验收标准

①储油库油气回收处理装置的油气排放浓度和处理效率应符合表 1 中规定的限值，排放口距地平面高度不低于 4 m。

②油气密闭收集系统任何泄漏点排放的油气体积分数≤0.05%

表 1　处理装置油气排放限值

油气排放浓度 (g/m^3)	≤25
油气处理效率 (%)	≥95

(2) 加油站验收标准

①气液比

油气回收加油枪的抽气量与加油量的比值、各种加油油气回收系统的气液比均应大于等于 1.0 且小于等于 1.2。

②液阻

向加油站油气回收管线通入氮气，打开油罐油气接口阀接通大气，在氮气流量为 18 L/min、28 L/min、38 L/min 的情况下，管线液阻检测值应小于 40 Pa、90 Pa、155 Pa 的最大压力限值。

③密闭性

向油气回收系统充气加压至 500 Pa，保持 5 分钟，油气回收系统密闭性压力检测值应大于等于最小剩余压力限值。

④油气排放浓度

后处理装置的油气排放浓度应≤25 g/m^3。

⑤经油气回收改造的加油机等强制检定的计量器具，必须依法依规进行强制检定合格后方可投入使用。

（3）油罐车验收标准

①油罐车油气回收系统密闭性检测压力变动值应小于等于表 2 规定的限值，多仓油罐车的每个油仓都应进行检测。

表 2　油罐车油气回收系统密闭性检测压力变动限值

单仓罐或多仓罐单个油仓的容积（L）	5 min 后压力变动限值（kPa）
≥9 500	0.25
5 500～9 499	0.38
3 799～5 499	0.5
≤3 800	0.65

②油罐汽车油气回收管线气动阀门密闭性检测压力变动值应小于等于表 3 规定的限值。

表 3　油罐汽车油气回收管线气动阀门密闭性检测压力变动限值

罐体或单个油仓的容积（L）	5 min 后压力变动限值（kPa）
任何容积	1.3

4. 验收程序

（1）加油站、储油库的经营业主须委托有相应资质的检测机构，进行油气回收治理工程检测，由检测机构出具检测报告。

（2）检测完成后，加油站、储油库的经营业主按要求向相应油气回收综合治理工作小组上报验收材料。中石化、中石油公司和全部储油库的经营业主向省油气回收综合治理工作小组上报验收材料，其他的经营业主向所在市县油气回收综合治理工作小组上报验收材料。验收材料包含油气回收综合治理备案资料（见附件 1）、验收申请材料及检测机构出具的检测报告。

（3）省油气回收综合治理工作小组和各市县油气回收综合治理工作小组分别对上报的材料进行审查后，再到现场检查油气回收治理工程（按照 HJ/T 431—2008 要求）。对验收合格的加油站、储油库发放油气回收治理验收合格通知书，并将所有审查后的材料进行统一备案管理。

（4）完成油气回收改造的油罐车，其业主应委托专业检测机构进行油气回收工程验收检测，检测合格后，向相应油气回收综合治理工作小组上报备案材料，备案材料包含油气回收综合治理备案资料（见附件 1）和检测机构出具的检测报告。中石化、中石油公司向省油气回收综合治理工作小组上报备案材料，其他的经营业主向所在市县油气回收综合治理工作小组上报备案材料，由相应油气回收综合治理工作小组审查后进行统一备案管理。

附件：1. 海南省油气回收综合治理备案资料清单

2. 加油站油气污染治理系统及测试点位置示意图

3. 油气处理装置采样孔示意图（用于加油站及储油库后处理设备）

附件 1

海南省油气回收综合治理备案资料清单

序号	资料名称	描述	数量
1	改造单位营业执照	复印件（原件供现场核对），加盖改造单位所属公司公章	6
2	1998 年 9 月 1 日后建成单位的改造需提供消防验收意见书	复印件（原件供现场核对），加盖改造单位所属公司公章	6
3	改造单位危险化学品经营许可证（甲种）	复印件（原件供现场核对），加盖改造单位所属公司公章	6
4	油气回收综合治理工作计划	原件（主要内容包括治理目标及标准、实施方法、治理进度安排、治理责任部门和责任人、管理制度、安全措施、应急预案、组织保障包括在资金保障等措施）	6
5	治理改造技术方案和图纸	复印件，加盖改造单位所属公司公章（技术方案中必须包括危险性分析及措施的内容）	6
6	油气回收治理改造合同书	复印件，加盖改造单位所属公司公章	6
7	安全责任书	复印件，加盖改造单位所属公司公章	6
8	设计单位公司简介	原件	6
9	设计单位压力管道、石油化工设计资质证明材料（包括营业执照、特种设备设计许可证等）	复印件（原件供现场核对），加盖设计单位公章	6
10	油气回收管道施工单位公司简介	原件	6
11	油气回收管道施工单位压力管道、石油化工施工资质证明材料（包括营业执照、资质证书、特种设备安装改造维修许可证等）	复印件（原件供现场核对），加盖管道施工单位公章	6
12	设备提供商授权销售、安装委托书	复印件（原件供现场核对），加盖设备商公章	6
13	油气回收设备商公司简介	原件	4
14	油气回收设备商防爆设备资质证明材料（包括营业执照、设备防爆合格证等）	复印件（原件供现场核对），加盖设备商公章	6
15	油气回收设备安装单位公司简介	原件	6
16	油气回收设备安装单位防爆安装资质证明材料（包括营业执照、设备安装防爆认证证书等）	复印件（原件供现场核对），加盖油气回收设备安装单位公章	6

特别说明：油气回收改造单位在进行资料报备时，需同时提供复印件的原件以供工作人员现场核对。

附件 2

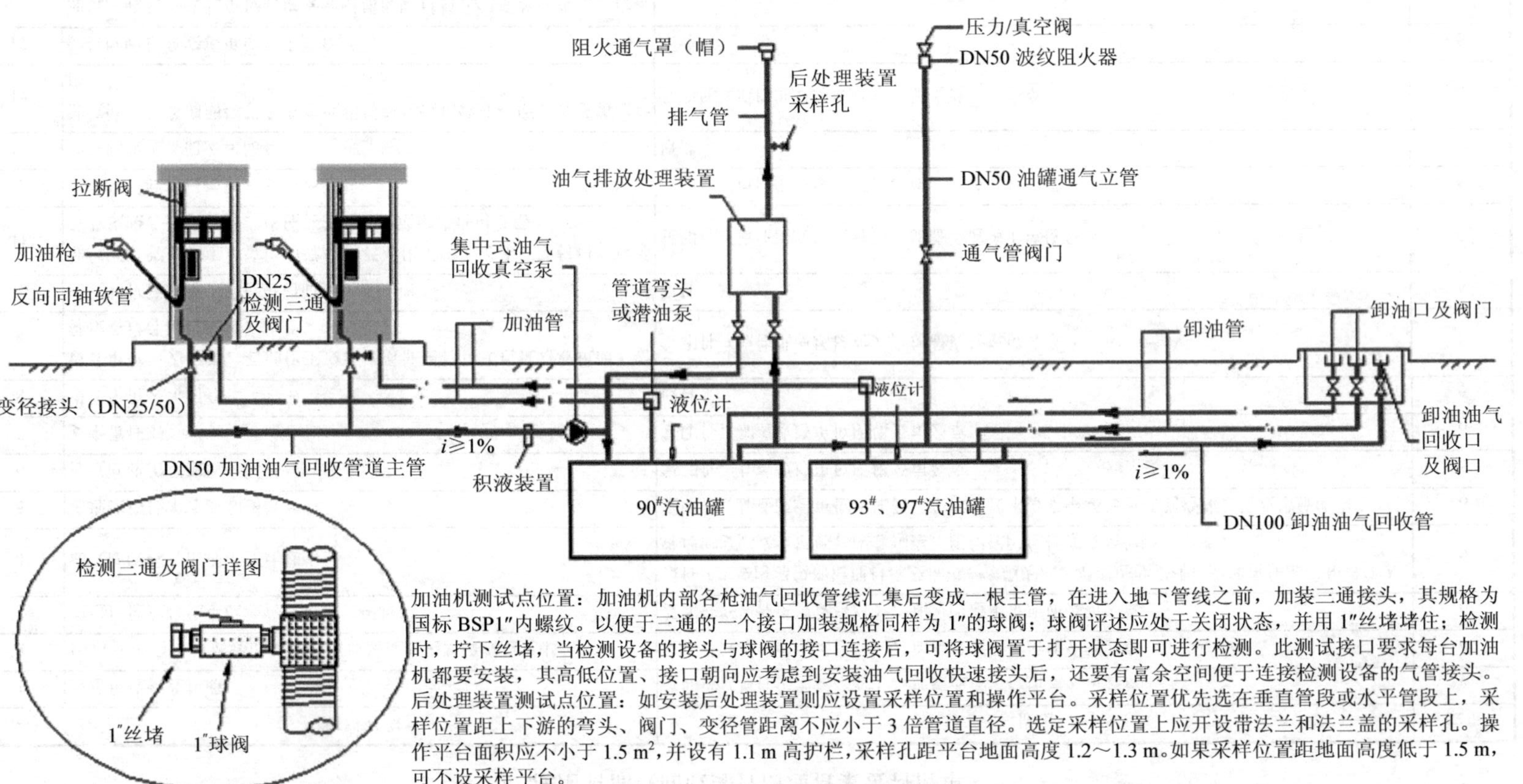

加油机测试点位置：加油机内部各枪油气回收管线汇集后变成一根主管，在进入地下管线之前，加装三通接头，其规格为国标 BSP1″内螺纹。以便于三通的一个接口加装规格同样为 1″的球阀；球阀评述应处于关闭状态，并用 1″丝堵堵住；检测时，拧下丝堵，当检测设备的接头与球阀的接口连接后，可将球阀置于打开状态即可进行检测。此测试接口要求每台加油机都要安装，其高低位置、接口朝向应考虑到安装油气回收快速接头后，还要有富余空间便于连接检测设备的气管接头。后处理装置测试点位置：如安装后处理装置则应设置采样位置和操作平台。采样位置优先选在垂直管段或水平管段上，采样位置距上下游的弯头、阀门、变径管距离不应小于 3 倍管道直径。选定采样位置上应开设带法兰和法兰盖的采样孔。操作平台面积应不小于 1.5 m²，并设有 1.1 m 高护栏，采样孔距平台地面高度 1.2～1.3 m。如果采样位置距地面高度低于 1.5 m，可不设采样平台。

加油站油气污染治理系统及测试点位置示意图

附件 3

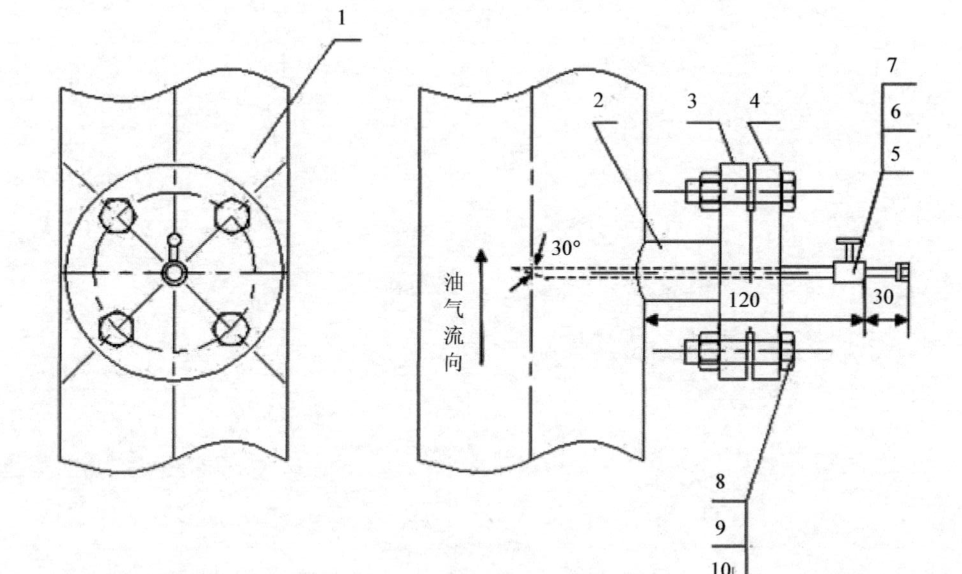

1—油气管道；2—接管ϕ32×3；3—法兰 DN25-PN10 RF GB/T 9119—2000；4—法兰盖 DN25-PN10 RF GB/T 9123.1—2000；5—采样管ϕ6×1；6—阀门；7—管帽；8—螺栓 GB 5783—2000 M12×50；9—螺母 GB 6170—2000 M12；10—缠绕垫 D 1222-DN25-PN10 GB/T 4622.2—2003

油气处理装置采样孔示意图（用于加油站及储油库后处理设备）

第六部分

面源大气污染防治工作

关于进一步加快推进农作物秸秆综合利用和禁烧工作的通知

发改环资〔2015〕2651号

各省、自治区、直辖市及计划单列市发展改革委（经信委），财政厅（局），农业（农牧、农村经济）厅（委、局），环保厅（局）；新疆建设兵团发展改革委、财务局、农业局、环保局：

2008年，国务院办公厅印发《关于加快推进农作物秸秆综合利用的意见》（国办发〔2008〕105号）以来，各地区、各部门积极采取有效措施，农作物秸秆（以下简称秸秆）综合利用和禁止露天焚烧（以下简称禁烧）工作取得了积极进展，综合利用水平有所提高，露天焚烧火点数明显减少。但是，由于全社会对秸秆焚烧危害性认识不足，秸秆综合利用激励政策不到位，部分地区秸秆露天焚烧现象仍屡屡发生，导致资源浪费、环境污染，甚至引发火灾，危及交通安全，形势仍十分严峻。为了进一步加强秸秆综合利用与禁烧工作，现就有关事宜通知如下：

一、总体要求和目标任务

（一）总体要求。贯彻落实党的十八大提出的大力推进生态文明建设的战略部署，坚持节约资源和保护环境的基本国策，按照政府引导、市场运作、多元利用、疏堵结合、以疏为主的原则，完善秸秆收储体系，进一步推进秸秆肥料化、饲料化、燃料化、基料化和原料化利用，加快推进秸秆综合利用产业化，加大秸秆禁烧力度，进一步落实地方政府职责，不断提高禁烧监管水平，促进农民增收、环境改善和农业可持续发展。

（二）主要目标。力争到2020年，全国秸秆综合利用率达到85%以上；秸秆焚烧火点数或过火面积较2016年下降5%，在人口集中区域、机场周边和交通干线沿线以及地方政府划定的区域内，基本消除露天焚烧秸秆现象。

二、推动产业化发展，拓宽秸秆利用渠道

（三）完善高效收集体系。各地要根据当地农用地分布情况、种植制度、秸秆产生和利用现状，鼓励农户、新型农业经营主体在购买农作物收获机械时，配备秸秆粉碎还田或捡拾打捆设备，完善激励措施，健全服务网络，开展秸秆还田、收储服务。要加强收获作业技术指导，推行秸秆机械化还田作业和留茬高度等标准，促进秸秆就地还田或应收尽收。

（四）建立专业化储运网络。各地要积极扶持秸秆收储运服务组织发展，建立规范的秸秆储存场所，促进秸秆后续利用。各地应出台方便秸秆运输的政策措施，提高秸秆运输效率。鼓励有条件的企业和社会组织组建专业化秸秆收储运机构，鼓励社会资本参与秸秆收集和利用，逐步形成商品化秸秆收储和供应能力，实现秸秆收储运的专业化和市场化。

（五）提高秸秆农用水平。各地要按照种养结合、农业优先的原则，进一步加大秸秆还田力度，大力推广秸秆生物炭还田改土技术，积极开展秸秆-牲畜养殖-能源化利用-沼肥还田、秸秆-沼气-沼肥还田等循环利用，加大秸秆机械化粉碎还田、快速腐熟还田力度，鼓励畜禽养殖场（户）和小区、饲料企业利用秸秆生产优质饲料，引导秸秆基料食用菌规模化生产。开展农业循环经济试点示范，探索秸秆综合利用方式的合理搭配和有机耦合模式，推动区域秸秆全量利用。

（六）拓宽综合利用渠道。各地要做好统筹规划，坚持市场化的发展方向，在政策、资金和技术上给予支持，通过建立利益导向机制，支持秸秆代木、纤维原料、清洁制浆、生物质能、商品有机肥等新技术的产业化发展，完善配套产业及下游产品开发，延伸秸秆综合利用产业链。在秸秆产生量大且难以利用的地区，应根据秸秆资源量和分布特点，科学规划秸秆热电联产以及循环流化床、水冷振动炉排等直燃发电厂，秸秆发电优先上网且不限发。

三、健全工作机制，强化秸秆禁烧监管

（七）加强基础能力建设和考核。强化卫星遥感、无人机等应用，提高秸秆焚烧火点监测的效率和水平。健全秸秆资源评估、综合利用和焚烧监测的统计、评价体系。逐步建立以过火面积、焚烧量和综合利用量为核心的秸秆禁烧工作评价、考核方法和奖惩机制。

（八）加强信息公开和执法。各地要加大秸秆禁烧执法检查力度，及时公开违法焚烧秸秆的相关信息，对因焚烧秸秆造成火灾、人员伤害、交通事故的严肃依法查处，对构成犯罪的追究刑事责任。实行目标责任制，对秸秆焚烧严重和综合利用率低的地区启动问责机制，并追究相关负责人及直接责任人的责任。

四、推动技术进步，提高收集和利用水平

（九）积极支持新技术和装备研发。各地要切实加强对秸秆还田、饲料化、能源化、原料化领域新技术的创新，扶持引导基层农技部门、社会化服务体系推广应用先进适用的秸秆综合利用技术。鼓励秸秆综合利用企业、科研单位引进和开发先进实用的秸秆粉碎还田、捡拾打捆、固化成型、炭气油联产等新装备，推广秸秆就地就近实现资源转化的小型化、移动式装备，推进秸秆综合利用装备的产业化发展与应用。

（十）完善秸秆综合利用标准体系。有关部门要加快制定秸秆收储运体系建设标准，完善秸秆制生物炭、秸秆粉碎还田作业、秸秆生物炭还田改土等质量标准和技术规范，逐步建立秸秆综合利用产品标准与质量检测体系，实现装备、产品和工艺操作的标准化。

五、完善扶持政策，构建有效激励机制

（十一）完善落实有利于秸秆利用的经济政策。财政投入方面：各地可根据实际情况，统筹各方面资金加大秸秆有机肥、秸秆还田、秸秆养畜补贴力度，以及对秸秆综合利用项目给予支持。秸秆焚烧严重的地区，要加大财政性资金支持力度，用于秸秆综合利用和禁烧工作。税收优惠方面：落实好秸秆综合利用税收优惠政策，切实促进秸秆资源化利用。研究将符合条件的秸秆综合利用产品列入节能环保产品政府采购清单和资源综合利用产品目录。金融信贷方面：鼓励银行业金融机构结合秸秆综合利用项目特点，创新金融产品和服务，按照风险可控、商业可持续原则，积极为秸秆收储和加工利用

企业提供金融信贷支持。

（十二）贯彻执行有利于秸秆利用的土地和用电政策。土地政策：秸秆收储设施用地尽量利用存量建设用地、空闲地、废弃地等，原则上按临时用地管理，属于永久性占用的，按建设用地依法依规办理审批手续。电价方面：粮棉主产区和大气污染防治重点地区秸秆捡拾、打捆、切割、粉碎、压块等初加工用电纳入农业生产用电价格政策范围，降低秸秆初加工成本。

六、加强宣传培训，提高资源环境保护意识

（十三）开展秸秆综合利用教育培训。各地要强化秸秆禁烧和利用的意识，在农业职业教育和新型职业农民培训中，加大秸秆综合利用实用技术推广和操作人员培训力度，提高技术普及率。各地要充分发挥相关行业学会协会，现有农村基层组织和服务组织的作用，组织开展多种形式的农机作业和秸秆收储运规范培训，大力推广秸秆综合利用实用成熟技术，提高农民秸秆综合利用技术能力。

（十四）充分发挥舆论导向宣传作用。各地要充分利用广播、电视、互联网等媒体开展秸秆利用和禁烧的专题系列报道，大力宣传秸秆综合利用重要意义、政策措施和典型经验以及露天焚烧的危害性，并采取面向基层、贴近农民、生动活泼的形式，普及相关知识和技术，逐步提高全社会对秸秆综合利用的意识和自觉性。

七、加强组织领导，落实任务责任

（十五）明确任务，强化责任。各地要加强对秸秆综合利用和禁烧工作领导，明确目标任务，强化主体责任；要健全相关法规规章，出台配套政策，明确执法主体，落实工作职责，建立考核机制，严格奖惩措施；实行秸秆综合利用和禁烧工作目标责任制，把任务分解落实到部门、乡镇和村组，明确分工、责任到人，构建政府主导、部门联动、农民参与的工作格局。

（十六）强化部门协调合作。充分发挥秸秆综合利用统筹协调机制作用，各相关部门要按照职责分工，统筹研究推进秸秆综合利用和禁烧的重大问题，提出促进秸秆综合利用的政策建议，加强对地方秸秆综合利用工作的督促和指导，扩大利用规模，提升技术水平，促进秸秆收储运体系建设，改善大气环境。

国家发展改革委

财政部

农业部

环境保护部

2015 年 11 月 16 日

关于加强农作物秸秆综合利用和禁烧工作的通知

发改环资〔2013〕930号

各省、自治区、直辖市、新疆生产建设兵团、黑龙江省农垦总局发展改革委、经信委（经委、经贸委、工信委）、农业（农机）厅（委、局、办）、环保厅（局）；广西壮族自治区林业厅：

2008年以来，各地区、各有关部门认真贯彻落实国务院办公厅《关于加快推进农作物秸秆综合利用的意见》（国办发〔2008〕105号）文件精神，明确分工，加强配合，建立农作物秸秆综合利用协调机制，形成了共同推进秸秆综合利用的良好工作格局，秸秆综合利用和禁烧工作取得一定成效。为进一步推进秸秆综合利用和禁烧工作，杜绝秸秆违法违规露天焚烧造成的资源浪费和环境污染问题。现将有关事项通知如下：

一、充分认识秸秆综合利用和禁烧工作重要性和紧迫性

近年来，部分地区秸秆随意丢弃和焚烧现象仍屡禁不止，造成资源巨大浪费，带来空气重度污染，严重影响交通安全，威胁广大人民群众生命财产安全。随着我国农村经济的快速发展，农民生活水平有了很大提高，原来用于取暖做饭的农作物秸秆出现了地区性、结构性的过剩，“十二五”秸秆综合利用和禁烧形势仍然十分严峻。同时，秸秆综合利用和禁烧工作存在地方政府重视不够、激励机制不健全、责任落实不到位、群众认识亟待提高等问题。这种状况如不及时改变，不仅制约农业农村经济可持续发展，还将影响粮食安全，乃至农村生态文明建设进程。

二、加强组织领导

各地要按照本地区《秸秆综合利用规划》提出的目标要求，切实转变工作思路，下大力气加大对秸秆收集和综合利用的扶持力度，抓好秸秆禁烧工作，采取“疏堵结合”“以用促禁”的方式，加快构建政府主导、企业主体、农民参与的秸秆综合利用工作格局。地方各级人民政府要着力健全激励和约束机制，明确对本行政区域秸秆综合利用负总责、政府主要领导是第一责任人的工作要求，建立秸秆综合利用和禁烧目标责任制，并分解落实到相关部门，明确分工、落实责任，加强监管。落实目标任务，形成倒逼机制。各地要围绕机场周边、高速公路和铁路沿线、旅游景区等，划定并公布秸秆综合利用和禁烧重点区域，确保措施落实到位，杜绝秸秆随意焚烧现象。

三、加大政策支持力度

充分利用现有秸秆综合利用财政、税收、价格优惠激励政策，加大对农作物收获及秸秆还田收集一体化农机的补贴力度，提高还田和收集率，扩大秸秆养畜、保护性耕作、秸秆代木、能源化利用等

秸秆综合利用支持规模；研究秸秆收储运体系建设激励措施；探索秸秆综合利用重点区域支持政策；研究建立秸秆还田或打捆收集补助机制，深入推动秸秆还田、养畜、秸秆代木、食用菌生产、秸秆固化成型、秸秆炭化等不同途径利用。加强秸秆综合利用能力建设，探索形成适合当地秸秆资源化利用的管理模式和技术路线，提高秸秆综合利用率，推动秸秆综合利用规模化、产业化发展。

四、严格执行相关标准

各地要根据本地区农业生产特点，抓紧制订并发布相关收获、留茬等作业及综合利用产品标准。

一是各地农业部门要针对本地区农作物种类，抓紧制定发布秸秆机械化还田作业标准并组织实施，严格控制秸秆留茬过高不得不焚烧的现象。

二是各地农业部门要建立农作物收获机械准入制度，所有收获机械必须配备秸秆粉碎或打捆相关设备；各地要按照农机补贴政策，把秸秆粉碎或打捆相关设备列入农机补贴目录。

三是有关部门要抓紧制定秸秆综合利用产品和技术的行业标准，促进产品、工艺和设备的标准化，不断推进秸秆综合利用水平。

五、强化禁烧监管

各地要尽快制定秸秆禁烧的法规，进一步明确相应的处罚措施，将禁烧与项目审批、大气污染物总量减排考核、农村生态创建、农村环保目标责任制考核挂钩，推动地方政府不断提高秸秆综合利用和禁烧工作力度。强化基层环保部门禁烧监管执法能力建设，开发建设基于卫星应用平台的禁烧监管信息系统，进一步加强秸秆禁烧监管。

六、加强舆论宣传

发挥新闻媒体对秸秆综合利用和禁烧的舆论引导及监督作用，大力宣传秸秆综合利用对于资源节约、保障粮食安全、农业可持续发展的重要意义，以及随意丢弃和焚烧对环境、交通安全和人体健康的严重危害，努力在全社会营造“焚烧秸秆害人害己，综合利用利国利民”的浓厚舆论氛围。开展秸秆综合利用对经济、社会发展和生态文明建设重要性的科普教育，使广大农户家喻户晓，秸秆综合利用和禁烧不是一家一户的小事情，引导教育农民群众转变观念，积极参与秸秆综合利用和禁烧工作。

特此通知。

国家发展改革委
农业部
环境保护部
2013 年 5 月 14 日

海南省人民政府办公厅关于加强槟榔加工行业污染防治的意见

琼府办〔2017〕203号

各市、县、自治县人民政府，省政府直属有关单位：

为贯彻落实《中共海南省委关于进一步加强生态文明建设谱写美丽中国海南篇章的决定》《海南省人民政府办公厅关于加强冬春大气污染防治工作的通知》，推动我省槟榔产业转型升级，走绿色可持续发展道路，解决槟榔加工行业环境污染问题，改善我省环境质量，经省政府同意，现提出如下意见。

一、全面禁止槟榔土法熏烤。开展槟榔加工污染治理专项行动，全面取缔传统槟榔熏烤土炉，对抗拒执法者从严惩处。（责任单位：各市县政府、洋浦经济开发区管委会。督办单位：省农业厅、省生态环境保护厅、省公安厅、省工业和信息化厅）

二、加强槟榔加工行业环境监管。结合第二次全国污染源普查，建立健全我省槟榔加工行业污染源档案。加强槟榔加工行业污染源监管，严格执行槟榔加工行业建设项目环境影响评价制度和排污许可证制度。（责任单位：各市县政府、洋浦经济开发区管委会、省生态环境保护厅）

三、加强槟榔加工行业标准化建设。建立健全槟榔加工产品的质量标准体系和技术规范，制定出台槟榔初加工干果食品安全地方标准，从源头保证槟榔产品质量。加快槟榔加工行业污染物排放地方标准制定，严格管控污染物排放。（责任单位：省食品药品监管局、省卫生计生委、省生态环境保护厅、省农业厅、省质监局）

四、延伸深加工企业环保责任。通过公开深加工企业采购信息，强化社会监督，严格落实《企业绿色采购指南（试行）》，发挥槟榔行业协会作用，引导槟榔深加工企业加强自律，承诺采购绿色环保槟榔产品，拒绝采购传统土法熏烤槟榔产品，从源头上堵住传统槟榔土炉加工产品的销售渠道。（责任单位：省农业厅、省生态环境保护厅）

五、完善槟榔初加工税收。规范税收征管，对销售槟榔初加工干果收入，依法实施税收征收管理。（责任单位：各市县政府、洋浦经济开发区管委会。督办单位：省国税局、省地税局、省公安厅、省农业厅、省生态环境保护厅）

六、推广节能环保型槟榔烘烤设备。大力推广槟榔绿色环保烘干技术，引导槟榔加工企业实施设备绿色改造。开展槟榔加工行业废气废水治理的科技攻关，加大对节能环保型槟榔烘烤设备研发推广支持力度，面向国内外公开征集槟榔加工行业污染防治应用技术与科技创新成果，在定安、万宁、琼海等主产区设立节能环保型槟榔烘烤技术与设备示范基地进行推广应用，引导槟榔加工业规模化聚集化发展。（责任单位：省农业厅、省科技厅、省生态环境保护厅、省财政厅，定安县、万宁市、琼海市政府）

七、引导槟榔行业规模化发展。强化顶层设计，编制海南槟榔行业中长期发展规划，加快形成槟榔种植—初加工—深加工的完整产业链，打造海南槟榔产业绿色品牌，提升产业发展活力，增加农民收入。（责任单位：省农业厅、省工业和信息化厅，各市县政府、洋浦经济开发区管委会）

海南省人民政府办公厅

2017 年 12 月 12 日

海南省生态环境保护厅关于印发槟榔加工项目环境影响评价文件审批原则（试行）的通知

琼环评字〔2017〕44 号

各市、县、自治县生态环境保护局（海洋国土资源规划环境保护局）、洋浦经济开发区生态环境保护局：

为进一步规范槟榔加工项目环境影响评价文件审批，强化环评审批管理，我厅组织编制了《槟榔加工项目环境影响评价文件审批原则（试行）》。现印发给你们，请参照执行。国家和我省的环境保护政策和环境管理要求如有调整，建设项目环境影响评价文件审批按新的规定执行。

海南省生态环境保护厅

2017 年 12 月 26 日

附件

槟榔加工项目环境影响评价文件审批原则（试行）

第一条　本原则适用于槟榔初加工和深加工项目环境影响评价文件的审批。

第二条　槟榔初加工是指槟榔果经熏烤、烘烤等类似工序加工制成干果用于深加工的过程。生产工艺一般为：鲜果蒸煮—烘干，产品为槟榔干果，包括白果和黑果。

槟榔深加工是指以槟榔干果为主要原料，添加食品添加剂，经清洗、烘干、浸泡、发籽、干燥、上胶、闷胶、切片、去核、点卤、晾干、包装等工艺制作成食用槟榔产品的过程。

第三条　槟榔加工项目应符合市县总体规划、环境功能区划、生态保护红线等相关要求，远离学校、医院、居民区等环境敏感目标。鼓励项目在槟榔产地集中布局建设。

第四条　槟榔加工项目必须使用绿色环保烘干设备。禁止槟榔土法熏烤。

第五条　槟榔加工的熏烤炉和锅炉宜采用电、天然气等清洁能源作为燃料。禁止使用燃煤锅炉。

第六条　槟榔加工锅炉烟气及熏烤炉产生的废气应配套建设相应的污染治理措施，并达到《海南省槟榔加工行业污染物排放标准》。本省地方标准出台前，锅炉烟气执行《锅炉大气污染物排放标准》（GB 13271—2014）中的相应标准；其他废气执行《大气污染物综合排放标准》（GB 16297—1996）。

第七条　槟榔加工产生的废水须经污水处理系统处理达标后排放。排入外环境的，废水应达到《污水综合排放标准》（GB 8978—1996）中相应标准；废水进入园区或市政污水管网的，执行入网标准。本省地方标准出台后，执行《海南省槟榔加工行业污染物排放标准》中的相应标准。

槟榔加工产业集聚区应合理规划，配套建设污水管网及园区污水处理厂。沿海地区槟榔加工废水宜深海排放，严格限制排入内河、湖、近岸海域等环境容量小或交换能力差的水体。

第八条 槟榔加工项目废气处理中产生的焦油等，按照工业固体废物相关分类进行管理，应得到合法合规、科学的处理处置。

第九条 园区内的槟榔加工项目应当编制环境影响报告表，并报市县环保部门审批；环境影响较为严重的，环评单位应合理确定环评文件类别。

第十条 以下情形不予批准槟榔加工项目环评文件：

（一）选址位于自然保护区、风景名胜区、饮用水水源保护区、永久基本农田及生态保护红线区等法律法规禁止开发建设区域；

（二）选址在城市建成区内、高污染燃料禁燃区；

（三）使用高污染的传统槟榔黑果初加工熏烤土炉和槟榔烘干设备；

（四）新建燃煤锅炉；

（五）选址在环境质量未稳定改善地区。

第十一条 槟榔加工改、扩建项目应全面梳理现有工程存在的环保问题并明确限期整改要求，相关依托工程需进一步优化的应提出“以新带老”方案。

第十二条 按相关导则及规定要求，制定槟榔加工项目运营期废气、废水、噪声以及周边环境质量的自行监测计划，明确网点布设、监测因子、监测频次和信息公开等要求。按照环境监测管理规定和技术规范要求设置永久采样口、采样测试平台，按规范设置污染物排放口、固体废物贮存（处置）场。

第十三条 纳入《固定污染源排污许可分类管理名录》管理的槟榔加工项目，应按规定申领排污许可证，持证排污。

第十四条 项目环境影响评价文件应符合资质管理规定和环评技术标准等相关要求。

海南省农业厅关于海南经济特区禁止生产运输储存销售使用农药名录的通告

琼农字〔2017〕81号

根据《海南经济特区农药管理若干规定》（2016年9月28日修正）第四条的规定，我厅制定了本经济特区禁止生产、运输、储存、销售、使用的农药名录，现通告如下：

一、禁止生产、运输、储存、销售、使用的农药或含有以下成分的农药

1.六六六；2.滴滴涕；3.毒杀芬；4.二溴氯丙烷；5.杀虫脒；6.二溴乙烷；7.除草醚；8.艾氏剂；9.狄氏剂；10.汞制剂；11.砷类；12.铅类；13.氟乙酰胺；14.甘氟；15.毒鼠强；16.氟乙酸钠；17.毒鼠硅；18.甲胺磷；19.对硫磷；20.甲基对硫磷；21.久效磷；22.磷胺；23.甲拌磷；24.氧乐果；25.水胺硫磷；26.特丁硫磷；27.甲基硫环磷；28.治螟磷（有机磷产品中含治螟磷成分在标准允许范围之内的除外）；29.甲基异柳磷；30.内吸磷；31.涕灭威；32.克百威；33.灭多威；34.灭线磷；35.硫环磷；36.蝇毒磷；37.地虫硫磷；38.氯唑磷；39.苯线磷；40.杀扑磷；41.硫丹；42.五氯酚（五氯苯酚）；43.氯丹；44.灭蚁灵；45.溴甲烷；46.磷化铝；47.磷化锌；48.磷化钙；49.磷化镁；50.硫线磷；51.敌枯双；52.六氯苯；53.丁硫克百威；54.乐果；55.氟虫腈；56.乙酰甲胺磷；57.氯磺隆；58.福美胂；59.福美甲胂；60.甲磺隆；61.胺苯磺隆；62.三氯杀螨醇。

二、禁止在特定作物上使用的农药或含有以下成分的农药

1.禁止氰戊菊酯在茶树上使用；2.禁止丁酰肼（比久）在花生上使用；3.禁止毒死蜱和三唑磷在蔬菜上使用；4.禁止氟苯虫酰胺在水稻作物上使用。

三、国家规定禁止生产、运输、储存、销售、使用的其他农药

1.百草枯水剂；2.农业部公告禁用的其他农药。

本名录自发布之日起实施。《2010年海南经济特区禁止生产、运输、储存、销售、使用的农药品种名录》同时废止。本名录根据国家和海南有关农药管理法律法规的要求，适时修订。

特此通告。

海南省农业厅

2017年6月19日

住房城乡建设部办公厅关于印发建筑工地施工扬尘专项治理工作方案的通知

建办督函〔2017〕169号

各省、自治区住房城乡建设厅，直辖市城市管理、建设及有关部门，新疆生产建设兵团建设局：

为推进城市生态文明建设，有效治理建筑工地施工扬尘，改善城市空气质量和人居环境，根据全国住房城乡建设工作会议精神，我部决定开展为期1年的建筑工地施工扬尘专项治理。现将《建筑工地施工扬尘专项治理工作方案》印发给你们，请遵照执行。

中华人民共和国住房和城乡建设部办公厅

2017年3月13日

建筑工地施工扬尘专项治理工作方案

为进一步改善城市空气质量和人居环境，提高城市管理水平，我部决定2017年在全国开展建筑工地施工扬尘专项治理（以下简称施工扬尘治理），现制定如下工作方案：

一、工作目标

通过开展施工扬尘治理，严肃查处相关违法违规行为，有效解决房屋建筑、市政基础设施建设及建筑物拆除工地施工扬尘突出问题，提高建筑施工标准化水平；建立施工扬尘治理长效机制，提高城市管理能力和水平，有效遏制施工扬尘对城市空气质量的影响。

二、主要工作

各级城市管理或住房城乡建设主管部门要会同相关部门，按照"预防为主，综合治理"原则，根据职责分工，结合当地实际，采取切实有效措施，完善监督管理机制，做好施工扬尘治理工作。

（一）监督建筑工程各方主体主要责任落实情况。

1. 建设单位的主要责任。建设单位对施工扬尘治理负总责，应当将施工扬尘治理的费用列入工程造价，在工程承包合同中明确相关内容，并及时足额支付。

2. 施工单位的主要责任。施工单位应当建立施工扬尘治理责任制，针对工程项目特点制定具体的施工扬尘治理实施方案，并严格实施。施工单位应当在建筑工地公示施工扬尘治理措施、责任人、主管部门等信息，并及时向当地主管部门报送施工扬尘治理措施落实情况。

3. 渣土运输单位的主要责任。渣土运输单位应当建立工程渣土（建筑垃圾）运输扬尘污染防治管理制度和相关措施，使用合规车辆，加强对渣土运输车辆、人员管理。

（二）监督施工现场扬尘治理措施落实情况。

1. 施工场地。施工单位应当在建筑工地设置围挡，并采取覆盖、分段作业、择时施工、洒水抑尘、冲洗地面和车辆等有效防尘降尘措施。施工现场的主要道路要进行硬化处理。裸露的场地和堆放的土方应采取覆盖、固化或绿化等防尘措施。施工现场出口处应设置车辆冲洗设施，对驶出的车辆进行清洗。

2. 施工废弃物。建筑土方、建筑垃圾应当及时清运；在场地内堆存的，应当采用密闭式防尘网遮盖。建筑物内垃圾应采用容器或搭设专用封闭式垃圾道的方式清运，严禁凌空抛掷。施工现场严禁焚烧各类废弃物。土方和建筑垃圾的运输必须采用封闭式运输车辆或采取覆盖措施。

3. 施工物料。在规定区域内的施工现场应使用预拌制混凝土及预拌砂浆。采用现场搅拌混凝土或砂浆的场所应采取封闭、降尘、降噪措施。水泥和其他易飞扬的细颗粒建筑材料应密闭存放或采取覆盖等措施。

（三）监督其他扬尘治理措施落实情况。

1. 建筑物或者构筑物拆除。拆除建筑物或者构筑物时，应采用隔离、洒水等降噪、降尘措施，并及时清理废弃物。

2. 市政道路施工。当市政道路施工进行铣刨、切割等作业时，应采取有效的防扬尘措施。灰土和无机料应采用预拌进场，碾压过程中应洒水降尘。

3. 空置建设用地。暂时不能开工的建设用地，建设单位应当对裸露地面进行覆盖；超过 3 个月的，应当进行绿化、铺装或者遮盖。

三、时间安排

（一）部署阶段（4 月 10 日前）。各省、自治区住房城乡建设厅、直辖市城市管理、建设及有关部门、新疆生产建设兵团建设局要根据实际，对本地区施工扬尘治理工作进行安排部署。各市、县主管部门要制定切实可行的工作方案，对各类建筑工地进行深入细致的排查摸底，建立各类建筑工地项目清单（见附件 2）、台账（见附件 3），确保全覆盖、无遗漏。

（二）实施阶段（4 月 11 日至 11 月 30 日）。要认真按照本方案要求，结合文明工地创建工作，全面开展施工扬尘治理，建立健全信息报送制度，并于每月底前向我部报送工作进展情况（见附件 1）。我部将抽取重点地区进行实地督查，督促地方完善治理措施，强化日常执法监管，加强制度建设，推进全国施工扬尘治理工作。

（三）总结阶段（12 月 1 日至 12 月 31 日）。要认真总结施工扬尘治理的经验、成效，并及时向我部报送。在此基础上，我部将对治理工作成效显著的地区和单位进行通报表扬，并对好的经验和做法进行总结推广。

四、有关要求

（一）加强组织领导。各级城市管理或住房城乡建设主管部门要站在推进生态文明建设的高度，充分认识施工扬尘治理的重要性和迫切性，统筹部署，认真组织实施，切实将工作落到实处。

（二）强化监管执法。要综合运用日常巡查、随机抽查和远程监控等手段，加强监管，严格执法。畅通举报渠道，通过数字城管、热线电话、微信公众平台、手机 APP 等多种方式受理施工扬尘方面的群众举报。对违反有关法律、法规和国家标准的企业，严肃查处，并记入诚信信息系统。对工作落实不力、治理效果不明显的单位，视其情节和后果，由上级主管部门依法依规追究相应责任。

（三）做好重污染天气应急应对工作。要根据本地实际情况制定重污染天气应急应对预案，制定不同预警级别的相应扬尘控制措施，编制工地停工清单，细化任务，责任到人，做到可量化、可考核、可追责。根据当地政府发布的空气污染预警级别，及时启动应急应对预案，并进行督导检查。

（四）健全长效机制。要逐步建立执法联动机制，保证监管工作的常态化，将施工扬尘治理作为日常工作，常抓不懈，继续巩固治理成果。

（五）开展宣传工作。要积极开展宣传工作，通过各类新闻媒体，及时宣传报道施工扬尘治理先进典型和经验，公开曝光反面典型，充分发挥舆论监督作用，调动社会公众参与施工扬尘治理的积极性，营造良好的舆论氛围。

附件：1. 建筑工地施工扬尘专项治理工作进展情况统计表

2. 建筑工地施工扬尘专项治理项目清单表

3. 建筑工地施工扬尘专项治理项目台账表

附件 1

建筑工地施工扬尘专项治理工作进展情况统计表

填报单位（盖章）：

地区	制定工作方案（个数）	建立监督管理机制（个数）	建立信息报送制度（个数）	建立执法联动机制（个数）	建立台账工程个数	检查次数	检查工程（个）	责令整改（起）	行政处罚（起）	处罚金额（元）	其他
总计											

填表人:　　　　　　　　　　联系电话:　　　　　　　　　　填表时间:　　　年　　月　　日

备注：1. 此表主要统计主管部门工作情况，每月底前向上级主管部门报送一次。

2. 所有数据均以上一次报送数据为基数累计填写。

3. 省级主管部门要做好汇总上报工作，并注意存档备查。

附件 2

建筑工地施工扬尘专项治理项目清单表

填报单位（盖章）：

序号	工程名称	建设单位及责任人	施工单位及责任人	扬尘治理责任制度建立情况	扬尘治理实施方案制定情况	围挡设置及道路硬化情况	车辆冲洗设施设置情况	施工废弃物处置情况	施工物料处置情况

填表人：　　　　联系电话：　　　　填表时间：　　年　　月　　日

附件 3

编号：_____

建筑工地施工扬尘专项治理项目台账表

工程名称：________________ 工程地点：________________

建设单位：________________ 负 责 人：________________

施工单位：________________ 项目经理：________________

监理单位：________________ 项目总监：________________

任务内容		具体措施	是否	简要说明
工程各方主体责任情况	建设单位	扬尘治理费用列入工程造价并在合同中明确情况		
		扬尘治理费用及时足额支付情况		
	施工单位	向负责监督管理施工扬尘的主管部门备案情况		
		施工扬尘治理实施方案制定情况		
		施工扬尘治理责任制度建立情况		
		建筑工地公示扬尘治理措施、负责人、扬尘监督管理主管部门等信息情况		
		向当地主管部门报送施工扬尘治理措施落实情况		
	渣土运输单位	建立工程渣土（建筑垃圾）运输扬尘污染防治管理制度和相关措施情况		
		使用合规车辆情况及加强对车辆、人员管理情况		
施工现场扬尘治理措施情况		围挡设置情况		
		采取覆盖、分段作业、择时施工、洒水抑尘、冲洗地面和车辆等防尘降尘措施情况		
		施工现场的主要道路硬化情况		
		裸露的场地和堆放的土方覆盖、固化或绿化情况		
		车辆冲洗设施设置及车辆清洗情况		
		建筑土方、建筑垃圾及时清运情况		
		在场地堆存的建筑土方、建筑垃圾，采用密闭式防尘网遮盖情况		
		建筑物内垃圾采用容器或搭设专用封闭式垃圾道方式清运情况		
		施工现场是否存在焚烧各类废弃物现象		
		土方和建筑垃圾采用封闭式运输车辆或采取覆盖措施情况		
		施工现场搅拌混凝土或砂浆的场所采取封闭、降尘、降噪措施情况		
		水泥和其他易飞扬的细颗粒建筑材料密闭存放或采取覆盖措施情况		

填报单位（盖章）： 填表人： 联系电话：

备注：此表按项目填写，每项目一表。

海南省住房和城乡建设厅
关于印发建筑施工扬尘专项治理工作方案的通知

琼建质〔2017〕109号

各市、县、自治县住房和城乡建设局、环卫行政主管部门，洋浦经济开发区规划建设土地局、市政管理局：

根据住房城乡建设部办公厅《关于印发建筑工地施工扬尘专项治理工作方案的通知》（建办督函〔2017〕169号）和海南省政府办公厅《关于印发〈海南省2017年大气污染防治专项整治工作方案〉等六个方案的通知》（琼府办〔2017〕31号）要求，结合我省实际，我厅制定《海南省建筑施工扬尘专项治理工作方案》，现印发给你们，请认真贯彻执行。

海南省住房和城乡建设厅
2017年4月24日

海南省建筑施工扬尘专项治理工作方案

为做好2017年我省建筑工地扬尘治理工作，根据住房城乡建设部办公厅《关于印发建筑工地施工扬尘专项治理工作方案的通知》（建办督函〔2017〕169号）和海南省政府办公厅《关于印发〈海南省2017年大气污染防治专项整治工作方案〉等六个方案的通知》（琼府办〔2017〕31号）要求，结合我省实际，制定我省建筑施工扬尘专项治理工作方案。

一、工作目标

通过开展建筑施工扬尘治理，严肃查处相关违法违规行为，强化建筑工地、拆除工地、城市道路施工以及道路清扫的现场监管，建立施工扬尘治理长效机制，提高建筑施工标准化水平，提高城市管理能力和水平，有效遏制建筑施工扬尘对城市空气质量的影响。

（一）建筑施工扬尘控制目标：各级政府确定的重点项目、主要街道、主要路段施工工地做到100%全封闭围挡，工地堆土100%覆盖或围挡，拆除工程100%洒水。

（二）重点建筑施工的现场监管目标：海口、三亚和儋州市要在今年年底完成重点建筑施工现场视频监控。其他市县也要加强重点建筑施工现场视频监控。

（三）城市道路扬尘控制目标：年底前，海口、三亚、儋州建成区机扫率应达到80%，其他市县建成区机扫率应达到60%。扩大城市建成区绿地规模，及时对城区空旷地带、裸露土地带进行复绿。

二、主要工作

各市县住房城乡建设行政主管部门和环卫行政主管部门要按照“预防为主，综合治理”原则，结合当地实际，采取切实有效措施，完善监督管理机制，做好施工扬尘治理工作。

（一）监督各方主体主要责任落实情况

1. 建设单位的主要责任。建设单位对施工扬尘治理负总责，应当将施工扬尘治理的费用列入工程造价，在工程承包合同中明确相关内容，并及时足额支付。

2. 施工单位的主要责任。施工单位应当建立施工扬尘治理责任制，针对工程项目特点制定具体的施工扬尘治理实施方案，并严格实施。施工单位应当在建筑工地公示施工扬尘治理措施、责任人、主管部门等信息，并及时向当地主管部门报送施工扬尘治理措施落实情况。

3. 渣土运输单位的主要责任。渣土运输单位应当建立工程渣土（建筑垃圾）运输扬尘污染防治管理制度和相关措施，使用合规车辆，加强对渣土运输车辆、人员管理。

4. 城市道路扬尘治理主要责任。市县环卫主管部门应当加强城市道路扬尘的监管，提高机械清扫率和机械洒水次数，制定扬尘治理制度和措施，加强从业人员的培训和管理。

（二）房屋建筑和市政基础设施施工扬尘污染防治

1. 房屋建筑和市政基础设施施工组织设计中，应有施工扬尘污染防治实施方案。施工现场必须公示扬尘污染防治负责人、主要措施、扬尘监督管理主管部门及投诉电话等信息。

2. 施工单位应当在建筑工地设置围挡，并采取覆盖、分段作业、择时施工、洒水抑尘、冲洗地面等有效防尘降尘措施。

3. 施工现场的主要道路要进行硬化处理，施工现场出入口必须设置车辆冲洗设施，出工地车辆应冲洗干净，保持排水通畅，污水未经处理不得进入市政管网。

4. 作业区、生活区、施工便道应硬化处理，施工料具应堆放整齐，施工区域内的空置地面严禁裸露，应采取临时绿化或网、膜覆盖等措施。

5. 易产生尘埃的物料装卸、堆放，应采取遮盖、封闭、洒水等扬尘污染防治措施。工程渣土、建筑垃圾应当及时清运，在场地内堆存的，必须采用密闭式防尘网遮盖。施工现场严禁焚烧各类废弃物。

6. 运输车辆必须加盖密闭运输，严禁道路遗撒。渣土及垃圾运输车辆必须办理相关手续或委托具有垃圾运输资格的运输单位进行。

7. 海口、三亚和儋州要在今年年底完成重点建筑施工现场视频监控工作。其他市县有条件的施工现场应安装视频监控系统。

8. 四级以上大风天气或各市、县政府发布空气质量预警时，严禁进行土方开挖、回填作业等可能产生扬尘的施工，同时覆网防尘。

（三）房屋建筑和市政基础设施拆除扬尘污染防治

1. 房屋建筑和市政基础设施拆除应编制扬尘污染防治专项方案。施工现场必须公示扬尘污染防治负责人、主要措施、扬尘监督管理主管部门及投诉电话等信息。

2. 拆除施工必须 100%采取边拆边洒水或喷淋等防尘措施，临近主要道路和生活区拆除房屋必须设置硬质封闭围挡，人口密集区及临街一面应当设置密目网，实施封闭拆除。

3. 拆迁现场出入口要由专人负责清扫（洗）车身及出入口卫生。

4. 房屋拆除的旧料、废砖、渣土、杂物等必须集中堆放，并采取洒水、密封或遮盖等措施，做到及时清运。清运垃圾、渣土的车辆应预先办理相关手续或委托具有垃圾运输资格的运输单位进行，严格按要求进行封闭运输。

5. 四级以上大风天气或各市、县政府发布空气质量预警时，严禁进行拆除作业，并对拆除现场采取覆盖、洒水等降尘措施。

（四）待建空地扬尘污染防治

1. 城市待建空地应沿四周连续设置稳固、整齐、美观的封闭围挡（墙），建设单位应当对裸露地面进行覆盖；超过 3 个月的，应当进行绿化、铺装或者遮盖。

2. 在实施绿化作业时，应采取降尘措施。四级以上大风天气，禁止作业。土地平整后，一周内要进行建植工作。土地整改工作已结束，未进行建植工程期间，要每天洒水 1～2 次，如遇四级以上大风天气必须及时洒水防尘或加以覆盖。

（五）城市道路扬尘污染防治

1. 各市县环卫部门应制定道路机械化清扫、洒水降尘计划或规定，对环卫机扫、洒水（冲洗）车驾驶人员进行扬尘污染防治知识培训教育，指定专人跟车监督落实，严格按照规定的地段、路线、时间进行机扫和冲刷喷洒作业。

2. 加大洒水降尘力度。各市县主城区主要道路应根据天气情况，定时或不定时开展路面冲洗降尘，原则上每天至少冲洗 2 次。实施重点道路夜间洒水作业，提高扬尘治理效果。

3. 推行道路机扫作业方式。海口、三亚、儋州应采用洗、扫、吸作业一体车完成道路清扫，年底前建成区机扫率应达到 80%，其他市县建成区机扫率应达到 60%。

4. 加强城市大环境绿化和绿化隔离带建设，大力推进城郊绿化，减少自然沙尘对市区大气环境质量的影响。

三、时间安排

（一）部署阶段（4 月 30 日前）。各市县建设、环卫行政主管部门要根据实际，制定切实可行的工作方案，对本地区施工扬尘治理工作进行安排部署，进行深入细致的排查摸底，建立各类建筑工地项目清单（见附件 2）、台账（见附件 3），确保全覆盖、无遗漏，并于 4 月 30 日前报我厅工程质量安全监管处。

（二）实施阶段（5 月 1 日至 11 月 30 日）。各市县建设、环卫行政主管部门要认真按照本方案要求，结合文明工地创建工作，全面开展施工扬尘治理，建立健全信息报送制度，并于每月 20 日前将建筑施工扬尘专项治理工作开展情况及《建筑工地施工扬尘专项治理工作进展情况统计表》（附件 1）报我厅工程质量安全监管处，城市道路扬尘专项治理工作开展情况报我厅城市建设处。

（三）总结阶段（12 月 1 日至 12 月 31 日）。要认真总结施工扬尘治理的经验、成效，于 12 月 5 日前，将建筑施工扬尘专项治理工作总结报我厅工程质量安全监管处，城市道路扬尘专项治理工作总结报我厅城市建设处。

四、工作要求

（一）加强组织领导。各市县建设、环卫行政主管部门要站在推进生态文明建设的高度，充分认识施工扬尘治理的重要性和迫切性，统筹部署，认真组织实施，切实将工作落到实处。

（二）强化监管执法。各市县建设、环卫行政主管部门要综合运用日常巡查、随机抽查和远程监控等手段，加强监管，严格执法，对建筑施工扬尘污染防治工作不力的单位和个人责令其停止违规行为，限期改正，拒不改正的，责令停工整治；将施工扬尘污染防治工作差、不履行职责的建设单位、监理单位及施工单位，记入诚信信息系统，记录不良行为记录，取消各级文明工地和优质工程参评资格，对已取得荣誉称号予以取消；对违法情节严重的，限制参与招投标活动。应鼓励社会对城市扬尘污染防治工作的监督，建立群众举报受理机制，公布群众举报受理电话。

（三）健全长效机制。各市县建设、环卫行政主管部门要逐步建立执法联动机制，保证监管工作的常态化，将施工扬尘治理作为日常工作，常抓不懈，继续巩固治理成果。

（四）开展宣传工作。要积极开展宣传工作，通过各类新闻媒体，及时宣传报道施工扬尘治理先进典型和经验，公开曝光反面典型，充分发挥舆论监督作用，调动社会公众参与施工扬尘治理的积极性，营造良好的舆论氛围。

附件：1. 建筑工地施工扬尘专项治理工作进展情况统计表
2. 建筑工地施工扬尘专项治理项目清单表
3. 建筑工地施工扬尘专项治理项目台账表

省住房和城乡建设厅工程质量安全监管处：
联系人：符志武，联系电话：65338732
电子邮箱：hnzjtzac@126.com

省住房和城乡建设厅城市建设处：
联系人：符代桑 联系电话：65372305
电子邮箱：602542897@qq.com

附件 1

建筑工地施工扬尘专项治理工作进展情况统计表

填报单位（盖章）：

地区	制定工作方案（个数）	建立监督管理机制（个数）	建立信息报送制度（个数）	建立执法联动机制（个数）	建立台账工程个数	检查次数	检查工程（个）	责令整改（起）	行政处罚（起）	处罚金额（元）	其他
总计											

填表人：　　联系电话：　　填表时间：　　年　　月　　日

备注：1. 此表主要统计主管部门工作情况，每月 20 日前报省住建厅工程质量安全监管处。

2. 所有数据均以上一次报送数据为基数累计填写。

附件 2

建筑工地施工扬尘专项治理项目清单表

填报单位（盖章）：

序号	工程名称	建设单位及责任人	施工单位及责任人	扬尘治理责任制度建立情况	扬尘治理实施方案制定情况	围挡设置及道路硬化情况	车辆冲洗设施设置情况	施工废弃物处置情况	施工物料处置情况

填表人：　　　　联系电话：　　　　填表时间：　　年　月　日

附件 3

编号：______

建筑工地施工扬尘专项治理项目台账表

工程名称：________________ 工程地点：________________

建设单位：________________ 负　责　人：________________

施工单位：________________ 项目经理：________________

监理单位：________________ 项目总监：________________

任务内容		具体措施	是否	简要说明
工程各方主体责任情况	建设单位	扬尘治理费用列入工程造价并在合同中明确情况		
		扬尘治理费用及时足额支付情况		
	施工单位	向负责监督管理施工扬尘的主管部门备案情况		
		施工扬尘治理实施方案制定情况		
		施工扬尘治理责任制度建立情况		
		建筑工地公示扬尘治理措施、负责人、扬尘监督管理主管部门等信息情况		
		向当地主管部门报送施工扬尘治理措施落实情况		
	渣土运输单位	建立工程渣土（建筑垃圾）运输扬尘污染防治管理制度和相关措施情况		
		使用合规车辆情况及加强对车辆、人员管理情况		
施工现场扬尘治理措施情况		围挡设置情况		
		采取覆盖、分段作业、择时施工、洒水抑尘、冲洗地面和车辆等防尘降尘措施情况		
		施工现场的主要道路硬化情况		
		裸露的场地和堆放的土方覆盖、固化或绿化情况		
		车辆冲洗设施设置及车辆清洗情况		
		建筑土方、建筑垃圾及时清运情况		
		在场地堆存的建筑土方、建筑垃圾，采用密闭式防尘网遮盖情况		
		建筑物内垃圾采用容器或搭设专用封闭式垃圾道方式清运情况		
		施工现场是否存在焚烧各类废弃物现象		
		土方和建筑垃圾采用封闭式运输车辆或采取覆盖措施情况		
		施工现场搅拌混凝土或砂浆的场所采取封闭、降尘、降噪措施情况		
		水泥和其他易飞扬的细颗粒建筑材料密闭存放或采取覆盖措施情况		

填报单位（盖章）：　　　　填表人：　　　　联系电话：

备注：此表按项目填写，每项目一表。

住房和城乡建设部办公厅关于进一步加强施工工地和道路扬尘管控工作的通知

建办质〔2019〕23号

各省、自治区住房和城乡建设厅，直辖市住房和城乡建设（管）委、城市管理委、城市管理局、绿化市容局，新疆生产建设兵团住房和城乡建设局：

为深入贯彻习近平生态文明思想，严格按照《中共中央 国务院关于全面加强生态环境保护坚决打好污染防治攻坚战的意见》《国务院关于印发打赢蓝天保卫战三年行动计划的通知》（国发〔2018〕22号）要求，进一步加强城市范围内房屋市政工程施工工地和道路扬尘管控工作，现就有关事项通知如下：

一、充分认识施工工地和道路扬尘管控工作重要性

良好生态环境是实现中华民族永续发展的内在要求，是增进民生福祉的优先领域。加强生态环境保护、坚决打好污染防治攻坚战、打赢蓝天保卫战是党和国家的重大决策部署，事关满足人民日益增长的美好生活需要，事关全面建成小康社会，事关经济高质量发展和美丽中国建设。地方各级住房和城乡建设主管部门及有关部门要深入贯彻习近平生态文明思想，履职尽责、担当作为，进一步加强施工工地和道路扬尘管控工作，为明显减少重污染天数、明显改善环境空气质量、明显增强人民的蓝天幸福感作出贡献。

二、严格落实施工工地扬尘管控责任

地方各级住房和城乡建设主管部门及有关部门要按照大气污染防治法的规定，依法依规强化监管，严格督促建设单位和施工单位落实施工工地扬尘管控责任。

（一）建设单位的责任。建设单位应将防治扬尘污染的费用列入工程造价，并在施工承包合同中明确施工单位扬尘污染防治责任。暂时不能开工的施工工地，建设单位应当对裸露地面进行覆盖；超过三个月的，应当进行绿化、铺装或者遮盖。

（二）施工单位的责任。施工单位应制定具体的施工扬尘污染防治实施方案，在施工工地公示扬尘污染防治措施、负责人、扬尘监督管理主管部门等信息。施工单位应当采取有效防尘降尘措施，减少施工作业过程扬尘污染，并做好扬尘污染防治工作。

（三）监管部门的责任。根据当地人民政府确定的职责，地方各级住房和城乡建设主管部门及有关部门要严格施工扬尘监管，加强对施工工地的监督检查，发现建设单位和施工单位的违法违规行为，依照规定责令改正并处以罚款；拒不改正的，责令停工整治。根据当地人民政府重污染天气应急预案的要求，采取停止工地土石方作业和建筑物拆除施工的应急措施。

三、积极采取施工工地防尘降尘措施

地方各级住房和城乡建设主管部门及有关部门要严格按照《建筑施工安全检查标准》《建设工程施工现场环境与卫生标准》的规定，加强对施工工地的巡查抽查，督促建设单位和施工单位积极采取有效防尘降尘措施，提高文明施工和绿色施工水平。

（一）对施工现场实行封闭管理。城市范围内主要路段的施工工地应设置高度不小于 2.5 m 的封闭围挡，一般路段的施工工地应设置高度不小于 1.8 m 的封闭围挡。施工工地的封闭围挡应坚固、稳定、整洁、美观。

（二）加强物料管理。施工现场的建筑材料、构件、料具应按总平面布局进行码放。在规定区域内的施工现场应使用预拌混凝土及预拌砂浆；采用现场搅拌混凝土或砂浆的场所应采取封闭、降尘、降噪措施；水泥和其他易飞扬的细颗粒建筑材料应密闭存放或采取覆盖等措施。

（三）注重降尘作业。施工现场土方作业应采取防止扬尘措施，主要道路应定期清扫、洒水。拆除建筑物或构筑物时，应采用隔离、洒水等降噪、降尘措施，并应及时清理废弃物。施工进行铣刨、切割等作业时，应采取有效防扬尘措施；灰土和无机料应采用预拌进场，碾压过程中应洒水降尘。

（四）硬化路面和清洗车辆。施工现场的主要道路及材料加工区地面应进行硬化处理，道路应畅通，路面应平整坚实。裸露的场地和堆放的土方应采取覆盖、固化或绿化等措施。施工现场出入口应设置车辆冲洗设施，并对驶出车辆进行清洗。

（五）清运建筑垃圾。土方和建筑垃圾的运输应采用封闭式运输车辆或采取覆盖措施。建筑物内施工垃圾的清运，应采用器具或管道运输，严禁随意抛掷。施工现场严禁焚烧各类废弃物。

（六）加强监测监控。鼓励施工工地安装在线监测和视频监控设备，并与当地有关主管部门联网。当环境空气质量指数达到中度及以上污染时，施工现场应增加洒水频次，加强覆盖措施，减少易造成大气污染的施工作业。

四、积极推进道路扬尘管控

地方各级住房和城乡建设（环境卫生）主管部门应加强城市道路扬尘管控工作，采取有效的降尘及防尘措施，降低道路扬尘。

（一）推行机械化作业。推行城市道路清扫保洁机械化作业方式，推动道路机械化清扫率稳步提高。到 2020 年年底前，地级及以上城市建成区道路机械化清扫率达到 70%以上，县城达到 60%以上，京津冀及周边地区、长三角地区、汾渭平原等重点区域要显著提高。

（二）优化清扫保洁工艺。合理配备人机作业比例，规范清扫保洁作业程序，综合使用冲、刷、吸、扫等手段，提高城市道路保洁质量和效率，有效控制道路扬尘污染。

（三）加快环卫车辆更新。推进城市建成区新增和更新的环卫车辆使用新能源或清洁能源汽车，重点区域使用比例达到 80%。有条件的地区可以使用新型除尘环卫车辆。

（四）加强日常作业管理。定期对道路清扫保洁作业人员进行具体作业及安全意识培训。加强对城市道路清扫保洁的监督管理，综合使用信息化等手段，保障城市道路清扫保洁质量。

五、切实强化保障措施

地方各级住房和城乡建设主管部门及有关部门要提高政治站位，高度重视施工工地和道路扬尘管控工作，系统谋划、统筹部署，健全保障举措，增强整体性和协同性，有力提升施工工地和道路扬尘污染治理能力。

（一）加强组织领导。建立施工工地和道路扬尘管控责任制度，制定年度工作计划和措施，细化任务分工，认真组织实施，层层压实责任，确保各项工作有力有序完成。严格考核问责，对工作不力、责任不实、问题突出的单位和干部依规进行问责，对工作中涌现出的先进典型予以表扬奖励。

（二）加强监督执法。依靠法治加强施工工地扬尘管控工作，增强建设单位和施工单位生态环境保护法治意识。对违反大气污染防治法的行为，依法依规严惩重罚。建立施工工地管理清单，将扬尘管理工作不到位的不良信息纳入建筑市场信用管理体系，情节严重的，列入建筑市场主体“黑名单”。

（三）加强科技支撑。紧密围绕施工工地扬尘管控工作需求，以目标和问题为导向，汇聚科研资源，组织优秀科研团队，开展重点项目科技攻坚，加强科技成果应用。强化企业施工工地扬尘管控主体责任，推动企业科技创新能力培育和发展。加强绿色建造研究，积极推广新型建造方式，加快发展装配式建筑。

（四）加强宣传教育。积极开展多种形式的行业宣传教育，增强全行业生态环境保护意识。普及施工工地和道路扬尘管控知识，将相关规定纳入从业人员教育培训内容。充分发挥媒体引导作用和社会公众监督作用，营造舆论氛围，凝聚社会共识。积极宣传法律法规、政策文件、工作动态和经验做法等，及时回应群众关心的热点、难点问题。

中华人民共和国住房和城乡建设部办公厅

2019年4月9日

海南省住房和城乡建设厅关于印发建筑工地和城市道路扬尘治理工作方案的通知

琼建质函〔2019〕351号

各市、县、自治县住房和城乡建设局、洋浦经济开发区规划建设土地局，环卫主管部门：

为深入贯彻习近平生态文明思想，全面贯彻落实《中共中央 国务院关于全面支持海南深化改革开发的实指导意见》《中共中央 国务院关于全面加强生态环境保护坚决打好污染防治攻坚战的意见》精神，按照《国务院关于印发打赢蓝天保卫战三年行动计划的通知》（国发〔2018〕22 号）和《住房和城乡建设部办公厅关于进一步加强施工工地和道路扬尘管控工作的通知》（建办质〔2019〕23 号）要求，进一步加强我省2019年建筑工地和城市道路扬尘治理工作，保护和改善环境，防治大气污染，确保海南环境空气质量优良，我厅制定了《海南省建筑工地和城市道路扬尘治理工作方案》，现印发给你们，请认真贯彻执行。

海南省住房和城乡建设厅

2019年4月29日

海南省建筑工地和城市道路扬尘治理工作方案

为深入贯彻习近平生态文明思想，全面贯彻落实《中共中央 国务院关于全面支持海南深化改革开发的实指导意见》《中共中央 国务院关于全面加强生态环境保护坚决打好污染防治攻坚战的意见》精神，按照《国务院关于印发打赢蓝天保卫战三年行动计划的通知》（国发〔2018〕22 号）和《住房和城乡建设部办公厅关于进一步加强施工工地和道路扬尘管控工作的通知》（建办质〔2019〕23 号）要求，进一步加强我省2019年建筑工地和城市道路扬尘治理工作，保护和改善环境，防治大气污染，确保海南环境空气质量优良结合我省实际，制定本方案。

一、工作目标

全面贯彻落实党的十九大和十九届二中、三中全会精神，深入贯彻习近平生态文明思想，持续实施大气污染防治行动，打赢蓝天保卫战，全面落实城市建成区施工工地周边围挡、施工便道硬化、裸土及物料堆放覆盖、土石方开挖和拆除工程湿法作业、出入车辆清洗、渣土车辆密闭运输“六个100%”措施；至2019年年底海口、三亚、儋州城市建成区机械清扫率达92%，其他市县城市建成区机械清扫率达80%，有条件的市县向镇墟延伸；至2020年年底海口、三亚、儋州城市建成区机械清扫率达95%

以上，其他市县城市建成区机械清扫率达 85%以上，基本做到镇墟与城市同步。通过开展建筑工地施工和城市道路扬尘专项治理行动，严肃查处相关违法违规行为，强化建筑工地施工现场监管，加大各市县城镇建成区主要道路清扫保洁工作和增加机械化清扫率，提高城市管理能力和水平，确保我省环境空气质量稳定达标，为海南省自贸区（港）建设和迎接建国 70 周年营造良好的生态环境。

二、主要工作

各市县住房城乡建设、环卫主管部门要按照大气污染防治法的规定，依法依规强化建筑工地和城市道路扬尘监管，结合当地实际，采取切实有效措施，完善监督管理机制，做好建筑工地和城市道路扬尘治理工作。

（一）监督各方主体主要责任落实

1. 建设单位的主要责任。建设单位对施工扬尘治理负总责，应当将施工扬尘治理的费用列入工程造价，在工程承包合同中明确相关内容，并及时足额支付。暂时不能开工的施工工地，建设单位应当对裸露地面进行覆盖；超过 3 个月的，应当进行绿化、铺装或者遮盖。

2. 施工单位的主要责任。施工单位应当建立施工扬尘治理责任制，针对工程项目特点制定具体的施工扬尘治理实施方案，并严格实施。施工单位应当在建筑工地公示施工扬尘治理措施、责任人、主管部门等信息，并及时向当地主管部门报送施工扬尘治理措施落实情况。

3. 渣土运输单位的主要责任。渣土运输单位应当建立工程渣土（建筑垃圾）运输扬尘污染防治管理制度和相关措施，使用合规车辆，加强对渣土运输车辆、人员管理。

（二）积极采取建筑施工工地防尘降尘措施

各市县住房城乡建设行政主管部门要严格按照《建筑施工安全检查标准》、《建设工程施工现场环境与卫生标准》和《海南省建设工程文明施工标准》（DBJ46-07-2016）的规定，以及我厅《关于促进我省建筑工地安全文明施工标准化管理的实施意见》（琼建质〔2018〕215 号）要求，加强对建筑施工工地的巡查抽查，督促建设、施工单位积极采取措施采取有效防尘降尘措施，提高文明施工和绿色施工水平。

1. 按照《海南省建设工程施工现场围挡标准化实施指南》的要求，对施工现场实行封闭管理，市区主要路段和市容景观道路、机场、码头、车站、广场以及省市重点工程项目周边的工地围挡的高度不得低于 2.5 m，一般路段围挡高度不得低于 1.8 m。工地围挡应坚固、稳定、整洁、美观。

2. 施工现场的主要道路及材料加工区要进行硬化处理，施工现场出入口必须设置车辆冲洗设施，出工地车辆应冲洗干净，保持排水通畅，污水未经处理不得进入市政管网。

3. 施工现场的建筑材料、构件、料具等物料应按总平面布局进行码放，易产生尘埃的物料装卸、堆放，应采取遮盖、封闭、洒水等扬尘污染防治措施。施工区域内的空置地面严禁裸露，采取遮盖措施。施工现场应使用预拌混凝土，鼓励使用预拌砂浆。施工现场严禁焚烧各类废弃物。

4. 施工现场土方作业应采取择时施工、洒水降尘措施，主要道路应定期清扫、洒水。拆除工程应采取隔离、洒水等降噪、降尘措施。

5. 运输车辆必须加盖密闭运输，严禁道路遗撒。渣土及垃圾运输车辆必须办理相关手续或委托具有垃圾运输资格的运输单位进行。

6. 全省各预拌混凝土搅拌站以及城市建成区建筑工地工地，必须在车辆出入口和污染源重点部位规范安装扬尘噪音在线监测设备，通过互联网实时上传至省扬尘监管系统接受监管。

7. 四级以上大风天气或各市、县政府发布空气质量预警时，严禁进行土方开挖、回填作业等可能产生扬尘的施工，同时覆网防尘。

（三）道路扬尘污染防治

各市县环卫部门应加强城市道路扬尘管控工作，采取有效的降尘措施，降低道路扬尘。

1. 大力推行洒水车对城市建成区主次干道进行洒水降尘，特别是保证主次干道和空气质量监测点周边 1 000 米范围内的路段每天洒水两次以上。并要求做到冲洗的路面见原色，无沙粒和尘埃；清扫路沿，无明显沙堆的垃圾；沙土不得扫入井口，防止堵塞下水道；主要道路保持路面湿润，无扬尘。

2. 对垃圾清运车辆污水储存箱进行全面检查维修，保证密闭完好。确保在作业过程中关闭车厢后挡板，避免发生异味渗出及垃圾掉落、垃圾袋飘散飞舞等现象。

3. 对清扫时间进行更加合理的调整，避免人们出行高峰，在高温、干燥天气进行洒水后清扫。一方面调整路面洒水时间段，延长清晨洒水的时间，每次作业延长 1 个小时；一方面合理调配车辆，每天高温高峰时段，增加洒水次数，在每天清晨洒水的基础上，在中午 12：30—下午 15：00 对道路进行二次洒水；晚上重点对空气质量监测点周边 1 000 米范围内的路段进行三次洒水，为道路降温防尘。

4. 推行机械化吸尘、湿法清扫等方式进行环卫作业，加大对街道的冲洗力度，强化清扫保洁和垃圾清运车运输过程中的防尘工作。彻底清除辖区内特别是主要干道绿化带沿石和绿化植物上的灰带和积尘。加大对街道（含人行道）的冲洗除尘，小雨过后同样进行冲洗除尘作业，杜绝二次扬尘污染。

三、时间安排

（一）部署阶段（5 月 10 日前）。各市县建设、环卫主管部门要根据实际，制定年度工作计划和措施，对本地区建筑工地和城市道路扬尘治理工作进行安排部署，进行深入细致的排查摸底，认真组织开展扬尘治理工作。

（二）实施阶段（5 月 11 日至 11 月 30 日）。各市县建设、环卫主管部门要认真按照本方案要求，全面开展建筑施工和城市道路扬尘治理，建立健全信息报送制度，并于每月 30 日前将建筑施工扬尘、城市道路扬尘治理工作开展情况，分别报我厅工程质量安全监管处、城市建设处。

（三）总结阶段（12 月 1 日至 12 月 31 日）。要认真总结施工扬尘治理的经验、成效，于 12 月 15 日前，将建筑施工扬尘、城市道路扬尘治理工作总，分别报我厅工程质量安全监管处、城市建设处。

四、工作要求

（一）加强组织领导。各市县建设、环卫主管部门要站在推进生态文明建设的高度，充分认识建筑施工和城市道路扬尘治理的重要性和迫切性，制定年度工作计划和措施，细化任务分工，统筹部署，认真组织实施，切实将工作落到实处。

（二）强化监管执法。各市县建设主管部门要综合运用日常巡查、随机抽查和远程监控等手段，加强监管，严格执法，多违反大气污染防治法的行为，依法依规严惩重罚。将建设单位、监理单位及施工单位扬尘管理工作不到位的不良行为，记入诚信档案，情节严重的，列入建筑市场主体“黑名单”。应鼓励社会对城市扬尘污染防治工作的监督，建立群众举报受理机制，公布群众举报受理电话。

（三）健全长效机制。各市县建设、环卫主管部门要逐步建立执法联动机制，保证监管工作的常态化，将建筑工地和城市道路扬尘治理作为日常工作，常抓不懈，继续巩固治理成果。

（四）开展宣传工作。各市县建设、环卫主管部门要积极开展宣传工作，通过各类新闻媒体，及时宣传报道施工扬尘治理先进典型和经验，公开曝光反面典型，充分发挥舆论监督作用，调动社会公众参与施工扬尘治理的积极性，营造良好的舆论氛围。

海口市扬尘污染防治办法

（2017年5月2日海口市第十六届人民代表大会常务委员会第四次会议通过
2017年6月1日海南省第五届人民代表大会常务委员会第三十次会议批准）

第一章 总 则

第一条 为了有效防治扬尘污染，保护和改善大气环境质量，保障公众健康，根据《中华人民共和国环境保护法》《中华人民共和国大气污染防治法》等法律、法规，结合本市实际，制定本办法。

第二条 本办法适用于本市主城区范围内的扬尘污染防治活动。

第三条 本办法所称扬尘污染，是指因建设工程施工、建筑物拆除、物料运输和堆放、绿化养护、道路保洁、矿产资源开发等活动以及土地裸露，产生的粉尘颗粒物对大气环境造成的污染。

第四条 扬尘污染防治坚持政府主导、部门监管、公众参与、防治结合的原则。

第五条 市、区人民政府统一领导本行政区域内的扬尘污染防治工作。

镇人民政府、街道办事处负责本辖区扬尘污染防治的相关工作。

居（村）民委员会对本区域内违反扬尘污染防治规定的行为，应当及时报告并协助有关行政主管部门依法处理。

第六条 市、区环境保护行政主管部门对扬尘污染防治实施统一监督管理。

市政市容、住房和城乡建设、交通运输、国土资源等有关行政主管部门在市、区人民政府依法确定的职责范围内，做好扬尘污染防治监督管理工作。

第七条 任何单位和个人对扬尘污染防治活动中的违法行为，有权进行劝阻、投诉和举报。

市、区人民政府应当建立扬尘污染防治工作举报制度，设置投诉、举报平台和违法行为曝光平台，向社会公布统一的投诉和举报电话、信箱等。有关单位应当依法受理、调查投诉和举报事项，作出相应处理，并将处理结果及时予以反馈。

第八条 任何单位和个人应当自觉履行环境保护义务，采取有效措施，防治和减少扬尘污染。

第九条 鼓励、支持有关企业和行业协会制定、实施扬尘污染防治规范，加强自律管理。

鼓励推广和使用先进、实用的扬尘污染防治新技术、新设备。

第二章 防治措施

第十条 建设单位负责建设工程的扬尘污染防治管理工作。建设工程扬尘污染防治费用应当列入工程造价，专款专用。

建设单位依法提交的环境影响评价文件中，应当包括扬尘污染防治措施。

第十一条 参与工程建设的施工单位、运输单位应当建立扬尘污染防治责任制，制定施工、运输扬尘污染防治具体实施方案，落实扬尘污染防治措施。

建设项目监理单位在工程监理中，发现施工单位、运输单位未按扬尘污染防治方案进行施工、运输的，应当要求其立即改正，并及时报告建设单位和相关行政主管部门。

第十二条 建设工程开工前，施工单位应当在施工工地设置硬质密闭围挡。

施工工地的出入口、施工车辆到达的道路以及施工人员日常行走的道路应当进行硬化处理。车辆出入口应当安装车辆冲洗设施设备，配置防溢座或者废水收集坑、沉淀池，车辆冲洗干净后方可驶出。

高空施工作业应当设置立体防尘网。施工工地搭设的外脚手架外侧应当采用清洁、无破损的密目网进行封闭。

第十三条 施工工地应当使用预拌混凝土、预拌级配碎石和预拌水稳混合料，推广使用预拌砂浆。因特殊情况需要现场搅拌混凝土的，应当采取密闭、喷淋等防尘措施。

施工工地所用的石材、木制品、混凝土（砂浆）预制件等构件，应当采用制成品实施装配式施工。因特殊情况需要现场切割的，应当采取密闭、喷淋等防尘措施。

第十四条 施工工地应当合理控制土方开挖和存留时间，及时采取洒水、土方表面压实、密闭式防尘网遮盖等防尘措施。

路基土方填筑不得使用无防尘遮罩的粉碎设备。

在特殊气象条件下，开挖、装卸土方易产生扬尘且无法采取有效防尘措施的，应当停止土方开挖、装卸作业。

第十五条 混凝土路面切缝施工应当采取喷淋、洒水等防尘措施。

喷洒沥青透层油、粘层油等施工应当采取遮挡措施。

第十六条 桥梁工程主体施工除符合本办法第十二条至第十四条的规定外，还应当采用密闭容器垂直清运或管道清运的方式清运桥上的建筑垃圾等物料。

第十七条 拆除工程施工除符合本办法第十二条至第十四条的规定外，还应当符合下列扬尘污染防治要求：

（一）全程采取边拆边喷淋、洒水等防尘措施，未完全拆除前使用密闭防尘网围挡建筑物；

（二）采取爆破方式进行拆除的，在爆破前采取内外喷淋、洒水等方式淋湿建筑物，并在建筑物内各层楼板设置盛水装置，爆破后立即采取喷淋、洒水等防尘措施；

（三）拆除工程完成后，施工用地采取密闭式防尘网遮盖、地面硬化、绿化等防尘措施。

第十八条 建筑土方、建筑垃圾、工程渣土应当及时清运，不得高空抛掷、扬撒。不能及时清运的，应当采用密闭式防尘网进行遮盖。

第十九条 运输土方、垃圾、渣土、砂石、灰浆等散体、流体物料的车辆应当采取密闭或其他措施防止物料遗撒，保持车身干净，并按照规定路线和规定时间行驶。

第二十条 物料堆放场所应当符合下列扬尘污染防治要求：

（一）划分物料堆放区域和道路的界限，及时清除散落的物料，保持物料堆放区域和道路整洁；

（二）场坪、道路进行硬化处理；

（三）砂石、粉煤灰等物料、构件按平面布置图分类、分规格存放，易产生扬尘的石膏粉、重钙粉、腻子粉等物料采用密闭容器存放，或者袋装入库集中管理；

（四）露天堆放的物料采取挡墙、密闭式防尘网遮盖等防尘措施；

（五）装卸物料采取密闭、喷淋等防尘措施；

（六）对长期性的废弃物料堆放场所进行绿化、铺装或者采用密闭式防尘网遮盖；

（七）在大型物料堆放场所出口处安装车辆冲洗设施设备，车辆冲洗干净后方可驶出。

第二十一条 暂时不能开工的建设用地，建设单位应当对裸露地面进行覆盖；超过三个月的，应当进行绿化、铺装或者遮盖。

第二十二条　园林绿化行政主管部门应当将扬尘污染防治要求纳入绿化建设和养护技术规范。

城市园林绿化作业应当符合下列扬尘污染防治要求：

（一）在特殊气象条件下，进行土地平整、换土、原土过筛等作业易产生扬尘时，停止作业；

（二）种植土、弃土、余土以及其他作业物料及时清运，不能及时清运的，采取密闭式防尘网遮盖或喷淋、洒水等防尘措施；

（三）种植行道树，所挖树穴四十八小时内不能栽植的，对种植土和树穴采取覆盖、洒水等防尘措施；

（四）迁移绿化植被后在四十八小时内不补植的，对裸露土地采取覆盖、洒水等防尘措施；

（五）绿化带、行道树下的裸露土地进行绿化或者透水铺装；

（六）道路中心隔离带、分车带和路边绿化时，回填土边缘低于围挡边石或者道板三至五厘米。

第二十三条　环境卫生行政主管部门应当将扬尘污染防治要求纳入城市道路保洁作业标准。

主干道路、快速道路应当采用机械化吸尘式等先进防尘方式清扫，其他道路逐步推广机械化吸尘式清扫。

采用人工方式清扫的，应当采取有效防尘措施，进行低尘作业，因特殊气象条件无法采取有效防尘措施时，停止作业。

第二十四条　从事开采和加工石材、砂石、石灰石等矿石及粘土的单位和个人，应当采用先进工艺，配备防尘设施设备，防治扬尘污染。

对停用的采矿、采砂、采石和其他矿产、取土用地，从事开采和加工的企业和个人应当制定生态恢复计划，及时恢复生态植被。

第二十五条　市政河道以及河道沿线、公共用地的裸露土地和其他城镇裸露土地，应当进行绿化或者透水铺装。

裸露土地按照下列规定确定扬尘污染防治责任：

（一）市政道路、公共绿地、河道以及河道沿线的，由管理单位负责；

（二）单位范围内的，由单位负责；

（三）居住区内的，由业主委托物业服务企业负责，没有物业服务企业的，由管理单位或者所在地的镇人民政府、街道办事处负责；

（四）社区（村庄）边角空地的，由居（村）民委员会负责；

（五）国有储备土地的，由国土资源行政主管部门负责；

（六）闲置土地的，由土地所有权人、使用权人或者管理人员负责。

第三章　监督管理

第二十六条　市政市容、住房和城乡建设、交通运输、国土资源等有关行政主管部门和相关单位，应当根据市人民政府发布的大气污染预警等级和应急预案，采取停止施工、运输施工物料、采矿等扬尘管理控制应急措施。

第二十七条　环境保护、市政市容、住房和城乡建设、交通运输、国土资源等有关行政主管部门应当依法履行各自的监督管理职责，对有关单位和个人落实扬尘污染防治要求的情况进行现场检查和处置，并将产生扬尘污染的单位和个人的违法信息录入社会诚信档案，及时向社会公布。

第二十八条　环境保护行政主管部门可以会同市政市容、住房和城乡建设、交通运输、国土资源等有关行政主管部门实施联合执法检查。

被检查的单位或者个人应当配合检查工作，如实提供相关资料，不得拒绝或者阻挠执法人员的检查。行政主管部门应当为被检查单位或者个人保守技术秘密和业务秘密，保护被检查人的隐私。

第二十九条 环境保护行政主管部门应当建立扬尘污染环境监测网络，加强对扬尘污染的监控，定期发布扬尘污染信息。

市、区人民政府应当整合扬尘污染防治工作监督管理信息，实现扬尘污染防治工作监测网络和数字化管理的信息共享。

第四章 法律责任

第三十条 违反本办法规定，施工单位有下列行为之一的，由住房和城乡建设等行政主管部门按照职责责令改正，处一万元以上十万元以下的罚款；拒不改正的，责令停工整治：

（一）施工工地未设置硬质密闭围挡的；

（二）施工工地未采取洒水、遮盖、冲洗等防尘措施的；

（三）建筑土方、建筑垃圾、工程渣土未及时清运，或者未采用密闭式防尘网遮盖的。

第三十一条 违反本办法第十九条的规定，运输单位或者个人未采取密闭或者其他措施防止物料遗撒的，由城市管理行政执法部门责令改正，处二千元以上二万元以下的罚款；拒不改正的，车辆不得上道路行驶。

第三十二条 违反本办法第二十条的规定，设置物料堆放场所的单位或者个人有下列行为之一的，由环境保护等行政主管部门按照职责责令改正，处一万元以上十万元以下的罚款；拒不改正的，责令停工整治或者停业整治：

（一）未密闭石膏粉、重钙粉、腻子粉等易产生扬尘的物料的；

（二）露天堆放的易产生扬尘的物料，未采取挡墙、遮盖等防尘措施的；

（三）装卸物料未采取密闭、喷淋等防尘措施的。

第三十三条 违反本办法第二十一条的规定，建设单位未对暂时不能开工的建设用地的裸露地面进行覆盖，或者未对超过三个月不能开工的建设用地的裸露地面进行绿化、铺装或者遮盖的，由住房和城乡建设等行政主管部门按照职责责令改正，处一万元以上十万元以下的罚款；拒不改正的，责令停工整治。

第三十四条 违反本办法规定，对建筑施工或者贮存易产生扬尘的物料未采取有效防尘措施受到罚款处罚，被责令改正，拒不改正的，依法作出处罚决定的行政主管部门可以自责令改正之日的次日起，按照原处罚数额按日连续处罚。

第三十五条 有关行政主管部门及其工作人员不依法履行扬尘污染防治监督管理职责的，由其所在单位、监察机关或者上级主管部门责令其改正；情节严重的，对直接负责的主管人员和其他直接责任人员依法给予处分；构成犯罪的，依法追究刑事责任。

第五章 附 则

第三十六条 本市主城区范围以外的扬尘污染防治，参照本办法执行。

第三十七条 本办法具体应用问题由市人民政府负责解释。

关于租赁住宅楼从事餐饮业执行环境影响评价制度和“三同时”制度有关意见的复函

环办政法〔2017〕25号

广东省环境保护厅：

你厅《关于建设项目执行环保“三同时”制度有关问题的请示》（粤环报〔2016〕109号）收悉。经研究，并征求最高人民法院意见（见附件），函复如下：

一、公民个人租赁住宅楼开办个体餐馆，不属于环境影响评价法第十六条第三款关于“建设项目的环境影响评价分类管理名录”规定中的“建设项目”。因公民个人租赁住宅楼开办个体餐馆产生环境噪声、油烟等污染的，依照环境噪声污染防治法、大气污染防治法等有关法律法规处理。

二、最高人民法院2006年11月27日作出的《关于工商行政管理部门审查颁发个体工商户营业执照是否以环保评价许可为前置条件问题的答复》（〔2006〕行他字第2号）现行有效，对各级人民法院审理同类案件具有普遍指导意义。

三、关于公民个人租赁住宅楼开办个体餐馆具体应用法律问题，环境保护部之前所做规定与本复函不一致的，按本复函执行。《环境保护部办公厅关于公民租赁住宅楼开办个体餐馆应当执行环境影响评价制度的复函》（环办函〔2009〕1220号）同时废止。

特此函复。

附件：《最高人民法院办公厅关于建设项目执行环境影响评价和“三同时”制度有关问题意见的复函》（法办函〔2017〕86号）

环境保护部办公厅

2017年3月31日

附件

最高人民法院办公厅关于建设项目执行环境影响评价和“三同时”制度有关问题意见的复函

法办函〔2017〕86号

环境保护部办公厅：

你部《关于征求建设项目执行环境影响评价和“三同时”制度有关问题意见的函》收悉。经研究，就环境保护部提出的最高人民法院行政审判庭于2006年11月27日作出的《关于工商行政管理部门审查颁发个体工商户营业执照是否以环保评价许可为前置条件问题的答复》（〔2006〕行他字第2号）（以下简称《答复》）的效力问题以及通过租赁他人房屋从事餐饮业是否要执行环境影响评价和“三同时”制度问题，回复如下：

该《答复》是针对福建省高级人民法院请示的环评审批应否作为工商行政管理部门审查颁发营业执照的前置条件的问题作出，明确了公民个人通过租赁住宅楼开办个体餐馆的，不属于环境影响评价法第十六条第三款关于“建设项目的环境影响评价分类名录”规定中的“建设项目”。该《答复》现行有效，性质上不属于司法解释，但是对各级人民法院审理同类案件仍具有普遍指导意义。

最高人民法院办公厅

2017年1月20日

第七部分
其他大气环境管理工作

（一）国家

关于发布《高污染燃料目录》的通知

国环规大气〔2017〕2号

各省、自治区、直辖市环境保护厅（局），新疆生产建设兵团环境保护局：

为改善城市大气环境质量，根据全国人大常委会2015年8月29日修订通过的《中华人民共和国大气污染防治法》第三十八条规定，我部组织编制了《高污染燃料目录》（见附件），现予发布。本目录自发布之日起实施。原国家环境保护总局2001年发布的《关于划分高污染燃料的规定》（环发〔2001〕37号）同时废止。

附件：高污染燃料目录

环境保护部

2017年3月27日

附件

高污染燃料目录

一、为改善城市大气环境质量，根据全国人大常委会2015年8月29日修订通过的《中华人民共和国大气污染防治法》第三十八条规定，制定本目录。

二、本目录所指燃料是根据产品品质、燃用方式、环境影响等因素确定的需要强化管理的燃料，仅适用于城市人民政府依法划定的高污染燃料禁燃区（以下简称禁燃区）的管理，不作为禁燃区外燃料的禁燃管理依据。

三、按照控制严格程度，将禁燃区内禁止燃用的燃料组合分为Ⅰ类（一般）、Ⅱ类（较严）和Ⅲ类（严格）。城市人民政府根据大气环境质量改善要求、能源消费结构、经济承受能力，在禁燃区管理中，因地制宜选择其中一类（见表1）。

表 1　禁燃区内禁止燃用的燃料组合类别

<table>
<tr><th>类别</th><th colspan="3">燃料种类</th></tr>
<tr><td>Ⅰ类</td><td>单台出力小于 20 蒸吨/小时的锅炉和民用燃煤设备燃用的含硫量大于 0.5%、灰分大于 10%的煤炭及其制品（其中，型煤、焦炭、兰炭的组分含量大于表 2 中规定的限值）</td><td rowspan="2">石油焦、油页岩、原油、重油、渣油、煤焦油</td><td rowspan="2">—</td></tr>
<tr><td>Ⅱ类</td><td>除单台出力大于等于 20 蒸吨/小时锅炉以外燃用的煤炭及其制品</td></tr>
<tr><td>Ⅲ类</td><td>煤炭及其制品</td><td></td><td>非专用锅炉或未配置高效除尘设施的专用锅炉燃用的生物质成型燃料</td></tr>
</table>

表 2　部分煤炭制品的组分含量限值

燃料种类	含硫量（$S_{t,d}$）	灰分（A_d）	挥发分（V_{daf}）
型煤	0.5%	—	12.0%
焦炭	0.5%	10.0%	5.0%
兰炭	0.5%	10.0%	10.0%

（一）Ⅰ类

1. 单台出力小于 20 蒸吨/小时的锅炉和民用燃煤设备燃用的含硫量大于 0.5%、灰分大于 10%的煤炭及其制品（其中，型煤、焦炭、兰炭的组分含量大于表 2 中规定的限值）。

2. 石油焦、油页岩、原油、重油、渣油、煤焦油。

（二）Ⅱ类

1. 除单台出力大于等于 20 蒸吨/小时锅炉以外燃用的煤炭及其制品。

2. 石油焦、油页岩、原油、重油、渣油、煤焦油。

（三）Ⅲ类

1. 煤炭及其制品。

2. 石油焦、油页岩、原油、重油、渣油、煤焦油。

3. 非专用锅炉或未配置高效除尘设施的专用锅炉燃用的生物质成型燃料。

四、本目录规定的是生产和生活使用的煤炭及其制品（包括原煤、散煤、煤矸石、煤泥、煤粉、水煤浆、型煤、焦炭、兰炭等）、油类等常规燃料。

五、本目录由环境保护部负责解释。

六、本目录自发布之日起实施，原国家环境保护总局 2001 年发布的《关于划分高污染燃料的规定》（环发〔2001〕37 号）同时废止。

国家能源局 环境保护部关于开展生物质成型燃料锅炉供热示范项目建设的通知

国能新能〔2014〕295 号

各省（自治区、直辖市）发展改革委、能源局，环保厅（局）：

为贯彻落实国务院大气污染防治行动计划，按照国家发展改革委、国家能源局、环境保护部关于能源行业加强大气污染防治工作方案（发改能源〔2014〕506 号）的要求，发展生物质能供热，替代化石能源，构建城镇可再生能源体系，防治大气污染，促进新型城镇化建设，现组织开展生物质成型燃料锅炉供热示范项目建设。有关事项通知如下：

一、示范项目建设目标

当前，防治大气污染形势严峻，大量燃煤锅炉供热需用清洁能源替代。生物质成型燃料锅炉供热是低碳环保经济的分布式可再生能源供热方式，是替代燃煤燃重油等化石能源锅炉供热、应对大气污染的重要措施，发展空间和潜力较大。

2014—2015 年，拟在全国范围内，特别是在京津冀鲁、长三角、珠三角等大气污染防治形势严峻、压减煤炭消费任务较重的地区，建设 120 个生物质成型燃料锅炉供热示范项目，总投资约 50 亿元。2014 年启动建设，2015 年建成。通过示范建设，达到以下目标：

（一）打造低碳的新型可再生能源热力产业。通过示范建设，打造以低碳为特征的新型分布式可再生能源热力产业。建立生物质原料收集运输、成型燃料生产、生物质锅炉建设和热力服务于一体的产业体系，扩大生物质成型燃料锅炉供热市场，培育一批新型企业，加快发展生物质能供热新型产业。示范项目建成后，新增产值 80 亿元。

（二）形成一定的可再生能源供热能力。示范项目建成后，替代化石能源供热 120 万吨标煤。其中，生物质成型燃料锅炉民用供热面积超过 600 万平方米，工业供热超过 1 800 蒸吨/小时，减少 CO_2 排放超过 500 万吨、SO_2 排放超过 5 万吨。

（三）探索生物质成型燃料锅炉供热应用方式及商业模式。通过示范建设，在 10 个及以上的县城或工业园区实现主要由生物质供热，建立专业化投资建设运营的商业模式，提高生物质成型燃料锅炉供热市场化水平。

（四）建立简便高效的管理体系。通过示范建设，建立能源行业管理部门与环保部门对生物质成型燃料锅炉供热的简便高效的管理体系，将成型燃料锅炉供热纳入商品能源统计体系。

二、示范项目条件

生物质成型燃料锅炉供热新建、扩建项目；或对原有化石能源锅炉的改造项目。满足以下条件：

（一）项目规模不低于 20 t/h（14 MW），其中单台生物质成型燃料锅炉容量不低于 10 t/h（7 MW），且所有锅炉在同一个县级行政区域或工业园区内，由同一个企业建设经营。项目应具备稳定的热负荷；

（二）项目所使用的燃料为利用农林剩余物为原料加工生产的生物质成型燃料，所用锅炉为专用生物质成型燃料锅炉且配置袋式除尘器；

（三）项目应采用专业化投资建设运营模式，鼓励专业经营生物质热力的企业投资建设生物质成型燃料锅炉系统并负责运营服务；

（四）项目锅炉污染物排放需满足相应的国家（地方）排放标准要求。示范项目应按以下要求严格控制排放：烟尘排放浓度小于 30 mg/m^3，SO_2 排放浓度小于 50 mg/m^3，NO_x 排放浓度小于 200 mg/m^3。10 t/h 及以上容量的锅炉应安装环保部门认可的污染物排放自动监测设备；

（五）项目应在 2015 年 6 月底前完成备案手续，2015 年年底前建成（或完成改造）投运。

三、示范项目管理程序

各省（区、市）发展改革委、能源局会同省级环保部门组织上报本地区生物质能供热示范项目，并组织项目实施，以及对项目运行的监管。

（一）组织示范项目

各省（区、市）发展改革委、能源局应按照示范项目条件，组织具有良好示范效应、经济性较好、投资业主实力较强的项目，作为示范项目，并组织备案。2015 年 6 月底前，完成所有项目的备案手续。根据环境保护部办公厅、国家能源局综合司、商务部办公厅印发的《关于实施联合国开发计划署-中国生物质颗粒燃料示范项目有关问题的通知》（环办〔2014〕28 号），支持其中符合条件的项目纳入本示范项目。

（二）上报示范项目

完成备案后，省级发展改革委、能源局应及时组织项目业主编制示范项目申请报告（申请报告编制大纲见附件 1）。

省级发展改革委、能源局会同省级环保主管部门对拟上报的项目进行初步审核，汇总示范项目情况，形成示范项目申请文件（申请文件大纲见附件 2），联合行文上报国家能源局、环境保护部。

（三）审查下达示范项目计划

国家能源局、环境保护部对各地上报的示范项目进行审查，可委托中介机构或组织专家进行审查。对通过审查的项目，国家能源局、环境保护部联合发文下达示范项目计划。根据各地上报项目以及组织审查的情况，可分批下达示范项目计划。

（四）组织示范项目实施

省级发展改革委、能源局牵头组织实施示范项目。省级环保主管部门加强对项目建设期间的环保监管，确保环保设施及监控设施安装到位。示范项目应于 2015 年年底前完成竣工验收。项目单位应及时向省级发展改革委、能源局提出竣工验收申请，省级发展改革委、能源局会同省级环保主管部门及时组织开展验收，未通过验收的，取消示范项目称号。全部项目完成竣工验收后，省级发展改革委、能源局会同省级环保主管部门编制完成示范项目验收总结报告（示范项目验收总结报告大纲见附件 3），联合上报国家能源局、环境保护部。

（五）示范项目运行监管

省级发展改革委、能源局会同省级环保主管部门加强对示范项目建成后的运行监管。示范项目单位应于每年 6 月底、12 月底前上报项目运行情况报告，省级发展改革委、能源局汇总后形成示范项目总体运行情况报告，每年年底前向国家能源局上报（示范项目运行情况报告大纲见附件 4）。

省级环保主管部门组织加强对示范项目的环保监管，开展大气污染物排放监测。对污染物排放不满足环保要求的项目，省级发展改革委、能源局会同省级环保主管部门提出取消示范项目的意见，上报国家能源局、环境保护部。国家能源局、环境保护部核实确认后，取消示范项目称号。

四、保障措施

（一）各省（区、市）发展改革委、能源局及各省级环保部门要将生物质成型燃料锅炉供热作为压减煤炭消费、淘汰燃煤锅炉以及秸秆禁烧的重要工作任务，纳入大气污染防治工作部署和考核体系，加强示范项目建设的组织领导。

（二）各省（区、市）发展改革委、能源局及各省级环保部门要积极推动生物质成型燃料锅炉供热在化工、机械、医药、食品、饮料、造纸、印染等用热消费大的工业领域以及民用供暖的应用，优先在这些领域开展示范项目建设。

（三）省级发展改革委、能源局会同省级环保部门，积极协调解决项目组织、建设和运行过程中的问题和困难，推动项目顺利实施和发挥效益。

（四）示范项目建成投运并经验收合格后，国家可再生能源基金将给予一定的奖励补助。

请各省级发改委、能源局及省级环保部门按照以上要求，组织生物质成型燃料锅炉供热示范项目，并请于 2014 年年底前和 2015 年 6 月底前，分两批示范项目，联合上报国家能源局、环境保护部。

联系人：

国家能源局新能源司

韩江舟 010-68555039 010-68555019（传真）

徐国新 010-68555042 13810506630

环境保护部污防司

石应杰 010-66556278 010-66556248（传真）

附件：

1. 生物质成型燃料锅炉供热示范项目申请报告编制大纲
2. 生物质成型燃料锅炉供热示范项目申请文件起草大纲
3. 生物质成型燃料锅炉供热示范项目验收总结报告大纲
4. 生物质成型燃料锅炉供热示范项目运行情况报告大纲

国家能源局

环境保护部

2014 年 6 月 18 日

附件 1

生物质成型燃料锅炉供热示范项目申请报告编制大纲

一、示范项目申请报告正文部分

1. 概述。简要介绍项目名称、类型、项目业主、项目建设单位、建设地址、供热方式、供热面积或工业热负荷、投资、建设规模等。

2. 项目业主或项目建设运营服务单位。简要介绍项目业主资产情况、主营业务、生物质能供热领域业绩和技术力量等；简要介绍专业化生物质锅炉供热建设运营单位情况、主营业务、生物质能供热领域业绩和技术力量等。

3. 生物质能资源评价。介绍项目建设地址周边生物质资源情况、可获得量、能否满足项目用量需求。

4. 热负荷。详细介绍项目热负荷类型（居民/商业采暖，工业供热）、现状供热方式、热负荷增长预测、项目设计热负荷和供热方式等。

5. 建设条件。介绍项目的土地、水源、交通运输、供热管网等建设条件情况。

6. 建设内容。介绍项目的锅炉台数、规模、供热方式、配套设施、供热管网等主要建设内容。

7. 项目投资分析。简要介绍项目投资、资金筹措方案、经济评价主要结论（如项目内部收益率等）。

8. 环境影响评价。介绍项目大气污染物排放情况（包括烟尘、SO_2、NO_x 等）以及项目大气污染治理、废水治理、灰渣治理及综合利用、噪声治理、粉尘治理等措施。

9. 社会效益评价。测算项目建成后年节约供热标煤量、年减少 CO_2 等温室气体排放量、年减少烟尘、SO_2、氮氧化物等污染物排放量，以及项目对促进当地经济发展的贡献。

二、示范项目申请报告附件部分

1. 项目可行性研究报告
2. 项目的备案文件
3. 项目环境影响评价报告（表）的批复文件
4. 项目其他支持性文件

附件 2

生物质成型燃料锅炉供热示范项目申请文件起草大纲

一、总体情况

项目基本情况。项目总数、锅炉总数、锅炉总容量、总投资、工业热负荷、民用总供热面积等。

项目符合示范条件情况。项目是否完成备案；项目环评批复等支持性文件是否齐备；项目热负荷、大气污染物排放水平、建设进度等条件是否符合示范要求。

二、项目简介

简要介绍每个申报示范项目的情况，包括项目类型（新建/扩建/改造）、锅炉容量、建设地址、计划开工和投产日期、项目法人或项目建设运营单位、锅炉类型、工业供热负荷或民用供热面积、年供热量、年消耗生物质成型燃料量、总投资等情况，以及项目是否完成备案、是否取得环评批复等。填写附表 1。

三、附件

每个项目的示范项目申请报告及附件。

附表

××省（区、市）生物质成型燃料锅炉供热示范项目情况汇总表

序号	项目名称	项目类型	项目业主	项目锅炉系统建设运营单位	热负荷		总投资（万元）	供热建设内容	备案文号	预计供热投产日期	年耗生物质成型燃料量（吨）	新增供热量		项目所在地的大气污染物排放标准（mg/m^3）			项目大气污染物排放浓度设计值（mg/m^3）		
					工业热负荷（吨/小时）	居民供暖面积（万平方米）						万 GJ	折合万吨标准煤	烟尘	SO_2	NO_x	烟尘	SO_2	NO_x
1																			
2																			
……																			
合计	—	—		—				—	—	—	—			—	—	—	—	—	—

注：“项目类型”一栏选填“新建生物质成型燃料锅炉、扩建生物质成型燃料锅炉、燃煤锅炉改生物质成型燃料锅炉、燃重油锅炉改生物质成型燃料锅炉、其他锅炉改生物质成型燃料锅炉”中一项。

附件 3

生物质成型燃料锅炉供热示范项目验收总结报告大纲

一、验收总体情况

本省（区、市）生物质成型燃料锅炉供热示范项目总数和建设规模；完成竣工验收项目数、具体项目名称、类型、建设规模和竣工验收日期等。

二、单个示范项目验收情况

分项目说明以下情况：

（一）项目基本情况。包括项目名称、所在县（市）、项目类型、主要建设内容、项目投资、设计单位、施工单位、监理单位、开工时间、竣工时间等；

（二）项目竣工建成规模，有无变更建设内容和建设标准等情况；

（三）项目投资情况，实际投资与项目概算的差异情况，超支的情况和原因；

（四）工程质量情况；建设工期情况，如建设工期延长，需说明原因；施工实施情况；监理简要情况；

（五）环境保护“三同时”验收情况；

（六）竣工决算报告编制情况；

（七）项目验收结论，包括项目是否通过验收，是否达到竣工验收交付生产（使用）的要求等。

三、验收总结

说明本省（区、市）生物质成型燃料锅炉供热示范项目按时完成（即 2015 年年底前完成）竣工验收的项目数、比例及具体项目名称，延期完成竣工验收的项目数、比例、具体项目名称。评价项目建设和竣工验收进度是否符合预期。如项目建设进度偏慢，则需分析主要原因。分析总结项目实施中出现的问题和困难，提出改进的措施和建议。

附件 4

生物质成型燃料锅炉供热示范项目运行情况报告大纲

一、总体情况

本省（区、市）生物质成型燃料锅炉供热示范项目总数、已投产项目数、具体项目名称、类型和投产日期；半年（或一年）来项目的供热和经营概况，替代燃煤供热量，大气污染物排放水平等。

二、供热情况

分项目说明供热情况，包括总供热量、平均工业热负荷或民用供热面积、消耗生物质成型燃料量、主要污染物排放水平以及替代燃煤燃重油等化石能源供热量等。填报附表 2。

三、经营情况

分项目说明经营情况，包括经营利润、成型燃料平均收购价格、其他主要生产成本等情况。填报附表 2。

四、运营面临的主要困难和问题

从运行技术、市场需求、生产成本、经营利润、财税政策等多方面分析说明示范项目运营过程中面临的主要困难和问题。

五、主要建议

从改善项目经营状况，以及促进行业可持续健康发展等方面提出意见建议。

附表

××省（区、市）生物质成型燃料锅炉供热示范项目运营情况表

填表时段：××年1—6月/1—12月

序号	项目名称	项目类型	项目业主	项目锅炉系统建设运营单位	热负荷		年度累计耗生物质成型燃料（吨）	供热量		项目实际大气污染物排放浓度（mg/m^3）			成型燃料到厂价格（元/吨）	年度累计经营收入（万元）	年度累计经营利润（万元）
					工业热负荷（吨/小时）	居民供暖面积（万平方米）		万GJ	折合万吨标准煤	烟尘	SO_2	NO_x			
1															
2															
……															
合计	—	—		—			—			—	—	—	—	—	—

注：“项目类型”一栏选填“新建生物质成型燃料锅炉供热、扩建生物质成型燃料锅炉供热、燃煤锅炉改生物质成型燃料锅炉、燃重油锅炉改生物质成型燃料锅炉、其他锅炉改生物质成型燃料锅炉”中一项。

关于高污染燃料禁燃区管理中对直接燃用生物质等问题的复函

环办大气函〔2017〕1886号

广东省环境保护厅：

你厅《关于高污染燃料禁燃区管理中对直接燃用生物质等问题的请示》（粤环报〔2017〕130号）收悉。经研究，函复如下：

一、直接燃用的生物质燃料（树木、秸秆、锯末、稻壳、蔗渣等）和生物质成型燃料在组分上没有区别，非专用锅炉或未配置高效除尘设施的专用锅炉燃用的生物质燃料参照《高污染燃料目录》（国环规大气〔2017〕2号）中关于生物质成型燃料有关规定执行。

二、《高污染燃料目录》规定的是生产和生活使用的煤炭及其制品、油类等常规燃料，不包括工业废弃物、垃圾等。焚烧沥青、油毡、橡胶、塑料、皮革、垃圾等产生有毒有害烟尘和恶臭气体的物质的，依照《中华人民共和国大气污染防治法》第八十二条和第一百一十九条规定进行管理和处罚。

特此函复。

环境保护部办公厅

2017年12月5日

关于高污染燃料禁燃区管理有关问题的复函

环办大气函〔2016〕1609号

山东省环境保护厅：

你厅《关于高污染燃料禁燃区管理有关问题的请示》（鲁环发〔2016〕140号）收悉。经研究，现函复如下：

新修订的《大气污染防治法》第三十八条规定："城市人民政府可以划定并公布高污染燃料禁燃区，并根据大气环境质量改善要求，逐步扩大高污染燃料禁燃区范围。高污染燃料的目录由国务院环境保护主管部门确定。""在禁燃区内，禁止销售、燃用高污染燃料；禁止新建、扩建燃用高污染燃料的设施，已建成的，应当在城市人民政府规定的期限内改用天然气、页岩气、液化石油气、电或者其他清洁能源。"

根据上述规定，在划定的高污染燃料禁燃区内，已建成的燃用高污染燃料的设施，均应当按照城市人民政府确定的期限，改用清洁能源。

特此函复。

环境保护部办公厅

2016年9月7日

关于加强燃煤质量管理
减少大气污染物排放的通知

环办〔2015〕42 号

各省、自治区、直辖市环境保护厅（局）、发展改革委、能源局、煤炭厅（局、办）、质量技术监督局，天津市市场和质量监管委，新疆生产建设兵团环境保护局、发展改革委、质量技术监督局，质检总局各直属检验检疫局，有关中央企业：

为贯彻落实《大气污染防治行动计划》《商品煤质量管理暂行办法》《煤炭经营监管办法》，加强燃煤质量管理，从源头控制大气污染物排放，现将有关事项通知如下：

一、加强煤炭生产、加工和流通等环节质量控制

各地要积极推进煤炭分级分质梯级利用，限制高硫分高灰分煤炭的开采。生产煤矿要在登记公告的生产能力范围内控制劣质煤生产，逐步减少劣质煤产量比例。加大煤炭洗选力度，新建煤矿要同步建设煤炭洗选设施，现有煤矿要限期建成配套洗选设施，到 2017 年，原煤入选率达到 70%以上。落实《煤炭质量分级》（GB/T 15224）规定，严格控制劣质煤开发生产。鼓励煤矸石等低热值煤和劣质煤就地清洁转化利用，限值使用高硫分、高灰分、低热值劣质商品煤在京津冀、长三角、珠三角等重点区域内用户侧进行低质化配煤。禁止进口和销售不符合《商品煤质量管理暂行办法》中发热量、灰分、硫分、汞、砷、磷、氯、氟八项环保指标要求的商品煤。

二、严格重点用煤单位煤质管理

燃煤用户要从源头加强煤质管理，建立煤质保证制度。除煤矸石综合利用项目外，鼓励使用优质煤炭，减少中灰煤、中硫煤的使用，禁止进口和销售不符合《商品煤质量管理暂行办法》中发热量、灰分、硫分、汞、砷、磷、氯、氟八项环保指标要求的商品煤。火电、钢铁、水泥、平板玻璃等重点行业企业及燃煤锅炉使用单位要建立健全煤炭质量管理体系，加强煤质检测和管理，严格按国家有关质量标准采购和使用煤炭，强化环保设施运行管理，确保大气污染物稳定达标排放。中央企业应切实发挥表率作用，更高标准履行社会责任。

三、推进重点区域散煤清洁化治理

北京市、天津市、河北省要贯彻落实《国家发展改革委关于印发〈京津冀散煤清洁化治理工作方案〉的通知》（发改能源〔2014〕1527 号）要求，坚持散煤减量替代与清洁化替代并举、疏堵结合，统一区域煤炭质量替代、炉具等标准，继续科学、全面、有效推进京津冀散煤清洁化工作，按时保质

完成年度考核任务，到 2017 年年底，完成替代清洁化散煤 3 350 万吨的目标。京津冀及周边地区、长三角、珠三角区域要限制销售和使用灰分（A_d）≥16%、硫分（$S_{t,d}$）≥1%的散煤，参照 1527 号文件要求，结合本地区实际，借鉴京津冀散煤清洁化治理方式和经验，逐步在重点区域和有条件的地区加以推广。

四、强化燃煤污染物排放监督检查

各级环境保护、发展改革、煤炭管理、质检等部门要密切配合、协调合作，通过联合执法和专项检查等，坚决查处煤炭生产、加工、流通、使用过程的违法违规行为，处理结果要及时公开，对情节严重的要采取通报、约谈、挂牌督办等措施，责令限期整改。开展属地环保部门驻厂试点工作，加强煤炭使用企业环保执法检查，严厉打击违法排污行为。重点用煤单位要按照信息公开相关规定，如实向社会公开其污染物排放状况、防治污染设施建设运行情况以及燃煤使用量、燃煤品质等信息，接受社会监督。鼓励公众对商品煤使用情况进行监督，充分发挥“12369”环保举报热线和网络平台作用，畅通公众表达渠道，及时处理群众举报投诉的相关环境问题。

五、健全燃煤使用管理激励约束机制

各地要严格落实新出台的排污费征收规定，对污染物排放浓度低于国家或地方排放标准 50%以上的用煤企业，实行排污费减半征收；对超标排放或超总量排放的，实行加倍征收。加强燃煤发电企业环保调度，对超标排放或超总量排放的，严格按照《燃煤发电机组环保电价及环保设施运行监管办法》的规定予以罚没环保电价款。燃煤等资源综合利用企业超标排放或超总量排放的，有关部门应及时取消其享受资源综合利用产品及劳务增值税退税、免税政策的资格，且三年内不得再次申请。通过加强燃煤使用管理而形成的“富余排污权”，可按照有关规定用于排污权交易。

环境保护部办公厅
发展改革委办公厅
能源局综合司
质检总局办公厅
2015 年 4 月 21 日

关于加强商品煤质量管理有关问题的通知

发改能源〔2015〕2782 号

各省、自治区、直辖市及计划单列市、新疆生产建设兵团发展改革委、能源局、煤炭管理部门（含煤炭经营监管部门）、环保厅（局）、商务主管部门、工商局、质量技术监督局（市场监督管理部门）、海关总署广东分署、各直属海关、各直属检验检疫局：

为贯彻落实国务院有关会议精神，鼓励生产、运输、采购和使用优质商品煤，限制劣质商品煤，促进煤炭生产利用方式转变，结合《商品煤质量管理暂行办法》（以下简称《办法》）执行情况，现就有关问题通知如下：

一、加强制度建设

（一）各省（区、市）发展和改革（能源）、煤炭管理、环保、商务、工商、质监、海关、检验检疫等有关部门在各自职责范围内依法加强对商品煤质量实施监管，结合本地实际制定完善相关制度，认真落实《办法》的各项要求。

（二）煤炭生产、加工、储运、销售、进口、使用企业均要制定商品煤质量保证制度和验收制度，完善商品煤质量管理组织机构，明确企业内部质量管理责任，做好检测记录，建立商品煤质量档案。鼓励制定更严格的商品煤质量企业标准。

二、明确任务分工

（一）各地煤炭管理部门及有关部门依法对辖区内企业的商品煤质量进行抽检，并加大对高硫、高灰、低热值商品煤的监督检查，对不符合《办法》要求的生产、加工、储运、销售、进口、使用企业要加大惩罚力度，严厉查处不符合《办法》相关规定的商品煤远距离运输，支持洗中煤、煤矸石等低质燃料就地转化利用。抽检所需经费可通过本级财政预算现有渠道予以支持。

（二）各直属检验检疫局对本辖区进口商品煤的质量进行监督管理，加强煤质检验检疫设备人员配备，严格质量检测，鼓励进口优质煤炭，严禁不符合《办法》规定的质量标准的煤炭进口。

（三）京津冀及周边地区、长三角、珠三角地区要加强散煤使用管理，制定相关措施和标准，鼓励使用优质散煤，限制使用灰分≥16%、硫分≥1%的散煤。加大北方地区推广使用优质散煤力度，建设洁净煤配送中心，打击非法销售劣质散煤，鼓励地方制定散煤质量标准。

（四）环境保护部门要加强燃煤排放达标执法检查，加大燃煤排放违规处罚力度，对于燃煤排放不达标的企业要依法从严处罚，并依法提高检查频次。

（五）各地区及相关企业可根据《办法》要求，结合当地环境容量、地方能源结构等实际，制定和修订更严格的商品煤质量地方和企业标准，鼓励生产和使用优质煤。

三、完善市场交易机制

各有关部门要完善煤炭市场交易体系，加强煤炭质量监管，规范市场交易行为，通过优质优价的市场机制作用，抑制低质量煤炭进入市场销售。

四、加强监督检查

（一）各地煤炭管理部门每半年将本地区落实《办法》情况及抽检情况报国家发展改革委（国家能源局）、国家质检总局、环境保护部。上半年抽检结果及落实情况于 7 月底前上报，下半年抽检结果及落实情况于次年 1 月底前上报。

（二）各直属检验检疫局对本辖区进口商品煤每半年进行一次质量分析，上报国家质检总局。国家质检总局进行整体质量分析，并通报国家发展改革委（国家能源局）、商务部、环境保护部。

五、积极宣传推广

（一）各地要积极推进典型城市、电站、燃煤工业锅炉燃用优质煤项目示范，并通过示范项目建设推广使用优质商品煤。

（二）各地要加强宣传使用优质煤的节能减排效果和技术经济可行性力度，鼓励社会使用优质商品煤。

请各地方根据上述原则进一步细化职责，加强协调配合，切实做好《办法》的落实工作，积极推动商品煤质量不断提升，促进煤炭清洁利用和大气环境的改善。

国家发展改革委
国家能源局
环保部
商务部
海关总署
国家工商总局
国家质检总局
2015 年 11 月 30 日

国家能源局 环境保护部 工业和信息化部关于促进煤炭安全绿色开发和清洁高效利用的意见

国能煤炭〔2014〕571号

各省（自治区、直辖市）和新疆生产建设兵团发展改革委（能源局）、环保厅、工信厅（经信委、经委）、煤炭行业管理部门，煤炭工业协会，神华集团公司、中煤集团公司：

为贯彻中央财经领导小组第六次会议和国家能源委员会第一次会议精神，落实“节约、清洁、安全”的能源战略方针，促进能源生产和消费革命，进一步提升煤炭开发利用水平，提出以下意见：

一、重要意义

煤炭是重要的基础能源和工业原料，为保障我国经济社会快速健康发展作出了重要贡献。今后一个时期，煤炭仍将是我国的主体能源。近年来，我国煤炭产业取得了长足发展，为国民经济和社会发展提供了可靠能源保障，但自身存在的开发布局不合理、增长方式粗放、安全保障能力不足、效率低、污染严重等突出问题仍未得到根本性解决。党的十八大对能源产业发展提出了更高要求，中央财经领导小组第六次会议和国家能源委员会第一次会议明确了煤炭开发利用的发展方向。推进煤炭安全绿色开发和清洁高效利用，是煤炭工业可持续发展的必由之路，是改善民生和建设生态文明的必然要求。

二、指导思想和发展目标

（一）指导思想。以邓小平理论、“三个代表”重要思想、科学发展观为指导，深入贯彻党的十八大和十八届二中、三中、四中全会精神，按照统筹规划、科学布局，集约开发、绿色开采，高效转化、清洁利用的发展方针，坚持政府引导、企业为主、市场推进、科技支撑、法律规范、公众参与的原则，积极推进煤炭发展方式转变，提高煤炭资源综合开发利用水平，实现煤炭工业安全、绿色、集约、高效发展。

（二）发展目标。到2020年，煤炭工业生产力水平大幅提升，资源适度合理开发，全国煤矿采煤机械化程度达到85%以上，掘进机械化程度达到62%以上；煤矿区安全生产形势根本好转，煤炭百万吨死亡率下降到0.15以下；资源开发利用率大幅提高，资源循环利用体系进一步完善，生态环境显著改善，绿色矿山建设取得积极成效，资源节约型和环境友好型生态文明矿区建设取得重大进展；煤炭清洁高效利用水平显著提高，燃煤发电技术和单位供电煤耗达到世界先进水平，电煤占煤炭消费比重提高到60%以上；燃煤工业锅炉平均运行效率在2013年基础上提高7个百分点，煤炭转化能源效率在2013年基础上提高2个百分点以上，低阶煤炭资源的开发和综合利用研究取得积极进展，新型煤化工产业实现高效、环保、低耗发展；实现资源利用率高、安全有保障、经济效益好、环境污染少和可持续的发展目标。

三、主要任务

（一）科学规划煤炭开发利用规模。按照统一规划、合理开发、综合利用的发展方针，促进煤炭资源集约安全绿色开发和集中清洁高效利用。统筹煤炭资源条件、矿山地质环境、水资源承载力和生态环境容量，确定合理的科学产能。重点建设资源储量丰富、开采技术条件好、发展潜力大的神东等14个大型煤炭基地，优化煤炭生产开发布局。统筹地区经济发展水平、产业转移步伐和大气环境容量，结合全国主体功能区定位，合理规划建设煤电、煤炭深加工等主要耗煤项目和能源输送通道，优化煤炭消费布局。京津冀、长三角、珠三角等重点区域严格实行煤炭消费总量控制。

到2020年，大型煤炭基地煤炭生产能力占全国总生产能力的95%左右；煤炭占一次能源消费比重控制在62%以内。

（二）大力推行煤矿安全绿色开采。以建设大型现代化煤矿、改造现有大中型煤矿、淘汰落后产能为重点，按照“安全、科学、经济、绿色”的理念，全面提升生产技术水平和安全保障能力。积极支持企业按照安全绿色开发矿区标准规划、设计、建设和改造煤矿，新建煤矿要从设计源头入手，采用高新技术和先进适用绿色开采技术，实现装备现代化、系统自动化、管理信息化。生产煤矿要优化开拓部署，简化、优化生产系统，减少工作面个数，做到生产系统可靠、节能，提高生产效率和资源回收率，实现高效集约化生产。关闭不具备安全生产条件和煤与瓦斯突出等灾害严重的小煤矿，淘汰落后产能及装备，限制高硫煤矿开采。因地制宜推广使用“充填开采”“保水开采”和“煤与瓦斯共采”等绿色开采技术。遵循矿区生态环境内在规律，结合区域自然地理特征，科学制定矿区生态环境治理与恢复规划及实施方案，严格执行相关矿产资源开发生态环境保护技术标准和指南，建立完善矿山环境治理和生态恢复责任机制，促进资源开发与环境保护协调发展。

到2020年，厚及特厚煤层、中厚煤层、薄煤层采区回采率分别达到70%、85%和90%以上；鼓励对“三下一上（建筑物、铁路、水体下，承压水体上）”煤炭资源、煤柱和边角残煤实施充填开采。

（三）深入发展矿区循环经济。按照减量化、资源化、再利用的原则，科学利用矿井水、煤矸石、煤泥、粉煤灰等副产品，综合开发利用煤系共伴生资源，大力推进矿山机械再制造，构建煤基循环经济产业链，提高产品附加值和资源综合利用率。鼓励利用矸石、灰渣等对沉陷区进行立体生态整治和土地复垦，发展生态农业和旅游业等适宜产业。积极探索大型矿区园区化集中高效管理模式，鼓励因地制宜建设矿区循环经济园区，优化园区内产业结构和布局，提高集约化生产利用水平。建设一批煤炭安全绿色开发示范矿区，努力实现矿产开发经济、生态、社会效益最大化。

到2020年，煤矸石综合利用率不低于75%；在水资源短缺矿区、一般水资源矿区、水资源丰富矿区，矿井水或露天矿矿坑水利用率分别不低于95%、80%、75%；煤矿稳定塌陷土地治理率达到80%以上，排矸场和露天矿排土场复垦率达到90%以上。

（四）加快煤层气（煤矿瓦斯）开发利用。煤炭远景区实施“先采气、后采煤”，加快沁水盆地和鄂尔多斯盆地东缘等煤层气产业化基地建设，加强新疆、辽宁、黑龙江、河南、四川、贵州、云南、甘肃等地区煤层气资源勘探，在河北、吉林、安徽、江西、湖南等地区开展勘探开发试验，推动煤层气产业化发展。煤炭规划生产区实施“先抽后采”“采煤采气一体化”，所有应抽采瓦斯的矿井要按照有关规定建立完善的抽采系统，抽采达标，鼓励煤矿实施井上下立体化联合抽采，推动煤矿瓦斯规模化抽采利用矿区建设，提高瓦斯抽采利用率。煤层气以管道输送为主，就近利用，余气外输，统筹建设煤层气输送管网，适度发展煤层气压缩和液化。煤矿瓦斯以就地发电和民用为主，严禁高浓度瓦斯直接排放，支持低浓度瓦斯发电、热电冷联供或浓缩利用，鼓励乏风瓦斯发电或供热等利用，提高瓦斯利用率。加大煤层气勘查开发利用技术和装备研发，提升科技创新能力和技术装备水平。

到 2020 年，新增煤层气探明储量 1 万亿立方米。煤层气（煤矿瓦斯）产量 400 亿立方米。其中：地面开发 200 亿立方米，基本全部利用；井下抽采 200 亿立方米，利用率 60%以上。

（五）提高煤炭产品质量和利用标准。大力发展煤炭洗选加工，所有大中型煤矿均应配套建设选煤厂或中心选煤厂，开展井下选煤厂建设和运营示范，提高原煤入选比重。积极推广先进的型煤和水煤浆技术。在矿区、港口、主要消费地等煤炭集散地建设大型煤炭储配基地和大型现代化煤炭物流园区，实现煤炭精细化加工配送。落实国家有关商品煤质量的规定，建立健全煤炭质量管理体系，完善煤炭清洁储运体系，加强煤炭质量全过程监督管理。京津冀及周边、长三角、珠三角等重点区域，限制使用灰分高于 16%、硫分高于 1%的散煤，在北京、天津、河北等农村地区建设洁净煤配送中心，鼓励北方地区使用型煤等洁净煤。

到 2020 年，原煤入选率达到 80%以上，实现应选尽选；重点建设环渤海、山东半岛、长三角、海西、珠三角、北部湾、中原、长株潭、泛武汉、环鄱阳湖、成渝等 11 个大型煤炭储配基地及一批物流园区。

（六）大力发展清洁高效燃煤发电。

逐步提高电煤在煤炭消费中的比重，推进煤电节能减排升级改造。

根据水资源、环境容量和生态承载力，在新疆、内蒙古、陕西、山西、宁夏等煤炭资源富集地区，按照最先进的节能、节水、环保标准，科学推进鄂尔多斯、锡盟、晋北、晋中、晋东、陕北、宁东、哈密、准东等 9 个以电力外送为主的千万千瓦级清洁高效大型煤电基地建设。

认真落实《煤电节能减排升级改造行动计划》各项任务要求，进一步加快燃煤电站节能减排改造步伐，提升煤电高效清洁利用水平，打造煤电产业升级版。

（七）提高燃煤工业炉窑技术水平。实施炉窑改造工程，鼓励发展热电联供、集中供热等供热方式，以天然气、电力等清洁燃料和生物质能替代落后的分散中小燃煤锅炉。加快推广高效煤粉工业锅炉等高效节能环保锅炉，加快淘汰低效层燃炉等落后设备。推广先进适用的工业炉窑余热、余能回收利用技术，实现余热、余能高效回收及梯级利用。

到 2020 年，现役低效、排放不达标炉窑基本淘汰或升级改造，先进高效锅炉达到 50%以上。

（八）切实提高煤炭加工转化水平。加快煤炭由单一燃料向原料和燃料并重转变。按照节水、环保、高效的原则，继续推进煤炭焦化、气化、煤炭液化（含煤油共炼）、煤制天然气、煤制烯烃等关键技术攻关和示范，提升煤炭综合利用效率，降低系统能耗、资源消耗和污染物排放，实现清洁生产。适度发展现代煤化工产业。在满足最严格的环保要求和保障水资源供应的前提下，统一规划，合理布局，统筹推进现代煤化工产业高标准、高水平发展。在条件适合地区，积极推进煤炭分级分质利用，优化褐煤资源开发，鼓励低阶煤提质技术研发和示范，推广低阶煤产地分级提质，提高煤炭利用附加值。

2020 年，现代煤化工产业化示范取得阶段性成果，形成更加完整的自主技术和装备体系，具备开展更高水平示范的基础。低阶煤分级提质核心关键技术取得突破，实现百万吨级示范应用。

（九）减少煤炭利用污染物排放。大力推广可资源化的烟气脱硫、脱氮技术，开展细颗粒物（$PM_{2.5}$）、硫氧化物、氮氧化物、重金属等多种污染物协同控制技术研究及应用。严格执行排污许可制度，落实排放标准和总量控制要求，加强细颗粒物排放控制。研究煤炭深加工转化废弃物治理技术。

到 2020 年，燃煤固体废弃物实现资源化利用率超过 75%。

四、保障措施

充分发挥市场配置资源的决定性作用，完善政策制度保障体系，促进煤炭安全绿色开发和清洁高效利用，形成煤炭企业优胜劣汰、煤炭产品优质优价的良性运行机制。

（一）建立完善实施和监管体系。完善煤炭安全绿色开发和清洁高效利用管理体系，研究建立协调、统一、高效的监管机制。各有关部门根据职责分工，协调配合，加快完善有利于煤炭安全绿色开发和清洁高效利用的资源管理、产业规划、政策标准、技术装备支撑等体系建设。制定发展规划和行动计划，将指标分解落实各部门、各地方，分步骤、有重点地推进煤炭安全绿色开发和清洁高效利用。加强工业用煤排放监测与管理，杜绝不达标排放。各地要加强民用散煤治理，建立本地区民用散煤治理实施方案。

（二）建立完善标准和评价机制。加快制定煤炭安全绿色开发和清洁高效利用技术和装备标准，研究建立煤炭安全绿色开发和清洁高效利用技术和装备评价机制，及时向社会发布先进技术和装备目录。研究制定煤炭安全绿色开发矿区评价标准，积极推动煤炭安全绿色开发示范矿区（井）和清洁高效利用项目建设，并优先给予政策支持。建立和规范全过程用煤质量保障体系，完善煤炭加工转化产品质量和能效标准。

（三）完善鼓励政策措施。列入煤炭安全绿色开发和清洁高效利用先进技术和装备目录，以及符合《矿产资源节约与综合利用鼓励、限制和淘汰技术目录》的有关技术和装备，可依法享受有关税费减免、贷款支持等政策。进一步落实粉煤灰、煤矸石等资源综合利用产品税收优惠政策，改进规范煤炭安全绿色开发和高效利用园区规划内相互配套项目的核准行为，按照“统筹规划、同步设计、同步建设”的原则，确保园区相互配套项目协调发展，发挥整体循环经济效益，推进矿区产业集群发展。积极推进煤炭安全绿色开发和清洁高效利用技术国际合作与交流，鼓励优质煤炭进口，优化煤炭产品结构。

（四）大力推进科技创新。做好煤炭安全绿色开发和清洁高效利用科研工作顶层设计，加强相关科技计划（专项、基金）的统筹，着力推进新技术、新装备等研发。重点加大对煤矿安全绿色开采、煤矿区循环经济、煤层气开发及煤炭清洁高效利用、煤矸石和粉煤灰综合利用、矿山机械再制造等技术研发、示范及应用的支持，加快科技成果推广应用。积极开展二氧化碳捕集、利用与封存技术研究和示范。

（五）加强宣传交流。各地区、各部门要进一步提高认识，切实履行职责，加强协调配合，加大宣传力度，以高度的责任感、使命感和改革创新精神，合力推进煤炭安全绿色开发和清洁高效利用。科研机构、行业协会要加强技术研发、技术交流、市场推广和信息咨询服务等工作，为煤炭安全绿色开发和清洁高效利用创造有利条件。要充分发挥新闻媒体舆论引导和社会公众的监督作用，为煤炭安全绿色开发和清洁高效利用创造良好的社会氛围。

国家能源局
环境保护部
工业和信息化部
2014 年 12 月 26 日

商品煤质量管理暂行办法

中华人民共和国国家发展和改革委员会
中华人民共和国环境保护部
中华人民共和国商务部
中华人民共和国海关总署
国家工商行政管理总局
国家质量监督检验检疫总局
令

第16号

为提高商品煤质量，促进煤炭高效清洁利用，特制定《商品煤质量管理暂行办法》，现予发布，自2015年1月1日起施行。

国家发展改革委主任：徐绍史
环境保护部部长：周生贤
商务部部长：高虎城
海关总署署长：于广州
工商总局局长：张茅
质检总局局长：支树平

2014年9月3日

商品煤质量管理暂行办法

第一章　总　则

第一条　为贯彻落实国务院《大气污染防治行动计划》，强化商品煤全过程质量管理，提高终端用煤质量，推进煤炭高效清洁利用，改善空气质量，根据《中华人民共和国煤炭法》《中华人民共和国产品质量法》《中华人民共和国环境保护法》《中华人民共和国大气污染防治法》《中华人民共和国对外贸易法》《中华人民共和国进出口商品检验法》等相关法律法规，制定本办法。

第二条　在中华人民共和国境内从事商品煤的生产、加工、储运、销售、进口、使用等活动，适用本办法。

第三条　商品煤是指作为商品出售的煤炭产品。不包括坑口自用煤以及煤泥、矸石等副产品。企业远距离运输的自用煤，同样适用本办法。

第四条 煤炭管理及有关部门在各自职责范围内负责建立煤炭质量管理制度并组织实施。

第二章 质量要求

第五条 煤炭生产、加工、储运、销售、进口、使用企业是商品煤质量的责任主体，分别对各环节商品煤质量负责。

第六条 商品煤应当满足下列基本要求：

（一）灰分（A_d）

褐煤≤30%，其他煤种≤40%。

（二）硫分（$S_{t,d}$）

褐煤≤1.5%，其他煤种≤3%。

（三）其他指标

汞（Hg_d）≤0.6 μg/g，砷（As_d）≤80 μg/g，磷（P_d）≤0.15%，氯（Cl_d）≤0.3%，氟（F_d）≤200 μg/g。

第七条 在中国境内远距离运输（运距超过 600 公里）的商品煤除在满足第六条要求外，还应当同时满足下列要求：

（一）褐煤

发热量（$Q_{net,ar}$）≥16.5 MJ/kg，灰分（A_d）≤20%，硫分（$S_{t,d}$）≤1%。

（二）其他煤种

发热量（$Q_{net,ar}$）≥18 MJ/kg，灰分（A_d）≤30%，硫分（$S_{t,d}$）≤2%。

本条中运距是指（国产商品煤）从产地到消费地距离或（境外商品煤）从货物进境口岸到消费地距离。

第八条 对于供应给具备高效脱硫、废弃物处理、硫资源回收等设施的化工、电力及炼焦等用户的商品煤，可适当放宽其商品煤供应和使用的含硫标准，具体办法由国家煤炭管理部门商有关部门制定。

第九条 京津冀及周边地区、长三角、珠三角限制销售和使用灰分（A_d）≥16%、硫分（$S_{t,d}$）≥1%的散煤。

第十条 生产、销售和进口的煤炭应按照《商品煤标识》（GB/T 25209—2010）进行标识，标识内容应与实际煤质相符。

第十一条 不符合本办法要求的商品煤，不得进口、销售和远距离运输。煤炭进口检验及其监管，按《进出口商品检验法》等有关法律法规执行。

第十二条 承运企业对不同质量的商品煤应当“分质装车、分质堆存”。在储运过程中，不得降低煤炭的质量。

第十三条 煤炭生产、加工、储运、销售、进口、使用企业均应制定必要的煤炭质量保证制度，建立商品煤质量档案。

第三章 监督管理

第十四条 煤炭管理部门及有关部门在各自职责范围内依法对煤炭质量实施监管。煤炭生产、加工、储运、销售、进口、使用企业应当接受监管。

第十五条 煤炭管理部门及有关部门依法对辖区内的商品煤质量进行抽检，并将抽检结果通报国家发展改革委（国家能源局）等相关部门。

第十六条 煤炭管理部门及有关部门对煤炭生产、加工、储运、销售、使用企业实行分类管理。

第十七条 口岸检验检疫机构对本口岸进口商品煤的质量进行监督管理。每半年进行一次进口商品煤质量分析，上报国家质量监督检验检疫部门，抄送国家发展改革委（国家能源局）、商务部等相关管理部门。

第十八条 任何企业和个人对违反本办法的行为，均可向有关部门举报。有关部门应当及时调查处理，并为举报人保密。

第四章 法律责任

第十九条 商品煤质量达不到本办法要求的，责令限期整改，并予以通报；构成有关法律法规规定的违法行为的，依据有关法律法规予以处罚。

第二十条 采取掺杂使假、以次充好等违法手段进行经营的，依据相关法律法规予以处罚；构成犯罪的，由司法机关依法追究刑事责任。

第二十一条 对拒绝、阻碍有关部门监督检查、取证的，依法予以处罚；构成犯罪的，由司法机关依法追究刑事责任。

第二十二条 有关工作人员滥用职权、玩忽职守或者徇私舞弊的，依法予以行政处分；构成犯罪的，由司法机关依法追究刑事责任。

第五章 附 则

第二十三条 本办法由国家发展改革委（国家能源局）会同有关部门负责解释。各地区及相关企业可根据本办法制定更严格的标准和实施细则。

第二十四条 本办法自 2015 年 1 月 1 日起施行。

关于印发《加快成品油质量升级工作方案》的通知

发改能源〔2015〕974号

各省、自治区、直辖市发展改革委、能源局、财政厅、环境保护厅、商务主管部门、工商局（市场监管部门）、质监局，国家能源局各派驻机构，有关能源企业：

《加快成品油质量升级工作方案》业经第90次国务院常务会议审议通过，现印发你们，请认真贯彻执行，并将有关事项通知如下：

一、加快推进成品油质量升级是一项重要的国家专项行动，既有利于改善环境、治理雾霾、促进绿色发展、增添民生福祉，也有利于扩大投资和消费、促进产业结构调整与升级。各有关部门、地方及企业应高度重视此项工作，尽快制定专项实施计划，做好与本方案的衔接。

二、各相关部门要支持炼油企业加快办理升级改造项目审批事项，简化审批流程，提高审批效率，同时强化对项目建设和成品油市场的监管。

三、炼油企业应主动承担社会责任，加快升级改造项目实施，并可按规定申请财政贴息资金补助（具体事宜另行通知）。

四、装备制造企业应努力保障并优先满足升级改造项目的装备需求。通过各方共同努力，确保加快成品油质量升级目标按期完成。

特此通知。

附件：加快成品油质量升级工作方案

国家发展改革委
财　政　部
环境保护部
商　务　部
工商总局
质检总局
国家能源局
2015年5月5日

附件

加快成品油质量升级工作方案

大气污染防治成品油质量升级行动计划启动以来，相关政策得以全面贯彻，各项工作有序推进。根据国务院领导最新指示精神，为调动炼油企业积极性，加快升级改造步伐，实现稳增长、调结构、促减排、惠民生，特制订本方案。

一、指导思想与目标

（一）指导思想

贯彻加快实施《大气污染防治行动计划》有关要求，以汽、柴油质量升级为着力点，按照“政府引导、市场推动、保障供应、强化监管”的思路，鼓励企业加大投资力度，加快清洁油品生产与供应，力争提前全面完成质量升级任务，履行炼油行业大气污染防治行动目标责任。

（二）主要目标

——扩大车用汽、柴油国Ⅴ标准执行范围。从原定京津冀、长三角、珠三角区域重点城市扩大到整个东部地区11个省市（北京、天津、河北、辽宁、上海、江苏、浙江、福建、山东、广东和海南）。2015年10月31日前，东部地区保供企业具备生产国Ⅴ标准车用汽油（含乙醇汽油调和组分油）、车用柴油的能力。2016年1月1日起，东部地区全面供应符合国Ⅴ标准的车用汽油（含E10乙醇汽油）、车用柴油（含B5生物柴油）。

——提前国Ⅴ标准车用汽、柴油供应时间。将全国供应国Ⅴ标准车用汽、柴油的时间由原定2018年1月1日提前1年。2016年10月31日前，保供企业具备生产国Ⅴ标准车用汽油（含乙醇汽油调和组分油）、车用柴油的能力。2017年1月1日起，全国全面供应符合国Ⅴ标准的车用汽油（含E10乙醇汽油）、车用柴油（含B5生物柴油），同时停止国内销售低于国Ⅴ标准车用汽、柴油。

——增加普通柴油升级内容。2016年1月1日起，开始在东部地区重点城市供应与国Ⅳ标准车用柴油相同硫含量的普通柴油（以下简称国Ⅳ标准普通柴油）；2017年7月1日，全国全面供应国Ⅳ标准普通柴油，同时停止国内销售低于国Ⅳ标准的普通柴油。2018年1月1日起，全国供应与国Ⅴ标准车用柴油相同硫含量的普通柴油（以下简称国Ⅴ标准普通柴油），停止国内销售低于国Ⅴ标准普通柴油。保供企业相应同步完成普通柴油产品的质量升级。

二、重点任务

（一）推动炼油企业加快升级

优先推进汽柴油质量升级。汽油升级重点方向是催化汽油深度脱硫和增产高辛烷值组分。重点加快深度加氢脱硫、吸附脱硫、催化重整、芳烃抽提、甲基叔丁基醚脱硫等装置建设，以及烷基化、异构化、轻汽油醚化等装置。柴油升级重点方向是深度加氢脱硫和改质。重点加快柴油加氢精制、柴油加氢改质、加氢裂化、渣（蜡）油加氢等装置建设。

结合质量升级，进一步完善硫黄回收、烟气脱硫脱硝、制氢等措施，淘汰部分落后装置；积极采用节能技术及装备，提高能量利用效率；优化全厂加工流程，实现轻烃等资源高效利用。重点围绕劣质油加工、重油深加工、油品高质化和生产清洁化，大力推进劣质原油高效预处理、劣质渣油高效加氢、高选择性汽油加氢、汽柴油高效超深度脱硫、催化柴油加氢转化、新型烷基化、低成本制氢、烟气脱硫脱硝除尘等关键技术的自主研发和再创新。

（二）保障国Ⅴ油品市场供应

通过加快改造项目实施，到 2015 年年底，主要保供企业具备国Ⅴ车用汽油 5 270 万吨、国Ⅴ车用柴油 6 170 万吨供应能力，加上区域内其他企业及周边地区富余供应能力，充分保障东部地区 2016 年车用汽油 6 400 万吨，车用柴油 5 310 万吨的需求。

2016 年年底主要保供企业具备国Ⅴ标准车用汽油 11 090 万吨、车用柴油 15 590 万吨供应能力。与 2017 年国内车用汽油 12 900 万吨、车用柴油 12 110 万吨的需求量相比，汽柴油总量可以满足需要，其中汽油略有缺口，柴油相对过剩。通过其他企业富余产能的调剂，充分保障全国国Ⅴ汽柴油市场需求。

2018 年全国需供应国Ⅴ标准普通柴油约 5 200 万吨。在完成国Ⅴ车用汽、柴油升级基础上，加快主要炼油企业普通柴油升级改造，积极发挥其他企业的补充作用，确保国内车用和普通柴油市场供应。

（三）促进炼油产业结构优化

科学建设先进产能。重点依托条件好的大型炼油企业，积极采用先进技术实施升级改造，大幅增加加氢能力占原油一次加工能力的比例和轻油收率，显著降低新鲜水耗、能耗和二氧化硫排放强度等指标。同时，分区域明确落后产能淘汰任务，加大关停并转小型炼油企业或低效落后装置的力度。

以升级改造为契机，按照产业园区化、炼化一体化、规模大型化的要求，进一步提高产业集中度。鼓励以资产、资源、品牌和市场为纽带，通过整合、参股、并购等多种形式，推动炼油企业兼并重组，打造若干具有国际竞争力的大型企业集团。

（四）加快提升油品标准水平

参考国际先进标准并结合我国实际，加快油品标准制修订步伐，完善标准体系。2015 年 6 月底前发布新的普通柴油强制性国家标准。尽快发布第五阶段车用乙醇汽油标准（E10）、车用乙醇汽油调合组分油及生物柴油调合燃料（B5）标准。

抓紧启动第六阶段汽、柴油国家（国Ⅵ）标准制订工作，力争 2016 年年底颁布并于 2019 年实施。同时，尽快修订出台船用燃料油强制性国家标准，力争 2015 年年底前发布。

三、主要措施

（一）加强组织领导

国家发展改革委、国家能源局、财政部、环境保护部、商务部、质检总局、工商总局、国家标准委等有关部门共同组织实施本专项方案，加强部际协调，各司其职、各负其责、密切配合。各地方省级主管部门及重点炼油企业要明确责任单位和负责人，结合加快升级改造目标新要求，将任务落到实处，重点做好国Ⅴ标准汽、柴油的生产与供应。

（二）建立工作机制

建立国家能源局、地方能源主管部门及重点炼油企业的工作协调机制，每年组织申报、审核升级改造支持项目。财政部根据审核结果，下达贴息补助资金。同时，对本方案内成品油质量升级改造项目实行动态跟踪管理，定期上报油品质量升级目标完成及有关措施落实情况，及时反映最新进展、基本经验、存在问题、改进措施与政策建议等。

（三）强化主体责任

获得国家资金支持的炼油企业，应主动承担企业社会责任，向国家能源主管部门出具承诺书，保证按期完成升级改造任务，保质保量供应清洁油品。未按要求完成升级改造任务或工作推动不力的企业，限期整改。逾期仍不能实现升级目标的，依法依规，严格问责，并采取核减、收回或者停止拨付资金等措施。有关装备制造企业应切实保障并优先满足升级改造项目的装备需求。

（四）提高审核效率

根据转变职能、简政放权的总体要求，结合升级改造目标和任务，加快审核。对纳入本方案的升级改造项目，相关部门应在环评、土地、节能、稳评、安评等配套条件方面开辟绿色通道，简化审批流程，提高审批效率，限时办结，为推进企业如期完成升级改造创造良好政策环境。

（五）加强监督检查

制定专项监管工作方案，明确落实监管责任主体和任务，对加快油品升级改造工作进行全过程监管。包括改造进度，资金使用，淘汰落后产能任务完成情况，以及汽柴油生产标准的执行情况（出厂油品数量和质量）等。必要时对本方案和有关政策开展中期评估和后评价工作，根据评估评价情况及时对相关方案和政策作出调整与修正。

（六）加大政策扶持

为调动炼油企业升级改造积极性，充分发挥财政资金的杠杆撬动作用，中央财政将对炼油企业成品油质量升级改造贷款给予贴息支持。同时，中央财政将支持国家能源局会同有关部门对全国油品质量升级情况进行监管与核查。

（七）规范市场秩序

进一步强化成品油市场监管体系建设，规范成品油市场秩序。加强部际协调，大力开展联合监管与执法。加大加油站油品质量监督检查力度，严厉打击非法销售不合格油品行为。建立完整的成品油标准体系、检测体系、质量监督检查体系，确保炼油企业生产符合国家标准要求的高品质成品油，严厉打击非法生产不合格油品行为。

附件：加快成品油质量升级工作方案实施细则

附件

加快成品油质量升级工作方案实施细则

为进一步落实加快成品油质量升级目标和任务，明确专项工作步骤和规则，根据《加快成品油质量升级工作方案》，特制订本实施细则。

一、工作原则

——国Ⅴ为主，兼顾国Ⅳ。结合工作方案目标及有关政策要求，重点支持国Ⅴ标准油品质量升级改造项目。考虑到普通柴油标准相对滞后，在过渡阶段应适当兼顾国Ⅳ普通柴油升级改造。

——优先东部，确保全国。2015年重点支持东部地区保供企业升级改造项目，2016年及以后重点支持中西部地区保供企业升级改造项目。完成时间靠前的升级改造项目同等优先。

——鼓励先进，淘汰落后。坚持先进产能建设与淘汰落后相结合，大力促进炼油产业技术进步与装置结构优化升级，优先支持淘汰落后力度大的项目。

——公平公开，统一标准。针对行业企业结构现状，制定项目支持标准和规则，对不同所有制企业一视同仁，既要发挥市场主体作用，又要充分调动地方炼油企业的积极性。

——政策扶持，市场推动。进一步提高中央财政资金使用效益，尤其要积极发挥其带动作用，吸引和配置多元化社会资本，加快成品油质量升级改造步伐，推动经济社会可持续发展。

二、补助企业条件

——经过国家批准或2000年国家清理整顿后保留的炼油企业，具有成品油批发经营资质优先；炼油企业淘汰200万吨/年及以下常减压装置，二次加工能力不低于一次加工能力的80%；投资方必须具有一定的经济实力和抗风险能力。

——企业必须取得工业产品生产许可证和安全生产许可证，必须符合行业准入条件、国家产业政策有关要求。

——企业应通过质量、安全、环保、职业卫生等相关认证，具备完善的质量控制、安全、环保制度和良好的安全、环保记录，污染物排放达到国家或地方排放标准要求。近三年未发生较大及以上突发环境事件、安全生产事故和火灾事故。

三、项目要求

——自大气污染防治成品油质量升级启动以来的在建、拟建项目，且承诺在升级目标最后期限前投产运行。

——按照国家固定资产投资项目管理有关规定，提供完备的项目手续，包括核准备案、规划许可、用地预审、环评批复等，敏感地区的升级项目应强化社会稳定风险分析评估。项目资金来源落实并符合有关规定。

——项目建设内容应当符合支持重点要求，主要装置规模、技术经济、能耗及物耗、质量环保等指标达到国家标准，无国家标准的参照行业标准。

——新增产能项目还需严格落实原料供应，并符合原油及成品油合理流向和资源优化配置原则（含新增进口原油使用企业基本条件）。

——建设一次炼油能力，以及其他与成品油质量升级无关的装置和设施，不在资金支持范围。

四、实施步骤

（一）组织申报

本方案获批后，按要求下发通知。地方、中央企业项目分别通过项目所在地的省级能源主管部门、所属中央企业集团或其他符合条件部门上报国家能源局。申报材料包括质量升级改造项目资金申请报告及附件。

（二）审核工作程序

国家能源局收到项目申请后，委托独立第三方根据方案确定的安排原则、支持重点、企业条件和项目要求开展符合性审核，并将意见提交财政部。

（三）资金下达与管理

财政部根据国家能源局提交的审核意见，分年度下达贴息补助资金。国家能源局将会同有关部门，根据职能分工，对项目实施情况进行跟踪检查，确保按质保量完成改造任务。

关于加强储油库、加油站和油罐车油气污染治理工作的通知

环办〔2012〕140 号

各省、自治区、直辖市环境保护厅（局）、新疆生产建设兵团环境保护局，解放军环境保护局，各副省级城市环境保护局，中国石油天然气集团公司、中国石油化工集团公司、中国海洋石油总公司：

为贯彻落实国务院批复的《重点区域大气污染防治“十二五”规划》，推进油气污染防治工作，强化储油库、加油站和油罐车污染排放的监督管理，现就有关事项通知如下：

一、充分认识加强油气污染防治工作的重要意义

目前，全国已建成储油库 1 500 多座，加油站 9 万多个，油罐车约 2 万辆，每年在储存、运输和销售过程中排放油气污染物超过 60 万吨。油气污染物主要由碳氢等挥发性有机物组成，许多成分具有致癌作用，并且在空气中会转化生成臭氧（O_3）和细颗粒物（$PM_{2.5}$），是造成光化学烟雾、灰霾等大气污染问题的重要原因。同时，油气污染物属于易燃易爆气体，遇火极易发生爆炸或火灾事故。通过油气污染治理，可以将油气进行回收和集中处理，进一步转变为汽油，有利于节约资源和保护环境。北京奥运会、上海世博会、广州亚运会期间环境空气质量保障工作的成功经验表明，开展油气污染治理工作具有良好的环境效益、社会效益和经济效益。各级环保部门要切实提高认识，采取有效措施，督促相关企业履行治污责任，加强环保监管和部门协作，深入推进油气污染治理工作。

二、工作依据和目标任务

（一）工作依据。根据《中华人民共和国大气污染防治法》和《储油库大气污染物排放标准》（GB 20950—2007）、《加油站大气污染物排放标准》（GB 20952—2007）、《汽油运输大气污染物排放标准》（GB 20951—2007）等三项强制性排放标准的规定，储油库、加油站和油罐车应控制油气污染排放，确保稳定达到排放标准要求。

（二）目标任务。按照国务院批复的《重点区域大气污染防治“十二五”规划》要求，列入大气污染防治“重点控制区”的地区（具体名单见附件 1），应于 2013 年年底前完成储油库、加油站和油罐车油气污染治理工作；全国其他地区应于 2015 年 1 月 1 日前完成油气污染治理工作。大气污染严重的地区可根据本地实际，提前完成油气污染治理任务。

三、全面推进油气污染治理工作

（一）强化油气污染治理主体责任。储油库、加油站和油罐车的业主单位作为油气污染治理的责任主体，应切实履行环保法规和标准要求，制定油气回收改造计划，实施污染治理工作。涉及安全、消防、计量管理方面的，应满足国家现行有关法律法规的规定。

（二）开展排放情况摸底调查。各地环保部门要对辖区内油气污染排放情况进行彻底调查，摸清有关储油库、加油站和油罐车的数量、规模、位置、污染治理情况等基础信息。各省（区、市）环保部门应按附件2样式建立环保管理台账。

（三）加大污染治理督办力度。各省（区、市）环保部门应组织制定本地区油气污染治理工作方案，积极督促业主单位实施污染治理。对未按要求落实油气污染治理工作的，要采取挂牌督办、限期治理等措施，并将相关情况抄送同级商务、交通运输等主管部门。

（四）规范环保达标验收工作。完成油气污染治理的业主单位，应当向当地环保部门提出环保达标验收申请。地方环保部门要依据《储油库、加油站大气污染治理项目验收技术规范》（HJ/T 431—2008）和相关技术要求，及时组织环保达标排放验收。

（五）推进在线监测系统建设。大气臭氧浓度超过环境空气质量标准的城市，应对年销售汽油量大于5 000吨的加油站安装油气排放在线监测系统；其他城市应对年销售汽油量大于8 000吨的加油站安装油气排放在线监测系统。各省（区、市）环保部门应研究确定并公布需要加装在线监测系统的加油站及储油库名单。

四、进一步完善油气污染治理政策措施

（一）严格环境准入管理。对新建、改建、扩建储油库和加油站未按要求落实油气污染治理的，环保部门不予通过其建设项目环境影响评价审批和环保“三同时”竣工验收。对于已建成储油库、加油站未配套油气污染治理设施的，环保部门要分期分批下达限期治理通知书。

（二）加强环保日常监管。对已完成油气污染治理的储油库、加油车和油罐车，各级环保部门要加大油气污染治理设施的运行监管力度，采取定期检查和现场抽查方式，积极督促业主单位做好日常维护，并严肃查处各类违法违规排放行为。鼓励有条件的地区探索有机烃类气体排污许可管理等工作。

（三）加强信息公开工作。各级环保部门要充分发挥报刊、广播、电视、网站等媒体作用，定期公布油气污染治理工作进展，公开环境保护政策措施相关要求，发布违法排放油气污染物企业名单，把储油库、加油站和油罐车油气污染治理工作置于社会各界和广大群众的有效监督之下。

（四）建立工作调度制度。各级环保部门应及时调度油气污染治理工作进度，指派专人负责该项工作。我部将结合《重点区域大气污染防治“十二五”规划》实施评估考核工作，对各地油气污染治理工作进展情况进行定期检查并适时通报。

各省（区、市）环保部门应于2013年1月30日前将本地区油气污染治理工作方案（大纲见附件3）及联络人员名单报送我部备案。

联系人：环境保护部污染防治司　黄志辉

联系电话：（010）66556238

联系人：环境保护部机动车排污监控中心　王燕军

联系电话：（010）84918110 转 8207

传真：（010）84926554

附件：1.《重点区域大气污染防治“十二五”规划》中重点控制区划定名单

2. 油气污染治理工作管理台账

3. 油气污染治理工作方案大纲

环境保护部办公厅

2012 年 11 月 19 日

附件 1

《重点区域大气污染防治“十二五”规划》中重点控制区划定名单

京津冀地区：北京、天津、石家庄、唐山、保定、廊坊 6 个城市。

长三角地区：上海、南京、无锡、常州、苏州、南通、扬州、镇江、泰州、杭州、宁波、嘉兴、湖州、绍兴 14 个城市。

珠三角地区：广州、深圳、珠海、佛山、江门、肇庆、惠州、东莞、中山 9 个城市。

辽宁中部城市群：沈阳市。

山东城市群：济南、青岛、淄博、潍坊、日照 5 个城市。

武汉及其周边城市群：武汉市。

长株潭城市群：长沙市。

成渝城市群：重庆市主城区、成都市。

海峡西岸城市群：福州市、三明市。

山西中北部城市群：太原市。

陕西关中城市群：西安市、咸阳市。

甘宁城市群：兰州市、银川市。

新疆乌鲁木齐城市群：乌鲁木齐市。

附件 2

油气污染治理工作管理台账

日　期：

油库统计表

序号	成品油 批准证书号	企业名称	注册地址	油库地址	法定代表人 （负责人）	联系电话	经度	纬度

经营性加油站统计表

序号	成品油批准证书号	企业名称	注册地址	加油站地址	法定代表人（负责人）	联系电话	经度	纬度

注：加油站暂停营业的请注明。

非经营性加油站统计表

序号	成品油 批准证书号	名称	地址	使用单位	法定代表人 （负责人）	联系电话	经度	纬度

注：加油站暂停营业的请注明。

油罐车统计表

序号	车牌号	企业名称	注册地址	企业地址	法定代表人（负责人）	联系电话

油库统计明细表

经度：　　　　纬度：　　　　序号：

企业基本情况	企业名称		成品油批准证书号	
	注册地址		油库地址	
	法定代表人（负责人）		联系电话	
油库基本情况	成立时间及 最近改造时间		总库容及汽油/柴油/气	
	总年吞吐量及汽油/柴油/气		总罐体数量及汽油/柴油/气	
	设计、施工图（有/无）		发油台数量（台）	
	鹤管数量（根）			
油气回收基本情况	油气回收装置（有/无）		油气回收装置 类型/处理能力	
	油气回收装置 厂家及型号		油气回收治理 设计/施工单位	
	发油台发油方式 （上装/下装）		发油台厂家及型号	
	油气回收监控装置			

附 1：照片（全景、油气回收主要设备、发油台、鹤管）；附 2：设计施工图纸。

经营性加油站统计明细表

经度：　　　　　　　　　　纬度：　　　　　　　　　　序号：

企业基本情况	企业名称		成品油批准证书号	
	注册地址		加油站地址	
	法定代表人（负责人）		联系电话	
加油站基本情况	成立时间及最近改造时间		总罐容及汽油/柴油/气	
	总年吞吐量及汽油/柴油/气		总罐体数量及汽油/柴油/气	
	距最近民间建筑物的距离		加油机数量（总/汽/柴）及厂家	
	加油枪数量（总/汽/柴）及厂家		地下管路图（有/无）	
油气回收基本情况	一阶段油气回收装置（有/无）		二阶段油气回收装置（有/无）	
	油气回收方式（集中或分散）		压力/真空阀（有/无）	
	油气回收装置类型及厂家型号		后处理装置类型及厂家型号	
	油气回收监控装置厂家及型号		油气回收改造设计/施工单位	

附 1：照片（全景、加油机、加油枪、真空泵、后处理、监控、泻油口、排气口）；附 2：设计施工图纸（包含地下管路图）。

非经营性加油站统计明细表

经度：　　　　纬度：　　　　序号：

企业基本情况	名　称		成品油批准证书号	
	地　址		使用单位	
	法定代表人（负责人）		联系电话	
加油站基本情况	成立时间及最近改造时间		总罐容及汽油/柴油/气	
	总年吞吐量及汽油/柴油/气		总罐体数量及汽油/柴油/气	
	距最近民间建筑物的距离		加油机数量（总/汽/柴）及厂家	
	加油枪数量（总/汽/柴）及厂家		地下管路图（有/无）	
油气回收基本情况	一阶段油气回收装置（有/无）		二阶段油气回收装置（有/无）	
	油气回收方式（集中或分散）		压力/真空阀（有/无）	
	油气回收装置类型及厂家型号		后处理装置类型及厂家型号	
	油气回收监控装置厂家及型号		油气回收改造设计/施工单位	

附1：照片（全景、加油机、加油枪、真空泵、后处理、监控、泻油口、排气口）；附2：设计施工图纸（包含地下管路图）。

油罐车统计明细表

序号：

企业基本情况	车牌号		企业名称	
	注册地址		办公地址	
	法定代表人（负责人）		联系电话	
油罐车基本情况	上牌时间		最近改造时间	
	生产厂家及型号		容积（m^3）	
	车架号			
油气回收基本情况	注油方式（上/下）		油罐车下装改造厂家	
	防溢流探头（有/无）		改造设计施工图纸	

附1：照片（整车、装泻油口、防溢流探头）；附2：设计施工图纸。

附件 3

油气污染治理工作方案大纲

一、工作依据与目标任务

二、工作内容与步骤

（一）准备工作阶段。

（二）治理改造阶段。

（三）检测验收阶段。

三、进度安排

四、工作要求

五、保障措施

注：已完成油气污染治理的省（市），提交油气污染治理监管工作方案。

（二）海南省

海南省人民政府办公厅关于印发海南省油气产业“十三五”发展规划指导意见的通知

琼府办〔2017〕41号

各市、县、自治县人民政府，省政府直属各单位：

《海南省油气产业“十三五”发展规划指导意见》已经省政府同意，现印发给你们，请遵照执行。

海南省人民政府办公厅

2017年3月13日

海南省油气产业“十三五”发展规划指导意见

油气产业是国民经济重要的支柱产业，是我省12个重点产业之一，产品覆盖面广，资金技术密集，产业关联度高。为推动我省油气产业“调结构、促转型、增效益”和“做优、做精、做强”，按照《海南省国民经济和社会发展第十三个五年规划纲要》和省委、省政府对我省油气产业发展的总体要求，结合实际，编制本规划指导意见。

一、产业现状

（一）发展回顾。

“十二五”期间，我省油气产业按照“生态立省”战略要求，严守“不牺牲环境、不破坏资源、不搞低水平重复建设”的发展原则，不断优化产业结构，严格环保安全监管，强化储运能力，完善产业链条，提高企业的装备数字化和管理水平，行业产值由“十一五”末期的577亿元（当年价），增长到2015年的800亿元（当年价），年均增速约6.7%，为全省工业经济的稳定发展作出了突出贡献。

1. 形成完整的产业链。经过多年努力，我省已形成了集“勘探、开发、加工、仓储、管输、销售”为一体的较为完整的油气产业链，为国际旅游岛建设提供了产业支撑。目前，全省共有规模以上油气产业企业39家，其中，百亿级产值企业2家、十亿级产值企业7家，行业累计投资超过1 500亿元（不含油气仓储企业）。初步形成了“三个龙头和三条产业链”：即以海南炼化为龙头的石油化工产业，以中海化学为龙头的天然气化工产业，以东方石化为龙头的精细化工产业。洋浦经济开发区已形成以中石化海南炼化920万吨/年炼油为龙头的炼油、芳烃、聚酯产业链，化工新材料，原油、成品油、LNG储备，港口物流等产业配套发展；东方工业园区已形成天然气、尿素、甲醇产业链，精细化工、港口物流和边贸等产业配套发展。通过形成上下游产业原料产品互供关系，降低了成本，提高了企业的凝聚力和竞争力，汇聚了大量的专业人才和管理人才，为产业后续发展奠定了基础。

——油气勘探开发稳步推进。油气勘测取得重大成果，东方13-2气田中深部勘探获得重大突破，探明地质储量为686亿立方米高品质天然气。中海油勘探发现陵水17-2气田，是我国首个储量超过千亿立方米的深水自营气田。在澄迈、临高陆上和海岸也有良好的油气发现。莺歌海、琼东南、珠江口西部文昌凹陷及北部湾等四大盆地合计石油地质资源储量55亿吨。2015年，我省所辖海域开采的崖城13-1、东方1-1、乐东15-1、乐东22-1、崖城13-4以及陆域花场、白莲等油气田，为全省供应天然气约43亿立方米、原油约30万吨。

——管道网络建设持续完善。全省建成2条输油管道和1条天然气长输管道，2条输油管道总长67公里，天然气长输管道总长近520公里。各用气地区还配套建设了各种天然气管网共计约1 500余公里，覆盖海口、澄迈、临高、儋州、洋浦、昌江、东方、乐东、三亚、定安、文昌等11个市县，用气人口达229万人，占全省城镇人口总数的50%。城市新增建筑基本覆盖天然气管网。建成洋浦LNG接收站和澄迈LNG接收站，年接收能力为360万吨，配套建设接卸码头2座，建设专业气管线111公里。

——加工产业链不断延伸。原油加工量由“十一五”末期的857万吨增长到2015年的1 114万吨，年均增速约5.3%。相继建成海南炼化920万吨/年炼油（扩能）、60万吨/年芳烃，逸盛石化210万吨/年PTA、100万吨/年PET以及汉地阳光特种油、东方石化精细化工一期等一大批重点项目。100万吨/年乙烯及炼油改扩建项目在2013年获得了国家核准文件，列入了《石化产业规划布局方案》和《石化和化学工业“十二五”发展规划》，取得了国家层面对海南油气加工产业精细化延伸发展模式的支持。

——油气储备产业集聚发展。建成中石化（香港）205万方成品油保税库、中石化255万方原油商业储备、中海油300万吨LNG站线、国投孚宝132万方油品储运、华信能源280万方商业油品储备等5个油气储备项目，洋浦油气储备能力超千万方，成为目前我国最大的商业石油储备基地。东方国家成品油储备库项目也获得国家发展改革委立项审批。2016年8月，洋浦国际能源交易中心正式投入运营。

——油气销售网络逐年拓展。全省共有成品油零售网点546个（加油站538座，加油船8艘），分布在城市城区，高速公路、国道省道、县道乡道沿线和乡镇农场及港口码头。建成加气站38座，其中：LNG加气站21座，CNG加气站17座。油气销售网络从业人员5 000人以上。

——生产性服务业初步形成。初步建立起以产业发展整体素质和产品附加值为重点的专业化生产服务体系，围绕全产业链的整合优化，逐步开展研发设计、融资租赁、第三方物流、信息技术服务、节能环保服务、检验检测认证、电子商务、商务咨询、服务外包、人力资源服务和品牌建设等为主导的生产性服务业，展现出了融合性、关联性、知识性和创新性的特点。

——两化融合管理稳步推进。积极推动工业化和信息化融合工作，从试点示范抓起，由点到面稳步推进，扶持企业建设数字化生产管理系统，建设智能制造工厂。海南炼化能源管理系统建设项目列入了2016年工信部以及中国石化集团公司“十三五”智能工厂示范试点，为企业保持经济效益稳步增长、实现安全生产和节能减排目标起到了关键作用。

2. 成为全省工业经济的支柱产业之一。2015年，全省油气产业完成产值800.1亿元，对规模以上工业增长贡献率达86.1%，税收136.1亿元，占全省工业税收比重的54.2%。油气产业扛起了全省新型工业发展的重任，提升了海南的综合实力，扩大了经济外向度。同时，带动了仓储、物流、贸易、金融以及园区经济、基础设施的发展。

3. 龙头企业综合实力强。按照省委、省政府的要求，海南油气产业企业发展之初，就坚持引入国内外最成熟经营管理理念，引进最先进的生产设备，坚守最严格的环保安全标准，经过充分消化吸收，积极自主创新，提质增效，逐步向产业链中高端迈进，成为行业内的标杆和榜样。海南炼化“高效环保芳烃成套技术开发及应用”项目（60 万吨/年对二甲苯项目）荣获 2015 年度国家科学技术进步特等奖。中海化学公司采用英国、意大利、挪威等国家的关键技术，已成为我国最大的天然气甲醇生产企业。

4. 坚持绿色发展。海南油气产业坚守生态环保底线，高度重视污染防治和循环发展，实现了发展与保护的“双赢”。2015 年，洋浦经济开发区主要污染物排放量均超额完成省政府下达的排放控制指标，开发区内环境质量优良天数为 290 天（有效监测天数 320 天），优良率 92.5%，近岸海域海水水质 35 个监测项目全部优于二类海水水质标准（其中 31 项监测项目达到一类海水水质标准）。东方工业园区内环境质量优良天数为 349 天（有效监测天数 363 天），环境质量优良率 96.1%，近岸海域海水水质监测项目全部优于二类海水水质标准。

我省油气产业虽然取得了较大发展，但还存在基础薄弱和配套不完善等问题。一是产业延伸、互补性和竞争能力不强，产业基础还较薄弱。二是产业发展的原料和市场两头在外，加工原油主要依靠外供，且本地石化产品市场容量小，绝大部分需要外输。三是产业园区水、电、蒸汽供应设施和港航设施、应急救援设施等配套建设滞后，建设水平较低。

（二）面临形势。

1. 行业发展环境严峻复杂。“十三五”是我国油气产业转型升级、迈入制造强国的关键时期，行业发展面临的环境严峻复杂，有利条件和制约因素相互交织，增长潜力和下行压力同时并存。从国际看，世界经济复苏步伐艰难缓慢，全球化工产品市场需求疲软，结构性短缺和结构性过剩现象并存。同时，“一带一路”建设的深入实施，为国内企业参与国际合作提供了新的机遇。从国内看，“十三五”是全面建成小康社会的决胜期，随着新型工业化、信息化、城镇化和农业现代化加快推进，我国经济将继续保持中高速增长，亟须绿色、安全、高性价比的高端石化化工产品，为油气产业提供了广阔的发展空间。同时，我国经济发展正处于增速换档、结构调整、动能转换的关键时期，行业发展的安全环保压力和要素成本约束日益突出，供给侧结构性改革、提质增效、绿色可持续发展任务艰巨。从省内看，海南后发优势明显，受益于国家“一带一路”和建设海南国际旅游岛等一系列国家战略的推进，全省经济仍将保持一个相对快速的增长。随着“生态立省”战略的深入实施，对油气产业发展提出了更高、更严的要求。

2. 产业发展空间较大。以新兴经济体为代表的发展中国家实行工业化和现代化，推动了全球石化产品需求呈稳步增长态势。以乙烯为例，全球乙烯消费从 2000 年的 9 050 万吨增长到 2015 年的 1.59 亿吨，2020 年有望达到 1.7 亿吨。中国仍处于发展的战略机遇期，在推进工业化、信息化、新型城镇化进程中，油气产业作为基础产业，仍具有广阔的发展空间。预计到 2020 年，我国石化产品的需求年均增长率为 4%～6%，人均乙烯当量需求将从目前的 25 千克提高到 34 千克，以乙烯为龙头的石油化工产业仍处于成长期。

3. 具备精细化发展条件。随着国家对原油进口权限的逐步放开和油气产业项目审批权限下放到省级，海南迎来油气产业精细化发展的新机遇，主要有五个方面的有利条件。

（1）区位条件。海南地处南海海上运输的必经之地，我国 80%左右的进口石油走南海运输航道；直接辐射环北部湾、东盟两大石化产品消费市场；靠近海外油气资源地和产品消费市场，交通运输便利，成为我国最适合发展油气产业的地区之一。

（2）港口条件。海南拥有优良的深水良港条件，拥有 34 个万吨级泊位，海上运输条件得天独厚。其中，洋浦拥有两个 30 万吨级原油专用码头、多个成品油码头和液体化工码头，可接卸原油、成品油、液体化学品等 100 多个品种。东方八所港是海南大型深水良港之一，属国家一类开放口岸，现有生产性泊位12个，其中万吨级以上（含1万吨级）泊位8个，可与世界20个国家和地区直接通航。

（3）资源条件。海南受权管辖200多万平方公里海域，天然气、石油资源丰富，占全国油气资源总储量的1/3以上。根据中海油勘探，全国5个天然气富集区中有3个分布在海南周边，莺歌海盆地、琼东南盆地、珠江口盆地西部文昌凹陷的天然气资源量12万亿立方米。崖13-1、东方1-1、乐东22-1、乐东15-1等气田正在平稳生产，向海南提供稳定的原料。

（4）商储条件。洋浦经济开发区经过多年发展，保税港区功能不断完善，已建成的油气储备总库容已近千万方，到2020年，油气储备能力有望达到1 700万方以上，良好的商储条件为我省油气产业提供了相对稳定的原料保障。

（5）政策条件。洋浦是国家级经济开发区，区内还设有保税港区，享受开发区和保税港区的政策优惠；也是我国第一批新型石化产业基地，是国家鼓励发展的油气产业聚集区。东方工业园区地处少数民族地区，享受国家西部地区开发的各种优惠政策。

二、指导思想、基本原则和规划目标等

（一）指导思想。

以党的十八大和十八届三中、四中、五中、六中全会精神为指导，深入贯彻党中央、国务院重大决策部署，牢固树立创新、协调、绿色、开放、共享的发展理念，以提质增效为中心，以调结构、促转型、增效益为主线，严格落实《海南省总体规划（2015—2030）纲要》《海南省国民经济和社会发展第十三个五年规划纲要》要求，积极服务国家“一带一路”和海南国际旅游岛建设战略，去产能、降消耗、减排放、补短板、调布局、促安全，推动我省油气产业的转型升级和健康发展。

“十三五”期间，我省油气产业要走出一条创新驱动、内生增长、可持续的发展之路，实现经济、社会和环境和谐发展，推动产业绿色化、高端化、规范化和集约化。严格按照国家主体功能区定位，推进石化基地和化工园区建设，突出不同区域的重点发展产业，构建结构布局合理、产业链配套完善、国际竞争力强和可持续发展的临港石化产业体系；引进混合所有制经济，推进大型炼化一体化工程等重大项目建设；坚持生态立省，以更加严格的环保标准发展油气产业。

（二）基本原则。

1. 坚持保护优先，严守生态底线。严守生态环保底线，坚持不破坏资源、不污染环境、不重复建设。采用先进技术，集约利用资源，完善环保设施，全面推行清洁生产；不断提高项目准入条件，把在源头减少资源消耗和废弃物产生放在首位；推进生产过程中资源、能源的梯级、重复、循环利用，降低消耗。

2. 坚持立足当前和着眼长远相结合。抓住海南国际旅游岛建设的重要机遇，以市场为导向，以优化产业布局和调整产业结构为主线，充分发挥上中下游一体化优势，实施差异化、低碳化、协调发展战略，促进产业与环境和谐发展。落实国家石油和化工产业发展战略，坚持以园区为载体、港口为依托、高科技为引领、环保节能为前提集约发展，推动骨干企业、重大项目向园区聚集，优化发展油气开发及产业链，配套发展高端精细化工、油气产业服务业，提高产业集中度，在洋浦、东方形成结构合理、功能完善、绿色环保的现代石化产业链。

3. 坚持市场导向，促进转型升级。充分发挥临港优势，放眼国际市场，面向国内外两种资源和两个市场，广泛吸引投资者；重点选择国内外市场容量大、发展前景好、投资回报率高的产品，推动我省经济产业结构调整。

4. 坚持选好选优，执行先进标准。优先考虑采用技术先进、装置规模化、产品档次高、环境友好、

具有国际竞争力的项目，与现有产业紧密结合，并执行国际先进的生产过程和安全环境管理标准，实现经济效益、环境效益和社会效益的和谐发展。

5. 坚持以人为本，注重本质安全。加强职业培训，引导企业营造良好生产生活环境。贯彻“安全第一，预防为主”的方针，切实落实安全生产要求，确保规划项目实施后符合消防法规和职业安全卫生的要求。

（三）规划目标。

坚持优化存量、提升增量，将现有产业的提质增效和培育战略性新兴产业作为两大主攻方向。勘探开发“立足近海、加快深水、以近养远、远近结合”，多措并举，形成合力。建设覆盖全岛的天然气管网和油气产品销售网络，拓展天然气（LNG）综合利用领域，支持化工新材料、生物化工战略新型产业的发展，形成油气储运交易集散中心，提升生产性服务业比重，加速形成新的重要增长点。实现企业创新能力不断增强，竞争力明显提高，自主知识产权核心技术、互联网和信息技术广泛使用，重大安全生产事故得到有效遏制，形成新动力、新优势，实现全行业绿色、健康、可持续发展。

1. 经济发展目标。到“十三五”末，东方 13-2 气田、陵水 17-2 气田投产，福山油田、文昌油气田增储上产；中海油马村、东方服务保障基地功能完善；建设文昌-琼海-万宁-陵水-三亚天然气管网，形成全省天然气环岛主干网；大幅提高全岛天然气普及率，力争全省天然气管网覆盖全部市县；形成每年 1 200 万吨原油加工、160 万吨对二甲苯等产能，烯烃、芳烃等基础原料生产能力显著提升，产业工业增加值年均增长 3%左右；现有装置 100%升级改造；新建加油站 342 座、加气站 125 座。

2. 结构调整目标。通过集约化、规模化、一体化发展，向产业下游延伸，大力发展高端新材料和精细化工产品，形成优化的产业结构和高端化产品特色。油气开发方面，海南岛周边海域规划的海上油气产量保持稳产，天然气产量上台阶，建设 5 座综合平台、1 座保障终端，平均年钻井 50 口。炼化方面，炼油领域加快升级，改进工艺与装备，提高对劣质原油的适应性，提高行业副产资源的综合利用水平；烯烃产业走炼化一体化道路，促进石油基烯烃原料的轻质化，稳步推进乙烷裂解制烯烃，完善芳烃产业。有机原料方面，发展短缺品种的乙二醇、丙烯腈、苯乙烯等，加快环氧丙烷、甲基丙烯酸甲酯等清洁工艺的开发、替代和推广。化工新材料方面，高端聚烯烃树脂领域要开发新型催化工艺的聚乙烯和聚丙烯；在高性能橡胶材料领域，促进丁苯橡胶、顺丁橡胶，适度发展杜仲胶等非传统天然橡胶。

3. 绿色发展目标。“十三五”末，行业万元 GDP 用水量下降 23%，万元 GDP 能源消耗、二氧化碳排放降低 18%，化学需氧量、氨氮排放总量减少 10%，二氧化硫、氮氧化物排放总量减少 15%，重点行业挥发性有机物排放量削减 30%以上。企业主要污染物排放达到石油炼制工业和石油化学工业污染物排放标准要求。

4. 两化融合目标。企业两化融合水平大幅提升，实现信息化综合集成的企业比例达到 35%。油气产业智能工厂、数字车间标准体系基本建立，推进建设智慧化工园区，开展工业互联网试点。

5. 供给侧改革目标。按照国家要求，推进油气产业调结构、促转型、增效益，加强供给侧结构性改革，通过“去产能、去库存、去杠杆、降成本、补短板”，发展高端油气深加工产品，推动下游产业链延伸精细化发展。

（1）调整原料结构。炼油企业改扩建和新增炼油项目，合理安排大型石脑油裂解制乙烯项目建设。优化乙烯原料结构，利用炼厂轻质资源、回收干气、副产液化石油气及进口轻烃等优质资源作原料，降低石脑油、轻柴油、加氢尾油等高品位原料在乙烯原料中的比重。在具有港口和储运条件的地区，通过与 LNG 接卸站项目规划的结合，加大海外轻烃资源的获取力度，提高乙烯原料的轻烃比例。加强乙烯副产 C4、C5、C9 等综合利用，形成经济规模，突出产品特色。适当发展丙烷脱氢制丙烯，丰富丙烯原料来源。加快芳烃发展，依托现有炼化一体化装置及配套基础设施，整合和优化芳烃资源，合理布局对二甲苯项目。

（2）调整产品结构。加快油品质量升级，健全油品质量标准体系，完善硫黄回收、烟气脱硫脱硝、制氢等配套措施，力争 2017 年年底全部达到国Ⅴ标准。优先发展苯乙烯、双酚 A 等国内缺口较大的基础有机化工原料和高端有机化工产品。加快培育战略性新兴产业，积极推进化工新材料与新能源、现代轨道交通、汽车、航空航天、军工、建筑等领域的协同发展，加快发展生产性服务业，促进产业价值链向高端转移。重点发展高性能树脂、高性能橡胶、高性能纤维、功能性膜材料、电子化学品等。力争到 2020 年，化工新材料整体自给率提高到 80%以上。

（3）充分利用本地油气资源。海南油气产业涵盖了上中下游，形成了基本完整的产业链条，本地油气产业企业要承接加工本地及周边油气资源。"十三五"期间，岛内陆上原油产量稳定在 30 万吨/年，天然气产量稳定在 1 亿方/年。

（四）产业定位。

主动融入"21 世纪海上丝绸之路"，以现有炼化一体化和天然气加工项目为支撑，以战略性新兴产业和国家重大工程的高端产品需求为导向，与下游的当地特色优势产业相衔接，推进油气产业精细化发展，重点发展面向新型城镇化和消费升级所需的差异化、高附加值的高端精细化工产品。

（五）产业布局。

油气产业严格限定在洋浦经济开发区、东方工业园区内，围绕现有龙头项目，适应国内外市场形势，不断优化产业结构，延伸产业链，做优做精做强；配套发展高端精细化工、油品和化工品储备及工业服务业，形成结构合理、功能完善、绿色环保的油气产业链。其中，洋浦经济开发区以中石化炼油为龙头，形成上、中、下游一体化，油储、炼油、烯烃、芳烃完整产业链，建设成为布局合理、特色鲜明、具有国际竞争力的国家级石化产业基地和油品自由贸易港区。东方工业园区以天然气化工和石油精细化工为主，形成天然气化肥、炼油化工、精细化工等产业链，建设成为大型临港天然气化工和精细化工产业基地。

三、主要任务

（一）推进勘探开发与保障基地建设。

坚持"立足近海、加快深水、以近养远、远近结合"的原则，探索深海油气资源开发，加快建设南海油气开发服务保障基地。一是重点优选海南岛周边油气资源盆地的接续增储扩产勘查（探）。二是充分发挥深水钻井平台海域勘探能力，积极推动已探明储量的深水油气田的开发。三是推进东方 13-2 中深层次气田、陵水 17-2 资源开发利用，弥补现有东方 1-1 气田、乐东气田和崖域 13-1 气田逐年减产量。四是鼓励油气上游企业和海上油田工程服务类企业在海南注册落户。五是依托中海油海南能源公司，加大南海油气资源勘探力度，整合中海油在马村、东方等服务保障基地和天然气陆域终端、管网建设等业务，扩大企业在琼业务范围。推进马村港保障基地三期扩建，将八所港全力打造成为"两个基地、一个中心"。

（二）加快建设覆盖全省气网。

坚持供输一体、输配协调的原则，科学布局全省天然气管网建设，以长输管线和城镇管网为基础辐射全省，南起三亚，北到海口、东到万宁、西到洋浦，实现全省天然气"一张网"的目标。实施文昌-琼海-万宁-陵水-三亚的天然气干线管道建设工程，形成全省天然气环岛主干网，最终建成"田字形"供气管道，大幅提高全岛天然气普及率，探索建设五指山、白沙等中部市县中心城区天然气管道，力争全省天然气管网覆盖全部市县。

充分利用省内气田资源，拓展洋浦 LNG 接收站，适时建设琼粤天然气管线，促进海南天然气与大陆主要市场对接，提高天然气供应的安全和调配能力。着力扩大天然气消费，加快天然气价格改革，降低天然气利用成本。提高现有气网基础设施运营效率、增强收益。

（三）推动炼油化工转型升级。

积极优化产品结构，重点发展高技术含量、高附加值产品，降低消耗和成本，培育竞争新优势。

1. 实施炼化行业技术升级改造。围绕原料优化、节能降耗领域实施技术改造，提高企业整体发展水平和经济效益，立足现有企业和基础，加大技术改造投入，加快新技术、新材料、新工艺、新装备升级。一是加快推广应用催化加氢、低氮燃烧、催化烟气脱硫脱硝、直接氧化法环氧丙烷、甘油法环氧氯丙烷、丁二烯法己二腈等清洁生产关键技术；推进工艺装置自动化改造、重大危险源配套监控设备以及企业安全生产标准化工作。二是鼓励企业积极开发新产品，提高技术含量和附加值，改善品种质量。提高低效产能能源、资源、环境等要素使用成本，倒逼低效产能转型升级。三是充分发挥市场优胜劣汰的竞争机制，引导企业开展并购重组，促进转型转产，建成一批具有引领作用的企业集团，提高我省油气产业集中度。

2. 加快基础化工原料和高端精细化学品产能建设。依托炼油企业技术改造和改扩建项目，加快推进大型石脑油裂解制乙烯等重大项目建设，增强烯烃、尤其是芳烃的保障能力。加强乙烯副产品 C4、C5、C9 等综合利用，适当发展丙烷脱氢制丙烯，丰富丙烯原料来源。依托炼化一体化装置，加快芳烃发展。促进天然气（甲醇）制烯烃、芳烃项目落地，实现原料来源多元化。加快油品质量升级，优先发展国内缺口较大的专用料和高端牌号合成树脂、绿色环保合成橡胶及高性能纤维等化工新材料和高端精细化学品。

3. 推动省内二次资源互供。海南油气产业基本形成了贯穿上中下游的产业链条，由于岛屿环境相对封闭及原料、产品两头在外，导致物流成本相对较高。在油气资源的开采、转化以及生产加工环节中产生的一些中间体物料，是具有较高价值的二次资源。油气产业各板块要协调发展，企业间实现物料互供平衡，做到二次资源不出岛并“吃干榨净”，达到降低物流成本，减少能耗与排放，实现经济效益最大化的目的。遵循市场规律，通过物料互供平衡来增强企业的投资意愿，扩大生产规模或对现有装置升级技改，带动下游化工新材料的发展。

4. 推动两化深度融合。以公共平台建设、智能工厂示范、信息技术推广普及为着力点，努力实现集研发设计、物流采购、生产控制、经营管理、市场营销为一体的全链条全系统智能化，大力推动企业向服务型和智能型转变。研究推广重点行业两化融合解决方案，重点研究推广基于生产企业设计、装备设计与改进等的计算机辅助设计制造、设备集成与模拟优化、设备故障在线诊断与预测维护的行业生产全流程信息化改造方案，乙烯及其衍生物、芳烃等炼化主装置的模拟仿真、优化控制、调度计划、故障诊断和维护、资源与能源优化等技术方案，石化化工生产过程的 HSE（安全、健康、环保）解决方案和基于装置侧线、反应罐釜、进出厂点等关键节点的数据计量及实时采集，实现物料跟踪及物料平衡、能耗监测及精细管理的石化化工生产制造一体化解决方案。推进智能工厂建设，提升企业在资源配置、工艺优化、过程控制、产业链管理、质量控制与溯源、能源需求侧管理、节能减排及安全生产等方面的智能化水平。加快工业互联网开发与应用，大力推进具有自主知识产权的工业平台软件研发，包括工业云平台、工业大数据平台、三维数字化平台、物联网接入平台、生产优化工具等。开发具有自主知识产权的智能手持终端，用于移动巡检、移动作业、有毒有害气体监测、应急指挥、智能仓储等。

5. 不断向下延伸产业链。以海南炼化为龙头的炼化一体化产业链，以东方石化为龙头的精细化工产业链，以中海化学为龙头的天然气产业链，均向石化新材料产业延伸。

（四）大力发展化工新材料。

围绕“中国制造2025”需求，有序推进重点新材料发展，加强新材料产业生态体系建设，鼓励油气产业上下游协作配套，推动大中小企业密切合作，促进化工新材料与油气产业同步转型升级。建立新材料产业发展协调机制，加强产业统筹协调，健全统计监测体系，细化产品统计分类，引导行业规范、有序发展；推进军民新材料资源双向转化，鼓励优势企业参与国产新材料在国防科技工业领域的推广应用，引导新材料领域军民资源共享。积极推动化工新材料与新能源、现代轨道交通、汽车、航空航天、国防、建筑、高端装备制造等领域协同发展。

一是发展先进基础材料。提升聚芳醚酮/腈、PCT/PBT树脂生产技术水平，加快开发长碳链尼龙、耐高温尼龙、非结晶型共聚酯、高性能聚甲醛改性产品、高牌号润滑油脂、高熔融指数聚丙烯超高分子量聚乙烯、聚对苯二甲酸乙二醇酯等高性能聚烯烃、新型工业生物催化剂。

二是发展关键战略材料。重点推动石化化工、生物工程、冶金等领域的高性能分离膜、高性能纤维、高强和高模碳纤维、超高分子量聚乙烯纤维、聚苯硫醚纤维、碳化硅纤维等增强纤维及配套基体材料等高端产品产业化。

三是发展前沿新材料。注重发展3D打印材料、生物基材料、中高端锂离子电池隔膜、聚氟乙烯（PVF）和聚偏氟乙烯（PCDF）背板膜、含氟质子交换膜和薄膜晶体管-液晶显示器（TFT-LCD）用偏光片。

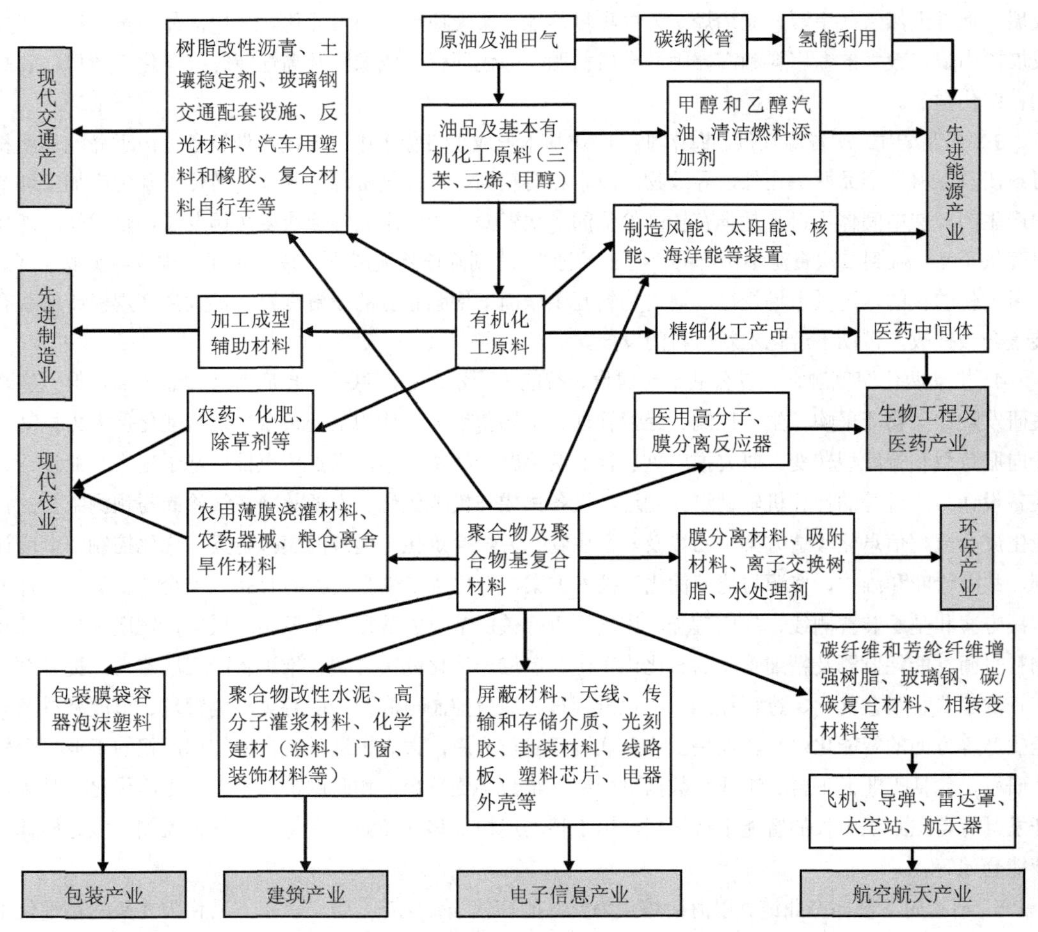

十大高新技术产业与石油化工的产业链关系图

我省新材料产业要以已有产业为基础，以资源环境承载能力为主要指标，按照集约化、园区化、绿色化发展路径，加快推动布局调整，关键战略材料要满足下游产品与工程配套需求。

（五）拓展天然气综合利用领域。

借助海南国际旅游岛建设的契机，大力促进低碳清洁的天然气资源在省内的应用市场开发，扩大天然气的消纳能力，全面加快推进天然气在燃气发电、城市燃气、工业燃料、化工用气、交通燃料、储冷及冷能利用、天然气分布式能源等领域高效、科学利用，扩大 LNG 资源利用范围，产业上中下游协同发展，使天然气主体能源地位显著提升。紧紧抓住全省优化能源结构，提高清洁能源比重，建设生态、低碳海南的历史机遇，推进岛内天然气的利用和发展，进一步完善天然气产业链建设；积极推动天然气利用政策的落实，在天然气化工等领域实现突破；稳步推进省内天然气管网的建设，与已建成的西部环岛管道连接成网，同时推进各市县（区）城市燃气管网建设，培育市场；加大力度推进省内富有潜力的天然气利用市场的开发，包括天然气发电、工业，天然气车船加注以及天然气化工等业务；推动天然气生产企业在各环节努力降低成本，严格市场监管、成本监审及价格核定，努力降低终端用户用气价格，切实增加天然气经济竞争力，保障产业健康、快速、可持续发展。

在天然气化工领域，坚持科学合理布局、清洁高效转化、技术装备自主化、示范先行的原则，积极延伸我省天然气化工产业链。一是推动天然气（甲醇）制烯烃、芳烃、乙二醇、新材料等工程示范，重点开发差异化产品、高端化技术，优化生产工艺，改善产品质量，加强体系优化集成，进一步提高资源利用和环境保护水平。二是延伸天然气制化肥产业连环，发展尿素产品深加工，向下发展复混肥、高效复合肥。

在交通运输领域，加快天然气清洁能源汽车、船舶推广应用工作，加快建设天然气加气站点，研究制订相关标准和鼓励政策。

在工业用能领域，推动天然气生产用锅炉的使用比例，逐步替代燃煤锅炉，降低污染物排放。

（六）提升油气储备交易功能。

“十三五”期间，结合国家“一带一路”倡议，发挥洋浦区位优势，打造洋浦能源战略储备基地，发挥东方市港口资源整体优势，建设国家成品油储备库，建设大型石油储备中转基地。适时建设海南炼化百万吨乙烯及炼油改扩建项目配套码头（30 万吨级原油码头及配套储运设施工程）、推动华信洋浦石油储备基地二期、儋州国家石油战略储备库、东方国家成品油储备库、海南 LNG 二期扩建等项目，力争油气库容达到 1 700 万方库容，新增油气专用码头转运能力超过 4 000 万方。加强储气调峰设施和 LNG 接收、存储设施建设，鼓励发展企业商业储备，提高储气规模和应急调峰能力。

用好洋浦国际能源交易中心平台，基于洋浦油气化工品仓储中心、LNG 仓储转运中心，积极发展面向东南亚国家和国内沿海地区油气化工品的分拨服务，推动洋浦石油化工自由贸易园区建设，打造华南地区重要的油品和化工品仓储、物流、交易集散地。加快建设油气化工仓储、物流等配套设施，申请国家能源贸易资质，开展跨境结算试点，加快以面向东南亚的国家级、国际性石油天然气交易平台为目标的国际能源交易中心建设，创建良好的市场环境，充分发挥市场配置资源和价格发现的功能，积极向国家争取人民币境外结算、成品油非国营进口资质以及能源期货交易等各项政策。

积极发展石油化工交易市场，发展原油、燃料油、成品油、润滑油、综合化工及 LNG 等大宗石化产品交易；推进大型综合电子商务交易平台建设，为客户提供能源与化工产品网上交易、行情分析、交易指数、信用评级、大数据分析和结算、融资、信托、仓储、物流等全过程、全方位专业服务；建成洋浦能源贸易综合基地，打造与世界各大交易所接轨的集产品定价中心、交易中心、资讯中心、金融中心与供应链管理中心于一体的国家级、国际化要素交易平台，融入全球能源及石油化工产品定价体系。

（七）完善油气物流运输销售网络。

“十三五”期间，按照《海南省加油站行业“十三五”发展规划（2016—2020）》《海南省城镇燃气专项规划说明书（2012—2030 年）》有关布局布点，加快实施全省加油站、加气站建设，满足全省持续增长的成品油和天然气燃料需求。各市县新增加油站（加油船）342 座（艘），2020 年全省加油站总数达到 888 座，满足同期全省汽、柴油 270 万吨的总需求。新增加气站点 125 座，总数达到 163 座，并逐步完善城区边缘、港口基岸组团车（船）加气站点布局；与全省高速路网建设相协调，大力建设 LNG 加气站场，构建省内长途货运及旅游客车 LNG 加气网络，满足天然气汽车在全省范围内能够便利运行的要求。

（八）快速发展生产性服务业。

我省油气产业走新型工业化道路，结构转型与升级的关键是有相应的生产性服务业作支撑。“十三五”期间，要把发展生产性服务业作为重中之重，以油气产业转型升级需求为导向，全面配套发展生产性服务业，向价值链高端延伸，发展目标：一是产业规模比“十二五”增长一倍；二是服务方式虚拟化、网络化；三是逐渐形成完整的产业链。

完善生产基地建设和油服配套，力争原料输入、产品输出达到 3 000 万吨。推进工程咨询、设计研发、两化融合、信用评估、质量体系认证。推进面向化工园区的财税、金融、保险服务，开展银企对接和产融合作。加强创新复合人才引进交流。开展技术装备总承包、安全保障、维修保障、生产性检修等业务。扩大仓储、集装箱业务，建设海南炼化炼油扩能及 100 万吨乙烯项目配套港口设施，新建 9 个码头泊位，新增港口货物吞吐能力 2 768 万吨/年；建设中海油 LNG 二期配套码头工程，新建 2 500～40 000 立方米的 LNG 专用泊位，新增港口货物吞吐能力 525 万吨/年。大力推进专业、安全、高效的危化品运输服务。充分发挥能源交易集散中心作用，服务“一带一路”资源、产能合作。推进智慧物流和电子商务，支持现货交易平台等第三方大型电子商务行业平台发展壮大，创新商务模式，鼓励行业协会、电商企业、生产企业联合建立电子商务平台，推动化工产品物流信息化发展。

（九）强化生态环境保护力度。

牢固树立保护生态环境就是保护生产力、改善生态环境就是发展生产力的理念，坚持源头预防、过程控制、综合治理，深入推进清洁生产，加强污染治理，不断强化安全生产和节能减排，全面推进绿色清洁生产。构建以企业为主体、市场引导和政府推动相结合的循环经济和清洁生产模式，加快制修订清洁生产技术推行方案和清洁生产评价指标体系，开展清洁生产技术改造和清洁生产审核，实施挥发性有机物（VOCs）综合整治，加快生产过程密闭化改造，推广催化加氢、绝热硝化等清洁生产工艺。淘汰含铅涂料和有关高风险产品。推进节能技术装备应用，加快推广超重力场传质技术、超临界萃取技术等节能技术，加快推广稀土永磁无铁芯电机、电动机用铸铜转子、高能效等级的中小型三相异步电动机、锅炉水汽系统平衡及热回收工艺设备、高效换热器、低温余热发电用螺杆膨胀机、乏汽与凝结水闭式回收设备等节能装备。

（十）加强安全生产监督管理。

强化安全生产责任制，进一步完善安全保障体系、安全科技支撑体系、安全生产法律法规和政策标准体系、应急救援和教育培训体系；加强危险化学品专兼职应急救援、火灾抢险专兼职队伍和装备建设，着力提高企业本质安全水平和事故防范能力、技术装备安全保障能力、依法依规安全生产能力、事故救援和应急处置能力，以及从业人员安全素质，杜绝违章操作事故发生。科学评估园区安全风险，确定安全容量，实施总量控制，降低区域风险，预防连锁事故发生。加强危险化学品安全和火灾防范宣传，提高社会公众安全防范意识和自救互救能力。

加强仓储物流等危险化学品储运企业的安全监管。认真履行危化品安全监管职责，落实运输资质认可、剧毒化学品准运、运输从业人员持证上岗等制度。研发推广危化品运输采用 GIS、GPS 和信息网络技术，建立危化品运输实时、动态安全监控系统。遏制重特大安全事故。深入实施责任关怀和 HSE 安全管理体系，加强源头监管，淘汰不符合安全标准、安全性能低下、职业危害严重、危及安全生产的落后工艺、技术和装备，提高行业整体安全技术水平。加快推动位于城镇人口密集区内，安全、卫生防护距离不能满足相关要求和不符合城乡规划的危险化学品生产企业搬迁改造。鼓励危险化学品企业进行信息化、智能化改造，提高本质安全水平。按照统一标准、规范和模型对危化品全生命周期数据以及各部门监管所需数据进行集成和存储，建设国家级化学品数据中心，建成覆盖全流程的危化品安全监管应用体系。实施全球化学品统一分类和标签制度（GHS），加强对企业实施 GHS 的监督管理。

四、重大工程

（一）重点方向。

1. 推进油气勘探开发。加快推进福山凹陷勘探项目、中海油“十三五”海南区域油气开采项目、海洋调查装备建设与油气资源勘探开发项目、海洋勘探项目（涠洲组）、海南福山油田增储上产项目。促进东方 13-2 气田群开发，部署开发 30 口井，包括新建一座中心平台，新增动用天然气地质储量 596.7 亿方，新建产能 30 亿方，稳定供气 10 年，预测累计产气 429.2 亿方。推进陵水 17-2 气田群开发，部署开发 18 口井，新增动用天然气地质储量 1 160.0 亿方，新建产能 33 亿方/年，稳定供气 13 年，预测可累计产气 740.9 亿方。

2. 推进天然气管网建设。实施“气化海岛”工程，形成全省天然气环岛主干网，大幅提高全岛天然气普及率，实现全省天然气管网覆盖全部市县。

——环岛管网文昌-琼海-三亚输气管道工程。项目途经文昌市、琼海市、万宁市、陵水黎族自治县、三亚市，建设管道总长 281 km，设计输气规模为 14.92 亿方/年。

——儋州-琼中-万宁输气管道工程。项目途经儋州市、琼中黎族自治县、白沙黎族自治县、万宁市，管道工程全长约 140 公里，年输气能力 50 亿方。

——琼粤管线项目。项目途径我省儋州市、临高县以及广东省雷州市、湛江市，线路总长 242 公里，年输气能力 100 亿方。

——其他管线项目。包括儋州-岭门输气管道、岭门-老城输气管道、岭门-万宁输气管道、岭门-南山输气干线、南山-东方输气管道、东方-儋州输气管道，澄迈支线、定安支线、保亭支线、白沙支线，汽车加气站，船用 LNG 加注站，城市加气门站及各市县城镇燃气管网。

3. 推进天然气利用。实施城镇燃气工程，提高城镇居民气化水平，结合新农村建设，开展天然气下乡试点。实施交通燃料升级工程，加大加气（注）站建设力度。实施天然气发电工程，大力发展天然气分布式能源项目，在有冷、热、电需求的化工开发区、工业聚集区、机场、大数据存储中心、医院等，建设天然气分布式能源项目。实施工业燃料升级工程，积极推进工业燃料以气代煤代电。鼓励发展天然气调峰电站，将 30 万千瓦的煤电机组改为天然气调峰电厂，有序发展热电联产燃气电厂。提高能源保障能力，加快推进管网互联互通，建立综合储气调峰体系。

4. 加强油气储备。加快推进洋浦华信油库二期（508 万方）、国投孚宝油库二期（60 万方）、中石化（香港）成品油保税库二期（166 万方）、中海油 LNG 储罐二期（32 万方），东方国家成品油储备库（20 万方）等项目建设。

5. 加强油品销售网络终端建设。新增加油站（加油船）342 座（艘），其中城市城区 60 座，高速公路 28 座，国道省道 56 座，县道乡道 83 座，乡镇农场 92 座，港口码头 23 座（8 艘）。到 2020 年年底，全省加油站总数达到888座；规划新增汽车加气站125座，船舶LNG加气站5座，全省加气站总数达到163座。

6. 提升生产性服务业水平。围绕油气产业，规划建设油气产业生产性服务业园区，配套发展原油、成品油储备项目，化工品储备项目，以及港口、物流、公共基础设施、贸易等生产性服务业项目，大力发展金融财务、创业投资、研发设计、现代物流、工程咨询、法律咨询、会计审计、信用评估、广告会展等生产性服务业，全力提升生产性服务业水平。

7. 延伸油气加工产业链。围绕做精、做强、做优的目标，不断推进产业链延伸，向化工新材料方向转型升级。一是以三个龙头企业为核心，向下延伸产业链。延伸以海南炼化为龙头的石油、芳烃、乙烯产业链，积极推进中石化100万吨/年乙烯及炼油改扩建项目、逸盛石化二期300万吨/年PTA、100万吨/年PET项目建设，做好下游配套精细化工产业发展；推进山东高速洋浦新材料基地、汉地阳光150万吨/年特种油等项目建设，发展石化新材料产业。延伸以中海化学为龙头的天然气、尿素、甲醇产业链，在已有132万吨/年尿素基础上，向下发展复混肥、高效复合肥；以尿素为原料的碳酸二甲酯、脲醛树脂等精细化工产品。在140万吨/年甲醇基础上，与国际大公司合作生产碳纤维等技术含量高、市场前景好的高端产品；向下游发展乙二醇，推进烯烃转化（MTO法）项目上马，生产乙烯、丙烯等基础化工原料，使天然气化工产品品种多样化，提高产品的市场竞争力。延伸以中海油东方石化为龙头的精细化工产业链，推进东方精细化工项目汽油、柴油质量升级改造，推进二期丙烯腈、MMA（甲基丙烯酸甲酯）等项目尽快投产运营，实现与东方天然气化工产品的互补与共赢。二是推动洋浦、东方两大石化园区实现差异化绿色循环发展。洋浦经济开发区炼油、芳烃、乙烯产业链与东方工业园区天然气化工产业链实现产品的互补与共赢，实现两园区差异化发展。其中，洋浦经济开发区主要发展高品质大宗石化商品，向下游发展石化新材料产业；东方工业园区主要以甲醇为原料向下游发展，生产高端精细化工产品。园区内部公用工程介质统一规划，区内企业实现物料互供，积极发展热电联供，实现绿色循环发展。三是生产与贸易相结合，实现融合式发展。发挥洋浦能源交易中心和石油储备库区的优势，用好洋浦千万方油品商储资源，推动油气产业链延伸与贸易量增加互相促进，形成良性循环。四是以创新驱动调结构，大力发展化工新材料。瞄准世界科技前沿，提高自主创新能力，建立以企业为主体，市场为导向，产学研用相结合的技术创新体系，推动现有企业技术改造、转型升级，高标准发展下游高端精细化工和战略性新兴石化产业。主要包括：中海化学的甲醇产业链下游，东方石化下游，以及100万吨/年乙烯下游，重点谋划化工高端新材料、高端精细化学品、环境工程等战略性新兴油气产业。规划发展以下方向：

（1）炼化一体化。预计“十三五”末，洋浦经济开发区一次原油加工能力达到1 000万吨，炼化一体化提供三类产品，一是各种油品，供应给汽车工业等下游产业；二是提供聚乙烯和聚丙烯等通用塑料原料，供应给塑料加工等下游产业；三是提供丙烯酸及酯、丁苯橡胶、顺丁橡胶、乙二醇和芳烃等中间产品原料，供应给中游石化深加工产业。

（2）烯烃及其深加工。继续推动海南炼化100万吨/年乙烯项目、中国卡塔尔洋浦LPG制乙烯项目，规划下游烯烃深加工产业链。

——乙烯深加工。乙烯来自100万吨/年石脑油裂解和60万吨/年甲醇制烯烃（MTO）装置，考虑选择乙丙橡胶和苯乙烯作为乙烯下游发展项目。

——丙烯深加工。丙烯来自石脑油裂解、MTO、DCC和丙烷脱氢制烯烃（PDH）装置，以丙烯为原料，经苯酚/丙酮—双酚A—碳酸二甲酯，生产聚碳酸酯；规划发展丙烯腈下游产品（包括ABS树脂、聚丙烯酰胺（PAM）和丙酮氰醇/MMA）。

100万吨/年乙烯装置化工区单元主项表

序号	装置单元名称	规模（万吨/年）	备注
1	乙烯装置（含C4原料预处理和低温罐）	100	低温罐布置在化工中间罐区
2	裂解汽油加氢装置	60	
3	丁二烯抽提装置	16	
4	MTBE/丁烯-1装置	10/4	
5	芳烃抽提装置	35	
6	LDPE装置	20	
7	HDPE装置	35	
8	EG装置	80	
9	环管法PP装置	25	
10	气相法PP装置	20	
11	丙烯酸及酯装置	16/16	
12	顺丁橡胶装置	9	
13	丁苯橡胶装置	10	
14	制氢装置	6	含乙烯副产氢提纯
15	硫黄回收装置	2	

（3）芳烃及其深加工。规划建设100万吨/年对二甲苯项目，以及逸盛石化二期300万吨/年PTA项目、100万吨/年PET项目，促进下游配套精细化工产业发展。

（4）高端化学品。利用炼厂副产碳四（C4）及进口LPG发展碳四深加工产品链，生产高端精细化学品及化工新材料。一是依托东方化工DCC深加工，建设20万吨/年丙烯腈和7万吨/年MMA项目。二是炼化一体化装置副产碳四及进口LPG的深加工，发展下游化工新材料和高端精细化学品，规划建设15万吨/年异戊二烯等项目。

（5）天然气化工。东方化工园区以现有的132万吨/年大颗粒尿素生产装置和140万吨/年甲醇生产装置为基础，规划产品转型升级或下游延伸。

——尿素深加工。规划发展高氮三元复合肥产品，丰富化肥产品种类，满足本省及周边需求；规划建设20万吨/年缓控释肥项目；规划建设3万吨/年车用尿素项目。

——天然气制乙二醇。规划建设60万吨/年天然气制乙二醇项目，该工艺能耗低，污染小，可大幅降低生产成本，减少资源消耗。

——甲醇制新材料。规划发展100万吨/年甲醇制芳烃（MTA），并向下延伸发展化纤原料。

（6）下游产业优化升级与领域拓展。

——塑料加工。炼化一体化项目可向塑料加工产业提供聚乙烯和聚丙烯等通用塑料，烯烃、芳烃深加工可提供PMMA、PC、ABS等多品种工程塑料，规划重点发展高端塑料制品。

——橡胶加工。烯烃、芳烃深加工可提供各类合成橡胶原料，规划合成橡胶年加工量20万吨，产品主要包括轮胎、胶管、胶带等。

（二）重点项目。

紧扣“十三五”期间发展思路和目标，规划建设以下重点项目：

油气勘探开发及管输工程方面：福山凹陷勘探项目，中海油“十三五”海南区域油气开采项目，东方13-2气田、陵水17-2气田项目，海洋调查装备建设与油气资源勘探开发项目，海洋勘探项目（涠洲组），福山油田增储上产项目，文昌油田增产项目；环岛管网文昌-琼海-三亚输气管道工程，儋州-琼中-万宁输气管道工程，琼粤管线项目，城市燃气在建项目及车船加注项目；中海油管输公司海南抢维修中心项目。

油气储备工程方面：东方国家成品油储备库项目，华信洋浦石油储备基地项目二期，海南国家石油储备工程，国投孚宝储用二期项目，中石化（香港）成品油保税库项目及配套码头工程，中海油 LNG 二期项目。

油气加工工程方面：

——100 万吨/年乙烯及炼油改扩建项目。该项目选址洋浦经济开发区，总投资估算 424 亿元。先行启动建设 100 万吨/年对二甲苯项目，投资约 48 亿元。

——逸盛石化二期。项目选址洋浦经济开发区，在逸盛石化原有基础上，规划建设 300 万吨/年 PTA、100 万吨/年 PET。先行启动建设 50 万吨/年 PET 装置，总投资约 10.6 亿元。

——海南汉地阳光特种油项目。在洋浦经济开发区内，规划建设 150 万吨/年基础油及 15 万吨医药食品级白油项目。先行启动建设 60 万吨/年特种油及 15 万吨医药食品级白油项目，总投资约 22.8 亿元。

——东方石化二期。在东方工业园区内，建设 20 万吨/年丙烯腈项目，总投资约 32.2 亿元。

——洋浦石化新材料产业基地项目。在洋浦经济开发区内，规划建设 200 万吨/年重交道路沥青及 30 万吨/年高档润滑油等产品，总投资约 54.6 亿元。

除上述重点推进项目外，规划储备一批市场前景良好、技术来源可靠、产业衔接紧密的项目，推进与卡塔尔、沙特的项目合作，如 150 万吨/年 LPG 制乙烯项目、60 万吨/年甲醇制烯烃（MTO）项目、60 万吨/年乙二醇项目、东方傲立石化二期项目、100 万吨/年甲醇制芳烃（MTA）、60 万吨/年丙烷脱氢、30 万吨/年车用尿素、10 万吨/年丁苯橡胶、15 万吨/年异戊二烯等。

项目具体情况见附件 1、附件 2。

五、保障措施

（一）完善产业政策。

充分利用《国务院关于推进海南国际旅游岛建设发展的若干意见》（国发〔2009〕44 号）赋予海南的优惠政策，以及国家在开展服务贸易创新发展试点、离岸金融试点、设立海关特殊监管区域等方面对海南的支持，发挥政策的引导作用，推动油气产业的发展。建立统计监测、绩效评估、动态调整和监督考核机制，加强中期评估评价，适时修订规划，对目标任务进行必要调整。建立同国家发展改革委、工业和信息化部、财政部等中央部委的信息沟通平台，围绕国家战略规划要求，积极争取支持政策、扶持资金和重大项目。建立由行业专家、企业家、投资者、学者等组成的专家咨询委员会，定期就产业发展过程中的前瞻性、战略性重大问题开展研究论证，为产业发展提供决策支撑。

（二）推进项目建设。

继续做好与中石化协调沟通，尽快完成 100 万吨/年乙烯项目原料工艺路线的论证工作，先期建设 100 万吨/年对二甲苯项目。推动逸盛石化二期、汉地阳光特种油、洋浦石化新材料产业基地等项目实质性开工建设。发挥洋浦能源交易中心作用，引进油气产业链项目入园。推进高端化转型项目落地，采取购买、合资合作、并购和自主研发相结合的方式获得关键技术，选择有基础、有原料、有市场的产品及产业方向重点突破；上下游结合共同培育和发展市场，组成技术联盟或利益共同体，尝试实行混合所有制。积极参与国际竞争，承接石化产品来料加工和进出口业务。

（三）建设规范化工园区。

按照一体化、规模化、集约化原则，加强洋浦经济开发区、东方工业园区建设。根据全国主体功能区规划及区域产业布局规划要求，强化园区规划的科学性、严肃性、权威性。研究制定化工园区设立、建设和管理条例，规范准入制度，强化安全环保标准。建立入园项目评估制度，支持鼓励类项目进入园区，淘汰落后工艺或产品，禁止新增限制类项目产能。新建化工企业必须全部入园，现有危险化学品企业原则上逐步搬迁入园，鼓励将搬迁企业的环境容量进行等量或减量转移。

加快推进园区体制改革，完善园区管理办法，理顺管理职能，推进园区平台公司建设，增强开发建设能力。加大对园区建设项目的扶持力度，用好产业园区专项资金，探索投融资新模式，放大专项资金的引导和撬动功能；引进社会投资，可由园区平台与企业合作，以PPP等形式推进基础设施项目建设。按照循环经济发展及安全和环保风险防控要求，加强园区公共服务平台建设，完善基础设施及监控、应急救援系统等配套设施，实现园区物流信息传输一体化、公用辅助工程一体化、安全环保应急一体化和管理服务金融一体化。

把洋浦经济开发区、东方工业园区建成新型工业化化工产业示范基地。加大园区环境风险监测防控体系建设，加快园区现代信息技术结合与应用，推进“智能化工园区”建设。提高园区安全环保水平，建设专业危险化学品处置消防站、污水处理厂、危险化学品废弃物处置设施、公共管廊、公共事故应急池、危化品车辆管理设施（包含危化品车辆专用停车场和危化品车辆道路监管设施）等。建设园区监测预警系统（包含基于危化品车辆管理的封闭式园区管理系统）、应急响应系统和应急救援指挥中心等。基于物联网、大数据、云计算技术，整合园区内外关键资源信息的智慧管理系统以及辅助以上系统正常运行所需的基础设施等。

抓好洋浦经济开发区和东方工业园区的土地储备，为大工业进入提供必要的基础设施用地，进一步完善园区道路、公共管廊、热电联供等基础设施建设。推进石化企业与发电企业直接开展用电交易。落实好园区的主体责任，严格按照国家石化化工行业安全、环保标准和要求，完成安全距离内居民搬迁工作。

（四）创新体制机制。

落实中央财政科技计划（专项、基金），创新科技成果事后补助支持方式，研究制定支持化工新材料“首批次”应用的保险补偿机制，推动企业通过整合、参股、并购等多种形式开展兼并重组，提高产业集中度。引入国营资本、民营资本、集体资本、外资等共同参与项目建设，通过投融资合作、离岸金融等方式，充分利用市场、技术、人才等资源，发展混合所有制经济；引进有实力的民营企业，发展炼油乙烯及下游的化工产业；引进世界五百强企业，采用产业配套和合资建设的模式，发展高端精细化工产品，提升产业的竞争力。

实现招商引资的大突破，创新招商引资方式方法，在专业化、针对性、实效性上下功夫，积极推动投资主体多元化，充分发挥民营资本和集体资本作用，特别是发挥好具有境内外丰富投资经验民营企业家的资源和资本实力优势。结合“一带一路”倡议，鼓励外资参与石化企业的兼并、重组。搭建专业化投资促进平台，在以项目招商、以产业链招商基础上，推进以商招商，以商带商。

（五）加强行业监管。

落实企业安全生产主体责任，健全安全生产、环保监管责任体系和工作机制，加强重点领域、重点企业安全环保管理和风险预警防范调控。在园区消防安全和环境保护评估的基础上，加强应急救援中心装备建设，进一步提升企业应急救援队伍的能力建设。严格项目准入制度，严禁高耗能、高污染项目上马；加大产业结构调整力度，坚决淘汰落后产能；继续大力推广蓄能型集中供冷、可再生能源利用、绿色照明等节能环保技术。对企业主要污染物排放量实行总量控制，加强环境监测，增加园区大气、近岸海域海水水质监测点和监测频次，确保园区内环境质量优良天数不减少，确保近岸海域海水水质全部优于二类海水水质标准。

促进节约低碳发展。完善行业节能标准体系，充分发挥节能标准在能源管理工作中的作用，开展行业能效对标，提升企业能效水平。突破一批具有自主知识产权的核心节能技术，推广应用乙烯裂解炉耐高温辐射涂料、水溶液全循环尿素等先进高效的生产工艺和技术装备。加强企业能源管理，建立能源管理体系，开展企业能源审计和能源统计，对能源的购入存储、加工转换、输送分配、最终使用等环节实施动态监测、控制和优化管理，实现系统性节能降耗。

（六）引进培育人才。

按照《海南省中长期人才发展规划纲要（2010—2020 年）》要求，落实高层次人才优惠政策，完善人才引进、培养和使用机制，多层次、多渠道培养和引进一批油气产业高端人才，重点引进具有国际化视野的高层次经营管理人才、专业技术人才，培养本省人才，用好“候鸟”人才。

附件：1. “十三五”油气加工工程重点推进项目表

2. “十三五”油气产业储备项目表

附件 1

“十三五”油气加工工程重点推进项目表

序号	项目名称	项目业主	建设规模及内容	建设地点	建设年限	总投资（亿元）	资金来源
1	100 万吨/年乙烯及炼油改扩建项目	海南炼油化工有限公司	500 万吨/年炼油改扩建、100 万吨/年乙烯及配套工程	洋浦经济开发区	2016—2020	423.9	企业自筹和银行贷款
2	海南炼化聚酯原料二期项目	海南炼油化工有限公司	100 万吨/年对二甲苯装置及配套工程	洋浦经济开发区	2016—2020	48	企业自筹和银行贷款
3	逸盛石化二期项目	海南逸盛石化有限公司	规划建设 300 万吨/年 PTA、100 万吨/年 PET 项目。先行启动 50 万吨/年 PET 等项目	洋浦经济开发区	2016—2020	10.6	企业自筹和银行贷款
4	汉地阳光特种油项目	海南汉地阳光石油化工有限公司	规划 150 万吨/年特种油、15 万吨/年医药使用级白油。先行启动 60 万吨/年基础油等项目	洋浦经济开发区	2016—2020	22.8	企业自筹和银行贷款
5	东方石化二期项目	中海油东方石化有限责任公司	采用丙烯氨氧化法生产工艺，建设 2 条 10 万吨/年丙烯腈生产线	东方工业园区	2017—2020	32.2	企业自筹和银行贷款
6	洋浦石化新材料产业基地项目	山东高速海南发展有限责任公司	主要建设沥青生产装置、加氢裂化-加氢精制组合装置等，生产 200 万吨/年重交沥青及 30 万吨/年高档润滑油等产品	洋浦经济开发区	2016—2020	54.6	企业自筹和银行贷款

附件 2

“十三五”油气产业储备项目表

序号	项目名称	建设规模（万吨/年）
洋浦经济开发区		
一、芳烃深加工		
1	特种 PET	10
2	聚对苯二甲酸丁二醇酯（PBT）	10
3	特种增塑剂	20
二、碳四加工利用		
1	异戊二烯	15
三、碳五加工利用		
1	碳五加工	30
2	加氢石油树脂	10
四、塑料加工		
1	高流动聚丙烯专用料	1
2	改性聚丙烯专用料	2
3	聚丙烯低发泡材料项目	2
4	转光农用薄膜	2
5	钢骨架聚乙烯管道	100 万米/年
6	聚乙烯双壁波纹管	1.2
7	其他各种塑料制品	180
五、橡胶加工		
1	轮胎	2 000 万条/年
2	其他橡胶加工项目	17
六、其他		
1	洋浦 20 万吨/年液化气烷基化项目	20
东方工业园区		
一、烯烃深加工		
1	乙丙橡胶	5
2	丙烯腈	26
3	降解塑料	5
二、芳烃深加工		
1	甲醇制芳烃（MTA）	100
2	对二甲苯（PX）	82
3	对苯二甲酸（PTA）	125
4	聚酯纤维	50
5	瓶级 PET	30
6	聚酯薄膜	20
三、天然气化工		
1	NPK 复合肥	50
2	高效缓控释滚筒复合肥	10
3	BB 复合肥	10
4	缓控释肥	20
5	车用尿素	30
四、清洁油品添加剂		
1	碳酸二甲酯	2
五、其他		
1	丙烷脱氢制烯烃项目	60
2	聚丙烯	60

关于印发《加快推进天然气利用的意见》的通知

发改能源〔2017〕1217号

各省、自治区、直辖市和计划单列市、新疆生产建设兵团发展改革委、能源局、科技厅（委、局）、财政厅、国土厅、住建厅（建委）、商务厅、经信委（工信委、工信厅）、环境保护厅（局）、交通运输厅、国资委、国税局、地税局、质监局（市场监管委）、物价局，国家能源局各派出监管机构，各有关中央企业，有关行业协会、学会：

为贯彻落实中央财经领导小组第六次、第十四次会议、《大气污染防治行动计划》（国发〔2013〕37号）、《能源发展战略行动计划（2014—2020年）》（国办发〔2014〕31号）、《能源发展“十三五”规划》（发改能源〔2016〕2744号）有关精神，加快推进天然气利用，提高天然气在我国一次能源消费结构中的比重，我们制定了《加快推进天然气利用的意见》（以下简称《意见》）。现印发执行，并就有关事项通知如下。

一、充分认识加快推进天然气利用的重要意义。天然气是优质高效、绿色清洁的低碳能源，并可与可再生能源发展形成良性互补。未来一段时期，我国天然气供需格局总体宽松，具备大规模利用的资源基础。加快推进天然气利用，提高天然气在一次能源消费中的比重，是我国稳步推进能源消费革命，构建清洁低碳、安全高效的现代能源体系的必由之路；是有效治理大气污染、积极应对气候变化等生态环境问题的现实选择；是落实北方地区清洁取暖，推进农村生活方式革命的重要内容；并可带动相关设备制造行业发展，拓展新的经济增长点。

二、加强指导落实责任。各省（区、市）人民政府要切实承担起加快天然气利用的责任，制定出台本地区加快推进天然气利用的意见，建立各部门协同推进机制，分解主要目标，落实年度重点任务，明确职责分工，完善配套政策。各企业作为加快天然气利用的市场主体，要根据《意见》提出的主要目标和重点任务，细化落实企业实施方案，推进重大项目建设，确保各项指标和任务按期完成。各部门要按照职能分工，加强沟通配合，制定和完善相关配套政策措施，国家发展改革委、能源局会同各部门，对各省（区、市）推进天然气利用的实施情况进行跟踪分析和监督检查。

附件：加快推进天然气利用的意见

国家发展改革委
科技部
工业和信息化部
财政部
国土资源部
环境保护部
住房和城乡建设部

交通运输部
商务部
国资委
税务总局
质检总局
国家能源局
2017 年 6 月 23 日

附件

加快推进天然气利用的意见

为加快推进天然气利用，提高天然气在我国一次能源消费结构中的比重，稳步推进能源消费革命和农村生活方式革命，有效治理大气污染，积极应对气候变化，现形成以下意见。

一、总体要求

（一）指导思想

全面贯彻党的十八大和十八届三中、四中、五中、六中全会精神，深入落实习近平总书记系列重要讲话精神，牢固树立创新、协调、绿色、开放、共享的发展理念，遵循“四个革命、一个合作”能源发展战略思想，发挥市场在资源配置中的决定性作用，以燃料清洁替代和新兴市场开拓为主要抓手，加快推进天然气在城镇燃气、工业燃料、燃气发电、交通运输等领域的大规模高效科学利用，产业上中下游协调发展，天然气在一次能源消费中的占比显著提升。

（二）基本原则

规划引领、政策驱动。充分发挥规划引领作用，明确天然气利用目标、部署及保障措施。切实落实大气污染防治行动计划，限制使用高污染燃料。推进北方地区清洁取暖，加快提高清洁供暖比重。充分发挥环保、产业、金融、财政、价格政策对扩大天然气利用的驱动作用。

改革创新、市场运作。深入推进天然气体制改革，着力破解影响天然气产业健康发展的体制机制障碍，发挥市场在天然气资源配置中的决定性作用。有序放开竞争性环节，鼓励各类资本进入天然气基础设施建设和利用领域，加快推进天然气价格市场化。

全面推进、突出重点。将北方地区冬季清洁取暖、工业和民用“煤改气”、天然气调峰发电、天然气分布式、天然气车船作为重点。因地制宜、以点带面，积极推进试点示范，积累经验后逐步推广。

产业协调、健康发展。重视天然气产业链上中下游协调，构建从气田开发、国际贸易、接收站接转、管道输配、储气调峰、现期货交易到终端利用各环节协调发展产业链，以市场化手段为主，做好供需平衡和调峰应急。各环节均要努力降低成本，确保终端用户获得实惠，增强天然气竞争力。

（三）总体目标

逐步将天然气培育成为我国现代清洁能源体系的主体能源之一，到 2020 年，天然气在一次能源消费结构中的占比力争达到 10%左右，地下储气库形成有效工作气量 148 亿立方米。到 2030 年，力争将天然气在一次能源消费中的占比提高到15%左右，地下储气库形成有效工作气量350亿立方米以上。

二、重点任务

（一）实施城镇燃气工程

推进北方地区冬季清洁取暖。按照企业为主、政府推动、居民可承受的方针，宜气则气、宜电则电，尽可能利用清洁能源，加快提高清洁供暖比重。以京津冀及周边大气污染传输通道内的重点城市（2+26）为抓手，力争5年内有条件地区基本实现天然气、电力、余热、浅层地能等取暖替代散烧煤。在落实气源的情况下，积极鼓励燃气空调、分户式采暖和天然气分布式能源发展。

快速提高城镇居民燃气供应水平。结合新型城镇化建设，完善城镇燃气公共服务体系，支持城市建成区、新区、新建住宅小区及公共服务机构配套建设燃气设施，加强城中村、城乡接合部、棚户区燃气设施改造及以气代煤。加快燃气老旧管网改造。支持南方有条件地区因地制宜开展天然气分户式采暖试点。

打通天然气利用“最后一公里”。开展天然气下乡试点，鼓励多种主体参与，宜管则管、宜罐则罐，采用管道气、压缩天然气（CNG）、液化天然气（LNG）、液化石油气（LPG）储配站等多种形式，提高偏远及农村地区天然气通达能力。结合新农村建设，引导农村居民因地制宜使用天然气，在有条件的地方大力发展生物天然气（沼气）。

（二）实施天然气发电工程

大力发展天然气分布式能源。在大中城市具有冷热电需求的能源负荷中心、产业和物流园区、旅游服务区、商业中心、交通枢纽、医院、学校等推广天然气分布式能源示范项目，探索“互联网+”、能源智能微网等新模式，实现多能协同供应和能源综合梯级利用。在管网未覆盖区域开展以LNG为气源的分布式能源应用试点。

鼓励发展天然气调峰电站。鼓励在用电负荷中心新建以及利用现有燃煤电厂已有土地、已有厂房、输电线路等设施建设天然气调峰电站，提升负荷中心电力安全保障水平。鼓励风电、光伏等发电端配套建设燃气调峰电站，开展可再生能源与天然气结合的多能互补项目示范，提升电源输出稳定性，降低弃风弃光率。

有序发展天然气热电联产。在京津冀及周边、长三角、珠三角、东北等大气污染防治重点地区具有稳定热、电负荷的大型开发区、工业聚集区、产业园区等适度发展热电联产燃气电站。

（三）实施工业燃料升级工程

工业企业要按照各级大气污染防治行动计划中规定的淘汰标准与时限，在“高污染燃料禁燃区”重点开展20蒸吨及以下燃煤燃油工业锅炉、窑炉的天然气替代，新建、改扩建的工业锅炉、窑炉严格控制使用煤炭、重油、石油焦、人工煤气作为燃料。

鼓励玻璃、陶瓷、建材、机电、轻纺等重点工业领域天然气替代和利用。在工业热负荷相对集中的开发区、工业聚集区、产业园区等，鼓励新建和改建天然气集中供热设施。支持用户对管道气、CNG、LNG气源做市场化选择，相关设施的规划、建设和运营应符合法律法规和技术规范要求。

（四）实施交通燃料升级工程

加快天然气车船发展。提高天然气在公共交通、货运物流、船舶燃料中的比重。天然气汽车重点发展公交出租、长途重卡，以及环卫、场区、港区、景点等作业和摆渡车辆等。在京津冀等大气污染防治重点地区加快推广重型天然气（LNG）汽车代替重型柴油车。船舶领域重点发展内河、沿海以天然气为燃料的运输和作业船舶，并配备相应的后处理系统。

加快加气（注）站建设。在高速公路、国道省道沿线、矿区、物流集中区、旅游区、公路客运中心等，鼓励发展 CNG 加气站、LNG 加气站、CNG/LNG 两用站、油气合建站、油气电合建站等。充分利用现有公交站场内或周边符合规划的用地建设加气站，支持具备场地等条件的加油站增加加气功能。鼓励有条件的交通运输企业建设企业自备加气站。推进船用 LNG 加注站建设，加快完善船用 LNG 加注站（码头）布局规划。加气（注）站的设置应符合相关法律法规和工程、技术规范标准。

三、政策保障

（一）实行更加严格的环保政策

划定并逐步扩大高污染燃料禁燃区范围。地方人民政府要加快高污染燃料禁燃区划定工作，已划定高污染燃料禁燃区的地区应根据大气环境质量改善要求和天然气等清洁能源供应情况，逐步扩大实施范围，由城区扩展到近郊。高污染燃料禁燃区内禁止销售、燃用高污染燃料，禁止新建、扩建燃用高污染燃料的设施，已建成的，在城市人民政府规定的期限内改用天然气、电力或其他清洁能源。针对大气污染防治重点地区，制定更为严格的排放标准，实施特别排放限值，全面推进排污许可管理。各地能源监管、质量监督、工商行政管理、环境保护等部门按照各自职责对高污染燃料禁燃区内的煤炭生产、流通、使用实施严格监管，同步加强对工业、发电企业用煤监管。

严控交通领域污染排放。强化陆上交通移动源污染防治、船舶排放控制，制定严格的运输工具污染物排放标准和单位运输周转量 CO_2 排放降低要求。在长三角、珠三角等沿海重点海域严格落实船舶污染物排放控制有关要求，加强内河船舶排放污染防治工作。大气污染防治重点地区全面安装车辆排污监控设备，加强协同管控，重点筛查柴油货车和高排放汽油车，严格限制超标排放车辆上路行驶。

将煤改清洁能源纳入环保考核。建立对各省（区、市）环保措施落实的考核问责机制，切实落实党委政府环保“党政同责”“一岗双责”，将民用和工业燃料“煤改气”等纳入考核内容，确保实施效果。

（二）完善天然气价格机制

深化天然气价格改革。推进非居民用气价格市场化改革，进一步完善居民用气定价机制。上游经营主体多元化和基础设施第三方公平接入实现后，适时放开气源和销售价格。各地要加强省内天然气管道运输和配气价格监管，抓紧制定监管规则，建立健全成本监审制度，推行成本信息公开，强化社会监督。

完善天然气发电价格机制。完善气电价格联动机制，有条件的地方可积极采取财政补贴等措施疏导天然气发电价格矛盾。随着电力体制改革进程推进以及电力辅助服务市场的进一步推广，推进天然气发电价格市场化。细化完善天然气分布式能源项目并网上网办法。

（三）健全天然气市场体系

减少供气中间环节。要积极推进体制机制改革，尽量压缩省内天然气供应中间环节，减少供气层级，有效降低各环节输配费用。天然气主干管网可以实现供气的区域和用户，不得以统购统销等名义，增设供气输配环节，提高供气成本。对没有实质性管网投入或不需要提供输配服务的加价，要立即取消。各地在项目核准时，对省内天然气管道项目建设要认真论证，对增设不必要中间环节的管道项目要严格把关，坚决杜绝新建管道“拦截收费”现象。

建立用户自主选择资源和供气路径的机制。用户可自主选择资源方和供气路径，减少供气层级，降低用气成本。用户自主选择资源方和供气路径的，应当符合当地城乡发展规划、天然气和燃气发展等专项规划，地方人民政府应加强统筹协调给予支持。企业应按照《城镇燃气管理条例》的规定，申请取得燃气经营许可证后方可经营供气。支持天然气交易中心有序建设和运营，鼓励天然气市场化交易。

（四）完善产业政策

加快法规标准“立改废释”。加快清理和修改不适合新形势和改革要求的法律法规和规范性文件。简化优化天然气利用行政审批事项，消除行业性、地区性、经营性壁垒，促进公平竞争。加快天然气计量、天然气车船制造、LNG 陆路内河储配、加气（注）站安全防护和安全距离等标准规范的制修订工作。研究内河 LNG 动力船舶过闸、LNG 动力船舶过三峡大坝等政策。启动船舶用油质量升级。结合南方地区天然气分户采暖试点工作，研究制定地方标准，稳步提高居住建筑节能标准。

强化天然气设施用地保障。各省（区、市）应将天然气储气调峰设施、加气（注）站项目布局纳入能源及相关行业规划，并做好与土地利用、城乡建设等规划的衔接。支持企业依法利用存量用地建设以上项目。对符合划拨用地目录的天然气设施用地优先划拨，鼓励以出让、租赁方式供应天然气设施用地。优先保证储气调峰设施建设用地需求。

落实碳排放权交易制度。推动建设并不断完善全国统一的碳排放权交易市场，在发电、石化、化工、建材、钢铁、有色金属、造纸等行业，对以天然气为燃料、原料的设施和企业分配碳排放配额时予以重点倾斜。

（五）强化财政和投融资支持

完善财政支持。鼓励地方政府因地制宜配套财政支持，推进天然气管道、城镇燃气管网、储气调峰设施、“煤改气”、天然气车船、船用 LNG 加注站、天然气调峰电站、天然气热电联产、天然气分布式等项目发展。2017 年 12 月 31 日前对新建 LNG 动力船或以动力系统整体更新方式改建为 LNG 动力船舶按规定享受有关专项补贴政策。

拓宽融资渠道。支持地方政府、金融机构、企业等在防范风险基础上创新合作机制和投融资模式，创新和灵活运用贷款、基金、债券、租赁、证券等多种金融工具，加大天然气利用及基础设施建设运营领域融资支持。加强对民间投资的金融服务，积极推广政府和社会资本合作（PPP）等方式，吸引社会资本投资、建设、运营天然气基础设施。在清洁能源利用和大气污染治理领域，支持京津冀晋鲁豫等重点地区金融支持政策先行先试。

（六）加大科技创新

加快科技攻关和装备产业化。政、产、学、研、用相结合，加大天然气利用基础研究和应用研究投入，促进成果转化。紧密跟踪世界前沿技术发展，加强交流合作。推动天然气利用领域的材料（包括高锰奥氏体钢、因瓦合金等）和装备（包括燃气轮机、小型燃机、车用第五代高压直喷发动机、大型 LNG 船用单燃料发动机等）科技攻关及国产化，鼓励和推动天然气利用装备产业化。

研发 LNG 运输和车用气技术。加快提升水运、铁路、公路 LNG 运输效率，推进多式联运，探索研发集装箱方式运输 LNG 的技术和装备，增强 LNG 运输的灵活性。鼓励并引导 LNG 整车企业加大对电控、发动机、气瓶和蒸发气体回收等方面技术的研发力度，提高天然气车辆运营效率。

（七）推进试点示范

积极探索、试点先行，着力加强重点领域、关键环节改革创新试点，探索一批可持续、可推广的试点经验。一是在油气体制改革总体方案框架内，有序支持四川、重庆、新疆、贵州、江苏、上海、河北等省市开展天然气体制改革综合试点或专项试点。二是健全天然气管道第三方公平准入机制，推进 LNG 接收站第三方开放试点，强化天然气管网设施公平开放监管。三是推进天然气价格市场化改革试点等。

四、加强资源供应保障

（一）提高资源保障能力

立足国内加大常规、深海深层以及非常规天然气勘探开发投入，积极引进国外天然气资源，加强油气替代技术研发，推进煤制气产业示范，促进生物质能开发利用，构筑经济、可靠的多元化供应格局。鼓励社会资本和企业参与海外天然气资源勘探开发、LNG 采购以及 LNG 接收站、管道等基础设施建设。优先保障城镇居民和公共服务用气。

（二）加强基础设施建设和管道互联互通

油气企业要加快天然气干支线、联络线等国家重大项目推进力度。建立项目单位定期向项目主管部门报告建设情况的制度，项目主管部门建立与重大项目稽查部门沟通机制，共享有关项目建设信息。重大项目稽查部门可根据项目建设情况，加强事中事后监管，开展不定期检查，督促项目建设。支持煤层气、页岩气、煤制天然气配套外输管道建设和气源就近接入。集中推进管道互联互通，打破企业间、区域间及行政性垄断，提高资源协同调配能力。加快推进城市周边、城乡接合部和农村地区天然气利用“最后一公里”基础设施建设。开展天然气基础设施建设项目通过招投标等方式选择投资主体试点工作。

（三）建立综合储气调峰和应急保障体系

天然气销售企业承担所供应市场的季节（月）调峰供气责任，城镇燃气企业承担所供应市场的小时调峰供气责任，日调峰供气责任由销售企业和城镇燃气企业共同承担，并在天然气购销合同中予以约定。天然气销售企业、基础设施运营企业、城镇燃气企业等要建立天然气应急保障预案。天然气销售企业应当建立企业天然气储备，到 2020 年拥有不低于其年合同销售量 10%的工作气量。县级以上地方人民政府要推进 LNG、CNG 等储气调峰设施建设，组织编制燃气应急预案，采取综合措施至少形成不低于保障本行政区域平均 3 天需求量的应急储气能力。

支持承担储气调峰责任的企业自建、合建、租赁储气设施，鼓励承担储气调峰责任的企业从第三方购买储气调峰服务和调峰气量等辅助服务创新。支持用户通过购买可中断供气服务等方式参与天然气调峰。放开储气地质构造的使用权，鼓励各方资本参与，创新投融资和建设运营模式。鼓励现有 LNG 接收站新增储罐泊位，扩建增压气化设施，提高接收站储转能力。

第八部分
臭氧国际公约

保护臭氧层维也纳公约

1989 年 12 月 19 日公约对中国生效

前　言

本公约各缔约国，意识到臭氧层的变化对人类健康和环境可能造成有害影响，回顾联合国人类环境会议宣言里的有关规定，特别是第二十一项原则，其中规定“依照联合国宪章和国际法原则，各国具有按照其环境政策开发其资源的主权权利，同时亦负有责任，确保在它管辖或控制范围内的活动。不致对其他国家的环境或其本国管辖范围以外地区的环境引起损害”，考虑到发展中国家的情况和特殊需要。注意到国际组织和国家组织正在进行的工作和研究，特别是联合国环境规划署的臭氧层世界行动计划，又注意到国家一级和国际一级上已经采取的保护臭氧层的预防措施，意识到保护臭氧层使不会因人类活动而发生变化的措施需要国际间的合作和行动，并应依据有关的科学和技术考虑，还意识到有需要继续从事研究和有系统的观察。以期进一步发展有关臭氧层及其变化可能引起的不利影响方面的科学知识，决心要保护人类健康和环境使免受臭氧层变化所引起的不利影响，取得协议如下：

第 1 条　定　义

为本公约的目的：

1. “臭氧层”是指行星边界层以上的大气臭氧层。

2. “不利影响”是指自然环境或生物区系内发生的，对人类健康或自然的和受管理的生态系统的组成、弹性和生产力或对人类有益的物质造成有害影响的变化，包括气候的变化。

3. “备选的技术或设备”是指其使用可能可以减轻或有效消除会或可能会对臭氧层造成不利影响的排放物质的各种技术或设备。

4. “备选物质”是指可以减轻、消除或避免臭氧层所受不利影响的各种物质。

5. “缔约国”是指本公约的缔约国，除非案文中另有所指。

6. “区域经济一体化组织”指由某一区域主权国家组成的组织，它有权处理本公约或其议定书管理的事务，并根据其内部程序充分受权签署、批准、接受、核准或加人有关的文书。

7. “议定书”指本公约议定书。

第 2 条　一般义务

1. 各缔约国应依照本公约以及它们所加入的并且已经生效的议定书的各项规定采取适当措施。以保护人类健康和环境，使免受足以改变或可能改变臭氧层的人类活动所造成的或可能造成的不利影响。

2. 为此目的，各缔约国应在其能力范围内：

a. 通过有系统的观察、研究和资料交换从事合作，以期更好地了解和评价人类活动对臭氧层的影响。以及臭氧层的变化对人类健康和环境的影响；

b. 采取适当的立法和行政措施。从事合作，协调适当的政策以便在发现其管辖或控制范围内的某些人类活动已经或可能由于改变或可能改变臭氧层而造成不利影响时，对这些活动加以控制、限制、削减或禁止；

c. 从事合作，制订执行本公约的商定措施、程序和标准。以期通过议定书和附件；

d. 同有关的国际组织合作，有效地执行它们加入的本公约和议定书。

3. 本公约的各项规定绝不应影响各缔约国依照国际法采取上面第1款和第2款内所提措施之外的国内措施的权力，也不应影响任何缔约国已经采取的其他国内措施，只要这些措施不同它们在本公约之下所承担的义务相抵触。

4. 本条的适用应以有关的科学和技术考虑为依据。

第3条　研究和有系统的观察

1. 各缔约国斟酌情况直接或通过有关国际机构就下列问题发起并与有关国际机构合作进行研究和科学评价：

a. 可能影响臭氧层的物理和化学过程；

b. 臭氧层的变化所造成的对人类健康的影响和其他生物影响，特别是具有生物后果的紫外线太阳辐射的变化所造成的影响；

c. 臭氧层的任何变化所造成的气候影响；

d. 臭氧层的任何变化及其引起的紫外线辐射的变化对于人类有用的自然及合成物质所造成的影响；

e. 可能影响臭氧层的物质、做法、过程和活动，以及其累积影响；

f. 备选物质和技术；

g. 相关的社经因素；以及附件一和附件二里更详细说明的问题。

2. 各缔约国在充分考虑到国家立法和国家一级与国际一级进行中的有关活动的情况下，斟酌情况直接或通过有关国际机构推广或制定联合或补充方案以有系统地观察臭氧层的状况及附件一里详细说明的其他有关的参数。

3. 各缔约国直接或通过有关国际机构从事合作，通过适当的世界数据中心保证定期并及时地收集、验证和散发研究和观察数据。

第4条　法律、科学和技术方面的合作

1. 各缔约国应促进和鼓励附件二里详细说明的、与本公约有关的科学、技术、社经、商业和法律资料的交换。这种资料应提供给各缔约国同意的各组织。任何此种组织收到提供者认为机密的资料时。应保证不发表此种资料，关于提供给所有缔约国之前加以聚集，以保护其机密性。

2. 各缔约国应从事合作，在符合其国家法律、条例和惯例及照顾到发展中国家的需要的情形下，直接或通过有关国际机构促进技术和知识的发展和转让。这种合作应特别通过下列途径进行：

a. 方便其他国家取得备选技术；

b. 提供关于备选技术和设备的资料。并提供特别手册和指南；

c. 提供研究工作和有系统的观察所需的设备和设施；

d. 科学和技术人才的适当训练。

第5条 递交资料

各缔约国应依照有关文书的缔约国开会时所议定的格式和时间，就其执行本公约及其加入的本公约议定书所采取的措施，通过秘书处按照第6条规定向缔约国会议递交资料。

第6条 缔约国会议

1. 缔约国会议特此设立。缔约国会议的首届会议应由第7条内临时指定的秘书处至迟于本公约生效后一年内召开。其后的会议常会应依照首届会议所规定的时间按期举行。

2. 缔约国会议可于其认为必要的其他时间举行非常会议。如经任何缔约国书面请求。由秘书处将这项请求转致各缔约国后六个月内至少有三分之一缔约国表示支持时，也可举行非常会议。

3. 缔约国会议应以协商一致方式议定和通过其本身的和它可能设立的任何附属机构的议事规则和财务条例，以及适用于秘书处职务的财务规定。

4. 缔约国会议应继续不断地审查本公约的执行情况，同时应：

a. 规定转交依照第5条递交的资料的形式及间隔期限。并审议这些资料以及任何附属机构提出的报告；

b. 审查有关臭氧层、有关其可能发生的变化或任何这种变化可能造成的影响的科学资料；

c. 依照第2条的规定，促进适当政策、战略和措施的协调，以尽量减少可能引起臭氧层变化的物质的排放，并就与本公约有关的其他措施提出建议；

d. 依照第3条和第4条的规定，制订推行研究、有系统的观察、科技合作、资料交换以及技术和知识转让等方案；

e. 依照第9条和第10条的规定，视需要审议和通过对本公约及其附件的修正案；

f. 审议对任何议定书及其附件的修正案，于作出决定后向此种议定书的缔约国建议通过；

g. 依照第10条的规定，视需要审议和通过本公约的增列附件；

h. 依照第8条的规定，视需要审议和通过议定书；

i. 成立执行本公约所需的附属机构；

j. 请求有关的国际机构和科学委员会，特别是世界气象组织、世界卫生组织和臭氧层协调委员会，在科学研究、有系统地观察以及与本公约的目标有关的其他活动方面提供服务。并利用这些组织和委员会所提供的资料；

k. 考虑和采取实现本公约的目标所需的任何其他行动。

5. 联合国及其各专门机构，国际原子能机构，以及非本公约缔约国的任何国家均可以观察员身份出席本公约缔约国会议。任何国家或国际机构，政府或非政府组织，如果在保护臭氧层的任何方面具有资格。并向秘书处声明有意以观察员身份出席缔约国会议，则除非有至少三分之一的出席缔约国表示反对，也可参加会议。观察员的参加会议应受缔约国会议议事规则的约束。

第7条 秘书处

1. 秘书处的任务如下：

a. 依照第6、第8、第9和第10条的规定，为会议进行筹备工作并提供服务；

b. 根据由于第4条和第5条规定而收到的资料，以及第6条规定之下成立的机构举行会议所产生的资料。编写和提交报告；

c. 履行任何议定书委派给秘书处的任务；

d. 就秘书处执行其根据本公约所承担的任务所进行的各项活动编写报告，提交缔约国会议；

e. 保证同其他有关的国际机构进行必要的协调，尤其要作出有效执行其任务所需的行政和合约安排；

f. 履行缔约国会议可能指定的其他任务。

2. 在依照第6条的规定举行的缔约国会议首届会议结束以前，由联合国环境规划署临时执行秘书处的任务。缔约国会议首届会议应指定已表示愿意的现有合格国际组织中的秘书处执行本公约之下的秘书处任务。

第8条 议定书的通过

1. 缔约国会议可依照第2条的规定，于一次会议上通过议定书。

2. 任何议定书的草案案文应由秘书处至少在举行上述会议以前六个月呈交各缔约国。

第9条 公约或议定书的修正

1. 任何缔约国可对本公约或任何议定书提出修正案。这种修正案除其他外，还应充分顾及有关的科学和技术考虑。

2. 修正案应由缔约国会议在一次会议上通过。对任何议定书的修正案应在有关议定书缔约国的会议上通过。对本公约或任何议定书提出的修正案，除非该议定书另有决定，应由秘书处至少在举行提议通过该议定书的会议以前六个月呈交给各缔约国。秘书处也应将提议的修正案呈交给本公约各签署国作为资料。

3. 各缔约国应尽量以协商一致方式对就本公约提出的任何修正案达成协议。如果尽了一切努力仍无法以协商一致方式达成协议，则应以出席并参加表决的公约缔约国四分之三多数票通过修正案。并应由保存者呈交给所有缔约国批准、核可或接受。

4. 对任何议定书的修正，也应适用上述第3款提到的程序，不过只需要出席并参加表决的该议定书缔约国三分之二的多数票就可通过。

5. 对修正案的批准、核可或接受，应以书面通知保存者。依照上述第3或第4款规定通过的修正案，应于保存者接得至少四分之三公约缔约国或至少三分之二的有关议定书缔约国的批准、核可或接受通知书后的第九十天在接受修正案的各缔约国之间生效。其后任何其他缔约国存放批准、核可或接受文书九十天之后，修正案对它生效。

6. 为本条之目的“出席并参加表决的缔约国”是指参加会议并投赞成票或反对票的缔约国。

第10条 附件的通过和修正

1. 本公约的附件或其任何议定书的附件，应成为本公约或有关议定书的一个构成部分。因此，除非另有规定。凡提及本公约或其议定书时，也包括本公约或其议定书的附件在内。这种附件应以科学、技术和行政事项为限。

2. 除非在任何议定书里对其附件另有规定，本公约或议定书所增列附件的提出、通过和生效。应适用以下程序：

a. 本公约的附件应依照第9条第2和第3款规定的程序通过，而任何议定书的附件应依照第9条第2款和第4款规定的程序提出和通过；

b. 任何缔约国如果不核可本公约的增列附件或它所加入的任何议定书的附件，应于保存者发出通知后六个月内以书面向保存者发出反对声明。保存者应于接得此种声明后立即通知所有缔约国。任何缔约国可于任何时间取消以前发出的反对声明而接受增列附件。有关附件即对它生效；

c. 在保存者发通知六个月之后，增列附件应对未曾依照上文（b）项发出声明的本公约或任何有关议定书的所有缔约国生效。

3. 本公约附件或任何议定书附件的修正案的提出通过和生效，应适用本公约附件或议定书附件的通过和生效所适用的同一程序。附件及其修正案应特别考虑到有关的科学和技术方面。

4. 如果一个增列附件或对任何附件的修正，涉及对公约或议定书的修正，则增列附件或修正后的附件，应于对公约或其有关议定书的修正案生效以后才能生效。

第 11 条　争端的解决

1. 万一缔约国之间在本公约的解释或适用方面发生争端时，有关的缔约国应以谈判方式谋求解决。

2. 如果有关的缔约国无法以谈判方式达成协议，它们可以联合寻求第三方进行斡旋或邀请第三方出面调停。

3. 在批准、接受、核可或加入本公约或其后任何时候，缔约国或区域经济一体化组织可书面向保存国声明，就未根据上述第 1 款或第 2 款解决的争端来说，它接受下列一种或两种争端解决办法为强制性办法：

a. 根据缔约国会议首届会议通过的程序进行仲裁；

b. 将争端提交国际法院。

4. 如果缔约国还没有按照上文第 3 款的规定接受相同或任何程序，则应根据下文第 5 款的规定提交调解，除非缔约国另有协议。

5. 若争端一方提出要求，则应设立一个调解委员会。调解委员会应由有关各方所指派的数目相同的成员组成，而主席则应由各方指派的成员共同选出。委员会将作出最后的建议性裁决，各方应诚恳地考虑定这一裁决。

6. 本条规定应适用于任何议定书，除非有关议定书另有规定。

第 12 条　签　署

本公约应按下述时间和地点开放供各国和各区域经济一体化组织签署：从 1985 年 3 月 22 日起至 1985 年 9 月 21 日在维也纳奥地利共和国外交部；从 1985 年 9 月 22 日起至 1986 年 3 月 21 日在纽约联合国总部。

第 13 条　批准、接受或核可

1. 本公约和任何议定书须由任何国家和区域经济一体化组织批准、接受或核可。批准、接受或核可文书应交给保存者。

2. 以上第 1 款所指的任何组织如成为本公约或任何议定书的缔约组织而该组织没有任何一个成员国是缔约国，则该缔约组织应受按公约或议定书规定的一切义务的约束。如有这种组织。即在该组织的一个或更多个成员国是本公约或有关议定书的缔约国的情况下，该组织及其成员国应就执行其按照公约或议定书规定的义务的责任各自作出决定。在这种情况下，该组织和成员国不应同时享有行使按照公约或有关议定书规定的权利。

3. 第 1 款所指的这些组织应在其批准、接受或核准文书中声明其在本公约或有关议定书所涉事项的职权范围。这些组织也应在其职权范围发生重大变化时通知保存者。

第 14 条 加 入

1. 本公约及任何议定书应开放供加入，任何国家和区域经济一体化组织自公约或有关议定书签署截止日期起均可加入。加入文书应交给保存者。

2. 上文第 1 款中所指的组织，应于其加入文书里声明它们在本公约或有关议定书所涉事项中的职权范围。这些组织也应在其职权范围内发生重要变化时通知保存者。

3. 第 13 条第 2 款的规定应适用于加入本公约或任何议定书的区域经济一体化组织。

第 15 条 表决权

1. 本公约或其任何议定书的每一缔约国应有表决权利。

2. 除上文第 1 款另有规定外，各区域经济一体化组织在属于其职权范围的事项中行使表决权时。其票数相当于加入本公约或有关议定书的它们的成员国的数目。这样的组织不应行使其表决权，如果它们的成员国已行使自己的表决权，反之亦然。

第 16 条 公约及其议定书之间的关系

1. 除非某一国家或区域经济一体化组织已经是，或在同一个时间成为本公约的缔约国，否则不能成为议定书的缔约国。

2. 关于任何议定书的决定，只应由它的缔约国作出。

第 17 条 生 效

1. 本公约应于第二十份批准、接受、核可或加入文书交存之日以后第九十天生效。

2. 任何议定书，除非其中另有规定，应于第十一份批准、接受或核可这一议定书的文书交存之日或加入之日以后第九十天生效。

3. 对于在交存第二十份批准、接受、核可或加入文书后批准、接受、核可本公约或加入本公约的每一缔约国，本公约应于这些缔约国的批准、接受、核可或加入文书交存之日以后第九十天生效。

4. 任何议定书，除非其中另有规定，应在其按上述第 2 款规定生效后，对在交存其批准、接受、核可或加入文书后批准、接受、核可本议定书或加入本议定书的缔约国，本议定书应于这一缔约国的批准、接受、核可或加入文书交存之日或本公约在该缔约国生效之日—以较后者为准—以后第九十天生效。

5. 为第 1 款和第 2 款的目的，一个区域经济一体化组织交存的任何文书，不应被视为这些组织的成员国交存的文书以外的额外文书。

第 18 条 保 留

本公约不容许任何保留条款。

第 19 条 退 出

1. 本公约对某一缔约国生效四年之后，该缔约国可于任何时间以书面通知保存者退出公约。

2. 任何议定书对某一缔约国生效四年之后，除非该议定书内另有规定，该缔约国可于任何时间以书面通知保存者退出该议定书。

3. 这种退出应于保存者接得通知之日以后一年终了时或退出通知内说明的更晚时间生效。

4. 任何缔约国一旦退出公约，应即被视为亦已退出它加入的任何议定书。

第 20 条　保存者

1. 联合国秘书长应负起本公约及其议定书的保存者的职责。

2. 保存者应特别就下列事项通知各缔约国：

a. 本公约及任何议定书的签署，以及依照第 13 条和第 14 条规定交存的批准、接受、核可或加入文书；

b. 本公约及任何议定书依照第 17 条规定生效的日期；

c. 依照第 18 条规定提出的退出通知；

d. 依照第 9 条规定通过的公约修正案及任何议定书的修正案，各缔约国对修正案的接受情况，以及其生效日期；

e. 有关依照第 10 条规定的附件及任何附件修正案的通过的所有通知；

f. 区域经济一体化组织交存的关于它们在本公约及任何议定书所涉及各方面的职权范围的通知，及职权范围发生任何变化的通知；

g. 根据第 11 条第 3 款发表的宣言。

第 21 条　有效文本

本公约的正本以阿拉伯文、中文、英文、法文、俄文和西班牙文书写，6 种文本同样有效，公约正本应由联合国秘书长保存。

下面签名的全权代表谨签署本公约，以昭信守。

附件一

研究和有系统的观察

1. 本公约各缔约国同意主要的科学问题如下：

a. 臭氧层的变化，可使达到地面的具有生物学作用的太阳紫外线辐射量发生变化，并可能影响人类健康、生物和生态系统以及对人类有用的物质；

b. 臭氧垂直分布的变化，可使大气层的气温结构发生变化，并可能影响天气和气候；

2. 本公约各缔约国应依照第 3 条的规定从事合作，进行研究和有系统的观察，并就下列各方面的未来研究和观察活动作出建议：

（a）关于大气物理和化学的研究

（1）全面的理论模型：进一步发展考虑放射、动力和化学过程之间相互作用的模型；关于各种人造的和自然的物种对大气臭氧的影响研究；卫星和非卫星的衡量数据集的解释；大气和地球物理参数趋向的评价；就此种参数的变化鉴定其具体成因的方法研究；

（2）实验室研究：对流层和平流层化学和光化过程的率度系数、吸收横断面和机制；支持所有的有关光谱区实地衡量的分光仪数据；

（3）实地衡量：自然和人类起源的关键来源气体的含量和流量；大气动力研究；直至行星边界层的光化有关物种的同步衡量，应用实地衡量和遥感衡量技术；各种传感器的相互比较，包括协调的卫星仪器使用的相互衡量；关键大气痕量要素太阳光谱流量和气象参数的立体场；

（4）仪器的发展，包括大气痕量要素、太阳流量及气象参数的卫星和非卫星探测器。

（b）健康、生物和光致降解影响

（1）人类暴露于可见和紫外线太阳辐射及（a）黑瘤和非黑瘤皮肤癌之间的关系以及（b）对免疫系统的影响；

（2）紫外线辐射的影响，包括对（a）农作物、森林和陆地生态系统以及（b）水生食物链和水产的波长依存，以及浮游植物的可能抑制氧气生产；

（3）紫外线辐射对生物物质、物种和生态系统发生作用的机理，包括：剂量、剂量率及反应之间的关系；光修理、适应和保护；

（4）生物作用光谱和光谱反应研究，应用多色辐射。以便包括各种波长区之间可能的相互作用；

（5）紫外线辐射在下列各方面的影响，对生物圈的平衡其有重要性的生物物种的敏感和活动；例如光合和生物合成等的基本作用；

（6）紫外线辐射对污染物、农用化学品和其他物质的光致降解的影响。

（c）对气候的影响研究

（1）关于臭氧和其他痕量物种的辐射效应及对气候参数的影响的理论和观察研究。例如，土地和海洋表面的温度、降水模式以及对流层和平流层之间的交流；

（2）关于这类气候变化对人类活动各方面的影响的调查。

（d）有系统的观察

（1）臭氧层状况（即柱容量和垂直分布的空间和时间变异）。利用卫星和地面系统相结合的办法使全球臭氧观察系统充分发挥作用；

（2）对流层和平流层的 HO_x、NO_x、ClO_x 和碳属源气体浓度；

（3）从地面到中间层的气温，利用地面和卫星系统；

（4）达到地球大气层的波长分辨太阳通量和离开地球大气层的热辐射利用卫星衡量；

（5）在紫外线范围内达到地面的具有生物影响的波长分辨太阳通量；

（6）从地面到中间层的烟雾体特性和分布，利用地面、空中和卫星系统；

（7）气候重要变数，方法是维持高质量气象表面衡量的方案；

（8）痕量物种、气温、太阳通量和烟雾体，利用分析全球数据的经过改善的方法。

3. 公约各缔约国应在顾及发展中国家的特别需要的情况下合作，促进参加本附件所列各种研究和有系统观察所需的适当科学和技术训练。应特别注意观察仪器和观察方法的相互校正，以产生可比较的或标准化的科学数据集。

4. 下面以不按优先顺序排列出的各种自然和人类来源的化学物质，被认为可能改变臭氧层的化学和物理特性。

（a）碳物质

（1）一氧化碳（CO）

一氧化碳的重要来源是自然界和人类，据认为对对流层的光化过程有重要的直接作用，对平流层的光化过程则有间接作用。

（2）二氧化碳（CO_2）

二氧化碳的重要来源是自然界和人类，通过影响大气的热构造而影响到平流层的臭氧。

（3）甲烷（CH_4）

甲烷来自自然界和人类。对平流层和对流层的臭氧都有影响。

（4）非甲烷烃类物种

非甲烷烃类物种含有许多化学物质，来自自然界和人类，对对流层的光化过程有直接作用，对平流层光化过程则有间接作用。

（b）氮物质

（1）氧化亚氮（N_2O）

氧化亚氮主要来自自然界，不过人类来源也变得愈来愈重要。氧化亚氮是平流层 NO_x 的主要来源，NO_x 对于平流层臭氧充裕的控制有重要作用。

（2）氮氧化物（NO_x）

NO_x 的地平面来源，只对对流层的光化过程有直接的重要作用，对平流层的光化过程则有间接作用，而接近对流层顶的 NO_x 注射可能对上对流层和平流层的臭氧直接引起变化。

（c）氯物质

（1）完全卤化链烷，例如 CCl_4，$CFCl_3$（CFC-11），CF_2Cl_2（CFC-12），$C_2F_3Cl_3$（CFC-113），$C_2F_4Cl_2$（CFC-114）

完全卤化链烷来自人类，是 ClO_x 的一个来源，对臭氧的光化过程有重要作用，尤其是在海拔 30～50 公里区域。

（2）部分卤化链烷，例如 CH_3Cl，CHF_2Cl（CFC-22），CH_3CCl_3，$CHFCl_2$（CFC-21）

CH_3Cl 来自自然界，而上列其他部分卤化链烷则来自人类。这些气体也是平流层 ClO_x 的来源。

（d）溴物质

全部卤化链烷，例如 CF_3Br 这些气体来自人类，是 BrO_x 的来源，其作用类似 ClO_x。

（e）氢物质

（1）氢（H_2）

氢是来自自然界和人类，对平流层的光化过程的作用不大。

（2）水（H_2O）

水来自自然界，对平流层和对流层的光化过程都有重要作用。平流层水蒸气的本地来源包括甲烷的氧化以及较小程度上氢的氧化。

附件二

资料交换

1. 本公约各缔约国认识到收集和共同利用资料是实现本公约各项目标及保证所采取的一切行动确属适当和公允的一个重要途径。因此，各缔约国应致力于科学、技术、社经、商业和法律资料的交换。

2. 本公约各缔约国于决定收集和交换何种资料时，应考虑资料效用及收集时所需的费用。各缔约国还认识到依照本附件进行的合作应符合关于专利权、贸易机密、保护机密资料和所有权资料的国家法律、条例和惯例。

3. 科学资料

包括下列资料：

a. 政府方面和私人方面已规划好的和进行中的研究工作，以促进研究方案的协调、使国家和国际间的可用资源获得最有效的利用：

b. 研究工作所需的原始资料；

c. 刊载于经仔细审阅的文献内的关于了解地球大气物理和化学及其易变性的科学研究结果，特别是关于臭氧层状况及臭氧层柱容量或垂直分布分时标变化对于人类健康、环境和气候的影响的科学研究结果；

d. 研究结果的评价及关于未来研究工作的建议。

4. 技术资料

包括下列资料：

a. 利用备选化学物质或备选技术来减少可以引起臭氧变化的物质排放以及有关已计划和进行中的研究工作的可行性和费用；

b. 应用化学或其他备选物质和备选技术的局限性和危险性。

5. 关于附件一内所提各种物质的社经和商业资包括下列资料：

a. 生产和生产能力；

b. 使用和使用方式；

c. 输入/输出；

d. 可能间接改变臭氧层的人类活动以及控制此种活动的管理行动的代价、危险和利益。

6. 法律资料

包括下列资料：

a. 与保护臭氧层有关的国家法律、行政措施和法律研究；

b. 与保护臭氧层有关的国际协定，包括双边协定；

c. 与保护臭氧层有关的执照签发办法和条件以及专利效用。

关于消耗臭氧层物质的蒙特利尔议定书

经缔约方第二次会议（1990年6月27日至29日，伦敦）
和缔约方第四次会议（1992年11月23日至25日，哥本哈根）
调整和修正并经缔约方第七次会议
（1995年12月5日至7日，维也纳）
进一步调整，又经缔约方第九次会议
（1997年9月15日至17日，蒙特利尔）
和缔约方第十一次会议（1999年11月29日至12月3日，北京）进一步调整和修正

[请注意《蒙特利尔议定书》的这个版本载有缔约方在缔约方第十一次会议通过的《调整》。《调整》于2000年7月28日生效]

《蒙特利尔议定书》的这个版本还载有缔约方在缔约方第十一次会议上通过的《修正》（“ 北京修正”）。

在付印之日该《修正》还未生效。它将于2001年1月1日只对那些批准了该《修正》的缔约方生效，条件是属于《蒙特利尔议定书》缔约方的国家或区域经济一体化组织至少交存二十份批准、接受或核可该《修正》的证书。（任何国家或区域经济一体化组织如果没有已经或同时交存对《蒙特利尔修正》的此种证书则不得交存这样的证书。）

前　言

本议定书各缔约方，作为《保护臭氧层维也纳公约》的缔约方，铭记着它们根据该公约有义务采取适当措施保护人类健康和环境，使其免受足以改变或可能改变臭氧层的人类活动所造成的或可能造成的不利影响，认识到全世界某些物质的排放会大大消耗和以其他方式改变臭氧层，对人类健康和环境可能带来不利影响，念及这些物质的排放对气候的可能影响，意识到为保护臭氧层不致耗损所采取的措施应依据有关的科学知识，并顾及到技术和经济考虑，决心采取公平地控制消耗臭氧层物质全球排放总量的预防措施，以保护臭氧层，而最终目的则是根据科学知识的发展，考虑到技术和经济方面，并铭记发展中国家的发展需要，彻底消除此种排放，认识到必须作出特别安排，满足发展中国家的需要，包括提供额外的资金和取得有关技术，同时所需资金款额可以预估，且此项资金将大大提高全世界处理科学上断定的臭氧消耗及其有害影响问题的能力，注意到国家和区域两级上已经采取的控制某些氟氯化碳排放的预防措施，考虑到必须在控制和削减消耗臭氧层的物质排放的替代技术的研究、开发和转让方面促进国际合作，特别要铭记发展中国家的需要，兹议定条款如下：

第1条　定　义

为本议定书的目的：

1. “公约”是指1985年3月22日通过的保护臭氧层维也纳公约。

2. “缔约方”，除非案文中另有说明，是指本议定书的缔约方。

3. “秘书处”是指公约秘书处。

4. “控制物质”是指本议定书附件 A 或附件 B、附件 C 或附件 E 所载单独存在的或存在于混合物之内的物质；除非特别在有关附件中指明，它应包括任何这类物质的异构体，但不包括制成品内所含任何此种控制物质或混合物，而包括运输或者储存该物质的容器中的此种物质或混合物。

5. “生产量”是指控制物质的生产量减去待由各缔约方核准的技术所销毁的数量之后再减去完生用作其他化学品制造原料的数量后所得的数量。再循环和再使用的数量不算作“生产量”。

6. “消费量”是指控制物质的生产量加上进口量减去出口量之后所得的数量。

7. 生产、进口、出口及消费的“计算数量”是指依照第 3 条确定的数量。

8. “工业合理化”是指为了达成经济效益或应付由于工厂关闭预期出现的供应短缺而由一个缔约方将其生产的计算数量的全部或部分转移给另一缔约方。

第 2 条　控制措施

1. 已订入第 2A 条中。

2. 由第 2B 条取代。

3. 由第 2A 条取代。

4. 由第 2A 条取代。

5. 任何缔约方，倘其附件 A 第一类控制物质 1986 年生产的计算数量低于 2.5 万吨，为了工业合理化的目的，得将其生产中超过第 1、第 3 和第 4 款规定限额的部分转移给任一缔约方，或从任一缔约方接收此种生产，但这些缔约方生产总共的计算数量不得超过按照本条规定的生产限额。此种生产的任何转移应通知秘书处，通知时间不得迟于转移的日期。

5 之二：非按第 5 条第 1 款行事的任何缔约方，可在任何一个或多个控制期间转移给另一缔约方第 2F 条所规定的消费计算数量的任何部分，只要转移其消费计算数量中一部分的缔约方的附件 A 第一类控制物质的消费计算数量在 1989 年没有超过人均 0.25 千克，且有关缔约方的合计消费计算数量不超过第 2F 条规定的消费限额。此种消费的转移应由每一个有关缔约方通知秘书处，说明转移的条件及其适用的期间。

6. 非按第 5 条行事的任何缔约方，如果拥有在 1987 年 9 月 16 日以前已在建筑或已订约建筑的、也是国家立法于 1987 年 1 月 1 日以前规定的、生产附件 A 或附件 B 所列控制物质的设施，可将此种设施的生产量加于其 1986 年此种物质的数量，以便决定其 1986 年生产的计算数量，条件是此种设施必须于 1990 年 12 月 31 日以前建筑完成，其生产量亦不使该缔约方控制物质的年人均消费量超过 0.5 千克。

7. 根据第 5 款的任何生产转移或根据第 6 款的任何生产增加均应通知秘书处，通知时间不得迟于转移或增产日期。

8. （a）作为公约第 1（6）条内规定的一个区域经济一体化组织成员国的任何缔约方，可以协调联合履行本条及第 2A 至 2H 条内规定的关于消费的义务，但其总共消费的计算数量之和不得超过本条及第 2A 至 2H 条规定的数量。

（b）参与任何此种协议的缔约方应于协议内规定的减少消费量日期以前向秘书处报告协议内容。

（c）此种协议必须在该区域经济一体化组织及该组织的所有成员国都是本议定书的缔约方且已将其执行办法通知秘书处的情况下方能生效。

9. （a）根据依照第 6 条作出的评估，缔约方可以决定是否：

（i）附件 A、附件 B、附件 C 和/或附件 E 所载的消耗臭氧潜能值应予调整，如果是的话，此种调整的范围、数量及时间应为何；

（ii）控制物质的生产量和消费量应做进一步的调整和减少，如果是的话，此种调整的范围、数量及时间应为何；

（b）关于此种调整的提议应由秘书处于拟议通过该提议的缔约方会议至少六个月之前通知各缔约方。

（c）在采取此种决定时，各缔约方应尽可能以协商一致方式达成协议。如果为谋求协商一致尽了一切努力而仍未达成协议，则最后应由占出席并参加表决的按第 5 条第 1 款行事的缔约方多数票以及出席并参加表决的非按该条款行事的缔约方多数的出席并参加表决的缔约方以三分之二多数票通过此种决定；

（d）此种决定应对所有缔约方具有拘束力，并应立即由存放机构通知各缔约方。除非决定中另有规定，此种决定应于存放机构发出通知之日起六个月后生效。

10. 根据依照本议定书第 6 条作出的评估，并依照公约第 9 条规定的程序，各缔约方可以规定：

（a）是否有任何物质，如果有的话，哪些应增入本议定书任何附件，哪些应予删去；及

（b）应适用于此种物质的控制措施的体制、范围及时间；

11. 虽有本条及第 2A 至 2H 的各项规定，各缔约方可以采取比本条及第 2A 至 2H 条所规定的更为严厉的措施。

各项调整的介绍

《关于消耗臭氧层物质的蒙特利尔议定书》缔约方第二、四、七、九和第十一次会议根据依照《议定书》第 6 条所作的评估，决定通过以下所列对附件 A、B、C 和 E 中控制物质的产量和消费量的调整和削减（此处案文列出了所有各次调整的累计结果）：

第 2A 条：氟氯化碳

1. 每一缔约方应确保，在本议定书生效后第七个月第一天起的十二个月期间，及其后每十二个月期间，其附件 A 第一类控制物质的消费的计算数量不超过 1986 年消费的计算数量。在这个期间结束时，生产一种或数种第一类控制物质的每一缔约方应确保其这些物质生产的计算数量不超过其 1986 年生产的计算数量，不过这种数量可容许超过 1986 年数量至多百分之十。容许此种增加，只是为了满足按照第 5 条行事的缔约方的国内基本需要，及为了缔约方之间工业合理化的目的。

2. 每一缔约方应确保，在 1991 年 7 月 1 日至 1992 年 12 月 31 日期间，其附件 A 第一类控制物质的生产和消费的计算数量不超过其 1986 年这些物质生产和消费的计算数量的百分之一百五十；自 1993 年 1 月 1 日起，这些控制物质的十二个月控制期间应为每年 1 月 1 日至 12 月 31 日。

3. 每一缔约方应确保，在 1994 年 1 月 1 日起的十二个月期间，及其后每十二个月期间，其附件 A 第一类控制物质的消费的计算数量每年不超过其 1986 年消费的计算数量的百分之二十五。生产一种或数种这些物质的每一缔约方，应确保在同一期间内其这些物质的生产的计算数量每年不超过其 1986 年生产的计算数量的百分之二十五。但为了满足按照第 5 条第 1 款行事的缔约方的国内基本需要，其生产的计算数量可超过这个限额，超出部分至多为其 1986 年生产的计算数量的百分之十。

4. 每一缔约方应确保，在 1996 年 1 月 1 日起的十二个月期间，及其后每十二个月期间，其附件 A 第一类控制物质的消费的计算数量不超过零。生产一种或数种这些物质的每一缔约方，应确保同一期间内其这些物质的生产的计算数量不超过零。但为满足按照第 5 条第 1 款行事的缔约方的国内基本需要，其生产的计算数量可超过这个限额，超出部分至多为其 1986 年生产的计算数量的百分之十五。本款应予实施，但缔约方决定为满足它们议定认为是必要的用途而允许的生产量或消费量除外。

5. 每一缔约方应确定，在 2003 年 1 月 1 日起的十二个月期间，及其后每十二个月期间，用于满足按照每 5 条第 1 款行事的缔约方国内基本需要的附件 A 第一类控制物质的生产计算数量不超过 1995 年至 1997 三年期间用于满足国内基本需要的此类物质的年度平均生产量的百分之八十。

6. 每一缔约方应确保，在 2005 年 1 月 1 日起的十二个月期间，及其后每十二个月期间，用于满足按照第 5 条第 1 款行事的缔约方国内基本需要的附件 A 类第一类控制物质的生产的计算数量不超过 1995 至 1997 三年期间用于满足国内基本需要的此类物质的年度平均生产量的百分之五十。

7. 每一缔约方应确保，在 2007 年 1 月 1 日起的十二个月期间，及其后每十二个期间，用于满足按照第 5 条第 1 款行事的缔约方国内基本的附件 A 第一类控制物质的生产的计算数量不超过 1995 至 1997 三年期间用于满足国内基本需要的此类物质的年度平均生产量的百分之十五。

8. 每一缔约方应确保，在 2010 年 1 月 1 日起的十二个月期间，及其后每十二个月期间，用于满足按照第 5 条第 1 款行事的缔约方国内基本需要的附件 A 类第一类控制物质的生产的计算数量不超过零。

9. 就计算本条第 4 至 8 款所述的国内基本需要而言，缔约方年度平均生产量的计算包括它根据 2 条第 5 款转让的任何生产配额，而不包括它根据第 2 条第 5 款获得的任何生产配额。

第 2B 条：哈龙

1. 每一缔约方应确保，在 1992 年 1 月 1 日起的十二个月期间，及其后每十二个月期间，其附件 A 第二类控制物质的消费的计算数量每年不超过其 1986 年消费的计算数量。生产一种或数种这些物质的每一缔约方，应确保其在同一期间内这些物质的生产的计算数量每年不超过其 1986 年生产的计算数量。但为满足按照第 5 条第 1 款和行事的缔约方的国内基本需要，其生产的计算数量可超过这个限额，超出部分至多为其 1986 年生产的计算数量的百分之十。

2. 每一缔约方应确保，在 1994 年 1 月 1 日起的十二个月期间，及其后每十二个月期间，其附件 A 第二类控制物质的消费的计算数量不超过零。生产一种或数种这些物质的每一缔约方，应确保在同一期间内其这些物质的生产的计算数量不超过零。但为满足按照第 5 条第 1 款行事的缔约方的国内基本需要，其生产的计算数量可超过这个限额，在 2002 年 1 月 1 日前超出部分至多为其 1986 年生产的计算数量的百分之十五。此后超出限额部分可等于其 1998 年至 2000 年三年期间用于满足国内基本需要的附件 A 第二类控制物质的年度平均生产量。本款应予实施，但缔约方决定为满足它们议定认为是必要的用途而允许的生产量或消费量除外。

3. 每一缔约方应确保，在 2005 年 1 月 1 日起的十二个月期间，及其后每十二个月期间，于满足按照第 5 条第 1 款行事的缔约方国内基本需要的附件 A 第二类控制物质的生产的计算数量不超过 1995 年至 1997 年三年期间用于满足国内基本需要的此类物质的年度平均生产量的百分之五十。

4. 每一缔约方应确保，在 2010 年 1 月 1 日起的十二个月期间，及其后每十二个月期间，用于满足按照第 5 条第 1 款行事的缔约方内基本需要的附件 A 第二类控制物质的生产的计算数量不超过零。

第 2C 条：其他全卤化氟氯化碳

1. 每一缔约方应确保，在 1993 年 1 月 1 日起的十二个月期间，其附件 B 第一类控制物质的消费的计算数量每年不超过其 1989 年消费的计算数量的百分之八十。生产一种或数种这些物质的每一缔约方，应确保其在同一期内这些物质的生产的计算数量每年不超过其 1989 年消费的计算数量的百分之八十。但为满足按照第 5 条第 1 款行事的缔约方的国内基本需要，其生产的计算数量可超过这个限额，超出部分至多为其 1989 年生产的计算数量的百分之十。

2. 每一缔约方应确保，在 1994 年 1 月 1 日起的十二个月期间，及其后每十二个月期间，其附件 B 第一类控制物质的消费的计算数量每年不超过 1989 年消费的计算数量的百分之二十五。生产一种或数种这些物质的每一缔约方，应确保其在同一期间内这些物质的生产的计算数量每年不超过其 1989 年生产的计算数量的百分之二十五。但为满足按照第 5 条第 1 款行事的缔约方的国内基本需要，其生产的计算数量可超过这个限额，超出部分至多为其 1989 年生产的计算数量的百分之十。

3. 每一缔约方应确保，在 1996 年 1 月 1 日起的十二个月期间，及其后每十二个月期间，其附件 B 第一类控制物质的消费的计算数量不超过零。生产一种或数种这些物质的第一缔约方，应确保其在同一期间内这些物质的生产的计算数量不超过零。但为满足按照第 5 条第 1 款行事的缔约方的国内基本需要，其生产的计算数量可超过这个限额，超出部分在 2003 年 1 月 1 日前至多为其 1989 年生产的计算数量的百分之十五。此后超出限额部分可等于其 1998 年至 2000 年三年期间用于满足国内基本需要的附件 B 第一类控制物质的年度平均生产量的百分之八十。本款应予实施，但缔约方法决定为满足它们议定认为是必要的用途而允许的生产量或消费量除外。

4. 每一缔约方应确保，在 2007 年 1 月 1 日起的十二个月期间，及其后每十二个月期间，其用于满足国内基本需要的附件 B 第一类控制物质的生产的计算数量每年不超过 1998 年至 2000 年三年期间用于满足国内基本需要的此类物质的年度平均生产量的百分之十五。

5. 每一缔约方应确保，在 2010 年 1 月 1 日起的十二个月期间及其后每十二个月期间，其用于满足国内基本需要的附件 B 第一批控制物质的生产的计算数量不超过零。

第 2D 条：四氯化碳

1. 每一缔约方应确保，在 1995 年 1 月 1 日起的十二个月期间，其附件 B 第二类控制物质的消费的计算数量每年不超过其 1989 年消费的计算数量的百分之十五。生产该物质的每一缔约方，应确保其在同一期间内该物质的生产的计算数量每年不超过其 1989 年生产的计算数量的百分之十五。但为满足按照第 5 条第 1 款行事的缔约方的国内基本需要，其生产的计算数量可超过这个限额，超出部分至多为其 1989 年生产的计算数量的百分之十。

2. 每一缔约方应确保，1996 年 1 月 1 日起的十二个月期间，及其后每十二个月期间，其附件 B 第二类控制物质的消费的计算数量不超过零。生产该物质的每一缔约方，应确保其在同一期间内该物质的生产的计算数量不超过零。但为满足按照第 5 条第 1 款行事的缔约方的国内基本需要，其生产的计算数量可超过这个限额，超出部分至多为其 1989 年生产的计算数量的百分之十五，本款应予实施，但缔约方决定为满足它们议定认为是必要的用途而允许的生产量或消费量除外。

第 2E 条　1.1.1-三氯乙烷（甲基氯仿）

1. 每一缔约方应确保，在 1993 年 1 月 1 日起的十二个月期间，其附件 B 第三类控制物质的消费的计算数量每年不超过其 1989 年消费的计算数量。生产该物质的每一缔约方，应确保其在同一期间内该物质的生产的计算数量每年不超过 1989 年的生产的计算数量。但为满足按照第 5 条第 1 款行事的缔约方的国内基本需要，其生产的计算数量可超过这个限额，超出部分至多为其 1989 年生产的计算数量的百分之十。

2. 每一缔约方应确保，在 1994 年 1 月 1 日起的十二个月期间，及其后每十二个月期间，其附件 B 第三类控制物质的消费的计算数量每年不超过其 1989 年消费的计算数量的百分之五十。生产该物质的每一缔约方，应确保其在同一期间内该物质的生产的计算数量每年不超过其 1989 年生产的计算数量的百分之五十。但为满足按照第 5 条第 1 款行事的缔约方的国内基本需要，其生产的计算数量可超过这个限额，超出部分至多为其 1989 年生产的计算数量的百分之十。

3. 每一缔约方应确保，在 1996 年 1 月 1 日起的十二个月期间，及其后每十二个月期间，其附件 B 第三类控制物质的消费的计算数量不超过零。生产该物质的每一缔约方，应确保其在同一期内该物质的生产的计算数量不超过零。但为满足按照第 5 条第 1 款行事的缔约方的国内基本需要，其生产的计算数量可超过这个限额，超出部分至多为其 1989 年生产的计算数量的百分之十五。本款应予实施，但缔约方决定为满足它们议定认为是必要的用途而允许的生产量或消费除外。

第 2F 条：氟氯烃

1. 每一缔约方应确保，在 1996 年 1 月 1 日起的十二个月期间，及其后每十二个月期间，其附件 C 第一类控制物质消费的计算数量每年不超过下列数量之和：

（a）其附件 A 第一件控制物质 1989 年消费的计算数量的百分之二点八：及

（b）其附件 C 第一类控制物质 1989 年消费的计算数量。

2. 每一缔约方应确保，在 2004 年 1 月 1 日起的十二个月期间，及其后每十二个月期间，其附件 C 第一类控制物质消费的计算数量每年不超过本条第 1 款所述总和的百分之六十五。

3. 每一缔约方应确保，在 2010 年 1 月 1 日起的十二个月期间，及其后每十二个月期间，其附件 C 第一类控制物质消费的计算数量每年不超过本条第 1 款所述总和的百分之三十五。

4. 每一缔约方应确保，在 2010 年 1 月 1 日起的十二个月期间，及其后每十二个月期间，其附件 C 第一类控制物质消费的计算数量每年不超过本条第 1 款所述总和的百分之十。

5. 每一缔约方应确保，在 2010 年 1 月 1 日起的十二个月期间，及其后每十二个月期间，其附件 C 第一类控制物质消费的计算数量每年不超过本条第 1 款所述总和的百分之零点五。但这类消费应限于维修在该日已经有的冷冻和空调设备。

6. 每一缔约方应确保，在 2010 年 1 月 1 日起的十二个月期间，及其后每十二个月期间，其附件 C 第一类控制物质消费的计算数量不超过零。

7. 自 1996 年 1 月 1 日起，每一缔约方应尽力确保：

（a）附件 C 第一类控制物质的使用应限于尚无其他环境上更适宜的替代物质或技术可供采用的情况；

（b）除为了保护人类生命或人类健康的罕见情况外，使用附件 C 第一类控制物质不应用超出附件 A、B 和 C 所列控制物质目前的使用范围；

（c）除为了满足其他环境、安全及经济上的考虑外，附件 C 第一类控制物质的选用应是为了使臭氧的消耗减至最低限度。

8. 生产一种或一种以上此类物质的每一缔约方应确保，在 2004 年 1 月 1 日起的十二个月期间，及其后每十二个月期间，其附件 C 第一类控制物质生产的计算数量每年不超过以下两个数字的平均数；

（a）其 1989 年附件 C 第一类控制物质消费的计算数量同期 1989 年附件 A 第一类控制物质消费的计算数量的百分之二点八的总和；

（b）其 1989 年附件 C 第一类控制物质生产的计算数量同期 1989 年附件 A 第一类控制物质生产的计算数量的百分之二点八的总和。

但为满足按照第 5 条第 1 款行事的缔约方的国内基本需要，其生产的计算数量可超过这个限额，超出部分至多为以上界定的附件 C 第一类控制物质生产的计算数量的百分之十五。

第 2G 条：氟溴烃

每一缔约方应确保，在 1996 年 1 月 1 日起的十二个月期间，及其后第十二个月期间，其附件 C 第二类控制物质的消费的计算数量不超过零。生产该物质的每一缔约方，应确保其在同一期间内该物质的生产的计算数量不超过零。本款应予实施，但缔约方决定为满足它们议定认为是必要的用途而允许的生产量或消费量除外。

第 2H 条：甲基溴

1. 每一缔约方应确保，在 1995 年 1 月 1 日起的十二个月期间，及其后每十二个月期间，其附件 E

控制物质的消费计算数量每年不超过其 1991 年消费计算数量。生产该物质的每一缔约方应确保其在这些时期内该物质的生产计算数量每年不超过 1991 年生产计算数量。但为满足按照第 5 条第 1 款行事的缔约方的国内基本需要，其生产计算数量可超过这个限额，超出部分至多为其 1991 年生产计算数量的百分之十。

2. 每一缔约方应确保，在 1999 年 1 月 1 日起的十二个月期间，及其后每十二个月期间，其附件 E 控制物质的消费计算数量每年不超过其 1991 年消费计算数量的百分之七十五。生产该物质的每一缔约方应确保其在这些时期内该物质的生产计算数量每年不超过 1991 年生产计算数量的百分之五十。但为满足按照第 5 条第 1 款行事的缔约方的国内基本需要，其生产计算数量可超过这个限额，超出部分至多为其 1991 年生产计算数量的百分之十。

3. 每一缔约方应确保，在 2001 年 1 月 1 日起的十二个月期间，及其后每十二个月期间，其附件 E 控制物质的消费计算数量每年不超过其 1991 年消费计算数量的百分之五十。生产该物质的每一缔约方应确保其在这些时期内该物质的生产计算数量每年不超过 1991 年生产计算数量的百分之七十五。但为满足按照第 5 条第 1 款行事的缔约方的国内基本需要，其生产计算数量可超过这个限额，超出部分至多为其 1991 年生产计算数量的百分之十。

4. 每一缔约方应确保，在 2003 年 1 月 1 日起的十二个月期间，及其后每十二个月期间，其附件 E 控制物质的消费计算数量每年不超过其 1991 年消费计算数量的百分之三十。生产该物质的每一缔约方应确保其在这些时期内该物质的生产计算数量每年不超过 1991 年生产计算数量的百分之三十。但为满足按照第 5 条第 1 款行事的缔约方的国内基本需要，其生产计算数量可超过这个限额，超出部分至多为其 1991 年生产计算数量的百分之十。

5. 每一缔约方应确保，在 2005 年 1 月 1 日起的十二个月期间，及其后每十二个月期间，其附件 E 控制物质的消费计算数量不超过零。生产该物质的每一缔约方应确保其在这些时期内该物质的生产计算数量不超过零。但为满足按照第 5 条第 1 款行事的缔约方的国内基本需要，其生产计算数量可超过这个限额，超出部分在 2002 年 1 月 1 日前至多为期 1991 年生产的计算数量的百分之十五。此后超出部分可等于其 1995 年至 1998 年三年期间用于满足国内基本需要的附件 E 控制物质的年度平均生产量。本款应予实施，但缔约方决定为满足它们议定认为是必要的用而允许的生产量和消费量除外。

5 之二：每一缔约方应确保，在 2005 年 1 月 1 日起的十二个月期间，及其后每十二个月期间，其用于满足按照第 5 条第 1 款行事的缔约方国内基本需要的附件 E 控制物质生产的计算数量每年不超过其 1995 年至 1998 年三年期间于满足国内基本需要的此类物质的年度平均生产量的百分之八十。

5 之三：每一缔约方应确保，在 2015 年 1 月 1 日起的十二个月期间，及其后每十二个月期间，其用于满足按照第 5 条第 1 款行事的缔约方内基本需要的附件 E 控制物质生产的计算数量不超过零。

6. 本条下消费和生产计算数量应不包括缔约方用于检疫和装运前用途的数量。

第 2I 条：溴氯甲烷

每一缔约方应确保，在 2002 年 1 月 1 日起的十二个月期间，及其后每十二个月期间，其附件 C 第三类控制物质消费和生产的计算数量不超过零。本款应予实施，但缔约方决定为满足议定书认为是必要的用途而允许的生产量或消费数量除外。

第 3 条　控制数量的计算

为第 2 条、第 2A 至 2H 条和第 5 条的目的，每一缔约方应确定附件 A、附件 B、附件 C 或附件 E 内每一类物质的下列计算数量：

（a）生产量，计算方法是：

（i）将每一种控制物质的每年生产量乘以附件 A、附件 B、附件 C 或附件 E 内所载该物质的消耗臭氧潜能值；

（ii）就每一类物质，将乘积加在一起；

（b）进口量和出口量，计算方法与（a）项叙述的方法相同；

（c）消费量，计算方法是将其按照以上（a）和（b）两项确定的生产的计算数量加上进口的计算数量，再减去其出口的计算数量。不过，从 1993 年 1 月 1 日起，在计算出口缔约方的消费量时，不应再减去它向非缔约方出口的控制物质数量。

第 4 条　对与非缔约方贸易的控制

1. 从 1990 年 1 月 1 日起，每一缔约方应禁止从非本议定书缔约方的任何国家进口附件 A 控制物质。

1 之二：在本款生效之日起一年之内，每一缔约方应禁止从非本议定书缔约方的任何国家进口附件 B 控制物质。

1 之三：在本款生效之日起一年之内，每一缔约方应禁止从非本议定书缔约方的任何国家进口任何附件 C 第二类控制物质。

1 之四：在本款生效之日起一年之内，每一缔约方应禁止从非本议定书缔约方的任何国家进口附件 E 控制物质。

1 之五：从 2004 年 1 月 1 日起，每一缔约方应禁止从非本议定书缔约方的任何国家进口附件 C 第一类控制物质。

1 之六：在本款生效之日起一年之内，每一缔约方应禁止从非本议定书缔约方的任何国家进口附件 C 第三类控制物质。

2. 从 1993 年 1 月 1 日起，每一缔约方应禁止从非本议定书缔约方的任何国家出口附件 A 控制物质。

2 之二：自本款生效之日起一年之后，每一缔约方应禁止从非本议定书缔约方的任何国家出口附件 B 控制物质。

2 之三：自本款生效之日起一年之后，每一缔约方应禁止从非本议定书缔约方的任何国家出口任何附件 C 第二类控制物质。

2 之四：自本款生效之日起一年之后，每一缔约方应禁止从非本议定书缔约方的任何国家出口附件 E 控制物质。

2 之五：从 2004 年 1 月 1 日起，每一缔约方应禁止从非本议定书缔约方的任何国家出口附件 C 第一类控制物质。

2 之六：自本款生效之日起一年之后，每一缔约方应禁止从非本议定书缔约方的任何国家出口附件 C 第三类控制物质。

3. 到 1992 年 1 月 1 日，缔约方应依照公约第 10 条规定的程序，在一份附件内列出含有附件 A 控制物质的产品清单。未曾依照该程序对该附件提出异议的缔约方，应在该附件生效后一年内禁止从非本议定书缔约方的任何国家进口此种产品。

3 之二：在本款生效之日起三年之内，缔约方应依照公约第 10 条规定的程序，在一份附件内列出含有附件 B 控制物质的产品清单。未曾依照该程序对该附件提出异议的缔约方，应在该附件生效后一年内禁止从非本议定书缔约方的任何国家进口此种产品。

3 之三：在本款生效之日起三年之内，缔约方应依照公约第 10 条规定的程序，在一份附件内列出含有附件 C 控制物质的产品清单。未曾依照该程序对该附件提出异议的缔约方，应在该附件生效后一年内禁止从非本议定书缔约方的任何国家进口此种产品。

4. 到 1994 年 1 月 1 日，缔约方应确定禁止或限制从非本议定书缔约方的国家进口以附件 A 所列控制物质制造但不含有此种物质的产品的可行性。如果确定可行，缔约方应依照公约第 10 条规定的程序，在一份附件内列出此种产品的清单。未曾依照该程序对该附件提出异议的缔约方，应在该附件生效后一年内，禁止或限制从非本议定书缔约方的任何国家进口此种产品。

4 之二：在本款生效之日五年之内，缔约方应确定禁止或限制从非本议定书缔约方的国家进口以附件 B 所列控制物质制造但不含有此种物质的产品的可行性。如果确定可行，缔约方应依照公约第 10 条规定的程序，在一份附件内列出此种产品的清单。未曾依照该程序对该附件提出异议的缔约方，应在该附件生效后一年内，禁止或限制从非本议定书缔约方的任何国家进口此种产品。

4 之三：在本款生效之日五年之内，缔约方应确定禁止或限制从非本议定书缔约方的国家进口以附件 C 第二类控制物质制造但不含有此种物质的产品的可行性。如果确定可行，缔约方应依照公约第 10 条规定的程序在一份附件内列出此种产品的清单。未曾依照该程序对该附件提出异议的缔约方应在该附件生效后一年内，禁止或限制从非本议定书缔约方的任何国家进口此种产品。

5. 每一缔约方承诺在可行范围内尽量劝阻向非议定书缔约方的任何国家出口生产及利用附件 A、B、C 和 E 所列控制物质的技术。

6. 每一缔约方不应为了向非议定书缔约方的国家出口有助于生产附件 A、B、C 和 E 所列控制物质的产品、设备、工厂或技术而提供新的津贴、援助、信贷、担保或保险方案。

7. 第 5 款和第 6 款的规定不适用于可改进控制物质的密封、回收、再循环或销毁、可促进发展替代物质、或者以其他方式有助于减少附件 A、B、C 和 E 所列控制物质排放的产品、设备、工厂或技术。

8. 虽有本条的规定，非本议定书缔约方的任何国家如经缔约方会议确定充分遵守第 2 条、第 2A 至 2I 条以及以本条规定并已按照第 7 条规定提交数据以为佐证，则可以允许从并对该国作本条第 1 至第 4 之三各款所指的进口和出口。

9. 为本条的目的，“非本议定书缔约方的国家”一词，以任何特定的控制物质而言，应包括尚未同意受当时对该物质生效的控制措施约束的每一国家或区域经济一体化组织。

10. 各缔约方应在 1996 年 1 月 1 日以前审议是否对本议定书做出修正，以便将本条的措施扩大适用于与非议定书缔约方的国家就附件 C 第一类和附件 E 所列控制物质的贸易。

第 4A 条：对与缔约方贸易的控制

1. 如若一缔约方尽管已为履行《议定书》为之规定的各项义务而采取了所有切实的步骤，但仍未能于适用于该缔约方的某一控制物质逐步停用日期之后停止为其国内消费目的、而不是经各缔约方商定属于必要用途的目的生产该物质，则它便应禁止出口经使用过、再循环和再生的这一物质，但用于销毁目的的此类物质除外。

2. 本条第 1 款应在不影响到《公约》第 11 条的适用和《议定书》第 8 条所规定的不遵守情事程序的条件下予以适用。

第 4B 条：许可证制度

1. 每一缔约方应于 2000 年 1 月 1 日或在本条对其正式生效后三个月之内，以其中较迟者为准，建立和实施对新的、使用过、再循环和再生的附件 A、B、C 和 E 所列管物质的进出口发放许可证的制度。

2. 尽管有本条第 1 款的规定，但任何按照第 5 条第 1 款行事的缔约方如若决定它不能建立并实施对附件 C 和 E 中所列管制物质的进出口发放许可证的制度，则该缔约方可以分别在 2005 年 1 月 1 日和 2002 年 1 月 1 日之前暂缓采取这些行动。

3. 每一缔约方应于实行这一许可证制度之后三个月之内，向秘书长汇报有关建立和实施这一制度的情况。

4. 秘书处应定期编制并向所有缔约方分发已向它汇报了其许可证制度运作情况的缔约方的名单，并将此资料转交履行委员会审议并向各缔约方提出适当的建议。

第 5 条 发展中国家的特殊情况

1. 任何发展中国家缔约方，如果在本议定书对它生效之日或其后直至 1999 年 1 月 1 日止附件 A 所列控制物质每年的消费的计算量低于人均 0.3 千克，为满足其国内基本需要应有权暂缓十年执行第 2A 至 2E 条规定的控制措施。但须任何对 1990 年 6 月 29 日伦敦缔约方第二会议通过的调整或修正做出的进一步修正只有本条第 8 款规定的审查进行之后才对按照本款行事的缔约方适用，并且这些修正必须依据该审查的结果。

1 之二：缔约方应考虑到本条第 8 款所提及的审查、根据第 6 条所作的评估和其他任何有关资料，在 1996 年 1 月 1 日前按第 2 条第 9 款规定的程序，决定：

（a）就第 2F 第 1 至 6 款而言，对按本条第 1 款行事的缔约方在附件 C 第一类控制物质的消费方面应适用什么基准年、最初数量、控制时间表和淘汰日期；

（b）就第 2G 条而言，对按本条第 1 款行事的缔约方，在附件 C 第二类控制物质的生产和消费方面适用哪一个淘汰日期；

（c）就第 2H 条而言，对按本条第 1 款行事的缔约方，在附件 E 控制物质的消费和生产方面应适用什么基准年、最初数量和控制时间表。

2. 不过，任何按照本条第 1 款行事的缔约方，其附件 A 所列控制物质的消费的计算数量不得超过年人均 0.3 千克，其附件 B 所列控制物质的消费的计算量也不得超过年人均 0.2 千克。

3. 在执行第 2A 至 2E 条所规定控制措施时，任何本条第 1 款行事的缔约方应有权使用：

（a）对于附件 A 所列控制物质，其 1995 年至 1997 年每年消费的计算数量的平均值或消费的计算数量为人均 0.3 千克，取其数值较低者作为确定其执行关于消费量的控制措施的基准。

（b）对于附件 B 所列控制物质，其 1998 年至 2000 年每年消费的计算数量的平均值或消费的计算数量为人均 0.2 千克，取其数值较低者作为确定其执行关于消费量的控制措施的基准。

（c）对于附件 A 所列控制物质，其 1995 年至 1997 年每年消费的计算数量的平均值或消费的计算数量为人均 0.3 千克，取两者中数值较低者作为确定其执行关于消费量的控制措施的基准。

（d）对于附件 B 所列控制物质，其 1998 年至 2000 年每年消费的计算数量的平均值或消费的计算数量为人均 0.2 千克，取两者中数值较低者作为确定其执行关于消费量的控制措施的基准。

4. 按照本条第 1 款行事的缔约方，如在第 2A 至 2I 条所规定控制措施义务适用于该国之前的任何时候，发现不能获得充分的控制物质供应，可将此情况通知秘书处。秘书处应即将此项通知的副本转送各缔约方，缔约方应在其下一次会议时审议此事并决定采取何种适当行动。

5. 对于按照本条第 1 款行事的缔约方，增进其履行义务的能力以遵守第 2A 至 2E 和第 2H 所规定控制措施和按本条 1 之二款决定的载于第 2F 至 2H 内的任何控制措施，以及这些缔约方执行这些措施，将取决于第 10 条所规定财务合作及第 10A 条所规定技术转让的有效实行。

6. 按照本条第 1 款行事的任何缔约方可在任何时候以书面通知秘书处：虽已采取一切实际可行的步骤，但由于第 10 条和第 10A 条没有充分执行，无法履行第 2A 至 2E 条和第 2H 条所规定的任何或全部义务或按本条第 1 之二款决定的载于第 2F 至 2H 条内的任何全部义务。秘书处应即将该项通知的副本转送各缔约方，缔约方应充分考虑到本条第 5 款，在其下一次会议时审议此事并决定采取何种适当行动。

7. 在递送通知到缔约方开会对以上第 6 款所指的适当行动作出决定之前这段时间，或在缔约方会议决定的更长一段时间内，不应对发出通知的缔约方引用第 8 条所指的不遵守情事程序。

8. 缔约方会议应至迟于 1995 年审查按照本条第 1 款行事的缔约方的情况，包括财务合作的有效执行和给它们的技术转让并对适用于这些缔约方的控制措施进度采取可能认为必要的订正。

8 之二：根据上文第 8 款所述审查的结论：

（a）就附件 A 所列控制物质而言，按本条第 1 款行事的缔约方为满足其基本国内需要，有资格在遵守于 1990 年 6 月 29 日在伦敦召开的缔约方第二次会议所通过的控制措施方面延缓十年，《议定书》中对第 2A 和第 2B 条的提法也应做相应调整；

（b）就附件 B 所列控制物质而言，按本条第 1 款行事的缔约方为满足其基本国内需要，有资格在遵守于 1990 年 6 月 29 日在伦敦召开的缔约方第二次会议所通过的控制措施方面延续十年，《议定书》中对第 2A 和 2B 的提法也应做相应调整；

8 之三：根据以上第 1 之二款：

（a）每一按本条第 1 款行事的缔约方应确保，在 2016 年 1 月 1 日起的十二个月期间内，及其后每十二个月期间，其附件 C 第一类控制物质的消费计算数量每年不超过其 2015 年消费计算数量；自 2016 年 1 月 1 日起，按本条第 1 款行事的每一缔约方应遵守第 2F 条第 8 款规定的控制措施，并应使用 2015 年生产和消费计算数量的平均数，作为遵守这些控制措施的基础；

（b）每一按本条第 1 款行事的缔约方应确保，在 2040 年 1 月 1 日起的十二个月期间内，及其后每十二个月期间，其附件 C 第一类控制物质的消费计算数量不超过零；

（c）每一按本条第 1 款行事的缔约方遵守第 2G 条；

（d）关于附件 E 所列控制物质：

（i）每一按本条第 1 款行事的缔约方应于 2002 年 1 月 1 日遵守第 2H 条第 1 款规定的控制措施，并分别采用其在 1995 年年初至 1998 年年底这一期间内每年生产和消费计算数量的平均数作为其遵守这些控制措施的依据；

（ii）每一按本条第 1 款行事的缔约方应确保在 2005 年 1 月 1 日起的十二个月期间，及其后每十二个月期间，其附件 E 控制物质的消费和生产计算数量每年分别不超过其 1995 年至 1998 年的消费和生产计算数量；

（iii）每一按本条第 1 款行事的缔约方，在 2015 年 1 月 1 日起的十二个月期间，及其后每十二个月期间，其附件 E 控制物质的消费和生产计算数量不超过零，除各缔约方决定允许必要的生产或消费数量以满足它们所商定的必要用途外，本款将予适用。

（iv）本分款规定的消费和生产计算数量不应包括缔约方用于检疫和装运前用途的数量。

9. 本条第 4、第 6、第 7 款所指缔约方各项决定的做出应按照在第 10 条之下做出决定所适用的同一程序。

第 6 条　控制措施的评估和审查

从 1990 年起，其后至少每四年一次，各缔约方应根据可以取得的科学、环境、技术和经济资料，对第 2 条、2E 条第 2A 至 2H 条规定的控制措施进行评估。在每次评估的至少一年以前，各缔约方应召开上述有关领域的合格专家组会议，并决定任何此种专家组的组成及任务规定。专家组应于举行会议后一年内，通过秘书处向各缔约方报告其结论。

第7条 数据汇报

1. 每一缔约方应在成为缔约方之后的三个月内，向秘书处提供关于附件A所列第一种控制物质的1996年生产、进口和出口的统计数据；在没有确实数据时，则提供此种数据的最佳估计数据。

2. 每一缔约方应在议定书所载关于附件B、C和E物质的规定对该缔约方各自生效之日起三个月内秘书处提供有关下列附件中每一种控制物质的年生产、进口和出口的统计数据，在没有确实数据时，则提供此种数据的最佳估计数据：

—1989年，附件B以及附件C的第一和第二类；

—1991年，附件E。

3. 每一缔约方应在关于附件A、B、C和E所列物质的规定对该国各自生效的那一年及以后每一年向秘书处提供附件A、B、C和E内所列每一种控制物质的年产量（根据第1条第5款的定义）统计数据，并为每一种物质分别提供下列数据：

—用作原料的数量；

—使用缔约方会议核准的技术加以销毁的数量；

—同缔约方和非缔约方的进出口数量。

每一缔约方应向秘书处提供用于检疫和装运前用途的附件E所列控制物质年产量的统计数。此种数据应在数据有关年度结束后九个月内提出。

3之二：每一缔约方应向秘书处提供关于其经过再循环的附件A第二类和附件C第一类所列每一种控制物质和每年进口和出口数量的单独统计数据。

4. 对按照第2条第8（a）款规定行事的各缔约方而言，如果有关的区域经济一体化组织汇报该组织与非该组织成员国之间的进出口数据，则本条第1、第2、第3和第3之二款关于进口和出口的统计数据的要求应视为已经满足。

第8条 不遵守

缔约方应在其第一会议上审议并通过据以裁定不遵守本议定书规定情事及处理被查明不遵守规定的缔约方的程序及体制机构。

第9条 研究、发展、公众认识及资料交流

1. 各缔约方应从事合作，在符合其国家法律、规章和惯例的情况下，并特别顾及发展中国家的需要，直接地或通过主管国际机构来促进下述各方面的研究、发展及资料交流；

（a）改善控制物质的密封、回收、再循环或销毁、或以其他方式减少它们的排放的最佳技术；

（b）控制物质、含有此种物质的产品及以此种物质制造的产品的可能替代物；

（c）有关控制战略的费用与惠益。

2. 各缔约方应个别地、联合地或通过主管国际机构从事合作，在控制物质和其他消耗臭氧物质的排放对环境的影响方面增进公众认识。

3. 在本议定书生效后两年内，及以后每两年，每一缔约方应秘书处递交一份其依据本条规定进行的活动简报。

第10条　财务机制

1. 缔约方应设置一个机制，向按照本议定书第5条第1款行事的缔约方提供财务及技术合作，包括转让技术在内，使这些国家能够执行议定书第2A至2E条和第I条所规定的控制措施以及依据第5条第1之二款决定的第2F至2H的任何控制措施。对该机制的捐款应当是在对按照该款行事的缔约方的资金转让之外的其他捐款。这个机制应支付这类缔约方的一切议定的递增费用，使它们能够执行议定书的控制措施。缔约方会议应就递增费用类别的一份指示清单作出决定。

2. 按第1款设置的机制应包括一个多边基金。该机制还包括其他多边、区域和双边合作的办法。

3. 这个多边基金应：

（a）斟酌情形作为赠款或作为减让性款项，并按照待由缔约方通过的准则，支付议定书的递增费用；

（b）提供交换所经费从事下列任务：

（i）通过国别研究及其他技术合作，协助按照第5条第1款行事的缔约方确定其合作需要；

（ii）有助于技术合作，以满足所确定的需要；

（iii）按第9条规定分发资料及其他有关材料，举办讲习班、训练班及其他有关活动，以利于发展中国家缔约方；

（iv）有助于及监测发展中国家缔约方可取得的其他多边、区域和双边合作；

（c）提供多边基金秘书处事务费用及有关支助费用。

4. 多边基金应在缔约方权力下运作，缔约方应决定基金的全盘政策。

5. 缔约方应设立一个执行委员会制定并监测具体业务政策、指导方针和行政安排的实施，包括资源的支配，以达成多边基金的目标。执行委员会应在国际复兴开发银行（世界银行）、联合国环境规划署、联合国开发计划署或其他适当机构各按其专门领域提供合作和协助下，履行缔约方议定的委员会职权范围内载明的任务和职责。执委委员会的成员应在按照第5条第1 款行事的缔约方和非按该条款行事的缔约方享有均衡代表权的基础上推选，由缔约方会议认可。

6. 多边基金的资金应来自非按第5条第1款行事的缔约方根据联合国会费分摊款比额表以可自由兑换货币或在某些情况下以实物和/或本国货币作出的捐献。其他缔约方捐款应予以鼓励。双边合作以及缔约方决定同意的某些区域合作若符合缔约方的决定中载明的条件可在一定百分比内视为对多边基金的捐款，但这类合作须至少包括下列要点：

（a）与执行本议定书的规定切实相关；

（b）提供额外资金；

（c）用以支付议定的递增费用。

7. 缔约方应决定多边基金每一财政时期的方案预算并确定个别缔约方对该预算的捐款百分数。

8. 多边基金项下的资源应在受惠缔约方同意下拨付。

9. 在本条下的缔约方决定应尽量以协商一致方式作出。如果尽了一切谋求一致意见而仍然未有达成协议。则这些决定应以出席并参加表决的缔约方的三分之二多数票通过，但须在按照第5条第1款行事和非按该条款行事的出席并参加表决的缔约方两者中都获得多数票。

10. 本条所规定的财务机制不妨碍将来就其他环境可能作出的任何安排。

第10A条：技术转让

每一缔约方应配合财务机制支持的方案，采取一切实际可行步骤，以确保：

（a）现有最佳的、无害环境的替代品和有关技术迅速转让给按照第5条第1款行事的缔约方；

（b）以上（a）项所指的转让在公平和最优惠的条件下进行。

第11条 缔约方会议

1. 缔约方应定期召开会议。秘书处至迟应在本议定生效后一年内召开第一次缔约方会议，如在这个期间适逢召开公约缔约方会议，则与其衔接举行。

2. 其后的缔约方常会，除非缔约方另有决定，应与公约缔约方会议衔接举行。缔约方的非常会议，应在一次缔约方会议认为必要的其他时间举行，或者应任何一个缔约方的书面请求举行，但须在秘书处将该项请求转送各缔约方后六个月内至少获三分之一缔约方支持该项请求。

3. 缔约方应在其第一次会议上：

（a）以协商一致方式通过其会议的议事规则；

（b）以协商一致方式通过第13条第2款所指的财务细则；

（c）设置第6条规定的专家组并确定其任务规定；

（d）审议并通过第8条所规定的程序及体制机构；

（e）开始依据第10条第3款制定的工作计划。（所述的第10条是1987年通过的原本议定书第10条。）

4. 缔约方会议的职责是：

（a）审查本议定书的执行情况；

（b）决定第2条第9款所指的调整或削减；

（c）按照第2条第10款决定应否对任何附件物质清单作出任何添加、增入或删除并决定有关的控制措施；

（d）必要时为第7条和第9条第3款所规定的资料汇报制定准则或程序；

（e）审查按照第10条第2款提出的技术援助请求；

（f）审查秘书处依据第12条（c）项规定编制的报告；

（g）按照第6条，评估控制措施；

（h）视需要审议并通过有关修正本议定书或其附件的提案或有关新附件的提案；

（i）审议并通过用于执行本议定的预算；

（j）审议并采取为实现本议定书宗旨所需的任何其他行动。

5. 联合国及其各专门机构和国际原子能机构，以及任何非本议定书缔约方的国家，均可以观察员身份出席缔约方会议。任何组织或机构，无论是国家或国际性质、政府或非政府性质，只要在保护臭氧层有关领域具有资格，并向秘书处声明愿意以观察员身份出席缔约方会议，则除非有至少三分之一的出席缔约方表示反对，都可被接纳参加。观察员的接纳与参加应遵照缔约方通过的议事规则。

第12条 秘书处

为本议定书的目的，秘书处应：

（a）为第11条所规定的缔约方会议作出安排并提供服务；

（b）收取依据第7条提供的数据，并在缔约方请求时提供此种数据；

（c）根据按照第7条和第9条规定收到的资料，定期编制报告并向缔约方分发；

（d）通知缔约方依据第10条所收到的任何技术援助请求，以便利提供此种援助；

（e）鼓励非缔约方以观察员身份出席缔约方会议并按照本议定书规定行事；

（f）酌情向此种非缔约方观察员提供以上（c）和（d）项所指的资料和请求；

（g）履行缔约方为实现本议定书宗旨而可能指定的其他职责。

第 13 条　财务规定

1. 实施本议定书所需的经费，包括与本议定书有关的秘书处业务经费，应全部由缔约方的缴款支付。

2. 缔约方应在第一次会议上以协商一致方式通过本议定书业务的财务细则。

第 14 条　本议定书与公约的关系

除本议定书内另有规定外，公约中有关其议定书的各项规定应适用于本议定书。

第 15 条　签　字

本议定书应于 1987 年 9 月 16 日在蒙特利尔、1987 年 9 月 17 日至 1988 年 1 月 16 日的渥太华及 1988 年 1 月 17 日至 9 月 15 日在纽约联合国总部开放供各国及区域经济一体化组织签字。

第 16 条　生　效

1. 本议定书应于 1989 年 1 月 1 日生效，但届时必须已有至少占控制物质 1986 年估计全球消费量三分之二的国家或区域经济一体化组织交存至少十一份批准、接受、核准或加入本议定书的文书，同时公约第 17 条第 1 款的各项规定也已履行。如果这些条件在该日尚未满足，则本议定书应于这些条件满足之日以后的第九十天生效。

2. 为第 1 款的目的，一个区域经济一体化组织交存的任何文书，应不算作此种组织的成员国交存的文书之外另加的文书。

3. 在本议定书生效后，任何国家或区域经济一体化组织应于其交存批准、接受、核准或加入文书之日以后的第九十天成为本议定书的缔约方。

第 17 条　议定书生效后加入的缔约方

在不违背第 5 条的规定之下，在本议定书生效之日后加入的任何国家或区域经济一体化组织，应立即履行这个日期对本议定书生效之日成为缔约方的国家及区域经济一体化组织适用的第 2 条以及第 2A 至 2H 条和第 4 条下规定的全部义务。

第 18 条　保　留

对本议定书不得作出任何保留。

第 19 条　退　出

任何缔约方，可在履行第 2A 第 1 款所载义务满四年后的任何时候，经向存放机构提出书面通知，退出本议定书。退出应在存放机构接到退知起一年后生效，或在退出通知上指明的较后日期生效。

第 20 条　作准文本

本议定书原本应交存于联合国秘书长，其阿拉伯文、中文、英文、法文、俄文和西班牙文文本均为作准文本。

为此，下列全权代表，经正式授权，在本议定书上签字，以昭信守。

1987 年 9 月 16 日订于蒙特利尔公约。

附件 A：控制物质

类别	物质		消耗臭氧潜能值
第一类	$CFCl_3$	（CFC-11）	1.0
	CF_2Cl_2	（CFC-12）	1.0
	$C_2F_3Cl_3$	（CFC-113）	0.8
	$C_2F_4Cl_2$	（CFC-114）	1.0
	C_2F_5Cl	（CFC-115）	0.6
第二类	CF_2BrCl	（哈龙-1211）	3.0
	CF_3Br	（哈龙-1301）	10.0
	$C_2F_4Br_2$	（哈龙-2402）	6.0

* 这些消耗臭氧潜能值是根据现有知识的估计数，将对其进行期审查和修改。

附件 B：控制物质

类别	物质		消耗臭氧潜能值
第一类	CF_3Cl	（CFC-13）	1.0
	C_2FCl_5	（CFC-111）	1.0
	$C_2F_2Cl_4$	（CFC-112）	1.0
	C_3FCl_7	（CFC-211）	1.0
	$C_3F_2Cl_6$	（CFC-212）	1.0
	$C_3F_3Cl_5$	（CFC-213）	1.0
	$C_3F_3Cl_4$	（CFC-214）	1.0
	$C_3F_3Cl_3$	（CFC-215）	1.0
	$C_3F_3Cl_2$	（CFC-216）	1.0
	C_3F_7Cl	（CFC-217）	1.0
第二类	CCl_4	四氯化碳	1.1
第三类	$C_2H_3Cl_3$*	1,1,1-三氯乙烷*（甲基氯仿）	0.1

* 本分子式并不指 1,1,2-三氯乙烷。

附件 C：控制物质

类别	物质		异构体数目	消耗臭氧潜能值*
第一类	$CHFCl_2$	（HCFC-21）**	1	0.04
	CHF_2Cl	（HCFC-22）**	1	0.055
	CH_2FCl	（HCFC-31）	1	0.02
	C_2HFCl_4	（HCFC-121）	2	0.01～0.04
	$C_2HF_2Cl_3$	（HCFC-122）	3	0.02～0.08
	$C_2HF_3Cl_2$	（HCFC-123）	3	0.02～0.06
	$CHCl_2CF_3$	（HCFC-123）**	—	0.02
	C_2HF_4Cl	（HCFC-124）	2	0.02～0.04
	$CHFClCF_3$	（HCFC-124）**	—	0.022
	$C_2H_2FCl_3$	（HCFC-131）	3	0.007～0.05
	$C_2HF_2Cl_2$	（HCFC-132）	4	0.008～0.05
	$C_2H_2F_3Cl$	（HCFC-133）	3	0.02～0.06
	$C_2H_3FCl_2$	（HCFC-141）	3	0.005～0.07

类别	物质		异构体数目	消耗臭氧潜能值*
第一类	CH_3CFCl_2	（HCFC-141b）**	—	0.01
	$C_2H_3F_2Cl$	（HCFC-142）	3	0.008～0.07
	CH_3CF_2Cl	（HCFC-142b）**	—	0.065
	C_2H_4FCl	（HCFC-151）	2	0.003～0.005
	C_3HFCl_6	（HCFC-221）	5	0.015～0.07
	$C_3HF_2Cl_5$	（HCFC-222）	9	0.01～0.09
	$C_3HF_3Cl_4$	（HCFC-223）	12	0.01～0.08
	$C_3HF_4Cl_3$	（HCFC-224）	12	0.01～0.09
	$C_3HF_5Cl_2$	（HCFC-225）	9	0.02～0.07
	$CF_3CF_2CHCl_2$	（HCFC-225ca）**	—	0.025
	$CF_2C_1F_2CHClF$	（HCFC-225cb）**	—	0.033
	C_3HF_6Cl	（HCFC-226）	5	0.02～0.10
	$C_3H_2FCl_5$	（HCFC-231）	9	0.05～0.09
	$C_3H_2F_2Cl_4$	（HCFC-232）	16	0.008～0.10
	$C_3H_2F_3Cl_3$	（HCFC-233）	18	0.007～0.23
	$C_3H_2F_2Cl_2$	（HCFC-234）	16	0.01～0.28
	$C_2H_2F_5Cl$	（HCFC-235）	9	0.03～0.52
	$C_3H_3FCl_4$	（HCFC-241）	12	0.004～0.09
	$C_3H_3F_2Cl_3$	（HCFC-242）	18	0.005～0.13
	$C_3H_3F_3Cl_2$	（HCFC-243）	18	0.007～0.12
	$C_3H_3F_4Cl$	（HCFC-244）	12	0.009～0.14
	$C_3H_4FCl_3$	（HCFC-251）	12	0.001～0.01
	$C_3H_4F_3Cl_2$	（HCFC-252）	16	0.005～0.04
	$C_3H_4F_3Cl$	（HCFC-253）	12	0.003～0.03
	$C_3H_5FCl_2$	（HCFC-261）	9	0.002～0.02
	$C_3H_5F_2Cl$	（HCFC-262）	9	0.002～0.02
	C_3H_6FCl	（HCFC-271）	5	0.001～0.03
第二类	$CHFBr_2$		1	1.00
	CHF_2	（HCFC-22B1）	1	0.74
	CH_2FBr		1	0.73
	C_2HFBr_4		2	0.3～0.8
	$C_2HF_2Br_3$		3	0.5～1.8
	$C_2HF_3Br_2$		3	0.4～1.6
	C_2HF_4Br		2	0.7～1.2
	$C_2H_2FBr_3$		3	0.1～1.1
	$C_2H_2FBr_2$		4	0.2～1.5
	$C_2H_2F_3Br$		3	0.7～1.6
	$C_2H_3FBr_2$		3	0.1～1.7
	$C_2H_3F_2Br$		3	0.2～1.1
	C_2H_4FBr		2	0.07～0.1
	C_3HFBr_6		5	0.3～1.5
	$C_3HF_2Br_5$		9	0.2～1.9
	$C_3HF_3Br_4$		12	0.3～1.8
	$C_3HF_4Br_3$		12	0.5～2.2
	$C_3HF_5Br_2$		9	0.9～2.0
	C_3HF_6Br		5	0.7～3.3

类别	物质		异构体数目	消耗臭氧潜能值*
第二类	$C_3H_2FBr_5$		9	0.1～1.9
	$C_3H_2F_2Br_4$		16	0.2～2.1
	$C_3H_2F_3Br_3$		18	0.2～5.6
	$C_3H_2F_3Br_2$		16	0.3～7.5
	$C_3H_2F_5Br$		8	0.9～1.4
	$C_3H_3FBr_4$		12	0.08～1.9
	$C_3H_3F_2Br_3$		18	0.1～3.1
	$C_3H_3F_3Br_2$		18	0.1～2.5
	$C_3H_3F_4Br$		12	0.3～4.4
	$C_3H_4FBr_3$		12	0.03～0.3
	$C_3H_4F_2Br_2$		16	0.1～1.0
	$C_2H_4F_2Br$		12	0.07～0.8
	$C_3H_5FBr_2$		9	0.04～0.4
	$C_3H_5F_2Br$		9	0.07～0.8
	C_3H_6FBr		5	0.02～0.7
第三类	CH_2BrCl	溴氯甲烷	1	0.12

* 在列出消耗臭氧潜能值的幅度时，为议定书的目的应使用该幅度的最高值。作为单一数值列出的消耗臭氧潜能值是根据实验室的测量计算得出的。作为幅度列出的潜能值是根据估算得出的，因为较不确定。幅度值涉及一个同质异构群的潜能值，其最高值是具有最大消耗臭氧潜能值的异构体的消耗臭氧潜能值估计数，最低值是具有最少消耗臭氧潜能值的异构体的潜能值估计数。

** 指明最大规模生产的物质，并为议定书的目的列出其消耗臭氧潜能值。

附件 D：含有附件 A 所列控制物质的产品清单*

产品**	海关编号
1. 汽车和卡车的空调器（不论是否构成车辆机件一部分）	
2. 家用和商用制冷和空调/热泵设备***	
例如：	
冰箱	
冷冻箱	
减湿箱	
水冷器	
制冰机	
空调和热泵	
3. 气溶胶产品，医疗用的除外	
4. 便携式灭火器	
5. 绝热板、绝热片及水管绝热套	
6. 预聚物	

* 本附件是由缔约方第三次会议根据议定书第 4 条第 3 款的要求于 1991 年 6 月 21 日在内罗毕通过的。

** 但在作为个人和家庭用品批量运输或在通常免受海关检查的类似非商业情形下运输时不算。

*** 当含有附件 A 所列控制物质作为制冷剂和/或在产品的绝缘材料中时。

附件 E：控制物质

类别	物质		消耗臭氧潜能值
第一类	CH_3Br	甲基溴	0.6

消耗臭氧层物质管理条例

中华人民共和国国务院令

第 573 号

《消耗臭氧层物质管理条例》已经 2010 年 3 月 24 日国务院第 104 次常务会议通过，现予公布，自 2010 年 6 月 1 日起施行。

总　理　温家宝

二〇一〇年四月八日

消耗臭氧层物质管理条例

第一章　总　则

第一条　为了加强对消耗臭氧层物质的管理，履行《保护臭氧层维也纳公约》和《关于消耗臭氧层物质的蒙特利尔议定书》规定的义务，保护臭氧层和生态环境，保障人体健康，根据《中华人民共和国大气污染防治法》，制定本条例。

第二条　本条例所称消耗臭氧层物质，是指对臭氧层有破坏作用并列入《中国受控消耗臭氧层物质清单》的化学品。

《中国受控消耗臭氧层物质清单》由国务院环境保护主管部门会同国务院有关部门制定、调整和公布。

第三条　在中华人民共和国境内从事消耗臭氧层物质的生产、销售、使用和进出口等活动，适用本条例。

前款所称生产，是指制造消耗臭氧层物质的活动。前款所称使用，是指利用消耗臭氧层物质进行的生产经营等活动，不包括使用含消耗臭氧层物质的产品的活动。

第四条　国务院环境保护主管部门统一负责全国消耗臭氧层物质的监督管理工作。

国务院商务主管部门、海关总署等有关部门依照本条例的规定和各自的职责负责消耗臭氧层物质的有关监督管理工作。

县级以上地方人民政府环境保护主管部门和商务等有关部门依照本条例的规定和各自的职责负责本行政区域消耗臭氧层物质的有关监督管理工作。

第五条　国家逐步削减并最终淘汰作为制冷剂、发泡剂、灭火剂、溶剂、清洗剂、加工助剂、杀虫剂、气雾剂、膨胀剂等用途的消耗臭氧层物质。

国务院环境保护主管部门会同国务院有关部门拟订《中国逐步淘汰消耗臭氧层物质国家方案》（以

下简称国家方案），报国务院批准后实施。

第六条 国务院环境保护主管部门根据国家方案和消耗臭氧层物质淘汰进展情况，会同国务院有关部门确定并公布限制或者禁止新建、改建、扩建生产、使用消耗臭氧层物质建设项目的类别，制定并公布限制或者禁止生产、使用、进出口消耗臭氧层物质的名录。

因特殊用途确需生产、使用前款规定禁止生产、使用的消耗臭氧层物质的，按照《关于消耗臭氧层物质的蒙特利尔议定书》有关允许用于特殊用途的规定，由国务院环境保护主管部门会同国务院有关部门批准。

第七条 国家对消耗臭氧层物质的生产、使用、进出口实行总量控制和配额管理。国务院环境保护主管部门根据国家方案和消耗臭氧层物质淘汰进展情况，商国务院有关部门确定国家消耗臭氧层物质的年度生产、使用和进出口配额总量，并予以公告。

第八条 国家鼓励、支持消耗臭氧层物质替代品和替代技术的科学研究、技术开发和推广应用。

国务院环境保护主管部门会同国务院有关部门制定、调整和公布《中国消耗臭氧层物质替代品推荐名录》。

开发、生产、使用消耗臭氧层物质替代品，应当符合国家产业政策，并按照国家有关规定享受优惠政策。国家对在消耗臭氧层物质淘汰工作中做出突出成绩的单位和个人给予奖励。

第九条 任何单位和个人对违反本条例规定的行为，有权向县级以上人民政府环境保护主管部门或者其他有关部门举报。接到举报的部门应当及时调查处理，并为举报人保密；经调查情况属实的，对举报人给予奖励。

第二章 生产、销售和使用

第十条 消耗臭氧层物质的生产、使用单位，应当依照本条例的规定申请领取生产或者使用配额许可证。但是，使用单位有下列情形之一的，不需要申请领取使用配额许可证：

（一）维修单位为了维修制冷设备、制冷系统或者灭火系统使用消耗臭氧层物质的；

（二）实验室为了实验分析少量使用消耗臭氧层物质的；

（三）出入境检验检疫机构为了防止有害生物传入传出使用消耗臭氧层物质实施检疫的；

（四）国务院环境保护主管部门规定的不需要申请领取使用配额许可证的其他情形。

第十一条 消耗臭氧层物质的生产、使用单位除具备法律、行政法规规定的条件外，还应当具备下列条件：

（一）有合法生产或者使用相应消耗臭氧层物质的业绩；

（二）有生产或者使用相应消耗臭氧层物质的场所、设施、设备和专业技术人员；

（三）有经环境保护主管部门验收合格的环境保护设施；

（四）有健全完善的生产经营管理制度。

将消耗臭氧层物质用于本条例第六条规定的特殊用途的单位，不适用前款第（一）项的规定。

第十二条 消耗臭氧层物质的生产、使用单位应当于每年 10 月 31 日前向国务院环境保护主管部门书面申请下一年度的生产配额或者使用配额，并提交其符合本条例第十一条规定条件的证明材料。

国务院环境保护主管部门根据国家消耗臭氧层物质的年度生产、使用配额总量和申请单位生产、使用相应消耗臭氧层物质的业绩情况，核定申请单位下一年度的生产配额或者使用配额，并于每年 12 月 20 日前完成审查，符合条件的，核发下一年度的生产或者使用配额许可证，予以公告，并抄送国务院有关部门和申请单位所在地省、自治区、直辖市人民政府环境保护主管部门；不符合条件的，书面通知申请单位并说明理由。

第十三条 消耗臭氧层物质的生产或者使用配额许可证应当载明下列内容：

（一）生产或者使用单位的名称、地址、法定代表人或者负责人；

（二）准予生产或者使用的消耗臭氧层物质的品种、用途及其数量；

（三）有效期限；

（四）发证机关、发证日期和证书编号。

第十四条 消耗臭氧层物质的生产、使用单位需要调整其配额的，应当向国务院环境保护主管部门申请办理配额变更手续。

国务院环境保护主管部门应当依照本条例第十一条、第十二条规定的条件和依据进行审查，并在受理申请之日起 20 个工作日内完成审查，符合条件的，对申请单位的配额进行调整，并予以公告；不符合条件的，书面通知申请单位并说明理由。

第十五条 消耗臭氧层物质的生产单位不得超出生产配额许可证规定的品种、数量、期限生产消耗臭氧层物质，不得超出生产配额许可证规定的用途生产、销售消耗臭氧层物质。

禁止无生产配额许可证生产消耗臭氧层物质。

第十六条 依照本条例规定领取使用配额许可证的单位，不得超出使用配额许可证规定的品种、用途、数量、期限使用消耗臭氧层物质。

除本条例第十条规定的不需要申请领取使用配额许可证的情形外，禁止无使用配额许可证使用消耗臭氧层物质。

第十七条 消耗臭氧层物质的销售单位，应当按照国务院环境保护主管部门的规定办理备案手续。

国务院环境保护主管部门应当将备案的消耗臭氧层物质销售单位的名单进行公告。

第十八条 除依照本条例规定进出口外，消耗臭氧层物质的购买和销售行为只能在符合本条例规定的消耗臭氧层物质的生产、销售和使用单位之间进行。

第十九条 从事含消耗臭氧层物质的制冷设备、制冷系统或者灭火系统的维修、报废处理等经营活动的单位，应当向所在地县级人民政府环境保护主管部门备案。

专门从事消耗臭氧层物质回收、再生利用或者销毁等经营活动的单位，应当向所在地省、自治区、直辖市人民政府环境保护主管部门备案。

第二十条 消耗臭氧层物质的生产、使用单位，应当按照国务院环境保护主管部门的规定采取必要的措施，防止或者减少消耗臭氧层物质的泄漏和排放。

从事含消耗臭氧层物质的制冷设备、制冷系统或者灭火系统的维修、报废处理等经营活动的单位，应当按照国务院环境保护主管部门的规定对消耗臭氧层物质进行回收、循环利用或者交由从事消耗臭氧层物质回收、再生利用、销毁等经营活动的单位进行无害化处置。

从事消耗臭氧层物质回收、再生利用、销毁等经营活动的单位，应当按照国务院环境保护主管部门的规定对消耗臭氧层物质进行无害化处置，不得直接排放。

第二十一条 从事消耗臭氧层物质的生产、销售、使用、回收、再生利用、销毁等经营活动的单位，以及从事含消耗臭氧层物质的制冷设备、制冷系统或者灭火系统的维修、报废处理等经营活动的单位，应当完整保存有关生产经营活动的原始资料至少 3 年，并按照国务院环境保护主管部门的规定报送相关数据。

第三章 进出口

第二十二条 国家对进出口消耗臭氧层物质予以控制，并实行名录管理。国务院环境保护主管部门会同国务院商务主管部门、海关总署制定、调整和公布《中国进出口受控消耗臭氧层物质名录》。

进出口列入《中国进出口受控消耗臭氧层物质名录》的消耗臭氧层物质的单位，应当依照本条例的规定向国家消耗臭氧层物质进出口管理机构申请进出口配额，领取进出口审批单，并提交拟进出口的消耗臭氧层物质的品种、数量、来源、用途等情况的材料。

第二十三条 国家消耗臭氧层物质进出口管理机构应当自受理申请之日起 20 个工作日内完成审查，作出是否批准的决定。予以批准的，向申请单位核发进出口审批单；未予批准的，书面通知申请单位并说明理由。

进出口审批单的有效期最长为90日，不得超期或者跨年度使用。

第二十四条 取得消耗臭氧层物质进出口审批单的单位，应当按照国务院商务主管部门的规定申请领取进出口许可证，持进出口许可证向海关办理通关手续。列入《出入境检验检疫机构实施检验检疫的进出境商品目录》的消耗臭氧层物质，由出入境检验检疫机构依法实施检验。

消耗臭氧层物质在中华人民共和国境内的海关特殊监管区域、保税监管场所与境外之间进出的，进出口单位应当依照本条例的规定申请领取进出口审批单、进出口许可证；消耗臭氧层物质在中华人民共和国境内的海关特殊监管区域、保税监管场所与境内其他区域之间进出的，或者在上述海关特殊监管区域、保税监管场所之间进出的，不需要申请领取进出口审批单、进出口许可证。

第四章 监督检查

第二十五条 县级以上人民政府环境保护主管部门和其他有关部门，依照本条例的规定和各自的职责对消耗臭氧层物质的生产、销售、使用和进出口等活动进行监督检查。

第二十六条 县级以上人民政府环境保护主管部门和其他有关部门进行监督检查，有权采取下列措施：

（一）要求被检查单位提供有关资料；

（二）要求被检查单位就执行本条例规定的有关情况作出说明；

（三）进入被检查单位的生产、经营、储存场所进行调查和取证；

（四）责令被检查单位停止违反本条例规定的行为，履行法定义务；

（五）扣押、查封违法生产、销售、使用、进出口的消耗臭氧层物质及其生产设备、设施、原料及产品。

被检查单位应当予以配合，如实反映情况，提供必要资料，不得拒绝和阻碍。

第二十七条 县级以上人民政府环境保护主管部门和其他有关部门进行监督检查，监督检查人员不得少于 2 人，并应当出示有效的行政执法证件。

县级以上人民政府环境保护主管部门和其他有关部门的工作人员，对监督检查中知悉的商业秘密负有保密义务。

第二十八条 国务院环境保护主管部门应当建立健全消耗臭氧层物质的数据信息管理系统，收集、汇总和发布消耗臭氧层物质的生产、使用、进出口等数据信息。

县级以上地方人民政府环境保护主管部门应当将监督检查中发现的违反本条例规定的行为及处理情况逐级上报至国务院环境保护主管部门。

县级以上地方人民政府其他有关部门应当将监督检查中发现的违反本条例规定的行为及处理情况逐级上报至国务院有关部门，国务院有关部门应当及时抄送国务院环境保护主管部门。

第二十九条 县级以上地方人民政府环境保护主管部门或者其他有关部门对违反本条例规定的行为不查处的，其上级主管部门有权责令其依法查处或者直接进行查处。

第五章　法律责任

第三十条　负有消耗臭氧层物质监督管理职责的部门及其工作人员有下列行为之一的，对直接负责的主管人员和其他直接责任人员，依法给予处分；直接负责的主管人员和其他直接责任人员构成犯罪的，依法追究刑事责任：

（一）违反本条例规定核发消耗臭氧层物质生产、使用配额许可证的；

（二）违反本条例规定核发消耗臭氧层物质进出口审批单或者进出口许可证的；

（三）对发现的违反本条例的行为不依法查处的；

（四）在办理消耗臭氧层物质生产、使用、进出口等行政许可以及实施监督检查的过程中，索取、收受他人财物或者谋取其他利益的；

（五）有其他徇私舞弊、滥用职权、玩忽职守行为的。

第三十一条　无生产配额许可证生产消耗臭氧层物质的，由所在地县级以上地方人民政府环境保护主管部门责令停止违法行为，没收用于违法生产消耗臭氧层物质的原料、违法生产的消耗臭氧层物质和违法所得，拆除、销毁用于违法生产消耗臭氧层物质的设备、设施，并处100万元的罚款。

第三十二条　依照本条例规定应当申请领取使用配额许可证的单位无使用配额许可证使用消耗臭氧层物质的，由所在地县级以上地方人民政府环境保护主管部门责令停止违法行为，没收违法使用的消耗臭氧层物质、违法使用消耗臭氧层物质生产的产品和违法所得，并处20万元的罚款；情节严重的，并处50万元的罚款，拆除、销毁用于违法使用消耗臭氧层物质的设备、设施。

第三十三条　消耗臭氧层物质的生产、使用单位有下列行为之一的，由所在地省、自治区、直辖市人民政府环境保护主管部门责令停止违法行为，没收违法生产、使用的消耗臭氧层物质、违法使用消耗臭氧层物质生产的产品和违法所得，并处2万元以上10万元以下的罚款，报国务院环境保护主管部门核减其生产、使用配额数量；情节严重的，并处10万元以上20万元以下的罚款，报国务院环境保护主管部门吊销其生产、使用配额许可证：

（一）超出生产配额许可证规定的品种、数量、期限生产消耗臭氧层物质的；

（二）超出生产配额许可证规定的用途生产或者销售消耗臭氧层物质的；

（三）超出使用配额许可证规定的品种、数量、用途、期限使用消耗臭氧层物质的。

第三十四条　消耗臭氧层物质的生产、销售、使用单位向不符合本条例规定的单位销售或者购买消耗臭氧层物质的，由所在地县级以上地方人民政府环境保护主管部门责令改正，没收违法销售或者购买的消耗臭氧层物质和违法所得，处以所销售或者购买的消耗臭氧层物质市场总价3倍的罚款；对取得生产、使用配额许可证的单位，报国务院环境保护主管部门核减其生产、使用配额数量。

第三十五条　消耗臭氧层物质的生产、使用单位，未按照规定采取必要的措施防止或者减少消耗臭氧层物质的泄漏和排放的，由所在地县级以上地方人民政府环境保护主管部门责令限期改正，处5万元的罚款；逾期不改正的，处10万元的罚款，报国务院环境保护主管部门核减其生产、使用配额数量。

第三十六条　从事含消耗臭氧层物质的制冷设备、制冷系统或者灭火系统的维修、报废处理等经营活动的单位，未按照规定对消耗臭氧层物质进行回收、循环利用或者交由从事消耗臭氧层物质回收、再生利用、销毁等经营活动的单位进行无害化处置的，由所在地县级以上地方人民政府环境保护主管部门责令改正，处进行无害化处置所需费用3倍的罚款。

第三十七条　从事消耗臭氧层物质回收、再生利用、销毁等经营活动的单位，未按照规定对消耗臭氧层物质进行无害化处置而直接向大气排放的，由所在地县级以上地方人民政府环境保护主管部门责令改正，处进行无害化处置所需费用3倍的罚款。

第三十八条 从事消耗臭氧层物质生产、销售、使用、进出口、回收、再生利用、销毁等经营活动的单位，以及从事含消耗臭氧层物质的制冷设备、制冷系统或者灭火系统的维修、报废处理等经营活动的单位有下列行为之一的，由所在地县级以上地方人民政府环境保护主管部门责令改正，处5 000元以上2万元以下的罚款：

（一）依照本条例规定应当向环境保护主管部门备案而未备案的；

（二）未按照规定完整保存有关生产经营活动的原始资料的；

（三）未按时申报或者谎报、瞒报有关经营活动的数据资料的；

（四）未按照监督检查人员的要求提供必要的资料的。

第三十九条 拒绝、阻碍环境保护主管部门或者其他有关部门的监督检查，或者在接受监督检查时弄虚作假的，由监督检查部门责令改正，处1万元以上2万元以下的罚款；构成违反治安管理行为的，由公安机关依法给予治安管理处罚；构成犯罪的，依法追究刑事责任。

第四十条 进出口单位无进出口许可证或者超出进出口许可证的规定进出口消耗臭氧层物质的，由海关依照有关法律、行政法规的规定予以处罚；构成犯罪的，依法追究刑事责任。

第六章 附 则

第四十一条 本条例自2010年6月1日起施行。

关于加强消耗臭氧层物质淘汰管理工作的通知

环发〔2007〕40号

各省、自治区、直辖市环境保护局（厅）：

根据我国政府签署加入的《关于消耗臭氧层物质的蒙特利尔议定书》伦敦修正案、哥本哈根修正案，以及我国与实施蒙特利尔议定书多边基金执委会达成的消耗臭氧层物质淘汰计划，我国将在2007年7月1日提前淘汰除原料、必要用途和在用设备维修之外的全氯氟烃（CFCs）和哈龙的生产和使用，在2010年1月1日前淘汰四氯化碳和甲基氯仿的生产和使用。

我国是消耗臭氧层物质（以下简称ODS）生产和使用的大国，履约工作时间紧、任务重，如不能按时完成预定的目标，将严重影响我国的国际地位和声誉。为切实履行我国政府对国际社会的承诺，确保实现工作目标，现就加强履约工作的有关事宜通知如下：

一、提高认识，加强组织领导。各级环保部门要进一步提高对臭氧层保护工作的认识，明确环保部门在履约工作中的监管职责，积极推动地方政府成立由政府牵头、各相关部门参加的组织协调机构，加强统一指导。环保部门应充分发挥组织协调作用，指定专人负责。总局履约办公室统一负责指导地方开展工作。请各省级环保部门于2007年3月30日前将本单位负责淘汰ODS管理工作的人员名单报送总局履约办公室。

二、摸清底数，做好基础工作。各级环保部门要切实按照履约工作的要求，开展相关情况调查，摸清辖区内企业生产、销售和使用情况，建立ODS生产和使用的申报登记制度，制定工作方案（见附件一），并将工作方案于2007年4月30日前报总局。总局履约办公室成立专家指导组，对开展具体工作提供咨询指导。

三、严格监督，加大对非法生产、非法使用和非法贸易（简称“三非”）的打击力度。要切实组织好对辖区内下列企业的检查和不定期抽查工作：生产ODS以及副产ODS的化工企业；使用ODS作原料的企业；使用四氯化碳作化工助剂的企业；使用CFCs、甲基氯仿和四氯化碳作为溶剂的企业；使用CFCs作为发泡剂的泡沫生产企业；使用CFCs作为制冷剂和发泡剂的家用电器（冰箱、冰柜、冷热饮水机）生产企业。我局已将获得履约资金支持的企业名单登载在相关网站上，请各级环保部门及时反馈检查结果，如发现这些企业确有违规行为，经核实后，我局将给予经济处罚。

四、狠抓落实，加强长效机制建设。各级环保部门应结合工作实际，探索并建立淘汰消耗臭氧层物质的长效管理机制。通过推进环境影响评价、严格执法、产业导向、ISO 14000 环境管理体系认证等制度和手段，将履约任务落实到具体工作中，减少ODS的排放，防止生产项目的新、改、扩建和回潮使用。ODS生产和使用量大的重点省级环保部门，要联合当地有关职能部门切实加大对ODS“三非”的打击力度，对屡查屡犯的企业，必须依法予以关停。

五、开展培训，抓好宣传动员工作。2007年4月，我局开始组织相关培训，为相关人员提供基础知识、政策法规的学习交流。各级环保部门应加大宣传力度，广泛动员社会公众参与保护臭氧层工作，对非法行为进行监督举报，自觉选择不含ODS的产品。

六、循序渐进，稳步推进履约能力建设。为支持和促进各级环保部门作好ODS淘汰工作，我局与有关国际组织进行磋商并达成协议，为各级环保部门加强履约工作提供资金和技术支持。本着“成熟一个支持一个”的原则，对准备工作扎实、积极性高、履约工作量大的省级环保部门优先支持。有关资金申请和使用办法等事项将另行通知。

联系人：国家环保总局污控司　王锷一

联系电话：（010）66556278

传真：（010）66556248

附件：1. ××省（区、市）加速淘汰消耗臭氧层物质工作方案提纲

2. 专家指导组人员名单及联系方式

国家环境保护总局

二〇〇七年三月二十日

附件1

××省（区、市）加速淘汰消耗臭氧层物质工作方案提纲

一、工作目标

根据“2007年7月1日前淘汰全氯氟烃和哈龙，在2010年1月1日前淘汰四氯化碳和甲基氯仿”的目标，结合本地实际情况确定工作目标。

二、工作任务及责任分工

（一）对生产领域的监管措施

1. 对新、改、扩建项目的管理措施。禁止全氯氟烃、哈龙、四氯化碳、甲基氯仿、甲基溴生产项目；新、改、扩建甲烷氯化物生产项目必须符合国家有关政策要求。

2. 对现有全氯氟烃、哈龙、四氯化碳、甲烷氯化物（副产四氯化碳）、甲基氯仿、甲基溴、含氢氯氟烃生产企业申报登记和管理措施。

3. 对非法生产的监督举报和处罚措施（设立举报热线）。

（二）对使用领域的监管

1. 对在生产过程中使用ODS或生产含ODS的产品的新、改、扩建项目的控制（参照国家发改委产业调整目录）。

2. 对企业ODS使用情况的监督措施（数据申报登记、监督已完成替代项目的企业不得回潮使用、未完成替代转换的项目限期淘汰、有使用配额限制的在配额内使用）。

3. 对原料用途的监管措施（企业数据申报登记）。

4. 对仍然可以继续使用CFCs和哈龙的维修用途的监管措施（要求在维修过程中回收ODS，并进

行登记）。

5. 对非法使用的监督举报和处罚措施（设立举报热线）。

（三）对流通领域的监管

1. 对 ODS 销售的监管。

2. 对含有和使用 ODS 的产品销售的监管。

三、保障措施

（一）组织保障（成立有关部门参加的领导小组、办公室）

（二）落实责任（开展宣传、调研、培训、执法检查等活动）

附件 2

专家指导组人员名单及联系方式

领域	姓名	联系方式
政策 HCFC 生产和使用行业	周晓芳	（010）66532343
	李宏涛	（010）66532400
四氯化碳生产和使用行业 哈龙生产和使用行业 CFCs 生产行业	王开祥	（010）66532428
	庞春燕	（010）66532425
	王淑嫦	（010）66532429
家电行业 药用气雾剂行业	李红兵	（010）66532408
	焦若静	（010）66532341
甲基溴行业	孙芳娟	（010）66532409
清洗行业	唐艳冬	（010）66532413
泡沫行业	王旭	（010）66532405
	孟庆君	（010）66532401
工商制冷行业 维修行业	李红兵	（010）66532408
	杨晓华	（010）66532423
	易旭	（010）66532410
打击非法行为	陈济斌	（010）66532340

国家环境保护总局、国家发展和改革委员会、商务部、海关总署、国家质量监督检验检疫总局关于禁止生产、销售、进出口以氯氟（CFCs）物质为制冷剂、发泡剂的家用电器产品的公告

环函〔2007〕200号

为履行《保护臭氧层维也纳公约》和《关于消耗臭氧层物质的蒙特利尔议定书》（伦敦修正案），保护环境，促进产业结构升级，根据《国务院关于发布实施〈促进产业结构调整暂行规定〉的决定》和《产业结构调整指导目录》，以及《中国消耗臭氧层物质逐步淘汰国家方案（修订稿）》的有关规定，现就以氯氟烃（CFCs）物质为制冷剂、发泡剂的家用电器产品的生产、销售、进出口管理工作公告如下：

一、自2007年7月1日起，任何企业不得生产以氯氟烃（CF-Cs）为制冷剂、发泡剂的家用电器产品，不得在家用电器产品的生产过程中使用氯氟烃作为清洗剂。

二、自2007年9月1日起，任何企业（包括生产企业以及经销商和零售商在内的所有流通企业）不得销售以氯氟烃为制冷剂、发泡剂的家用电器产品。

三、从2007年9月1日起，禁止进口、出口以氯氟烃物质为制冷剂、发泡剂的家用电器产品和以氯氟烃为制冷工质的家用电器产品用压缩机。

四、本公告所适用的家用电器产品是指包括家用电冰箱（家用冷藏箱、家用冷冻箱、家用冷藏冷冻箱）、冷柜、家用制冰机、家用冰激凌机、冷饮机、冷热饮水机、电饭锅、电热水器等产品。

五、本公告所适用的氯氟烃是指包括CFC-11（$CFCl_3$）、CFC-12（CF_2Cl_2）、CFC-113（$C_2F_3Cl_3$）等在内的、所有可用作制冷剂、发泡剂、清洗剂的氯氟烃类消耗臭氧层受控物质的一种或几种。

六、从2007年9月1日起，将本公告附件一所列的进出口商品列入《出入境检验检疫机构实施检验检疫的进出境商品目录》（以下简称：《检验检疫法检目录》）。各进出口单位在办理以非氯氟烃为制冷剂、发泡剂的附件一、二所列家用电器产品的进出口手续时，应向出入境检验检疫机构提供为非氯氟烃制冷剂、发泡剂的证明（产品说明书、技术文件以及供货商的证明）。对本公告附件一中新增列入《检验检疫法检目录》的商品，出入境检验检疫机构对上述证明材料进行符合性确认后，签发《出入境货物通关单》；对本公告附件二中的商品，出入境检验检疫机构对上述证明材料进行符合性确认，并按规定实施法定检验后，签发《出入境货物通关单》。

七、对附件中实行《自动进口许可机电产品目录》管理的产品，各进出口单位应向商务主管部门申请《自动进口许可证》。

八、海关凭商务部门签发的《自动进口许可证》和出入境检验检疫机构签发的《出入境货物通关单》办理附件所列产品的进出口验放手续。

九、各有关部门在对家用电器企业进行生产建设项目投资管理、土地供应、环境评估，以及信贷

融资、进出口管理等工作中，要按照上述规定执行。对不按上述规定停止生产、销售、进出口的企业，国家各有关主管部门要依据有关法律法规和行政管理办法进行管理或处罚，地方各级政府及有关部门要依据国家有关法律法规责令其停产或者予以关闭，环境保护行政管理部门要吊销其排污许可证。对违反规定者，要依法追究直接责任人和有关领导的责任。

上述管理的产品从境外进、出保税区、出口加工区、保税仓库等海关特殊监管区域，免于办理进、出口许可证，但须办理检验检疫手续；从保税区、出口加工区、保税仓库等海关特殊监管区域转出区外境内的，适用于本公告。

关于生产和使用消耗臭氧层物质建设项目管理有关工作的通知

环大气〔2018〕5号

各省、自治区、直辖市环境保护厅（局），新疆生产建设兵团环境保护局：

根据我国政府批准加入的《关于消耗臭氧层物质的蒙特利尔议定书》（以下简称《议定书》）及其有关修正案，除特殊用途外，我国已淘汰受控用途的哈龙、全氯氟烃、四氯化碳、甲基氯仿和甲基溴等消耗臭氧层物质的生产和使用，正在逐步削减受控用途的含氢氯氟烃的生产和使用。为实现《议定书》规定的履约目标，依据《消耗臭氧层物质管理条例》的有关规定，现将有关要求通知如下：

一、禁止新建、扩建生产和使用作为制冷剂、发泡剂、灭火剂、溶剂、清洗剂、加工助剂、气雾剂、土壤熏蒸剂等受控用途的消耗臭氧层物质的建设项目。

二、改建、异址建设生产受控用途的消耗臭氧层物质的建设项目，禁止增加消耗臭氧层物质生产能力。

三、新建、改建、扩建生产化工原料用途的消耗臭氧层物质的建设项目，生产的消耗臭氧层物质仅用于企业自身下游化工产品的专用原料用途，不得对外销售。

四、新建、改建、扩建副产四氯化碳的建设项目，应当配套建设四氯化碳处置设施。

五、本通知所指消耗臭氧层物质具体见《中国受控消耗臭氧层物质清单》（环境保护部、发展改革委、工业和信息化部公告 2010年第72号）。

六、本通知自印发之日起实施。原《关于禁止新建生产、使用消耗臭氧层物质生产设施的通知》（环发〔1997〕733号）、《关于〈关于禁止新建生产、使用消耗臭氧层物质生产设施的通知〉的补充通知》（环发〔1999〕147号）、《关于严格控制新（扩）建四氯化碳生产项目的通知》（环办〔2003〕28号）、《关于严格控制新、扩建或改建1,1,1-三氯乙烷和甲基溴生产项目的通知》（环办〔2003〕60号）、《关于禁止新建使用消耗臭氧层物质作为加工助剂生产设施的公告》（环函〔2004〕410号）、《关于严格控制新（扩）建项目使用四氯化碳的补充通知》（环办〔2006〕15号）、《关于严格控制新建、改建、扩建含氢氯氟烃生产项目的通知》（环办〔2008〕104号）、《关于严格控制新建使用含氢氯氟烃生产设施的通知》（环办〔2009〕121号）、《关于严格控制新建、改建、扩建含氢氯氟烃生产项目的补充通知》（环办函〔2015〕644号）同时废止。

环境保护部

2018年1月23日

海南省国土环境资源厅关于印发《海南省加强消耗臭氧层物质淘汰履约能力建设项目（二期）实施方案》的通知

琼土环资控字〔2014〕20号

各市、县国土环境资源局（环境保护局）、洋浦经济开发区规划建设土地局、各直属单位：

为了深入贯彻落实《消耗臭氧层物质管理条例》相关要求，继续加强我省履行蒙特利尔议定书的能力，经友好协商，环境保护部门环境保护对外合作中心与我厅签署了《加强消耗臭氧层物质淘汰履约能力建设项目（二期）协议书》。根据协议要求，编制《海南省加强消耗臭氧层物质淘汰履约能力建设项目（二期）实施方案》，现将该实施方案印发给你们，请贯彻执行。

附件：海南省加强消耗臭氧层物质淘汰履约能力建设项目（二期）实施方案

海南省国土环境资源厅
2014年4月14日

附件

海南省加强消耗臭氧层物质淘汰履约能力建设项目（二期）实施方案

一、项目背景

2005年，我省签署了《加速淘汰消耗臭氧层物质（ODS）倡议书》，与12个省市共同开展创建臭氧层友好省（市）工作，并于2006年7月1日前比国家计划提前一年实现了CFCs和HALON的淘汰目标，荣获环保部、联合国开发计划署和环境规划署联合授予“保护臭氧层示范省”称号。2008年我省在环保部对外合作中心的指导下，开展了“加强地方消耗臭氧层物质淘汰能力建设”一期项目，2012年以考评等级为“优秀”的成绩通过了环保部组织的验收。

一期项目实施期间，我省通过开展履约机构建设、ODS基本情况调研、培训宣传、监督执法等活动，顺利实现了健全工作协调机制，建立ODS信息数据库、阶段性淘汰ODS等既定目标，并培养了一支具备较全面的履约知识和能力的专业队伍，建立了 ODS 监督管理体系，提高了公众参与保护臭氧层的意识，为我省进一步开展 ODS 管理工作提供了坚实的基础。

海南省的 ODS 淘汰工作虽已取得阶段性成果，但仍存在一些不足，且履约工作面临着巨大挑战。一期调查表明，HCFCs 在海南省工商制冷设备和维修制冷行业使用量较大，给海南省履约行动带来一定的压力和挑战。2010 年正式实施的《消耗臭氧层物质管理条例》明确规定了地方环保部门和相关管理部门对 ODS 淘汰监督管理的职责，截至目前我省尚未出台该条例相关的配套文件，不利于政策的贯彻实施。为了深入贯彻落实《消耗臭氧层物质管理条例》相关要求，继续加强我省履行蒙特利尔议定书的能力，确保 HCFCs 淘汰第一阶段履约目标的实现。在总结一期工作的基础上，开展消耗臭氧层物质淘汰履约能力建设二期项目。

二、项目目标

（一）对 ODS（重点为 HCFCs 和甲基溴）生产和销售情况进行调研，更新 ODS 生产、销售、使用和进出口企业信息系统。

（二）通过各部门的联合监督执法，实现“2013 年年底将含氢氯氟烃（HCFCs）的生产和消费冻结在 2009—2010 年的平均水平；2015 年在冻结水平的基础上削减 10%；2015 年 1 月 1 日，淘汰除原料和豁免用途以外甲基溴的生产和消费”的履约目标，保证蒙特利尔议定书可持续履约。

（三）完善对原料、豁免用途等领域消耗臭氧层物质使用的申报登记、备案等管理制度。

（四）严格执行国家已经颁布的 ODS 淘汰政策法规，完善必要的地方法规以及管理、监督和执法体系。

（五）通过宣传培训，进一步提高地方政府和公众的履约意识和履约能力。

（六）加强履约能力建设，完善协调配合的工作运行机制。

三、工作内容

（一）落实 ODS 相关政策法规

贯彻落实《消耗臭氧层物质管理条例》《消耗臭氧层物质进出口管理办法》等法规，加强 ODS 生产、使用、销售、进出口等各个环节的管理。严格建设项目审批，除特殊用途外，禁止新建 HCFCs 生产设施；严格执行 HCFCs 生产、使用、销售配额管理制度。

（二）实行 ODS 申报登记制度

开展 ODS 生产、使用和销售申报登记，建立动态信息数据库，完善 ODS 生产、销售、使用和进出口相关信息，掌握我省 ODS 淘汰的重点行业、区域和企业名单，为后续 ODS 淘汰工作奠定基础。

（三）实施 ODS 备案管理制度

对不同行业涉及的 ODS 生产、使用、销售、回收处理，根据其类别与规模分别进行备案管理。对从事含 ODS 的制冷设备、制冷系统或者灭火器的维修、报处理等经营活动的单位，应向所在地县级环保主管部门备案；年度 HCFCs 经销量在 1 000 吨以下的销售企业、HCFCs 受控用途年使用量在 100 吨以下的使用企业应向省级环保部门备案。

（四）开展宣传培训

分期分批举办 ODS 培训班，每年至少举办一期，以提高相关工作人员的 ODS 知识、管理水平和技术水平，培训内容包括：

1. 举办针对建设项目审批人员、环境影响评价人员等相关人员的培训班，提升项目准入审批意识。

2. 举办针对基层环保部门执法人员的培训班，提高基层环保部门的履约意识和监督执法水平。

3. 举办针对 ODS 使用、销售、维修单位管理人员和技术人员的培训班，提高企业保护臭氧层知识，规范 ODS 使用、销售过程中的管理。

积极发挥宣传引导作用，充分利用报纸、电视、网站等媒体宣传臭氧层知识，提高公众的保护臭氧层意识，包括：

1. 在海南省国土环境资源厅门户网站开设 ODS 宣传专栏，介绍保护臭氧层基础知识、相关政策法规和工作进展等内容。

2. 利用 9 • 16 国际保护臭氧层日、6 • 5 世界环境日、4 • 22 世界地球日等重要纪念日举办多形式的宣传活动，并组织电视、报刊、广播和网络等媒体对活动进行报道和推广。

（五）开展监督执法

1. 联合工商、质监、公安、消防等部门组织执法小组，结合 ODS 调研情况，针对性开展现场监督执法，加强对重点地区、重点行业、重点企业的检查和不定抽查，督促企业规范管理，推动 ODS 淘汰工作。对于非法生产、使用、销售和进出口 ODS 的单位和个人，依法进行惩处。

2. 设立举报热线，研究建立举报奖励制度，引导市民参与 ODS 淘汰工作。

（六）建立完善长效管理机制

1. 建立完善联席会议制度。在原“创建臭氧层友好省”工作运行机制基础上，建立完善由环保、发改、财政、消防、商务、工商、公安、建设、交通和技术监督部门监督等部门组成的“海南省消耗臭氧层国际履约联席会议制度”，协调解决 ODS 淘汰能力建设和履约工作。成员单位按照各自职责，加强对涉及 ODS 的各项工作管理，遇到跨行业、跨部门等重大事项和问题需要协调时，及时召开联席会议，各相关部门通过联席会议达成一致意见，确保海南省 ODS 淘汰能力建设和履约工作有序开展。

2. 建立完善地方配套政策制度。根据《消耗臭氧层物质管理条例》等规定，制订出台 ODS 使用、销售备案管理实施细则、HCFCs 回收备案等相关规章制度，全面促进 ODS 淘汰工作。

3. 推动政府绿色采购政策。协调省财政等部门，推动绿色采购与办公，禁止将使用 HCFCs 及其他 ODS 的中央空调、冷柜、冷库、家用空调等制冷设备（系统）不得列入政府采购目录，减少含 ODS 设施的使用。

4. 拓展合作渠道。积极参加 ODS 淘汰相关的培训班和学术会议，邀请国家以及先进省市相关人员来琼交流 ODS 能力建设和履约工作的管理理念与技术，拓宽合作渠道，提高我省 ODS 履约能力，推动履约工作。

四、工作机构

在海南省国土环境资源厅成立 ODS 淘汰履约能力建设项目（二期）工作领导小组，负责项目的统筹部署和协调。工作领导小组组成人员如下：

组　长：毛东利（省国土环境资源厅，副厅长）

成　员：王昌号（省国土环境资源厅污染防治处，处长）

符朝辉（省国土环境资源厅政策法规处，处长）

岳　平（省环境科学研究院，院长）

陈清波（省环境资源监察总队，总队长）

陈海森（省国土环境资源宣教培训中心，主任）

工作领导小组下设办公室，负责履行的日常工作。组成人员如下：

主　任：王昌号（省国土环境资源厅污染防治处，处长）

成　员：陈　曦（省国土环境资源厅污染防治处）

向　玲（省国土环境资源厅政策法规处）

张　静（省环境科学研究院）

钱益斌（省环境科学研究院）

周兴翠（省环境科学研究院）

邝仕海（省环境资源监察总队）

陈强林（省国土环境资源宣教培训中心）

为了加强项目的技术支持，由项目实施办公室牵头组织成立专家组。专家组由5～8名成员组成，主要来自省内高等院校、科研机构、行业协会等单位，人员涵盖化工、环保和质量监督等不同领域。

五、项目产出

（一）调研报告。主要内容包括：海南省以往淘汰ODS工作简介；辖区内涉及ODS特别是HCFCs和甲基溴生产、使用、销售、回收、再生利用和销毁的企业名单、分布位置、ODS使用情况；企业停止ODS使用的计划、替代品的选择以及产生的费用评估；调研情况分析等。

（二）执法检查工作报告。主要内容包括：执法检查次数、所检查企业的数量和基本信息、执法检查的具体日期、执法人员信息、检查主要内容、企业配合检查人员信息及提供的材料、检查结论等。

（三）项目年度进展报告。主要内容包括：年度开展企业调研、宣传、培训、执法检查、政策研究、ODS回收再生利用和销毁、替代品开发和推广、部门协调会或经验交流会等活动详细介绍以及资金使用情况等。

（四）项目完成报告（包括ODS企业数据信息系统报告）。

六、工作进度安排

本项目的详细进度安排详见下表。

活动	2014年				2015年				2016年			
	一季度	二季度	三季度	四季度	一季度	二季度	三季度	四季度	一季度	二季度	三季度	四季度
项目的前期启动	√	√										
地方制定工作方案		√										
对地方环保局的培训			√				√		√			
地方开展调研				√	√							
地方开展宣传				√			√			√		
地方开展监督执法工作				√	√	√	√	√	√	√		
核查				√	√	√	√	√	√	√		
验收、完成报告											√	√

七、资金预算

（一）资金来源

本项目的资金来源为二期项目申请经费：200 000 美元

（二）分项预算

项目经费预算表

单位：美元

活动		数量	单位	单位成本	合计
研究和制定ODS管理配套政策	聘用相关机构或行业专家的咨询费；现场调研差旅费；调研报告编制劳务费；报告印刷及专家评审等与调研有关的活动费用	40	人天	250	10 000
	相关部门和专家评估和研讨会议	3	次	5 000	15 000
	印制法规和管理制度（分发给相关企业和人员）	500	份	4	2 000
调研，建立并动态更新 ODS 生产、销售、使用和进出口数据库	调查至少 100 个企业生产、销售和使用 ODS 的详细信息	100	人天	100	10 000
	每年一次对相关企业使用 ODS 情况进入核查	100	人天	100	10 000
	交通运输	100	车次	50	5 000
	调查数据输入、分析和报告撰写及数据库维护	20	人天	100	2 000
培训	为基层环保部门执法人员举办培训班（包括授课费、场地租金、交通、住宿和培训材料等）	100	人	250	25 000
宣传	在 9·16 国际保护臭氧层日、6·5 世界环境日或根据工作安排在其他日期组织至少 3 次宣传活动，受众总人数不少于 4 500 人（场地租金、方案设计、材料印制、媒体报道等）	3	次	20 000	60 000
执法检查	对辖区内 ODS 重点企业的备案和报送经营数据和配额使用等情况至少每年进行两次检查；联合工商管理部门对制冷剂销售单位、市场开展执法检查，严格查处销售假冒伪劣制冷剂的行为；加强与海关的沟通，严厉打击非法进出口 ODS 行为	100	人天	200	20 000
	交通运输	100	天	50	5 000
项目管理办公室运作	工作人员（项目管理办公室除原有 3 名在编工作人员外，另对外招聘 1 名专职人员开展 ODS 日常工作三年）	3	人	10 000	30 000
举报奖励	对举报违法行为举报进行奖励	60	人	100	6 000
合计					200 000

海南省生态环境保护厅关于加强消耗臭氧层物质生产、销售、使用、维修、回收等备案管理通知

琼环防字〔2015〕13号

各市、县国土环境资源局（环境保护局），洋浦经济开发区安全生产监督管理和环境保护局、先行试验区国土环境资源局：

根据国务院《消耗臭氧层物质管理条例》和环境保护部《关于加强含氢氯氟烃生产、销售和使用管理的通知》环函〔2013〕179号的规定，凡是从事消耗臭氧层物质（以下简称ODS）生产、销售、使用、回收、再生利用、销毁等经营活动的单位，以及从事含ODS的制冷设备、制冷系统或者灭火系统维修、报废处理等经营活动的单位应到环保部门办理配额申请或备案。现结合本省实际，有关要求通知如下：

一、环境保护部受理范围与要求

（一）受理范围。

1. 含氢氯氟烃（以下简称HCFCs）生产企业申请HCFCs生产配额许可证。

2. HCFCs受控用途年使用量在100吨以上的使用企业申请HCFCs使用配额许可证。

3. HCFCs及其混合物年度经销量在1 000吨（含）以上的销售企业办理销售备案；涉及含HCFCs混合物的，按比例折算单种物质及其量进行申报。

4. HCFCs原料用途使用企业办理使用备案。

（二）备案要求。

在环境保护部申请配额或备案管理的相关单位，具体流程、时间、材料等要求应按照环函〔2013〕179号进行办理。

配额许可证、备案申请资格等具体要求可在“中国保护臭氧层行动网”进行查询和下载。

二、省环保厅受理范围及要求

（一）受理范围。

1. HCFCs受控用途年使用量在100吨以下的使用企业办理年度使用备案，受控用途主要指制冷、发泡、清洗行业。

2. HCFCs及其混合物年度经销量在1吨以上1 000吨以下的销售企业办理年度销售备案；涉及含HCFCs混合物的，按比例折算单种物质及其量进行申报。

3. 从事ODS回收、再生利用或者销毁等经营活动的企业。

以上 ODS 指列入《中国受控消耗臭氧层物质清单》的化学品，经营单位涉及行政许可的需凭证经营。

（二）备案材料要求。

1. 销售企业。

（1）海南省含氢氯氟烃（HCFCs）销售企业备案表。

（2）经年审合格的企业营业执照复印件。

（3）危险品经营许可证或安全生产许可证复印件。

2. 受控用途使用企业。

（1）海南省含氢氯氟烃（HCFCs）受控用途使用企业备案表。

（2）经年审合格的企业营业执照复印件。

（3）环境影响评价证明文件和环保竣工验收报告。

3. ODS 回收、再生利用、销毁等经营活动企业。

（1）海南省从事 ODS 回收、再生利用、销毁经营活动备案表。

（2）营业执照复印件。

（3）其他相关行政许可文件。

（三）备案程序。

省厅委托海南省固体废物管理中心（海南省环境科学研究院内设固体废物管理科）具体负责本省企业备案受理和管理工作，对备案材料齐全、符合法定形式和备案要求的企业，应在收到材料之日起 10 个工作日内做出备案决定。不予备案的，应在备案表上书面说明。

三、市县环保局受理范围及要求

（一）受理范围。

1. HCFCs 及其混合物年度经销量在 1 吨以下的销售企业办理年度销售备案；涉及含 HCFCs 混合物的，按比例折算单种物质及其量进行申报。

2. 从事含 ODS 的制冷设备、制冷系统或者灭火系统的维修、报废处理等经营活动的企业。

（二）备案要求。

在市县环保部门办理备案管理的相关单位，具体流程、时间、材料等要求应按照市县环保部门的相关规定进行办理。

四、监督管理要求

1. 各市县环保部门应按照《消耗臭氧层物质管理条例》的要求，对辖区内的 HCFCS 生产、使用、销售、维修和回收等活动进行监督检查，督促相关企业申请配额许可证或备案，发现违反条例的行为，给予依法查处。

2. 在省厅办理备案的相关企业，应在每年 1 月 30 日前向省厅提交上年度的备案表及相关证明材料，备案表一式三份。

3. 各经营单位应当按照《消耗臭氧层物质管理条例》、制冷剂使用技术规范等要求规范经营行为，同时完整保存有关生产经营活动的原始资料至少 3 年，并于次年 1 月底前向省厅报送经营活动年度报告表（附件 4）。已备案单位产业结构调整、关闭或停产前需到省厅办理注销。

4、我厅每年将备案情况汇总上报环保部并抄送各市县环保局。

附件：1. 海南省含氢氯氟烃（HCFCs）销售备案表
　　　2. 海南省含氢氯氟烃（HCFCs）受控用途使用企业备案表
　　　3. 海南省从事 ODS 回收、再生利用、销毁经营活动备案表
　　　4. 海南省从事 ODS 回收、再生利用、销毁经营活动年度报告表

海南省生态环境保护厅

2015 年 6 月 11 日

附件 1

海南省含氢氯氟烃（HCFCs）销售备案表

编号（　年）第　号

<table>
<tr><td colspan="7">申请销售备案的 HCFCs 品种（每张表格仅限填写一种物质）：
□ HCFC-22　□ HCFC-141b　□ HCFC-142b
□ HCFC-123　□ HCFC-124　□ HCFC-133a
如有其他，请填写________________</td></tr>
<tr><td rowspan="6">企业基本情况</td><td colspan="6">企业名称：</td></tr>
<tr><td colspan="5">地址：</td><td>邮编：</td></tr>
<tr><td colspan="2">所有制性质：</td><td colspan="4">组织机构代码证号：</td></tr>
<tr><td colspan="2">法人代表姓名：</td><td colspan="2">电话：</td><td colspan="2">传真：</td></tr>
<tr><td colspan="2">联系人姓名：</td><td colspan="2">手机：</td><td colspan="2">电话：</td></tr>
<tr><td colspan="2">传真：</td><td colspan="4">电子部件地址：</td></tr>
<tr><td rowspan="3">销售情况</td><td>销售汇总情况</td><td>年初库存：
吨</td><td>购买量：
吨</td><td>销售量：
吨</td><td>损耗量：
吨</td><td>年末库存：
吨</td></tr>
<tr><td>供货单位名称</td><td colspan="5"></td></tr>
<tr><td>购买单位名称</td><td colspan="5"></td></tr>
<tr><td>申请企业声明</td><td colspan="6">本企业申请办理 HCFCs（1 吨以上 1 000 吨以下）销售备案，愿意严格遵守《消耗臭氧层物质管理条例》和《关于加强含氢氯氟烃生产、销售和使用管理的通知》的规定，并接受相关监督检查。

法人代表（签名）：　　　　申请企业（盖章）
年　月　日</td></tr>
<tr><td>备案情况</td><td colspan="6">备案意见：

经办人：　　　　负责人：
年　月　日</td></tr>
</table>

附件 2

海南省含氢氯氟烃（HCFCs）受控用途使用企业备案表

编号（　年）第　号

<table>
<tr><td rowspan="7">企业基本情况</td><td colspan="5">企业名称：</td></tr>
<tr><td colspan="4">地址：</td><td>邮编：</td></tr>
<tr><td colspan="2">所有制性质①：</td><td colspan="2">中资比例：</td><td>组织机构代码证号：</td></tr>
<tr><td colspan="2">建厂时间②：</td><td colspan="3">首次使用 HCFCs 时间③：</td></tr>
<tr><td colspan="2">法人代表姓名：</td><td colspan="2">电话：</td><td>手机：</td></tr>
<tr><td colspan="2" rowspan="2">联系人姓名：</td><td colspan="2">电话：</td><td>手机：</td></tr>
<tr><td colspan="2">电子邮件</td><td>传真：</td></tr>
<tr><td rowspan="4">使用用途基本情况</td><td colspan="5">使用 HCFCs 行业/用途：
所属行业：□ 房间空调　□ 工商制冷　□ 聚氨酯泡沫
□ 挤出聚苯乙烯泡沫　□ 溶剂
具体用途：</td></tr>
<tr><td>物质名称</td><td>HCFCs
年初库存（吨）</td><td>HCFCs
采购量（吨）</td><td>HCFCs
使用量（吨）</td><td>HCFCs
年末库存（吨）</td></tr>
<tr><td></td><td></td><td></td><td></td><td></td></tr>
<tr><td></td><td></td><td></td><td></td><td></td></tr>
<tr><td>申请企业声明</td><td colspan="5">本企业申请办理 HCFCs 受控用途使用备案，愿意严格遵守《消耗臭氧层物质管理条例》和《关于加强含氢氯氟烃生产、销售和使用管理的通知》的规定，并接受相关监督检查。

法人代表（签名）：　　　　申请企业（盖章）
年　月　日</td></tr>
<tr><td>备案情况</td><td colspan="5">备案意见：

经办人：　　　　负责人：
年　月　日</td></tr>
</table>

填表说明：

①可填写国有、私营、外方独资、合资等。

②应与公司营业执照上列明的“成立日期”项相同。

③企业初次购买 HCFCs 或挤出聚苯乙烯（XPS）/聚氨酯发泡/清洗/制冷设备时间。

附件 3

海南省从事ODS回收、再生利用、销毁经营活动备案表

编号（　　年）第　号

<table>
<tr><td colspan="5">一、经营活动单位基本情况</td></tr>
<tr><td colspan="5">企业名称：</td></tr>
<tr><td colspan="3">地址：</td><td>所在区县</td><td></td></tr>
<tr><td colspan="2">组织机构代码证号：</td><td></td><td>职工人数</td><td></td></tr>
<tr><td colspan="2">法人代表姓名：</td><td>电话：</td><td>手机</td><td></td></tr>
<tr><td colspan="2">联系人姓名：</td><td>电话：</td><td>手机</td><td></td></tr>
<tr><td colspan="5">二、经营单位类型（可多选）</td></tr>
<tr><td>序号</td><td>类型</td><td>回收</td><td>再生利用</td><td>销毁</td></tr>
<tr><td>1</td><td>工商、家用制冷设备（系统）ODS</td><td></td><td></td><td></td></tr>
<tr><td>2</td><td>机动车制冷设备（系统）ODS</td><td></td><td></td><td></td></tr>
<tr><td>3</td><td>消防灭火器系统（含哈龙）</td><td></td><td></td><td></td></tr>
<tr><td>4</td><td>其他类型</td><td></td><td></td><td></td></tr>
<tr><td colspan="5">三、ODS受控物质管理情况（除标数量外，其余√，可以多选）</td></tr>
<tr><td rowspan="3">设备情况</td><td>制冷剂（哈龙）回收设备</td><td colspan="3">数量：___台，其中：自购☐ 获赠☐</td></tr>
<tr><td>ODS 鉴别仪</td><td colspan="3">数量：___台，其中：自购 ☐ 获赠☐</td></tr>
<tr><td>ODS 回收用储罐</td><td colspan="3">容积：____L，数量：___台</td></tr>
<tr><td colspan="5">我特此确认，本备案表所填写内容均为真实的，我对本单位所提交的材料的真实性负责，并承担内容不实之后果。

法人代表（签名）：　　　　　　　　申请企业（盖章）
年　月　日</td></tr>
<tr><td colspan="5">备案意见：

经办人：　　　　负责人：　　　　年　月　日</td></tr>
</table>

附件 4

海南省从事 ODS 回收、再生利用、销毁经营活动年度报告表（20　年）

<table>
<tr><td colspan="7">一、经营活动单位基本情况</td></tr>
<tr><td>单位名称</td><td colspan="6"></td></tr>
<tr><td>单位地址</td><td colspan="3"></td><td colspan="2">备案号</td><td></td></tr>
<tr><td>法人代表</td><td colspan="3"></td><td colspan="2">职工人数</td><td></td></tr>
<tr><td>联系人</td><td colspan="3"></td><td colspan="2">联系电话</td><td></td></tr>
<tr><td>行业类别</td><td colspan="3">ODS 回收、再生利用单位□</td><td colspan="3">ODS 回收、销毁单位□</td></tr>
<tr><td colspan="7">二、年度经营情况</td></tr>
<tr><td rowspan="2">序号</td><td rowspan="2">涉及 ODS 名称</td><td rowspan="2">ODS 回收量（千克/年）</td><td colspan="4">其中：（千克/年）</td></tr>
<tr><td>暂存</td><td>循环利用</td><td>再生利用</td><td>销毁量</td></tr>
<tr><td></td><td></td><td></td><td colspan="2"></td><td colspan="2"></td></tr>
<tr><td></td><td></td><td></td><td colspan="2"></td><td colspan="2"></td></tr>
<tr><td></td><td></td><td></td><td colspan="2"></td><td colspan="2"></td></tr>
<tr><td></td><td></td><td></td><td colspan="2"></td><td colspan="2"></td></tr>
<tr><td></td><td></td><td></td><td colspan="2"></td><td colspan="2"></td></tr>
<tr><td colspan="7">三、其他说明</td></tr>
<tr><td colspan="7">1. 回收装置名称：数量：___只
2. 当年参加培训及相关活动说明（包括人数、地点）：</td></tr>
</table>

第九部分
大气环境标准

（一）环境质量标准

中华人民共和国国家标准

环境空气质量标准

Ambient air quality standards

GB 3095—2012

代替 GB 3095—1996，GB 9137—88

前 言

为贯彻《中华人民共和国环境保护法》和《中华人民共和国大气污染防治法》，保护和改善生活环境、生态环境，保障人体健康，制定本标准。

本标准规定了环境空气功能区分类、标准分级、污染物项目、平均时间及浓度限值、监测方法、数据统计的有效性规定及实施与监督等内容。各省、自治区、直辖市人民政府对本标准中未作规定的污染物项目，可以制定地方环境空气质量标准。

本标准中的污染物浓度为质量浓度。

本标准首次发布于 1982 年。1996 年第一次修订，2000 年第二次修订，本次为第三次修订。本标准将根据国家经济社会发展状况和环境保护要求适时修订。

本次修订的主要内容：

——调整了环境空气功能区分类，将三类区并入二类区；

——增设了颗粒物（粒径小于等于 2.5 μm）浓度限值和臭氧 8 h 平均浓度限值；

——调整了颗粒物（粒径小于等于 10 μm）、二氧化氮、铅和苯并[*a*]芘等的浓度限值；

——调整了数据统计的有效性规定。

自本标准实施之日起，《环境空气质量标准》（GB 3095—1996）、《〈环境空气质量标准〉（GB 3095—1996）修改单》（环发〔2000〕1 号）和《保护农作物的大气污染物最高允许浓度》（GB 9137—88）废止。

本标准附录 A 为资料性附录，为各省级人民政府制定地方环境空气质量标准提供参考。

本标准由环境保护部科技标准司组织制订。

本标准主要起草单位：中国环境科学研究院、中国环境监测总站。

本标准环境保护部 2012 年 2 月 29 日批准。

本标准由环境保护部解释。

1 适用范围

本标准规定了环境空气功能区分类、标准分级、污染物项目、平均时间及浓度限值、监测方法、数据统计的有效性规定及实施与监督等内容。

本标准适用于环境空气质量评价与管理。

2 规范性引用文件

本标准引用下列文件或其中的条款。凡是未注明日期的引用文件，其最新版本适用于本标准。

GB 8971 空气质量 飘尘中苯并[*a*]芘的测定 乙酰化滤纸层析荧光分光光度法

GB 9801 空气质量 一氧化碳的测定 非分散红外法

GB/T 15264 环境空气 铅的测定 火焰原子吸收分光光度法

GB/T 15432 环境空气 总悬浮颗粒物的测定 重量法

GB/T 15439 环境空气 苯并[*a*]芘的测定 高效液相色谱法

HJ 479 环境空气 氮氧化物（一氧化氮和二氧化氮）的测定 盐酸萘乙二胺分光光度法

HJ 482 环境空气 二氧化硫的测定 甲醛吸收-副玫瑰苯胺分光光度法

HJ 483 环境空气 二氧化硫的测定 四氯汞盐吸收-副玫瑰苯胺分光光度法

HJ 504 环境空气 臭氧的测定 靛蓝二磺酸钠分光光度法

HJ 539 环境空气 铅的测定 石墨炉原子吸收分光光度法（暂行）

HJ 590 环境空气 臭氧的测定 紫外光度法

HJ 618 环境空气 PM_{10}和$PM_{2.5}$的测定 重量法

HJ 630 环境监测质量管理技术导则

HJ/T 193 环境空气质量自动监测技术规范

HJ/T 194 环境空气质量手工监测技术规范

《环境空气质量监测规范（试行）》（国家环境保护总局公告 2007年 第4号）

《关于推进大气污染联防联控工作改善区域空气质量的指导意见》（国办发〔2010〕33号）

3 术语和定义

下列术语和定义适用于本标准。

3.1 环境空气 ambient air

指人群、植物、动物和建筑物所暴露的室外空气。

3.2 总悬浮颗粒物 total suspended particle（TSP）

指环境空气中空气动力学当量直径小于等于100 μm的颗粒物。

3.3 颗粒物（粒径小于等于10 μm） particulate matter（PM_{10}）

指环境空气中空气动力学当量直径小于等于10 μm的颗粒物，也称可吸入颗粒物。

3.4 颗粒物（粒径小于等于2.5 μm） particulate matter（$PM_{2.5}$）

指环境空气中空气动力学当量直径小于等于2.5 μm的颗粒物，也称细颗粒物。

3.5 铅 lead

指存在于总悬浮颗粒物中的铅及其化合物。

3.6 苯并[*a*]芘 benzo[*a*]pyrene（B*a*P）

指存在于颗粒物（粒径小于等于10 μm）中的苯并[*a*]芘。

3.7　氟化物 fluoride

指以气态和颗粒态形式存在的无机氟化物。

3.8　1 h 平均 1-hour average

指任何 1 h 污染物浓度的算术平均值。

3.9　8 h 平均 8-hour average

指连续 8 h 平均浓度的算术平均值，也称 8 小时滑动平均。

3.10　24 h 平均 24-hour average

指一个自然日 24 h 平均浓度的算术平均值，也称为日平均。

3.11　月平均 monthly average

指一个日历月内各日平均浓度的算术平均值。

3.12　季平均 quarterly average

指一个日历季内各日平均浓度的算术平均值。

3.13　年平均 annual mean

指一个日历年内各日平均浓度的算术平均值。

3.14　标准状态 standard state

指温度为 273.15 K，压力为 101.325 kPa 时的状态。本标准中的污染物浓度均为标准状态下的浓度。

4　环境空气功能区分类和质量要求

4.1　环境空气功能区分类

环境空气功能区分为二类：一类区为自然保护区、风景名胜区和其他需要特殊保护的区域；二类区为居住区、商业交通居民混合区、文化区、工业区和农村地区。

4.2　环境空气功能区质量要求

一类区适用一级浓度限值，二类区适用二级浓度限值。一、二类环境空气功能区质量要求见表 1 和表 2。

表 1　环境空气污染物基本项目浓度限值

序号	污染物项目	平均时间	浓度限值		单位
			一级	二级	
1	二氧化硫（SO_2）	年平均	20	60	μg/m^3
		24 h 平均	50	150	
		1 h 平均	150	500	
2	二氧化氮（NO_2）	年平均	40	40	
		24 h 平均	80	80	
		1 h 平均	200	200	
3	一氧化碳（CO）	24 h 平均	4	4	mg/m^3
		1 h 平均	10	10	
4	臭氧（O_3）	日最大 8 h 平均	100	160	μg/m^3
		1 h 平均	160	200	
5	颗粒物（粒径小于等于 10 μm）	年平均	40	70	
		24 h 平均	50	150	
6	颗粒物（粒径小于等于 2.5 μm）	年平均	15	35	
		24 h 平均	35	75	

表 2　环境空气污染物其他项目浓度限值

序号	污染物项目	平均时间	浓度限值		单位
			一级	二级	
1	总悬浮颗粒物（TSP）	年平均	80	200	$\mu g/m^3$
		24 h 平均	120	300	
2	氮氧化物（NO_x）（以 NO_2 计）	年平均	50	50	
		24 h 平均	100	100	
		1 h 平均	250	250	
3	铅（Pb）	年平均	0.5	0.5	
		季平均	1.0	1.0	
4	苯并[*a*]芘（B*a*P）	年平均	0.001	0.001	
		24 h 平均	0.002 5	0.002 5	

4.3　本标准自 2016 年 1 月 1 日起在全国实施。基本项目（表 1）在全国范围内实施；其他项目（表 2）由国务院环境保护行政主管部门或者省级人民政府根据实际情况，确定具体实施方式。

4.4　在全国实施本标准之前，国务院环境保护行政主管部门可根据《关于推进大气污染联防联控工作改善区域空气质量的指导意见》等文件要求指定部分地区提前实施本标准，具体实施方案（包括地域范围、时间等）另行公告，各省级人民政府也可根据实际情况和当地环境保护的需要提前实施本标准。

5　监测

环境空气质量监测工作应按照《环境空气质量监测规范（试行）》等规范性文件的要求进行。

5.1　监测点位布设

表 1 和表 2 中环境空气污染物监测点位的设置，应按照《环境空气质量监测规范（试行）》中的要求执行。

5.2　样品采集

环境空气质量监测中的采样环境、采样高度及采样频率等要求，按 HJ/T 193 或 HJ/T 194 的要求执行。

5.3　污染物分析

应按表 3 的要求，采用相应的方法分析各项污染物的浓度。

表 3　各项污染物分析方法

序号	污染物项目	手工分析方法		自动分析方法
		分析方法	标准编号	
1	二氧化硫（SO_2）	环境空气　二氧化硫的测定　甲醛吸收-副玫瑰苯胺分光光度法	HJ 482	紫外荧光法、差分吸收光谱分析法
		环境空气　二氧化硫的测定　四氯汞盐吸收-副玫瑰苯胺分光光度法	HJ 483	
2	二氧化氮（NO_2）	环境空气　氮氧化物（一氧化氮和二氧化氮）的测定　盐酸萘乙二胺分光光度法	HJ 479	化学发光法、差分吸收光谱分析法
3	一氧化碳（CO）	空气质量　一氧化碳的测定　非分散红外法	GB 9801	气体滤波相关红外吸收法、非分散红外吸收法
4	臭氧（O_3）	环境空气　臭氧的测定　靛蓝二磺酸钠分光光度法	HJ 504	紫外荧光法、差分吸收光谱分析法
		环境空气　臭氧的测定　紫外光度法	HJ 590	

序号	污染物项目	手工分析方法		自动分析方法
		分析方法	标准编号	
5	颗粒物（粒径小于等于 10 μm）	环境空气　PM_{10} 和 $PM_{2.5}$ 的测定　重量法	HJ 618	微量振荡天平法、β射线法
6	颗粒物（粒径小于等于 2.5 μm）	环境空气　PM_{10} 和 $PM_{2.5}$ 的测定　重量法	HJ 618	微量振荡天平法、β射线法
7	总悬浮颗粒物（TSP）	环境空气　总悬浮颗粒物的测定　重量法	GB/T 15432	—
8	氮氧化物（NO_x）	环境空气　氮氧化物（一氧化氮和二氧化氮）的测定　盐酸萘乙二胺分光光度法	HJ 479	化学发光法、差分吸收光谱分析法
9	铅（Pb）	环境空气　铅的测定　石墨炉原子吸收分光光度法（暂行）	HJ 539	—
		环境空气　铅的测定　火焰原子吸收分光光度法	GB/T 15264	—
10	苯并[*a*]芘（B*a*P）	空气质量　飘尘中苯并[*a*]芘的测定　乙酰化滤纸层析荧光分光光度法	GB 8971	—
		环境空气　苯并[*a*]芘的测定　高效液相色谱法	GB/T 15439	—

6　数据统计的有效性规定

6.1　应采取措施保证监测数据的准确性、连续性和完整性，确保全面、客观地反映监测结果。所有有效数据均应参加统计和评价，不得选择性地舍弃不利数据以及人为干预监测和评价结果。

6.2　采用自动监测设备监测时，监测仪器应全年 365 天（闰年 366 天）连续运行。在监测仪器校准、停电和设备故障，以及其他不可抗拒的因素导致不能获得连续监测数据时，应采取有效措施及时恢复。

6.3　异常值的判断和处理应符合 HJ 630 的规定。对于监测过程中缺失和删除的数据均应说明原因，并保留详细的原始数据记录，以备数据审核。

6.4　任何情况下，有效的污染物浓度数据均应符合表 4 中的最低要求，否则应视为无效数据。

表 4　污染物浓度数据有效性的最低要求

污染物项目	平均时间	数据有效性规定
二氧化硫（SO_2）、二氧化氮（NO_2）、颗粒物（粒径小于等于 10 μm）、颗粒物（粒径小于等于 2.5 μm）、氮氧化物（NO_x）	年平均	每年至少有 324 个日平均浓度值； 每月至少有 27 个日平均浓度值（2 月至少有 25 个日平均浓度值）
二氧化硫（SO_2）、二氧化氮（NO_2）、一氧化碳（CO）、颗粒物（粒径小于等于 10 μm）、颗粒物（粒径小于等于 2.5 μm）、氮氧化物（NO_x）	24 h 平均	每日至少有 20 h 平均浓度值或采样时间
臭氧（O_3）	8 h 平均	每 8 h 至少有 6 h 平均浓度值
二氧化硫（SO_2）、二氧化氮（NO_2）、一氧化碳（CO）、臭氧（O_3）、氮氧化物（NO_x）	1 h 平均	每小时至少有 45 min 的采样时间
总悬浮颗粒物（TSP）、苯并[*a*]芘（B*a*P）、铅（Pb）	年平均	每年至少有分布均匀的 60 个日平均浓度值； 每月至少有分布均匀的 5 个日平均浓度值
铅（Pb）	季平均	每季至少有分布均匀的 15 个日平均浓度值； 每月至少有分布均匀的 5 个日平均浓度值
总悬浮颗粒物（TSP）、苯并[*a*]芘（B*a*P）、铅（Pb）	24 h 平均	每日应有 24 h 的采样时间

7　实施与监督

7.1　本标准由各级环境保护行政主管部门负责监督实施。

7.2　各类环境空气功能区的范围由县级以上（含县级）人民政府环境保护行政主管部门划分，报本级人民政府批准实施。

7.3　按照《中华人民共和国大气污染防治法》的规定，未达到本标准的大气污染防治重点城市，应当按照国务院或者国务院环境保护行政主管部门规定的期限，达到本标准。该城市人民政府应当制定限期达标规划，并可以根据国务院的授权或者规定，采取更严格的措施，按期实现达标规划。

附　录　A

（资料性附录）

环境空气中镉、汞、砷、六价铬和氟化物参考浓度限值

各省级人民政府可根据当地环境保护的需要，针对环境污染的特点，对本标准中未规定的污染物项目制定并实施地方环境空气质量标准。以下为环境空气中部分污染物参考浓度限值。

表 A.1　环境空气中镉、汞、砷、六价铬和氟化物参考浓度限值

<table>
<tr><th rowspan="2">序号</th><th rowspan="2">污染物项目</th><th rowspan="2">平均时间</th><th colspan="2">浓度（通量）限值</th><th rowspan="2">单位</th></tr>
<tr><th>一级</th><th>二级</th></tr>
<tr><td>1</td><td>镉（Cd）</td><td>年平均</td><td>0.005</td><td>0.005</td><td rowspan="6">μg/m³</td></tr>
<tr><td>2</td><td>汞（Hg）</td><td>年平均</td><td>0.05</td><td>0.05</td></tr>
<tr><td>3</td><td>砷（As）</td><td>年平均</td><td>0.006</td><td>0.006</td></tr>
<tr><td>4</td><td>六价铬（Cr（Ⅵ））</td><td>年平均</td><td>0.000 025</td><td>0.000 025</td></tr>
<tr><td rowspan="4">5</td><td rowspan="4">氟化物（F）</td><td>1 h 平均</td><td>20①</td><td>20①</td></tr>
<tr><td>24 h 平均</td><td>7①</td><td>7①</td></tr>
<tr><td>月平均</td><td>1.8②</td><td>3.0③</td><td rowspan="2">μg/（dm²·d）</td></tr>
<tr><td>植物生长季平均</td><td>1.2②</td><td>2.0③</td></tr>
<tr><td colspan="6">注：①适用于城市地区；②适用于牧业区和以牧业为主的半农半牧区，蚕桑区；③适用于农业和林业区。</td></tr>
</table>

中华人民共和国国家标准

室内空气质量标准（节选）

Indoor air quality standard

GB/T 18883—2002

前 言

为保护人体健康，预防和控制室内空气污染，制定本标准。

本标准的附录 A、附录 B、附录 C、附录 D 为规范性附录。

本标准为首次发布。

本标准由卫生部、国家环境保护总局《室内空气质量标准》联合起草小组起草。

本标准主要起草单位：中国疾病预防控制中心环境与健康相关产品安全所，中国环境科学研究院环境标准研究所，中国疾病预防控制中心辐射防护安全所，北京大学环境学院，南开大学环境科学与工程学院，北京市劳动保护研究所，清华大学建筑学院，中国科学院生态环境研究中心，中国建筑材料科学研究院环境工程所。

本标准于 2002 年 11 月 19 日由国家质量监督检验检疫总局、卫生部、国家环境保护总局批准。

本标准由国家质量监督检验检疫总局提出。

本标准由国家环境保护总局和卫生部负责解释。

1 范 围

本标准规定了室内空气质量参数及检验方法。

本标准适用于住宅和办公建筑物，其他室内环境可参照本标准执行。

2 规范性引用文件

下列文件中的条款通过本标准的引用而成为本标准的条款。凡是注日期的引用文件，其随后所有的修改（不包括勘误内容）或修订版均不适用于本标准，然而，鼓励根据本标准达成协议的各方研究是否可使用这些文件的最新版本。凡是不注日期的引用文件，其最新版本适用于本标准。

GB/T 9801 空气质量 一氧化碳的测定 非分散红外法

GB/T 11737 居住区大气中苯、甲苯和二甲苯卫生检验标准方法 气相色谱法

GB/T 12372 居住区大气中二氧化氮检验标准方法 改进的 Saltzman 法

GB/T 14582 环境空气中氡的标准测量方法

GB/T 14668 空气质量 氨的测定 纳氏试剂比色法

GB/T 14669 空气质量 氨的测定 离子选择电极法

GB 14677 空气质量 甲苯、二甲苯、苯乙烯的测定 气相色谱法

GB/T 14679 空气质量 氨的测定 次氯酸钠-水杨酸分光光度法

GB/T 15262 环境空气 二氧化硫的测定 甲醛吸收-副玫瑰苯胺分光光度法

GB/T 15435 环境空气 二氧化氮的测定 Saltzman 法

GB/T 15437 环境空气 臭氧的测定 靛蓝二磺酸钠分光光度法

GB/T 15438 环境空气 臭氧的测定 紫外光度法

GB/T 15439 环境空气 苯并[*a*]芘测定 高效液相色谱法

GB/T 15516 空气质量 甲醛的测定 乙酰丙酮分光光度法

GB/T 16128 居住区大气中二氧化硫卫生检验标准方法 甲醛溶液吸收-盐酸副玫瑰苯胺分光光度法

GB/T 16129 居住区大气中甲醛卫生检验标准方法 分光光度法

GB/T 16147 空气中氡浓度的闪烁瓶测量方法

GB/T 17095 室内空气中可吸入颗粒物卫生标准

GB/T 18204.13 公共场所室内温度测定方法

GB/T 18204.14 公共场所室内相对湿度测定方法

GB/T 18204.15 公共场所室内空气流速测定方法

GB/T 18204.18 公共场所室内新风量测定方法 示踪气体法

GB/T 18204.23 公共场所空气中一氧化碳检验方法

GB/T 18204.24 公共场所空气中二氧化碳检验方法

GB/T 18204.25 公共场所空气中氨检验方法

GB/T 18204.26 公共场所空气中甲醛测定方法

GB/T 18204.27 公共场所空气中臭氧检验方法

3 术语和定义

3.1 室内空气质量参数（indoor air quality parameter）

指室内空气中与人体健康有关的物理、化学、生物和放射性参数。

3.2 可吸入颗粒物（particles with diameters of 10 μm or less，PM_{10}）

指悬浮在空气中，空气动力学当量直径小于等于 10 μm 的颗粒物。

3.3 总挥发性有机化合物（Total Volatile Organic Compounds，TVOC）

利用 Tenax GC 或 Tenax TA 采样，非极性色谱柱（极性指数小于 10）进行分析，保留时间在正己烷和正十六烷之间的挥发性有机化合物。

3.4 标准状态（normal state）

指温度为 273 K，压力为 101.325 kPa 时的干物质状态。

4 室内空气质量

4.1 室内空气应无毒、无害、无异常嗅味。

4.2 室内空气质量标准见表 1。

表 1 室内空气质量标准

序号	参数类别	参数	单位	标准值	备注
1	物理性	温度	℃	22～28	夏季空调
				16～24	冬季采暖
2		相对湿度	%	40～80	夏季空调
				30～60	冬季采暖
3		空气流速	m/s	0.3	夏季空调
				0.2	冬季采暖
4		新风量	m^3/（h・人）	30[a]	
5	化学性	二氧化硫（SO_2）	mg/m^3	0.50	1 h 均值
6		二氧化氮（NO_2）	mg/m^3	0.24	1 h 均值
7		一氧化碳（CO）	mg/m^3	10	1 h 均值
8		二氧化碳（CO_2）	%	0.10	日平均值
9		氨（NH_3）	mg/m^3	0.20	1 h 均值
10		臭氧（O_3）	mg/m^3	0.16	1 h 均值
11		甲醛（HCHO）	mg/m^3	0.10	1 h 均值
12		苯（C_6H_6）	mg/m^3	0.11	1 h 均值
13		甲苯（C_7H_8）	mg/m^3	0.20	1 h 均值
14		二甲苯（C_8H_{10}）	mg/m^3	0.20	1 h 均值
15		苯并[*a*]芘（B[*a*]P）	mg/m^3	1.0	日平均值
16		可吸入颗粒物（PM_{10}）	mg/m^3	0.15	日平均值
17		总挥发性有机物（TVOC）	mg/m^3	0.60	8 h 均值
18	生物性	菌落总数	cfu/m^3	2 500	依据仪器定[b]
19	放射性	氡（^{222}Rn）	Bq/m^3	400	年平均值（行动水平[c]）

a 新风量要求≥标准值，除温度、相对湿度外的其他参数要求≤标准值；

b 见附录 D；

c 达到此水平建议采取干预行动以降低室内氡浓度。

5 室内空气质量检验

5.1 室内空气中各种参数的监测技术见附录 A。

5.2 室内空气中苯的检验方法见附录 B。

5.3 室内空气中总挥发性有机物（TVOC）的检验方法见附录 C。

5.4 室内空气中菌落总数检验方法见附录 D。

世界卫生组织（WHO）关于颗粒物、臭氧、二氧化氮和二氧化硫的空气质量准则（节选）

颗粒物准则值

$PM_{2.5}$：年平均浓度 10 μg/m^3

24 h 平均浓度 25 μg/ m^3

PM_{10}：年平均浓度 20 μg/m^3

24 h 平均浓度 50 μg/m^3

表 1 WHO 对于颗粒物的空气质量准则值和过渡时期目标：年平均浓度①

项目	PM_{10}/（μg/m^3）	$PM_{2.5}$/（μg/m^3）	选择浓度的依据
过渡时期目标-1 （IT-1）	70	35	相对于 AQG 水平而言，在这些水平的长期暴露会增加大约 15%的死亡风险
过渡时期目标-2 （IT-2）	50	25	除其他健康利益外，与过渡时期目标-1 相比，在这个水平的暴露会降低大约 6%（2%～11%）的死亡风险
过渡时期目标-3 （IT-3）	30	15	除其他健康利益外，与过渡时期目标-2 相比，在这个水平的暴露会降低大约 6%（2%～11%）的死亡风险
空气质量准则值 （AQG）	20	10	对于 $PM_{2.5}$ 的长期暴露，这是一个最低水平，在这个水平，总死亡率、心肺疾病死亡率和肺癌的死亡率会增加（95%以上可信度）

① 应优先选择 $PM_{2.5}$ 准则值（AQG）。

表 2 WHO 对于颗粒物的空气质量准则和过渡时期目标：24 h 浓度①

项目	PM_{10}/（μg/m^3）	$PM_{2.5}$/（μg/m^3）	选择浓度的依据
过渡时期目标-1（IT-1）	150	75	以已发表的多中心研究和 Meta 分析中得出的危险度系数为基础（超过 AQG 值的短期暴露会增加 5%的死亡率）
过渡时期目标-2（IT-2）	100	50	以已发表的多中心研究和 Meta 分析中得出的危险度系数为基础（超过 AQG 值的短期暴露会增加 2.5%的死亡率）
过渡时期目标-3（IT-3）	75	37.5	以已发表的多中心研究和 Meta 分析中得出的危险度系数为基础（超过 AQG 值的短期暴露会增加 1.2%的死亡率）
空气质量准则值（AQG）	50	25	建立在 24 h 和年均暴露的基础上

① 第 99 百分位数（3 天/年）。

*以世界管理为目标。以年平均浓度准则值为基础：准确数的选择取决于当地日平均浓度频率分布：$PM_{2.5}$ 或 PM_{10} 日平均浓度的分布频率通常接近对数正态分布。

臭氧准则值

O_3：8 h 平均浓度为 100 μg/m³。

表 3　WHO 臭氧空气质量准则和过渡时期目标：8 h 平均浓度

项目	每日最高 8 h 平均浓度/（μg/ m³）	选择浓度的基础
高浓度	240	显著的健康危害；危害大部分的易感人群
过渡时期目标-1（IT-1）	160	重要的健康危害；不能够充分地保护公众健康。暴露于该浓度臭氧与以下健康效应相关： ①在该浓度暴露 6.6 h，可导致进行运动的健康年轻人生理及炎症性肺功能损伤； ②可导致儿童的健康效应 （基于儿童暴露于室外臭氧的各种夏令营研究）； ③ 估计的日死亡率增加为 3%～5%[①]（根据日时间序列研究）
空气质量准则值（AQG）	100	充分保护公众的健康，尽管在该浓度可能产生一些不利的健康影响。 暴露于该浓度臭氧与以下健康效应相关： ①估计的日死亡率增加为 1%～2%[①]（根据日时间序列研究）； ②实验室和现场研究结果的推断是基于现实暴露是反复发生的这种可能性以及在实验舱研究中排除了高敏感或临床免疫力低下的个体和儿童； ③室外臭氧作为相关氧化性污染物的标志物的可能性

① 臭氧归因死亡人数。时间序列研究显示臭氧在估计的基线浓度 70 μg/m³ 以上时，8 h 平均浓度每增加 10 μg/m³ 日归因死亡率将增加 0.3%～0.5%。

二氧化氮准则值

NO_2：年平均浓度 40 μg/m³；

1 h 平均浓度 200 μg/m³。

二氧化硫准则值

SO_2：24 h 平均浓度 200 μg/m³；

10 min 平均浓度 500 μg/m³。

表 4　WHO SO_2 的空气质量准则与过渡时期目标：24 h 平均浓度和 10 min 平均浓度

项目	24 h 平均浓度/（μg/m³）	10 min 平均浓度/（μg/m³）	选择浓度的基础
过渡时期目标-1（IT-1）[①]	125		显著的健康危害；危害大部分的易感人群
过渡时期目标-2（IT-2）	50		对机动车辆排放，工作排放、发电站排放的控制可实现过渡时期目标。对某些发展中国家来说（几年内有望实现），这是合理可行的目标，它将使健康效应得到明显改善，而且还会促进将来进一步的改善(例如实现空气质量准则值)
空气质量准则值（AQG）	20	500	

① 先前的 WHO 空气质量标准（WHO，2000）。

年平均浓度限值是不需要的，只要符合 24 h 浓度限值就可保证低的年平均浓度。这些推荐的 SO_2 的浓度限值与 PM 无关。

（二）排放标准

中华人民共和国国家标准

大气污染物综合排放标准

Integrated emission standard of air pollutants

GB 16297—1996

代替 GB 3548—83、GB 4276—84、GB 4277—84、
GB 4282—84、GB 4286—84、GB 4911—85、
GB 4912—85、GB 4913—85、GB 4916—85、
GB 4917—85、GBJ 4—73 各标准中的废气部分

前　言

根据《中华人民共和国大气污染防治法》第七条的规定，制定本标准。

本标准在原有《工业“三废”排放试行标准》（GBJ 4—73）废气部分和有关其他行业性国家大气污染物排放标准的基础上制订。本标准在技术内容上与原有各标准有一定的继承关系，亦有相当大的修改和变化。

本标准规定了 33 种大气污染物的排放限值，其指标体系为最高允许排放浓度、最高允许排放速率和无组织排放监控浓度限值。

国家在控制大气污染物排放方面，除本标准为综合性排放标准外，还有若干行业性排放标准共同存在，即除若干行业执行各自的行业性国家大气污染物排放标准外，其余均执行本标准。

本标准从 1997 年 1 月 1 日起实施。

下列各标准的废气部分由本标准取代，自本标准实施之日起，下列各标准的废气部分即行废除：

GBJ 4—73　工业“三废”排放试行标准

GB 3548—83　合成洗涤剂工业污染物排放标准

GB 4276—84　火炸药工业硫酸浓缩污染物排放标准

GB 4277—84　雷汞工业污染物排放标准

GB 4282—84　硫酸工业污染物排放标准

GB 4286—84　船舶工业污染物排放标准

GB 4911—85　钢铁工业污染物排放标准

GB 4912—85　轻金属工业污染物排放标准

GB 4913—85　重有色金属工业污染物排放标准

GB 4916—85　沥青工业污染物排放标准

GB 4917—85 普钙工业污染物排放标准

本标准的附录 A、附录 B、附录 C 都是标准的附录。

本标准由国家环境保护局科技标准司提出。

本标准由国家环境保护局负责解释。

1 主题内容与适用范围

1.1 主题内容

本标准规定了 33 种大气污染物的排放限值，同时规定了标准执行中的各种要求。

1.2 适用范围

1.2.1 在我国现有的国家大气污染物排放标准体系中，按照综合性排放标准与行业性排放标准不交叉执行的原则，锅炉执行 GB 13271—91《锅炉大气污染物排放标准》、工业炉窑执行 GB 9078—1996《工业炉窑大气污染物排放标准》、火电厂执行 GB 13223—1996《火电厂大气污染物排放标准》、炼焦炉执行 GB 16171—1996《炼焦炉大气污染物排放标准》、水泥厂执行 GB 4915—1996《水泥厂大气污染物排放标准》、恶臭物质排放执行 GB 14554—93《恶臭污染物排放标准》、汽车排放执行 GB 14761.1～14761.7—93《汽车大气污染物排放标准》、摩托车排气执行 GB 14621—93《摩托车排气污染物排放标准》，其他大气污染物排放均执行本标准。

1.2.2 本标准实施后再行发布的行业性国家大气污染物排放标准，按其适用范围规定的污染源不再执行本标准。

1.2.3 本标准适用于现有污染源大气污染物排放管理，以及建设项目的环境影响评价、设计、环境保护设施竣工验收及其投产后的大气污染物排放管理。

2 引用标准

下列标准所包含的条文，通过在本标准中引用而构成为本标准的条文。

GB 3095—1996 环境空气质量标准

GB/T 16157—1996 固定污染源排气中颗粒物测定与气态污染物采样方法

3 定 义

本标准采用下列定义：

3.1 标准状态

指温度为 273 K，压力为 101 325 Pa 时的状态。本标准规定的各项标准值，均以标准状态下的干空气为基准。

3.2 最高允许排放浓度

指处理设施后排气筒中污染物任何 1 h 浓度平均值不得超过的限值；或指无处理设施排气筒中污染物任何 1 h 浓度平均值不得超过的限值。

3.3 最高允许排放速率（Maximum allowable emission rate）

指一定高度的排气筒任何 1 h 排放污染物的质量不得超过的限值。

3.4 无组织排放

指大气污染物不经过排气筒的无规则排放。低矮排气筒的排放属有组织排放，但在一定条件下也可造成与无组织排放相同的后果。因此，在执行“无组织排放监控浓度限值”指标时，由低矮排气筒造成的监控点污染物浓度增加不予扣除。

3.5 无组织排放监控点

依照本标准附录 C 的规定，为判别无组织排放是否超过标准而设立的监测点。

3.6 无组织排放监控浓度限值

指监控点的污染物浓度在任何 1 h 的平均值不得超过的限值。

3.7 污染源

指排放大气污染物的设施或指排放大气污染物的建筑构造（如车间等）。

3.8 单位周界

指单位与外界环境接界的边界。通常应依据法定手续确定边界；若无法定手续，则按目前的实际边界确定。

3.9 无组织排放源

指设置于露天环境中具有无组织排放的设施，或指具有无组织排放的建筑构造（如车间、工棚等）。

3.10 排气筒高度

指自排气筒（或其主体建筑构造）所在的地平面至排气筒出口的高度。

4 指标体系

本标准设置下列三项指标：

4.1 通过排气筒排放的污染物最高允许排放浓度。

4.2 通过排气筒排放的污染物，按排气筒高度规定的最高允许排放速率。

任何一个排气筒必须同时遵守上述两项指标，超过其中任何一项均为超标排放。

4.3 以无组织方式排放的污染物，规定无组织排放的监控点及相应的监控浓度限值。

该指标按照本标准第 9.2 条的规定执行。

5 排放速率标准分级

本标准规定的最高允许排放速率，现有污染源分为一、二、三级，新污染源分为二、三级。按污染源所在的环境空气质量功能区类别，执行相应级别的排放速率标准，即：

位于一类区的污染源执行一级标准（一类区禁止新、扩建污染源，一类区现有污染源改建时执行现有污染源的一级标准）；

位于二类区的污染源执行二级标准；

位于三类区的污染源执行三级标准。

6 标准值

6.1 1997 年 1 月 1 日前设立的污染源（以下简称现有污染源）执行表 1 所列标准值。

6.2 1997 年 1 月 1 日起设立（包括新建、扩建、改建）的污染源（以下简称新污染源）执行表 2 所列标准值。

6.3 按下列规定判断污染源的设立日期：

6.3.1 一般情况下应以建设项目环境影响报告书（表）批准日期作为其设立日期。

6.3.2 未经环境保护行政主管部门审批设立的污染源，应按补做的环境影响报告书（表）批准日期作为其设立日期。

表 1 现有污染源大气污染物排放限值

序号	污染物	最高允许排放浓度/(mg/m³)	最高允许排放速率/(kg/h)				无组织排放监控浓度限值	
			排气筒高度/m	一级	二级	三级	监控点	浓度/(mg/m³)
1	二氧化硫	1 200 (硫、二氧化硫、硫酸和其他含硫化合物生产)	15	1.6	3.0	4.1	无组织排放源上风向设参照点，下风向设监控点[1]	0.50 (监控点与参照点浓度差值)
			20	2.6	5.1	7.7		
			30	8.8	17	26		
		700 (硫、二氧化硫、硫酸和其他含硫化合物使用)	40	15	30	45		
			50	23	45	69		
			60	33	64	98		
			70	47	91	140		
			80	63	120	190		
			90	82	160	240		
			100	100	200	310		
2	氮氧化物	1 700 (硝酸、氮肥和火炸药生产)	15	0.47	0.91	1.4	无组织排放源上风向设参照点，下风向设监控点	0.15 (监控点与参照点浓度差值)
			20	0.77	1.5	2.3		
		420 (硝酸使用和其他)	30	2.6	5.1	7.7		
			40	4.6	8.9	14		
			50	7.0	14	21		
			60	9.9	19	29		
			70	14	27	41		
			80	19	37	56		
			90	24	47	72		
			100	31	61	92		
3	颗粒物	22 (炭黑尘、染料尘)	15	禁排	0.60	0.87	周界外浓度最高点[2]	肉眼不可见
			20		1.0	1.5		
			30		4.0	5.9		
			40		6.8	10		
		80[3] (玻璃棉尘、石英粉尘、矿渣棉尘)	15	禁排	2.2	3.1	无组织排放源上风向设参照点，下风向设监控点	2.0 (监控点与参照点浓度差值)
			20		3.7	5.3		
			30		14	21		
			40		25	37		
		150 (其他)	15	2.1	4.1	5.9	无组织排放源上风向设参照点，下风向设监控点	5.0 (监控点与参照点浓度差值)
			20	3.5	6.9	10		
			30	14	27	40		
			40	24	46	69		
			50	36	70	110		
			60	51	100	150		
4	氯化氢	150	15	禁排	0.30	0.46	周界外浓度最高点	0.25
			20		0.51	0.77		
			30		1.7	2.6		
			40		3.0	4.5		
			50		4.5	6.9		
			60		6.4	9.8		
			70		9.1	14		
			80		12	19		

序号	污染物	最高允许排放浓度/（mg/m^3）	最高允许排放速率/（kg/h）				无组织排放监控浓度限值	
			排气筒高度/m	一级	二级	三级	监控点	浓度/（mg/m^3）
5	铬酸雾	0.080	15	禁排	0.009	0.014	周界外浓度最高点	0.007 5
			20		0.015	0.023		
			30		0.051	0.078		
			40		0.089	0.13		
			50		0.14	0.21		
			60		0.19	0.29		
6	硫酸雾	1 000（火炸药厂）	15	禁排	1.8	2.8	周界外浓度最高点	1.5
			20		3.1	4.6		
		70（其他）	30		10	16		
			40		18	27		
			50		27	41		
			60		39	59		
			70		55	83		
			80		74	110		
7	氟化物	100（普钙工业）	15	禁排	0.12	0.18	无组织排放源上风向设参照点，下风向设监控点	20 μg/m^3（监控点与参照点浓度差值）
			20		0.20	0.31		
		11（其他）	30		0.69	1.0		
			40		1.2	1.8		
			50		1.8	2.7		
			60		2.6	3.9		
			70		3.6	5.5		
			80		4.9	7.5		
8	氯气[4)]	85	25	禁排	0.60	0.90	周界外浓度最高点	0.50
			30		1.0	1.5		
			40		3.4	5.2		
			50		5.9	9.0		
			60		9.1	14		
			70		13	20		
			80		18	28		
9	铅及其化合物	0.90	15	禁排	0.005	0.007	周界外浓度最高点	0.007 5
			20		0.007	0.011		
			30		0.031	0.048		
			40		0.055	0.083		
			50		0.085	0.13		
			60		0.12	0.18		
			70		0.17	0.26		
			80		0.23	0.35		
			90		0.31	0.47		
			100		0.39	0.60		
10	汞及其化合物	0.015	15	禁排	1.8×10^{-3}	2.8×10^{-3}	周界外浓度最高点	0.001 5
			20		3.1×10^{-3}	4.6×10^{-3}		
			30		10×10^{-3}	16×10^{-3}		
			40		18×10^{-3}	27×10^{-3}		
			50		27×10^{-3}	41×10^{-3}		
			60		39×10^{-3}	59×10^{-3}		

<table>
<tr><th rowspan="2">序号</th><th rowspan="2">污染物</th><th rowspan="2">最高允许排放浓度/（mg/m³）</th><th colspan="4">最高允许排放速率/（kg/h）</th><th colspan="2">无组织排放监控浓度限值</th></tr>
<tr><th>排气筒高度/m</th><th>一级</th><th>二级</th><th>三级</th><th>监控点</th><th>浓度/（mg/m³）</th></tr>
<tr><td rowspan="8">11</td><td rowspan="8">镉及其化合物</td><td rowspan="8">1.0</td><td>15</td><td rowspan="8">禁排</td><td>0.060</td><td>0.090</td><td rowspan="8">周界外浓度最高点</td><td rowspan="8">0.050</td></tr>
<tr><td>20</td><td>0.10</td><td>0.15</td></tr>
<tr><td>30</td><td>0.34</td><td>0.52</td></tr>
<tr><td>40</td><td>0.59</td><td>0.90</td></tr>
<tr><td>50</td><td>0.91</td><td>1.4</td></tr>
<tr><td>60</td><td>1.3</td><td>2.0</td></tr>
<tr><td>70</td><td>1.8</td><td>2.8</td></tr>
<tr><td>80</td><td>2.5</td><td>3.7</td></tr>
<tr><td rowspan="8">12</td><td rowspan="8">铍及其化合物</td><td rowspan="8">0.015</td><td>15</td><td rowspan="8">禁排</td><td>1.3×10^{-3}</td><td>2.0×10^{-3}</td><td rowspan="8">周界外浓度最高点</td><td rowspan="8">0.001 0</td></tr>
<tr><td>20</td><td>2.2×10^{-3}</td><td>3.3×10^{-3}</td></tr>
<tr><td>30</td><td>7.3×10^{-3}</td><td>11×10^{-3}</td></tr>
<tr><td>40</td><td>13×10^{-3}</td><td>19×10^{-3}</td></tr>
<tr><td>50</td><td>19×10^{-3}</td><td>29×10^{-3}</td></tr>
<tr><td>60</td><td>27×10^{-3}</td><td>41×10^{-3}</td></tr>
<tr><td>70</td><td>39×10^{-3}</td><td>58×10^{-3}</td></tr>
<tr><td>80</td><td>52×10^{-3}</td><td>79×10^{-3}</td></tr>
<tr><td rowspan="8">13</td><td rowspan="8">镍及其化合物</td><td rowspan="8">5.0</td><td>15</td><td rowspan="8">禁排</td><td>0.18</td><td>0.28</td><td rowspan="8">周界外浓度最高点</td><td rowspan="8">0.050</td></tr>
<tr><td>20</td><td>0.31</td><td>0.46</td></tr>
<tr><td>30</td><td>1.0</td><td>1.6</td></tr>
<tr><td>40</td><td>1.8</td><td>2.7</td></tr>
<tr><td>50</td><td>2.7</td><td>4.1</td></tr>
<tr><td>60</td><td>3.9</td><td>5.9</td></tr>
<tr><td>70</td><td>5.5</td><td>8.2</td></tr>
<tr><td>80</td><td>7.4</td><td>11</td></tr>
<tr><td rowspan="8">14</td><td rowspan="8">锡及其化合物</td><td rowspan="8">10</td><td>15</td><td rowspan="8">禁排</td><td>0.36</td><td>0.55</td><td rowspan="8">周界外浓度最高点</td><td rowspan="8">0.30</td></tr>
<tr><td>20</td><td>0.61</td><td>0.93</td></tr>
<tr><td>30</td><td>2.1</td><td>3.1</td></tr>
<tr><td>40</td><td>3.5</td><td>5.4</td></tr>
<tr><td>50</td><td>5.4</td><td>8.2</td></tr>
<tr><td>60</td><td>7.7</td><td>12</td></tr>
<tr><td>70</td><td>11</td><td>17</td></tr>
<tr><td>80</td><td>15</td><td>22</td></tr>
<tr><td rowspan="4">15</td><td rowspan="4">苯</td><td rowspan="4">17</td><td>15</td><td rowspan="4">禁排</td><td>0.60</td><td>0.90</td><td rowspan="4">周界外浓度最高点</td><td rowspan="4">0.50</td></tr>
<tr><td>20</td><td>1.0</td><td>1.5</td></tr>
<tr><td>30</td><td>3.3</td><td>5.2</td></tr>
<tr><td>40</td><td>6.0</td><td>9.0</td></tr>
<tr><td rowspan="4">16</td><td rowspan="4">甲苯</td><td rowspan="4">60</td><td>15</td><td rowspan="4">禁排</td><td>3.6</td><td>5.5</td><td rowspan="4">周界外浓度最高点</td><td rowspan="4">3.0</td></tr>
<tr><td>20</td><td>6.1</td><td>9.3</td></tr>
<tr><td>30</td><td>21</td><td>31</td></tr>
<tr><td>40</td><td>36</td><td>54</td></tr>
<tr><td rowspan="4">17</td><td rowspan="4">二甲苯</td><td rowspan="4">90</td><td>15</td><td rowspan="4">禁排</td><td>1.2</td><td>1.8</td><td rowspan="4">周界外浓度最高点</td><td rowspan="4">1.5</td></tr>
<tr><td>20</td><td>2.0</td><td>3.1</td></tr>
<tr><td>30</td><td>6.9</td><td>10</td></tr>
<tr><td>40</td><td>12</td><td>18</td></tr>
</table>

序号	污染物	最高允许排放浓度/（mg/m³）	最高允许排放速率/（kg/h）				无组织排放监控浓度限值	
			排气筒高度/m	一级	二级	三级	监控点	浓度/（mg/m³）
18	酚类	115	15	禁排	0.12	0.18	周界外浓度最高点	0.10
			20		0.20	0.31		
			30		0.68	1.0		
			40		1.2	1.8		
			50		1.8	2.7		
			60		2.6	3.9		
19	甲醛	30	15	禁排	0.30	0.46	周界外浓度最高点	0.25
			20		0.51	0.77		
			30		1.7	2.6		
			40		3.0	4.5		
			50		4.5	6.9		
			60		6.4	9.8		
20	乙醛	150	15	禁排	0.060	0.090	周界外浓度最高点	0.050
			20		0.10	0.15		
			30		0.34	0.52		
			40		0.59	0.90		
			50		0.91	1.4		
			60		1.3	2.0		
21	丙烯腈	26	15	禁排	0.91	1.4	周界外浓度最高点	0.75
			20		1.5	2.3		
			30		5.1	7.8		
			40		8.9	13		
			50		14	21		
			60		19	29		
22	丙烯醛	20	15	禁排	0.61	0.92	周界外浓度最高点	0.50
			20		1.0	1.5		
			30		3.4	5.2		
			40		5.9	9.0		
			50		9.1	14		
			60		13	20		
23	氰化氢[5)]	2.3	25	禁排	0.18	0.28	周界外浓度最高点	0.030
			30		0.31	0.46		
			40		1.0	1.6		
			50		1.8	2.7		
			60		2.7	4.1		
			70		3.9	5.9		
			80		5.5	8.3		
24	甲醇	220	15	禁排	6.1	9.2	周界外浓度最高点	15
			20		10	15		
			30		34	52		
			40		59	90		
			50		91	140		
			60		130	200		

序号	污染物	最高允许排放浓度/（mg/m^3）	最高允许排放速率/（kg/h）				无组织排放监控浓度限值	
			排气筒高度/m	一级	二级	三级	监控点	浓度/（mg/m^3）
25	苯胺类	25	15	禁排	0.61	0.92	周界外浓度最高点	0.50
			20		1.0	1.5		
			30		3.4	5.2		
			40		5.9	9.0		
			50		9.1	14		
			60		13	20		
26	氯苯类	85	15	禁排	0.67	0.92	周界外浓度最高点	0.50
			20		1.0	1.5		
			30		2.9	4.4		
			40		5.0	7.6		
			50		7.7	12		
			60		11	17		
			70		15	23		
			80		21	32		
			90		27	41		
			100		34	52		
27	硝基苯类	20	15	禁排	0.060	0.090	周界外浓度最高点	0.050
			20		0.10	0.15		
			30		0.34	0.52		
			40		0.59	0.90		
			50		0.91	1.4		
			60		1.3	2.0		
28	氯乙烯	65	15	禁排	0.91	1.4	周界外浓度最高点	0.75
			20		1.5	2.3		
			30		5.0	7.8		
			40		8.9	13		
			50		14	21		
			60		19	29		
29	苯并[*a*]芘	0.50×10^{-3}（沥青、碳素制品生产和加工）	15	禁排	0.06×10^{-3}	0.09×10^{-3}	周界外浓度最高点	0.01 μg/m³
			20		0.10×10^{-3}	0.15×10^{-3}		
			30		0.34×10^{-3}	0.51×10^{-3}		
			40		0.59×10^{-3}	0.89×10^{-3}		
			50		0.90×10^{-3}	1.4×10^{-3}		
			60		1.3×10^{-3}	2.0×10^{-3}		
30	光气[6)]	5.0	25	禁排	0.12	0.18	周界外浓度最高点	0.10
			30		0.20	0.31		
			40		0.69	1.0		
			50		1.2	1.8		
31	沥青烟	280（吹制沥青）	15	0.11	0.22	0.34	生产设备不得有明显的无组织排放存在	
			20	0.19	0.36	0.55		
		80（熔炼、浸涂）	30	0.82	1.6	2.4		
			40	1.4	2.8	4.2		
		150（建筑搅拌）	50	2.2	4.3	6.6		
			60	3.0	5.9	9.0		
			70	4.5	8.7	13		
			80	6.2	12	18		

序号	污染物	最高允许排放浓度/（mg/m³）	最高允许排放速率/（kg/h）				无组织排放监控浓度限值	
			排气筒高度/m	一级	二级	三级	监控点	浓度/（mg/m³）
32	石棉尘	2 根（纤维）/cm³ 或 20 mg/m³	15	禁排	0.65	0.98	生产设备不得有明显的无组织排放存在	
			20		1.1	1.7		
			30		4.2	6.4		
			40		7.2	11		
			50		11	17		
33	非甲烷总烃	150（使用溶剂汽油或其他混合烃类物质）	15	6.3	12	18	周界外浓度最高点	5.0
			20	10	20	30		
			30	35	63	100		
			40	61	120	170		

注：1）一般应于无组织排放源上风向 2～50 m 范围内设参考点，排放源下风向 2～50 m 范围内设监控点，详见本标准附录 C。下同。

2）周界外浓度最高点一般应设于排放源下风向的单位周界外 10 m 范围内。如预计无组织排放的最大落地浓度点越出 10 m 范围，可将监控点移至该预计浓度最高点，详见附录 C。下同。

3）均指含游离二氧化硅 10%以上的各种尘。

4）排放氯气的排气筒不得低于 25 m。

5）排放氰化氢的排气筒不得低于 25 m。

6）排放光气的排气筒不得低于 25 m。

表 2 新污染源大气污染物排放限值

序号	污染物	最高允许排放浓度/（mg/m³）	最高允许排放速率/（kg/h）			无组织排放监控浓度限值	
			排气筒高度/m	二级	三级	监控点	浓度/（mg/m³）
1	二氧化硫	960（硫、二氧化硫、硫酸和其他含硫化合物生产）	15	2.6	3.5	周界外浓度最高点[1]	0.40
			20	4.3	6.6		
			30	15	22		
		550（硫、二氧化硫、硫酸和其他含硫化合物使用）	40	25	38		
			50	39	58		
			60	55	83		
			70	77	120		
			80	110	160		
			90	130	200		
			100	170	270		
2	氮氧化物	1 400（硝酸、氮肥和火炸药生产）	15	0.77	1.2	周界外浓度最高点	0.12
			20	1.3	2.0		
			30	4.4	6.6		
		240（硝酸使用和其他）	40	7.5	11		
			50	12	18		
			60	16	25		
			70	23	35		
			80	31	47		
			90	40	61		
			100	52	78		

序号	污染物	最高允许排放浓度/（mg/m^3）	最高允许排放速率/（kg/h）			无组织排放监控浓度限值	
			排气筒高度/m	二级	三级	监控点	浓度/（mg/m^3）
3	颗粒物	18（炭黑尘、染料尘）	15	0.51	0.74	周界外浓度最高点	肉眼不可见
			20	0.85	1.3		
			30	3.4	5.0		
			40	5.8	8.5		
		60[2)]（玻璃棉尘、石英粉尘、矿渣棉尘）	15	1.9	2.6	周界外浓度最高点	1.0
			20	3.1	4.5		
			30	12	18		
			40	21	31		
		120（其他）	15	3.5	5.0	周界外浓度最高点	1.0
			20	5.9	8.5		
			30	23	34		
			40	39	59		
			50	60	94		
			60	85	130		
4	氯化氢[3)]	100	15	0.26	0.39	周界外浓度最高点	0.20
			20	0.43	0.65		
			30	1.4	2.2		
			40	2.6	3.8		
			50	3.8	5.9		
			60	5.4	8.3		
			70	7.7	12		
			80	10	16		
5	铬酸雾	0.070	15	0.008	0.012	周界外浓度最高点	0.006 0
			20	0.013	0.020		
			30	0.043	0.066		
			40	0.076	0.12		
			50	0.12	0.18		
			60	0.16	0.25		
6	硫酸雾	430（火炸药厂）	15	1.5	2.4	周界外浓度最高点	1.2
			20	2.6	3.9		
		45（其他）	30	8.8	13		
			40	15	23		
			50	23	35		
			60	33	50		
			70	46	70		
			80	63	95		
7	氟化物	90（普钙工业）	15	0.10	0.15	周界外浓度最高点	20 $\mu g/m^3$
			20	0.17	0.26		
		9.0（其他）	30	0.59	0.88		
			40	1.0	1.5		
			50	1.5	2.3		
			60	2.2	3.3		
			70	3.1	4.7		
			80	4.2	6.3		

序号	污染物	最高允许排放浓度/（mg/m^3）	最高允许排放速率/（kg/h）			无组织排放监控浓度限值	
			排气筒高度/m	二级	三级	监控点	浓度/（mg/m^3）
8	氯气[3]	65	25	0.52	0.78	周界外浓度最高点	0.40
			30	0.87	1.3		
			40	2.9	4.4		
			50	5.0	7.6		
			60	7.7	12		
			70	11	17		
			80	15	23		
9	铅及其化合物	0.70	15	0.004	0.006	周界外浓度最高点	0.006 0
			20	0.006	0.009		
			30	0.027	0.041		
			40	0.047	0.071		
			50	0.072	0.11		
			60	0.10	0.15		
			70	0.15	0.22		
			80	0.20	0.30		
			90	0.26	0.40		
			100	0.33	0.51		
10	汞及其化合物	0.012	15	1.5×10^{-3}	2.4×10^{-3}	周界外浓度最高点	0.001 2
			20	2.6×10^{-3}	3.9×10^{-3}		
			30	7.8×10^{-3}	13×10^{-3}		
			40	15×10^{-3}	23×10^{-3}		
			50	23×10^{-3}	35×10^{-3}		
			60	33×10^{-3}	50×10^{-3}		
11	镉及其化合物	0.85	15	0.050	0.080	周界外浓度最高点	0.040
			20	0.090	0.13		
			30	0.29	0.44		
			40	0.50	0.77		
			50	0.77	1.2		
			60	1.1	1.7		
			70	1.5	2.3		
			80	2.1	3.2		
12	铍及其化合物	0.012	15	1.1×10^{-3}	1.7×10^{-3}	周界外浓度最高点	0.000 8
			20	1.8×10^{-3}	2.8×10^{-3}		
			30	6.2×10^{-3}	9.4×10^{-3}		
			40	11×10^{-3}	16×10^{-3}		
			50	16×10^{-3}	25×10^{-3}		
			60	23×10^{-3}	35×10^{-3}		
			70	33×10^{-3}	50×10^{-3}		
			80	44×10^{-3}	67×10^{-3}		
13	镍及其化合物	4.3	15	0.15	0.24	周界外浓度最高点	0.040
			20	0.26	0.34		
			30	0.88	1.3		
			40	1.5	2.3		
			50	2.3	3.5		
			60	3.3	5.0		
			70	4.6	7.0		
			80	6.3	10		

序号	污染物	最高允许排放浓度/（mg/m³）	最高允许排放速率/（kg/h）			无组织排放监控浓度限值	
			排气筒高度/m	二级	三级	监控点	浓度/（mg/m³）
14	锡及其化合物	8.5	15	0.31	0.47	周界外浓度最高点	0.24
			20	0.52	0.79		
			30	1.8	2.7		
			40	3.0	4.6		
			50	4.6	7.0		
			60	6.6	10		
			70	9.3	14		
			80	13	19		
15	苯	12	15	0.50	0.80	周界外浓度最高点	0.40
			20	0.90	1.3		
			30	2.9	4.4		
			40	5.6	7.6		
16	甲苯	40	15	3.1	4.7	周界外浓度最高点	2.4
			20	5.2	7.9		
			30	18	27		
			40	30	46		
17	二甲苯	70	15	1.0	1.5	周界外浓度最高点	1.2
			20	1.7	2.6		
			30	5.9	8.8		
			40	10	15		
18	酚类	100	15	0.10	0.15	周界外浓度最高点	0.080
			20	0.17	0.26		
			30	0.58	0.88		
			40	1.0	1.5		
			50	1.5	2.3		
			60	2.2	3.3		
19	甲醛	25	15	0.26	0.39	周界外浓度最高点	0.20
			20	0.43	0.65		
			30	1.4	2.2		
			40	2.6	3.8		
			50	3.8	5.9		
			60	5.4	8.3		
20	乙醛	125	15	0.050	0.080	周界外浓度最高点	0.040
			20	0.090	0.13		
			30	0.29	0.44		
			40	0.50	0.77		
			50	0.77	1.2		
			60	1.1	1.6		
21	丙烯腈	22	15	0.77	1.2	周界外浓度最高点	0.60
			20	1.3	2.0		
			30	4.4	6.6		
			40	7.5	11		
			50	12	18		
			60	16	25		

序号	污染物	最高允许排放浓度/（mg/m³）	最高允许排放速率/（kg/h）			无组织排放监控浓度限值	
			排气筒高度/m	二级	三级	监控点	浓度/（mg/m³）
22	丙烯醛	16	15	0.52	0.78	周界外浓度最高点	0.40
			20	0.87	1.3		
			30	2.9	4.4		
			40	5.0	7.6		
			50	7.7	12		
			60	11	17		
23	氰化氢4)	1.9	25	0.15	0.24	周界外浓度最高点	0.024
			30	0.26	0.39		
			40	0.88	1.3		
			50	1.5	2.3		
			60	2.3	3.5		
			70	3.3	5.0		
			80	4.6	7.0		
24	甲醇	190	15	5.1	7.8	周界外浓度最高点	12
			20	8.6	13		
			30	29	44		
			40	50	70		
			50	77	120		
			60	100	170		
25	苯胺类	20	15	0.52	0.78	周界外浓度最高点	0.40
			20	0.87	1.3		
			30	2.9	4.4		
			40	5.0	7.6		
			50	7.7	12		
			60	11	17		
26	氯苯类	60	15	0.52	0.78	周界外浓度最高点	0.40
			20	0.87	1.3		
			30	2.5	3.8		
			40	4.3	6.5		
			50	6.6	9.9		
			60	9.3	14		
			70	13	20		
			80	18	27		
			90	23	35		
			100	29	44		
27	硝基苯类	16	15	0.050	0.080	周界外浓度最高点	0.040
			20	0.090	0.13		
			30	0.29	0.44		
			40	0.50	0.77		
			50	0.77	1.2		
			60	1.1	1.7		
28	氯乙烯	36	15	0.77	1.2	周界外浓度最高点	0.60
			20	1.3	2.0		
			30	4.4	6.6		
			40	7.5	11		
			50	12	18		
			60	16	25		

序号	污染物	最高允许排放浓度/（mg/m^3）	最高允许排放速率/（kg/h）			无组织排放监控浓度限值	
			排气筒高度/m	二级	三级	监控点	浓度/（mg/m^3）
29	苯并[*a*]芘	0.30×10^{-3}（沥青及碳素制品生产和加工）	15	0.050×10^{-3}	0.080×10^{-3}	周界外浓度最高点	0.008 $\mu g/m^3$
			20	0.085×10^{-3}	0.13×10^{-3}		
			30	0.29×10^{-3}	0.43×10^{-3}		
			40	0.50×10^{-3}	0.76×10^{-3}		
			50	0.77×10^{-3}	1.2×10^{-3}		
			60	1.1×10^{-3}	1.7×10^{-3}		
30	光气[5)]	3.0	25	0.10	0.15	周界外浓度最高点	0.080
			30	0.17	0.26		
			40	0.59	0.88		
			50	1.0	1.5		
31	沥青烟	140（吹制沥青）	15	0.18	0.27	生产设备不得有明显的无组织排放存在	
			20	0.30	0.45		
		40（熔炼、浸涂）	30	1.3	2.0		
			40	2.3	3.5		
		75（建筑搅拌）	50	3.6	5.4		
			60	5.6	7.5		
			70	7.4	11		
			80	10	15		
32	石棉尘	1 根（纤维）/cm^3 或 10 mg/m^3	15	0.55	0.83	生产设备不得有明显的无组织排放存在	
			20	0.93	1.4		
			30	3.6	5.4		
			40	6.2	9.3		
			50	9.4	14		
33	非甲烷总烃	120（使用溶剂汽油或其他混合烃类物质）	15	10	16	周界外浓度最高点	4.0
			20	17	27		
			30	53	83		
			40	100	150		

注：1）周界外浓度最高点一般应设置于无组织排放源下风向的单位周界外 10 m 范围内，若预计无组织排放的最大落地浓度点越出 10 m 范围，可将监控点移至该预计浓度最高点，详见附录 C。下同。

2）均指含游离二氧化硅超过 10%以上的各种尘。

3）排放氯气的排气筒不得低于 25 m。

4）排放氰化氢的排气筒不得低于 25 m。

5）排放光气的排气筒不得低于 25 m。

7 其他规定

7.1 排气筒高度除须遵守表列排放速率标准值外，还应高出周围 200 m 半径范围的建筑 5 m 以上，不能达到该要求的排气筒，应按其高度对应的表列排放速率标准值严格 50%执行。

7.2 两个排放相同污染物（不论其是否由同一生产工艺过程产生）的排气筒，若其距离小于其几何高度之和，应合并视为一根等效排气筒。若有三根以上的近距排气筒，且排放同一种污染物时，应以前两根的等效排气筒，依次与第三根、第四根排气筒取等效值。等效排气筒的有关参数计算方法见附录 A。

7.3 若某排气筒的高度处于本标准列出的两个值之间，其执行的最高允许排放速率以内插法计算，内插法的计算式见本标准附录 B；当某排气筒的高度大于或小于本标准列出的最大值或最小值时，以外推法计算其最高允许排放速率，外推法计算式见本标准附录 B。

7.4 新污染源的排气筒一般不应低于 15 m。若某新污染源的排气筒必须低于 15 m 时，其排放速率标准值按 7.3 的外推计算结果再严格 50%执行。

7.5 新污染源的无组织排放应从严控制，一般情况下不应有无组织排放存在，无法避免的无组织排放应达到表 2 规定的标准值。

7.6 工业生产尾气确需燃烧排放的，其烟气黑度不得超过林格曼 1 级。

8 监 测

8.1 布点

8.1.1 排气筒中颗粒物或气态污染物监测的采样点数目及采样点位置的设置，按 GB/T 16157—1996 执行。

8.1.2 无组织排放监测的采样点（即监控点）数目和采样点位置的设置方法，详见本标准附录 C。

8.2 采样时间和频次

本标准规定的三项指标，均指任何 1 h 平均值不得超过的限值，故在采样时应做到：

8.2.1 排气筒中废气的采样

以连续 1 h 的采样获取平均值；

或在 1 h 内，以等时间间隔采集 4 个样品，并计平均值。

8.2.2 无组织排放监控点的采样

无组织排放监控点和参照点监测的采样，一般采用连续 1 h 采样计平均值；

若浓度偏低，需要时可适当延长采样时间；

若分析方法灵敏度高，仅需用短时间采集样品时，应实行等时间间隔采样，采集 4 个样品计平均值。

8.2.3 特殊情况下的采样时间和频次

若某排气筒的排放为间断性排放，排放时间小于 1 h，应在排放时段内实行连续采样，或在排放时段内以等时间间隔采集 2～4 个样品，并计平均值；

若某排气筒的排放为间断性排放，排放时间大于 1 h，则应在排放时段内按 8.2.1 的要求采样；

当进行污染事故排放监测时，按需要设置的采样时间和采样频次，不受上述要求限制；

建设项目环境保护设施竣工验收监测的采样时间和频次，按国家环境保护局制定的建设项目环境保护设施竣工验收监测办法执行。

8.3 监测工况要求

8.3.1 在对污染源的日常监督性监测中，采样期间的工况应与当时的运行工况相同，排污单位的人员和实施监测的人员都不应任意改变当时的运行工况。

8.3.2 建设项目环境保护设施竣工验收监测的工况要求按国家环境保护局制定的建设项目环境保护设施竣工验收监测办法执行。

8.4 采样方法和分析方法

8.4.1 污染物的分析方法按国家环境保护局规定执行。

8.4.2 污染物的采样方法按 GB/T 16157—1996 和国家环境保护局规定的分析方法有关部分执行。

8.5 排气量的测定

排气量的测定应与排放浓度的采样监测同步进行，排气量的测定方法按 GB/T 16157—1996 执行。

9 标准实施

9.1 位于国务院批准划定的酸雨控制区和二氧化硫污染控制区的污染源，其二氧化硫排放除执行本标准外，还应执行总量控制标准。

9.2 本标准中无组织排放监控浓度限值，由省、自治区、直辖市人民政府环境保护行政主管部门决定是否在本地区实施，并报国务院环境保护行政主管部门备案。

9.3 本标准由县级以上人民政府环境保护行政主管部门负责监督实施。

附录 A
（标准的附录）
等效排气筒有关参数计算

A.1 当排气筒 1 和排气筒 2 排放同一种污染物，其距离小于该两个排气筒的高度之和时，应以一个等效排气筒代表该两个排气筒。

A.2 等效排气筒的有关参数计算方法如下：

A.2.1 等效排气筒污染物排放速率，按式（A1）计算：

$$Q = Q_1 + Q_2 \qquad \text{（A1）}$$

式中：Q ——等效排气筒某污染物排放速率；

Q_1、Q_2 ——排气筒 1 和排气筒 2 的某污染物排放速率。

A.2.2 等效排气筒高度按式（A2）计算：

$$h = \sqrt{\frac{1}{2}(h_1^2 + h_2^2)} \qquad \text{（A2）}$$

式中：h ——等效排气筒高度；

h_1、h_2 ——排气筒 1 和排气筒 2 的高度。

A.2.3 等效排气筒的位置：

等效排气筒的位置，应于排气筒 1 和排气筒 2 的连线上，若以排气筒 1 为原点，则等效排气筒距原点的距离按式（A3）计算：

$$x = a(Q - Q_1)/Q = aQ_2/Q \qquad \text{（A3）}$$

式中：x ——等效排气筒距排气筒 1 的距离；

a ——排气筒 1 至排气筒 2 的距离；

Q、Q_1、Q_2——同 A.2.1。

附录 B
（标准的附录）
确定某排气筒最高允许排放速率的内插法和外推法

B.1　某排气筒高度处于表列两高度之间，用内插法计算其最高允许排放速率，按式（B1）计算：

$$Q=Q_a+(Q_{a+1}-Q_a)(h-h_a)/(h_{a+1}-h_a) \quad \text{(B1)}$$

式中：Q ——某排气筒最高允许排放速率；

Q_a ——比某排气筒低的表列限值中的最大值；

Q_{a+1} ——比某排气筒高的表列限值中的最小值；

h ——某排气筒的几何高度；

h_a ——比某排气筒低的表列高度中的最大值；

h_{a+1} ——比某排气筒高的表列高度中的最小值。

B.2　某排气筒高度高于本标准表列排气筒高度的最高值，用外推法计算其最高允许排放速率，按式（B2）计算：

$$Q=Q_b(h/h_b)^2 \quad \text{(B2)}$$

式中：Q——某排气筒的最高允许排放速率；

Q_b——表列排气筒最高高度对应的最高允许排放速率；

h——某排气筒的高度；

h_b——表列排气筒的最高高度。

B.3　某排气筒高度低于本标准表列排气筒高度的最低值，用外推法计算其最高允许排放速率，按式（B3）计算：

$$Q=Q_c(h/h_c)^2 \quad \text{(B3)}$$

式中：Q ——某排气筒的最高允许排放速率；

Q_c ——表列排气筒最低高度对应的最高允许排放速率；

h ——某排气筒的高度；

h_c ——表列排气筒的最低高度。

附录 C
（标准的附录）
无组织排放监控点设置方法

C.1　由于无组织排放的实际情况是多种多样的，故本附录仅对无组织排放监控点的设置进行原则性指导，实际监测时应根据情况因地制宜设置监控点。

C.2　单位周界监控点的设置方法

当本标准规定监控点设于单位周界时，监控点按下述原则和方法设置。

C.2.1　下列各点为必须遵循的原则：

C.2.1.1 监控点一般应设于周界外 10 m 范围内，但若现场条件不允许（例如周界沿河岸分布），可将监控点移至周界内侧。

C.2.1.2 监控点应设于周界浓度最高点。

C.2.1.3 若经估算预测，无组织排放的最大落地浓度区域超出 10 m 范围之外，将监控点设置在该区域之内。

C.2.1.4 为了确定浓度的最高点，实际监控点最多可设置 4 个。

C.2.1.5 设点高度范围为 1.5～15 m。

C.2.2 下述设点方案仅为示意，供实际监测时参考。

C.2.2.1 当具有明显风向和风速时，可参考图 C1 设点。

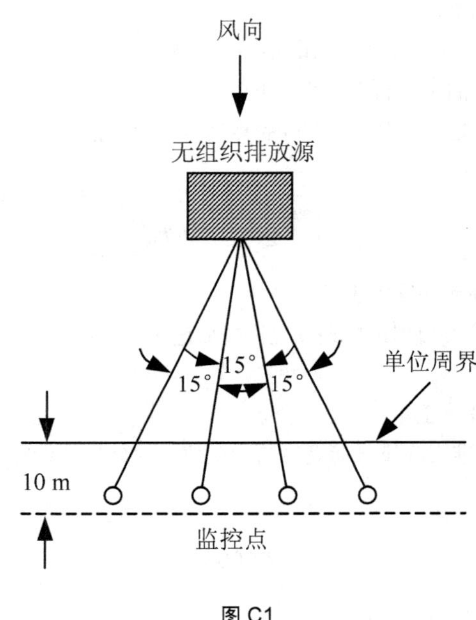

图 C1

C.2.2.2 当无明显风向和风速时，可根据情况于可能的浓度最高处设置 4 个点。

C.2.3 由 4 个监控点分别测得的结果，以其中的浓度最高点计值。

C.3 在排放源上、下风向分别设置参照点和监控点的方法。

C.3.1 下列各点为必须遵循的原则：

C.3.1.1 于无组织排放源的上风向设参照点，下风向设监控点。

C.3.1.2 监控点应设于排放源下风向的浓度最高点，不受单位周界的限制。

C.3.1.3 为了确定浓度最高点，监控点最多可设 4 个。

C.3.1.4 参照点应以不受被测无组织排放源影响，可以代表监控点的背景浓度为原则。参照点只设 1 个。

C.3.1.5 监控点和参照点距无组织排放源最近不应小于 2 m。

C.3.2 下述设点方案仅为示意，供实际监测时参考。

当具有明显风向和风速时，可参考图 C2 设点。

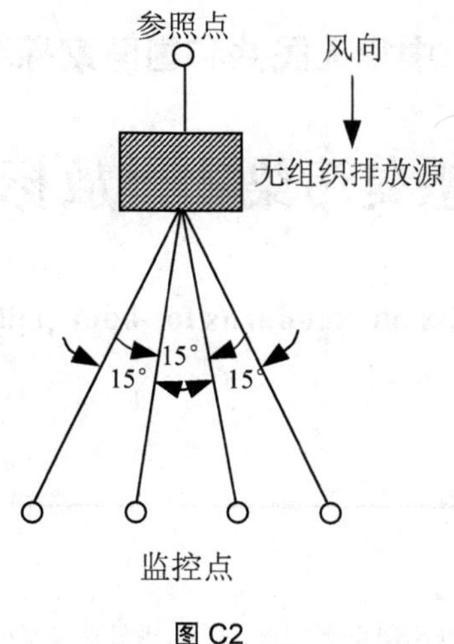

图 C2

C3.3　按上述参考方案的监测结果，以 4 个监控点中的浓度最高点测值与参照点浓度之差计值。

中华人民共和国国家标准

恶臭污染物排放标准

Emission standards for odor pollutants

GB 14554—93
代替 GBJ 4—73[1)]

为贯彻《中华人民共和国大气污染防治法》，控制恶臭污染物对大气的污染，保护和改善环境，制定本标准。

1 主题内容与适用范围

1.1 主题内容

本标准分年限规定了八种恶臭污染物的一次最大排放限值、复合恶臭物质的臭气浓度限值及无组织排放源的厂界浓度限值。

1.2 适用范围

本标准适用于全国所有向大气排放恶臭气体单位及垃圾堆放场的排放管理以及建设项目的环境影响评价、设计、竣工验收及其建成后的排放管理。

2 引用标准

GB 3095 大气环境质量标准

GB 12348 工业企业厂界噪声标准

GB/T 14675 空气质量 恶臭的测定 三点比较式臭袋法

GB/T 14676 空气质量 三甲胺的测定 气相色谱法

GB/T 14677 空气质量 甲苯、二甲苯、苯乙烯的测定 气相色谱法

GB/T 14678 空气质量 硫化氢、甲硫醇、甲硫醚、二甲二硫的测定 气相色谱法

GB/T 14679 空气质量 氨的测定 次氯酸钠-水杨酸分光光度法

GB/T 14680 空气质量 二硫化碳的测定 二乙胺分光光度法

3 名词术语

3.1 恶臭污染物 odor pollutants

指一切刺激嗅觉器官引起人们不愉快及损害生活环境的气体物质。

3.2 臭气浓度 odor concentration

指恶臭气体（包括异味）用无臭空气进行稀释，稀释到刚好无臭时，所需的稀释倍数。

注：[1)] 本标准代替 GBJ 4—73 中硫化氢、二硫化碳指标部分。

3.3 无组织排放源

指没有排气筒或排气筒高度低于 15 m 的排放源。

4 技术内容

4.1 标准分级

本标准恶臭污染物厂界标准值分三级。

4.1.1 排入 GB 3095 中一类区的执行一级标准，一类区中不得建新的排污单位。

4.1.2 排入 GB 3095 中二类区的执行二级标准。

4.1.3 排入 GB 3095 中三类区的执行三级标准。

4.2 标准值

4.2.1 恶臭污染物厂界标准值是对无组织排放源的限值，见表 1。

1994 年 6 月 1 日起立项的新、扩、改建设项目及其建成后投产的企业执行二级、三级标准中相应的标准值。

表 1 恶臭污染物厂界标准值

序号	控制项目	单位	一级	二级		三级	
				新扩改建	现有	新扩改建	现有
1	氨	mg/m^3	1.0	1.5	2.0	4.0	5.0
2	三甲胺	mg/m^3	0.05	0.08	0.15	0.45	0.80
3	硫化氢	mg/m^3	0.03	0.06	0.10	0.32	0.60
4	甲硫醇	mg/m^3	0.004	0.007	0.010	0.020	0.035
5	甲硫醚	mg/m^3	0.03	0.07	0.15	0.55	1.10
6	二甲二硫	mg/m^3	0.03	0.06	0.13	0.42	0.71
7	二硫化碳	mg/m^3	2.0	3.0	5.0	8.0	10
8	苯乙烯	mg/m^3	3.0	5.0	7.0	14	19
9	臭气浓度	无量纲	10	20	30	60	70

4.2.2 恶臭污染物排放标准值，见表 2。

表 2 恶臭污染物排放标准值

序号	控制项目	排气筒高度/m	排放量/（kg/h）
1	硫化氢	15	0.33
		20	0.58
		25	0.90
		30	1.3
		35	1.8
		40	2.3
		60	5.2
		80	9.3
		100	14
		120	21

序号	控制项目	排气筒高度/m	排放量/（kg/h）
2	甲硫醇	15	0.04
		20	0.08
		25	0.12
		30	0.17
		35	0.24
		40	0.31
		60	0.69
3	甲硫醚	15	0.33
		20	0.58
		25	0.90
		30	1.3
		35	1.8
		40	2.3
		60	5.2
4	二甲二硫醚	15	0.43
		20	0.77
		25	1.2
		30	1.7
		35	2.4
		40	3.1
		60	7.0
5	二硫化碳	15	1.5
		20	2.7
		25	4.2
		30	6.1
		35	8.3
		40	11
		60	24
		80	43
		100	68
		120	97
6	氨	15	4.9
		20	8.7
		25	14
		30	20
		35	27
		40	35
		60	75
7	三甲胺	15	0.54
		20	0.97
		25	1.5
		30	2.2
		35	3.0
		40	3.9
		60	8.7
		80	15
		100	24
		120	35

序号	控制项目	排气筒高度/m	排放量/（kg/h）
8	苯乙烯	15 20 25 30 35 40 60	6.5 12 18 26 35 46 104
9	臭气浓度	排气筒高度/m	标准值（无量纲）
		15 25 35 40 50 ≥60	2 000 6 000 15 000 20 000 40 000 60 000

5 标准的实施

5.1 排污单位排放（包括泄漏和无组织排放）的恶臭污染物，在排污单位边界上规定监测点（无其他干扰因素）的一次最大监测值（包括臭气浓度）都必须低于或等于恶臭污染物厂界标准值。

5.2 排污单位经烟、气排气筒（高度在 15 m 以上）排放的恶臭污染物的排放量和臭气浓度都必须低于或等于恶臭污染物排放标准。

5.3 排污单位经排水排出并散发的恶臭污染物和臭气浓度必须低于或等于恶臭污染物厂界标准值。

6 监测

6.1 有组织排放源监测

6.1.1 排气筒的最低高度不得低于 15 m。

6.1.2 凡在表 2 所列两种高度之间的排气筒，采用四舍五入方法计算其排气筒的高度。表 2 中所列的排气筒高度系指从地面（零地面）起至排气口的垂直高度。

6.1.3 采样点：有组织排放源的监测采样点应为臭气进入大气的排气口，也可以在水平排气道和排气筒下部采样监测，测得臭气浓度或进行换算求得实际排放量。经过治理的污染源监测点设在治理装置的排气口，并应设置永久性标志。

6.1.4 有组织排放源采样频率应按生产周期确定监测频率，生产周期在 8 h 以内的，每 2 h 采集一次，生产周期大于 8 h 的，每 4 h 采集一次，取其最大测定值。

6.2 无组织排放源监测

6.2.1 采样点

厂界的监测采样点，设置在工厂厂界的下风向侧，或有臭气方位的边界线上。

6.2.2 采样频率

连续排放源相隔 2 h 采一次，共采集 4 次，取其最大测定值。

间歇排放源选择在气味最大时间内采样，样品采集次数不少于 3 次，取其最大测定值。

6.3 水域监测

水域（包括海洋、河流、湖泊、排水沟、渠）的监测，应以岸边为厂界边界线，其采样点设置、采样频率与无组织排放源监测相同。

6.4 测定

标准中各单项恶臭污染物与臭气浓度的测定方法，见表 3。

表 3 恶臭污染物与臭气浓度测定方法

序号	控制项目	测定方法
1	氨	GB/T 14679
2	三甲胺	GB/T 14676
3	硫化氢	GB/T 14678
4	甲硫醇	GB/T 14678
5	甲硫醚	GB/T 14678
6	二甲二硫醚	GB/T 14678
7	二硫化碳	GB/T 14680
8	苯乙烯	GB/T 14677
9	臭气浓度	GB/T 14675

附录 A

（补充件）

排放浓度、排放量的计算

A.1 排放浓度

$$C=\frac{g}{V_{\mathrm{nd}}}\times 10^{6} \tag{A1}$$

式中：C——恶臭污染物的浓度，mg/m^3（干燥的标准状态）；

g——采样所得的恶臭污染物的重量，g；

V_{nd}——采样体积，L（干燥的标准状态）。

A.2 排放量

$$G=C\cdot Q_{\mathrm{snd}}\times 10^{-6} \tag{A2}$$

式中：G——恶臭污染物的排放量，kg/h；

Q_{snd}——烟囱或排气筒的气体流量，m^3/h（干燥的标准状态）。

中华人民共和国国家标准

火电厂大气污染物排放标准

Emission standard of air pollutants for thermal power plants

GB 13223—2011

代替 GB 13223—2003

前 言

为贯彻《中华人民共和国环境保护法》《中华人民共和国大气污染防治法》《国务院关于落实科学发展观 加强环境保护的决定》等法律、法规，保护环境，改善环境质量，防治火电厂大气污染物排放造成的污染，促进火力发电行业的技术进步和可持续发展，制定本标准。

本标准规定了火电厂大气污染物排放浓度限值、监测和监控要求。

本标准中的污染物排放浓度均为质量浓度。

本标准首次发布于 1991 年，1996 年第一次修订，2003 年第二次修订。

本次修订的主要内容：

——调整了大气污染物排放浓度限值；

——规定了现有火电锅炉达到更加严格的排放浓度限值的时限；

——取消了全厂二氧化硫最高允许排放速率的规定；

——增设了燃气锅炉大气污染物排放浓度限值；

——增设了大气污染物特别排放限值。

火电厂排放的水污染物、恶臭污染物和环境噪声适用相应的国家污染物排放标准，产生固体废物的鉴别、处理和处置适用国家固体废物污染控制标准。

自本标准实施之日起，火电厂大气污染物排放控制按本标准的规定执行，不再执行国家污染物排放标准《火电厂大气污染物排放标准》（GB 13223—2003）中的相关规定。

地方省级人民政府对本标准未作规定的大气污染物项目，可以制定地方污染物排放标准；对本标准已作规定的大气污染物项目，可以制定严于本标准的地方污染物排放标准。

本标准由环境保护部科技标准司组织制订。

本标准起草单位：中国环境科学研究院、国电环境保护研究院。

本标准环境保护部 2011 年 7 月 18 日批准。

本标准自 2012 年 1 月 1 日起实施。

本标准由环境保护部解释。

1 适用范围

本标准规定了火电厂大气污染物排放浓度限值、监测和监控要求，以及标准的实施与监督等相关规定。

本标准适用于现有火电厂的大气污染物排放管理以及火电厂建设项目的环境影响评价、环境保护工程设计、竣工环境保护验收及其投产后的大气污染物排放管理。

本标准适用于使用单台出力 65 t/h 以上除层燃炉、抛煤机炉外的燃煤发电锅炉；各种容量的煤粉发电锅炉；单台出力 65 t/h 以上燃油、燃气发电锅炉；各种容量的燃气轮机组的火电厂；单台出力 65 t/h 以上采用煤矸石、生物质、油页岩、石油焦等燃料的发电锅炉，参照本标准中循环流化床火力发电锅炉的污染物排放控制要求执行。整体煤气化联合循环发电的燃气轮机组执行本标准中燃用天然气的燃气轮机组排放限值。

本标准不适用于各种容量的以生活垃圾、危险废物为燃料的火电厂。

本标准适用于法律允许的污染物排放行为。新设立污染源的选址和特殊保护区域内现有污染源的管理，按照《中华人民共和国大气污染防治法》《中华人民共和国水污染防治法》《中华人民共和国海洋环境保护法》《中华人民共和国固体废物污染环境防治法》《中华人民共和国环境影响评价法》等法律、法规和规章的相关规定执行。

2 规范性引用文件

本标准引用下列文件或其中的条款。凡是不注日期的引用文件，其最新版本适用于本标准。

GB/T 16157 固定污染源排气中颗粒物测定与气态污染物采样方法

HJ/T 42 固定污染源排气中氮氧化物的测定 紫外分光光度法

HJ/T 43 固定污染源排气中氮氧化物的测定 盐酸萘乙二胺分光光度法

HJ/T 56 固定污染源排气中二氧化硫的测定 碘量法

HJ/T 57 固定污染源排气中二氧化硫的测定 定电位电解法

HJ/T 75 固定污染源烟气排放连续监测技术规范（试行）

HJ/T 76 固定污染源烟气排放连续监测系统技术要求及检测方法（试行）

HJ/T 373 固定污染源监测质量保证与质量控制技术规范（试行）

HJ/T 397 固定源废气监测技术规范

HJ/T 398 固定污染源排放烟气黑度的测定 林格曼烟气黑度图法

HJ 543 固定污染源废气 汞的测定 冷原子吸收分光光度法（暂行）

HJ 629 固定污染源废气 二氧化硫的测定 非分散红外吸收法

《污染源自动监控管理办法》（国家环境保护总局令 第 28 号）

《环境监测管理办法》（国家环境保护总局令 第 39 号）

3 术语和定义

下列术语和定义适用于本标准。

3.1 火电厂 thermal power plant

燃烧固体、液体、气体燃料的发电厂。

3.2 标准状态 standard condition

烟气在温度为 273 K，压力为 101 325 Pa 时的状态，简称“标态”。本标准中所规定的大气污染物浓度均指标准状态下干烟气的数值。

3.3 氧含量 oxygen content

燃料燃烧时，烟气中含有的多余的自由氧，通常以干基容积百分数表示。

3.4 现有火力发电锅炉及燃气轮机组 existing plant

指本标准实施之日前，建成投产或环境影响评价文件已通过审批的火力发电锅炉及燃气轮机组。

3.5 新建火力发电锅炉及燃气轮机组 new plant

指本标准实施之日起，环境影响评价文件通过审批的新建、扩建和改建的火力发电锅炉及燃气轮机组。

3.6 W 形火焰炉膛 arch fired furnace

燃烧器置于炉膛前后墙拱顶，燃料和空气向下喷射，燃烧产物转折 180°后从前后拱中间向上排出而形成 W 形火焰的燃烧空间。

3.7 重点地区 key region

指根据环境保护工作的要求，在国土开发密度较高，环境承载能力开始减弱，或大气环境容量较小、生态环境脆弱，容易发生严重大气环境污染问题而需要严格控制大气污染物排放的地区。

3.8 大气污染物特别排放限值 special limitation for air pollutants

指为防治区域性大气污染、改善环境质量、进一步降低大气污染源的排放强度、更加严格地控制排污行为而制定并实施的大气污染物排放限值，该限值的排放控制水平达到国际先进或领先程度，适用于重点地区。

4 污染物排放控制要求

4.1 自 2014 年 7 月 1 日起，现有火力发电锅炉及燃气轮机组执行表 1 规定的烟尘、二氧化硫、氮氧化物和烟气黑度排放限值。

4.2 自 2012 年 1 月 1 日起，新建火力发电锅炉及燃气轮机组执行表 1 规定的烟尘、二氧化硫、氮氧化物和烟气黑度排放限值。

表 1 火力发电锅炉及燃气轮机组大气污染物排放浓度限值

单位：mg/m^3（烟气黑度除外）

序号	燃料和热能转化设施类型	污染物项目	适用条件	限值	污染物排放监控位置
1	燃煤锅炉	烟尘	全部	30	烟囱或烟道
		二氧化硫	新建锅炉	100 200 (1)	
			现有锅炉	200 400 (1)	
		氮氧化物（以 NO_2 计）	全部	100 200 (2)	
		汞及其化合物	全部	0.03	
2	以油为燃料的锅炉或燃气轮机组	烟尘	全部	30	
		二氧化硫	新建锅炉及燃气轮机组	100	
			现有锅炉及燃气轮机组	200	
		氮氧化物（以 NO_2 计）	新建锅炉	100	
			现有锅炉	200	
			燃气轮机组	120	

序号	燃料和热能转化设施类型	污染物项目	适用条件	限值	污染物排放监控位置
3	以气体为燃料的锅炉或燃气轮机组	烟尘	天然气锅炉及燃气轮机组	5	烟囱或烟道
			其他气体燃料锅炉及燃气轮机组	10	
		二氧化硫	天然气锅炉及燃气轮机组	35	
			其他气体燃料锅炉及燃气轮机组	100	
		氮氧化物（以 NO_2 计）	天然气锅炉	100	
			其他气体燃料锅炉	200	
			天然气燃气轮机组	50	
			其他气体燃料燃气轮机组	120	
4	燃煤锅炉，以油、气体为燃料的锅炉或燃气轮机组	烟气黑度（林格曼黑度，级）	全部	1	烟囱排放口

注：（1）位于广西壮族自治区、重庆市、四川省和贵州省的火力发电锅炉执行该限值。

（2）采用 W 形火焰炉膛的火力发电锅炉，现有循环流化床火力发电锅炉，以及 2003 年 12 月 31 日前建成投产或通过建设项目环境影响报告书审批的火力发电锅炉执行该限值。

4.3　自 2015 年 1 月 1 日起，燃煤锅炉执行表 1 规定的汞及其化合物污染物排放限值。

4.4　重点地区的火力发电锅炉及燃气轮机组执行表 2 规定的大气污染物特别排放限值。

执行大气污染物特别排放限值的具体地域范围、实施时间，由国务院环境保护行政主管部门规定。

表 2　大气污染物特别排放限值

单位：mg/m^3（烟气黑度除外）

序号	燃料和热能转化设施类型	污染物项目	适用条件	限值	污染物排放监控位置
1	燃煤锅炉	烟尘	全部	20	烟囱或烟道
		二氧化硫	全部	50	
		氮氧化物（以 NO_2 计）	全部	100	
		汞及其化合物	全部	0.03	
2	以油为燃料的锅炉或燃气轮机组	烟尘	全部	20	
		二氧化硫	全部	50	
		氮氧化物（以 NO_2 计）	燃油锅炉	100	
			燃气轮机组	120	
3	以气体为燃料的锅炉或燃气轮机组	烟尘	全部	5	
		二氧化硫	全部	35	
		氮氧化物（以 NO_2 计）	燃气锅炉	100	
			燃气轮机组	50	
4	燃煤锅炉，以油、气体为燃料的锅炉或燃气轮机组	烟气黑度（林格曼黑度，级）	全部	1	烟囱排放口

4.5　在现有火力发电锅炉及燃气轮机组运行、建设项目竣工环保验收及其后的运行过程中，负责监管的环境保护行政主管部门，应对周围居住、教学、医疗等用途的敏感区域环境质量进行监测。建设项目的具体监控范围为环境影响评价确定的周围敏感区域；未进行过环境影响评价的现有火力发电企业，监控范围由负责监管的环境保护行政主管部门，根据企业排污的特点和规律及当地的自然、气象条件

等因素，参照相关环境影响评价技术导则确定。地方政府应对本辖区环境质量负责，采取措施确保环境状况符合环境质量标准要求。

4.6　不同时段建设的锅炉，若采用混合方式排放烟气，且选择的监控位置只能监测混合烟气中的大气污染物浓度，则应执行各时段限值中最严格的排放限值。

5　污染物监测要求

5.1　污染物采样与监测要求

5.1.1　对企业排放废气的采样，应根据监测污染物的种类，在规定的污染物排放监控位置进行，有废气处理设施的，应在该设施后监控。在污染物排放监控位置须设置规范的永久性测试孔、采样平台和排污口标志。

5.1.2　新建和现有火力发电锅炉及燃气轮机组安装污染物排放自动监控设备的要求，应按有关法律和《污染源自动监控管理办法》的规定执行。

5.1.3　污染物排放自动监控设备通过验收并正常运行的，应按照 HJ/T 75 和 HJ/T 76 的要求，定期对自动监控设备进行监督考核。

5.1.4　对企业污染物排放情况进行监测的采样方法、采样频次、采样时间和运行负荷等要求，按 GB/T 16157 和 HJ/T 397 的规定执行。

5.1.5　火电厂大气污染物监测的质量保证与质量控制，应按照 HJ/T 373 的要求进行。

5.1.6　企业应按照有关法律和《环境监测管理办法》的规定，对排污状况进行监测，并保存原始监测记录。

5.1.7　对火电厂大气污染物排放浓度的测定采用表 3 所列的方法标准。

表 3　火电厂大气污染物浓度测定方法标准

序号	污染物项目	方法标准名称	方法标准编号
1	烟　尘	固定污染源排气中颗粒物测定与气态污染物采样方法	GB/T 16157
2	烟气黑度	固定污染源排放烟气黑度的测定　林格曼烟气黑度图法	HJ/T 398
3	二氧化硫	固定污染源排气中二氧化硫的测定　碘量法	HJ/T 56
		固定污染源排气中二氧化硫的测定　定电位电解法	HJ/T 57
		固定污染源废气　二氧化硫的测定　非分散红外吸收法	HJ 629
4	氮氧化物	固定污染源排气中氮氧化物的测定　紫外分光光度法	HJ/T 42
		固定污染源排气中氮氧化物的测定　盐酸萘乙二胺分光光度法	HJ/T 43
5	汞及其化合物	固定污染源废气　汞的测定　冷原子吸收分光光度法（暂行）	HJ 543

5.2　大气污染物基准氧含量排放浓度折算方法

实测的火电厂烟尘、二氧化硫、氮氧化物和汞及其化合物排放浓度，必须执行 GB/T 16157 的规定，按式（1）折算为基准氧含量排放浓度。各类热能转化设施的基准氧含量按表 4 的规定执行。

表 4　基准氧含量

序号	热能转化设施类型	基准氧含量（O_2）/%
1	燃煤锅炉	6
2	燃油锅炉及燃气锅炉	3
3	燃气轮机组	15

$$\rho = \rho' \times \frac{21 - \varphi(O_2)}{21 - \varphi'(O_2)} \tag{1}$$

式中：ρ——大气污染物基准氧含量排放浓度，mg/m^3；

ρ'——实测的大气污染物排放浓度，mg/m^3；

$\varphi'(O_2)$——实测的氧含量，%；

$\varphi(O_2)$——基准氧含量，%。

6 实施与监督

6.1 本标准由县级以上人民政府环境保护行政主管部门负责监督实施。

6.2 在任何情况下，火力发电企业均应遵守本标准的大气污染物排放控制要求，采取必要措施保证污染防治设施正常运行。各级环保部门在对企业进行监督性检查时，可以现场即时采样或监测结果，作为判定排污行为是否符合排放标准以及实施相关环境保护管理措施的依据。

中华人民共和国国家标准

橡胶制品工业污染物排放标准

Emission standard of pollutants for rubber products industry

GB 27632—2011

前　言

为贯彻《中华人民共和国环境保护法》《中华人民共和国水污染防治法》《中华人民共和国大气污染防治法》《国务院关于落实科学发展观 加强环境保护的决定》等法律、法规和《国务院关于编制全国主体功能区规划的意见》，保护环境，防治污染，促进橡胶制品工业生产工艺和污染治理技术的进步，制定本标准。

本标准规定了橡胶制品企业水和大气污染物排放限值、监测和监控要求。为促进地区经济与环境协调发展，推动经济结构的调整和经济增长方式的转变，引导橡胶制品工业生产工艺和污染治理技术的发展方向，本标准规定了水污染物特别排放限值。

本标准中的污染物排放浓度均为质量浓度。

橡胶制品企业排放恶臭污染物、环境噪声适用相应的国家污染物排放标准，产生固体废物的鉴别、处理和处置适用国家固体废物污染控制标准。

本标准为首次发布。

自本标准实施之日起，橡胶制品企业的水和大气污染物排放控制按本标准的规定执行，不再执行《污水综合排放标准》（GB 8978—1996）和《大气污染物综合排放标准》（GB 16297—1996）中的相关规定。

地方省级人民政府对本标准未作规定的污染物项目，可以制定地方污染物排放标准；对本标准已作规定的污染物项目，可以制定严于本标准的地方污染物排放标准。

本标准由环境保护部科技标准司组织制订。

本标准主要起草单位：天津市环境保护科学研究院、环境保护部环境标准研究所、天津市橡胶工业研究所。

本标准环境保护部 2011 年 9 月 21 日批准。

本标准自 2012 年 1 月 1 日起实施。

本标准由环境保护部解释。

1　适用范围

本标准规定了橡胶制品企业或生产设施水污染物和大气污染物的排放限值、监测和监控要求，以及标准实施与监督等相关规定。

本标准适用于现有橡胶制品企业或生产设施的水污染物和大气污染物排放管理，以及橡胶制品工业建设项目的环境影响评价、环境保护设施设计、竣工环境保护验收及其投产后的水污染物和大气污染物排放管理。

本标准适用于法律允许的污染物排放行为。新设立污染源的选址和特殊保护区域内现有污染源的管理，按照《中华人民共和国大气污染防治法》《中华人民共和国水污染防治法》《中华人民共和国海洋环境保护法》《中华人民共和国固体废物污染环境防治法》《中华人民共和国环境影响评价法》等法律、法规、规章的相关规定执行。

本标准规定的水污染物排放控制要求适用于企业直接或间接向其法定边界外排放水污染物的行为。

2 规范性引用文件

本标准内容引用了下列文件或其中的条款。

GB/T 6920—1986 水质 pH 值的测定 玻璃电极法

GB/T 7472—1987 水质 锌的测定 双硫腙分光光度法

GB/T 7475—1987 水质 铜、锌、铅、镉的测定 原子吸收分光光度法

GB/T 11893—1989 水质 总磷的测定 钼酸铵分光光度法

GB/T 11894—1989 水质 总氮的测定 碱性过硫酸钾消解紫外分光光度法

GB/T 11901—1989 水质 悬浮物的测定 重量法

GB/T 11914—1989 水质 化学需氧量的测定 重铬酸盐法

GB 14554—1993 恶臭污染物排放标准

GB/T 15432—1995 环境空气 总悬浮颗粒物的测定 重量法

GB/T 16157—1996 固定污染源排气中颗粒物测定与气态污染物采样方法

GB/T 16488—1996 水质 石油类和动植物油的测定 红外光度法

HJ/T 38—1999 固定污染源排气中非甲烷总烃的测定 气相色谱法

HJ/T 55—2000 大气污染物无组织排放监测技术导则

HJ/T 195—2005 水质 氨氮的测定 气相分子吸收光谱法

HJ/T 199—2005 水质 总氮的测定 气相分子吸收光谱法

HJ/T 397—2007 固定源废气监测技术规范

HJ/T 399—2007 水质 化学需氧量的测定 快速消解分光光度法

HJ 505—2009 水质 五日生化需氧量（BOD_5）的测定 稀释与接种法

HJ 533—2009 环境空气和废气 氨的测定 纳氏试剂分光光度法

HJ 535—2009 水质 氨氮的测定 纳氏试剂分光光度法

HJ 536—2009 水质 氨氮的测定 水杨酸分光光度法

HJ 537—2009 水质 氨氮的测定 蒸馏-中和滴定法

HJ 583—2010 环境空气 苯系物的测定 固体吸附/热脱附-气相色谱法

HJ 584—2010 环境空气 苯系物的测定 活性炭吸附/二硫化碳解吸-气相色谱法

《污染源自动监控管理办法》（国家环境保护总局令 第 28 号）

《环境监测管理办法》（国家环境保护总局令 第 39 号）

3 术语和定义

下列术语和定义适用于本标准。

3.1 橡胶制品工业 rubber products industry

以生胶（天然胶、合成胶、再生胶等）为主要原料，各种配合剂为辅料，经炼胶、压延、压出、成型、硫化等工序，制造各类产品的工业，主要包括轮胎、摩托车胎、自行车胎、胶管、胶带、胶鞋、乳胶制品以及其他橡胶制品的生产企业，但不包含轮胎翻新及再生胶生产企业。

3.2 轮胎企业 tire enterprise

以固态生胶为主要原料，生产轮胎、摩托车胎、自行车胎的企业。

3.3 乳胶制品企业 latex products enterprise

以天然胶乳或合成胶乳（液态胶）为主要原料生产乳胶制品的企业。

3.4 其他制品企业 other products enterprise

生产除轮胎及乳胶制品外的其他橡胶制品的企业。

3.5 现有企业 existing facility

本标准实施之日前已建成投产或环境影响评价文件已通过审批的橡胶制品企业或生产设施。

3.6 新建企业 new facility

本标准实施之日起环境影响评价文件通过审批的新建、改建和扩建橡胶制品工业建设项目。

3.7 公共污水处理系统 public wastewater treatment system

通过纳污管道等方式收集废水，为两家以上排污单位提供废水处理服务的企业或机构，包括各种规模和类型的城镇污水处理厂、区域（包括各类工业园区、开发区、工业聚集地等）废水处理厂等，其废水处理程度应达到二级或二级以上。

3.8 直接排放 direct discharge

排污单位直接向环境排放水污染物的行为。

3.9 间接排放 indirect discharge

指排污单位向公共污水处理系统排放水污染物的行为。

3.10 排水量 effluent volume

生产设施或企业向企业法定边界以外排放的废水的量，包括与生产有直接或间接关系的各种外排废水（包括厂区生活污水、冷却废水、厂区锅炉和电站排水等）。

3.11 单位胶料基准排水量 benchmark effluent volume per unit rubber

用于核定水污染物排放浓度而规定的消耗单位胶料的废水排放量上限值。

本标准统计的胶料包括天然胶、合成胶和再生胶，乳胶制品企业耗胶量按60%的乳胶计算（不折算为干胶）。

3.12 排气量 exhaust volume

企业生产设施通过排气筒向环境排放的工业废气的量。

3.13 单位胶料基准排气量 benchmark exhaust volume per unit rubber

用于核定大气污染物排放浓度而规定的消耗单位胶料的废气排放量上限值。

3.14 标准状态 standard condition

温度为 273.15 K、压力为 101 325 Pa 时的状态。本标准规定的大气污染物排放浓度限值均以标准状态下的干气体为基准。

3.15 无组织排放 fugitive emission

大气污染物不经过排气筒或烟囱的无规则排放。

4 污染物排放控制要求

4.1 水污染物排放控制要求

4.1.1 自 2012 年 1 月 1 日起至 2013 年 12 月 31 日止，现有企业执行表 1 规定的水污染物排放限值。

表 1 现有企业水污染物排放限值

单位：mg/L（pH 值除外）

<table>
<tr><th rowspan="2">序号</th><th rowspan="2">污染物项目</th><th colspan="2">直接排放限值</th><th rowspan="2">间接排放限值</th><th rowspan="2">污染物排放监控位置</th></tr>
<tr><th>轮胎企业和其他制品企业</th><th>乳胶制品企业</th></tr>
<tr><td>1</td><td>pH 值</td><td>6～9</td><td>6～9</td><td>6～9</td><td rowspan="9">企业废水总排放口</td></tr>
<tr><td>2</td><td>悬浮物</td><td>40</td><td>70</td><td>150</td></tr>
<tr><td>3</td><td>五日生化需氧量（BOD_5）</td><td>20</td><td>20</td><td>80</td></tr>
<tr><td>4</td><td>化学需氧量（COD_{Cr}）</td><td>100</td><td>100</td><td>300</td></tr>
<tr><td>5</td><td>氨氮</td><td>10</td><td>15</td><td>30</td></tr>
<tr><td>6</td><td>总氮</td><td>15</td><td>20</td><td>40</td></tr>
<tr><td>7</td><td>总磷</td><td>0.5</td><td>0.5</td><td>1.0</td></tr>
<tr><td>8</td><td>石油类</td><td>5</td><td>5</td><td>10</td></tr>
<tr><td>9</td><td>总锌</td><td>—</td><td>2.0</td><td>3.5 [注 1]</td></tr>
<tr><td colspan="2">单位胶料基准排水量/（m^3/t）</td><td>9</td><td>100</td><td>见注 2</td><td>排水量计量位置与污染物排放监控位置一致</td></tr>
<tr><td colspan="6">注 1：乳胶制品企业排放限值。</td></tr>
<tr><td colspan="6">注 2：表中直接排放的基准排水量适用于相应类型企业的间接排放。</td></tr>
</table>

4.1.2 自 2014 年 1 月 1 日起，现有企业执行表 2 规定的水污染物排放限值。

4.1.3 自 2012 年 1 月 1 日起，新建企业执行表 2 规定的水污染物排放限值。

4.1.4 根据环境保护工作的要求，在国土开发密度已经较高、环境承载能力开始减弱，或水环境容量较小、生态环境脆弱，容易发生严重水环境污染问题而需要采取特别保护措施的地区，应严格控制企业的污染排放行为，在上述地区的企业执行表 3 规定的水污染物特别排放限值。

执行水污染物特别排放限值的地域范围、时间，由国务院环境保护行政主管部门或省级人民政府规定。

表 2 新建企业水污染物排放限值

单位：mg/L（pH 值除外）

<table>
<tr><th rowspan="2">序号</th><th rowspan="2">污染物项目</th><th colspan="2">直接排放限值</th><th rowspan="2">间接排放限值</th><th rowspan="2">污染物排放监控位置</th></tr>
<tr><th>轮胎企业和其他制品企业</th><th>乳胶制品企业</th></tr>
<tr><td>1</td><td>pH 值</td><td>6～9</td><td>6～9</td><td>6～9</td><td rowspan="5">企业废水总排放口</td></tr>
<tr><td>2</td><td>悬浮物</td><td>10</td><td>40</td><td>150</td></tr>
<tr><td>3</td><td>五日生化需氧量（BOD_5）</td><td>10</td><td>10</td><td>80</td></tr>
<tr><td>4</td><td>化学需氧量（COD_{Cr}）</td><td>70</td><td>70</td><td>300</td></tr>
<tr><td>5</td><td>氨氮</td><td>5</td><td>10</td><td>30</td></tr>
</table>

序号	污染物项目	直接排放限值		间接排放限值	污染物排放监控位置
		轮胎企业和其他制品企业	乳胶制品企业		
6	总氮	10	15	40	企业废水总排放口
7	总磷	0.5	0.5	1.0	
8	石油类	1	1	10	
9	总锌	—	1.0	3.5[注1]	
单位胶料基准排水量/（m^3/t）		7	80	见注2	排水量计量位置与污染物排放监控位置一致
注1：乳胶制品企业排放限值。					
注2：表中直接排放的基准排水量适用于相应类型企业的间接排放。					

表3 现有和新建企业水污染物特别排放限值

单位：mg/L（pH 值除外）

序号	污染物项目	直接排放限值		间接排放限值	污染物排放监控位置
		轮胎企业和其他制品企业	乳胶制品企业		
1	pH 值	6～9	6～9	6～9	企业废水总排放口
2	悬浮物	10	10	40	
3	五日生化需氧量（BOD_5）	10	10	20	
4	化学需氧量（COD_{Cr}）	50	50	70	
5	氨氮	5	5	10	
6	总氮	10	10	15	
7	总磷	0.5	0.5	0.5	
8	石油类	1	1	1	
9	总锌	—	0.5	1.0[注1]	
单位胶料基准排水量/（m^3/t）		4	80	见注2	排水量计量位置与污染物排放监控位置一致
注1：乳胶制品企业排放限值。					
注2：表中直接排放的基准排水量适用于相应类型企业的间接排放。					

4.1.5 水污染物排放浓度限值适用于单位胶料实际排水量不高于单位胶料基准排水量的情况。若单位胶料实际排水量超过单位胶料基准排水量，须按式（1）将实测水污染物浓度换算为水污染物基准水量排放浓度，并以水污染物基准水量排放浓度作为判定排放是否达标的依据。胶料消耗量和排水量统计周期为一个工作日。

在企业的生产设施同时生产两种以上产品、可适用不同排放控制要求或不同行业国家污染物排放标准，且生产设施产生的污水混合处理排放的情况下，应执行排放标准中规定的最严格的浓度限值，并按式（1）换算水污染物基准水量排放浓度。

$$\rho_{基} = \frac{Q_{总}}{\sum Y_i \cdot Q_{i基}} \rho_{实} \quad (1)$$

式中：$\rho_{基}$ ——水污染物基准水量排放浓度，mg/L；

$Q_{总}$ ——实测排水总量，m^3；

Y_i ——第 i 种产品胶料消耗量，t；

$Q_{i基}$ ——第 i 种产品的单位胶料基准排水量，m^3/t；

$\rho_{实}$——实测水污染物排放浓度，mg/L。

若 $Q_{总}$ 与 $\sum Y_i \cdot Q_{i基}$ 的比值小于 1，则以水污染物实测浓度作为判定排放是否达标的依据。

4.2 大气污染物排放控制要求

4.2.1 自 2012 年 1 月 1 日起至 2013 年 12 月 31 日止，现有企业执行表 4 规定的大气污染物排放限值。

表 4 现有企业大气污染物排放限值

序号	污染物项目	生产工艺或设施	排放限值/（mg/m^3）	单位胶料基准排气量/（m^3/t）	污染物排放监控位置
1	颗粒物	轮胎企业及其他制品企业炼胶装置	18	2 600	车间或生产设施排气筒
		乳胶制品企业后硫化装置	18	20 000	
		其他设施	18	—	
2	氨	乳胶制品企业浸渍、配料工艺装置	30	100 000	
3	甲苯及二甲苯合计[a]	轮胎企业及其他制品企业胶浆制备、浸浆、胶浆喷涂和涂胶装置	30	—	
4	非甲烷总烃	轮胎企业及其他制品企业炼胶、硫化装置	20	2 600	
		轮胎企业及其他制品企业胶浆制备、浸浆、胶浆喷涂和涂胶装置	120	—	
a 待国家污染物监测方法标准发布后实施。					

4.2.2 自 2014 年 1 月 1 日起，现有企业执行表 5 规定的大气污染物排放限值。

4.2.3 自 2012 年 1 月 1 日起，新建企业执行表 5 规定的大气污染物排放限值。

表 5 新建企业大气污染物排放限值

序号	污染物项目	生产工艺或设施	排放限值/（mg/m^3）	单位胶料基准排气量/（m^3/t）	污染物排放监控位置
1	颗粒物	轮胎企业及其他制品企业炼胶装置	12	2 000	车间或生产设施排气筒
		乳胶制品企业后硫化装置	12	16 000	
		其他设施	12	—	
2	氨	乳胶制品企业浸渍、配料工艺装置	10	80 000	
3	甲苯及二甲苯合计[a]	轮胎企业及其他制品企业胶浆制备、浸浆、胶浆喷涂和涂胶装置	15	—	
4	非甲烷总烃	轮胎企业及其他制品企业炼胶、硫化装置	10	2 000	
		轮胎企业及其他制品企业胶浆制备、浸浆、胶浆喷涂和涂胶装置	100	—	
a 待国家污染物监测方法标准发布后实施。					

4.2.4 自本标准实施之日起，橡胶制品企业大气污染物无组织排放浓度限值应符合表 6 规定。

表 6 大气污染物无组织排放限值

单位：mg/m^3

序号	污染物项目	排放限值
1	颗粒物	1.0
2	甲苯	2.4
3	二甲苯	1.2
4	非甲烷总烃	4.0

4.2.5 橡胶制品企业恶臭污染物的排放控制按 GB 14554 的规定执行。

4.2.6 在现有企业生产、建设项目竣工环保验收后的生产过程中，负责监管的环境保护行政主管部门，应对周围居住、教学、医疗等用途的敏感区域环境质量进行监测。建设项目的具体监控范围为环境影响评价确定的周围敏感区域；未进行过环境影响评价的现有企业，监控范围由负责监管的环境保护行政主管部门，根据企业排污的特点和规律及当地的自然、气象条件等因素，参照相关环境影响评价技术导则确定。地方政府应对本辖区环境质量负责，采取措施确保环境状况符合环境质量标准要求。

4.2.7 产生大气污染物的生产工艺和装置必须设立局部或整体气体收集系统和集中净化处理装置，达标排放。所有排气筒高度应不低于 15 m，排气筒周围半径 200 m 范围内有建筑物时，排气筒高度还应高出最高建筑物 3 m 以上。

4.2.8 大气污染物排放浓度限值适用于单位胶料实际排气量不高于单位胶料基准排气量的情况。若单位胶料实际排气量超过单位胶料基准排气量，须将实测大气污染物浓度换算为大气污染物基准气量排放浓度，并以大气污染物基准气量排放浓度作为判定排放是否达标的依据。大气污染物基准气量排放浓度的换算，可参照式（1）。胶料消耗量和排气量统计周期为一个工作日。

5 污染物监测要求

5.1 污染物监测的一般要求

5.1.1 对企业排放废水和废气的采样，应根据监测污染物的种类，在规定的污染物排放监控位置进行。有废水和废气处理设施的，应在处理设施后监控。在污染物排放监控位置须设置永久性排污口标志。

5.1.2 新建企业和现有企业安装污染物排放自动监控设备的要求，按有关法律和《污染源自动监控管理办法》的规定执行。

5.1.3 对企业污染物排放情况进行监测的频次、采样时间等要求，按国家有关污染源监测技术规范的规定执行。

5.1.4 企业胶料消耗量的核定，以法定报表为依据。

5.1.5 企业应按照有关法律和《环境监测管理办法》的规定，对排污状况进行监测，并保存原始监测记录。

5.2 水污染物监测要求

对企业排放水污染物浓度的测定采用表 7 所列的方法标准。

5.3 大气污染物监测要求

5.3.1 排气筒中大气污染物的监测采样按 GB/T 16157 和 HJ/T 397 规定执行；大气污染物无组织排放的监测按 HJ/T 55 规定执行。

表 7 水污染物浓度测定方法标准

序号	污染物项目	方法标准名称	方法标准编号
1	pH 值	水质 pH 值的测定 玻璃电极法	GB/T 6920—1986
2	悬浮物	水质 悬浮物的测定 重量法	GB/T 11901—1989
3	五日生化需氧量	水质 五日生化需氧量（BOD_5）的测定 稀释与接种法	HJ 505—2009
4	化学需氧量	水质 化学需氧量的测定 重铬酸钾法	GB/T 11914—1989
		水质 化学需氧量的测定 快速消解分光光度法	HJ/T 399—2007

序号	污染物项目	方法标准名称	方法标准编号
5	氨氮	水质　氨氮的测定　气相分子吸收光谱法	HJ/T 195—2005
		水质　氨氮的测定　纳氏试剂比色法	HJ 535—2009
		水质　氨氮的测定　水杨酸分光光度法	HJ 536—2009
		水质　氨氮的测定　蒸馏-中和滴定法	HJ 537—2009
6	总氮	水质　总氮的测定　碱性过硫酸钾消解紫外分光光度法	GB/T 11894—1989
		水质　总氮的测定　气相分子吸收光谱法	HJ/T 199—2005
7	总磷	水质　总磷的测定　钼酸铵分光光度法	GB/T 11893—1989
8	石油类	水质　石油类和动植物油的测定　红外光度法	GB/T 16488—1996
9	总锌	水质　锌的测定　双硫腙分光光度法	GB/T 7472—1987
		水质　铜、锌、铅、镉的测定　原子吸收分光光度法	GB/T 7475—1987

5.3.2　对企业排放大气污染物浓度的测定采用表 8 所列的方法标准。

表 8　大气污染物浓度测定方法标准

序号	污染物项目	方法标准名称	方法标准编号
1	颗粒物	固定污染源排气中颗粒物测定与气态污染物采样方法	GB/T 16157—1996
		环境空气　总悬浮颗粒物的测定　重量法	GB/T 15432—1995
2	非甲烷总烃	固定污染源排气中非甲烷总烃的测定　气相色谱法	HJ/T 38—1999
3	甲苯及二甲苯	环境空气　苯系物的测定　固体吸附/热脱附-气相色谱法	HJ 583—2010
		环境空气　苯系物的测定　活性炭吸附/二硫化碳解吸-气相色谱法	HJ 584—2010
4	氨	环境空气和废气　氨的测定　纳氏试剂分光光度法	HJ 533—2009

6　实施与监督

6.1　本标准由县级以上人民政府环境保护行政主管部门负责监督实施。

6.2　在任何情况下，橡胶制品企业均应遵守本标准的污染物排放控制要求，采取必要措施保证污染防治设施正常运行。各级环保部门在对企业进行监督性检查时，可以现场即时采样或监测的结果，作为判定排污行为是否符合排放标准以及实施相关环境保护管理措施的依据。在发现设施耗水或排水量、排气量有异常变化的情况下，应核定设施的实际胶料消耗量、排水量和排气量，按本标准的规定，换算水污染物基准水量排放浓度和大气污染物基准气量排放浓度。

海南省地方标准

槟榔加工行业污染物排放标准

DB 46/455—2018

前 言

本标准依据 GB/T 1.1—2009 给出的规定起草。

本标准由海南省生态环境保护厅提出并归口。

本标准起草单位：海南省环境科学研究院、海南联合槟榔产业工程研究中心、湖南省环境监测中心站。

本标准主要起草人：谢东海、薛英、冼爱丹、薛育易、刘统亮、陈胜庭、徐文帅、孟鑫鑫、林树勋、李师、甘杰。

本标准由海南省人民政府于 2018 年 6 月 4 日批准。

本标准于 2018 年 1 月 16 日首次发布，自 2018 年 6 月 4 日实施。

1 范围

本标准规定了槟榔初加工和深加工过程中所产生的大气和水污染物排放限值、监测监控要求和固废管理，以及标准的实施与监督等相关规定。

本标准适用于现有槟榔初加工和深加工企业大气、水和固废污染物排放管理，以及槟榔初加工和深加工新、改、扩建项目的环境影响评价、环境保护设施设计、竣工环境保护验收及其投产后的大气、水和固废污染物排放管理。

本标准不适用于以生活垃圾、危险废物为燃料的熏烤炉和锅炉。

本标准实施后，新发布的国家污染物排放标准与本标准适用范围重叠，且重叠部分严于本标准的，或者针对重叠部分新增控制项目的，执行新的国家标准。

本标准的适用范围为在海南省境内从事槟榔初加工和深加工的各企业单位。

2 规范性引用文件

下列文件对于本文件的应用是必不可少的。凡是注日期的引用文件，仅所注日期的版本适用于本标准。凡是不注日期的引用文件，其最新版本（包括所有的修改单）适用于本标准。

GB 5468 锅炉烟尘测试方法

GB 6920 水质 pH 值的测定 玻璃电极法

GB 11893 水质 总磷的测定 钼酸铵分光光度法

GB 11895 水质 苯并[a]芘的测定 乙酰化滤纸层析荧光分光光度法

GB 11901 水质 悬浮物的测定 重量法

GB 11903 水质 色度的测定 稀释倍数法

GB 13271 锅炉大气污染物排放标准

GB/T 14675 空气质量 恶臭的测定 三点比较式臭袋法

GB/T 15432 环境空气 总悬浮颗粒物的测定 重量法

GB/T 16157 固定污染源排气中颗粒物测定与气态污染物采样方法

GB 16297 大气污染物综合排放标准

GB/T 16489 水质 硫化物的测定 亚甲基蓝分光光度法

HJ/T 40 固定污染源排气中苯并[*a*]芘的测定 高效液相色谱法

HJ/T 42 固定污染源排气中氮氧化物的测定 紫外分光光度法

HJ/T 43 固定污染源排气中氮氧化物的测定 盐酸萘乙二胺分光光度法

HJ/T 44 固定污染源排气中一氧化碳的测定 非色散红外吸收法

HJ/T 55 大气污染物无组织排放监测技术导则

HJ/T 56 固定污染源排气中二氧化硫的测定 碘量法

HJ 57 固定污染源废气 二氧化硫的测定 定电位电解法

HJ/T 60 水质 硫化物的测定 碘量法

HJ 75 固定污染源烟气（SO_2、NO_x、颗粒物）排放连续监测技术规范

HJ 76 固定污染源烟气（SO_2、NO_x、颗粒物）排放连续监测系统技术要求及检测方法

HJ/T 91 地表水和污水监测技术规范

HJ/T 132 高氯废水 化学需氧量的测定 碘化钾碱性高锰酸钾法

HJ/T 195 水质 氨氮的测定 气相分子吸收光谱法

HJ/T 200 水质 硫化物的测定 气相分子吸收光谱法

HJ/T 373 固定污染源监测 质量保证与质量控制技术规范（试行）

HJ/T 397 固定源废气监测技术规范

HJ/T 398 固定污染源排放烟气黑度的测定 林格曼烟气黑度图法

HJ/T 399 水质 化学需氧量的测定 快速消解分光光度法

HJ 478 水质 多环芳烃的测定 液液萃取和固相萃取高效液相色谱法

HJ 493 水质 样品的保存和管理技术规定

HJ 494 水质 采样技术指导

HJ 495 水质 采样方案设计技术规定

HJ 502 水质 挥发酚的测定 溴化容量法

HJ 503 水质 挥发酚的测定 4-氨基安替比林分光光度法

HJ 505 水质 五日生化需氧量（BOD_5）的测定 稀释与接种法

HJ 535 水质 氨氮的测定 纳氏试剂分光光度法

HJ 536 水质 氨氮的测定 水杨酸分光光度法

HJ 537 水质 氨氮的测定 蒸馏-中和滴定法

HJ 543 固定污染源废气 汞的测定 冷原子吸收分光光度法（暂行）

HJ 629 固定污染源废气 二氧化硫的测定 非分散红外吸收法

HJ 637 水质 石油类和动植物油类的测定 红外分光光度法

HJ 647 环境空气和废气 气相和颗粒物中多环芳烃的测定 高效液相色谱法

HJ 665 水质 氨氮的测定 连续流动-水杨酸分光光度法

HJ 666　水质　氨氮的测定　流动注射-水杨酸分光光度法

HJ 670　水质　磷酸盐和总磷的测定　连续流动-钼酸铵分光光度法

HJ 671　水质　总磷的测定　流动注射-钼酸铵分光光度法

HJ 692　固定污染源废气　氮氧化物的测定　非分散红外吸收法

HJ 693　固定污染源废气　氮氧化物的测定　定电位电解法

HJ 828　水质　化学需氧量的测定　重铬酸盐法

HJ 836　固定污染源废气　低浓度颗粒物的测定　重量法

HJ 905　恶臭污染环境监测技术规范

《污染源自动监控管理办法》（国家环境保护总局令　第 28 号）

《环境监测管理办法》（国家环境保护总局令　第 39 号）

3　术语和定义

下列术语和定义适用于本标准。

3.1　槟榔初加工　betelnut primary processing

槟榔鲜果经烘烤等工序加工制成干果的过程。

3.2　槟榔黑果　black betelnut

槟榔鲜果经蒸煮后利用烟熏烘烤去除水分，具有特殊烟熏味且表面呈黑色的槟榔干果。

3.3　槟榔白果　non-black betelnut

槟榔鲜果经蒸煮后，利用热泵烘炉、蒸汽炉等热烘干去除水分，表面呈橄榄绿或棕黑色，没有烟熏味的槟榔干果。

3.4　槟榔深加工　betelnut further processing

主要指以槟榔干果为主要原料，添加食品添加剂，经相关工艺制作成槟榔产品的过程。

3.5　熏烤炉　fire-curing stove

利用橡胶木材或锯末等材料，通过不完全燃烧产生的熏烟加工制成槟榔黑果的设备。

3.6　生物质成型燃料　densified biofuel

采用农林废弃物（木材、秸秆、稻壳、木屑等）为原料，通过专门设备在特定工艺条件下加工制成的棒状、块状或颗粒状燃料。

3.7　标准状态　standard condition

烟气在温度为 273 K，压力为 101 325 Pa 时的状态，简称“标态”。本标准规定的大气污染物排放浓度均指标准状态下干烟气的数值。

3.8　最高允许排放浓度　maximum allowable emission concentration

标准状态下，处理设施后排气筒中污染物任何 1h 浓度平均值不得超过的限值，或指无处理设施排气筒中污染物任何 1h 浓度平均值不得超过的限值。

3.9　烟囱高度　stack height

指从烟囱（或锅炉房）所在的地平面至烟囱出口的高度。

3.10　氧含量　O_2 content

燃料燃烧后，烟气中含有的多余的自由氧，通常以干基容积百分数来表示。

3.11　现有企业　existing facility

本标准实施之日前，已建成投产或环境影响评价文件已通过审批的槟榔初加工或深加工企业。

3.12 新建企业 new facility

自本标准实施之日起，环境影响评价文件通过审批的新建、改建和扩建的槟榔初加工或深加工企业。

3.13 企业边界 enterprise boundary

槟榔初加工或深加工企业的法定边界。若无法定边界，则指实际边界。

3.14 直接排放 direct discharge

排污单位直接向环境水体排放水污染物的行为。

3.15 间接排放 indirect discharge

排污单位向公共污水处理系统排放水污染物的行为。

3.16 公共污水处理系统 public wastewater treatment system

通过纳污管道等方式收集废水，为两家以上排污单位提供废水处理服务并且排水能够达到相关排放标准要求的企业或机构，包括各种规模和类型的城镇污水处理厂、区域（包括各类工业园区、开发区、工业聚集地等）废水处理厂等，其废水处理程度应达到二级或二级以上。

3.17 排水量 effluent volume

槟榔初加工或深加工企业向企业边界以外排放的废水量，包括与生产有直接或间接关系的各种外排废水（如厂区生活污水、烟气预处理废水等）。

3.18 单位产品基准排水量 benchmark effluent volume per unit product

用于核定水污染物排放浓度而规定的生产单位产品废水排放量的上限值。

4 污染物排放控制要求

4.1 大气污染物排放控制要求

4.1.1 新建企业熏烤炉自本标准实施之日起，现有企业熏烤炉自 2019 年 1 月 1 日起，执行表 1 规定的大气污染物排放浓度限值。

表 1 熏烤炉大气污染物排放浓度限值

序号	污染物项目	单位	最高允许排放浓度限值	污染物排放监控位置
1	颗粒物	mg/m^3	50	烟囱或烟道
2	二氧化硫	mg/m^3	50	
3	氮氧化物	mg/m^3	200	
4	一氧化碳	%，体积分数	0.2	
5	苯并[*a*]芘	mg/m^3	0.3×10^{-3}	
6	烟气黑度	林格曼黑度，级	≤1	烟囱排放口

4.1.2 新建企业锅炉自本标准实施之日起，现有企业锅炉自 2019 年 1 月 1 日起，执行表 2 规定的大气污染物排放限值。

表 2 锅炉大气污染物排放浓度限值

序号	污染物项目	单位	最高允许排放浓度限值				污染物排放监控位置
			燃煤锅炉	燃油锅炉	燃气锅炉	燃生物质成型燃料锅炉	
1	颗粒物	mg/m^3	50	30	20	50	烟囱或烟道
2	二氧化硫	mg/m^3	300	200	50	30	

<table>
<tr><th rowspan="2">序号</th><th rowspan="2">污染物项目</th><th rowspan="2">单位</th><th colspan="4">最高允许排放浓度限值</th><th rowspan="2">污染物排放监控位置</th></tr>
<tr><th>燃煤锅炉</th><th>燃油锅炉</th><th>燃气锅炉</th><th>燃生物质成型燃料锅炉</th></tr>
<tr><td>3</td><td>氮氧化物</td><td>mg/m³</td><td>300</td><td>250</td><td>200</td><td>150</td><td rowspan="3">烟囱或烟道</td></tr>
<tr><td>4</td><td>一氧化碳</td><td>%，体积分数</td><td>—</td><td>—</td><td>—</td><td>0.2</td></tr>
<tr><td>5</td><td>汞及其化合物</td><td>mg/m³</td><td>0.05</td><td>—</td><td>—</td><td>—</td></tr>
<tr><td>6</td><td>烟气黑度</td><td>林格曼黑度，级</td><td colspan="4">≤1</td><td>烟囱排放口</td></tr>
</table>

4.1.3　槟榔初加工和深加工企业自本标准实施之日起，执行表 3 规定的无组织排放大气污染物排放浓度限值。

表 3　无组织排放大气污染物排放浓度限值

<table>
<tr><th>污染物项目</th><th>单位</th><th>最高浓度限值</th><th>监控点</th></tr>
<tr><td>颗粒物</td><td>mg/m³</td><td>1.0</td><td rowspan="2">企业边界</td></tr>
<tr><td>臭气浓度</td><td>无量纲</td><td>20</td></tr>
</table>

4.1.4　烟囱高度规定

1）槟榔黑果初加工熏烤炉烟囱高度不低于 15 m，具体高度按批复的环境影响评价文件确定。新建槟榔黑果初加工熏烤炉的烟囱周围半径 200 m 距离内有建筑物时，其烟囱应高出最高建筑物 3 m 以上。

2）槟榔白果初加工和槟榔深加工企业新建燃煤或新建生物质成型燃料锅炉房只能设一根烟囱，烟囱高度应该根据锅炉房装机总容量，按表 4 规定执行，燃油、燃气锅炉烟囱不低于 8 m，锅炉烟囱的具体高度按批复的环境影响评价文件确定。新建锅炉房的烟囱周围半径 200 m 距离内有建筑物时，其烟囱应高出最高建筑物 3 m 以上。

表 4　燃煤及燃生物质成型燃料锅炉房烟囱最低允许高度

<table>
<tr><td rowspan="2">锅炉房装机总容量</td><td>MW</td><td><0.7</td><td>0.7~<1.4</td><td>1.4~<2.8</td><td>2.8~<7</td><td>7~<14</td><td>≥14</td></tr>
<tr><td>t/h</td><td><1</td><td>1~<2</td><td>2~<4</td><td>4~<10</td><td>10~<20</td><td>≥20</td></tr>
<tr><td>烟囱最低允许高度</td><td>m</td><td>20</td><td>25</td><td>30</td><td>35</td><td>40</td><td>45</td></tr>
</table>

4.1.5　大气污染物基准含氧量排放浓度折算方法

实测的锅炉颗粒物、二氧化硫、氮氧化物、汞及其化合物的排放浓度，应执行 GB 5468 或 GB/T 16157 规定，按公式（1）折算为基准氧含量排放浓度。各类燃烧设备的基准氧含量按表 5 的规定执行。

表 5　基准氧含量

锅炉类型	基准氧含量（O_2）/%
燃煤、生物质成型燃料锅炉	9
燃油、燃气锅炉	3.5

$$\rho = \rho' \times \frac{21-\varphi(O_2)}{21-\varphi'(O_2)} \tag{1}$$

式中：ρ——大气污染物基准氧含量排放浓度，mg/m³；

ρ'——实测的大气污染物排放浓度，mg/m³；

$\varphi(O_2)$——基准氧含量，%；

$\varphi'(O_2)$——实测的氧含量，%。

4.2 水污染物排放控制要求

4.2.1 新建企业自本标准实施之日起，现有企业自2019年1月1日起，执行表6规定的水污染物排放限值。

表6 水污染物排放限值 单位：mg/L（pH值和色度除外）

序号	污染物项目	限值		污染物排放监控位置
		直接排放	间接排放[1]	
1	pH值	6~9	6~9	企业污水总排放口
2	悬浮物	70	100	
3	化学需氧量（COD_{Cr}）	100	300	
4	五日生化需氧量（BOD_5）	20	100	
5	氨氮	15	25	
6	总磷	0.5	—	
7	硫化物	1.0	—	
8	石油类	5	—	
9	动植物油	10	—	
10	挥发酚	0.5	—	
11	色度（稀释倍数）	50	—	
12	苯并[a]芘	0.000 03		在车间或车间处理设施排放口
单位产品基准排水量（m³/t 产品）		槟榔初加工企业	1.0	排水量计量位置与污染物排放监控位置相同
		槟榔深加工企业	30	
注：（1）间接排放未规定的污染物项目，由公共污水处理系统责任单位根据其污水处理能力商定相关标准，并报当地环境保护主管部门备案。				

4.2.2 水污染物排放浓度限值适用于单位产品实际排水量不高于单位产品基准排水量的情况。若单位产品实际排水量超过单位产品基准排水量，须按公式（2）将实测水污染物浓度换算为水污染物基准水量排放浓度，并以水污染物基准水量排放浓度作为判定排放是否达标的依据。产品产量和排水量统计周期为一个工作日。

$$C_{基} = \frac{Q_{总}}{\sum YQ_{基}} \times C_{实} \tag{2}$$

式中：$C_{基}$——水污染物基准水量排放浓度，mg/L；

$Q_{总}$——实测排水总量，m³；

Y——产品产量，t；

$Q_{基}$——单位产品基准排水量，m³/t；

$C_{实}$——实测水污染物排放浓度，mg/L。

若 $Q_{总}$与 $\Sigma YQ_{基}$的比值小于 1，则以水污染物实测浓度作为判定排放是否达标的依据。

5 监测要求

5.1 污染物监测的一般要求

5.1.1 槟榔初加工和深加工企业应按照有关法律和《环境监测管理办法》等规定，建立企业监测制度，制定监测方案，对污染物排放状况及其对周边环境质量的影响开展自行监测，保存原始监测记录，并公布监测结果。

5.1.2 新建企业和现有企业安装污染物排放自动监控设备的要求，按有关法律和《污染源自动监控管理办法》的规定执行。

5.1.3 企业应按照环境监测管理规定和技术规范的要求，设计、建设、维护永久性采样口、采样测试平台和排污口标志。

5.1.4 对企业排放废水和废气的采样，应根据监测污染物的种类，在规定的污染物排放监控位置进行。有废水、废气处理设施的，应在该处理设施后监测。

5.1.5 企业产品产量的核定，以法定报表为依据。

5.2 大气污染物监测要求

5.2.1 排气筒中大气污染物的监测采样按 GB/T 16157、HJ/T 397、HJ/T 373 或 HJ 75、HJ 76 的规定执行。企业边界大气污染物的监测按 HJ/T 55、HJ 905 的规定执行。

5.2.2 对企业排放大气污染物浓度的测定采用表 7 所列的方法标准。

表 7 大气污染物浓度测定方法标准

序号	污染物项目	方法标准名称	标准编号
1	颗粒物	锅炉烟尘测试方法	GB 5468
		环境空气 总悬浮颗粒物的测定 重量法	GB/T 15432
		固定污染源排气中颗粒物测定与气态污染物采样方法	GB/T 16157
		固定污染源废气 低浓度颗粒物的测定 重量法	HJ 836
2	二氧化硫	固定污染源排气中二氧化硫的测定 碘量法	HJ/T 56
		固定污染源废气 二氧化硫的测定 定电位电解法	HJ 57
		固定污染源废气 二氧化硫的测定 非分散红外吸收法	HJ 629
3	氮氧化物	固定污染源排气中氮氧化物的测定 紫外分光光度法	HJ/T 42
		固定污染源排气中氮氧化物的测定 盐酸萘乙二胺分光光度法	HJ/T 43
		固定污染源废气 氮氧化物的测定 非分散红外吸收法	HJ 692
		固定污染源废气 氮氧化物的测定 定电位电解法	HJ 693
4	一氧化碳	固定污染源排气中一氧化碳的测定 非色散红外吸收法	HJ/T 44
5	汞及其化合物	固定污染源废气 汞的测定 冷原子吸收分光光度法（暂行）	HJ 543
6	苯并[a]芘	固定污染源排气中苯并[a]芘的测定 高效液相色谱法	HJ/T 40
		环境空气和废气 气相和颗粒物中多环芳烃的测定 高效液相色谱法	HJ 647
7	烟气黑度	固定污染源排放烟气黑度的测定 林格曼烟气黑度图法	HJ/T 398
8	臭气浓度	空气质量 恶臭的测定 三点比较式臭袋法	GB/T 14675

5.3 水污染物监测要求

5.3.1 水污染物的监测采样按 HJ/T 91、HJ 493、HJ 494、HJ 495 的规定执行。

5.3.2 对企业排放水污染物浓度的测定采用表 8 所列的方法标准。

表 8 水污染物浓度测定方法标准

序号	污染物项目	方法标准名称	标准编号
1	pH 值	水质 pH 值的测定 玻璃电极法	GB/T 6920
2	悬浮物	水质 悬浮物的测定 重量法	GB/T 11901
3	化学需氧量（COD_{Cr}）	高氯废水 化学需氧量的测定 碘化钾碱性高锰酸钾法	HJ/T 132
		水质 化学需氧量的测定 快速消解分光光度法	HJ/T 399
		水质 化学需氧量的测定 重铬酸盐法	HJ 828
4	五日生化需氧量（BOD_5）	水质 五日生化需氧量（BOD_5）的测定 稀释与接种法	HJ 505
5	氨氮	水质 氨氮的测定 气相分子吸收光谱法	HJ/T 195
		水质 氨氮的测定 纳氏试剂分光光度法	HJ 535
		水质 氨氮的测定 水杨酸分光光度法	HJ 536
		水质 氨氮的测定 蒸馏-中和滴定法	HJ 537
		水质 氨氮的测定 连续流动-水杨酸分光光度法	HJ 665
		水质 氨氮的测定 流动注射-水杨酸分光光度法	HJ 666
6	总磷	水质 总磷的测定 钼酸铵分光光度法	GB 11893
		水质 磷酸盐和总磷的测定 连续流动-钼酸铵分光光度法	HJ 670
		水质 总磷的测定 流动注射-钼酸铵分光光度法	HJ 671
7	硫化物	水质 硫化物的测定 亚甲基蓝分光光度法	GB/T 16489
		水质 硫化物的测定 碘量法	HJ/T 60
		水质 硫化物的测定 气相分子吸收光谱法	HJ/T 200
8	石油类	水质 石油类和动植物油类的测定 红外分光光度法	HJ 637
9	动植物油	水质 石油类和动植物油类的测定 红外分光光度法	HJ 637
10	挥发酚	水质 挥发酚的测定 溴化容量法	HJ 502
		水质 挥发酚的测定 4-氨基安替比林分光光度法	HJ 503
11	色度（稀释倍数）	水质 色度的测定 稀释倍数法	GB 11903
12	苯并[*a*]芘	水质 苯并[*a*]芘的测定 乙酰化滤纸层析荧光分光光度法	GB/T 11895
		水质 多环芳烃的测定 液液萃取和固相萃取高效液相色谱法	HJ478

6 其他规定

槟榔初加工和深加工企业产生的固体废物应按相应的国家固体废物污染控制标准执行。

7 实施与监督

7.1 本标准由县级以上人民政府环境保护行政主管部门负责监督实施。

7.2 任何情况下，企业均应遵守本标准规定的污染物排放控制要求，采取必要措施保证污染防治设施正常运行，严禁通过稀释降低污染排放浓度。各级环保部门在对企业进行监督性检查时，可以现场即时采样或监测的结果作为判定排污行为是否符合排放标准以及实施相关环境保护管理措施的依据。在发现企业耗水或排水量、氧含量有异常变化的情况下，应核定企业的实际产品产量、排水量、氧含量，按本标准的规定，换算水污染物基准水量排放浓度、大气污染物基准氧含量排放浓度。

中华人民共和国国家标准

锅炉大气污染物排放标准

Emission standard of air pollutants for boiler

GB 13271—2014

代替 GB 13271—2001

前　言

为贯彻《中华人民共和国环境保护法》《中华人民共和国大气污染防治法》《国务院关于加强环境保护重点工作的意见》等法律、法规，保护环境，防治污染，促进锅炉生产、运行和污染治理技术的进步，制定本标准。

本标准规定了锅炉大气污染物浓度排放限值、监测和监控要求。

锅炉排放的水污染物、环境噪声适用相应的国家污染物排放标准，产生固体废物的鉴别、处理和处置适用国家固体废物污染控制标准。

本标准 1983 年首次发布，1991 年第一次修订，1999 年和 2001 年第二次修订，本次为第三次修订。本标准将根据国家社会经济发展状况和环境保护要求适时修订。

此次修订的主要内容：

——增加了燃煤锅炉氮氧化物和汞及其化合物的排放限值；

——规定了大气污染物特别排放限值；

——取消了按功能区和锅炉容量执行不同排放限值的规定；

——取消了燃煤锅炉烟尘初始排放浓度限值；

——提高了各项污染物排放控制要求。

本标准是锅炉大气污染物排放控制的基本要求。地方省级人民政府对本标准未作规定的大气污染物项目，可以制定地方污染物排放标准；对本标准已作规定的大气污染物项目，可以制定严于本标准的地方污染物排放标准。环境影响评价文件要求严于本标准或地方标准时，按照批复的环境影响评价文件执行。

本标准由环境保护部科技标准司组织制订。

本标准起草单位：天津市环境保护科学研究院、中国环境科学研究院。

本标准环境保护部 2014 年 4 月 28 日批准。

新建锅炉自 2014 年 7 月 1 日起、10 t/h 以上在用蒸汽锅炉和 7 MW 以上在用热水锅炉自 2015 年 10 月 1 日、10 t/h 及以下在用蒸汽锅炉和 7 MW 及以下在用热水锅炉自 2016 年 7 月 1 日起执行本标准，《锅炉大气污染物排放标准》（GB 13271—2001）自 2016 年 7 月 1 日废止。各地也可根据当地环境保护的需要和经济与技术条件，由省级人民政府批准提前实施本标准。

本标准由环境保护部解释。

1 适用范围

本标准规定了锅炉烟气中颗粒物、二氧化硫、氮氧化物、汞及其化合物的最高允许排放浓度限值和烟气黑度限值。

本标准适用于以燃煤、燃油和燃气为燃料的单台出力 65 t/h 及以下蒸汽锅炉、各种容量的热水锅炉及有机热载体锅炉；各种容量的层燃炉、抛煤机炉。

使用型煤、水煤浆、煤矸石、石油焦、油页岩、生物质成型燃料等的锅炉，参照本标准中燃煤锅炉排放控制要求执行。

本标准不适用于以生活垃圾、危险废物为燃料的锅炉。

本标准适用于在用锅炉的大气污染物排放管理，以及锅炉建设项目环境影响评价、环境保护设施设计、竣工环境保护验收及其投产后的大气污染物排放管理。

本标准适用于法律允许的污染物排放行为；新设立污染源的选址和特殊保护区域内现有污染源的管理，按照《中华人民共和国大气污染防治法》《中华人民共和国水污染防治法》《中华人民共和国海洋环境保护法》《中华人民共和国固体废物污染环境防治法》《中华人民共和国放射性污染防治法》《中华人民共和国环境影响评价法》等法律、法规、规章的相关规定执行。

2 规范性引用文件

本标准内容引用了下列文件或其中的条款。凡是未注明日期的引用文件，其最新版本适用于本标准。

GB/T 5468 锅炉烟尘测试方法

GB/T 16157 固定污染源排气中颗粒物测定与气态污染物采样方法

HJ/T 42 固定污染源排气中氮氧化物的测定 紫外分光光度法

HJ/T 43 固定污染源排气中氮氧化物的测定 盐酸萘乙二胺分光光度法

HJ/T 56 固定污染源排气中二氧化硫的测定 碘量法

HJ/T 57 固定污染源排气中二氧化硫的测定 定电位电解法

HJ/T 373 固定污染源监测质量保证与质量控制技术规范（试行）

HJ/T 397 固定源废气监测技术规范

HJ/T 398 固定污染源排放烟气黑度的测定 林格曼烟气黑度图法

HJ 543 固定污染源废气 汞的测定 冷原子吸收分光光度法（暂行）

HJ 629 固定污染源废气 二氧化硫的测定 非分散红外吸收法

HJ 692 固定污染源废气 氮氧化物的测定 非分散红外吸收法

HJ 693 固定污染源废气 氮氧化物的测定 定电位电解法

《污染源自动监控管理办法》（国家环境保护总局令 第 28 号）

《环境监测管理办法》（国家环境保护总局令 第 39 号）

3 术语和定义

下列术语和定义适用于本标准。

3.1 锅炉 boiler

利用燃料燃烧释放的热能或其他热能加热热水或其他工质，以生产规定参数（温度、压力）和品质的蒸汽、热水或其他工质的设备。

3.2　在用锅炉　in-use boiler

本标准实施之日前，已建成投产或环境影响评价文件已通过审批的锅炉。

3.3　新建锅炉　new boiler

本标准实施之日起，环境影响评价文件通过审批的新建、改建和扩建的锅炉建设项目。

3.4　有机热载体锅炉　organic fluid boiler

以有机质液体作为热载体工质的锅炉。

3.5　标准状态　standard condition

锅炉烟气在温度为 273.15 K，压力为 101 325 Pa 时的状态，简称“标态”。本标准规定的排放质量浓度均指标准状态下干烟气中的数值。

3.6　烟囱高度　stack height

从烟囱（或锅炉房）所在的地平面至烟囱出口的高度。

3.7　氧含量　O_2 content

燃料燃烧后，烟气中含有的多余的自由氧，通常以干基容积百分数来表示。

3.8　重点地区　key region

根据环境保护工作的要求，在国土开发密度较高，环境承载能力开始减弱，或大气环境容量较小、生态环境脆弱，容易发生严重大气环境污染问题而需要严格控制大气污染物排放的地区。

3.9　大气污染物特别排放限值　special limitation for air pollutants

为防治区域性大气污染、改善环境质量、进一步降低大气污染源的排放强度、更加严格地控制排污行为而制定并实施的大气污染物排放限值，该限值的控制水平达到国际先进或领先程度，适用于重点地区。

4　大气污染物排放控制要求

4.1　10 t/h 以上在用蒸汽锅炉和 7 MW 以上在用热水锅炉 2015 年 9 月 30 日前执行 GB 13271—2001 中规定的排放限值，10 t/h 及以下在用蒸汽锅炉和 7 MW 及以下在用热水锅炉 2016 年 6 月 30 日前执行 GB 13271—2001 中规定的排放限值。

4.2　10 t/h 以上在用蒸汽锅炉和 7 MW 以上在用热水锅炉自 2015 年 10 月 1 日起执行表 1 规定的大气污染物排放限值，10 t/h 及以下在用蒸汽锅炉和 7 MW 及以下在用热水锅炉自 2016 年 7 月 1 日起执行表 1 规定的大气污染物排放限值。

表 1　在用锅炉大气污染物排放限值　　单位：mg/m^3（烟气黑度除外）

污染物项目	限值			污染物排放监控位置
	燃煤锅炉	燃油锅炉	燃气锅炉	
颗粒物	80	60	30	烟囱或烟道
二氧化硫	400 550[a]	300	100	
氮氧化物	400	400	400	
汞及其化合物	0.05	—	—	
烟气黑度（林格曼黑度，级）	≤1			烟囱排放口

[a] 位于广西壮族自治区、重庆市、四川省和贵州省的在用燃煤锅炉执行该限值。

4.3　自 2014 年 7 月 1 日起，新建锅炉执行表 2 规定的大气污染物排放限值。

表 2 新建锅炉大气污染物排放限值 单位：mg/m³（烟气黑度除外）

污染物项目	限值			污染物排放监控位置
	燃煤锅炉	燃油锅炉	燃气锅炉	
颗粒物	50	30	20	烟囱或烟道
二氧化硫	300	200	50	
氮氧化物	300	250	200	
汞及其化合物	0.05	—	—	
烟气黑度（林格曼黑度，级）	≤1			烟囱排放口

4.4 重点地区锅炉执行表 3 规定的大气污染物特别排放限值。

执行大气污染物特别排放限值的地域范围、时间，由国务院环境保护主管部门或省级人民政府规定。

表 3 大气污染物特别排放限值 单位：mg/m³（烟气黑度除外）

污染物项目	限值			污染物排放监控位置
	燃煤锅炉	燃油锅炉	燃气锅炉	
颗粒物	30	30	20	烟囱或烟道
二氧化硫	200	100	50	
氮氧化物	200	200	150	
汞及其化合物	0.05	—	—	
烟气黑度（林格曼黑度，级）	≤1			烟囱排放口

4.5 每个新建燃煤锅炉房只能设一根烟囱，烟囱高度应根据锅炉房装机总容量，按表 4 规定执行，燃油、燃气锅炉烟囱不低于 8 m，烟囱的具体高度按批复的环境影响评价文件确定。新建锅炉房的烟囱周围半径 200 m 距离内有建筑物时，其烟囱应高出最高建筑物 3 m 以上。

表 4 燃煤锅炉房烟囱最低允许高度

锅炉房装机总容量		烟囱最低允许高度/m
MW	t/h	
＜0.7	＜1	20
0.7～＜1.4	1～＜2	25
1.4～＜2.8	2～＜4	30
2.8～＜7	4～＜10	35
7～＜14	10～＜20	40
≥14	≥20	45

4.6 不同时段建设的锅炉，若采用混合方式排放烟气，且选择的监控位置只能监测混合烟气中的大气污染物浓度，应执行各个时段限值中最严格的排放限值。

5 大气污染物监测要求

5.1 污染物采样与监测要求

5.1.1 锅炉使用企业应按照有关法律和《环境监测管理办法》等规定，建立企业监测制度，制定监测方案，对污染物排放状况及其对周边环境质量的影响开展自行监测，保存原始监测记录，并公布监测结果。

5.1.2 锅炉使用企业应按照环境监测管理规定和技术规范的要求，设计、建设、维护永久性采样口、采样测试平台和排污口标志。

5.1.3 对锅炉排放废气的采样，应根据监测污染物的种类，在规定的污染物排放监控位置进行，有废气处理设施的，应在该设施后监测。排气筒中大气污染物的监测采样按 GB 5468、GB/T 16157 或 HJ/T 397 规定执行。

5.1.4 20 t/h 及以上蒸汽锅炉和 14 MW 及以上热水锅炉应安装污染物排放自动监控设备，与环保部门的监控中心联网，并保证设备正常运行，按有关法律和《污染源自动监控管理办法》的规定执行。

5.1.5 对大气污染物的监测，应按照 HJ/T 373 的要求进行监测质量保证和质量控制。

5.1.6 对大气污染物排放浓度的测定采用表 5 所列的方法标准。

表 5 大气污染物浓度测定方法标准

序号	污染物项目	方法标准名称	标准编号
1	颗粒物	锅炉烟尘测试方法	GB/T 5468
		固定污染源排气中颗粒物测定与气态污染物采样方法	GB/T 16157
2	烟气黑度	固定污染源排放烟气黑度的测定 林格曼烟气黑度图法	HJ/T 398
3	二氧化硫	固定污染源排气中二氧化硫的测定 碘量法	HJ/T 56
		固定污染源排气中二氧化硫的测定 定电位电解法	HJ/T 57
		固定污染源废气 二氧化硫的测定 非分散红外吸收法	HJ 629
4	氮氧化物	固定污染源排气中氮氧化物的测定 紫外分光光度法	HJ/T 42
		固定污染源排气中氮氧化物的测定 盐酸萘乙二胺分光光度法	HJ/T 43
		固定污染源废气 氮氧化物的测定 非分散红外吸收法	HJ 692
		固定污染源废气 氮氧化物的测定 定电位电解法	HJ 693
5	汞及其化合物	固定污染源废气 汞的测定 冷原子吸收分光光度法（暂行）	HJ 543

5.2 大气污染物基准含氧量排放浓度折算方法

实测的锅炉颗粒物、二氧化硫、氮氧化物、汞及其化合物的排放浓度，应执行 GB 5468 或 GB/T 16157 规定，按式（1）折算为基准氧含量排放浓度。各类燃烧设备的基准氧含量按表 6 的规定执行。

表 6 基准含氧量

锅炉类型	基准氧含量/%
燃煤锅炉	9
燃油、燃气锅炉	3.5

$$\rho = \rho' \times \frac{21-\varphi(O_2)}{21-\varphi'(O_2)} \tag{1}$$

式中：ρ ——大气污染物基准氧含量排放质量浓度，mg/m^3；

ρ' ——实测的大气污染物排放质量浓度，mg/m^3；

$\varphi'(O_2)$ ——实测的氧含量，%；

$\varphi(O_2)$ ——基准氧含量，%。

6 实施与监督

6.1 本标准由县级以上人民政府环境保护行政主管部门负责监督实施。

6.2 在任何情况下，锅炉使用单位均应遵守本标准的大气污染物排放控制要求，采取必要措施保证污染防治设施正常运行。各级环保部门在对锅炉使用单位进行监督性检查时，可以现场即时采样或监测的结果，作为判断排污行为是否符合排放标准以及实施相关环境保护管理措施的依据。

中华人民共和国国家标准

水泥工业大气污染物排放标准

Emission standard of air pollutants for cement industry

GB 4915—2013
代替 GB 4915—2004

前 言

为贯彻《中华人民共和国环境保护法》《中华人民共和国大气污染防治法》等法律、法规，保护环境，防治污染，促进水泥工业生产工艺和污染治理技术进步，制定本标准。

本标准规定了水泥制造企业（含独立粉磨站）、水泥原料矿山、散装水泥中转站、水泥制品企业及其生产设施的大气污染物排放限值、监测和监督管理要求。上述企业排放水污染物、环境噪声适用相应的国家污染物排放标准，产生固体废物的鉴别、处理和处置适用相应的国家固体废物污染控制标准。

本标准首次发布于 1985 年，1996 年第一次修订，2004 年第二次修订，本次为第三次修订。本次修订的主要内容有：

——适用范围增加散装水泥中转站；

——调整现有企业、新建企业大气污染物排放限值，增加适用于重点地区的大气污染物特别排放限值；

——取消水泥窑焚烧危险废物的相关规定。

新建企业自 2014 年 3 月 1 日起，现有企业自 2015 年 7 月 1 日起，其大气污染物排放控制按本标准的规定执行，不再执行《水泥工业大气污染物排放标准》（GB 4915—2004）中的相关规定。

本标准是水泥工业大气污染物排放控制的基本要求。地方省级人民政府对本标准未作规定的污染物项目，可以制定地方污染物排放标准；对本标准已作规定的污染物项目，可以制定严于本标准的地方污染物排放标准。环境影响评价文件要求严于本标准或地方标准时，按照批复的环境影响评价文件执行。

本标准由环境保护部科技标准司组织制订。

本标准主要起草单位：中国环境科学研究院、合肥水泥研究设计院。

本标准环境保护部 2013 年 12 月 16 日批准。

本标准自 2014 年 3 月 1 日起实施。

本标准由环境保护部解释。

1 适用范围

本标准规定了水泥制造企业（含独立粉磨站）、水泥原料矿山、散装水泥中转站、水泥制品企业及其生产设施的大气污染物排放限值、监测和监督管理要求。

本标准适用于现有水泥工业企业或生产设施的大气污染物排放管理，以及水泥工业建设项目的环境影响评价、环境保护设施设计、竣工环境保护验收及其投产后的大气污染物排放管理。

利用水泥窑协同处置固体废物，除执行本标准外，还应执行国家相应的污染控制标准的规定。

本标准适用于法律允许的污染物排放行为。新设立污染源的选址和特殊保护区域内现有污染源的管理，按照《中华人民共和国大气污染防治法》《中华人民共和国水污染防治法》《中华人民共和国海洋环境保护法》《中华人民共和国固体废物污染环境防治法》《中华人民共和国环境影响评价法》等法律、法规和规章的相关规定执行。

2 规范性引用文件

本标准引用了下列文件或其中的条款。凡是未注明日期的引用文件，其最新版本适用于本标准。

GB/T 15432 环境空气 总悬浮颗粒物的测定 重量法

GB/T 16157 固定污染源排气中颗粒物测定与气态污染物采样方法

HJ/T 42 固定污染源排气中氮氧化物的测定 紫外分光光度法

HJ/T 43 固定污染源排气中氮氧化物的测定 盐酸萘乙二胺分光光度法

HJ/T 55 大气污染物无组织排放监测技术导则

HJ/T 56 固定污染源排气中二氧化硫的测定 碘量法

HJ/T 57 固定污染源排气中二氧化硫的测定 定电位电解法

HJ/T 67 大气固定污染源 氟化物的测定 离子选择电极法

HJ/T 75 固定污染源烟气排放连续监测技术规范（试行）

HJ/T 397 固定源废气监测技术规范

HJ 533 环境空气和废气 氨的测定 纳氏试剂分光光度法

HJ 534 环境空气 氨的测定 次氯酸钠-水杨酸分光光度法

HJ 543 固定污染源废气 汞的测定 冷原子吸收分光光度法（暂行）

HJ 629 固定污染源废气 二氧化硫的测定 非分散红外吸收法

《污染源自动监控管理办法》（国家环境保护总局令 第 28 号）

《环境监测管理办法》（国家环境保护总局令 第 39 号）

3 术语和定义

下列术语和定义适用于本标准。

3.1 水泥工业 cement industry

本标准指从事水泥原料矿山开采、水泥制造、散装水泥转运以及水泥制品生产的工业部门。

3.2 水泥窑 cement kiln

水泥熟料煅烧设备，通常包括回转窑和立窑两种形式。

3.3 窑尾余热利用系统 waste heat utilization system of kiln exhaust gas

引入水泥窑窑尾废气，利用废气余热进行物料干燥、发电等，并对余热利用后的废气进行净化处理的系统。

3.4 烘干机、烘干磨、煤磨及冷却机 dryer，drying and grinding mill，coal grinding mill and clinker cooler

烘干机指各种形式物料烘干设备；烘干磨指物料烘干兼粉磨设备；煤磨指各种形式煤粉制备设备；冷却机指各种类型（筒式、篦式等）冷却熟料设备。

3.5　破碎机、磨机、包装机及其他通风生产设备　crusher，mill，packing machine and other ventilation equipments

破碎机指各种破碎块粒状物料设备；磨机指各种物料粉磨设备系统（不包括烘干磨和煤磨）；包装机指各种形式包装水泥设备（包括水泥散装仓）；其他通风生产设备指除上述主要生产设备以外的需要通风的生产设备，其中包括物料输送设备、料仓和各种类型储库等。

3.6　采用独立热源的烘干设备　dryer associated with independent heat source

无水泥窑窑头、窑尾余热可以利用，需要单独设置热风炉等热源，对物料进行烘干的设备。

3.7　散装水泥中转站　bulk cement terminal

散装水泥集散中心，一般为水运（海运、河运）与陆运中转站。

3.8　水泥制品生产　production of cement products

预拌混凝土、砂浆和混凝土预制件的生产，不包括水泥用于施工现场搅拌的过程。

3.9　标准状态　standard condition

温度为 273.15 K，压力为 101 325 Pa 时的状态。本标准规定的大气污染物浓度均为标准状态下的质量浓度。

3.10　排气筒高度　stack height

自排气筒（或其主体建筑构造）所在的地平面至排气筒出口计的高度，单位为 m。

3.11　无组织排放　fugitive emission

大气污染物不经过排气筒的无规则排放，主要包括作业场所物料堆存、开放式输送扬尘，以及设备、管线等大气污染物泄漏。

3.12　现有企业　existing facility

本标准实施之日前已建成投产或环境影响评价文件已通过审批的水泥工业企业或生产设施。

3.13　新建企业　new facility

自本标准实施之日起环境影响评价文件通过审批的新建、改建、扩建水泥工业建设项目。

3.14　重点地区　key region

根据环境保护工作的要求，在国土开发密度较高，环境承载能力开始减弱，或大气环境容量较小、生态环境脆弱，容易发生严重大气环境污染问题而需要严格控制大气污染物排放的地区。

4　大气污染物排放控制要求

4.1　排气筒大气污染物排放限值

4.1.1　现有企业 2015 年 6 月 30 日前仍执行 GB 4915—2004，自 2015 年 7 月 1 日起执行表 1 规定的大气污染物排放限值。

4.1.2　自 2014 年 3 月 1 日起，新建企业执行表 1 规定的大气污染物排放限值。

表 1　现有企业与新建企业大气污染物排放限值　　单位：mg/m^3

生产过程	生产设备	颗粒物	二氧化硫	氮氧化物（以 NO_2 计）	氟化物（以总 F 计）	汞及其化合物	氨
矿山开采	破碎机及其他通风生产设备	20	—	—	—	—	—
水泥制造	水泥窑及窑尾余热利用系统	30	200	400	5	0.05	10[a]

生产过程	生产设备	颗粒物	二氧化硫	氮氧化物（以 NO_2 计）	氟化物（以总 F 计）	汞及其化合物	氨
水泥制造	烘干机、烘干磨、煤磨及冷却机	30	600 [b]	400 [b]	—	—	—
	破碎机、磨机、包装机及其他通风生产设备	20	—	—	—	—	—
散装水泥中转站及水泥制品生产	水泥仓及其他通风生产设备	20	—	—	—	—	—

[a] 适用于使用氨水、尿素等含氨物质作为还原剂，去除烟气中氮氧化物。
[b] 适用于采用独立热源的烘干设备。

4.1.3 重点地区企业执行表 2 规定的大气污染物特别排放限值。执行特别排放限值的时间和地域范围由国务院环境保护行政主管部门或省级人民政府规定。

表 2 大气污染物特别排放限值

单位：mg/m^3

生产过程	生产设备	颗粒物	二氧化硫	氮氧化物（以 NO_2 计）	氟化物（以总 F 计）	汞及其化合物	氨
矿山开采	破碎机及其他通风生产设备	10	—	—	—	—	—
水泥制造	水泥窑及窑尾余热利用系统	20	100	320	3	0.05	8[a]
	烘干机、烘干磨、煤磨及冷却机	20	400[a]	300[b]	—	—	—
	破碎机、磨机、包装机及其他通风生产设备	10	—	—	—	—	—
散装水泥中转站及水泥制品生产	水泥仓及其他通风生产设备	10	—	—	—	—	—

[a] 适用于使用氨水、尿素等含氨物质作为还原剂，去除烟气中氮氧化物。
[b] 适用于采用独立热源的烘干设备。

4.1.4 对于水泥窑及窑尾余热利用系统排气、采用独立热源的烘干设备排气，应同时对排气中氧含量进行监测，实测大气污染物排放浓度应按式（1）换算为基准含氧量状态下的基准排放浓度，并以此作为判定排放是否达标的依据。其他车间或生产设施排气按实测浓度计算，但不得人为稀释排放。

$$\rho_{基}=\frac{21-\varphi(O_2)_{基}}{21-\varphi(O_2)_{实}}\cdot\rho_{实} \quad (1)$$

式中：$\rho_{基}$——大气污染物基准排放浓度，mg/m^3；

$\rho_{实}$——实测大气污染物排放浓度，mg/m^3；

$\varphi(O_2)_{基}$——基准含氧量百分率，水泥窑及窑尾余热利用系统排气为 10，采用独立热源的烘干设备排气为 8；

$\varphi(O_2)_{实}$——实测含氧量百分率；

21——空气含氧量百分率。

4.2 无组织排放控制要求

4.2.1 水泥工业企业的物料处理、输送、装卸、储存过程应当封闭，对块石、黏湿物料、浆料以及车船装卸料过程也可采取其他有效抑尘措施，控制颗粒物无组织排放。

4.2.2 自 2014 年 3 月 1 日起，水泥工业企业大气污染物无组织排放监控点浓度限值应符合表 3 规定。

表 3　大气污染物无组织排放限值

单位：mg/m³

序号	污染物项目	限值	限值含义	无组织排放监控位置
1	颗粒物	0.5	监控点与参照点总悬浮颗粒物（TSP）1 h 浓度值的差值	厂界外 20 m 处上风向设参照点，下风向设监控点
2	氨[a]	1.0	监控点处 1 h 浓度平均值	监控点设在下风向厂界外 10 m 范围内浓度最高点
[a] 适用于使用氨水、尿素等含氨物质作为还原剂，去除烟气中氮氧化物。				

4.3　废气收集、处理与排放

4.3.1　产生大气污染物的生产工艺和装置必须设立局部或整体气体收集系统和净化处理装置，达标排放。

4.3.2　净化处理装置应与其对应的生产工艺设备同步运转。应保证在生产工艺设备运行波动情况下净化处理装置仍能正常运转，实现达标排放。因净化处理装置故障造成非正常排放，应停止运转对应的生产工艺设备，待检修完毕后共同投入使用。

4.3.3　除储库底、地坑及物料转运点单机除尘设施外，其他排气筒高度应不低于 15 m。排气筒高度应高出本体建（构）筑物 3 m 以上。水泥窑及窑尾余热利用系统排气筒周围半径 200 m 范围内有建筑物时，排气筒高度还应高出最高建筑物 3 m 以上。

4.4　周边环境质量监控

在现有企业生产、建设项目竣工环保验收后的生产过程中，负责监管的环境保护主管部门应对周围居住、教学、医疗等用途的敏感区域环境质量进行监控。建设项目的具体监控范围为环境影响评价确定的周围敏感区域；未进行过环境影响评价的现有企业，监控范围由负责监管的环境保护主管部门，根据企业排污的特点和规律及当地的自然、气象条件等因素，参照相关环境影响评价技术导则确定。地方政府应对本辖区环境质量负责，采取措施确保环境状况符合环境质量标准要求。

5　污染物监测要求

5.1　企业应按照有关法律和《环境监测管理办法》等规定，建立企业监测制度，制订监测方案，对污染物排放状况及其对周边环境质量的影响开展自行监测，保存原始监测记录，并公布监测结果。

5.2　新建企业和现有企业安装污染物排放自动监控设备的要求，按有关法律和《污染源自动监控管理办法》的规定执行。

5.3　企业应按照环境监测管理规定和技术规范的要求，设计、建设、维护永久性采样口、采样测试平台和排污口标志。

5.4　对企业排放废气的采样，应根据监测污染物的种类，在规定的污染物排放监控位置进行，有废气处理设施的，应在该设施后监测。排气筒中大气污染物的监测采样按 GB/T 16157、HJ/T 397 或 HJ/T 75 规定执行；大气污染物无组织排放的监测按 HJ/T 55 规定执行。

5.5　对大气污染物排放浓度的测定采用表 4 所列的方法标准。

表 4　大气污染物浓度测定方法标准

序号	污染物项目	方法标准名称	方法标准编号
1	颗粒物	固定污染源排气中颗粒物测定与气态污染物采样方法	GB/T 16157
		环境空气　总悬浮颗粒物的测定　重量法	GB/T 15432

序号	污染物项目	方法标准名称	方法标准编号
2	二氧化硫	固定污染源排气中二氧化硫的测定　碘量法	HJ/T 56
		固定污染源排气中二氧化硫的测定　定电位电解法	HJ/T 57
		固定污染源废气　二氧化硫的测定　非分散红外吸收法	HJ 629
3	氮氧化物	固定污染源排气中氮氧化物的测定　紫外分光光度法	HJ/T 42
		固定污染源排气中氮氧化物的测定　盐酸萘乙二胺分光光度法	HJ/T 43
4	氟化物	大气固定污染源　氟化物的测定　离子选择电极法	HJ/T 67
5	汞及其化合物	固定污染源废气　汞的测定　冷原子吸收分光光度法（暂行）	HJ 543
6	氨	环境空气和废气　氨的测定　纳氏试剂分光光度法	HJ 533
		环境空气　氨的测定　次氯酸钠-水杨酸分光光度法	HJ 534

6　实施与监督

6.1　本标准由县级以上人民政府环境保护行政主管部门负责监督实施。

6.2　在任何情况下，水泥工业企业均应遵守本标准规定的大气污染物排放控制要求，采取必要措施保证污染防治设施正常运行。各级环保部门在对企业进行监督性检查时，可以现场即时采样或监测的结果，作为判定排污行为是否符合排放标准以及实施相关环境保护管理措施的依据。

中华人民共和国国家标准

水泥窑协同处置固体废物污染控制标准

Standard for pollution control on co-processing of solid wastes in cement kiln

GB 30485—2013

前 言

为贯彻《中华人民共和国环境保护法》《中华人民共和国固体废物污染环境防治法》《中华人民共和国大气污染防治法》《中华人民共和国循环经济促进法》《中华人民共和国产品质量法》等法律、法规，保护环境，防治水泥窑协同处置固体废物过程的污染，促进生产工艺和污染治理技术的进步，制定本标准。

本标准规定了协同处置固体废物水泥窑的设施技术要求、入窑废物特性要求、运行技术要求、污染物排放限值、生产的水泥产品污染物控制要求、监测和监督管理要求。

本标准为首次发布。

水泥窑协同处置固体废物过程中排放水污染物、环境噪声适用相应的国家污染物排放标准，产生固体废物的鉴别、处理和处置适用相应的国家固体废物污染控制标准。

本标准规定的污染物排放限值为基本要求。地方省级人民政府对本标准未作规定的污染物项目，可以制定地方污染物排放标准；对本标准已作规定的污染物项目，可以制定严于本标准的地方污染物排放标准。环境影响评价批复的限值严于本标准或地方标准限值的，按环境影响评价批复的限值执行。

本标准由环境保护部科技标准司组织制订。

本标准主要起草单位：中国环境科学研究院、中国建筑材料科学研究总院、北京金隅红树林环保技术有限责任公司、环境保护部环境保护对外合作中心。

本标准环境保护部 2013 年 12 月 16 日批准。

本标准自 2014 年 3 月 1 日起实施。

本标准由环境保护部解释。

1 适用范围

本标准规定了协同处置固体废物水泥窑的设施技术要求、入窑废物特性要求、运行操作要求、污染物排放限值、生产的水泥产品污染物控制要求、监测和监督管理要求。

本标准适用于利用水泥窑协同处置危险废物、生活垃圾（包括废塑料、废橡胶、废纸、废轮胎等）、城市和工业污水处理污泥、动植物加工废物、受污染土壤、应急事件废物等固体废物过程的污染控制和监督管理。当水泥窑协同处置生活垃圾时，若掺加生活垃圾的质量超过入窑（炉）物料总质量的 30%，应执行《生活垃圾焚烧污染控制标准》。

本标准适用于法律允许的污染物排放行为。新设立污染源的选址和特殊保护区域内现有污染源的管理，按照《中华人民共和国大气污染防治法》《中华人民共和国水污染防治法》《中华人民共和国海洋环境保护法》《中华人民共和国固体废物污染环境防治法》《中华人民共和国放射性污染防治法》《中华人民共和国环境影响评价法》等法律、法规和规章的相关规定执行。

2 规范性引用文件

本标准引用了下列文件或其中的条款。凡是未注明日期的引用文件，其最新版本适用于本标准。

GB 4915 水泥工业大气污染物排放标准

GB 14554 恶臭污染物排放标准

GB 18597 危险废物贮存污染控制标准

GB/T 16157 固定污染源排气中颗粒物测定与气态污染物采样方法

HJ 77.2 环境空气和废气 二噁英类的测定 同位素稀释高分辨气相色谱-高分辨质谱法

HJ 543 固定污染源废气 汞的测定 冷原子吸收分光光度法（暂行）

HJ 657 空气和废气 颗粒物中铅等金属元素的测定 电感耦合等离子体质谱法

HJ 662 水泥窑协同处置固体废物环境保护技术规范

HJ 688 固定污染源排气 氟化氢的测定 离子色谱法（暂行）

HJ/T 27 固定污染源排气中氯化氢的测定 硫氰酸汞分光光度法

HJ/T 38 固定污染源排气中非甲烷总烃的测定 气相色谱法

HJ/T 55 大气污染物无组织排放监测技术导则

HJ/T 75 固定污染源烟气排放连续监测技术规范（试行）

HJ/T 176 危险废物集中焚烧处置工程建设技术规范

HJ/T 397 固定源废气监测技术规范

《污染源自动监控管理办法》（国家环境保护总局令 第28号）

3 术语和定义

下列术语和定义适用于本标准。

3.1 水泥窑协同处置 co-processing in cement kiln

将满足或经过预处理后满足入窑要求的固体废物投入水泥窑，在进行水泥熟料生产的同时实现对固体废物的无害化处置过程。

3.2 固体废物 solid wastes

是指在生产、生活和其他活动中产生的丧失原有利用价值或者虽未丧失利用价值但被抛弃或者放弃的固态、半固态和置于容器中的气态的物品、物质以及法律、行政法规规定纳入固体废物管理的物品、物质，包括液态废物（排入水体的废水除外）。

3.3 危险废物 hazardous wastes

列入国家危险废物名录或者根据国家规定的危险废物鉴别标准和鉴别方法认定的具有腐蚀性、毒性、易燃性、反应性和感染性等一种或一种以上危险特性，以及不排除具有以上危险特性的固体废物。

3.4 应急事件废物 emergency wastes

指由于污染事故、安全事故、重大灾害等事件以及环境保护专项行动中集中产生的固体废物。

3.5 新型干法水泥窑 new dry process cement kiln

在窑尾配加了悬浮预热器和分解炉的回转式水泥窑。

3.6 窑磨一体机模式 compound mode

指把水泥窑废气引入物料粉磨系统，利用废气余热烘干物料，窑和磨排出的废气在同一套除尘设备进行处理的窑磨联合运行的模式。

3.7 窑尾余热利用系统 waste heat utilization system of kiln exhaust gas

引入水泥窑尾废气，利用废气余热进行物料干燥、发电等，并对余热利用后的废气进行净化处理的系统。

3.8 标准状态 standard state

温度为 273.15 K，压力为 101 325 Pa 时的状态，简称“标态”。本标准规定的大气污染物排放浓度均指标准状态下 O_2 体积分数为 10%的干烟气中的数值。

3.9 最高允许排放浓度 maximum acceptable emission concentration

处理设施后排气筒中污染物在规定时间段内的浓度平均值不得超过的限值。

3.10 二噁英类 dibenzo-p-dioxins and dibenzofurans

多氯代二苯并-对-二噁英（PCDDs）和多氯代二苯并呋喃（PCDFs）的统称。

3.11 二噁英类毒性当量 toxic equivalent quantity（TEQ）of dibenzo-p-dioxins and dibenzofurans

二噁英毒性当量因子（TEF）是二噁英毒性同类物与 2,3,7,8-四氯代二苯并-对-二噁英对 Ah 受体的亲和性能之比。二噁英毒性当量（TEQ）可以通过下式计算：

$$\text{TEQ}=\sum（二噁英毒性同类物浓度\times \text{TEF}）$$

3.12 焚毁去除率 destruction removal efficiency（DRE）

投入窑中的特征有机化合物与残留在排放烟气中的该化合物质量之差，占投入窑中该化合物质量的百分比。DRE 的表达式如下：

$$\text{DRE}=\frac{W_{\text{in}}-W_{\text{g}}}{W_{\text{in}}}\times 100\%$$

式中：W_{in}——单位时间内投入窑中的特征有机化合物的总量，kg/h；

W_{g}——单位时间内随烟气排出的该化合物的总量，kg/h。

4 协同处置设施

4.1 用于协同处置固体废物的水泥窑应满足以下条件：

a）单线设计熟料生产规模不小于 2 000 t/d 的新型干法水泥窑；

b）采用窑磨一体机模式；

c）水泥窑及窑尾余热利用系统采用高效布袋除尘器作为烟气除尘设施；

d）协同处置危险废物的水泥窑，按 HJ 662 要求测定的焚毁去除率应不小于 99.999 9%；

e）对于改造利用原有设施协同处置固体废物的水泥窑，在进行改造之前原有设施应连续两年达到 GB 4915 的要求。

4.2 用于协同处置固体废物的水泥窑所处位置应满足以下条件：

a）符合城市总体发展规划、城市工业发展规划要求；

b）所在区域无洪水、潮水或内涝威胁。设施所在标高应位于重现期不小于 100 年一遇的洪水位之上，并建设在现有和各类规划中的水库等人工蓄水设施的淹没区和保护区之外。

4.3 应有专门的固体废物贮存设施。

危险废物贮存设施应满足 GB 18597 和 HJ/T 176 的规定。

生活垃圾和城市污水处理厂污泥的贮存设施应有良好的防渗性能并设置污水收集装置；贮存设施

应采用封闭措施，保证其中有生活垃圾或污泥存放时处于负压状态；贮存设施内抽取的空气应导入水泥窑高温区焚烧处理，或经过其他处理措施达标后排放。

前述两款规定之外的其他固体废物的贮存设施应有良好的防渗性能，以及必要的防雨、防尘功能。

4.4 应根据所需要协同处置的固体废物特性设置专用固体废物投加设施。固体废物投加设施应满足 HJ 662 的要求。

4.5 固体废物的协同处置应确保不会对水泥生产和污染控制产生不利影响。如果无法满足这一要求，应根据所需要协同处置固体废物的特性设置必要的预处理设施对其进行预处理；如果经过预处理后仍然无法满足这一要求，则不应在水泥窑中处置这类废物。

5 入窑协同处置固体废物特性

5.1 禁止下列固体废物入窑进行协同处置：

——放射性废物；

——爆炸物及反应性废物；

——未经拆解的废电池、废家用电器和电子产品；

——含汞的温度计、血压计、荧光灯管和开关；

——铬渣；

——未知特性和未经鉴定的废物。

5.2 入窑固体废物应具有相对稳定的化学组成和物理特性，其重金属以及氯、氟、硫等有害元素的含量及投加量应满足 HJ 662 的要求。

6 运行技术要求

6.1 在运行过程中，应根据固体废物特性按照 HJ 662 中的要求正确选择固体废物投加点和投加方式。

6.2 固体废物的投加过程和在水泥窑中的协同处置过程应不影响水泥的正常生产。

6.3 在水泥窑达到正常生产工况并稳定运行至少 4 h 后，方可开始投加固体废物；因水泥窑维修、事故检修等原因停窑前至少 4 h 内禁止投加固体废物。

6.4 当水泥窑出现故障或事故造成运行工况不正常，如窑内温度明显下降、烟气中污染物浓度明显升高等情况时，必须立即停止投加固体废物，待查明原因并恢复正常运行后方可恢复投加。

6.5 在协同处置固体废物时，水泥窑及窑尾余热利用系统排气筒总有机碳（TOC）因协同处置固体废物增加的浓度不应超过 10 mg/m^3，TOC 的测定步骤和方法执行 HJ 662 和 HJ/T 38 等国家环境保护标准。

7 污染物排放限值

7.1 利用水泥窑协同处置固体废物时，水泥窑及窑尾余热利用系统排气筒大气污染物中颗粒物、二氧化硫、氮氧化物和氨的排放限值按 GB 4915 中的要求执行。

7.2 利用水泥窑协同处置固体废物时，水泥窑及窑尾余热利用系统排气筒大气污染物中除列入本标准第 7.1 条外的其他污染物执行表 1 规定的最高允许排放质量浓度。

7.3 在本标准第 6.4 条规定的情况下，所获得的监测数据不作为执行本标准烟气排放限值的监测数据。每次故障或事故持续排放污染物时间不应超过 4 h，每年累计不得超过 60 h。

7.4 固体废物贮存、预处理等设施产生的废气应导入水泥窑高温区焚烧；或经过处理达到 GB 14554 规定的限值后排放。

表 1 协同处置固体废物水泥窑大气污染物最高允许排放质量浓度

单位：mg/m^3（二噁英类除外）

序号	污染物	最高允许排放质量浓度限值
1	氯化氢（HCl）	10
2	氟化氢（HF）	1
3	汞及其化合物（以 Hg 计）	0.05
4	铊、镉、铅、砷及其化合物（以 Tl+Cd+Pb+As 计）	1.0
5	铍、铬、锡、锑、铜、钴、锰、镍、钒及其化合物（以 Be+Cr+Sn+Sb+Cu+Co+Mn+Ni+V 计）	0.5
6	二噁英类	0.1 ng TEQ/m^3

7.5 生活垃圾渗滤液、车辆清洗废水以及水泥窑协同处置固体废物过程产生的其他废水收集后可采用喷入水泥窑内焚烧处置、密闭运输送到城市污水处理厂处理、排入城市排水管道进入城市污水处理厂处理或者自行处理等方式。废水排放应符合国家相关水污染物排放标准要求。

7.6 协同处置固体废物的水泥生产企业厂界恶臭污染物限值应按照 GB 14554 执行。

7.7 水泥窑旁路放风排气筒大气污染物排放限值按照本标准第 7.1 和 7.2 条执行。

7.8 协同处置固体废物的水泥生产企业，除水泥窑及窑尾余热利用系统、旁路放风、固体废物贮存及预处理等设施排气筒外的其他原料、产品的加工、贮存、生产设施的排气筒大气污染物排放和无组织排放限值及周边环境质量监控按照 GB 4915 执行。

7.9 从水泥窑循环系统排出的窑灰和旁路放风收集的粉尘如直接掺加入水泥熟料，应严格控制其掺加比例，确保满足本标准第 8 章要求。

如果窑灰和旁路放风粉尘需要送至厂外进行处理处置，应按危险废物进行管理。

8 水泥产品污染物控制

8.1 协同处置固体废物的水泥窑生产的水泥产品，其质量应符合国家相关标准。

8.2 协同处置固体废物的水泥窑生产的水泥产品中污染物的浸出，应满足相关的国家标准要求。

8.3 利用粉煤灰、钢渣、硫酸渣、高炉矿渣、煤矸石等一般工业固体废物作为替代原料（包括混合材料）、燃料生产的水泥产品参照本标准中第 8.2 条的规定执行。

9 监测要求

9.1 烟气监测

9.1.1 企业应按照有关法律和《环境监测管理办法》等规定，建立企业监测制度，制订监测方案，对污染物排放状况及其对周边环境质量的影响开展自行监测，保存原始监测记录，并公布监测结果。

9.1.2 新建企业和现有企业安装污染物排放自动监控设备的要求，按有关法律和《污染源自动监控管理办法》的规定执行。

9.1.3 企业应按照环境监测管理规定和技术规范的要求，设计、建设、维护永久性采样口、采样测试平台和排污口标志。

9.1.4 对企业排放废气的采样，应根据监测污染物的种类，在规定的污染物排放监控位置进行。有废气处理设施的，应在该设施后监测。排气筒中大气污染物的监测采样按 GB/T 16157、HJ/T 397 或 HJ/T 75 规定执行；大气污染物无组织排放的监测按 HJ/T 55 规定执行。

9.1.5 企业对烟气中重金属（汞、铊、镉、铅、砷、铍、铬、锡、锑、铜、钴、锰、镍、钒及其化合物）以及总有机碳、氯化氢、氟化氢的监测，在水泥窑协同处置危险废物时，应当每季度至少开展 1 次；在水泥窑协同处置非危险废物时，应当每半年至少开展 1 次。对烟气中二噁英类的监测应当每年至少开展 1 次，其采样要求按 HJ 77.2 的有关规定执行，其质量浓度为连续 3 次测定值的算术平均值。对其他大气污染物排放情况监测的频次、采样时间等要求，按有关环境监测管理规定和技术规范的要求执行。

9.1.6 对大气污染物排放质量浓度的测定采用表 2 所列的方法标准。

表 2 大气污染物质量浓度测定方法标准

序号	污染物项目	方法标准名称	标准编号
1	氯化氢	固定污染源排气中氯化氢的测定 硫氰酸汞分光光度法	HJ/T 27
2	氟化氢	固定污染源排气 氟化氢的测定 离子色谱法（暂行）	HJ 688
3	汞	固定污染源废气 汞的测定 冷原子吸收分光光度法（暂行）	HJ 543
4	镉、铬、锡、镍、铅、砷、锑、铜、锰、钒、钴、铊、铍	空气和废气 颗粒物中铅等金属元素的测定 电感耦合等离子体质谱法	HJ 657
5	二噁英类	环境空气和废气 二噁英类的测定 同位素稀释高分辨气相色谱-高分辨质谱法	HJ 77.2

9.2 水泥窑协同处置危险废物设施的性能测试

9.2.1 水泥生产企业在首次开展危险废物协同处置之前，应按照 HJ 662 中的要求对水泥窑协同处置设施进行性能测试。

9.2.2 应定期对开展协同处置危险废物的水泥窑设施进行性能测试，测试频率应不少于每五年一次。

10 实施与监督

10.1 本标准由县级以上人民政府环境保护行政主管部门会同有关部门负责监督实施。

10.2 在任何情况下，协同处置固体废物的水泥生产企业均应遵守本标准规定的污染物控制要求，采取必要措施保证污染防治设施正常运行。各级环保部门在对企业进行监督性检查时，可以现场即时采样或监测的结果，作为判定排污行为是否符合排放标准以及实施相关环境保护管理措施的依据。

中华人民共和国国家标准

砖瓦工业大气污染物排放标准

Emission standard of air pollutants for brick and tile industry

GB 29620—2013

前　言

为贯彻《中华人民共和国环境保护法》《中华人民共和国大气污染防治法》《国务院关于落实科学发展观 加强环境保护的决定》等法律、法规和《国务院关于编制全国主体功能区规划的意见》，保护环境，防治污染，促进砖瓦工业生产工艺和污染治理技术的进步，制定本标准。

本标准规定了砖瓦工业企业的大气污染物排放限值、监测和监控要求，适用于砖瓦工业企业大气污染防治和管理。

本标准中的污染物排放浓度均为质量浓度。

砖瓦工业企业排放的水污染物、恶臭污染物、环境噪声适用相应的国家污染物排放标准，产生固体废物的鉴别、处理和处置适用国家固体废物污染控制标准。

本标准为首次发布。

自本标准实施之日起，砖瓦工业企业大气污染物排放控制按本标准的规定执行，不再执行《大气污染物综合排放标准》（GB 16297）和《工业炉窑大气污染物排放标准》（GB 9078）中的相关规定。

地方省级人民政府对本标准未作规定的污染物项目，可以制定地方污染物排放标准；对本标准已作规定的污染物项目，可以制定严于本标准的地方污染物排放标准。

本标准由环境保护部科技标准司组织制订。

本标准主要起草单位：中国环境科学研究院、西安墙体材料研究设计院。

本标准环境保护部 2013 年 5 月 24 日批准。

本标准自 2014 年 1 月 1 日起实施。

本标准由环境保护部解释。

1　适用范围

本标准规定了砖瓦工业生产过程的大气污染物排放限值、监测和监控要求，以及标准的实施与监督等相关规定。

本标准适用于现有砖瓦工业企业或生产设施的大气污染物排放管理，以及砖瓦工业建设项目的环境影响评价、环境保护设施设计、竣工环境保护验收及其投产后的大气污染物排放管理。

本标准适用于以黏土、页岩、煤矸石、粉煤灰为主要原料的砖瓦烧结制品生产过程和以砂石、粉煤灰、石灰及水泥为主要原料的砖瓦非烧结制品生产过程。本标准不适用于利用污泥、垃圾、其他工业尾矿等为原料的砖瓦生产过程。

本标准适用于法律允许的污染物排放行为。新设立污染源的选址和特殊保护区域内现有污染源的管理，按照《中华人民共和国大气污染防治法》《中华人民共和国环境影响评价法》等法律、法规和规章的相关规定执行。

2 规范性引用文件

本标准引用了下列文件或其中的条款。凡是未注明日期的引用文件，其最新版本适用于本标准。

GB/T 15432 环境空气 总悬浮颗粒物的测定 重量法

GB/T 16157 固定污染源排气中颗粒物测定与气态污染物采样方法

HJ/T 42 固定污染源排气中氮氧化物的测定 紫外分光光度法

HJ/T 43 固定污染源排气中氮氧化物的测定 盐酸萘乙二胺分光光度法

HJ/T 55 大气污染物无组织排放监测技术导则

HJ/T 56 固定污染源排气中二氧化硫的测定 碘量法

HJ/T 57 固定污染源排气中二氧化硫的测定 定电位电解法

HJ/T 67 大气固定污染源 氟化物的测定 离子选择电极法

HJ/T 75 固定污染源烟气排放连续监测技术规范（试行）

HJ 480 环境空气 氟化物的测定 滤膜采样氟离子选择电极法

HJ 481 环境空气 氟化物的测定 石灰滤纸采样氟离子选择电极法

HJ 482 环境空气 二氧化硫的测定 甲醛吸收-副玫瑰苯胺分光光度法

HJ 483 环境空气 二氧化硫的测定 四氯汞盐吸收-副玫瑰苯胺分光光度法

《污染源自动监控管理办法》（国家环境保护总局令 第 28 号）

《环境监测管理办法》（国家环境保护总局令 第 39 号）

3 术语和定义

下列术语和定义适用于本标准。

3.1 砖瓦工业 brick and tile industry

通过原料制备、挤出（压制）成型、干燥、焙烧（蒸压）等生产过程，生产烧结砖瓦制品和非烧结砖瓦制品的工业。

3.2 现有企业 existing facility

指在本标准实施之日前已建成投产或环境影响评价文件已通过审批的砖瓦工业企业及生产设施。

3.3 新建企业 new facility

指本标准实施之日起环境影响评价文件通过审批的新建、改建和扩建的砖瓦工业建设项目。

3.4 排气筒高度 stack height

指自排气筒（或其主体建筑构造）所在的地平面至排气筒出口计的高度。

3.5 标准状态 standard condition

指温度为 273.15 K、压力为 101 325 Pa 时的状态。本标准规定的大气污染物排放浓度限值均以标准状态下的干气体为基准。

3.6 过量空气系数 excess air coefficient

指工业炉窑运行时实际空气量与理论空气需要量的比值。

3.7 企业边界 enterprise boundary

指砖瓦工业企业的法定边界。若无法定边界，则指实际边界。

4　污染物排放控制要求

4.1　自 2014 年 1 月 1 日起至 2016 年 6 月 30 日止，现有企业执行表 1 规定的大气污染物排放限值。

4.2　自 2016 年 7 月 1 日起，现有企业执行表 2 规定的大气污染物排放限值。

4.3　自 2014 年 1 月 1 日起，新建企业执行表 2 规定的大气污染物排放限值。

表 1　现有企业大气污染物排放限值　单位：mg/m^3

生产过程	最高允许排放浓度				污染物排放监控位置
	颗粒物	二氧化硫	氮氧化物（以 NO_2 计）	氟化物（以总氟计）	
原料燃料破碎及制备成型	100	—	—	—	车间或生产设施排气筒
人工干燥及焙烧	100	850（煤矸石） 400（其他）	—	3	

表 2　新建企业大气污染物排放限值　单位：mg/m^3

生产过程	最高允许排放浓度				污染物排放监控位置
	颗粒物	二氧化硫	氮氧化物（以 NO_2 计）	氟化物（以 F 计）	
原料燃料破碎及制备成型	30	—	—	—	车间或生产设施排气筒
人工干燥及焙烧	30	300	200	3	

4.4　企业边界大气污染物任何 1 小时平均浓度执行表 3 规定的限值。

表 3　现有和新建企业边界大气污染物浓度限值　单位：mg/m^3

序号	污染物	浓度限值
1	总悬浮颗粒物	1.0
2	二氧化硫	0.5
3	氟化物	0.02

4.5　在现有企业生产、建设项目竣工环保验收后的生产过程中，负责监管的环境保护主管部门应对周围居住、教学、医疗等用途的敏感区域环境质量进行监测，建设项目的具体监控范围为环境影响评价确定的周围敏感区域；未进行过环境影响评价的现有企业，监控范围由负责监管的环境保护主管部门，根据企业排污的特点和规律及当地的自然、气象条件等因素，参照相关环境影响评价技术导则确定。地方政府应对本辖区环境质量负责，采取措施确保环境状况符合环境质量标准要求。

4.6　产生大气污染物的生产工艺和装置必须设立局部或整体气体收集系统和集中净化处理装置。人工干燥及焙烧窑的排气筒高度一律不得低于 15 m。排气筒周围半径 200 m 范围内有建筑物时，排气筒高度还应高出最高建筑物 3 m 以上。

4.7　基准过量空气系数为 1.7，实测的大气污染物排放浓度应换算为基准过量空气系数排放浓度。生产设施应采取合理的通风措施，不得故意稀释排放。

5 污染物监测要求

5.1 污染物监测的一般要求

5.1.1 对企业排放废气的采样，应根据监测污染物的种类，在规定的污染物排放监控位置进行，有废气处理设施的，应在该设施后监控。在污染物排放监控位置须设置规范的永久性测试孔、采样平台和排污口标志。

5.1.2 新建企业和现有企业安装污染物排放自动监控设备的要求，应按有关法律和《污染源自动监控管理办法》的规定执行。

5.1.3 对企业污染物排放情况进行监测的频次、采样时间等要求，按国家有关污染源监测技术规范的规定执行。

5.1.4 企业应按照有关法律和《环境监测管理办法》的规定，对排污状况进行监测，并保存原始监测记录。

5.2 大气污染物监测要求

5.2.1 采样点的设置与采样方法按 GB/T 16157 和 HJ/T 75 的规定执行。

5.2.2 在有敏感建筑物方位、必要的情况下进行无组织排放监控，具体要求按 HJ/T 55 进行监测。

5.2.3 对企业排放大气污染物浓度的测定采用表 4 所列的方法标准。

表 4 大气污染物监测项目测定方法

序号	污染物项目	方法标准名称	方法标准编号
1	颗粒物	环境空气 总悬浮颗粒物的测定 重量法	GB/T 15432
		固定污染源排气中颗粒物测定与气态污染物采样方法	GB/T 16157
2	二氧化硫	固定污染源排气中二氧化硫的测定 碘量法	HJ/T 56
		固定污染源排气中二氧化硫的测定 定电位电解法	HJ/T 57
		环境空气 二氧化硫的测定 甲醛吸收-副玫瑰苯胺分光光度法	HJ 482
		环境空气 二氧化硫的测定 四氯汞盐吸收-副玫瑰苯胺分光光度法	HJ 483
3	氮氧化物	固定污染源排气中氮氧化物的测定 紫外分光光度法	HJ/T 42
		固定污染源排气中氮氧化物的测定 盐酸萘乙二胺分光光度法	HJ/T 43
4	氟化物	大气固定污染源 氟化物的测定 离子选择电极法	HJ/T 67
		环境空气 氟化物的测定 滤膜采样氟离子选择电极法	HJ 480
		环境空气 氟化物的测定 石灰滤纸采样氟离子选择电极法	HJ 481

6 实施与监督

6.1 本标准由县级以上人民政府环境保护行政主管部门负责监督实施。

6.2 在任何情况下，企业均应遵守本标准的大气污染物排放控制要求，采取必要措施保证污染防治设施正常运行。各级环保部门在对设施进行监督性检查时，可以现场即时采样或监测结果，作为判定排污行为是否符合排放标准以及实施相关环境保护管理措施的依据。

中华人民共和国国家标准

电子玻璃工业大气污染物排放标准

Emission standard of air pollutants for electronic glass industry

GB 29495—2013

前 言

为贯彻《中华人民共和国环境保护法》《中华人民共和国大气污染防治法》《国务院关于落实科学发展观 加强环境保护的决定》等法律、法规和《国务院关于编制全国主体功能区规划的意见》，保护环境，防治污染，促进电子玻璃工业生产工艺和污染治理技术的进步，制定本标准。

本标准规定了电子玻璃企业大气污染物排放限值、监测和监控要求。电子玻璃企业排放水污染物、环境噪声适用相应的国家污染物排放标准，产生固体废物的鉴别、处理和处置适用国家固体废物污染控制标准。

本标准为首次发布。

自本标准实施之日起，电子玻璃企业的大气污染物排放控制按本标准的规定执行，不再执行《工业炉窑大气污染物排放标准》（GB 9078—1996）和《大气污染物综合排放标准》（GB 16297—1996）中的相关规定。

地方省级人民政府对本标准未作规定的污染物项目，可以制定地方污染物排放标准；对本标准已作规定的污染物项目，可以制定严于本标准的地方污染物排放标准。

本标准的附录 A 为资料性附录。

本标准由环境保护部科技标准司组织制订。

本标准主要起草单位：中国环境科学研究院、中国硅酸盐学会电子玻璃分会。

本标准环境保护部 2013 年 2 月 25 日批准。

本标准自 2013 年 7 月 1 日起实施。

本标准由环境保护部解释。

1 适用范围

本标准规定了电子玻璃企业或生产设施的大气污染物排放限值、监测和监控要求，以及标准实施与监督等相关规定。

本标准适用于现有电子玻璃企业或生产设施的大气污染物排放管理。

本标准适用于对电子玻璃工业建设项目的环境影响评价、环境保护设施设计、竣工环境保护验收及其投产后的大气污染物排放管理。

电子玻璃工业太阳能电池玻璃（薄膜太阳能电池用基板玻璃、晶体硅太阳能电池用封装玻璃等）生产中的大气污染物排放控制不适用本标准。

本标准适用于法律允许的污染物排放行为。新设立污染源的选址和特殊保护区域内现有污染源的管理，按照《中华人民共和国大气污染防治法》《中华人民共和国水污染防治法》《中华人民共和国海洋环境保护法》《中华人民共和国固体废物污染环境防治法》《中华人民共和国环境影响评价法》等法律、法规、规章的相关规定执行。

2　规范性引用文件

本标准引用了下列文件或其中的条款。凡未注明日期的引用文件，其最新版本适用于本标准。

GB/T 15432　环境空气　总悬浮颗粒物的测定　重量法

GB/T 16157　固定污染源排气中颗粒物测定与气态污染物采样方法

HJ/T 27　固定污染源排气中氯化氢的测定　硫氰酸汞分光光度法

HJ/T 42　固定污染源排气中氮氧化物的测定　紫外分光光度法

HJ/T 43　固定污染源排气中氮氧化物的测定　盐酸萘乙二胺分光光度法

HJ/T 55　大气污染物无组织排放监测技术导则

HJ/T 56　固定污染源排气中二氧化硫的测定　碘量法

HJ/T 57　固定污染源排气中二氧化硫的测定　定电位电解法

HJ/T 67　大气固定污染源　氟化物的测定　离子选择电极法

HJ/T 75　固定污染源烟气排放连续监测技术规范（试行）

HJ/T 76　固定污染源烟气排放连续监测系统技术要求及检测方法（试行）

HJ/T 397　固定源废气监测技术规范

HJ/T 398　固定污染源排放烟气黑度的测定　林格曼烟气黑度图法

HJ 538　固定污染源废气　铅的测定　火焰原子吸收分光光度法（暂行）

HJ 539　环境空气　铅的测定　石墨炉原子吸收分光光度法（暂行）

HJ 540　环境空气和废气　砷的测定　二乙基二硫代氨基甲酸银分光光度法（暂行）

HJ 548　固定污染源废气　氯化氢的测定　硝酸银容量法（暂行）

HJ 549　环境空气和废气　氯化氢的测定　离子色谱法（暂行）

HJ 629　固定污染源废气　二氧化硫的测定　非分散红外吸收法

《污染源自动监控管理办法》（国家环境保护总局令 第 28 号）

《环境监测管理办法》（国家环境保护总局令 第 39 号）

3　术语和定义

下列术语和定义适用于本标准。

3.1　电子玻璃　electronic glass

CRT 显像管玻璃、平板显示玻璃、电光源玻璃等应用于电子、微电子、光电子领域的玻璃产品。

3.2　CRT 显像管玻璃　cathode ray tube（CRT）glass

用于制造阴极射线管显示器（也称“玻壳”）的玻璃，包括屏玻璃、锥玻璃、管颈玻璃、芯柱及排气管玻璃、电子枪用支架玻杆、低温焊接玻璃等。

玻壳构成示意图参见附录 A。

3.3　平板显示玻璃　flat panel display（FPD）glass

用于制造液晶显示器（TN/STN-LCD、TFT-LCD）、等离子体显示器（PDP）、有机发光显示器（OLED）等平板显示器件的基板玻璃、防护（触摸）玻璃及其他玻璃部件。

3.4 电光源玻璃 lighting glass

用于制造白炽灯、荧光灯、高强度气体放电灯等电光源产品的泡壳、玻管、芯柱及排气管玻璃等。

3.5 电子玻璃熔炉 electronic glass furnace

熔制电子玻璃的热工设备，包括各种型式的池炉和坩埚炉。按热能来源，可分为使用天然气、重油等燃料的熔炉（含电助熔）和全电熔炉。

3.6 冷修 cold repair

玻璃熔炉停火冷却后进行大修的过程。

3.7 纯氧燃烧 oxygen-fuel combustion

助燃气体含氧量大于等于 90%的燃烧方式。

3.8 大气污染物排放浓度 emission concentration of air pollutants

温度 273.15 K，压力 101.325 kPa 状态下，排气筒干燥排气中大气污染物任何 1 h 质量浓度平均值，单位为 mg/m^3。

3.9 排气筒高度 stack height

自排气筒（或其主体建筑构造）所在的地平面至排气筒出口处的高度，单位为 m。

3.10 无组织排放 fugitive emission

大气污染物不经过排气筒的无规则排放，主要包括作业场所物料堆存、开放式输送扬尘，以及设备、管线含尘气体泄漏等。

3.11 无组织排放监控点浓度限值 concentration limit at fugitive emission reference point

温度 273.15 K，压力 101.325 kPa 状态下，监控点（根据 HJ/T 55 确定）的大气污染物质量浓度在任何 1 h 的平均值不得超过的值，单位为 mg/m^3。

3.12 现有企业 existing facility

本标准实施之日前已建成投产或环境影响评价文件已通过审批的电子玻璃企业或生产设施。

3.13 新建企业 new facility

自本标准实施之日起环境影响评价文件通过审批的新建、改建和扩建电子玻璃工业建设项目。

4 大气污染物排放控制要求

4.1 大气污染物排放限值

4.1.1 自 2013 年 7 月 1 日起至 2015 年 6 月 30 日止，现有企业执行表 1 规定的大气污染物排放限值。

4.1.2 自 2015 年 7 月 1 日起，现有企业执行表 2 规定的大气污染物排放限值。

4.1.3 现有企业在 2015 年 7 月 1 日前对玻璃熔炉进行冷修重新投入运行的，自投入运行之日起执行表 2 规定的大气污染物排放限值。

4.1.4 自 2013 年 7 月 1 日起，新建企业执行表 2 规定的大气污染物排放限值。

表 1 现有企业大气污染物排放限值 单位：mg/m^3（烟气黑度除外）

序号	污染物项目	适用条件	排放限值		污染物排放监控位置
			玻璃熔炉[a]	配料、碎玻璃等其他通风生产设备	
1	颗粒物	全部	100	50	车间或生产设施排气筒
2	烟气黑度（林格曼，级）	全部	1	—	
3	二氧化硫	全部	600	—	
4	氯化氢	全部	30	—	

序号	污染物项目	适用条件	排放限值		污染物排放监控位置
			玻璃熔炉[a]	配料、碎玻璃等其他通风生产设备	
5	氟化物（以总F计）	全部	5	—	车间或生产设施排气筒
6	铅及其化合物	CRT锥玻璃、管玻璃及其他含铅电子玻璃	0.7	5[b]	
7	砷及其化合物	使用砷化合物作为澄清剂	0.5	5[b]	
8	锑及其化合物[c]	使用锑化合物作为澄清剂	5	—	

[a] 指干烟气中 O_2 含量8%状态下（纯氧燃烧为基准排气量条件下）的排放浓度限值。

[b] 指铅、砷配料的颗粒物浓度限值。

[c] 待国家监测方法标准发布后实施。

表2　新建企业大气污染物排放限值　　单位：mg/m^3（烟气黑度除外）

序号	污染物项目	适用条件	排放限值		污染物排放监控位置
			玻璃熔炉[a]	配料、碎玻璃等其他通风生产设备	
1	颗粒物	全部	50	30	车间或生产设施排气筒
2	烟气黑度（林格曼，级）	全部	1	—	
3	二氧化硫	全部	400	—	
4	氯化氢	全部	30	—	
5	氟化物（以总F计）	全部	5	—	
6	铅及其化合物	CRT锥玻璃、管玻璃及其他含铅电子玻璃	0.7	3[b]	
7	砷及其化合物	使用砷化合物作为澄清剂	0.5	3[b]	
8	锑及其化合物[c]	使用锑化合物作为澄清剂	5	—	
9	氮氧化物（以 NO_2 计）	全部	700	—	

[a] 指干烟气中 O_2 含量8%状态下（纯氧燃烧为基准排气量条件下）的排放浓度限值。

[b] 指铅、砷配料的颗粒物浓度限值。

[c] 待国家监测方法标准发布后实施。

4.1.5　对于电子玻璃熔炉排气（纯氧燃烧除外），应同时对排气中氧含量进行监测，实测排气筒中大气污染物排放浓度应按式（1）换算为含氧量8%状态下的基准排放浓度，并以此作为判定排放是否达标的依据。全电熔炉以及其他车间或生产设施排气按实测浓度计算，但不得人为稀释排放。

$$\rho_{基}=\frac{21-8}{21-O_{实}}\cdot\rho_{实} \tag{1}$$

式中：$\rho_{基}$——大气污染物基准排放浓度，mg/m^3；

$\rho_{实}$——实测排气筒中大气污染物排放浓度，mg/m^3；

$O_{实}$——玻璃熔炉干烟气中含氧量百分率实测值。

4.1.6　纯氧燃烧电子玻璃熔炉应监测排气筒中大气污染物排放浓度、排气量及相应时间内的玻璃出料量，按式（2）计算基准排气量（3 000 m^3/t 玻璃液）条件下的基准排放浓度，并以此作为判定排放是否达标的依据。大气污染物排放浓度、排气量、产品产量的监测、统计周期为1小时，可连续采样或等时间间隔采样获得大气污染物排放浓度和排气量数据，玻璃出料量数据以企业统计报表为依据。

$$\rho_{基} = \frac{Q_{实}}{3\,000 \cdot M} \cdot \rho_{实} \tag{2}$$

式中：$\rho_{基}$——大气污染物基准排放浓度，mg/m^3；

$\rho_{实}$——实测排气筒中大气污染物排放浓度，mg/m^3；

$Q_{实}$——实测电子玻璃熔炉小时排气量，m^3/h；

M——与监测时段相对应的小时玻璃出料量，t/h。

4.2　无组织排放控制要求

4.2.1　电子玻璃企业在原料破碎、筛分、储存、称量、混合、输送、投料等阶段应封闭操作，防止无组织排放。

4.2.2　自本标准实施之日起，电子玻璃企业大气污染物无组织排放监控点浓度限值应符合表 3 规定。

表 3　大气污染物无组织排放限值　　单位：mg/m^3

序号	污染物项目	排放限值	限值含义	无组织排放监控位置
1	颗粒物	1.0	监控点与参照点总悬浮颗粒物（TSP）1 小时浓度值的差值	执行 HJ/T 55 的规定，上风向设参照点，下风向设监控点
2	铅及其化合物	0.006	监控点环境空气中铅的最高允许浓度	执行 HJ/T 55 的规定，监控点设在周界外 10 m 范围内浓度最高点
3	砷及其化合物	0.003	监控点环境空气中砷的最高允许浓度	执行 HJ/T 55 的规定，监控点设在周界外 10 m 范围内浓度最高点

4.2.3　在现有企业生产、建设项目竣工环保验收后的生产过程中，负责监管的环境保护主管部门应对周围居住、教学、医疗等用途的敏感区域环境质量进行监测。建设项目的具体监控范围为环境影响评价确定的周围敏感区域；未进行过环境影响评价的现有企业，监控范围由负责监管的环境保护主管部门，根据企业排污的特点和规律及当地的自然、气象条件等因素，参照相关环境影响评价技术导则确定。地方政府应对本辖区环境质量负责，采取措施确保环境状况符合环境质量标准要求。

4.3　废气收集与排放

4.3.1　产生大气污染物的生产工艺和装置需设立局部或整体气体收集系统和净化处理装置，达标排放。

4.3.2　所有排气筒高度应不低于 15 m。排气筒周围半径 200 m 范围内有建筑物时，排气筒高度还应高出最高建筑物 3 m 以上。

5　大气污染物监测要求

5.1　对企业排放废气的采样应根据监测污染物的种类，在规定的污染物排放监控位置进行，有废气处理设施的，应在该设施后监控。在污染物排放监控位置应设置永久性排污口标志。企业应按照国家有关污染源监测技术规范的要求设置采样口，并符合规定的采样条件。

5.2　新建企业和现有企业安装污染物排放自动监控设备的要求，按有关法律和《污染源自动监控管理办法》的规定执行。

5.3　对企业大气污染物排放情况进行监测的频次、采样时间等要求，按国家有关污染源监测技术规范的规定执行。

5.4　排气筒中大气污染物的监测采样按 GB/T 16157、HJ/T 397 或 HJ/T 75 规定执行；大气污染物无组织排放的监测按 HJ/T 55 规定执行。

5.5 对大气污染物排放浓度的测定采用表 4 所列的方法标准。

表 4 大气污染物浓度测定方法标准

序号	污染物项目	方法标准名称	方法标准编号
1	颗粒物	固定污染源排气中颗粒物测定与气态污染物采样方法	GB/T 16157
		固定污染源烟气排放连续监测系统技术要求及检测方法	HJ/T 76
		环境空气 总悬浮颗粒物的测定 重量法	GB/T 15432
2	烟气黑度	固定污染源排放烟气黑度的测定 林格曼烟气黑度图法	HJ/T 398
3	二氧化硫	固定污染源排气中二氧化硫的测定 碘量法	HJ/T 56
		固定污染源排气中二氧化硫的测定 定电位电解法	HJ/T 57
		固定污染源废气 二氧化硫的测定 非分散红外吸收法	HJ 629
		固定污染源烟气排放连续监测系统技术要求及检测方法	HJ/T 76
4	氯化氢	固定污染源排气中氯化氢的测定 硫氰酸汞分光光度法	HJ/T 27
		固定污染源废气 氯化氢的测定 硝酸银容量法（暂行）	HJ 548
		环境空气和废气 氯化氢的测定 离子色谱法（暂行）	HJ 549
5	氟化物	大气固定污染源 氟化物的测定 离子选择电极法	HJ/T 67
6	铅及其化合物	固定污染源废气 铅的测定 火焰原子吸收分光光度法（暂行）	HJ 538
		环境空气 铅的测定 石墨炉原子吸收分光光度法（暂行）	HJ 539
7	砷及其化合物	环境空气和废气 砷的测定 二乙基二硫代氨基甲酸银分光光度法（暂行）	HJ 540
8	氮氧化物	固定污染源排气中氮氧化物的测定 紫外分光光度法	HJ/T 42
		固定污染源排气中氮氧化物的测定 盐酸萘乙二胺分光光度法	HJ/T 43
		固定污染源烟气排放连续监测系统技术要求及检测方法	HJ/T 76

5.6 企业应按照有关法律和《环境监测管理办法》的规定，对排污状况进行监测，并保存原始监测记录。

6 实施与监督

6.1 本标准由县级以上人民政府环境保护行政主管部门负责监督实施。

6.2 在任何情况下，电子玻璃企业均应遵守本标准规定的大气污染物排放控制要求，采取必要措施（如备用含铅烟尘净化系统）保证污染防治设施正常运行。各级环保部门在对企业进行监督性检查时，可以现场即时采样或监测的结果，作为判定排污行为是否符合排放标准以及实施相关环境保护管理措施的依据。

中华人民共和国国家标准

石油化学工业污染物排放标准（节选）

Emission standard of pollutants for petroleum chemistry industry

GB 31571—2015

前　言

为贯彻《中华人民共和国环境保护法》《中华人民共和国水污染防治法》《中华人民共和国大气污染防治法》等法律、法规，保护环境，防治污染，促进石油化学工业的技术进步和可持续发展，制定本标准。

本标准规定了石油化学工业企业及其生产设施的水污染物和大气污染物排放限值、监测和监督管理要求。

石油化学工业企业排放恶臭污染物、环境噪声适用相应的国家污染物排放标准，产生固体废物的鉴别、处理和处置适用相应的国家固体废物污染控制标准。配套的动力锅炉执行《锅炉大气污染物排放标准》或《火电厂大气污染物排放标准》。

本标准中的污染物排放浓度均为质量浓度。

本标准为首次发布。

新建企业自 2015 年 7 月 1 日起，现有企业自 2017 年 7 月 1 日起，其水污染物和大气污染物排放控制按本标准的规定执行，不再执行《污水综合排放标准》（GB 8978—1996）《关于发布〈污水综合排放标准〉（GB 8978—1996）中石化工业 COD 标准值修改单的通知》（环发〔1999〕285 号）《大气污染物综合排放标准》（GB 16297—1996）和《工业炉窑大气污染物排放标准》（GB 9078—1996）中的相关规定。各地也可根据当地环境保护的需要和经济与技术条件，由省级人民政府批准提前实施本标准。

国家针对石油化学工业发布有专项排放标准的（如合成树脂工业污染物排放标准），应按适用对象执行专项排放标准的规定，不再执行本标准。

本标准是石油化学工业水污染物和大气污染物排放控制的基本要求。地方省级人民政府对本标准未作规定的项目，可以制定地方污染物排放标准；对本标准已作规定的项目，可以制定严于本标准的地方污染物排放标准。环境影响评价文件或排污许可证要求严于本标准或地方标准时，按照批复的环境影响评价文件或排污许可证执行。

本标准由环境保护部科技标准司组织制订。

本标准起草单位：抚顺石油化工研究院、中国环境科学研究院。

本标准环境保护部 2015 年 4 月 3 日批准。

本标准自 2015 年 7 月 1 日起实施。

本标准由环境保护部解释。

1　适用范围

本标准规定了石油化学工业企业及其生产设施的水污染物和大气污染物排放限值、监测和监督管理要求。

本标准适用于现有石油化学工业企业或生产设施的水污染物和大气污染物排放管理，以及石油化学工业建设项目的环境影响评价、环境保护设施设计、竣工环境保护验收及其投产后的水污染物和大气污染物排放管理。

本标准适用于法律允许的污染物排放行为。新设立污染源的选址和特殊保护区域内现有污染源的管理，按照《中华人民共和国水污染防治法》《中华人民共和国大气污染防治法》《中华人民共和国海洋环境保护法》《中华人民共和国固体废物污染环境防治法》《中华人民共和国环境影响评价法》等法律、法规和规章的相关规定执行。

2　规范性引用文件

本标准引用了下列文件或其中的条款。凡是未注明日期的引用文件，其最新版本适用于本标准。

GB/T 6920　水质　pH 值的测定　玻璃电极法

GB/T 7466　水质　总铬的测定

GB/T 7467　水质　六价铬的测定　二苯碳酰二肼分光光度法

GB/T 7469　水质　总汞的测定　高锰酸钾-过硫酸钾消解法　双硫腙分光光度法

GB/T 7470　水质　铅的测定　双硫腙分光光度法

GB/T 7471　水质　镉的测定　双硫腙分光光度法

GB/T 7472　水质　锌的测定　双硫腙分光光度法

GB/T 7475　水质　铜、锌、铅、镉的测定　原子吸收分光光度法

GB/T 7484　水质　氟化物的测定　离子选择电极法

GB/T 7485　水质　总砷的测定　二乙基二硫代氨基甲酸银分光光度法

GB/T 8017　石油产品蒸气压的测定　雷德法

GB/T 11889　水质　苯胺类化合物的测定　*N*-（1-萘基）乙二胺偶氮分光光度法

GB/T 11890　水质　苯系物的测定　气相色谱法

GB/T 11893　水质　总磷的测定　钼酸铵分光光度法

GB/T 11895　水质　苯并[*a*]芘的测定　乙酰化滤纸层析荧光分光光度法

GB/T 11901　水质　悬浮物的测定　重量法

GB/T 11910　水质　镍的测定　丁二酮肟分光光度法

GB/T 11912　水质　镍的测定　火焰原子吸收分光光度法

GB/T 11914　水质　化学需氧量的测定　重铬酸盐法

GB/T 14204　水质　烷基汞的测定　气相色谱法

GB/T 14672　水质　吡啶的测定　气相色谱法

GB/T 15432　环境空气　总悬浮颗粒物的测定　重量法

GB/T 15439　环境空气　苯并[*a*]芘的测定　高效液相色谱法

GB/T 15501　空气质量　硝基苯类（一硝基和二硝基化合物）的测定　锌还原-盐酸萘乙二胺分光光度法

GB/T 15502　空气质量　苯胺类的测定　盐酸萘乙二胺分光光度法

GB/T 15503　水质　钒的测定　钽试剂（BPHA）萃取分光光度法
GB/T 15516　空气质量　甲醛的测定　乙酰丙酮分光光度法
GB/T 15959　水质　可吸附有机卤素（AOX）的测定　微库仑法
GB/T 16157　固定污染源排气中颗粒物测定与气态污染物采样方法
GB/T 16489　水质　硫化物的测定　亚甲基蓝分光光度法
HJ/T 27　固定污染源排气中氯化氢的测定　硫氰酸汞分光光度法
HJ/T 28　固定污染源排气中氰化氢的测定　异烟酸-吡唑啉酮分光光度法
HJ/T 30　固定污染源排气中氯气的测定　甲基橙分光光度法
HJ/T 31　固定污染源排气中光气的测定　苯胺紫外分光光度法
HJ/T 32　固定污染源排气中酚类化合物的测定　4-氨基安替比林分光光度法
HJ/T 33　固定污染源排气中甲醇的测定　气相色谱法
HJ/T 34　固定污染源排气中氯乙烯的测定　气相色谱法
HJ/T 35　固定污染源排气中乙醛的测定　气相色谱法
HJ/T 36　固定污染源排气中丙烯醛的测定　气相色谱法
HJ/T 37　固定污染源排气中丙烯腈的测定　气相色谱法
HJ/T 38　固定污染源排气中非甲烷总烃的测定　气相色谱法
HJ/T 39　固定污染源排气中氯苯类的测定　气相色谱法
HJ/T 40　固定污染源排气中苯并[*a*]芘的测定　高效液相色谱法
HJ/T 42　固定污染源排气中氮氧化物的测定　紫外分光光度法
HJ/T 43　固定污染源排气中氮氧化物的测定　盐酸萘乙二胺分光光度法
HJ/T 50　水质　三氯乙醛的测定　吡啶啉酮分光光度法
HJ/T 55　大气污染物无组织排放监测技术导则
HJ/T 56　固定污染源排气中二氧化硫的测定　碘量法
HJ/T 57　固定污染源排气中二氧化硫的测定　定电位电解法
HJ/T 60　水质　硫化物的测定　碘量法
HJ/T 66　大气固定污染源　氯苯类化合物的测定　气相色谱法
HJ/T 67　大气固定污染源　氟化物的测定　离子选择电极法
HJ/T 68　大气固定污染源　苯胺类的测定　气相色谱法
HJ/T 70　高氯废水　化学需氧量的测定　氯气校正法
HJ/T 72　水质　邻苯二甲酸二甲（二丁、二辛）酯的测定　液相色谱法
HJ/T 73　水质　丙烯腈的测定　气相色谱法
HJ/T 74　水质　氯苯的测定　气相色谱法
HJ/T 75　固定污染源烟气排放连续监测技术规范（试行）
HJ/T 76　固定污染源烟气排放连续监测系统技术要求及检测方法（试行）
HJ 77.1　水质　二噁英类的测定　同位素稀释高分辨气相色谱-高分辨质谱法
HJ 77.2　环境空气和废气　二噁英类的测定　同位素稀释高分辨气相色谱-高分辨质谱法
HJ/T 83　水质　可吸附有机卤素（AOX）的测定　离子色谱法
HJ/T 91　地表水和污水监测技术规范
HJ/T 132　高氯废水　化学需氧量的测定　碘化钾碱性高锰酸钾法
HJ/T 195　水质　氨氮的测定　气相分子吸收光谱法

HJ/T 200　水质　硫化物的测定　气相分子吸收光谱法
HJ/T 373　固定污染源监测质量保证与质量控制技术规范（试行）
HJ/T 397　固定源废气监测技术规范
HJ/T 399　水质　化学需氧量的测定　快速消解分光光度法
HJ 478　水质　多环芳烃的测定　液液萃取和固相萃取高效液相色谱法
HJ 484　水质　氰化物的测定　容量法和分光光度法
HJ 485　水质　铜的测定　二乙基二硫代氨基甲酸钠分光光度法
HJ 486　水质　铜的测定　2,9-二甲基-1,10-菲啰啉分光光度法
HJ 487　水质　氟化物的测定　茜素磺酸锆目视比色法
HJ 488　水质　氟化物的测定　氟试剂分光光度法
HJ 493　水质　样品的保存和管理技术规定
HJ 494　水质　采样技术指导
HJ 495　水质　采样方案设计技术规定
HJ 501　水质　总有机碳的测定　燃烧氧化-非分散红外吸收法
HJ 502　水质　挥发酚的测定　溴化容量法
HJ 503　水质　挥发酚的测定　4-氨基安替比林分光光度法
HJ 505　水质　五日生化需氧量（BOD_5）的测定　稀释与接种法
HJ 535　水质　氨氮的测定　纳氏试剂分光光度法
HJ 536　水质　氨氮的测定　水杨酸分光光度法
HJ 537　水质　氨氮的测定　蒸馏-中和滴定法
HJ 547　固定污染源废气　氯气的测定　碘量法（暂行）
HJ 548　固定污染源废气　氯化氢的测定　硝酸银容量法（暂行）
HJ 549　环境空气和废气　氯化氢的测定　离子色谱法（暂行）
HJ 583　环境空气　苯系物的测定　固体吸附/热脱附-气相色谱法
HJ 584　环境空气　苯系物的测定　活性炭吸附/二硫化碳解吸-气相色谱法
HJ 592　水质　硝基苯类化合物的测定　气相色谱法
HJ 597　水质　总汞的测定　冷原子吸收分光光度法
HJ 601　水质　甲醛的测定　乙酰丙酮分光光度法
HJ 620　水质　挥发性卤代烃的测定　顶空气相色谱法
HJ 621　水质　氯苯类化合物的测定　气相色谱法
HJ 629　固定污染源废气　二氧化硫的测定　非分散红外吸收法
HJ 636　水质　总氮的测定　碱性过硫酸钾消解紫外分光光度法
HJ 637　水质　石油类和动植物油类的测定　红外分光光度法
HJ 639　水质　挥发性有机物的测定　吹扫捕集/气相色谱-质谱法
HJ 644　环境空气　挥发性有机物的测定　吸附管采样-热脱附/气相色谱-质谱法
HJ 646　环境空气和废气　气相和颗粒物中多环芳烃的测定　气相色谱-质谱法
HJ 647　环境空气和废气　气相和颗粒物中多环芳烃的测定　高效液相色谱法
HJ 648　水质　硝基苯类化合物的测定　液液萃取/固相萃取-气相色谱法
HJ 665　水质　氨氮的测定　连续流动-水杨酸分光光度法
HJ 666　水质　氨氮的测定　流动注射-水杨酸分光光度法

HJ 667 水质 总氮的测定 连续流动-盐酸萘乙二胺分光光度法
HJ 668 水质 总氮的测定 流动注射-盐酸萘乙二胺分光光度法
HJ 670 水质 磷酸盐和总磷的测定 连续流动-钼酸铵分光光度法
HJ 671 水质 总磷的测定 流动注射-钼酸铵分光光度法
HJ 673 水质 钒的测定 石墨炉原子吸收分光光度法
HJ 675 固定污染源排气 氮氧化物的测定 酸碱滴定法
HJ 676 水质 酚类化合物的测定 液液萃取/气相色谱法
HJ 686 水质 挥发性有机物的测定 吹扫捕集/气相色谱法
HJ 688 固定污染源废气 氟化氢的测定 离子色谱法（暂行）
HJ 692 固定污染源废气 氮氧化物的测定 非分散红外吸收法
HJ 693 固定污染源废气 氮氧化物的测定 定电位电解法
HJ 694 水质 汞、砷、硒、铋和锑的测定 原子荧光法
HJ 697 水质 丙烯酰胺的测定 气相色谱法
HJ 700 水质 65 种元素的测定 电感耦合等离子体质谱法
HJ 715 水质 多氯联苯的测定 气相色谱-质谱法
HJ 716 水质 硝基苯类化合物的测定 气相色谱-质谱法
HJ 732 固定污染源废气 挥发性有机物的采样 气袋法
HJ 733 泄漏和敞开液面排放的挥发性有机物检测技术导则
HJ 734 固定污染源废气 挥发性有机物的测定 固相吸附-热脱附/气相色谱-质谱法
《污染源自动监控管理办法》（国家环境保护总局令 第 28 号）
《环境监测管理办法》（国家环境保护总局令 第 39 号）

3 术语和定义

下列术语和定义适用于本标准。

3.1 石油化学工业 petroleum chemistry industry

以石油馏分、天然气等为原料，生产有机化学品（参见附录 A）、合成树脂、合成纤维、合成橡胶等的工业。

3.2 石油化学工业废水 petroleum chemistry industry wastewater

石油化学工业生产过程中产生的废水，包括工艺废水、污染雨水（与工艺废水混合处理）、生活污水、循环冷却水排污水、化学水制水排污水、蒸汽发生器排污水、余热锅炉排污水等。

3.3 工艺废水 process wastewater

石油化学工业生产过程中与物料直接接触后，从各生产设备排出的废水。

3.4 污染雨水 polluted rainwater

石油化学工业企业或生产设施区域内地面径流的污染物浓度高于本标准规定的直接排放限值的雨水。

3.5 废水集输系统 wastewater collection and transportation system

用于废水收集、储存、输送设施的总和，包括地漏、管道、沟、渠、连接井、集水池、罐等。

3.6 排水量 effluent volume

企业或生产设施向环境排放的废水量，包括与生产有直接或间接关系的各种外排废水（不包括热电站排水、直流冷却海水）。

3.7 公共污水处理系统 public wastewater treatment system

通过纳污管道等方式收集废水，为两家以上排污单位提供废水处理服务并且排水能够达到相关排放标准要求的企业或机构，包括各种规模和类型的城镇污水处理厂、园区（包括各类工业园区、开发区、工业聚集地等）污水处理厂等，其废水处理程度应达到二级或二级以上。

3.8 直接排放 direct discharge

排污单位直接向环境水体排放水污染物的行为。

3.9 间接排放 indirect discharge

排污单位向公共污水处理系统排放水污染物的行为。

3.10 废水有机特征污染物 organic characteristic wastewater pollutants

表 3 列出的废水中的有机污染物。石油化学工业企业根据生产过程使用或产生量大于等于 10 吨/年的原料、产品、副产品和中间产品，对照表 3 确定企业排放废水中应控制的废水有机特征污染物。

3.11 挥发性有机物 volatile organic compounds

参与大气光化学反应的有机化合物，或者根据规定的方法测量或核算确定的有机化合物。

3.12 非甲烷总烃 non-methane hydrocarbon

采用规定的监测方法，检测器有明显响应的除甲烷外的碳氢化合物的总称（以碳计）。本标准使用“非甲烷总烃（NMHC）”作为排气筒和厂界挥发性有机物排放的综合控制指标。

3.13 废气有机特征污染物 organic characteristic air pollutants

表 6 列出的废气中的有机污染物。石油化学工业企业根据生产过程使用或产生量大于等于 10 吨/年的原料、产品、副产品和中间产品，对照表 6 确定企业排放废气中应控制的废气有机特征污染物。

3.14 挥发性有机液体 volatile organic liquid

任何能向大气释放挥发性有机物的符合以下任一条件的有机液体：（1）20℃时，挥发性有机液体的真实蒸气压大于 0.3 kPa；（2）20℃时，混合物中，真实蒸气压大于 0.3 kPa 的纯有机化合物的总浓度等于或者高于 20%（质量分数）。

3.15 真实蒸气压 true vapor pressure

有机液体气化率为零时的蒸气压，又称泡点蒸气压，根据 GB/T 8017 测定的雷德蒸气压换算得到。

3.16 泄漏检测值 leakage detection value

采用规定的监测方法，检测仪器探测到的设备（泵、压缩机等）或管线组件（阀门、法兰等）泄漏点的挥发性有机物浓度扣除环境本底值后的净值（以碳计）。

3.17 工艺加热炉 process heater

用燃料燃烧加热管内流动的液体或气体物料的设备。

3.18 空气氧化反应器 air oxidation reactor

用空气，或空气和氧气（氯气、氨气）的组合作为氧源的反应器。

3.19 序批操作 batch operation

不连续的操作，原料被分批添加进一个化学生产过程单元内进行加工。在此操作中设备是间歇或间断的运行。原材料的添加和产品的导出不同时发生在一个序批操作。每个批操作后，到新一批操作之前设备通常是空置的。

3.20 非正常工况 malfunction/upsets

生产设施生产工艺参数不是有计划地超过装置设计弹性变化的工况。

3.21 排气筒高度 stack height

自排气筒（或其主体建筑构造）所在的地平面至排气筒出口计的高度。

3.22　标准状态　standard condition

温度为 273.15 K，压力为 101 325 Pa 时的状态。本标准规定的大气污染物排放浓度限值均以标准状态下的干气体为基准。

3.23　现有企业　existing facility

本标准实施之日前已建成投产或环境影响评价文件已通过审批的石油化学工业企业或生产设施。

3.24　新建企业　new facility

自本标准实施之日起环境影响评价文件通过审批的新建、改建和扩建石油化学工业建设项目。

3.25　企业边界　enterprise boundary

石油化学工业企业的法定边界。若无法定边界，则指企业或生产设施的实际占地边界。

4　水污染物排放控制要求

4.1　现有企业 2017 年 7 月 1 日前仍执行现行标准，自 2017 年 7 月 1 日起执行表 1 规定的水污染物排放限值。

4.2　自 2015 年 7 月 1 日起，新建企业执行表 1 规定的水污染物排放限值。

4.3　根据环境保护工作的要求，在国土开发密度已经较高、环境承载能力开始减弱，或水环境容量较小、生态环境脆弱，容易发生严重水环境污染问题而需要采取特别保护措施的地区，应严格控制企业的污染排放行为，在上述地区的企业执行表 2 规定的水污染物特别排放限值。

执行水污染物特别排放限值的地域范围、时间，由国务院环境保护主管部门或省级人民政府规定。

表 1　水污染物排放限值　　单位：mg/L（pH 值除外）

序号	污染物项目	限值		污染物排放监控位置
		直接排放	间接排放[a]	
1	pH 值	6.0～9.0	—	企业废水总排放口
2	悬浮物	70	—	
3	化学需氧量	60 100[(2)]	—	
4	五日生化需氧量	20	—	
5	氨氮	8.0	—	
6	总氮	40	—	
7	总磷	1.0	—	
8	总有机碳	20 30[b]	—	
9	石油类	5.0	20	
10	硫化物	1.0	1.0	
11	氟化物	10	20	
12	挥发酚	0.5	0.5	
13	总钒	1.0	1.0	
14	总铜	0.5	0.5	
15	总锌	2.0	2.0	
16	总氰化物	0.5	0.5	
17	可吸附有机卤化物	1.0	5.0	

序号	污染物项目	限值		污染物排放监控位置
		直接排放	间接排放[a]	
18	苯并[a]芘	0.000 03		车间或生产设施废水排放口
19	总铅	1.0		
20	总镉	0.1		
21	总砷	0.5		
22	总镍	1.0		
23	总汞	0.05		
24	烷基汞	不得检出		
25	总铬	1.5		
26	六价铬	0.5		
27	废水有机特征污染物	表3所列有机特征污染物及排放浓度限值		企业废水总排放口

a. 废水进入城镇污水处理厂或经由城镇污水管线排放，应达到直接排放限值；废水进入园区（包括各类工业园区、开发区、工业聚集地等）污水处理厂执行间接排放限值，未规定限值的污染物项目由企业与园区污水处理厂根据其污水处理能力商定相关标准，并报当地环境保护主管部门备案。
b. 丙烯腈-腈纶、己内酰胺、环氧氯丙烷、2,6-二叔丁基-4-甲基苯酚（BHT）、精对苯二甲酸（PTA）、间甲酚、环氧丙烷、萘系列和催化剂生产废水执行该限值。

表2 水污染物特别排放限值

单位：mg/L（pH值除外）

序号	污染物项目	限值		污染物排放监控位置
		直接排放	间接排放[a]	
1	pH值	6.0～9.0	—	企业废水总排放口
2	悬浮物	50	—	
3	化学需氧量	50	—	
4	五日生化需氧量	10	—	
5	氨氮	5.0	—	
6	总氮	30	—	
7	总磷	0.5	—	
8	总有机碳	15	—	
9	石油类	3.0	15	
10	硫化物	0.5	1.0	
11	氟化物	8.0	15	
12	挥发酚	0.3	0.5	
13	总钒	1.0	1.0	
14	总铜	0.5	0.5	
15	总锌	2.0	2.0	
16	总氰化物	0.3	0.5	
17	可吸附有机卤化物	1.0	5.0	
18	苯并[a]芘	0.000 03		车间或生产设施废水排放口
19	总铅	1.0		
20	总镉	0.1		
21	总砷	0.5		
22	总镍	1.0		
23	总汞	0.05		
24	烷基汞	不得检出		
25	总铬	1.5		
26	六价铬	0.5		

序号	污染物项目	限值		污染物排放监控位置
		直接排放	间接排放[a]	
27	废水有机特征污染物	表 3 所列有机特征污染物及排放浓度限值		企业废水总排放口
a. 废水进入城镇污水处理厂或经由城镇污水管线排放，应达到直接排放限值；废水进入园区（包括各类工业园区、开发区、工业聚集地等）污水处理厂执行间接排放限值，未规定限值的污染物项目由企业与园区污水处理厂根据其污水处理能力商定相关标准，并报当地环境保护主管部门备案。				

4.4 企业应根据使用的原料，生产工艺过程，生产的产品、副产品，从表 3 中筛选并上报需要控制的废水中有机特征污染物的种类及排放浓度限值，经环境保护主管部门确认执行。

表 3 废水中有机特征污染物及排放限值

单位：mg/L

序号	污染物项目	排放限值	序号	污染物项目	排放限值
1	一氯二溴甲烷	1	31	异丙苯	2
2	二氯一溴甲烷	0.6	32	多环芳烃	0.02
3	二氯甲烷	0.2	33	多氯联苯	0.000 2
4	1,2-二氯乙烷	0.3	34	甲醛	1
5	三氯甲烷	0.3	35	乙醛[a]	0.5
6	1,1,1-三氯乙烷	20	36	丙烯醛[a]	1
7	五氯丙烷[a]	0.3	37	戊二醛[a]	0.7
8	三溴甲烷	1	38	三氯乙醛	0.1
9	环氧氯丙烷	0.02	39	双酚 A[a]	0.1
10	氯乙烯	0.05	40	β-萘酚[a]	1
11	1,1-二氯乙烯	0.3	41	2,4-二氯酚	0.6
12	1,2-二氯乙烯	0.5	42	2,4,6-三氯酚	0.6
13	三氯乙烯	0.3	43	苯甲醚[a]	0.5
14	四氯乙烯	0.1	44	丙烯腈	2
15	氯丁二烯	0.02	45	丙烯酸[a]	5
16	六氯丁二烯	0.006	46	二氯乙酸[a]	0.5
17	二溴乙烯[a]	0.000 5	47	三氯乙酸[a]	1
18	苯	0.1	48	环烷酸[a]	10
19	甲苯	0.1	49	黄原酸丁酯[a]	0.01
20	邻二甲苯	0.4	50	邻苯二甲酸二乙酯[a]	3
21	间二甲苯	0.4	51	邻苯二甲酸二丁酯	0.1
22	对二甲苯	0.4	52	邻苯二甲酸二辛酯	0.1
23	乙苯	0.4	53	二（2-乙基己基）己二酸酯[a]	4
24	苯乙烯	0.2	54	苯胺类	0.5
25	硝基苯类	2	55	丙烯酰胺	0.005
26	氯苯	0.2	56	水合肼[a]	0.1
27	1,2-二氯苯	0.4	57	吡啶	2
28	1,4-二氯苯	0.4	58	四氯化碳	0.03
29	三氯苯	0.2	59	四乙基铅[a]	0.001
30	四氯苯	0.2	60	二噁英类	0.3 ng TEQ/L
a. 待国家污染物监测方法标准发布后实施。					

4.5 含有铅、镉、砷、镍、汞、铬的废水（参见附录 B）应在产生污染物的车间或生产设施进行预处理并达到表 1 或表 2 的限值。

4.6 水污染物排放浓度限值适用于生产单位产品实际排水量不高于生产设施环保验收确定的单位产品基准排水量的情况。若生产单位产品实际排水量超过生产设施环保验收确定的水量，须按式（1）将实测水污染物浓度换算为基准水量排放浓度，并与排放限值比较判定排放是否达标。产品产量和排水量统计周期为一个工作日。

在企业的生产设施同时适用不同排放控制要求或不同行业国家污染物排放标准，且生产设施产生的废水混合处理排放的情况下，应执行排放标准中规定的最严格的浓度限值，并按式（1）换算水污染物基准水量排放浓度。

$$\rho_{基} = \frac{Q_{总}}{\sum Y \cdot Q_{基}} \times \rho_{实} \quad (1)$$

式中：$\rho_{基}$——水污染物基准水量排放浓度，mg/L；

$Q_{总}$——排水总量，m^3；

Y——产品产量，t；

$Q_{基}$——生产设施环保验收确定的单位产品基准排水量，m^3/t；

$\rho_{实}$——实测水污染物排放浓度，mg/L。

若 $Q_{总}$ 与 $\sum Y \cdot Q_{基}$ 的比值小于 1，则以水污染物实测浓度作为判定排放是否达标的依据。

5 大气污染物排放控制要求

5.1 有组织排放控制要求

5.1.1 现有企业 2017 年 7 月 1 日前仍执行现行标准，自 2017 年 7 月 1 日起执行表 4 规定的大气污染物排放限值。

5.1.2 自 2015 年 7 月 1 日起，新建企业执行表 4 规定的大气污染物排放限值。

表 4 大气污染物排放限值

单位：mg/m^3

序号	污染物项目	工艺加热炉	有机废气排放口			污染物排放监控位置
			废水处理有机废气收集处理装置	含卤代烃有机废气[a]	其他有机废气[a]	
1	颗粒物	20	—	—	—	车间或生产设施排气筒
2	二氧化硫	100	—	—	—	
3	氮氧化物	150 180[b]	—	—	—	
4	非甲烷总烃	—	120	去除效率≥95%	去除效率≥95%	
5	氯化氢	—	—	30	—	
6	氟化氢	—	—	5.0	—	
7	溴化氢[c]	—	—	5.0	—	
8	氯气	—	—	5.0	—	
9	废气有机特征污染物	—	表 6 所列有机特征污染物及排放浓度限值			

a. 有机废气中若含有颗粒物、二氧化硫或氮氧化物，执行工艺加热炉相应污染物控制要求。

b. 炉膛温度≥850℃的工艺加热炉执行该限值。

c. 待国家污染物监测方法标准发布后实施。

5.1.3 根据环境保护工作的要求，在国土开发密度已经较高、环境承载能力开始减弱，或大气环境容量较小、生态环境脆弱，容易发生严重大气环境污染问题而需要采取特别保护措施的地区，应严格控制企业的污染排放行为，在上述地区的企业执行表 5 规定的大气污染物特别排放限值。

表 5 大气污染物特别排放限值

单位：mg/m^3

<table>
<tr><th rowspan="2">序号</th><th rowspan="2">污染物项目</th><th rowspan="2">工艺加热炉</th><th colspan="3">有机废气排放口</th><th rowspan="2">污染物排放监控位置</th></tr>
<tr><th>废水处理有机废气收集处理装置</th><th>含卤代烃有机废气[a]</th><th>其他有机废气[a]</th></tr>
<tr><td>1</td><td>颗粒物</td><td>20</td><td>—</td><td>—</td><td>—</td><td rowspan="7">车间或生产设施排气筒</td></tr>
<tr><td>2</td><td>二氧化硫</td><td>50</td><td>—</td><td>—</td><td>—</td></tr>
<tr><td>3</td><td>氮氧化物</td><td>100</td><td>—</td><td>—</td><td>—</td></tr>
<tr><td>4</td><td>非甲烷总烃</td><td>—</td><td>120</td><td>去除效率≥97%</td><td>去除效率≥97%</td></tr>
<tr><td>5</td><td>氯化氢</td><td>—</td><td>—</td><td>30</td><td>—</td></tr>
<tr><td>6</td><td>氟化氢</td><td>—</td><td>—</td><td>5.0</td><td>—</td></tr>
<tr><td>7</td><td>溴化氢[b]</td><td>—</td><td>—</td><td>5.0</td><td>—</td></tr>
<tr><td>8</td><td>氯气</td><td>—</td><td>—</td><td>5.0</td><td>—</td><td rowspan="2">车间或生产设施排气筒</td></tr>
<tr><td>9</td><td>废气有机特征污染物</td><td>—</td><td colspan="3">表 6 所列有机特征污染物及排放浓度限值</td></tr>
<tr><td colspan="7">a. 有机废气中若含有颗粒物、二氧化硫或氮氧化物，执行工艺加热炉相应污染物控制要求。</td></tr>
<tr><td colspan="7">b. 待国家污染物监测方法标准发布后实施。</td></tr>
</table>

执行大气污染物特别排放限值的地域范围、时间，由国务院环境保护主管部门或省级人民政府规定。

5.1.4 企业应根据使用的原料，生产工艺过程，生产的产品、副产品，从表 6 中筛选并上报需要控制的废气中有机特征污染物的种类及排放浓度限值，经环境保护主管部门确认执行。

表 6 废气中有机特征污染物及排放限值

单位：mg/m^3

序号	污染物项目	排放限值	序号	污染物项目	排放限值
1	正己烷	100	20	环氧氯丙烷[a]	10
2	环己烷[a]	100	21	苯	4
3	氯甲烷[a]	20	22	甲苯	15
4	二氯甲烷[a]	100	23	二甲苯	20
5	三氯甲烷[a]	50	24	乙苯	100
6	四氯化碳[a]	20	25	苯乙烯	50
7	1,2-二氯乙烷[a]	1	26	氯苯类	50
8	1,2-二氯丙烷[a]	100	27	氯萘[a]	5
9	溴甲烷[a]	20	28	硝基苯类	16
10	溴乙烷[a]	1	29	甲醇	50
11	1,3-丁二烯[a]	1	30	乙二醇[a]	50
12	氯乙烯	1	31	甲醛	5
13	三氯乙烯[a]	1	32	乙醛	50
14	四氯乙烯[a]	100	33	丙烯醛	3
15	氯丙烯[a]	20	34	丙酮	100
16	氯丁二烯[a]	20	35	2-丁酮[a]	100
17	二氯乙炔[a]	4	36	异佛尔酮[a]	50
18	环氧乙烷[a]	0.5	37	酚类	20
19	环氧丙烷[a]	1	38	氯甲基甲醚[a]	0.05

序号	污染物项目	排放限值	序号	污染物项目	排放限值
39	二氯甲基醚[a]	0.05	52	二甲基甲酰胺[a]	50
40	氯乙酸[a]	20	53	丙烯酰胺[a]	0.5
41	丙烯酸[a]	20	54	肼（联氨）[a]	0.6
42	邻苯二甲酸酐[a]	10	55	甲肼[a]	0.8
43	马来酸酐[a]	10	56	偏二甲肼[a]	5
44	乙酸乙烯酯[a]	20	57	吡啶[a]	20
45	甲基丙烯酸甲酯[a]	100	58	四氢呋喃[a]	100
46	异氰酸甲酯[a]	0.5	59	光气	0.5
47	甲苯二异氰酸酯[a]	1	60	氰化氢	1.9
48	硫酸二甲酯[a]	5	61	二硫化碳[a]	20
49	乙腈[a]	50	62	苯并[*a*]芘	0.3 μg/m^3
50	丙烯腈	0.5	63	多氯联苯[a]	0.1 ng TEQ/m^3
51	苯胺类	20	64	二噁英类	0.1 ng TEQ/m^3
a. 待国家污染物监测方法标准发布后实施。					

5.1.5 非焚烧类有机废气排放口以实测浓度判定排放是否达标。焚烧类有机废气排放口、工艺加热炉的实测大气污染物排放浓度，须换算成基准含氧量为3%的大气污染物基准排放浓度，并与排放限值比较判定排放是否达标。大气污染物基准排放浓度按式（2）进行计算。

$$\rho_{基}=\frac{21-O_{基}}{21-O_{实}}\times\rho_{实} \tag{2}$$

式中：$\rho_{基}$——大气污染物基准排放浓度，mg/m^3；

$O_{基}$——干烟气基准含氧量，%；

$O_{实}$——实测的干烟气含氧量，%；

$\rho_{实}$——实测大气污染物排放浓度，mg/m^3。

5.2 挥发性有机液体储罐污染控制要求

5.2.1 新建企业自2015年7月1日起，现有企业自2017年7月1日起，执行下列挥发性有机液体储罐污染控制要求。

5.2.2 储存真实蒸气压≥76.6 kPa的挥发性有机液体应采用压力储罐。

5.2.3 储存真实蒸气压≥5.2 kPa但＜27.6 kPa的设计容积≥150 m^{3}的挥发性有机液体储罐，以及储存真实蒸气压≥27.6 kPa但＜76.6 kPa的设计容积≥75 m^{3}的挥发性有机液体储罐应符合下列规定之一：

a）采用内浮顶罐，内浮顶罐的浮盘与罐壁之间应采用液体镶嵌式、机械式鞋形、双封式等高效密封方式。

b）采用外浮顶罐，外浮顶罐的浮盘与罐壁之间应采用双封式密封，且初级密封采用液体镶嵌式、机械式鞋形等高效密封方式。

c）采用固定顶罐，应安装密闭排气系统至有机废气回收或处理装置，其大气污染物排放应符合表4、表5的规定。

5.2.4 浮顶罐浮盘上的开口、缝隙密封设施，以及浮盘与罐壁之间的密封设施在工作状态应密闭。若检测到密封设施不能密闭，在不关闭工艺单元的条件下，在15 d内进行维修技术上不可行，则可以延迟维修，但不应晚于最近一个停工期。

5.2.5 对浮盘的检查至少每6个月进行一次，每次检查应记录浮盘密封设施的状态，记录应保存1年以上。

5.3　设备与管线组件泄漏污染控制要求

5.3.1　新建企业自 2015 年 7 月 1 日起，现有企业自 2017 年 7 月 1 日起，执行下列设备与管线组件泄漏污染控制要求。

5.3.2　挥发性有机物流经以下设备与管线组件时，应进行泄漏检测与控制：

a）泵；

b）压缩机；

c）阀门；

d）开口阀或开口管线；

e）法兰及其他连接件；

f）泄压设备；

g）取样连接系统；

h）其他密封设备。

5.3.3　泄漏检测周期

根据设备与管线组件的类型，采用不同的泄漏检测周期：

a）泵、压缩机、阀门、开口阀或开口管线、气体/蒸气泄压设备、取样连接系统每 3 个月检测一次。

b）法兰及其他连接件、其他密封设备每 6 个月检测一次。

c）对于挥发性有机物流经的初次开工开始运转的设备和管线组件，应在开工后 30 d 内对其进行第一次检测。

d)挥发性有机液体流经的设备和管线组件每周应进行目视观察，检查其密封处是否出现滴液迹象。

5.3.4　泄漏的认定

出现以下情况，则认定发生了泄漏：

a）有机气体和挥发性有机液体流经的设备与管线组件，采用氢火焰离子化检测仪（以甲烷或丙烷为校正气体），泄漏检测值大于等于 2 000 μmol/mol。

b）其他挥发性有机物流经的设备与管线组件，采用氢火焰离子化检测仪（以甲烷或丙烷为校正气体），泄漏检测值大于等于 500 μmol/mol。

5.3.5　泄漏修复

a）当检测到泄漏时，在可行条件下应尽快维修，一般不晚于发现泄漏后 15 d。

b）首次（尝试）维修不应晚于检测到泄漏后 5 d。首次尝试维修应当包括（但不限于）以下描述的相关措施：拧紧密封螺母或压盖、在设计压力及温度下密封冲洗。

c）若检测到泄漏后，在不关闭工艺单元的条件下，在 15 d 内进行维修技术上不可行，则可以延迟维修，但不应晚于最近一个停工期。

5.3.6　记录要求

泄漏检测应记录检测时间、检测仪器读数；修复时应记录修复时间和确认已完成修复的时间，记录修复后检测仪器读数，记录应保存 1 年以上。

5.4　其他污染控制要求

5.4.1　新建企业自 2015 年 7 月 1 日起，现有企业自 2017 年 7 月 1 日起，执行下列污染控制要求。

5.4.2　废水预处理

含苯系物废水，含表 1、表 2 中所列金属废水，含氰化物废水，设备、管道检维修过程化学清洗废水应单独收集、储存并进行预处理。

5.4.3 废水集输、储存和处理设施

用于集输、储存和处理含挥发性有机物、恶臭物质的废水设施应密闭，产生的废气应接入有机废气回收或处理装置，其大气污染物排放应符合表 4、表 5 的规定。

5.4.4 挥发性有机液体传输、接驳与分装过程

挥发性有机液体装卸栈桥对铁路罐车、汽车罐车进行装载，挥发性有机液体装卸码头对船（驳）进行装载的设施，以及把挥发性有机液体分装到较小容器的分装设施，应密闭并设置有机废气收集、回收或处理装置，其大气污染物排放应符合表 4、表 5 的规定。

装车、船应采用顶部浸没式或底部装载方式，顶部浸没式装载出油口距离罐底高度应小于 200 mm。

底部装油结束并断开快接头时，油品滴洒量不应超过 10 ml，滴洒量取连续 3 次断开操作的平均值。

5.4.5 有机废气收集、传输与处理

下列有机废气应接入有机废气回收或处理装置，其大气污染物排放应符合表 4、表 5 的规定：

a）空气氧化（氧氯化、氨氧化）反应器产生的含挥发性有机物尾气；

b）序批式反应器原料装填过程、气相空间保护气置换过程、反应器升温过程和反应器清洗过程排出的废气；

c）有机固体物料气体输送废气；

d）用于含挥发性有机物容器真空保持的真空泵排气；

e）在非正常工况下，生产设备通过安全阀排出的含挥发性有机物的废气；

f）生产装置、设备开停工过程不满足本标准要求的废气。

有机废气收集、传输设施的设置和操作条件应保证被收集的有机气体不通过收集、传输设施的开口向大气泄漏。

5.4.6 火炬系统

a）采取措施回收排入火炬系统的气体和液体。

b）在任何时候，挥发性有机物和恶臭物质进入火炬都应能点燃并充分燃烧。

c）应连续监测、记录引燃设施和火炬的工作状态（火炬气流量、火炬头温度、火种气流量、火种温度等），并保存记录 1 年以上。

5.4.7 采样

对于含挥发性有机物、恶臭物质的物料，其采样口应采用密闭采样或等效设施。

5.4.8 检维修

用于输送、储存、处理含挥发性有机物、恶臭物质的生产设施，以及水、大气、固体废物污染控制设施在检维修时清扫气应接入有机废气回收或处理装置，其大气污染物排放应符合表 4、表 5 的规定。

5.4.9 废气收集、处理与排放

产生大气污染物的生产工艺和装置需设立局部或整体气体收集系统和净化处理装置，达标排放。排气筒高度应按环境影响评价要求确定，且至少不低于 15 m。

5.5 厂界及周边污染控制要求

5.5.1 企业边界任何 1 h 大气污染物平均浓度执行表 7 规定的限值。

5.5.2 在现有企业生产、建设项目竣工环保验收后的生产过程中，负责监管的环境保护主管部门应对周围居住、教学、医疗等用途的敏感区域环境质量进行监控。建设项目的具体监控范围为环境影响评价确定的周围敏感区域；未进行过环境影响评价的现有企业，监控范围由负责监管的环境保护主管部门，根据企业排污特点和规律及当地自然、气象条件等因素，参照相关环境影响评价技术导则确定。

地方政府应对本辖区环境质量负责，采取措施确保环境状况符合环境质量标准要求。

表 7 企业边界大气污染物浓度限值

单位：mg/m³

序号	污染物项目	限值
1	颗粒物	1.0
2	氯化氢	0.2
3	苯并[*a*]芘	0.000 008
4	苯	0.4
5	甲苯	0.8
6	二甲苯	0.8
7	非甲烷总烃	4.0

6 污染物监测要求

6.1 一般要求

6.1.1 企业应按照有关法律和《环境监测管理办法》等规定，建立企业监测制度，制定监测方案，对污染物排放状况及其对周边环境质量的影响开展自行监测，保存原始监测记录，并公布监测结果。

6.1.2 新建企业和现有企业安装污染物排放自动监控设备的要求，按有关法律和《污染源自动监控管理办法》的规定执行。

6.1.3 企业应按照环境监测管理规定和技术规范的要求，设计、建设、维护永久性采样口、采样测试平台和排污口标志。

6.1.4 对企业排放废水和废气的采样，应根据监测污染物的种类，在规定的污染物排放监控位置进行，有废水、废气处理设施的，应在处理设施后监测。

6.1.5 标准中规定的污染物若无国家污染物监测方法标准，排放企业应提出推荐污染物监测方法，经省及以上监测管理部门认可并备案。国家污染物监测方法标准发布实施后，应采用国家污染物监测方法标准。

6.2 水污染物监测与分析

6.2.1 水污染物的监测采样按 HJ/T 91、HJ 493、HJ 494、HJ 495 的规定执行。

6.2.2 对企业排放水污染物浓度的测定采用表 8 所列的方法标准。

表 8 水污染物浓度测定方法标准

序号	污染物项目	标准名称	标准编号
1	pH 值	水质 pH 值的测定 玻璃电极法	GB/T 6920
2	悬浮物	水质 悬浮物的测定 重量法	GB/T 11901
3	化学需氧量	水质 化学需氧量的测定 重铬酸盐法	GB/T 11914
		水质 化学需氧量的测定 快速消解分光光度法	HJ/T 399
		高氯废水 化学需氧量的测定 氯气校正法	HJ/T 70
		高氯废水 化学需氧量的测定 碘化钾碱性高锰酸钾法	HJ/T 132
4	五日生化需氧量	水质 五日生化需氧量（BOD_5）的测定 稀释与接种法	HJ 505
5	氨氮	水质 氨氮的测定 气相分子吸收光谱法	HJ/T 195
		水质 氨氮的测定 纳氏试剂分光光度法	HJ 535
		水质 氨氮的测定 水杨酸分光光度法	HJ 536
		水质 氨氮的测定 蒸馏-中和滴定法	HJ 537
		水质 氨氮的测定 连续流动-水杨酸分光光度法	HJ 665
		水质 氨氮的测定 流动注射-水杨酸分光光度法	HJ 666

序号	污染物项目	标准名称	标准编号
6	总氮	水质　总氮的测定　碱性过硫酸钾消解紫外分光光度法	HJ 636
		水质　总氮的测定　连续流动-盐酸萘乙二胺分光光度法	HJ 667
		水质　总氮的测定　流动注射-盐酸萘乙二胺分光光度法	HJ 668
7	总磷	水质　总磷的测定　钼酸铵分光光度法	GB/T 11893
		水质　磷酸盐和总磷的测定　连续流动-钼酸铵分光光度法	HJ 670
		水质　总磷的测定　流动注射-钼酸铵分光光度法	HJ 671
8	总有机碳	水质　总有机碳的测定　燃烧氧化-非分散红外吸收法	HJ 501
9	石油类	水质　石油类和动植物油类的测定　红外分光光度法	HJ 637
10	硫化物	水质　硫化物的测定　亚甲基蓝分光光度法	GB/T 16489
		水质　硫化物的测定　碘量法	HJ/T 60
		水质　硫化物的测定　气相分子吸收光谱法	HJ/T 200
11	氟化物	水质　氟化物的测定　离子选择电极法	GB/T 7484
		水质　氟化物的测定　茜素磺酸锆目视比色法	HJ 487
		水质　氟化物的测定　氟试剂分光光度法	HJ 488
12	挥发酚	水质　挥发酚的测定　溴化容量法	HJ 502
		水质　挥发酚的测定　4-氨基安替比林分光光度法	HJ 503
13	总钒	水质　钒的测定　钽试剂（BPHA）萃取分光光度法	GB/T 15503
		水质　钒的测定　石墨炉原子吸收分光光度法	HJ 673
		水质　65 种元素的测定　电感耦合等离子体质谱法	HJ 700
14	总铜	水质　铜、锌、铅、镉的测定　原子吸收分光光度法	GB/T 7475
		水质　铜的测定　二乙基二硫代氨基甲酸钠分光光度法	HJ 485
		水质　铜的测定　2,9-二甲基-1,10-菲啰啉分光光度法	HJ 486
		水质　65 种元素的测定　电感耦合等离子体质谱法	HJ 700
15	总锌	水质　锌的测定　双硫腙分光光度法	GB/T 7472
		水质　铜、锌、铅、镉的测定　原子吸收分光光度法	GB/T 7475
		水质　65 种元素的测定　电感耦合等离子体质谱法	HJ 700
16	总氰化物	水质　氰化物的测定　容量法和分光光度法	HJ 484
17	可吸附有机卤化物	水质　可吸附有机卤素（AOX）的测定　微库仑法	GB/T 15959
		水质　可吸附有机卤素（AOX）的测定　离子色谱法	HJ/T 83
18	苯并[*a*]芘	水质　苯并[*a*]芘的测定　乙酰化滤纸层析荧光分光光度法	GB/T 11895
		水质　多环芳烃的测定　液液萃取和固相萃取高效液相色谱法	HJ 478
19	总铅	水质　铅的测定　双硫腙分光光度法	GB/T 7470
		水质　铜、锌、铅、镉的测定　原子吸收分光光度法	GB/T 7475
		水质　65 种元素的测定　电感耦合等离子体质谱法	HJ 700
20	总镉	水质　镉的测定　双硫腙分光光度法	GB/T 7471
		水质　铜、锌、铅、镉的测定　原子吸收分光光度法	GB/T 7475
		水质　65 种元素的测定　电感耦合等离子体质谱法	HJ 700

序号	污染物项目	标准名称	标准编号
21	总砷	水质　总砷的测定　二乙基二硫代氨基甲酸银分光光度法	GB/T 7485
		水质　汞、砷、硒、铋和锑的测定　原子荧光法	HJ 694
		水质　65种元素的测定　电感耦合等离子体质谱法	HJ 700
22	总镍	水质　镍的测定　丁二酮肟分光光度法	GB/T 11910
		水质　镍的测定　火焰原子吸收分光光度法	GB/T 11912
		水质　65种元素的测定　电感耦合等离子体质谱法	HJ 700
23	总汞	水质　总汞的测定　高锰酸钾-过硫酸钾消解法　双硫腙分光光度法	GB/T 7469
		水质　总汞的测定　冷原子吸收分光光度法	HJ 597
		水质　汞、砷、硒、铋和锑的测定　原子荧光法	HJ 694
24	烷基汞	水质　烷基汞的测定　气相色谱法	GB/T 14204
25	总铬	水质　总铬的测定	GB/T 7466
		水质　65种元素的测定　电感耦合等离子体质谱法	HJ 700
26	六价铬	水质　六价铬的测定　二苯碳酰二肼分光光度法	GB/T 7467
27	一氯二溴甲烷 二氯一溴甲烷	水质　挥发性卤代烃的测定　顶空气相色谱法	HJ 620
		水质　挥发性有机物的测定　吹扫捕集/气相色谱-质谱法	HJ 639
28	二氯甲烷 1,2-二氯乙烷 三氯甲烷 三溴甲烷 1,1-二氯乙烯 1,2-二氯乙烯 三氯乙烯 四氯乙烯 氯丁二烯 六氯丁二烯 四氯化碳	水质　挥发性卤代烃的测定　顶空气相色谱法	HJ 620
		水质　挥发性有机物的测定　吹扫捕集/气相色谱-质谱法	HJ 639
		水质　挥发性有机物的测定　吹扫捕集/气相色谱法	HJ 686
29	1,1,1-三氯乙烷 氯乙烯	水质　挥发性有机物的测定　吹扫捕集/气相色谱-质谱法	HJ 639
30	环氧氯丙烷	水质　挥发性有机物的测定　吹扫捕集/气相色谱-质谱法	HJ 639
		水质　挥发性有机物的测定　吹扫捕集/气相色谱法	HJ 686
31	苯 甲苯 邻二甲苯 间二甲苯 对二甲苯 乙苯 苯乙烯 异丙苯	水质　苯系物的测定　气相色谱法	GB/T 11890
		水质　挥发性有机物的测定　吹扫捕集/气相色谱-质谱法	HJ 639
		水质　挥发性有机物的测定　吹扫捕集/气相色谱法	HJ 686
32	硝基苯类	水质　硝基苯类化合物的测定　气相色谱法	HJ 592
		水质　硝基苯类化合物的测定　液液萃取/固相萃取-气相色谱法	HJ 648
		水质　硝基苯类化合物的测定　气相色谱-质谱法	HJ 716

序号	污染物项目	标准名称	标准编号
33	氯苯	水质　氯苯的测定　气相色谱法	HJ/T 74
		水质　氯苯类化合物的测定　气相色谱法	HJ 621
		水质　挥发性有机物的测定　吹扫捕集/气相色谱-质谱法	HJ 639
34	1,2-二氯苯 1,4-二氯苯 三氯苯	水质　氯苯类化合物的测定　气相色谱法	HJ 621
		水质　挥发性有机物的测定　吹扫捕集/气相色谱-质谱法	HJ 639
35	四氯苯	水质　氯苯类化合物的测定　气相色谱法	HJ 621
36	多环芳烃	水质　多环芳烃的测定　液液萃取和固相萃取高效液相色谱法	HJ 478
37	多氯联苯	水质　多氯联苯的测定　气相色谱-质谱法	HJ 715
38	甲醛	水质　甲醛的测定　乙酰丙酮分光光度法	HJ 601
39	三氯乙醛	水质　三氯乙醛的测定　吡啶啉酮分光光度法	HJ/T 50
40	2,4-二氯酚 2,4,6-三氯酚	水质　酚类化合物的测定　液液萃取/气相色谱法	HJ 676
41	丙烯腈	水质　丙烯腈的测定　气相色谱法	HJ/T 73
42	邻苯二甲酸二丁酯 邻苯二甲酸二辛酯	水质　邻苯二甲酸二甲（二丁、二辛）酯的测定　液相色谱法	HJ/T 72
43	苯胺类	水质　苯胺类化合物的测定　*N*-（1-萘基）乙二胺偶氮分光光度法	GB/T 11889
44	丙烯酰胺	水质　丙烯酰胺的测定　气相色谱法	HJ 697
45	吡啶	水质　吡啶的测定　气相色谱法	GB/T 14672
46	二噁英类	水质　二噁英类的测定　同位素稀释高分辨气相色谱-高分辨质谱法	HJ 77.1

6.3　大气污染物监测与分析

6.3.1　排气筒中大气污染物的监测采样按 GB/T 16157、HJ/T 397、HJ 732、HJ/T 373 或 HJ/T 75、HJ/T 76 的规定执行。企业边界大气污染物监测按 HJ/T 55 的规定执行。

6.3.2　石油化学工业企业的设备与管线组件应设置编号和永久标志，泄漏检测按 HJ 733 的规定执行。

6.3.3　对企业排放大气污染物浓度的测定采用表 9 所列的方法标准。

表 9　大气污染物浓度测定方法标准

序号	污染物项目	标准名称	标准编号
1	颗粒物	固定污染源排气中颗粒物测定与气态污染物采样方法	GB/T 16157
		环境空气　总悬浮颗粒物的测定　重量法	GB/T 15432
2	二氧化硫	固定污染源排气中二氧化硫的测定　碘量法	HJ/T 56
		固定污染源排气中二氧化硫的测定　定电位电解法	HJ/T 57
		固定污染源废气　二氧化硫的测定　非分散红外吸收法	HJ 629
3	氮氧化物	固定污染源排气中氮氧化物的测定　紫外分光光度法	HJ/T 42
		固定污染源排气中氮氧化物的测定　盐酸萘乙二胺分光光度法	HJ/T 43
		固定污染源排气　氮氧化物的测定　酸碱滴定法	HJ 675
		固定污染源废气　氮氧化物的测定　非分散红外吸收法	HJ 692
		固定污染源废气　氮氧化物的测定　定电位电解法	HJ 693
4	非甲烷总烃	固定污染源排气中非甲烷总烃的测定　气相色谱法	HJ/T 38

序号	污染物项目	标准名称	标准编号
5	氯化氢	固定污染源排气中氯化氢的测定 硫氰酸汞分光光度法	HJ/T 27
		固定污染源废气 氯化氢的测定 硝酸银容量法（暂行）	HJ 548
		环境空气和废气 氯化氢的测定 离子色谱法（暂行）	HJ 549
6	氟化氢	大气固定污染源 氟化物的测定 离子选择电极法	HJ/T 67
		固定污染源废气 氟化氢的测定 离子色谱法（暂行）	HJ 688
7	氯气	固定污染源排气中氯气的测定 甲基橙分光光度法	HJ/T 30
		固定污染源废气 氯气的测定 碘量法（暂行）	HJ 547
8	氯乙烯	固定污染源排气中氯乙烯的测定 气相色谱法	HJ/T 34
9	苯 甲苯 二甲苯	环境空气 苯系物的测定 固体吸附/热脱附-气相色谱法	HJ 583
		环境空气 苯系物的测定 活性炭吸附/二硫化碳解吸-气相色谱法	HJ 584
		环境空气 挥发性有机物的测定 吸附管采样-热脱附/气相色谱-质谱法	HJ 644
		固定污染源废气 挥发性有机物的测定 固相吸附-热脱附/气相色谱-质谱法	HJ 734
10	正己烷 乙苯 苯乙烯 丙酮	固定污染源废气 挥发性有机物的测定 固相吸附-热脱附/气相色谱-质谱法	HJ 734
11	氯苯类	固定污染源排气中氯苯类的测定 气相色谱法	HJ/T 39
		大气固定污染源 氯苯类化合物的测定 气相色谱法	HJ/T 66
12	硝基苯类	空气质量 硝基苯类（一硝基和二硝基化合物）的测定 锌还原-盐酸萘乙二胺分光光度法	GB/T 15501
13	甲醇	固定污染源排气中甲醇的测定 气相色谱法	HJ/T 33
14	甲醛	空气质量 甲醛的测定 乙酰丙酮分光光度法	GB/T 15516
15	乙醛	固定污染源排气中乙醛的测定 气相色谱法	HJ/T 35
16	丙烯醛	固定污染源排气中丙烯醛的测定 气相色谱法	HJ/T 36
17	酚类	固定污染源排气中酚类化合物的测定 4-氨基安替比林分光光度法	HJ/T 32
18	丙烯腈	固定污染源排气中丙烯腈的测定 气相色谱法	HJ/T 37
19	苯胺类	大气固定污染源 苯胺类的测定 气相色谱法	HJ/T 68
		空气质量 苯胺类的测定 盐酸萘乙二胺分光光度法	GB/T 15502
20	光气	固定污染源排气中光气的测定 苯胺紫外分光光度法	HJ/T 31
21	氰化氢	固定污染源排气中氰化氢的测定 异烟酸-吡唑啉酮分光光度法	HJ/T 28
22	苯并[a]芘	环境空气 苯并[a]芘的测定 高效液相色谱法	GB/T 15439
		固定污染源排气中苯并[a]芘的测定 高效液相色谱法	HJ/T 40
		环境空气和废气 气相和颗粒物中多环芳烃的测定 气相色谱-质谱法	HJ 646
		环境空气和废气 气相和颗粒物中多环芳烃的测定 高效液相色谱法	HJ 647
23	二噁英类	环境空气和废气 二噁英类的测定 同位素稀释高分辨气相色谱-高分辨质谱法	HJ 77.2

7 实施与监督

7.1 本标准由县级以上人民政府环境保护主管部门负责监督实施。

7.2 在任何情况下，石油化学工业企业均应遵守本标准规定的污染物排放控制要求，采取必要措施保证污染防治设施正常运行。各级环保部门在对企业进行监督性检查时，可以现场即时采样或监测的结果，作为判定排污行为是否符合排放标准以及实施相关环境保护管理措施的依据。

中华人民共和国国家标准

石油炼制工业污染物排放标准

Emission standard of pollutants for petroleum refining industry

GB 31570—2015

前　言

为贯彻《中华人民共和国环境保护法》《中华人民共和国水污染防治法》《中华人民共和国大气污染防治法》等法律、法规，保护环境，防治污染，促进石油炼制工业的技术进步和可持续发展，制定本标准。

本标准规定了石油炼制工业企业及其生产设施的水污染物和大气污染物排放限值、监测和监督管理要求。

石油炼制工业企业排放恶臭污染物、环境噪声适用相应的国家污染物排放标准，产生固体废物的鉴别、处理和处置适用相应的国家固体废物污染控制标准。配套的动力锅炉执行《锅炉大气污染物排放标准》或《火电厂大气污染物排放标准》。

本标准中的污染物排放浓度均为质量浓度。

本标准为首次发布。

新建企业自 2015 年 7 月 1 日起，现有企业自 2017 年 7 月 1 日起，其水污染物和大气污染物排放控制按本标准的规定执行，不再执行《污水综合排放标准》（GB 8978—1996）、《大气污染物综合排放标准》（GB 16297—1996）和《工业炉窑大气污染物排放标准》（GB 9078—1996）中的相关规定。各地也可根据当地环境保护的需要和经济与技术条件，由省级人民政府批准提前实施本标准。

本标准是石油炼制工业水污染物和大气污染物排放控制的基本要求。地方省级人民政府对本标准未作规定的项目，可以制定地方污染物排放标准；对本标准已作规定的项目，可以制定严于本标准的地方污染物排放标准。环境影响评价文件或排污许可证要求严于本标准或地方标准时，按照批复的环境影响评价文件或排污许可证执行。

本标准由环境保护部科技标准司组织制订。

本标准起草单位：抚顺石油化工研究院、中国环境科学研究院。

本标准环境保护部 2015 年 4 月 3 日批准。

本标准自 2015 年 7 月 1 日起实施。

本标准由环境保护部解释。

1　适用范围

本标准规定了石油炼制工业企业及其生产设施的水污染物和大气污染物排放限值、监测和监督管理要求。

本标准适用于现有石油炼制工业企业或生产设施的水污染物和大气污染物排放管理，以及石油炼制工业建设项目的环境影响评价、环境保护设施设计、竣工环境保护验收及其投产后的水污染物和大气污染物排放管理。

石油炼制工业企业内的汽油储罐及发油过程油气排放控制按本标准规定执行，不再执行 GB 20950 —2007 中的相关规定。

本标准适用于法律允许的污染物排放行为。新设立污染源的选址和特殊保护区域内现有污染源的管理，按照《中华人民共和国水污染防治法》《中华人民共和国大气污染防治法》《中华人民共和国海洋环境保护法》《中华人民共和国固体废物污染环境防治法》《中华人民共和国环境影响评价法》等法律、法规和规章的相关规定执行。

2　规范性引用文件

本标准引用了下列文件或其中的条款。凡是未注明日期的引用文件，其最新版本适用于本标准。

GB 20950—2007　储油库大气污染物排放标准

GB/T 6920　水质　pH 值的测定　玻璃电极法

GB/T 7469　水质　总汞的测定　高锰酸钾－过硫酸钾消解法　双硫腙分光光度法

GB/T 7470　水质　铅的测定　双硫腙分光光度法

GB/T 7475　水质　铜、锌、铅、镉的测定　原子吸收分光光度法

GB/T 7485　水质　总砷的测定　二乙基二硫代氨基甲酸银分光光度法

GB/T 8017　石油产品蒸气压的测定　雷德法

GB/T 11890　水质　苯系物的测定　气相色谱法

GB/T 11893　水质　总磷的测定　钼酸铵分光光度法

GB/T 11895　水质　苯并[*a*]芘的测定　乙酰化滤纸层析荧光分光光度法

GB/T 11901　水质　悬浮物的测定　重量法

GB/T 11910　水质　镍的测定　丁二酮肟分光光度法

GB/T 11912　水质　镍的测定　火焰原子吸收分光光度法

GB/T 11914　水质　化学需氧量的测定　重铬酸盐法

GB/T 14204　水质　烷基汞的测定　气相色谱法

GB/T 15432　环境空气　总悬浮颗粒物的测定　重量法

GB/T 15439　环境空气　苯并[*a*]芘的测定　高效液相色谱法

GB/T 15503　水质　钒的测定　钽试剂（BPHA）萃取分光光度法

GB/T 16157　固定污染源排气中颗粒物测定与气态污染物采样方法

GB/T 16489　水质　硫化物的测定　亚甲基蓝分光光度法

HJ/T 27　固定污染源排气中氯化氢的测定　硫氰酸汞分光光度法

HJ/T 38　固定污染源排气中非甲烷总烃的测定　气相色谱法

HJ/T 40　固定污染源排气中苯并[*a*]芘的测定　高效液相色谱法

HJ/T 42　固定污染源排气中氮氧化物的测定　紫外分光光度法

HJ/T 43　固定污染源排气中氮氧化物的测定　盐酸萘乙二胺分光光度法

HJ/T 45　固定污染源排气中沥青烟的测定　重量法

HJ/T 55　大气污染物无组织排放监测技术导则

HJ/T 56　固定污染源排气中二氧化硫的测定　碘量法

HJ/T 57　固定污染源排气中二氧化硫的测定　定电位电解法
HJ/T 60　水质　硫化物的测定　碘量法
HJ/T 63.1　大气固定污染源　镍的测定　火焰原子吸收分光光度法
HJ/T 63.2　大气固定污染源　镍的测定　石墨炉原子吸收分光光度法
HJ/T 63.3　大气固定污染源　镍的测定　丁二酮肟-正丁醇萃取分光光度法
HJ/T 70　高氯废水　化学需氧量的测定　氯气校正法
HJ/T 75　固定污染源烟气排放连续监测技术规范（试行）
HJ/T 76　固定污染源烟气排放连续监测系统技术要求及检测方法（试行）
HJ/T 91　地表水和污水监测技术规范
HJ/T 132　高氯废水　化学需氧量的测定　碘化钾碱性高锰酸钾法
HJ/T 195　水质　氨氮的测定　气相分子吸收光谱法
HJ/T 200　水质　硫化物的测定　气相分子吸收光谱法
HJ/T 373　固定污染源监测质量保证与质量控制技术规范（试行）
HJ/T 397　固定源废气监测技术规范
HJ/T 399　水质　化学需氧量的测定　快速消解分光光度法
HJ 478　水质　多环芳烃的测定　液液萃取和固相萃取高效液相色谱法
HJ 484　水质　氰化物的测定　容量法和分光光度法
HJ 493　水质　样品的保存和管理技术规定
HJ 494　水质　采样技术指导
HJ 495　水质　采样方案设计技术规定
HJ 501　水质　总有机碳的测定　燃烧氧化-非分散红外吸收法
HJ 502　水质　挥发酚的测定　溴化容量法
HJ 503　水质　挥发酚的测定　4-氨基安替比林分光光度法
HJ 505　水质　五日生化需氧量（BOD_5）的测定　稀释与接种法
HJ 535　水质　氨氮的测定　纳氏试剂分光光度法
HJ 536　水质　氨氮的测定　水杨酸分光光度法
HJ 537　水质　氨氮的测定　蒸馏-中和滴定法
HJ 544　固定污染源废气　硫酸雾的测定　离子色谱法（暂行）
HJ 548　固定污染源废气　氯化氢的测定　硝酸银容量法（暂行）
HJ 549　环境空气和废气　氯化氢的测定　离子色谱法（暂行）
HJ 583　环境空气　苯系物的测定　固体吸附/热脱附-气相色谱法
HJ 584　环境空气　苯系物的测定　活性炭吸附/二硫化碳解吸-气相色谱法
HJ 597　水质　总汞的测定　冷原子吸收分光光度法
HJ 629　固定污染源废气　二氧化硫的测定　非分散红外吸收法
HJ 636　水质　总氮的测定　碱性过硫酸钾消解紫外分光光度法
HJ 637　水质　石油类和动植物油类的测定　红外分光光度法
HJ 639　水质　挥发性有机物的测定　吹扫捕集/气相色谱-质谱法
HJ 644　环境空气　挥发性有机物的测定　吸附管采样-热脱附/气相色谱-质谱法
HJ 646　环境空气和废气　气相和颗粒物中多环芳烃的测定　气相色谱-质谱法
HJ 647　环境空气和废气　气相和颗粒物中多环芳烃的测定　高效液相色谱法

HJ 665　水质　氨氮的测定　连续流动-水杨酸分光光度法
HJ 666　水质　氨氮的测定　流动注射-水杨酸分光光度法
HJ 667　水质　总氮的测定　连续流动-盐酸萘乙二胺分光光度法
HJ 668　水质　总氮的测定　流动注射-盐酸萘乙二胺分光光度法
HJ 670　水质　磷酸盐和总磷的测定　连续流动-钼酸铵分光光度法
HJ 671　水质　总磷的测定　流动注射-钼酸铵分光光度法
HJ 673　水质　钒的测定　石墨炉原子吸收分光光度法
HJ 675　固定污染源排气　氮氧化物的测定　酸碱滴定法
HJ 686　水质　挥发性有机物的测定　吹扫捕集/气相色谱法
HJ 692　固定污染源废气　氮氧化物的测定　非分散红外吸收法
HJ 693　固定污染源废气　氮氧化物的测定　定电位电解法
HJ 694　水质　汞、砷、硒、铋和锑的测定　原子荧光法
HJ 700　水质　65 种元素的测定　电感耦合等离子体质谱法
HJ 732　固定污染源废气　挥发性有机物的采样　气袋法
HJ 733　泄漏和敞开液面排放的挥发性有机物检测技术导则
HJ 734　固定污染源废气　挥发性有机物的测定　固相吸附-热脱附/气相色谱-质谱法
《污染源自动监控管理办法》（国家环境保护总局令 第 28 号）
《环境监测管理办法》（国家环境保护总局令 第 39 号）

3　术语和定义

下列术语和定义适用于本标准。

3.1　石油炼制工业　petroleum refining industry

以原油、重油等为原料，生产汽油馏分、柴油馏分、燃料油、润滑油、石油蜡、石油沥青和石油化工原料等的工业。

3.2　石油炼制工业废水　petroleum refining industry wastewater

石油炼制工业生产过程中产生的废水，包括工艺废水、污染雨水（与工艺废水混合处理）、生活污水、循环冷却水排污水、化学水制水排污水、蒸气发生器排污水、余热锅炉排污水等。

3.3　工艺废水　process wastewater

石油炼制工业生产过程中与物料直接接触后，从各生产设备排出的废水。工艺废水包括含油废水、含碱废水、含硫含氨酸性水、含苯系物废水、含盐废水等。

3.4　污染雨水　polluted rainwater

石油炼制工业企业或生产设施区域内地面径流的污染物浓度高于本标准规定的直接排放限值的雨水。

3.5　含碱废水　alkaline wastewater

石油炼制工业生产油品、气体产品碱精制，脱硫胺液再生过程产生的废水。

3.6　含硫含氨酸性水　sour water

石油炼制工业生产过程中产生的含硫≥50 mg/L，含氨氮≥100 mg/L 的废水。

3.7　含苯系物废水　aromatic hydrocarbon wastewater

芳烃（苯、甲苯、二甲苯、苯乙烯）生产过程中与物料直接接触后，从各生产设备排出的废水。

3.8 废水集输系统 wastewater collection and transportation system

用于废水收集、储存、输送设施的总和，包括地漏、管道、沟、渠、连接井、集水池、罐等。

3.9 排水量 effluent volume

企业或生产设施向环境排放的废水量，包括与生产有直接或间接关系的各种外排废水（不包括热电站排水、直流冷却海水）。

3.10 加工单位原（料）油排水量 effluent volume of per ton crude oil

在一定的计量时间内，石油炼制企业生产过程中，排入环境的废水量与原（料）油加工量之比。原（料）油加工量包括一次加工及直接进入二次加工装置的原（料）油的数量。

3.11 公共污水处理系统 public wastewater treatment system

通过纳污管道等方式收集废水，为两家以上排污单位提供废水处理服务并且排水能够达到相关排放标准要求的企业或机构，包括各种规模和类型的城镇污水处理厂、园区（包括各类工业园区、开发区、工业聚集地等）污水处理厂等，其废水处理程度应达到二级或二级以上。

3.12 直接排放 direct discharge

排污单位直接向环境水体排放水污染物的行为。

3.13 间接排放 indirect discharge

排污单位向公共污水处理系统排放水污染物的行为。

3.14 挥发性有机物 volatile organic compounds

参与大气光化学反应的有机化合物，或者根据规定的方法测量或核算确定的有机化合物。

3.15 非甲烷总烃 non-methane hydrocarbon

采用规定的监测方法，检测器有明显响应的除甲烷外的碳氢化合物的总称（以碳计）。本标准使用“非甲烷总烃（NMHC）”作为排气筒和厂界挥发性有机物排放的综合控制指标。

3.16 挥发性有机液体 volatile organic liquid

任何能向大气释放挥发性有机物的符合以下任一条件的有机液体：（1）20℃时，挥发性有机液体的真实蒸气压大于 0.3 kPa；（2）20℃时，混合物中，真实蒸气压大于 0.3 kPa 的纯有机化合物的总浓度等于或者高于 20%（质量分数）。

3.17 真实蒸气压 true vapor pressure

有机液体气化率为零时的蒸气压，又称泡点蒸气压，根据 GB/T 8017 测定的雷德蒸气压换算得到。

3.18 泄漏检测值 leakage detection value

采用规定的监测方法，检测仪器探测到的设备（泵、压缩机等）或管线组件（阀门、法兰等）泄漏点的挥发性有机物浓度扣除环境本底值后的净值（以碳计）。

3.19 工艺加热炉 process heater

用燃料燃烧加热管内流动的液体或气体物料的设备。

3.20 催化裂化再生烟气 catalytic cracking gas

催化裂化装置生产过程中，积碳催化剂在再生器中通过烧焦再生过程排出的烟气。

3.21 酸性气回收装置 acid gas recovery unit

石油炼制工业产生的酸性气中硫化氢转化为单质硫或硫酸的装置。

3.22 空气氧化反应器 air oxidation reactor

用空气，或空气和氧气的组合作为氧源的反应器。

3.23 非正常工况 malfunction/upsets

生产设施生产工艺参数不是有计划地超过装置设计弹性变化的工况。

3.24 排气筒高度 stack height

自排气筒（或其主体建筑构造）所在的地平面至排气筒出口计的高度。

3.25 标准状态 standard condition

温度为 273.15 K，压力为 101 325 Pa 时的状态。本标准规定的大气污染物排放浓度限值均以标准状态下的干气体为基准。

3.26 现有企业 existing facility

本标准实施之日前已建成投产或环境影响评价文件已通过审批的石油炼制工业企业或生产设施。

3.27 新建企业 new facility

自本标准实施之日起环境影响评价文件通过审批的新建、改建和扩建石油炼制工业建设项目。

3.28 企业边界 enterprise boundary

石油炼制工业企业的法定边界。若无法定边界，则指企业或生产设施的实际占地边界。

4 水污染物排放控制要求

4.1 现有企业 2017 年 7 月 1 日前仍执行现行标准，自 2017 年 7 月 1 日起执行表 1 规定的水污染物排放限值。

4.2 自 2015 年 7 月 1 日起，新建企业执行表 1 规定的水污染物排放限值。

4.3 根据环境保护工作的要求，在国土开发密度已经较高、环境承载能力开始减弱，或水环境容量较小、生态环境脆弱，容易发生严重水环境污染问题而需要采取特别保护措施的地区，应严格控制企业的污染排放行为，在上述地区的企业执行表 2 规定的水污染物特别排放限值。

执行水污染物特别排放限值的地域范围、时间，由国务院环境保护主管部门或省级人民政府规定。

表 1 水污染物排放限值 单位：mg/L（pH 值除外）

序号	污染物项目	限值		污染物排放监控位置
		直接排放	间接排放[a]	
1	pH 值	6～9	—	企业废水总排放口
2	悬浮物	70	—	
3	化学需氧量	60	—	
4	五日生化需氧量	20	—	
5	氨氮	8.0	—	
6	总氮	40	—	
7	总磷	1.0	—	
8	总有机碳	20	—	
9	石油类	5.0	20	
10	硫化物	1.0	1.0	
11	挥发酚	0.5	0.5	
12	总钒	1.0	1.0	
13	苯	0.1	0.2	
14	甲苯	0.1	0.2	
15	邻二甲苯	0.4	0.6	
16	间二甲苯	0.4	0.6	
17	对二甲苯	0.4	0.6	
18	乙苯	0.4	0.6	
19	总氰化物	0.5	0.5	

序号	污染物项目	限值		污染物排放监控位置
		直接排放	间接排放[a]	
20	苯并[*a*]芘	0.000 03		车间或生产设施废水排放口
21	总铅	1.0		
22	总砷	0.5		
23	总镍	1.0		
24	总汞	0.05		
25	烷基汞	不得检出		
加工单位原（料）油基准排水量/（m^3/t）		0.5		排水量计量位置与污染物排放监控位置相同

a. 废水进入城镇污水处理厂或经由城镇污水管线排放，应达到直接排放限值；废水进入园区（包括各类工业园区、开发区、工业聚集地等）污水处理厂执行间接排放限值，未规定限值的污染物项目由企业与园区污水处理厂根据其污水处理能力商定相关标准，并报当地环境保护主管部门备案。

表 2　水污染物特别排放限值　　单位：mg/L（pH 值除外）

序号	污染物项目	限值		污染物排放监控位置
		直接排放	间接排放[a]	
1	pH 值	6～9	—	企业废水总排放口
2	悬浮物	50	—	
3	化学需氧量	50	—	
4	五日生化需氧量	10	—	
5	氨氮	5.0	—	
6	总氮	30	—	
7	总磷	0.5	—	
8	总有机碳	15	—	
9	石油类	3.0	15	
10	硫化物	0.5	1.0	
11	挥发酚	0.3	0.5	
12	总钒	1.0	1.0	
13	苯	0.1	0.1	
14	甲苯	0.1	0.1	
15	邻二甲苯	0.2	0.4	
16	间二甲苯	0.2	0.4	
17	对二甲苯	0.2	0.4	
18	乙苯	0.2	0.4	
19	总氰化物	0.3	0.5	
20	苯并[*a*]芘	0.000 03		车间或生产设施废水排放口
21	总铅	1.0		
22	总砷	0.5		
23	总镍	1.0		
24	总汞	0.05		
25	烷基汞	不得检出		
加工单位原（料）油基准排水量/（m^3/t）		0.4		排水量计量位置与污染物排放监控位置相同

a. 废水进入城镇污水处理厂或经由城镇污水管线排放，应达到直接排放限值；废水进入园区（包括各类工业园区、开发区、工业聚集地等）污水处理厂执行间接排放限值，未规定限值的污染物项目由企业与园区污水处理厂根据其污水处理能力商定相关标准，并报当地环境保护主管部门备案。

4.4　水污染物排放浓度限值适用于加工单位原（料）油实际排水量不高于基准排水量的情况。若加工单位原（料）油实际排水量超过规定的基准排水量，须按式（1）将实测水污染物浓度换算为基准水量排放浓度，并与排放限值比较判定排放是否达标。原（料）油加工量和排水量统计周期为一个工作日。

在企业的生产设施同时适用不同排放控制要求或不同行业国家污染物排放标准，且生产设施产生的废水混合处理排放的情况下，应执行排放标准中规定的最严格的浓度限值，并按式（1）换算水污染物基准水量排放浓度。

$$\rho_{基} = \frac{Q_{总}}{\sum Y \cdot Q_{基}} \times \rho_{实} \tag{1}$$

式中：$\rho_{基}$——水污染物基准水量排放浓度，mg/L；

$Q_{总}$——排水总量，m^3；

Y——原（料）油加工量，t；

$Q_{基}$——加工单位原（料）油基准排水量，m^3/t；

$\rho_{实}$——实测水污染物排放浓度，mg/L。

若 $Q_{总}$ 与 $\sum Y \cdot Q_{基}$ 的比值小于 1，则以水污染物实测浓度作为判定排放是否达标的依据。

5　大气污染物排放控制要求

5.1　有组织排放控制要求

5.1.1　现有企业 2017 年 7 月 1 日前仍执行现行标准，自 2017 年 7 月 1 日起执行表 3 规定的大气污染物排放限值。

5.1.2　自 2015 年 7 月 1 日起，新建企业执行表 3 规定的大气污染物排放限值。

表 3　大气污染物排放限值　　单位：mg/m^3

序号	污染物项目	工艺加热炉	催化裂化催化剂再生烟气[a]	重整催化剂再生烟气	酸性气回收装置	氧化沥青装置	废水处理有机废气收集处理装置	有机废气排放口[b]	污染物排放监控位置
1	颗粒物	20	50	—	—	—	—	—	车间或生产设施排气筒
2	镍及其化合物	—	0.5	—	—	—	—	—	
3	二氧化硫	100	100	—	400	—	—	—	
4	氮氧化物	150 180[c]	200	—	—	—	—	—	
5	硫酸雾	—	—	—	30[d]	—	—	—	
6	氯化氢	—	—	30	—	—	—	—	
7	沥青烟	—	—	—	—	20	—	—	
8	苯并[a]芘	—	—	—	—	0.000 3	—	—	
9	苯	—	—	—	—	—	4	—	
10	甲苯	—	—	—	—	—	15	—	
11	二甲苯	—	—	—	—	—	20	—	
12	非甲烷总烃	—	—	60	—	—	120	去除效率≥95%	

a. 催化裂化余热锅炉吹灰时再生烟气污染物浓度最大值不应超过表中限值的 2 倍，且每次持续时间不应大于 1 h。

b. 有机废气中若含有颗粒物、二氧化硫或氮氧化物，执行工艺加热炉相应污染物控制要求。

c. 炉膛温度≥850℃的工艺加热炉执行该限值。

d. 酸性气体回收装置生产硫酸时执行该限值。

5.1.3 根据环境保护工作的要求，在国土开发密度已经较高、环境承载能力开始减弱，或大气环境容量较小、生态环境脆弱，容易发生严重大气环境污染问题而需要采取特别保护措施的地区，应严格控制企业的污染排放行为，在上述地区的企业执行表 4 规定的大气污染物特别排放限值。

表 4 大气污染物特别排放限值

单位：mg/m^3

序号	污染物项目	工艺加热炉	催化裂化催化剂再生烟气[a]	重整催化剂再生烟气	酸性气回收装置	氧化沥青装置	废水处理有机废气收集处理装置	有机废气排放口[b]	污染物排放监控位置
1	颗粒物	20	30	—	—	—	—	—	车间或生产设施排气筒
2	镍及其化合物	—	0.3	—	—	—	—	—	
3	二氧化硫	50	50	—	100	—	—	—	
4	氮氧化物	100	100	—	—	—	—	—	
5	硫酸雾	—	—	—	5[c]	—	—	—	
6	氯化氢	—	—	10	—	—	—	—	
7	沥青烟	—	—	—	—	10	—	—	
8	苯并[*a*]芘	—	—	—	—	0.000 3	—	—	
9	苯	—	—	—	—	—	4	—	
10	甲苯	—	—	—	—	—	15	—	
11	二甲苯	—	—	—	—	—	20	—	
12	非甲烷总烃	—	—	30	—	—	120	去除效率≥97%	

a. 催化裂化余热锅炉吹灰时再生烟气污染物浓度最大值不应超过表中限值的 2 倍，且每次持续时间不应大于 1 h。

b. 有机废气中若含有颗粒物、二氧化硫或氮氧化物，执行工艺加热炉相应污染物控制要求。

c. 酸性气体回收装置生产硫酸时执行该限值。

执行大气污染物特别排放限值的地域范围、时间，由国务院环境保护主管部门或省级人民政府规定。

5.1.4 非焚烧类有机废气排放口以实测浓度判定排放是否达标。焚烧类有机废气排放口、工艺加热炉、催化剂再生烟气和酸性气回收装置的实测大气污染物排放浓度，须换算成基准含氧量为 3%的大气污染物基准排放浓度，并与排放限值比较判定排放是否达标。大气污染物基准排放浓度按式（2）进行计算。

$$\rho_{基}=\frac{21-O_{基}}{21-O_{实}}\times\rho_{实} \tag{2}$$

式中：$\rho_{基}$——大气污染物基准排放浓度，mg/m^3；

$O_{基}$——干烟气基准含氧量，%；

$O_{实}$——实测的干烟气含氧量，%；

$\rho_{实}$——实测大气污染物排放浓度，mg/m^3。

5.2 挥发性有机液体储罐污染控制要求

5.2.1 新建企业自 2015 年 7 月 1 日起，现有企业自 2017 年 7 月 1 日起，执行下列挥发性有机液体储罐污染控制要求。

5.2.2 储存真实蒸气压≥76.6 kPa 的挥发性有机液体应采用压力储罐。

5.2.3 储存真实蒸气压≥5.2 kPa 但＜27.6 kPa 的设计容积≥150 m^3 的挥发性有机液体储罐，以及储存真实蒸气压≥27.6 kPa 但＜76.6 kPa 的设计容积≥75 m^3 的挥发性有机液体储罐应符合下列规定之一：

a）采用内浮顶罐，内浮顶罐的浮盘与罐壁之间应采用液体镶嵌式、机械式鞋形、双封式等高效密封方式。

b）采用外浮顶罐，外浮顶罐的浮盘与罐壁之间应采用双封式密封，且初级密封采用液体镶嵌式、机械式鞋形等高效密封方式。

c）采用固定顶罐，应安装密闭排气系统至有机废气回收或处理装置，其大气污染物排放应符合表3、表4的规定。

5.2.4 浮顶罐浮盘上的开口、缝隙密封设施，以及浮盘与罐壁之间的密封设施在工作状态应密闭。若检测到密封设施不能密闭，在不关闭工艺单元的条件下，在15 d内进行维修技术上不可行，则可以延迟维修，但不应晚于最近一个停工期。

5.2.5 对浮盘的检查至少每6个月进行一次，每次检查应记录浮盘密封设施的状态，记录应保存1年以上。

5.3 设备与管线组件泄漏污染控制要求

5.3.1 新建企业自2015年7月1日起，现有企业自2017年7月1日起，执行下列设备与管线组件泄漏污染控制要求。

5.3.2 挥发性有机物流经以下设备与管线组件时，应进行泄漏检测与控制：

a）泵；

b）压缩机；

c）阀门；

d）开口阀或开口管线；

e）法兰及其他连接件；

f）泄压设备；

g）取样连接系统；

h）其他密封设备。

5.3.3 泄漏检测周期

根据设备与管线组件的类型，采用不同的泄漏检测周期：

a）泵、压缩机、阀门、开口阀或开口管线、气体/蒸气泄压设备、取样连接系统每3个月检测一次。

b）法兰及其他连接件、其他密封设备每6个月检测一次。

c）对于挥发性有机物流经的初次开工开始运转的设备和管线组件，应在开工后30 d内对其进行第一次检测。

d）挥发性有机液体流经的设备和管线组件每周应进行目视观察，检查其密封处是否出现滴液迹象。

5.3.4 泄漏的认定

出现以下情况，则认定发生了泄漏：

a）有机气体和挥发性有机液体流经的设备与管线组件，采用氢火焰离子化检测仪（以甲烷或丙烷为校正气体），泄漏检测值大于等于2 000 μmol/mol。

b）其他挥发性有机物流经的设备与管线组件，采用氢火焰离子化检测仪（以甲烷或丙烷为校正气体），泄漏检测值大于等于500 μmol/mol。

5.3.5 泄漏修复

a）当检测到泄漏时，在可行条件下应尽快维修，一般不晚于发现泄漏后15 d。

b）首次（尝试）维修不应晚于检测到泄漏后5 d。首次尝试维修应当包括（但不限于）以下描述的相关措施：拧紧密封螺母或压盖、在设计压力及温度下密封冲洗。

c）若检测到泄漏后，在不关闭工艺单元的条件下，在 15 d 内进行维修技术上不可行，则可以延迟维修，但不应晚于最近一个停工期。

5.3.6 记录要求

泄漏检测应记录检测时间、检测仪器读数；修复时应记录修复时间和确认已完成修复的时间，记录修复后检测仪器读数，记录应保存 1 年以上。

5.4 其他污染控制要求

5.4.1 新建企业自 2015 年 7 月 1 日起，现有企业自 2017 年 7 月 1 日起，执行下列污染控制要求。

5.4.2 废水预处理

含碱废水，含硫含氨酸性水，含苯系物废水，烟气脱硫、脱硝废水，设备、管道检维修过程化学清洗废水应单独收集、储存并进行预处理。

5.4.3 废水集输、储存和处理设施

用于集输、储存和处理含挥发性有机物、恶臭物质的废水设施应密闭，产生的废气应接入有机废气回收或处理装置，其大气污染物排放应符合表 3、表 4 的规定。

5.4.4 挥发性有机液体装车、传输、接驳

油品装卸栈桥对铁路罐车进行装油，发油台对汽车罐车进行装油，油品装卸码头对油船（驳）进行装油的原油及成品油（汽油、煤油、喷气燃料、化工轻油、有机化学品）设施，应密闭装油并设置油气收集、回收或处理装置，其大气污染物排放应符合表 3、表 4 的规定。

装车、船应采用顶部浸没式或底部装载方式，顶部浸没式装载出油口距离罐底高度应小于 200 mm。

底部装油结束并断开快接头时，油品滴洒量不应超过 10 mL，滴洒量取连续 3 次断开操作的平均值。

5.4.5 酸性气回收装置

酸性气回收装置的加工能力应保证在加工最大硫含量原油及加工装置最大负荷情况下，能完全处理产生的酸性气。脱硫溶剂再生系统、酸性水处理系统和硫黄回收装置的能力配置应保证在一套硫黄回收装置出现故障时不向酸性气火炬排放酸性气。

5.4.6 有机废气收集、传输与处理

下列有机废气应接入有机废气回收或处理装置，其大气污染物排放应符合表 3、表 4 的规定：

a）空气氧化反应器产生的含挥发性有机物尾气；

b）有机固体物料气体输送废气；

c）用于含挥发性有机物容器真空保持的真空泵排气；

d）非正常工况下，生产设备通过安全阀排出的含挥发性有机物的废气；

e）生产装置、设备开停工过程不满足本标准要求的废气。

有机废气收集、传输设施的设置和操作条件应保证被收集的有机气体不通过收集、传输设施的开口向大气泄漏。

5.4.7 火炬系统

a）采取措施回收排入火炬系统的气体和液体。

b）在任何时候，挥发性有机物和恶臭物质进入火炬都应能点燃并充分燃烧。

c）应连续监测、记录引燃设施和火炬的工作状态（火炬气流量、火炬头温度、火种气流量、火种温度等），并保存记录 1 年以上。

5.4.8　采样

对于含挥发性有机物、恶臭物质的物料，其采样口应采用密闭采样或等效设施。

5.4.9　检维修

用于输送、储存、处理含挥发性有机物、恶臭物质的生产设施，以及水、大气、固体废物污染控制设施在检维修时清扫气应接入有机废气回收或处理装置，其大气污染物排放应符合表 3、表 4 的规定。

5.4.10　废气收集、处理与排放

产生大气污染物的生产工艺和装置需设立局部或整体气体收集系统和净化处理装置，达标排放。排气筒高度应按环境影响评价要求确定，且至少不低于 15 m。

5.5　厂界及周边污染控制要求

5.5.1　企业边界任何 1 h 大气污染物平均浓度执行表 5 规定的限值。

表 5　企业边界大气污染物浓度限值

单位：mg/m^3

序号	污染物项目	限值
1	颗粒物	1.0
2	氯化氢	0.2
3	苯并[*a*]芘	0.000 008
4	苯	0.4
5	甲苯	0.8
6	二甲苯	0.8
7	非甲烷总烃	4.0

5.5.2　在现有企业生产、建设项目竣工环保验收后的生产过程中，负责监管的环境保护主管部门应对周围居住、教学、医疗等用途的敏感区域环境质量进行监控。建设项目的具体监控范围为环境影响评价确定的周围敏感区域；未进行过环境影响评价的现有企业，监控范围由负责监管的环境保护主管部门，根据企业排污特点和规律及当地自然、气象条件等因素，参照相关环境影响评价技术导则确定。地方政府应对本辖区环境质量负责，采取措施确保环境状况符合环境质量标准要求。

6　污染物监测要求

6.1　一般要求

6.1.1　企业应按照有关法律和《环境监测管理办法》等规定，建立企业监测制度，制定监测方案，对污染物排放状况及其对周边环境质量的影响开展自行监测，保存原始监测记录，并公布监测结果。

6.1.2　新建企业和现有企业安装污染物排放自动监控设备的要求，按有关法律和《污染源自动监控管理办法》的规定执行。

6.1.3　企业应按照环境监测管理规定和技术规范的要求，设计、建设、维护永久性采样口、采样测试平台和排污口标志。

6.1.4　对企业排放废水和废气的采样，应根据监测污染物的种类，在规定的污染物排放监控位置进行，有废水、废气处理设施的，应在处理设施后监测。

6.1.5　企业原（料）油加工量的核定，以法定报表为依据。

6.2　水污染物监测与分析

6.2.1　水污染物的监测采样按 HJ/T 91、HJ 493、HJ 494、HJ 495 的规定执行。

6.2.2 对企业排放水污染物浓度的测定采用表 6 所列的方法标准。

表 6 水污染物浓度测定方法标准

序号	污染物项目	标准名称	标准编号
1	pH 值	水质 pH 值的测定 玻璃电极法	GB/T 6920
2	悬浮物	水质 悬浮物的测定 重量法	GB/T 11901
3	化学需氧量	水质 化学需氧量的测定 重铬酸盐法	GB/T 11914
		水质 化学需氧量的测定 快速消解分光光度法	HJ/T 399
		高氯废水 化学需氧量的测定 氯气校正法	HJ/T 70
		高氯废水 化学需氧量的测定 碘化钾碱性高锰酸钾法	HJ/T 132
4	五日生化需氧量	水质 五日生化需氧量（BOD_5）的测定 稀释与接种法	HJ 505
5	氨氮	水质 氨氮的测定 气相分子吸收光谱法	HJ/T 195
		水质 氨氮的测定 纳氏试剂分光光度法	HJ 535
		水质 氨氮的测定 水杨酸分光光度法	HJ 536
		水质 氨氮的测定 蒸馏-中和滴定法	HJ 537
		水质 氨氮的测定 连续流动-水杨酸分光光度法	HJ 665
		水质 氨氮的测定 流动注射-水杨酸分光光度法	HJ 666
6	总氮	水质 总氮的测定 碱性过硫酸钾消解紫外分光光度法	HJ 636
		水质 总氮的测定 连续流动-盐酸萘乙二胺分光光度法	HJ 667
		水质 总氮的测定 流动注射-盐酸萘乙二胺分光光度法	HJ 668
7	总磷	水质 总磷的测定 钼酸铵分光光度法	GB/T 11893
		水质 磷酸盐和总磷的测定 连续流动-钼酸铵分光光度法	HJ 670
		水质 总磷的测定 流动注射-钼酸铵分光光度法	HJ 671
8	总有机碳	水质 总有机碳的测定 燃烧氧化-非分散红外吸收法	HJ 501
9	石油类	水质 石油类和动植物油类的测定 红外分光光度法	HJ 637
10	硫化物	水质 硫化物的测定 亚甲基蓝分光光度法	GB/T 16489
		水质 硫化物的测定 碘量法	HJ/T 60
		水质 硫化物的测定 气相分子吸收光谱法	HJ/T 200
11	挥发酚	水质 挥发酚的测定 溴化容量法	HJ 502
		水质 挥发酚的测定 4-氨基安替比林分光光度法	HJ 503
12	总钒	水质 钒的测定 钽试剂（BPHA）萃取分光光度法	GB/T 15503
		水质 钒的测定 石墨炉原子吸收分光光度法	HJ 673
		水质 65 种元素的测定 电感耦合等离子体质谱法	HJ 700
13	苯 甲苯 邻二甲苯 间二甲苯 对二甲苯 乙苯	水质 苯系物的测定 气相色谱法	GB/T 11890
		水质 挥发性有机物的测定 吹扫捕集/气相色谱-质谱法	HJ 639
		水质 挥发性有机物的测定 吹扫捕集/气相色谱法	HJ 686
14	总氰化物	水质 氰化物的测定 容量法和分光光度法	HJ 484
15	苯并[*a*]芘	水质 苯并[*a*]芘的测定 乙酰化滤纸层析荧光分光光度法	GB/T 11895
		水质 多环芳烃的测定 液液萃取和固相萃取高效液相色谱法	HJ 478
16	总铅	水质 铅的测定 双硫腙分光光度法	GB/T 7470
		水质 铜、锌、铅、镉的测定 原子吸收分光光度法	GB/T 7475
		水质 65 种元素的测定 电感耦合等离子体质谱法	HJ 700

序号	污染物项目	标准名称	标准编号
17	总砷	水质　总砷的测定　二乙基二硫代氨基甲酸银分光光度法	GB/T 7485
		水质　汞、砷、硒、铋和锑的测定　原子荧光法	HJ 694
		水质　65 种元素的测定　电感耦合等离子体质谱法	HJ 700
18	总镍	水质　镍的测定　丁二酮肟分光光度法	GB/T 11910
		水质　镍的测定　火焰原子吸收分光光度法	GB/T 11912
		水质　65 种元素的测定　电感耦合等离子体质谱法	HJ 700
19	总汞	水质　总汞的测定　高锰酸钾－过硫酸钾消解法　双硫腙分光光度法	GB/T 7469
		水质　总汞的测定　冷原子吸收分光光度法	HJ 597
		水质　汞、砷、硒、铋和锑的测定　原子荧光法	HJ 694
20	烷基汞	水质　烷基汞的测定　气相色谱法	GB/T 14204

6.3　大气污染物监测与分析

6.3.1　排气筒中大气污染物的监测采样按 GB/T 16157、HJ/T 397、HJ 732、HJ/T 373 或 HJ/T 75、HJ/T 76 的规定执行。企业边界大气污染物监测按 HJ/T 55 的规定执行。

6.3.2　石油炼制工业企业的设备与管线组件应设置编号和永久标志，泄漏检测按 HJ 733 的规定执行。

6.3.3　对企业排放大气污染物浓度的测定采用表 7 所列的方法标准。

表 7　大气污染物浓度测定方法标准

序号	污染物项目	标准名称	标准编号
1	颗粒物	固定污染源排气中颗粒物测定与气态污染物采样方法	GB/T 16157
		环境空气　总悬浮颗粒物的测定　重量法	GB/T 15432
2	镍及其化合物	大气固定污染源　镍的测定　火焰原子吸收分光光度法	HJ/T 63.1
		大气固定污染源　镍的测定　石墨炉原子吸收分光光度法	HJ/T 63.2
		大气固定污染源　镍的测定　丁二酮肟－正丁醇萃取分光光度法	HJ/T 63.3
3	二氧化硫	固定污染源排气中二氧化硫的测定　碘量法	HJ/T 56
		固定污染源排气中二氧化硫的测定　定电位电解法	HJ/T 57
		固定污染源废气　二氧化硫的测定　非分散红外吸收法	HJ 629
4	氮氧化物	固定污染源排气中氮氧化物的测定　紫外分光光度法	HJ/T 42
		固定污染源排气中氮氧化物的测定　盐酸萘乙二胺分光光度法	HJ/T 43
		固定污染源排气　氮氧化物的测定　酸碱滴定法	HJ 675
		固定污染源废气　氮氧化物的测定　非分散红外吸收法	HJ 692
		固定污染源废气　氮氧化物的测定　定电位电解法	HJ 693
5	硫酸雾	固定污染源废气　硫酸雾的测定　离子色谱法（暂行）	HJ 544
6	氯化氢	固定污染源排气中氯化氢的测定　硫氰酸汞分光光度法	HJ/T 27
		固定污染源废气　氯化氢的测定　硝酸银容量法（暂行）	HJ 548
		环境空气和废气　氯化氢的测定　离子色谱法（暂行）	HJ 549
7	沥青烟	固定污染源排气中沥青烟的测定　重量法	HJ/T 45
8	苯并[*a*]芘	环境空气　苯并[*a*]芘的测定　高效液相色谱法	GB/T 15439
		固定污染源排气中苯并[*a*]芘的测定　高效液相色谱法	HJ/T 40
		环境空气和废气　气相和颗粒物中多环芳烃的测定　气相色谱－质谱法	HJ 646
		环境空气和废气　气相和颗粒物中多环芳烃的测定　高效液相色谱法	HJ 647

序号	污染物项目	标准名称	标准编号
9	苯、甲苯、二甲苯	环境空气　苯系物的测定　固体吸附/热脱附－气相色谱法	HJ 583
		环境空气　苯系物的测定　活性炭吸附/二硫化碳解吸－气相色谱法	HJ 584
		环境空气　挥发性有机物的测定　吸附管采样－热脱附/气相色谱－质谱法	HJ 644
		固定污染源废气　挥发性有机物的测定　固相吸附－热脱附/气相色谱－质谱法	HJ 734
10	非甲烷总烃	固定污染源排气中非甲烷总烃的测定　气相色谱法	HJ/T 38

7 实施与监督

7.1　本标准由县级以上人民政府环境保护主管部门负责监督实施。

7.2　在任何情况下，石油炼制工业企业均应遵守本标准规定的污染物排放控制要求，采取必要措施保证污染防治设施正常运行。各级环保部门在对企业进行监督性检查时，可以现场即时采样或监测的结果，作为判定排污行为是否符合排放标准以及实施相关环境保护管理措施的依据。

中华人民共和国国家标准

储油库大气污染物排放标准（节选）

Emission standard of air pollutant for bulk gasoline terminals

GB 20950—2007

前 言

为贯彻《中华人民共和国环境保护法》和《中华人民共和国大气污染防治法》，保护环境，保障人体健康，改善大气环境质量，制定本标准。

本标准根据国际上针对汽油储、运、销过程中的油气排放采用系统控制的先进方法，同时考虑中国储油库的实际情况，参考有关国家的污染物排放法规的相关技术内容，规定了储油库汽油油气排放限值、控制技术要求和检测方法。

按照有关法律规定，本标准具有强制执行的效力。

本标准为首次发布。

本标准由国家环境保护总局科技标准司提出。

本标准主要起草单位：北京市环境保护科学研究院、国家环保总局环境标准研究所。

本标准国家环境保护总局 2007 年 4 月 26 日批准。

本标准自 2007 年 8 月 1 日起实施。

本标准由国家环境保护总局解释。

1 范围

本标准规定了储油库在储存、收发汽油过程中油气排放限值、控制技术要求和检测方法。

本标准适用于现有储油库汽油油气排放管理，以及储油库新、改、扩建项目的环境影响评价、设计、竣工验收和建成后的汽油油气排放管理。

2 规范性引用文件

本标准内容引用了下列文件中的条款。凡是不注日期的引用文件，其有效版本适用于本标准。

GB 50074 石油库设计规范

GB/T 16157 固定污染源排气中颗粒物测定与气态污染物采样方法

HJ/T 38 固定污染源排气中非甲烷总烃的测定 气相色谱法

3 术语与定义

下列术语和定义适用于本标准。

3.1 储油库 bulk gasoline terminal

由储油罐组成并通过管道、船只或油罐车等方式收发汽油的场所（含炼油厂）。

3.2 油气 gasoline vapor

储油库储存、装卸汽油过程中产生的挥发性有机物气体（非甲烷总烃）。

3.3 油气排放质量浓度 vapor emission concentration

标准状态下（温度 273 K，压力 101.3 kPa），排放每立方米干气中所含非甲烷总烃的质量，单位为 g/m^3。

3.4 发油 gasoline loading

从储油库把油品装入油罐车。

3.5 收油 gasoline receiving

向储油库储罐注油。

3.6 底部装油 bottom loading

从油罐汽车的罐底部将油发装入罐内。

3.7 浮顶罐 floating roof tank

顶盖漂浮在油面上的油罐，包括内浮顶罐和外浮顶罐。

3.8 油气回收处理装置 vapor recovery processing equipment

通过吸附、吸收、冷凝、膜分离等方法将发油过程产生的油气进行回收处理的装置。

3.9 油气收集系统泄漏点 vapor collection system leakage point

与发油设施配套的油气收集系统可能发生泄漏的部位，如油气回收密封式快速接头、铁路罐车顶装密封罩、阀门、法兰等。

3.10 烃类气体探测器 hydrocarbon gas detector

基于光离子化、红外等原理的可快速显示空气中油气浓度的便携式检测仪器。

4 发油油气排放控制和限值

4.1 排放控制

4.1.1 储油库应采用底部装油方式，装油时产生的油气应进行密封收集和回收处理。

4.1.2 油气回收系统和回收处理装置应进行技术评估并出具报告，评估工作主要包括：调查分析技术资料，核实应具备的相关认证文件，检测至少连续 3 个月的运行情况，列出油气回收系统设备清单。完成技术评估的单位应具备相应的资质，所提供的技术评估报告应经由国家有关主管部门审核批准。

4.1.3 油气收集系统应设置测压装置，防止因各种原因对油罐车内部空间造成过压。

4.1.4 应对进、出处理装置的气体流量进行监测，流量监测设备应具备连续测量、数据累计和能够存储 1 年数据的功能，并符合安全要求。

4.1.5 储油库发油系统应采用防溢流控制系统。

4.1.6 底部装油和油气输送接口应采用 DN100 mm 的密封式快速接头。

4.1.7 应建立油气收集系统和处理装置的运行规程，每天记录气体流量、系统压力、发油量，记录防溢流控制系统定期检测结果，随时记录油气收集系统和处理装置的检修事项。编写年度运行报告，并附带上述原始记录，作为储油库环保检测报告的组成部分。

4.2 排放限值

4.2.1 油气密闭收集系统（以下简称油气收集系统）任何泄漏点排放的油气体积分数不应超过 0.05%，每年至少检测 1 次，检测方法见附录 A。

4.2.2 油气回收处理装置（以下简称处理装置）的油气排放质量浓度和处理效率应同时符合表 1 规定的限值，排放口距地平面高度应不低于 4 m，每年至少检测 1 次，检测方法见附录 B。

表 1 处理装置油气排放限值

油气排放质量浓度/（g/m^3）	≤25
油气处理效率/%	≥95

4.2.3 底部装油结束并断开快速接头时，汽油泄漏量不应超过 10 ml，泄漏检测限值为泄漏单元连续 3 次断开操作的平均值。

4.2.4 油气收集系统对油罐车内部空间不宜造成超过 4.5 kPa 的压力，在任何情况下都不应超过 6 kPa。

4.2.5 本次检测时处理装置进口气体流量计记录的累计流量（m^3），减去上次检测时处理装置进口气体流量计记录的累计流量（m^3）的差值，与上次检测至本次检测期间处理装置对应的汽油发油总量（m^3）的比值不宜超过 1.5；本次检测时处理装置出口气体流量计记录的累计流量（m^3），减去上次检测时处理装置出口气体流量计记录的累计流量（m^3）的差值，与上次检测至本次检测期间处理装置对应的汽油发油总量（m^3）的比值不宜超过 1.5。

4.2.6 防溢流控制系统应定期进行检测，检测方法按有关专业技术规范执行。

4.2.7 储油库给铁路罐车装油时应采用顶部浸没方式或底部装油方式，顶部浸没式装油管出油口距罐底高度应小于 200 mm。

5 储油油气排放控制

5.1 储油库储存汽油应按 GB 50074 采用浮顶罐储油。

5.2 新建、改建、扩建的内浮顶罐，浮盘与罐壁之间应采用液体镶嵌式、机械式鞋形、双封式等高效密封方式；新建、改建、扩建的外浮顶罐，浮盘与罐壁之间应采用双封式密封，且初级密封采用液体镶嵌式、机械式鞋形等高效密封方式。

5.3 浮顶罐所有密封结构不应有造成漏气的破损和开口，浮盘上所有可开启设施在非需要开启时都应保持不漏气状态。

6 标准实施

6.1 储油库油气排放控制标准实施区域和时限见表 2。

表 2 储油库油气排放控制标准实施区域和时限

地区	实施日期
北京市、天津市、河北省设市城市及其他地区承担上述城市加油站汽油供应的储油库	2008 年 5 月 1 日
长江三角洲设市城市[1]和珠江三角洲设市城市[2]及其他地区承担上述城市加油站汽油供应的储油库	2010 年 1 月 1 日
其他设市城市及承担相应城市加油站汽油供应的储油库	2012 年 1 月 1 日
注：1. 上海市、江苏省 8 个市、浙江省 7 个市，共 16 市。江苏省包括：南京市、苏州市、无锡市、常州市、镇江市、扬州市、泰州市、南通市；浙江省包括：杭州市、嘉兴市、湖州市、舟山市、绍兴市、宁波市、台州市。 2. 广州市、深圳市、珠海市、东莞市、中山市、江门市、佛山市、惠州市、肇庆市。	

6.2 按表 2 实施日期，可有 2 年过渡期允许顶部装油和底部装油系统同时存在。

6.3 省级人民政府可根据本地对环境质量的要求和经济技术条件提前实施，并报国家环境保护行政主管部门备案。

6.4 本标准由各级人民政府环境保护行政主管部门监督实施。

中华人民共和国国家标准

加油站大气污染物排放标准（节选）

Emission standard of air pollutant for gasoline filling stations

GB 20952—2007

前　言

为贯彻《中华人民共和国环境保护法》和《中华人民共和国大气污染防治法》，保护环境，保障人体健康，改善大气环境质量，制定本标准。

本标准根据国际上针对汽油储、运、销过程中的油气排放采用系统控制的先进方法，同时考虑中国加油站的实际情况，参考有关国家的污染物排放法规的相关技术内容，规定了加油站汽油油气排放限值、控制技术要求和检测方法。

按照有关法律规定，本标准具有强制执行的效力。

本标准为首次发布。

本标准由国家环境保护总局科技标准司提出。

本标准主要起草单位：北京市环境保护科学研究院、国家环保总局环境标准研究所。

本标准国家环境保护总局 2007 年 4 月 26 日批准。

本标准自 2007 年 8 月 1 日起实施。

本标准由国家环境保护总局解释。

1　范围

本标准规定了加油站汽油油气排放限值、控制技术要求和检测方法。

本标准适用于现有加油站汽油油气排放管理，以及新建、改建、扩建加油站项目的环境影响评价、设计、竣工验收及其建成后的汽油油气排放管理。

2　规范性引用文件

本标准内容引用了下列文件中的条款。凡是不注日期的引用文件，其有效版本适用于本标准。

GB 50156　汽车加油加气站设计与施工规范

GB/T 16157　固定污染源排气中颗粒物测定与气态污染物采样方法

HJ/T 38　固定污染源排气中非甲烷总烃的测定气相色谱法

3　术语与定义

下列术语和定义适用于本标准。

3.1 加油站 gasoline filling station

为汽车油箱充装汽油的专门场所。

3.2 油气 gasoline vapor

加油站在加油、卸油和储存汽油过程中产生的挥发性有机物（非甲烷总烃）。

3.3 油气排放质量浓度 vapor emission concentration

标准状态下（温度 273 K，压力 101.3 kPa），排放每立方米干气中所含非甲烷总烃的质量，单位为 g/m^3。

3.4 加油站油气回收系统 vapor recovery system for gasoline filling station

加油站油气回收系统由卸油油气回收系统、汽油密闭储存、加油油气回收系统、在线监测系统和油气排放处理装置组成。该系统的作用是将加油站在卸油、储油和加油过程中产生的油气，通过密闭收集、储存和送入油罐汽车的罐内，运送到储油库集中回收变成汽油。

3.5 卸油油气回收系统 vapor recovery system for unloading gasoline

将油罐汽车卸汽油时产生的油气，通过密闭方式收集进入油罐汽车罐内的系统。

3.6 加油油气回收系统 vapor recovery system for filling gasoline

将给汽车油箱加汽油时产生的油气，通过密闭方式收集进入埋地油罐的系统。

3.7 溢油控制措施 overfill protection measurement

采用截流阀或浮筒阀或其他防溢流措施，控制卸油时可能发生的溢油。

3.8 埋地油罐 underground storage tank

完全埋设在地面以下的储油罐。

3.9 压力/真空阀 pressure/vacuum valve

又称 P/V 阀、通气阀、机械呼吸阀，可调节油罐内外压差，使油罐内外气体相通的阀门。

3.10 液阻 dynamic back pressure

凝析液体滞留在油气管线内或因其他原因造成气体通过管线时的阻力。

3.11 密闭性 vapor recovery system tightness

油气回收系统在一定气体压力状态下的密闭程度。

3.12 气液比 air to liquid volume ratio

加油时收集的油气体积与同时加入油箱内的汽油体积的比值。

3.13 真空辅助 vacuum-assist

加油油气回收系统中利用真空发生装置辅助回收加油过程中产生的油气。

3.14 在线监测系统 on-line monitoring system

在线监测加油油气回收过程中的气液比以及油气回收系统的密闭性和管线液阻是否正常的系统，当发现异常时可提醒操作人员采取相应的措施，并能记录、储存、处理和传输监测数据。

3.15 油气排放处理装置 vapor emission processing equipment

针对加油油气回收系统部分排放的油气，通过采用吸附、吸收、冷凝、膜分离等方法对这部分排放的油气进行回收处理的装置。

4 油气排放控制和限值

4.1 加油站卸油、储油和加油时排放的油气，应采用以密闭收集为基础的油气回收方法进行控制。

4.2 技术评估

4.2.1 加油油气回收系统应进行技术评估并出具报告，评估工作主要包括：调查分析技术资料；核实应具备的相关认证文件；评估多个流量和多枪的气液比；检测至少连续 3 个月的运行情况；给出控制效率大于等于 90%的气液比范围；列出油气回收系统设备清单。

4.2.2 油气排放处理装置（以下简称处理装置）和在线监测系统应进行技术评估并出具报告，评估工作主要包括：调查分析技术资料；核实应具备的相关认证文件；在国内或国外实际使用情况的资料证明；检测至少连续 3 个月的运行情况。

4.2.3 完成技术评估的单位应具备相应的资质，所提供的技术评估报告应经由国家有关主管部门审核批准。

4.3 排放限值

4.3.1 加油油气回收管线液阻检测值应小于表 1 规定的最大压力限值。液阻应每年检测 1 次，检测方法见附录 A。

表 1 加油站油气回收管线液阻检测的最大压力限值

通入氮气流量/（L/min）	最大压力/Pa
18.0	40
28.0	90
38.0	155

4.3.2 加油站油气回收系统密闭性压力检测值应大于等于表 2 规定的最小剩余压力限值。密闭性应每年检测 1 次，检测方法见附录 B。

表 2 加油站油气回收系统密闭性检测最小剩余压力限值 单位：Pa

储罐油气空间/L	受影响的加油枪数[注]				
	1～6	7～12	13～18	19～24	＞24
1 893	182	172	162	152	142
2 082	199	189	179	169	159
2 271	217	204	194	184	177
2 460	232	219	209	199	192
2 650	244	234	224	214	204
2 839	257	244	234	227	217
3 028	267	257	247	237	229
3 217	277	267	257	249	239
3 407	286	277	267	257	249
3 596	294	284	277	267	259
3 785	301	294	284	274	267
4 542	329	319	311	304	296
5 299	349	341	334	326	319
6 056	364	356	351	344	336
6 813	376	371	364	359	351
7 570	389	381	376	371	364
8 327	396	391	386	381	376
9 084	404	399	394	389	384
9 841	411	406	401	396	391

储罐油气空间/L	受影响的加油枪数[注]				
	1～6	7～12	13～18	19～24	>24
10 598	416	411	409	404	399
11 355	421	418	414	409	404
13 248	431	428	423	421	416
15 140	438	436	433	428	426
17 033	446	443	441	436	433
18 925	451	448	446	443	441
22 710	458	456	453	451	448
26 495	463	461	461	458	456
30 280	468	466	463	463	461
34 065	471	471	468	466	466
37 850	473	473	471	468	468
56 775	481	481	481	478	478
75 700	486	486	483	483	483
94 625	488	488	488	486	486
注：如果各储罐油气管线连通，则受影响的加油枪数等于汽油加油枪总数。否则，仅统计通过油气管线与被检测储罐相联的加油枪数。					

4.3.3 各种加油油气回收系统技术的气液比均应在大于等于 1.0 和小于等于 1.2 范围内，但对气液比进行检测时的检测值应符合技术评估报告给出的范围。依次检测每支加油枪的气液比，安装或未安装在线监测系统的加油站应分别按附录 C 规定的加油流量检测气液比。气液比应每年至少检测 1 次，检测方法见附录 C。

4.3.4 处理装置的油气排放质量浓度应小于等于 25 g/m^3，排放口距地平面高度应不低于 4 m。排放浓度应每年至少检测 1 次，检测方法见附录 D。

4.3.5 不同类型的在线监测系统，应按照评估或认证文件的规定进行校准检测。在线监测系统应每年至少校准检测 1 次，检测方法见附录 E。

5 技术措施

5.1 卸油油气排放控制

5.1.1 应采用浸没式卸油方式，卸油管出油口距罐底高度应小于 200 mm。

5.1.2 卸油和油气回收接口应安装 DN 100 mm 的截流阀、密封式快速接头和帽盖，现有加油站已采取卸油油气排放控制措施但接口尺寸不符的可采用变径连接。

5.1.3 连接软管应采用 DN 100 mm 的密封式快速接头与卸油车连接，卸油后连接软管内不能存留残油。

5.1.4 所有油气管线排放口应按 GB 50156 的要求设置压力/真空阀。

5.1.5 连接排气管的地下管线应坡向油罐，坡度不小于 1%，管线直径不小于 DN 50 mm。

5.1.6 未采取加油和储油油气回收技术措施的加油站，卸油时应将量油孔和其他可能造成气体泄漏的部位密封，保证卸油产生的油气密闭置换到油罐汽车罐内。

5.2 储油油气排放控制

5.2.1 所有影响储油油气密闭性的部件，包括油气管线和所连接的法兰、阀门、快速接头以及其他相关部件都应保证在小于 750 Pa 时不漏气。

5.2.2 埋地油罐应采用电子式液位计进行汽油密闭测量，宜选择具有测漏功能的电子式液位测量系统。

5.2.3 应采用符合相关规定的溢油控制措施。

5.3 加油油气排放控制

5.3.1 加油产生的油气应采用真空辅助方式密闭收集。

5.3.2 油气回收管线应坡向油罐，坡度不应小于 1%。

5.3.3 新建、改建、扩建的加油站在油气管线覆土、地面硬化施工之前，应向管线内注入 10 L 汽油并检测液阻。

5.3.4 加油软管应配备拉断截止阀，加油时应防止溢油和滴油。

5.3.5 油气回收系统供应商应向有关设计单位、管理单位和使用单位提供技术评估报告、操作规程和其他相关技术资料。

5.3.6 应严格按规程操作和管理油气回收设施，定期检查、维护并记录备查。

5.3.7 当汽车油箱油面达到自动停止加油高度时，不应再向油箱内加油。

5.4 在线监测系统和处理装置

5.4.1 在线监测系统应能够监测气液比和油气回收系统压力，能够储存 1 年以上数据、远距离传输，具备预警、警告功能，通过数据能够分析油气回收系统的密闭性、油气回收管线的液阻和处理装置的运行情况。

5.4.2 在线监测的气液比日均值超出 0.9 至 1.3 范围应预警，若连续 7 d 预警应警告。在线监测前 7 d 的压力数据中有超过 25%的数值大于 700 Pa 应预警，若连续 7 d 预警应警告。环保部门在接到警告信息或通过数据分析发现油气回收系统的密闭性、油气回收管线的液阻和处理装置的运行有异常情况并需要确定是否符合排放标准时，应按本标准的规定进行检测。

5.4.3 处理装置启动运行的压力感应值建议设定在+150 Pa，停止运行的压力感应值建议设定在−150 Pa。

5.4.4 处理装置应符合国家有关噪声标准。

5.5 设备匹配和标准化连接

5.5.1 油气回收系统、处理装置、在线监测系统应采用标准化连接。

5.5.2 在进行包括加油油气排放控制在内的油气回收设计和施工时，无论是否安装处理装置或在线监测系统，均应同时将各种需要埋设的管线事先埋设。

6 标准实施

6.1 卸油油气排放控制标准实施区域和时限见表 3。

表 3 卸油油气排放控制标准实施区域和时限

地区	实施日期
北京市、天津市、河北省设市城市	2008 年 5 月 1 日
长江三角洲设市城市[1]和珠江三角洲设市城市[2]	2010 年 1 月 1 日
其他设市城市	2012 年 1 月 1 日
1. 上海市、江苏省 8 个市、浙江省 7 个市，共 16 市。江苏省包括：南京市、苏州市、无锡市、常州市、镇江市、扬州市、泰州市、南通市；浙江省包括：杭州市、嘉兴市、湖州市、舟山市、绍兴市、宁波市、台州市。	
2. 广州市、深圳市、珠海市、东莞市、中山市、江门市、佛山市、惠州市、肇庆市。	

6.2 储油、加油油气排放控制标准实施区域和时限见表 4。

表 4 储油、加油油气排放控制标准实施区域和时限

地区	实施日期
北京、天津全市范围，河北省设市城市建成区	2008 年 5 月 1 日
上海、广州全市范围，其他长江三角洲设市城市建成区和珠江三角洲设市城市建成区，臭氧浓度监测超标城市建成区	2010 年 1 月 1 日
其他设市城市建成区	2015 年 1 月 1 日
注：同表 3 注。	

6.3 按照表 4 中储油、加油油气排放控制标准的实施区域和时限，位于城市建成区的加油站应安装处理装置。

6.4 按照表 4 中储油、加油油气排放控制标准的实施区域和时限，符合下列条件之一的加油站应安装在线监测系统：

a）年销售汽油量大于 8 000 t 的加油站；

b）臭氧浓度超标城市年销售汽油量大于 5 000 t 的加油站；

c）省级环境保护局确定的其他需要安装在线监测系统的加油站。

6.5 省级人民政府可根据本地对环境质量的要求和经济技术条件提前实施，并报国家环境保护行政主管部门备案。

6.6 本标准由各级人民政府环境保护行政主管部门监督实施。

中华人民共和国国家标准

汽油运输大气污染物排放标准（节选）

Emission standard of air pollutant for gasoline transport

GB 20951—2007

前 言

为贯彻《中华人民共和国环境保护法》和《中华人民共和国大气污染防治法》，保护环境，保障人体健康，改善大气环境质量，制定本标准。

本标准根据国际上针对汽油储、运、销过程中的油气排放采用系统控制的先进方法，同时考虑中国油罐车生产、使用、检测和管理的实际情况，参考有关国家的污染物排放法规的相关技术内容，规定了油罐车在汽油运输过程中的油气排放限值、控制技术要求和检测方法。

按照有关法律规定，本标准具有强制执行的效力。

本标准为首次发布。

本标准由国家环境保护总局科技标准司提出。

本标准主要起草单位：北京市环境保护科学研究院、国家环保总局环境标准研究所。

本标准国家环境保护总局 2007 年 4 月 26 日批准。

本标准自 2007 年 8 月 1 日起实施。

本标准由国家环境保护总局解释。

1 范围

本标准规定了油罐车在汽油运输过程中的油气排放限值、控制技术要求和检测方法。

本标准适用于油罐车在汽油运输过程中的油气排放管理。

2 规范性引用文件

本标准内容引用了下列文件中的条款。凡是不注日期的引用文件，其有效版本适用于本标准。

GB 18564.1 道路运输液体危险货物罐式车辆 第 1 部分：金属常压罐体技术要求

QC/T 653 运油车、加油车技术条件

JT/T 198 汽车等级评定的标准

TB/T 2234 铁道罐车通用技术条件

3 术语与定义

下列术语和定义适用于本标准。

3.1 油罐车 tank truck

专门用于运输汽油的油罐汽车和铁路罐车。

3.2 密封式快速接头 quick connect fitting

快速、严密的管道连接部件，实现两个系统的油品交接。

3.3 油气回收系统 vapor collecting system

油气回收系统包括：油气回收快速接头、帽盖、无缝钢管气体管线、弯头、管路箱、压力/真空阀、防溢流探头、气动阀、连接胶管等。

3.4 底部装卸油系统 bottom loading system

由气动底阀、无缝钢管、阀门、过滤网、密封式快速接头、帽盖及其他相关部件组成的从油罐汽车罐体底部装卸油的系统。

3.5 压力/真空阀 pressure/vacuum valve

又称 P/V 阀、通气阀、机械呼吸阀，可调节罐体内外压差，使罐体内外气体相通的阀门。

3.6 油仓 compartment

罐体内带有液体密封的分隔空间。

3.7 防溢流探头 over-fill prevention probe

防止在装油过程中溢油的装置。

3.8 气动底阀 pneumatic bottom valve

安装在油罐汽车底部的气动阀门，主要用于紧急情况防止油品泄漏。

4 排放控制和限值

4.1 排放控制

4.1.1 油罐汽车应具备油气回收系统。装油时能够将汽车油罐内排出的油气密闭输入储油库回收系统；往返运输过程中能够保证汽油和油气不泄漏；卸油时能够将产生的油气回收到汽车油罐内。任何情况下不应因操作、维修和管理等方面的原因发生汽油泄漏。

4.1.2 油罐车油气回收系统应进行技术评估并出具报告，评估工作主要包括：调查分析技术资料；核实应具备的相关认证文件；按照标准规定的检测方法检测每种型号的车辆；列出油气回收系统设备清单。完成技术评估的单位应具备相应的资质，所提供的技术评估报告应经由国家有关主管部门审核批准。

4.2 排放限值

4.2.1 油罐汽车油气回收系统密闭性检测压力变动值应小于等于表 1 规定的限值，多仓油罐车的每个油仓都应进行检测。油气回收系统密闭性检测应每年至少进行 1 次，检测方法见附录 A。

表 1 油罐汽车油气回收系统密闭性检测压力变动限值

单仓罐或多仓罐单个油仓的容积/L	5 min 后压力变动限值/kPa
≥9 500	0.25
5 500～9 499	0.38
3 800～5 499	0.50
≤3 799	0.65

4.2.2 油罐汽车油气回收管线气动阀门密闭性检测压力变动值应小于等于表 2 规定的限值。油气回收管线气动阀门密闭性检测应每年至少进行 1 次，检测方法见附录 A。

表 2 油罐汽车油气回收管线气动阀门密闭性检测压力变动限值

罐体或单个油仓的容积/L	5 min 后压力变动限值/kPa
任何容积	1.30

4.2.3 防溢流探头应按专业检测技术规范，采用国家有关部门认证的检测仪器进行检测，并同时检测探头安装高度，每年至少检测 1 次。

4.2.4 油罐汽车罐体及各种阀门和管路系统渗透检测应按 GB 18564.1 和 QC/T 653 执行。

5 技术措施

5.1.1 油罐汽车应具备底部装卸油系统。

5.1.2 油罐汽车油气回收系统应采用 DN100 mm 的密封式快速接头和相应的气动底阀、无缝钢管、阀门、过滤网、弯头、胶管和帽盖等。

5.1.3 油罐汽车油气进出口、底部装卸油口的密封式快速接头应集中放置在管路箱内，油管路和气管路应安装固定支架，以增加强度。多仓油罐汽车应将各仓油气回收管路在罐顶并联后进入管路箱。

5.1.4 油罐汽车应配备与仓数对应的油气回收管线气动阀门、压力/真空阀和防溢流探头。防溢流探头安装高度的计算方法：以探头触点为水平面上的一点，水平面至罐顶的空间容量为罐车额定容量的 3%加上 0.227 m^3，根据空间容量和油罐车准确的容积轮廓尺寸计算防溢流探头的安装高度。

5.1.5 油罐汽车应符合 GB 18564.1、JT/T 198 等相关标准的技术规定。

5.1.6 铁路罐车应符合 TB/T 2234 等相关技术规定，并采取相应措施减少运输过程中的油气排放。

6 标准实施

6.1 油罐汽车油气排放控制标准实施区域和时限见表 3。

表 3 油罐汽车油气排放控制标准实施区域和时限

地区	实施日期
北京市、天津市、河北省设市城市及其他地区承担上述城市汽油运送的油罐汽车	2008 年 5 月 1 日
长江三角洲设市城市[1]和珠江三角洲设市城市[2]及其他地区承担上述城市汽油运送的油罐汽车	2010 年 1 月 1 日
其他设市城市及承担设市城市汽油运送的油罐汽车	2012 年 1 月 1 日
注：1. 上海市、江苏省 8 个市、浙江省 7 个市，共 16 市。江苏省包括：南京市、苏州市、无锡市、常州市、镇江市、扬州市、泰州市、南通市；浙江省包括：杭州市、嘉兴市、湖州市、舟山市、绍兴市、宁波市、台州市。 2. 广州市、深圳市、珠海市、东莞市、中山市、江门市、佛山市、惠州市、肇庆市。	

6.2 省级人民政府可根据本地对环境质量的要求和经济技术条件提前实施，并报国家环境保护行政主管部门。

6.3 本标准由各级人民政府环境保护行政主管部门监督实施。

中华人民共和国国家标准

炼焦化学工业污染物排放标准

Emission standard of pollutants for coking chemical industry

GB 16171—2012
代替 GB 16171—1996

前 言

为贯彻《中华人民共和国环境保护法》《中华人民共和国水污染防治法》《中华人民共和国大气污染防治法》《中华人民共和国海洋环境保护法》《国务院关于落实科学发展观 加强环境保护的决定》等法律、法规和《国务院关于编制全国主体功能区规划的意见》，保护环境，防治污染，促进炼焦化学工业生产工艺和污染治理技术的进步，制定本标准。

本标准规定了炼焦化学工业企业水污染物和大气污染物排放限值、监测和监控要求。为促进区域经济与环境协调发展，推动经济结构的调整和经济增长方式的转变，引导炼焦化学工业生产工艺和污染治理技术的发展方向，本标准规定了水、气污染物特别排放限值。

本标准首次发布于 1996 年，本次为第一次修订。

本次修订的主要内容：

——扩大了标准的适用范围，涵盖了国内所有焦炉及生产过程的排污环节；

——增加了水污染物排放控制要求；

——增加了机械化焦炉大气污染物有组织排放源的控制要求，取消了非机械化焦炉污染物排放限值；

——增加了厂界无组织排放大气污染物的排放限值；

——增加了大气污染物、水污染物排放管理规定和监测要求。

本标准的污染物排放浓度均为质量浓度。

炼焦化学工业企业排放恶臭污染物、环境噪声适用相应的国家污染物排放标准，产生固体废物的鉴别、处理和处置适用国家固体废物污染控制标准。

自本标准实施之日起，炼焦化学工业企业的水和大气污染物排放控制按本标准的规定执行，不再执行《钢铁工业水污染物排放标准》（GB 13456—92）和《炼焦炉大气污染物排放标准》（GB 16171—1996）中的相关规定，《炼焦炉大气污染物排放标准》（GB 16171—1996）废止。

地方省级人民政府对本标准未作规定的污染物项目，可以制定地方污染物排放标准；对本标准已作规定的污染物项目，可以制定严于本标准的地方污染物排放标准。

本标准由环境保护部科技标准司组织制订。

本标准主要起草单位：山西省环境保护厅、环境保护部环境标准研究所、山西省环境科学研究院、山西省环境监测中心站和山西省环境监控中心。

本标准环境保护部2012年6月15日批准。

本标准自2012年10月1日起实施。

本标准由环境保护部解释。

1 适用范围

本标准规定了炼焦化学工业企业水污染物和大气污染物排放限值、监测和监控要求，以及标准的实施与监督等相关规定。

本标准适用于现有和新建焦炉生产过程备煤、炼焦、煤气净化、炼焦化学产品回收和热能利用等工序水污染物和大气污染物的排放管理，以及炼焦化学工业企业建设项目的环境影响评价、环境保护设施设计、竣工环境保护验收及其投产后的水污染物和大气污染物的排放管理。

钢铁等工业企业炼焦分厂污染物排放管理执行本标准。

本标准适用于法律允许的污染物排放行为。新设立污染源的选址和特殊保护区域内现有污染源的管理，除执行本标准外，还应符合《中华人民共和国大气污染防治法》《中华人民共和国水污染防治法》《中华人民共和国海洋环境保护法》《中华人民共和国固体废物污染环境防治法》《中华人民共和国环境影响评价法》等法律、法规、规章的相关规定。

本标准规定的水污染物排放控制要求适用于企业直接或间接向其法定边界外排放水污染物的行为。

2 规范性引用文件

本标准内容引用了下列文件或其中的条款。

GB 6920—1986 水质 pH值的测定 玻璃电极法

GB 11890—1989 水质 苯系物的测定 气相色谱法

GB 11893—1989 水质 总磷的测定 钼酸铵分光光度法

GB 11901—1989 水质 悬浮物的测定 重量法

GB 11914—1989 水质 化学需氧量的测定 重铬酸盐法

GB/T 14669—93 空气质量 氨的测定 离子选择电极法

GB/T 14678—1993 空气质量 硫化氢、甲硫醇、甲硫醚和二甲二硫的测定 气相色谱法

GB/T 15432—1995 环境空气 总悬浮颗粒物的测定 重量法

GB/T 15439—1995 环境空气 苯并[*a*]芘的测定 高效液相色谱法

GB/T 16157—1996 固定污染源排气中颗粒物测定与气态污染物采样方法

GB/T 16488—1996 水质 石油类和动植物油的测定 红外光度法

GB/T 16489—1996 水质 硫化物的测定 亚甲基蓝分光光度法

HJ/T 28—1999 固定污染源排气中氰化氢的测定 异烟酸-吡唑啉酮分光光度法

HJ/T 32—1999 固定污染源排气中酚类化合物的测定 4-氨基安替比林分光光度法

HJ/T 38—1999 固定污染源排气中非甲烷总烃的测定 气相色谱法

HJ/T 40—1999 固定污染源排气中苯并[*a*]芘的测定 高效液相色谱法

HJ/T 42—1999 固定污染源排气中氮氧化物的测定 紫外分光光度法

HJ/T 43—1999 固定污染源排气中氮氧化物的测定 盐酸萘乙二胺分光光度法

HJ/T 55—2000 大气污染物无组织排放监测技术导则

HJ/T 56—2000 固定污染源排气中二氧化硫的测定 碘量法

HJ/T 57—2000 固定污染源排气中二氧化硫的测定 定电位电解法

HJ/T 60—2000 水质 硫化物的测定 碘量法

HJ/T 195—2005 水质 氨氮的测定 气相分子吸收光谱法

HJ/T 199—2005 水质 总氮的测定 气相分子吸收光谱法

HJ/T 200—2005 水质 硫化物的测定 气相分子吸收光谱法

HJ/T 399—2007 水质 化学需氧量的测定 快速消解分光光度法

HJ 478—2009 水质 多环芳烃的测定 液液萃取和固相萃取高效液相色谱法

HJ 479—2009 环境空气 氮氧化物（一氧化氮和二氧化氮）的测定 盐酸萘乙二胺分光光度法

HJ 482—2009 环境空气 二氧化硫的测定 甲醛吸收-副玫瑰苯胺分光光度法

HJ 483—2009 环境空气 二氧化硫的测定 四氯汞盐吸收-副玫瑰苯胺分光光度法

HJ 484—2009 水质 氰化物的测定 容量法和分光光度法

HJ 502—2009 水质 挥发酚的测定 溴化容量法

HJ 503—2009 水质 挥发酚的测定 4-氨基安替比林分光光度法

HJ 505—2009 水质 五日生化需氧量（BOD_5）的测定 稀释与接种法

HJ 533—2009 空气和废气 氨的测定 纳氏试剂分光光度法

HJ 534—2009 环境空气 氨的测定 次氯酸钠-水杨酸分光光度法

HJ 535—2009 水质 氨氮的测定 纳氏试剂分光光度法

HJ 536—2009 水质 氨氮的测定 水杨酸分光光度法

HJ 537—2009 水质 氨氮的测定 蒸馏-中和滴定法

HJ 583—2010 环境空气 苯系物的测定 固体吸附/热脱附-气相色谱法

HJ 584—2010 环境空气 苯系物的测定 活性炭吸附/二硫化碳解吸-气相色谱法

HJ 636—2012 水质 总氮的测定 碱性过硫酸钾消解紫外分光光度法

《污染源自动监控管理办法》（国家环境保护总局令 第 28 号）

《环境监测管理办法》（国家环境保护总局令 第 39 号）

3 术语和定义

下列术语和定义适用于本标准。

3.1 炼焦化学工业 coke chemical industry

炼焦煤按生产工艺和产品要求配比后，装入隔绝空气的密闭炼焦炉内，经高、中、低温干馏转化为焦炭、焦炉煤气和化学产品的工艺过程。炼焦炉型包括：常规机焦炉、热回收焦炉、半焦（兰炭）炭化炉三种。

3.2 常规机焦炉 machine-coke oven

炭化室、燃烧室分设，炼焦煤隔绝空气间接加热干馏成焦炭，并设有煤气净化、化学产品回收利用的生产装置。装煤方式分顶装和捣固侧装。本标准简称“机焦炉”。

3.3 热回收焦炉 thermal-recovery stamping mechanical coke oven

集焦炉炭化室微负压操作、机械化捣固、装煤、出焦、回收利用炼焦燃烧废气余热于一体的焦炭生产装置，其炉室分为卧式炉和立式炉，以生产铸造焦为主。

3.4 半焦（兰炭）炭化炉 semi-coke oven

以不粘煤、弱粘煤、长焰煤等为原料，在炭化温度 750℃以下进行中低温干馏，以生产半焦（兰炭）为主的生产装置。加热方式分内热式和外热式。本标准简称“半焦炉”。

3.5 标准状态 standard condition

温度为 273.15 K，压力为 101.325 kPa 时的状态，简称“标态”。本标准规定的大气污染物排放浓度均以标准状态下的干气体为基准。

3.6 现有企业 existing facility

本标准实施之日前，已建成投产或环境影响评价文件已通过审批的炼焦化学工业企业及生产设施。

3.7 新建企业 new facility

本标准实施之日起，环境影响评价文件通过审批的新建、改建和扩建的炼焦化学工业建设项目。

3.8 排水量 effluent volume

生产设施或企业向企业法定边界以外排放的废水的量，包括与生产有直接或间接关系的各种外排废水（如厂区生活污水、冷却废水、厂区锅炉和电站排水等）。

3.9 单位产品基准排水量 benchmark effluent volume per unit product

用于核定水污染物排放浓度而规定的生产单位产品的废水排放量上限值。

3.10 排气筒高度 stack height

自排气筒（或其主体建筑构造）所在的地平面至排气筒出口计的高度。

3.11 企业边界 enterprise boundary

炼焦化学工业企业的法定边界。若无法定边界，则指企业的实际边界。

3.12 公共污水处理系统 public wastewater treatment system

通过纳污管道等方式收集废水，为两家以上排污单位提供废水处理服务并且排水能够达到相关排放标准要求的企业或机构，包括各种规模和类型的城镇污水处理厂、区域（包括各类工业园区、开发区、工业聚集地等）废水处理厂等，其废水处理程度应达到二级或二级以上。

3.13 直接排放 direct discharge

排污单位直接向环境排放水污染物的行为。

3.14 间接排放 indirect discharge

排污单位向公共污水处理系统排放水污染物的行为。

3.15 多环芳烃（PAHs） polycyclic aromatic hydrocabons

含有一个苯环以上的芳香化合物。本标准多环芳烃是指特定的苯并[*a*]芘、荧蒽、苯并[*b*]荧蒽、苯并[*k*]荧蒽、茚并[1,2,3-*c*,*d*]芘、苯并[*g*,*h*,*i*]苝六种污染物。

4 污染物排放控制要求

4.1 水污染物排放控制要求

4.1.1 自 2012 年 10 月 1 日至 2014 年 12 月 31 日止，现有企业执行表 1 规定的水污染物排放限值。

表 1 现有企业水污染物排放限值及单位产品基准排水量

单位：mg/L（pH 值及注明的除外）

序号	污染物项目	排放限值		污染物排放监控位置
		直接排放	间接排放	
1	pH 值	6～9	6～9	独立焦化企业废水总排放口或钢铁联合企业焦化分厂废水排放口
2	悬浮物	70	70	
3	化学需氧量（COD_{Cr}）	100	150	
4	氨氮	15	25	
5	五日生化需氧量（BOD_5）	25	30	

序号	污染物项目	排放限值		污染物排放监控位置
		直接排放	间接排放	
6	总氮	30	50	独立焦化企业废水总排放口或钢铁联合企业焦化分厂废水排放口
7	总磷	1.5	3.0	
8	石油类	5.0	5.0	
9	挥发酚	0.50	0.50	
10	硫化物	1.0	1.0	
11	苯	0.10	0.10	
12	氰化物	0.20	0.20	
13	多环芳烃（PAHs）	0.05	0.05	车间或生产设施废水排放口
14	苯并[a]芘	0.03 μg/L	0.03 μg/L	
单位焦产品基准排水量/（m^3/t）		1.0		排水量计量位置与污染物排放监控位置相同

4.1.2　自 2015 年 1 月 1 日起，现有企业执行表 2 规定的水污染物排放限值。

4.1.3　自 2012 年 10 月 1 日起，新建企业执行表 2 规定的水污染物排放限值。

表 2　新建企业水污染物排放限值及单位产品基准排水量

单位：mg/L（pH 值及注明的除外）

序号	污染物项目	排放限值		污染物排放监控位置
		直接排放	间接排放	
1	pH 值	6～9	6～9	独立焦化企业废水总排放口或钢铁联合企业焦化分厂废水排放口
2	悬浮物	50	70	
3	化学需氧量（COD_{Cr}）	80	150	
4	氨氮	10	25	
5	五日生化需氧量（BOD_5）	20	30	
6	总氮	20	50	
7	总磷	1.0	3.0	
8	石油类	2.5	2.5	
9	挥发酚	0.30	0.30	
10	硫化物	0.50	0.50	
11	苯	0.10	0.10	
12	氰化物	0.20	0.20	
13	多环芳烃（PAHs）	0.05	0.05	车间或生产设施废水排放口
14	苯并[a]芘	0.03 μg/L	0.03 μg/L	
单位焦产品基准排水量/（m^3/t）		0.40		排水量计量位置与污染物排放监控位置相同

4.1.4　根据环境保护工作的要求，在国土开发密度较高、环境承载能力开始减弱，或水环境容量较小、生态环境脆弱，容易发生严重水环境污染问题而需要采取特别保护措施的地区，应严格控制企业的污染物排放行为，在上述地区的企业执行表 3 规定的水污染物特别排放限值。

执行水污染物特别排放限值的地域范围、时间，由国务院环境保护行政主管部门或省级人民政府规定。

表 3 水污染物特别排放限值

单位：mg/L（pH 值及注明的除外）

序号	污染物项目	排放限值		污染物排放监控位置
		直接排放	间接排放	
1	pH 值	6～9	6～9	独立焦化企业废水总排放口或钢铁联合企业焦化分厂废水排放口
2	悬浮物（SS）	25	50	
3	化学需氧量（COD_{Cr}）	40	80	
4	氨氮	5.0	10	
5	五日生化需氧量（BOD_5）	10	20	
6	总氮	10	25	
7	总磷	0.5	1.0	
8	石油类	1.0	1.0	
9	挥发酚	0.10	0.10	
10	硫化物	0.20	0.20	
11	苯	0.10	0.10	
12	氰化物	0.20	0.20	
13	多环芳烃（PAHs）	0.05	0.05	车间或生产设施废水排放口
14	苯并[a]芘	0.03 μg/L	0.03 μg/L	
单位焦产品基准排水量/（m^3/t）		0.30		排水量计量位置与污染物排放监控位置相同

4.1.5 焦化生产废水经处理后用于洗煤、熄焦和高炉冲渣等的水质，其 pH、SS、COD_{Cr}、氨氮、挥发酚及氰化物应满足表 1 中相应的间接排放限值要求。

4.1.6 水污染物排放限值适用于单位产品实际排水量不大于单位产品基准排水量的情况。若单位产品实际排水量超过单位产品基准排水量，须按式（1）将实测水污染物浓度换算为水污染物基准水量排放浓度，并以水污染物基准水量排放浓度作为判定排放是否达标的依据。产品产量和排水量统计周期为一个工作日。

在企业的生产设施同时生产两种以上产品、可适用不同排放控制要求或不同行业国家污染物排放标准，且生产设施产生的污水混合处理排放的情况下，应执行排放标准中规定的最严格的浓度限值，并按式（1）换算水污染物基准排水量排放浓度。

$$\rho_{基}=\frac{Q_{总}}{\sum Y_i \cdot Q_{i基}} \cdot \rho_{实} \tag{1}$$

式中：$\rho_{基}$——水污染物基准排水量排放浓度，mg/L；

$Q_{总}$——排水总量，m^3；

Y_i——第 i 种产品产量，t；

$Q_{i基}$——第 i 种产品的单位产品基准排水量，m^3/t；

$\rho_{实}$——实测水污染物排放浓度，mg/L。

若 $Q_{总}$ 与 $\sum Y_i Q_{i基}$ 的比值小于 1，则以水污染物实测浓度作为判定排放是否达标的依据。

4.2 大气污染物排放控制要求

4.2.1 自 2012 年 10 月 1 日至 2014 年 12 月 31 日止，现有企业执行表 4 规定的大气污染物排放限值。

表 4 现有企业大气污染物排放限值

单位：mg/m³

序号	污染物排放环节	颗粒物	二氧化硫	苯并[a]芘	氰化氢	苯[3]	酚类	非甲烷总烃	氮氧化物	氨	硫化氢	监控位置
1	精煤破碎、焦炭破碎、筛分及转运	50	—	—	—	—	—	—	—	—	—	车间或生产设施排气筒
2	装煤	100	150	0.3 μg/m³	—	—	—	—	—	—	—	
3	推焦	100	100	—	—	—	—	—	—	—	—	
4	焦炉烟囱	50	100[1] 200[2]	—	—	—	—	—	800[1] 240[2]	—	—	
5	干法熄焦	100	150	—	—	—	—	—	—	—	—	
6	粗苯管式炉、半焦烘干和氨分解炉等燃用焦炉煤气的设施	50	100	—	—	—	—	—	240	—	—	
7	冷鼓、库区焦油各类贮槽	—	—	0.3 μg/m³	1.0	—	100	120	—	60	10	
8	苯贮槽	—	—	—	—	6	—	120	—	—	—	
9	脱硫再生塔	—	—	—	—	—	—	—	—	60	10	
10	硫铵结晶干燥	100		—	—	—	—	—	—	60	—	

注：[1] 机焦、半焦炉；[2] 热回收焦炉；[3] 待国家污染物监测方法标准发布后实施。

4.2.2 自 2015 年 1 月 1 日起，现有企业执行表 5 规定的大气污染物排放限值。

4.2.3 自 2012 年 10 月 1 日起，新建企业执行表 5 规定的大气污染物排放限值。

表 5 新建企业大气污染物排放限值

单位：mg/m³

序号	污染物排放环节	颗粒物	二氧化硫	苯并[a]芘	氰化氢	苯[3]	酚类	非甲烷总烃	氮氧化物	氨	硫化氢	监控位置
1	精煤破碎、焦炭破碎、筛分及转运	30	—	—	—	—	—	—	—	—	—	车间或生产设施排气筒
2	装煤	50	100	0.3 μg/m³	—	—	—	—	—	—	—	
3	推焦	50	50	—	—	—	—	—	—	—	—	
4	焦炉烟囱	30	50[1] 100[2]	—	—	—	—	—	500[1] 200[2]	—	—	
5	干法熄焦	50	100	—	—	—	—	—	—	—	—	
6	粗苯管式炉、半焦烘干和氨分解炉等燃用焦炉煤气的设施	30	50	—	—	—	—	—	200	—	—	
7	冷鼓、库区焦油各类贮槽	—	—	0.3 μg/m³	1.0	—	80	80	—	30	3.0	
8	苯贮槽	—	—	—	—	6	—	80	—	—	—	
9	脱硫再生塔									30	3.0	
10	硫铵结晶干燥	80		—	—	—	—	—	—	30	—	

注：[1] 机焦、半焦炉；[2] 热回收焦炉；[3] 待国家污染物监测方法标准发布后实施。

4.2.4 根据国家环境保护工作的要求，在国土开发密度较高、环境承载能力开始减弱，或大气环境容量较小、生态环境脆弱，容易发生严重大气环境污染问题而需要采取特别保护措施的地区，应严格控制企业的污染物排放行为，在上述地区的企业执行表 6 规定的大气污染物特别排放限值。

执行大气污染物特别排放限值的地域范围、时间，由国务院环境保护行政主管部门或省级人民政府规定。

表 6 大气污染物特别排放限值

单位：mg/m^3

序号	污染物排放环节	颗粒物	二氧化硫	苯并[a]芘	氰化氢	苯[1]	酚类	非甲烷总烃	氮氧化物	氨	硫化氢	监控位置
1	精煤破碎、焦炭破碎、筛分及转运	15	—	—	—	—	—	—	—	—	—	车间或生产设施排气筒
2	装煤	30	70	0.3 μg/m^3	—	—	—	—	—	—	—	
3	推焦	30	30	—	—	—	—	—	—	—	—	
4	焦炉烟囱	15	30	—	—	—	—	—	150	—	—	
5	干法熄焦	30	80	—	—	—	—	—	—	—	—	
6	粗苯管式炉、半焦烘干和氨分解炉等燃用焦炉煤气的设施	15	30	—	—	—	—	—	150	—	—	
7	冷鼓、库区焦油各类贮槽	—	—	0.3 μg/m^3	1.0	—	50	50	—	10	1	
8	苯贮槽	—	—	—	—	6	—	50	—	—	—	
9	脱硫再生塔			—	—	—	—	—	—	10	1	
10	硫铵结晶干燥	50								10	—	

注：[1] 待国家污染物监测方法标准发布后实施。

4.2.5 企业边界任何 1 h 平均浓度执行表 7 规定的浓度限值

表 7 现有和新建炼焦炉炉顶及企业边界大气污染物限值

单位：mg/m^3

污染物项目	颗粒物	二氧化硫	苯并[a]芘	氰化氢	苯	酚类	硫化氢	氨	苯可溶物[1]	氮氧化物	监控位置
浓度限值	2.5	—	2.5μg/m^3	—	—	—	0.1	2.0	0.6	—	焦炉炉顶
	1.0	0.50	0.01μg/m^3	0.024	0.4	0.02	0.01	0.2	—	0.25	厂界

注：[1] 待国家污染物监测方法标准发布后实施。

4.2.6 在现有企业生产、建设项目竣工环保验收后的生产过程中，负责监管的环境保护行政主管部门应对周围居住、教学、医疗等用途的敏感区域环境质量进行监测。建设项目的具体监控范围为环境影响评价确定的周围敏感区域；未进行过环境影响评价的现有企业，监控范围由负责监管的环境保护行政主管部门，根据企业排污的特点和规律及当地的自然、气象条件等因素，参照相关环境影响评价技术导则确定。地方政府应对本辖区环境质量负责，采取措施确保环境状况符合环境质量标准要求。

4.2.7 产生大气污染物的生产工艺和装置必须设立局部或整体气体收集系统和净化处理装置，达标排放。所有排气筒高度应不低于 15 m（排放含氰化氢废气的排气筒高度不得低于 25 m）。排气筒周围半径 200 m 范围内有建筑物时，排气筒高度还应高出最高建筑物 3 m 以上。现有和新建焦化企业须安装荒煤气自动点火放散装置。

4.2.8 在国家未规定生产设施单位产品基准排气量之前，以实测浓度作为判定大气污染物排放是否达标的依据。

5　污染物监测要求

5.1　污染物监测的一般要求

5.1.1　对企业排放废水和废气的采样，应根据监测污染物的种类，在规定的污染物排放监控位置进行，有废水和废气处理设施的，应在处理设施后监控。企业应按国家有关污染源监测技术规范的要求设置采样口，在污染物排放监控位置须设置永久性排污口标志。

5.1.2　新建企业和现有企业安装污染物排放自动监控设备的要求，按有关法律和《污染源自动监控管理办法》的规定执行。

5.1.3　对企业污染物排放情况进行监测的频次、采样时间等要求，按国家有关污染源监测技术规范的规定执行。

5.1.4　企业产品产量的核定，以法定报表为依据。

5.1.5　企业须按照有关法律和《环境监测管理办法》的规定，对排污状况进行监测，并保存原始监测记录。

5.2　水污染物监测要求

5.2.1　对企业排放水污染物浓度的测定采用表 8 所列的方法标准。

5.2.2　用于洗煤、熄焦和高炉冲渣等回用水质监测的取样位置，分别设在洗煤、熄焦和高炉冲渣的回用水池中。

表 8　水污染物浓度测定方法标准

序号	污染物项目	方法标准名称	方法标准编号
1	pH 值	水质　pH 值的测定　玻璃电极法	GB 6920—1986
2	悬浮物	水质　悬浮物的测定　重量法	GB 11901—1989
3	化学需氧量（COD_{Cr}）	水质　化学需氧量的测定　重铬酸盐法	GB 11914—1989
		水质　化学需氧量的测定　快速消解分光光度法	HJ/T 399—2007
4	氨氮	水质　氨氮的测定　纳氏试剂分光光度法	HJ 535—2009
		水质　氨氮的测定　水杨酸分光光度法	HJ 536—2009
		水质　氨氮的测定　蒸馏-中和滴定法	HJ 537—2009
		水质　氨氮的测定　气相分子吸收光谱法	HJ/T 195—2005
5	五日生化需氧量（BOD_5）	水质　五日生化需氧量（BOD_5）的测定　稀释与接种法	HJ 505—2009
6	总氮	水质　总氮的测定　碱性过硫酸钾消解紫外分光光度法	HJ 636—2012
		水质　总氮的测定　气相分子吸收光谱法	HJ/T 199—2005
7	总磷	水质　总磷的测定　钼酸铵分光光度法	GB 11893—1989
8	氰化物	水质　氰化物的测定　容量法和分光光度法	HJ 484—2009
9	石油类	水质　石油类和动植物油的测定　红外光度法	GB/T 16488—1996
10	挥发酚	水质　挥发酚的测定　4-氨基安替比林分光光度法	HJ 503—2009
		水质　挥发酚的测定　溴化容量法	HJ 502—2009
11	硫化物	水质　硫化物的测定　亚甲基蓝分光光度法	GB/T 16489—1996
		水质　硫化物的测定　碘量法	HJ/T 60—2000
		水质　硫化物的测定　气相分子吸收光谱法	HJ/T 200—2005
12	苯	水质　苯系物的测定　气相色谱法	GB 11890—1989
13	多环芳烃	水质　多环芳烃的测定　液液萃取和固相萃取高效液相色谱法	HJ 478—2009
14	苯并[a]芘	水质　多环芳烃的测定　液液萃取和固相萃取高效液相色谱法	HJ 478—2009

5.3 大气污染物监测要求

5.3.1 采样点的设置与采样方法按 GB/T 16157—1996 执行。

5.3.2 在有敏感建筑物方位、必要的情况下进行监控，具体要求按 HJ/T 55—2000 进行监测。

5.3.3 常规机焦炉和热回收焦炉炉顶无组织排放的采样点设在炉顶装煤塔与焦炉炉端机侧和焦侧两侧的 1/3 处、2/3 处各设一个测点；半焦炭化炉在单炉炉顶设置一个测点。应在正常工况下采样，颗粒物、苯并[a]芘和苯可溶物监测频次为每天采样 3 次，每次连续采样 4 h；H_2S、NH_3 监测频次为每天采样 3 次，每次连续采样 30 min。机焦炉和热回收焦炉的炉顶监测结果以所测点位中最高值计。

5.3.4 对企业排放大气污染物浓度的测定采用表 9 所列的方法标准。

表 9 大气污染物浓度测定方法标准

序号	项目	分析方法	方法标准编号
1	颗粒物	固定污染源排气中颗粒物测定与气态污染物采样方法	GB/T 16157—1996
		环境空气 总悬浮颗粒物的测定 重量法	GB/T 15432—1995
2	二氧化硫	固定污染源排气中二氧化硫的测定 定电位电解法	HJ/T 57—2000
		固定污染源排气中二氧化硫的测定 碘量法	HJ/T 56—2000
		环境空气 二氧化硫的测定 甲醛吸收-副玫瑰苯胺分光光度法	HJ 482—2009
		环境空气 二氧化硫的测定 四氯汞盐吸收-副玫瑰苯胺分光光度法	HJ 483—2009
3	苯并[a]芘	环境空气 苯并[a]芘的测定 高效液相色谱法	GB/T 15439—1995
		固定污染源排气中苯并[a]芘的测定 高效液相色谱法	HJ/T 40—1999
4	氰化氢	固定污染源排气中氰化氢的测定 异烟酸-吡唑啉酮光度法	HJ/T 28—1999
5	苯	环境空气 苯系物的测定 活性炭吸附/二硫化碳解吸-气相色谱法	HJ 584—2010
		环境空气 苯系物的测定 固体吸附/热脱附-气相色谱法	HJ 583—2010
6	酚类化合物	固定污染源排气中酚类化合物的测定 4-氨基安替比林分光光度法	HJ/T 32—1999
7	非甲烷总烃	固定污染源排气中非甲烷总烃的测定 气相色谱法	HJ/T 38—1999
8	氮氧化物	固定污染源排气中氮氧化物的测定 紫外分光光度法	HJ/T 42—1999
		固定污染源排气中氮氧化物的测定 盐酸萘乙二胺分光光度法	HJ/T 43—1999
		环境空气 氮氧化物（一氧化氮和二氧化氮）的测定 盐酸萘乙二胺分光光度法	HJ 479—2009
9	氨	空气质量 氨的测定 离子选择电极法	GB/T 14669—1993
		空气和废气 氨的测定 纳氏试剂分光光度法	HJ 533—2009
		环境空气 氨的测定 次氯酸钠-水杨酸分光光度法	HJ 534—2009
10	硫化氢	空气质量 硫化氢、甲硫醇、甲硫醚和二甲二硫的测定 气相色谱法	GB/T 14678—1993

6 实施与监督

6.1 本标准由县级以上人民政府环境保护行政主管部门负责监督实施。

6.2 在任何情况下，企业均应遵守本标准的污染物排放控制要求，采取必要措施保证污染防治设施正常运行。各级环保部门在对设施进行监督性检查时，可以现场即时采样或监测的结果，作为判定排污行为是否符合排放标准以及实施相关环境保护管理措施的依据。在发现设施耗水或排水量有异常变化的情况下，应核定企业的实际产品产量、排水量，按本标准的规定，换算水污染物基准排水量排放浓度。

中华人民共和国国家标准

平板玻璃工业大气污染物排放标准

Emission standard of air pollutants for flat glass industry

GB 26453—2011

前　言

为贯彻《中华人民共和国环境保护法》《中华人民共和国大气污染防治法》《国务院关于落实科学发展观　加强环境保护的决定》等法律、法规和《国务院关于编制全国主体功能区规划的意见》，保护环境，防治污染，促进平板玻璃工业生产工艺和污染治理技术的进步，制定本标准。

本标准规定了平板玻璃制造企业大气污染物排放限值、监测和监控要求。平板玻璃制造企业排放水污染物、环境噪声适用相应的国家污染物排放标准，产生固体废物的鉴别、处理和处置适用国家固体废物污染控制标准。

本标准为首次发布。

自本标准实施之日起，平板玻璃制造企业的大气污染物排放控制按本标准的规定执行，不再执行《工业炉窑大气污染物排放标准》（GB 9078—1996）和《大气污染物综合排放标准》（GB 16297—1996）中的相关规定。

地方省级人民政府对本标准未作规定的污染物项目，可以制定地方污染物排放标准；对本标准已作规定的污染物项目，可以制定严于本标准的地方污染物排放标准。

本标准由环境保护部科技标准司组织制订。

本标准主要起草单位：中国环境科学研究院、蚌埠玻璃工业设计研究院。

本标准环境保护部 2011 年 4 月 2 日批准。

本标准自 2011 年 10 月 1 日起实施。

本标准由环境保护部解释。

1　适用范围

本标准规定了平板玻璃制造企业或生产设施的大气污染物排放限值、监测和监控要求，以及标准实施与监督等相关规定。

本标准适用于现有平板玻璃制造企业或生产设施的大气污染物排放管理。

本标准适用于对平板玻璃工业建设项目的环境影响评价、环境保护设施设计、竣工环境保护验收及其投产后的大气污染物排放管理。

电子玻璃工业太阳能电池玻璃（薄膜太阳能电池用基板玻璃、晶体硅太阳能电池用封装玻璃等）生产中的大气污染物排放控制适用本标准。

本标准适用于法律允许的污染物排放行为。新设立污染源的选址和特殊保护区域内现有污染源的管理，按照《中华人民共和国大气污染防治法》《中华人民共和国水污染防治法》《中华人民共和国海洋环境保护法》《中华人民共和国固体废物污染环境防治法》《中华人民共和国环境影响评价法》等法律、法规、规章的相关规定执行。

2 规范性引用文件

本标准内容引用了下列文件或其中的条款。

GB/T 15432—1995 环境空气 总悬浮颗粒物的测定 重量法

GB/T 16157—1996 固定污染源排气中颗粒物测定与气态污染物采样方法

HJ/T 27—1999 固定污染源排气中氯化氢的测定 硫氰酸汞分光光度法

HJ/T 42—1999 固定污染源排气中氮氧化物的测定 紫外分光光度法

HJ/T 43—1999 固定污染源排气中氮氧化物的测定 盐酸萘乙二胺分光光度法

HJ/T 55—2000 大气污染物无组织排放监测技术导则

HJ/T 56—2000 固定污染源排气中二氧化硫的测定 碘量法

HJ/T 57—2000 固定污染源排气中二氧化硫的测定 定电位电解法

HJ/T 65—2001 大气固定污染源 锡的测定 石墨炉原子吸收分光光度法

HJ/T 67—2001 大气固定污染源 氟化物的测定 离子选择电极法

HJ/T 75—2007 固定污染源烟气排放连续监测技术规范（试行）

HJ/T 76—2007 固定污染源烟气排放连续监测系统技术要求及检测方法（试行）

HJ/T 397—2007 固定源废气监测技术规范

HJ/T 398—2007 固定污染源排放烟气黑度的测定 林格曼烟气黑度图法

HJ 548—2009 固定污染源废气 氯化氢的测定 硝酸银容量法（暂行）

HJ 549—2009 环境空气和废气 氯化氢的测定 离子色谱法（暂行）

《污染源自动监控管理办法》（国家环境保护总局令 第 28 号）

《环境监测管理办法》（国家环境保护总局令 第 39 号）

3 术语和定义

下列术语和定义适用于本标准。

3.1 平板玻璃 flat glass

板状的硅酸盐玻璃。

3.2 平板玻璃工业 flat glass industry

采用浮法、平拉（含格法）、压延等工艺制造平板玻璃的工业。

3.3 玻璃熔窑 glass furnace

熔制玻璃的热工设备，由钢结构和耐火材料砌筑而成。

3.4 冷修 cold repair

玻璃熔窑停火冷却后进行大修的过程。

3.5 纯氧燃烧 oxygen-fuel combustion

助燃气体含氧量大于等于 90%的燃烧方式。

3.6 大气污染物排放浓度 emission concentration of air pollutants

温度 273 K，压力 101.3 kPa 状态下，排气筒干燥排气中大气污染物任何 1 h 的质量浓度平均值，单位为 mg/m^3。

3.7 排气筒高度 stack height

自排气筒（或其主体建筑构造）所在的地平面至排气筒出口计的高度，单位为 m。

3.8 无组织排放 fugitive emission

大气污染物不经过排气筒的无规则排放，主要包括作业场所物料堆存、开放式输送扬尘，以及设备、管线含尘气体泄漏等。

3.9 无组织排放监控点浓度限值 concentration limit at fugitive emission reference point

温度 273 K，压力 101.3 kPa 状态下，监控点（根据 HJ/T 55 确定）的大气污染物质量浓度在任何 1 h 的平均值不得超过的值，单位为 mg/m^3。

3.10 现有企业 existing facility

本标准实施之日前已建成投产或环境影响评价文件已通过审批的平板玻璃制造企业或生产设施。

3.11 新建企业 new facility

自本标准实施之日起环境影响评价文件通过审批的新建、改建和扩建平板玻璃工业建设项目。

4 大气污染物排放控制要求

4.1 大气污染物排放限值

4.1.1 自 2011 年 10 月 1 日起至 2013 年 12 月 31 日止，现有企业执行表 1 规定的大气污染物排放限值。

表 1 现有企业大气污染物排放限值 单位：mg/m^3（烟气黑度除外）

序号	污染物项目	排放限值			污染物排放监控位置
		玻璃熔窑[a]	在线镀膜尾气处理系统	配料、碎玻璃等其他通风生产设备	
1	颗粒物	100	50	50	车间或生产设施排气筒
2	烟气黑度（林格曼，级）	1	—	—	
3	二氧化硫	600	—	—	
4	氯化氢	30	30	—	
5	氟化物（以总 F 计）	5	5	—	
6	锡及其化合物	—	8.5	—	

a 指干烟气中 O_2 含量 8%状态下（纯氧燃烧为基准排气量条件下）的排放浓度限值。

4.1.2 自 2014 年 1 月 1 日起，现有企业执行表 2 规定的大气污染物排放限值。

4.1.3 现有企业在 2014 年 1 月 1 日前对玻璃熔窑进行冷修重新投入运行的，自投入运行之日起执行表 2 规定的大气污染物排放限值。

4.1.4 自 2011 年 10 月 1 日起，新建企业执行表 2 规定的大气污染物排放限值。

表 2 新建企业大气污染物排放限值 单位：mg/m^3（烟气黑度除外）

序号	污染物项目	排放限值			污染物排放监控位置
		玻璃熔窑[a]	在线镀膜尾气处理系统	配料、碎玻璃等其他通风生产设备	
1	颗粒物	50	30	30	车间或生产设施排气筒
2	烟气黑度（林格曼，级）	1	—	—	
3	二氧化硫	400	—	—	

序号	污染物项目	排放限值			污染物排放监控位置
		玻璃熔窑[a]	在线镀膜尾气处理系统	配料、碎玻璃等其他通风生产设备	
4	氯化氢	30	30	—	车间或生产设施排气筒
5	氟化物（以总F计）	5	5	—	
6	锡及其化合物	—	5	—	
7	氮氧化物（以NO_2计）	700	—	—	
a 指干烟气中O_2含量8%状态下（纯氧燃烧为基准排气量条件下）的排放浓度限值。					

4.1.5 对于玻璃熔窑排气（纯氧燃烧除外），应同时对排气中氧含量进行监测，实测排气筒中大气污染物排放浓度应按式（1）换算为含氧量8%状态下的基准排放浓度，并以此作为判定排放是否达标的依据。其他车间或生产设施排气按实测浓度计算，但不得人为稀释排放。

$$\rho_{基}=\frac{21-8}{21-O_{实}}\cdot\rho_{实} \tag{1}$$

式中：$\rho_{基}$——大气污染物基准排放浓度，mg/m^3；

$\rho_{实}$——实测排气筒中大气污染物排放浓度，mg/m^3；

$O_{实}$——玻璃熔窑干烟气中含氧量百分率实测值。

4.1.6 纯氧燃烧玻璃熔窑应监测排气筒中大气污染物排放浓度、排气量及相应时间内的玻璃出料量，按式（2）计算基准排气量［3 000 m^3/t（玻璃液）］条件下的基准排放浓度，并以此作为判定排放是否达标的依据。大气污染物排放浓度、排气量、产品产量的监测、统计周期为1 h，可连续采样或等时间间隔采样获得大气污染物排放浓度和排气量数据，玻璃出料量数据以企业统计报表为依据。

$$\rho_{基}=\frac{Q_{实}}{3\,000\cdot M}\cdot\rho_{实} \tag{2}$$

式中：$\rho_{基}$——大气污染物基准排放浓度，mg/m^3；

$\rho_{实}$——实测排气筒中大气污染物排放浓度，mg/m^3；

$Q_{实}$——实测玻璃熔窑小时排气量，m^3/h；

M——与监测时段相对应的小时玻璃出料量，t/h。

4.2 无组织排放控制要求

4.2.1 平板玻璃制造企业在原料破碎、筛分、储存、称量、混合、输送、投料等阶段应封闭操作，防止无组织排放。

4.2.2 自本标准实施之日起，平板玻璃制造企业大气污染物无组织排放监控点浓度限值应符合表3规定。

表3 大气污染物无组织排放限值

单位：mg/m^3

序号	污染物项目	排放限值	限值含义	无组织排放监控位置
1	颗粒物	1.0	监控点与参照点总悬浮颗粒物（TSP）1 h浓度值的差值	执行HJ/T 55的规定，上风向设参照点，下风向设监控点

4.2.3 在现有企业生产、建设项目竣工环保验收后的生产过程中，负责监管的环境保护行政主管部门应对周围居住、教学、医疗等用途的敏感区域环境质量进行监测。建设项目的具体监控范围为环境影

响评价确定的周围敏感区域；未进行过环境影响评价的现有企业，监控范围由负责监管的环境保护行政主管部门，根据企业排污的特点和规律及当地的自然、气象条件等因素，参照相关环境影响评价技术导则确定。地方政府应对本辖区环境质量负责，采取措施确保环境状况符合环境质量标准要求。

4.3 废气收集与排放

4.3.1 产生大气污染物的生产工艺和装置需设立局部或整体气体收集系统和净化处理装置，达标排放。

4.3.2 所有排气筒高度应不低于 15 m。排气筒周围半径 200 m 范围内有建筑物时，排气筒高度还应高出最高建筑物 3 m 以上。

5 大气污染物监测要求

5.1 对企业排放废气的采样应根据监测污染物的种类，在规定的污染物排放监控位置进行，有废气处理设施的，应在该设施后监控。在污染物排放监控位置需设置永久性排污口标志。

5.2 新建企业和现有企业安装污染物排放自动监控设备的要求，按有关法律和《污染源自动监控管理办法》的规定执行。

5.3 对企业大气污染物排放状况进行监测的频次、采样时间等要求，按国家有关污染源监测技术规范的规定执行。

5.4 排气筒中大气污染物的监测采样按 GB/T 16157—1996、HJ/T 397—2007 或 HJ/T 75—2007 规定执行；大气污染物无组织排放的监测按 HJ/T 55—2000 规定执行。

5.5 对大气污染物排放浓度的测定采用表 4 所列的方法标准。

表 4 大气污染物浓度测定方法标准

序号	污染物项目	方法标准名称	方法标准编号
1	颗粒物	固定污染源排气中颗粒物测定与气态污染物采样方法	GB/T 16157—1996
		固定污染源烟气排放连续监测系统技术要求及检测方法	HJ/T 76—2007
		环境空气 总悬浮颗粒物的测定 重量法	GB/T 15432—1995
2	烟气黑度	固定污染源排放烟气黑度的测定 林格曼烟气黑度图法	HJ/T 398—2007
3	二氧化硫	固定污染源排气中二氧化硫的测定 碘量法	HJ/T 56—2000
		固定污染源排气中二氧化硫的测定 定电位电解法	HJ/T 57—2000
		固定污染源烟气排放连续监测系统技术要求及检测方法	HJ/T 76—2007
4	氯化氢	固定污染源排气中氯化氢的测定 硫氰酸汞分光光度法	HJ/T 27—1999
		固定污染源废气 氯化氢的测定 硝酸银容量法（暂行）	HJ 548—2009
		环境空气和废气 氯化氢的测定 离子色谱法（暂行）	HJ 549—2009
5	氟化物	大气固定污染源 氟化物的测定 离子选择电极法	HJ/T 67—2001
6	锡及其化合物	大气固定污染源 锡的测定 石墨炉原子吸收分光光度法	HJ/T 65—2001
7	氮氧化物	固定污染源排气中氮氧化物的测定 紫外分光光度法	HJ/T 42—1999
		固定污染源排气中氮氧化物的测定 盐酸萘乙二胺分光光度法	HJ/T 43—1999
		固定污染源烟气排放连续监测系统技术要求及检测方法	HJ/T 76—2007

5.6 企业应按照有关法律和《环境监测管理办法》的规定，对排污状况进行监测，并保存原始监测记录。

6 实施与监督

6.1 本标准由县级以上人民政府环境保护行政主管部门负责监督实施。

6.2 在任何情况下，平板玻璃制造企业均应遵守本标准规定的大气污染物排放控制要求，采取必要措施保证污染防治设施正常运行。各级环保部门在对企业进行监督性检查时，可以现场即时采样或监测的结果，作为判定排污行为是否符合排放标准以及实施相关环境保护管理措施的依据。

中华人民共和国国家标准

无机化学工业污染物排放标准

Emission standards of pollutants for inorganic chemical industry

GB 31573—2015

前　言

为贯彻《中华人民共和国环境保护法》《中华人民共和国水污染防治法》《中华人民共和国大气污染防治法》《中华人民共和国海洋环境保护法》等法律、法规，保护环境，防治污染，促进无机化学工业生产工艺和污染治理技术的进步，制定本标准。

本标准规定了无机化学工业企业水和大气污染物排放限值、监测和监督要求。

无机化学工业企业排放恶臭污染物、环境噪声适用相应的国家污染物排放标准，产生固体废物的鉴别、处理和处置适用国家固体废物污染控制标准。配套的动力锅炉执行《锅炉大气污染物排放标准》或《火电厂大气污染物排放标准》。

本标准中的污染物排放浓度均为质量浓度。

本标准为首次发布。

新建企业自 2015 年 7 月 1 日起，现有企业自 2017 年 7 月 1 日起执行本标准，其水污染物和大气污染物排放控制按本标准的规定执行，不再执行《污水综合排放标准》（GB 8978—1996）、《大气污染物综合排放标准》（GB 16297—1996）和《工业炉窑大气污染物排放标准》（GB 9078—1996）中的相关规定。各地也可根据当地环境保护的需要和经济与技术条件，由省级人民政府批准提前实施本标准。

国家针对无机化学工业发布有专项排放标准的［如《硫酸工业污染物排放标准》（GB 26132—2010）］，应按适用对象执行专项排放标准的规定，不再执行本标准。

本标准是无机化学工业企业污染物排放控制的基本要求。地方省级人民政府对本标准未规定的项目，可以制定地方污染物排放标准；对本标准已规定的项目，可以制定严于本标准的地方污染物排放标准。环境影响评价文件或排污许可证要求严于本标准或地方标准时，按照批复的环境影响评价文件或排污许可证执行。

本标准由环境保护部科技标准司组织制订。

本标准主要起草单位：中国无机盐工业协会、环境保护部环境标准研究所、昆明理工大学、环境保护部华南环境科学研究所、重庆市环境科学研究院、济南市环境保护科学研究院。

本标准环境保护部 2015 年 4 月 3 日批准。

本标准自 2015 年 7 月 1 日起实施。

本标准由环境保护部解释。

1 适用范围

本标准规定了无机酸、碱、盐、氧化物、氢氧化物、过氧化物及单质工业企业水和大气污染物的排放限值、监测和监督管理要求。

本标准适用于无机酸、碱、盐、氧化物、氢氧化物、过氧化物及单质工业企业水和大气污染物排放管理及无机酸、碱、盐、氧化物、氢氧化物、过氧化物及单质工业企业建设项目的环境影响评价、环境保护设施设计、竣工环境保护验收及其投产后的水污染物和大气污染物排放管理。

本标准不适用于硫酸、盐酸、硝酸、烧碱、纯碱、电石、无机磷、无机涂料和颜料、磷肥、氮肥和钾肥、氢氧化钾等无机化学产品及有色金属工业的水污染物和大气污染物排放管理。

本标准适用于法律允许的污染物排放行为。新设立污染源的选址和特殊保护区域内现有污染源的管理，按照《中华人民共和国水污染防治法》《中华人民共和国大气污染防治法》《中华人民共和国海洋环境保护法》《中华人民共和国固体废物污染环境防治法》《中华人民共和国放射性污染防治法》《中华人民共和国环境影响评价法》等法律、法规、规章的相关规定执行。

本标准规定的水污染物排放控制要求适用于企业直接或间接向其法定边界外排放水污染物的行为。

2 规范性引用文件

本标准引用了下列文件或其中的条款。凡是未注明日期的引用文件，其最新版本适用于本标准。

GB 8978 污水综合排放标准

GB 9078 工业炉窑大气污染物排放标准

GB 16297 大气污染物综合排放标准

GB/T 6920 水质 pH 值的测定 玻璃电极法

GB/T 7466 水质 总铬的测定

GB/T 7467 水质 六价铬的测定 二苯碳酰二肼分光光度法

GB/T 7469 水质 汞的测定 高锰酸钾-过硫酸钾消解法 双硫腙分光光度法

GB/T 7470 水质 铅的测定 双硫腙分光光度法

GB/T 7471 水质 镉的测定 双硫腙分光光度法

GB/T 7472 水质 锌的测定 双硫腙分光光度法

GB/T 7475 水质 铜、锌、铅、镉的测定 原子吸收分光光度法

GB/T 7484 水质 氟化物的测定 离子选择电极法

GB/T 7485 水质 总砷的测定 二乙基二硫代氨基甲酸银分光光度法

GB/T 11893 水质 总磷的测定 钼酸铵分光光度法

GB/T 11901 水质 悬浮物的测定 重量法

GB/T 11906 水质 锰的测定 高碘酸钾分光光度法

GB/T 11907 水质 银的测定 火焰原子吸收分光光度法

GB/T 11910 水质 镍的测定 丁二酮肟分光光度法

GB/T 11911 水质 铁、锰的测定 火焰原子吸收分光光度法

GB/T 11912 水质 镍的测定 火焰原子吸收分光光度法

GB/T 11914 水质 化学需氧量的测定 重铬酸盐法

GB/T 14671 水质 钡的测定 电位滴定法

GB/T 14678　空气质量　硫化氢、甲硫醇、甲硫醚和二甲二硫的测定　气相色谱法
GB/T 15264　环境空气　铅的测定　火焰原子吸收分光光度法
GB/T 16157　固定污染源排气中颗粒物测定与气态污染物采样方法
GB/T 16489　水质　硫化物的测定　亚甲基蓝分光光度法
HJ 480　环境空气　氟化物的测定　滤膜采样氟离子选择电极法
HJ 481　环境空气　氟化物的测定　石灰滤纸采样氟离子选择电极法
HJ 484　水质　氰化物的测定　容量法和分光光度法
HJ 485　水质　铜的测定　二乙基二硫代氨基甲酸钠分光光度法
HJ 486　水质　铜的测定　2,9-二甲基-1,10 菲啰啉分光光度法
HJ 487　水质　氟化物的测定　茜素磺酸锆目视比色法
HJ 488　水质　氟化物的测定　氟试剂分光光度法
HJ 489　水质　银的测定　3,5-Br_2-PADAP 分光光度法
HJ 490　水质　银的测定　镉试剂 2B 分光光度法
HJ 493　水质采样　样品的保存和管理技术规定
HJ 494　水质　采样技术指导
HJ 495　水质　采样方案设计技术规定
HJ 533　环境空气和废气　氨的测定　纳氏试剂分光光度法
HJ 535　水质　氨氮的测定　纳氏试剂分光光度法
HJ 536　水质　氨氮的测定　水杨酸分光光度法
HJ 537　水质　氨氮的测定　蒸馏-中和滴定法
HJ 540　环境空气和废气　砷的测定　二乙基二硫代氨基甲酸银分光光度法（暂行）
HJ 542　环境空气　汞的测定　巯基棉富集-原子荧光分光光度法（暂行）
HJ 543　固定污染源废气　汞的测定　冷原子吸收分光光度法（暂行）
HJ 544　固定污染源废气　硫酸雾的测定　离子色谱法（暂行）
HJ 547　固定污染源废气　氯气的测定　碘量法（暂行）
HJ 548　固定污染源废气　氯化氢的测定　硝酸银容量法（暂行）
HJ 549　环境空气和废气　氯化氢的测定　离子色谱法（暂行）
HJ 550　水质　总钴的测定　5-氯-2-（吡啶偶氮）-1,3-二氨基苯分光光度法（暂行）
HJ 597　水质　汞的测定　冷原子吸收分光光度法
HJ 602　水质　钡的测定　石墨炉原子吸收分光光度法
HJ 603　水质　钡的测定　火焰原子吸收分光光度法
HJ 629　固定污染源废气　二氧化硫的测定　非分散红外吸收法
HJ 636　水质　总氮的测定　碱性过硫酸钾消解紫光分光光度法
HJ 637　水质　石油类和动植物油类的测定　红外分光光度法
HJ 657　空气和废气　颗粒物中铅等金属元素的测定　电感耦合等离子体质谱法
HJ 665　水质　氨氮的测定　连续流动-水杨酸分光光度法
HJ 666　水质　氨氮的测定　流动注射-水杨酸分光光度法
HJ 667　水质　总氮的测定　连续流动-盐酸萘乙二胺分光光度法
HJ 668　水质　总氮的测定　流动注射-盐酸萘乙二胺分光光度法
HJ 670　水质　磷酸盐和总磷的测定　连续流动-钼酸铵分光光度法

HJ 671 水质 磷酸盐和总磷的测定 流动注射-钼酸铵分光光度法
HJ 675 固定污染源排气 氮氧化物的测定 酸碱滴定法
HJ 685 固定污染源废气 铅的测定 火焰原子吸收分光光度法
HJ 692 固定污染源废气 氮氧化物的测定 非分散红外吸收法
HJ 693 固定污染源废气 氮氧化物的测定 定电位电解法
HJ 694 水质 汞、砷、硒、铋、锑的测定 原子荧光法
HJ 700 水质 65 种元素的测定 电感耦合等离子体质谱法
HJ/T 27 固定污染源排气中氯化氢的测定 硫氰酸汞分光光度法
HJ/T 28 固定污染源排气中氰化氢的测定 异烟酸-吡唑啉酮分光光度法
HJ/T 29 固定污染源排气中铬酸雾的测定 二苯碳酰二肼分光光度法
HJ/T 30 固定污染源排气中氯气的测定 甲基橙分光光度法
HJ/T 42 固定污染源排气中氮氧化物的测定 紫外分光光度法
HJ/T 43 固定污染源排气中氮氧化物的测定 盐酸萘乙二胺分光光度法
HJ/T 56 固定污染源排气中二氧化硫的测定 碘量法
HJ/T 57 固定污染源排气中二氧化硫的测定 定电位电解法
HJ/T 60 水质 硫化物的测定 碘量法
HJ/T 63.1 大气固定污染源 镍的测定 火焰原子吸收分光光度法
HJ/T 63.2 大气固定污染源 镍的测定 石墨炉原子吸收分光光度法
HJ/T 63.3 大气固定污染源 镍的测定 丁二酮肟-正丁醇萃取分光光度法
HJ/T 64.1 大气固定污染源 镉的测定 火焰原子吸收分光光度法
HJ/T 64.2 大气固定污染源 镉的测定 石墨炉原子吸收分光光度法
HJ/T 64.3 大气固定污染源 镉的测定 对-偶氮苯重氮氨基偶氮苯磺酸分光光度法
HJ/T 65 大气固定污染源 锡的测定 石墨炉原子吸收分光光度法
HJ/T 67 大气固定污染源 氟化物的测定 离子选择电极法
HJ/T 70 高氯废水 化学需氧量的测定 氯气校正法
HJ/T 75 固定污染源烟气排放连续监测技术规范（试行）
HJ/T 76 固定污染源烟气排放连续监测系统技术要求及检测方法（试行）
HJ/T 91 地表水和污水监测技术规范
HJ/T 132 高氯废水 化学需氧量的测定 碘化钾碱性高锰酸钾法
HJ/T 195 水质 氨氮的测定 气相分子吸收光谱法
HJ/T 199 水质 总氮的测定 气相分子吸收光谱法
HJ/T 200 水质 硫化物的测定 气相分子吸收光谱法
HJ/T 373 固定污染源监测质量保证与质量控制技术规范
HJ/T 397 固定源废气监测技术规范
HJ/T 399 水质 化学需氧量的测定 快速消解分光光度法
《污染源自动监控管理办法》（国家环境保护总局令 第 28 号）
《环境监测管理办法》（国家环境保护总局令 第 39 号）

3 术语和定义

下列术语和定义适用于本标准。

3.1 无机化学工业 inorganic chemical industry

以天然资源和工业副产物为原料生产无机酸、碱、盐、氧化物、氢氧化物、过氧化物及单质化工产品的工业。本标准特指除硫酸、盐酸、硝酸、烧碱、纯碱、电石、无机磷、无机涂料和颜料、磷肥、氮肥和钾肥、氢氧化钾、有色金属等以外的无机化合物制造工业，主要包括：涉重金属无机化合物工业、无机氰化合物工业、硫化合物和硫酸盐工业、卤素及其化合物工业、硼化合物及硼酸盐工业、硅化合物及硅酸盐工业、钙化合物和钙盐工业、镁化合物及镁盐工业、过氧化物工业及金属钾（钠）工业等。

3.2 涉重金属无机化合物工业 inorganic heavy metals compounds industry

以钡、锶、铬、锌、锰、镍、钼、铜、铅、镉、锡、汞、钴、锑、锆、银和铊等重金属元素矿物、单质及含重金属物料为原料生产各类涉重金属无机化合物的工业，主要包括：钡化合物、锶化合物、铬及其化合物、锌化合物、锰化合物、镍化合物、钼化合物、铜化合物、铅化合物、镉化合物、锡化合物、汞化合物、钴化合物、锆化合物、锑化合物、银化合物、铊化合物等工业。

3.3 钡化合物工业 barium compounds industry

以含钡矿物为原料生产碳酸钡以及以其为原料生产钡化合物的工业，主要包括：碳酸钡、硫酸钡、氯化钡、氢氧化钡、硝酸钡、氧化钡等及其他钡化合物工业。

3.4 锶化合物工业 strontium compounds industry

以含锶矿物为原料生产碳酸锶以及以其为原料生产锶化合物的工业，主要包括：碳酸锶、硝酸锶、硫酸锶、钛酸锶、氢氧化锶、氯化锶、氟化锶、氧化锶等及其他锶化合物工业。

3.5 铬及其化合物工业 chromium and chromium compounds industrial

以铬铁矿、碳素铬铁等为原料生产铬酸钠、重铬酸钠等铬化合物及以其为原料生产各类含铬无机化合物的工业，主要包括：铬酸盐、重铬酸盐、铬酸酐、碱式硫酸铬、金属铬和其他铬化合物工业。

3.6 锌化合物工业 zinc compounds industry

以锌锭、含锌废渣及氧化锌等为原料生产各种锌化合物的工业，主要包括：氧化锌、碱式碳酸锌、氯化锌、硝酸锌、硫酸锌、连二亚硫酸锌、磷化锌、磷酸锌、氟硅酸锌、硼酸锌及其他锌化合物工业。

3.7 锰化合物工业 manganese compounds industry

以锰精矿（软锰矿、菱锰矿）、金属锰等为原料生产硫酸锰等锰化合物，或以其为原料生产氯化锰、氧化锰、碳酸锰、硝酸锰、高锰酸盐及其他锰化合物的工业。

3.8 镍化合物工业 nickel compounds industry

以高冰镍、金属镍、含镍废料等为原料生产硫酸镍等镍化合物，或以其为原料生产硝酸镍、氧化镍、碳酸镍、卤化镍及其他镍化合物的工业。

3.9 钼化合物工业 molybdenum compounds industry

以钼精矿、钼、含钼废料等为原料生产多钼酸铵等钼化合物，或以其为原料生产钼酸及正钼酸盐、氧化钼、硫化钼、卤化钼及其他钼化合物的工业。

3.10 铜化合物工业 copper compounds industry

以铜矿石、含铜废料、金属铜等为原料生产硫酸铜等铜化合物，或以其为原料生产硝酸铜、磷酸铜、碱式碳酸铜、氧化铜、卤化铜及其他铜化合物的工业。

3.11 铅化合物工业 lead compounds industry

以铅锭、含铅废料等为原料生产氧化铅等铅化合物，或以其为原料生产硝酸铅、硫酸铅、碳酸铅、硅酸铅、卤化铅及其他铅化合物的工业。

3.12 镉化合物工业 cadmium compounds industry

以电解金属镉、海绵镉、含镉废料等为原料生产氯化镉、硝酸镉等镉化合物，或以其为原料生产其他镉化合物的工业。

3.13 锡化合物工业 tin compounds industry

以精锡、含锡废渣等为原料生产氯化亚锡、硫酸亚锡等锡化合物，或以其为原料生产其他锡化合物的工业。

3.14 汞化合物工业 mercury compounds industry

以金属汞为原料生产氯化汞等汞化合物，或以其为原料生产其他汞化合物的工业。

3.15 钴化合物工业 cobalt compounds industry

以金属钴、含钴废料等为原料生产碳酸钴等钴化合物，或以其为原料生产其他钴化合物的工业。

3.16 锆化合物工业 zirconium compounds industry

以锆英石、含锆废料等为原料生产氧氯化锆、二氧化锆等锆化合物，或以其为原料生产其他锆化合物的工业。

3.17 银化合物工业 silver compounds industry

以金属银（含杂银）、含银废料等为原料生产硝酸银等银化合物，或以其为原料生产其他银化合物的工业。

3.18 锑化合物工业 antimony compounds industry

以锑白、含锑废料为原料生产各种锑化合物的工业，主要包括：氯化锑、硝酸锑、磷化锑、硫化锑及其他锑化合物工业。

3.19 铊化合物工业 thallium compounds industry

以金属铊为原料生产铊化合物的工业，主要包括：硫酸铊、碳酸铊、硫化铊、卤化铊、硝酸铊及其他铊化合物工业。

3.20 无机氰化合物工业 inorganic cyanide industry

以天然气或轻油或其他副产物为原料生产氢氰酸、氰化钠，或以其为原料生产无机氰化物的工业。

3.21 硫化合物及硫酸盐工业 sulfide and sulfate industry

以硫黄、含硫矿物或其他工业副产物为原料生产各类硫化合物、硫酸盐的工业，主要包括：硫化盐、二硫化碳、硫酸盐、聚合硫酸盐、碱式硫酸盐、焦硫酸盐、连二亚硫酸盐、亚硫酸盐、硫酸复盐、硫代硫酸盐及其他硫化合物、硫酸盐的工业。涉重金属硫化合物和涉重金属硫酸盐包含在重金属项下。

3.22 卤素及其化合物工业 halogen family of industry

以含氟、氯、溴、碘的矿物为原料生产无机氟化合物、无机氯化合物、氯酸盐、溴及溴酸盐、碘及碘酸盐产品的工业。本标准不包括氯化钠和氯化钾。

3.23 无机氟化合物工业 inorganic fluoride industry

以萤石、氟硅酸钠及其他含氟化合物为原料生产无机氟化物的工业，主要包括氟化物、氟硅酸及盐、氟铝酸及盐、氟硼酸及盐、氟熔剂等的工业。涉重金属氟化合物包含在重金属项下。

3.24 无机氯化合物及氯酸盐工业 inorganic chloride and chlorate industry

以氯气或盐酸与相应的金属（含重金属）或其化合物反应制取的无机氯化合物，以氯化钠为原料采用电解法生产氯酸钠及以其为原料生产的亚氯酸盐、高氯酸盐、二氧化氯及氯酸盐系列产品的工业。涉重金属无机氯化合物及氯酸盐包含在重金属项下。

3.25 无机溴及其化合物工业 inorganic bromine and bromate industry

以卤水和苦卤为原料生产溴或以其为原料生产无机溴化合物的工业。

3.26 无机碘及其化合物工业 inorganic iodine and iodate industry

以海藻、卤水、苦卤或石油钻井水、天然气钻井水、磷矿、钾盐矿等副产为原料生产碘或以其为原料生产无机碘化合物的工业。

3.27 初期雨水 initial rainwater

无机化学工业企业生产区内特征水污染物超过本标准规定的直接排放限值的径流雨水。

3.28 排水量 effluent volume

企业或生产设施向企业法定边界以外排放的废水的量，包括与生产有直接或间接关系的各种外排废水（如厂区生活污水、冷却废水、厂区锅炉和电站排水等）。

3.29 现有企业 existing facility

本标准实施之日前，已建成投产或环境影响评价文件已通过审批的无机化学工业企业或生产设施。

3.30 新建企业 new facility

本标准实施之日起，环境影响评价文件通过审批的新建、改建和扩建的无机化学工业建设项目。

3.31 公共污水处理系统 public wastewater treatment system

通过纳污管道等方式收集废水，为两家以上排污单位提供废水处理服务并且排水能够达到相关排放标准要求的企业或机构，包括各种规模和类型的城镇污水处理厂、园区（包括各类工业园区、开发区、工业聚集地等）污水处理厂等，其废水处理程度应达到二级或二级以上。

3.32 直接排放 direct discharge

排污单位直接向环境水体排放水污染物的行为。

3.33 间接排放 indirect discharge

排污单位向公共污水处理系统排放水污染物的行为。

3.34 标准状态 standard condition

温度为 273.15 K，压力为 101 325 Pa 时的状态，简称“标态”。本标准规定的大气污染物排放质量浓度限值均以标准状态下的干气体为基准。

3.35 企业边界 enterprise boundary

无机化学工业企业的法定边界。若无法定边界，则指企业的实际边界。

4 污染物排放要求

4.1 水污染物排放控制要求

4.1.1 现有企业 2017 年 7 月 1 日前仍执行 GB 8978，自 2017 年 7 月 1 日起执行表 1 规定的水污染物排放限值。

4.1.2 自 2015 年 7 月 1 日起，新建企业执行表 1 规定的水污染物排放限值。

表 1 水污染物排放限值 单位：mg/L（pH 值除外）

序号	污染物项目	控制污染源	限值[a]		污染物排放监控位置
			直接排放	间接排放	
1	pH 值	所有	6～9	6～9	企业废水总排放口
2	悬浮物	所有	50	100	
3	COD_{Cr}	所有	50	200	
4	氨氮	所有	10	40	
5	总氮	无机氰化合物工业	30	60	
		其他	20		

<table>
<tr><th rowspan="2">序号</th><th rowspan="2">污染物项目</th><th rowspan="2">控制污染源</th><th colspan="2">限值[a]</th><th rowspan="2">污染物排放监控位置</th></tr>
<tr><th>直接排放</th><th>间接排放</th></tr>
<tr><td>6</td><td>总磷</td><td>所有</td><td>0.5</td><td>2</td><td rowspan="7">企业废水总排放口</td></tr>
<tr><td>7</td><td>总氰化物</td><td>除涉重金属无机化合物工业外</td><td>0.3</td><td>0.5</td></tr>
<tr><td>8</td><td>硫化物</td><td>除无机氰化合物工业外</td><td>0.5</td><td>1</td></tr>
<tr><td>9</td><td>石油类</td><td>所有</td><td>3</td><td>6</td></tr>
<tr><td>10</td><td>氟化物</td><td>除硫化合物及硫酸盐工业、无机氰化合物工业外</td><td>6</td><td>6</td></tr>
<tr><td>11</td><td>总铜</td><td>涉锌、锰、镍、钼、铜、铅、锡、汞重金属无机化合物工业</td><td colspan="2">0.5</td></tr>
<tr><td>12</td><td>总锌</td><td>涉锌、镍、钼、铜、铅、镉、锡、汞重金属无机化合物工业</td><td colspan="2">1</td></tr>
<tr><td>13</td><td>总锰</td><td>涉锌、锰重金属无机化合物工业</td><td colspan="2">1</td><td rowspan="19">车间或生产设施废水排放口</td></tr>
<tr><td>14</td><td>总钡</td><td>涉钡、锶重金属无机化合物工业</td><td colspan="2">2</td></tr>
<tr><td>15</td><td>总锶</td><td>涉钡、锶重金属无机化合物工业</td><td colspan="2">8</td></tr>
<tr><td>16</td><td>总钴</td><td>涉锰、镍、铜、镉、钴重金属无机化合物工业</td><td colspan="2">1</td></tr>
<tr><td>17</td><td>总钼</td><td>涉钼重金属无机化合物工业</td><td colspan="2">0.5</td></tr>
<tr><td>18</td><td>总锡</td><td>涉锡、锑重金属无机化合物工业</td><td colspan="2">2</td></tr>
<tr><td>19</td><td>总锑</td><td>涉锡、锑重金属无机化合物工业</td><td colspan="2">0.3</td></tr>
<tr><td>20</td><td>总砷</td><td>所有</td><td colspan="2">0.3</td></tr>
<tr><td>21</td><td>总汞</td><td>所有</td><td colspan="2">0.005</td></tr>
<tr><td>22</td><td>总镉</td><td>所有</td><td colspan="2">0.05</td></tr>
<tr><td>23</td><td>总铅</td><td>所有</td><td colspan="2">0.5</td></tr>
<tr><td>24</td><td>六价铬</td><td>所有</td><td colspan="2">0.1</td></tr>
<tr><td>25</td><td>总银</td><td>涉银重金属无机化合物工业</td><td colspan="2">0.5</td></tr>
<tr><td rowspan="2">26</td><td rowspan="2">总铬</td><td>氯酸盐工业、涉铬重金属无机化合物工业</td><td colspan="2">1</td></tr>
<tr><td>涉锰、镍、钼、铜重金属无机化合物工业</td><td colspan="2">0.5</td></tr>
<tr><td>27</td><td>总镍</td><td>涉铬、锌、锰、镍、铜、镉、钴重金属无机化合物工业</td><td colspan="2">0.5</td></tr>
<tr><td>28</td><td>总铊</td><td>涉铊、锌、铜、铅重金属无机化合物工业</td><td colspan="2">0.005</td></tr>
<tr><td>29</td><td>总α放射性</td><td>涉钴重金属无机化合物工业</td><td colspan="2">1 Bq/L</td></tr>
<tr><td>30</td><td>总β放射性</td><td>涉钴重金属无机化合物工业</td><td colspan="2">10 Bq/L</td></tr>
<tr><td colspan="6">注：本表中未列出的无机化学工业污染源，其污染物限值参照本表。
a. 废水进入城镇污水处理厂或经由城镇污水管线排放，应达到直接排放限值；废水进入园区（包括各类工业园区、开发区、工业聚集地等）污水处理厂执行间接排放限值。</td></tr>
</table>

4.1.3 根据环境保护工作的要求，在国土开发密度已经较高、环境承载能力开始减弱，或水环境容量较小、生态环境脆弱，容易发生严重水环境污染问题而需要采取特别保护措施的地区，应严格控制企业的污染排放行为，在上述地区的企业执行表 2 规定的水污染物特别排放限值。

执行水污染物特别排放限值的地域范围、时间，由国务院环境保护主管部门或省级人民政府规定。

表 2 水污染物特别排放限值 单位：mg/L（pH 值除外）

序号	污染物项目	控制污染源	限值[a]		污染物排放监控位置
			直接排放	间接排放	
1	pH 值	所有	6～9	6～9	企业废水总排放口
2	悬浮物	所有	30	50	
3	COD_{Cr}	所有	40	50	
4	氨氮	所有	5	10	
5	总氮	所有	10	20	
6	总磷	所有	0.5	0.5	
7	总氰化物	所有	0.3	0.5	
8	硫化物	所有	0.5	1	
9	石油类	所有	1	3	
10	氟化物	所有	2	2	
11	总铜	涉锌、锰、镍、钼、铜、铅、锡、汞重金属无机化合物工业	0.5		
12	总锌	涉锌、镍、钼、铜、铅、镉、锡、汞重金属无机化合物工业	1		
13	总锰	涉锌、锰重金属无机化合物工业	1		车间或生产设施废水排放口
14	总钡	涉钡、锶重金属无机化合物工业	2		
15	总锶	涉钡、锶重金属无机化合物工业	8		
16	总钴	涉锰、镍、铜、镉、钴重金属无机化合物工业	1		
17	总钼	涉钼重金属无机化合物工业	0.5		
18	总锡	涉锡、锑重金属无机化合物工业	2		
19	总锑	涉锡、锑重金属无机化合物工业	0.3		
20	总砷	所有	0.3		
21	总汞	所有	0.005		
22	总镉	所有	0.05		
23	总铅	所有	0.5		
24	六价铬	所有	0.1		
25	总银	涉银重金属无机化合物工业	0.5		
26	总铬	氯酸盐工业、涉铬重金属无机化合物工业	1		
		涉锰、镍、钼、铜重金属无机化合物工业	0.5		
27	总镍	涉铬、锌、锰、镍、铜、镉、钴重金属无机化合物工业	0.5		
28	总铊	涉铊、锌、铜、铅重金属无机化合物工业	0.005		
29	总α放射性	涉钴重金属无机化合物工业	1 Bq/L		
30	总β放射性	涉钴重金属无机化合物工业	10 Bq/L		

注：本表中未列出的无机化学工业污染源，其污染物限值参照本表。

a. 废水进入城镇污水处理厂或经由城镇污水管线排放，应达到直接排放限值；废水进入园区（包括各类工业园区、开发区、工业聚集地等）污水处理厂执行间接排放限值。

4.1.4 水污染物排放质量浓度以实测浓度为准，不得人为稀释排放。

4.2 大气污染物排放控制要求

4.2.1 现有企业 2017 年 7 月 1 日前仍执行 GB 16297 和 GB 9078，自 2017 年 7 月 1 日起执行表 3 规定

的大气污染物排放限值。

4.2.2 自 2015 年 7 月 1 日起，新建企业执行表 3 规定的大气污染物排放限值。

表 3 大气污染物排放限值

单位：mg/m^3

序号	污染物项目	控制污染源	限值	污染物排放监控位置
1	颗粒物	所有	30	车间或生产设施排气筒
2	氮氧化物	所有	200	
3	二氧化硫	硫化合物及硫酸盐工业、重金属无机化合物工业	400	
		其他	100	
4	硫化氢	除无机氰化合物工业、卤素及其化合物工业外	10	
5	氯气	无机氯化合物及氯酸盐工业	8	
		其他（硫化合物及硫酸盐工业、无机氰化物工业除外）	5	
6	氯化氢	无机氯化合物及氯酸盐工业	20	
		其他（硫化合物及硫酸盐工业、无机氰化合物工业除外）	10	
7	氰化氢	除硫化物及硫酸盐工业、卤素及其化合物工业外	0.3	
8	氨	除重金属无机化合物工业、卤素及其化合物工业外	20	
9	硫酸雾	硫化合物及硫酸盐工业，涉钡、锶重金属无机化合物工业	20	
10	氟化物（以 F 计）	涉钴、锆重金属无机化合物工业	3	
		无机氟化合物工业	6	
11	铬酸雾	铬及其化合物工业	0.07	
12	砷及其化合物（以砷计）	所有	0.5	
13	铅及其化合物（以铅计）	涉铅重金属无机化合物工业	2	
		其他	0.1	
14	汞及其化合物（以汞计）	所有	0.01	
15	镉及其化合物（以镉计）	所有	0.5	
16	锡及其化合物（以锡计）	涉锡重金属无机化合物工业	4	
17	镍及其化合物（以镍计）	涉镍重金属无机化合物工业	4	
18	锌及其化合物（以锌计）	涉锌重金属无机化合物工业	5	
19	锰及其化合物（以锰计）	涉锰重金属无机化合物工业	5	
20	锑及其化合物（以锑计）	涉锑重金属无机化合物工业	4	
21	铜及其化合物（以铜计）	涉铜重金属无机化合物工业	5	
22	钴及其化合物（以钴计）	涉钴重金属无机化合物工业	5	
23	钼及其化合物（以钼计）	涉钼重金属无机化合物工业	5	
24	锆及其化合物（以锆计）[a]	涉锆重金属无机化合物工业	5	
25	铊及其化合物（以铊计）	涉铊、锌、铜、铅重金属无机化合物工业	0.05	

注：本表中未列出的无机化学工业污染源，其污染物限值参照本表。

a. 待国家污染物监测分析方法标准发布后实施。

4.2.3 根据环境保护工作的要求，在国土开发密度已经较高、环境承载力开始减弱，或大气环境容量较小、生态环境脆弱，容易发生严重大气环境污染问题而需要采取特别保护措施的地区，应严格控制企业的污染物排放行为，在上述地区的企业执行表4规定的大气污染物特别排放限值。

执行大气污染物特别排放限值的地域范围、时间，由国务院环境保护主管部门或省级人民政府规定。

表4 大气污染物特别排放限值

单位：mg/m^3

序号	污染物项目	控制污染源	限值	污染物排放监控位置
1	颗粒物	所有	10	车间或生产设施排气筒
2	氮氧化物	所有	100	
3	二氧化硫	所有	100	
4	硫化氢	除无机氰化合物工业、卤素及其化合物工业外	5	
5	氯气	无机氯化合物及氯酸盐工业	8	
		其他（硫化合物及硫酸盐工业、无机氰化合物工业除外）	5	
6	氯化氢	无机氯化合物及氯酸盐工业	20	
		其他（硫化合物及硫酸盐工业、无机氰化合物工业除外）	10	
7	氰化氢	除硫化合物及硫酸盐工业、卤素及其化合物工业外	0.3	
8	氨	除重金属无机化合物工业、卤素及其化合物工业外	10	
9	硫酸雾	硫化合物及硫酸盐工业，涉钡、锶重金属无机化合物工业	10	
10	氟化物（以F计）	涉钴、锆重金属无机化合物工业，无机氟化合物工业	3	
11	铬酸雾	铬及其化合物工业	0.07	
12	砷及其化合物（以砷计）	所有	0.5	
13	铅及其化合物（以铅计）	所有	0.1	
14	汞及其化合物（以汞计）	所有	0.01	
15	镉及其化合物（以镉计）	所有	0.5	
16	锡及其化合物（以锡计）	涉锡重金属无机化合物工业	4	
17	镍及其化合物（以镍计）	涉镍重金属无机化合物工业	4	
18	锌及其化合物（以锌计）	涉锌重金属无机化合物工业	5	
19	锰及其化合物（以锰计）	涉锰重金属无机化合物工业	5	
20	锑及其化合物（以锑计）	涉锑重金属无机化合物工业	4	
21	铜及其化合物（以铜计）	涉铜重金属无机化合物工业	5	
22	钴及其化合物（以钴计）	涉钴重金属无机化合物工业	5	
23	钼及其化合物（以钼计）	涉钼重金属无机化合物工业	5	
24	锆及其化合物（以锆计）[a]	涉锆重金属无机化合物工业	5	
25	铊及其化合物（以铊计）	涉铊、锌、铜、铅重金属无机化合物工业	0.05	

注：本表中未列出的无机化学工业污染源，其污染物限值参照本表。

a. 待国家污染物监测分析方法标准发布后实施。

4.2.4 企业边界大气污染物任何1 h平均浓度执行表5规定的限值。

4.2.5 在现有企业生产、建设项目竣工环保验收后的生产过程中，负责监管的环境保护主管部门应对周围居住、教学、医疗等用途的敏感区域环境质量进行监控。建设项目的具体监控范围为环境影响评价确定的周围敏感区域；未进行过环境影响评价的现有企业，监控范围由负责监管的环境保护主管部门，根据企业排污的特点和规律及当地的自然、气象条件等因素，参照相关环境影响评价技术导则确定。地方政府应对本辖区环境质量负责，采取措施确保环境状况符合环境质量标准要求。

表 5 企业边界大气污染物排放限值 单位：mg/m³

序号	污染物项目	控制污染源	限值
1	硫化氢	除无机氰化合物工业、卤素及其化合物工业外	0.03
2	硫酸雾	硫化合物及硫酸盐工业，涉钡、锶重金属无机化合物工业	0.3
3	氯气	除硫化合物及硫酸盐工业、无机氰化合物工业外	0.1
4	氯化氢	除硫化合物及硫酸盐工业、无机氰化合物工业外	0.05
5	氟化物	卤素及其化合物工业	0.02
6	铬酸雾	铬及其化合物工业	0.006
7	氰化氢	除硫化合物及硫酸盐工业、卤素及其化合物工业外	0.002 4
8	氨	除重金属无机化合物工业、卤素及其化合物工业外	0.3
9	砷及其化合物（以砷计）	所有	0.001
10	铅及其化合物（以铅计）	涉铅重金属无机化合物工业	0.006
11	汞及其化合物（以汞计）	涉汞重金属无机化合物工业	0.000 3
12	锑及其化合物（以锑计）	涉锑重金属无机化合物工业	0.01
13	镍及其化合物（以镍计）	涉镍化重金属无机合物工业	0.02
14	镉及其化合物（以镉计）	涉镉重金属无机化合物工业	0.001
15	锰及其化合物（以锰计）	涉锰重金属无机化合物工业	0.015
16	钴及其化合物（以钴计）	涉钴重金属无机化合物工业	0.005
17	钼及其化合物（以钼计）	涉钼重金属无机化合物工业	0.04
18	铊及其化合物（以铊计）	涉铊、锌、铜、铅重金属无机化合物工业	0.001

4.2.6 产生大气污染物的生产工艺和装置必须设立局部或整体气体收集系统和集中净化处理装置，并确保正常稳定运行。所有排气筒高度应按环境影响评价要求确定，至少不低于 15 m（排放含氯气的排气筒高度不得低于 25 m）。

4.2.7 对炉窑排放大气污染物的监测，应同时对排气中氧含量进行监测，实测大气污染物排放浓度应按式（1）换算为基准含氧量状态下的基准排放浓度，并以此作为判定排放是否达标的依据；其他车间或生产设施排放浓度暂按实测浓度计算，不得人为稀释排放。

$$\rho_{基}=\frac{21-O_{基}}{21-O_{实}}\cdot\rho_{实} \tag{1}$$

式中：$\rho_{基}$——大气污染物基准排放浓度，mg/m³；

$\rho_{实}$——实测大气污染物排放浓度，mg/m³；

$O_{基}$——基准含氧量百分率，%；

$O_{实}$——实测含氧量百分率，%。

氧化态炉窑排气中的基准氧含量为 8%，还原态炉窑排气中的基准氧含量为 5%。

5 污染物监测要求

5.1 污染物监测的一般要求

5.1.1 企业应按照有关法律和《环境监测管理办法》等规定，建立企业监测制度，制定监测方案，对污染物排放状况及其对周边环境质量的影响开展自行监测，保存原始监测记录，并公布监测结果。

5.1.2 新建企业和现有企业安装污染物排放自动监控设备的要求，按有关法律和《污染源自动监控管理办法》的规定执行。

5.1.3 企业应按照环境监测管理规定和技术规范的要求，设计、建设、维护永久性采样口、采样测试平台和排污口标志。

5.1.4 对企业排放的废水和废气的采样，应根据监测污染物的种类，在规定的污染物排放监控位置进行。有废水、废气处理设施的，应在该设施后监控。

5.1.5 企业产品产量的核定，以法定报表为依据。

5.2 水污染物监测要求

5.2.1 采样点的设置与采样方法等按 HJ/T 91、HJ 493、HJ 494、HJ 495 的规定执行。

5.2.2 对企业排放水污染物浓度的测定采用表 6 所列的方法标准。

表 6 水污染物浓度测定方法标准

序号	污染物项目	方法标准名称	方法标准编号
1	pH 值	水质 pH 值的测定 玻璃电极法	GB/T 6920
2	悬浮物	水质 悬浮物的测定 重量法	GB/T 11901
3	化学需氧量（COD_{Cr}）	水质 化学需氧量的测定 重铬酸盐法	GB/T 11914
		水质 化学需氧量的测定 快速消解分光光度法	HJ/T 399
		高氯废水 化学需氧量的测定 氯气校正法	HJ/T 70
		高氯废水 化学需氧量的测定 碘化钾碱性高锰酸钾法	HJ/T 132
4	氨氮	水质 氨氮的测定 气相分子吸收光谱法	HJ/T 195
		水质 氨氮的测定 纳氏试剂分光光度法	HJ 535
		水质 氨氮的测定 水杨酸分光光度法	HJ 536
		水质 氨氮的测定 蒸馏-中和滴定法	HJ 537
		水质 氨氮的测定 连续流动-水杨酸分光光度法	HJ 665
		水质 氨氮的测定 流动注射-水杨酸分光光度法	HJ 666
5	总氮	水质 总氮的测定 气相分子吸收光谱法	HJ/T 199
		水质 总氮的测定 碱性过硫酸钾消解紫光分光光度法	HJ 636
		水质 总氮的测定 连续流动-盐酸萘乙二胺分光光度法	HJ 667
		水质 总氮的测定 流动注射-盐酸萘乙二胺分光光度法	HJ 668
6	总磷	水质 总磷的测定 钼酸铵分光光度法	GB/T 11893
		水质 磷酸盐和总磷的测定 连续流动-钼酸铵分光光度法	HJ 670
		水质 磷酸盐和总磷的测定 流动注射-钼酸铵分光光度法	HJ 671
7	总氰化物	水质 氰化物的测定 容量法和分光光度法	HJ 484
8	硫化物	水质 硫化物的测定 亚甲基蓝分光光度法	GB/T 16489
		水质 硫化物的测定 碘量法	HJ/T 60
		水质 硫化物的测定 气相分子吸收光谱法	HJ/T 200
9	石油类	水质 石油类和动植物油类的测定 红外分光光度法	HJ 637
10	氟化物	水质 氟化物的测定 离子选择电极法	GB/T 7484
		水质 氟化物的测定 茜素磺酸锆目视比色法	HJ 487
		水质 氟化物的测定 氟试剂分光光度法	HJ 488
11	总铜	水质 铜、锌、铅、镉的测定 原子吸收分光光度法	GB/T 7475
		水质 铜的测定 二乙基二硫代氨基甲酸钠分光光度法	HJ 485

序号	污染物项目	方法标准名称	方法标准编号
11	总铜	水质　铜的测定　2,9-二甲基-1,10 菲啰啉分光光度法	HJ 486
		水质　65 种元素的测定　电感耦合等离子体质谱法	HJ 700
12	总锌	水质　锌的测定　双硫腙分光光度法	GB/T 7472
		水质　铜、锌、铅、镉的测定　原子吸收分光光度法	GB/T 7475
		水质　65 种元素的测定　电感耦合等离子体质谱法	HJ 700
13	总锰	水质　锰的测定　高碘酸钾分光光度法	GB/T 11906
		水质　铁、锰的测定　火焰原子吸收分光光度法	GB/T 11911
		水质　65 种元素的测定　电感耦合等离子体质谱法	HJ 700
14	总钡	水质　钡的测定　电位滴定法	GB/T 14671
		水质　钡的测定　石墨炉原子吸收分光光度法	HJ 602
		水质　钡的测定　火焰原子吸收分光光度法	HJ 603
		水质　65 种元素的测定　电感耦合等离子体质谱法	HJ 700
15	总锶	水质　65 种元素的测定　电感耦合等离子体质谱法	HJ 700
16	总钴	水质　总钴的测定　5-氯-2-（吡啶偶氮）-1,3-二氨基苯分光光度法（暂行）	HJ 550
		水质　65 种元素的测定　电感耦合等离子体质谱法	HJ 700
17	总钼	水质　65 种元素的测定　电感耦合等离子体质谱法	HJ 700
18	总锡	水质　65 种元素的测定　电感耦合等离子体质谱法	HJ 700
19	总锑	水质　汞、砷、硒、铋、锑的测定　原子荧光法	HJ 694
		水质　65 种元素的测定　电感耦合等离子体质谱法	HJ 700
20	总砷	水质　总砷的测定　二乙基二硫代氨基甲酸银分光光度法	GB/T 7485
		水质　汞、砷、硒、铋和锑的测定　原子荧光法	HJ 694
		水质　65 种元素的测定　电感耦合等离子体质谱法	HJ 700
21	总汞	水质　汞的测定　高锰酸钾-过硫酸钾消解法　双硫腙分光光度法	GB/T 7469
		水质　汞的测定　冷原子吸收分光光度法	HJ 597
		水质　汞、砷、硒、铋和锑的测定　原子荧光法	HJ 694
22	总镉	水质　镉的测定　双硫腙分光光度法	GB/T 7471
		水质　铜、锌、铅、镉的测定　原子吸收分光光度法	GB/T 7475
		水质　65 种元素的测定　电感耦合等离子体质谱法	HJ 700
23	总铅	水质　铜、锌、铅、镉的测定　原子吸收分光光度法	GB/T 7475
		水质　铅的测定　双硫腙分光光度法	GB/T 7470
		水质　65 种元素的测定　电感耦合等离子体质谱法	HJ 700
24	六价铬	水质　六价铬的测定　二苯碳酰二肼分光光度法	GB/T 7467
25	总银	水质　银的测定　3,5-Br_2-PADAP 分光光度法	HJ 489
		水质　银的测定　镉试剂 2B 分光光度法	HJ 490
		水质　银的测定　火焰原子吸收分光光度法	GB/T 11907
		水质　65 种元素的测定　电感耦合等离子体质谱法	HJ 700
26	总铬	水质　总铬的测定	GB/T 7466
		水质　65 种元素的测定　电感耦合等离子体质谱法	HJ 700
27	总镍	水质　镍的测定　丁二酮肟分光光度法	GB/T 11910
		水质　镍的测定　火焰原子吸收分光光度法	GB/T 11912
		水质　65 种元素的测定　电感耦合等离子体质谱法	HJ 700
28	总铊	水质　65 种元素的测定　电感耦合等离子体质谱法	HJ 700

5.3　大气污染物监测要求

5.3.1　固定污染源采样点的设置与采样方法等按 GB/T 16157、HJ/T 397、HJ/T 373 或 HJ/T 75、HJ/T 76 规定执行。

5.3.2　企业边界大气污染物的采样点设置与采样方法等按 HJ/T 55 的规定执行。

5.3.3　对企业排放大气污染物浓度的测定采用表 7 所列的方法标准。

表 7　大气污染物浓度测定方法标准

序号	污染物项目	方法标准名称	方法标准编号
1	颗粒物	固定污染源排气中颗粒物测定与气态污染物采样方法	GB/T 16157
2	氮氧化物	固定污染源排气中氮氧化物的测定　紫外分光光度法	HJ/T 42
		固定污染源排气中氮氧化物的测定　盐酸萘乙二胺分光光度法	HJ/T 43
		固定污染源排气　氮氧化物的测定　酸碱滴定法	HJ 675
		固定污染源废气　氮氧化物的测定　非分散红外吸收法	HJ 692
		固定污染源废气　氮氧化物的测定　定电位电解法	HJ 693
3	二氧化硫	固定污染源排气中二氧化硫的测定　碘量法	HJ/T 56
		固定污染源排气中二氧化硫的测定　定电位电解法	HJ/T 57
		固定污染源废气　二氧化硫的测定　非分散红外吸收法	HJ 629
4	硫化氢	空气质量　硫化氢、甲硫醇、甲硫醚和二甲二硫的测定　气相色谱法	GB/T 14678
5	氯气	固定污染源排气中氯气的测定　甲基橙分光光度法	HJ/T 30
		固定污染源废气　氯气的测定　碘量法（暂行）	HJ 547
6	氯化氢	固定污染源排气中氯化氢的测定　硫氰酸汞分光光度法	HJ/T 27
		固定污染源废气　氯化氢的测定　硝酸银容量法（暂行）	HJ 548
		环境空气和废气　氯化氢的测定　离子色谱法（暂行）	HJ 549
7	氰化氢	固定污染源排气中氰化氢的测定　异烟酸-吡唑啉酮分光光度法	HJ/T 28
8	氨	环境空气和废气　氨的测定　纳氏试剂分光光度法	HJ 533
9	硫酸雾	固定污染源废气　硫酸雾的测定　离子色谱法（暂行）	HJ 544
10	氟化物	大气固定污染源　氟化物的测定　离子选择电极法	HJ/T 67
		环境空气　氟化物的测定　滤膜采样氟离子选择电极法	HJ 480
		环境空气　氟化物的测定　石灰滤纸采样氟离子选择电极法	HJ 481
11	铬酸雾	固定污染源排气中铬酸雾的测定　二苯碳酰二肼分光光度法	HJ/T 29
12	砷及其化合物	环境空气和废气　砷的测定　二乙基二硫代氨基甲酸银分光光度法（暂行）	HJ 540
		空气和废气　颗粒物中铅等金属元素的测定　电感耦合等离子体质谱法	HJ 657
13	铅及其化合物	环境空气　铅的测定　火焰原子吸收分光光度法	GB/T 15264
		空气和废气　颗粒物中铅等金属元素的测定　电感耦合等离子体质谱法	HJ 657
		固定污染源废气　铅的测定　火焰原子吸收分光光度法	HJ 685
14	汞及其化合物	环境空气　汞的测定　巯基棉富集-原子荧光分光光度法（暂行）	HJ 542
		固定污染源废气　汞的测定　冷原子吸收分光光度法（暂行）	HJ 543
15	镉及其化合物	大气固定污染源　镉的测定　火焰原子吸收分光光度法	HJ/T 64.1
		大气固定污染源　镉的测定　石墨炉原子吸收分光光度法	HJ/T 64.2
		大气固定污染源　镉的测定　对-偶氮苯重氮氨基偶氮苯磺酸分光光度法	HJ/T 64.3
		空气和废气　颗粒物中铅等金属元素的测定　电感耦合等离子体质谱法	HJ 657

序号	污染物项目	方法标准名称	方法标准编号
16	锡及其化合物	大气固定污染源　锡的测定　石墨炉原子吸收分光光度法	HJ/T 65
		空气和废气　颗粒物中铅等金属元素的测定　电感耦合等离子体质谱法	HJ 657
17	镍及其化合物	大气固定污染源　镍的测定　火焰原子吸收分光光度法	HJ/T 63.1
		大气固定污染源　镍的测定　石墨炉原子吸收分光光度法	HJ/T 63.2
		大气固定污染源　镍的测定　丁二酮肟-正丁醇萃取分光光度法	HJ/T 63.3
		空气和废气　颗粒物中铅等金属元素的测定　电感耦合等离子体质谱法	HJ 657
18	锌及其化合物	空气和废气　颗粒物中铅等金属元素的测定　电感耦合等离子体质谱法	HJ 657
19	锰及其化合物	空气和废气　颗粒物中铅等金属元素的测定　电感耦合等离子体质谱法	HJ 657
20	锑及其化合物	空气和废气　颗粒物中铅等金属元素的测定　电感耦合等离子体质谱法	HJ 657
21	铜及其化合物	空气和废气　颗粒物中铅等金属元素的测定　电感耦合等离子体质谱法	HJ 657
22	钴及其化合物	空气和废气　颗粒物中铅等金属元素的测定　电感耦合等离子体质谱法	HJ 657
23	钼及其化合物	空气和废气　颗粒物中铅等金属元素的测定　电感耦合等离子体质谱法	HJ 657
24	铊及其化合物	空气和废气　颗粒物中铅等金属元素的测定　电感耦合等离子体质谱法	HJ 657

6　实施与监督

6.1　本标准由县级以上人民政府环境保护主管部门负责监督实施。

6.2　在任何情况下，企业均应遵守本标准的污染物排放控制要求，采取必要措施保证污染防治措施正常运行。各级环保部门在对企业进行监督性检查时，可以现场即时采样或监测的结果，作为判定排污行为是否符合排放标准以及实施相关环境保护管理措施的依据。

中华人民共和国国家标准

火葬场大气污染物排放标准

Emission standard of air pollutants for crematory

GB 13801—2015
代替 GB 13801—2009

前　言

为贯彻《中华人民共和国环境保护法》《中华人民共和国大气污染防治法》《关于加强环境保护重点工作的意见》等法律、法规，保护环境，防治污染，加强对火葬场大气污染物排放的控制和管理，制定本标准。

本标准规定了火葬场区域内遗体处理、遗物祭品焚烧过程中所产生的大气污染物排放限值、监测和监控要求。

火葬场排放的恶臭污染物、环境噪声适用相应的国家污染物排放标准，产生固体废物的鉴别、处理和处置适用国家固体废物污染控制标准。

本标准是火葬场大气污染物排放控制的基本要求。地方省级人民政府对本标准未作规定的项目，可以制定地方污染物排放标准；对本标准已作规定的项目，可以制定严于本标准的地方污染物排放标准。环境影响评价文件或排污许可证要求严于本标准或地方标准时，按照批复的环境影响评价文件或排污许可证执行。

本标准中的污染物排放浓度均为质量浓度。

本标准由环境保护部科技标准司组织制订。

本标准主要起草单位：民政部一零一研究所、环境保护部环境标准研究所、广州市殡葬服务中心。

本标准环境保护部 2015 年 4 月 3 日批准。

本标准自 2015 年 7 月 1 日起实施。自 2015 年 7 月 1 日起，《燃油式火化机大气污染物排放限值》（GB 13801—2009）同时废止。

本标准由环境保护部解释。

1　适用范围

本标准规定了火葬场区域内遗体处理、遗物祭品焚烧过程中所产生的大气污染物排放限值、监测和监控要求，以及标准的实施与监督等相关规定。

本标准适用于现有火葬场大气污染物排放管理，以及火葬场建设项目的环境影响评价、环境保护设施设计、竣工环境保护验收及其投产后的大气污染物排放管理。

本标准适用于燃油式火化机、燃气式火化机、其他新型燃料火化机及遗物祭品焚烧设备。

本标准适用于法律允许的污染物排放行为。新设立污染源的选址和特殊保护区域内现有污染源的管理，按照《中华人民共和国大气污染防治法》《中华人民共和国水污染防治法》《中华人民共和国海洋环境保护法》《中华人民共和国固体废物污染环境防治法》《中华人民共和国环境影响评价法》等法律、法规、规章的相关规定执行。

2 规范性引用文件

本标准引用了下列文件或其中的条款。

GB/T 16157 固定污染源排气中颗粒物测定与气态污染物采样方法

GB 16297 大气污染物综合排放标准

HJ/T 27 固定污染源排气中氯化氢的测定 硫氰酸汞分光光度法

HJ/T 42 固定污染源排气中氮氧化物的测定 紫外分光光度法

HJ/T 43 固定污染源排气中氮氧化物的测定 盐酸萘乙二胺分光光度法

HJ/T 44 固定污染源排气中一氧化碳的测定 非色散红外吸收法

HJ/T 55 大气污染物无组织排放监测技术导则

HJ/T 56 固定污染源排气中二氧化硫的测定 碘量法

HJ/T 57 固定污染源排气中二氧化硫的测定 定电位电解法

HJ 77.2 环境空气和废气 二噁英类的测定 同位素稀释高分辨气相色谱－高分辨质谱法

HJ/T 373 固定污染源监测质量保证与质量控制技术规范（试行）

HJ/T 397 固定源废气监测技术规范

HJ/T 398 固定污染源排放 烟气黑度的测定 林格曼黑度图法

HJ 543 固定污染源废气 汞的测定 冷原子吸收分光光度法（暂行）

HJ 629 固定污染源废气 二氧化硫的测定 非分散红外吸收法

《污染源自动监控管理办法》（国家环境保护总局令 第 28 号）

《环境监测管理办法》（国家环境保护总局令 第 39 号）

3 术语和定义

下列术语和定义适用于本标准。

3.1 火葬场 crematory

指从事遗体处理和遗物祭品焚烧的专用场所。本标准中“火葬场”包括从事遗体处理和遗物祭品焚烧业务的“殡仪馆”“殡葬服务中心”等单位。

3.2 遗体处理 corpse treatment

对遗体进行消毒、清洗、更衣、冷冻、冷藏、解剖、防腐、整容、整形、塑形、火化等活动的统称，通常指遗体的消毒、防腐、整容、火化的过程。

3.3 遗物祭品焚烧 relics and sacrifices incineration

将死者遗留下来的衣物、生活用品（包括其他物品）及祭奠死者所用的全部物品进行灰化的过程。

3.4 现有单位 existing unit

指本标准实施之日前已建成运行或环境影响评价文件已通过审批的火葬场。

3.5 新建单位 new unit

指本标准实施之日起环境影响评价文件通过审批的新建、改建和扩建的火葬场建设项目。

3.6 无组织排放 fugitive emission

指大气污染物不经过排气筒的无规则排放，主要包括遗物或祭品露天焚烧，或在无排气筒（包括低矮排气筒）的简易装置内焚烧等。

3.7　二□恶英类　dioxins

指多氯代二苯并-对-二□恶英（PCDDs）和多氯代二苯并呋喃类（PCDFs）物质的统称。

3.8　毒性当量（TEQ）　toxic equivalency quantity

各二噁英类同类物质量浓度折算为相当于 2,3,7,8-四氯代二苯并-对-二噁英毒性的等价质量浓度，毒性当量（TEQ）质量浓度为实测质量浓度与该异构体的毒性当量因子的乘积。

3.9　排气筒高度　stack height

指自排气筒（或其主体建筑构造）所在的地平面至排气筒出口计的高度。

3.10　标准状态　standard condition

指温度为 273.15 K，压力在 101 325 Pa 时的状态。本标准规定的大气污染物排放浓度限值均以标准状态下的干气体为基准。

4　大气污染物排放控制要求

4.1　自 2015 年 7 月 1 日至 2017 年 6 月 30 日止，现有单位遗体火化执行表 1 规定的大气污染物排放限值。

表 1　现有单位遗体火化大气污染物排放限值

单位：mg/m^3（二□恶英类、烟气黑度除外）

序号	控制项目	排放限值	污染物排放监控位置
1	烟尘	80	
2	二氧化硫	60	
3	氮氧化物（以 NO_2 计）	300	烟囱
4	一氧化碳	300	
5	二□恶英类/（ng TEQ/m^3）	1.0	
6	烟气黑度/（林格曼黑度，级）	1	烟囱排放口

4.2　自 2017 年 7 月 1 日起，现有单位遗体火化执行表 2 规定的大气污染物排放限值。

表 2　新建单位遗体火化大气污染物排放限值

单位：mg/m^3（二□恶英类、烟气黑度除外）

序号	控制项目	排放限值	污染物排放监控位置
1	烟尘	30	
2	二氧化硫	30	
3	氮氧化物（以 NO_2 计）	200	
4	一氧化碳	150	烟囱
5	氯化氢	30	
6	汞	0.1	
7	二□恶英类/（ng TEQ/m^3）	0.5	
8	烟气黑度/（林格曼黑度，级）	1	烟囱排放口

4.3　自 2015 年 7 月 1 日起，新建单位遗体火化执行表 2 规定的大气污染物排放限值。

4.4　2017 年 6 月 30 日之前，现有单位无组织排放应按照 GB 16297 的规定执行。自 2017 年 7 月 1 日起，现有单位应配置带有烟气处理系统的遗物祭品焚烧专用设施，取消无组织排放源，执行表 3 规定的大气污染排放限值。

表 3 遗物祭品焚烧大气污染物排放限值

单位：mg/m^3（二噁英类、烟气黑度除外）

序号	控制项目	排放限值	污染物排放监控位置
1	烟尘	80	烟囱
2	二氧化硫	100	
3	氮氧化物（以 NO_2 计）	300	
4	一氧化碳	200	
5	氯化氢	50	
6	二噁英类/（ng TEQ/m^3）	1.0	
7	烟气黑度/（林格曼黑度，级）	1	烟囱排放口

4.5 自 2015 年 7 月 1 日起，新建单位应配置带有烟气处理系统的遗物祭品焚烧专用设施，执行表 3 规定的大气污染物排放限值。

4.6 产生大气污染物的生产工艺和装置必须设立局部或整体气体收集系统和集中净化处理装置。对新建单位专用设备（含火化间）的排气筒高度不应低于 12 m。排气筒周围半径 200 m 距离内有建筑物时，排气筒还应高出最高建筑物 3 m 以上。

4.7 实测的各大气污染物排放浓度，须折算成基准含氧量为 11%的大气污染物基准含氧量排放浓度，并与排放限值比较判定排放是否达标。大气污染物基准含氧量排放浓度按式（1）进行折算：

$$\rho_{基} = \frac{21 - O_{基}}{21 - O_{实}} \times \rho_{实} \qquad (1)$$

式中：$\rho_{基}$ —— 大气污染物基准排放浓度，mg/m^3；

$O_{基}$ —— 干烟气基准含氧量，%；

$O_{实}$ —— 实测的干烟气中氧气的含量，%；

$\rho_{实}$ —— 实测的大气污染物排放浓度，mg/m^3。

4.8 在现有单位生产、建设项目竣工环保验收后的生产过程中，负责监管的环境保护行政主管部门，应对周围居住、教学、医疗等用途的敏感区域环境质量进行监控。建设项目的具体监控范围为环境影响评价确定的周围敏感区域；未进行过环境影响评价的现有单位，监控范围由负责监管的环境保护行政主管部门，根据现有单位排污的特点和规律及当地的自然、气象条件等因素，参照相关环境影响评价技术导则确定。地方政府应对本辖区环境质量负责，采取措施确保环境状况符合环境质量标准要求。

5 大气污染物监测要求

5.1 火葬场应按照有关法律和《环境监测管理办法》等规定，建立监测制度，制定监测方案，对污染物排放状况及其对周边环境质量的影响开展自行监测，保存原始监测记录，并公布监测结果。

5.2 新建单位和现有单位安装污染物排放自动监控设备的要求，按有关法律和《污染源自动监控管理办法》的规定执行。

5.3 火葬场应按照环境监测管理规定和技术规范的要求，设计、建设、维护永久性采样口、采样测试平台和排污口标志。

5.4 对排放废气的采样，应根据监测污染物的种类，在规定的污染物排放监控位置进行，有废气处理设施的，应在该设施后监测。排气筒中大气污染物的监测采样按 GB/T 16157、HJ/T 373 或 HJ/T 397 规定执行，二噁英类采样的采气量可根据现场实际监测对象进行控制，以整具遗体火化过程为单位进行；大气污染物无组织排放的监测按 HJ/T 55 规定执行。

5.5　对烟气中二噁英类的监测应当每年至少开展 1 次，其采样要求按 HJ 77.2 的有关规定执行，其浓度为连续 3 次测定值的算数平均值。对其他大气污染物排放情况监测的频次、采样时间等要求，按有关环境监测管理规定和技术规范的要求执行。

5.6　大气污染物浓度的测定采用表 4 所列的方法标准。

表 4　大气污染物监测分析方法

序号	控制项目	方法标准名称	方法标准编号
1	烟尘	固定污染源排气中颗粒物测定与气态污染物采样方法　重量法	GB/T 16157
2	二氧化硫	固定污染源排气中二氧化硫的测定　碘量法	HJ/T 56
		固定污染源排气中二氧化硫的测定　定电位电解法	HJ/T 57
		固定污染源废气　二氧化硫的测定　非分散红外吸收法	HJ 629
3	氮氧化物（以 NO_2 计）	固定污染源排气中氮氧化物的测定　紫外分光光度法	HJ/T 42
		固定污染源排气中氮氧化物的测定　盐酸萘乙二胺分光光度法	HJ/T 43
4	一氧化碳	固定污染源排气中一氧化碳的测定　非色散红外吸收法	HJ/T 44
5	氯化氢	固定污染源排气中氯化氢的测定　硫氰酸汞分光光度法	HJ/T 27
6	汞	固定污染源废气　汞的测定　冷原子吸收分光光度法（暂行）	HJ 543
7	二噁英类	环境空气和废气　二噁英类的测定　同位素稀释高分辨气相色谱高分辨质谱法	HJ 77.2
8	烟气黑度	固定污染源排放烟气黑度的测定　林格曼烟气黑度图法	HJ/T 398

5.7　火化机运行工况应满足遗体入炉前炉膛温度（含再燃室）在 850℃以上，火化烟气在再燃室中的停留时间≥2 s，遗体火化结束后关闭主燃烧器。

5.8　火化烟气单个样品采样测试应从遗体入炉开始，到遗体火化结束后主燃烧器关闭结束，即对火化全过程进行采样测试。

6　实施与监督

6.1　本标准由县级以上人民政府环境保护行政主管部门负责监督实施。

6.2　在任何情况下，火葬场均应遵守本标准的污染物排放控制要求，采取必要措施保证污染防治设施正常运行。各级环保部门在对设施进行监督性检查时，可以现场即时采样或监测的结果，作为判定排污行为是否符合排放标准以及实施相关环境保护管理措施的依据。

中华人民共和国国家标准

铁矿采选工业污染物排放标准

Emission standard of pollutants for iron ore mining and mineral processing industry

GB 28661—2012

前 言

为贯彻《中华人民共和国环境保护法》《中华人民共和国水污染防治法》《中华人民共和国大气污染防治法》《国务院关于落实科学发展观 加强环境保护的决定》等法律、法规和《国务院关于编制全国主体功能区规划的意见》，保护环境，防治污染，促进铁矿采选工业生产工艺和污染治理技术的进步，制定本标准。

本标准规定了铁矿采选生产企业水和大气污染物排放限值、监测和监控要求。为促进地区经济与环境协调发展，推动经济结构的调整和经济增长方式的转变，引导铁矿采选工业生产工艺和污染治理技术的发展方向，本标准规定了水和大气污染物特别排放限值。

本标准中的污染物排放浓度均为质量浓度。

铁矿采选生产企业排放恶臭污染物、环境噪声适用相应的国家污染物排放标准，产生固体废物的鉴别、处理和处置适用国家固体废物污染控制标准。

本标准为首次发布。

自本标准实施之日起，不再执行《钢铁工业水污染物排放标准》（GB 13456—92）和《大气污染物综合排放标准》（GB 16297—1996）中的相关规定。

地方省级人民政府对本标准未作规定的污染物项目，可以制定地方污染物排放标准；对本标准已作规定的污染物项目，可以制定严于本标准的地方污染物排放标准。

本标准由环境保护部科技标准司组织制订。

本标准起草单位：中钢集团马鞍山矿山研究院、环境保护部环境标准研究所。

本标准由环境保护部 2012 年 6 月 15 日批准。

本标准自 2012 年 10 月 1 日起实施。

本标准由环境保护部解释。

1 适用范围

本标准规定了铁矿采选生产企业或生产设施的水污染物和大气污染物排放限值、监测和监控要求，以及标准的实施与监督等相关规定。

本标准适用于现有铁矿采选生产企业或生产设施的水污染物和大气污染物排放管理，以及铁矿采选工业建设项目的环境影响评价、环境保护设施设计、环境保护工程竣工验收及其投产后的水污染物和大气污染物排放管理。

本标准适用于法律允许的污染物排放行为；新设立污染源的选址和特殊保护区域内现有污染源的管理，按照《中华人民共和国大气污染防治法》《中华人民共和国水污染防治法》《中华人民共和国海洋环境保护法》《中华人民共和国固体废物污染环境防治法》《中华人民共和国环境影响评价法》等法律、法规、规章的相关规定执行。

本标准规定的水污染物排放控制要求适用于企业直接或间接向其法定边界外排放水污染物的行为。

2　规范性引用文件

本标准内容引用了下列文件中的条款。

GB/T 6920—1986　水质　pH 值的测定　玻璃电极法

GB/T 7466—1987　水质　总铬的测定

GB/T 7467—1987　水质　六价铬的测定　二苯碳酰二肼分光光度法

GB/T 7469—1987　水质　总汞的测定　高锰酸钾-过硫酸钾消解　双硫腙分光光度法

GB/T 7475—1987　水质　铜、锌、铅、镉的测定　原子吸收分光光度法

GB/T 7484—1987　水质　氟化物的测定　离子选择电极法

GB/T 7485—1987　水质　总砷的测定　二乙基二硫代氨基钾酸银分光光度法

GB/T 11893—1989　水质　总磷的测定　钼酸铵分光光度法

GB/T 11901—1989　水质　悬浮物的测定　重量法

GB/T 11902—1989　水质　硒的测定　2,3 二氨基萘荧光法

GB/T 11906—1989　水质　锰的测定　高碘酸钾分光光度法

GB/T 11907—1989　水质　银的测定　火焰原子吸收分光光度法

GB/T 11910—1989　水质　镍的测定　丁二酮肟分光光度法

GB/T 11911—1989　水质　铁、锰的测定　火焰原子吸收分光光度法

GB/T 11912—1989　水质　镍的测定　火焰原子吸收分光光度法

GB/T 11914—1989　水质　化学需氧量的测定　重铬酸盐法

GB/T 15505—1995　水质　硒的测定　石墨炉原子吸收分光光度法

GB/T 15432—1995　环境空气　总悬浮颗粒物的测定　重量法

GB/T 16157—1996　固定污染源排气中颗粒物测定与气态污染物采样方法

GB/T 16489—1996　水质　硫化物的测定　亚甲基蓝分光光度法

GB 18871—2002　电离辐射防护与辐射源安全基本标准

HJ/T 55—2000　大气污染物无组织排放监测技术导则

HJ/T 58—2000　水质　铍的测定　铬氰 R 分光光度法

HJ/T 59—2000　水质　铍的测定　石墨炉原子吸收分光光度法

HJ/T 60—2000　水质　硫化物的测定　碘量法

HJ/T 195—2005　水质　氨氮的测定　气相分子吸收光谱法

HJ/T 200—2005　水质　硫化物的测定　气相分子吸收光谱法

HJ 345—2007　水质　铁的测定　邻菲啰啉分光光度法（试行）

HJ/T 397—2007　固定源废气监测技术规范

HJ/T 399—2007　水质　化学需氧量的测定　快速消解分光光度法

HJ 485—2009 水质 铜的测定 二乙基二硫代氨基甲酸钠分光光度法

HJ 486—2009 水质 铜的测定 2,9-二甲基-1,10-菲啰啉分光光度法

HJ 487—2009 水质 氟化物的测定 茜素磺酸锆目视比色法

HJ 488—2009 水质 氟化物的测定 氟试剂分光光度法

HJ 489—2009 水质 银的测定 3,5-Br_2-PADAP 分光光度法

HJ 490—2009 水质 银的测定 镉试剂 2B 分光光度法

HJ 537—2009 水质 氨氮的测定 蒸馏-中和滴定法

HJ 597—2011 水质 总汞的测定 冷原子吸收分光光度法

HJ 636—2012 水质 总氮的测定 碱性过硫酸钾消解紫外分光光度法

HJ 637—2012 水质 石油类和动植物油类的测定 红外分光光度法

《污染源自动监控管理办法》（国家环境保护总局令 第 28 号）

《环境监测管理办法》（国家环境保护总局令 第 39 号）

3 术语和定义

下列术语和定义适用于本标准。

3.1 采矿 mining

在铁矿山及以铁矿石为主要产品的多金属矿山采用露天开采或地下开采工艺开采铁矿石的过程。

3.2 选矿 mineral processing

采用重选、磁选、浮选及其联合工艺选别铁矿石，获取铁精矿。

3.3 现有企业 existing facility

本标准实施之日前，已建成投产或环境影响评价文件已通过审批的铁矿采选生产企业或生产设施。

3.4 新建企业 new facility

自本标准实施之日起，环境影响评价文件通过审批的新建、改建和扩建的铁矿采选工业建设项目。

3.5 采矿废水 mining wastewater

采矿过程中产生并排出的废水，包括地下开采区域或采空区域抽出的排水、露天开采的区域或采后区域排放的疏干水、废石场（包括排土场）排出的废水。

3.6 矿山酸性废水 mine acid wastewater

未经处理，pH 值小于 6 的采矿废水。

3.7 选矿废水 mineral processing wastewater

选矿过程中产生并排出的废水，包括铁矿在重选、磁选、浮选及其联合工艺流程中排放的废水，以及洗矿、碎矿和选矿厂浓缩池、尾矿库等排出的废水。

3.8 直接排放 direct discharge

排污单位直接向环境排放水污染物的行为。

3.9 间接排放 indirect discharge

排污单位向公共污水处理系统排放水污染物的行为。

3.10 公共污水处理系统 public wastewater treatment system

通过纳污管道等方式收集废水，为两家以上排污单位提供废水处理服务并且排水能够达到相关排放标准要求的企业或机构，包括各种规模和类型的城镇污水处理厂、区域（包括各类工业园区、开发区、工业聚集地等）废水处理厂等，其废水处理程度应达到二级或二级以上。

3.11　排水量　effluent volume

生产设施或企业向企业法定边界以外排放的废水的量，包括与生产有直接或间接关系的各种外排废水（如厂区生活污水、冷却废水、厂区锅炉和电站排水等）。

3.12　单位产品基准排水量　benchmark effluent volume per unit product

用于核定水污染物排放浓度而规定的生产单位产品的废水排放量上限值。

3.13　标准状态　standard condition

温度 273.15 K，压力 101 325 Pa 时的状态，本标准规定的大气污染物排放浓度均指标准状态下干空气数值。

3.14　厂（场）区边界　factory（field）boundary

铁矿采选企业采矿场、选矿厂、排土场、废石场、尾矿库等的法定边界。若无法定边界，则指实际边界。

3.15　排气筒高度　stack height

自排气筒（或其主体建筑构造）所在的平面至排气筒出口的高度，单位为 m。

4　污染物排放控制要求

4.1　水污染物排放控制要求

4.1.1　自 2012 年 10 月 1 日至 2014 年 12 月 31 日止，现有企业执行表 1 规定的水污染物排放限值。

表 1　现有企业水污染物排放限值　　单位：mg/L（pH 值除外）

序号	污染物项目	排放限值					污染物排放监控位置
		直接排放限值				间接排放限值	
		采矿废水		选矿废水			
		酸性废水	非酸性废水	浮选废水	重选和磁选废水		
1	pH 值	6～9	6～9	6～9	6～9	6～9	企业废水总排放口
2	悬浮物	100	100	150	100	300	
3	化学需氧量（COD_{Cr}）	—	—	100	—	200	
4	氨氮	—	—	20	—	30	
5	总氮	15	15	25	15	40	
6	总磷	1.0	1.0	1.0	1.0	2.0	
7	石油类	10	10	10	10	20	
8	总锌	5.0	—	5.0	5.0	5.0	
9	总铜	1.0	—	1.0	1.0	2.0	
10	总锰	3.0	—	3.0	3.0	4.0	
11	总硒	0.2	—	0.2	0.2	0.4	
12	总铁	10	—	—	—	10	
13	硫化物	1.0	1.0	1.0	1.0	1.0	
14	氟化物	10	10	10	10	20	
15	总汞	0.05					车间或生产设施废水排放口
16	总镉	0.1					
17	总铬	1.5					
18	六价铬	0.5					

<table>
<tr><th rowspan="4" colspan="2">序号</th><th rowspan="4">污染物项目</th><th colspan="5">排放限值</th><th rowspan="4">污染物排放监控位置</th></tr>
<tr><th colspan="4">直接排放限值</th><th rowspan="3">间接排放限值</th></tr>
<tr><th colspan="2">采矿废水</th><th colspan="2">选矿废水</th></tr>
<tr><th>酸性废水</th><th>非酸性废水</th><th>浮选废水</th><th>重选和磁选废水</th></tr>
<tr><td colspan="2">19</td><td>总砷</td><td colspan="5">0.5</td><td rowspan="5">车间或生产设施废水排放口</td></tr>
<tr><td colspan="2">20</td><td>总铅</td><td colspan="5">1.0</td></tr>
<tr><td colspan="2">21</td><td>总镍</td><td colspan="5">1.0</td></tr>
<tr><td colspan="2">22</td><td>总铍</td><td colspan="5">0.005</td></tr>
<tr><td colspan="2">23</td><td>总银</td><td colspan="5">0.5</td></tr>
<tr><td rowspan="3">单位矿石产品基准排水量/（m^3/t）</td><td colspan="2">采矿</td><td colspan="5">—</td><td rowspan="3">排水量计量位置与污染物排放监控位置相同</td></tr>
<tr><td rowspan="2">选矿</td><td>浮选</td><td colspan="5">3.0</td></tr>
<tr><td>重选和磁选</td><td colspan="5">4.0</td></tr>
</table>

4.1.2　自 2015 年 1 月 1 日起，现有企业执行表 2 规定的水污染物排放限值。

4.1.3　自 2012 年 10 月 1 日起，新建企业执行表 2 规定的水污染物排放限值。

表 2　新建企业水污染物排放限值　　单位：mg/L（pH 值除外）

<table>
<tr><th rowspan="4">序号</th><th rowspan="4">污染物项目</th><th colspan="5">排放限值</th><th rowspan="4">污染物排放监控位置</th></tr>
<tr><th colspan="4">直接排放限值</th><th rowspan="3">间接排放限值</th></tr>
<tr><th colspan="2">采矿废水</th><th colspan="2">选矿废水</th></tr>
<tr><th>酸性废水</th><th>非酸性废水</th><th>浮选废水</th><th>重选和磁选废水</th></tr>
<tr><td>1</td><td>pH 值</td><td>6～9</td><td>6～9</td><td>6～9</td><td>6～9</td><td>6～9</td><td rowspan="14">企业废水总排放口</td></tr>
<tr><td>2</td><td>悬浮物</td><td>70</td><td>70</td><td>100</td><td>70</td><td>300</td></tr>
<tr><td>3</td><td>化学需氧量（COD_{Cr}）</td><td>—</td><td>—</td><td>70</td><td>—</td><td>200</td></tr>
<tr><td>4</td><td>氨氮</td><td>—</td><td>—</td><td>15</td><td>—</td><td>30</td></tr>
<tr><td>5</td><td>总氮</td><td>15</td><td>15</td><td>25</td><td>15</td><td>40</td></tr>
<tr><td>6</td><td>总磷</td><td>0.5</td><td>0.5</td><td>0.5</td><td>0.5</td><td>2.0</td></tr>
<tr><td>7</td><td>石油类</td><td>5</td><td>5</td><td>10</td><td>5</td><td>20</td></tr>
<tr><td>8</td><td>总锌</td><td>2.0</td><td>—</td><td>2.0</td><td>2.0</td><td>5.0</td></tr>
<tr><td>9</td><td>总铜</td><td>0.5</td><td>—</td><td>0.5</td><td>0.5</td><td>2.0</td></tr>
<tr><td>10</td><td>总锰</td><td>2.0</td><td>—</td><td>2.0</td><td>2.0</td><td>4.0</td></tr>
<tr><td>11</td><td>总硒</td><td>0.1</td><td>—</td><td>0.1</td><td>0.1</td><td>0.4</td></tr>
<tr><td>12</td><td>总铁</td><td>5.0</td><td>—</td><td>—</td><td>—</td><td>10</td></tr>
<tr><td>13</td><td>硫化物</td><td>0.5</td><td>0.5</td><td>0.5</td><td>0.5</td><td>1.0</td></tr>
<tr><td>14</td><td>氟化物</td><td>10</td><td>10</td><td>10</td><td>10</td><td>20</td></tr>
<tr><td>15</td><td>总汞</td><td colspan="5">0.05</td><td rowspan="5">车间或生产设施废水排放口</td></tr>
<tr><td>16</td><td>总镉</td><td colspan="5">0.1</td></tr>
<tr><td>17</td><td>总铬</td><td colspan="5">1.5</td></tr>
<tr><td>18</td><td>六价铬</td><td colspan="5">0.5</td></tr>
<tr><td>19</td><td>总砷</td><td colspan="5">0.5</td></tr>
</table>

序号	污染物项目	排放限值					污染物排放监控位置
		直接排放限值				间接排放限值	
		采矿废水		选矿废水			
		酸性废水	非酸性废水	浮选废水	重选和磁选废水		
20	总铅	1.0					车间或生产设施废水排放口
21	总镍	1.0					
22	总铍	0.005					
23	总银	0.5					
单位矿石产品基准排水量/(m^3/t)	采矿	—					排水量计量位置与污染物排放监控位置相同
	选矿 浮选	2.0					
	选矿 重选和磁选	3.0					

4.1.4 根据环境保护工作的要求，在国土开发密度已经较高、环境承载能力开始减弱，或环境容量较小、生态环境脆弱，容易发生严重环境污染问题而需要采取特别保护措施的地区，应严格控制企业的污染物排放行为，在上述地区的企业执行表 3 规定的水污染物特别排放限值。

执行水污染物特别排放限值的地域范围、时间，由国务院环境保护行政主管部门或省级人民政府规定。

表 3 水污染物特别排放限值 单位：mg/L（pH 值除外）

序号	污染物项目	排放限值					污染物排放监控位置
		直接排放限值				间接排放限值	
		采矿废水		选矿废水			
		酸性废水	非酸性废水	浮选废水	重选和磁选废水		
1	pH 值	6～9	6～9	6～9	6～9	6～9	企业废水总排放口
2	悬浮物	50	50	60	50	100	
3	化学需氧量（COD_{Cr}）	—	—	50	—	70	
4	氨氮	—	—	8	—	15	
5	总氮	15	15	20	15	25	
6	总磷	0.3	0.3	0.3	0.3	0.5	
7	石油类	3	3	5	3	10	
8	总锌	1.0	—	1.0	1.0	2.0	
9	总铜	0.3	—	0.3	0.3	0.5	
10	总锰	1.0	—	1.0	1.0	2.0	
11	总硒	0.05	—	0.05	0.05	0.1	
12	总铁	5.0	—	—	—	5.0	
13	硫化物	0.3	0.3	0.3	0.3	0.5	
14	氟化物	8	8	8	8	10	
15	总汞	0.01					车间或生产设施废水排放口
16	总镉	0.05					
17	总铬	0.5					
18	六价铬	0.1					
19	总砷	0.2					

<table>
<tr><th rowspan="4">序号</th><th rowspan="4">污染物项目</th><th colspan="5">排放限值</th><th rowspan="4">污染物排放监控位置</th></tr>
<tr><th colspan="4">直接排放限值</th><th rowspan="3">间接排放限值</th></tr>
<tr><th colspan="2">采矿废水</th><th colspan="2">选矿废水</th></tr>
<tr><th>酸性废水</th><th>非酸性废水</th><th>浮选废水</th><th>重选和磁选废水</th></tr>
<tr><td>20</td><td>总铅</td><td colspan="5">0.5</td><td rowspan="4">车间或生产设施废水排放口</td></tr>
<tr><td>21</td><td>总镍</td><td colspan="5">0.5</td></tr>
<tr><td>22</td><td>总铍</td><td colspan="5">0.003</td></tr>
<tr><td>23</td><td>总银</td><td colspan="5">0.2</td></tr>
<tr><td rowspan="2">单位矿石产品基准排水量/（m^3/t）</td><td>采矿</td><td colspan="5">—</td><td rowspan="2">排水量计量位置与污染物排放监控位置相同</td></tr>
<tr><td>选矿</td><td colspan="5">2.0</td></tr>
</table>

4.1.5 对于排放含有放射性物质的污水，除执行本标准外，还应符合 GB 18871—2002 的规定。

4.1.6 采矿水污染物排放以实测浓度作为判定排放是否达标的依据。选矿水污染物排放浓度限值适用于单位产品实际排水量不高于单位产品基准排水量的情况。若单位产品实际排水量超过单位产品基准排水量，须按式（1）将实测水污染物浓度换算为水污染物基准排水量排放浓度，并以水污染物基准排水量排放浓度作为判定排放是否达标的依据。产品产量和排水量统计周期为一个工作日。

在企业的生产设施同时生产两种以上产品、可适用不同排放控制要求或不同行业国家污染物排放标准，且生产设施产生的污水混合处理排放的情况下，应执行排放标准中规定的最严格的浓度限值，并按式（1）换算水污染物基准排水量排放浓度。

$$\rho_{基}=\frac{Q_{总}}{\sum Y_i Q_{i基}}\times\rho_{实} \tag{1}$$

式中：$\rho_{基}$——水污染物基准排水量排放浓度，mg/L；

$Q_{总}$——实测排水总量，m^3；

Y_i——第 i 种产品产量，t；

$Q_{i基}$——第 i 种产品的单位产品基准排水量，m^3/t；

$\rho_{实}$——实测水污染物浓度，mg/L。

若 $Q_{总}$ 与 $\sum Y_i Q_{i基}$ 的比值小于 1，则以水污染物实测浓度作为判定排放是否达标的依据。

4.2 大气污染物排放控制要求

4.2.1 自 2012 年 10 月 1 日至 2014 年 12 月 31 日止，现有企业执行表 4 规定的大气污染物排放限值。

4.2.2 自 2015 年 1 月 1 日起，现有企业执行表 5 规定的大气污染物排放限值。

4.2.3 自 2012 年 10 月 1 日起，新建企业执行表 5 规定的大气污染物排放限值。

表 4 现有企业大气污染物排放限值 单位：mg/m^3

污染物项目	生产工序或设施	排放限值	污染物排放监控位置
颗粒物	选矿厂的矿石运输、转载、矿仓、破碎、筛分	50	车间或生产设施排气筒

表 5 新建企业大气污染物排放限值 单位：mg/m^3

污染物项目	生产工序或设施	排放限值	污染物排放监控位置
颗粒物	选矿厂的矿石运输、转载、矿仓、破碎、筛分	20	车间或生产设施排气筒

4.2.4　根据环境保护工作的要求，在国土开发密度已经较高、环境承载能力开始减弱，或环境容量较小、生态环境脆弱，容易发生严重环境污染问题而需要采取特别保护措施的地区，应严格控制企业的污染物排放行为，在上述地区的企业执行表 6 规定的大气污染物特别排放限值。

执行大气污染物特别排放限值的地域范围、时间，由国务院环境保护行政主管部门或省级人民政府规定。

表 6　大气污染物特别排放限值

单位：mg/m^3

污染物项目	生产工序或设施	排放限值	污染物排放监控位置
颗粒物	选矿厂的矿石运输、转载、矿仓、破碎、筛分	10	车间或生产设施排气筒

4.2.5　自本标准实施之日起，铁矿采选生产企业大气污染物无组织排放限值应符合表 7 的规定。

表 7　大气污染物无组织排放限值

单位：mg/m^3

污染物项目	生产工序或设施	排放限值
颗粒物	选矿厂、排土场、废石场、尾矿库	1.0

4.2.6　在现有企业生产、建设项目竣工环保验收及其后的生产过程中，负责监管的环境保护行政主管部门，应对周围居住、教学、医疗等用途的敏感区域环境空气质量进行监测。建设项目的具体监控范围为环境影响评价确定的周围敏感区域；未进行过环境影响评价的现有企业，监控范围由负责监管的环境保护行政主管部门，根据企业排污的特点和规律及当地的自然、气象条件等因素，参照相关环境影响评价技术导则确定。地方政府应对本辖区环境质量负责，采取措施确保环境状况符合环境质量标准要求。

4.2.7　产生大气污染物的生产工艺和装置必须设立局部或整体气体收集系统和净化处理装置，达标排放。

4.2.8　所有排气筒高度应不低于 15 m。排气筒周围半径 200 m 范围内有建筑物时，排气筒高度还应高出最高建筑物 3 m 以上。

4.2.9　在国家未规定生产单位产品基准排气量之前，以实测浓度作为判定大气污染物排放是否达标的依据。

5　污染物监测要求

5.1　污染物监测一般要求

5.1.1　对企业排放废水和废气的采样，应根据监测污染物的种类，在规定的污染物排放监控位置进行，有废水和废气处理设施的，应在该设施后监控。在污染物排放监控位置须设置永久性排污口标志。

5.1.2　新建企业和现有企业安装污染物排放自动监控设备的要求，按有关法律和《污染源自动监控管理办法》的规定执行。

5.1.3　对企业污染物排放情况进行监测的频次、采样时间等要求，按国家有关污染源监测技术规范的规定执行。

5.1.4　企业产品产量的核定，以法定报表为依据。

5.1.5　企业应按照有关法律和《环境监测管理办法》的规定，对排污状况进行监测，并保存原始监测记录。

5.2　水污染物监测要求

对企业排放水污染物浓度的测定采用表 8 所列的方法标准。

表 8 水污染物浓度测定方法标准

序号	污染物项目	方法标准名称	标准编号
1	pH 值	水质 pH 值的测定 玻璃电极法	GB/T 6920—1986
2	悬浮物	水质 悬浮物的测定 重量法	GB/T 11901—1989
3	化学需氧量	水质 化学需氧量的测定 重铬酸盐法	GB/T 11914—1989
		水质 化学需氧量的测定 快速消解分光光度法	HJ/T 399—2007
4	氨氮	水质 氨氮的测定 气相分子吸收光谱法	HJ/T 195—2005
		水质 氨氮的测定 蒸馏-中和滴定法	HJ 537—2009
5	总氮	水质 总氮的测定 碱性过硫酸钾消解紫外分光光度法	HJ 636—2012
6	总磷	水质 总磷的测定 钼酸铵分光光度法	GB/T 11893—1989
7	石油类	水质 石油类和动植物油类的测定 红外分光光度法	HJ 637—2012
8	总锌	水质 铜、锌、铅、镉的测定 原子吸收分光光度法	GB/T 7475—1987
9	总铜	水质 铜、锌、铅、镉的测定 原子吸收分光光度法	GB/T 7475—1987
		水质 铜的测定 二乙基二硫代氨基甲酸钠分光光度法	HJ 485—2009
		水质 铜的测定 2,9-二甲基-1,10-菲啰啉分光光度法	HJ 486—2009
10	总锰	水质 铁、锰的测定 火焰原子吸收分光光度法	GB/T 11911—1989
		水质 锰的测定 高碘酸钾分光光度法	GB/T 11906—1989
11	总硒	水质 硒的测定 2,3 二氨基萘荧光法	GB/T 11902—1989
		水质 硒的测定 石墨炉原子吸收分光光度法	GB/T 15505—1995
12	总铁	水质 铁、锰的测定 火焰原子吸收分光光度法	GB/T 11911—1989
		水质 铁的测定 邻菲啰啉分光光度法（试行）	HJ 345—2007
13	硫化物	水质 硫化物的测定 亚甲基蓝分光光度法	GB/T 16489—1996
		水质 硫化物的测定 碘量法	HJ/T 60—2000
		水质 硫化物的测定 气相分子吸收光谱法	HJ/T 200—2005
14	氟化物	水质 氟化物的测定 离子选择电极法	GB/T 7484—1987
		水质 氟化物的测定 茜素磺酸锆目视比色法	HJ 487—2009
		水质 氟化物的测定 氟试剂分光光度法	HJ 488—2009
15	总汞	水质 总汞的测定 高锰酸钾-过硫酸钾消解-双硫腙分光光度法	GB/T 7469—1987
		水质 总汞的测定 冷原子吸收分光光度法	HJ 597—2011
16	总镉	水质 铜、锌、铅、镉的测定 原子吸收分光光度法	GB/T 7475—1987
17	总铬	水质 总铬的测定	GB/T 7466—1987
18	六价铬	水质 六价铬的测定 二苯碳酰二肼分光光度法	GB/T 7467—1987
19	总砷	水质 总砷的测定 二乙基二硫代氨基甲酸银分光光度法	GB/T 7485—1987
20	总铅	水质 铜、锌、铅、镉的测定 原子吸收分光光度法	GB/T 7475—1987
21	总镍	水质 镍的测定 丁二酮肟分光光度法	GB/T 11910—1989
		水质 镍的测定 火焰原子吸收分光光度法	GB/T 11912—1989
22	总铍	水质 铍的测定 铬氰 R 分光光度法	HJ/T 58—2000
		水质 铍的测定 石墨炉原子吸收分光光度法	HJ/T 59—2000
23	总银	水质 银的测定 火焰原子吸收分光光度法	GB/T 11907—1989
		水质 银的测定 3,5-Br_2-PADAP 分光光度法	HJ 489—2009
		水质 银的测定 镉试剂 2B 分光光度法	HJ 490—2009

5.3 大气污染物监测要求

5.3.1 排气筒中大气污染物的监测采样按 GB/T 16157—1996、HJ/T 397—2007 规定执行；大气污染物无组织排放的监测按 HJ/T 55—2000 规定执行。

5.3.2　对企业排放大气污染物浓度的测定采用表 9 所列的方法标准。

表 9　大气污染物浓度测定方法标准

污染物项目	方法标准名称	标准编号
颗粒物	固定污染源排气中颗粒物测定与气态污染物采样方法	GB/T 16157—1996
	环境空气　总悬浮颗粒物的测定　重量法	GB/T 15432—1995

6　实施与监督

6.1　本标准由县级以上人民政府环境保护行政主管部门负责监督实施。

6.2　在任何情况下，铁矿采选生产企业均应遵守本标准的污染物排放控制要求，采取必要措施保证污染防治设施正常运行。各级环保部门在对企业进行监督性检查时，可以现场即时采样或监测的结果，作为判定排污行为是否符合排放标准以及实施相关环境保护管理措施的依据。在发现设施耗水或排水量有异常变化的情况下，应核定设施的实际产品产量和排水量，按本标准的规定，换算为水污染物基准排水量排放浓度。

中华人民共和国国家标准

轧钢工业大气污染物排放标准

Emission standard of air pollutants for steel rolling industry

GB 28665—2012

前 言

为贯彻《中华人民共和国环境保护法》《中华人民共和国大气污染防治法》《中华人民共和国海洋环境保护法》《国务院关于落实科学发展观 加强环境保护的决定》等法律、法规和《国务院关于编制全国主体功能区规划的意见》，保护环境，防治污染，促进轧钢工业生产工艺和污染治理技术的进步，制定本标准。

本标准规定了轧钢生产企业的大气污染物排放限值、监测和监控要求。为促进地区经济与环境协调发展，推动经济结构的调整和经济增长方式的转变，引导轧钢工业生产工艺和污染治理技术的发展方向，本标准规定了大气污染物特别排放限值。

本标准中的污染物排放浓度均为质量浓度。

轧钢生产企业排放的水污染物、恶臭污染物、环境噪声适用相应的国家污染物排放标准，产生固体废物的鉴别、处理和处置适用国家固体废物污染控制标准。

本标准为首次发布。

自本标准实施之日起，轧钢生产企业大气污染物的排放控制按本标准的规定执行，不再执行《大气污染物综合排放标准》（GB 16297—1996）和《工业炉窑大气污染物排放标准》（GB 9078—1996）中的相关规定。

地方省级人民政府对本标准未作规定的污染物项目，可以制定地方污染物排放标准；对本标准已作规定的污染物项目，可以制定严于本标准的地方污染物排放标准。

本标准由环境保护部科技标准司组织制订。

本标准起草单位：宝山钢铁股份有限公司、环境保护部环境标准研究所。

本标准环境保护部 2012 年 6 月 15 日批准。

本标准自 2012 年 10 月 1 日起实施。

本标准由环境保护部解释。

1 适用范围

本标准规定了轧钢生产企业或生产设施的大气污染物排放限值、监测和监控要求，以及标准的实施与监督等相关规定。

本标准适用于现有轧钢生产企业或生产设施大气污染物排放管理，以及轧钢工业建设项目的环境影响评价、环境保护设施设计、竣工环境保护验收及其投产后的大气污染物排放管理。

本标准适用于法律允许的污染物排放行为；新设立污染源的选址和特殊保护区域内现有污染源的管理，按照《中华人民共和国大气污染防治法》《中华人民共和国水污染防治法》《中华人民共和国海洋环境保护法》《中华人民共和国固体废物污染环境防治法》《中华人民共和国环境影响评价法》等法律、法规、规章的相关规定执行。

2 规范性引用文件

本标准内容引用了下列文件中的条款。

GB/T 15432—1995 环境空气 总悬浮颗粒物的测定 重量法

GB/T 16157—1996 固定污染源排气中颗粒物测定与气态污染物采样方法

HJ/T 27—1999 固定污染源排气中氯化氢的测定 硫氰酸汞分光光度法

HJ/T 29—1999 固定污染源排气中铬酸雾的测定 二苯基碳酰二肼分光光度法

HJ/T 38—1999 固定污染源排气中非甲烷总烃的测定 气相色谱法

HJ/T 42—1999 固定污染源排气中氮氧化物的测定 紫外分光光度法

HJ/T 43—1999 固定污染源排气中氮氧化物的测定 盐酸萘乙二胺分光光度法

HJ/T 56—1999 固定污染源排气中二氧化硫的测定 碘量法

HJ/T 57—1999 固定污染源排气中二氧化硫的测定 定电位电解法

HJ/T 67—1999 大气固定污染源 氟化物的测定 离子选择电极法

HJ/T 397—2007 固定源废气监测技术规范

HJ 479—2009 环境空气 氮氧化物（一氧化氮和二氧化氮）的测定 盐酸萘乙二胺分光光度法

HJ 544—2009 固定污染源废气 硫酸雾测定 离子色谱法（暂行）

HJ 548—2009 固定污染源废气 氯化氢的测定 硝酸银容量法（暂行）

HJ 549—2009 环境空气和废气 氯化氢的测定 离子色谱法（暂行）

HJ 583—2010 环境空气 苯系物的测定 固体吸附/热脱附-气相色谱法

HJ 584—2010 环境空气 苯系物的测定 活性炭吸附/二硫化碳解吸-气相色谱法

HJ 629—2011 固定污染源废气 二氧化硫的测定 非分散红外吸收法

《污染源自动监控管理办法》（国家环境保护总局令 第 28 号）

《环境监测管理办法》（国家环境保护总局令 第 39 号）

3 术语和定义

下列术语和定义适用于本标准。

3.1 轧钢 steel rolling

钢坯料经过加热通过热轧或将钢板通过冷轧轧制成所需要的成品钢材的过程。本标准也包括在钢材表面涂镀金属或非金属的涂、镀层钢材的加工过程。

3.2 现有企业 existing facility

本标准实施之日前，已建成投产或环境影响评价文件已通过审批的轧钢生产企业或生产设施。

3.3 新建企业 new facility

自本标准实施之日起，环境影响评价文件通过审批的新建、改建和扩建的轧钢工业建设项目。

3.4 标准状态 standard condition

温度为 273.15 K，压力为 101 325 Pa 时的状态。本标准规定的大气污染物排放浓度均以标准状态下的干气体为基准。

3.5 热处理炉 heat treatment furnace

将钢铁材料放在一定的介质中加热至一定的适宜温度并通过不同的保温、冷却方式来改变材料表面或内部组织结构性能的热工设备，包括加热炉、退火炉、正火炉、回火炉、保温炉（坑）、淬火炉、固溶炉、时效炉、调质炉等。

3.6 颗粒物 particulates

生产过程中排放的炉窑烟尘和生产性粉尘的总称。

3.7 排气筒高度 stack height

自排气筒（或其主体建筑构造）所在的地平面至排气筒出口的高度，单位为 m。

4 大气污染物排放控制要求

4.1 自 2012 年 10 月 1 日起至 2014 年 12 月 31 日止，现有企业执行表 1 规定的大气污染物排放限值。

表 1 现有企业大气污染物排放限值　　单位：mg/m³

序号	污染物项目	生产工艺或设施	排放限值	污染物排放监控位置
1	颗粒物	热轧精轧机	50	车间或生产设施排气筒
		废酸再生	30	
		热处理炉、拉矫、精整、抛丸、修磨、焊接机及其他生产设施	30	
2	二氧化硫	热处理炉	250	
3	氮氧化物（以 NO_2 计）	热处理炉	350	
4	氯化氢	酸洗机组	30	车间或生产设施排气筒
		废酸再生	50	
5	硫酸雾	酸洗机组	20	
6	铬酸雾	涂镀层机组、酸洗机组	0.07	
7	硝酸雾（以 NO_2 计）	酸洗机组及废酸再生	240	
8	氟化物（以 F 计）	酸洗机组及废酸再生	9.0	
9	苯(1)	涂层机组	10	
10	甲苯(1)		40	
11	二甲苯(1)		70	
12	非甲烷总烃		100	
注：（1）待国家污染物监测方法标准发布后实施。				

4.2 自 2015 年 1 月 1 日起，现有企业执行表 2 规定的大气污染物排放限值。

4.3 自 2012 年 10 月 1 日起，新建企业执行表 2 规定的大气污染物排放限值。

表 2 新建企业大气污染物排放限值　　单位：mg/m³

序号	污染物项目	生产工艺或设施	排放限值	污染物排放监控位置
1	颗粒物	热轧精轧机	30	车间或生产设施排气筒
		废酸再生	30	
		热处理炉、拉矫、精整、抛丸、修磨、焊接机及其他生产设施	20	
2	二氧化硫	热处理炉	150	
3	氮氧化物（以 NO_2 计）	热处理炉	300	

序号	污染物项目	生产工艺或设施	排放限值	污染物排放监控位置
4	氯化氢	酸洗机组	20	车间或生产设施排气筒
		废酸再生	30	
5	硫酸雾	酸洗机组	10	
6	铬酸雾	涂镀层机组、酸洗机组	0.07	
7	硝酸雾（以 NO_2 计）	酸洗机组	150	
		废酸再生	240	
8	氟化物（以 F 计）	酸洗机组	6.0	
		废酸再生	9.0	
9	碱雾 (1)	脱脂	10	
10	油雾 (1)	轧制机组	30	
11	苯 (1)	涂层机组	8.0	
12	甲苯 (1)		40	
13	二甲苯 (1)		40	
14	非甲烷总烃		80	

注：（1）待国家污染物监测方法标准发布后实施。

4.4 根据环境保护工作的要求，在国土开发密度已经较高、环境承载能力开始减弱，或环境容量较小、生态环境脆弱，容易发生严重环境污染问题而需要采取特别保护措施的地区，应严格控制企业的污染物排放行为，在上述地区的企业执行表 3 规定的大气污染物特别排放限值。

执行大气污染物特别排放限值的地域范围、时间，由国务院环境保护行政主管部门或省级人民政府规定。

表 3 大气污染物特别排放限值

单位：mg/m^3

序号	污染物项目	生产工艺或设施	排放限值	污染物排放监控位置
1	颗粒物	热轧精轧机	20	车间或生产设施排气筒
		废酸再生	30	
		热处理炉、拉矫、精整、抛丸、修磨、焊接机及其他生产设施	15	
2	二氧化硫	热处理炉	150	
3	氮氧化物（以 NO_2 计）	热处理炉	300	
4	氯化氢	酸洗机组	15	
		废酸再生	30	
5	硫酸雾	酸洗机组	10	
6	铬酸雾	涂镀层机组、酸洗机组	0.07	
7	硝酸雾（以 NO_2 计）	酸洗机组	150	
		废酸再生	240	
8	氟化物（以 F 计）	酸洗机组	6.0	
		废酸再生	9.0	
9	碱雾 (1)	脱脂	10	
10	油雾 (1)	轧制机组	20	
11	苯 (1)	涂层机组	5.0	
12	甲苯 (1)		25	
13	二甲苯 (1)		40	
14	非甲烷总烃		50	

注：（1）待国家污染物监测方法标准发布后实施。

4.5 自标准实施之日起，轧钢生产企业大气污染物无组织排放限值应符合表 4 的规定。

表 4 大气污染物无组织排放限值

单位：mg/m^3

序号	污染物项目	生产工艺或设施	排放限值
1	颗粒物	板坯加热、磨辊作业、钢卷精整、酸再生下料	5.0
2	硫酸雾	酸洗机组及废酸再生	1.2
3	氯化氢		0.2
4	硝酸雾（以 NO_2 计）		0.12
5	苯	涂层机组	0.4
6	甲苯		2.4
7	二甲苯		1.2
8	非甲烷总烃		4.0

4.6 在现有企业生产、建设项目竣工环保验收及其后的生产过程中，负责监管的环境保护行政主管部门，应对周围居住、教学、医疗等用途的敏感区域环境空气质量进行监测。建设项目的具体监控范围为环境影响评价确定的周围敏感区域；未进行过环境影响评价的现有企业，监控范围由负责监管的环境保护行政主管部门，根据企业排污的特点和规律及当地的自然、气象条件等因素，参照相关环境影响评价技术导则确定。地方政府应对本辖区环境质量负责，采取措施确保环境状况符合环境质量标准要求。

4.7 产生大气污染物的生产工艺和装置必须设立局部或整体气体收集系统和净化处理装置，达标排放。

4.8 所有排气筒高度应不低于 15 m。排气筒周围半径 200 m 范围内有建筑物时，排气筒高度还应高出最高建筑物 3 m 以上。

4.9 对于热处理炉排气，应同时对排气中氧含量进行监测，实测排气筒中大气污染物排放浓度应按式（1）换算为含氧量 8%状态下的基准排放浓度，并以此作为判定排放是否达标的依据。在国家未规定其他生产设施单位产品基准排气量之前，暂以实测浓度作为判定大气污染物排放是否达标的依据。

$$\rho_{基} = \frac{21-8}{21-O_{实}} \cdot \rho_{实} \tag{1}$$

式中：$\rho_{基}$——大气污染物基准排放浓度，mg/m^3；

$\rho_{实}$——实测排气筒中大气污染物排放浓度，mg/m^3；

$O_{实}$——实测的干烟气中含氧量百分率，%。

5 大气污染物监测要求

5.1 对企业排放废气的采样应根据监测污染物的种类，在规定的污染物排放监控位置进行，有废气处理设施的，应在该设施后监控。在污染物排放监控位置须设置永久性排污口标志。

5.2 新建企业和现有企业安装污染物排放自动监控设备的要求，按有关法律和《污染源自动监控管理办法》的规定执行。

5.3 对企业大气污染物排放情况进行监测的频次、采样时间等要求，按国家有关污染源监测技术规范的规定执行。

5.4 排气筒中大气污染物的监测采样按 GB/T 16157—1996、HJ/T 397—2007 规定执行。

5.5 大气污染物无组织排放的采样点设在生产厂房门窗、屋顶、气楼等排放口处，并选浓度最大值。若无组织排放源是露天或有顶无围墙，监测点应选在距大气污染物排放源 5 m，最低高度 1.5 m 处任意点，并选浓度最大值。无组织排放监控点的采样，采用任何连续 1 h 的采样计平均值，或在任何 1 h

内，以等时间间隔采集 4 个样品计平均值。

5.6 企业应按照有关法律和《环境监测管理办法》的规定，对排污状况进行监测，并保存原始监测记录。

5.7 对大气污染物排放浓度的测定采用表 5 所列的方法标准。

表 5 大气污染物浓度测定方法标准

序号	污染物项目	方法标准名称	方法标准编号
1	颗粒物	固定污染源排气中颗粒物测定与气态污染物采样方法	GB/T 16157—1996
		环境空气 总悬浮颗粒物的测定 重量法	GB/T 15432—1995
2	二氧化硫	固定污染源排气中二氧化硫的测定 碘量法	HJ/T 56—1999
		固定污染源排气中二氧化硫的测定 定电位电解法	HJ/T 57—1999
		固定污染源废气 二氧化硫的测定 非分散红外吸收法	HJ 629—2011
3	氮氧化物	固定污染源排气中氮氧化物的测定 紫外分光光度法	HJ/T 42—1999
		固定污染源排气中氮氧化物的测定 盐酸萘乙二胺分光光度法	HJ/T 43—1999
4	铬酸雾	固定污染源排气中铬酸雾的测定 二苯基碳酰二肼分光光度法	HJ/T 29—1999
5	氯化氢	固定污染源排气中氯化氢的测定 硫氰酸汞分光光度法	HJ/T 27—1999
		固定污染源废气 氯化氢的测定 硝酸银容量法（暂行）	HJ 548—2009
		环境空气和废气 氯化氢的测定 离子色谱法（暂行）	HJ 549—2009
6	硫酸雾	固定污染源废气 硫酸雾测定 离子色谱法（暂行）	HJ 544—2009
7	硝酸雾	固定污染源排气中氮氧化物的测定 紫外分光光度法	HJ/T 42—1999
		固定污染源排气中氮氧化物的测定 盐酸萘乙二胺分光光度法	HJ/T 43—1999
8	氟化物	环境空气 氮氧化物（一氧化氮和二氧化氮）的测定 盐酸萘乙二胺分光光度法	HJ 479—2009
		大气固定污染源 氟化物的测定 离子选择电极法	HJ/T 67—2001
9	苯、甲苯及二甲苯	环境空气 苯系物的测定 固体吸附/热脱附-气相色谱法	HJ 583—2010
		环境空气 苯系物的测定 活性炭吸附/二硫化碳解吸-气相色谱法	HJ 584—2010
10	非甲烷总烃	固定污染源排气中非甲烷总烃的测定 气相色谱法	HJ/T 38—1999

6 实施与监督

6.1 本标准由县级以上人民政府环境保护行政主管部门负责监督实施。

6.2 在任何情况下，轧钢生产企业均应遵守本标准规定的大气污染物排放控制要求，采取必要措施保证污染防治设施正常运行。各级环保部门在对企业进行监督性检查时，可以现场即时采样或监测的结果，作为判定排污行为是否符合排放标准以及实施相关环境保护管理措施的依据。

中华人民共和国国家标准

炼钢工业大气污染物排放标准

Emission standard of air pollutants for steelmaking industry

GB 28664—2012

前 言

为贯彻《中华人民共和国环境保护法》《中华人民共和国大气污染防治法》《中华人民共和国海洋环境保护法》《国务院关于落实科学发展观 加强环境保护的决定》等法律、法规和《国务院关于编制全国主体功能区规划的意见》，保护环境，防治污染，促进炼钢工业生产工艺和污染治理技术的进步，制定本标准。

本标准规定了炼钢生产企业大气污染物的排放限值、监测和监控要求。为促进地区经济与环境协调发展，推动经济结构的调整和经济增长方式的转变，引导炼钢工业生产工艺和污染治理技术的发展方向，本标准规定了大气污染物特别排放限值。

本标准中的污染物排放浓度均为质量浓度。

炼钢生产企业排放的水污染物、恶臭污染物、环境噪声适用相应的国家污染物排放标准，产生固体废物的鉴别、处理和处置适用国家固体废物污染控制标准。

本标准为首次发布。

自本标准实施之日起，炼钢生产企业大气污染物的排放控制按本标准的规定执行，不再执行《大气污染物综合排放标准》（GB 16297—1996）和《工业炉窑大气污染物排放标准》（GB 9078—1996）中的相关规定。

地方省级人民政府对本标准未作规定的污染物项目，可以制定地方污染物排放标准；对本标准已作规定的污染物项目，可以制定严于本标准的地方污染物排放标准。

本标准由环境保护部科技标准司组织制订。

本标准起草单位：宝山钢铁股份有限公司、上海宝钢工程技术有限公司、环境保护部环境标准研究所。

本标准环境保护部 2012 年 6 月 15 日批准。

本标准自 2012 年 10 月 1 日起实施。

本标准由环境保护部解释。

1 适用范围

本标准规定了炼钢生产企业或生产设施大气污染物排放限值、监测和监控要求，以及标准的实施与监督等相关规定。

本标准适用于现有炼钢生产企业或生产设施大气污染物排放管理，以及炼钢工业建设项目的环境影响评价、环境保护设施设计、竣工环境保护验收及其投产后的大气污染物排放管理。

本标准只适用于法律允许的污染物排放行为；新设立污染源的选址和特殊保护区域内现有污染源的管理，按照《中华人民共和国大气污染防治法》《中华人民共和国水污染防治法》《中华人民共和国海洋环境保护法》《中华人民共和国固体废物污染环境防治法》《中华人民共和国放射性污染防治法》《中华人民共和国环境影响评价法》等法律、法规、规章的相关规定执行。

2　规范性引用文件

本标准内容引用了下列文件中的条款。

GB/T 15432—1995　环境空气　总悬浮颗粒物的测定　重量法

GB/T 16157—1996　固定污染源排气中颗粒物测定与气态污染物采样方法

HJ/T 67—2001　大气固定污染源　氟化物的测定　离子选择电极法

HJ/T 77.2—2008　环境空气和废气　二噁英类的测定　同位素稀释高分辨气相色谱-高分辨质谱法

HJ/T 397—2007　固定源废气监测技术规范

《污染源自动监控管理办法》（国家环境保护总局令 第 28 号）

《环境监测管理办法》（国家环境保护总局令 第 39 号）

3　术语和定义

下列术语和定义适用本标准。

3.1　炼钢　steelmaking

将炉料（如铁水、废钢、海绵铁、铁合金等）熔化、升温、提纯，使之符合成分和纯净度要求的过程，涉及的生产工艺包括铁水预处理、熔炼、炉外精炼（二次冶金）和浇铸（连铸）。

3.2　现有企业　existing facility

本标准实施之日前，已建成投产或环境影响评价文件已通过审批的炼钢生产企业或生产设施，含废钢加工、石灰焙烧、白云石焙烧。

3.3　新建企业　new facility

自本标准实施之日起，环境影响评价文件通过审批的新、改、扩建炼钢工业建设项目，含废钢加工、石灰焙烧、白云石焙烧。

3.4　标准状态　standard condition

温度为 273.15 K，压力为 101.325 kPa 时的状态。本标准规定的大气污染物排放浓度均以标准状态下的干气体为基准。

3.5　铁水预处理　hot metal pretreatment

为了提高炼钢熔炼效率，铁水在进入炼钢炉前，先行去除某些有害成分的处理过程，主要包括脱硫、脱硅、脱磷等预处理。

3.6　转炉炼钢　converter steelmaking

利用吹入炉内的氧与铁水中的元素碳、硅、锰、磷反应放出热量进行的冶炼过程。

3.7　电炉炼钢　electric furnace steelmaking

利用电能作热源进行的冶炼过程，主要为电弧炉。

3.8　炉外精炼　external refining

为了提高钢的质量或提高生产效率，将在转炉或电炉中的精炼任务转移到钢包或专门的容器中进行的二次冶金过程。其主要目的是脱氧、脱气、脱硫、深脱碳、去除夹杂物和成分微调等。

3.9 浇铸 casting

将炼钢过程（包括二次冶金）生产出的合格液态钢通过一定的凝固成型工艺制成具有特定要求的固态材料的加工过程，主要有铸钢、钢锭浇铸和连铸。炼钢厂浇注工艺主要是连铸。

3.10 一次烟气 primary flue gas

转炉炼钢煤气回收过程因煤气不合格不能回收而放散的烟气。

3.11 二次烟气 secondary flue gas

转炉炼钢除一次烟气之外，兑铁水、加料、出渣、出钢等生产过程产生的所有含尘烟气。

3.12 颗粒物 particulates

生产过程中排放的炉窑烟尘和生产性粉尘的总称。

3.13 二噁英类 dioxins

多氯代二苯并-对-二噁英（PCDDs）和多氯代二苯并呋喃（PCDFs）的统称。

3.14 毒性当量因子 toxicity equivalency factor（TEF）

各二噁英类同类物与2,3,7,8-四氯代二苯并-对-二噁英对Ah受体的亲和性能之比。

3.15 毒性当量 toxic equivalent quantity（TEQ）

各二噁英类同类物浓度折算为相当于2,3,7,8-四氯代二苯并-对-二噁英毒性的等价浓度，毒性当量浓度为实测浓度与该异构体的毒性当量因子的乘积。

3.16 排气筒高度 stack height

自排气筒（或其主体建筑构造）所在的地平面至排气筒出口的高度，单位为m。

4 大气污染物排放控制要求

4.1 自2012年10月1日起至2014年12月31日止，现有企业执行表1规定的大气污染物排放限值。

表1 现有企业大气污染物排放限值 单位：mg/m^3（二噁英类除外）

污染物项目	生产工序或设施	排放限值	污染物排放监控位置
颗粒物	转炉（一次烟气）	100	车间或生产设施排气筒
	混铁炉及铁水预处理（包括倒罐、扒渣等）、转炉（二次烟气）、电炉、精炼炉	50	
	连铸切割及火焰清理、石灰窑、白云石窑焙烧	50	
	钢渣处理	100	
	其他生产设施	50	
二噁英类（ngTEQ/m^3）	电炉	1.0	
氟化物（以F计）	电渣冶金	6.0	

4.2 自2015年1月1日起，现有企业执行表2规定的大气污染物排放限值。

4.3 自2012年10月1日起，新建企业执行表2规定的大气污染物排放限值。

4.4 根据环境保护工作的要求，在国土开发密度已经较高、环境承载能力开始减弱，或环境容量较小、生态环境脆弱，容易发生严重环境污染问题而需要采取特别保护措施的地区，应严格控制企业的污染物排放行为，在上述地区的企业执行表3规定的大气污染物特别排放限值。

执行大气污染物特别排放限值的地域范围、时间，由国务院环境保护行政主管部门或省级人民政府规定。

表 2 新建企业大气污染物排放限值 单位：mg/m^3（二噁英类除外）

污染物项目	生产工序或设施	排放限值	污染物排放监控位置
颗粒物	转炉（一次烟气）	50	车间或生产设施排气筒
	铁水预处理（包括倒罐、扒渣等）、转炉（二次烟气）、电炉、精炼炉	20	
	连铸切割及火焰清理、石灰窑、白云石窑焙烧	30	
	钢渣处理	100	
	其他生产设施	20	
二噁英类（$ngTEQ/m^3$）	电炉	0.5	
氟化物（以 F 计）	电渣冶金	5.0	

表 3 大气污染物特别排放限值 单位：mg/m^3（二噁英类除外）

污染物项目	生产工序或设施	排放限值	污染物排放监控位置
颗粒物	转炉（一次烟气）	50	车间或生产设施排气筒
	铁水预处理（包括倒罐、扒渣等）、转炉（二次烟气）、电炉、精炼炉	15	
	连铸切割及火焰清理、石灰窑、白云石窑焙烧	30	
	钢渣处理	100	
	其他生产设施	15	
二噁英类（$ngTEQ/m^3$）	电炉	0.5	
氟化物（以 F 计）	电渣冶金	5.0	

4.5 自标准实施之日起，炼钢生产企业颗粒物无组织排放限值应符合表 4 的规定。

表 4 颗粒物无组织排放限值 单位：mg/m^3

序号	无组织排放源	排放限值
1	有厂房生产车间	8.0
2	无完整厂房车间	5.0

4.6 在现有企业生产、建设项目竣工环保验收及其后的生产过程中，负责监管的环境保护行政主管部门，应对周围居住、教学、医疗等用途的敏感区域环境空气质量进行监测。建设项目的具体监控范围为环境影响评价确定的周围敏感区域；未进行过环境影响评价的现有企业，监控范围由负责监管的环境保护行政主管部门，根据企业排污的特点和规律及当地的自然、气象条件等因素，参照相关环境影响评价技术导则确定。地方政府应对本辖区环境质量负责，采取措施确保环境状况符合环境质量标准要求。

4.7 产生大气污染物的生产工艺和装置必须设立局部或整体气体收集系统和净化处理装置，达标排放。

4.8 所有排气筒高度应不低于 15 m。排气筒周围半径 200 m 范围内有建筑物时，排气筒高度还应高出最高建筑物 3 m 以上。

4.9 对于石灰窑、白云石窑排气，应同时对排气中氧含量进行监测，实测排气筒中大气污染物排放浓度应按公式（1）换算为含氧量 8%状态下的基准排放浓度，并以此作为判定排放是否达标的依据。在国家未规定其他生产设施单位产品基准排气量之前，暂以实测浓度作为判定大气污染物排放是否达标的依据。

$$\rho_{基}=\frac{21-8}{21-O_{实}}\cdot\rho_{实} \quad (1)$$

式中：$\rho_{基}$——大气污染物基准排放浓度，mg/m^3；

$\rho_{实}$——实测的大气污染物排放浓度，mg/m^3；

$O_{实}$——实测的石灰窑、白云石窑干烟气中含氧量，%。

5 大气污染物监测要求

5.1 对企业排放废气的采样应根据监测污染物的种类，在规定的污染物排放监控位置进行，有废气处理设施的，应在该设施后监控。在污染物排放监控位置须设置永久性排污口标志。

5.2 新建企业和现有企业安装污染物排放自动监控设备的要求，按有关法律和《污染源自动监控管理办法》的规定执行。

5.3 对企业大气污染物排放情况进行监测的频次、采样时间等要求，按国家有关污染源监测技术规范的规定执行。二噁英类指标每年监测一次。

5.4 排气筒中大气污染物的监测采样按 GB/T 16157—1996、HJ/T 397—2007 规定执行。

5.5 大气污染物无组织排放的采样点设在生产厂房门窗、屋顶、气楼等排放口处，并选浓度最大值。若无组织排放源是露天或有顶无围墙，监测点应选在距颗粒物排放源 5 m，最低高度 1.5 m 处任意点，并选浓度最大值。无组织排放监控点的采样，采用任何连续 1 h 的采样计平均值，或在任何 1 h 内，以等时间间隔采集 4 个样品计平均值。

5.6 企业应按照有关法律和《环境监测管理办法》的规定，对排污状况进行监测，并保存原始监测记录。

5.7 对大气污染物排放浓度的测定采用表 5 所列的方法标准。

表 5 大气污染物浓度测定方法标准

序号	污染物项目	方法标准名称	方法标准编号
1	颗粒物	固定污染源排气中颗粒物测定与气态污染物采样方法	GB/T 16157—1996
		环境空气　总悬浮颗粒物的测定　重量法	GB/T 15432—1995
2	氟化物	大气固定污染源　氟化物的测定　离子选择电极法	HJ/T 67—2001
3	二噁英类	环境空气和废气　二噁英类的测定　同位素稀释高分辨气相色谱-高分辨质谱法	HJ/T 77.2—2008

6 实施与监督

6.1 本标准由县级以上人民政府环境保护行政主管部门负责监督实施。

6.2 在任何情况下，炼钢生产企业均应遵守本标准的大气污染物排放控制要求，采取必要措施保证污染防治设施正常运行。各级环保部门在对企业进行监督性检查时，可以现场即时采样或监测的结果，作为判定排污行为是否符合排放标准以及实施相关环境保护管理措施的依据。

中华人民共和国国家标准

炼铁工业大气污染物排放标准

Emission standard of air pollutants for ironmaking industry

GB 28663—2012

前 言

为贯彻《中华人民共和国环境保护法》《中华人民共和国大气污染防治法》《国务院关于落实科学发展观 加强环境保护的决定》等法律、法规和《国务院关于编制全国主体功能区规划的意见》，保护环境，防治污染，促进炼铁工业生产工艺和污染治理技术的进步，制定本标准。

本标准规定了炼铁生产企业大气污染物浓度排放限值、监测和监控要求。为促进地区经济与环境协调发展，推动经济结构的调整和经济增长方式的转变，引导炼铁工业生产工艺和污染治理技术的发展方向，本标准规定了大气污染物特别排放限值。

本标准中的污染物排放浓度均为质量浓度。

炼铁生产企业排放的水污染物、恶臭污染物、环境噪声适用相应的国家污染物排放标准，产生固体废物的鉴别、处理和处置适用国家固体废物污染控制标准。

本标准为首次发布。

自本标准实施之日起，炼铁生产企业大气污染物排放控制按本标准的规定执行，不再执行《工业炉窑大气污染物排放标准》（GB 9078—1996）和《大气污染物综合排放标准》（GB 16297—1996）中的相关规定。

地方省级人民政府对本标准未作规定的污染物项目，可以制定地方污染物排放标准；对本标准已作规定的污染物项目，可以制定严于本标准的地方污染物排放标准。

本标准由环境保护部科技标准司组织制订。

本标准起草单位：中钢集团天澄环保科技股份有限公司、环境保护部环境标准研究所。

本标准环境保护部 2012 年 6 月 15 日批准。

本标准自 2012 年 10 月 1 日起实施。

本标准由环境保护部解释。

1 适用范围

本标准规定了炼铁生产企业或生产设施大气污染物排放限值、监测和监控要求，以及标准的实施与监督等相关规定。

本标准适用于现有炼铁生产企业或生产设施大气污染物排放管理，以及炼铁工业建设项目的环境影响评价、环境保护设施设计、竣工环境保护验收及其投产后的大气污染物排放管理。

本标准适用于法律允许的污染物排放行为；新设立污染源的选址和特殊保护区域内现有污染源的

管理，按照《中华人民共和国大气污染防治法》《中华人民共和国水污染防治法》《中华人民共和国海洋环境保护法》《中华人民共和国固体废物污染环境防治法》《中华人民共和国环境影响评价法》等法律、法规、规章的相关规定执行。

2　规范性引用文件

本标准内容引用了下列文件或其中的条款。

GB/T 15432—1995　环境空气　总悬浮颗粒物的测定　重量法

GB/T 16157—1996　固定污染源排气中颗粒物测定与气态污染物采样方法

HJ/T 42—1999　固定污染源排气中氮氧化物的测定　紫外分光光度法

HJ/T 43—1999　固定污染源排气中氮氧化物的测定　盐酸萘乙二胺分光光度法

HJ/T 56—2000　固定污染源排气中二氧化硫的测定　碘量法

HJ/T 57—2000　固定污染源排气中二氧化硫的测定　定电位电解法

HJ/T 397—2007　固定源废气监测技术规范

HJ 629—2011　固定污染源废气　二氧化硫的测定　非分散红外吸收法

《污染源自动监控管理办法》（国家环境保护总局令 第 28 号）

《环境监测管理办法》（国家环境保护总局令 第 39 号）

3　术语和定义

下列术语和定义适用于本标准。

3.1　高炉炼铁　blast furnace ironmaking

采用高炉冶炼生铁的生产过程。高炉是工艺流程的主体，从其上部装入的铁矿石、燃料和熔剂向下运动，下部鼓入空气燃料燃烧，产生大量的高温还原性气体向上运动；炉料经过加热、还原、熔化、造渣、渗碳、脱硫等一系列物理化学过程，最后生成液态炉渣和生铁。

3.2　现有企业　existing facility

本标准实施之日前，已建成投产或环境影响评价文件已通过审批的炼铁生产企业或生产设施。

3.3　新建企业　new facility

自本标准实施之日起，环境影响评价文件通过审批的新建、改建和扩建的炼铁工业生产设施建设项目。

3.4　标准状态　standard condition

温度为 273.15 K，压力为 101 325 Pa 时的状态。本标准规定的大气污染物排放浓度均以标准状态下的干气体为基准。

3.5　高炉出铁场　blast furnace cast house

高炉冶炼出铁时的场所，包括出铁口、主沟、砂口、铁沟、渣沟、罐位、摆动流嘴等生产设施所在场所，也称高炉炉前。

3.6　热风炉　hot blast stove

供风系统为高炉提供热风的蓄热式换热装置。

3.7　原料系统　raw material system

为高炉冶炼准备原料的设施，包括贮矿仓、贮矿槽、焦槽、槽上运料设备（火车与矿车或皮带）、矿石与焦炭的槽下筛分设备（振动筛）、返矿和返焦运输设备（皮带及转运站）、入炉矿石和焦炭的称量设备、将炉料运送至炉顶的皮带、上料车、炉顶受料斗等。

3.8 煤粉系统 pulverized coal system

磨煤机、煤粉输送设备及管道、高炉煤粉贮存及喷吹罐、混合器，分配调节器、喷枪、压缩空气及安全保护系统等。

3.9 颗粒物 particulates

生产过程中排放的炉窑烟尘和生产性粉尘的总称。

3.10 排气筒高度 stack height

自排气筒（或其主体建筑构造）所在的地平面至排气筒出口的高度，单位为 m。

4 大气污染物排放控制要求

4.1 自 2012 年 10 月 1 日起至 2014 年 12 月 31 日止，现有企业执行表 1 规定的大气污染物排放限值。

表 1 现有企业大气污染物排放限值

单位：mg/m^3

生产工序或设施	污染物项目	排放限值	污染物监控位置
热风炉	颗粒物	50	车间或生产设施排气筒
	二氧化硫	100	
	氮氧化物（以 NO_2 计）	300	
原料系统、煤粉系统、高炉出铁场、其他生产设施	颗粒物	50	

4.2 自 2015 年 1 月 1 日起，现有企业执行表 2 规定的大气污染物排放限值。

4.3 自 2012 年 10 月 1 日起，新建企业执行表 2 规定的大气污染物排放限值。

表 2 新建企业大气污染物排放限值

单位：mg/m^3

生产工序或设施	污染物项目	排放限值	污染物监控位置
热风炉	颗粒物	20	车间或生产设施排气筒
	二氧化硫	100	
	氮氧化物（以 NO_2 计）	300	
原料系统、煤粉系统、高炉出铁场、其他生产设施	颗粒物	25	

4.4 根据环境保护工作的要求，在国土开发密度已经较高、环境承载能力开始减弱，或环境容量较小、生态环境脆弱，容易发生严重环境污染问题而需要采取特别保护措施的地区，应严格控制企业的污染物排放行为，在上述地区的企业执行表 3 规定的大气污染物特别排放限值。

执行大气污染物特别排放限值的地域范围、时间，由国务院环境保护行政主管部门或省级人民政府规定。

4.5 自标准实施之日起，炼铁生产企业颗粒物无组织排放限值应符合表 4 的规定。

4.6 在现有企业生产、建设项目竣工环保验收及其后的生产过程中，负责监管的环境保护行政主管部门，应对周围居住、教学、医疗等用途的敏感区域环境空气质量进行监测。建设项目的具体监控范围为环境影响评价确定的周围敏感区域；未进行过环境影响评价的现有企业，监控范围由负责监管的环境保护行政主管部门，根据企业排污的特点和规律及当地的自然、气象条件等因素，参照相关环境影响评价技术导则确定。地方政府应对本辖区环境质量负责，采取措施确保环境状况符合环境质量标准要求。

表 3 大气污染物特别排放限值

单位：mg/m^3

生产工序或设施	污染物项目	排放限值	污染物监控位置
热风炉	颗粒物	15	车间或生产设施排气筒
	二氧化硫	100	
	氮氧化物（以 NO_2 计）	300	
高炉出铁场	颗粒物	15	
原料系统、煤粉系统、其他生产设施		10	

表 4 颗粒物无组织排放限值

单位：mg/m^3

序号	无组织排放源	排放限值
1	有厂房生产车间	8.0
2	无完整厂房车间	5.0

4.7 产生大气污染物的生产工艺和装置必须设立局部或整体气体收集系统和净化处理装置，达标排放。

4.8 所有排气筒高度应不低于 15 m。排气筒周围半径 200 m 范围内有建筑物时，排气筒高度还应高出最高建筑物 3 m 以上。

4.9 在国家未规定生产单位产品基准排气量之前，以实测浓度作为判定大气污染物排放是否达标的依据。

5 大气污染物监测要求

5.1 对企业排放废气的采样应根据监测污染物的种类，在规定的污染物排放监控位置进行，有废气处理设施的，应在该设施后监控。在污染物排放监控位置须设置永久性排污口标志。

5.2 新建企业和现有企业安装污染物排放自动监控设备的要求，按有关法律和《污染源自动监控管理办法》的规定执行。

5.3 对企业大气污染物排放情况进行监测的频次、采样时间等要求，按国家有关污染源监测技术规范的规定执行。

5.4 排气筒中大气污染物的监测采样按 GB/T 16157—1996、HJ/T 397—2007 规定执行。

5.5 大气污染物无组织排放的采样点设在生产厂房门窗、屋顶、气楼等排放口处，并选浓度最大值。若无组织排放源是露天或有顶无围墙，监测点应选在距颗粒物排放源 5 m，最低高度 1.5 m 处任意点，并选浓度最大值。无组织排放监控点的采样，采用任何连续 1 h 的采样计平均值，或在任何 1 h 内，以等时间间隔采集 4 个样品计平均值。

5.6 企业应按照有关法律和《环境监测管理办法》的规定，对排污状况进行监测，并保存原始监测记录。

5.7 对大气污染物排放浓度的测定采用表 5 所列的方法标准。

表 5 大气污染物浓度测定方法标准

序号	污染物项目	方法标准名称	标准编号
1	颗粒物	固定污染源排气中颗粒物测定与气态污染物采样方法	GB/T 16157—1996
		环境空气 总悬浮颗粒物的测定 重量法	GB/T 15432—1995

序号	污染物项目	方法标准名称	标准编号
2	二氧化硫	固定污染源排气中二氧化硫的测定　碘量法	HJ/T 56—2000
		固定污染源排气中二氧化硫的测定　定电位电解法	HJ/T 57—2000
		固定污染源废气　二氧化硫的测定　非分散红外吸收法	HJ 629—2011
3	氮氧化物	固定污染源排气中氮氧化物的测定　紫外分光光度法	HJ/T 42—1999
		固定污染源排气中氮氧化物的测定　盐酸萘乙二胺分光光度法	HJ/T 43—1999

6　实施与监督

6.1　本标准由县级以上人民政府环境保护行政主管部门负责监督实施。

6.2　在任何情况下，炼铁生产企业均应遵守本标准的大气污染物排放控制要求，采取必要措施保证污染防治设施正常运行。各级环保部门在对企业进行监督性检查时，可以现场即时采样或监测的结果，作为判定排污行为是否符合排放标准以及实施相关环境保护管理措施的依据。

中华人民共和国国家标准

钢铁烧结、球团工业大气污染物排放标准

Emission standard of air pollutants for sintering and pelletizing of iron and steel industry

GB 28662—2012

前 言

为贯彻《中华人民共和国环境保护法》《中华人民共和国大气污染防治法》《国务院关于落实科学发展观 加强环境保护的决定》等法律、法规和《国务院关于编制全国主体功能区规划的意见》，保护环境，防治污染，促进钢铁烧结及球团工业生产工艺和污染治理技术的进步，制定本标准。

本标准规定了钢铁烧结及球团生产企业大气污染物排放限值、监测和监控要求。为促进地区经济与环境协调发展，推动经济结构的调整和经济增长方式的转变，引导钢铁烧结及球团生产工艺和污染治理技术的发展方向，本标准规定了大气污染物特别排放限值。

本标准中的污染物排放浓度均为质量浓度。

钢铁烧结及球团生产企业排放水污染物、恶臭污染物和环境噪声适用相应的国家污染物排放标准，产生固体废物的鉴别、处理和处置适用国家固体废物污染控制标准。

本标准为首次发布。

自本标准实施之日起，钢铁烧结及球团生产企业大气污染物排放控制执行本标准的规定，不再执行《大气污染物综合排放标准》（GB 16297—1996）和《工业炉窑大气污染物排放标准》（GB 9078—1996）中的相关规定。

地方省级人民政府对本标准未作规定的污染物项目，可以制定地方污染物排放标准；对本标准已作规定的污染物项目，可以制定严于本标准的地方污染物排放标准。

本标准由环境保护部科技标准司组织制订。

本标准起草单位：鞍钢集团设计研究院、环境保护部环境标准研究所。

本标准环境保护部 2012 年 6 月 15 日批准。

本标准自 2012 年 10 月 1 日起实施。

本标准由环境保护部解释。

1 适用范围

本标准规定了钢铁烧结及球团生产企业或生产设施的大气污染物排放限值、监测和监控要求，以及标准的实施与监督等相关规定。

本标准适用于现有钢铁烧结及球团生产企业或生产设施的大气污染物排放管理，以及钢铁烧结及球团工业建设项目的环境影响评价、环境保护设施设计、竣工环境保护验收及其投产后的大气污染物

排放管理。

本标准适用于法律允许的污染物排放行为。新设立污染源的选址和特殊保护区域内现有污染源的管理，按照《中华人民共和国大气污染防治法》《中华人民共和国水污染防治法》《中华人民共和国海洋环境保护法》《中华人民共和国固体废物污染环境防治法》《中华人民共和国环境影响评价法》等法律、法规、规章的相关规定执行。

2 规范性引用文件

本标准内容引用了下列文件中的条款。

GB/T 15432—1995 环境空气 总悬浮颗粒物的测定 重量法

GB/T 16157—1996 固定污染源排气中颗粒物测定与气态污染物采样方法

HJ/T 42—1999 固定污染源排气中氮氧化物的测定 紫外分光光度法

HJ/T 43—1999 固定污染源排气中氮氧化物的测定 盐酸萘乙二胺分光光度法

HJ/T 56—2000 固定污染源排气中二氧化硫的测定 碘量法

HJ/T 57—2000 固定污染源排气中二氧化硫的测定 定电位电解法

HJ/T 67—2001 大气固定污染源 氟化物的测定 离子选择电极法

HJ/T 77.2—2008 环境空气和废气 二噁英类的测定 同位素稀释高分辨气相色谱-高分辨质谱法

HJ 629—2011 固定污染源废气 二氧化硫的测定 非分散红外吸收法

HJ/T 397—2007 固定源废气监测技术规范

《污染源自动监控管理办法》（国家环境保护总局令 第 28 号）

《环境监测管理办法》（国家环境保护总局令 第 39 号）

3 术语和定义

下列术语和定义适用于本标准。

3.1 烧结 sintering

铁粉矿等含铁原料加入熔剂和固体燃料，按要求的比例配合，加水混合制粒后，平铺在烧结机台车上，经点火抽风，使其燃料燃烧，烧结料部分熔化黏结成块状的过程。

3.2 球团 pelletizing

铁精矿等原料与适量的膨润土均匀混合后，通过造球机造出生球，然后高温焙烧，使球团氧化固结的过程。

3.3 现有企业 existing facility

本标准实施之日前，已建成投产或环境影响评价文件已通过审批的烧结及球团生产企业或生产设施。

3.4 新建企业 new facility

自本标准实施之日起，环境影响评价文件通过审批的新建、改建和扩建的烧结及球团工业建设项目。

3.5 标准状态 standard condition

温度为 273.15 K，压力为 101 325 Pa 时的状态。本标准规定的大气污染物排放浓度均以标准状态下的干气体为基准。

3.6 烧结（球团）设备 sintering（pelletizing）equipment

生产烧结矿（球团矿）的烧结机，包括竖炉、带式焙烧机和链篦机-回转窑等设备。

3.7 其他生产设备 other production equipment

除烧结（球团）设备以外的所有生产设备。

3.8 颗粒物 particulates

生产过程中排放的炉窑烟尘和生产性粉尘的总称。

3.9 二噁英类 dioxins

多氯代二苯并-对-二噁英（PCDDs）和多氯代二苯并呋喃（PCDFs）的统称。

3.10 毒性当量因子 toxicity equivalency factor（TEF）

各二噁英类同类物与2,3,7,8-四氯代二苯并-对-二噁英对Ah受体的亲和性能之比。

3.11 毒性当量 toxic equivalent quantity（TEQ）

各二噁英类同类物浓度折算为相当于2,3,7,8-四氯代二苯并-对-二噁英毒性的等价浓度，毒性当量浓度为实测浓度与该异构体的毒性当量因子的乘积。

3.12 排气筒高度 stack height

自排气筒（或其主体建筑构造）所在的平面至排气筒出口的高度，单位为m。

4 大气污染物排放控制要求

4.1 自2012年10月1日起至2014年12月31日止，现有企业执行表1规定的大气污染物排放限值。

表1 现有企业大气污染物排放限值 单位：mg/m^3（二噁英类除外）

生产工序或设施	污染物项目	排放限值	污染物排放监控位置
烧结机 球团焙烧设备	颗粒物	80	车间或生产设施排气筒
	二氧化硫	600	
	氮氧化物（以NO_2计）	500	
	氟化物（以F计）	6.0	
	二噁英类（$ngTEQ/m^3$）	1.0	
烧结机机尾 带式焙烧机机尾 其他生产设备	颗粒物	50	

4.2 自2015年1月1日起，现有企业执行表2规定的大气污染物排放限值。

表2 新建企业大气污染物排放限值 单位：mg/m^3（二噁英类除外）

生产工序或设施	污染物项目	排放限值	污染物排放监控位置
烧结机 球团焙烧设备	颗粒物	50	车间或生产设施排气筒
	二氧化硫	200	
	氮氧化物（以NO_2计）	300	
	氟化物（以F计）	4.0	
	二噁英类（$ngTEQ/m^3$）	0.5	
烧结机机尾 带式焙烧机机尾 其他生产设备	颗粒物	30	

4.3 自2012年10月1日起，新建企业执行表2规定的大气污染物排放限值。

4.4 根据环境保护工作的要求，在国土开发密度已经较高、环境承载能力开始减弱，或环境容量较小、生态环境脆弱，容易发生严重环境污染问题而需要采取特别保护措施的地区，应严格控制企业的污染物排放行为，在上述地区的企业执行表 3 规定的大气污染物特别排放限值。

执行大气污染物特别排放限值的地域范围、时间，由国务院环境保护行政主管部门或省级人民政府规定。

表 3 大气污染物特别排放限值 单位：mg/m^3（二噁英类除外）

生产工序或设施	污染物项目	排放限值	污染物排放监控位置
烧结机 球团焙烧设备	颗粒物	40	车间或生产设施排气筒
	二氧化硫	180	
	氮氧化物（以 NO_2 计）	300	
	氟化物（以 F 计）	4.0	
	二噁英类（$ngTEQ/m^3$）	0.5	
烧结机机尾 带式焙烧机机尾 其他生产设备	颗粒物	20	

4.5 自标准实施之日起，钢铁烧结及球团生产企业颗粒物无组织排放限值应符合表 4 的规定。

表 4 颗粒物无组织排放限值 单位：mg/m^3

序号	无组织排放源	排放限值
1	有厂房生产车间	8.0
2	无完整厂房车间	5.0

4.6 在现有企业生产、建设项目竣工环保验收及其后的生产过程中，负责监管的环境保护行政主管部门，应对周围居住、教学、医疗等用途的敏感区域环境空气质量进行监测。建设项目的具体监控范围为环境影响评价确定的周围敏感区域；未进行过环境影响评价的现有企业，监控范围由负责监管的环境保护行政主管部门，根据企业排污的特点和规律及当地的自然、气象条件等因素，参照相关环境影响评价技术导则确定。地方政府应对本辖区环境质量负责，采取措施确保环境状况符合环境质量标准要求。

4.7 产生大气污染物的生产工艺和装置必须设立局部或整体气体收集系统和净化处理装置，达标排放。

4.8 所有排气筒高度应不低于 15 m。排气筒周围半径 200 m 范围内有建筑物时，排气筒高度还应高出最高建筑物 3 m 以上。

4.9 在国家未规定生产单位产品基准排气量之前，以实测浓度作为判定大气污染物排放是否达标的依据。

5 大气污染物监测要求

5.1 对企业排放废气的采样应根据监测污染物的种类，在规定的污染物排放监控位置进行，有废气处理设施的，应在该设施后监控。在污染物排放监控位置须设置永久性排污口标志。

5.2 新建企业和现有企业安装污染物排放自动监控设备的要求，按有关法律和《污染源自动监控管理办法》的规定执行。

5.3 对企业大气污染物排放情况进行监测的频次、采样时间等要求，按国家有关污染源监测技术规范的规定执行。二噁英类指标每年监测一次。

5.4 排气筒中大气污染物的监测采样按 GB/T 16157—1996、HJ/T 397—2007 规定执行。

5.5 大气污染物无组织排放的采样点设在生产厂房门窗、屋顶、气楼等排放口处，并选浓度最大值。若无组织排放源是露天或有顶无围墙，监测点应选在距颗粒物排放源 5 m，最低高度 1.5 m 处任意点，并选浓度最大值。无组织排放监控点的采样，采用任何连续 1 h 的采样计平均值，或在任何 1 h 内，以等时间间隔采集 4 个样品计平均值。

5.6 企业应按照有关法律和《环境监测管理办法》的规定，对排污状况进行监测，并保存原始监测记录。

5.7 对大气污染物排放浓度的测定采用表 5 所列的方法标准。

表 5 大气污染物浓度测定方法标准

序号	污染物项目	方法标准名称	标准编号
1	颗粒物	固定污染源排气中颗粒物测定与气态污染物采样方法	GB/T 16157—1996
		环境空气 总悬浮颗粒物的测定 重量法	GB/T 15432—1995
2	二氧化硫	固定污染源排气中二氧化硫的测定 碘量法	HJ/T 56—2000
		固定污染源排气中二氧化硫的测定 定电位电解法	HJ/T 57—2000
		固定污染源废气 二氧化硫的测定 非分散红外吸收法	HJ 629—2011
3	氮氧化物	固定污染源排气中氮氧化物的测定 紫外分光光度法	HJ/T 42—1999
		固定污染源排气中氮氧化物的测定 盐酸萘乙二胺分光光度法	HJ/T 43—1999
4	氟化物	大气固定污染源 氟化物的测定 离子选择电极法	HJ/T 67—2001
5	二噁英类	环境空气和废气 二噁英类的测定 同位素稀释高分辨气相色谱-高分辨质谱法	HJ/T 77.2—2008

6 实施与监督

6.1 本标准由县级以上人民政府环境保护行政主管部门负责监督实施。

6.2 在任何情况下，钢铁烧结及球团生产企业均应遵守本标准的大气污染物排放控制要求，采取必要措施保证污染防治设施正常运行。各级环保部门在对企业进行监督性检查时，可以现场即时采样或监测的结果，作为判定排污行为是否符合排放标准以及实施相关环境保护管理措施的依据。

中华人民共和国国家标准

饮食业油烟排放标准（试行）

Emission standard of cooking fume

GB 18483—2001
代替 GWPB 5—2000

前　言

为贯彻《中华人民共和国大气污染防治法》，防治饮食业油烟对大气环境和居住环境的污染，制订本标准。

本标准规定了饮食业单位油烟的最高允许排放浓度和油烟净化设备的最低去除效率。

本标准内容（包括实施时间）等同于 2000 年 2 月 29 日国家环境保护总局发布的《饮食业油烟排放标准》（试行）（GWPB 5—2000），自本标准实施之日起，代替 GWPB 5—2000。

本标准由国家环境保护总局负责解释。

1　主题内容与适用范围

1.1　主题内容

本标准规定了饮食业单位油烟的最高允许排放浓度和油烟净化设施的最低去除效率。

1.2　适用范围

1.2.1　本标准适用于城市建成区。

1.2.2　本标准适用于现有饮食业单位的油烟排放管理，以及新设立饮食业单位的设计、环境影响评价、环境保护设施竣工验收及其经营期间的油烟排放管理；排放油烟的食品加工单位和非经营性单位内部职工食堂，参照本标准执行。

1.2.3　本标准不适用于居民家庭油烟排放。

2　引用标准

下列标准所包含的条文，通过在本标准中引用而构成为本标准的条文：

GB 3095—1996　环境空气质量标准

GB/T 16157—1996　固定污染源排气中颗粒物和气态污染物采样方法

GB 14554—1993　恶臭污染物排放标准

3　定义

本标准采用下列定义。

3.1 标准状态

指温度为 273 K，压力为 101 325 Pa 时的状态。本标准规定的浓度标准值均为标准状态下的干烟气数值。

3.2 油烟

指食物烹饪、加工过程中挥发的油脂、有机质及其加热分解或裂解产物，统称为油烟。

3.3 城市

与《中华人民共和国城市规划法》关于城市的定义相同，即：国家按行政建制设立的直辖市、市、镇。

3.4 饮食业单位

处于同一建筑物内，隶属于同一法人的所有排烟灶头，计为一个饮食业单位。

3.5 无组织排放

未经任何油烟净化设施净化的油烟排放。

3.6 油烟去除效率

指油烟经净化设施处理后，被去除的油烟与净化之前的油烟的质量的百分比。

$$P=\frac{c_{前}\times Q_{前}-c_{后}\times Q_{后}}{c_{前}\times Q_{前}}\times 100\%$$

式中：P——油烟去除效率，%；

$c_{前}$——处理设施前的油烟浓度，mg/m^3；

$Q_{前}$——处理设施前的排风量，m^3/h；

$c_{后}$——处理设施后的油烟浓度，mg/m^3；

$Q_{后}$——处理设施后的排风量，m^3/h。

4 标准限值

4.1 饮食业单位的油烟净化设施最低去除效率限值按规模分为大、中、小三级；饮食业单位的规模按基准灶头数划分，基准灶头数按灶的总发热功率或排气罩灶面投影总面积折算。每个基准灶头对应的发热功率为 1.67×10^8 J/h，对应的排气罩灶面投影面积为 1.1 m^2。饮食业单位的规模划分参数见表 1 。

表 1 饮食业单位的规模划分

规模	小型	中型	大型
基准灶头数	≥1，<3	≥3，<6	≥6
对应灶头总功率（10^{8}J/h）	1.67，<5.00	≥5.00，<10	≥10
对应排气罩灶面总投影面积（m^2）	≥1.1，<3.3	≥3.3，<6.6	≥6.6

4.2 饮食业单位油烟的最高允许排放浓度和油烟净化设施最低去除效率，按表 2 的规定执行。

表 2 饮食业单位的油烟最高允许排放浓度和油烟净化设施最低去除效率

规模	小型	中型	大型
最高允许排放浓度（mg/m^3）		2.0	
净化设施最低去除效率（%）	60	75	85

5 其他规定

5.1 排放油烟的饮食业单位必须安装油烟净化设施，并保证操作期间按要求运行。油烟无组织排放视同超标。

5.2 排气筒出口段的长度至少应有 4.5 倍直径（或当量直径）的平直管段。

5.3 排气筒出口朝向应避开易受影响的建筑物。油烟排气筒的高度、位置等具体规定由省级环境保护部门制定。

5.4 排烟系统应做到密封完好，禁止人为稀释排气筒中污染物浓度。

5.5 饮食业产生特殊气味时，参照《恶臭污染物排放标准》臭气浓度指标执行。

6 监测

6.1 采样位置

采样位置应优先选择在垂直管段。应避开烟道弯头和断面急剧变化部位。采样位置应设置在距弯头、变径管下游方向不小于 3 倍直径，和距上述部件上游方向不小于 1.5 倍直径处，对矩形烟道，其当量直径 $D=2AB/(A+B)$，式中 A、B 为边长。

6.2 采样点

当排气管截面积小于 0.5 m^2 时，只测一个点，取动压中位值处；超过上述截面积时，则按 GB/T 16157—1996 有关规定进行。

6.3 采样时间和频次

执行本标准规定的排放限值指标体系时，采样时间应在油烟排放单位正常作业期间，采样次数为连续采样 5 次，每次 10 min。

6.4 采样工况

样品采集应在油烟排放单位作业（炒菜、食品加工或其他产生油烟的操作）高峰期进行。

6.5 分析结果处理

五次采样分析结果之间，其中任何一个数据与最大值比较，若该数据小于最大值的四分之一，则该数据为无效值，不能参与平均值计算。数据经取舍后，至少有三个数据参与平均值计算。若数据之间不符合上述条件，则需重新采样。

6.6 监测排放浓度时，应将实测排放浓度折算为基准风量时的排放浓度：

$$c_{基} = c_{测} \times \frac{Q_{测}}{nq_{基}}$$

式中：$c_{基}$——折算为单个灶头基准排风量时的排放浓度，mg/m^3；

$Q_{测}$——实测排风量，m^3/h；

$c_{测}$——实测排放浓度，mg/m^3；

$q_{基}$——单个灶头基准排风量，大、中、小型均为 2 000 m^3/h；

n——折算的工作灶头个数。

7 标准实施

7.1 安装并正常运行符合 4.2 要求的油烟净化设施视同达标。县级以上环保部门可视情况需要，对饮食单位油烟排放状况进行监督监测。

7.2 新老污染源执行同一标准值。本标准实施之日之前已开业的饮食业单位或已批准设立的饮食业单位为现有饮食业单位，未达标的应限期达标排放。本标准实施之日起批准设立的饮食业单位为新饮食业单位，应按“三同时”要求执行本标准。

7.3 油烟净化设施须经国家认可的单位检测合格才能安装使用。

7.4 本标准由县级以上人民政府环境保护行政主管部门负责监督实施。

附 录 A

（标准的附录）

饮食业油烟采样方法及分析方法

金属滤筒吸收和红外分光光度法测定油烟的采样及分析方法

A.1 原理

用等速采样法抽取油烟排气筒内的气体，将油烟吸附在油烟雾采集头内。将收集了油烟的采集滤芯置于带盖的聚四氟乙烯套筒中，回实验室后用四氯化碳作溶剂进行超声清洗，移入比色管中定容，用红外分光光度法测定油烟的含量。

油烟的含量由波数分别为 2 930 cm^{-1}（CH_2 基团中 C—H 键的伸缩振动）、2 960 cm^{-1}（CH_3 基团中 C—H 键的伸缩振动）和 3 030 cm^{-1}（芳香环中 C—H 键的伸缩振动）谱带处的吸光度 A_{2930}、A_{2960} 和 A_{3030} 进行计算。

A.2 试剂

A.2.1 四氯化碳（CCl_4）：在 2 600～3 300 cm^{-1} 之间扫描吸光度值不超过 0.03（4 cm 比色皿），一般情况下，分析纯四氯化碳蒸馏一次便能满足要求。

A.2.2 高温回流食用花生油（或菜籽油、调和油等）。高温回流油的方法：在 500 ml 三颈瓶中加入 300 ml 的食用油，插入量程为 500℃的温度计，先控制温度于 120℃，敞口加热 30 min，然后在其正上方安装一空气冷凝管，升温至 300℃，回流 2 h，即得标准油。

A.3 仪器和设备

A.3.1 仪器：红外分光仪，能在 3 400 cm^{-1} 至 2 400 cm^{-1} 之间吸光值进行扫描操作，并配合 4 cm 带盖石英比色皿。

A.3.2 超声清洗器。

A.3.3 容量瓶：50 ml、25 ml。

A.3.4 油烟采样器与滤筒。

A.3.5 比色管：25 ml。

A.3.6 带盖聚四氟乙烯圆柱形套筒。

A.3.7 烟尘测试仪，其采样系统技术指标要求参照 GB/T 16157—1996。

A.4 采样和样品保存

A.4.1 采样：

采样布点、采样时间和频次、采样工况均见标准正文中。

A.4.1.1 采样步骤

参照 GB/T 16157—1996 的烟尘等速采样步骤进行。

（1）采样前，先检查系统的气密性。

（2）加热用于湿度测量的全加热采样管，润湿干湿球，测出干、湿球温度和湿球负压；测量烟气温度、大气压和排气筒直径；测量烟气动、静压等条件参数。

（3）确定等速采样流量及采样嘴直径。

（4）装采样嘴及滤筒。装滤筒时需小心将滤筒直接从聚四氟乙烯套筒中倒入采样头内，特别注意不要污染滤筒表面。

（5）将采样管放入烟道内，封闭采样孔。

（6）设置采样时间，开机。

（7）记录或打印采样前后累积体积、采样流量、表头负压、温度及采样时间。记录滤筒号。

（8）油烟采样器采集油烟。

A.4.2 样品保存：收集了油烟的滤筒应立即转入聚四氟乙烯清洗杯中，盖紧杯盖；样品若不能在 24 h 内测定，可保存在冰箱的冷藏室中（≤4℃）保存 7 d。

A.5 试验条件

A.5.1 滤筒在清洗完后，应置于通风无尘处晾干；

A.5.2 采样前后均保证没有其他带油渍的物品污染滤筒。

A.6 样品测定步骤

（1）把采样后的滤筒用重蒸后的四氟化碳溶剂 12 ml，浸泡在聚四氟乙烯清洗杯中，盖好清洗杯盖；

（2）把清洗杯置于超声仪中，超声清洗 10 min；

（3）把清洗液转移到 25 ml 比色管中；

（4）再在清洗杯中加入 6 ml 四氯化碳超声清洗 5 min；

（5）把清洗液同样转移到上述 25 ml 比色管中；

（6）再用少许四氯化碳清洗滤筒及聚四氟乙烯杯二次，一并转移到上述 25 ml 比色管中，加入四氯化碳稀释至刻度标线；

（7）红外分光光度法测定：测定前先预热红外测定仪 1 h 以上，调节好零点和满刻度，固定某一组校正系数；

（8）标准系列配制：在精度为十万分之一的天平上准确称取回流好的相应的食用油标准样品 1 g 于 50 ml 容量瓶中，用重蒸（控制温度 70～74℃）后的分析纯 CCl_4 稀释至刻度，得高浓度标准溶液 *A*。取 *A* 液 1.00 ml 于 50 ml 容量瓶中用上述 CCl_4 稀释至刻度，得标准中间液 *B*。移取一定量的 *B* 溶液于 25 ml 容量瓶中，用 CCl_4 稀释至刻度配成标准系列（浓度范围 0～60 mg/L）。

（9）样品测定：用适量的 CCl_4 浸泡聚四氟乙烯杯中的采样滤筒，盖上并旋紧杯盖后，将杯置于超声器上清洗 5 min，将清洗液倒入 25 ml 比色管中，再用适量的 CCl_4 清洗滤筒 2 次，将清洗液一并转入比色管中，稀释至刻度，即得到样品溶液。将样品溶液置于 4 cm 比色皿中，即可进行红外分光试验。

A.7 结果计算

A.7.1 油烟治理效率计算公式

见附录 B 及标准正文中 3.7 节。

A.7.2 油烟排放浓度计算公式

$$c_{测}=\frac{c_{溶液}\times V/1\,000}{V_0}$$

式中：$c_{测}$——油烟排放浓度，mg/m^3；

$c_{溶液}$——滤筒清洗液油烟浓度，mg/L；

V——滤筒清洗液稀释定容体积，ml；

V_0——标准状态下干烟气采样体积，m^3，其计算方法以参考 GB/T 16157—1996。

附 录 B
（标准的附录）
油烟采样器技术规范

测量精度：±0.02 mg/m^3

重现性：CV%≤1.8

工作温度范围：0～100℃

油烟采集效率：≥95%

外型尺寸：滤筒长度 56.00±0.05 mm

滤筒直径 17.00±0.05 mm

电源电压：220V。

附 录 C
（标准的附录）
油烟去除效率的测定方法

油烟净化设施的去除效率测定分为两种情况：

（1）安装在油烟排烟管道中的油烟净化设施，通过同时测定净化前后油烟排放浓度与风量即可按标准正文 3.6 中公式计算油烟去除效率。

（2）安装在排烟罩上净化设施，则需在进行效率测试前，确定一个稳定的抽烟发生源，然后测定出安装与不安装净化设施时的油烟排放浓度与风量，再按标准正文 3.6 中公式计算油烟去除效率。

中华人民共和国国家标准

危险废物焚烧污染控制标准

Pollution control standard for hazardous wastes incineration

GB 18484—2001

代替 GWKB 2—1999

前　言

为贯彻《中华人民共和国环境保护法》和《中华人民共和国固体废物污染环境防治法》，加强对危险废物的污染控制，保护环境，保障人体健康，特制定本标准。

本标准从我国的实际情况出发，以集中连续型焚烧设施为基础，涵盖了危险废物焚烧全过程的污染控制；对具备热能回收条件的焚烧设施要考虑热能的综合利用。

本标准由国家环保总局污染控制司提出。

本标准由国家环保总局科技标准司归口。

本标准由中国环境监测总站和中国科技大学负责起草。

本标准内容（包括实施时间）等同于 1999 年 12 月 3 日国家环境保护总局发布的《危险废物焚烧污染控制标准》（GWKB 2—1999），自本标准实施之日起，代替 GWKB 2—1999。

本标准由国家环境保护总局负责解释。

1　范　围

本标准从危险废物处理过程中环境污染防治的需要出发，规定了危险废物焚烧设施场所的选址原则、焚烧基本技术性能指标、焚烧排放大气污染物的最高允许排放限值、焚烧残余物的处置原则和相应的环境监测等。

本标准适用于除易爆和具有放射性以外的危险废物焚烧设施的设计、环境影响评价、竣工验收以及运行过程中的污染控制管理。

2　引用标准

以下标准所含条文，在本标准中被引用即构成本标准的条文，与本标准同效。

GHZB l—1999　地表水环境质量标准

GB 3095—1996　环境空气质量标准

GB/T 16157—1996　固定污染源排气中颗粒物测定与气态污染物采样方法

GB l5562.2—1995　环境保护图形标志　固体废物贮存（处置）场

GB 8978—1996　污水综合排放标准

GB 12349—90　工业企业厂界噪声标准

HJ/T 20—1998 工业固体废物采样制样技术规范

当上述标准被修订时，应使用其最新版本。

3 术 语

3.1 危险废物

指列入国家危险废物名录或者根据国家规定的危险废物鉴别标准和鉴别方法判定的具有危险特性的废物。

3.2 焚烧

指焚化燃烧危险废物使之分解并无害化的过程。

3.3 焚烧炉

指焚烧危险废物的主体装置。

3.4 焚烧量

焚烧炉每小时焚烧危险废物的重量。

3.5 焚烧残余物

指焚烧危险废物后排出的燃烧残渣、飞灰和经尾气净化装置产生的固态物质。

3.6 热灼减率

指焚烧残渣经灼热减少的质量占原焚烧残渣质量的百分数。其计算方法如下：

$$P=\frac{A-B}{A}\times 100\%$$

式中：P —— 热灼减率，%；

A —— 干燥后原始焚烧残渣在室温下的质量，g；

B —— 焚烧残渣经 600℃（±25℃）3 h 灼热后冷却至室温的质量，g。

3.7 烟气停留时间

指燃烧所产生的烟气从最后的空气喷射口或燃烧器出口到换热面（如余热锅炉换热器）或烟道冷风引射口之间的停留时间。

3.8 焚烧炉温度

指焚烧炉燃烧室出口中心的温度。

3.9 燃烧效率（CE）

指烟道排出气体中二氧化碳浓度与二氧化碳和一氧化碳浓度之和的百分比。用以下公式表示：

$$\mathrm{CE}=\frac{[\mathrm{CO_2}]}{[\mathrm{CO_2}]+[\mathrm{CO}]}\times 100\%$$

式中：$[CO_2]$和$[CO]$——分别为燃烧后排气中 CO_2 和 CO 的浓度。

3.10 焚毁去除率（DRE）

指某有机物质经焚烧后所减少的百分比。用以下公式表示：

$$\mathrm{DRE}=\frac{W_i-W_0}{W_i}\times 100\%$$

式中：W_i —— 被焚烧物中某有机物质的重量；

W_0 —— 烟道排放气和焚烧残余物中与 W_i 相应的有机物质的重量之和。

3.11 二噁英类

多氯代二苯并-对-二噁英和多氯代二苯并呋喃的总称。

3.12 二噁英毒性当量（TEQ）

二噁英毒性当量因子（TEF）是二噁英毒性同类物与2,3,7,8-四氯代二苯并-对-二噁英对Ah受体的亲和性能之比。二噁英毒性当量可以通过下式计算：

$$TEQ = \Sigma（二噁英毒性同类物浓度 \times TEF）$$

3.13 标准状态

指温度在273.15 K，压力在101.325 kPa时的气体状态。本标准规定的各项污染物的排放限值，均指在标准状态下以11% O_2（干空气）作为换算基准换算后的浓度。

4 技术要求

4.1 焚烧厂选址原则

4.1.1 各类焚烧厂不允许建设在GHZB 1中规定的地表水环境质量Ⅰ类、Ⅱ类功能区和GB 3095中规定的环境空气质量一类功能区，即自然保护区、风景名胜区和其他需要特殊保护地区。集中式危险废物焚烧厂不允许建设在人口密集的居住区、商业区和文化区。

4.1.2 各类焚烧厂不允许建设在居民区主导风向的上风向地区。

4.2 焚烧物的要求

除易爆和具有放射性以外的危险废物均可进行焚烧。

4.3 焚烧炉排气筒高度

4.3.1 焚烧炉排气筒高度见表1。

表1 焚烧炉排气筒高度

焚烧量/（kg/h）	废 物 类 型	排气筒最低允许高度/m
≤300	医院临床废物	20
	除医院临床废物以外的第4.2条规定的危险废物	25
300～2 000	第4.2条规定的危险废物	35
2 000～2 500	第4.2条规定的危险废物	45
≥2 500	第4.2条规定的危险废物	50

4.3.2 新建集中式危险废物焚烧厂焚烧炉排气筒周围半径200 m内有建筑物时，排气筒高度必须高出最高建筑物5 m以上。

4.3.3 对有几个排气源的焚烧厂应集中到一个排气筒排放或采用多筒集合式排放。

4.3.4 焚烧炉排气筒应按GB/T 16157的要求，设置永久采样孔，并安装用于采样和测量的设施。

4.4 焚烧炉的技术指标

4.4.1 焚烧炉的技术性能要求见表2。

表2 焚烧炉的技术性能指标

指标 废物类型	焚烧炉温度/ ℃	烟气停留时间/ s	燃烧效率/ %	焚毁去除率/ %	焚烧残渣的热灼减率/ %
危险废物	≥1 100	≥2.0	≥99.9	≥99.99	<5
多氯联苯	≥1 200	≥2.0	≥99.9	≥99.999 9	<5
医院临床废物	≥850	≥1.0	≥99.9	≥99.99	<5

4.4.2 焚烧炉出口烟气中的氧气含量应为 6%～10%（干气）。

4.4.3 焚烧炉运行过程中要保证系统处于负压状态，避免有害气体逸出。

4.4.4 焚烧炉必须有尾气净化系统、报警系统和应急处理装置。

4.5 危险废物的贮存

4.5.1 危险废物的贮存场所必须有符合 GB 15562.2 的专用标志。

4.5.2 废物的贮存容器必须有明显标志，具有耐腐蚀、耐压、密封和不与所贮存的废物发生反应等特性。

4.5.3 贮存场所内禁止混放不相容危险废物。

4.5.4 贮存场所要有集排水和防渗漏设施。

4.5.5 贮存场所要远离焚烧设施并符合消防要求。

5 污染物（项目）控制限值

5.1 焚烧炉大气污染物排放限值

焚烧炉排气中任何一种有害物质浓度不得超过表 3 中所列的最高允许限值。

5.2 危险废物焚烧厂排放废水时，其水中污染物最高允许排放浓度按 GB 8978 执行。

5.3 焚烧残余物按危险废物进行安全处置。

5.4 危险废物焚烧厂噪声执行 GB 12349。

表 3 危险废物焚烧炉大气污染物排放限值[1)]

序号	污 染 物	不同焚烧容量时的最高允许排放浓度限值/（mg/m^3）		
		≤300 kg/h	300～2 500 kg/h	≥2 500 kg/h
1	烟气黑度	林格曼 I 级		
2	烟尘	100	80	65
3	一氧化碳（CO）	100	80	80
4	二氧化硫（SO_2）	400	300	200
5	氟化氢（HF）	9.0	7.0	5.0
6	氯化氢（HCl）	100	70	60
7	氮氧化物（以 NO_2 计）	500		
8	汞及其化合物（以 Hg 计）	0.1		
9	镉及其化合物（以 Cd 计）	0.1		
10	砷、镍及其化合物（以 As+Ni 计）[2)]	1.0		
11	铅及其化合物（以 Pb 计）	1.0		
12	铬、锡、锑、铜、锰及其化合物（以 Cr+Sn+Sb+Cu+Mn 计）[3)]	4.0		
13	二噁英类	0.5 TEQ ng/m^3		

1）在测试计算过程中，以 11% O_2（干气）作为换算基准。换算公式为：

$$c = \frac{10}{21 - O_s} \times c_s$$

式中：c —— 标准状态下被测污染物经换算后的浓度，mg/m^3；

O_s —— 排气中氧气的浓度，%；

c_s —— 标准状态下被测污染物的浓度，mg/m^3。

2）指砷和镍的总量。

3）指铬、锡、锑、铜和锰的总量。

6 监督监测

6.1 废气监测

6.1.1 焚烧炉排气筒中烟尘或气态污染物监测的采样点数目及采样点位置的设置，执行 GB/T 16157。

6.1.2 在焚烧设施于正常状态下运行 1 h 后，开始以 1 次/h 的频次采集气样，每次采样时间不得低于 45 min，连续采样三次，分别测定。以平均值作为判定值。

6.1.3 焚烧设施排放气体按污染源监测分析方法执行（见表 4）。

表 4 焚烧设施排放气体的分析方法

序号	污染物	分析方法	方法来源
1	烟气黑度	林格曼烟度法	GB/T 5468—91
2	烟尘	重量法	GB/T 16157—1996
3	一氧化碳（CO）	非分散红外吸收法	HJ/T 44—1999
4	二氧化硫（SO_2）	甲醛吸收副玫瑰苯胺分光光度法	1）
5	氟化氢（HF）	滤膜氟离子选择电极法	1）
6	氯化氢（HCl）	硫氰酸汞分光光度法	HJ/T 27—1999
		硝酸银容量法	1）
7	氮氧化物	盐酸萘乙二胺分光光度法	HJ/T 43—1999
8	汞	冷原子吸收分光光度法	1）
9	镉	原子吸收分光光度法	1）
10	铅	火焰原子吸收分光光度法	1）
11	砷	二乙基二硫代氨基甲酸银分光光度法	1）
12	铬	二苯碳酰二肼分光光度法	1）
13	锡	原子吸收分光光度法	1）
14	锑	5-Br-PADAP 分光光度法	1）
15	铜	原子吸收分光光度法	1）
16	锰	原子吸收分光光度法	1）
17	镍	原子吸收分光光度法	1）
18	二噁英类	色谱—质谱联用法	2）

1）空气和废气监测分析方法. 北京：中国环境科学出版社，1990.

2）固体废弃物试验分析评价手册. 北京：中国环境科学出版社，1992：332-359.

6.2 焚烧残渣热灼减率监测

6.2.1 样品的采集和制备方法执行 HJ/T 20。

6.2.2 焚烧残渣热灼减率的分析采用重量法。依据本标准“3.6”所列公式计算，取三次平均值作为判定值。

7 标准实施

（1）自 2000 年 3 月 1 日起，二噁英类污染物排放限值在北京市、上海市、广州市执行。2003 年 1 月 1 日起在全国执行。

（2）本标准由县级以上人民政府环境保护行政主管部门负责监督与实施。

中华人民共和国国家标准

生活垃圾焚烧污染控制标准

Standard for pollution control on the municipal solid waste incineration

GB 18485—2014
代替 GB 18485—2001

前 言

为贯彻《中华人民共和国环境保护法》《中华人民共和国固体废物污染环境防治法》《中华人民共和国大气污染防治法》《中华人民共和国水污染防治法》等法律，保护环境，防治污染，促进生活垃圾焚烧处理技术的进步，制定本标准。

本标准规定了生活垃圾焚烧厂的选址要求、技术要求、入炉废物要求、运行要求、排放控制要求、监测要求、实施与监督等内容。

本标准首次发布于 2000 年，2001 年第一次修订，本次为第二次修订。

此次修订的主要内容：

——调整了标准的适用范围，将生活污水处理设施产生的污泥、一般工业固体废物的专用焚烧炉的污染控制纳入本标准；

——增加了生活垃圾焚烧炉启动、停炉、故障或事故等时段的污染物排放控制要求；

——提高了生活垃圾焚烧厂排放烟气中颗粒物、二氧化硫、氮氧化物、氯化氢、重金属及其化合物、二噁英类等污染物排放控制要求。

生活垃圾焚烧厂排放的水污染物、恶臭污染物、环境噪声适用相应的国家污染物排放标准，产生固体废物的鉴别、处理和处置适用国家固体废物鉴别与污染控制标准。

本标准附录 A 是规范性附录。

本标准规定的污染物排放限值为生活垃圾焚烧厂应达到的基本要求。地方省级人民政府对本标准未作规定的污染物控制项目，可以制定地方污染物排放标准；对本标准已作规定的污染物控制项目，可以制定严于本标准的地方污染物排放标准。环境影响评价批复的限值严于本标准或地方标准限值的，按环境影响评价批复的限值执行。

本标准由环境保护部科技标准司组织制订。

本标准主要起草单位：中国环境科学研究院、清华大学、城市建设研究院、国家环境分析测试中心、浙江大学。

本标准由环境保护部 2014 年 4 月 28 日批准。

新建生活垃圾焚烧炉自 2014 年 7 月 1 日、现有生活垃圾焚烧炉自 2016 年 1 月 1 日起执行本标准，《生活垃圾焚烧污染控制标准》（GB 18485—2001）自 2016 年 1 月 1 日废止。各地也可根据当地环境保护的需要和经济、技术条件，由省级人民政府批准提前实施本标准。

本标准由环境保护部解释。

1 适用范围

本标准规定了生活垃圾焚烧厂的选址要求、技术要求、入炉废物要求、运行要求、排放控制要求、监测要求、实施与监督等内容。

本标准适用于生活垃圾焚烧厂的设计、环境影响评价、竣工验收以及运行过程中的污染控制及监督管理。

掺加生活垃圾质量超过入炉（窑）物料总质量30%的工业窑炉以及生活污水处理设施产生的污泥、一般工业固体废物的专用焚烧炉的污染控制参照本标准执行。

本标准适用于法律允许的污染物排放行为；新设立污染源的选址和特殊保护区域内现有污染源的管理，按照《中华人民共和国大气污染防治法》《中华人民共和国水污染防治法》《中华人民共和国海洋环境保护法》《中华人民共和国固体废物污染环境防治法》《中华人民共和国放射性污染防治法》《中华人民共和国环境影响评价法》《中华人民共和国城乡规划法》和《中华人民共和国土地管理法》等法律、法规、规章的相关规定执行。

2 规范性引用文件

本标准内容引用了下列文件或其中的条款。凡是未注明日期的引用文件，其最新版本适用于本标准。

GB 8978 污水综合排放标准

GB 14554 恶臭污染物排放标准

GB 16889 生活垃圾填埋场污染控制标准

GB 30485 水泥窑协同处置固体废物污染控制标准

GB/T 16157 固定污染源排气中颗粒物测定与气态污染物采样方法

HJ 77.2 环境空气和废气 二噁英类的测定 同位素稀释高分辨气相色谱-高分辨质谱法

HJ 543 固定污染源废气 汞的测定 冷原子吸收分光光度法（暂行）

HJ 548 固定污染源排气 氯化氢的测定 硝酸银容量法（暂行）

HJ 549 环境空气和废气 氯化氢的测定 离子色谱法（暂行）

HJ 629 固定污染源废气 二氧化硫的测定 非分散红外吸收法

HJ 657 空气和废气 颗粒物中铅等金属元素的测定 电感耦合等离子体质谱法

HJ 693 固定污染源废气 氮氧化物的测定 定电位电解法

HJ/T 20 工业固体废物采样制样技术规范

HJ/T 27 固定污染源排气中氯化氢的测定 硫氰酸汞分光光度法

HJ/T 42 固定污染源排气中氮氧化物的测定 紫外分光光度法

HJ/T 43 固定污染源排气中氮氧化物的测定 盐酸萘乙二胺分光光度法

HJ/T 44 固定污染源排气中一氧化碳的测定 非色散红外吸收法

HJ/T 56 固定污染源排气中二氧化硫的测定 碘量法

HJ/T 57 固定污染源排气中二氧化硫的测定 定电位电解法

HJ/T 75 固定污染源烟气排放连续监测系统技术规范（试行）

HJ/T 228 医疗废物化学消毒集中处理工程技术规范（试行）

HJ/T 229 医疗废物微波消毒集中处理工程技术规范（试行）

HJ/T 276 医疗废物高温蒸汽集中处理工程技术规范（试行）

HJ/T 397 固定源废气监测技术规范

《污染源自动监控管理办法》（国家环境保护总局令 第28号）

《环境监测管理办法》（国家环境保护总局令 第39号）

《医疗废物分类目录》（卫医发〔2003〕287号）

3 术语和定义

下列术语和定义适用于本标准。

3.1 焚烧炉 incinerator

利用高温氧化作用处理生活垃圾的装置。

3.2 焚烧处理能力 incineration capacity

单位时间焚烧炉焚烧生活垃圾的设计能力。

3.3 炉膛 furnace

焚烧炉中由炉墙包围起来供燃料燃烧的空间。

3.4 烟气停留时间 retention time of flue gas

燃烧所产生的烟气处于高温段（≥850℃）的持续时间。

3.5 焚烧炉渣 incineration bottom ash

生活垃圾焚烧后从炉床直接排出的残渣，以及过热器和省煤器排出的灰渣。

3.6 焚烧飞灰 incineration fly ash

烟气净化系统捕集物和烟道及烟囱底部沉降的底灰。

3.7 热灼减率 loss on ignition

焚烧炉渣经灼烧减少的质量占原焚烧炉渣质量的百分数。其计算方法如下：

$$P=(A-B)/A\times100\%$$

式中：P——热灼减率，%；

A——焚烧炉渣经110℃干燥2 h后冷却至室温的质量，g；

B——焚烧炉渣经600℃（±25℃）灼烧3 h后冷却至室温的质量，g。

3.8 二噁英类 dioxins

多氯代二苯并-对-二噁英（PCDDs）和多氯代二苯并呋喃（PCDFs）的统称。

3.9 毒性当量因子 toxic equivalency factor（TEF）

二噁英类同类物与2,3,7,8-四氯代二苯并-对-二噁英对Ah受体的亲和性能之比。

3.10 毒性当量 toxic equivalency quantity（TEQ）

各二噁英类同类物浓度折算为相当于2,3,7,8-四氯代二苯并-对-二噁英毒性的等价浓度，毒性当量浓度为实测浓度与该异构体的毒性当量因子的乘积。

3.11 一般工业固体废物 non-hazardous industrial solid waste

在工业生产活动中产生的固体废物，危险废物除外。

3.12 现有生活垃圾焚烧炉 existing municipal solid waste incinerator

本标准实施之日前，已建成投入使用或环境影响评价文件已获批准的生活垃圾焚烧炉。

3.13 新建生活垃圾焚烧炉 new municipal solid waste incinerator

本标准实施之日后环境影响评价文件获批准的新建、改建和扩建的生活垃圾焚烧炉。

3.14　标准状态　standard conditions

温度在 273.15 K，压力在 101.325 kPa 时的气体状态。

3.15　测定均值　average value

取样期以等时间间隔（最少 30 min，最多 8 h）至少采集 3 个样品测试值的平均值；二噁英类的采样时间间隔为最少 6 h，最多 8 h。

3.16　1 h 均值 hourly average value

任何 1 h 污染物浓度的算术平均值；或在 1 h 内，以等时间间隔采集 4 个样品测试值的算术平均值。

3.17　24 h 均值 daily average value

连续 24 个 1 h 均值的算术平均值。

3.18　基准氧含量排放浓度　emission concentration at baseline oxygen content

本标准规定的各项污染物浓度的排放限值，均指在标准状态下以 11%（体积分数）O_2（干烟气）作为换算基准换算后的基准含氧量排放质量浓度，按下式进行换算：

$$\rho = \rho' \times (21-11)/[\varphi_0(O_2) - \varphi'(O_2)]$$

式中：ρ——大气污染物基准氧含量排放质量浓度，mg/m^3；

ρ'——实测的大气污染物排放质量浓度，mg/m^3；

$\varphi_0(O_2)$——助燃空气初始氧含量，%，采用空气助燃时为 21；

$\varphi'(O_2)$——实测的烟气氧含量，%。

4　选址要求

4.1　生活垃圾焚烧厂的选址应符合当地的城乡总体规划、环境保护规划和环境卫生专项规划，并符合当地的大气污染防治、水资源保护、自然生态保护等要求。

4.2　应依据环境影响评价结论确定生活垃圾焚烧厂厂址的位置及其与周围人群的距离。经具有审批权的环境保护行政主管部门批准后，这一距离可作为规划控制的依据。

4.3　在对生活垃圾焚烧厂厂址进行环境影响评价时，应重点考虑生活垃圾焚烧厂内各设施可能产生的有害物质泄漏、大气污染物（含恶臭物质）的产生与扩散以及可能的事故风险等因素，根据其所在地区的环境功能区类别，综合评价其对周围环境、居住人群的身体健康、日常生活和生产活动的影响，确定生活垃圾焚烧厂与常住居民居住场所、农用地、地表水体以及其他敏感对象之间合理的位置关系。

5　技术要求

5.1　生活垃圾的运输应采取密闭措施，避免在运输过程中发生垃圾遗撒、气味泄漏和污水滴漏。

5.2　生活垃圾贮存设施和渗滤液收集设施应采取封闭负压措施，并保证其在运行期和停炉期均处于负压状态。这些设施内的气体应优先通入焚烧炉中进行高温处理，或收集并经除臭处理满足 GB 14554 要求后排放。

5.3　生活垃圾焚烧炉的主要技术性能指标应满足下列要求。

（1）炉膛内焚烧温度、炉膛内烟气停留时间和焚烧炉渣热灼减率应满足表 1 的要求。

（2）2015 年 12 月 31 日前，现有生活垃圾焚烧炉排放烟气中一氧化碳浓度执行 GB 18485—2001 中规定的限值。

（3）自 2016 年 1 月 1 日起，现有生活垃圾焚烧炉排放烟气中一氧化碳浓度执行表 2 规定的限值。

（4）自 2014 年 7 月 1 日起，新建生活垃圾焚烧炉排放烟气中一氧化碳浓度执行表 2 规定的限值。

表 1 生活垃圾焚烧炉主要技术性能指标

序号	项目	指标	检验方法
1	炉膛内焚烧温度	≥850℃	在二次空气喷入点所在断面、炉膛中部断面和炉膛上部断面中至少选择两个断面分别布设监测点，实行热电偶实时在线测量
2	炉膛内烟气停留时间	≥2 s	根据焚烧炉设计书检验和制造图核验炉膛内焚烧温度监测点断面间的烟气停留时间
3	焚烧炉渣热灼减率	≤5%	HJ/T 20

表 2 新建生活垃圾焚烧炉排放烟气中一氧化碳浓度限值

取值时间	限值/（mg/m^3）	监测方法
24 h 均值	80	HJ/T 44
1 h 均值	100	

5.4 每台生活垃圾焚烧炉必须单独设置烟气净化系统并安装烟气在线监测装置，处理后的烟气应采用独立的排气筒排放；多台生活垃圾焚烧炉的排气筒可采用多筒集中式排放。

5.5 焚烧炉烟囱高度不得低于表 3 规定的高度，具体高度应根据环境影响评价结论确定。如果在烟囱周围 200 m 半径距离内存在建筑物时，烟囱高度应至少高出这一区域内最高建筑物 3 m 以上。

表 3 焚烧炉烟囱高度

焚烧处理能力/（t/d）	烟囱最低允许高度/m
＜300	45
≥300	60
注：在同一厂区内如同时有多台焚烧炉，则以各焚烧炉焚烧处理能力总和作为评判依据。	

5.6 焚烧炉应设置助燃系统，在启、停炉时以及当炉膛内焚烧温度低于表 1 要求的温度时使用并保证焚烧炉的运行工况满足本标准 5.3 条的要求。

5.7 应按照 GB/T 16157 的要求设置永久采样孔，并在采样孔的正下方约 1 m 处设置不小于 3 m^2 的带护栏的安全监测平台，并设置永久电源（220 V）以便放置采样设备，进行采样操作。

6 入炉废物要求

6.1 下列废物可以直接进入生活垃圾焚烧炉进行焚烧处置：

——由环境卫生机构收集或者生活垃圾产生单位自行收集的混合生活垃圾；

——由环境卫生机构收集的服装加工、食品加工以及其他为城市生活服务的行业产生的性质与生活垃圾相近的一般工业固体废物；

——生活垃圾堆肥处理过程中筛分工序产生的筛上物，以及其他生化处理过程中产生的固态残余组分；

——按照 HJ/T 228、HJ/T 229、HJ/T 276 要求进行破碎毁形和消毒处理并满足消毒效果检验指标的《医疗废物分类目录》中的感染性废物。

6.2 在不影响生活垃圾焚烧炉污染物排放达标和焚烧炉正常运行的前提下，生活污水处理设施产生的污泥和一般工业固体废物可以进入生活垃圾焚烧炉进行焚烧处置，焚烧炉排放烟气中污染物浓度执行表 4 规定的限值。

6.3 下列废物不得在生活垃圾焚烧炉中进行焚烧处置：

——危险废物，本标准 6.1 条规定的除外；

——电子废物及其处理处置残余物。

国家环境保护行政主管部门另有规定的除外。

7 运行要求

7.1 焚烧炉在启动时，应先将炉膛内焚烧温度升至本标准 5.3 条规定的温度后才能投入生活垃圾。自投入生活垃圾开始，应逐渐增加投入量直至达到额定垃圾处理量；在焚烧炉启动阶段，炉膛内焚烧温度应满足本标准表 1 要求，焚烧炉应在 4 h 内达到稳定工况。

7.2 焚烧炉在停炉时，自停止投入生活垃圾开始，启动垃圾助燃系统，保证剩余垃圾完全燃烧，并满足本标准表 1 所规定的炉膛内焚烧温度的要求。

7.3 焚烧炉在运行过程中发生故障，应及时检修，尽快恢复正常。如果无法修复应立即停止投加生活垃圾，按照本标准 7.2 条要求操作停炉。每次故障或者事故持续排放污染物时间不应超过 4 h。

7.4 焚烧炉每年启动、停炉过程排放污染物的持续时间以及发生故障或事故排放污染物持续时间累计不应超过 60 h。

7.5 生活垃圾焚烧厂运行期间，应建立运行情况记录制度，如实记载运行管理情况，至少应包括废物接收情况、入炉情况、设施运行参数以及环境监测数据等。运行情况记录簿应按照国家有关档案管理的法律法规进行整理和保管。

8 排放控制要求

8.1 2015 年 12 月 31 日前，现有生活垃圾焚烧炉排放烟气中污染物浓度执行 GB 18485—2001 中规定的限值。

8.2 自 2016 年 1 月 1 日起，现有生活垃圾焚烧炉排放烟气中污染物浓度执行表 4 规定的限值。

8.3 自 2014 年 7 月 1 日起，新建生活垃圾焚烧炉排放烟气中污染物浓度执行表 4 规定的限值。

表 4 生活垃圾焚烧炉排放烟气中污染物限值

序号	污染物项目	限值/（mg/m^3）	取值时间
1	颗粒物	30	1 h 均值
		20	24 h 均值
2	氮氧化物（NO_x）	300	1 h 均值
		250	24 h 均值
3	二氧化硫（SO_2）	100	1 h 均值
		80	24 h 均值
4	氯化氢（HCl）	60	1 h 均值
		50	24 h 均值
5	汞及其化合物（以 Hg 计）	0.05	测定均值
6	镉、铊及其化合物（以 Cd+Tl 计）	0.1	测定均值
7	锑、砷、铅、铬、钴、铜、锰、镍及其化合物（以 Sb+As+Pb+Cr+Co+Cu+Mn+Ni 计）	1.0	测定均值
8	二噁英类/（ng TEQ/m^3）	0.1	测定均值
9	一氧化碳（CO）	100	1 h 均值
		80	24 h 均值

8.4 生活污水处理设施产生的污泥、一般工业固体废物的专用焚烧炉排放烟气中二噁英类污染物浓度执行表 5 中规定的限值。

表 5 生活污水处理设施产生的污泥、一般工业固体废物专用焚烧炉排放烟气中二噁英类限值

焚烧处理能力/（t/d）	二噁英类排放限值/（ng TEQ/m^3）	取值时间
＞100	0.1	测定均值
50～100	0.5	测定均值
＜50	1.0	测定均值

8.5 在本标准 7.1、7.2、7.3 和 7.4 条规定的时间内，所获得的监测数据不作为评价是否达到本标准排放限值的依据，但在这些时间内颗粒物浓度的 1 h 均值不得大于 150 mg/m^3。

8.6 生活垃圾焚烧飞灰与焚烧炉渣应分别收集、贮存、运输和处置。生活垃圾焚烧飞灰应按危险废物进行管理，如进入生活垃圾填埋场处置，应满足 GB 16889 的要求；如进入水泥窑处置，应满足 GB 30485 的要求。

8.7 生活垃圾渗滤液和车辆清洗废水应收集并在生活垃圾焚烧厂内处理或送至生活垃圾填埋场渗滤液处理设施处理，处理后满足 GB 16889 表 2 的要求（如厂址在符合 GB 16889 中第 9.1.4 条要求的地区，应满足 GB 16889 表 3 的要求）后，可直接排放。

在生活垃圾焚烧厂内处理后，也可通过污水管网或采用密闭输送方式送至采用二级处理方式的城市污水处理厂处理，应满足以下条件：

（1）在生活垃圾焚烧厂内处理后，总汞、总镉、总铬、六价铬、总砷、总铅等污染物浓度达到 GB 16889 表 2 规定的浓度限值要求；

（2）城市二级污水处理厂每日处理生活垃圾渗滤液和车辆清洗废水总量不超过污水处理量的 0.5%；

（3）城市二级污水处理厂应设置生活垃圾渗滤液和车辆清洗废水专用调节池，将其均匀注入生化处理单元；

（4）不影响城市二级污水处理厂的污水处理效果。

9 监测要求

9.1 生活垃圾焚烧厂运行企业应按照有关法律和《环境监测管理办法》等规定，建立企业监测制度，制定监测方案，并向当地环境保护行政主管部门和行业主管部门备案。对污染物排放状况及其对周边环境质量的影响开展自行监测，保存原始监测记录，并公布监测结果。

9.2 生活垃圾焚烧厂运行企业应按照环境监测管理规定和技术规范的要求，设计、建设、维护永久采样口、采样测试平台和排污口标志。

9.3 对生活垃圾焚烧厂运行企业排放废气的采样，应根据监测污染物的种类，在规定的污染物排放监控位置进行；有废气处理设施的，应在该设施后检测。排气筒中大气污染物的监测采样按 GB/T 16157、HJ/T 397 或 HJ/T 75 的规定进行。

9.4 生活垃圾焚烧厂运行企业对烟气中重金属类污染物浓度和焚烧炉渣热灼减率的监测应每月至少开展 1 次；对烟气中二噁英类浓度的监测应每年至少开展 1 次，其采样要求按 HJ 77.2 的有关规定执行，其浓度为连续 3 次测定值的算术平均值。对其他大气污染物排放情况监测的频次、采样时间等要求，按有关环境监测管理规定和技术规范的要求执行。

9.5 环境保护行政主管部门应采用随机方式对生活垃圾焚烧厂进行日常监督性监测，对焚烧炉渣热灼减率与烟气中颗粒物、二氧化硫、氮氧化物、氯化氢、重金属类污染物和一氧化碳浓度的监测应每季度至少开展 1 次，对烟气中二噁英类浓度的监测应每年至少开展 1 次。

9.6 焚烧炉大气污染物浓度监测时的测定方法采用表 6 所列的方法标准。

表 6 污染物浓度测定方法

序号	污染物项目	方法标准名称	标准编号
1	颗粒物	固定污染源排气中颗粒物测定与气态污染物采样方法	GB/T 16157
2	二氧化硫（SO_2）	固定污染源排气中二氧化硫的测定　碘量法	HJ/T 56
		固定污染源排气中二氧化硫的测定　定电位电解法	HJ/T 57
		固定污染源废气　二氧化硫的测定　非分散红外吸收法	HJ 629
3	氮氧化物（NO_x）	固定污染源排气中氮氧化物的测定　紫外分光光度法	HJ/T 42
		固定污染源排气中氮氧化物的测定　盐酸萘乙二胺分光光度法	HJ/T 43
		固定污染源废气　氮氧化物的测定　定电位电解法	HJ 693
4	氯化氢（HCl）	固定污染源排气中氯化氢的测定　硫氰酸汞分光光度法	HJ/T 27
		固定污染源排气　氯化氢的测定　硝酸银容量法（暂行）	HJ 548
		环境空气和废气　氯化氢的测定　离子色谱法（暂行）	HJ 549
5	汞	固定污染源废气　汞的测定　冷原子吸收分光光度法（暂行）	HJ 543
6	镉、铊、砷、铅、铬、锰、镍、锡、锑、铜、钴	空气和废气　颗粒物中铅等金属元素的测定　电感耦合等离子体质谱法	HJ 657
7	二噁英类	环境空气和废气　二噁英类的测定　同位素稀释高分辨气相色谱-高分辨质谱法	HJ 77.2
8	一氧化碳（CO）	固定污染源排气中一氧化碳的测定　非色散红外吸收法	HJ/T 44

9.7 生活垃圾焚烧厂应设置焚烧炉运行工况在线监测装置，监测结果应采用电子显示板进行公示并与当地环境保护行政主管部门和行业行政主管部门监控中心联网。焚烧炉运行工况在线监测指标应至少包括烟气中一氧化碳浓度和炉膛内焚烧温度。

9.8 生活垃圾焚烧厂烟气在线监测装置安装要求应按《污染源自动监控管理办法》等规定执行并定期进行校对。在线监测结果应采用电子显示板进行公示并与当地环保行政主管部门和行业行政主管部门监控中心联网。烟气在线监测指标应至少包括烟气中一氧化碳、颗粒物、二氧化硫、氮氧化物和氯化氢浓度。

10 实施与监督

10.1 本标准由县级以上人民政府环境保护行政主管部门和行业主管部门负责监督实施。

10.2 在任何情况下，生活垃圾焚烧厂均应遵守本标准的污染物排放控制要求，采取必要措施保证污染防治设施正常运行。各级环保部门在对生活垃圾焚烧厂进行监督性检查时，可以现场即时采样获得均值，将监测结果作为判定排污行为是否符合排放标准以及实施相关环境保护管理措施的依据。

附 录 A
（规范性附录）

表 1 PCDD/Fs 的毒性当量因子

PCDDs[a]	TEF	PCDFs[b]	TEF
2,3,7,8-TCDD	1	2,3,7,8-TCDF	0.1
1,2,3,7,8-PeCDD	0.5	1,2,3,7,8-PeCDF	0.05
1,2,3,4,7,8-HxCDD	0.1	2,3,4,7,8-PeCDF	0.5
1,2,3,6,7,8-HxCDD	0.1	1,2,3,4,7,8-HxCDF	0.1
1,2,3,7,8,9-HxCDD	0.1	1,2,3,6,7,8-HxCDF	0.1
1,2,3,4,6,7,8-HpCDD	0.01	1,2,3,7,8,9-HxCDF	0.1
OCDD	0.001	2,3,4,6,7,8-HxCDF	0.1
		1,2,3,4,6,7,8-HpCDF	0.01
		1,2,3,4,7,8,9-HpCDF	0.01
		OCDF	0.001

[a] 多氯代二苯并-对-二噁英。

[b] 多氯代二苯并呋喃。

中华人民共和国国家标准

工业炉窑大气污染物排放标准

Emission standard of air pollutants for industrial kiln and furnace

GB 9078—1996
代替 GB 4286—84、GB 4911—85
GB 4912—85、GB 4913—85
GB 4916—85 等 5 项标准的
工业炉窑部分和 GB 9078—88

前 言

根据《中华人民共和国大气污染防治法》第七条规定，制定本标准。

本标准在原有《工业炉窑烟尘排放标准》（GB 9078—88）和其他行业性有关国家大气污染物排放标准（工业炉窑部分）的基础上修订。本标准在技术内容上与原有各标准有一定的继承关系，亦有相当大的修改和变化。

本标准规定了 10 类 19 种工业炉窑烟（粉）尘浓度、烟气黑度、6 种有害污染物的最高允许排放浓度（或排放限值）和无组织排放烟（粉）尘的最高允许浓度。

本标准从 1997 年 1 月 1 日起实施；

本标准从实施之日起，同时代替：

GB 4286—84 《船舶工业污染物排放标准》（有关工业炉窑部分）；

GB 4911—85 《钢铁工业污染物排放标准》（有关工业炉窑部分）；

GB 4912—85 《轻金属工业污染物排放标准》（有关工业炉窑部分）；

GB 4913—85 《重有色金属工业污染物排放标准》；

GB 4916—85 《沥青工业污染物排放标准》（有关工业炉窑部分）；

GB 9078—88 《工业炉窑烟尘排放标准》。

本标准从实施之日起，GB 9078—88 同时废止，其他上述各标准中的有关工业炉窑部分亦同时废止。

本标准由国家环境保护局科技标准司提出；

本标准由国家环境保护局负责解释。

1 范 围

本标准按年限规定了工业炉窑烟尘、生产性粉尘、有害污染物的最高允许排放浓度、烟气黑度的排放限值。

本标准适用于除炼焦炉、焚烧炉、水泥厂以外使用固体、液体、气体燃料和电加热的工业炉窑的管理，以及工业炉窑建设项目的环境影响评价、设计、竣工验收及其建成后的排放管理。

2 引用标准

下列标准所包含的条文，通过在本标准中引用而构成为本标准的条文。

GB 3095—1996 环境空气质量标准

GB/T 16157—1996 固定污染源排气中颗粒物的测定与气态污染物采样方法

3 定 义

本标准采用下列定义：

3.1 工业炉窑

工业炉窑是指在工业生产中用燃料燃烧或电能转换产生的热量，将物料或工件进行冶炼、焙烧、烧结、熔化、加热等工序的热工设备。

3.2 标准状态

指烟气在温度为 273 K，压力为 101 325 Pa 时的状态，简称“标态”。本标准规定的排放浓度均指标准状态下的干烟气中的数值。

3.3 无组织排放

凡不通过烟囱或排气系统而泄漏烟尘、生产性粉尘和有害污染物，均称无组织排放。

3.4 过量空气系数

燃料燃烧时实际空气需要量与理论空气需要量之比值。

3.5 掺风系数

冲天炉掺风系数是指从加料口等处进入炉体的空气量与冲天炉工艺理论空气需要量之比值。

4 技术内容

4.1 排放标准的适用区域

4.1.1 本标准分为一级、二级、三级标准，分别与 GB 3095 中的环境空气质量功能区相对应：

一类区执行一级标准；

二类区执行二级标准；

三类区执行三级标准。

4.1.2 在一类区内，除市政、建筑施工临时用沥青加热炉外，禁止新建各种工业炉窑，原有的工业炉窑改建时不得增加污染负荷。

4.2 1997 年 1 月 1 日前安装[包括尚未安装，但环境影响报告书（表）已经批准]的各种工业炉窑，烟尘及生产性粉尘最高允许排放浓度、烟气黑度限值按表 1 规定执行。

表 1

序号	炉窑类别		标准级别	排放限值	
				烟（粉）尘浓度/（mg/m^3）	烟气黑度（林格曼级）
1	熔炼炉	高炉及高炉出铁场	一	100	
			二	150	
			三	200	
		炼钢炉及混铁炉（车）	一	100	
			二	150	
			三	200	

序号	炉窑类别		标准级别	排放限值	
				烟（粉）尘浓度/（mg/m^3）	烟气黑度（林格曼级）
1	熔炼炉	铁合金熔炼炉	一	100	
			二	150	
			三	250	
		有色金属熔炼炉	一	100	
			二	200	
			三	300	
2	熔化炉	冲天炉、化铁炉	一	100	1
			二	200	1
			三	300	1
		金属熔化炉	一	100	1
			二	200	1
			三	300	1
		非金属熔化、冶炼炉	一	100	1
			二	250	1
			三	400	1
3	铁矿烧结炉	烧结机（机头、机尾）	一	100	
			二	150	
			三	200	
		球团竖炉带式球团	一	100	
			二	150	
			三	250	
4	加热炉	金属压延、锻造加热炉	一	100	1
			二	300	1
			三	350	1
		非金属加热炉	一	100	1
			二	300	1
			三	350	1
5	热处理炉	金属热处理炉	一	100	1
			二	300	1
			三	350	1
		非金属热处理炉	一	100	1
			二	300	1
			三	350	1
6	干燥炉、窑		一	100	1
			二	250	1
			三	350	1
7	非金属焙（锻）烧炉窑（耐火材料窑）		一	100	1
			二	300	1
			三	400	2
8	石灰窑		一	100	1
			二	250	1
			三	400	1

序号	炉窑类别		标准级别	排放限值	
				烟（粉）尘浓度/（mg/m³）	烟气黑度（林格曼级）
9	陶瓷搪瓷砖瓦窑	隧道窑	一	100	1
			二	250	1
			三	400	1
		其他窑	一	100	1
			二	300	1
			三	500	2
10	其他炉窑		一	150	1
			二	300	1
			三	400	1

注：栏中斜线系指不监测项目，下同。

4.3 1997 年 1 月 1 日起通过环境影响报告书（表）批准的新建、改建、扩建的各种工业炉窑，其烟尘及生产性粉尘最高允许排放浓度、烟气黑度限值，按表 2 规定执行。

表 2

序号	炉窑类别		标准级别	排放限值	
				烟（粉）尘浓度/（mg/m³）	烟气黑度（林格曼级）
1	熔炼炉	高炉及高炉出铁场	一	禁排	/
			二	100	/
			三	150	/
		炼钢炉及混铁炉（车）	一	禁排	/
			二	100	/
			三	150	/
		铁合金熔炼炉	一	禁排	/
			二	100	/
			三	200	/
		有色金属熔炼炉	一	禁排	/
			二	100	/
			三	200	/
2	熔化炉	冲天炉、化铁炉	一	禁排	/
			二	150	1
			三	200	1
		金属熔化炉	一	禁排	/
			二	150	1
			三	200	1
		非金属熔化、冶炼炉	一	禁排	/
			二	200	1
			三	300	1
3	铁矿烧结炉	烧结机（机头、机尾）	一	禁排	/
			二	100	/
			三	150	/
		球团竖炉带式球团	一	禁排	/
			二	100	/
			三	150	/

序号	炉窑类别		标准级别	排放限值	
				烟（粉）尘浓度/（mg/m³）	烟气黑度（林格曼级）
4	加热炉	金属压延、锻造加热炉	一	禁排	
			二	200	1
			三	300	1
		非金属加热炉	一	50*	1
			二	200	1
			三	300	1
5	热处理炉	金属热处理炉	一	禁排	
			二	200	1
			三	300	1
		非金属热处理炉	一	禁排	
			二	200	1
			三	300	1
6	干燥炉、窑		一	禁排	
			二	200	1
			三	300	1
7	非金属焙（锻）烧炉窑（耐火材料窑）		一	禁排	
			二	200	1
			三	300	2
8	石灰窑		一	禁排	
			二	200	1
			三	350	1
9	陶瓷搪瓷砖瓦窑	隧道窑	一	禁排	
			二	200	1
			三	300	1
		其他窑	一	禁排	
			二	200	1
			三	400	2
10	其他炉窑		一	禁排	
			二	200	1
			三	300	1

注：* 仅限于市政、建筑施工临时用沥青加热炉。

4.4 各种工业炉窑（不分其安装时间），无组织排放烟（粉）尘最高允许浓度，按表 3 规定执行。

表 3

设置方式	炉窑类别	无组织排放烟（粉）尘最高允许浓度/（mg/m³）
有车间厂房	熔炼炉、铁矿烧结炉	25
	其他炉窑	5
露天（或有顶无围墙）	各种工业炉窑	5

4.5 各种工业炉窑的有害污染物最高允许排放浓度按表 4 规定执行。

表 4

序号	有害污染物名称		标准级别	1997 年 1 月 1 日前安装的工业炉窑	1997 年 1 月 1 日起新、改、扩建的工业炉窑
				排放浓度/（mg/m^3）	排放浓度/（mg/m^3）
1	二氧化硫	有色金属冶炼	一	850	禁排
			二	1 430	850
			三	4 300	1 430
		钢铁烧结冶炼	一	1 430	禁排
			二	2 860	2 000
			三	4 300	2 860
		燃煤（油）炉窑	一	1 200	禁排
			二	1 430	850
			三	1 800	1 200
2	氟及其化合物（以 F 计）		一	6	禁排
			二	15	6
			三	50	15
3	铅	金属熔炼	一	5	禁排
			二	30	10
			三	45	35
		其他	一	0.5	禁排
			二	0.10	0.10
			三	0.20	0.10
4	汞	金属熔炼	一	0.05	禁排
			二	3.0	1.0
			三	5.0	3.0
		其他	一	0.008	禁排
			二	0.010	0.010
			三	0.020	0.010
5	铍及其化合物（以 Be 计）		一	0.010	禁排
			二	0.015	0.010
			三	0.015	0.015
6	沥青油烟		一	10	5*
			二	80	50
			三	150	100

注：* 仅限于市政、建筑施工临时用沥青加热炉。

4.6 烟囱高度

4.6.1 各种工业炉窑烟囱（或排气筒）最低允许高度为 15 m。

4.6.2 1997 年 1 月 1 日起新建、改建、扩建的排放烟（粉）尘和有害污染物的工业炉窑，其烟囱（或排气筒）最低允许高度除应执行 4.6.1 和 4.6.3 规定外，还应按批准的环境影响报告书要求确定。

4.6.3 当烟囱（或排气筒）周围半径 200 m 距离内有建筑物时，除应执行 4.6.1 和 4.6.2 规定外，烟囱（或排气筒）还应高出最高建筑物 3 m 以上。

4.6.4 各种工业炉窑烟囱（或排气筒）高度如果达不到 4.6.1、4.6.2 和 4.6.3 的任何一项规定时，其烟（粉）尘或有害污染物最高允许排放浓度，应按相应区域排放标准值的 50%执行。

4.6.5 1997 年 1 月 1 日起新建、改建、扩建的工业炉窑烟囱（或排气筒）应设置永久采样、监测孔和采样监测用平台。

5 监 测

5.1 测试工况：测试在最大热负荷下进行，当炉窑达不到或超过设计能力时，也必须在最大生产能力的热负荷下测定，即在燃料耗量较大的稳定加温阶段进行。一般测试时间不得少于 2 h。

5.2 实测的工业炉窑的烟（粉）尘、有害污染物排放浓度，应换算为规定的掺风系数或过量空气系数时的数值：

冲天炉（冷风炉，鼓风温度≤400℃）掺风系数规定为 4.0；

冲天炉（热风炉，鼓风温度＞400℃）掺风系数规定为 2.5；

其他工业炉窑过量空气系数规定为 1.7。

熔炼炉、铁矿烧结炉按实测浓度计。

5.3 无组织排放烟尘及生产性粉尘监测点，设置在工业炉窑所在厂房门窗排放口处，并选浓度最大值。若工业炉窑露天设置（或有顶无围墙），监测点应选在距烟（粉）尘排放源 5 m，最低高度 1.5 m 处任意点，并选浓度最大值。

6 标准实施

6.1 本标准由县级以上人民政府环境保护行政主管部门负责监督实施。

6.2 位于国务院批准划定的酸雨控制区和二氧化硫污染控制区内的各种工业炉窑，SO_2 的排放除执行本标准外，还应执行总量控制标准。

中华人民共和国国家标准

轻型汽车污染物排放限值及测量方法（中国第五阶段）（节选）

Limits and measurement methods for emissions from light-duty vehicles（CHINA 5）

GB 18352.5—2013
代替 GB 18352.3—2005

前 言

为贯彻《中华人民共和国环境保护法》和《中华人民共和国大气污染防治法》，防治机动车污染物排放对环境的污染，改善环境空气质量，制定本标准。

本标准规定了轻型汽车污染物排放第五阶段型式核准的要求、生产一致性和在用符合性的检查和判定方法。

本标准修改采用欧盟（EC）No 715/2007 法规《关于轻型乘用车和商用车排放污染物（欧 5 和欧 6）的型式核准以及获取汽车维护修理信息的法规》和（EC）No 692/2008 法规《对（EC）No 715/2007 法规关于轻型乘用车和商用车排放污染物（欧 5 和欧 6）的型式核准以及获取汽车维护修理信息的执行和修订的法规》以及联合国欧盟经济委员会 ECE R83-06（2011）法规《关于根据发动机燃料要求就污染物排放方面批准车辆的统一规定》及其修订法规的有关技术内容。

本标准与上述欧盟法规相比，主要修改内容有：

——轻型汽车的定义和分类沿用 GB 18352.3—2005 的要求；

——对原 II 型试验和烟度试验进行了修改；

——增加了炭罐有效容积和初始工作能力的试验要求；

——增加了催化转化器载体体积和贵金属含量的试验要求；

——对获取汽车车载诊断（OBD）系统和汽车维护修理信息的相关要求进行了修改采用；

——修订了生产一致性检查的判定方法，增加了炭罐、催化转化器的生产一致性检查要求；

——在用符合性增加了蒸发排放的检查要求；

——未包含灵活燃料汽车、生物柴油汽车等的试验要求；

——试验用燃料的技术要求。

本标准规定了轻型汽车污染物排放第五阶段型式核准的要求、生产一致性和在用符合性的检查与判定方法。

本标准与第四阶段相比主要变化如下：

——标准的适用范围扩大到基准质量不超过 2 610 kg 的汽车，明确了轻型混合动力电动汽车应符合本标准要求；

——提高了Ⅰ型试验排放控制要求，修订了颗粒物质量测量方法并增加了粒子数量测量要求；

——将点燃式汽车的双怠速试验和压燃式汽车的自由加速烟度试验归为Ⅱ型试验；

——提高了Ⅴ型试验的耐久性里程要求，增加了标准道路循环以及点燃式发动机的台架老化试验方法；

——增加了炭罐有效容积和初始工作能力的试验要求；

——增加了催化转化器载体体积和贵金属含量的试验要求；

——对车载诊断（OBD）系统的监测项目、极限值、两用燃料车的车载诊断技术等要求进行了修订；

——修订了获取汽车车载诊断（OBD）系统和汽车维护修理信息的相关要求；

——修订了生产一致性检查的判定方法，增加了炭罐、催化转化器的生产一致性检查要求；

——修订了在用符合性检查的相关要求，增加了车载诊断（OBD）系统、蒸发排放的检查要求；

——增加了排气后处理系统使用反应剂的汽车的技术要求；

——增加了装有周期性再生系统汽车的排放试验规程；

——修订了试验用燃料的技术要求。

本标准附录A、附录C～附录P为规范性附录，附录B为资料性附录。

本标准由环境保护部科技标准司组织制订。

本标准起草单位：中国汽车技术研究中心、中国环境科学研究院。

本标准环境保护部2013年5月27日批准。

自本标准发布之日起，即可依据本标准进行型式核准。自2018年1月1日起，所有销售和注册登记的轻型汽车应符合本标准要求。

自2018年1月1日起，本标准代替《轻型汽车污染物排放限值及测量方法（中国第Ⅲ、Ⅳ阶段）》（GB 18352.3—2005）；在2023年1月1日之前，第三、四阶段轻型汽车的“在用符合性检查”仍执行GB 18352.3—2005的相关要求。

本标准由环境保护部解释。

1 适用范围

本标准规定了装用点燃式发动机的轻型汽车，在常温和低温下排气污染物、双怠速排气污染物、曲轴箱污染物、蒸发污染物的排放限值及测量方法，污染控制装置耐久性、车载诊断（OBD）系统（简称OBD系统）的技术要求及测量方法。

本标准规定了装用压燃式发动机的轻型汽车，在常温下排气污染物、自由加速烟度的排放限值及测量方法，污染控制装置耐久性、OBD系统的技术要求及测量方法。

本标准规定了轻型汽车型式核准的要求，生产一致性和在用符合性的检查与判定方法。

本标准也规定了燃用液化石油气（LPG）或天然气（NG）轻型汽车的特殊要求。

本标准也规定了作为独立技术总成、拟安装在轻型汽车上的替代用污染控制装置，在污染物排放方面的型式核准规程。

本标准也规定了排气后处理系统使用反应剂的汽车的技术要求，以及装有周期性再生系统汽车的排放试验规程。

本标准适用于以点燃式发动机或压燃式发动机为动力、最大设计车速大于或等于50 km/h的轻型汽车（包括混合动力电动汽车）。

在制造厂的要求下，最大总质量超过3 500 kg但基准质量不超过2 610 kg的M_1、M_2和N_2类汽车可按本标准进行型式核准；对已获得本标准型式核准的车型，在满足相应要求时可扩展至基准质量不超过 2 840 kg 的 M_1、M_2、N_1 和 N_2 类汽车。

本标准不适用于已根据 GB 17691—2005 的规定获得第Ⅴ阶段型式核准的汽车。

2 规范性引用文件

本标准引用了下列文件或其中的条款。凡是未注明日期的引用文件，其最新版本适用于本标准。

GB 1495 汽车加速行驶车外噪声限值及测量方法

GB 3847—2005 车用压燃式发动机和压燃式发动机汽车排气烟度排放限值及测量方法

GB 7258 机动车运行安全技术条件

GB/T 15089—2001 机动车辆及挂车分类

GB 17691—2005 车用压燃式、气体燃料点燃式发动机与汽车排气污染物排放限值及测量方法（中国Ⅲ、Ⅳ、Ⅴ阶段）

GB 18285 点燃式发动机汽车排气污染物排放限值及测量方法（双怠速法及简易工况法）

GB/T 19001—2008 质量管理体系 要求

GB/T 19755 轻型混合动力电动汽车 污染物排放测量方法

HJ/T 390 环境保护产品技术要求 汽油车燃油蒸发污染物控制系统（装置）

HJ 509 车用陶瓷催化转化器中铂、钯、铑的测定 电感耦合等离子体发射光谱法和电感耦合等离子体质谱法

ISO 2575—1982 道路车辆 控制指示器和信号用符号（Road vehicles—Symbols for controls，indicators and tell-tales）

ISO 8422—1991 属性检查的连续抽样计划（Sequential sampling plans for inspection by attributes）

ISO 9141-2 道路车辆 诊断系统 第 2 部分：加州空气资源局对数字信息交换的要求（Road vehicles—Diagnostic systems—Part 2：CARB requirements for interchange of digital information）

ISO 14230-4 道路车辆 诊断系统 关键词协议 2000 第 4 部分：排放有关系统的要求（Road vehicles—Diagnostic systems—Keyword Protocol 2000—Part 4：Requirements for emission-related systems）

ISO 15031-3 道路车辆 车辆与排放有关诊断用的外部试验装置之间的通讯 第 3 部分：诊断连结器和相关的电路：技术要求及使用（Road vehicles—Communication between vehicle and external equipment for emissions-related diagnostics—Part 3：Diagnostic connector and related electrical circuits，specification and use）

ISO 15031-4 道路车辆 车辆与排放有关诊断用的外部试验装置之间的通讯 第 4 部分：外部试验装置（Road vehicles—Communication between vehicle and external equipment for emissions-related diagnostics—Part 4：External test equipment）

ISO 15031-5 道路车辆 车辆与排放有关诊断用的外部试验装置之间的通讯 第 5 部分：排放有关的诊断服务（Road vehicles—Communication between vehicle and external equipment for emissions-related diagnostics—Part 5：Emissions-related diagnostic services）

ISO 15031-6 道路车辆 车辆与排放有关诊断用的外部试验装置之间的通讯 第 6 部分：诊断故障代码的定义（Road vehicles—Communication between vehicle and external equipment for emissions-related diagnostics—Part 6：Diagnostic trouble code definitions）

ISO 15031-7 道路车辆 车辆与排放有关诊断用的外部试验装置之间的通讯 第 7 部分：数据链可靠性（Road vehicles—Communication between vehicle and external equipment for emissions-related diagnostics—Part 7：Data link security）

ISO 15765-4　道路车辆　对控制器区域网（CAN）的诊断　第 4 部分：与排放有关系统的要求（Road vehicles—Diagnostics on Controller Area Network（CAN）—Part 4：Requirements for emissions-related systems）

EN 1822　高效空气过滤器 [High efficiency air filters（EPA，HEPA and ULPA）]

SAEJ 1850 B 级数据通信网接口（Class B data communications network interface）

SAEJ 2186　电气/电子（E/E）数据链路安全（E/E data link security）

3　术语和定义

下列术语和定义适用于本标准。

3.1　轻型汽车　light-duty vehicle

最大总质量不超过 3 500 kg 的 M_1 类、M_2 类和 N_1 类汽车。

3.2　M_1、M_2、N_1 和 N_2 类汽车　vehicle of category M_1、M_2、N_1 and N_2

按 GB/T 15089—2001 规定：

M_1 类车指包括驾驶员座位在内，座位数不超过九座的载客汽车。

M_2 类车指包括驾驶员座位在内座位数超过九座，且最大设计总质量不超过 5 000 kg 的载客汽车。

N_1 类车指最大设计总质量不超过 3 500 kg 的载货汽车。

N_2 类车指最大设计总质量超过 3 500 kg，但不超过 12 000 kg 的载货汽车。

3.3　第一类车　vehicle of category I

包括驾驶员座位在内，座位数不超过六座，且最大总质量不超过 2 500 kg 的 M_1 类汽车。

3.4　第二类车　vehicle of category II

本标准适用范围内除第一类车以外的其他所有汽车。

3.5　汽车型式（车型）　vehicle type

机动车的型式。同一车型在下列主要方面应无差异：

（1）C.5.2.1 规定的、根据基准质量确定的当量惯量；

（2）附录 A 列出的发动机和汽车的特性。

3.6　混合动力电动汽车　hybrid electric vehicle（HEV）

能够至少从下述两类车载储存的能量中获得动力的汽车：

——可消耗的燃料；

——可再充电能/能量储存装置。

3.7　两用燃料车　bi-fuel vehicle

既能燃用汽油又能燃用一种气体燃料，但两种燃料不能同时燃用的汽车。

3.8　单一气体燃料车　mono-fuel gas vehicle

只能燃用某一种气体燃料（LPG 或 NG）的汽车，或能燃用某种气体燃料（LPG 或 NG）和汽油，但汽油仅用于紧急情况或发动机起动用，且汽油箱容积不超过 15 L 的汽车。

3.9　基准质量　reference mass（RM）

汽车的“整备质量”加上 100 kg。

3.10　最大总质量　maximum mass

汽车制造厂提出的技术上允许的最大质量。

3.11 当量惯量 equivalent inertia（I）

在底盘测功机上用惯量模拟器模拟汽车行驶中移动和转动惯量所相当的质量。

3.12 气态污染物 gaseous pollutants

排气污染物中的一氧化碳（CO）、氮氧化物（NO_x）和碳氢化合物（THC 和 NMHC）。

氮氧化物（NO_x）以二氧化氮（NO_2）当量表示。

碳氢化合物（THC 和 NMHC）假定碳氢比如下：

（a）汽油：$C_1H_{1.85}$；

（b）柴油：$C_1H_{1.86}$；

（c）液化石油气（LPG）：$C_1H_{2.525}$；

（d）天然气（NG）：CH_4。

3.13 颗粒物 particulate matter（PM）

按附件 CE 中所描述的试验方法，在最高温度为 325 K（52℃）的稀释排气中，由过滤器收集到的排气成分。

3.14 粒子数量 particle numbers（PN）

按附件 CF 中所描述的试验方法，在去除了挥发性物质的稀释排气中，所有粒径超过 0.023 μm 的粒子总数。

3.15 排气污染物 exhaust emissions

汽车排气管排放的气态污染物和颗粒物。

3.16 蒸发污染物 evaporative emissions

汽车排气管排放之外，从汽车的燃料（汽油）系统损失的碳氢化合物蒸气，包括：

（1）热浸损失：在汽车行驶一段时间以后，静置汽车的燃料系统排放的碳氢化合物，用 $C_1H_{2.20}$ 当量表示。

（2）燃油箱呼吸损失（换气损失）：由于燃油箱内温度变化排放的碳氢化合物，用 $C_1H_{2.33}$ 当量表示。

3.17 曲轴箱 crankcase

发动机的内部或外部空间，该空间通过内部或外部的通道与油底壳相连，气体和蒸气可以通过该通道逸出。

3.18 冷起动装置 cold start device

临时加浓空气/燃料混合气，便于发动机起动的装置。

3.19 辅助起动装置 starting aid

不通过加浓发动机的空气/燃料混合气，而辅助发动机起动的装置，如预热塞，改变喷油正时等。

3.20 发动机排量 engine capacity

对往复式活塞发动机，指发动机的标称汽缸容积；对转子式发动机，指标称汽缸容积的两倍。

3.21 污染控制装置 pollution control devices

汽车上控制或者限制排气污染物或蒸发污染物排放的装置。

3.22 车载诊断（OBD）系统 onboard diagnostic system

排放控制用车载诊断（OBD）系统，简称 OBD 系统。它应具有识别可能存在故障的区域的功能，并以故障代码的方式将该信息存储在电控单元存储器内。

3.23 获取信息 access to information

为了检查、诊断、维护或修理车辆时，能够获得所有的汽车 OBD 和汽车维护修理信息。

3.24　故障指示器　malfunction indicator（MI）

可见或可听到的指示器，在任何与 OBD 系统相连接且与排放相关的零部件或 OBD 系统本身发生故障时，它能清楚地通知汽车司机。

3.25　失火　misfire

由于没有点火、燃料过稀、压缩压力不够或其他任何原因，导致点燃式发动机汽缸内没有形成燃烧。

3.26　失效装置　defeat device

一种装置，它通过测量、感应或响应汽车的运行参数（如车速、发动机转速、变速器挡位、温度、进气支管真空度或其他参数），来激活、调整、延迟或停止某一部件的工作或排放控制系统的功能，使得汽车在正常使用条件下，排放控制系统的效能降低。

下列装置不作为失效装置：

（1）为保护发动机不遭损坏或不出事故，以及为了汽车的安全行驶所需要的装置；

（2）仅在发动机起动时起作用的装置；

（3）在Ⅰ型或Ⅳ型试验中确实起作用的装置。

3.27　正确的维护和使用　properly maintained and used

作为一辆试验车，它满足了 NA.2 中样车选择准则的要求。

3.28　反应剂　reagent

根据排放控制系统的需要提供给排气后处理系统的某种制品，它储存在车上但不作为燃料使用。

3.29　周期性再生系统　periodically regenerating system

在不超过 4 000 km 的正常车辆运行期间需要一个周期性再生过程的催化转化器、颗粒捕集器或其他污染控制装置。

对于周期性再生系统，再生阶段的排放可以超标。如果污染控制装置在预处理期间发生至少一次再生后，在Ⅰ型试验中又发生至少一次再生，则该再生系统应认为是连续可再生系统而不适用于附录 P 规定的周期性再生系统的试验程序。

如果制造厂向型式核准主管部门提供的数据显示，在再生阶段中的排放低于 5.3.1.4 的限值，则在制造厂的要求下，经检测机构同意，该再生系统可不采用周期性再生系统的试验程序。

3.30　燃料　fuel

发动机正常使用的燃料种类：

——汽油；

——LPG（液化石油气）；

——NG（天然气）；

——汽油和 LPG；

——汽油和 NG；

——柴油。

其中，液体燃料指汽油或柴油，气体燃料指 LPG 或 NG。

4　型式核准申请和批准

4.1　型式核准的申请

4.1.1　汽车制造企业生产、销售汽车应申请以获得国家的污染物排放控制性能型式核准的批准。一种车型的型式核准申请应由汽车制造企业提出，申请核准的内容包括一种车型的排气污染物、曲轴箱污染物、蒸发污染物、污染控制装置耐久性和 OBD 系统等方面。

4.1.2 按本标准附录 A 的要求提交型式核准有关技术资料。按本标准附录 M 的要求提交有关生产一致性保证材料。

4.1.2.1 与 OBD 系统有关的申请，制造厂还应提交如下附加资料：

（1）对于装有点燃式发动机的汽车，在附录 C 所述的 I 型试验中，将造成污染物排放超出 I.3.3.2 表 I.1 中极限值时的失火百分率，以及将导致排气催化转化器过热、永久损坏时的失火百分率。

（2）详细的书面资料，全面叙述 OBD 系统的功能性工作特性，包括所有与汽车排放控制系统有关部件的清单。

（3）OBD 系统故障指示器（MI）的描述。

（4）一份声明，表明在合理可预测的行驶工况下，OBD 系统的实际监测频率（IUPR）符合 IA.7 的要求。

（5）一份计划书，详细描述所采用的技术准则和判定方法：对于每项监测，其分子计数器和分母计数器的增加应符合 IA.7.2 和 IA.7.3 的要求；其分子计数器、分母计数器和一般分母计数器的工作中断应符合 IA.7.7 的要求。

（6）制造厂应说明为防止损坏和更改排放控制电控单元的各项规定。

（7）适用时，附件 IB 所述汽车系族的细节。

（8）适用时，其他型式核准复印件，并附带与型式核准扩展有关的资料。

4.1.2.2 为了进行 I.3 所述的试验，应向负责型式核准试验的检测机构提交一辆样车，此汽车代表了准备型式核准的带有 OBD 系统的车型或汽车系族。如果检测机构确定所提交的汽车并不完全代表附件 IB 所述车型或汽车系族，则应提交一辆替代汽车，若有必要，还需增加一辆汽车，以进行 I.3 所述的试验。

4.1.3 适用时，应提交其他型式核准复印件及相关资料，以进行型式核准扩展申请并确定排放劣化系数。

4.1.4 为进行 5 所述试验，应向负责型式核准试验的检测机构提交一辆能代表待型式核准车型的汽车，进行Ⅳ型试验时还需提供两套相同的炭罐，进行 V 型试验时还需提供两套相同的催化转化器。

4.2 型式核准的批准

若申请型式核准的车型满足了 5 规定的各方面的技术要求，则型式核准主管部门将予以批准并颁发核准证书，型式核准证书格式见附录 B。

5 技术要求和试验

5.1 一般要求

5.1.1 影响排气污染物、曲轴箱污染物和蒸发污染物的零部件，在设计、制造和组装上应使汽车在正常使用条件下，不论遇到哪种振动，均应能满足本标准的要求。

5.1.2 制造厂应采取技术措施，确保汽车在正常使用条件下和正常寿命期内，能有效控制其排气污染物、曲轴箱污染物和蒸发污染物在本标准规定的限值内。这还包括排放控制系统所使用的软管及其接头，以及各个接线的可靠性，它们在制造上应符合其设计的原始要求。

所有汽车应装备 OBD 系统，该系统应在设计、制造和汽车安装上，能确保汽车在整个寿命期内识别并记录劣化或故障的类型。

如果满足了 5.3（型式核准）、7（生产一致性）和 8（在用符合性）的规定，则认为满足了这些条款的要求。

禁止使用失效装置。

在汽车正常寿命期内，未经型式核准机构批准，不得对制造厂采取的技术措施和汽车装备的 OBD

系统进行任何可能影响排放的改造。

5.1.3 应采取下列措施之一，防止由于油箱盖丢失造成的蒸发污染物过度排放和燃油溢出。

（1）不可拿掉自动开启和关闭的油箱盖；

（2）从设计结构上防止油箱盖丢失所造成的蒸发污染物过度排放；

（3）其他具有同样效果的任何措施。例如，拴住的油箱盖；或油箱盖锁和汽车点火使用同一把钥匙，且油箱盖只有锁上时才能拔掉钥匙。

5.1.4 电控系统安全性的规定

5.1.4.1 任何采用电控单元控制排放的汽车，应能防止改动，除非得到了制造厂的授权。如果为了诊断、维护、检查、更新或修理汽车需要改动，应经制造厂授权，并详细记入在用符合性材料中，提交型式核准主管部门备案。任何可重编程序的电控单元代码或运行参数，应能防止非法改动，并提供一定级别的保护措施，保护级别至少相当于 1998 年 10 月版的 ISO 15031-7“道路车辆　车辆与排放有关诊断用的外部试验装置之间的通信　第 7 部分：数据链可靠性”（1996 年 10 月版的 SAE J2186）的规定。任何可插拔的用于存储标定数据的芯片，应装入一个密封的容器内，或由电子算法进行保护，并且对存储的数据应不能改动，除非使用了专用工具和专用程序。仅对直接与排放标定相关或与车辆防盗相关的功能要求满足该保护要求。

5.1.4.2 用电控单元代码表示的发动机运转参数，应不能改动，除非使用了专用工具和专用规程[如电控单元零部件焊死或封死，或密闭（或封死）的电控单元盒子]。

5.1.4.3 对于装在压燃式发动机上的机械式燃料喷射泵，制造厂应采取必要的措施，防止汽车使用过程中，其最大供油量的设定被非法改动。

5.1.4.4 对那些可能不需防护的汽车，制造厂可向型式核准主管部门申请豁免这些要求中的一项。型式核准主管部门考虑此豁免的准则将包括但不限于：性能芯片目前是否能供应、汽车高性能的能力和汽车计划销售量。

5.1.4.5 采用电控单元可编程序代码系统（如电可擦除可编程序只读存储器）的制造厂，应防止非授权改编程序。制造厂应采取强有力的防非法改动对策，以及防编写功能，例如要求远程电子登录由制造商维护的电脑系统。型式核准主管部门将批准具有足够的防非法改动能力的方法。

5.2 型式核准试验项目

不同类型汽车在型式核准时要求进行的试验项目见表 1。

对于轻型混合动力电动汽车，相关试验按 GB/T 19755 的规定进行。

表 1　型式核准试验项目

型式核准试验类型	装点燃式发动机的轻型汽车（包括 HEV）			装压燃式发动机的轻型汽车（包括 HEV）
	汽油车	两用燃料车	单一气体燃料车	
Ⅰ型-气态污染物	进行	进行（试验两种燃料）	进行	进行
Ⅰ型-颗粒物质量[(1)]	进行	进行（只试验汽油）	不进行	进行
Ⅰ型-粒子数量	不进行	不进行	不进行	进行
Ⅱ型-双怠速	进行	进行（试验两种燃料）	进行	不进行
Ⅱ型-自由加速烟度	不进行	不进行	不进行	进行
Ⅲ型	进行	进行（只试验汽油）	进行	不进行
Ⅳ型[(2)]	进行	进行（只试验汽油）	不进行	不进行
Ⅴ型[(3)]	进行	进行（只试验汽油）	进行	进行
Ⅵ型	进行	进行（只试验汽油）	不进行	不进行[(4)]
OBD 系统	进行	进行	进行	进行

型式核准试验类型	装点燃式发动机的轻型汽车（包括 HEV）			装压燃式发动机的轻型汽车（包括 HEV）
	汽油车	两用燃料车	单一气体燃料车	

(1) 对于装点燃式发动机的轻型汽车，颗粒物质量测量仅适用于装缸内直喷发动机的汽车。

(2) Ⅳ型试验前，还应按 5.3.4.2 的要求对炭罐进行检测。

(3) Ⅴ型试验前，还应按 5.3.5.1.1 的要求对催化转化器进行检测。

(4) 应提交 5.3.6.5 要求的相关资料信息。

注：Ⅰ型试验：指常温下冷起动后排气污染物排放试验。

Ⅱ型试验：对装点燃式发动机的汽车指测定双怠速的 CO、HC 和高怠速的λ值（过量空气系数）；对装压燃式发动机的汽车指测定自由加速烟度。

Ⅲ型试验：指曲轴箱污染物排放试验。

Ⅳ型试验：指蒸发污染物排放试验。

Ⅴ型试验：指污染控制装置耐久性试验。

Ⅵ型试验：指低温下冷起动后排气中 CO 和 THC 排放试验。

5.3 试验描述和要求

5.3.1 Ⅰ型试验（常温下冷起动后排气污染物排放试验）

5.3.1.1 所有汽车均应进行此项试验。

5.3.1.2 汽车放置在带有负荷和惯量模拟的底盘测功机上，按附录 C 规定的运转循环、排气取样和分析方法、颗粒物取样和称量方法进行试验。图 1 描述了型式核准Ⅰ型试验的流程。

5.3.1.2.1 试验共持续 19 min 40 s，由两部分（1 部和 2 部）组成，应不间断地完成。经制造厂同意，可以在 1 部结束和 2 部开始之间加入不超过 20 s 的不取样时段，以便调整试验设备。

5.3.1.2.2 试验 1 部由 4 个城区循环组成。每个城区循环包含 15 个工况（怠速、加速、匀速、减速等）。

5.3.1.2.3 试验 2 部由 1 个城郊循环组成。该城郊循环包含 13 个工况（怠速、加速、匀速、减速等）。

5.3.1.2.4 试验期间排气被稀释，并按比例将样气收集到一个或多个袋中，在运转循环结束后进行分析，并测量稀释排气的总容积。

5.3.1.3 记录表 2 所要求的污染物排放结果以及 CO_2 排放结果。

表 2 Ⅰ型试验排放限值

		基准质量（RM）/kg	限值													
			CO		THC		NMHC		NO_x		$THC+NO_x$		PM		PN	
			L_1/(g/km)		L_2/(g/km)		L_3/(g/km)		L_4/(g/km)		L_2+L_4/(g/km)		L_5/(g/km)		L_6/(个/km)	
类别	级别		PI	CI	PI	CI	PI	CI	PI	CI	PI	CI	PI (1)	CI	PI	CI
第一类车	—	全部	1.00	0.50	0.100	—	0.068	—	0.060	0.180	—	0.230	0.004 5	0.004 5	—	6.0×10^{11}
第二类车	Ⅰ	RM≤1 305	1.00	0.50	0.100	—	0.068	—	0.060	0.180	—	0.230	0.004 5	0.004 5	—	6.0×10^{11}
	Ⅱ	1 305<RM≤1 760	1.81	0.63	0.130	—	0.090	—	0.075	0.235	—	0.295	0.004 5	0.004 5	—	6.0×10^{11}
	Ⅲ	1 760<RM	2.27	0.74	0.160	—	0.108	—	0.082	0.280	—	0.350	0.004 5	0.004 5	—	6.0×10^{11}

(1) 仅适用于装缸内直喷发动机的汽车。

注：PI=点燃式；CI=压燃式。

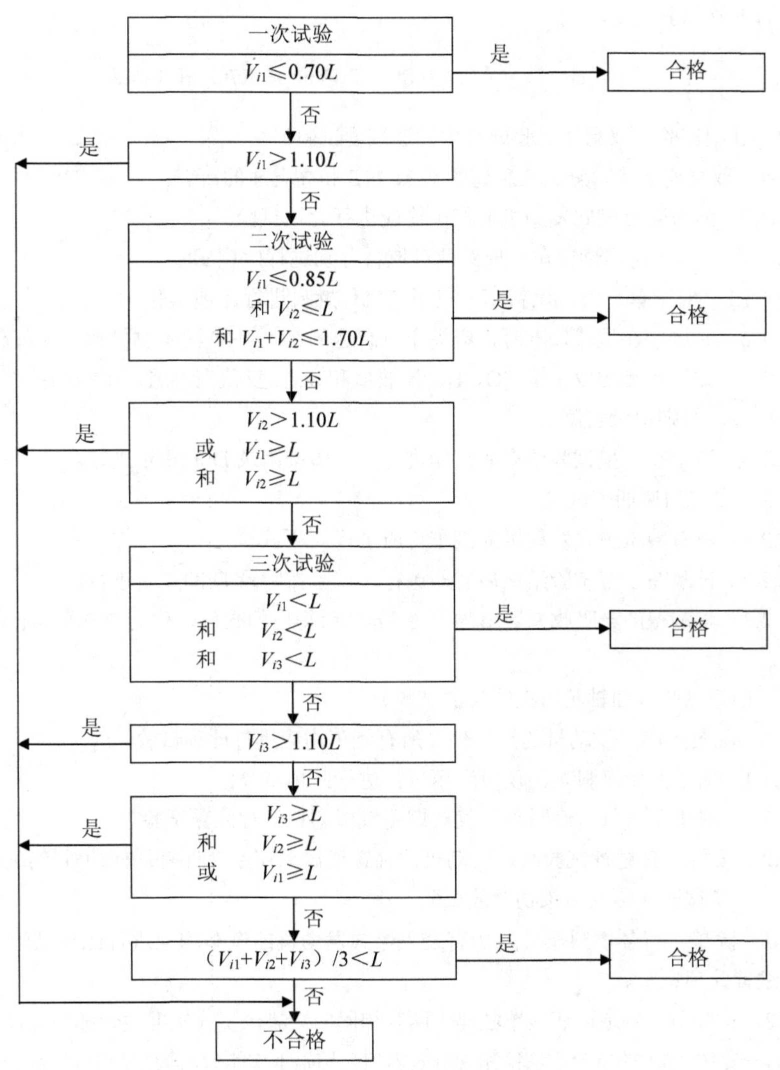

图 1 型式核准 I 型试验流程图

5.3.1.4 试验应重复三次。每一项试验结果应采用 5.3.5 确定的相应劣化系数进行校正，对于装有周期性再生系统的汽车，试验结果还应乘以根据附录 P 测得的 K_i 系数。每次试验求得的排气污染物排放量，应小于表 2 所规定的限值：

5.3.1.5 虽然有 5.3.1.4 的要求，但对于每种污染物而言，只要这三次试验结果的算术平均值小于规定的限值，三次试验结果中允许有一次的值超过限值，但不得超过该限值的 1.1 倍。即使有一种以上的污染物超过规定的限值，不管是发生在同一次试验中，还是发生在不同次的试验中都是允许的。

5.3.1.6 如果符合下面的条件，5.3.1.4 规定的试验次数可减少（参见图 1）。其中 V_1 是第一次试验的结果，V_2 是第二次试验的结果。

5.3.1.6.1 如果得到的每种污染物或两种污染物排放量的和，不大于 $0.70L$（即 $V_1\leqslant 0.70L$），则只进行一次试验。

5.3.1.6.2 如果不满足 5.3.1.6.1 的要求，但每种污染物或两种污染物排放量的和满足了以下要求，则只需进行两次试验：

$$V_1 \leqslant 0.85L \text{ 和 } V_1+V_2 \leqslant 1.70L \text{ 和 } V_2 \leqslant L$$

5.3.2 Ⅱ型试验（双怠速试验或自由加速烟度试验）

5.3.2.1 双怠速试验（测定双怠速的 CO、HC 和高怠速的λ值）

5.3.2.1.1 所有装点燃式发动机的汽车均应进行此项试验。

5.3.2.1.1.1 对于两用燃料车，应对两种燃料分别进行此项试验。

5.3.2.1.1.2 对于单一气体燃料车，仅用该气体燃料进行此项试验。

5.3.2.1.2 制造厂在型式核准时，应提交双怠速的 CO、HC 污染物排放值和高怠速的λ值的控制范围。

5.3.2.1.3 如果实测的双怠速 CO、HC 排放值和高怠速λ值在制造厂申报的控制范围内，则记录制造厂的申报值，否则记录实测值。

5.3.2.1.4 试验在Ⅰ型试验结束后立即进行，试验按附录 D 的规定进行。

5.3.2.2 自由加速烟度试验

5.3.2.2.1 所有装压燃式发动机的汽车均应进行此项试验。

5.3.2.2.2 试验在Ⅰ型试验结束后立即进行，试验按附录 D 的规定进行。

5.3.2.2.3 将测得的光吸收系数值加上 0.5 m^{-1} 后得出的数值，作为该车型自由加速排气烟度的型式核准值。

5.3.3 Ⅲ型试验（曲轴箱污染物排放试验）

5.3.3.1 除装压燃式发动机的汽车外，所有汽车均应进行此项试验。

5.3.3.1.1 对于两用燃料车，仅对燃用汽油进行此项试验。

5.3.3.1.2 对于单一气体燃料车，仅对燃用气体燃料进行此项试验。

5.3.3.2 按附录 E 进行试验时，发动机曲轴箱通风系统不允许有任何曲轴箱污染物排入大气。

5.3.4 Ⅳ型试验（蒸发污染物排放试验）

5.3.4.1 除单一气体燃料车外，所有装点燃式发动机的汽车均应进行此项试验。两用燃料车仅对燃用汽油进行此项试验。

5.3.4.2 试验前，制造厂还应单独提供两套相同的炭罐，型式核准主管部门应任选一套装车进行Ⅳ型试验；另一套按 7.5.1 的试验方法检测其有效容积和初始工作能力，测量结果应不高于制造厂申报值的 1.1 倍。

5.3.4.3 按附录 F 进行试验时，蒸发污染物排放量应不超过 2.00 g/试验。

5.3.5 Ⅴ型试验（污染控制装置耐久性试验）

5.3.5.1 所有汽车均应进行此项试验。

5.3.5.1.1 试验前，制造厂还应单独提供两套相同的催化转化器，型式核准主管部门应任选一套进行耐久性试验；另一套按 HJ 509 的规定检测其载体体积及各贵金属含量，测量结果应不高于制造厂申报值的 1.1 倍。

5.3.5.1.2 整车耐久性试验，按附录 G 所述的程序在底盘测功机上或试验跑道上进行 160 000 km 耐久性试验。

5.3.5.1.3 对于点燃式汽车，若与已按照 5.3.5.1.2 进行了整车耐久性试验的车型相比，试验车辆仅催化转化器的变化超出了 6.3 规定的扩展条件，制造厂可使用 G.3.2 所述的标准台架循环（SBC）进行耐久性试验。

5.3.5.1.4 在制造厂要求下，检测机构可在完成Ⅴ型试验之前，使用表 3 的劣化系数进行Ⅰ型试验。完成Ⅴ型试验后，检测机构应用 G.2.5 的方法测得的劣化系数替代表 3 的劣化系数，并记录在附录 B 中的型式核准证书中。

表 3 劣化系数

发动机类别	劣化系数						
	CO	THC	NMHC	NO_x	THC+NO_x	PM	PN
点燃式	1.5	1.3	1.3	1.6	—	1.0	—
压燃式	1.5	—	—	1.1	1.1	1.0	1.0

5.3.5.2 通过 5.3.5.1.2 和 5.3.5.1.3 规定的试验程序确定劣化系数。劣化系数用于确定汽车的排放污染物是否满足 5.3.1.4 和 7.1 相应限值的要求。

5.3.6 Ⅵ型试验（低温下冷起动后排气中 CO 和 THC 排放试验）

5.3.6.1 除单一气体燃料车外，所有装点燃式发动机的汽车均应进行此项试验。两用燃料车仅对汽油进行此项试验。装压燃式发动机的汽车需提交 5.3.6.5 所要求的资料。

5.3.6.2 汽车放置在带有负荷和惯量模拟的底盘测功机上。按附录 C 规定的运转循环 1 部、排气取样和分析方法进行试验。

5.3.6.2.1 试验由 I 型试验 1 部的四个城区运转循环组成。附件 CA 描述了试验 1 部，并由此附件的图 CA.1 和图 CA.2 加以说明。试验共持续 780 s，试验期间不得中止，并在发动机起动时开始取样。

5.3.6.2.2 试验应在环境温度 266 K（–7℃）下进行。试验前，试验汽车应按规定进行预处理，以保证试验结果的再现性。预处理和其他试验规程按附录 H 进行。

5.3.6.2.3 试验期间排气被稀释，并按比例收集样气。试验汽车的排气按照附录 H 规定的规程进行稀释、取样和分析，并测量稀释排气的总容积。分析稀释排气的 CO 和 THC。

5.3.6.3 试验应进行三次。CO 和 THC 测得的排放量应小于表 4 所示限值。

表 4 Ⅵ型试验的排放限值

试验温度 266 K（–7℃）				
类别	级别	基准质量（RM）/kg	CO L_1/（g/km）	THC L_2/（g/km）
第一类车	—	全部	15.0	1.80
第二类车	I	RM≤1 305	15.0	1.80
	II	1 305＜RM≤1 760	24.0	2.70
	III	1 760＜RM	30.0	3.20

5.3.6.3.1 虽然有 5.3.6.3 的要求，但对于每种污染物而言，只要这三次测量结果的算术平均值小于规定的限值，三次测量结果中允许有一次的值超过限值，但不得超过该限值的 1.1 倍。即使有一种以上的污染物超过规定的限值，不管是发生在同一次试验中，还是发生在不同次的试验中都是允许的。

5.3.6.3.2 如果三次测量结果的算术平均值不超过限值的 1.1 倍，在制造厂要求下，5.3.6.3 规定的试验次数可以增加到十次，此时，仅要求十次测量结果的算术平均值小于限值。

5.3.6.4 符合下面的条件，5.3.6.3 规定的试验次数可以减少。

5.3.6.4.1 如果每种污染物的测量结果，不大于 $0.70L$，则只进行一次试验。

5.3.6.4.2 如果不满足 5.3.6.4.1 的要求，但每种污染物能满足以下要求，则只需进行两次试验：

$$V_1 \leq 0.85L \text{ 和 } V_1+V_2 \leq 1.70L \text{ 和 } V_2 \leq L$$

5.3.6.5 对于装压燃式发动机的汽车，当申请型式核准时，制造厂应向型式核准主管部门提供能证明在Ⅵ型试验中规定的−7℃冷起动后，NO_x后处理装置能在 400 s 内达到有效工作所需的足够高的温度的信息。

此外，制造厂应向型式核准主管部门提供关于废气再循环系统（EGR）的工作策略方面的信息，包括它在低温下的功能。

信息还应包括任何可能对排放产生影响的描述。

如果型式核准主管部门认为提交的信息不足以证明后处理装置能在规定的时间内达到有效工作所需的足够高的温度，则不批准型式核准。

5.3.7 OBD 系统试验

5.3.7.1 所有汽车均应进行此项试验。

5.3.7.2 按附件 IA 进行试验时，OBD 系统应满足附录 I 的要求。

5.3.8 作为独立技术总成的替代用污染控制装置的型式核准试验

5.3.8.1 对于替代用污染控制装置，应按照附录 L 进行试验。

5.3.8.2 对于替代用原装污染控制装置，如果满足了 L.4.2.1 和 L.4.2.2 的要求，则不必按照附录 L 进行试验。

5.3.9 燃用 LPG 或 NG 汽车的型式核准试验

对于燃用 LPG 或 NG 的汽车，应按照附录 K 进行试验。

5.3.10 排气后处理系统使用反应剂的汽车的技术要求

对于后处理系统使用反应剂以达到降低排放目的的汽车，应满足附录 O 的要求。

5.3.11 对于最大总质量超过 3 500 kg 但基准质量不超过 2 610 kg 的 M_1、M_2和 N_2类汽车，适用于第二类车的相应限值。

5.4 试验用燃料

型式核准试验中，除Ⅴ型试验外的所有试验均应采用符合附录 J 要求的基准燃料，Ⅴ型试验应采用符合相关标准规定的市售车用燃料。

6 型式核准扩展

按本标准型式核准的车型的扩展，应根据下列条款进行：

6.1 与排气污染物有关的扩展（Ⅰ型和Ⅵ型试验）

6.1.1 基准质量不同的车型

6.1.1.1 如果基准质量只要求使用相邻的较大二级或任何较小级的当量惯量，则型式核准可以扩展到该车型。

6.1.1.2 对于第二类车，如果须扩展车型的基准质量所要求使用的当量惯量小于已型式核准车型所用的当量惯量，且已型式核准车型测得的污染物质量在要求扩展车型所规定的限值之内，则可批准其扩展。

6.1.2 总传动比不同的车型

在下列条件下，对已型式核准的车型，可以扩展到仅传动比不同的其他车型。

6.1.2.1 对于在Ⅰ型和Ⅵ型试验中所使用的每一传动比，均须确定其比例：

$$E=\frac{V_2-V_1}{V_1}$$

式中，V_1和 V_2分别为发动机转速在 1 000 r/min 时，已型式核准车型和要求扩展车型所对应的车速。

6.1.2.2 对于每一传动比，若 $E \leqslant 8\%$，则无须重复Ⅰ型和Ⅵ型试验，即可批准其扩展。

6.1.2.3 如果至少有一个挡位的传动比 $E > 8\%$，但每种挡位下，传动比 $E \leqslant 13\%$，则应重做Ⅰ型和Ⅵ型试验，但经型式核准检测机构同意，可在制造厂选定的实验室内进行。试验报告应送交负责型式核准试验的检测机构。

6.1.3 基准质量和传动比不同的车型

只要完全符合上述 6.1.1 和 6.1.2 规定的条件，则某一已型式核准的车型，可以扩展到基准质量和传动比不同的其他车型。

6.1.4 装有周期性再生系统的车型

装有周期性再生系统车型的型式核准可以扩展到其他装有周期性再生系统的车型，要求扩展的车型的下述参数应相同或在规定的许可范围内。扩展应只与规定的周期性再生系统的具体测量方法有关。

6.1.4.1 批准扩展的相同参数为：

发动机：

——燃烧过程。

周期性再生系统（例如催化转化器、颗粒捕集器）：

——构造（例如封装类型、贵金属类型、载体类型、孔密度）；

——类型和工作原理；

——反应剂和添加系统；

——载体体积±10%；

——位置：再生系统入口处温度相差在±50 K 以内，应在Ⅰ型试验的设定负荷和 120 km/h 匀速行驶条件下检查该温度变化；或者，最高温度和压力在±5%以内处（Ⅰ型试验行驶时）。

6.1.4.2 具有不同基准质量汽车的 K_i 因子的使用

K_i 因子是由附录 P 规定的程序得出的，该程序用于装有周期性再生系统车型的型式核准。K_i 因子可以用于满足条款 6.1.4.1 的相关标准并且基准质量要求使用相邻的较大二级或任何较小级的当量惯量的其他汽车。

6.2 与蒸发污染物有关的扩展（Ⅳ型试验）

6.2.1 型式核准可以扩展到蒸发污染物控制系统满足下列条件的车型：

——燃料/空气计量（如单点喷射）的基本原理相同；

——燃油箱的形状、燃油箱和液体燃料软管的材料相同；

——试验应在截面和软管大致长度方面最恶劣的车辆进行。由负责型式核准试验的检测机构决定是否接受不同的油气分离器；

——燃油箱的容积差在±10%以内；

——燃油箱呼吸阀的设定相同；

——储存燃油蒸气的方法相同，即活性炭罐的形状和容积、储存介质（活性炭）、空气滤清器（如果用于蒸发污染物排放控制）等；

——脱附贮存蒸气的方法（如空气流量，启动点或运转循环中的脱附容积）相同；

——燃油计量系统的密封和通气方法相同。

6.2.2 按 6.2.1 扩展的车型下列条件可以不同：

——发动机尺寸；

——发动机功率；

——自动变速器和手动变速器；

——两轮和四轮驱动；

——车身形状；

——车轮和轮胎尺寸。

6.3　与污染控制装置耐久性有关的扩展（V型试验）

6.3.1　某一已型式核准的车型，可以扩展到汽车、发动机和污染控制装置的下述参数相同或能保持在规定的范围内的其他车型：

（a）汽车：

当量惯量等级：当量惯量等级应是邻近的较大二级或任何较小级的当量惯量等级。

（b）发动机：

——汽缸数；

——发动机排量（±15%）；

——缸体构造；

——气阀数和气阀控制；

——燃油系统；

——冷却系型式；

——燃烧过程。

（c）污染控制装置：

（1）催化转化器和颗粒捕集器：

——催化转化器、颗粒捕集器和催化单元的数量；

——催化转化器和颗粒捕集器的尺寸和形状（载体体积±10%）；

——催化活性的类型（氧化，三效，稀燃氮氧化物捕集器，选择性还原催化剂，稀燃氮氧化物催化剂或其他）和催化剂生产厂；

——贵金属总含量（相同或更多）；

——各贵金属类型和比例（±15%）；

——载体（结构、材料和生产厂）；

——孔密度；

——在催化转化器或颗粒捕集器入口处温度相差不大于 50 K，应在 I 型试验的设定负荷和 120 km/h 匀速行驶条件下检查该温度变化。

（2）空气喷射：

——有或无；

——型式（脉动，空气泵，或其他）。

（3）EGR：

——有或无；

——型式（冷却的或非冷却的，主动或被动控制，高压或低压）。

6.3.2　V型试验可在一辆下列方面与待环保核准车型不同的汽车上进行。

——车身；

——变速器（自动或手动）；

——车轮或轮胎的尺寸；

——催化转化器和颗粒捕集器封装厂。

6.4　与 OBD 系统有关的扩展

型式核准可以扩展到附件 IB 规定的同一汽车 OBD 系族。扩展汽车的下列特性可以不同：

——发动机附件；

——轮胎；

——当量惯量；

——冷却系统；

——总传动比；

——变速器型式；

——车身型式。

6.5　其他车辆扩展的申请

当某一车型按照 6.1 至 6.4 的规定获得扩展后，此扩展车型不可再扩展到其他车型。

7　生产一致性

应按照附录 M 采取措施保证生产一致性。生产一致性的检查以附录 A 和附录 B 为基础，必要时，可进行 5.2 所述的部分或全部试验。

7.1　Ⅰ型试验的生产一致性检查

7.1.1　进行Ⅰ型试验时，如果型式核准的汽车具有一个或多个扩展，此试验可在附录 A 所述的车型或相关的扩展车型上进行。

7.1.2　型式核准主管部门选定汽车后，制造厂不应对所选汽车进行任何调整。

7.1.2.1　在同一系列的批量产品中任意选取三辆车，Ⅰ型试验按附录 C 的规定进行。试验结果应采用型式核准证书（实测的）的劣化系数进行校正，限值由 5.3.1.4 给出。

7.1.2.2　如果型式核准主管部门认可制造厂按附录 M 提供的生产标准偏差，则按 MA.1 判定试验结果。

7.1.2.3　如果型式核准主管部门不认可制造厂提供的生产标准偏差或者制造厂没有相关记录时，则按 MA.2 判定试验结果。

7.1.2.4　根据 MA.1 或 MA.2 的判定准则，以抽取的试验样车数量为基础，一旦所有污染物均满足通过判定临界值，则认为该系列产品Ⅰ型试验合格；一旦某种污染物满足不通过判定临界值，则认为该系列产品Ⅰ型试验不合格。

当某种污染物满足通过判定临界值，此结论不再随其他污染物为了得出结论所追加的试验而改变。如果不能判定所有污染物均满足通过判定临界值，而又不能判定某种污染物满足不通过判定临界值，则抽取另一辆车进行试验（图 2）。

如果某种污染物的统计量既不满足通过判定临界值又不满足不通过判定临界值，在加抽车辆试验时，制造厂要求终止抽车试验，则应判定为Ⅰ型试验生产一致性检查不合格。

7.1.2.5　尽管有 7.1.2.2 至 7.1.2.4 的要求，型式核准主管部门在生产一致性抽查时可以选择如下判定准则：

——若三辆车的各种污染物排放结果均不超过限值的 1.1 倍，且其平均值不超过限值，则判定Ⅰ型试验生产一致性检查合格。

——若三辆车中有任一辆车的某种污染物排放结果超过限值的 1.1 倍，或其平均值超过限值，则判定Ⅰ型试验生产一致性检查不合格。

7.1.3　尽管有 C.2.2.1 的要求，应直接从生产线下线合格的车辆中抽取样车进行试验，试验车辆不需磨合。

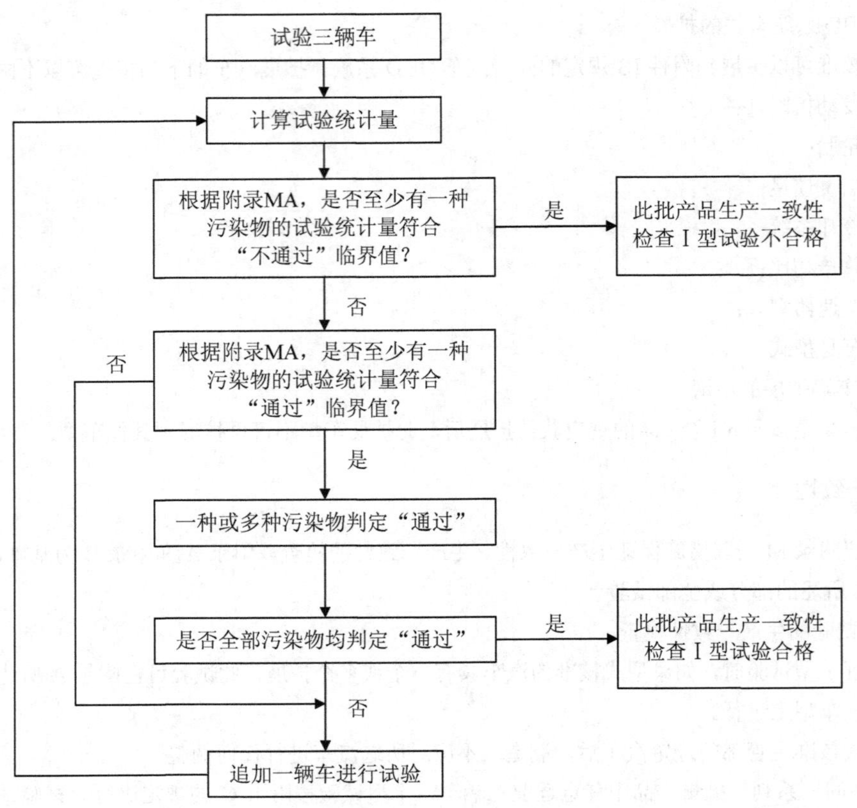

图 2 生产一致性检查Ⅰ型试验流程图

7.1.3.1 在制造厂要求下，试验可以在下列汽车上进行：

——行驶不足 3 000 km 的装点燃式发动机的汽车；

——行驶不足 15 000 km 的装压燃式发动机的汽车。

在上述两种情况下，按制造厂的磨合规范进行磨合，但不得对这些汽车进行任何调整。

7.1.3.2 如果制造厂要求磨合汽车，则样车均须进行磨合。对于装点燃式发动机的汽车，磨合里程应小于 3 000 km；对于装压燃式发动机的汽车，磨合里程应小于 15 000 km；对于装有周期性再生系统的汽车，在 7.1.3.2 要求的磨合里程范围内，汽车应行驶了超过相邻再生里程间隔的 1/3。

7.1.4 应使用符合相关标准规定的市售车用燃料进行试验。在制造厂的要求下，可使用附录 J 规定的基准燃料。

7.2 Ⅱ型试验的生产一致性检查

7.2.1 装点燃式发动机汽车双怠速试验的生产一致性检查

7.2.1.1 制造厂应抽查生产下线的汽车进行双怠速试验。

7.2.1.2 汽车的双怠速 CO、HC 排放值和高怠速λ值均应在制造厂型式核准时申报的控制范围内。

7.2.2 装压燃式发动机汽车自由加速烟度的生产一致性检查

7.2.2.1 制造厂应抽查生产下线的汽车进行自由加速烟度试验。

7.2.2.2 测得的光吸收系数不应大于 5.3.2.2.3 规定的型式核准值加 0.5 m^{-1}。

7.3 Ⅲ型试验的生产一致性检查

7.3.1 进行Ⅲ型试验时，应对 7.1 抽取的所有汽车均进行此项试验。

7.3.2　按附录 E 试验时，测量结果应满足 5.3.3.2 的要求。

7.4　Ⅳ型试验的生产一致性检查

7.4.1　应按照 F.7 的规定进行生产一致性检查。

7.4.2　必要时，从批量产品中随机抽取一辆车，进行附录 F 所述的整车蒸发排放试验。若测量结果符合 5.3.4.3 的要求，则认为Ⅳ型试验的生产一致性满足要求。

7.4.3　若所抽汽车不能满足 7.4.2 的要求，应从批量产品中再随机抽取四辆车，进行附录 F 所述试验。试验可在行驶里程不足 15 000 km 的汽车上进行。

7.4.4　若至少有三辆车满足了附录 F 所述试验的要求，则认为Ⅳ型试验的生产一致性满足要求。否则判定Ⅳ型试验的生产一致性检查不合格。

7.5　炭罐的生产一致性检查

7.5.1　从装配线上或批量产品中随机抽取三辆车（或三套炭罐），检测炭罐的有效容积和初始工作能力。试验采用 50%容积丁烷（正丁烷）和 50%容积氮气的混合气，以 40 g/h 丁烷的充气速率，参照 HJ/T 390 的规定进行。

7.5.2　炭罐生产一致性的判定准则：

——若被测的三套炭罐的有效容积和初始工作能力测量结果均不低于申报值的 0.85 倍，且其平均值不低于申报值的 0.9 倍，则判定炭罐的生产一致性检查合格。

——若被测的三套炭罐中有任一套的有效容积或初始工作能力测量结果低于申报值的 0.85 倍，或其平均值低于申报值的 0.9 倍，则判定炭罐的生产一致性检查不合格。

7.6　催化转化器的生产一致性检查

7.6.1　从装配线上或批量产品中随机抽取三辆车（或三套催化转化器），按照 HJ 509 的规定，对抽取的催化转化器检测其载体体积及各贵金属含量。

7.6.2　催化转化器生产一致性的判定准则：

——若被测的三套催化转化器的载体体积及各贵金属含量的测量结果均不低于申报值的 0.85 倍，且其平均值不低于申报值的 0.9 倍，则判定催化转化器的生产一致性检查合格。

——若被测的三套催化转化器中有任一套的载体体积或某一贵金属含量的测量结果低于申报值的 0.85 倍，或其平均值低于申报值的 0.9 倍，则判定催化转化器的生产一致性检查不合格。

7.7　OBD 系统的生产一致性检查

7.7.1　当型式核准主管部门认为生产质量可能不满足要求时，从批量产品中随机抽取一辆车，进行附件 IA 所述试验。

7.7.2　若此车符合了附件 IA 所述试验的要求，则认为 OBD 系统的生产一致性满足要求。

7.7.3　若所抽汽车不能满足 7.7.2 的要求，应从批量产品中再随机抽取四辆车，进行附件 IA 所述试验。试验可在行驶里程不足 15 000 km 的汽车上进行。

7.7.4　若至少有三辆车满足了附件 IA 所述试验的要求，则认为 OBD 系统的生产一致性满足要求。否则判定 OBD 系统的生产一致性检查不合格。

7.8　如果某一车型不能满足 7.1 至 7.7 中生产一致性检查要求的任意一条，汽车制造厂均应尽快采取所有必需的措施来重新建立生产一致性保证体系，有关部门可以采取暂停或撤销该车型的型式核准等措施。

8　在用符合性

8.1　对已通过污染物排放型式核准的车型，制造厂应采取适当措施确保在用符合性。排气污染物、OBD

系统和蒸发污染物的在用符合性检查要求见附录 N 的规定。

8.2 在用符合性检查程序应确认在正常使用条件下和汽车正常寿命期内，污染控制装置始终保持其功能。

8.3 应对使用不超过 5 年或 100 000 km（以先达到者为准）的汽车进行在用符合性检查。在用符合性检查包括制造厂的自查和型式核准主管部门的抽查。

8.4 如果制造厂能向型式核准主管部门证明，某一汽车系族车型的年销售量少于 5 000 辆，制造厂可不进行此车型的在用符合性自查。但制造厂应按附录 N 中 N.2.3 的要求向型式核准主管部门提供一份含有与所有排放物相关的保证和修理声明以及 OBD 故障的报告。此外，型式核准主管部门可以要求按附录 N 对该车型进行在用符合性抽查。

8.5 在用符合性检查中需要加抽车辆试验时，若制造厂要求终止抽车试验，则应判定在用符合性检查不合格。

8.6 如果型式核准主管部门经检查，判定试验结果为不符合，制造厂应按照 NA.6 采取补救措施，这些补救措施应扩展到可能会受到同样缺陷影响的车型。

制造厂提出的补救措施计划应经型式核准主管部门批准。由制造厂负责完成已获得批准的补救措施计划。

型式核准主管部门可以根据制造厂补救措施的执行情况，采取暂停或撤销该车型的型式核准等措施。

9 标准的实施

9.1 型式核准

自本标准发布之日起，即可依据本标准进行型式核准。

9.2 销售和注册登记

自 2018 年 1 月 1 日起，所有销售和注册登记的轻型汽车应符合本标准的要求。

机动车污染严重，有实施标准条件的地方，为改善空气质量，经批准可先于全国实施本标准。提前实施标准的地方，在 2014 年 12 月 31 日之前，可以暂不实施本标准对 OBD 系统 NO_x 监测和 OBD 实际监测频率（IUPR）的相关要求。

9.3 生产一致性检查

对于按本标准获得型式核准的轻型汽车，其生产一致性检查自型式核准批准之日起执行。

9.4 在用符合性检查

对于按本标准要求生产、销售和注册登记的轻型汽车，其在用符合性检查应符合本标准要求。

中华人民共和国国家标准

轻型汽车污染物排放限值及测量方法（中国第六阶段）（节选）

Limits and measurement methods for emissions from light-duty vehicles（CHINA 6）

GB 18352.6—2016

部分代替 GB 18352.5—2013

前 言

为贯彻《中华人民共和国环境保护法》和《中华人民共和国大气污染防治法》，防治机动车污染物排放，改善环境空气质量，制定本标准。

本标准规定了轻型汽车污染物排放第六阶段型式检验的要求、生产一致性和在用符合性检查的要求和判定方法。生产企业应确保所生产和销售的车辆，满足本标准要求。

与 GB 18352.5—2013《轻型汽车污染物排放限值及测量方法（中国第五阶段）》相比，本标准的主要变化有：

——变更了Ⅰ型试验测试循环，加严了污染物排放限值，增加了汽油车排放颗粒物数量测量要求；

——增加了实际行驶污染物排放（RDE）试验要求，定为Ⅱ型试验，取消了原Ⅱ型试验；

——增加了Ⅵ型试验的试验项目，加严了限值；

——修订了对车载诊断系统（OBD）的监测项目、阈值及监测条件等技术要求；

——修订了获取汽车车载诊断系统和汽车维护修理信息的相关要求；

——修订了生产一致性检查的判定方法和在用符合性检查的相关要求；

——修订了试验用燃料的技术要求；

——增加了加油过程污染物排放控制要求；

——增加了混合动力电动汽车的试验要求。

本标准部分修改采用欧盟（EC）No 715/2007 法规《关于轻型乘用车和商用车排放污染物的型式核准以及获取汽车维护修理信息的法规》和（EC）No 692/2008 法规《对（EC）No 715/2007 法规关于轻型乘用车和商用车排放污染物的型式核准以及获取汽车维护修理信息的执行和修订的法规》、联合国欧洲经济委员会 ECE R83-07 法规《关于根据发动机燃料要求就污染物排放方面批准车辆的统一规定》（*Uniform Provisions Concerning the Approval of Vehicles with Regard to the Emission of Pollutants According to Engine Fuel Requirements*）、联合国全球技术法规第 15 号《世界协调的轻型车测试规程（WLTP）》（*Global Technical Regulation No.15，Worldwide Harmonized Light Vehicles Test Procedure*）及其修订版本的有关技术内容。

本标准与欧盟法规相比，主要修改内容有：

——轻型汽车的定义和分类沿用 GB 18352.5—2013 的要求；

——对Ⅰ型试验的测试程序进行了修改，采用全球技术法规轻型车测试程序（WLTP）；

——Ⅱ型试验改为 RDE 试验；

——对Ⅳ型试验进行了修改；

——Ⅵ型试验增加对柴油车以及 NO_x 的控制要求；

——增加了对加油过程污染物排放试验要求；

——加严了各项污染物排放限值；

——增加了炭罐有效容积和初始工作能力的试验要求；

——增加了催化转化器载体体积、贵金属总含量及贵金属比例的试验要求；

——修订了生产一致性检查的判定方法，新增了催化转化器、炭罐的生产一致性检查要求；

——在用符合性增加了蒸发排放和加油过程污染物排放的检查要求；

——增加了对型式检验样车的确认检查；

——修改了 OBD 的技术要求；

——修改了试验用基准燃料的技术要求。

本标准 OBD 部分修改采用美国加利福尼亚州 CCR Title13 法规中 Section 1968.2《故障和诊断系统要求—2004 及之后车型年乘用车、轻型卡车和中型车及发动机》（13 CCR § 1968.2. *Malfunction and Diagnostic System Requirements-2004 and Subsequent Model-Year Passenger Cars, Light-Duty Trucks, and Medium-Duty Vehicles and Engines.*）及其修订法规的有关技术内容。

——修改采用了 OBDⅡ相关技术要求；

——修改采用了获取汽车车载诊断系统和汽车维护修理信息的相关要求；

——修改采用蒸发排放试验相关技术要求。

本标准附录 A、附录 C～附录 R 为规范性附录，附录 B 为资料性附录。

本标准由环境保护部大气环境管理司、科技标准司组织制订。

本标准起草单位：中国环境科学研究院、北京理工大学、中国汽车技术研究中心、厦门市环境保护机动车污染控制技术中心、北京市机动车排放管理中心。

本标准环境保护部 2016 年 11 月 24 日批准。

自本标准发布之日起，即可依据本标准进行型式检验。自 2020 年 7 月 1 日起，所有销售和注册登记的轻型汽车应符合本标准要求。

自 2020 年 7 月 1 日起，本标准代替《轻型汽车污染物排放限值及测量方法（中国第五阶段）》（GB 18352.5—2013）；2025 年 7 月 1 日之前，第五阶段轻型汽车的“在用符合性检查”仍执行 GB 18352.5 —2013 相关要求。

本标准由环境保护部解释。

1 适用范围

本标准适用于以点燃式发动机或压燃式发动机为动力、最大设计车速大于或等于 50 km/h 的轻型汽车（包括混合动力电动汽车）。

本标准规定了装用点燃式发动机的轻型汽车，在常温和低温下排气污染物、实际行驶排放（RDE）排气污染物、曲轴箱污染物、蒸发污染物、加油过程污染物的排放限值及测量方法，污染控制装置耐久性、车载诊断（OBD）系统的技术要求及测量方法。

本标准规定了装用压燃式发动机的轻型汽车，在常温和低温下排气污染物、实际行驶排放（RDE）

排气污染物、曲轴箱污染物的排放限值及测量方法，污染控制装置耐久性、车载诊断（OBD）系统的技术要求及测量方法。

本标准规定了轻型汽车型式检验的要求和方法，生产一致性和在用符合性检查的要求与判定方法。

本标准也规定了燃用液化石油气（LPG）或天然气（NG）轻型汽车的特殊要求。

本标准也规定了作为独立技术总成、拟安装在轻型汽车上的替代用污染控制装置，在污染物排放方面的型式检验规程。

本标准也规定了排气后处理系统使用反应剂的汽车的技术要求，以及装有周期性再生系统汽车的排放试验规程。

在生产企业的要求下，最大设计总质量超过 3 500 kg、但不超过 4 500 kg 的 M_1、M_2和 N_2类汽车可按本标准进行型式检验。

若本标准适用范围车辆已按照 GB 17691（第六阶段）通过型式检验，可不按本标准进行型式检验。

使用附录 K 中未包含燃料种类的轻型汽车也应满足本标准要求。

2　规范性引用文件

本标准引用了下列文件或其中的条款。凡是未注明日期的引用文件，其最新版本适用于本标准。

GB 1495　汽车加速行驶车外噪声限值及测量方法

GB 3847　车用压燃式发动机和压燃式发动机汽车排气烟度排放限值及测量方法

GB 7258　机动车运行安全技术条件

GB/T 15089　机动车辆及挂车分类

GB 17691　车用压燃式、气体燃料点燃式发动机与汽车排气污染物排放限值及测量方法（中国Ⅲ、Ⅳ、Ⅴ阶段）

GB 18285　点燃式发动机汽车排气污染物排放限值及测量方法（双怠速法及简易工况法）

GB/T 19001　质量管理体系　要求

GB/T 27630　乘用车内空气质量评价指南

HJ/T 390　环境保护产品技术要求　汽油车燃油蒸发污染物控制系统（装置）

HJ 509　车用陶瓷催化转化器中铂、钯、铑的测定　电感耦合等离子体发射光谱法和电感耦合等离子体质谱法

ISO 2575　道路车辆　控制指示器和信号用符号（*Road vehicles—Symbols for controls，indicators and tell-tales*）

ISO 8422—1991　属性检查的连续抽样计划（*Sequential sampling plans for inspection by attributes*）

ISO 15031-7　道路车辆　车辆与排放有关诊断用的外部试验装置之间的通信　第 7 部分：数据链可靠性（*Road vehicles—Communication between vehicle and external equipment for emissions-related diagnostics—Part 7：Data link security*）（2001 年 3 月 15 日版）

EN 1822　高效空气过滤器（High efficiency air filters（EPA，HEPA and ULPA））

3　术语和定义

下列术语和定义适用于本标准。

3.1　轻型汽车　light-duty vehicle

最大设计总质量不超过 3 500 kg 的 M_1类、M_2类和 N_1类汽车。

3.2 M_1、M_2、N_1 和 N_2类汽车 vehicle of category M_1，M_2，N_1 and N_2

按 GB/T 15089 规定：

M_1类车指包括驾驶员座位在内，座位数不超过九座的载客汽车。

M_2类车指包括驾驶员座位在内座位数超过九座，且最大设计总质量不超过 5 000 kg 的载客汽车。

N_1类车指最大设计总质量不超过 3 500 kg 的载货汽车。

N_2类车指最大设计总质量超过 3 500 kg，但不超过 12 000 kg 的载货汽车。

3.3 第一类车 vehicle of category Ⅰ

包括驾驶员座位在内座位数不超过六座，且最大设计总质量不超过 2 500 kg 的 M_1类汽车。

3.4 第二类车 vehicle of category Ⅱ

本标准适用范围内，除第一类车以外的其他所有汽车。

3.5 混合动力电动汽车 hybrid electric vehicle，HEV

能够至少从下述两类车载储存的能量装置中获得动力的汽车：

——可消耗的燃料；

——可再充电能/能量储存装置。

3.6 两用燃料车 bi-fuel vehicle

既能燃用汽油又能燃用一种气体燃料，但不能同时燃用两种燃料的汽车。

3.7 单一气体燃料车 mono-fuel gas vehicle

只能燃用某一种气体燃料（LPG 或 NG）的汽车，或能燃用某种气体燃料（LPG 或 NG）和汽油，但汽油仅用于紧急情况或发动机起动用，且汽油箱容积不超过 15 L 的汽车。

3.8 基准质量 reference mass，RM

指汽车的整备质量加上 100 kg。

3.9 测试质量 test mass，TM

指试验车辆的基准质量、选装装备质量(1) 及代表性负荷质量(2) 三者之和。

(1) (2) 见附录 C 中的附件 CC 定义。

3.10 最大设计总质量 maximum mass

汽车生产企业提出的技术上允许的最大质量。

3.11 气态污染物 gaseous pollutants

排气污染物中的一氧化碳（CO）、氮氧化物（NO_x）、总碳氢化合物（THC）、非甲烷碳氢化合物（NMHC）、氧化亚氮（N_2O）。

氮氧化物（NO_x）以二氧化氮（NO_2）当量表示；

总碳氢化合物（THC）和非甲烷碳氢化合物（NMHC）假定碳氢比如下：

（a）汽油：$C_1H_{1.85}$

（b）柴油：$C_1H_{1.86}$

（c）液化石油气（LPG）：$C_1H_{2.525}$

（d）天然气（NG）：CH_4

3.12 非甲烷碳氢化合物 non-methane hydrocarbons，NMHC

指除甲烷（CH_4）外的总碳氢（THC）化合物。

3.13 总碳氢化合物 total hydrocarbons，THC

指火焰离子化检测器（FID）能够测得的所有挥发性化合物。

3.14 颗粒物 particulate matter，PM

按附录 C 中的附件 CD 中所描述的试验方法，在最高温度为 52℃的稀释排气中，由规定的滤纸上收集到的所有排气成分。

3.15 粒子数量 particle numbers，PN

按附录 C 中的附件 CD 中所描述的试验方法，在去除了挥发性物质的稀释排气中，所有粒径超过 23 nm 的粒子总数。

3.16 排气污染物 exhaust emissions

汽车排气管排放的气态污染物和颗粒物。

3.17 蒸发污染物 evaporative emissions

汽车排气管排放之外，从汽车的燃料（汽油）系统损失的碳氢化合物蒸气，包括：

（1）燃油箱呼吸损失（换气损失）：由于燃油箱内温度变化排放的碳氢化合物，用 $C_1H_{2.33}$ 当量表示。

（2）热浸损失：汽车行驶一段时间以后，静置汽车的燃油系统排放的碳氢化合物，用 $C_1H_{2.20}$ 当量表示。

3.18 加油过程污染物 refueling emissions

指汽车在加油过程中排放或泄漏的碳氢化合物，用 $C_1H_{2.33}$ 当量表示。

3.19 曲轴箱 crankcase

发动机的内部或外部空间，该空间通过内部或外部的通道与油底壳相连，气体或蒸气可以通过该通道逸出。

3.20 冷起动装置 cold start device

临时加浓空气/燃料混合气，便于发动机起动的装置。

3.21 辅助起动装置 starting aid

不通过加浓发动机的空气/燃料混合气，而辅助发动机起动的装置，如预热塞，改变喷油或点火正时等。

3.22 发动机排量 engine displacement

对往复式活塞发动机，指发动机的标称气缸总工作容积；对转子式发动机，指标称气缸总工作容积的两倍。

3.23 污染控制装置 pollution control devices

汽车上控制或者限制排气污染物或蒸发污染物排放的装置。

3.24 车载诊断系统 onboard diagnostic system，OBD

排放控制用车载诊断（OBD）系统。它应具有识别可能存在故障区域的功能，并以故障代码的方式将该信息存储在电控单元存储器内。

3.25 车载加油油气回收系统 onboard refueling vapor recovery，ORVR

指安装在汽车上的控制加油过程中油气（碳氢化合物）排放的污染控制装置。

3.26 故障指示灯 malfunction indicator light，MIL

可见的指示灯，在任何与 OBD 相连接且与排放相关的零部件或 OBD 系统本身发生故障时，它能清楚地通知汽车驾驶员。

3.27 失火 misfire

指由于点火故障、混合气过稀、压缩压力不够或其他任何原因，导致发动机气缸内没有形成燃烧的现象。

3.28 失效措施 defeat device

一种装置或策略，它通过测量、感应或响应汽车的运行参数（如车速、发动机转速、变速器挡位、温度、海拔、进气歧管真空度或其他参数），来激活、调整、延迟或停止某一部件的工作或排放控制系统的功能，使得汽车在正常使用条件下，排放控制系统的控制效果降低。

下列措施不作为失效措施：

（1）为保护发动机不遭损坏或不出事故，以及为了汽车安全行驶所需要的措施；

（2）仅在发动机起动时起作用的措施；

（3）在Ⅰ型、Ⅱ型、Ⅲ型、Ⅳ型、Ⅵ型和Ⅶ型试验中确实起作用的措施。

3.29 反应剂 reagent

根据排放控制系统的需要提供给排气后处理系统的某种制剂，它储存在车上但不作为燃料使用。

3.30 周期性再生系统 periodically regenerating system

在不超过 4 000 km 的正常车辆运行期间需要一个周期性再生过程的催化转化器、颗粒捕集器或其他污染控制装置。

对于周期性再生系统，再生阶段的排放可以高于 5.3.1.4 规定的限值。如果污染控制装置在预处理期间发生至少一次再生后，在 I 型试验中又发生至少一次再生，则该再生系统应认为是连续可再生系统而不适用于附录 Q 规定的周期性再生系统的试验程序。

如果生产企业向环境保护主管部门提供的数据显示，在再生阶段中的排放低于 5.3.1.4 规定的限值，则可不采用周期性再生系统的试验程序，并向环境保护主管部门进行书面声明。

3.31 实际行驶排放 real driving emission，RDE

指的是车辆在实际使用条件下的排放。

3.32 便携式排放测试系统 portable emission measurement system，PEMS

指符合附件 DB 中规定要求的由便携式排放测试设备组成的测试系统。

3.33 正确的维护和使用 properly maintained and used

作为一辆试验车，它满足了附录 O 的 OA.2 中样车选择准则的要求。

3.34 获取信息 access to information

为了检查、诊断、维护或修理车辆时，能够获得所有的汽车 OBD 和汽车维护修理信息。

3.35 燃料 fuel

发动机通常使用的燃料种类：

——汽油

——液化石油气（LPG）

——天然气（NG）

——汽油和 LPG

——汽油和 NG

——柴油

其中，液体燃料指汽油或柴油，气体燃料指 LPG 或 NG。

3.36 正常寿命 useful life

本标准中规定的汽车在正常使用条件下的耐久里程或周期，以先到者为准。

3.37 全寿命 full life

汽车从生产、使用直到报废的全生命周期。

3.38 排放系族 emission families

由进行型式检验试验的基准车型和分别依据 6.1 至 6.5 条款进行扩展的车型共同组成的，具有相似排放特性的若干个车型的组合。

3.39　主模式　predominant mode

指无论车辆熄火之前是何种驾驶模式，车辆再次起动时默认选择的驾驶模式。

3.40　充电式电量储存系统　rechargeable electric energy storage system，REESS

指可重复充电的电量储存系统。

4　污染控制要求

4.1　型式检验要求

4.1.1　汽车生产企业生产、进口汽车应按本标准进行型式检验。一种车型的型式检验内容包括排气污染物、实际行驶排气污染物、曲轴箱污染物、蒸发污染物、加油过程污染物、污染控制装置耐久性和OBD系统等方面。

4.1.2　为进行第5章所述试验，应选择一辆能代表型式检验车型的汽车进行试验。

4.1.3　为进行附录J中J.4和J.5所述试验，应选择一辆能代表OBD系族的汽车。如果汽车生产企业不确定所选择的汽车能完全代表附录J中附件JB所述车型或汽车系族，则应增加一辆汽车进行J.4和J.5所述的试验。

4.1.4　如果满足了第5章规定的各方面的技术要求，该车型通过型式检验。型式检验报告见附录B。

4.1.5　汽车生产企业或检测机构应将型式检验样车封存1年备查，1年后将样车ECU封存备查。

4.1.6　环境保护主管部门可对型式检验样车和型式检验结果进行确认检查，方法按照附录N中规定。

4.2　环保生产一致性和在用符合性

4.2.1　汽车生产企业应按本标准规定确保批量生产汽车的环保生产一致性。并按本标准附录N的要求向环境保护主管部门提交生产一致性保证材料。

4.2.2　汽车生产企业应按本标准规定确保汽车的在用符合性。并按本标准附录O的要求向环境保护主管部门提交在用符合性相关材料。

4.3　信息公开

汽车生产企业应公开附录A和附录B相关污染控制和检验信息，如涉及企业机密的相关内容，应经技术处理后公开。

5　型式检验

5.1　一般要求

5.1.1　影响排气污染物、实际行驶排气污染物、曲轴箱污染物、蒸发污染物和加油过程污染物、污染控制装置耐久性和OBD系统的零部件，在设计、制造和组装上应使汽车在正常使用条件下，均能满足本标准的要求。

5.1.2　生产企业应采取技术措施，确保汽车在正常使用条件下和正常寿命期内，能有效控制其排气污染物、实际行驶排气污染物、曲轴箱污染物、蒸发污染物、加油过程污染物在本标准规定的限值内。这也包括排放控制系统所使用的软管及其接头，以及各个接线的可靠性，它们在制造上应符合其最初设计要求。

所有汽车应装备OBD系统，该系统应在设计、制造和汽车安装上，能确保汽车在全寿命期内识别并记录劣化或故障的类型。

禁止使用失效措施。

在汽车全寿命期内，不得对排放控制技术措施和汽车装备的OBD系统进行改造，除非出于解决汽车排放缺陷的需要，且生产企业对改造情况进行了书面说明。

5.1.3 应采取下列措施之一，防止由于油箱盖丢失造成蒸发污染物超标或燃油溢出。

（1）不可拿掉的自动开启和关闭的油箱盖；

（2）从结构设计上防止油箱盖丢失所造成的蒸发污染物超标；

（3）其他具有同样效果的任何措施。例如，拴住的油箱盖；或油箱盖锁和汽车点火使用同一把钥匙，且油箱盖只有锁上时才能拔掉钥匙。

5.1.4 电控系统安全性的规定

5.1.4.1 生产企业应保证电控单元中与排放相关的要求或参数不被改动。如果为了诊断、维护、检查、更新或修理汽车需要改动，应经生产企业授权，并详细记入在用符合性材料中。生产企业应提供一定级别的保护措施，防止任何可重编程序的电控单元代码或运行参数被非法改动。保护级别至少相当于ISO 15031-7 的规定。任何可插拔的用于存储标定数据的芯片，应装入密封容器保存，或由电子算法进行保护。除非使用生产企业授权的专用工具和专用规程，否则存储的数据不能被改动。

5.1.4.2 除非使用生产企业授权的专用工具和专用规程，用电控单元代码表示的发动机运转参数应不能被改动。

5.1.4.3 对可能不需保护的汽车，生产企业可依据但不限于下列标准进行改动：性能芯片目前是否能够供应、汽车高性能能力和汽车计划销售量。生产企业应对改动的情形做出书面说明。

5.1.4.4 采用电控单元可编程序代码系统（如：电可擦除可编程序只读存储器）的生产企业，应防止非授权改编程序。生产企业应采取强有力的防篡改措施，以及防编写功能。防止对已出厂或已销售车辆进行非授权篡改或改写。生产企业采用的防篡改措施应做出书面说明。

5.2 型式检验试验项目

不同类型汽车在型式检验时要求进行的试验项目见表 1。

表 1 型式检验试验项目

型式检验试验类型	装用点燃式发动机的轻型汽车（包括 HEV）			装用压燃式发动机的轻型汽车（包括 HEV）
	汽油车	两用燃料车	单一气体燃料车	
Ⅰ型-气态污染物	进行	进行	进行	进行
Ⅰ型-颗粒物质量	进行	进行（只试验汽油）	不进行	进行
Ⅰ型-粒子数量	进行	进行（只试验汽油）	不进行	进行
Ⅱ型	进行	进行（只试验汽油）	进行	进行
Ⅲ型	进行	进行（只试验汽油）	进行	进行
Ⅳ型[(1)]	进行	进行（只试验汽油）	不进行	不进行
Ⅴ型[(2)]	进行	进行（只试验气体燃料）	进行	进行
Ⅵ型	进行	进行（只试验汽油）	进行	进行
Ⅶ型	进行	进行（只试验汽油）	不进行	不进行
OBD 系统	进行	进行	进行	进行

[(1)] Ⅳ型试验前，还应按 5.3.4.2 的要求对炭罐进行检测。

[(2)] 对于使用 5.3.5.1.1.3 和 5.3.5.1.2.2 中规定的劣化系数（修正值）通过型式检验的车型，不进行此项试验。

注：Ⅰ型试验：常温下冷起动后排气污染物排放试验。

Ⅱ型试验：实际行驶污染物排放试验。

Ⅲ型试验：曲轴箱污染物排放试验。

Ⅳ型试验：蒸发污染物排放试验。

Ⅴ型试验：污染控制装置耐久性试验。

Ⅵ型试验：低温下冷起动后排气中 CO、THC 和 NO_x 排放试验。

Ⅶ型试验：加油过程污染物排放试验。

5.3 试验描述和要求

5.3.1 Ⅰ型试验（常温下冷起动后排气污染物排放试验）

5.3.1.1 所有汽车均应进行此项试验。

5.3.1.2 汽车放置在带有载荷和惯量模拟的底盘测功机上，按附录 C 规定的测试循环、排气取样和分析方法、颗粒物取样和测试方法进行试验。

5.3.1.3 记录表 2 或表 3 所要求的污染物排放结果和各速度段的 CO_2 排放结果。

5.3.1.4 试验次数和结果判定应根据附录 C 中 C.1.1 的规定确定。每一项试验结果应采用 5.3.5 确定的Ⅰ型试验劣化系数（修正值）进行校正，对装有周期性再生系统的汽车，还应乘以根据附录 Q 测得的 K_i 系数。每次试验测得的污染物排放结果，应小于表 2 或表 3 规定的限值。

表 2 Ⅰ型试验排放限值（6a 阶段）

车辆类别		测试质量（TM）/kg	限值						
			CO/（mg/km）	THC/（mg/km）	NMHC/（mg/km）	NO_x/（mg/km）	N_2O/（mg/km）	PM/（mg/km）	PN[1]/（个/km）
第一类车		全部	700	100	68	60	20	4.5	6.0×10^{11}
第二类车	Ⅰ	TM≤1 305	700	100	68	60	20	4.5	6.0×10^{11}
	Ⅱ	1 305＜TM≤1 760	880	130	90	75	25	4.5	6.0×10^{11}
	Ⅲ	1 760＜TM	1 000	160	108	82	30	4.5	6.0×10^{11}
[1] 2020 年 7 月 1 日前，汽油车过渡限值为 6.0×10^{12} 个/km。									

表 3 Ⅰ型试验排放限值（6b 阶段）

车辆类别		测试质量（TM）/（kg）	限值						
			CO/（mg/km）	THC/（mg/km）	NMHC/（mg/km）	NO_x/（mg/km）	N_2O/（mg/km）	PM/（mg/km）	PN[1]/（个/km）
第一类车		全部	500	50	35	35	20	3.0	6.0×10^{11}
第二类车	Ⅰ	TM≤1 305	500	50	35	35	20	3.0	6.0×10^{11}
	Ⅱ	1 305＜TM≤1 760	630	65	45	45	25	3.0	6.0×10^{11}
	Ⅲ	1 760＜TM	740	80	55	50	30	3.0	6.0×10^{11}
[1] 2020 年 7 月 1 日前，汽油车过渡限值为 6.0×10^{12} 个/km。									

5.3.2 Ⅱ型试验（实际行驶污染物排放试验）

5.3.2.1 所有汽车均应进行此项试验。

5.3.2.2 根据附录 D 要求进行的实际行驶污染物排放试验（RDE）试验结果，市区行程和总行程污染物排放均应小于表 3 中规定的Ⅰ型试验排放限值与表 4 中规定的符合性因子（conformity factor，CF）的乘积，计算过程中不得进行修约。

表 4 符合性因子[1]

发动机类别	NO_x	PN	CO[3]
点燃式	2.1[2]	2.1[2]	—
压燃式	2.1[2]	2.1[2]	—
[1] 2023 年 7 月 1 日前仅监测并报告结果。 [2] 暂定值，2022 年 7 月 1 日前确认。 [3] 在 RDE 测试中，应测量并记录 CO 试验结果。2022 年 7 月 1 日前确定。			

5.3.3 Ⅲ型试验（曲轴箱污染物排放试验）

5.3.3.1 所有汽车均应进行此项试验。

5.3.3.1.1 对两用燃料车，仅对燃用汽油进行试验。

5.3.3.1.2 对混合动力电动汽车，使用纯发动机模式进行试验。

5.3.3.2 试验应按附录 E 中 E.3.2 规定的运转工况进行试验。如果不能按工况 2 或工况 3 进行试验，应选择另一稳定车速（发动机驱动）进行Ⅲ型试验。

5.3.3.3 按附录 E 进行试验时，不允许发动机曲轴箱通风系统有任何污染物排入大气，对没有采用曲轴箱强制通风系统的汽车，Ⅰ型排放试验过程中，应将曲轴箱污染物引入 CVS 系统，计入排气污染物总量。

5.3.4 Ⅳ型试验（蒸发污染物排放试验）

5.3.4.1 除单一气体燃料车外，所有装用点燃式发动机的汽车均应进行此项试验。两用燃料车仅对汽油燃料进行此项试验。本试验同样适用于使用汽油机的混合动力电动汽车。

5.3.4.2 试验前，生产企业还应单独提供两套相同的炭罐，选择一套进行Ⅳ型试验，另一套按附录 F 中 F.8.6.1 的试验方法检测其有效容积和初始工作能力，测量结果应在生产企业信息公开值的 0.9～1.1 倍。

5.3.4.3 按附录 F 进行试验，蒸发排放试验结果应采用 5.3.5 确定的Ⅳ型试验劣化修正值进行加和校正，校正后的蒸发污染物排放量应小于表 5 限值要求。

表 5 Ⅳ型试验排放限值

车辆类别		测试质量（TM）/kg	排放限值/（g/test）
第一类车		全部	0.70
第二类车	Ⅰ	TM≤1 305	0.70
	Ⅱ	1 305＜TM≤1 760	0.90
	Ⅲ	1 760＜TM	1.20

5.3.5 Ⅴ型试验（污染控制装置耐久性试验）

5.3.5.1 生产企业应按以下方法确定劣化系数（修正值）。两用燃料车仅对气体燃料进行此项试验。

5.3.5.1.1 Ⅰ型试验劣化系数（修正值）

生产企业可选择按 5.3.5.1.1.1 或 5.3.5.1.1.3 确定Ⅰ型试验劣化系数（修正值）。

5.3.5.1.1.1 生产企业可以按附录 G 所述程序在底盘测功机上或试验场进行耐久性试验，其中 6a 阶段耐久里程 160 000 km，6b 阶段耐久里程 200 000 km（2023 年 7 月 1 日前，耐久里程可为 160 000 km）；生产企业也可按附录 G 中 G.3 所述的发动机台架老化试验方法进行耐久试验；生产企业也可以使用替代的老化试验方法进行耐久性试验，但应提供详细的书面说明，证明与前述实际耐久性试验的等效性。

5.3.5.1.1.2 耐久性试验前，生产企业应选择两套相同的催化转化器，一套进行耐久性试验；另一套按 HJ 509 的规定检测其载体体积及各种贵金属含量，测量结果与信息公开值的差异应不超过±10%。

5.3.5.1.1.3 生产企业可以使用表 6 或表 7 中规定的劣化系数（修正值）。

表 6 Ⅰ型试验劣化系数

发动机类别	劣化系数						
	CO	THC	NMHC	NO_x	N_2O	PM	PN
点燃式	1.8	1.5	1.5	1.8	1.0	1.0	1.0
压燃式	1.5	1.0	1.0	1.5	1.0	1.0	1.0

表 7　Ⅰ型试验劣化修正值

发动机类别		劣化修正值/（mg/km）						
		CO	THC	NMHC	NO_x	N_2O	PM	PN
点燃式	6a	150	30	20	25	0	0	0
	6b	110	16	10	15	0	0	0
压燃式	6a	150	0	0	25	0	0	0
	6b	110	0	0	15	0	0	0

5.3.5.1.2　Ⅳ型和Ⅶ型试验劣化修正值

生产企业可选择按 5.3.5.1.2.1 或 5.3.5.1.2.2 确定Ⅳ型和Ⅶ型试验劣化修正值。

5.3.5.1.2.1　生产企业可以按附录 G 所述的程序在试验场进行耐久性试验，确定Ⅳ型和Ⅶ型试验劣化修正值。

5.3.5.1.2.2　生产企业可以使用表 8 中规定的Ⅳ型和Ⅶ型试验劣化修正值。

表 8　Ⅳ型和Ⅶ型试验劣化修正值

类别	劣化修正值
Ⅳ型试验	0.06 g/试验
Ⅶ型试验	0.01 g/L

5.3.5.2　劣化系数（修正值）的使用和变更。对于使用 5.3.5.1.1.3 和 5.3.5.1.2.2 中规定的劣化系数（修正值）通过型式检验的车型，如生产企业提出书面申请，可以用 5.3.5.1.1.1 和 5.3.5.1.2.1 的方法实测得到的劣化系数（修正值）替代表 6、表 7 和表 8 中规定的劣化系数（修正值），并变更型式检验报告。劣化系数（修正值）用于确定汽车的排气污染物和蒸发污染物是否满足 5.3.1.4、5.3.4.3、5.3.7.2、7.2、7.5 和 7.8 相应限值的要求。

5.3.5.3　混合动力电动汽车耐久性试验要求［如果使用推荐劣化系数（修正值），则不适用］：

5.3.5.3.1　可外接充电的混合动力电动汽车（OVC-HEV）

5.3.5.3.1.1　在里程积累试验期间，允许储能装置在 24 h 内进行两次充电。

5.3.5.3.1.2　有手动选择行驶模式功能的可外接充电的混合动力电动汽车，里程累积试验应该在打开点火开关后自动设定的模式（主模式）下进行。

5.3.5.3.1.3　为了连续里程累积的需要，在里程累积试验期间，允许转换到另一种混合模式。排放污染物的测量应该在与Ⅰ型试验电量保持模式规定的相同条件下进行。

5.3.5.3.2　不可外接充电的混合动力电动汽车（NOVC-HEV）

5.3.5.3.2.1　有手动选择行驶模式功能的不可外接充电的混合动力电动汽车，里程累积试验应该在打开点火开关后自动设定的模式（主模式）下进行。

5.3.5.3.2.2　排放污染物的测量应该在与Ⅰ型试验中规定的相同条件下进行。

5.3.6　Ⅵ型试验（低温下冷起动后排气中 CO、THC 和 NO_x 排放试验）

5.3.6.1　所有汽车均应进行此项试验。两用燃料车仅对汽油进行此项试验。

5.3.6.2　汽车放置在带有载荷和惯量模拟的底盘测功机上。按附录 C 中附件 CA 规定的测试循环（低速段和中速段）、排气取样和分析方法进行试验。

5.3.6.2.1　试验由Ⅰ型试验的低速段和中速段两部分组成。试验期间不得中止，并在发动机起动时开始取样。

5.3.6.2.2 试验应在−7（±3）℃的环境温度下进行。试验前，试验汽车应按规定进行预处理，以保证试验结果的重复性，预处理和其他试验规程按附录 H 进行。

5.3.6.2.3 试验期间排气被稀释，并按比例收集样气。试验汽车的排气按照附录 H 规定的规程进行稀释、取样和分析，并测量稀释排气的总容积。分析稀释排气的 CO、THC 和 NO_x，计算得到各种污染物的排放量。

5.3.6.3 记录表 9 所要求的污染物排放结果。

5.3.6.4 试验次数和结果判定应根据附录 H 中 H.2.1.1 的规定确定。对装有周期性再生系统的汽车，应在非再生条件下进行测试。每次试验测得的排气污染物排放量，应小于表 9 限值。

表 9 Ⅵ型试验的排放限值

车辆类别		测试质量（TM）/kg	CO/（g/km）	THC/（g/km）	NO_x/（g/km）
第一类车		全部	10.0	1.20	0.25
第二类车	Ⅰ	TM≤1 305	10.0	1.20	0.25
	Ⅱ	1 305＜TM≤1 760	16.0	1.80	0.50
	Ⅲ	1 760＜TM	20.0	2.10	0.80

5.3.6.5 混合动力电动汽车Ⅵ型试验要求

车辆应按照附录 H 的规定进行试验，同时应满足以下要求：

5.3.6.5.1 对 OVC-HEV 车辆，排放污染物的测量应该在与 I 型试验电量保持模式规定的相同条件下进行，无须进行试验有效性判定。

5.3.6.5.2 对 NOVC-HEV 车辆，排放污染物的测量应该在与 I 型试验中规定的相同条件下进行，无须进行试验有效性判定。

5.3.7 Ⅶ型试验（加油过程污染物排放试验）

5.3.7.1 除单一气体燃料车外，所有装用点燃式发动机的汽车均应进行此项试验。两用燃料车仅对汽油燃料进行此项试验。本试验同样适用于使用汽油机的混合动力电动汽车。

5.3.7.2 按附录 I 进行试验，加油过程污染物排放试验结果应采用 5.3.5 确定的Ⅶ型试验劣化修正值进行加和校正，校正后的加油过程污染物排放量应小于 0.05 g/L。

5.3.8 OBD 系统试验

5.3.8.1 所有汽车均应进行此项试验。

5.3.8.2 按附录 J 中附件 JA 进行试验时，OBD 系统应满足附录 J 的要求。对点燃式发动机车辆，型式检验应进行催化器、前氧传感器和失火试验；对压燃式发动机车辆，型式检验应进行 NO_x 催化转化器、EGR 以及 DPF 试验。同时还应在 JA.6.3 中另外任选至少两项进行试验。对所有型式检验试验项，如果单个型式检验试验项有多个排放试验要求的，可任选一项进行排放试验。

5.3.8.3 生产企业应将 OBD 系统故障模拟样件留存备查，至少应保存 3 年。

5.3.9 作为独立技术总成的替代用污染控制装置的型式检验

5.3.9.1 对替代用污染控制装置，应按照附录 M 进行试验。

5.3.9.2 对原装替代用污染控制装置，如果满足了附录 M 中 M.4.2.1 和 M.4.2.2 的要求，则不必按照附录 M 进行试验。

5.3.10 燃用 LPG 或 NG 汽车的型式检验试验要求

对燃用 LPG 或 NG 的汽车，应按照附录 L 进行试验。

5.3.11　对排气后处理系统使用反应剂的汽车的技术要求

对后处理系统使用反应剂以达到降低排放目的的汽车，应满足附录 P 的要求。

5.4　车内空气质量

所有 M_1 类车均应符合 GB/T 27630 的后续修订版本要求。

5.5　试验用燃料

型式检验试验中，除Ⅱ型和Ⅴ型试验外的所有试验均应采用符合附录 K 要求的基准燃料，Ⅱ型和Ⅴ型试验应采用符合国家第六阶段汽（柴）油标准的市售车用燃料。

使用附录 K 中未包含的燃料种类的车辆，应采用符合相关国家标准规定的市售车用燃料。

5.6　排放质保期规定

5.6.1　生产企业应保证排放相关零部件的材料、制造工艺及产品质量，确保其在正常寿命期内的排放控制功能。

5.6.2　排放相关零部件如果在质保期内出现故障或损坏，导致排放系统失效，或车辆排放超过本标准限值要求，生产企业应当承担相关维修费用。

5.6.3　生产企业应至少对附录 A 中附件 AB 给出的排放相关零部件提供质保服务，其排放质保期不应低于附件 AB 给出的质保期。

6　型式检验扩展

按本标准通过型式检验的车型，其结果可以扩展到符合下列条款要求的其他车型。已通过型式检验车型为基准车型（蒸发或加油过程污染物排放试验以表现最恶劣的车型为基准车型，例如，油箱容积相对炭罐工作能力最大的车型，如果该比例相同时，应选取脱附量最小的车型），其他车型为扩展车型。满足 6.1 和 6.2 要求的扩展车型与基准车型属于同一排气排放系族；满足 6.3 要求的扩展车型与基准车型属于同一蒸发排放系族；满足 6.4 要求的扩展车型与基准车型属于同一 OBD 系族；满足 6.5 要求的扩展车型与基准车型属于同一耐久系族。

6.1　与排气污染物有关的扩展（Ⅰ型、Ⅱ型和Ⅵ型试验）

6.1.1　发动机基本特征、参数

发动机的型号、生产厂、燃料种类、额定功率、燃料喷射方式（直喷、非直喷）相同。

6.1.2　污染控制装置

6.1.2.1　以下污染控制装置规格、型号相同：

包括但不限于 ECU 软件及硬件、氧传感器、氮氧传感器、增压器、二次空气喷射、喷油泵、喷油器、EGR、LPG/NG 燃气喷射单元。

6.1.2.2　后处理装置型号相同，排放控制相关的基本特性、参数和部件相同：

——后处理装置的数量；

——后处理装置的作用型式；

——载体（结构、体积、孔密度、尺寸和材料）；

——载体生产企业；

——涂层生产企业；

——贵金属总含量相同或增加；

——贵金属比例（指各贵金属占总贵金属比例）；

——后处理装置壳体的型式；

——后处理装置安装的位置（在排气管中的位置和基准距离）。

6.1.2.3 中冷器（增压或者 EGR）有/无；若有，型式相同。

6.1.2.4 装有周期性再生系统的车型

发动机燃烧过程，周期性再生系统有关排放的基本特性、参数和部件相同：

——系统的型式和结构；

——再生类型和原理；

——载体（结构、材料、孔密度）；

——载体体积±10%以内；

——载体生产企业；

——涂层生产企业；

——贵金属总含量相同或增加；

——贵金属比例（指各贵金属占总贵金属比例）；

——系统安装的位置。

6.1.3 测试质量

6.1.3.1 如果测试质量小于基准车型测试质量的 1.03 倍，则可以扩展到该车型。

6.1.3.2 对于第二类车，如果拟扩展车型的测试质量小于基准车型测试质量的 1.03 倍，且基准车型测得的污染物排放量满足拟扩展车型对应的排放限值要求，则可以扩展到该车型。

6.1.4 总传动比

在下列条件下，基准车型可以扩展到仅传动比不同的其他车型。

6.1.4.1 对于在Ⅰ型和Ⅵ型试验中所使用的每一传动比，均须确定其比例：

$$E = \frac{V_2 - V_1}{V_1}$$

式中：V_1 和 V_2——分别为发动机转速在 1 000 r/min 时，基准车型和要求扩展车型所对应的车速。

6.1.4.2 对每一传动比，若 $E \leqslant 8\%$，则可以扩展到该车型。

6.1.5 测试质量和传动比不同的车型

只要完全符合上述 6.1.3 和 6.1.4 规定的条件，则某一已通过型式检验的车型，可以扩展到测试质量和传动比不同的其他车型。

6.1.6 驱动型式相同

驱动型式分为：两驱、非全时四驱（可通过手动或软件切换驱动方式）、全时四驱（不可通过手动或软件切换驱动方式）。两驱和非全时四驱的车型可以互相扩展，全时四驱可以单向向两驱扩展。

6.1.7 变速箱型式相同

——手动/自动/CVT/其他。

6.1.8 K_i 因子的使用

装有周期性再生系统车型的 K_i 由附录 Q 规定的程序得出，该程序用于装有周期性再生系统车型的型式检验。K_i 因子可以用于满足条款 6.1.2.4 的相关标准并且测试质量不大于基准车型加 250 kg。

6.2 与曲轴箱排放有关的扩展（Ⅲ型试验）

发动机型号、生产厂家相同，曲轴箱排放污染控制方式相同。

6.3 与蒸发、加油过程污染物有关的扩展（Ⅳ型和Ⅶ型试验）

6.3.1 燃油箱

——燃油箱的形状，燃油箱和液体燃油软管的材料相同；

——燃油箱的容积差在±10%以内；

——气液分离器的类型（如适用）和油箱的呼吸阀种类、排放型式相同；

——燃油箱呼吸阀开启压力的设定相同；

——油箱热屏蔽装置（有/无）；

——加油管防止油气外泄的密封方式相同；

——油箱盖相同。

6.3.2 燃料/空气计量方式

——燃料/空气计量的基本原理相同（例如，有无节气门，进气道多点喷射、单点喷射，缸内直喷的汽车不能在同一系族内）。

6.3.3 炭罐

——储存燃油蒸气的方法相同，即活性炭罐和储存介质的规格型号、材料及生产厂、空气滤清器（如果用于蒸发污染物排放控制）等；

——脱附贮存蒸气的方法相同（如：起动点设定相同；空气流量或测试循环中的脱附容积误差在10%以内）；

——燃油系统内炭罐系统结构相同；

——脱附阀基本原理相同（电磁式/机械式）；

——利用 HJ/T 390 测得的炭罐丁烷工作量（BWC）有效吸附量（吸附丁烷的速率为 40 g/h）的差异在 10 g 以内；

——如果使用了炭罐脱附和/或进气系统的碳氢化合物吸附装置，那么系族内所有的汽车也必须配备这些装置。

6.3.4 混合动力电动汽车和纯汽油车的燃油蒸发排放试验不能互相扩展。

6.3.5 扩展车型下列条件可以不同：

——发动机排量；

——发动机功率；

——自动变速器和手动变速器；

——两轮和四轮驱动；

——车身形状；

——车轮和轮胎尺寸。

6.4 与 OBD 系统有关的扩展

型式检验可以扩展到附录 J 中附件 JB 规定的同一 OBD 系族。扩展车型的下列特性可以不同：

——发动机附件；

——轮胎；

——测试质量；

——冷却系统；

——总传动比；

——变速器型式；

——车身型式。

6.5 与污染控制装置耐久性有关的扩展（Ⅴ型试验）

6.5.1 与排气污染物控制装置耐久性有关的扩展

6.5.1.1 汽车测试质量：

如果测试质量小于基准车型测试质量的 1.03 倍，则可以扩展到该车型。

6.5.1.2 发动机制造商及下列基本特性、参数相同：

——气缸数；

——发动机排量（±15%）；

——气门数及气门控制；

——燃油系统；

——冷却系型式；

——燃烧过程。

6.5.1.3 污染控制装置：

——二次空气喷射：有/无、型式（脉动，空气泵）；

——EGR（有/无）。

后处理装置在耐久方面扩展条件参照 6.1.2.2 及 6.1.2.4 要求，当发生以下变化时可以扩展：

——型号不同；

——每种贵金属比例的变化不超过 15%；

——后处理装置的位置（位置和尺寸不应使入口温度的差异大于 50℃，应在 I 型试验设定载荷和 120 km/h 匀速行驶条件下检查该温度差异）。

以上排放关键部件的扩展特殊要求：企业提交变更型号的相关控制文件及技术性能的技术资料（及其相关报告），经检测确认不影响产品排放性能的，做出书面说明后可进行扩展。

6.5.1.4 后处理装置相同的车辆，且满足 6.5 其他扩展条件的车辆，发动机台架老化试验基准车型可扩展。

6.5.1.5 扩展车型的下列特性可以不同：

——车身；

——变速器（自动或手动）；

——车轮或轮胎的尺寸；

——后处理装置封装厂。

6.5.2 与蒸发排放污染控制装置耐久性有关的扩展

6.5.2.1 以下装置的参数相同或能保持在规定的范围内：

——活性炭罐规格型号、材料和生产厂相同；

——活性炭装载量（相同或更多）；

——燃油箱容积（不超过±20%）。

6.5.3 与加油排放污染控制装置耐久性有关的扩展

6.5.3.1 以下装置的参数相同或能保持在规定的范围内：

——活性炭罐规格型号、材料和生产厂相同；

——活性炭装载量（相同或更多）；

——燃油箱容积（不超过±20%）；

——相同的加油排放控制系统（型号）。

6.6 其他车型扩展

当某一车型按照 6.1 至 6.5 的规定扩展后，此扩展车型不可再扩展到其他车型。

7 生产一致性

生产企业应根据 7.1 要求建立生产一致性保证计划并实施。环境保护主管部门应以附录 A 和附录

B 所描述的技术内容为基础，抽取新生产车辆进行 5.3 和 5.4 所述的部分或全部试验。车辆的选取和检查结果判定按照 7.2～7.10 执行。如果某一车型不能满足生产一致性检查的任意一条要求，则判定该车型不满足本标准的要求。

7.1 基本要求

7.1.1 为确保批量生产的汽车、系统、部件以及独立技术总成与已型式检验的状态一致，保证批量生产的汽车排放达标，生产企业应对每个车型系族制定并实施生产一致性保证计划。生产一致性保证计划可以包括一个或多个排放系族。

7.1.2 汽车生产企业应在汽车批量生产前制定生产一致性保证计划书，并报环境保护主管部门备案。汽车生产企业的生产一致性保证计划具体要求见附录 N。OBD 的生产一致性保证计划按附录 J 中附件 JA.7 的要求执行。

7.1.3 如发生不达标情况，汽车生产企业应尽快采取整改措施，完善生产一致性保证体系，应包括可能会受到同样缺陷影响的同系族车型。

7.1.4 生产一致性试验中，除Ⅱ型和Ⅴ型试验外的所有试验均应采用符合附录 K 要求的基准燃料，Ⅱ型和Ⅴ型试验应使用符合国家第六阶段汽（柴）油标准的市售车用燃料。使用附录 K 中未包含的燃料种类，应采用符合相关国家标准规定的市售车用燃料。

7.2 Ⅰ型试验的生产一致性检查

7.2.1 如果型式检验的汽车具有一个或多个扩展，Ⅰ型试验可在附录 A 所述的车型或相关的扩展车型上进行。

7.2.2 环境保护主管部门选择生产一致性检查样车后，生产企业不应对所选样车进行任何调整。

7.2.2.1 在同一系族的批量产品中任意选取三辆车，试验按附录 C 的规定进行。试验结果应采用型式检验报告的劣化系数（修正值）进行校正，应满足 5.3.1.4 要求。

7.2.2.2 Ⅰ型试验生产一致性判定准则如下：

——若三辆车的各种污染物排放结果均小于限值的 1.1 倍，且其平均值小于限值，则判定Ⅰ型试验生产一致性检查合格。

——若三辆车中有任一辆车的某种污染物排放结果不小于限值的 1.1 倍，或其平均值不小于限值，则判定Ⅰ型试验生产一致性检查不合格。

7.2.3 应直接从下线合格或在售的车辆中抽取样车进行试验。

7.2.3.1 车辆原则上不进行磨合。如生产企业提出书面申请，对仅使用三元催化器作为后处理装置的车辆，试验前最多磨合 300 km；采用其他排放后处理技术的，如有特殊需要，可适当延长磨合里程，但不得超过 3 000 km。

7.2.3.2 对装有周期性再生系统的汽车，在磨合里程范围内，汽车应行驶了超过相邻再生里程间隔的 1/3。

7.3 Ⅱ型试验的生产一致性检查

7.3.1 从 7.2 抽取的三辆车中随机抽取一辆车，按附录 D 进行此项试验。若此车满足 5.3.2.2 的要求，则判定Ⅱ型试验生产一致性检查合格。

7.3.2 若此车不能满足Ⅱ型试验的生产一致性要求，如生产企业提出书面申请，环境保护主管部门应对 7.2 中抽取的其他两辆车按附录 D 进行试验。若两辆车均满足 5.3.2.2 的要求，则判定Ⅱ型试验生产一致性检查合格。否则判定Ⅱ型试验生产一致性检查不合格。

7.4 Ⅲ型试验的生产一致性检查

7.4.1 进行Ⅲ型试验时，应对 7.2 抽取的所有汽车均进行此项试验。

7.4.2 按附录 E 试验时，测量结果均应满足 5.3.3.3 的要求。

7.5 Ⅳ型试验的生产一致性检查

7.5.1 应按照附录 F.8 的规定进行生产一致性快速检查。

7.5.2 必要时，应从 7.2 抽取的三辆车中随机抽取一辆车，进行附录 F 所述的整车蒸发排放试验。如试验结果采用 5.3.5.1.2.1 确定的劣化修正值或表 8 中的Ⅳ型试验劣化修正值加和校正后符合 5.3.4.3 的要求，则判定Ⅳ型试验生产一致性检查合格。

7.5.3 若所抽汽车不能满足 7.5.2 的要求，应对 7.2 中抽取的其他两辆车进行附录 F 所述试验。

7.5.4 试验结果应采用 5.3.5.1.2.1 确定的劣化修正值或表 8 中的Ⅳ型试验劣化修正值加和校正。Ⅳ型试验生产一致性判定准则如下：

——若三辆车的蒸发污染物排放结果均小于限值的 1.1 倍，且其平均值小于限值，则判定Ⅳ型试验生产一致性检查合格。

——若三辆车中有任一辆车的蒸发污染物排放结果不小于限值的 1.1 倍，或其平均值不小于限值，则判定Ⅳ型试验生产一致性检查不合格。

7.6 Ⅴ型试验的生产一致性检查

7.6.1 进行Ⅴ型试验时，从 7.2 抽取的三辆车中随机抽取一辆车，进行附录 G 所述的耐久性试验。若结果符合 5.3.1、5.3.4 和 5.3.7 的要求，则判定Ⅴ型试验生产一致性检查合格。

7.6.2 若耐久性试验过程中发生测量结果超过标准限值的情况，则应终止试验并判定为所抽汽车不能满足 7.6.1 的要求。如生产企业提出书面申请，环境保护主管部门应对 7.2 抽取的其他两辆车进行附录 G 所述试验。

7.6.3 若其他两辆车的耐久性试验结果均满足 5.3.1、5.3.4 和 5.3.7 的要求，则判定Ⅴ型试验生产一致性检查合格。否则判定Ⅴ型试验的生产一致性检查不合格。

7.6.4 必要时，从装配线上或批量产品中随机抽取三辆车（或三套催化转化器），按照 HJ 509 的规定，对抽取的催化转化器检测其载体体积及各贵金属含量。若催化转化器生产一致性不合格，则判定Ⅴ型试验生产一致性检查不合格。

7.6.5 催化转化器生产一致性的判定准则：

——若被测的三套催化转化器的载体体积及各贵金属含量的测量结果均不低于信息公开值的 0.85 倍，且其平均值不低于信息公开值的 0.90 倍，则判定催化转化器的生产一致性检查合格。

——若被测的三套催化转化器中有任一套的载体体积或某一贵金属含量的测量结果低于信息公开值的 0.85 倍，或其平均值低于信息公开值的 0.90 倍，则判定催化转化器的生产一致性检查不合格。

7.7 Ⅵ型试验的生产一致性检查

7.7.1 进行Ⅵ型试验时，从 7.2 抽取的三辆车中随机抽取一辆车，进行附录 H 所述的低温冷起动试验。若测量结果符合 5.3.6.4 的要求，则判定Ⅵ型试验生产一致性检查合格。

7.7.2 若所抽汽车不能满足 7.7.1 的要求，如生产企业提出书面申请，环境保护主管部门应对 7.2 抽取的其他两辆车进行附录 H 所述试验。

7.7.3 Ⅵ型试验生产一致性判定准则如下：

——若三辆车的各种污染物排放结果均小于限值的 1.1 倍，且其平均值小于限值，则判定Ⅵ型试验生产一致性检查合格。

——若三辆车中有任一辆车的某种污染物排放结果不小于限值的 1.1 倍，或其平均值不小于限值，则判定Ⅵ型试验生产一致性检查不合格。

7.8 Ⅶ型试验的生产一致性检查

7.8.1 应按照附录 I 中 I.7 的规定进行生产一致性检查。

7.8.2 必要时，应从 7.2 抽取的三辆车中随机抽取一辆车，进行附录 I 所述的整车加油排放试验。如试验结果采用 5.3.5.1.2.1 确定的劣化修正值或表 8 中的Ⅶ型试验劣化修正值加和校正后符合 5.3.7.2 的要求，则判定Ⅶ型试验生产一致性检查合格。

7.8.3 若所抽汽车不能满足 7.8.2 的要求，如生产企业提出书面申请，环境保护主管部门应对 7.2 抽取的其他两辆车进行附录 I 所述试验。试验结果应采用 5.3.5.1.2.1 确定的劣化修正值或表 8 中的Ⅶ型试验劣化修正值加和进行校正。

7.8.4 Ⅶ型试验生产一致性判定准则如下：

——若三辆车的加油过程污染物排放结果均小于限值的 1.1 倍，且其平均值小于限值，则判定Ⅶ型试验生产一致性检查合格。

——若三辆车中有任一辆车的加油过程污染物排放结果不小于限值的 1.1 倍，或其平均值不小于限值，则判定Ⅶ型试验生产一致性检查不合格。

7.9 OBD 系统的生产一致性检查

7.9.1 从 7.2 抽取的三辆车中随机抽取一辆车，按附录 J 中附件 JA 进行抽查试验。

7.9.2 若此车符合附录 J 中附件 JA 所述试验的要求，则判定 OBD 系统的生产一致性检查合格，若此车不能满足附件 JA 所述试验的要求，则对 7.2 中抽取的其他两辆车进行附件 JA 所述试验。

7.9.3 若两辆车均符合附录 J 中附件 JA 所述试验的要求，则判定 OBD 系统的生产一致性检查合格。否则判定 OBD 系统的生产一致性检查不合格。

7.10 车内空气质量的生产一致性检查

7.10.1 从 7.2 抽取的三辆车中随机抽取一辆车，进行 GB/T 27630 的后续修订版本所述试验。

7.10.2 若此车符合 GB/T 27630 的后续修订版本所述试验的要求，则判定车内空气质量的生产一致性检查合格，若此车不能满足车内空气质量的生产一致性要求，则对 7.2 中抽取的其他两辆车进行 GB/T 27630 的后续修订版本所述试验。

7.10.3 若两辆车均符合 GB/T 27630 的后续修订版本所述试验的要求，则判定车内空气质量的生产一致性检查合格。否则判定车内空气质量的生产一致性检查不合格。

8 在用符合性

8.1 对已通过污染物排放型式检验的车型，生产企业应采取措施确保在用符合性。在用符合性检查要求见附录 O 的规定。

8.2 在用符合性检查程序应确认在正常使用条件下和汽车正常寿命期内，污染控制装置是否始终保持正常功能。

8.3 在用符合性检查应覆盖所有车辆的正常寿命。生产企业应每年至少进行一次在用符合性自查，并确保 8 年内完成对低里程（10 000～60 000 km）、中里程（60 000～110 000 km）和高里程（110 000～160 000 km）的车辆进行自查的要求。生产企业应每年将结果上报环境保护主管部门。

8.4 生产企业应详细记录排放质保相关部件（见附录 A 中附件 AB）的索赔、修理以及维修过程中记录的 OBD 故障的相关信息，相关部件和系统的故障频率和原因也应详细记录。

故障维修率超过 4%的部件，应在 30 个工作日内向环境保护主管部门提交报告。

8.5 环境保护主管部门对使用不超过 160 000 km（或 12 年，以先到为准）的汽车进行在用符合性抽查。

8.6 在用符合性抽查中需要加抽车辆试验时，若生产企业提出书面申请终止抽车试验，则判定在用符合性检查不合格。

8.7 如果环境保护主管部门经检查，判定试验结果为不符合，则判定相关车型为不达标车型。生产企业应按照附录 O 中 OA.6 采取补救措施，这些补救措施应包括可能会受到同样缺陷影响的车型。

8.8 进行在用符合性检查试验时，应使用符合国家第六阶段汽（柴）油标准的市售车用燃料，如生产企业提出书面申请，也可使用符合附录 K 要求的基准燃料。若车辆需要使用附录 K 中未包含的燃料种类，应使用符合相关国家标准规定的市售车用燃料。

9 标准的实施

9.1 型式检验

自本标准发布之日起，即可依据本标准进行型式检验。

9.2 销售和注册登记

自 2020 年 7 月 1 日起，所有销售和注册登记的轻型汽车应符合本标准要求，其中 I 型试验应符合 6a 阶段限值要求。

自 2023 年 7 月 1 日起，所有销售和注册登记的轻型汽车应符合本标准要求，其中 I 型试验应符合 6b 阶段限值要求。

省、自治区、直辖市人民政府可以在条件具备的地区，提前实施本标准。提前实施本标准的地区，应报国务院环境保护主管部门备案后执行。

9.3 生产一致性检查

对按本标准通过型式检验的轻型汽车，其生产一致性检查应符合本标准要求。

9.4 在用符合性检查

对按本标准要求生产、销售和注册登记的轻型汽车，其在用符合性检查应符合本标准要求。

中华人民共和国国家标准

重型柴油车污染物排放限值及测量方法（中国第六阶段）（节选）

Limits and measurement methods for emissions from diesel fuelled heavy-duty vehicles （CHINA　Ⅵ）

GB 17691—2018

代替 GB 17691—2005

前　言

为贯彻《中华人民共和国环境保护法》和《中华人民共和国大气污染防治法》，防治装用压燃式及气体燃料点燃式发动机的汽车排气对环境的污染，改善空气质量，制定本标准。

本标准规定了第六阶段装用压燃式发动机汽车及其发动机所排放的气态和颗粒污染物的排放限值及测试方法，以及装用以天然气或液化石油气作为燃料的点燃式发动机汽车及其发动机所排放的气态污染物的排放限值及测量方法。

本标准适用于装用压燃式、气体燃料点燃式发动机的 M_2、M_3、N_1、N_2 和 N_3 类及总质量大于 3 500 kg 的 M_1 类汽车及其发动机的型式检验、生产一致性检查、新生产车排放监督检查和在用车符合性检查。

与《车用压燃式、气体燃料点燃式发动机与汽车排气污染物排放限值及测量方法（中国Ⅲ、Ⅳ、Ⅴ阶段）》（GB 17691—2005）相比，本标准的主要变化有：

——加严了污染物排放限值，增加了粒子数量排放限值，变更了污染物排放测试循环；

——增加了非标准循环排放测试要求和限值（WNTE）；

——增加了整车实际道路排放测试要求和限值（PEMS）；

——提高了耐久性要求；

——增加了排放质保期的规定；

——对车载诊断系统的监测项目、阈值及监测条件等技术要求进行了修订；

——增加了排气管口位置和朝向要求；

——增加了实际行驶工况有效数据点的氮氧化物排放浓度要求；

——增加了降低原机氮氧化物排放的要求；

——修订了生产一致性和在用符合性的检查判定方法；

——增加了新生产车的达标监管要求；

——增加了双燃料发动机的型式检验要求；

——增加了替代用污染控制装置的型式检验要求。

本标准的技术内容主要参考联合国欧洲经济委员会（UNECE）第 49 号法规《关于对装有压燃式发动机汽车及点燃式发动机汽车所排放的气态和颗粒物进行核准的统一规定》中的有关规定。

本标准的附录 A、附录 C、附录 D、附录 E、附录 F、附录 G、附录 H、附录 I、附录 J、附录 K、附录 L、附录 M、附录 N、附录 O、附录 P 和附录 Q 为规范性附录，附录 B 为资料性附录。

有关二氧化碳（CO_2）排放的具体要求将适时发布。

自本标准实施之日起，代替《车用压燃式、气体燃料点燃式发动机与汽车排气污染物排放限值及测量方法（中国Ⅲ、Ⅳ、Ⅴ阶段）》（GB 17691—2005），代替《装用点燃式发动机重型汽车曲轴箱污染物排放限值》（GB 11340—2005）中气体燃料点燃式发动机部分的内容。

本标准由生态环境部大气环境管理司、科技标准司组织制订。

本标准起草单位：中国环境科学研究院、济南汽车检测中心有限公司、北京理工大学、中国汽车技术研究中心有限公司、厦门环境保护机动车污染控制技术中心、清华大学。

本标准生态环境部 2018 年 5 月 22 日批准。

自本标准发布之日起，即可依据本标准进行型式检验。自 2019 年 7 月 1 日起，所有生产、进口、销售和注册登记的燃气汽车应符合本标准要求；自 2020 年 7 月 1 日起，所有生产、进口、销售和注册登记的城市车辆应符合本标准要求；自 2021 年 7 月 1 日起，所有生产、进口、销售和注册登记的重型柴油车应符合本标准要求。

自本标准发布之日起，相关地方标准一律作废或无效。

本标准由生态环境部解释。

1 适用范围

本标准规定了装用压燃式发动机汽车及其发动机所排放的气态和颗粒污染物的排放限值及测试方法，以及装用以天然气（NG）或液化石油气（LPG）作为燃料的点燃式发动机汽车及其发动机所排放的气态污染物的排放限值及测量方法。

本标准适用于装用压燃式、气体燃料点燃式发动机的 M_2、M_3、N_1、N_2 和 N_3 类及总质量大于 3 500 kg 的 M_1 类汽车及其发动机的型式检验、生产一致性检查、新生产车排放监督检查和在用车符合性检查。

按本标准进行的整车型式检验可以扩展至基准质量超过 2 380 kg 的变型、改装车辆。

若装用压燃式、气体燃料点燃式发动机的 M_1、M_2、N_1 和 N_2 类汽车已经按 GB 18352.6—2016 进行了型式检验，可不按本标准进行型式检验。

2 规范性引用文件

本标准引用了下列文件或其中的条款。凡是注明日期的引用文件，仅注明日期的版本适用于本标准。凡是未注明日期的引用文件，其最新版本适用于本标准。

GB/T 2624 用安装在圆形截面管道中的差压装置测量满管流体流量（IDT ISO 5176）

GB/T 3730.2 道路车辆 质量 词汇和代码

GB/T 8190.1 往复式内燃机 废气排放测量 第一部分：排放废气和颗粒物的试验台测量

GB/T 15089 机动车辆及挂车分类

GB/T 17692 汽车用发动机净功率测试方法

GB 18047 车用压缩天然气

GB 18352.6—2016 轻型汽车污染物排放限值及测量方法（中国第六阶段）

GB/T 19001 质量管理体系

GB/T 27840　重型商用车燃料消耗量测量方法

GB 30510　重型商用车燃料消耗量限值

ISO 5725　测量方法和结果的准确度

ISO 7000　设备用图形符号——索引和一览表

ISO 13400　道路车辆——基于互联网协议（DoIP）的诊断通信

ISO 15031　道路车辆　车辆与排放诊断相关装置通信

ISO 15031-3　道路车辆　车辆与排放诊断相关装置通信　第 3 部分：诊断连接器及相关电路的规范和用途

ISO 15031-7　道路车辆　车辆与排放诊断相关装置通信　第 7 部分：数据传输安全性

ISO 15765-4　道路车辆　控制器局域网络的诊断通信（DoCAN）　第 4 部分：与排放相关系统的要求

ISO 27145　道路车辆　实现全球范围内统一的车载诊断系统（WWH - OBD）通信要求

SAE J1708　重型汽车微机系统串行数据连接的推荐操作规程

SAE J1939　商用车控制系统局域网络（CAN 总线）通信协议

SAE J1939-13　外部诊断连接器

SAE J1939-73　应用层——诊断

SAE J2186　电气/电子（E/E）数据链路安全

ASTM E 29-06B　使用试验数据中重要数字以确定对规范的适应性

ASTM F 1471-93　高效粒子空气过滤器系统空气净化功能的试验方法

EN1822-1　高效空气过滤器（EPA、HEPA 与 ULPA）　第 1 部分：分级、性能试验、标识

3　术语和定义

下述术语和定义适用于本标准。

3.1　老化循环　aging cycle

汽车或发动机进行耐久性试验时所采用的运行工况（速度、负荷、功率）。

3.2　发动机（发动机系族）型式检验　engine（engine family）type test

发动机（发动机系族）的一种机型在设计完成后，对预期投放市场的新产品进行的定型试验，以验证产品能否满足本标准技术要求的检验。

3.3　车辆型式检验　vehicle type test

汽车的一种车型在设计完成后，对试制出来的新产品进行的定型试验，以验证产品能否满足本标准技术要求的检验。

3.4　辅助排放策略　auxiliary emission strategy，AES

指为特定目的和适应特定环境或运行条件而触发并替代或修改基本排放策略且仅在此特定条件下运行的排放控制策略。

3.5　基本排放策略　base emission strategy，BES

是指除“辅助排放策略”触发以外，发动机在所有速度和负荷范围内采用的排放控制策略。

3.6　连续再生　continuous regeneration

是指持续发生的或在每个 WHTC 热态试验中至少发生一次的排气后处理系统再生过程。

3.7　曲轴箱　crankcase

是指位于发动机内部或外部、通过用于排放气体或蒸汽的内部或外部管路与发动机油底壳连通

的空间。

3.8 排放控制关键部件 critical emission-related components

是指主要设计用于排放控制的下列部件：燃油供给系统、进气系统、排气后处理系统、发动机电子控制单元（ECU）及其传感器和执行器、废气再循环系统（EGR）及其相关过滤器、冷却器、控制阀和管路。

3.9 排放控制关键部件维护 critical emission-related maintenance

是指对排放控制关键部件的维护。

3.10 失效策略 defeat strategy

指不满足本标准规定的基础排放策略或辅助排放策略性能要求的排放策略。

3.11 氮氧化物后处理系统 deNO_x system

是指设计用来降低排气中 NO_x 的后处理系统（例如，被动或主动式的 NO_x 稀释催化器、NO_x 捕集器、SCR 系统）。

3.12 故障码 diagnostic trouble code，DTC

是指能够代表或标示出故障的一组数字或字母数字组合。

3.13 技术要点 element of design

发动机系统的各元素；

各控制系统，包括 ECU 软件、电控系统、计算机逻辑；

各控制系统标定；

系统相互作用的结果。

3.14 排放控制监测系统 emission control monitoring system

按照附录 G 要求，用于确保发动机系统所采用的 NO_x 控制措施正确运行的系统，排放控制系统是指用于控制排放而开发或标定的技术要点或排放策略。

3.15 排放相关维护 emission related maintenance

在车辆正常使用期间进行的、对排放具有实质影响或可能影响车辆或发动机排放劣化的维护。

3.16 排放策略 emission strategy

在发动机系统或车辆的总体设计里以控制排放目标的技术要点。

3.17 发动机-后处理系统系族 engine after-treatment system family

生产企业根据相似的排气后处理系统，将不同发动机系族进一步组合成的系族。

3.18 发动机系族 engine family

生产企业按照本标准第 8 章规定、根据发动机设计划分的具有类似尾气排放特征的一组发动机。

3.19 发动机系统 engine system

发动机、排放控制系统，以及将 ECU 与任何其他驱动系统控制单元或车辆控制单元相连接的通信接口（硬件或通信）。

3.20 发动机启动 engine start

包括点火、曲轴转动及燃烧过程，直至发动机转速达到比正常热车怠速低 150 r/min 的时刻。

3.21 发动机型式 engine type

在附录 A 所列各项发动机关键特性参数方面没有差别的一类发动机。

3.22 排气后处理系统 exhaust after-treatment system

催化器（氧化型催化器、三元催化器，以及任何气体催化器）、颗粒捕集器，氮氧化物后处理系统、组合式降氮氧系统的颗粒捕集器，以及其他各种安装在发动机下游的削减污染物的装置。

3.23 气态污染物 gaseous pollutants

包括一氧化碳（CO）、氮氧化物[NO_x，以等价二氧化氮（NO_2）表达]、碳氢化合物[HC，例如，总碳氢（THC）、非甲烷碳氢（NMHC）、甲烷（CH_4）]等气体排放物。

3.24 一般分母 general denominator

车辆经历过的满足 FG.4.4 中一般分母条件的运行次数。

3.25 监测组 group of monitors

为评价 OBD 系族在用功能而确定排放控制系统正确运行的一组 OBD 检测器。

3.26 点火循环计数器 ignition cycle counter

记录车辆进行发动机启动操作次数的计数器。

3.27 在用监测频率 in-use performance ratio，IUPR

一个或一组监测器能够完成故障监测的条件的出现次数与驾驶循环监测次数的比值。

3.28 低转速 low speed（n_{lo}）

55%最大净功率时的最低发动机转速。

3.29 故障 malfunction

会导致发动机规定污染物排放量增加或 OBD 系统效率降低的发动机系统（包括 OBD 系统）失效或劣化。

3.30 故障指示器 malfunction indicator，MI

在发生故障时能清楚地通知车辆驾驶员的指示器，属于报警系统的一部分。

3.31 最大净功率 maximum net power

在发动机全负荷下测得的发动机最大净功率值。

3.32 净功率 net power

在基准空气条件下，在试验台架上按照 GB/T 17692 附录要求，在发动机曲轴末端或等效部件上测得的功率。

3.33 与排放无关的维护 non-emission-related maintenance

不会影响排放、也不会对正常使用的车辆或发动机排放劣化造成持续影响的维护。

3.34 车载诊断系统 on-board diagnostic system，OBD

指安装在汽车和发动机上的计算机信息系统，属于污染控制装置，应具备下列功能：

a）诊断影响发动机排放性能的故障；

b）在故障发生时通过报警系统显示；

c）通过存储在电控单元存储器中的信息确定可能的故障区域并提供信息离线通信。

3.35 OBD 系族 OBD engine family

生产企业划分的采用与排放相关的故障监测和诊断方法的发动机系统。

3.36 操作过程 operating sequence

是指由发动机启动、发动机运转、发动机停机和直到下次发动机启动组成的时间过程；在该过程中，一个指定的 OBD 系统应能完成监测；若存在故障，应能被监测到。

3.37 原装污染控制装置 original pollution control device

型式检验发动机或汽车上的污染物控制装置或污染控制装置总成，其内容填写在附录 B 的相应章节中。

3.38 源机 parent engine

从发动机系族中选出的、能代表该发动机系族排放特性的发动机。

3.39 基准车型 parent vehicle

从车型系族中选出的、能代表该车型系族排放特性，并通过型式检验的汽车车型。

3.40 颗粒物后处理装置 particulate after-treatment device

设计通过机械、空气动力学、扩散或惯性分离方式减少颗粒污染物（PM）排放量的排放后处理装置。

3.41 颗粒物 particulate matter，PM

在温度为 315～325 K（42～52℃）的稀释排气中，由滤纸收集到的所有排气成分，主要是碳、冷凝的碳氢化合物、硫酸盐水合物。

3.42 粒子数量 particle number，PN

按附件 CC 中所描述的试验方法，在去除了挥发性物质的稀释排气中，所有粒径超过 23 nm 的粒子总数。

3.43 负荷百分数 percent load

发动机某一转速下能够达到的最大扭矩的百分数。

3.44 功能监测 performance monitoring

由功能检查、与排放阈值不相关的监控参数所组成的故障监测。这种监测通常是以部件或系统是否工作在适当的范围内来验证（如 DPF 的压差监测）。

3.45 周期性再生 periodic regeneration

发动机正常运行期间，排放控制装置不超过 100 h 便周期性发生的再生过程。

3.46 便携式排放测试系统 portable emissions measurement system，PEMS

满足本标准附录 K 要求的便携式排放测试系统。

3.47 动力输出装置 power take-off unit

发动机驱动的，为装在汽车上的辅助设备提供动力的输出装置。

3.48 劣化部件或系统 qualified deteriorated component or system，QDC

在验证发动机系统 OBD 性能时，通过加速老化或按照本标准附录 F 中 F.6.4.2，经可控方法专门劣化过的部件/系统，所用的方法应向国务院生态环境主管部门报备。

3.49 反应剂 reagent

储存在车载储存罐内、根据排气控制系统的需要提供给排气后处理系统的一种反应物质。

3.50 再标定 recalibration

为使 NG 发动机在使用不同（发热量）范围的天然气时具有相同性能（功率、燃料消耗量）而进行的微调。

3.51 基准质量 reference mass

指车辆整备质量加上 100 kg。

3.52 替代用污染控制装置 replacement pollution control device

用于替换原装污染控制装置的污染控制装置或总成，可作为独立技术总成进行型式检验。

3.53 诊断仪 scan-tool

按照本标准的要求，用于 OBD 通信的标准化非车载外接测试装置。

3.54 累计运行时间 service accumulation schedule

指用于确定发动机后处理系统劣化系数的老化周期和维护的累计时间。

3.55 尾气排放 tailpipe emissions

气态和颗粒污染物排放。

3.56　篡改　tampering

是指关闭、调整或修改包括软件或其他逻辑控制单元在内的车辆排放或动力系统，并导致车辆排放性能恶化（无论有意或无意）。

3.57　有效寿命　useful life

本标准中规定的汽车在正常使用条件下，气态污染物、颗粒物和烟度排放满足标准限值要求的耐久性里程或周期，以先到者为准。

3.58　全寿命　full life

汽车从生产、使用直到报废的全生命周期。

3.59　与排放相关车型　vehicle type with regard to emissions

在附录 A 中所列发动机和车辆基本特性无差别的一组车辆，以下简称“车型”。

3.60　颗粒物捕集器　wall flow Diesel Particulate Filter

所有尾气流经其壁面并过滤排出的颗粒物捕集器。

3.61　沃泊指数　wobbe index

在同一基准条件下，单位容积燃气的发热量与其相对密度的平方根的比值。

$$W = H_{\text{Gas}}\sqrt{\rho_{\text{Air}}/\rho_{\text{Gas}}}$$

3.62　λ-转换系数　λ-shift factor，S_λ

发动机燃用的燃气成分不是纯甲烷时，要求发动机管理系统具有灵活改变过量空气系数λ的一种描述（S_λ计算见附件 CA）。

3.63　双燃料发动机　dual-fuel engine

指可以同时燃用柴油和一种气体燃料的发动机。

3.64　瞬态循环　world harmonised transient cycle，WHTC

指本标准附录 C 中包含 1 800 个逐秒变换工况的瞬态试验循环。

3.65　稳态循环　world harmonised steady state cycle，WHSC

指本标准附录 C 中包含 13 个稳态工况的试验循环。

3.66　城市车辆　urban vehicles

指主要在城市运行的公交车、邮政车和环卫车。

3.67　M_1、M_2、M_3、N_1、N_2、N_3类车

按 GB/T 15089 规定：

M_1类车指包括驾驶座位在内，座位数不超过 9 座的载客车辆；

M_2类车指包括驾驶座位在内，座位数超过 9 座，且最大设计总质量不超过 5 000 kg 的载客车辆；

M_3类车指包括驾驶座位在内，座位数超过 9 座，且最大设计总质量超过 5 000 kg 的载客车辆，其中：

——Ⅰ级：可载成员数（不包括驾驶员）多于 22 人，允许乘员站立，并且乘员可以自由走动；

——Ⅱ级：可载成员数（不包括驾驶员）多于 22 人，允许乘员站立在过道和（或）提供不超过相当于两个双人座位，站立面积；

——Ⅲ级：可载成员数（不包括驾驶员）多于 22 人，不允许乘员站立；

——A 级：可载成员数（不包括驾驶员）不多于 22 人，并允许乘员站立；

——B 级：可载成员数（不包括驾驶员）不多于 22 人，不允许乘员站立。

N_1类车指最大设计总质量不超过 3 500 kg 的载货车辆；

N_2类车指最大设计总质量超过 3 500 kg，但不超过 12 000 kg 的载货车辆；

N_3类车指最大设计总质量超过 12 000 kg 的载货车辆。

3.68 有效数据点 valid data

当发动机的冷却液温度在 70℃以上，或者当冷却液的温度在 PEMS 测试开始后，5 min 之内的变化小于 2℃时（以先到为准，但不能晚于发动机启动后 20 min），至试验结束的所有测试数据点。

4 污染控制要求

4.1 型式检验

4.1.1 一般要求

4.1.1.1 本标准适用范围的发动机或汽车，应按本标准 6.2 规定的检验项目进行型式检验，证明发动机或汽车满足第 6 章的要求。

4.1.1.2 发动机机型或系族可作为独立技术总成进行型式检验。

4.1.1.3 对装有未经型式检验发动机的汽车，应对发动机进行型式检验；对装有已经型式检验发动机的汽车，无须再进行额外的发动机型式检验。除发动机检验之外，所有进行型式检验的汽车均需进行 6.2.2 规定的整车车载法（PEMS）试验。

4.1.1.4 型式检验燃料规定

4.1.1.4.1 源机进行型式检验时，应使用符合本标准附录 D 规定的基准燃料。

4.1.1.4.2 对于天然气和液化石油气发动机（汽车），应按照附录 M 的规定燃料类型进行型式检验。

4.1.1.4.3 天然气发动机和液化石油气发动机的型式检验应满足附录 M 中表 M.1 和表 M.2 的要求。

4.1.1.4.4 双燃料发动机的型式检验应满足附录 N 中表 N.2 的要求。

4.1.1.4.5 如果发动机系族设计上应使用的燃料不包含在附录 D 规定的基准燃料范围内，生产企业应：

a）明确说明发动机系族所能够燃用的市售燃料种类；

b）证明源机在燃用市售燃料时能够满足本标准的要求；

c）证明当使用规定燃料与相关市售燃料任意组分燃料混合时，发动机能满足在用符合性要求。

4.1.2 系族（源机）的型式检验

4.1.2.1 发动机型式检验时，应选择一台能够代表发动机机型或系族的源机。如果所选择的发动机不能完全代表附录 A 所述机型或系族，则应增选一台有代表性的发动机进行试验。

4.1.2.2 整车型式检验时，应选择一辆能够代表型式检验车型（系族）的汽车。如果所选择的汽车不能完全代表 8.4 所述车型或系族，则应增选一辆有代表性的汽车进行试验。

4.1.2.3 源机（或基准车型）代表了系族中所有机型（车型）的排放水平，对源机（或基准车型）进行的型式检验，可扩展到系族中的所有成员，系族中的其他成员无须进行试验。

4.1.2.4 检验机构应将型式检验时发动机和车辆上安装的 ECU 封存备查，发动机或车辆停产 5 年后，可不再保留。国务院生态环境主管部门可以进行确认检查。

4.1.3 产品型式的变更

对已型式检验发动机机型或车型的任何修改，不应出现对污染物排放的不利影响，且仍能满足本标准要求，若变更项目属于已公开信息，应由车辆生产企业将产品变更内容进行信息公开；若变更项目可能影响到的排放性能，应进行相应的试验，并将产品变更内容和试验结果进行信息公开。

4.2 环保生产一致性和在用符合性

4.2.1 车辆及发动机生产企业应按本标准规定确保批量生产的车辆及发动机的环保生产一致性，并按本标准附录 I 的要求提供有关生产一致性保证材料。车辆生产企业应按本标准规定确保新生产车辆排放达标，并按本标准第 9 章的要求向国务院生态环境主管部门提供有关新生产车排放自查的相关材料，生态环境主管部门可按第 9 章规定进行新生产车达标监督抽查。

4.2.2 车辆及发动机生产企业应按本标准规定确保车辆及发动机的在用符合性，并按附录 J 的要求提供有关在用符合性自查计划。车辆生产企业应按本标准规定确保车辆在实际正常使用中排放达标，并按第 10 章规定向国务院生态环境主管部门提供在用符合性自查报告，生态环境主管部门可按本标准第 10 章规定进行在用符合性抽查。

4.3 信息公开

本标准适用范围的车辆，应由车辆生产企业按照本标准附录 A 和附录 B 的要求进行信息公开。涉及企业机密的相关内容，可经技术处理后公开。

5 发动机（车辆）标牌

5.1 一般要求

发动机的标牌可采用文字和数字的形式，也可采用二维码的形式。

标牌必须简洁明了，其文字、数字或图案应确保清晰、明显、可阅读，且不可被擦除。标牌的固定方式在发动机的全寿命期内必须牢固，不得拆除。

5.2 发动机标牌位置

标牌在发动机上的安装位置，不能妨碍发动机的正常工作，并在发动机寿命期内，一般不需要更换位置。此外，当发动机运转所需的所有附件安装完成后，标牌应位于正常人容易看见的地方。

标牌应靠近或合并在生产企业铭牌上。

5.3 发动机的标牌内容

发动机的标牌，应至少包含以下内容：

a）发动机型号；

b）生产日期：年 月 日（“日”可选，如在其他部位已经标注生产日期，则标牌中可不必重复标注）；

c）“国六”字样；

d）生产企业的商标或全称；

e）排放控制关键部件（如 EGR、DOC、SCR、DPF 等）。

5.4 限定燃料范围的天然气和液化石油气发动机（车辆）标牌的特殊要求

5.4.1 对型式检验时限定燃料范围的天然气和液化石油气发动机，除满足 5.3 的要求，还应包括以下信息：

a）限于使用高（低）热值天然气；

b）限于使用规格为____的天然气（液化石油气）。

5.4.2 装有限定燃料范围的天然气和液化石油气发动机的车辆，也应具备 5.4.1 规定的标牌，该标牌应位于靠近车辆燃料加注口处。

5.5 车身标识

本标准适用范围的车辆，应在车身明显位置标注“国六”的字样。

6 技术要求和试验

6.1 一般要求

6.1.1 对发动机的污染物排放产生影响的组件，其设计、制造和装配上，应能在发动机正常使用时满足本标准及其实施措施的规定。

6.1.2 生产企业应采取技术措施确保车辆在正常使用条件下的全寿命期内，能够有效控制排气污染物排放。

6.1.2.1 6.1.2 所述的措施应确保排放控制系统使用的软管、接头及其连接安全性，符合原始设计图要求。

6.1.2.2 发动机（车辆）在本标准规定的试验条件下进行排放试验，其结果应符合本标准规定的相应限值。

6.1.2.3 任何能影响排放的发动机系统和部件的设计、制造和安装，应使发动机在正常使用条件下符合本标准的规定。生产企业应确保符合 6.4 和附录 E 的非标准循环排放要求，使车辆在可能运行的环境条件范围及可能遇到的运行工况范围内，有效控制污染物的排放。

6.1.2.4 装有钒基 SCR 催化剂的车辆，在全寿命期内，不得向大气中泄漏含钒化合物；并在型式检验时提交相关的资料（如温度控制策略及相关测试报告等），证明在车辆使用期间的任何工况下，SCR 的入口温度低于 550℃。

6.1.2.5 禁止使用降低排放控制装置功效的失效策略。所有针对污染控制装置的篡改都属于排放不达标。

6.1.2.6 电控系统安全性应满足 F.4.8 的要求。

6.1.3 生产企业应将该机型排放控制策略信息整理成文件包，并满足 A.3.5 的要求。

6.1.4 车辆的排气管口不得朝向右侧和正下方，其设计应便于排放检测，从外侧明显可见，鼓励高于车身。危险货物运输车和专项作业车的排气口因车辆结构限制不能满足要求的，应向国务院生态环境主管部门报备。

6.1.5 车辆生产企业应最大限度地降低发动机原机（后处理装置前端）的 NO_x 排放，并将原机排放情况（数据）及测试方法向国务院生态环境主管部门报告。

6.1.6 生产企业应明确告知用户及时添加并使用符合要求的反应剂，以保证车辆在实际使用中能够满足本标准的排放要求。

6.2 型式检验项目

6.2.1 发动机机型（系族）按本标准进行型式检验时，要求进行的试验项目见表 1。

表 1 试验项目

试验项目			柴油机	单一气体燃料机	双燃料发动机[1]
标准循环	稳态工况（WHSC）	气态污染物	进行	—	进行
		颗粒物（PM） 粒子数量（PN）			
		CO_2和油耗			
	瞬态工况（WHTC）	气态污染物	进行	进行	进行
		颗粒物（PM） 粒子数量（PN）			
		CO_2和油耗			

试验项目			柴油机	单一气体燃料机	双燃料发动机[1]
非标准循环	发动机台架非标准循环（WNTE）	气态污染物	进行	—	进行
		颗粒物（PM）			
	整车车载法（PEMS）试验[2]		进行	进行	进行
曲轴箱通风			进行	进行	进行
耐久性			进行	进行	进行
OBD			进行	进行	进行
NO_x控制			进行	—	进行

(1) 按附录N的要求进行型式检验。

(2) 发动机的整车PEMS试验，可以是6.2.2规定的该发动机所安装车型的PEMS试验之一。

6.2.2 车型（系族）按本标准进行型式检验时，应按附录K进行整车车载法（PEMS）试验。

6.3 发动机标准循环排放限值

6.3.1 按照附录C规定的标准循环，进行发动机台架污染物排放试验，气态污染物和颗粒物排放结果乘以按附录H确定的劣化系数后，应小于表2中给出的限值。

表2 发动机标准循环排放限值

试验	CO/[mg/（kW·h）]	THC/[mg/（kW·h）]	NMHC/[mg/（kW·h）]	CH_4/[mg/（kW·h）]	NO_x/[mg/（kW·h）]	NH_3/ppm[3]	PM/[mg/（kW·h）]	PN/[#/（kW·h）]
WHSC工况（CI[1]）	1 500	130	—	—	400	10	10	8.0×10^{11}
WHTC工况（CI[1]）	4 000	160	—	—	460	10	10	6.0×10^{11}
WHTC工况（PI[2]）	4 000	—	160	500	460	10	10	6.0×10^{11}

(1) CI=压燃式发动机。

(2) PI=点燃式发动机。

(3) $1ppm=10^{-6}$，全书同。

6.3.2 在同一次发动机标准循环排放测试时，应同时按照附件CD的规定测定发动机的CO_2排放和燃油消耗量，并同时记录测量结果。

6.4 非标准循环排放要求

6.4.1 发动机机型或系族应按照附录E的规定，进行发动机非标准循环排放试验（WNTE），其结果应小于表3的限值要求。

表3 发动机非标准循环（WNTE）排放限值

试验	CO/[mg/（kW·h）]	THC/[mg/（kW·h）]	NO_x/[mg/（kW·h）]	PM/[mg/（kW·h）]
WNTE工况	2 000	220	600	16

6.4.2 型式检验时，应按照附件EA规定的PEMS试验程序，在整车上进行实际道路车载法排放试验，要求90%以上的有效窗口，小于表4规定的排放限值要求。

表4 整车试验排放限值[1]

发动机类型	CO/[mg/（kW·h）]	THC/[mg/（kW·h）]	NO_x/[mg/（kW·h）]	PN[2]/[#/（kW·h）]
压燃式	6 000	—	690	1.2×10^{12}
点燃式	6 000	240（LPG） 750（NG）	690	—
双燃料	6 000	1.5×WHTC 限值	690	1.2×10^{12}
[1] 应在同一次试验中同时测量 CO_2 并同时记录。				
[2] PN 限值从 6b 阶段开始实施。				

6.4.3 型式检验时，按照附件 EA 规定的 PEMS 试验程序，在整车上进行实际道路车载法排放试验，要求有效数据点中，95%以上小于 500×10^{-6}（体积分数）的 NO_x 排放浓度要求，且在车辆实际道路行驶时（含怠速、正常行驶，以及 DPF 再生），不能有可见烟度。该限值应在标准实施之前的一年内进行评估确认。

6.4.4 生产企业应按附录 E 规定，提供一份声明，承诺发动机机型或系族符合非标准循环排放的控制要求。

6.5 曲轴箱排放

对于闭式曲轴箱，按照 C.5.10 的规定进行试验，发动机曲轴箱内的任何气体不允许排入大气中。对于开放式曲轴箱，曲轴箱排气应按照 C.5.10 开式曲轴箱污染物评价方法，将曲轴箱排放与尾气排放一起进行测试，不得超过 6.3 规定的排放限值。

6.6 排放控制装置的耐久性要求

6.6.1 发动机系族或发动机-后处理系统系族的气态污染物与颗粒物排放，应在有效寿命期内符合表 2 规定的排放限值要求。

6.6.2 型式检验时，应按附录 H 规定确定发动机系统或发动机-后处理系统系族的劣化系数，以证明其排放耐久性符合本标准的要求。

6.6.3 发动机系族或发动机-后处理系统系族的污染物排放控制装置耐久性应满足表 5 规定的有效寿命期（里程或时间周期）。

表5 有效寿命期

分类	有效寿命期[1]	
	行驶里程/km	使用时间
用于 M_1、N_1 和 M_2 车辆	200 000	5 年
用于 N_2 类车辆；最大设计总质量不超过 18 t 的 N_3 类车辆；M_3 类中的Ⅰ级、Ⅱ级和 A 级车辆；最大设计总质量不超过 7.5 t 的 M_3 类中的 B 级车辆	300 000	6 年
用于最大设计总质量超过 18 t 的 N_3 类车辆；M_3 类中的Ⅲ级车辆；最大设计总质量超过 7.5 t 的 M_3 类中的 B 级车辆	700 000	7 年
[1] 有效寿命期中的行驶里程和实际使用时间，两者以先到为准。		

6.7 排放质保期规定

6.7.1 生产企业应保证排放相关零部件的材料、制造工艺及产品质量，能确保其在有效寿命期内的正常功能。

6.7.2 排放相关零部件如果在质保期内由于零部件本身质量问题而出现故障或损坏，导致排放控制系统失效，或车辆排放超过本标准限值要求，生产企业应当承担相关维修费用。

6.7.2.1 生产企业应明确告知使用者按照车辆的正常使用和维护指南（手册），使用符合标准规定的油品和反应剂。

6.7.2.2　生产企业应明确告知使用者，在质保期内应保留使用符合标准规定的油品和反应剂的材料证明（如 1 年内正规加油站凭证、正规销售店的反应剂销售凭证）。

6.7.2.3　若能证明排放相关零部件所出现的故障或损坏是由用户使用或维护不当所造成，则生产企业可不承担相关质保责任。

6.7.3　生产企业应至少对附件 AD 给出的排放相关零部件提供质保服务，其排放质保期不应短于表 6 给出的最短质保期。

表 6　最短质保期[1]

汽车分类	行驶里程/km	使用时间
M_1、M_2、N_1	80 000	5 年
M_3、N_2、N_3	160 000	5 年

[1] 最短质保期中的行驶里程和实际使用时间，两者以先到为准。

6.7.4　信息公开时，应公开排放相关零部件名单及其相应的质保期，并将以上信息在产品说明书中进行说明。

6.8　车载诊断系统（OBD）

6.8.1　生产企业应确保所有的发动机和车辆都配备了 OBD 系统。

6.8.2　OBD 系统应根据附录 F 来进行设计、制造和安装，从而在车辆的全寿命中，能够识别、记录、通信和提示附录 F 中所规定的劣化或故障类型。

6.8.3　生产企业应确保 OBD 系统符合附录 F 规定的要求，在所有正常合理的驾驶条件下（附录 F 中规定的正常使用条件，包括低温、高海拔等环境条件），满足 OBD 的在用功能要求。

6.8.4　当采用劣化部件进行 OBD 验证试验时，OBD 系统故障指示灯（MI）应按照附录 F 点亮。

6.8.5　生产企业应确保符合附录 F 规定的 OBD 系族的在用功能要求。

6.8.6　OBD 在用功能相关数据应无加密存储，并可通过附录 F 规定的标准 OBD 通信协议来读取。

6.8.7　为证明 OBD 满足本标准要求，型式检验时，应按照附录 F 进行 OBD 试验。

6.9　NO_x 控制系统

6.9.1　生产企业应证明在所有正常条件，特别是在低温条件下，NO_x 控制系统能保持其排放控制功能。

6.9.2　生产企业应将有关废气再循环系统（EGR）和选择性催化还原系统（SCR）在低温环境下控制策略的信息，向国务院生态环境主管部门报备，该信息还应包括系统在低温环境下运行对排放影响的说明。

6.9.3　确保 NO_x 控制措施正常运行，满足附录 G 的要求，并按照附录 G 的规定进行试验验证。

6.10　双燃料发动机的要求

双燃料发动机或车辆，应满足本标准的各项要求，并按照附录 N 的规定进行试验。

6.11　替代用污染控制装置的要求

替代用污染控制装置在设计、制造和安装使用上，应达到原排放控制装置的性能，使发动机和车辆的污染物排放符合本标准的规定，在汽车正常使用条件下和全寿命期内有效控制污染物排放。

替代用污染控制装置应按照附录 O 的规定进行型式检验。

6.12　整车技术要求

6.12.1　车辆生产企业将发动机安装到整车上，应严格按照第 7 章规定的安装要求进行，确保车辆满足表 4 规定的排放要求。

6.12.2 车辆生产企业应确保将发动机装备到整车上后，OBD 系统和 NO_x 控制系统不发生改变，且在实际道路上按照附件 KE 进行验证时，仍能满足 6.8 和 6.9 规定的技术要求。

6.12.2.1 车辆应具备 OBD 诊断接口，接口应满足 ISO 15031 的要求。诊断接口应在车辆内驾驶员附近，处于容易发现和访问的位置，并标注明确的“OBD”接口标识。如果诊断接口在特定的设备箱内，该箱子的门应可以在不需要工具的情况下手动打开，并且箱子上应清楚地标示“OBD”以识别诊断接口。若特种车辆驾驶室内的结构无法满足以上要求，可以采用替代位置，但应易于接近，且在正常使用条件下能够防止意外损坏，生产企业应将替代位置进行信息公开。

6.12.2.2 生产企业有责任防止车辆的 OBD 系统和排放控制单元被篡改，车辆上应具有防止篡改的功能。如果生产企业获知车辆出现被篡改的情况，应及时查明原因向国务院生态环境主管部门报告，给出防篡改的技术解决方案，并在新生产车辆中采取补救措施。

6.12.3 禁止使用失效策略。

6.12.4 从 6a 阶段开始，车辆应装备符合附录 Q 要求的远程排放管理车载终端，鼓励车辆按本标准附录 Q 要求进行数据发送。从 6b 阶段开始，生产企业应保证车辆在全寿命期内，按本标准附录 Q 要求进行数据发送，由生态环境主管部门和生产企业进行接收。

6.12.5 当车辆按照 GB 30510 标准进行整车油耗的测量时，应同时按附录 L 进行污染物排放测量，排放的气态污染物及颗粒物应满足本标准表 4 的要求，并将试验结果进行信息公开。

7 在车辆上的安装

对本标准适用范围的车型，其生产企业应确保按照本章的安装要求来安装发动机。

7.1 发动机在车辆上的安装的要求

7.1.1 进气压力降不应超过附录 A 对已经型式检验的发动机规定的压力降。

7.1.2 排气背压不应超过附录 A 中对已经型式检验的发动机规定的背压。

7.1.3 发动机运行所需辅件吸收的功率不应超过附录 A 中对已经型式检验的发动机规定的辅件吸收功率。

7.1.4 排气后处理系统特性应与附录 A 中发动机型式检验中的声明一致。

7.2 已经型式检验的发动机在车辆上的安装

作为独立技术总成进行型式检验的发动机，在车辆上安装时还应满足下列要求：

a）对 OBD 系统，在按附件 FA 规定安装时，应满足附录 A 规定的发动机生产企业的安装要求。

b）对 NO_x 控制系统，在按附件 GD 的规定安装时，应满足附录 A 规定的发动机生产企业的安装要求。

c）对作为独立技术总成进行型式检验的双燃料发动机，在车辆上安装时，还应满足附录 N 中 N.6.3 和 N.8.2 的要求，并满足附件 AA 规定的发动机生产企业的安装要求。

8 系族和源机

8.1 发动机系族

8.1.1 确定发动机系族的参数

同一发动机系族必须共有附录 C 中 C.4.2 规定的基本参数。

对双燃料发动机，发动机系族还应符合附录 N 中 N.3.1 的附加要求。

8.1.2 源机的选择

系族的源机应按照附录 C 中 C.4.3 规定的要求选择。

对双燃料发动机，源机选择还应符合附录N中N.3.2的附加要求。

8.1.3　发动机系族的扩展

8.1.3.1　如满足8.1.1的规定，可将新的发动机机型纳入已型式检验的发动机系族。

8.1.3.2　如符合8.1.2（对双燃料发动机，符合附录N中N.3.2）源机选择要求的源机机型，仍能代表新的发动机系族，源机应保持不变，应修改附录A规定的信息文件。

8.1.3.3　如新的发动机机型具有8.1.2源机机型不能代表的技术要点，但其自身按照这些要求能够代表整个系族，则新的发动机机型将作为新的源机。在这种情况下，应证明新的技术要点满足本标准的规定并对附录A的信息文件进行修改。

8.2　OBD系族

OBD系族应按照附录F中F.6.2确定，系族内发动机系统共用的基本设计参数应相同。

8.3　发动机-后处理系统系族

发动机-后处理系统系族应按照附录H中H.2确定，系族内发动机的排气后处理系统应具有相同的技术规格和安装方式，不同发动机系族的发动机可以组合为同一发动机-后处理系统系族。

8.4　车型系族

按本标准进行型式检验的车型，其结果可以扩展到符合8.4.1要求的其他车型。已通过型式检验车型为基准车型，其他车型为扩展车型，扩展车型与基准车型属于同一车型系族。

8.4.1　同时满足下列条件的，视为同一个车型系族

a）车辆由同一生产企业生产；

b）底盘由同一生产企业生产；

c）发动机为同一机型（或系族）；

d）车辆种类一致，如M_1、M_2、M_3、N_1、N_2、N_3类车辆（公交车、邮政车和环卫车等城市车辆除外），公交车、邮政车和环卫车等城市车辆。

8.4.2　对于改装车型，可以与满足8.4.1b）～d）要求的基准车型视同。

9　新生产车的达标要求及检查

9.1　一般要求

9.1.1　车辆及发动机生产企业应按照附录I采取措施保证生产一致性。

9.1.2　发动机生产企业必须采取措施保证发动机、系统、部件或独立技术总成与已型式检验的发动机型一致。

9.1.3　生产一致性检查应以附录A和附录B的信息公开材料为基础进行。

9.1.4　试验用的车辆和发动机应随机抽取。生产企业不得对抽取的车辆或发动机进行任何调整（包括对ECU软件的更新）。

9.1.5　车辆原则上不进行磨合。如生产企业提出要求，可按磨合规范进行磨合，但不得超过500 km，且不得对车辆进行任何调整。

9.2　新生产车达标自查

9.2.1　为确保批量生产的车辆满足6.12规定的技术要求，整车生产企业应对每个车型（系族）制订下线检查计划，包括检查项目、检查方法、抽样方法和抽样比例等。

9.2.2　车辆污染物排放自查，应按照本标准附录K规定的整车PEMS试验方法进行测试；如果车辆按照GB 30510标准进行整车油耗的生产一致性检查，应同时按附录L进行污染物排放检查。

9.2.3　抽样方法应具有统计代表性，能够代表一定生产周期内同批次车辆的排放控制水平。

9.2.4 整车生产企业应对车辆检查试验做详细记录并存档，该记录文档应至少保存 5 年。生态环境主管部门可根据需要检查试验记录。

9.2.5 下线检查计划和检查结果应进行信息公开。

9.3 新生产车达标监督抽查

生态环境主管部门对新生产车达标抽查可以包括下述全部或部分项目。

9.3.1 排放基本配置核查

生态环境主管部门可以对排放基本配置进行核查，如被检查的车型排放控制关键部件或排放控制策略与信息公开的内容不一致，则视为该车型检查不通过。

9.3.2 下线检查计划和自查结果审查

生态环境主管部门可对生产企业下线检查计划、试验记录和检查结果进行审查。

9.3.3 污染物排放检查

9.3.3.1 生态环境主管部门可对车型（系族）的污染物排放进行抽查。

9.3.3.2 污染物排放检查应按附录 K 进行整车道路 PEMS 排放测试。

9.3.3.3 从批量生产的车辆中随机抽取 3 辆车，进行整车排放试验，按下述规则进行判定：

a）对于 6.4.2 规定的有效窗口的污染物排放：

任何 1 辆车任一种污染物的有效窗口达标比例都高于 80%，且 3 辆车任一种污染物的有效窗口达标比例平均值高于 90%，判定合格；否则不合格。

b）对于 6.4.3 规定的有效数据点的 NO_x 排放浓度：

至少 2 辆车满足本标准要求，且最多 1 辆车超过本标准规定的 500×10^{-6} 排放要求，但不超过 550×10^{-6}，可以判定合格；否则不合格。

c）3 辆车在测试过程中均不应出现可见烟度，否则判定不合格。

9.3.4 OBD 和 NO_x 控制系统检查

9.3.4.1 检查应以车型为基础进行，或以属于同一 OBD 系族的车辆为基础进行。

9.3.4.2 应按附件 KE 在实际道路上对新生产车辆的 OBD 系统和 NO_x 控制系统进行检查。

9.3.4.3 从批量生产的车辆中随机抽取 1～3 辆车，若有一辆车不满足附录 F 和附录 G 的要求，则判定检查不合格。

9.3.5 整车远程排放管理车载终端抽查

生态环境主管部门可按附录 K 中 KE.2.8 的规定，对新生产车辆远程排放管理车载终端的功能进行检查。

9.3.6 新生产发动机的抽查

生态环境主管部门可按附录 I 中 I.4 的规定，对新生产发动机进行抽查。

10 在用符合性要求及检查

10.1 一般要求

10.1.1 生产企业应采取措施保证车辆或发动机的在用符合性。

10.1.2 生产企业采用的技术措施应确保在正常使用条件下，车辆在全寿命周期的排气污染物排放都能得到有效控制。

10.2 在用符合性检查

在用车辆（发动机）的在用符合性应在正常使用条件下，有效寿命期内，按本标准附录 J 的规定进行检查。在用符合性检查的生产企业自查应按 10.2.1 的规定进行，生态环境主管部门抽查应按 10.2.2

的规定进行。

10.2.1 生产企业自查

10.2.1.1 发动机系族在进行型式检验时，发动机生产企业应同时制订在用符合性自查计划，发动机生产企业的在用符合性自查应以发动机系族为基础进行。

10.2.1.2 车型（系族）在进行型式检验时，车辆生产企业应同时制订在用符合性自查计划，车辆生产企业的在用符合性自查应以车型或车型系族为基础进行，可涵盖改装车企业生产的扩展车型。

10.2.1.3 在用符合性自查计划包括试验的时间表和抽样计划等，并向国务院生态环境主管部门报备。

10.2.1.4 发动机生产企业按自查计划进行在用符合性自查，应尽量选择不同车辆生产企业的车辆进行试验，发动机系族的在用符合性自查报告应进行信息公开，并可作为车辆生产企业的车型系族在用符合性自查报告的一部分。

10.2.1.5 车辆生产企业按自查计划进行在用符合性自查，应尽量选择车型系族内的不同车型进行试验，车型（系族）的在用符合性自查报告应进行信息公开。

10.2.2 生态环境主管部门抽查

10.2.2.1 生态环境主管部门可根据附录 J 规定的在用符合性试验规程，对车型（系族）的在用符合性进行抽查。

10.2.2.2 如国务院生态环境主管部门证实某一车型（系族）不满足本标准要求，生产企业应按本标准 10.3 和附录 J 中 J.5 采取整改措施。

10.3 整改措施

10.3.1 生产企业应在规定时间内，向国务院生态环境主管部门提交整改措施计划。

10.3.2 整改措施应适用于属于同一车型（车型系族）的所有在用发动机或车辆，并扩展到该生产企业可能受相同缺陷影响的发动机机型（系族）、车型（车型系族）。

10.3.3 整改措施计划应在规定时间内，由生产企业负责实施。

10.3.4 生产企业应保存每一台车辆或发动机的环境保护召回、维修或改造记录，保存期至少 10 年。

11 标准实施

11.1 型式检验

自本标准发布之日起，即可依据本标准进行型式检验。

11.2 生产、进口、销售和注册登记

本标准分为 6a 和 6b 两个阶段实施，主要技术要求不同点见表 8。自表 7 规定的实施之日起，凡不满足本标准相应阶段要求的新车不得生产、进口、销售和注册登记，不满足本标准相应阶段要求的新发动机不得生产、进口、销售和投入使用。

表 7 标准实施时间

标准阶段	车辆类型	实施时间
6a 阶段	燃气车辆	2019 年 7 月 1 日
	城市车辆	2020 年 7 月 1 日
	所有车辆	2021 年 7 月 1 日
6b 阶段	燃气车辆	2021 年 1 月 1 日
	所有车辆	2023 年 7 月 1 日

表 8 6a 和 6b 阶段主要技术要求不同点

技术要求	6a 阶段	6b 阶段
PEMS 方法的 PN 要求（6.4.2）	无	有
远程排放管理车载终端数据发送要求（6.12.4）	无	有
高海拔排放要求（附录 E 中 E.5 和附录 K 中 K.4）	1 700 m	2 400 m
PEMS 测试载荷范围（附录 E 中 EA.3.1 和附录 K 中 K.8.3.1）	50%～100%	10%～100%

省、自治区、直辖市人民政府可以在条件具备的地区，提前实施本标准。提前实施本标准的地区，应报国务院生态环境主管部门备案后执行。

11.3 发动机生产一致性检查

对按本标准通过型式检验的发动机，其生产一致性检查应符合本标准要求。

11.4 新生产车达标监督检查

对按本标准通过型式检验的汽车，其新生产车达标监督检查应符合本标准要求。

11.5 在用符合性检查

对按本标准要求生产、进口、销售的发动机，以及生产、进口、销售和注册登记的汽车，其在用符合性检查应符合本标准要求。

中华人民共和国国家标准

汽油车污染物排放限值及测量方法（双怠速法及简易工况法）（节选）

Limits and measurement methods for emissions from gasoline vehicles under two-speed idle conditions and short driving mode conditions

GB 18285—2018

代替 GB 18285—2005、HJ/T 240—2005

前 言

为贯彻《中华人民共和国环境保护法》和《中华人民共和国大气污染防治法》，控制汽车污染物排放，改善环境空气质量，制定本标准。

本标准是对《点燃式发动机汽车排气污染物排放限值及测量方法（双怠速法及简易工况法）》（GB 18285—2005）和《确定点燃式发动机在用汽车简易工况法排气污染物排放限值的原则和方法》（HJ/T 240—2005）的修订。参考了《汽油车双怠速法排气污染物测量设备技术要求》（HJ/T 289—2006）、《汽油车简易瞬态工况法排气污染物测量设备技术要求》（HJ/T 290—2006）、《汽油车稳态工况法排气污染物测量设备技术要求》（HJ/T 291—2006）、《点燃式发动机汽车瞬态工况法排气污染物测量设备技术要求》（HJ/T 396—2007）、《车用压燃式、气体燃料点燃式发动机与汽车车载诊断（OBD）系统技术要求》（HJ 437—2008）、《轻型汽车车载诊断（OBD）系统管理技术规范》（HJ 500—2009）。本标准规定了汽油车双怠速法、稳态工况法、瞬态工况法和简易瞬态工况法排气污染物排放限值及测量方法。本标准同时规定了汽油车外观检验、OBD 检查、燃油蒸发排放控制系统检测的方法和判定依据。

与《点燃式发动机汽车排气污染物排放限值及测量方法（双怠速法及简易工况法）》（GB 18285—2005）相比，主要修订内容如下：

——增加外观检验、OBD 检查、燃油蒸发检测等内容；

——增加检验项目和检验流程；

——增加检测记录项目和检测软件要求；

——明确环保监督抽测内容和方法；

——调整污染物排放限值。

按照有关法律规定，本标准具有强制执行的效力。

本标准由生态环境部大气环境司和法规与标准司提出。

本标准起草单位：中国环境科学研究院。

本标准由生态环境部 2018 年 9 月 27 日批准。

本标准自 2019 年 5 月 1 日起实施，自实施之日起 GB 18285—2005 和 HJ/T 240—2005 同时废止。

自本标准实施之日起，现有相关地方排放标准废止。

本标准由生态环境部解释。

1　适用范围

本标准规定了汽油车双怠速法、稳态工况法、瞬态工况法和简易瞬态工况法排气污染物排放限值及测量方法。本标准同时规定了汽油车外观检验、OBD 检查、燃油蒸发排放控制系统检测的方法和判定依据。

本标准适用于新生产汽车下线检验、注册登记检验和在用汽车检验。本标准也适用于其他装用点燃式发动机的汽车。

2　规范性引用文件

下列文件中的条款通过本标准的引用而成为本标准的条款。凡是未注明日期的引用文件，其最新版本适用于本标准。

GB/T 5181—2001　汽车排放术语和定义

GB 14762—2008　重型车用汽油发动机与汽车排气污染物排放限值及测量方法（中国Ⅲ、Ⅳ阶段）

GB/T 15089—2001　机动车辆及挂车分类

GB 17691—2005　车用压燃式、气体燃料点燃式发动机与汽车排气污染物排放限值及测量方法（中国Ⅲ、Ⅳ、Ⅴ阶段）

GB 17691—2018　重型柴油车污染物排放限值及测量方法（中国第六阶段）

GB 17930—2016　车用汽油

GB 18047—2017　车用压缩天然气

GB 18352.3—2005　轻型汽车污染物排放限值及测量方法（中国第Ⅲ、Ⅳ阶段）

GB 18352.5—2013　轻型汽车污染物排放限值及测量方法（中国第五阶段）

GB 18352.6—2016　轻型汽车污染物排放限值及测量方法（中国第六阶段）

GB 19159—2012　车用液化石油气

3　术语和定义

下列术语和定义适用于本标准。

3.1　轻型汽车　light-duty vehicle

指最大设计总质量不超过 3 500 kg 的 M_1 类、M_2 类和 N_1 类汽车。

3.2　M_1、M_2 和 N_1 类车辆　vehicle of category M_1，M_2 and N_1

按 GB/T 15089—2001 规定：

M_1 类车指包括驾驶员座位在内，座位数不超过 9 座的载客汽车。

M_2 类车指包括驾驶员座位在内座位数超过 9 座，且最大设计总质量不超过 5 000 kg 的载客汽车。

N_1 类车指最大设计总质量不超过 3 500 kg 的载货汽车。

3.3　重型汽车　heavy-duty vehicle

指最大总质量超过 3 500 kg 的汽车。

3.4 在用汽车 in-use vehicle

指已经注册登记并取得号牌的汽车。

3.5 汽车排放检验 vehicle emission inspection

指按照法律法规和标准规定对汽车进行的各项排放检验，包括新生产汽车下线检验、注册登记检验、在用汽车检验、监督抽测等。

3.6 新生产汽车下线检验 inspection for new produced vehicle at end of production line

指新生产汽车出厂或入境前进行的检验。也适用于销售环节进行的环保检验。

3.7 注册登记检验 inspection for register vehicle

指对申请注册登记的汽车进行的检验。

3.8 在用汽车检验 inspection for in-use vehicle

指对已经注册登记的汽车进行的检验，包括在用汽车定期检验、监督性抽检及在用汽车办理变更登记和转移登记前的检验。

3.9 监督抽测 supervision test

指在出厂前对新生产汽车的抽检，以及在集中停放地、维修地和道路上对在用汽车进行的抽检。

3.10 最大设计总质量 maximum mass

指汽车生产企业提出的技术上允许的最大质量。

3.11 基准质量（RM） reference mass

指汽车的整备质量加上 100 kg。

3.12 当量惯量 equivalent inertia

指在底盘测功机上用惯量模拟器模拟汽车行驶中的平动惯量和转动惯量所相当的总惯性质量。

3.13 排气污染物 exhaust emission pollutants

指排气管排放的气体污染物。通常指一氧化碳（CO）、碳氢化合物（HC）及氮氧化物（NO_x）。氮氧化物（NO_x）质量用二氧化氮（NO_2）当量表示。碳氢化合物（HC）浓度以碳（C）当量表示，假定碳氢比如下：

—— 汽油：$C_1H_{1.85}$，

—— 液化石油气（LPG）：$C_1H_{2.525}$，

—— 天然气（NG）：CH_4。

3.14 体积浓度 volume concentration

排气中一氧化碳（CO）的体积浓度以%表示；

排气中碳氢化合物（HC）的体积浓度以 10^{-6} 表示，体积浓度值按正己烷当量进行换算；

排气中一氧化氮（NO）的体积浓度以 10^{-6} 表示。

3.15 额定转速 rated engine speed

指发动机额定功率点的曲轴转速，r/min。

3.16 怠速工况与高怠速工况 idle and high idle conditions

怠速工况指汽车发动机最低稳定转速工况。即离合器处于接合位置、变速器处于空挡位置（对于自动变速箱的车应处于“停车”或“P”挡位）；油门踏板处于完全松开位置。高怠速工况指满足上述（除最后一项）条件，用油门踏板将发动机转速稳定控制在本标准规定的高怠速转速下。本标准中将轻型汽车的高怠速转速规定为 2 500±200 r/min，重型车的高怠速转速规定为 1 800±200 r/min；如不适用的，按照制造厂技术文件中规定的高怠速转速。

3.17 过量空气系数（λ） excess air coefficient（λ）

指燃烧 1 kg 燃料实际供给的空气量与理论上完全燃烧所需空气量的质量比。

3.18 简易工况法 simple driving mode conditions

指本标准附录 B、C 和 D 规定的测试方法。

3.19 气体燃料 gas fuel

指液化石油气（LPG）或天然气（NG）。

3.20 混合动力电动汽车（HEV） hybrid electric vehicle

指能够至少从下述两类车载储存能量装置中获得动力的汽车：

—— 可消耗的燃料；

—— 可再充电能/能量储存装置。

3.21 两用燃料汽车 bi-fuel vehicle

指既能燃用汽油又能燃用一种气体燃料，但不能同时燃用两种燃料的汽车。

3.22 单一燃料汽车 mono-fuel vehicle

指只能燃用某一种气体燃料（LPG 或 NG）的汽车，或能燃用某种气体燃料（LPG 或 NG）和汽油，但汽油仅用于紧急情况或发动机起动用，且汽油箱容积不超过 15 L 的汽车。

3.23 车载诊断（OBD）系统 onboard diagnostic system

指安装在汽车和发动机上的计算机信息系统，属于污染控制装置，应具备下列功能：

a）诊断影响排放性能的故障；

b）在故障发生时通过报警系统显示；

c）通过存储在电控单元存储器中的信息确定可能的故障区域并提供信息离线通信。

3.24 环保信息随车清单（VEID） vehicle environmental identification document

指《关于开展机动车和非道路移动机械环保信息公开工作的公告》（国环规大气〔2016〕3 号）规定的机动车环保信息随车清单，包括企业对该车辆满足排放标准和阶段的声明、车辆基本信息、环保检验信息以及污染控制装置信息等内容。

4 检验项目

4.1 汽车环保检验项目见表 1。

4.2 新生产进口车入境检验时按表 1 规定的检验项目进行，还应符合其他标准和法规要求。

表 1 检验项目

检验项目	新生产汽车下线	进口车入境	注册登记 1)	在用汽车 1)
外观检验（含对污染控制装置的检查和环保信息随车清单核查）	进行	进行	进行	进行 2)
车载诊断（OBD）系统检查	进行	进行	进行	进行 3)
排气污染物检测	抽测 4)	抽测 4)	进行	进行 5)
燃油蒸发检测	不进行	不进行	按 10.1.2 规定进行	按 10.1.2 规定进行

注：1）符合免检规定的车辆，按照免检相关规定进行。

2）查验污染控制装置是否完好。

3）适用于装有 OBD 的车辆。

4）混合动力汽车的污染物排放抽测应在最大燃料消耗模式下进行。

5）变更登记、转移登记检验按有关规定进行。

5　检验流程和要求

5.1　新生产汽车下线检验

5.1.1　生产企业应确保所有下线车辆污染物控制装置与随车清单内容一致。

5.1.2　生产企业应完成车载诊断（OBD）系统检查。排气污染物检测应至少按照车型年产量的 1.0%进行抽测，最小抽查数量为 15 辆/年，年产量不足 15 辆的车型，每辆车均应进行检测。排气污染物检测可在附录 B、C、D 中选择任意一种方法（对无法手动切换两驱模式的全时四驱车等车辆可以采用双怠速法）进行排放检测。

5.1.3　新生产汽车下线检验流程见图 1。检验信息按附录 H 规定报送信息。

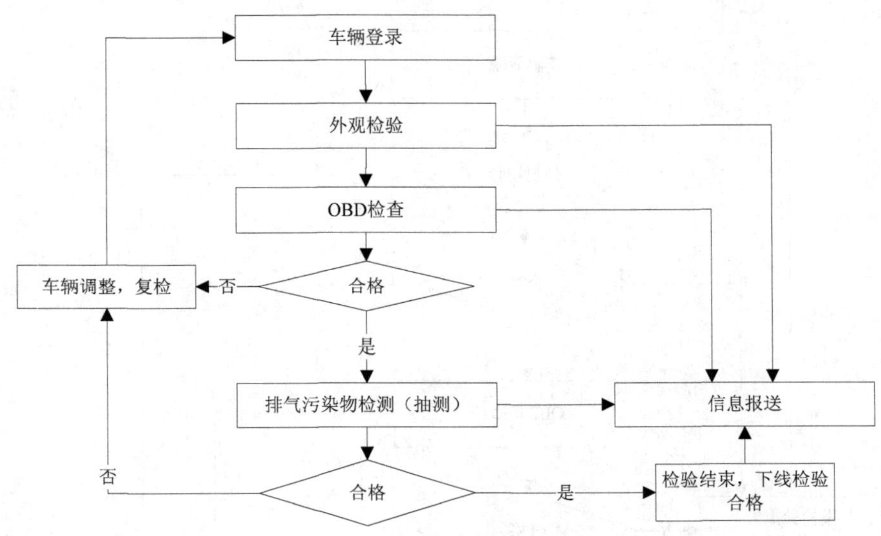

图 1　新车下线环保检验流程图

5.1.4　生态环境主管部门在下线环节可对车辆进行外观检验、OBD 检查以及排气污染物检测等全部检验内容。外观检验重点查验车辆污染控制装置是否与随车清单内容一致。

5.1.5　进口车应在入境前完成新生产汽车下线检验，并将检验信息报送生态环境主管部门。

5.2　注册登记检验项目按照表 1 规定进行，按附录 H 规定报送信息，检验流程见图 2。

5.3　在用汽车检验项目按照表 1 规定进行，检验前应进行环保联网核查，查验车辆有无环保违规记录。按附录 H 规定报送信息，检验流程见图 3。

6　外观检验

6.1　新生产汽车下线

6.1.1　检查车辆污染控制装置与环保信息随车清单内容是否一致。

6.2　注册登记

6.2.1　查验环保随车清单内容与信息公开内容是否一致。

6.2.2　检查车辆污染控制装置是否与环保信息随车清单一致。

6.3　在用汽车

6.3.1　检查被检车辆的车况是否正常。如有异常，应要求车主进行维修。

6.3.2　检查车辆是否存在严重烧机油或者严重冒烟现象，如有，应要求车主进行维修。

6.3.3　检查燃油蒸发控制系统连接管路的连接是否正确、完整。如果发现有老化、龟裂、破损或堵塞现象，应要求车主进行维修，对单一燃料的燃气汽车不需要进行此项检验。

6.3.4　检查发动机排气管、排气消声器和排气后处理装置的外观及安装紧固部位是否完好，如发现有腐蚀、漏气、破损或松动的，应要求车主进行维修。

6.3.5　检查车辆是否配置有 OBD 系统。

6.3.6　判断车辆是否适合进行简易工况法检测，如不适合（例如：无法手动切换两驱模式的全时四驱车和等），应标注。进行简易工况法检测的，应确认车辆轮胎表面无夹杂异物。

6.3.7　变更登记、转移登记检验时应查验污染控制装置是否完好。

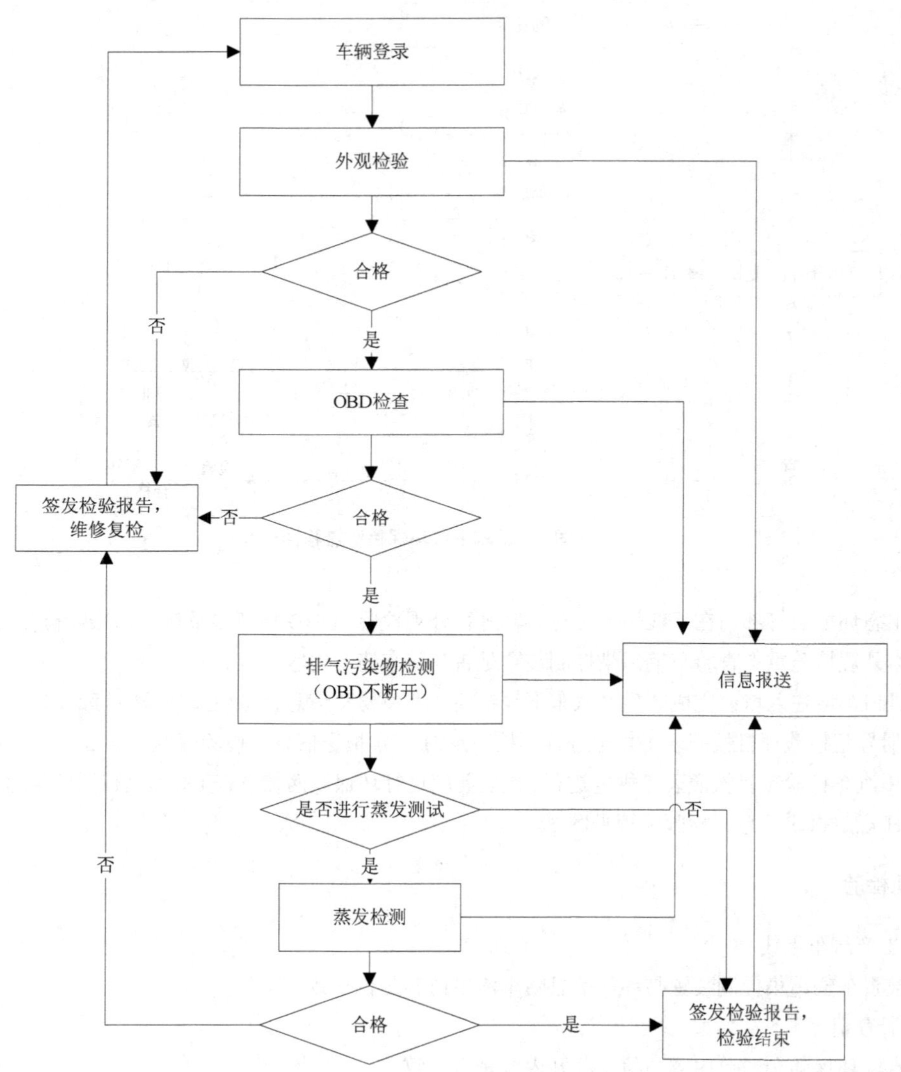

图 2　注册登记检验流程图

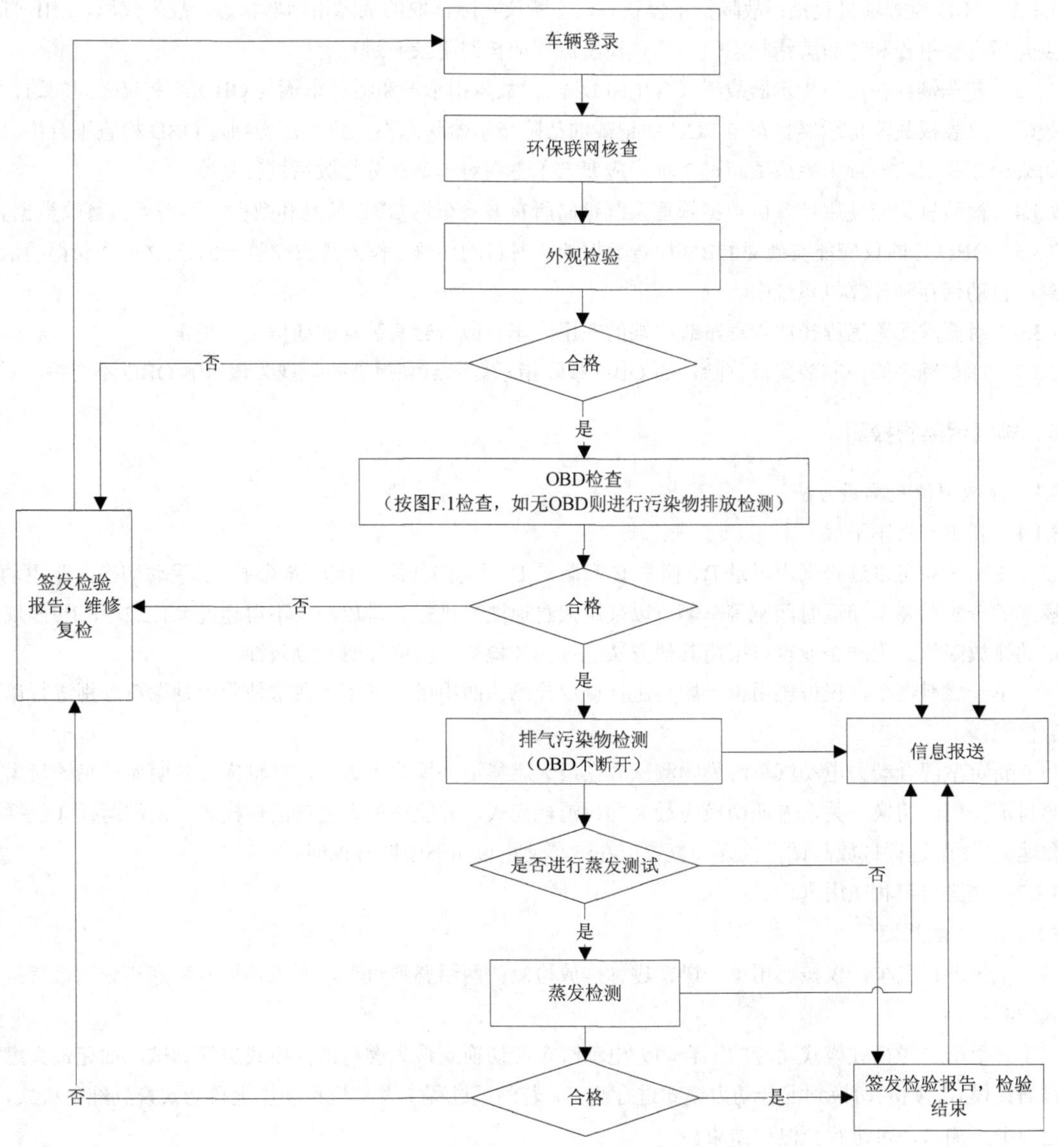

图 3 在用汽车环保检验流程图

7 车载诊断（OBD）系统检查

7.1 新生产汽车下线

7.1.1 汽车生产企业应对每辆车的 OBD 系统进行通信检查，确认 OBD 系统通信工作正常方可出厂。

7.2 注册登记

检查车辆的 OBD 接口是否满足规定要求，OBD 通信是否正常，有无故障代码。

7.3 在用汽车

7.3.1 对配置有 OBD 系统的在用汽车，在完成外观检验后，应连接 OBD 诊断仪进行 OBD 检查。在随后的污染物排放检验过程中，不可断开 OBD 诊断仪。

7.3.2　OBD 检查项目包括：故障指示器状态，诊断仪实际读取的故障指示器状态，故障代码、MIL 灯点亮后行驶里程和诊断就绪状态值，具体检验流程应按照附录 F 进行。

7.3.3　若车辆存在故障指示器故障（含电路故障）、故障指示器激活、车辆与 OBD 诊断仪之间的通信故障、仪表板故障指示器状态与 ECU 中记载的故障指示器状态不一致时，均判定 OBD 检查不合格。如果诊断就绪状态项未完成项超过 2 项，应要求车主在对车辆充分行驶后进行复检。

7.3.4　检验机构应使用计算机数据管理系统存储所有被检车辆 OBD 信息和数据，不得人为篡改数据。

7.3.5　OBD 诊断仪应能实现对 OBD 检查数据的实时自动传输。作为排放检验一部分，OBD 获得的信息应自动保存到计算机系统中。

7.3.6　对要求配置远程排放管理车载终端的在用汽车，应查验其装置的通信是否正常。

7.3.7　如车辆污染控制装置被移除，而 OBD 故障指示灯未点亮报警的，视为该车辆 OBD 不合格。

8　排气污染物检测

8.1　排放限值及测量方法

8.1.1　新生产汽车下线

生产企业可以选择采用附录 B、附录 C 和附录 D 规定的任意一种方法（对无法手动切换两驱驱动模式的全时四驱车和适时四驱等车辆可以采用双怠速法）进行。排放结果不得超过 8.1.2.2～8.1.2.5 规定的排放限值。生产企业也可采用其他方法进行排放检测，但应证明其等效性。

单一燃料汽车，仅按燃用单一燃料进行排放检测；两用燃料汽车，要求使用两种燃料分别进行排放检测。

新定型混合动力电动汽车污染物测试应在最大燃料消耗模式下进行，车辆应具备明显可见的最大燃料消耗模式切换开关，方便切换为最大燃料消耗模式，并能在最大燃料消耗模式下正常运行（包括怠速），便于进行排放测试，且开关位置应在汽车使用说明书中明确说明。

8.1.2　注册登记和在用汽车

8.1.2.1　一般规定

单一燃料汽车，仅按燃用单一燃料进行排放检测；两用燃料汽车，要求使用两种燃料分别进行排放检测。

有手动选择行驶模式功能的混合动力电动汽车应切换到最大燃料消耗模式进行测试，如无最大燃料消耗模式，则应切换到混合动力模式进行测试，若测试过程中发动机自动熄火自动切换到纯电模式，无须中止测试，可进行至测试结束。

8.1.2.2　双怠速法

按附录 A 进行检测，其检测结果应小于表 2 中规定的排放限值。

表 2　双怠速法检验排气污染物排放限值

类别	怠速		高怠速	
	CO/%	HC[1)]/10^{-6}	CO/%	HC[1)]/10^{-6}
限值 a	0.6	80	0.3	50
限值 b	0.4	40	0.3	30
注：1）对以天然气为燃料点燃式发动机汽车，该项目为推荐性要求。				

排放检验的同时，应进行过量空气系数（λ）的测定。发动机在高怠速转速工况时，λ应在 1.00±0.05

之间，或者在制造厂规定的范围内。

8.1.2.3 稳态工况法

按附录 B 进行检测，其检测结果应小于表 3 规定的排放限值。

表 3 稳态工况法排气污染物排放限值

类别	ASM5025			ASM2540		
	CO/%	HC[1)]/10^{-6}	NO/10^{-6}	CO/%	HC[1)]/10^{-6}	NO/10^{-6}
限值 a	0.50	90	700	0.40	80	650
限值 b	0.35	47	420	0.30	44	390
注：1）对于装用以天然气为燃料点燃式发动机汽车，该项目为推荐性要求。						

应同时进行过量空气系数（λ）的测定。

8.1.2.4 瞬态工况法

按附录 C 进行检测，其检测结果应小于表 4 规定的排放限值。

表 4 瞬态工况法排气污染物排放限值

类别	CO/（g/km）	HC+ NO_x/（g/km）
限值 a	3.5	1.5
限值 b	2.8	1.2

应同时进行过量空气系数（λ）的测定。

8.1.2.5 简易瞬态工况法

按附录 D 进行检测，其检测结果应小于表 5 规定的排放限值。

表 5 简易瞬态工况法排气污染物排放限值

类别	CO/（g/km）	HC[1)]/（g/km）	NO_x/（g/km）
限值 a	8.0	1.6	1.3
限值 b	5.0	1.0	0.7
注：1）对于装用以天然气为燃料点燃式发动机汽车，该项目为推荐性要求。			

应同时进行过量空气系数（λ）的测定。

8.1.2.6 蒸发排放系统检测

按附录 E 进行蒸发排放系统检测，其检测结果应符合 E.2 的要求。

8.2 结果判定

8.2.1 如果检测结果中任何一项污染物不满足限值要求，判定车辆排放检验不合格。

8.2.2 如果双怠速法过量空气系数超出 8.1.2.2 中要求的控制范围，也判定车辆排放检验结果不合格。

8.2.3 2011 年 7 月 1 日以后生产的轻型汽车，以及 2013 年 7 月 1 日以后生产的重型汽车，如果 OBD 检查不合格时，也判定排放检验结果不合格。

8.2.4 检验完毕后，应签发机动车环保检验报告。报告格式见本标准附录 G。

8.2.5 排放检验过程中，禁止使用降低排放控制装置功效的失效策略，所有针对污染控制装置的篡改都属于排放检验不合格。

9 数据记录、保存和报送要求

9.1 应通过计算机系统实时自动检测、记录、传输、存储及判定 OBD 检查（如适用）、排气污染物检测信息和过量空气系数（λ）检测信息，通过计算机系统记录和保存外观检验信息。应将标准中要求进行的仪器检查及检定（含校准）结果自动储存在计算机系统中，便于生态环境主管部门查询。记录和保存的内容应至少包括附录 A、附录 B、附录 C、附录 D、附录 F 和附录 H 中所列的内容。

如果排气污染物检测结果为负数或者零时，应记录为“未检出”。

9.2 检验机构应向生态环境主管部门实时传输检验信息。

9.3 下级生态环境主管部门应按照附录 G 和附录 H 规定的内容，实时或按规定周期向上级生态环境主管部门上报检验信息。

9.4 检验报告纸质档案保存期限应不少于 6 年，电子档案保存应不少于 10 年。

9.5 检验（含 OBD 检查）中，如果发现某一车型车辆排放集中出现超标现象，生态环境主管部门应做好记录和取证工作，填写《集中超标车型环保查验记录表》（附录 G）并上报国务院生态环境主管部门，同时应将记录信息通报上级生态环境主管部门和同级公安交通管理、市场监管等有关部门。

9.6 汽车生产企业的下线检验信息应通过计算机系统实时自动检测、记录、传输、存储，依法向国务院生态环境主管部门联网报送。

9.7 进口车的下线检验信息应在入境前向国务院生态环境主管部门完成报送。

10 在用汽车的排放监控

10.1 自本标准实施之日起，在用汽车的排放检验（包括定期排放检验和监督抽测）应符合本标准要求。

10.1.1 在用汽车排气污染物检测应符合本标准规定的限值 a。对于汽车保有量达到 500 万辆以上，或机动车排放污染物为当地首要空气污染源，或按照法律法规设置低排放控制区的城市，应在充分征求社会各方面意见基础上，经省级人民政府批准和国务院生态环境主管部门备案后，可提前选用限值 b，但应设置足够的实施过渡期。

10.1.2 同一省内原则上应采用同一种检测方法。采用本标准规定的不同方法的检测结果各地应予互认。跨地区检测的，如车辆登记地或检测地中有执行限值 b 的，则应符合限值 b 要求，测量方法允许按照检测地规定的测量方法进行。

省级生态环境主管部门可根据臭氧污染状况采用附录 E 中所规定的方法，对车辆的燃油蒸发排放控制系统进行检测。

10.1.3 车辆应使用符合规定的车用油品，并按要求进行维护保养。对首次检验结果不合格的车辆，在维修后，应采用首次环保检验的检测方法进行复检。

10.2 县级以上生态环境主管部门对在用汽车进行的监督抽测，可在机动车集中停放地、维修地和实际道路上进行。抽测内容可包括排气污染物检测和 OBD 检查、污染控制装置查验和随车清单核查等内容。

采用双怠速法等对车辆进行监督抽测时，可采用本标准规定限值的 1.1 倍进行判定。

10.3 注册登记检验应进行外观检验、OBD 检查、排气污染物检测，符合免检的车辆，按照免检有关规定执行。变更或转移登记车辆的环保检验按照当地政府规定进行，但至少要进行污染控制装置查验和 OBD 检查（如适用）。

10.4 对配置远程排放管理车载终端并按要求向生态环境主管部门实时上报相关排放数据的车辆，省级生态环境主管部门根据数据上报情况可以给予免于环保上线检验。

11　标准实施

11.1　本标准自 2019 年 5 月 1 日起实施。在全国范围内进行的汽车环保定期检验应采用本标准规定的简易工况法进行，对无法使用简易工况法的车辆，可采用本标准规定的双怠速法进行。

11.1.1　新生产汽车下线检验自 2019 年 11 月 1 日起实施。

11.1.2　注册登记、在用汽车 OBD 检查自 2019 年 5 月 1 日起仅检查并报告，自 2019 年 11 月 1 日起实施。

11.1.3　全国范围实施本标准规定的限值 b 具体时间，国务院生态环境主管部门另行发布。

11.2　自本标准实施之日起，现有相关地方排放检验标准废止。

11.3　本标准由国务院生态环境主管部门监督实施。

中华人民共和国国家标准

柴油车污染物排放限值及测量方法（自由加速法及加载减速法）（节选）

Limits and measurement methods for emissions from diesel vehicles under free acceleration and lugdown cycle

GB 3847—2018
代替 GB 3847—2005、HJ/T 241—2005

前 言

为贯彻《中华人民共和国环境保护法》和《中华人民共和国大气污染防治法》，控制汽车污染物排放，改善环境空气质量，制定本标准。

本标准是对《车用压燃式发动机和压燃式发动机汽车排气烟度排放限值及测量方法》（GB 3847—2005）和《确定压燃式发动机在用汽车加载减速法排气烟度排放限值的原则和方法》（HJ/T 241—2005）的修订。参考了《压燃式发动机汽车自由加速法排气烟度测量设备技术要求》（HJ/T 395—2007）和《柴油车加载减速工况法对设备的基本要求》（HJ/T 292—2006）。本标准规定了柴油车自由加速法和加载减速法排气污染物排放限值及测量方法。本标准同时规定了柴油车外观检验、OBD 检查的方法和判定依据。本标准适用于新生产柴油汽车下线检验、注册登记检验和在用汽车检验。本标准也适用于其他装用压燃式发动机的汽车。本标准不适用于低速货车和三轮汽车。

与《车用压燃式发动机和压燃式发动机汽车排气烟度排放限值及测量方法》（GB 3847—2005）相比，主要修订内容如下：

——增加了外观检验、OBD 检查等内容；

——增加了检验流程和检验项目；

——增加了氮氧化物排放限值及测量方法，并调整了烟度排放限值；

——增加了检测记录项目和检测软件要求；

——明确了环保监督抽测内容和方法；

——删除了关于压燃式发动机以及新生产汽车型式核准的要求。

本标准由生态环境部大气环境司和法规与标准司组织修订。

本标准起草单位：中国环境科学研究院。

本标准生态环境部 2018 年 9 月 27 日批准。

本标准自 2019 年 5 月 1 日起实施，自实施之日起，GB 3847—2005 和 HJ/T 241—2005 同时废止。

自本标准实施之日起，现有相关地方排放检验标准废止。

本标准由生态环境部解释。

1　适用范围

本标准规定了柴油车自由加速法和加载减速法排气污染物排放限值及测量方法，以及柴油车外观检验、OBD 检查的方法和判定依据。

本标准适用于新生产柴油汽车下线检验、注册登记检验和在用汽车检验。

本标准也适用于其他装用压燃式发动机的汽车。

本标准不适用于低速货车和三轮汽车。

2　规范性引用文件

本标准引用了下列文件或其中的条款。凡是未注明日期的引用文件，其最新版本适用于本标准。

GB/T 5181—2001　汽车排放术语和定义

GB 7258　机动车运行安全技术条件

GB 17691　车用压燃式、气体燃料点燃式发动机排气污染物排放限值及测量方法

GB 17691—2018　重型柴油车污染物排放限值及测量方法（中国第六阶段）

GB/T 17692　汽车用发动机净功率测定方法

GB 18352　轻型汽车污染物排放限值及测量方法

GB 19147　车用柴油

HJ 437　车用压燃式、气体燃料点燃式发动机与汽车车载诊断（OBD）系统技术要求

HJ 845—2017　在用柴油车排气污染物测量方法及技术要求（遥感检测法）

3　术语和定义

下列术语和定义适用于本标准。

3.1　轻型汽车　light-duty vehicle

指最大设计总质量不超过 3 500 kg 的 M_1 类、M_2 类和 N_1 类汽车。

3.2　M_1、M_2 和 N_1 类车辆　vehicle of category M_1，M_2 类和 N_1

按 GB/T 15089 规定：

M_1 类车指包括驾驶员座位在内，座位数不超过九座的载客汽车。

M_2 类车指包括驾驶员座位在内座位数超过九座，且最大设计总质量不超过 5 000 kg 的载客汽车。

N_1 类车指最大设计总质量不超过 3 500 kg 的载货汽车。

3.3　重型汽车　heavy-duty vehicle

指最大设计总质量超过 3 500 kg 的汽车。

3.4　额定功率　rated power

按 GB/T 17692 测得的发动机最大净功率。

3.5　压燃式发动机　compression ignition engine

采用压燃原理工作的发动机（如柴油机）。

3.6　不透光烟度计　opacity meter

附录 C 规定的、用于连续测量汽车排气光吸收系数的仪器。

3.7　额定转速　rated engine speed

指柴油机额定功率对应的转速。

3.8 最低转速 minimum engine speed

—— 发动机下列三种转速中最高者：45%额定转速；1 000 r/min；怠速转速。或

—— 制造厂规定的更低转速。

3.9 轮边功率 wheel power

指汽车在底盘测功机上运转时驱动轮输出功率的实际测量值。

3.10 最大轮边功率（MaxHP） maximum wheel power

按本标准规定的测量方法测量得到的轮边功率最大值。

3.11 光吸收系数（k） optical absorption coefficient

表示光束被单位长度排烟衰减的一个系数，它是单位体积的微粒数 n，微粒的平均投影面积 a 和微粒的消光系数 Q 三者的乘积。

3.12 林格曼黑度 ringelmann blackness

将排气污染物颜色与林格曼浓度图对比得到的一种烟尘浓度表示法，分为 0～5 级。对应林格曼浓度图有六种，0 级为全白，1 级黑度为 20%，2 级为 40%，3 级为 60%，4 级为 80%，5 级为全黑。

3.13 氮氧化物 nitrogen oxide NO_x

指自排气管排放的氮氧化物，包括一氧化氮（NO）与二氧化氮（NO_2）。

3.14 发动机最大转速（MaxRPM） engine maximum speed

在进行本标准规定的测试试验中，油门踏板处于全开位置时测量得到的发动机最大转速。

3.15 实测最大轮边功率时的转鼓线速度（VelMaxHP） actual velocity of maximum wheel power

指在进行本标准规定的功率扫描试验中，实际测量得到的最大轮边功率时的转鼓线速度。

3.16 混合动力电动汽车 hybrid electric vehicle HEV

能够至少从下述两类车载储存的能量装置中获得动力的汽车：

—— 可消耗的燃料；

—— 可再充电能/能量储存装置。

3.17 汽车排放检验 vehicle emission inspection

指按照法律法规和标准规定对汽车进行的各项排放检验，包括新生产汽车下线检验、注册登记检验、在用汽车排放检验、监督抽测等。

3.18 在用汽车 in-use vehicle

指已经注册登记并取得号牌的汽车。

3.19 新生产汽车下线检验 inspection for new produced vehicle at end of production line

指新生产汽车出厂或入境前进行的环保检验。也适用于销售环节进行的环保检验。

3.20 注册登记检验 inspection for register vehicle

指汽车注册登记前或办理注册登记手续时进行的环保检验。

3.21 在用汽车检验 inspection for in-use vehicle

指对已经注册登记的汽车的检验，包括在用汽车定期检验、监督性抽检及在用汽车办理变更登记和转移登记前的检验。

3.22 监督抽测 supervision test

指在出厂前对新生产车的抽检，以及在集中停放地、维修地和道路上对在用汽车进行的抽检。

3.23 车载诊断 OBD 系统（OBD system） onboard diagnostic system OBD

指安装在汽车和发动机上的计算机信息系统，属于污染控制装置，应具备下列功能：

a）诊断影响排放性能的故障；

b）在故障发生时通过报警系统显示；

c）通过存储在电控单元存储器中的信息确定可能的故障区域并提供信息离线通信。

3.24 环保信息随车清单 vehicle environmental identification document VEID

指《关于开展机动车和非道路移动机械环保信息公开工作的公告》（国环规大气〔2016〕3 号）规定的机动车环保信息随车清单，包括企业对该车辆满足排放标准和阶段的声明、车辆基本信息、环保检验信息以及污染控制装置信息等内容。

4 检验项目

4.1 汽车环保检验项目见表 1。

4.2 新生产进口汽车入境检验时应按照表 1 规定的检验项目进行，还应符合其他标准和法规要求。

表 1 检验项目

检验项目	新生产汽车下线	进口车入境	注册登记[1)]	在用汽车[1)]
外观检验（含对污染控制装置的检查和环保信息随车清单核查）	进行	进行	进行	进行[2)]
车载诊断系统（OBD）检查	进行	进行	进行	进行[3)]
排气污染物检测	抽测[4)]	抽测[4)]	进行	进行[5)]

注：1）符合免检规定的车辆，按照免检相关规定进行。

2）查验污染控制装置是否完好。

3）适用于装有 OBD 的车辆。

4）混合动力汽车的排气污染物抽测应在最大燃料消耗模式下进行。

5）变更登记、转移登记检验按有关规定进行。

5 检验流程和要求

5.1 新生产汽车下线检验

5.1.1 生产企业应确保所有下线车辆污染物控制装置与随车清单一致。

5.1.2 生产企业应完成车载诊断系统（OBD）检查。排气污染物检测应至少按照车型年产量的 1%进行加载减速法（对无法手动切换两驱驱动模式的全时四驱车和适时四驱等车辆可以采用自由加速法）检测，最小抽查数量为 15 辆/年，年产量不足 15 辆的车型，每辆车均应进行检测。

5.1.3 新生产汽车下线检验流程见图 1。检验信息按附录 G 规定报送信息。

5.1.4 生态环境主管部门在新车下线环节可对车辆进行外观检验、OBD 检查以及排气污染物检测等全部检验内容。外观检验重点查验车辆污染控制装置是否与随车清单内容一致。

5.1.5 对进口车应在入境前完成新生产汽车下线检验，并将检验信息报送生态环境主管部门。

5.2 注册登记检验项目按照表 1 规定进行，按附录 G 规定报送信息，检验流程见图 2。

5.3 在用汽车检验项目按照表 1 规定进行，检验前应进行环保联网核查，查验车辆有无环保违规记录，按附录 G 规定报送信息，检验流程见图 3。

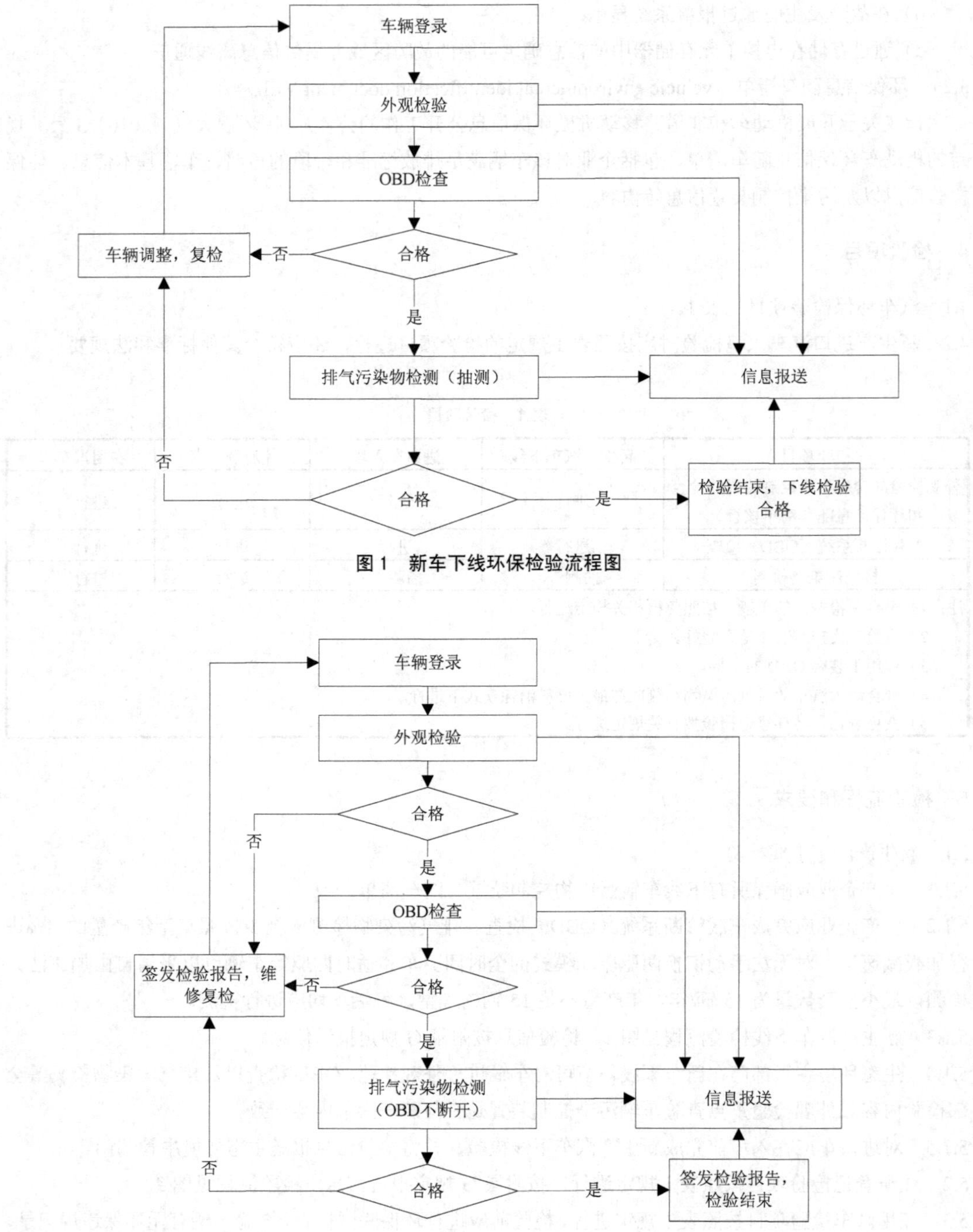

图 1　新车下线环保检验流程图

图 2　注册登记检验流程图

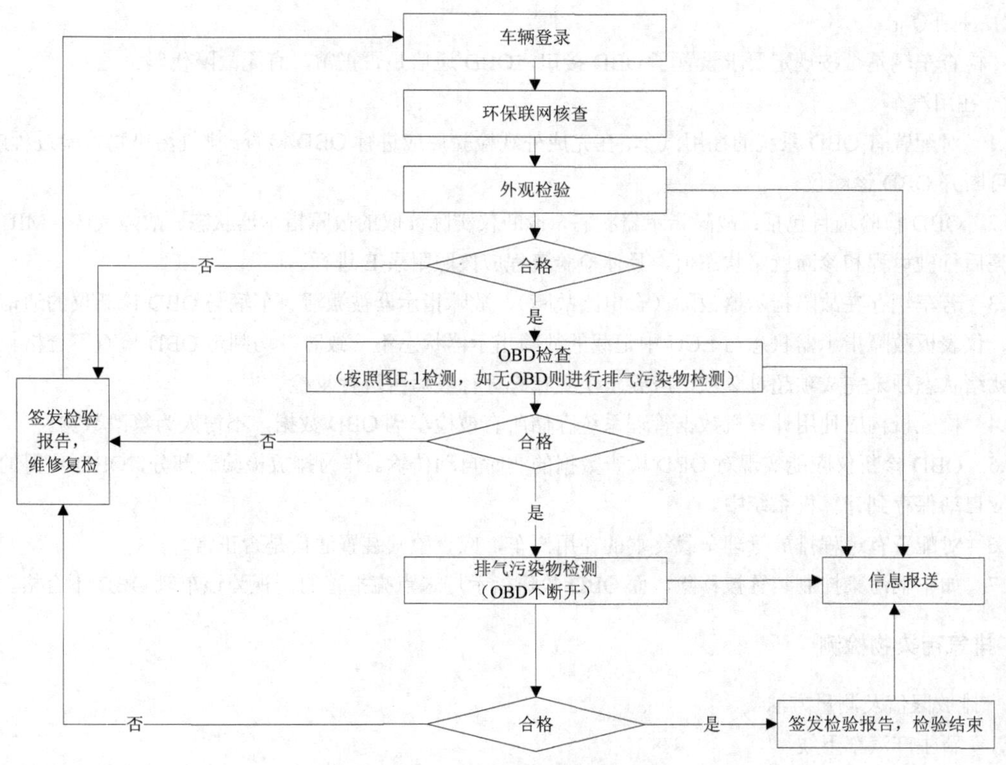

图 3 在用汽车环保检验流程图

6 外观检验

6.1 新生产汽车下线

检查车辆污染控制装置与环保信息随车清单内容是否一致。

6.2 注册登记

6.2.1 查验环保随车清单是否与信息公开内容是否一致。

6.2.2 检查车辆污染控制装置、发动机与环保信息随车清单是否一致。

6.3 在用汽车

6.3.1 检查被检车辆的车况正常，如有异常，应要求车主进行维修。

6.3.2 检查车辆是否存在明显烧机油或者严重冒黑烟现象，如有，应要求车主进行维修。

6.3.3 检查发动机排气管、排气消声器和排气后处理装置的外观及安装紧固部件是否完好，如有腐蚀、漏气、破损或松动的，应要求车主进行维修。

6.3.4 检查车辆是否配置有 OBD 系统。

6.3.5 判断车辆是否适合进行加载减速法检测，如不适合（例如，无法手动切换两驱驱动模式的全时四驱车和适时四驱车等），应标注。进行加载减速法检测的，应确认车辆轮胎表面无夹杂异物。

6.3.6 变更登记、转移登记检验时应查验污染控制装置是否完好。

7 车载诊断系统（OBD）检查

7.1 新生产汽车下线

汽车生产企业应对每辆车的 OBD 系统通信进行检查，确认 OBD 系统通信正常方可出厂。

7.2 注册登记

检查车辆是否按规定要求设置了 OBD 接口，OBD 通信是否正常，有无故障代码。

7.3 在用汽车

7.3.1 对配置有 OBD 系统的在用汽车，在完成外观检验后应进行 OBD 检查。排气污染物检验过程中，不可断开 OBD 诊断仪。

7.3.2 OBD 检验项目包括：故障指示器状态，诊断仪实际读取的故障指示器状态、故障代码、MIL 灯点亮后行驶里程和诊断就绪状态值，具体检验流程应按照附录 E 进行。

7.3.3 若车辆存在故障指示器故障（含电路故障）、故障指示器被激活、车辆与 OBD 诊断仪的通信故障、仪表板故障指示器状态与 ECU 中记载的故障指示器状态不一致时，均判定 OBD 检查不合格。如果就绪状态项未完成项超过 2 项，应要求车主在充分行驶后再进行复检。

7.3.4 检验机构应使用计算机数据管理系统存储所有被检车辆 OBD 数据，不得人为篡改数据。

7.3.5 OBD 诊断仪应能实现对 OBD 检查数据的实时自动传输。作为排放检验一部分，OBD 获得的信息应自动保存到计算机系统中。

7.3.6 对配置有远程排放管理车载终端的在用汽车，应查验其装置通信是否正常。

7.3.7 如车辆污染控制装置被移除，而 OBD 故障指示灯未点亮报警的，视为该车辆 OBD 不合格。

8 排气污染物检测

8.1 排放限值及测量方法

8.1.1 新生产汽车下线

按照规定进行下线车辆排放抽测。排放结果应小于 8.1.2 规定的排放限值。生产企业也可采用其他方法进行排放检测，但应证明其等效性。

新定型混合动力汽车污染物测试应在最大燃料模式下进行，车辆应具备明显可见的最大燃料消耗模式切换开关，方便切换为最大燃料消耗模式，并能在最大燃料消耗模式下正常运行（包括怠速），便于进行排放测试，且开关位置应在汽车使用说明书中明确说明。

8.1.2 注册登记和在用汽车

有手动选择行驶模式功能的混合动力电动汽车应切换到最大燃料消耗模式进行测试，如无最大燃料消耗模式，则切换到混合动力模式进行测试，在测试过程中若发动机自动熄火并切换到纯电模式，无须中止测试，应进行至测试结束。

应按照附录 A 或附录 B 规定的方法进行检测，其检测结果应小于表 2 规定的排放限值。

表 2 在用汽车和注册登记排放检验排放限值

类别	自由加速法	加载减速法		林格曼黑度法
	光吸收系数（m^{-1}）或不透光度（%）	光吸收系数（m^{-1}）或不透光度（%）[a]	氮氧化物[b]（$\times10^{-6}$）	林格曼黑度（级）
限值 *a*	1.2（40）	1.2 （40）	1 500	1
限值 *b*	0.7（26）	0.7 （26）	900	

[a] 海拔高度高于 1 500 m 的地区加载减速法限值可以按照每增加 1 000 m 增加 0.25 m^{-1} 幅度调整，总调整不得超过 0.75 m^{-1}；
[b] 2020 年 7 月 1 日前限值 *b* 过渡限值为 1 200×10^{-6}。

8.2 结果判定

8.2.1 如果污染物检测结果中有任何一项不满足限值要求，则判定排放检验不合格。

8.2.2　如果车辆排放有明显可见烟度或烟度值超过林格曼 1 级，则判定排放检验不合格。

8.2.3　加载减速法功率扫描过程中，经修正的轮边功率测量结果不得低于制造厂规定的发动机额定功率的 40%，否则判定检验结果不合格。

8.2.4　对 2018 年 1 月 1 日以后生产车辆，如果 OBD 检验不合格，也判定排放检验不合格。

8.2.5　检验完毕后，应签发机动车环保检验报告。报告格式见本标准附录 F。

8.2.6　禁止使用降低排放控制装置功效的失效策略。所有针对污染控制装置的篡改都属于排放检验不合格。

9　数据记录、保存和报送要求

9.1　应通过计算机系统自动检测、记录、传输、存储及判定 OBD 检查（如适用）和排气污染物检测信息，并使用计算机系统记录和保存外观检验信息。应将标准中要求进行的仪器检查及检定（含校准）结果自动储存在计算机中，便于生态环境主管部门查询。记录和保存的内容应至少包括附录 A、附录 B、附录 E 和附录 G 中所列内容。

如污染物检测结果为负数或者零，应记录和报告为“未检出”。

9.2　检验机构应向生态环境主管部门实时传输检验信息。

9.3　下级生态环境主管部门应按照附录 F 和附录 G 规定内容，实时或按规定周期向上级生态环境主管部门上报检验信息。

9.4　检验报告纸质档案保存期限应不少于 6 年，电子档案保存期限应不少于 10 年。

9.5　检验（含 OBD 检查和外观检查）工作中，如果发现某一车型车辆集中出现排放超标现象，生态环境主管部门应做好记录和取证工作，填写《集中超标车型环保查验记录表》（附录 F）并上报国务院生态环境主管部门，同时应将记录信息通报上级生态环境主管部门和同级公安交通管理、市场监管等有关部门。

9.6　汽车生产企业的下线检验应通过计算机系统实时自动检测、记录、传输、存储，依法向国务院生态环境主管部门联网报送。

9.7　进口车的下线检验信息应在入境前向国务院生态环境主管部门完成报送。

10　在用汽车的排放监控

10.1　自本标准实施之日起对在用汽车进行的排放检验（包括定期排放检验和监督抽测）应符合本标准要求。

10.1.1　在用汽车排气污染物检测结果应符合本标准规定的限值 *a*。对于汽车保有量达到 500 万辆以上，或机动车为当地首要空气污染源，或按照法律法规设置低排放控制区的城市，应在充分征求社会各方面意见基础上，经省级人民政府批准，并依法经国务院生态环境主管部门备案后，可提前选用限值 *b*，但应设置足够的实施过渡期。

10.1.2　跨地区检测的，如车辆登记地或检测地中有执行限值 *b* 的，应符合限值 *b* 要求，测量方法允许按照检测地规定的测量方法进行。

10.1.3　车辆应使用符合规定的车用油品，并按要求进行维护保养。排放检验不合格的，维修后复检时，应采用首次环保检验的排气污染物排放检测方法进行。

10.2　县级以上生态环境主管部门对在用汽车进行监督抽测，可在机动车集中停放地、维修地和实际道路上进行。抽测内容可包括排气检测、OBD 检查、污染控制装置查验和随车清单核查等内容。

对道路上行驶车辆的监督抽测也可按照《在用柴油车汽车排气污染物排放限值及测量方法及技术要求（遥感检测法）》（HJ 845—2017）规定的方法和限值进行，一次林格曼黑度超过排放限值，判定车辆排放不合格。

采用自由加速法对车辆进行监督抽测时，可采用本标准规定限值的 1.1 倍进行判定。

10.3 注册登记检验时应进行外观检验、OBD 检查、排气污染物检测。变更或转移登记车辆的环保检验按照当地政府规定，但至少要进行污染控制装置查验和 OBD 检查（如适用）。

10.4 对配置远程排放管理车载终端并按要求向生态环境主管部门实时上报相关排放数据的车辆，省级生态环境主管部门根据数据上报情况可其免于环保上线检验。

11 标准实施

11.1 本标准自 2019 年 5 月 1 日起开始实施。在全国范围内进行的汽车环保定期检验应采用本标准规定的加载减速法进行，对无法按加载减速法进行测试的车辆，可采用本标准规定的自由加速法进行。

11.1.1 新生产汽车下线检验自 2019 年 11 月 1 日起实施。

11.1.2 注册登记、在用汽车 OBD 检查和氮氧化物测试自 2019 年 5 月 1 日起仅检查并报告，自 2019 年 11 月 1 日起实施。

11.1.3 全国范围实施本标准规定的限值 *b* 具体时间，国务院生态环境主管部门另行发布。

11.2 自本标准实施之日起，现有相关地方排放检验标准废止。

11.3 本标准由国务院生态环境主管部门监督实施。

中华人民共和国国家标准

车　用　汽　油（节选）

Gasoline for motor vehicles

GB 17930—2016

代替 GB 17930—2013

前　言

本标准的全部技术内容为强制性。

本标准按照 GB/T 1.1—2009 给出的规则起草。

本标准代替 GB 17930—2013《车用汽油》。

本标准与 GB 17930—2013 相比，主要技术变化如下：

——将第 1 章“范围”的第二段由“本标准适用于由液体烃类或由液体烃类及改善使用性能的添加剂组成的车用汽油”，修改为：“本标准适用于点燃式发动机使用的、由石油制取或由石油制取的加有改善性能添加剂的车用汽油”（见第 1 章，2013 版的第 1 章）；

——删除了车用汽油（Ⅲ）的技术要求和试验方法（见 2013 版表 1），增加了第Ⅵ阶段车用汽油的技术要求，并依烯烃含量的不同分为ⅥA 阶段和ⅥB 阶段（见表 3、表 4）；

——在蒸气压的要求中增加了“换季时，加油站允许有 15 天的置换期”（见表 1、表 2、表 3、表 4、表 A.1 和表 A.2，2013 版表 2、表 3 和表 A.1）；

——修改了车用汽油（Ⅴ）硫醇硫含量的技术要求（见表 2 和表 A.1，2013 版表 3 和表 A.1）；

——删除广西地区全年执行夏季蒸气压的要求，因为广西地区为车用乙醇汽油的实施区域（见表 2、表 3、表 4、表 A.1 和表 A.2，2013 版表 3 和表 A.1）；

——修改了第 9 章“标准的实施"（见第 9 章，2013 版的第 9 章）；

——增加了表 A.2（见表 A.2）。

本标准由国家能源局提出。

本标准由全国石油产品和润滑剂标准化技术委员会石油燃料和润滑剂分技术委员会（SAC/TC 280/SC 1）归口。

本标准起草单位：中国石油化工股份有限公司石油化工科学研究院、中国石油天然气股份有限公司炼油与化工分公司、中国石油天然气股份有限公司石油化工研究院、中海石油炼化有限责任公司、中国汽车研究中心。

本标准主要起草人：倪蓓、龙军、李文乐、张建荣、张彦、张国相、郭莘、郭红松、刘倩。

本标准所代替标准的历次版本发布情况为：

——GB 17930—1999、GB 17930—2006、GB 17930—2011、GB 17930—2013。

警告：如果不遵守适当的防范措施，本标准所属产品在生产、运输、装卸、贮运和使用等过程中可能存在危险。本标准无意对与本产品有关的所有安全问题提出建议。使用者有责任采用适当的安全和防范措施，并保证符合国家有关法规规定的条件。

1 范围

本标准规定了车用汽油的术语和定义、产品分类、要求和试验方法、取样、标志、包装、运输和贮存安全及标准的实施。

本标准适用于点燃式发动机使用的、由石油制取或由石油制取的加有改善使用性能添加剂的车用汽油。

2 规范性引用文件

下列文件对于本文件的应用是必不可少的。凡是注日期的引用文件，仅注日期的版本适用于本文件。凡是不注日期的引用文件，其最新版本（包括所有的修改单）适用于本文件。

GB 190 危险货物包装标志

GB/T 259 石油产品水溶性酸及碱测定法

GB/T 260 石油产品水分测定法

GB/T 503 汽油辛烷值的测定 马达法

GB/T 511 石油和石油产品及添加剂机械杂质测定法

GB/T 1792 汽油、煤油、喷气燃料和馏分燃料中硫醇硫的测定 电位滴定法

GB/T 1884 原油和液体石油产品密度实验室测定法（密度计法）

GB/T 1885 石油计量表

GB/T 4756 石油液体手工取样法

GB/T 5096 石油产品铜片腐蚀试验法

GB/T 5487 汽油辛烷值的测定 研究法

GB/T 6536 石油产品常压蒸馏特性测定法

GB/T 8017 石油产品蒸气压的测定 雷德法

GB/T 8018 汽油氧化安定性的测定 诱导期法

GB/T 8019 燃料胶质含量的测定 喷射蒸发法

GB/T 8020 汽油中铅含量的测定 原子吸收光谱法

GB/T 11132 液体石油产品烃类的测定 荧光指示剂吸附法

GB/T 11140 石油产品硫含量的测定 波长色散 X 射线荧光光谱法

GB/T 28768 车用汽油烃类组成和含氧化合物的测定 多维气相色谱法

GB 3000.7—2013 化学品分类和标签规范 第 7 部分：易燃液体

GB/T 30519 轻质石油馏分和产品中烃族组成和苯的测定 多维气相色谱法

SH 0164 石油产品包装、贮运及交货验收规则

NB/SH/T 0174 石油产品和烃类溶剂中硫醇和其他硫化物的检验 博士试验法

SH/T 0253 轻质石油产品中总硫含量测定法（电量法）

SH/T 0604 原油和石油产品密度测定法（U 形振动管法）

B/SH/T 0663 汽油中醇类和醚类含量的测定 气相色谱法

SH/T 0689　轻质烃及发动机燃料和其他油品的总硫含量测定法（紫外荧光法）

SH/T 0693　汽油中芳烃含量测定法（气相色谱法）

SH/T 0711　汽油中锰含量测定法（原子吸收光谱法）

SH/T 0712　汽油中铁含量测定法（原子吸收光谱法

SH/T 0713　车用汽油和航空汽油中苯和甲苯含量测定法（气相色谱法）

SH/T 0720　汽油中含氧化合物测定法（气相色谱及氧选择性火焰离子化检测器法）

NB/SH/T 0741　汽油中烃族组成的测定　多维气相色谱法

SH/T 0794　石油产品蒸气压的测定　微量法

ASTM D7039　汽油、柴油、喷气燃料、煤油、生物柴油、生物调合柴油，以及乙醇汽油中硫含量的测定（单波长色散 X 射线荧光光谱法）（Standard Test Method for Sulfur in Gasoline，Diesel Fuel，Jet Fuel，Kerosine，Biodiesel，Biodiesel Blends，and Gasoline-Ethanol Blends by Monochromatic Wave-length Dispersive-X-ray Fluorescence Spectrometry）

3　术语和定义

下列术语和定义适用于本文件。

3.1　抗爆指数　antiknock index

研究法辛烷值（RON）和马达法辛烷值（MON）之和的二分之一。

4　产品分类

车用汽油（Ⅳ）按研究法辛烷值分为 90 号、93 号和 97 号 3 个牌号，车用汽油（Ⅴ）、车用汽油（ⅥA）和车用汽油（ⅥB）按研究法辛烷值分为 89 号、92 号、95 号和 98 号 4 个牌号。

5　要求和试验方法

5.1　车用汽油中所使用的添加剂应无公认的有害作用，并按推荐的适宜用量使用。车用汽油中不应含有任何可导致车辆无法正常运行的添加物和污染物。车用汽油中不得人为加入甲缩醛、苯胺类、卤素以及含磷、含硅等化合物。

5.2　车用汽油（Ⅳ）的技术要求和试验方法见表 1。

5.3　89 号、92 号和 95 号车用汽油（Ⅴ）的技术要求和试验方法见表 2。企业有条件生产和销售 98 号车用汽油（Ⅴ）时，其技术要求应符合表 A.1。

5.4　89 号、92 号和 95 号车用汽油（ⅥA）和车用汽油（ⅥB）的技术要求和试验方法分别见表 3 和表 4。企业有条件生产和销售 98 号车用汽油（ⅥA）/（ⅥB）时，其技术要求应符合表 A.2。

表 1 车用汽油（Ⅳ）的技术要求和试验方法

项目		质量指标			试验方法
		90	93	97	
抗爆性：					
研究法辛烷值（RON）	不小于	90	93	97	GB/T 5487
抗爆指数（RON+MON）/2	不小于	85	88	报告	GB/T 503、GB/T 5487
铅含量[a]/（g/L）	不大于	0.005			GB/T 8020
馏程：					GB/T 6536
10%蒸发温度/℃	不高于	70			
50%蒸发温度/℃	不高于	120			
90%蒸发温度/℃	不高于	190			
终馏点/℃	不高于	205			
残留量（体积分数）/%	不大于	2			
蒸气压[b]/kPa：					GB/T 8017
11 月 1 日—4 月 30 日		42～85			
5 月 1 日—10 月 31 日		40～68			
胶质含量/（mg/100 mL）：					GB/T 8019
未洗胶质含量（加入清净剂前）	不大于	30			
溶剂洗胶质含量	不大于	5			
诱导期/min	不小于	480			GB/T 8018
硫含量[c]（mg/kg）	不大于	50			SH/T 0689
硫醇（满足下列指标之一，即判断为合格）：					
博士试验		通过			NB/SH/T 0174
硫醇硫含量（质量分数）/%	不大于	0.001			GB/T 1792
铜片腐蚀（50℃，3 h）/级	不大于	1			GB/T 5096
水溶性酸或碱		无			GB/T 259
机械杂质及水分		无			目测[d]
苯含量[e]（体积分数）/%	不大于	1.0			SH/T 0713
芳烃含量[f]（体积分数）/%	不大于	40			GB/T 11132
烯烃含量[f]（体积分数）/%	不大于	28			GB/T 11132
氧含量[g]（质量分数）/%	不大于	2.7			NB/SH/T 0663
甲醇含量[a]（质量分数）/%	不大于	0.3			NB/SH/T 0663
锰含量[h]/（g/L）	不大于	0.008			SH/T 0711
铁含量[a]/（g/L）	不大于	0.01			SH/T 0712

[a] 车用汽油中，不得人为加入甲醇以及含铅或含铁的添加剂。

[b] 也可采用 SH/T 0794 进行测定，在有异议时，以 GB/T 8017 方法为准。换季时，加油站允许有 15 天的置换期。

[c] 也可采用 GB/T 11140、SH/T 0253、ASTM D7039 进行测定，在有异议时，以 SH/T 0689 方法为准。

[d] 将试样注入 100 mL 玻璃量筒中观察，应当透明，没有悬浮和沉降的机械杂质和水分。在有异议时，以 GB/T 511 和 GB/T 260 方法为准。

[e] 也可采用 SH/T 0693 进行测定，在有异议时，以 SH/T 0713 方法为准。

[f] 对于 97 号车用汽油，在烯烃、芳烃总含量控制不变的前提下，可允许芳烃的最大值为 42%（体积分数）。也可采用 NB/SH/T 0741 进行测定，在有异议时，以 GB/T 11132 方法为准。

[g] 也可采用 SH/T 0720 进行测定，在有异议时，以 NB/SH/T 0663 方法为准。

[h] 锰含量是指汽油中以甲基环戊二烯三羰基锰形式存在的总锰含量，不得加入其他类型的含锰添加剂。

表2 车用汽油（Ⅴ）技术要求和试验方法

项目		质量指标			试验方法
		89	92	95	
抗爆性：					
研究法辛烷值（RON）	不小于	89	92	95	GB/T 5487
抗爆指数（RON+MON）/2	不小于	84	87	90	GB/T 503、GB/T 5487
铅含量[a]/（g/L）	不大于		0.005		GB/T 8020
馏程：					GB/T 6536
10%蒸发温度/℃	不高于		70		
50%蒸发温度/℃	不高于		120		
90%蒸发温度/℃	不高于		190		
终馏点/℃	不高于		205		
残留量（体积分数）/%	不大于		2		
蒸气压[b]/kPa：					GB/T 8017
11月1日—4月30日			45～85		
5月1日—10月31日			40～65[c]		
胶质含量/（mg/100 mL）：					GB/T 8019
未洗胶质含量（加入清净剂前）	不大于		30		
溶剂洗胶质含量	不大于		5		
诱导期/min	不小于		480		GB/T 8018
硫含量[d]/（mg/kg）	不大于		10		SH/T 0689
硫醇（博士试验）			通过		NB/SH/T 0174
铜片腐蚀（50℃，3 h）/级	不大于		1		GB/T 5096
水溶性酸或碱			无		GB/T 259
机械杂质及水分			无		目测[e]
苯含量[f]（体积分数）/%	不大于		1.0		SH/T 0713
芳烃含量[g]（体积分数）/%	不大于		40		GB/T 11132
烯烃含量[g]（体积分数）/%	不大于		24		GB/T 11132
氧含量[h]（质量分数）/%	不大于		2.7		NB/SH/T 0663
甲醇含量[a]（质量分数）/%	不大于		0.3		NB/SH/T 0663
锰含量[a]/（g/L）	不大于		0.002		SH/T 0711
铁含量[a]/（g/L）	不大于		0.01		SH/T 0712
密度[i]（20℃）/（kg/m³）			720～775		GB/T 1884、GB/T 1885

[a] 车用汽油中，不得人为加入甲醇以及含铅、含铁和含锰的添加剂。

[b] 也可采用 SH/T 0794 进行测定，在有异议时，以 GB/T 8017 方法为准。换季时，加油站允许有 15 天的置换期。

[c] 广东、海南全年执行此项要求。

[d] 也可采用 GB/T 11140、SH/T 0253、ASTM D7039 进行测定，在有异议时，以 SH/T 0689 方法为准。

[e] 将试样注入 100 mL 玻璃量筒中观察，应当透明，没有悬浮和沉降的机械杂质和水分。在有异议时，以 GB/T 511 和 GB/T 260 方法为准。

[f] 也可采用 GB/T 28768、GB/T 30519 和 SH/T 0693 进行测定，在有异议时，以 SH/T 0713 方法为准。

[g] 对于 95 号车用汽油，在烯烃、芳烃总含量控制不变的前提下，可允许芳烃的最大值为 42%（体积分数）。也可采用 GB/T 28768、GB/T 30519、NB/SH/T 0741 进行测定，在有异议时，以 GB/T 11132 方法为准。

[h] 也可采用 SH/T 0720 进行测定，在有异议时，以 NB/SH/T 0663 方法为准。

[i] 也可采用 SH/T 0604 进行测定，在有异议时，以 GB/T 1884、GB/T 1885 方法为准。

表 3 车用汽油（VIA）技术要求和试验方法

项目		质量指标			试验方法
		89	92	95	
抗爆性：					
研究法辛烷值（RON）	不小于	89	92	95	GB/T 5487
抗爆指数（RON+MON）/2	不小于	84	87	90	GB/T 503、GB/T 5487
铅含量[a]/（g/L）	不大于	0.005			GB/T 8020
馏程：					GB/T 6536
10%蒸发温度/℃	不高于	70			
50%蒸发温度/℃	不高于	110			
90%蒸发温度/℃	不高于	190			
终馏点/℃	不高于	205			
残留量（体积分数）/%	不大于	2			
蒸气压[b]/kPa：					GB/T 8017
11 月 1 日—4 月 30 日		45～85			
5 月 1 日—10 月 31 日		40～65[c]			
胶质含量/（mg/100 mL）：					GB/T 8019
未洗胶质含量（加入清净剂前）	不大于	30			
溶剂洗胶质含量	不大于	5			
诱导期/min	不小于	480			GB/T 8018
硫含量[d]（mg/kg）	不大于	10			SH/T 0689
硫醇（博士试验）		通过			NB/SH/T 0174
铜片腐蚀（50℃，3 h）/级	不大于	1			GB/T 5096
水溶性酸或碱		无			GB/T 259
机械杂质及水分		无			目测[e]
苯含量[f]（体积分数）/%	不大于	0.8			SH/T 0713
芳烃含量[g]（体积分数）/%	不大于	35			GB/T 30519
烯烃含量[g]（体积分数）/%	不大于	18			GB/T 30519
氧含量[h]（质量分数）/%	不大于	2.7			NB/SH/T 0663
甲醇含量[a]（质量分数）/%	不大于	0.3			NB/SH/T 0663
锰含量[a]/（g/L）	不大于	0.002			SH/T 0711
铁含量[a]/（g/L）	不大于	0.01			SH/T 0712
密度[i]（20℃）/（kg/m^3）		720～775			GB/T 1884、GB/T 1885

[a] 车用汽油中，不得人为加入甲醇以及含铅、含铁和含锰的添加剂。

[b] 也可采用 SH/T 0794 进行测定，在有异议时，以 GB/T 8017 方法为准。换季时，加油站允许有 15 天的置换期。

[c] 广东、海南全年执行此项要求。

[d] 也可采用 GB/T 11140、SH/T 0253、ASTM D7039 进行测定，在有异议时，以 SH/T 0689 方法为准。

[e] 将试样注入 100 mL 玻璃量筒中观察，应当透明，没有悬浮和沉降的机械杂质和水分。在有异议时，以 GB/T 511 和 GB/T 260 方法为准。

[f] 也可采用 GB/T 28768、GB/T 30519 和 SH/T 0693 进行测定，在有异议时，以 SH/T 0713 方法为准。

[g] 也可采用 GB/T 11132、GB/T 28768 进行测定，在有异议时，以 GB/T 30519 方法为准。

[h] 也可采用 SH/T 0720 进行测定，在有异议时，以 NB/SH/T 0663 方法为准。

[i] 也可采用 SH/T 0604 进行测定，在有异议时，以 GB/T 1884、GB/T 1885 方法为准。

表 4 车用汽油（ⅥB）技术要求和试验方法

项目		质量指标			试验方法
		89	92	95	
抗爆性：					
研究法辛烷值（RON）	不小于	89	92	95	GB/T 5487
抗爆指数（RON+MON）/2	不小于	84	87	90	GB/T 503、GB/T 5487
铅含量[a]/（g/L）	不大于	0.005			GB/T 8020
馏程：					GB/T 6536
10%蒸发温度/℃	不高于	70			
50%蒸发温度/℃	不高于	110			
90%蒸发温度/℃	不高于	190			
终馏点/℃	不高于	205			
残留量（体积分数）/%	不大于	2			
蒸气压[b]/kPa：					GB/T 8017
11 月 1 日—4 月 30 日		45～85			
5 月 1 日—10 月 31 日		40～65[c]			
胶质含量/（mg/100 mL）：					GB/T 8019
未洗胶质含量（加入清净剂前）	不大于	30			
溶剂洗胶质含量	不大于	5			
诱导期/min	不小于	480			GB/T 8018
硫含量[d]（mg/kg）	不大于	10			SH/T 0689
硫醇（博士试验）		通过			NB/SH/T 0174
铜片腐蚀（50℃，3 h）/级	不大于	1			GB/T 5096
水溶性酸或碱		无			GB/T 259
机械杂质及水分		无			目测[e]
苯含量[f]（体积分数）/%	不大于	0.8			SH/T 0713
芳烃含量[g]（体积分数）/%	不大于	35			GB/T 30519
烯烃含量[g]（体积分数）/%	不大于	15			GB/T 30519
氧含量[h]（质量分数）/%	不大于	2.7			NB/SH/T 0663
甲醇含量[a]（质量分数）/%	不大于	0.3			NB/SH/T 0663
锰含量[a]/（g/L）	不大于	0.002			SH/T 0711
铁含量[a]/（g/L）	不大于	0.01			SH/T 0712
密度[i]（20℃）/（kg/m^3）		720～775			GB/T 1884、GB/T 1885

[a] 车用汽油中，不得人为加入甲醇以及含铅、含铁和含锰的添加剂。

[b] 也可采用 SH/T 0794 进行测定，在有异议时，以 GB/T 8017 方法为准。换季时，加油站允许有 15 天的置换期。

[c] 广东、海南全年执行此项要求。

[d] 也可采用 GB/T 11140、SH/T 0253、ASTM D7039 进行测定，在有异议时，以 SH/T 0689 方法为准。

[e] 将试样注入 100 mL 玻璃量筒中观察，应当透明，没有悬浮和沉降的机械杂质和水分。在有异议时，以 GB/T 511 和 GB/T 260 方法为准。

[f] 也可采用 GB/T 28768、GB/T 30519 和 SH/T 0693 进行测定，在有异议时，以 SH/T 0713 方法为准。

[g] 也可采用 GB/T 11132、GB/T 28768 进行测定，在有异议时，以 GB/T 30519 方法为准。

[h] 也可采用 SH/T 0720 进行测定，在有异议时，以 NB/SH/T 0663 方法为准。

[i] 也可采用 SH/T 0604 进行测定，在有异议时，以 GB/T 1884、GB/T 1885 方法为准。

6 取样

取样按 GB/T 4756 进行，取 4 L 作为检验和留样用。若车用汽油中含锰，取样时应避光。

7 标志、包装、运输和贮存

7.1 向用户销售的符合本标准要求的车用汽油所使用的加油机都应明确标示产品的名称、牌号和等级（Ⅳ、Ⅴ或ⅥA 和ⅥB）。如："89 号汽油（Ⅴ）""92 号汽油（Ⅴ）""95 号汽油（Ⅴ）"等，并应标识在消费者可以看见的地方。

7.2 车用汽油属易燃液体，产品的标志、包装、运输和贮存及交货验收按 SH 0164、GB 300007—2013 和 GB 190 进行。

8 安全

车用汽油属易燃液体，其危险说明和防范说明见 GB 3000.7—2013 中附录 D。

9 标准的实施

本标准自发布之日起在全国范围内实施，并实行逐步引入的过渡期要求。表 2 和表 A.1 规定的技术要求过渡期至 2016 年 12 月 31 日，自 2017 年 1 月 1 日起，表 1 规定的技术要求废止；表 3 和表 A.2 规定的技术要求过渡期至 2018 年 12 月 31 日，自 2019 年 1 月 1 日起，表 2 和表 A.1 规定的技术要求废止；表 4 规定的技术要求过渡期至 2022 年 12 月 31 日，自 2023 年 1 月 1 日起，表 3 规定的技术要求废止。

考虑到国内某些地区环保的特殊需求，各地方政府可依据其环保治理要求，与相关油品供应部门协商一致后，可提前实施相应阶段的车用汽油技术要求。

中华人民共和国国家标准

车 用 柴 油（节选）

Automobile diesel fuels

GB 19147—2016
代替 GB 19147—2013

前 言

本标准的全部技术内容为强制性的。

本标准按照 GB/T 1.1—2009 给出的规则起草。

本标准代替 GB 19147—2013《车用柴油（Ⅴ）》。

本标准与 GB 19147—2013 相比，除编辑性修改外，主要技术变化如下：

——增加了“车用柴油中不得人为加入甲醇”（见 5.1，2013 年版 5.1）；

——删除车用柴油（Ⅲ）的技术要求和试验方法（见 2013 年版表 1），增加了车用柴油（Ⅵ）的技术要求和试验方法（见表 3）；

——提高了 5 号、0 号、−10 号车用柴油的闪点至不低于 60℃（见表 1、表 2，2013 年版表 2、表 3）；

——修改了 10%蒸余物残炭值仲裁试验方法为 GB/T 17144；

——修改了多环芳烃含量的仲裁试验方法为 SH/T 0806；

——增加了脂肪酸甲酯含量测定方法 NB/SH/T0916，并作为仲裁试验方法；

——修改了第 9 章“标准的实施”（见第 9 章，2013 年版第 9 章）。

本标准由国家能源局提出。

本标准由全国石油产品和润滑剂标准化技术委员会石油燃料和润滑剂分技术委员会（SAC/TC280/SC1）技术归口。

本标准起草单位：中国石油化工股份有限公司石油化工科学研究院、中国石油天然气股份有限公司炼油与化工分公司、中国石油天然气股份有限公司石油化工研究院、中海石油炼化有限责任公司、中国汽车研究中心。

本标准主要起草人：倪蓓、龙军、李文乐、张建荣、张彦、张国相、丁晓亮、张春龙、刘倩。

本标准所代替标准的历次版本发布情况为：

——GB/T 19147—2003、GB 19147—2009、GB 19147—2013《车用柴油（Ⅳ）》、GB 19147—2013《车用柴油（Ⅴ）》。

警告：如果不遵守适当的防范措施，本标准所属产品在生产、运输、装卸、贮运和使用等过程中可能存在危险。本标准无意对与本产品有关的所有安全问题提出建议。使用者有责任采用适当的安全和防范措施，并保证符合国家有关法规规定的条件。

1 范 围

本标准规定了车用柴油的术语和定义、产品分类、技术要求和试验方法、取样、标志、包装、运输和贮存、安全及标准的实施。

本标准适用于压燃式发动机汽车使用的、由石油制取或加有改善使用性能添加剂的车用柴油。本标准不适用于以生物柴油为调合组分的车用柴油。

2 规范性引用文件

下列文件对于本文件的应用是必不可少的。凡是注日期的引用文件，仅注日期的版本适用于本文件。凡是不注日期的引用文件，其最新版本（包括所有的修改单）适用于本文件。

GB 190 危险货物包装标志

GB/T 258 轻质石油产品酸度测定法

GB/T 260 石油产品水分测定法

GB/T 261 闪点的测定 宾斯基-马丁闭口杯法

GB/T 265 石油产品运动黏度测定法和动力黏度计算法

GB/T 268 石油产品残炭测定法（康氏法）

GB/T 386 柴油十六烷值测定法

GB/T 508 石油产品灰分测定法

GB/T 510 石油产品凝点测定法

GB/T 511 石油和石油产品及添加剂机械杂质测定法

GB/T 1884 原油和液体石油产品密度实验室测定法（密度计法）

GB/T 1885 石油计量表

GB/T 4756 石油液体手工取样法

GB/T 5096 石油产品铜片腐蚀试验法

GB/T 6536 石油产品常压蒸馏特性测定法

GB/T 11133 石油产品、润滑油和添加剂中水含量的测定 卡尔费休库仑滴定法

GB/T 11139 馏分燃料十六烷指数计算法

GB/T 11140 石油产品硫含量的测定 波长色散 X 射线荧光光谱法

GB/T 17144 石油产品残炭测定法（微量法）

GB/T 20828 柴油机燃料调合用生物柴油（BD100）

GB/T 23801 中间馏分油中脂肪酸甲酯含量的测定 红外光谱法

GB 3000.7—2013 化学品分类和标签规范 第 7 部分：易燃液体

GB/T 30515 透明和不透明液体石油产品运动黏度 测定法及动力黏度计算法

GB/T 33400 中间馏分油、柴油及脂肪酸甲酯中总污染物含量测定法

SH 0164 石油产品包装、贮运及交货验收规则

SH/T 0175 馏分燃料油氧化安定性测定法（加速法）

SH/T 0246 轻质石油产品中水含量测定法（电量法）

SH/T 0248 柴油和民用取暖油冷滤点测定法

SH/T 0604 原油和石油产品密度测定法（U 形振动管法）

SH/T 0606 中间馏分烃类组成测定法（质谱法）

SH/T 0689 轻质烃及发动机燃料和其他油品的总硫含量测定法（紫外荧光法）

SH/T 0694 中间馏分燃料十六烷指数计算法（四变量公式法）

SH/T 0765 柴油润滑性评定法（高频往复试验机法）

SH/T 0806 中间馏分芳烃含量的测定 示差折光检测器高效液相色谱法

NB/SH/T 0916 柴油燃料中生物柴油（脂肪酸甲酯）含量的测定 红外光谱法

ASTM D7039 汽油、柴油、喷气燃料、煤油、生物柴油、生物调合柴油以及乙醇汽油中硫含量的测定（单波长色散 X 射线荧光光谱法）(Standard Test Method for Sulfur in Gasoline，Diesel Fuel，Jet Fuel，Kerosine，Biodiesel，Biodiesel Blends，and Gasoline-Ethanol Blends by Monochromatic Wave-length Dispersive-X-ray Fluorescence Spectrometry）

3 术语和定义

下列术语和定义适用于本文件。

3.1 多环芳烃含量 content of polycyclic aromatic hydrocarbons

柴油中的总芳烃含量减去单环芳烃的含量。

4 产品分类

车用柴油按凝点分为六个牌号：

5 号车用柴油：适用于风险率为 10%的最低气温在 8℃以上的地区使用；

0 号车用柴油：适用于风险率为 10%的最低气温在 4℃以上的地区使用；

−10 号车用柴油：适用于风险率为 10%的最低气温在−5℃以上的地区使用；

−20 号车用柴油：适用于风险率为 10%的最低气温在−14℃以上的地区使用；

−35 号车用柴油：适用于风险率为 10%的最低气温在−29℃以上的地区使用；

−50 号车用柴油：适用于风险率为 10%的最低气温在−44℃以上的地区使用。

注：可参见附录 A 选用不同牌号的车用柴油。

5 技术要求和试验方法

5.1 车用柴油中所使用的添加剂应无公认的有害作用，添加剂应按推荐的适宜用量使用。车用柴油中不应含有任何可导致车辆无法正常运行的添加物和污染物。车用柴油中不得人为加入甲醇。

5.2 车用柴油（Ⅳ）、车用柴油（Ⅴ）和车用柴油（Ⅵ）的技术要求和试验方法分别见表 1、表 2 和表 3。

表 1 车用柴油（Ⅳ）技术要求和试验方法

项目	质量指标						试验方法
	5 号	0 号	−10 号	−20 号	−35 号	−50 号	
氧化安定性（以总不溶物计）/（mg/100 mL） 不大于	2.5						SH/T 0175
硫含量[a]/（mg/kg） 不大于	50						SH/T 0689
酸度（以 KOH 计）/（mg/100 mL） 不大于	7						GB/T 258
10%蒸余物残炭[b]（质量分数）/% 不大于	0.3						GB/T 17144
灰分（质量分数）/% 不大于	0.01						GB/T 508
铜片腐蚀（50℃，3 h）/级 不大于	1						GB/T 5096
水含量[c]（体积分数）/% 不大于	痕迹						GB/T 260
机械杂质[d]	无						GB/T 511
润滑性 校正磨痕直径（60℃）/μm 不大于	460						SH/T 0765
多环芳烃含量[e]（质量分数）/% 不大于	11						SH/T 0806
运动黏度[f]（20℃）/（mm^2/s）	3.0～8.0		2.5～8.0		1.8～7.0		GB/T 265
凝点/℃ 不高于	5	0	−10	−20	−35	−50	GB/T 510
冷滤点/℃ 不高于	8	4	−5	−14	−29	−44	SH/T 0248
闪点（闭口）/℃ 不低于	60		50		45		GB/T 261
十六烷值 不小于	49		46		45		GB/T 386
十六烷指数[g] 不小于	46		46		43		SH/T 0694
馏程： 50%回收温度/℃ 不高于 90%回收温度/℃ 不高于 95%回收温度/℃ 不高于	 300 355 365						GB/T 6536
密度[h]（20℃）/（kg/m^3）	810～850			790～840			GB/T 1884 GB/T 1885
脂肪酸甲酯含量[i]（体积分数）/% 不大于	1.0						NB/SH/T 0916

[a] 也可采用 GB/T 11140 和 ASTM D7039 进行测定，结果有异议时，以 SH/T 0689 方法为准。

[b] 也可采用 GB/T 268 进行测定，结果有异议时，以 GB/T 17144 方法为准。若车用柴油中含有硝酸酯型十六烷值改进剂，10%蒸余物残炭的测定应使用不加硝酸酯的基础燃料进行。车用柴油中是否含有硝酸酯型十六烷值改进剂的检验方法见附录 B。

[c] 可用目测法，即将试样注入 100 mL 玻璃量筒中，在室温（20℃±5℃）下观察，应当透明，没有悬浮和沉降的水分。也可采用 GB/T 11133 和 SH/T 0246 测定，结果有异议时，以 GB/T 260 方法为准。

[d] 可用目测法，即将试样注入 100 mL 玻璃量筒中，在室温（20℃±5℃）下观察，应当透明，没有悬浮和沉降的杂质。结果有异议时，以 GB/T 511 方法为准。

[e] 也可采用 SH/T 0606 进行测定，结果有异议时，以 SH/T 0806 方法为准。

[f] 也可采用 GB/T 30515 进行测定，结果有异议时，以 GB/T 265 方法为准。

[g] 十六烷指数的计算也可采用 GB/T 11139。结果有异议时，以 SH/T 0694 方法为准。

[h] 也可采用 SH/T 0604 进行测定，结果有异议时，以 GB/T 1884 和 GB/T 185 方法为准。

[i] 脂肪酸甲酯应满足 GB/T 20828 要求。也可采用 GB/T 23801 进行测定，结果有异议时，以 NB/SH/T 0916 方法为准。

表2 车用柴油（Ⅴ）技术要求和试验方法

项目	质量指标						试验方法
	5号	0号	−10号	−20号	−35号	−50号	
氧化安定性（以总不溶物计）/（mg/100 mL） 不大于	2.5						SH/T 0175
硫含量[a]/（mg/kg） 不大于	10						SH/T 0689
酸度（以KOH计）/（mg/100 mL） 不大于	7						GB/T 258
10%蒸余物残炭[b]（质量分数）/% 不大于	0.3						GB/T 17144
灰分（质量分数）/% 不大于	0.01						GB/T 508
铜片腐蚀（50℃，3 h）/级 不大于	1						GB/T 5096
水含量[c]（体积分数）/% 不大于	痕迹						GB/T 260
机械杂质[d]	无						GB/T 511
润滑性 校正磨痕直径（60℃）/μm 不大于	460						SH/T 0765
多环芳烃含量[e]（质量分数）/% 不大于	11						SH/T 0806
运动黏度[f]（20℃）/（mm^2/s）	3.0～8.0		2.5～8.0		1.8～7.0		GB/T 265
凝点/℃ 不高于	5	0	−10	−20	−35	−50	GB/T 510
冷滤点/℃ 不高于	8	4	−5	−14	−29	−44	SH/T 0248
闪点（闭口）/℃ 不低于	60		50		45		GB/T 261
十六烷值 不小于	51		49		47		GB/T 386
十六烷指数[g] 不小于	46		46		43		SH/T 0694
馏程： 50%回收温度/℃ 不高于 90%回收温度/℃ 不高于 95%回收温度/℃ 不高于	300 355 365						GB/T 6536
密度[h]（20℃）/（kg/m^3）	810～850			790～840			GB/T 1884 GB/T 1885
脂肪酸甲酯含量[i]（体积分数）/% 不大于	1.0						NB/SH/T 0916

[a] 也可采用GB/T 11140和ASTM D7039进行测定，结果有异议时，以SH/T 0689方法为准。

[b] 也可采用GB/T 268进行测定，结果有异议时，以GB/T 17144方法为准。若车用柴油中含有硝酸酯型十六烷值改进剂，10%蒸余物残炭的测定应使用不加硝酸酯的基础燃料进行。车用柴油中是否含有硝酸酯型十六烷值改进剂的检验方法见附录B。

[c] 可用目测法，即将试样注入100 mL玻璃量筒中，在室温（20℃±5℃）下观察，应当透明，没有悬浮和沉降的水分。也可采用GB/T 11133和SH/T 0246测定，结果有异议时，以GB/T 260方法为准。

[d] 可用目测法，即将试样注入100 mL 玻璃量筒中，在室温（20℃±5℃）下观察，应当透明，没有悬浮和沉降的杂质。结果有异议时，以GB/T 511方法为准。

[e] 也可采用SH/T 0606进行测定，结果有异议时，以SH/T 0806方法为准。

[f] 也可采用GB/T 30515进行测定，结果有异议时，以GB/T 265方法为准。

[g] 十六烷指数的计算也可采用GB/T 11139。结果有异议时，以SH/T 0694方法为准。

[h] 也可采用SH/T 0604进行测定，结果有异议时，以GB/T 1884和GB/T 1885方法为准。

[i] 脂肪酸甲酯应满足GB/T 20828要求。也可采用GB/T 23801进行测定，结果有异议时，以NB/SH/T 0916方法为准。

表 3 车用柴油（Ⅵ）技术要求和试验方法

项目	质量指标						试验方法
	5 号	0 号	−10 号	−20 号	−35 号	−50 号	
氧化安定性（以总不溶物计）/（mg/100 mL） 不大于	2.5						SH/T 0175
硫含量[a]/（mg/kg） 不大于	10						SH/T 0689
酸度（以 KOH 计）/（mg/100 mL） 不大于	7						GB/T 258
10%蒸余物残炭[b]（质量分数）/% 不大于	0.3						GB/T 17144
灰分（质量分数）/% 不大于	0.01						GB/T 508
铜片腐蚀（50℃，3 h）/级 不大于	1						GB/T 5096
水含量[c]（体积分数）/% 不大于	痕迹						GB/T 260
润滑性 校正磨痕直径（60℃）/μm 不大于	460						SH/T 0765
多环芳烃含量[d]（质量分数）/% 不大于	7						SH/T 0806
总污染物含量/（mg/kg） 不大于	24						GB/T 33400
运动黏度[e]（20℃）/（mm^2/s）	3.0～8.0		2.5～8.0		1.8～7.0		GB/T 265
凝点/℃ 不高于	5	0	−10	−20	−35	−50	GB/T 510
冷滤点/℃ 不高于	8	4	−5	−14	−29	−44	SH/T 0248
闪点（闭口）/℃ 不低于	60		50		45		GB/T 261
十六烷值 不小于	51		49		47		GB/T 386
十六烷指数[f] 不小于	46		46		43		SH/T 0694
馏程： 50%回收温度/℃ 不高于 90%回收温度/℃ 不高于 95%回收温度/℃ 不高于	 300 355 365						GB/T 6536
密度[g]（20℃）/（kg/m^3）	810～845			790～840			GB/T 1884 GB/T 1885
脂肪酸甲酯含量[h]（体积分数）/% 不大于	1.0						NB/SH/T 0916

[a] 也可采用 GB/T 11140 和 ASTM D7039 进行测定，结果有异议时，以 SH/T 0689 方法为准。

[b] 也可采用 GB/T 268 进行测定，结果有异议时，以 GB/T 17144 方法为准。若车用柴油中含有硝酸酯型十六烷值改进剂，10%蒸余物残炭的测定应使用不加硝酸酯的基础燃料进行。车用柴油中是否含有硝酸酯型十六烷值改进剂的检验方法见附录 B。

[c] 可用目测法，即将试样注入 100 mL 玻璃量筒中，在室温（20℃±5℃）下观察，应当透明，没有悬浮和沉降的水分。也可采用 GB/T 11133 和 SH/T 0246 测定，结果有异议时，以 GB/T 260 方法为准。

[d] 也可采用 SH/T 0606 进行测定，结果有异议时，以 SH/T 0806 方法为准。

[e] 也可采用 GB/T 30515 进行测定，结果有异议时，以 GB/T 265 方法为准。

[f] 十六烷指数的计算也可采用 GB/T 11139。结果有异议时，以 SH/T 0694 方法为准。

[g] 也可采用 SH/T 0604 进行测定，结果有异议时，以 GB/T 1884 和 GB/T 1885 方法为准。

[h] 脂肪酸甲酯应满足 GB/T 20828 要求。也可采用 GB/T 23801 进行测定，结果有异议时，以 NB/SH/T 0916 方法为准。

6　取样

取样按照 GB/T 4756 进行，取 4 L 作为检验和留样用。

7　标志、包装、运输和贮存

7.1　向用户销售的符合本标准表 1、表 2、表 3 要求的车用柴油所使用的加油机都应明确标示产品的名称、牌号和等级（Ⅳ、Ⅴ或Ⅵ），如：0 号车柴（Ⅴ）、0 号车柴（Ⅵ）等，并应标识在汽车驾驶者可以看见的地方。

7.2　车用柴油属易燃液体，产品的标志、包装、运输和贮存及交货验收按 SH 0164、GB 30000.7—2013 和 GB 190 进行。

8　安全

车用柴油属易燃液体，其危险说明和防范说明见 GB 30000.7—2013 的附录 D。

9　标准的实施

本标准自发布之日起在全国范围内实施，并实行逐步引入的过渡期要求。表 2 规定的技术要求过渡期至 2016 年 12 月 31 日，自 2017 年 1 月 1 日起，表 1 规定的技术要求废止；表 3 规定的技术要求过渡期至 2018 年 12 月 31 日，自 2019 年 1 月 1 日起，表 2 规定的技术要求废止。

考虑到国内某些地区环保的特殊需求，各地方政府可依据其环保治理要求，与相关油品供应部门协商一致后，可提前实施相应阶段的车用柴油技术要求。

中华人民共和国国家标准

非道路移动柴油机械排气烟度限值及测量方法（节选）

Limits and measurement methods for exhaust smoke from non-road mobile machinery equipped with diesel engine

GB 36886—2018

前 言

为贯彻《中华人民共和国环境保护法》和《中华人民共和国大气污染防治法》，防治装有柴油机的非道路移动机械排放颗粒物对环境的污染，制定本标准。

本标准规定了非道路移动柴油机械排气烟度限值及测量方法。本标准适用于在用非道路移动柴油机械和车载柴油机设备的排气烟度检验。新生产和进口非道路移动柴油机械的排气烟度检查参照使用。

本标准参照采用欧洲经济委员会指令 77/537/EEC《关于各成员国测量农用或林用轮式拖拉机用柴油机污染物排放的法律》和 GB 3847《柴油车污染物排放限值及测量方法（自由加速法及加载减速法）》的相关技术内容。

本标准附录 A 和附录 B 为规范性附录。

本标准为首次发布。

本标准由生态环境部大气环境司、法规与标准司组织制订。

本标准主要起草单位：北京理工大学、济南汽车检测中心有限公司。

本标准生态环境部 2018 年 9 月 27 日批准。

本标准自 2018 年 12 月 1 日起实施。

自本标准实施之日起，各相关地方标准废止。

本标准由生态环境部负责解释。

1 适用范围

本标准规定了非道路移动柴油机械和车载柴油机设备的排气烟度限值及测量方法。

本标准适用于在用非道路移动柴油机械和车载柴油机设备的排气烟度检验。新生产和进口非道路移动柴油机械的排气烟度检查参照使用。

本标准适用于以下（包括但不限于）装用在非恒定转速下工作的柴油机的非道路移动柴油机械：

—— 工程机械（包括装载机、挖掘机、推土机、压路机、沥青摊铺机、叉车、非公路用卡车等）；

—— 农业机械；

—— 林业机械；

—— 材料装卸机械；

—— 工业钻探设备；

—— 雪犁装备；

—— 机场地勤设备。

本标准适用于以下（包括但不限于）装用在恒定转速下工作的柴油机的非道路移动柴油机械：

—— 空气压缩机；

—— 发电机组；

—— 渔业机械；

—— 水泵。

2　规范性引用文件

本标准引用了下列文件或其中的条款。凡是注明日期的引用文件，仅注明日期的版本适用于本标准。凡是未注日期的引用文件，其最新版本适用于本标准。

GB 3847　柴油车污染物排放限值及测量方法（自由加速法及加载减速法）

GB 20891—2007　非道路移动机械用柴油机排气污染物排放限值及测量方法（中国Ⅰ、Ⅱ阶段）

GB 20891—2014　非道路移动机械用柴油机排气污染物排放限值及测量方法（中国第三、四阶段）

3　术语和定义

下列术语和定义适用于本标准。

3.1　非道路移动柴油机械　non-road mobile machinery equipped with diesel engine

用于非道路上的、如“适用范围”中提到的各类机械，即：

——自驱动或具有双重功能：既能自驱动又能进行其他功能操作的机械；

——不能自驱动，但被设计成能够从一个地方移动或被移动到另一个地方的机械。

3.2　车载柴油机设备　onboard diesel engine equipment

在道路上用于载人（货）的车辆装用的、不为车辆提供行驶驱动力的柴油机驱动的车载专用设备。

3.3　额定净功率（P_{max}）　rated net power

按 GB 20891—2014 规定、制造企业在信息公开时为柴油机标明的净功率。

3.4　光吸收系数　coefficient of light absorption

光束被单位长度的排烟衰减的系数，单位为 m^{-1}。

3.5　不透光烟度计　smoke opacimeter

按 GB 3847 的规定，用于连续测量柴油机排气的光吸收系数的仪器。

3.6　林格曼烟度　ringelmann smoke

采用附录 B 中定义的林格曼黑度级数表示的非道路移动柴油机械排气烟度值。

3.7　林格曼烟度仪　ringelmann smokemeter

满足附录 B 规定的林格曼烟度法测量原理的林格曼烟度测量仪器。

4　排气烟度限值

4.1　按第 5 章进行排气烟度检验，非道路移动柴油机械排气的不透光法烟度（光吸收系数）和林格曼黑度级数不应超过表 1 规定的限值。

表 1 排气烟度限值

类别	额定净功率（P_{max}）/kW	光吸收系数/m^{-1}	林格曼黑度级数
I 类	P_{max}＜19	3.00	1
	19≤P_{max}＜37	2.00	
	37≤P_{max}≤560	1.61	
II 类	P_{max}＜19	2.00	1
	19≤P_{max}＜37	1.00	
	P_{max}≥37	0.80	
III类	P_{max}≥37	0.50	1
	P_{max}＜37	0.80	

4.1.1 满足 GB 20891—2007 第二及以前阶段排放标准的非道路移动柴油机械，执行表 1 中的 I 类限值。

4.1.2 满足 GB 20891—2014 第三及以后阶段排放标准的非道路移动柴油机械，执行表 1 中的 II 类限值。

4.1.3 城市人民政府可以根据大气环境质量状况，划定并公布禁止使用高排放非道路移动柴油机械的区域，限定区域内可选择执行表 1 中的非道路移动柴油机械烟度排放的III类限值。

4.2 在海拔高于 1 700 m 的地区使用的各类非道路移动柴油机械的排气不透光烟度（光吸收系数）限值应在表 1 基础上增加 0.25 m^{-1}。

4.3 执行 II 类（P_{max}≥19 kW）和III类限值的非道路移动柴油机械，在正常工作过程中，目视不能有明显可见烟。

5 检验方法

5.1 烟度检验工况

5.1.1 烟度检验前，受检机械装置的柴油机应充分预热。在机械装置连续测试过程中，应确保发动机处于正常工作的状态。

5.1.2 采用如下描述的自由加载法对在用非道路移动柴油机械的排气烟度进行检验：

现场检验人员可以根据受检机械装置的实际工作状态确定加载方法，在机械装置连续正常工作过程中（例如装载机从铲土到装载完毕的全过程），测量非道路移动柴油机械的排气烟度。

5.1.3 在非道路移动柴油机械不具备加载条件的情况下，可采用 GB 3847 描述的自由加速法进行烟度测量，即在 1 s 时间内，将油门踏板快速、连续但不粗暴地完全踩到底，使喷油泵供给最大油量。在松开油门踏板前，发动机应达到额定转速（采用手动或其他方式控制供油量的发动机采用类似方法操作），在测量过程中应进行检查。

5.2 烟度检验方法

5.2.1 不透光烟度法

用不透光烟度计连续测量 5.1 所述工况下的非道路移动柴油机械排气的光吸收系数，采样频率不应低于 1 Hz，取测量过程中不透光烟度计的最大读数值作为测量结果。若采用自由加速法，检测结果取最后三次自由加速烟度测量结果最大值的算术平均值。

不透光烟度计的安装和使用应满足 GB 3847 要求。

5.2.2 林格曼烟度法

非道路移动柴油机械按照附录 B 规定的林格曼烟度法连续观测非道路移动柴油机械在 5.1 所述测量工况下的排气烟度，将观测的林格曼烟度的最大值确定为排气烟度测量结果。检验过程中，可以使用视频、摄像或者执法记录仪等手段获取烟度检测结果。

6　判定规则

6.1　如果非道路移动柴油机械的林格曼烟度超标，则判定烟度排放检验不合格。

6.2　林格曼烟度检验合格的非道路移动柴油机械，生态环境主管部门也可继续采用不透光烟度法进行现场排气烟度检验，排气烟度满足 4.1 条规定，判定合格，否则为不合格。

7　管理要求

7.1　制造企业应按照本标准要求，制定自查规程，对新生产的机械进行排放达标自查，并将自查结果信息公开。

7.2　进口非道路移动柴油机械代理商应按照本标准要求，对进口的机械进行排放达标自查，并将自查结果信息公开。

7.3　依照城市人民政府划定禁止使用高排放非道路移动柴油机械区域的要求，可采取登记、安装定位系统等方式加强对其跟踪管理。

8　检验用仪器设备要求

8.1　检验用排放测试设备（不透光烟度计等）的工作原理、准确度应满足 GB 3847 的相关要求。

8.2　对非道路移动柴油机械排气烟度进行检验的林格曼烟度仪的测量原理应满足附录 B 的要求，林格曼黑度级数检验分辨率不超过 0.25 林格曼级数，且能够显示和记录林格曼烟度值。

9　检验用燃油要求

9.1　在用非道路移动柴油机械排气烟度现场检查时，不应更换非道路移动柴油机械的在用燃油。

9.2　新生产非道路移动柴油机械烟度排放检验时，依据制造企业要求可选用满足标准要求的柴油。

10　检验报告

非道路移动柴油机械烟度排放检验报告应满足附录 A 的要求。

中华人民共和国国家标准

非道路移动机械用柴油机排气污染物排放限值及测量方法（中国第三、四阶段）

Limits and measurement methods for exhaust pollutants from diesel engines of non-road mobile machinery（CHINA Ⅲ，Ⅳ）

GB 20891—2014
代替 GB 20891—2007

前 言

为贯彻《中华人民共和国环境保护法》和《中华人民共和国大气污染防治法》，防治非道路移动机械用柴油机污染物排放对环境的污染，改善环境空气质量，制定本标准。

本标准规定了第三阶段非道路移动机械用柴油机排气污染物排放限值和测量方法，并提出了第四阶段的预告性要求。

本标准修改采用欧盟（EU）指令 97/68/EC（截至 2004/26/EC 修订版）《关于协调各成员国采取措施防治非道路移动机械用发动机气态污染物和颗粒物排放的法律》中有关非道路移动机械用柴油机的技术内容。

本标准与 2004/26/EC 指令有关非道路移动机械用柴油机的部分相比，主要修改内容如下：

——增加了 ISO 8178 中的 G2 测试循环；

——不包含欧Ⅳ阶段的技术要求；

——增加了 19 kW 以下柴油机控制要求；

——增加了 560 kW 以上柴油机的控制要求；

——简化了一致性检查的判定方法；

——增加了催化转化器载体体积和贵金属含量的试验要求；

——试验用基准柴油的部分技术参数。

本标准是对《非道路移动机械用柴油机排气污染物排放限值及测量方法（中国Ⅰ、Ⅱ阶段）》（GB 20891—2007）的修订。修订的主要内容如下：

——加严了污染物排放限值；

——增加了瞬态试验循环（NRTC）；

——增加了 560 kW 以上柴油机的控制要求；

——优化了一致性检查的判定方法；

——增加了排放控制耐久性要求；

——增加了催化转化器载体体积和贵金属含量的试验要求；

——修订了试验用基准柴油的技术要求。

本标准的附录A、附录B、附录C、附录D、附录E、附录F和附录G为规范性附录，附录H为资料性附录。

第四阶段非道路移动机械用柴油机排气污染物排放控制要求在全国范围的实施时间另行规定，鼓励有条件的地区提前实施。

本标准由环境保护部科技标准司组织制订。

本标准起草单位：济南汽车检测中心、中国环境科学研究院、玉柴机器股份有限公司。

本标准环境保护部2014年4月28日批准。

自本标准发布之日起，即可依据本标准进行型式核准。自2014年10月1日起，凡进行排气污染物排放型式核准的非道路移动机械用柴油机都必须符合本标准第三阶段要求。《非道路移动机械用柴油机排气污染物排放限值及测量方法（中国Ⅰ、Ⅱ阶段）》（GB 20891—2007）自2016年4月1日废止。

本标准由环境保护部解释。

1 适用范围

本标准规定了非道路移动机械用柴油机（含额定净功率不超过37 kW的船用柴油机）和在道路上用于载人（货）的车辆装用的第二台柴油机排气污染物排放限值及测量方法。

本标准适用于以下（包括但不限于）非道路移动机械装用，在非恒定转速下工作的柴油机的型式核准、生产一致性检查和耐久性要求，如：

——工业钻探设备；

——工程机械（包括装载机、推土机、压路机、沥青摊铺机、非公路用卡车、挖掘机、叉车等）；

——农业机械（包括大型拖拉机、联合收割机等）；

——林业机械；

——材料装卸机械；

——雪犁装备；

——机场地勤设备。

本标准适用于以下（包括但不限于）非道路移动机械装用，在恒定转速下工作的柴油机的型式核准、生产一致性检查和耐久性要求，如：

——空气压缩机；

——发电机组；

——渔业机械（增氧机、池塘挖掘机等）；

——水泵。

2 规范性引用文件

本标准内容引用了下列文件或其中的条款，凡是未注明日期的引用文件，其最新版本适用于本标准。

GB 252 普通柴油

GB/T 6072 往复式内燃机 性能

GB/T 6379.2—2004 测量方法与结果的准确度（正确度与精密度） 第2部分：确定标准测量方法重复性与再现性的基本方法

GB 17691—2005 车用压燃式、气体燃料点燃式发动机与汽车排气污染物排放限值及测量方法

（中国Ⅲ、Ⅳ、Ⅴ阶段）

GB/T 17692—1999 汽车用发动机净功率测试方法

HJ 509—2009 车用陶瓷催化转化器中铂、钯、铑的测定 电感耦合等离子体发射光谱法和电感耦合等离子体质谱法

3 术语和定义

3.1 非道路移动机械 non-road mobile machinery

指用于非道路上的，如“适用范围”中提到的各类机械，即：

（1）自驱动或具有双重功能：既能自驱动又能进行其他功能操作的机械；

（2）不能自驱动，但被设计成能够从一个地方移动或被移动到另一个地方的机械。

3.2 第二台柴油机 secondary engine

指道路车辆装用的、不为车辆提供行驶驱动力而为车载专用设施提供动力的柴油机。

3.3 试验循环 test cycle

指柴油机在稳态工况或瞬态工况（NRTC 试验）下按照规定的转速和扭矩进行试验的程序。

3.4 NRTC 试验 non-road transient cycle

指按照本标准附件 BE 规定，包含 1 238 个逐秒变换工况的试验循环。

3.5 基准转速（n_{ref}） reference speed

指按照 GB 17691—2005 标准附件 BB 中所述的，NRTC 试验相对转速 100%点所对应的实际转速值。

3.6 柴油机型式核准 diesel engine type-approval

指就柴油机排气污染物的排放水平核准一种柴油机机型。

3.7 柴油机机型 diesel engine type

指在本标准附件 AA 中列出的柴油机基本特性参数无差异的同一类柴油机。

3.8 柴油机系族 diesel engine family

指制造企业按本标准附件 AB 规定所设计的一组柴油机，这些柴油机具有类似的排气排放特性；同一系族中所有柴油机都必须满足相应的排放限值。

3.9 源机 parent engine

指从柴油机系族中选出的，能代表这一柴油机系族排放特性的柴油机。

3.10 排气污染物 emission pollutants

指柴油机排气管排出的气态污染物和颗粒物。

3.11 气态污染物 gaseous pollutants

指排气污染物中的一氧化碳（CO）、碳氢化合物（HC）和氮氧化物（NO_x）。碳氢化合物（HC）以 C_1 当量表示（假定碳氢比为 1∶1.88），氮氧化物（NO_x）以二氧化氮（NO_2）当量表示。

3.12 颗粒物（PM） particulate matter

指按本标准附录 B 所描述的试验方法，在温度不超过 325 K（52℃）的稀释排气中，由规定的过滤介质收集到的排气中所有物质。

3.13 净功率（P） net power

指在柴油机试验台架上，按照 GB/T 17692—1999 规定的净功率测量方法，在本标准规定的试验条件下，在柴油机曲轴末端或其等效部件上测得的功率。

注：净功率试验时，柴油机上所安装的装备和辅件见附录 E，使用的基准燃料技术参数见附录 D。

3.14 额定净功率（P_{max}） rated net power

指制造企业为柴油机型式核准时标明的净功率。

3.15 额定转速 rated speed

指制造企业使用说明书中规定的、调速器所允许的全负荷最高转速；如果柴油机不带调速器，则指制造企业在使用说明书中规定的柴油机最大功率时的转速。

3.16 负荷百分比 percent load

指在柴油机某一转速下可得到的最大扭矩的百分数。

3.17 中间转速 intermediate speed

指设计在非恒定转速下工作的柴油机，按全负荷扭矩曲线运行时，符合下列条件之一的转速：

——如果标定的最大扭矩转速在额定转速的 60%～75%，则中间转速取标定的最大扭矩转速；

——如果标定的最大扭矩转速低于额定转速的 60%，则中间转速取额定转速的 60%；

——如果标定的最大扭矩转速高于额定转速的 75%，则中间转速取额定转速的 75%。

3.18 有效寿命 useful life

由本标准第 5.2.2 条规定的，保证非道路移动机械用柴油机及其排放控制系统（如有）的正常运转并符合有关气态污染物和颗粒物排放限值，且已在型式核准时给予确认的使用时间。

3.19 替换用柴油机 replacement diesel engine

指仅以更换部件为用途的非道路移动机械用新柴油机。

3.20 缩写、符号及单位

3.20.1 试验参数符号

所有的体积和体积流量都必须折算到 273.15 K（0℃）和 101.325 kPa 的基准状态。

符号	单位	定义
A_P	m^2	等动态取样探头的横截面积
A_T	m^2	排气管的横截面积
A_{ver}		加权平均值
	m^3/h	——体积流量
	kg/h	——质量流量
C_1	—	碳氢化合物，以 C_1 当量表示
conc	ppm（或体积分数，%）	某组分的浓度（用下标表示），这里的“浓度”，指“体积分数”，1 ppm=10^{-6}
$conc_c$	ppm（或体积分数，%）	背景校正后的某组分浓度（用下标表示），这里的“浓度”，指“体积分数”，1 ppm=10^{-6}
$conc_d$	ppm（或体积分数，%）	稀释空气的某组分浓度（用下标表示），这里的“浓度”，指“体积分数”，1 ppm=10^{-6}
DF	—	稀释系数
f_a	—	实验室大气因子
F_{FH}	—	燃油特性系数，用来根据氢碳比从干基浓度转化为湿基浓度
G_{AIRW}	kg/h	湿基进气质量流量
G_{AIRD}	kg/h	干基进气质量流量

G_{DILW}	kg/h	湿基稀释空气质量流量
G_{EDFW}	kg/h	湿基当量稀释排气质量流量
G_{EXHW}	kg/h	湿基排气质量流量
G_{FUEL}	kg/h	燃油质量流量
G_{TOTW}	kg/h	湿基稀释排气质量流量
H_{REF}	g/kg	绝对湿度基准值 10.71 g/kg，用于计算 NO_x 和颗粒物的湿度校正系数
H_a	g/kg	进气绝对湿度
H_d	g/kg	稀释空气绝对湿度
I	—	表示某一工况的下标
K_H	—	NO_x 湿度校正系数
K_p	—	颗粒物湿度校正系数
$K_{w,a}$	—	进气干-湿基校正系数
$K_{w,d}$	—	稀释空气干-湿基校正系数
$K_{w,e}$	—	稀释排气干-湿基校正系数
$K_{w,r}$	—	原排气干-湿基校正系数
L	%	试验转速下的扭矩相对最大扭矩的百分数
Mass	g/h	排气污染物质量流量的下标
M_{DIL}	kg	通过颗粒物取样滤纸的稀释空气质量
M_{SAM}	kg	通过颗粒物取样滤纸的稀释排气质量
M_d	mg	从稀释空气中收集到的颗粒物质量
M_f	mg	收集到的颗粒物质量
p_a	kPa	进气饱和蒸气压（GB/T 6072：p_{sy}=PSY 测试环境）
p_B	kPa	总大气压（GB/T 6072：p_x=PX 现场环境总压力； p_y=PY 试验环境总压力）
p_d	kPa	稀释空气的饱和蒸气压
p_s	kPa	干空气压
$P_{(n)}$	kW	试验转速下测量的最大功率（安装本标准附录 E 的装备和辅件）
$P_{(a)}$	kW	试验时应安装的柴油机辅件所吸收的功率
$P_{(b)}$	kW	试验时应拆除的柴油机辅件所吸收的功率
$P_{(m)}$	kW	试验台上测得的功率
Q	—	稀释比
R	—	等动态取样探头与排气管横截面面积比
R_a	%	进气相对湿度
R_d	%	稀释空气相对湿度
R_f	—	FID 响应系数

S	kW	测功机设定值
T_a	K	进气热力学温度
T_D	K	露点热力学温度
T_{ref}	K	基准热力学温度（进气：298 K）
V_{AIRD}	m^3/h	干基进气体积流量
V_{AIRW}	m^3/h	湿基进气体积流量
V_{DIL}	m^3	通过颗粒物取样滤纸的稀释空气体积
V_{DILW}	m^3/h	湿基稀释空气体积流量
V_{EDFW}	m^3/h	湿基当量稀释排气体积流量
V_{EXHD}	m^3/h	干基排气体积流量
V_{EXHW}	m^3/h	湿基排气体积流量
V_{SAM}	m^3	通过颗粒物取样滤纸的稀释排气体积
V_{TOTW}	m^3/h	湿基稀释排气体积流量
WF	—	加权系数
WF_E	—	有效加权系数
DF_i	—	劣化系数或劣化修正值
EDP	—	排放耐久周期
N_{ref}	r/min	NRTC 试验时柴油机的基准转速
W_{act}	kW·h	NRTC 的实际循环功
W_{ref}	kW·h	NRTC 的基准循环功

3.20.2 化学组分符号

CO	一氧化碳
CO_2	二氧化碳
HC	碳氢化合物
NMHC	非甲烷碳氢化合物
NO_x	氮氧化物
NO	一氧化氮
NO_2	二氧化氮
O_2	氧气
PM	颗粒物
DOP	邻苯二甲酸二辛酯
CH_4	甲烷
C_3H_8	丙烷
H_2O	水
PTFE	聚四氟乙烯

3.20.3 缩写

FID	氢火焰离子化检测器
HFID	加热型氢火焰离子化检测器

NDIR	不分光红外线分析仪
CLD	化学发光检测器
HCLD	加热型化学发光检测器
PDP	容积式泵
CFV	临界流量文丘里管

4 型式核准的申请与批准

4.1 型式核准的申请

非道路移动机械用柴油机的型式核准的申请由其制造企业或制造企业授权的代理人向型式核准主管部门提出，并完成本标准所要求的检验内容。

4.1.1 应按本标准附录 A 和附件 BD 的要求，提交型式核准有关技术资料及相关的耐久性试验方法和试验结果的资料。

4.1.2 应按本标准附录 G 的要求提交生产一致性保证计划。

4.1.3 应向负责进行型式核准试验的检验机构，提交一台符合附录 A 所描述的“柴油机机型”（或“源机”）特性的柴油机，完成本标准规定的检验内容。

4.1.4 如果检验机构认为申请者提供的源机不能完全代表附件 AB 中定义的柴油机系族，应由制造企业提供另一台源机，按照第 4.1.1 条和第 4.1.3 条的要求提交型式核准。

4.1.5 装有含贵金属材料后处理系统的柴油机，进行耐久性试验时还需提供两套相同的后处理系统。

4.2 型式核准的批准

4.2.1 型式核准主管部门对于满足本标准第 5 条和附录 G 要求的柴油机机型（或系族）批准型式核准，并颁发附录 F 规定的型式核准证书。

4.2.2 当柴油机只有与非道路移动机械的其他部件联合工作才能完成其功能或提供一种工作特性时，型式核准必须核实柴油机与非道路移动机械的其他部件联合工作时（不管是真实的还是模拟的）的一种或更多的要求是否得到满足。柴油机型式核准的范围应根据这些条件进行限制，柴油机机型或系族的型式核准证书中应该包括使用限制条件和安装说明。

4.3 型式核准的豁免

对于出口、展览、救援、应急、匹配试验、替换用柴油机等特殊用途的柴油机，可向型式核准主管部门提出申请，免予型式核准。向型式核准主管部门提交的资料应包括：型号、功率、生产厂、用途、所达到的排放标准阶段、数量和生产日期等内容。

5 技术要求和试验

5.1 总则

制造企业采取的技术措施必须确保柴油机在正常的工作条件下，在本标准第 5.2.2 条规定的有效寿命期内，排放符合本标准的要求。

耐久性试验应按照本标准附件 BD 的技术要求，通过技术成熟的工程方法来完成。耐久性试验过程中，可以定期更换柴油滤芯、机油滤芯等部件或系统，这些工作必须在技术允许的范围内进行。系统维护的要求必须包括在用户使用手册中（其中包括制造企业对排气后处理装置耐久性的保证书）。制造企业在型式核准申请时，使用说明书中与后处理装置维修、更换有关的内容摘要必须包含在附录 A 所描述的型式核准申报材料中。

5.2 排气污染物的规定

5.2.1 试验规程及取样系统

柴油机排气污染物的测量与取样规程按附录 B 附件 BA 的规定进行，试验循环按附录 B 中表 B.1，或表 B.2，或表 B.3 规定的稳态试验循环进行；第四阶段小于 560 kW 的非恒速柴油机还需按照附件 BE 规定的 NRTC 瞬态试验循环进行试验。柴油机的排气污染物应使用附录 C 描述的系统测定。

如果其他系统或分析仪能得到和下述基准系统等效的结果，则型式核准主管部门可以对其认可：

——在原始排气中测量气态污染物所应用的系统（见附录 C 图 C.1）；

——在全流稀释系统中测量气态污染物所应用的系统（见附录 C 图 C.2）；

——在全流稀释系统中测量颗粒物，使用单滤纸（在整个试验循环中使用一对滤纸）方法或多滤纸（每工况使用一对滤纸）方法取样所应用的系统（见附录 C 图 C.12）。

其他系统或分析仪与本标准的某一个或几个基准系统之间的等效性，应在至少 7 对样本的相关性研究基础上加以确认。

判定等效性的准则定义为配对样本均值的一致性在±5%内。对于引入本标准的新系统，其等效性应根据 GB/T 6379.2—2004 所述的再现性和重复性计算作为根据。

5.2.2 有效寿命

应保证柴油机的排放控制装置在表 1 规定的有效寿命期内正常运转，且污染物排放符合 5.2.3 规定的限值要求。

柴油机耐久性运行试验应按照附件 BD 的要求，完成表 1 规定的耐久性试验，柴油机排放耐久性的最短运行时间或者等效运行时间不低于表 2 规定的柴油机有效寿命的 25%，并确定劣化系数或劣化修正值。对于装用含有贵金属的催化转化器的柴油机，试验前，制造厂还应单独提供两套相同的催化转化器，型式核准主管部门应任选一套进行耐久性试验；另一套按 HJ 509—2009 的规定检测其载体体积及各贵金属含量，测量值应不高于制造厂申报值的 1.1 倍。

表 1 耐久性时间要求

<table>
<tr><th>柴油机功率段/kW</th><th>转速/（r/min）</th><th>有效寿命/h</th><th>允许最短试验时间/h</th></tr>
<tr><td>P_{max}≥37</td><td>任何转速</td><td>8 000</td><td>2 000</td></tr>
<tr><td rowspan="3">19≤P_{max}<37</td><td>非恒速</td><td rowspan="2">5 000</td><td rowspan="2">1 250</td></tr>
<tr><td>恒速<3 000</td></tr>
<tr><td>恒速≥3 000</td><td rowspan="2">3 000</td><td rowspan="2">750</td></tr>
<tr><td>P_{max}<19</td><td>任何转速</td></tr>
</table>

5.2.3 限值

非道路移动机械用柴油机排气污染物中的一氧化碳（CO）、碳氢化合物（HC）和氮氧化物（NO_x）、颗粒物（PM）的比排放量，乘以按照本标准附件 BD.2.9 条所确定的劣化系数（安装排气后处理系统的柴油机），或加上按照本标准附件 BD.2.10 条所确定的劣化修正值（未安装排气后处理系统的柴油机），结果都不应超出表 2 规定的限值。

表 2 非道路移动机械用柴油机排气污染物排放限值

阶段	额定净功率（P_{max}）/kW	CO/[g/（kW·h）]	HC/[g/（kW·h）]	NO_x/[g/（kW·h）]	HC+NO_x/[g/（kW·h）]	PM/[g/（kW·h）]
第三阶段	P_{max}＞560	3.5	—	—	6.4	0.20
	130≤P_{max}≤560	3.5	—	—	4.0	0.20
	75≤P_{max}＜130	5.0	—	—	4.0	0.30
	37≤P_{max}＜75	5.0	—	—	4.7	0.40
	P_{max}＜37	5.5	—	—	7.5	0.60
第四阶段	P_{max}＞560	3.5	0.40	3.5，0.67[a]	—	0.10
	130≤P_{max}≤560	3.5	0.19	2.0	—	0.025
	75≤P_{max}＜130	5.0	0.19	3.3	—	0.025
	56≤P_{max}＜75	5.0	0.19	3.3	—	0.025
	37≤P_{max}＜56	5.0	—	—	4.7	0.025
	P_{max}＜37	5.5	—	—	7.5	0.60

[a] 适用于可移动式发电机组用 P_{max}＞900 kW 的柴油机。

5.2.4 根据本标准附录 A 附件 AB 的定义，若一个柴油机系族中有多个功率段的柴油机，则源机和该系族内柴油机的排气污染物结果都必须满足相应的高功率段更加严格的排放要求。制造企业可选择将柴油机系族限制在一个功率段内，并进行该功率段的柴油机系族的型式核准申请。

5.2.5 替换用柴油机应满足被替换柴油机制造当时的排放要求。

5.3 柴油机安装在非道路移动机械上的要求

安装在非道路移动机械上的柴油机应满足该柴油机型式核准的下列特征：

5.3.1 进气压力降不应超过附件 AA.1.18 对已经型式核准的柴油机规定的压力降。

5.3.2 排气背压不应超过附件 AA.1.19 对已经型式核准的柴油机规定的背压。

6 生产一致性检查

制造企业应按照本标准附录 G 的要求采取措施，来保证生产一致性。

6.1 一般要求

6.1.1 对已通过型式核准而批量生产的非道路移动机械用柴油机机型（或系族），制造企业必须采取措施确保柴油机机型（或系族）与该柴油机机型（或系族）排放申报材料一致。

6.1.2 型式核准主管部门应以非道路移动机械用柴油机机型（或系族）排放申报材料的内容为基础进行生产一致性检查。

6.1.3 型式核准主管部门可以根据监督管理的需要，在制造企业内按第 6.2 条的要求抽取样机。

6.1.4 如果某一柴油机机型（或系族）不能满足本标准第 5 条的要求，则制造企业应积极采取措施恢复生产一致性保证体系。在该柴油机机型（或系族）的生产一致性保证体系未得到恢复之前，型式核准主管部门可以暂时撤销该柴油机机型（或系族）的型式核准证书。

6.1.5 生产一致性检查使用符合 GB 252 规定的市售柴油；在制造企业的要求下，可以使用本标准附录 D 中描述的基准柴油。

6.2 发动机排放试验的生产一致性检查

6.2.1 从批量生产的柴油机中随机抽取一台样机。制造厂不得对抽样后用于检验的柴油机进行任何调整，但可以按照制造厂的技术规范进行磨合。

6.2.2　抽取的柴油机的气态污染物及颗粒物的比排放量，按照型式核准时确定的劣化系数或劣化修正值进行校正，若均不超过本标准第 5 条规定的限值要求，则该批产品的生产一致性合格。

6.2.3　如果从批量生产的产品中随机抽取的一台柴油机不能满足本标准第 5 条规定的限值要求，则制造厂可以要求从批量产品中抽取若干台柴油机进行生产一致性检查。制造厂应确定抽检样机的数量 n（包括原来抽检的一台）。除原来抽检的那台柴油机以外，其余的柴油机也都需进行试验。然后，根据抽检的 n 台样机上测得的每一种污染物的比排放量，求出算术平均值（$\overline{x}$）。如能满足下列条件，则该批产品的生产一致性合格，否则为不合格。

$$\overline{x}+k\cdot S\leqslant L_i$$

$$S^2=\sum_{i=1}^{n}\frac{(x_i-\overline{x})^2}{n-1}$$

式中：L_i——表 1 中规定的某种污染物的限值；

k——根据抽检样机数 n 确定的统计因数，其数值见表 3；

x_i——n 台样机中第 i 台的试验结果；

$\overline{x}$——n 台样机测试结果的算术平均值。

表 3　统计因数

n	2	3	4	5	6	7	8	9	10
k	0.973	0.613	0.489	0.421	0.376	0.342	0.317	0.296	0.279
n	11	12	13	14	15	16	17	18	19
k	0.265	0.253	0.242	0.233	0.224	0.216	0.210	0.203	0.198

如果 $n\geqslant 20$，则　$k=\dfrac{0.860}{\sqrt{n}}$

6.2.4　尽管有 6.2.1 至 6.2.3 的要求，型式核准主管部门在生产一致性抽查时可以选择如下方法和判定准则：

——从批量生产的柴油机中随机抽取 3 台样机。制造企业不得对抽样后用于检验的柴油机进行任何调整，但可以按照制造企业的技术规范进行磨合。

——若抽取的上述 3 台柴油机的各种污染物比排放量结果均不超过本标准第 5 条规定限值的 1.1 倍，且其平均值不超过限值，则判定环保一致性检查合格。

——若 3 台样机中有任一台样机的某种污染物比排放量超过限值的 1.1 倍，或其平均值超过限值，则判定环保一致性检查不合格。

6.3　催化转化器的生产一致性检查

6.3.1　从装配线上或批量产品中随机抽取三套催化转化器，按照 HJ 509—2009 的规定，对抽取的催化转化器检测其载体体积及各贵金属含量。

6.3.2　催化转化器生产一致性的判定准则：

——若被测的三套催化转化器的载体体积及各贵金属含量的测量结果均不低于申报值的 0.85 倍，且其平均值不低于申报值的 0.9 倍，则判定催化转化器的生产一致性检查合格。

——若被测的三套催化转化器中有任一套的载体体积或某一贵金属含量的测量结果低于申报值的 0.85 倍，或其平均值低于申报值的 0.9 倍，则判定催化转化器的生产一致性检查不合格。

7 柴油机标签

7.1 发动机制造企业在生产时应给每台发动机固定一个标签，标签应符合下列要求：

a）如果不毁坏标签或损伤发动机外观则无法将标签取下；

b）在整个发动机使用寿命期间保持清楚易读；

c）固定在发动机正常运转所需零件上，该零件应是整个发动机使用寿命期内一般不需要更换的；

d）发动机安装到移动机械上，标签的位置应明显可见。

7.2 如果发动机安装到移动机械上以后，因机械遮盖而使发动机标签变得不明显易见，则发动机制造企业应向移动机械制造企业提供一个附加的标签。附加的标签应符合下列要求：

a）如果不毁坏标签或损伤移动机械外观则无法将标签取下；

b）应固定在移动机械正常运转所必需的机械零件上，该零件应是整个移动机械使用寿命期内一般不需要更换的。

7.3 标签应包含下列信息：

a）第 5.2.3 条描述的型式核准批准的对应功率段及限值阶段、本标准附录 F 描述的型式核准号；

b）柴油机的型号、系族名称、功率参数；

c）发动机生产日期： 年 月 日（“日”可选。如在发动机其他部位已经标注生产日期，则标签中可不必重复标注）；

d）发动机制造企业的全称；

e）带后处理装置的应注明后处理装置的类型（如：选择性催化还原装置、颗粒物捕集器等）；

f）制造企业认为重要的其他信息。

7.4 对于按照 4.3 条获得型式核准豁免的柴油机，其标签除满足 7.1～7.3 条的要求外，还应注明其用途及豁免理由。

7.5 发动机完成最终检查离开生产线之前应带有标签。

7.6 发动机标签的位置应在本标准附录 A 中申报，经型式核准主管部门核准并在本标准附录 F 型式核准证书中说明。

8 确定柴油机系族的参数

柴油机系族根据系族内柴油机必须共有的基本设计参数确定。在某些条件下有些设计参数可能会相互影响，这些影响也必须被考虑进去，以确保只有具有相似排放特性的柴油机包含在一个柴油机系族内。

同一系族的柴油机必须共有下列基本参数和型号：

8.1 工作循环

——2 冲程

——4 冲程

8.2 冷却介质

——空气

——水

——油

8.3 单缸排量

——系族内柴油机间相差不超过 15%

——汽缸数（对于带后处理装置的柴油机）

8.4 进气方式

——自然吸气

——增压

——增压中冷

8.5 燃烧室型式/结构

——预燃式燃烧室

——涡流式燃烧室

——开式燃烧室

8.6 气阀和气口——结构、尺寸和数量

——汽缸盖

——汽缸壁

——曲轴箱

8.7 燃料喷射系统

——泵—管—嘴

——直列泵

——分配泵

——单体泵

——泵喷嘴

8.8 其他特性

——废气再循环

——喷水/乳化

——空气喷射

——增压中冷系统

8.9 排气后处理

——氧化催化器

——还原催化器

——热反应器

——颗粒物捕集器

9 源机的选择

9.1 柴油机系族源机的选取，应根据最大扭矩转速时，每冲程最高燃油供油量作为首选原则；若有两台或更多的柴油机符合首选原则，则应根据额定转速时，每冲程最大燃油供油量作为次选原则。在第5.2.4条或某些情况下，可以另选一台（或几台）柴油机进行试验以确定系族中的最差排放率。因此，可以增选一台（或几台）柴油机进行试验，选取的柴油机具有本系族中的最差排放水平。

9.2 如果系族内的柴油机还有其他能够影响排放的可变特性，那么选择源机时，这些特性也被确定并考虑在内。

10 标准的实施

自2014年10月1日起，凡进行排气污染物排放型式核准的非道路移动机械用柴油机都必须符合本标准第三阶段要求。在该规定执行日期之前，可以按照本标准的相应要求进行型式核准的申请和批准。

对于按本标准批准型式核准的非道路移动机械用柴油机，其生产一致性检查，自批准之日起执行。

自 2015 年 10 月 1 日起，停止制造和销售第二阶段非道路移动机械用柴油机，所有制造和销售的非道路移动机械用柴油机，其排气污染物排放必须符合本标准第三阶段要求。自 2016 年 4 月 1 日起，停止制造、进口和销售装用第二阶段柴油机的非道路移动机械，所有制造、进口和销售的非道路移动机械应装用符合本标准第三阶段要求的柴油机。

鼓励有条件的地区提前实施本标准。

中华人民共和国国家标准

船舶发动机排气污染物排放限值及测量方法（中国第一、二阶段）

Limits and measurement methods for exhaust pollutants from marine engines（CHINA Ⅰ，Ⅱ）

GB 15097—2016
代替 GB/T 15097—2008

前 言

为贯彻《中华人民共和国环境保护法》和《中华人民共和国大气污染防治法》，防治船舶大气污染物排放对环境的污染，改善环境空气质量，制定本标准。

本标准规定了船舶装用的压燃式发动机及点燃式气体燃料（含双燃料）发动机（以下简称船机）排气污染物排放限值及测量方法。本标准适用于内河船、沿海船、江海直达船、海峡（渡）船和渔业船舶装用的第 1 类和第 2 类船机的型式检验、生产一致性检查和耐久性要求。本标准也规定了船舶和船机实施大修后的排放要求。

本标准的技术内容主要采用欧盟（EU）指令 97/68/EC（截至修订版 2004/26/EC）《关于协调各成员国采取措施防治非道路移动机械用压燃式发动机气态污染物和颗粒物排放的法律》有关船机的技术内容；第二阶段的排放限值要求参照美国 EPA 法规 40 CFR PART 1042《压燃式船用发动机排放控制》中的相关规定，对船舶和船机大修后的要求参照美国 EPA 法规 40 CFR PART 94《压燃式船用发动机排放控制》中的相关规定。

本标准的附录 A、附录 B、附录 C、附录 D、附录 E、附录 F、附录 G 和附录 H 为规范性附录，附录 I 和附录 J 为资料性附录。

本标准为首次制订。

本标准由环境保护部科技标准司组织制订。

本标准起草单位：济南汽车检测中心、中国环境科学研究院、淄博柴油机总公司、潍柴动力股份有限公司、上海内燃机研究所。

本标准环境保护部 2016 年 5 月 11 日批准。

本标准自 2018 年 7 月 1 日实施。

自本标准发布之日起，即可依据本标准进行型式检验。《船用柴油机排气排放污染物测量方法》（GB/T 15097—2008）自 2019 年 7 月 1 日起废止。

本标准由环境保护部解释。

1 适用范围

本标准规定了船舶装用的压燃式发动机及点燃式气体燃料（含柴油天然气双燃料）发动机（以下简称船机）排气污染物排放限值及测量方法。

本标准适用于内河船、沿海船、江海直达船、海峡（渡）船和渔业船舶装用的额定净功率大于 37 kW 的第 1 类和第 2 类船机（包括主机和辅机）的型式检验、生产一致性检查和耐久性要求。本标准也规定了船舶和船机实施大修后的排放要求。

本标准不适用于船舶装用的应急船机、安装在救生艇上或只在应急情况下使用的任何设备或装置上的船机。

第 3 类船机执行 GD 01 的要求。

额定净功率不超过 37 kW 的船机执行 GB 20891 标准。

2 规范性引用文件

本标准引用了下列文件或其中的条款，凡是未注明日期的引用文件，其最新版本适用于本标准。

GB 252 普通柴油

GB 20891 非道路移动机械用柴油机排气污染物排放限值及测量方法

GB/T 6072.3—2008 往复式内燃机 性能 第 3 部分：试验测量

GB/T 6379.2—2004 测量方法与结果的准确度（正确度与精密度） 第 2 部分：确定标准测量方法重复性与再现性的基本方法

GB/T 21404—2008 内燃机 发动机功率的确定和测量方法 一般要求

GD 01 船用柴油机氮氧化物排放试验及检验指南

3 术语和定义

下列术语和定义适用于本标准。

3.1 内河船 inland vessel

在江河、湖泊航行的船。

3.2 沿海船 coaster vessel

在沿海各港口之间航行的船。

3.3 江海直达船 river-sea ship

在沿海水域和江河航道航行的船。

3.4 海峡（渡）船 channel ship

在海峡两岸或岛屿间水域航行的船。

3.5 渔业船舶 fishing ship

从事渔业生产的船舶以及属于水产系统为渔业生产服务的船舶，包括：捕捞船、养殖船、水产运销船、冷藏加工船、渔业油船、渔业供应船、渔业指导船、渔业科研调查船、渔业教学实习船、渔港工程船、渔业拖轮、渔业交通船、渔业驳船、渔政船和渔监船等。

3.6 第 1 类船机 category 1 marine engine

额定净功率大于或等于 37 kW 并且单缸排量小于 5 L 的船机。

3.7 第 2 类船机 category 2 marine engine

单缸排量大于或等于 5 L 且小于 30 L 的船机。

3.8 第 3 类船机 category 3 marine engine

单缸排量大于或等于 30 L 的船机。

3.9 双燃料船机 dual fuel marine engine

既可以燃烧气体燃料，又可以燃烧燃油，或者同时燃烧燃油和气体燃料的船机。

3.10 型式检验 type test

船舶发动机的一种机型在设计完成后，对试制出来的新产品进行的定型试验，以验证产品能否满足本标准技术要求的检验。

3.11 船机机型 marine engine type

在附录 A 附件 AA 中列出的船机基本特性参数无差异的同一类船机。

3.12 船机系族 marine engine family

制造厂按附录 A 附件 AB 规定所设计的一组具有类似的排气排放特性的船机，同一系族中所有船机都必须满足相应的排放限值。

3.13 源机 parent engine

从船机系族中选出的，能代表这一船机系族排放特性的船机。

3.14 排气污染物 exhaust pollutants

船机排气管排出的气态污染物和颗粒物。

3.15 气态污染物 gaseous pollutants

排气污染物中的一氧化碳（CO）、碳氢化合物（HC）和氮氧化物（NO_x）。碳氢化合物（HC）以 C_1 当量表示，氮氧化物（NO_x）以二氧化氮（NO_2）当量表示。

3.16 颗粒物（PM） particulate matter

按附录 B 所描述的试验方法，在温度不超过 325 K（52℃）的稀释排气中，由规定的过滤介质收集到的排气中的所有物质。

3.17 净功率 net power

在试验台架上，按照 GB/T 21404—2008 规定的净功率测量方法，当发动机装有附录 E 要求的发动机净功率试验所需装用的设备和辅助装置时，在曲轴末端或其相当零件处所测得的功率。

3.18 额定净功率 rated net power

船机铭牌及技术文件中标明的最大持续输出功率。

3.19 额定转速 rated speed

船机铭牌及技术文件中标明的在额定功率输出时的转速。

3.20 负荷百分比 percent load

在船机某一转速下可得到的最大扭矩的百分数。

3.21 中间转速 intermediate speed

设计在非恒定转速下工作的船机，按全负荷扭矩曲线运行时，符合下列条件之一的转速：

——如果标定的最大扭矩转速在额定转速的 60%～75%，则中间转速取标定的最大扭矩转速；

——如果标定的最大扭矩转速低于额定转速的 60%，则中间转速取额定转速的 60%；

——如果标定的最大扭矩转速高于额定转速的 75%，则中间转速取额定转速的 75%。

3.22 有效寿命 useful life

本标准第 5.2.3 条规定的，保证船机的排放控制系统的正常运转并符合有关气态污染物和颗粒物排放限值，且已在型式检验时给予确认的使用时间。

3.23 船机大修 rebuilding marine engine

对船机或船机系统的一部分进行拆卸、检查和/或零部件替换，重新组装船机或船机系统，提高船机的寿命。

3.24 应急船机 emergency marine engine

只在应急情况下使用的任何设备或装置上的船机。

4 型式检验和检验信息公开

4.1 本标准适用范围的船机机型应按照本标准要求进行型式检验。

4.2 信息公开要求

船机制造企业或授权的代理人应按本标准附录 A、附录 F 的要求进行信息公开，涉及企业机密的相关内容，可仅向主管部门公开。

4.3 型式检验的样机和试验用燃料

4.3.1 应向负责进行型式检验的检测机构，提交一台符合附录 A 所描述的“船机机型”（或“源机”）特性的船机，完成本标准规定的检验内容。

负责进行型式检验的检测机构也可以在船机制造企业，对提交申请的船机完成本标准规定的检验内容。

如果主管部门认为申请者提供的源机不能完全代表附件 AB 中定义的发动机系族，应由制造企业提供另一台源机，进行型式检验。

4.3.2 型式检验使用燃料规定如下：

4.3.2.1 对于使用普通柴油的船机，应使用附录 D 规定的基准柴油。

4.3.2.2 对于使用其他燃料的船机，应使用制造企业型式检验燃料类型的市售燃料。

4.3.2.3 对于可以使用一种以上燃料（非混合燃料）的船机，应用每类燃料分别进行试验，且测试结果均应满足本标准规定的排放要求。

4.3.2.4 对于可以使用多种混合燃料的船机，应选用会造成排放最恶劣状态的混合燃料进行试验，且测试结果应满足本标准规定的排放要求。

4.4 型式检验的豁免

对于出口、展览、救援、应急、匹配试验等特殊用途的船机，可向主管部门提出申请，免予型式检验。向主管部门提交的资料应包括：型号、功率、生产厂、用途、所达到的排放标准阶段、数量和生产日期等内容。

5 技术要求和试验

5.1 总则

制造企业应采取技术措施确保船机在正常的工作条件下、在规定的使用寿命期内，排放控制系统正常运转，污染物排放符合本标准要求。

未经型式检验不得对制造厂采取的污染控制技术措施或装置（如燃油系统、电子控制系统或后处理系统等）进行任何可能影响排放的改造。

5.2 排气污染物的规定

5.2.1 试验规程及取样系统

船机排气污染物的测量与取样规程按附录 B 附件 BA 的规定进行，试验循环按附录 B 中表 B.1 或表 B.2 或表 B.3 或表 B.4 或表 B.5 的规定进行。

船机的排气污染物应使用附录 C 描述的系统测定。

如果其他系统或分析仪经认可能得到以下和附录 C 规定的测试系统等效的结果，也可使用：

——在原始排气中测量气态污染物所应用的系统（见附录 C 图 C.1）；

——在全流稀释系统中测量气态污染物所应用的系统（见附录 C 图 C.2）；

——在全流稀释系统中测量颗粒物，使用单滤纸（在整个试验循环中使用一对滤纸）方法或多滤纸（每工况使用一对滤纸）方法取样所应用的系统（见附录 C 图 C.12）。

其他系统或分析仪与本标准的某一个或几个基准系统之间的等效性，应在至少 7 对样本的相关性研究基础上加以确认。

判定等效性的准则定义为配对样本均值的一致性在±5%内。对于引入本标准的新系统，其等效性应以 GB/T 6379.2—2004 所述的再现性和重复性计算作为根据。

5.2.2　限值

船机排气污染物中一氧化碳（CO）、碳氢化合物（HC）、氮氧化物（NO_x）和颗粒物（PM）的比排放量，乘以按照本标准附件 B 附件 BD 确定的劣化系数（安装排气后处理系统的船机），或加上按照附件 BD 确定的劣化修正值（未安装排气后处理系统的船机），在第一阶段不得超过表 1 中的限值，第二阶段不得超过表 2 中的限值。

表 1　船机排气污染物第一阶段排放限值

船机类型	单缸排量（*SV*）/（L/缸）	额定净功率（*P*）/kW	CO/[g/（kW·h）]	HC[a]+NO_x/[g/（kW·h）]	CH_4[b]/[g/（kW·h）]	PM/[g/（kW·h）]
第 1 类	*SV*＜0.9	*P*≥37	5.0	7.5	1.5	0.40
	0.9≤*SV*＜1.2		5.0	7.2	1.5	0.30
	1.2≤*SV*＜5		5.0	7.2	1.5	0.20
第 2 类	5≤*SV*＜15		5.0	7.8	1.5	0.27
	15≤*SV*＜20	*P*＜3 300	5.0	8.7	1.6	0.50
		P≥3 300	5.0	9.8	1.8	0.50
	20≤*SV*＜25		5.0	9.8	1.8	0.50
	25≤*SV*＜30		5.0	11.0	2.0	0.50

[a] HC 为对于 NG（含双燃料）船机、HC 为非甲烷碳氢化合物（NMHC）。

[b] 仅适用于 NG（含双燃料）船机。

表 2　船机排气污染物第二阶段排放限值

船机类型	单缸排量（*SV*）/（L/缸）	额定净功率（*P*）/kW	CO/[g/（kW·h）]	HC[a]+NO_x/[g/（kW·h）]	CH_4[b]/[g/（kW·h）]	PM/[g/（kW·h）]
第 1 类	*SV*＜0.9	*P*≥37	5.0	5.8	1.0	0.3
	0.9≤*SV*＜1.2		5.0	5.8	1.0	0.14
	1.2≤*SV*＜5		5.0	5.8	1.0	0.12
第 2 类	5≤*SV*＜15	*P*＜2 000	5.0	6.2	1.2	0.14
		2 000≤*P*＜3 700	5.0	7.8	1.5	0.14
		P≥3 700	5.0	7.8	1.5	0.27
	15≤*SV*＜20	*P*＜2 000	5.0	7.0	1.5	0.34
		2 000≤*P*＜3 300	5.0	8.7	1.6	0.50
		P≥3 300	5.0	9.8	1.8	0.50

船机类型	单缸排量（SV）/（L/缸）	额定净功率（P）/kW	CO/[g/（kW·h）]	HC[a]＋NO_x/[g/（kW·h）]	CH_4[b]/[g/（kW·h）]	PM/[g/（kW·h）]
第 2 类	20≤SV<25	P<2 000	5.0	9.8	1.8	0.27
		P≥2 000	5.0	9.8	1.8	0.50
	25≤SV<30	P<2 000	5.0	11.0	2.0	0.27
		P≥2 000	5.0	11.0	2.0	0.50
[a] HC 为对于 NG（含双燃料）船机、HC 为非甲烷碳氢化合物（NMHC）。						
[b] 仅适用于 NG（含双燃料）船机。						

5.2.3 耐久性要求

5.2.3.1 应按照附录 B 附件 BD 的要求进行耐久性试验，证明船机及其后处理装置在正常的工作条件下、在正常的使用寿命期内能够发挥作用。耐久性试验应通过成熟的工程方法来完成。耐久性试验过程中，可以定期进行系统维护，如更换柴油滤芯、机油滤芯等部件，这些工作必须在技术允许的范围内进行。上述系统维护的要求必须包括在用户使用手册中（其中包括制造企业对排气后处理装置耐久性的保证书）。使用说明书中与后处理装置维修、更换有关的内容摘要必须包含在附录 A 所描述的排放控制系统相关信息中。

5.2.3.2 应保证船机在表 3 规定的有效寿命期内，排气污染物排放符合 5.2.2 条规定的限值要求，并在型式检验时给予确认。

5.2.3.3 应在检测机构的有效监督下，按照附件 BD 的要求，完成耐久性试验，并确定劣化系数（或劣化修正值）。

表 3 有效寿命要求

船机类型	有效寿命[a]		允许最短试验时间/h
	时间/h	年限/a	
第 1 类和第 2 类	10 000	10	2 500
第 1 类（娱乐用）	1 000	10	500
[a] 有效寿命小时数和年限，以先到者为准。			

5.2.4 在用符合性要求

制造企业应采取措施，确保正常使用条件下的船舶所安装的船机在正常寿命期内，排放控制装置始终正常运行，在有效寿命期内排放达标。

船机的在用符合性核查按照 GD 01 规定的船上核查程序进行。

5.2.5 对船机大修和更换船机的要求

5.2.5.1 对船机大修的要求

当对船机进行大修时，应按照附录 H 的要求进行，大修过的船机排放水平应不低于船机大修前型式检验的排放水平。

5.2.5.2 对船舶更换船机的要求

当船舶更换船机时，应更换符合本标准当时阶段排放要求的船机。

5.3 船机安装在船舶上的要求

在船舶上安装的船机应满足该船机型式检验时的下列特征：

5.3.1 进气压力降不应超过附录 A 附件 AA.1.17 对已经型式检验的发动机规定的压力降。

5.3.2 排气背压不应超过附录 A 附件 AA.1.18 对已经型式检验的发动机规定的背压。

5.3.3 排气后处理装置在排气管路中的位置和基准距离应满足附录 A 附件 AA.2 的要求。

6 船舶硫氧化物排放控制的规定

6.1 内河船、江海直达船和在内河作业的渔业船舶，应使用符合 GB 252 标准的柴油。

6.2 沿海船、海峡（渡）船和在近海作业的渔业船舶，若船机设计需要使用船用燃料油，应使用符合国家标准及法规规定的低硫船用燃料油；对安装污染控制装置的船舶，其二氧化硫（SO_2）排放不超过使用低硫船用燃料的，可使用其他燃料，且船舶应有明显的标识。

6.3 本标准适用范围的船舶，若安装的船机设计需要使用其他燃料（如 NG 燃料和混合燃料等），应使用符合标准的市售燃料。

7 生产一致性检查

制造企业应按照附录 G 的要求采取措施，保证生产一致性。生产一致性检查中发动机气态污染物和颗粒物的测量值应按实际劣化系数（或劣化修正值）进行校正。

7.1 一般要求

7.1.1 对已通过型式检验而正式投产的船机机型（或系族），制造企业必须采取措施确保所生产船机与该船机机型（或系族）型式检验相关信息（附录 A）的内容一致。

7.1.2 主管部门应以该船机机型（或系族）型式检验相关信息（附录 A）的内容为基础进行生产一致性检查。

7.1.3 主管部门可以根据监督管理的需要，在制造企业内按 7.2 条要求抽取样机。

7.1.4 如果某一船机机型（或系族）不能满足本标准第 5 章的要求，则制造企业应积极采取措施改善生产一致性保证体系。

7.1.5 生产一致性检查使用燃料的规定如下：

7.1.5.1 对于使用普通柴油的船机，生产一致性检查应使用符合 GB 252 规定的市售柴油，在制造企业的要求下，可以使用附录 D 中描述的基准柴油。

7.1.5.2 对于使用其他单一燃料的船机，生产一致性检查应使用制造企业型式检验所用燃料类型的市售燃料。

7.1.5.3 对于可以使用一种以上燃料的船机，生产一致性检查应使用每类燃料分别进行试验。

7.1.5.4 对于可以使用多种混合燃料的船机，生产一致性检查应选用会造成排放最恶劣状态的混合燃料进行试验。

7.2 生产一致性检查的规定

7.2.1 从正式投产的船机中随机抽取一台样机。制造企业不得对抽样后用于检验的船机进行任何调整，但可以按照制造企业的技术规范进行磨合。

7.2.2 对抽取的样机进行外观检验，其配置应与型式检验相关信息（附录 A）的内容一致，如不一致，则判定该批产品的生产一致性不合格。

7.2.3 若抽取的船机通过试验测得的一氧化碳、碳氢化合物、氮氧化物及颗粒物，均不超过本标准第 5 章规定的限值要求，则该批产品的生产一致性合格。

7.2.4 如果从正式投产的产品中随机抽取的一台船机不能满足本标准第 5 章规定的限值要求，则制造厂可以要求加抽若干台船机进行生产一致性检查。制造企业应确定抽检样机的数量 n（包括原来抽检的一台）。除原来抽检的那台船机以外，其余的船机也都需进行试验。然后，根据抽检的 n 台样机上测得的每一种污染物的比排放量，求出算术平均值（$\overline{x}$）。如能满足下列条件，则该批产品的生产一致性合格，否则为不合格。

$$\overline{x}+k\cdot S\leqslant L_i$$

$$S^2=\sum_{i=1}^{n}\frac{(x_i-\overline{x})^2}{n-1}$$

式中，L_i——表 1 中规定的某种污染物的限值；

k——根据抽检样机数 n 确定的统计因数，其数值见表 4；

x_i——n 台样机中第 i 台经过劣化系数（或劣化修正值）校正的试验结果；

$\overline{x}$——n 台样机经过劣化系数（或劣化修正值）校正的测试结果的算术平均值。

表 4　统计因数

n	2	3	4	5	6	7	8	9	10
k	0.973	0.613	0.489	0.421	0.376	0.342	0.317	0.296	0.279
n	11	12	13	14	15	16	17	18	19
k	0.265	0.253	0.242	0.233	0.224	0.216	0.210	0.203	0.198

如果 $n\geqslant20$，则 $$k=\frac{0.860}{\sqrt{n}}$$

8　船机标签

8.1　船机制造企业在生产时应给每台船机固定一个标签，标签应符合下列要求：

a）如果不毁坏标签或损伤船机外观则无法将标签取下；

b）在整个船机使用寿命期间保持清楚易读；

c）固定在船机正常运转所需零件上，该零件应是在整个船机使用寿命期内一般不需要更换的；

d）船机安装到船舶上，标签的位置应明显可见。

8.2　如果船机安装到船舶上以后，因机械遮盖而使船机标签变得不明显易见，则船机制造企业应向船舶制造企业提供一个附加的标签。附加的标签应符合下列要求：

a）如果不毁坏标签或损伤船舶外观则无法将标签取下；

b）应固定在船舶正常运转所必需的机械零件上，该零件应是在整个船舶使用寿命期内一般不需要更换的。

8.3　标签应包含下列信息：

a）船机对应的功率段及限值阶段；

b）船机的型号、系族名称、功率参数；

c）船机生产日期：年　月　日（“日”可选。如在船机其他部位已经标注生产日期，则标签中可不必重复标注）；

d）船机制造企业的全称；

e）船机使用的燃料类型（如：柴油、船用馏分油、NG 等）；

f）带后处理装置的应注明后处理装置的类型（如选择性催化还原装置、废气洗涤设备、颗粒物捕集器等）；

g）制造企业认为重要的其他信息。

8.4　对于按照 4.3 条获得型式检验豁免的船机，其标签除满足 8.1~8.3 条的要求外，还应注明其用途及豁免理由。

8.5　船机完成最终检查离开生产线之前应带有标签。

8.6　船机标签的位置应在附录 A 中描述，并在附录 F 中说明。

9　确定船机系族的参数

船机系族根据系族内船机必须共有的基本设计参数确定。在某些条件下有些设计参数可能会相互影响，这些影响也必须被考虑进去，以确保只有具有相似排放特性的船机才包含在一个船机系族内。

同一系族的船机应共有下列基本参数和型号：

9.1　工作循环

——2 冲程

——4 冲程

9.2　冷却介质

——空气

——水

——油

9.3　对于燃气发动机和带后处理器的发动机：

——气缸数

（如果燃料供给系统为每缸单独计量燃料，则比源机缸数少的其他船机，都可属于同一发动机系族）。

9.4　单缸排量

——系族内各船机间总相差不超过 15%。

9.5　进气方式

——自然吸气

——增压

——增压中冷

9.6　燃烧室型式

——分隔式燃烧室

——开式燃烧室

9.7　气阀和气道——结构、尺寸和数量

——气缸盖

——气缸套

——曲轴箱

9.8　燃料喷射系统

——组合式泵-管-嘴系统

——直列泵

——分配泵

——单体泵

——泵喷嘴

9.9　燃料供给系统（燃气发动机）：

——混合单元

——燃气吸入/喷射（单点，多点）

——液态喷射（单点，多点）

9.10 点火系统（燃气发动机）

9.11 其他特性

——废气再循环

——喷水/乳化

——空气喷射

——增压中冷系统

9.12 排气后处理

——氧化催化器

——还原催化器

——热反应器

——颗粒物捕集器

——废气洗涤设备

10 源机的选择

10.1 船机系族源机的选取，应为船机系族中的排放最差机型。根据最大扭矩转速时，每行程最高燃油供油量作为首选原则；若有两台或更多的船机符合首选原则，则应根据额定转速时，每行程最大燃油供油量作为次选原则。

10.2 如果系族内的船机还有其他能够影响排放的可变特性，那么选择源机时，这些特性也应被确定并考虑在内，可以增选一台（或几台）船机进行试验。

11 标准的实施

11.1 型式检验

自表 5 规定的日期起，凡进行型式检验的新型船机均应符合本标准相应阶段要求。在表 5 规定的日期之前，可以按照本标准的相应要求进行型式检验。

表 5 执行日期

第一阶段	第二阶段
2018 年 7 月 1 日	2021 年 7 月 1 日

11.2 船机的销售、进口和投入使用

自表 5 规定的执行日期之后 12 个月起，所有销售、进口和投入使用的船机（含作为配件的船机），其排气污染物排放应符合本标准要求。凡不满足本标准相应阶段要求的船机不得销售、进口和投入使用。

11.3 船机大修和更换船机

自 2019 年 7 月 1 日起，船机大修应符合附录 H 的要求，船舶更换船机应符合 5.2.5.1 条的要求。

第十部分

大气污染控制技术政策

环境空气细颗粒物污染综合防治技术政策

（环境保护部公告 2013 年 第 59 号 2013-09-25 实施）

一、总则

（一）为贯彻《中华人民共和国环境保护法》和《中华人民共和国大气污染防治法》等法律法规，改善环境质量，防治环境污染，保障人体健康和生态安全，促进技术进步，制定本技术政策。

（二）本技术政策为指导性文件，提出了防治环境空气细颗粒物污染的相关措施，供各有关方面参照采用。

（三）环境空气中由于人类活动产生的细颗粒物主要有两个方面：一是各种污染源向空气中直接释放的细颗粒物，包括烟尘、粉尘、扬尘、油烟等；二是部分具有化学活性的气态污染物（前体污染物）在空气中发生反应后生成的细颗粒物，这些前体污染物包括硫氧化物、氮氧化物、挥发性有机物和氨等。防治环境空气细颗粒物污染应针对其成因，全面而严格地控制各种细颗粒物及前体污染物的排放行为。

（四）环境空气中细颗粒物的生成与社会生产、流通和消费活动有密切关系，防治污染应以持续降低环境空气中的细颗粒物浓度为目标，采取“各级政府主导，排污单位负责，社会各界参与，区域联防联控，长期坚持不懈”的原则，通过优化能源结构、变革生产方式、改变生活方式，不断减少各种相关污染物的排放量。

（五）防治细颗粒物污染应将工业污染源、移动污染源、扬尘污染源、生活污染源、农业污染源作为重点，强化源头削减，实施分区分类控制。

二、综合防治

（六）应将能源合理开发利用作为防治细颗粒物污染的优先领域，实行煤炭消费总量控制，大力发展清洁能源。天然气等清洁能源应优先供应居民日常生活使用。在大型城市应不断减少煤炭在能源供应中的比重。限制高硫分或高灰分煤炭的开采、使用和进口，提高煤炭洗选比例，研究推广煤炭清洁化利用技术，减少燃烧煤炭造成的污染物排放。

（七）应将防治细颗粒物污染作为制定和实施城市建设规划的目的之一，优化城市功能布局，开展城市生态建设，不断提高环境承载力，适当控制城市规模，大力发展公共交通系统。

（八）应调整产业结构，强化规划环评和项目环评，严格实施准入制度，必要时对重点区域和重点行业采取限批措施；淘汰落后产能，形成合理的产业分布空间格局。

（九）环境空气中细颗粒物浓度超标的城市，应按照相关法律规定，制定达标规划，明确各年度或各阶段工作目标，并予以落实。应完善环境质量监测工作，开展污染来源解析，编制各地重点污染源清单，采取针对性的污染排放控制措施。应以环境质量变化趋势为依据，建立污染排放控制措施有效性评估和改善工作机制。

三、防治工业污染

（十）应将排放细颗粒物和前体污染物排放量较大的行业作为工业污染源治理的重点，包括：火电、冶金、建材、石油化工、合成材料、制药、塑料加工、表面涂装、电子产品与设备制造、包装印刷等。工业污染源的污染防治，应参照燃煤二氧化硫、火电厂氮氧化物和冶金、建材、化工等污染防治技术政策的具体内容，开展相关工作。

（十一）应加强对各类污染源的监管，确保污染治理设施稳定运行，切实落实企业环保责任。鼓励采用低能耗、低污染的生产工艺，提高各个行业的清洁生产水平，降低污染物产生量。

（十二）应制定严格、完善的国家和地方工业污染物排放标准，明确各行业排放控制要求。在环境污染严重、污染物排放量大的地区，应制定实施严格的地方排放标准或国家排放标准特别排放限值。

（十三）对于排放细颗粒物的工业污染源，应按照生产工艺、排放方式和烟（废）气组成的特点，选取适用的污染防治技术。工业污染源有组织排放的颗粒物，宜采取袋除尘、电除尘、电袋除尘等高效除尘技术，鼓励火电机组和大型燃煤锅炉采用湿式电除尘等新技术。

（十四）对于排放前体污染物的工业污染源，应分别采用去除硫氧化物、氮氧化物、挥发性有机物和氨的治理技术。对于排放废气中的挥发性有机物应尽量进行回收处理，若无法回收，应采用焚烧等方式销毁（含卤素的有机物除外）。采用氨作为还原剂的氮氧化物净化装置，应在保证氮氧化物达标排放的前提下，合理设置氨的加注工艺参数，防止氨过量造成污染。鼓励在各类生产中采用挥发性有机物替代技术。

（十五）产生大气颗粒物及其前体物污染物的生产活动应尽量采用密闭装置，避免无组织排放；无法完全密闭的，应安装集气装置收集逸散的污染物，经净化后排放。

四、防治移动源污染

（十六）移动污染源包括各种道路车辆、机动船舶、非道路机械、火车、航空器等，应按照机动车、柴油车等污染防治技术政策的具体内容，开展相关工作。

防治移动源污染应将尽快降低燃料中有害物质含量，加速淘汰高排放老旧机动车辆和机械，加强在用机动车船排放监管作为重点，并建立长效机制，不断提高移动污染源的排放控制水平。

（十七）进一步提高全国车辆和机械用燃油的清洁化水平，降低硫等有害物质含量，为实施更加严格的移动污染源排放标准、降低在用车辆和机械排放水平创造必要条件。采取措施切实保障各地车用燃油的质量，防止车辆由于使用不符合要求的燃油造成故障或导致排放控制性能降低。

（十八）加强对排放检验不合格在用车辆的治理，强制更换尾气净化装置。升级汽车氮氧化物排放净化技术，采用尿素等还原剂净化尾气中的氮氧化物，并建立车用尿素供应网络。新生产压燃式发动机汽车应安装尾气颗粒物捕集器。用于公用事业的压燃式发动机在用车辆，可按照规定进行改造，提高排放控制性能。

（十九）积极发展新能源汽车和电动汽车，公共交通宜优先采用低排放的新能源汽车。交通拥堵严重的特大城市应推广使用具有启停功能的乘用车。大力发展地铁等大容量轨道交通设施。按期停产达不到轻型货车同等排放标准的三轮汽车和低速货车。

（二十）制定实施新的机动车船大气污染物排放标准，收紧颗粒物、碳氢化合物、氮氧化物等污染物排放限值。开展适合我国机动车辆行驶状况的测试方法的研究。制定、完善并严格实施非道路移动机械大气污染物排放标准，明确颗粒物和氮氧化物排放控制要求。

（二十一）严格控制加油站、油罐车和储油库的油气污染物排放，按时实施国家排放标准。

五、防治扬尘污染

（二十二）扬尘污染源应以道路扬尘、施工扬尘、粉状物料贮存场扬尘、城市裸土起尘等为防治重点。应参照《防治城市扬尘污染技术规范》，开展城市扬尘综合整治，减少城市裸地面积，采取植树种草等措施提高绿化率，或适当采用地面硬化措施，遏止扬尘污染。

（二十三）对各种施工工地、各种粉状物料贮存场、各种港口装卸码头等，应采取设置围挡墙、防尘网和喷洒抑尘剂等有效的防尘、抑尘措施，防止颗粒物逸散；设置车辆清洗装置，保持上路行驶车辆的清洁；鼓励各类土建工程使用预搅拌的商品混凝土。

（二十四）实行粉状物料及渣土车辆密闭运输，加强监管，防止遗撒。及时进行道路清扫、冲洗、洒水作业，减少道路扬尘。规范园林绿化设计和施工管理，防止园林绿地土壤向道路流失。

六、防治生活污染

（二十五）生活污染来源复杂、分布广泛，治理工作应调动社会各界的积极性，鼓励公众参与。应在全社会倡导形成节俭、绿色生活方式，摒弃奢侈、浪费、炫耀的消费习惯。倡导绿色消费，通过消费者选择和市场竞争，促使企业生产环境友好型消费品。

（二十六）治理饮食业、干洗业、小型燃煤燃油锅炉等生活污染源，严格控制油烟、挥发性有机物、烟尘等污染物排放。推广使用具备溶剂回收功能的封闭式干洗机。应有效控制城市露天烧烤。生活垃圾和城市园林绿化废物应及时清运，进行无害化处理，防止露天焚烧。

（二十七）以涂料、黏合剂、油墨、气雾剂等在生产和使用过程中释放挥发性有机物的消费品为重点，开展环境标志产品认证工作，鼓励生产和使用水性涂料，逐渐减少用于船舶制造维修等领域油性涂料的生产和使用，减少挥发性有机物排放量。

（二十八）在城市郊区和农村地区，推广使用清洁能源和高效节能锅炉，有条件的地区宜发展集中供暖或地热等采暖方式，以替代小型燃煤、燃油取暖炉，减轻面源污染。

（二十九）开展环境文化建设，形成有益于环境保护的公序良俗，倡导良好生活习惯。倡导有益于健康的饮食习惯和低油烟、低污染、低能耗的烹调方式。提倡以无烟方式进行祭扫等礼仪活动，减少燃放烟花爆竹。

七、防治农业污染

（三十）提倡采用“留茬免耕、秸秆覆盖”等保护性耕作措施，最大限度地减少翻耕对土壤的扰动，防治土壤侵蚀和起尘。

（三十一）及时、妥善收集处理农作物秸秆等农业废弃物，可采取粉碎后就地还田、收集制备生物质燃料等资源化利用措施，减少露天焚烧。

（三十二）加强对施用肥料的技术指导，合理施肥，鼓励采用长效缓释氮肥和有机肥，有效减少氨挥发。

（三十三）加强规模化畜禽养殖污染防治的监管，推广先进养殖和污染治理技术，减少氨的排放。

八、监测预警与应急

（三十四）严格按照相关标准规定开展环境空气质量监测与评价工作，加快建设环境空气监测网络和环境质量预测预报和评估制度，加强环保、气象部门间的协作和信息共享，建立环境空气质量预警和发布平台。

（三十五）应根据各地气象条件、细颗粒物与前体污染物来源、污染源分布情况，制定环境空气重污染应急预案及预警响应程序，包括紧急限产和临时停产的排污企业和设施名单、车辆限行方案、扬尘管控措施等。

（三十六）建立部门间大气重污染事件应急联动机制，根据出现不利气象条件和重污染现象的预报，及时启动应急方案，采取分级响应措施。应定期评估应急预案实施效果，并适时修订应急预案。

九、强化科技支撑

（三十七）应将科技创新作为防治细颗粒物污染的重要手段。根据我国细颗粒物来源复杂的特点，深入开展大气颗粒物来源解析研究，摸清我国不同区域细颗粒物污染的时空分布特征、形成与区域传输机理，开展细颗粒物总量控制技术与方案的研究。鼓励开展细颗粒物污染相关的健康与生态效应研究。鼓励开展支撑细颗粒物污染防治的经济政策、环保标准等方面的研究。

（三十八）根据实现国家未来环保目标和污染排放控制要求的技术需求，采取措施鼓励研发高效污染治理先导技术，作为确定实施更加严格排放控制要求的技术储备。鼓励采用各种高效污染物净化技术，以及清洁生产技术和资源能源高效利用技术，提高各个行业和污染源的排放控制技术水平，降低污染物排放强度。鼓励研发示范各种细颗粒物及氮氧化物、挥发性有机物等前体污染物的新型高效净化技术，包括袋式除尘、电除尘、电袋复合除尘、湿式电除尘、炉窑选择性催化还原、分子筛吸附浓缩、高效蓄热式催化燃烧、低温等离子体、高效水基强化吸收等。

（三十九）加强细颗粒物污染防治的知识普及和宣传教育，提升全民环境意识和公众参与能力。根据国内改善环境质量和污染防治工作的实际需要，开展细颗粒物防治国际合作。

附：细颗粒物污染防治技术简要说明

附

细颗粒物污染防治技术简要说明

一、工业污染防治技术

（一）有组织排放颗粒物（烟、粉尘）污染防治技术，包括袋式除尘、湿式电除尘技术、电袋复合除尘技术。

（二）前体污染物（NO、SO_2、VOCs、NH_3 等）净化技术，包括各种脱硫技术、氮氧化物的催化还原技术及烟气脱硝技术、挥发性有机物的燃烧净化与吸附回收技术、氨的水洗涤净化技术。

（三）无组织排放颗粒物和前体污染物治理技术，包括适用于大气颗粒物及其前体物污染控制的密闭生产技术、粉状物料堆放场的遮风与抑尘技术。

二、移动源污染防治技术

移动污染源包括各种采用内燃机或外燃机为动力装置，以汽油、柴油、煤油、天然气、液化石油气及其他可燃液体、气体为燃料的交通工具（车辆、船舶、航空器等）、机械、发电装置。防治移动源污染，应针对其使用方式、目前国家污染防治要求，采取不同的技术措施，主要包括：

（一）燃料清洁化技术。降低重金属等影响排放控制装置效能的各种有害物质含量，控制烯烃等光化学活性成分含量。

（二）发动机高效燃烧及燃料精确注入技术。

（三）发动机排气中 NO_x、HC、CO、颗粒物净化技术。

（四）汽油蒸发控制技术，包括在车辆、加油站、油库、油罐车上实施的各种油气回收技术。

（五）车载发动机及排放控制系统诊断技术（OBD）。

三、扬尘污染防治技术

（一）遮风技术，包括适用于各种露天堆场和施工工地遮挡措施。

（二）抑尘技术，包括喷洒水雾和抑尘剂，适用于施工场所、堆场、装卸作业等场地。

（三）施工物料运输车辆清洗技术，适用于上路行驶的物料、渣土运输车辆。

（四）道路清扫技术，包括人工清扫、机械清扫。

四、生活污染防治技术

（一）饮食业油烟净化技术，包括采用各种原理的净化技术。

（二）环境友好产品生产技术，包括各种替代有害物质的消费品生产技术。

（三）密闭式衣物干洗技术。

五、农业污染防治技术

（一）农业耕作和裸土起尘防治技术，包括留茬免耕、秸秆覆盖、固沙技术。

（二）秸秆等农业废物综合利用技术，包括制备沼气、热解气化、生物柴油等技术。

（三）合理施肥技术，包括配方施肥技术和施用硝化抑制剂。

挥发性有机物（VOCs）污染防治技术政策

（环境保护部公告 2013 年 第 31 号　2013-05-24 实施）

一、总则

（一）为贯彻《中华人民共和国环境保护法》《中华人民共和国大气污染防治法》等法律法规，防治环境污染，保障生态安全和人体健康，促进挥发性有机物（VOCs）污染防治技术进步，制定本技术政策。

（二）本技术政策为指导性文件，供各有关单位在环境保护工作中参照采用。

（三）本技术政策提出了生产 VOCs 物料和含 VOCs 产品的生产、储存运输销售、使用、消费各环节的污染防治策略和方法。VOCs 来源广泛，主要污染源包括工业源、生活源。

工业源主要包括石油炼制与石油化工、煤炭加工与转化等含 VOCs 原料的生产行业，油类（燃油、溶剂等）储存、运输和销售过程，涂料、油墨、胶黏剂、农药等以 VOCs 为原料的生产行业，涂装、印刷、黏合、工业清洗等含 VOCs 产品的使用过程；生活源包括建筑装饰装修、餐饮服务和服装干洗。

石油和天然气开采业、制药工业以及机动车排放的 VOCs 污染防治可分别参照相应的污染防治技术政策。

（四）VOCs 污染防治应遵循源头和过程控制与末端治理相结合的综合防治原则。在工业生产中采用清洁生产技术，严格控制含 VOCs 原料与产品在生产和储运销过程中的 VOCs 排放，鼓励对资源和能源的回收利用；鼓励在生产和生活中使用不含 VOCs 的替代产品或低 VOCs 含量的产品。

（五）通过积极开展 VOCs 摸底调查、制修订重点行业 VOCs 排放标准和管理制度等文件、加强 VOCs 监测和治理、推广使用环境标志产品等措施，到 2015 年，基本建立起重点区域 VOCs 污染防治体系；到 2020 年，基本实现 VOCs 从原料到产品、从生产到消费的全过程减排。

二、源头和过程控制

（六）在石油炼制与石油化工行业，鼓励采用先进的清洁生产技术，提高原油的转化和利用效率。对于设备与管线组件、工艺排气、废气燃烧塔（火炬）、废水处理等过程产生的含 VOCs 废气污染防治技术措施包括：

1. 对泵、压缩机、阀门、法兰等易发生泄漏的设备与管线组件，制定泄漏检测与修复（LDAR）计划，定期检测、及时修复，防止或减少跑、冒、滴、漏现象；

2. 对生产装置排放的含 VOCs 工艺排气宜优先回收利用，不能（或不能完全）回收利用的经处理后达标排放；应急情况下的泄放气可导入燃烧塔（火炬），经过充分燃烧后排放；

3. 废水收集和处理过程产生的含 VOCs 废气经收集处理后达标排放。

（七）在煤炭加工与转化行业，鼓励采用先进的清洁生产技术，实现煤炭高效、清洁转化，并重点识别、排查工艺装置和管线组件中 VOCs 泄漏的易发位置，制定预防 VOCs 泄漏和处置紧急事件的措施。

（八）在油类（燃油、溶剂）的储存、运输和销售过程中的 VOCs 污染防治技术措施包括：

1. 储油库、加油站和油罐车宜配备相应的油气收集系统，储油库、加油站宜配备相应的油气回收系统；

2. 油类（燃油、溶剂等）储罐宜采用高效密封的内（外）浮顶罐，当采用固定顶罐时，通过密闭排气系统将含 VOCs 气体输送至回收设备；

3. 油类（燃油、溶剂等）运载工具（汽车油罐车、铁路油槽车、油轮等）在装载过程中排放的 VOCs 密闭收集输送至回收设备，也可返回储罐或送入气体管网。

（九）涂料、油墨、胶黏剂、农药等以 VOCs 为原料的生产行业的 VOCs 污染防治技术措施包括：

1. 鼓励符合环境标志产品技术要求的水基型、无有机溶剂型、低有机溶剂型的涂料、油墨和胶黏剂等的生产和销售；

2. 鼓励采用密闭一体化生产技术，并对生产过程中产生的废气分类收集后处理。

（十）在涂装、印刷、黏合、工业清洗等含 VOCs 产品的使用过程中的 VOCs 污染防治技术措施包括：

1. 鼓励使用通过环境标志产品认证的环保型涂料、油墨、胶黏剂和清洗剂；

2. 根据涂装工艺的不同，鼓励使用水性涂料、高固分涂料、粉末涂料、紫外光固化（UV）涂料等环保型涂料；推广采用静电喷涂、淋涂、辊涂、浸涂等效率较高的涂装工艺；应尽量避免无 VOCs 净化、回收措施的露天喷涂作业；

3. 在印刷工艺中推广使用水性油墨，印铁制罐行业鼓励使用紫外光固化（UV）油墨，书刊印刷行业鼓励使用预涂膜技术；

4. 鼓励在人造板、制鞋、皮革制品、包装材料等黏合过程中使用水基型、热熔型等环保型胶黏剂，在复合膜的生产中推广无溶剂复合及共挤出复合技术；

5. 淘汰以三氟三氯乙烷、甲基氯仿和四氯化碳为清洗剂或溶剂的生产工艺。清洗过程中产生的废溶剂宜密闭收集，有回收价值的废溶剂经处理后回用，其他废溶剂应妥善处置；

6. 含 VOCs 产品的使用过程中，应采取废气收集措施，提高废气收集效率，减少废气的无组织排放与逸散，并对收集后的废气进行回收或处理后达标排放。

（十一）建筑装饰装修、服装干洗、餐饮油烟等生活源的 VOCs 污染防治技术措施包括：

1. 在建筑装饰装修行业推广使用符合环境标志产品技术要求的建筑涂料、低有机溶剂型木器漆和胶黏剂，逐步减少有机溶剂型涂料的使用；

2. 在服装干洗行业应淘汰开启式干洗机的生产和使用，推广使用配备压缩机制冷溶剂回收系统的封闭式干洗机，鼓励使用配备活性炭吸附装置的干洗机；

3. 在餐饮服务行业鼓励使用管道煤气、天然气、电等清洁能源；倡导低油烟、低污染、低能耗的饮食方式。

三、末端治理与综合利用

（十二）在工业生产过程中鼓励 VOCs 的回收利用，并优先鼓励在生产系统内回用。

（十三）对于含高浓度 VOCs 的废气，宜优先采用冷凝回收、吸附回收技术进行回收利用，并辅助以其他治理技术实现达标排放。

（十四）对于含中等浓度 VOCs 的废气，可采用吸附技术回收有机溶剂，或采用催化燃烧和热力焚烧技术净化后达标排放。当采用催化燃烧和热力焚烧技术进行净化时，应进行余热回收利用。

（十五）对于含低浓度 VOCs 的废气，有回收价值时可采用吸附技术、吸收技术对有机溶剂回收后达标排放；不宜回收时，可采用吸附浓缩燃烧技术、生物技术、吸收技术、等离子体技术或紫外光高级氧化技术等净化后达标排放。

（十六）含有有机卤素成分 VOCs 的废气，宜采用非焚烧技术处理。

（十七）恶臭气体污染源可采用生物技术、等离子体技术、吸附技术、吸收技术、紫外光高级氧化技术或组合技术等进行净化。净化后的恶臭气体除满足达标排放的要求外，还应采取高空排放等措施，避免产生扰民问题。

（十八）在餐饮服务业推广使用具有油雾回收功能的油烟抽排装置，并根据规模、场地和气候条件等采用高效油烟与 VOCs 净化装置净化后达标排放。

（十九）严格控制 VOCs 处理过程中产生的二次污染，对于催化燃烧和热力焚烧过程中产生的含硫、氮、氯等无机废气，以及吸附、吸收、冷凝、生物等治理过程中所产生的含有机物废水，应处理后达标排放。

（二十）对于不能再生的过滤材料、吸附剂及催化剂等净化材料，应按照国家固体废物管理的相关规定处理处置。

四、鼓励研发的新技术、新材料和新装备

鼓励以下新技术、新材料和新装备的研发和推广：

（二十一）工业生产过程中能够减少 VOCs 形成和挥发的清洁生产技术。

（二十二）旋转式分子筛吸附浓缩技术、高效蓄热式催化燃烧技术（RCO）和蓄热式热力燃烧技术（RTO）、氮气循环脱附吸附回收技术、高效水基强化吸收技术，以及其他针对特定有机污染物的生物净化技术和低温等离子体净化技术等。

（二十三）高效吸附材料（如特种用途活性炭、高强度活性炭纤维、改性疏水分子筛和硅胶等）、催化材料（如广谱性 VOCs 氧化催化剂等）、高效生物填料和吸收剂等。

（二十四）挥发性有机物回收及综合利用设备。

五、运行与监测

（二十五）鼓励企业自行开展 VOCs 监测，并及时主动向当地环保行政主管部门报送监测结果。

（二十六）企业应建立健全 VOCs 治理设施的运行维护规程和台账等日常管理制度，并根据工艺要求定期对各类设备、电气、自控仪表等进行检修维护，确保设施的稳定运行。

（二十七）当采用吸附回收（浓缩）、催化燃烧、热力焚烧、等离子体等方法进行末端治理时，应编制本单位事故火灾、爆炸等应急救援预案，配备应急救援人员和器材，并开展应急演练。

火电厂污染防治技术政策

（环境保护部公告 2017年 第1号）

一、总则

（一）为贯彻《中华人民共和国环境保护法》等法律法规，防治火电厂排放废气、废水、噪声、固体废物等造成的污染，改善环境质量，保护生态环境，促进火电行业健康持续发展及污染防治技术进步，制定本技术政策。

（二）本技术政策适用于以煤、煤矸石、泥煤、石油焦及油页岩等为燃料的火电厂，以油、气等为燃料的火电厂可参照执行。不适用于以生活垃圾、危险废物为主要燃料的火电厂。

（三）本技术政策为指导性技术文件，可为火电行业污染防治规划制定、污染物达标排放技术选择、环境影响评价和排污许可制度贯彻实施等环境管理及企业污染防治工作提供技术支撑。

（四）火电厂的污染防治应遵循和提倡源头控制与末端治理相结合的技术路线；污染防治技术的选择应因煤制宜、因炉制宜、因地制宜，并统筹兼顾技术先进、经济合理、便于维护的原则。

二、源头控制

（一）全国新建燃煤发电项目原则上应采用60万千瓦以上超超临界机组，平均供电煤耗低于300克标准煤/千瓦时。

（二）进一步提高小火电机组淘汰标准，对经整改仍不符合能耗、环保、质量、安全等要求的，由地方政府予以淘汰关停。优先淘汰改造后仍不符合能效、环保等标准的30万千瓦以下机组。

（三）坚持"以热定电"，建设高效燃煤热电机组，科学制定热电联产规划和供热专项规划，同步完善配套供热管网，对集中供热范围内的分散燃煤小锅炉实施替代和限期淘汰。

（四）进一步加大煤炭的洗选量，提高动力煤的质量。加强对煤炭开采、运输、存储、输送等过程中的环境管理，防治煤粉扬尘污染。

三、大气污染防治

（一）燃煤电厂大气污染防治应以实施达标排放为基本要求，以全面实施超低排放为目标。

（二）火电厂达标排放技术路线选择应遵循以下原则：

1. 火电厂除尘技术：

火电厂除尘技术包括电除尘、电袋复合除尘和袋式除尘。若飞灰工况比电阻超出$1\times10^{4}\sim1\times10^{11}$欧姆·厘米范围，建议优先选择电袋复合或袋式技术；否则，应通过技术经济分析，选择适宜的除尘技术。

2. 火电厂烟气脱硫技术：

（1）石灰石－石膏法烟气脱硫技术宜在有稳定石灰石来源的燃煤发电机组建设烟气脱硫设施时选用。

（2）氨法烟气脱硫技术宜在环境不敏感、有稳定氨来源地区的30万千瓦及以下燃煤发电机组建设烟气脱硫设施时选用，但应采取措施防止氨大量逃逸。

（3）海水法烟气脱硫技术在满足当地环境功能区划的前提下，宜在我国东、南部沿海海水扩散条件良好地区，燃用低硫煤种机组建设烟气脱硫设施时选用。

（4）烟气循环流化床法脱硫技术宜在干旱缺水及环境容量较大地区，燃用中低硫煤种且容量在30万千瓦及以下机组建设烟气脱硫设施时选用。

3. 火电厂烟气氮氧化物控制技术：

（1）火电厂氮氧化物治理应采用低氮燃烧技术与烟气脱硝技术配合使用的技术路线。

（2）煤粉锅炉烟气脱硝宜选用选择性催化还原技术（SCR）；循环流化床锅炉烟气脱硝宜选用非选择性催化还原技术（SNCR）。

（三）燃煤电厂超低排放技术路线选择时应充分考虑炉型、煤种、排放要求、场地等因素，必要时可采取“一炉一策”。具体原则如下：

1. 超低排放除尘技术宜选用高效电源电除尘、低低温电除尘、超净电袋复合除尘、袋式除尘及移动电极电除尘等，必要时在脱硫装置后增设湿式电除尘。

2. 超低排放脱硫技术宜选用增效的石灰石-石膏法、氨法、海水法及烟气循环流化床法，并注重湿法脱硫技术对颗粒物的协同脱除作用。

（1）石灰石-石膏法应在传统空塔喷淋技术的基础上，根据煤种硫含量等参数，选择能够改善气液分布和提高传质效率的复合塔技术或可形成物理分区和自然分区的pH分区技术。

（2）氨法、海水法及烟气循环流化床法应在传统工艺的基础上进行提效优化。

3. 超低排放脱硝技术煤粉锅炉宜选用高效低氮燃烧与SCR配合使用的技术路线，若不能满足排放要求，可采用增加催化剂层数、增加喷氨量等措施，应有效控制氨逃逸；循环流化床锅炉宜优先选用SNCR，必要时可采用SNCR-SCR联合技术。

（四）火电厂灰场及脱硫剂石灰石或石灰在装卸、存储及输送过程中应采取有效措施防治扬尘污染。

（五）粉煤灰运输须使用专用封闭罐车，并严格遵守有关部门规定和要求。

（六）火电厂烟气中汞等重金属的去除应以脱硝、除尘及脱硫等设备的协同脱除作用为首选，若仍未满足排放要求，可采用单项脱汞技术。

（七）火电厂除尘、脱硫及脱硝等设施在运行过程中，应统筹考虑各设施之间的协同作用，全流程优化装备。

四、水污染防治

（一）火电厂水污染防治应遵循分类处理、一水多用的原则。鼓励火电厂实现废水的循环使用不外排。

（二）煤泥废水、空预器及省煤器冲洗废水等宜采用混凝、沉淀或过滤等方法处理后循环使用。

（三）含油废水宜采用隔油或气浮等方式进行处理；化学清洗废水宜采用氧化、混凝、澄清等方法进行处理，应避免与其他废水混合处理。

（四）脱硫废水宜经石灰处理、混凝、澄清、中和等工艺处理后回用。鼓励采用蒸发干燥或蒸发结晶等处理工艺，实现脱硫废水不外排。

（五）火电厂生活污水经收集后，宜采用二级生化处理，经消毒后可采用绿化、冲洗等方式回用。

五、固体废物污染防治

（一）火电厂固体废物主要包括粉煤灰、脱硫石膏、废旧布袋和废烟气脱硝催化剂等，应遵循优先综合利用的原则。

（二）粉煤灰、脱硫石膏、废旧布袋应使用专门的存放场地，贮存设施应参照《一般工业固体废物贮存、处置场污染控制标准》（GB 18599）的相关要求进行管理。

（三）粉煤灰综合利用应优先生产普通硅酸盐水泥、粉煤灰水泥及混凝土等，其指标应满足《用于水泥和混凝土中的粉煤灰》（GB/T 1596）的要求。

（四）应强化脱硫石膏产生、贮存、利用等过程中的环境管理，确保脱硫石膏的综合利用。

1. 石灰石-石膏法脱硫技术所用的石灰石中碳酸钙含量应不小于 90%。

2. 燃煤电厂石灰石-石膏法烟气脱硫工艺产生的脱硫石膏的技术指标应满足《烟气脱硫石膏》（JC/T 2074）的相关要求。

3. 脱硫石膏宜优先用于石膏建材产品或水泥调凝剂的生产。

（五）袋式或电袋复合除尘器产生的废旧布袋应进行无害化处理。

（六）失活烟气脱硝催化剂（钒钛系）应优先进行再生，不可再生且无法利用的废烟气脱硝催化剂（钒钛系）在贮存、转移及处置等过程中应按危险废物进行管理。

六、噪声污染防治

（一）火电厂噪声污染防治应遵循“合理布局、源头控制”的原则。

（二）应通过合理的生产布局减少对厂界外噪声敏感目标的影响。鼓励采用低噪声设备，对于噪声较大的各类风机、磨煤机、冷却塔等应采取隔振、减振、隔声、消声等措施。

七、二次污染防治

（一）SCR、SNCR-SCR、SNCR 脱硝技术及氨法脱硫技术的氨逃逸浓度应满足相关标准要求。

（二）火电厂应加强脱硝设施运行管理，并注重低低温电除尘器、电袋复合除尘器及湿法脱硫等措施对三氧化硫的协同脱除作用。

（三）脱硫石膏无综合利用条件时，应经脱水贮存，附着水含量（湿基）不应超过 10%。若在灰场露天堆放时，应采取措施防治扬尘污染，并按相关要求进行防渗处理。

八、新技术开发

鼓励以下新技术、新材料和新装备研发和推广：

（一）火电厂低浓度颗粒物、细颗粒物排放检测技术及在线监测技术，烟气中三氧化硫、氨及可凝结颗粒物等的检测与控制技术。

（二）W 型火焰锅炉氮氧化物防治技术。

（三）烟气中汞等重金属控制技术与在线监测设备。

（四）脱硫石膏高附加值产品制备技术。

（五）火电厂多污染物协同治理技术。

（六）火电厂低温脱硝催化剂。

火电厂氮氧化物防治技术政策

（环发〔2010〕10号　2010-01-27 实施）

1　总则

1.1　为贯彻《中华人民共和国大气污染防治法》，防治火电厂氮氧化物排放造成的污染，改善大气环境质量，保护生态环境，促进火电行业可持续发展和氮氧化物减排及控制技术进步，制定本技术政策。

1.2　本技术政策适用于燃煤发电和热电联产机组氮氧化物排放控制。燃用其他燃料的发电和热电联产机组的氮氧化物排放控制，可参照本技术政策执行。

1.3　本技术政策控制重点是全国范围内200 MW及以上燃煤发电机组和热电联产机组以及大气污染重点控制区域内的所有燃煤发电机组和热电联产机组。

1.4　加强电源结构调整力度，加速淘汰100 MW及以下燃煤凝汽机组，继续实施“上大压小”政策，积极发展大容量、高参数的大型燃煤机组和以热定电的热电联产项目，以提高能源利用率。

2　防治技术路线

2.1　倡导合理使用燃料与污染控制技术相结合、燃烧控制技术和烟气脱硝技术相结合的综合防治措施，以减少燃煤电厂氮氧化物的排放。

2.2　燃煤电厂氮氧化物控制技术的选择应因地制宜、因煤制宜、因炉制宜，依据技术上成熟、经济上合理及便于操作来确定。

2.3　低氮燃烧技术应作为燃煤电厂氮氧化物控制的首选技术。当采用低氮燃烧技术后，氮氧化物排放浓度不达标或不满足总量控制要求时，应建设烟气脱硝设施。

3　低氮燃烧技术

3.1　发电锅炉制造厂及其他单位在设计、生产发电锅炉时，应配置高效的低氮燃烧技术和装置，以减少氮氧化物的产生和排放。

3.2　新建、改建、扩建的燃煤电厂，应选用装配有高效低氮燃烧技术和装置的发电锅炉。

3.3　在役燃煤机组氮氧化物排放浓度不达标或不满足总量控制要求的电厂，应进行低氮燃烧技术改造。

4　烟气脱硝技术

4.1　位于大气污染重点控制区域内的新建、改建、扩建的燃煤发电机组和热电联产机组应配置烟气脱硝设施，并与主机同时设计、施工和投运。非重点控制区域内的新建、改建、扩建的燃煤发电机组和热电联产机组应根据排放标准、总量指标及建设项目环境影响报告书批复要求建设烟气脱硝装置。

4.2　对在役燃煤机组进行低氮燃烧技术改造后，其氮氧化物排放浓度仍不达标或不满足总量控制要求时，应配置烟气脱硝设施。

4.3 烟气脱硝技术主要有：选择性催化还原技术（SCR）、选择性非催化还原技术（SNCR）、选择性非催化还原与选择性催化还原联合技术（SNCR-SCR）及其他烟气脱硝技术。

4.3.1 新建、改建、扩建的燃煤机组，宜选用 SCR；小于等于 600 MW 时，也可选用 SNCR-SCR。

4.3.2 燃用无烟煤或贫煤且投运时间不足 20 年的在役机组，宜选用 SCR 或 SNCR-SCR。

4.3.3 燃用烟煤或褐煤且投运时间不足 20 年的在役机组，宜选用 SNCR 或其他烟气脱硝技术。

4.4 烟气脱硝还原剂的选择

4.4.1 还原剂的选择应综合考虑安全、环保、经济等多方面因素。

4.4.2 选用液氨作为还原剂时，应符合《重大危险源辨识》（GB 18218）及《建筑设计防火规范》（GB 50016）中的有关规定。

4.4.3 位于人口稠密区的烟气脱硝设施，宜选用尿素作为还原剂。

4.5 烟气脱硝二次污染控制

4.5.1 SCR 和 SNCR-SCR 氨逃逸控制在 2.5 mg/m^3（干基，标准状态）以下；SNCR 氨逃逸控制在 8 mg/m^3（干基，标准状态）以下。

4.5.2 失效催化剂应优先进行再生处理，无法再生的应进行无害化处理。

5 新技术开发

5.1 鼓励高效低氮燃烧技术及适合国情的循环流化床锅炉的开发和应用。

5.2 鼓励具有自主知识产权的烟气脱硝技术、脱硫脱硝协同控制技术以及氮氧化物资源化利用技术的研发和应用。

5.3 鼓励低成本高性能催化剂原料、新型催化剂和失效催化剂的再生与安全处置技术的开发和应用。

5.4 鼓励开发具有自主知识产权的在线连续监测装置。

5.5 鼓励适合于烟气脱硝的工业尿素的研究和开发。

6 运行管理

6.1 燃煤电厂应采用低氮燃烧优化运行技术，以充分发挥低氮燃烧装置的功能。

6.2 烟气脱硝设施应与发电主设备纳入同步管理，并设置专人维护管理，并对相关人员进行定期培训。

6.3 建立、健全烟气脱硝设施的运行检修规程和台账等日常管理制度，并根据工艺要求定期对各类设备、电气、自控仪表等进行检修维护，确保设施稳定可靠地运行。

6.4 燃煤电厂应按照《火电厂烟气排放连续监测技术规范》（HJ/T 75）装配氮氧化物在线连续监测装置，采取必要的质量保证措施，确保监测数据的完整和准确，并与环保行政主管部门的管理信息系统联网，对运行数据、记录等相关资料至少保存 3 年。

6.5 采用液氨作为还原剂时，应根据《危险化学品安全管理条例》的规定编制本单位事故应急救援预案，配备应急救援人员和必要的应急救援器材、设备，并定期组织演练。

6.6 电厂对失效且不可再生的催化剂应严格按照国家危险废物处理处置的相关规定进行管理。

7 监督管理

7.1 烟气脱硝设施不得随意停止运行。由于紧急事故或故障造成脱硝设施停运，电厂应立即向当地环境保护行政主管部门报告。

7.2　各级环境保护行政主管部门应加强对氮氧化物减排设施运行和日常管理制度执行情况的定期检查和监督，电厂应提供烟气脱硝设施的运行和管理情况，包括监测仪器的运行和校验情况等资料。

7.3　电厂所在地的环境保护行政主管部门应定期对烟气脱硝设施的排放和投运情况进行监测和监管。

关于发布《机动车污染防治技术政策》的公告

（环境保护部公告 2017 年 第 69 号）

为贯彻《中华人民共和国环境保护法》和《中华人民共和国大气污染防治法》等法律法规，改善环境质量，完善环境技术管理体系，促进机动车污染防治技术进步，环境保护部组织修订了《机动车污染防治技术政策》。现予公布，供参照执行。以上文件内容可登录环境保护部网站（http://www.mee.gov.cn/）查询。

自本公告发布之日起，《关于发布〈机动车排放污染防治技术政策〉的通知》（环发〔1999〕134号）废止。

附件：机动车污染防治技术政策

环境保护部

2017 年 12 月 11 日

附件

机动车污染防治技术政策

一、总则

（一）为贯彻《中华人民共和国环境保护法》和《中华人民共和国大气污染防治法》等法律法规，改善环境质量，促进机动车污染防治技术进步，制定本技术政策。

（二）本技术政策为指导性文件，供各有关单位在机动车污染防治工作中参照采用。本技术政策所称的机动车是指我国境内所有新生产及进口的汽车、摩托车和车用发动机，以及在我国登记注册的所有在用汽车、摩托车。

（三）本技术政策提出了机动车在设计、生产、使用、回收等全生命周期内的大气、噪声、水、固体废物、电磁辐射等污染的防治策略和方法，涉及范围包括机动车、车用油品、检测设备等。

（四）机动车污染防治是一项系统工程，应加强“车、油、路”统筹，采取法律、行政、经济、技术等综合措施进行防治，强化信息公开，形成政府主导、部门协作、市场调节、社会监督的工作机制。以改善环境质量为核心构建机动车污染防治体系，形成区域联防联控机制，推进机动车污染防治的系统化、科学化、法治化、精细化和信息化。

（五）逐步加严新生产机动车一氧化碳（CO）、总碳氢化合物（THC）、氮氧化物（NO_x）和颗粒物（PM）等污染物排放限值。加强机动车非常规污染物控制。机动车污染防治过应尽可能避免产生新的污染物。

（六）对于新生产机动车，由环境保护部统一制定国家排放标准。鼓励地方提前实施更严格的新生产机动车国家排放标准及油品质量标准。对于在用机动车，已经制定国家排放标准的，鼓励地方执行更严格的在用车排放限值。

（七）强化新车达标监管，重点加强重型柴油车生产、销售等环节监管。加强机动车检测与维护（I/M），重点加强高排放车辆、高使用强度车辆监管，确保上路车辆排放稳定达标。

（八）机动车应向绿色、低碳、可持续的方向发展。鼓励有条件的地方提前实施轻型车和重型车第六阶段排放标准。到2020年，报废机动车再生利用率达到95%，机动车污染防治达到国际先进水平。

二、源头控制

（一）新生产及进口汽车、摩托车及其发动机

1. 鼓励开展机动车轻量化、模块化、无（低）害化、循环利用等产品生态设计，综合考虑机动车生产、使用、回收等全生命周期内的资源消耗及污染排放。

2. 通过改善生产工艺、加装车间空气后处理系统、使用符合标准的水性防腐涂料、胶黏剂等降低生产过程挥发性有机物（VOCs）、持久性有机污染物（POPs）、粉尘、废液、固体废物等有毒有害物质排放，加强清洁生产技术研发应用，实现绿色制造。

3. 加强新生产机动车排放达标监管。机动车生产及进口企业不得生产、进口和销售不符合标准的车辆，加强产品环保生产一致性管理。加强机动车生产及进口企业产品在用符合性检查，确保机动车在正常使用条件下和正常寿命期内达到新车出厂时的标准限值要求。生产、进口企业获知机动车排放不符合规定的环境保护耐久性要求的，应依法召回。

4. 强化企业产品信息公开。机动车生产及进口企业应依法向社会公开机动车的排放检验信息和污染控制技术信息，为机动车达标监管和检测维护提供技术支持。加强发动机、后处理装置等排放控制关键零部件产品信息公开。开展替代燃料汽车非常规污染物、新能源汽车动力电池及电磁辐射（EMR）等信息公开。

5. 鼓励机动车生产及进口企业通过技术升级提前达到国家排放标准要求，提高产品生产一致性和在用符合性。利用便携式排放测试系统（PEMS）、车载诊断（OBD）系统等加强机动车实际行驶排放控制。严格控制机动车颗粒物排放，控制重点应从颗粒物质量控制向颗粒物质量与数量同时控制转变。

6. 加强二氧化碳（CO_2）、甲烷（CH_4）、氧化亚氮（N_2O）、氢氟碳化物（HFCs）等在内的机动车温室气体管理。对机动车大气污染物和温室气体实施协同控制，推广使用全球变暖潜值（GWP）低的车用空调制冷剂。鼓励机动车温室气体减排技术研发，加快能源清洁化、低碳化，控制机动车全生命周期内温室气体排放。

7. 加强机动车加速行驶、匀速行驶等工况下车内外噪声控制。鼓励机动车噪声控制技术研发与应用。提高消声装置降噪效果及耐久性水平。

8. 加强机动车燃油蒸发排放控制。加快推进车载加油油气回收（ORVR）技术应用，鼓励采用主动式燃油蒸发泄漏诊断装置。

9. 汽车及零部件生产企业应通过改进汽车、零部件、原材料等的生产工艺、使用绿色环保的内饰材料等有效控制车内有毒有害物质排放，加强车内空气质量管理。

10. 积极开展天然气（NG）、液化石油气（LPG）、乙醇、生物柴油等替代燃料汽车的研发和应用，鼓励资源丰富的地区发展替代燃料汽车。鼓励研发和应用天然气当量燃烧与三元催化技术。严格控制天然气汽车、乙醇汽油汽车的挥发性有机物和氮氧化物排放。替代燃料汽车应达到国家同期机动车排放标准要求。加强替代燃料汽车非常规污染物排放控制。

11. 新生产柴油车应安装符合产品技术标准要求的排气后处理装置，如柴油车颗粒过滤器（DPF）、

选择性催化还原装置（SCR）等，鼓励使用固体氨选择性催化还原装置（SSCR）。采用 SSCR、SCR 控制技术时，应采取控制措施防止氨逃逸引起的污染。

12. 城市公交、环卫、邮政、物流等行业应优先选择新能源汽车、替代能源汽车等清洁能源汽车；用于这些用途的柴油车应安装 DPF、SSCR 或 SCR 等排气后处理装置。

（二）车用燃料、燃料清净剂、车用机油及氮氧化物还原剂

1. 提升车用燃料质量，加强车用燃料有害物质控制。稳步推广使用车用替代燃料。普通柴油禁止作为车用柴油使用，并加快实现与车用柴油并轨。鼓励炼油企业开展车用燃料清洁技术研发与升级改造。

2. 推进加油站、储油库、油罐车等油气回收治理，保证油气回收设备稳定运行。京津冀及周边、长三角、珠三角等重点区域内的全部加油站、储油库和油罐车应安装油气回收治理装置。

3. 鼓励炼油厂或储运站在车用燃料中统一添加采用科学配比的燃料清净剂。鼓励企业及个人用户选用低硫、低磷、低硫酸盐灰分等高品质车用机油，以满足发动机后处理产品耐久性要求。企业及个人用户应及时加注符合标准的氮氧化物还原剂，确保柴油车 SCR 正常运行。

4. 根据大气污染治理需要，加快研究制定更严格的油品质量标准，继续降低车用汽柴油中烯烃、芳烃、多环芳烃、苯等有害物质的含量。

（三）绿色交通运输体系

1. 综合运用经济、技术、行政等手段，优化交通运输结构，提高客货轨道运输比重。合理控制燃油机动车保有量，加快城市轨道交通、公交专用道、快速公交系统（BRT）等公共交通建设，降低机动车使用强度。

2. 利用大数据、物联网、云计算等技术，提高交通智能化、信息化水平。通过采用车辆信息和通讯系统（VICS）、电子收费系统（ETC）、电子标识、智能导航等技术，提高车辆行驶速度，缓解交通拥堵，减少污染物和温室气体排放。

三、污染防治及综合利用

（一）大气污染防治

1. 进一步规范在用车排放检验，完善在用车排放标准。利用互联网、大数据等信息化技术加强在用车排放控制。积极推广简易工况法，对在用车检测设备、控制软件、数据联网等提出统一规范要求。

2. 加强 OBD 系统监管，对在用车 OBD 系统检验提出规范性要求。加强营运车辆实际排放监管。营运重型商用车应采用 OBD 远程监控技术，对车辆排放相关部件的运行状况进行实时远程监控，对故障部件及时进行维修或更换。

3. 鼓励通过遥感监测等技术手段对道路行驶机动车排放状况进行监督抽测，加强高排放车日常监管。

4. 加强机动车检测与维护，对检测（包括外观检验）不合格车辆应及时进行维护（包括修理）。机动车维修企业应配备符合相关技术要求的排放检测、诊断及维修设备，确保维修后的机动车在规定的保质期内稳定达标。加强机动车检测与维护信息共享，实现机动车检测与维护闭环管理。

5. 加强机动车维修及报废拆解企业大气环境管理，通过采用水性涂料、安装废气集中处理装置等措施控制维修及报废拆解过程中产生的大气污染排放。

6. 对排放不达标的在用汽油车应重点检查 OBD 系统、燃油供给系统、进气系统、三元催化器、氧传感器等零部件的工作状态，对排放不达标的在用摩托车应重点检查燃油供给系统、进气系统及排放后处理装置等，并及时进行维修或更换。

7. 对排放不达标的在用柴油车应重点检查 OBD 系统、燃油供给系统、进气系统、排放后处理装置、废气再循环装置（EGR）等零部件的工作状态，并及时进行维修或更换。

8. 对在用汽油车、燃气车、摩托车应增加曲轴箱通风装置和燃油蒸发控制装置检查，对在用柴油车应增加 NO_x 检测。

9. 鼓励对在用柴油车采用壁流式 DPF、SSCR 等技术进行改造，汽车生产企业应予支持配合。公交、环卫、邮政、物流、出租等营运车辆应定期更换高效尾气净化装置。

（二）噪声污染防治

1. 加强在用车噪声污染控制，经检验存在问题的消声装置应及时进行维修或更换。禁止任何单位或个人擅自改变或拆除消声装置。

2. 加强机动车维修及报废拆解企业噪声环境管理，通过采用室内作业、安装隔音降噪材料等措施控制维修及报废拆解过程中产生的噪声污染。

（三）废水、固体废物处理处置

1. 加强机动车维修及报废拆解企业废水、固体废物环境管理。通过采用超声波清洗、废水循环利用等措施控制维修及报废拆解过程中产生的废水污染。通过采用废物分类收集、专业处理等措施控制维修及报废拆解过程中产生的废机油、废电池等污染。

2. 根据机动车使用和安全技术、排放检验状况，对达到报废标准的机动车实施强制报废。鼓励公交、环卫、邮政、物流、出租等高使用强度车辆提前报废。加快黄标车及老旧车等高排放车辆淘汰更新。

3. 实施生产者责任延伸制度，鼓励生产企业积极参与机动车报废回收。提高报废车辆回收利用率，促进产品的循环再利用。

4. 加强对机动车报废电池，尤其是新能源汽车报废电池管理，实现电池规范生产、有序回收及梯级利用。加强机动车催化器贵金属循环利用。

5. 推动报废机动车资源化循环利用，规范开展机动车五大总成（发动机、方向机、变速器、前后桥、车架）等主要零部件再制造，排放控制关键零部件及后处理装置除外。再制造产品的排放性能应符合国家现行相关标准的要求。

四、鼓励研发的污染防治技术

（一）排放控制技术及装置

1. 鼓励自主研发汽油车缸内直接喷射系统（GDI）、可变进气、涡轮增压、EGR、怠速启停、汽油车颗粒过滤器（GPF）等技术，掌握燃烧和电控等核心技术，研发 GDI、增压器、EGR 阀、GPF、OBD 等关键零部件。

2. 鼓励自主研发柴油车高压共轨（HPCR）燃油喷射系统、高效增压中冷系统、EGR、SCR、DPF 等技术，掌握燃油喷射和后处理等核心技术，研发 HPCR、增压器、SCR、SSCR、DPF、传感器等关键零部件。

3. 鼓励自主研发摩托车电控燃油喷射、高效三元催化器等技术，逐步淘汰化油器等落后技术。

4. 鼓励自主研发替代燃料、混合动力、纯电动、燃料电池等清洁能源汽车技术。鼓励开发混合动力、插电式混合动力专用发动机，优化动力总成系统匹配。鼓励研发动力电池清洁化生产和回收技术。

5. 鼓励机动车通过采用机内优化、进排气消声器、吸音隔音材料、主动降噪、低噪声轮胎等技术降低整车噪声排放水平。

（二）排放测试技术及设备

1. 加快新生产机动车实验室排放测试、实际道路排放测试等技术及设备的自主研发，为加强机动车产品生产一致性、在用符合性和企业新产品研发提供保障。

2. 加快在用车简易工况法、遥感法及 OBD 测试技术、设备及软件控制系统的研发，为加强机动车排放监管提供支持。

中英文对照表

序号	英文	中文
1	BRT	快速公交系统
2	CH_4	甲烷
3	CO	一氧化碳
4	CO_2	二氧化碳
5	DPF	柴油车颗粒过滤器
6	EMR	电磁辐射
7	EGR	废气再循环装置
8	ETC	电子收费系统
9	GDI	缸内直接喷射系统
10	GPF	汽油车颗粒过滤器
11	GWP	全球变暖潜值
12	HFCs	氢氟碳化物
13	HPCR	高压共轨
14	I/M	机动车检测与维护
15	LPG	液化石油气
16	N_2O	氧化亚氮
17	NG	天然气
18	NO_x	氮氧化物
19	OBD	车载诊断
20	ORVR	车载加油油气回收
21	PEMS	便携式排放测试系统
22	PM	颗粒物

关于发布《非道路移动机械污染防治技术政策》的公告

（生态环境部公告 2018 年 第 34 号）

为贯彻《中华人民共和国环境保护法》《中华人民共和国大气污染防治法》等法律法规，落实《中共中央 国务院关于全面加强生态环境保护 坚决打好污染防治攻坚战的意见》和《国务院关于印发打赢蓝天保卫战三年行动计划的通知》等文件要求，防治非道路移动机械污染大气环境，保障生态环境安全和人体健康，指导环境管理与科学治污，促进非道路移动机械污染防治技术进步，我部组织制订了《非道路移动机械污染防治技术政策》，现予发布。文件内容可登录生态环境部网站（http: //www.mee.gov.cn）查询。

附件：非道路移动机械污染防治技术政策

生态环境部

2018 年 8 月 19 日

附件

非道路移动机械污染防治技术政策

一、总则

（一）为贯彻《中华人民共和国环境保护法》和《中华人民共和国大气污染防治法》等法律法规，改善环境质量，促进非道路移动机械污染防治技术进步，制定本技术政策。

（二）本技术政策所称的非道路移动机械是指我国境内所有新生产、进口及在用的以压燃式、点燃式发动机和新能源（例如：插电式混合动力、纯电动、燃料电池等）为动力的移动机械、可运输工业设备等。

（三）本技术政策提出了非道路移动机械在设计、生产、使用、回收等全生命周期内的大气、噪声等污染的防治技术。大气污染物主要指一氧化碳（CO）、碳氢化合物（HC）、氮氧化物（NO_x）和颗粒物（PM）。

（四）非道路移动机械产品应向低能耗、低污染的方向发展。优先发展非道路移动机械用发动机电控燃油系统、高效增压系统、排气后处理系统及污染控制系统所使用的传感器。

（五）污染物排放控制目标：新生产装用压燃式发动机的非道路移动机械，2020 年达到国家第四阶段排放控制水平，2025 年与世界最先进排放控制水平接轨。新生产装用小型点燃式发动机的非道路移动机械，2020 年前后达到国家第三阶段排放控制水平，2025 年与世界最先进排放控制水平接轨。新生产装用大型点燃式发动机的非道路移动机械，在2025年前达到世界最先进排放控制水平。

（六）鼓励地方政府根据大气环境质量需求，对非道路移动机械分时、分类划定禁止使用高排放非道路移动机械的区域。优先控制城市建成区内非道路移动机械的污染物排放，逐步建立非道路移动机械使用的登记制度。鼓励淘汰高排放非道路移动机械。

二、新生产（含进口）非道路移动机械

（一）鼓励生态设计。鼓励开展非道路移动机械模块化、无（低）害化、绿色低碳、循环利用等产品生态设计，综合考虑生产、使用、回收等全生命周期内的资源消耗及污染排放。

（二）鼓励排放提前达标。鼓励非道路移动机械生产企业通过机内净化技术降低原机排放水平，装用压燃式发动机的非道路移动机械安装壁流式颗粒物捕集器（DPF）、选择性催化还原装置（SCR）；装用大型点燃式发动机的非道路移动机械安装三元催化转化器（TWC）等排放控制装置；装用小型点燃式发动机的非道路移动机械安装氧化型催化转化器（OC），提前达到国家下一阶段的非道路移动机械排放标准。

（三）产品应信息公开。非道路移动机械生产企业应依法依规公开排放检验、污染控制装置和排放相关技术信息，供社会公众监督，维修企业免费查询使用。

（四）提高产品环保生产一致性水平。非道路移动机械生产企业应不断提高产品环保生产一致性管理水平。根据国家排放标准对生产一致性的要求，建立并不断完善产品排放性能和耐久性能的控制方法，在产品开发、生产过程的质量控制、售后服务等各个环节，有效落实生产一致性保证计划。生产一致性检查应重点加强对发动机电子控制单元（ECU）和相关传感器部件、在线诊断系统、燃油供给系统、进气系统、排气后处理装置、废气再循环装置（EGR）等系统和零部件的检查。

（五）提高产品排放在用符合性。生产企业应加强其产品及其污染物排放装置耐久性的研究，对非道路移动机械在实际使用中的排放情况进行监测自查，确保非道路移动机械污染物排放的在用符合性。生产企业应引导用户正确使用和维护保养排放相关控制装置，应在其产品说明书中，明确列出维护排放水平的内容，应详细说明非道路移动机械使用的适用条件、排放控制策略、日常保养项目、排放相关零部件的更换周期、维护保养规程以及企业认可的零部件等，为保证非道路移动机械污染物排放的在用符合性提供技术保障。

（六）加强排放在线监控和诊断。新生产非道路移动机械应根据相关标准要求，增加排放在线诊断系统，对与排放相关部件的运行状态进行实时监控，当监测到非道路移动机械排放超标时，应采取报警、限扭、强制怠速运转等手段，限制排放超标非道路移动机械的正常使用，督促用户及时进行维修处理。

（七）推广排放远程监控技术。利用信息技术的进步和发展，通过安装卫星定位及远程排放监控装置、电子围栏平台建设、数据库动态分析等方法，逐步实现对各类非道路移动机械的远程排放监控。企业应积极参与推进定位系统和远程排放监控系统与生态环境部门的联网。优先对在城市中使用的非道路移动机械实施排放远程监控管理。

（八）积极开展天然气、生物柴油等替代燃料的排放控制技术研究。重点研究替代燃料使用过程中的常规污染物和非常规污染物排放特性，科学评估使用替代燃料对环境空气及非道路移动机械排放性能、可靠性和耐久性的影响，确保替代燃料使用的安全性和规范性。

（九）控制温室气体排放。逐步将二氧化碳（CO_2）、甲烷（CH_4）、氧化亚氮（N_2O）等非道路移动机械排放的温室气体纳入排放管理体系，实现非道路移动机械大气污染物与温室气体排放的协同控制。

（十）加强对进口二手非道路移动机械的排放控制。进口二手非道路移动机械的排放控制水平，应满足我国新生产非道路移动机械现行排放标准要求。

（十一）提高噪声污染控制水平。生产企业应加强对非道路移动机械产品噪声污染控制技术的研究、开发和应用，不断提高噪声污染控制水平。新生产非道路移动机械噪声污染控制的技术原则为：优先采用发动机优化燃烧、电控管理技术、优化进排气消声器，采用吸声和隔声技术、提高发动机刚度和整机匹配等技术措施，降低新生产非道路移动机械的噪声污染。

（十二）企业应具备污染物排放检测能力。生产企业应配备非道路移动机械（或发动机）污染物排放检测设备，对产品按照标准要求进行排放检验，检验合格才能出厂销售。

三、在用非道路移动机械

（一）加强在用非道路移动机械的排放检测和维修。加强非道路移动机械的维修、保养，使其保持良好的技术状态。加强对非道路移动机械排放检测能力的建设；经检测排放不达标的非道路移动机械，应强制进行维修、保养，保证非道路移动机械及其污染控制装置处于正常技术状态。非道路移动机械维修企业应配备必要的排放检测及诊断设备，确保维修后的非道路移动机械排放稳定达标，同时妥善保存维修记录。

（二）研究建立在用非道路移动机械登记制度。鼓励有条件的地方，对需要重点监控的在用非道路移动机械进行登记，并对其排放状况进行监督检查。

（三）在用非道路移动机械的排放治理改造。在排放治理改造中，针对要改造的非道路移动机械，应先进行科学的、系统的匹配和小规模示范应用，确认技术的可行性和治理效果，再进行推广应用，并确保对改造产品的持续维护和质量监管。

（四）加强对再制造发动机的排放管理。对装用再制造发动机的非道路移动机械，再制造发动机的排放性能指标应不低于原机定型时的排放要求，且只能作为配件进入发动机配件市场，用于替换同等排放水平的发动机。

（五）加强非道路移动机械的噪声控制。禁止任何单位或个人擅自拆除弃用非道路移动机械的消声、隔声和吸声装置，加强对噪声控制装置的维护保养。

四、非道路用燃料、机油及氮氧化物还原剂

（一）提升油品和氮氧化物还原剂质量。燃油应不断降低烯烃、芳烃、多环芳烃的含量；机油应不断降低硫、磷、硫酸盐灰分的含量；氮氧化物还原剂应重点研究解决低温结晶问题，降低醛类、金属离子等杂质的含量。

（二）加强生产、销售环节管理。禁止生产、进口、销售不符合标准的燃料、机油和氮氧化物还原剂。鼓励油品生产企业在生产环节加入能辨别生产企业的微量物质示踪剂。确保终端使用环节的燃料、机油及氮氧化物还原剂质量稳定满足国家标准的要求。

五、鼓励研发及推广应用的污染防治技术

（一）鼓励研发的污染防治技术

1. 鼓励新能源动力技术的开发应用。鼓励混合动力、纯电动、燃料电池等新能源技术在非道路移动机械上的应用，优先发展中小非道路移动机械动力装置的新能源化，逐步达到超低排放、零排放。

2. 加快各类先进污染控制技术的自主研发和国产化。压燃式发动机主要污染控制技术包括：电控燃油喷射系统（EFI）、SCR、DPF、高效增压中冷系统（TC）、闭环控制废气再循环装置（EGR）、柴

油氧化型催化转化器（DOC）、固体氨选择性催化还原装置（SSCR）等先进后处理系统，以及排放控制传感器等关键零部件及相关技术。点燃式发动机主要污染控制技术包括：EFI、分层扫气技术及电控化油器等关键零部件及相关技术。

3. 鼓励开展噪声控制技术的研究。对于发动机应优化机内燃烧、优化进排气消声器，优化插入损失，降低功率损失比；对于非道路移动机械应优化旋转件匹配、发动机和变速箱的匹配、采用吸隔音材料的研究等措施，降低整个非道路移动机械设备的噪声。

（二）鼓励推广应用的排放控制技术

1. 压燃式发动机非道路移动机械排放控制技术装用压燃式发动机的非道路移动机械鼓励优先采用的排放控制技术见表 1。

表 1 装用压燃式发动机的非道路移动机械排放控制技术

功率（P_{max}）/kW	P_{max}＜19	19≤P_{max}＜37	37≤P_{max}＜56	56≤P_{max}≤560	P_{max}＞560
国四	EFI	EFI	EFI+TC+EGR+DOC+DPF	EFI+TC+DOC+DPF+SCR	EFI+TC+SCR
国五	—	EFI+DOC+DPF+排放远程监控	EFI+TC+EGR +DOC+DPF+排放远程监控	EFI+TC +DOC+DPF+SCR +排放远程监控	EFI+TC+SCR+排放远程监控

2. 点燃式发动机非道路移动机械排放控制技术

（1）手持式二冲程发动机

应推广具有低逃逸率的高效扫气系统，并加装 OC。

（2）大型点燃式发动机（19 kW 以上）

应推广使用 EFI，实现空燃比的闭环控制，加装三元催化器（TWC），降低 HC、CO 和 NO_x 的排放。

对装用汽油发动机的非道路移动机械，鼓励采用低渗透油管、油箱和炭罐等燃油蒸发控制装置，以有效控制蒸发排放。

（三）鼓励开发排放测试技术及设备

1. 加快非道路移动机械排放测试设备和技术的研究开发，加快非道路移动机械远程排放监控系统、在线诊断系统测试技术的引进吸收和开发，加快后处理系统传感器国产化的研发，为非道路移动机械产品的生产一致性、在用符合性和企业新产品研发提供保障。

2. 鼓励车载排放测试技术及测试设备的研究开发，为加强在用非道路移动机械排放监管提供技术保障。

术语对照表

序号	缩写	中文名称
1	CH_4	甲烷
2	CO	一氧化碳
3	CO_2	二氧化碳
4	DOC	柴油氧化型催化转化器
5	DPF	壁流式颗粒捕集器
6	ECU	电子控制单元
7	EFI	电控燃油喷射系统
8	EGR	废气再循环装置
9	HC	碳氢化合物

序号	缩写	中文名称
10	N_2O	氧化亚氮
11	NO_x	氮氧化物
12	OC	氧化型催化转化器
13	PEMS	便携式排放测试系统
14	PM	颗粒物
15	SCR	选择性催化还原装置
16	SSCR	固体氨选择性催化还原装置
17	TC	增压中冷
18	TWC	三元催化转化器

农村生活污染防治技术政策

（环发〔2010〕20号 2010-02-08实施）

一、总则

1. 为落实《中共中央 国务院关于推进社会主义新农村建设的若干意见》，有效防治农村生活污染，改善农村生态环境，根据《中华人民共和国环境保护法》、《中华人民共和国水污染防治法》、《中华人民共和国固体废物污染环境防治法》和《中华人民共和国大气污染防治法》等相关法律法规，制定本技术政策。

2. 本技术政策适用于指导农村居民日常生活中产生的生活污水、生活垃圾、粪便和废气等生活污染防治的规划和设施建设。

3. 地方人民政府是农村生活污染处理处置设施规划和建设的责任主体，乡镇政府和村民委员会负责农村生活污染防治工作的具体组织实施；鼓励村民自治组织在区县或乡镇人民政府的指导下进行生活污染处理处置设施的建设和日常管理工作。

4. 应根据不同地区的农村社会经济发展水平、自然条件及环境承载力等差异，按照因地制宜、循序渐进和分类指导的原则，统筹城乡生活污染防治基础设施建设，推动农村生活污染防治工作。

5. 农村生活污染防治的技术路线是在源头削减、污染控制与资源化利用的基础上，遵循分散处理为主、分散处理与集中处理相结合的原则，对粪便和生活杂排水实行分离并进行处理，实现粪便和污水的无害化和资源化利用。

6. 在沼气池推广较好的地区，应将已建成的大量沼气池与生活污染物的处理和利用相结合，采用污水、粪便和垃圾厌氧发酵，沼气能源利用及沼液、沼渣农业利用的新型农村生活污染治理技术路线。

7. 充分利用现有的环境卫生、可再生能源和环境污染处理设施，合理配置公共资源，建立县（市）、镇、村一体化的生活污染防治体系。

8. 加强饮用水水源地保护区、自然保护区、风景名胜区、重点流域等环境敏感区域的农村生活污染防治。对环境敏感区域内的农村生活污水，须按照功能区水体相关要求及排放标准处理达标后方可排放。

二、农村生活污水污染防治

1. 农村雨水宜利用边沟和自然沟渠等进行收集和排放，通过坑塘、洼地等地表水体或自然入渗进入当地水循环系统。鼓励将处理后的雨水回用于农田灌溉等。

2. 对于人口密集、经济发达、并且建有污水排放基础设施的农村，宜采取合流制或截流式合流制；对于人口相对分散、干旱半干旱地区、经济欠发达的农村，可采用边沟和自然沟渠输送，也可采用合流制。

3. 在没有建设集中污水处理设施的农村，不宜推广使用水冲厕所，避免造成污水直接集中排放，在上述地区鼓励推广非水冲式卫生厕所。

4. 对于分散居住的农户，鼓励采用低能耗小型分散式污水处理；在土地资源相对丰富、气候条件适宜的农村，鼓励采用集中自然处理；人口密集、污水排放相对集中的村落，宜采用集中处理。

5. 对于以户为单元就地排放的生活污水，宜根据不同情况采用庭院式小型湿地、沼气净化池和小型净化槽等处理技术和设施。

6. 鼓励采用粪便与生活杂排水分离的新型生态排水处理系统。宜采用沼气池处理粪便，采用氧化塘、湿地、快速渗滤及一体化装置等技术处理生活杂排水。

7. 对于经济发达、人口密集并建有完善排水体制的村落，应建设集中式污水处理设施，宜采用活性污泥法、生物膜法和人工湿地等二级生物处理技术。

8. 对于处理后的污水，宜利用洼地、农田等进一步净化、储存和利用，不得直接排入环境敏感区域内的水体。

9. 鼓励采用沼气池厕所、堆肥式、粪尿分集式等生态卫生厕所。在水冲厕所后，鼓励采用沼气净化池和户用沼气池等方式处理粪便污水，产生的沼气应加以利用。

10. 污水处理设施产生的污泥、沼液及沼渣等可作为农肥施用，在当地环境容量范围内，鼓励以就地消纳为主，实现资源化利用，禁止随意丢弃堆放，避免二次污染。

11. 小规模畜禽散养户应实现人畜分离。鼓励采用沼气池处理人畜粪便，并实施“一池三改”，推广“四位一体”等农业生态模式。

三、农村生活垃圾处理处置

1. 鼓励生活垃圾分类收集，设置垃圾分类收集容器。对金属、玻璃、塑料等垃圾进行回收利用；危险废物应单独收集处理处置。禁止农村垃圾随意丢弃、堆放、焚烧。

2. 城镇周边和环境敏感区的农村，在分类收集、减量化的基础上可通过“户分类、村收集、镇转运、县市处理”的城乡一体化模式处理处置生活垃圾。

3. 对无法纳入城镇垃圾处理系统的农村生活垃圾，应选择经济、适用、安全的处理处置技术，在分类收集基础上，采用无机垃圾填埋处理、有机垃圾堆肥处理等技术。

4. 砖瓦、渣土、清扫灰等无机垃圾，可作为农村废弃坑塘填埋、道路垫土等材料使用。

5. 有机垃圾宜与秸秆、稻草等农业废物混合进行静态堆肥处理，或与粪便、污水处理产生的污泥及沼渣等混合堆肥；亦可混入粪便，进入户用、联户沼气池厌氧发酵。

四、农村生活空气污染防治

1. 鼓励农村采用清洁能源、可再生能源，大力推广沼气、生物质能、太阳能、风能等技术，从源头控制农村生活空气污染。

2. 推进农村生活节能，鼓励采用省柴节能炉灶，逐步淘汰传统炉灶，推广使用改良柴灶、改良炕连灶等高效低污染炉灶，并应加设排烟道。

3. 以煤为主要燃料的农村应减少使用散煤和劣质煤，推广使用低氟煤、低硫煤、固氟煤、固硫煤、固砷煤等清洁煤产品。

五、新技术开发与示范推广

1. 鼓励加大研发投入，推动科技创新。研发适合农村实际的生活污染防治技术及设备，开展农村生活污染防治新技术、新工艺的开发、示范与推广，为农村生活污染防治提供技术支持。

2. 鼓励通过“以奖代补”“以奖促治”等多种途径加大农村生活污染防治资金投入，促进农村生活污染防治工作。

3. 鼓励建立农村生活污染防治专业化、社会化技术服务机构，完善县（市）、镇、村一体化农村生活污染防治技术服务体系，鼓励专业技术服务机构运营维护农村污染防治设施，提高农村生活污染防治水平。

4. 加强农村环境污染防治科技知识普及和传播，提高农村居民环保意识。

钢铁工业污染防治技术政策

（环境保护部公告 2013 年 第 31 号 2013-05-24 实施）

一、总则

（一）为贯彻《中华人民共和国环境保护法》等法律法规，防治环境污染，保障生态安全和人体健康，促进钢铁工业结构优化升级，推进行业可持续发展，制定本技术政策。

（二）本技术政策为指导性文件，供各有关单位在环境保护相关工作中参照采用。本技术政策提出了钢铁工业污染防治可采取的技术路线和技术方法，包括清洁生产、水污染防治、大气污染防治、固体废物处置及综合利用、噪声污染防治、二次污染防治、新技术研发等方面的内容。

（三）本技术政策所称的钢铁工业是指包括原料场、烧结（球团）、炼铁、炼钢、轧钢和铁合金等工序的钢铁产品生产过程，不包括采选矿和焦化生产工序。

（四）钢铁工业应控制总量，淘汰落后产能，推进结构调整，优化产业布局。鼓励钢铁工业大力发展循环经济，提高资源能源利用率以及消纳社会废弃资源的能力，减少污染物排放总量和排放强度。

（五）钢铁企业采用的生产工艺、装备应符合国家相关产业政策，不支持建设独立的炼铁厂、炼钢厂和热轧厂，不鼓励建设独立的烧结厂和配套建设燃煤自备电厂（符合国家电力产业政策的机组除外）。

（六）钢铁工业应推行以清洁生产为核心，以低碳节能为重点，以高效污染防治技术为支撑的综合防治技术路线。注重源头削减，过程控制，对余热余能、废水与固体废物实施资源利用，采用具有多种污染物净化效果的排放控制技术。

二、清洁生产

（七）鼓励烧结选用低硫、低氯和低杂质含量的配料，炼铁应采用精料技术，转炉炼钢应实行全量铁水预处理技术。

（八）鼓励充分利用钢铁生产过程中的余热余能，最大限度回收利用高炉、转炉和铁合金电炉的煤气，以及烧结烟气、高炉煤气、转炉煤气、电炉烟气的余热。

（九）烧结生产鼓励采用低温烧结、小球烧结、厚料层烧结、热风烧结等技术，减少设备漏风率。

（十）高炉炼铁生产鼓励采用提高球团配比、富氧喷煤等技术。

（十一）转炉炼钢生产鼓励采用铁水一包到底、“负能炼钢”等技术；鼓励电炉炼钢多用废钢，不鼓励热兑铁水冶炼碳钢，不鼓励废塑料、废轮胎作为电炉炼钢的碳源，不应在没有烟气急冷和高效除尘设施的情况下进行废钢预热。

（十二）热轧生产鼓励采用铸坯热送热装、一火成材、直接轧制、在线退火、氧化铁皮控制、汽化冷却和烟气余热回收等技术。冷轧生产鼓励采用无铬钝化技术。

（十三）鼓励采用节水工艺及大型设备，实现源头用水减量化；鼓励收集雨水及利用城市中水替代新水；应采用分质供水、循环使用、串级使用等技术，提高水的重复利用率。

三、大气污染防治

（十四）原料场、烧结（球团）、炼铁、炼钢、石灰（白云石）焙烧、铁合金、炭素等工序各产尘源，均应采取有效的控制措施。鼓励以干法净化技术替代湿法净化技术，优先采用高效袋式除尘器。

（十五）烧结烟气应全面实施脱硫。治理技术的选择应遵循经济有效、安全可靠、资源节约、综合利用、因地制宜、不产生二次污染的总原则。脱硫工艺应是干法、半干法和湿法等多技术方案的比选优化，特别是对于在大气污染防治重点区域的钢铁企业，宜兼顾氮氧化物、二噁英等多组分污染物的脱除。鼓励采用烟气循环技术、余热综合回收利用等技术集成。

（十六）鼓励高炉煤气干法除尘。高炉炼铁车间应采取有效的一、二次烟气净化措施，高炉出铁场（出铁口）烟气优先采用顶吸加侧吸方式捕集，摆动流嘴烟气和铁水罐烟气优先采用顶吸罩捕集。

（十七）鼓励转炉煤气干法除尘。转炉、电炉炼钢车间应采取有效的一、二次烟气净化措施，电炉烟气宜采用“炉内排烟+大密闭罩+屋顶罩”方式捕集，并应优先采用覆膜滤料袋式除尘器净化。鼓励对炼钢车间采取屋顶三次除尘技术。

（十八）鼓励轧钢工业炉窑采用低硫燃料、蓄热式燃烧和低氮燃烧技术。冷轧酸洗及酸再生培烧废气优先采用湿法喷淋净化技术，硝酸酸洗废气优先采用湿法喷淋与选择性催化还原脱硝相结合的二级净化技术，有机废气优先采用高温焚烧或催化焚烧净化技术。

四、水污染防治

（十九）长流程钢铁企业原料场、烧结（球团）、炼铁以及转炉炼钢工序，各类生产性废水优先在本生产单元内循环使用，排出废水（烟气脱硫废水除外）送原料场、高炉冲渣等串级使用。

（二十）热轧废水处理后应循环和串级使用。冷轧废水应分质预处理后再综合处理。含铬废水优先采用碳钢酸洗废酸或亚硫酸氢钠还原处理，低浓度含油废水优先采用生化法处理。

（二十一）铁合金煤气洗涤废水和含铬、钒废水应单独处理，可采用硫酸亚铁、亚硫酸钠、焦亚硫酸钠等还原处理后循环使用。

（二十二）鼓励对循环水系统的排污水及其他外排废水，统筹建设全系统综合废水处理站，有效处理并回用。

五、固体废物处置及综合利用

（二十三）鼓励各类固体废物优先选用高附加值利用方式或返回原系统利用。

（二十四）鼓励烧结（球团）、炼铁、炼钢工序收集的含铁尘泥造球后返回烧结（球团）工序，锌及碱金属含量较高时应先脱除处理后再利用；含油较高的含铁尘泥、氧化铁皮应脱油处理后再利用。

（二十五）高炉渣应全部综合利用，水渣优先生产矿渣微粉，干渣优先生产矿渣棉、保温材料等。

（二十六）钢渣应采用滚筒法、热闷法、浅盘热泼法、水淬法等工艺处理，处理后的钢渣宜用于生产钢渣微粉（水泥）或替代石灰（石灰石）熔剂用于烧结等。

（二十七）连铸、热轧氧化铁皮、含铁尘泥、废酸再生回收的金属氧化物，宜优先作为原料生产高附加值产品。

（二十八）轧钢废酸、废电镀液和废油优先处理后回用，活性炭类废吸附剂宜优先用于高炉喷煤或其他方式安全利用。

（二十九）使用废旧钢材时，应采取必要的监测措施，防止放射性物质熔入钢铁产品。

六、噪声污染防治

（三十）应通过合理的生产布局减少对厂界外噪声敏感目标的影响。鼓励采用低噪声设备，并对设备采取隔振、减振、隔声、消声等措施。

（三十一）噪声较大的各类风机、空压机、放散阀等应安装消音器，必要时应采取隔声措施。噪声较大的各种原辅燃料的破碎、筛分、混合及冶金渣和废钢的加工处理，应采取隔声措施，振动较大的破碎、筛分等生产设备的基础应采取防振减振措施。

七、二次污染防治

（三十二）生产及废水处理过程产生的废油、废酸、废碱、废电镀液、含铬（镍）污泥以及含铅、铬、锌等重金属的废渣（尘泥）等，应妥善贮存、回收利用或安全处置。

（三十三）脱硫副产物应合理处置和安全利用，严格预防和控制二次污染的产生。

八、鼓励开发应用的新技术

（三十四）鼓励研发和应用烧结烟气循环技术、二噁英和重金属联合减排技术。

（三十五）鼓励研发和应用电炉烟气二噁英联合减排技术。

（三十六）鼓励研发和应用烧结烟气脱硝技术和工业炉窑低氮燃烧技术。

（三十七）鼓励研发和应用减排挥发性有机物的水基涂镀技术。

（三十八）鼓励研发和应用基于废水回用的深度处理技术。

（三十九）鼓励研发和应用基于冶金渣显热回收利用的工艺技术。

（四十）鼓励研发和应用烧结脱硫副产物的安全利用技术，高锌含铁尘泥脱锌技术及不锈钢钢渣、特种钢钢渣和酸洗污泥的资源化安全利用技术。

九、运行与监测

（四十一）企业应按照有关规定，安装化学需氧量、颗粒物、二氧化硫、氮氧化物、重点重金属等主要污染物在线监测和传输装置，并与环境保护行政主管部门的污染监控系统联网。

（四十二）企业应加强厂区环境综合整治，厂区绿化植物品种设计应因地制宜，最大限度满足抑尘、吸收有毒有害气体及隔声吸声地要求，原辅燃料场绿化隔离带应合理密植或复层绿化。

（四十三）企业应加强对原料场及各生产工序无组织排放的控制。

水泥工业污染防治技术政策

（环境保护部公告 2013 年 第 31 号 2013-05-24 实施）

一、总则

（一）为贯彻《中华人民共和国环境保护法》等法律法规，防治污染，保护和改善环境，促进水泥工业生产工艺和污染治理技术的进步，制定本技术政策。

（二）本技术政策为指导性文件，供各有关单位在环境保护相关工作中参照采用。本技术政策提出了水泥工业污染防治可采取的技术路线、原则和方法，包括源头控制、大气污染物排放控制、利用水泥生产设施协同处置固体废物、其他污染物排放控制、研发新技术和新材料等内容。

（三）本技术政策所称的水泥工业是指开采水泥原料和水泥生产的过程。

（四）水泥工业污染防治宜采取源头控制与污染治理相结合的方式，提高工艺运行的稳定性和污染控制的有效性，减少污染物的产生与排放。

（五）水泥工业污染防治遵循的原则：

1. 优化产业结构与布局，淘汰能效低、排放强度高的落后工艺，削减区域污染物排放量；

2. 采用清洁生产工艺技术与装备，配套完善污染治理设施，加强运行管理，实现污染物长期稳定达标排放；

3. 有效利用石灰石、黏土、煤炭、电力等资源和能源，对生产过程产生的废渣、余热等进行回收利用；

4. 水泥生产设施运行过程中应确保环境安全。

（六）水泥工业污染防治目标：到 2015 年水泥工业重点污染物得到有效控制，其中 NO_x 排放量控制在 150 万吨以下，颗粒物排放量（含无组织排放量）控制在 200 万吨以下；到 2020 年水泥工业污染物排放得到全面控制，资源利用、能源消耗和污染排放指标达到国际先进水平。

二、源头控制

（七）按照国家发展规划、产业政策和区域布局要求，开展水泥工业项目建设。对新、改、扩建项目所在地区的高污染落后产能实施等量或超量淘汰，削减区域污染物排放量。

（八）水泥工业企业的建设选址应与城乡建设规划、环境保护规划协调一致，并处理好与保护周围环境敏感目标和实现环境功能区要求的关系。

（九）水泥矿山开采需符合矿山生态环境保护与污染防治技术政策等的相关要求。宜合理规划、有序利用石灰石、黏土等资源，提高资源利用率。新建水泥生产线应自备水泥矿山。

（十）选择和控制水泥生产的原（燃）料品质，如合理的硫碱比、较低的 N、Cl、F、重金属含量等，以减少污染物的产生。可合理利用低品位原料、可替代燃料和工业固体废物等生产水泥。淘汰使用萤石等含氟矿化剂。

（十一）提高水泥制造工艺与技术装备水平，应用新型干法窑外预分解技术、低氮燃烧技术、节能粉磨技术、原（燃）料预均化技术、自动化与智能化控制技术等清洁生产工艺和技术，实现污染物源头削减。

（十二）采用新型干法工艺生产水泥，淘汰能效低、环境污染程度高的立窑、干法中空窑、立波尔窑、湿法窑等落后生产能力和工艺装备。

（十三）安装工艺自动控制系统，通过对生料及固体燃料给料、熟料烧成等工艺参数进行准确测（计）量与快速调整，实现水泥生产的均衡稳定，减少工艺波动造成的污染物非正常排放。

（十四）建立企业能效管理系统。采用节能粉磨设备、变频调速风机和其他高效用电设备，减少电力资源的消耗。优化余热利用技术，水泥窑热烟气应优先用于物料烘干，剩余热量可通过余热锅炉回收生产蒸汽或用于发电。

三、大气污染物排放控制

（十五）水泥窑窑头、窑尾烟气经余热利用或降温调质后，输送至袋式除尘器、静电除尘器或电袋复合除尘器处理，使排放烟气中颗粒物浓度达到排放标准要求。其他通风生产设备和扬尘点采用袋式除尘器。

（十六）加强对除尘设备的设计与运行控制，提高设备运行率。袋式除尘器应控制适宜的烟气温度，防止烧袋或结露；采取单元滤室设计，具备发现故障或破袋时及时在线修复的功能。静电除尘器应与工艺自动控制系统联动，采取可靠措施保证与水泥窑同步运行。

（十七）逸散粉尘的设备和作业场所均应采取控制措施，在工艺条件允许的前提下，宜优先采用密闭、覆盖或负压操作的方法，防止粉尘逸出，或负压收集含尘气体净化处理后排放。通过合理工艺布置、厂内密闭输送、路面硬化、清扫洒水等措施减少道路交通扬尘。提高水泥散装比例，减少水泥包装及使用环节的粉尘排放。

（十八）根据国家及地方环保要求，加强水泥窑 NO_x 排放控制，在低氮燃烧技术（低氮燃烧器、分解炉分级燃烧、燃料替代等）的基础上，选择采用选择性非催化还原技术（SNCR）、选择性催化还原技术（SCR）或 SNCR-SCR 复合技术。新建水泥窑鼓励采用 SCR 技术、SNCR-SCR 复合技术。严格控制氨逃逸，加强液氨等还原剂的安全管理。

（十九）针对 SO_2、氟化物等大气污染物排放浓度较高的水泥窑，宜采取湿法洗涤、活性炭吸附等净化措施和采取窑磨一体化运行方式，实现达标排放。

四、利用水泥生产设施处置固体废物

（二十）在确保污染物排放和其他环境保护事项符合相关法规、标准要求，并保障水泥产品使用中的环境安全前提下，可合理利用水泥生产设施处置工业废物、生活垃圾、污泥等固体废物及受污染土壤。

（二十一）利用水泥生产设施处置固体废弃物，应根据废物性质，按照国家法律、法规、标准要求，采取相关措施，并做好污染物监测工作，防范环境风险。

五、其他污染物排放控制

（二十二）水泥生产中的设备冷却水、冲洗水等，可适当处理后重复使用。

（二十三）鼓励采用低噪声设备，并对设备或生产车间采取隔声、吸声、消声、隔振等措施，降低噪声排放。宜通过合理的生产布局、建（构）筑物阻隔、绿化等方法减少对外界噪声敏感目标的影响。

（二十四）对水泥生产中的废矿石、窑灰、废旧耐火砖、废包装袋、废滤袋等进行分类收集处理。除尘系统收集的粉尘应回收利用。不宜使用铬镁砖作为水泥窑的耐火材料，废旧耐火砖需妥善处理，防止受到雨雪淋溶和地表径流侵蚀。

六、鼓励研究开发的新技术、新材料

（二十五）研究开发高效低阻低排放的新型熟料烧成技术、高效节能粉磨技术与装备、高性能低氮燃烧器。

（二十六）研究开发可减少石灰石用量和降低烧成热耗的低 CO_2 排放技术，以及 CO_2 回收利用技术。

（二十七）研究开发水泥生产设施协同处置固体废物的资源化利用与安全处置技术、二次污染控制技术。

（二十八）研究开发适用于新型干法水泥窑的高效烟气脱硝技术，如高尘 SCR 技术、SNCR-SCR 复合技术等；研究开发高性能催化剂，以及失效催化剂再生与安全处置技术。

（二十九）研究开发高性能过滤材料、多种污染物协同控制技术与材料。

（三十）研究开发水泥窑用生态环保型耐火材料和耐磨材料。

七、运行与监测

（三十一）按照相关规定，在水泥生产设施安装大气污染物排放自动监测和传输设备，并与环境保护管理部门联网，保证设备正常运行。

（三十二）加强水泥生产企业原（燃）料品质检测与管理，防止挥发性 S、Cl、Hg 等含量较高的原（燃）料进入生产系统。加强生产工艺设备的运行与维护管理，保持生产系统的均衡稳定运行。污染治理设施应与生产工艺设备同时设计、同时建设、同时运行。